一般相対性理論を一歩一歩数式で理解する

石井俊全 著
TOSHIAKI ISHII

ALLGEMEINE RELATIVITÄTSTHEORIE

はじめに

この本は，特殊相対性理論（以下，特殊相対論）から一般相対性理論（以下，一般相対論）までを数式レベルできちんと理解するための本です。

一般相対論に関しては，一般座標系での運動方程式を導くこととアインシュタインの重力場方程式の成り立ちを理解することが目標です。最後に，重力場方程式から重力波の方程式を導出します。

この本が想定している読者は，例えばこんな感慨をお持ちの方です。

「天才と言われたアインシュタインの伝記を読んだことがある。アインシュタインが提唱した相対性理論というのは，どういう理論なのだろう。

相対性理論に興味を持って，アインシュタインのエピソードも盛り込まれた啓蒙書を読んでみた。そこには，光速度不変の原理を用いた思考実験から，速度を持った物体の長さが縮んで観察される話や，動いている時計が止まっている時計よりも時間の進みが遅くなることが書かれていた。使われている数学は中学校で習うレベルなので，数式の上でもよく理解できた。

双子のパラドックスについては，だまされたような気がしてまだよく理解できない。どうして片方だけの時間が遅れるのだ！

啓蒙書の後ろの章では一般相対論に触れられていた。曲がった空間を扱うリーマン幾何学というものが存在して，そのことを使うと重力が時空間を曲げていることが分かると書かれていた。しかし，啓蒙書では一般相対論になると言葉とイラストのみの説明で，数式では説明されていないので未消化な気がする。

特殊相対論は中学数学レベルで理解できたのだから，一般相対論も少し数学の知識があれば理解できるのではないだろうか。

そう思って，一般相対論について数式を用いて書かれた本を手に入れてみると，特殊相対論のときと比べて格段に難しい数学が使われていて怖気づいた。

それでもかじりついて読み進めて，次のような感想を得た。

まず，テンソルという概念が式で定義されるけれど，具体的な計算がないのでピンとこない。そもそもなぜ書き換えが必要なのか。

テンソルには共変，反変の区別があって，これを混合したものまであるらしい。イメージがつかめない上にややこしいのでうんざりしてくる。

次に，共変微分という通常の微分とは異なる微分の話が出てくる。なぜ，普通の微分ではいけないのか。共変微分のときに出てくる平行移動は，どうも日常感覚の平行移動とは異なるようだけれど，どう異なっているのだろうか。」

このような感想を持った人はまだよい方で，専門書を手に取って読み始めても，かじりつく前に初めにあるテンソルの定義のところで挫折してしまう人がほとんどではないでしょうか。

私の高校の友人で，某帝国大学の物理学科を卒業した者に一般相対論のことについて聞いてみると，テンソルがよく分からないので深く追求したことはない，との答えでした。物理学科の学生でもテンソルにつまずくのですから，物理・数学の専攻でない方が教養の一環として一般相対論の本を手に取って読もうとしても，独学で読み進められることができないのは当然であるといえます。

まとめると，この本で想定している読者は，

特殊相対論までは啓蒙書により数式レベルで理解することができたが，

一般相対論に関しては専門書に手を出して挫折した

という経験をお持ちの方です。

このような方に，なんとか数式レベルで一般相対論を理解していただけるようにと思い，この本を執筆しました。

平易に説明したつもりですが，そこは数学・物理学ですから，前提となる基礎が必要です。これについて説明しておきます。

この本を読むために必要な物理・数学のレベル

理系で高校を卒業した人のレベルを想定しています。物理と数学に分けて，細かく説明してみましょう。

物理

高校で物理を履修している方が望ましいですが，必須ではありません。物理の大学入試問題が解ける必要などありませんので，どうぞ安心してください。私もよくは解けません。

以下のトピックスについて，簡単に理解していれば十分です。

質量，速度，加速度，力，万有引力の法則，ニュートンの運動方程式，

電荷，電場，磁場，クーロンの法則，ガウスの法則，アンペールの法則，

ファラデーの法則，フレミングの左手の法則，ローレンツ力

速度，加速度，電荷，電場，磁場については，この本でも簡単に触れますが，ある程度イメージを持っておかれた方がよいでしょう。基本量のイメージさえ持てれば，法則についてはすぐ理解できるでしょう。

なお，これらについてご存じでない方は，高校の物理の教科書・参考書で確認していただければと思います。

相対性理論の理解に必要な，大学での力学，電磁気学については，この本の中で解説しています。特殊相対論では，電磁気学のマックスウェルの方程式が座標変換で共変であることを示すことがクライマックスの１つになります。マックスウェルの電磁方程式はこの本の中で導きます。

数学

数学に関しては，微積分と線形代数の一部の知識を前提とします。

微積分で一番重要なのは，関数の積を微分するときの公式（ライプニッツ則）と多変数関数における合成関数を微分するときの公式（連鎖律）です。

関数の積の微分公式は，高校で数Ⅲを履修した方であればご存知でしょう。合成関数の微分公式も，1 変数の場合であれば高校の数Ⅲで履修済みです。多変数関数の微分公式（連鎖律）がなぜ成り立つかまでフォローすると手間がかかりますが，多変数関数の場合でも公式の示す内容はすぐに理解できます。例を挙げれば納得してもらえるはずです。

線形代数というと難しそうに聞こえますが，ベクトルが基底ベクトルの1 次結合で表されることや行列の計算まで分かっていれば十分です。おそらくこの本の読者の主流であるリスタディ世代（1996 年までに高校生であった方）であれば，この内容は文系の人でも高校で学習したはずです。ただ，1996 年から 2005 年，また 2015 年からの指導要領で数学を学んだ人は，高校で行列の計算を習わなかったでしょうから，線形代数について易しく書かれた本で行列の計算をフォローしていただければと思います。もっともそういう方でも，理系や経済学部に進まれた方は初年度で線形代数を学んだはずで，その授業の初めに行列の計算の仕方を習いますから，ほとんどの理系の方にとっては，この本で必要とされる線形代数の知識は既習内容だと思われます。線形代数の後半の内容である固有値，対角化などの項目は必要ありません。

相対論を理解するとき，線形代数の中で一番重要な事項は，基底を取り換えたときの成分の書き換えです。数学者はこれにあまり興味がないためか，線形代数の教科書の中にはあまりページを割いていない場合も多々あります。この本では，基底の取り換えと成分の書き換えについて初めから詳しく説明しますので安心してください。

この本における一般相対論攻略の道筋

この本ではどのような道筋で一般相対論の理解まで到達するのかを説明しておきましょう。

1章では，数学的な準備をします。

この章では，積の微分の公式（ライプニッツ則），多変数関数の合成関数の微分（連鎖律）から始めて，線積分，面積分，体積積分の計算の仕方を通してその概念を説明します。また，勾配，発散，回転という計算法を定義したあと，ガウスの定理，グリーンの定理，ストークスの定理を解説します。これらはベクトル解析と呼ばれる分野です。ベクトル解析は電磁気学を理解する上で欠かせないものです。

また，線形代数の応用として，座標軸が回転したときの成分の書き換えを紹介します。成分の書き換えは，この本のテーマである「相対性原理」にとって必須の事項です。

曲がった空間での物体の軌道を求めるときやアインシュタインの重力場方程式の解を求めるときに用いる変分法も，ここで紹介します。変分法は，大学初年級の微積分の教科書には載っていませんから，フォローが必要でしょう。

また，アインシュタインが生涯最大の発明と自ら吹聴していたといわれるアインシュタインの縮約記法もここで紹介します。

2章では，相対論以前の物理学についての知識を整理します。

1章で紹介したベクトル解析などの公式を用いて，高校の物理で習った力学・電磁気学の法則の式を場の方程式に書き換えていきます。具体的には，ニュートン力学の重力場方程式，マックスウェルの電磁方程式を導出します。

アインシュタインの重力場方程式の右辺の理解には，高校の力学とそれに続く大学初年級の力学に加えて，流体力学の一部分の知識が必要です。これらについてもここでフォローします。

1章，2章は，映画でいえば予告編に当たるところです。記述それ自体は羅列的で単調ですから，飽きが来ないように紹介している事実が後ろの章でどのように生かされるかについてできる限り言及しました。

この2つの章で扱われる内容には，いくつか既習事項が含まれているという方もいらっしゃるでしょう。そのような方は，どうぞ3章から読み始めてください。理解が甘いと思った事項があれば，1章・2章に立ち返ればよいでしょう。

また，2章に関しては力学を扱った部分のみを読み（分からない概念は1章を参照），すぐに3章に進むという読み方も，著者としては不本意ですがありえます。その場合，4章以降の電磁気学に関する部分は理解できないままになりますが，一般相対論をひととおりは理解することはできるでしょう。もちろんその場合，テンソル理論の美しさ，一般相対論の深さを味わうところまでは至りませんが，途中で投げ出してしまうよりはましです。ページ数が多いですが，なんとか最後まで通読してほしいと願っています。

3章からが本編です。

多くの人において一般相対論の理解を妨げているのは，テンソル，共変微分，平行移動の3つの概念であると思われます。一般相対論の3大難所と言ってもよいでしょう。この3つがクリアに分からないので，一般相対論の数式を理解することができないのです。

この難所をクリアするため，この本では3つの概念を少し数学寄りに記述することにしました。

テンソルは物理でも数学でも扱われる概念で実質は同じものですが，物理と数学では定義の仕方が異なります。物理でのテンソルの定義はイメージがつかみにくいし，数学での本格的なテンソルの定義は一般相対論理解のためには大げさすぎます。そこで，物理のテンソルの定義と数学の本格的なテンソルの定義の2：1の内分点あたりにポジションをとって，テンソルのことを解説していくことにしました。

正確にいうと，物理で扱うのはテンソル場という，テンソルをさらに発展させたものです。テンソル場とはテンソルの関数版のことですから，テンソル場よりも先にテンソルを学ばなければなりません。しかし，多くの物理の本では，テンソル場を説明するのに初めから一般座標のテンソル場で説明しています。これでは多くの方が躓いてもしょうがないと思います。そこでこの本では，まず初めにテンソルについて具体的な計算を交え十分慣れていただいてから，次に直線座標でのテンソル場について解説します。テンソル場の説明は，3章では直線座標でのテンソル場までにしておきます。

次に4章では，特殊相対論を説明します。

啓蒙書を読まれただけの方は，特殊相対論が一般相対論の特別な場合であることを実感していない方が多いのではないでしょうか。ロケットと光の進行の図からローレンツ変換を求めることまでは解説しても，一般相対論については言葉と図だけで解説している啓蒙書が多いからです。特殊から一般へのギャップがありすぎて，特殊相対論と一般相対論が別物であるかのような印象を受けがちです。この本を読んだ方には，特殊相対論のフィールドと一般相対論のフィールドがなだらかな地続きになっていることを実感してほしいと願っています。

啓蒙書を読んでローレンツ変換の式をご存知な方の中には，なぜ特殊相対論なのにテンソル場の概念が必要なのかと思う方もいらっしゃるでしょう。啓蒙書ではローレンツ変換の式は示しても，ローレンツ変換を座標変換として捉える視点が欠けている場合が多いからです。“相対性”という軸を通して特殊相対論と一般相対論を地続きに理解するためには，特殊相対論もテンソル場の理論として説明した方がよいのです。その方が，特殊相対論が残した一般相対論への課題もはっきりします。端的に言うと，直線座標の座標変換・テンソル場を扱うのが特殊相対論，一般座標（曲線座標）の座標変換・テンソル場を扱うのが一般相対論なのです。ですから，4章の前に直線座標のテンソル場を定義してから，特殊相対論を説明するわけです。

5章では，一般座標（曲線座標）でのテンソル場について解説します。3章では，直線座標のテンソル場まででしたが，5章では直線座標を一般座標（曲線座標）にまで広げてテンソル場を論じていきます。

ここで3大難所の1つ，共変微分を説明します。共変微分の定義にはいくつもの流儀があります。物理の本では，平行移動と一緒に定義してしまうものも見受けられますが，平行移動の定義があいまいなまま定義されるので，いろいろと混乱します。

そこでこの本では平行移動には触れず，共変微分を定義することにしました。しかも，共変微分をまず直線座標と曲線座標の間の変換においてだけ定義します。こうすることで，なぜ共変微分という微分が必要になるかが明確になるからです。初めから一般座標どうしの変換において共変微分を定義するより分かりやすいと考えます。それに，一般座標どうしの変換における共変微分は一般相対論を理解するためには少々オーバースペックなのです。一般相対論での物理法則を導くには，特殊相対論の直線座標での方程式を，一般相対論の一般座標（線形座標）の方程式に書き換えればよいので，直線座標と曲線座標の間の書き換え則があれば事足りるからです。

6章では，曲率について解説します。

曲線の曲率，曲面の曲率と順に取り上げていきます。7章で，前者は一般相対論の運動方程式に結びつきます。

重力場方程式の左辺は，曲率テンソルから作られています。多くの本では，平行移動を用いて曲率テンソルを定義しますが，この本では曲面の曲率の一般化として曲率テンソルを定義します。この定義の方が，曲率が面積比であることを実感していただけると考えます。そして，6章の最後には，共変微分から平行移動を定義し，物理の本で出てくるような平行移動での曲率の解説もしておきました。いままで他の一般相対論の本を読んで平行移動と共変微分についてモヤモヤとした感じを抱えている人は，気分が晴れることでしょう。

図に見られるように，テンソル，共変微分，平行移動という概念を得るためにとっている物理の道筋は険しい崖に喩えてもよいでしょう。この本の3章，5章，6章でとった本書の道筋は，この崖を巻いて，テンソル，共変微分を手中にし崖の上まで登ってしまい，余裕を持って平行移動の概念を上から見下ろすコースといえます。

6章までで入念に準備をしておいたので，7章からはあとは尾根道を歩くように気分よく進みます。尾根道に取り付くまではきついかもしれませんが，尾根道では景色を楽しみながら自然と足が進むことでしょう。

7章では，等価原理を用いて特殊相対論の理論を一般座標系に移すことで，曲がった空間での運動方程式やマックスウェルの電磁方程式を求めます。

次に，6章で用意した曲率を用いて，この本のメインディッシュであるアインシュタインの重力場方程式を紹介します。この方程式は私には神がかった式に思えます。ニュートンの重力場方程式の単なる書き換えでは求められないからです。導出については飛躍が伴いますが，6章まで準備してきた方は，方程式の意味はしっかりと捉えることができるでしょう。重力場方程式は，アインシュタインが天才なのだと再確認する式だと思います。ぜひ皆さんもこの方程式を味わってほしいと願います。

次に，重力場方程式の一番簡単な解であるシュワルツシルト解を導き，ブラックホールについて説明します。また，最後に重力場の方程式から，重力波の方程式を求めます。この式で予想された重力波は，1世紀経ってその存在が確認されました。理論で予想したとおりに現実が動いているとは！　理論物理学の偉大さを如実に感じることができる式の１つといえるでしょう。

相対性原理

速度を持つ物体の長さが縮んで観察される現象。人工衛星に搭載されている時計は地上の時計よりも進み方が早くなる現象。たとえ光であっても表面に到達するまでに無限の時間がかかるというブラックホール。

初めて聞く人にとって，これらの日常感覚からかけ離れた現象は，相対性理論を学習したことの感動を大いに盛り上げてくれるトピックスです。もちろん，この本でも解説させていただきます。

しかし，私がこの本で一番伝えたいのは，相対性理論の中でも，「相対性原理」そのものについてです。この原理は，

「観測者が異なっていても，物理法則は同じ式で表される」

ということです。観測者ごとに，観測する物理量は異なっていても，それらの間に成り立つ関係式は，観測者によらず同じであるということです。

これは，

「観測する物理量は相対的であるが，物理法則は絶対的である」

とも言うことができます。相対性原理とは，言葉の持つ印象とは裏腹に，法則の絶対性を主張している原理です。

相対性原理は，物理学という学問が持っている普遍性を如実に体現している原理であるということがいえるでしょう。

異なる観測者でも同じ物理法則に従うということは，少し文学的な物言いですが，「人は平等であって，同じ法則のもとに生きている」と表現できます。私はこの原理を式で確かめるたびに，自然法則の偉大さに深い感慨を覚えるのです。

電磁気学を扱わず力学のみで相対性理論を紹介した方が読者の負担は少

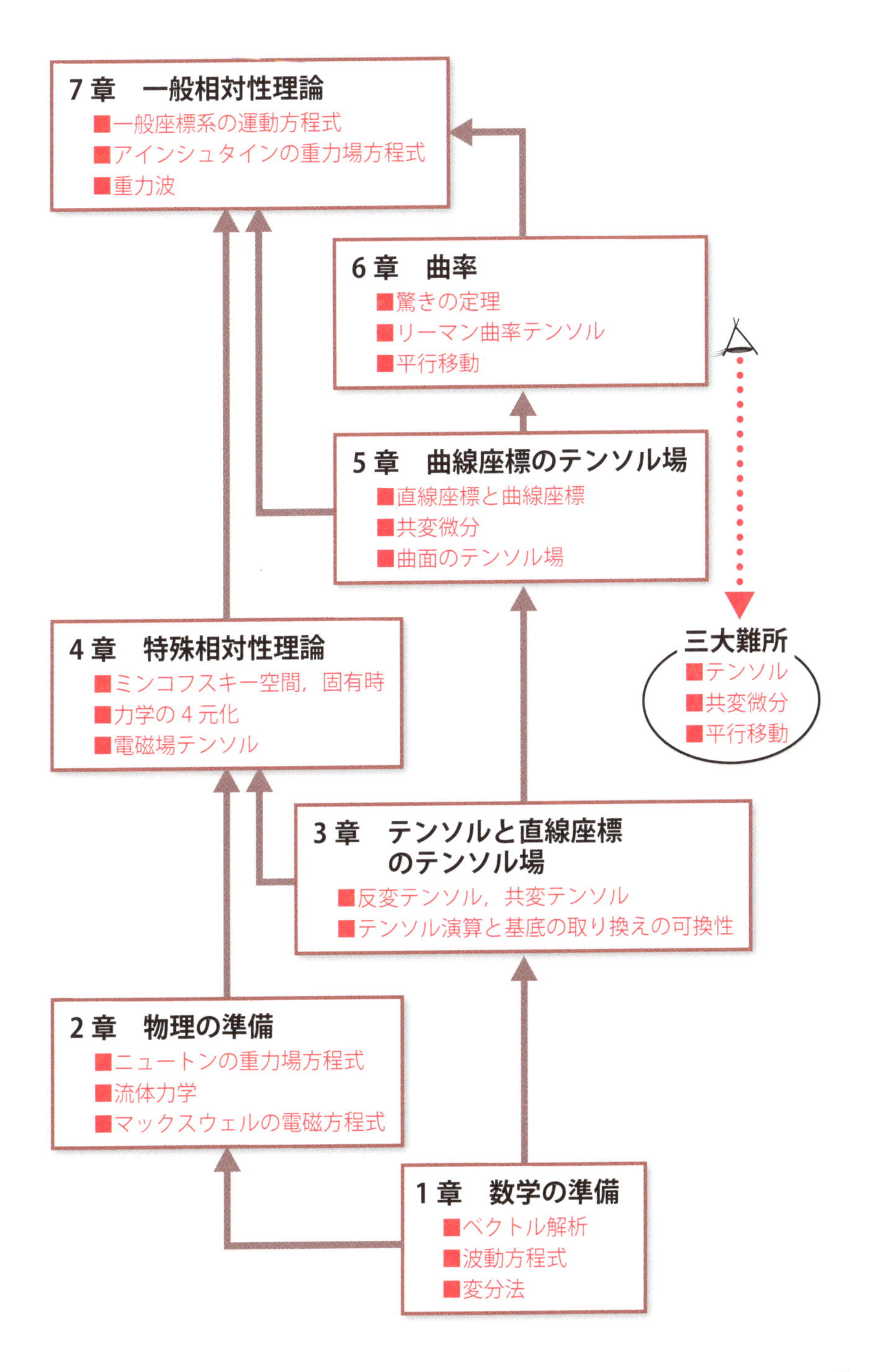

7章　一般相対性理論
■一般座標系の運動方程式
■アインシュタインの重力場方程式
■重力波
6章　曲率
■驚きの定理
■リーマン曲率テンソル
■平行移動
5章　曲線座標のテンソル場
■直線座標と曲線座標
■共変微分
■曲面のテンソル場
三大難所
■テンソル
■共変微分
■平行移動
4章　特殊相対性理論
■ミンコフスキー空間，固有時
■力学の4元化
■電磁場テンソル
3章　テンソルと直線座標のテンソル場
■反変テンソル，共変テンソル
■テンソル演算と基底の取り換えの可換性
2章　物理の準備
■ニュートンの重力場方程式
■流体力学
■マックスウェルの電磁方程式
1章　数学の準備
■ベクトル解析
■波動方程式
■変分法

なくなるのかもしれませんが，相対性理論の神髄である「相対性原理」を味わうためには，特殊相対論における電磁気学についての解説が必要です。この本では電磁気学のマックスウェルの法則を初めから説明してありますので，「相対性原理」を十分に鑑賞していただければと考えます。

本が分厚くなってしまいましたが，その分ギャップなく書かれていると解釈していただいて，最後までお付き合い願えれば幸いです。

石井 俊全

《一般相対性理論を一歩一歩数式で理解する◎目次》

第3章 テンソルと直線座標のテンソル場 207

第4章 特殊相対性理論 297

第7章 一般相対性理論 559

第1章　数学の準備

一般相対論の理解のために必要な数学を１つずつ積み上げていきましょう。

内容についての断り書きをいくつか。この章では本書で扱う数学に関して羅列的に解説していきます。

数学といっても，本書で扱う数学は物理現象を捉えるための道具としての数学ですから，あまり厳密なことには言及しないで済ませます。

例えば，関数の連続性・微分可能性については，都合よく考えます。関数はすべて連続であり，何回でも微分可能であるものとします。微分と積分の順序も，２変数関数の偏微分の順序も常に交換可能とします。

また，表記についてですが，ベクトルの成分表示は，誤解がない範囲でタテに並べたり，ヨコに並べたりします。

§1　ベクトル積

電磁気の法則を記述するときに必要となってくる，ベクトル積という演算を紹介します。

実数を成分とする3次元ベクトルの集合をR^3と表します。

定義 1.01　ベクトル積

3次元ベクトル$\boldsymbol{a}=\begin{pmatrix} a \\ b \\ c \end{pmatrix}$，$\boldsymbol{b}=\begin{pmatrix} x \\ y \\ z \end{pmatrix}$に関して，$\boldsymbol{a}\times\boldsymbol{b}$を次で定める。

$$\boldsymbol{a}\times\boldsymbol{b}=\begin{pmatrix} bz-cy \\ cx-az \\ ay-bx \end{pmatrix}$$

ベクトルの内積は「・」で表されました。ベクトル積は「×」で表します。ベクトル積は3次元ベクトルの場合のみについて定義される演算です。

ベクトル積では，以下のような演算法則が成り立つことが，定義からすぐに分かります。

$$\boldsymbol{a}\times\boldsymbol{b}=-(\boldsymbol{b}\times\boldsymbol{a})$$

$$\boldsymbol{a}\times(\boldsymbol{b}+\boldsymbol{c})=\boldsymbol{a}\times\boldsymbol{b}+\boldsymbol{a}\times\boldsymbol{c}$$

$$(\boldsymbol{a}+\boldsymbol{b})\times\boldsymbol{c}=\boldsymbol{a}\times\boldsymbol{c}+\boldsymbol{b}\times\boldsymbol{c}$$

分配法則については，普通に成り立ちますが，交換法則については，マイナスが付くことに注意しましょう。

この本で重要になるベクトル積の性質は，次の3つです。

定理 1.02　**ベクトル積の性質**

$\boldsymbol{a}$，$\boldsymbol{b}$ を 3 次元ベクトルとします。

(1) $\boldsymbol{a}\times\boldsymbol{a}=\boldsymbol{0}$

(2) $\boldsymbol{a}\times\boldsymbol{b}$ は，$\boldsymbol{a}$，$\boldsymbol{b}$ とそれぞれ直交する。

(3) $\boldsymbol{a}$ と $\boldsymbol{b}$ が張る平行四辺形の面積 S は，$S=|\boldsymbol{a}\times\boldsymbol{b}|$

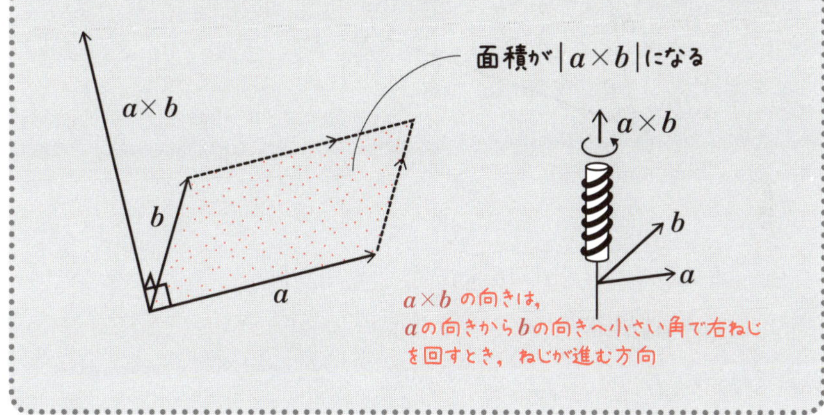

$\boldsymbol{a}=\begin{pmatrix}a\\b\\c\end{pmatrix}$，$\boldsymbol{b}=\begin{pmatrix}x\\y\\z\end{pmatrix}$ とします。

(1)　自分で計算してみましょう。

(2)　$(\boldsymbol{a}\times\boldsymbol{b})\cdot\boldsymbol{a}=\begin{pmatrix}bz-cy\\cx-az\\ay-bx\end{pmatrix}\cdot\begin{pmatrix}a\\b\\c\end{pmatrix}$

$$=(bz-cy)a+(cx-az)b+(ay-bx)c=0$$

内積が 0 になるので，$\boldsymbol{a}\times\boldsymbol{b}$ と $\boldsymbol{a}$ は直交します。

$(\boldsymbol{a}\times\boldsymbol{b})\cdot\boldsymbol{b}$ も同様です。

(3) $\boldsymbol{a}$ と $\boldsymbol{b}$ のなす角を θ とすると，内積の性質より，

$$|\boldsymbol{a}||\boldsymbol{b}|\cos\theta=\boldsymbol{a}\cdot\boldsymbol{b}=ax+by+cz$$

$\overrightarrow{OA}$ と $\overrightarrow{OB}$ が張る平行四辺形で，OA を底辺としたときの高さを h とすると，

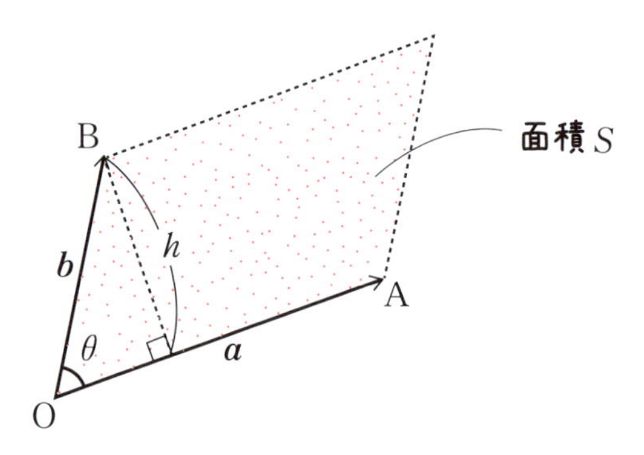

$$
\begin{aligned}
S &= \mathrm{OA}\times h = |\boldsymbol{a}|\times|\boldsymbol{b}|\sin\theta \\
&= |\boldsymbol{a}||\boldsymbol{b}|\sin\theta
\end{aligned}
$$

と表されるので，

$$
\begin{aligned}
S^2 &= |\boldsymbol{a}|^2|\boldsymbol{b}|^2\sin^2\theta = |\boldsymbol{a}|^2|\boldsymbol{b}|^2(1-\cos^2\theta) \\
&= |\boldsymbol{a}|^2|\boldsymbol{b}|^2 - |\boldsymbol{a}|^2|\boldsymbol{b}|^2\cos^2\theta \\
&= (a^2+b^2+c^2)(x^2+y^2+z^2)-(ax+by+cz)^2 \\
&= (bz-cy)^2+(cx-az)^2+(ay-bx)^2 \\
&= |\boldsymbol{a}\times\boldsymbol{b}|^2
\end{aligned}
$$

展開すると確かに等しい

より，$S=|\boldsymbol{a}\times\boldsymbol{b}|$となります。

内積とベクトル積を絡めた公式を 2 つ紹介します。

> **公式 1.03**　$\boldsymbol{a}$，$\boldsymbol{b}$，$\boldsymbol{c}$ **が 3 次元ベクトルのとき，**
>
> $$\boldsymbol{a}\cdot(\boldsymbol{b}\times\boldsymbol{c})=\boldsymbol{b}\cdot(\boldsymbol{c}\times\boldsymbol{a})=\boldsymbol{c}\cdot(\boldsymbol{a}\times\boldsymbol{b})$$

$\boldsymbol{a}=(a_x,\ a_y,\ a_z)$などとおき，直接確かめます。

$$\boldsymbol{a}\cdot(\boldsymbol{b}\times\boldsymbol{c})=(a_x,\ a_y,\ a_z)\cdot(b_yc_z-b_zc_y,\ b_zc_x-b_xc_z,\ b_xc_y-b_yc_x)$$
$$=a_xb_yc_z-a_xb_zc_y+a_yb_zc_x-a_yb_xc_z+a_zb_xc_y-a_zb_yc_x$$

この式に関して，a，b，c を巡回させても式の値が変わらないので，公式が成り立ちます。

なお，この式は $\boldsymbol{a}$，$\boldsymbol{b}$，$\boldsymbol{c}$ で張られる平行六面体の符号付き体積を表しています（証明略）。

次の公式は，本書の中心テーマである空間の曲がり具合（曲率）を解釈するときの手がかりとなる公式です。

公式 1.04　$\boldsymbol{a}$，$\boldsymbol{b}$，$\boldsymbol{c}$，$\boldsymbol{d}$ が 3 次元ベクトルのとき，

$$(\boldsymbol{a}\cdot\boldsymbol{c})(\boldsymbol{b}\cdot\boldsymbol{d})-(\boldsymbol{b}\cdot\boldsymbol{c})(\boldsymbol{a}\cdot\boldsymbol{d})=(\boldsymbol{a}\times\boldsymbol{b})\cdot(\boldsymbol{c}\times\boldsymbol{d})$$

$\boldsymbol{a}=(a_x,\ a_y,\ a_z)$などとおきます。

ただ計算して左辺と右辺が等しいことを確かめてもよいのですが，ここでは工夫してみます。

$\boldsymbol{e}_x=(1,\ 0,\ 0)$，$\boldsymbol{e}_y=(0,\ 1,\ 0)$，$\boldsymbol{e}_z=(0,\ 0,\ 1)$とおくと，

$\boldsymbol{a}=a_x\boldsymbol{e}_x+a_y\boldsymbol{e}_y+a_z\boldsymbol{e}_z$と表せます。

公式の $\boldsymbol{a}$ を $\boldsymbol{e}_x$ とおいて，両辺で成分計算します。

$\boldsymbol{e}_x=(1,\ 0,\ 0)$
$\boldsymbol{b}=(b_x,\ b_y,\ b_z)$

$$(\boldsymbol{e}_x\cdot\boldsymbol{c})(\boldsymbol{b}\cdot\boldsymbol{d})-(\boldsymbol{b}\cdot\boldsymbol{c})(\boldsymbol{e}_x\cdot\boldsymbol{d})$$
$$=c_x(b_xd_x+b_yd_y+b_zd_z)-(b_xc_x+b_yc_y+b_zc_z)d_x$$
$$=c_xb_yd_y+c_xb_zd_z-b_yc_yd_x-b_zc_zd_x$$

$$(\boldsymbol{e}_x\times\boldsymbol{b})\cdot(\boldsymbol{c}\times\boldsymbol{d})=(0,\ -b_z,\ b_y)\cdot(c_yd_z-c_zd_y,\ c_zd_x-c_xd_z,\ c_xd_y-c_yd_x)$$
$$=-b_zc_zd_x+b_zc_xd_z+b_yc_xd_y-b_yc_yd_x$$

よって，$(\boldsymbol{e}_x\cdot\boldsymbol{c})(\boldsymbol{b}\cdot\boldsymbol{d})-(\boldsymbol{b}\cdot\boldsymbol{c})(\boldsymbol{e}_x\cdot\boldsymbol{d})=(\boldsymbol{e}_x\times\boldsymbol{b})\cdot(\boldsymbol{c}\times\boldsymbol{d})$　(1.01)

同様に，$(\boldsymbol{e}_y\cdot\boldsymbol{c})(\boldsymbol{b}\cdot\boldsymbol{d})-(\boldsymbol{b}\cdot\boldsymbol{c})(\boldsymbol{e}_y\cdot\boldsymbol{d})=(\boldsymbol{e}_y\times\boldsymbol{b})\cdot(\boldsymbol{c}\times\boldsymbol{d})$　(1.02)

$$(\boldsymbol{e}_z\cdot\boldsymbol{c})(\boldsymbol{b}\cdot\boldsymbol{d})-(\boldsymbol{b}\cdot\boldsymbol{c})(\boldsymbol{e}_z\cdot\boldsymbol{d})=(\boldsymbol{e}_z\times\boldsymbol{b})\cdot(\boldsymbol{c}\times\boldsymbol{d}) \tag{1.03}$$

$(1.01)\times a_x+(1.02)\times a_y+(1.03)\times a_z$を考えましょう。定数倍は内積・ベクトル積の中に入れてもよく，また内積・ベクトル積に関して分配法則が成り立つことから，$\boldsymbol{a}=a_x\boldsymbol{e}_x+a_y\boldsymbol{e}_y+a_z\boldsymbol{e}_z$を用いて，

$$(\boldsymbol{a}\cdot\boldsymbol{c})(\boldsymbol{b}\cdot\boldsymbol{d})-(\boldsymbol{b}\cdot\boldsymbol{c})(\boldsymbol{a}\cdot\boldsymbol{d})=(\boldsymbol{a}\times\boldsymbol{b})\cdot(\boldsymbol{c}\times\boldsymbol{d})$$

となります。

この公式で重要なのは，計算よりも図形的な解釈です。

一般に，2面角（平面と平面のなす角）がθである平面π_1とπ_2に関して，π_1上の領域R（面積はS）をπ_2に正射影した領域をR'（面積はS'）とすると，SとS'の間には，$S\cos\theta=S'$という関係があります。

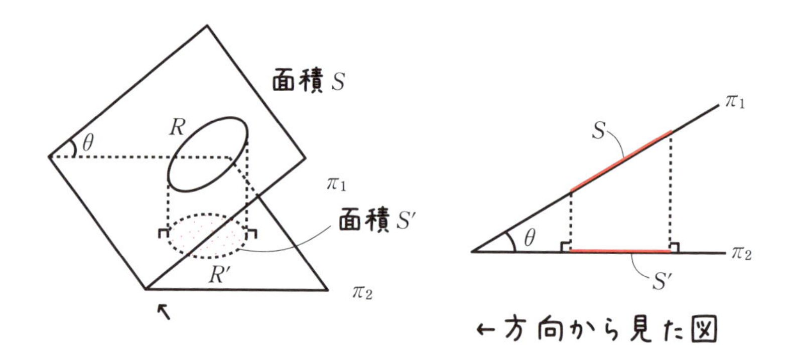

右辺を図形的に解釈してみましょう。$\boldsymbol{a}\times\boldsymbol{b}$と$\boldsymbol{c}\times\boldsymbol{d}$のなす角を$\theta$とすると，右辺は，

$$(\boldsymbol{a}\times\boldsymbol{b})\cdot(\boldsymbol{c}\times\boldsymbol{d})=|\boldsymbol{a}\times\boldsymbol{b}||\boldsymbol{c}\times\boldsymbol{d}|\cos\theta$$

となります。

$\boldsymbol{a}$，$\boldsymbol{b}$ が張る平行四辺形を含む平面を π_1，$\boldsymbol{c}$，$\boldsymbol{d}$ が張る平行四辺形を含む平面を π_2 とします。$\boldsymbol{a}\times\boldsymbol{b}$ は π_1 の法線方向，$\boldsymbol{c}\times\boldsymbol{d}$ は π_2 の法線方向に平行ですから，π_1 と π_2 がなす 2 面角は θ に等しくなります。

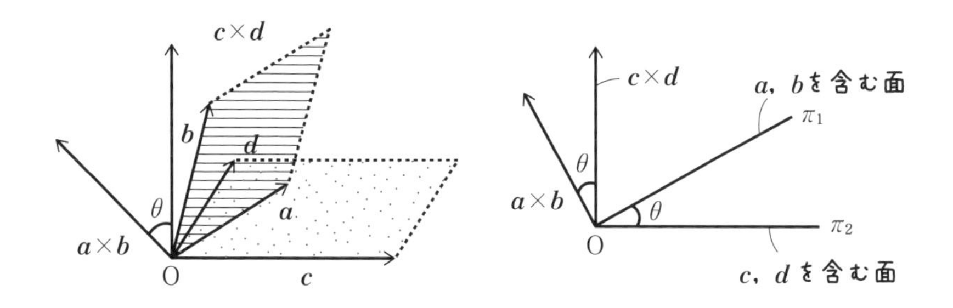

ですから，$|\boldsymbol{a}\times\boldsymbol{b}|\cos\theta$ は $\boldsymbol{a}$，$\boldsymbol{b}$ が張る平行四辺形を π_2 に正射影してできる平行四辺形の面積に等しくなります。

よって，$(\boldsymbol{a}\times\boldsymbol{b})\cdot(\boldsymbol{c}\times\boldsymbol{d})$ は，その面積と $\boldsymbol{c}$，$\boldsymbol{d}$ が張る平行四辺形の面積の積を表しています。

§2　微分の公式

高校の微積で習った関数の積の微分の公式，合成関数の微分の公式を確認しておきます。

$$(f(x)g(x))' = f'(x)g(x)+f(x)g'(x) \qquad \text{（関数の積の微分）}$$

$$(f(g(x)))' = f'(g(x))g'(x) \qquad \text{（合成関数の微分）}$$

積の微分の公式は**ライプニッツ則**，合成関数の微分の公式は，**連鎖律**とも呼ばれます。

この本では成分が関数になるベクトルを扱います。このようなものを，ベクトルに値を持つという意味で**ベクトル値関数**と呼びます。

ベクトル値関数についてライプニッツ則，連鎖律がどう拡張されるのか確認しておきましょう。

成分が t の関数であるベクトル（例えば 2 次元）は，下左のように表されるとき，このベクトルの t による微分は成分を t で微分した関数を並べたベクトルです。

$$\boldsymbol{a}(t)=\begin{pmatrix} x(t) \\ y(t) \end{pmatrix} \quad \text{微分して，} \quad \boldsymbol{a}'(t)=\begin{pmatrix} x'(t) \\ y'(t) \end{pmatrix}$$

ライプニッツ則は，次の式のようにベクトルの内積，ベクトル積に自然に拡張できます。これは，内積の値や，ベクトル積の成分が，$\boldsymbol{a}(t)$の成分と$\boldsymbol{b}(t)$の成分の積の和や差で表されるからです。

$$(\boldsymbol{a}(t)\cdot\boldsymbol{b}(t))' = \boldsymbol{a}'(t)\cdot\boldsymbol{b}(t)+\boldsymbol{a}(t)\cdot\boldsymbol{b}'(t)$$

$$(\boldsymbol{a}(t)\times\boldsymbol{b}(t))' = \boldsymbol{a}'(t)\times\boldsymbol{b}(t)+\boldsymbol{a}(t)\times\boldsymbol{b}'(t)$$

ベクトル積の方だけ確認してみましょう。

$$\boldsymbol{a}(t)=(x(t),\ y(t),\ z(t)),\quad \boldsymbol{b}(t)=(\alpha(t),\ \beta(t),\ \gamma(t))$$

とおくと，左辺の x 成分は，

$$
\begin{aligned}
&(y(t)\gamma(t)-z(t)\beta(t))' \\
&=y'(t)\gamma(t)+y(t)\gamma'(t)-z'(t)\beta(t)-z(t)\beta'(t) \\
&=\underbrace{y'(t)\gamma(t)-z'(t)\beta(t)}_{\boldsymbol{a}'(t)\times\boldsymbol{b}(t)\text{の }x\text{ 成分}}+\underbrace{y(t)\gamma'(t)-z(t)\beta'(t)}_{\boldsymbol{a}(t)\times\boldsymbol{b}'(t)\text{の }x\text{ 成分}}
\end{aligned}
$$

となりますから，ベクトル積に関するライプニッツ則が確認できました。

次の問題は成分計算で直接確認してもたいしたことはありませんが，この公式を用いてみましょう。大きさが一定であるベクトル値関数は，微分したものと直交することを示しておきます。

問題 1.05

$|\boldsymbol{a}(t)|=c$　（c は定数）のとき，$\boldsymbol{a}(t)$と$\boldsymbol{a}'(t)$は直交することを示せ。

$\boldsymbol{a}(t)\cdot\boldsymbol{a}(t)=c^2$を t で微分すると，

$$\boldsymbol{a}'(t)\cdot\boldsymbol{a}(t)+\boldsymbol{a}(t)\cdot\boldsymbol{a}'(t)=0 \qquad \therefore\ \boldsymbol{a}'(t)\cdot\boldsymbol{a}(t)=0$$

これを用いると，弧長パラメータ（曲線上の定点からの長さを表しているパラメータ。10 節参照）で表された曲線 C：$\boldsymbol{r}(s)$ の接線ベクトル$\boldsymbol{r}'(s)$（s が弧長パラメータなので$|\boldsymbol{r}'(s)|=1$を満たす）を微分したベクトル$\boldsymbol{r}''(s)$は，$\boldsymbol{r}'(s)$と直交することが分かります。

連鎖律は，多変数の関数に拡張できます。

例えば，x，y が t の関数であるとき（$x(t)$，$y(t)$と表されているとする），2 変数関数 $f(x,\ y)$との合成関数 $f(x(t),\ y(t))$を考えましょう。これを t で微分すると，

$$\frac{df(x(t),\ y(t))}{dt}=\frac{\partial f(x(t),\ y(t))}{\partial x}\cdot\frac{dx(t)}{dt}+\frac{\partial f(x(t),\ y(t))}{\partial y}\cdot\frac{dy(t)}{dt}$$

ここで，$\dfrac{\partial f(x,\ y)}{\partial x}$は**偏微分**と呼ばれ，$f(x,\ y)$で y を定数として見て x で微分したものを表します。$\dfrac{\partial f(x(t),\ y(t))}{\partial x}$は，$\dfrac{\partial f(x,\ y)}{\partial x}$の x，y に x，y を t で表した関数 $x(t)$，$y(t)$ を代入したものです。実例で確認してみま

しょう。

問題 1.06

$x(t)=\cos t$，$y(t)=\sin t$，$f(x,\ y)=x^2y+2y$ のとき，$f(x(t),\ y(t))$ を t で微分せよ。

初め，公式を用いずに計算してみましょう。

$$f(x(t),\ y(t))=f(\cos t,\ \sin t)=\underbrace{\cos^2 t}_{g}\underbrace{\sin t}_{h}+2\sin t$$

これを t で微分して，

$$\begin{aligned}\frac{df(x(t),\ y(t))}{dt}&=\frac{d}{dt}(\cos^2 t\sin t+2\sin t)\\&=\underbrace{2\cos t(-\sin t)}_{g'}\sin t+\cos^2 t\underbrace{\cos t}_{h'}+2\cos t\\&=-2\cos t\sin^2 t+\cos^3 t+2\cos t\end{aligned}$$

一方，公式を用いると，

$$\frac{df(x(t),\ y(t))}{dt}=\frac{\partial f(x(t),\ y(t))}{\partial x}\cdot\frac{dx}{dt}+\frac{\partial f(x(t),\ y(t))}{\partial y}\cdot\frac{dy}{dt}$$

$$\frac{\partial f(x,\ y)}{\partial x}=2xy,\ \frac{\partial f(x,\ y)}{\partial y}=x^2+2,\ \frac{dx}{dt}=-\sin t,\ \frac{dy}{dt}=\cos t$$

$$=2\cos t\sin t(-\sin t)+(\cos^2 t+2)\cos t$$

$$=-2\cos t\sin^2 t+\cos^3 t+2\cos t$$

また，x，y が u，v の関数であり（$x(u,\ v)$，$y(u,\ v)$ と表されているものとする），2変数関数 $f(x,\ y)$ との合成関数 $f(x(u,\ v),\ y(u,\ v))$ を u で偏微分すると，

$$\begin{aligned}&\frac{\partial f(x(u,\ v),\ y(u,\ v))}{\partial u}\\&=\frac{\partial f(x(u,\ v),\ y(u,\ v))}{\partial x}\cdot\frac{\partial x(u,\ v)}{\partial u}\\&\qquad+\frac{\partial f(x(u,\ v),\ y(u,\ v))}{\partial y}\cdot\frac{\partial y(u,\ v)}{\partial u}\end{aligned}$$

丁寧に書くとこうなるのですが，$x(u,\ v)$，$y(u,\ v)$が何度も出てきてかえって法則が分からなくなるので，省略して書くと，次のようにまとまります。tの1変数の場合もまとめておきます。

定理 1.07　連鎖律

$f(x(t),\ y(t))$, $f(x(t),\ y(t),\ z(t))$の微分

$$\frac{df}{dt}=\frac{\partial f}{\partial x}\cdot\frac{dx}{dt}+\frac{\partial f}{\partial y}\cdot\frac{dy}{dt}$$

$$\frac{df}{dt}=\frac{\partial f}{\partial x}\cdot\frac{dx}{dt}+\frac{\partial f}{\partial y}\cdot\frac{dy}{dt}+\frac{\partial f}{\partial z}\cdot\frac{dz}{dt}$$

$f(x(u,\ v),\ y(u,\ v))$, $f(x(u,\ v),\ y(u,\ v),\ z(u,\ v))$の$u$による偏微分

$$\frac{\partial f}{\partial u}=\frac{\partial f}{\partial x}\cdot\frac{\partial x}{\partial u}+\frac{\partial f}{\partial y}\cdot\frac{\partial y}{\partial u}$$

$$\frac{\partial f}{\partial u}=\frac{\partial f}{\partial x}\cdot\frac{\partial x}{\partial u}+\frac{\partial f}{\partial y}\cdot\frac{\partial y}{\partial u}+\frac{\partial f}{\partial z}\cdot\frac{\partial z}{\partial u}$$

§3　3次元の座標変換

3次元の座標変換について解説します。

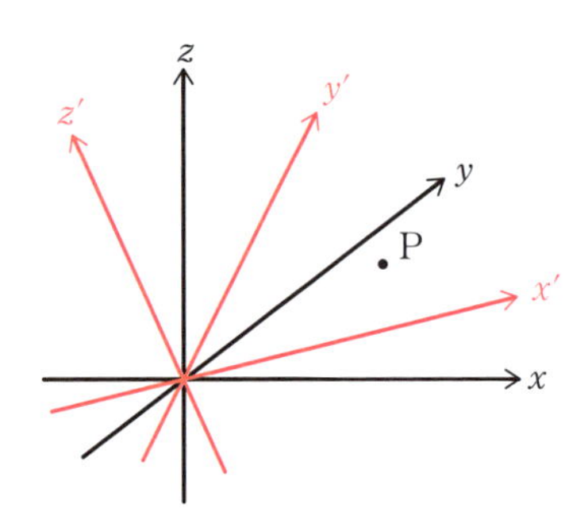

原点を共有する2つの直交座標，xyz 座標と $x'y'z'$ 座標が固定されているとします。点Pが xyz 座標で $(3,\ 5,\ 2)$ と表されるとき，$x'y'z'$ 座標ではどう表されるでしょうか。$x'y'z'$ 座標での座標の値を求めるには行列の積を用います。このとき用いる行列には次のような性質があります。

定理 1.08　**直交座標の成分変換は直交行列で**

原点を共有し，各座標軸の目盛りの幅が同じ2つの直交座標，xyz 座標と $x'y'z'$ 座標が固定されているとする。

xyz 座標で $(x,\ y,\ z)$ と表される点Pが $x'y'z'$ 座標で $(x',\ y',\ z')$ と表されるものとする。このとき，$(x',\ y',\ z')$ は，xyz 座標と $x'y'z'$ 座標との位置関係によって定められる $(3,\ 3)$ 行列 U によって，

$$\begin{pmatrix} x' \\ y' \\ z' \end{pmatrix} = U \begin{pmatrix} x \\ y \\ z \end{pmatrix}$$

${}^tU$ は U の転置行列を表す
E は単位行列を表す

と表すことができる。このような U は，${}^tUU = U{}^tU = E$ を満たす。

Uを**直交行列**という。

$x'y'z'$座標で，(1, 0, 0)，(0, 1, 0)，(0, 0, 1)と表される点をそれぞれ，A，B，Cとし，$\overrightarrow{OA}$，$\overrightarrow{OB}$，$\overrightarrow{OC}$をxyz座標で表したものを

$$\overrightarrow{OA}=\begin{pmatrix}a_1\\a_2\\a_3\end{pmatrix},\quad \overrightarrow{OB}=\begin{pmatrix}b_1\\b_2\\b_3\end{pmatrix},\quad \overrightarrow{OC}=\begin{pmatrix}c_1\\c_2\\c_3\end{pmatrix}$$ とします

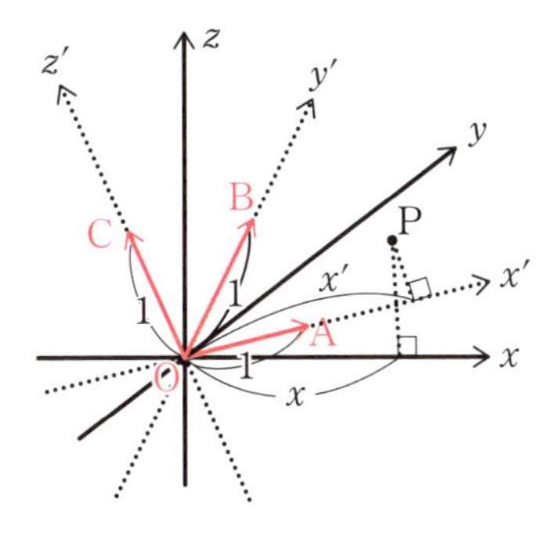

すると，Pの$x'y'z'$座標での値が(x', y', z')なので，$\overrightarrow{OP}$をxyz座標で表すと，

$$\overrightarrow{OP}=x'\overrightarrow{OA}+y'\overrightarrow{OB}+z'\overrightarrow{OC}=x'\begin{pmatrix}a_1\\a_2\\a_3\end{pmatrix}+y'\begin{pmatrix}b_1\\b_2\\b_3\end{pmatrix}+z'\begin{pmatrix}c_1\\c_2\\c_3\end{pmatrix}$$

これが$\begin{pmatrix}x\\y\\z\end{pmatrix}$に等しいので，上の右辺を行列の積を用いて表すと，

$$\begin{pmatrix}a_1&b_1&c_1\\a_2&b_2&c_2\\a_3&b_3&c_3\end{pmatrix}\begin{pmatrix}x'\\y'\\z'\end{pmatrix}=\begin{pmatrix}x\\y\\z\end{pmatrix}$$

となります。これに$U=\begin{pmatrix}a_1&a_2&a_3\\b_1&b_2&b_3\\c_1&c_2&c_3\end{pmatrix}$を左からかけると，

$$\begin{pmatrix} a_1 & a_2 & a_3 \\ b_1 & b_2 & b_3 \\ c_1 & c_2 & c_3 \end{pmatrix}\begin{pmatrix} a_1 & b_1 & c_1 \\ a_2 & b_2 & c_2 \\ a_3 & b_3 & c_3 \end{pmatrix}\begin{pmatrix} x' \\ y' \\ z' \end{pmatrix}=\begin{pmatrix} a_1 & a_2 & a_3 \\ b_1 & b_2 & b_3 \\ c_1 & c_2 & c_3 \end{pmatrix}\begin{pmatrix} x \\ y \\ z \end{pmatrix}$$

U　　　${}^tU$　　　U

ここで左辺の左 2 つの行列の積を考えます。

(1, 1) 成分は，$a_1{}^2+a_2{}^2+a_3{}^2=|\overrightarrow{\mathrm{OA}}|^2=1$

(1, 2) 成分は，$a_1b_1+a_2b_2+a_3b_3=\overrightarrow{\mathrm{OA}}\cdot\overrightarrow{\mathrm{OB}}=0$

$x'y'z'$ 座標が直交座標であることから，$\overrightarrow{\mathrm{OA}}$，$\overrightarrow{\mathrm{OB}}$，$\overrightarrow{\mathrm{OC}}$ の大きさは 1，$\overrightarrow{\mathrm{OA}}$，$\overrightarrow{\mathrm{OB}}$，$\overrightarrow{\mathrm{OC}}$ のうちどの 2 つも直交している

などと計算して，$U\,{}^tU$ は単位行列 E になります。よって，

$$E\begin{pmatrix} x' \\ y' \\ z' \end{pmatrix}=\begin{pmatrix} a_1 & a_2 & a_3 \\ b_1 & b_2 & b_3 \\ c_1 & c_2 & c_3 \end{pmatrix}\begin{pmatrix} x \\ y \\ z \end{pmatrix}\qquad\begin{pmatrix} x' \\ y' \\ z' \end{pmatrix}=\underbrace{\begin{pmatrix} a_1 & a_2 & a_3 \\ b_1 & b_2 & b_3 \\ c_1 & c_2 & c_3 \end{pmatrix}}_{U}\begin{pmatrix} x \\ y \\ z \end{pmatrix}$$

上の計算より $U\,{}^tU=E$ が成り立ち，${}^tU=U^{-1}$ ですから，

$${}^tUU=U^{-1}U=E$$

も成り立ちます。

直交行列で表される変換（直交変換）にはベクトルの内積の値を保存するという重要な性質があります。

定理 1.09　**直交変換は内積を保存**

点 A，B が xyz 座標で，$(a_1,\ a_2,\ a_3)$, $(b_1,\ b_2,\ b_3)$,
$x'y'z'$ 座標で，$(a'_1,\ a'_2,\ a'_3)$, $(b'_1,\ b'_2,\ b'_3)$ と表されるとき，

$$a'_1 b'_1 + a'_2 b'_2 + a'_3 b'_3 = a_1 b_1 + a_2 b_2 + a_3 b_3$$

が成り立つ。

xyz 座標を $x'y'z'$ 座標に変換する行列を U,

$$\boldsymbol{a}=\begin{pmatrix}a_1\\a_2\\a_3\end{pmatrix},\ \boldsymbol{a}'=\begin{pmatrix}a'_1\\a'_2\\a'_3\end{pmatrix},\ \boldsymbol{b}=\begin{pmatrix}b_1\\b_2\\b_3\end{pmatrix},\ \boldsymbol{b}'=\begin{pmatrix}b'_1\\b'_2\\b'_3\end{pmatrix}$$ とおくと，

$\boldsymbol{a}'=U\boldsymbol{a}$，$\boldsymbol{b}'=U\boldsymbol{b}$ と表されます。

$$\begin{pmatrix}a'_1\\a'_2\\a'_3\end{pmatrix}\cdot\begin{pmatrix}b'_1\\b'_2\\b'_3\end{pmatrix}=(a'_1\,a'_2\,a'_3)\begin{pmatrix}b'_1\\b'_2\\b'_3\end{pmatrix}={}^t\boldsymbol{a}'\boldsymbol{b}'$$

$${}^t(AB)={}^tB\,{}^tA$$

$$={}^t(U\boldsymbol{a})(U\boldsymbol{b})={}^t\boldsymbol{a}\underbrace{{}^tUU}_{E}\boldsymbol{b}={}^t\boldsymbol{a}Eb={}^t\boldsymbol{a}\boldsymbol{b}=\begin{pmatrix}a_1\\a_2\\a_3\end{pmatrix}\cdot\begin{pmatrix}b_1\\b_2\\b_3\end{pmatrix}$$

ベクトル $\boldsymbol{a}$ の大きさは，自身との内積 $\boldsymbol{a}\cdot\boldsymbol{a}$ の平方根で表されましたから，直交変換でベクトルの大きさは不変，つまり，どのように直交座標をとってもベクトルの大きさは変わらないということです。この例では，当たり前のことを言っているようにしか思えませんが，当たり前でないような例も今後出てきますので楽しみにしてください。

§4 スカラー場，ベクトル場のイメージ

ここからベクトル解析と呼ばれる内容に入ります。電磁気学の方程式が特殊相対論の座標変換によって変わらないことを示すのは，この本の目標の一つです。電磁気学の法則は，この節で用意するベクトル解析の道具を使って記述されます。

初めにベクトル解析の舞台となる「スカラー場」「ベクトル場」について簡単に説明しておきましょう。

のちに n 次元に拡張されますが，第1章では3次元で説明していきます。3次元座標空間(x, y, z)があるものとします。

スカラー場とは空間（場）の各点に対して数（スカラー）を対応させるきまり，つまり空間中の各点ごとに数値が割り当てられている状態がスカラー場です。スカラー場は実数に値をとる関数で表されます。

物理の例を挙げれば，気温がこれに当たります。気温計で測ることができる気温は，気温計の先端が置かれている空間の1点での空気の温度を表していて，気温計を動かせば，またその地点での気温を指し示すことになります。気温は，空間の各点ごとに割り当てられた数値です。

空間の座標を (x, y, z) で表すと，気温は座標の関数 $f(x, y, z)$になっています。空間の座標を表す3つの数の組に対して，1つの数を対応させるきまりがスカラー場です。

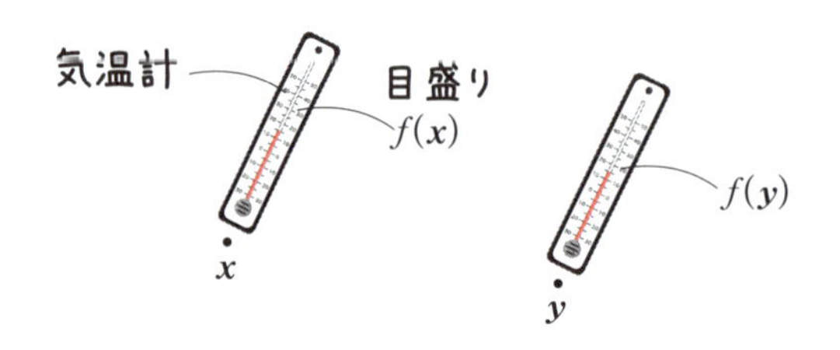

これに対し，ベクトル場とは空間（場）の各点に対してベクトルを対応させるきまり，すなわち空間中の各点ごとにベクトルが割り当てられている状態がベクトル場です。ベクトル場は，ベクトル値関数で表されます。

物理の例を挙げれば，流れている水の中の各点ごとの水流の速度ベクトルは，ベクトル場です（各点での速度の時間変化はないものとします）。ベクトルを矢印で表現すると下図のようになります。

空間の座標を(x, y, z)で表すと，各点での流速ベクトルのx成分，y成分，z成分は各点の座標の関数であり，速度ベクトルは，

$$V(x, y, z)=(V_x(x, y, z), V_y(x, y, z), V_z(x, y, z))$$

と表されます。

水流の速度ベクトル以外のベクトル場の場合でも，ベクトル場を矢印で表現することがよくあります。図で表すとやはり下左図のようになります。

すると，我々の脳は図のような一定の傾向で描かれた矢印の図を，「流れ」として捉えるので，実際の流れがない場合でも，ベクトル場を流れに喩（たと）えることがあります。

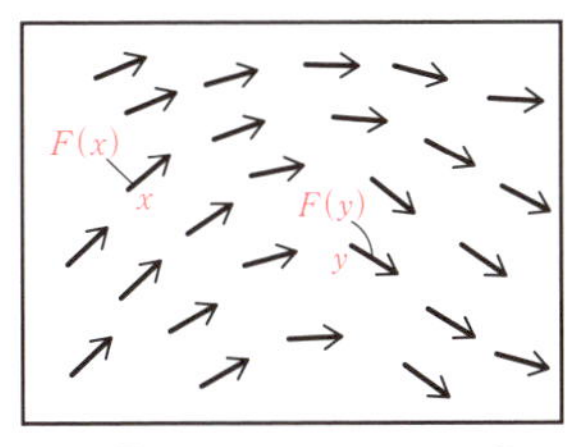

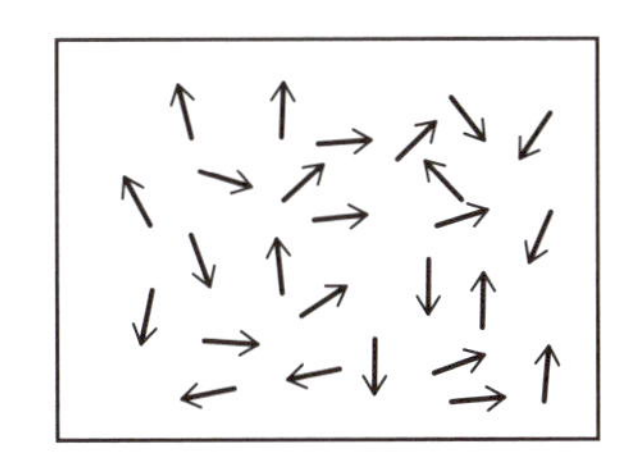

滑らかなベクトル場

なお，この本では，関数が何回でも微分可能なものしか扱いません。ですから，矢印には一定の傾向があり，上右図のようにバラバラになることはありません。

このあとベクトル解析の道具である勾配 (grad)，発散 (div)，回転 (rot) について説明していきます。

§5　勾配

勾配は，スカラー場からベクトル場を作り出す次のような仕組みです。

定義 1.10　勾配（gradient）

位置 $\boldsymbol{x}=(x,\ y,\ z)$ で $f(\boldsymbol{x})=f(x,\ y,\ z)$ の値を持つスカラー場に対して，ベクトル場 $\mathrm{grad}\,f(\boldsymbol{x})$ を

$$\mathrm{grad}\,f(\boldsymbol{x})=\left(\frac{\partial f(x,\ y,\ z)}{\partial x},\ \frac{\partial f(x,\ y,\ z)}{\partial y},\ \frac{\partial f(x,\ y,\ z)}{\partial z}\right)$$

と定めたものを勾配という。

位置 $\boldsymbol{x}$ に対応するベクトルということで，$\mathrm{grad}\,f(\boldsymbol{x})$ と書きましたが，$(\boldsymbol{x})$ は省略してもかまいません。

$\mathrm{grad}\,f$ は，∇f とも表されます。

∇ は，形式的に $\left(\frac{\partial}{\partial x},\ \frac{\partial}{\partial y},\ \frac{\partial}{\partial z}\right)$ を表していると捉えます。すると，

$$\nabla \ \rightarrow \ \left(\frac{\partial}{\partial x},\ \frac{\partial}{\partial y},\ \frac{\partial}{\partial z}\right) \qquad \nabla f \ \rightarrow \ \left(\frac{\partial f}{\partial x},\ \frac{\partial f}{\partial y},\ \frac{\partial f}{\partial z}\right)$$

となるので，∇f と表すのです。

問題 1.11

$f(x,\ y,\ z)=e^{x}\cos(yz)$ のとき，$\mathrm{grad}\,f$ を求めよ。

$$\mathrm{grad}\,f=\left(\frac{\partial f}{\partial x},\ \frac{\partial f}{\partial y},\ \frac{\partial f}{\partial z}\right)=(e^{x}\cos(yz),\ -ze^{x}\sin(yz),\ -ye^{x}\sin(yz))$$

上では 3 次元の場合で書きましたが，勾配は n 次元に対しても同様に

定義することができます。

n 次元の場合の勾配は，n 次元スカラー場 $f(x_1, x_2, \cdots, x_n)$ に対して，n 次元ベクトル場，

$$\left(\frac{\partial f(x_1, x_2, \cdots, x_n)}{\partial x_1}, \frac{\partial f(x_1, x_2, \cdots, x_n)}{\partial x_2}, \cdots\cdots, \frac{\partial f(x_1, x_2, \cdots, x_n)}{\partial x_n}\right)$$

を対応させる仕組みのことです。

勾配と呼ばれる理由を説明するには，2次元スカラー場 $f(x, y)$ に対して，2次元ベクトル場

$$\left(\frac{\partial f(x, y)}{\partial x}, \frac{\partial f(x, y)}{\partial y}\right)$$

を対応させる $n=2$ の場合の勾配を用いると分かりやすいです。

関数 $y=f(x)$ のグラフは，ある値 s に対して xy 平面に点 $\mathrm{P}(s, f(s))$ をとり，s を自由に動かしたときの点Pの軌跡でした。

2次元スカラー場 $f(x, y)$ は，2次元座標 (x, y) に対してスカラー $f(x, y)$ を対応させることですが，これを z を値域とする2変数関数と見て，(x, y, z) 座標空間中で $z=f(x, y)$ という曲面を考えます。

この曲面は，xy 平面上のある点 $\mathrm{H}(s, t)$ に対して点 $\mathrm{P}(s, t, f(s, t))$ をとり，Hを xy 平面上のすべてに動かしたときの点Pの軌跡です。

$f(s, t)$ は，xy 平面に対する点Pの高さを表しています。

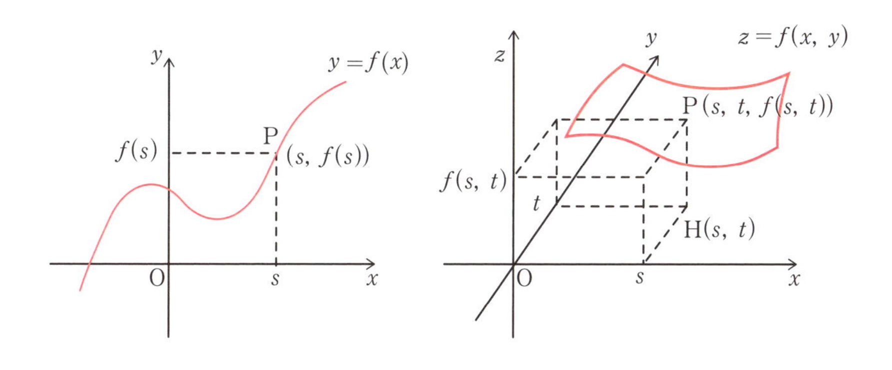

この曲面が左図の山のような曲面を描いているものとします。実線は等高線を表しています。右図は，左図の状況を上から見た図です。

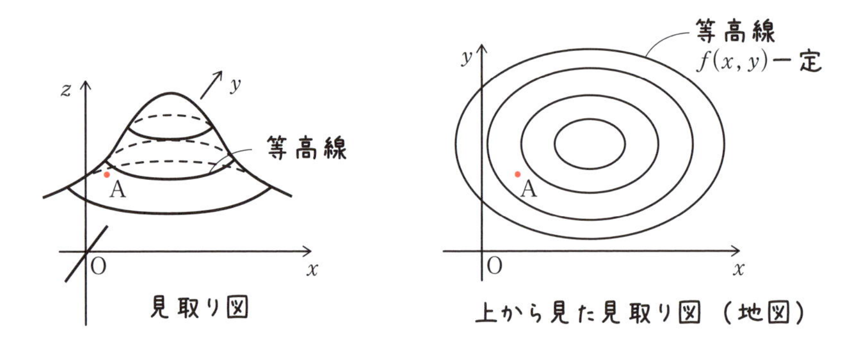

曲面上の点Aに人がいるとし，ある方向に進むとします。このとき，一番きつい傾斜となるのはどの方向でしょうか。

ベクトル grad f は xy 平面に矢印として表現され，平面上の各点で方角を表していると捉えることができます。実は，A が grad f の指し示す方角に進むとき，傾きが一番大きくなります。

grad$f$には次の性質があります。

定理 1.12　**grad f の性質**

2次元スカラー場 $f(x,\ y)$に対して，勾配grad$f(x,\ y)$を考える。

（1）　grad f は等高線と直交する。

（2）　grad f は傾きが一番大きくなる向きを，
　　　$|\mathrm{grad} f|$ は傾きの最大値を表す。

（1）　上右図のある1つの等高線が媒介変数を用いて$(x(t),\ y(t))$と表されているものとします。等高線は $f(x,\ y)=C$（C は定数）を満たす$(x,\ y)$の集合です。

よって，$f(x(t),\ y(t))=C$ と表されます。この式を t で微分すると，

$$\frac{\partial f(x(t),\ y(t))}{\partial x}\cdot\frac{dx}{dt}+\frac{\partial f(x(t),\ y(t))}{\partial y}\cdot\frac{dy}{dt}=0$$

これは，$\mathrm{grad}\,f=\left(\dfrac{\partial f}{\partial x},\ \dfrac{\partial f}{\partial y}\right)$と等高線の接線方向$\left(\dfrac{dx}{dt},\ \dfrac{dy}{dt}\right)$の内積が0，すなわち直交していることを表しています。

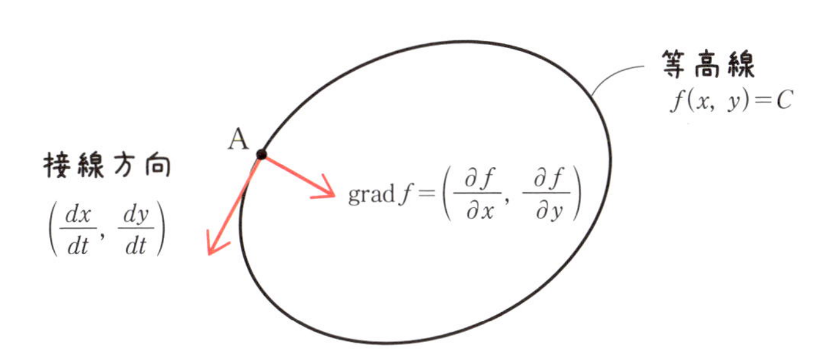

(2)　点$(a,\ b,\ f(a,\ b))$での最大の傾きを求めてみましょう。

x軸とのなす角がθである直線$l:(a+t\cos\theta,\ b+t\sin\theta,\ 0)$を設定します。$l$を含み$xy$平面に垂直な面$\pi$で曲面を切断すると，切り口には曲線が現れます。この曲線の$(a,\ b,\ f(a,\ b))$での傾きを求めてみましょう。

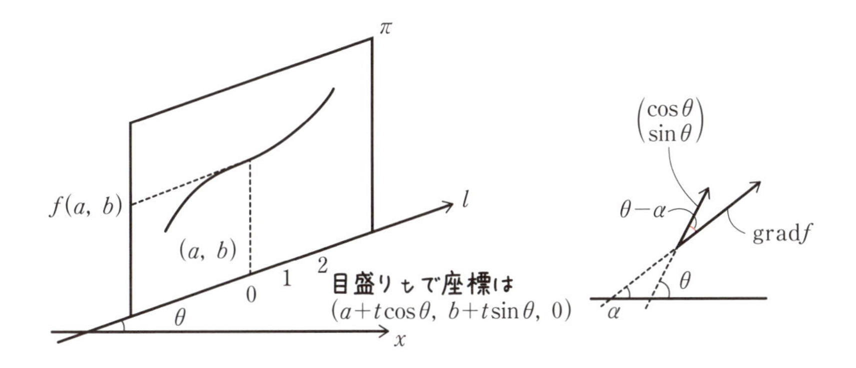

$t=1$に対応する点には1，というようにl上に目盛りを振ると，

$$|(\cos\theta,\ \sin\theta)|=1$$

ですから，lにはx軸y軸と同じ間隔で目盛りが振られます。切り口の曲線は，平面π（tz座標平面）で，tの関数として

$$z = f(a+t\cos\theta,\ b+t\sin\theta)$$

と表されます。よって，切り口の曲線の傾きは，

$f(a+t\cos\theta,\ b+t\sin\theta)$を$t$で微分することで得られます。

$f(x,\ y)$で，$x=a+t\cos\theta$，$y=b+t\sin\theta$とおいているので，

$$\frac{df(a+t\cos\theta,\ b+t\sin\theta)}{dt} = \frac{\partial f}{\partial x}\cdot\frac{dx}{dt}+\frac{\partial f}{\partial y}\cdot\frac{dy}{dt}$$

$$= \frac{\partial f}{\partial x}\cos\theta+\frac{\partial f}{\partial y}\sin\theta$$

ここで，$\mathrm{grad}\, f=\left(\frac{\partial f}{\partial x},\ \frac{\partial f}{\partial y}\right)$を$xy$平面のベクトルとして捉え，これと$x$軸のなす角を$\alpha$とすると（前ページ図参照），

$$\frac{\partial f}{\partial x}\cos\theta+\frac{\partial f}{\partial y}\sin\theta = \left|\left(\frac{\partial f}{\partial x},\ \frac{\partial f}{\partial y}\right)\right||(\cos\theta,\ \sin\theta)|\cos(\theta-\alpha)$$

$$= \left|\left(\frac{\partial f}{\partial x},\ \frac{\partial f}{\partial y}\right)\right|\cos(\theta-\alpha)$$

傾きが最大となるのは，$\theta=\alpha$のとき，すなわちgrad$f$の方角で切断したときで，最大値は$|\mathrm{grad}\, f|$です。

このような意味があるので，gradを勾配というのです。

力学では，質量を置くと力を生み出す空間の性質を，重力場といってベクトルで表します。重力場は，重力ポテンシャルという場の関数の勾配になっています。

同様に，電磁気学では，電荷を置くと力を生み出す空間の性質を電場といってベクトルで表します。電場は，電磁気ポテンシャルという場の関数の勾配になっています。

このように重力場，電場が，ポテンシャルの勾配になっていることから，質点，電荷の運動をまるで物体が斜面を転がるかのようなイメージで捉えることができるのです。

§6　発散

勾配の次に，**発散**と呼ばれるベクトル場に対してスカラー場を対応させる仕組みを紹介しましょう。

定義 1.13　**発散（divergence）**

位置 $\boldsymbol{x}=(x,\ y,\ z)$ において，ベクトル

$$\boldsymbol{A}(x,\ y,\ z)=(A_x(x,\ y,\ z),\ A_y(x,\ y,\ z),\ A_z(x,\ y,\ z))$$

を対応させるベクトル場に対して，スカラー場 $\mathrm{div}\boldsymbol{A}(\boldsymbol{x})$ を

$$\mathrm{div}\boldsymbol{A}(\boldsymbol{x})=\frac{\partial A_x}{\partial x}+\frac{\partial A_y}{\partial y}+\frac{\partial A_z}{\partial z}$$

と定めたものを発散という。

$\mathrm{div}\boldsymbol{A}(x)$ は，$\nabla\cdot\boldsymbol{A}(\boldsymbol{x})$ と表すこともあります。

これは，∇ を形式的に $\left(\frac{\partial}{\partial x},\ \frac{\partial}{\partial y},\ \frac{\partial}{\partial z}\right)$ であると捉えれば，

$$\nabla\cdot\boldsymbol{A}(\boldsymbol{x}) \ \rightarrow\ \left(\frac{\partial}{\partial x},\ \frac{\partial}{\partial y},\ \frac{\partial}{\partial z}\right)\cdot(A_x,\ A_y,\ A_z)$$

$$\rightarrow\ \frac{\partial A_x}{\partial x}+\frac{\partial A_y}{\partial y}+\frac{\partial A_z}{\partial z}$$

となるからです。

発散の式の意味について説明してみましょう。

位置 $\boldsymbol{x}$ にベクトル $\boldsymbol{A}(\boldsymbol{x})$ を描いていくと次ページ左図のようになったとします。

この図は水が流れている様子を表していて，$\boldsymbol{A}(\boldsymbol{x})$ を $\boldsymbol{x}$ での流れの速度と見立てましょう。

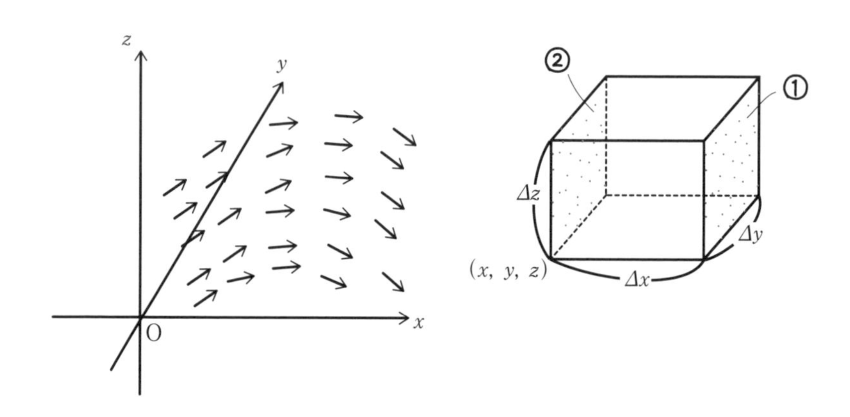

ここで，各辺が座標軸に平行である微小な直方体を考えます。$(x,\ y,\ z)$に頂点を持ち各辺の長さはΔx，Δy，Δzであるとします。この直方体から単位時間当たりに湧き出る水の体積を求めましょう。ただし，水は膨張も圧縮もしないものとします。

x軸方向の出入りについて考えます。

①の面に関して，x軸方向(①の面に対して垂直方向)に流れ出る水の速さを，面の点のうちの1点$(x+\Delta x,\ y,\ z)$での速度をとり，$A_x(x+\Delta x,\ y,\ z)$とします。

①の面からは単位時間当たり$A_x(x+\Delta x,\ y,\ z)\Delta y\Delta z$だけの体積の水が流れ出ることになります。

①の面の代表として$(x+\Delta x,\ y,\ z)$をとりましたが，$(x+\Delta x,\ y+\Delta y,\ z)$や$(x+\Delta x,\ y,\ z+\Delta z)$でとってもかまいません。$\Delta y\Delta z$をかけた値を考えるので，$y$座標，$z$座標の微小変化に関しては無視してよいのです。それで一番計算しやすい$(x+\Delta x,\ y,\ z)$をとっています。

②の面からは$A_x(x,\ y,\ z)\Delta y\Delta z$だけ直方体に流れ込みます。出入りを計算すると，単位時間当たりに$(A_x(x+\Delta x,\ y,\ z)-A_x(x,\ y,\ z))\Delta y\Delta z$だけの体積の水が直方体から流れ出ます。

同様に y 軸方向では，

$$(A_y(x,\ y+\Delta y,\ z)-A_y(x,\ y,\ z))\Delta x\Delta z$$

z 軸方向では，

$$(A_z(x,\ y,\ z+\Delta z)-A_z(x,\ y,\ z))\Delta x\Delta y$$

だけ水が流れ出ます。

結局，直方体からは

$$\begin{aligned}&(A_x(x+\Delta x,\ y,\ z)-A_x(x,\ y,\ z))\Delta y\Delta z\\&\quad+(A_y(x,\ y+\Delta y,\ z)-A_y(x,\ y,\ z))\Delta x\Delta z\\&\quad+(A_z(x,\ y,\ z+\Delta z)-A_z(x,\ y,\ z))\Delta x\Delta y\end{aligned}$$

の水が流れ出ることになります。これを直方体の体積 $\Delta x\Delta y\Delta z$ で割って，$\Delta x\to 0$，$\Delta y\to 0$，$\Delta z\to 0$ とすると，

$$\begin{aligned}&\frac{A_x(x+\Delta x,\ y,\ z)-A_x(x,\ y,\ z)}{\Delta x}+\frac{A_y(x,\ y+\Delta y,\ z)-A_y(x,\ y,\ z)}{\Delta y}\\&\quad+\frac{A_z(x,\ y,\ z+\Delta z)-A_z(x,\ y,\ z)}{\Delta z}\ \to\ \frac{\partial A_x}{\partial x}+\frac{\partial A_y}{\partial y}+\frac{\partial A_z}{\partial z}\end{aligned}$$

となります。これは点 $(x,\ y,\ z)$ での単位体積当たり，単位時間当たりの体積の変化量を表すことになります。

$\boldsymbol{A}(\boldsymbol{x})$ が，位置 $\boldsymbol{x}$ での実際の水（膨張も圧縮もしないものと仮定する）の流れの速度を表していれば，直方体に流入する量と流出する量が一致しているので $\mathrm{div}\boldsymbol{A}(\boldsymbol{x})=0$ となります。もちろん，実際の流れと関係なく勝手に決めた $\boldsymbol{A}(\boldsymbol{x})$ では，$\mathrm{div}\boldsymbol{A}(\boldsymbol{x})=0$ になるとは限りません。

$\mathrm{div}\boldsymbol{A}(\boldsymbol{x})\neq 0$ のときは，次のようなイメージを持てばよいでしょう。

$\mathrm{div}\boldsymbol{A}(\boldsymbol{x})>0$ である場合は，$\boldsymbol{x}$ の地点から水が湧いてきたと考えればよいでしょう。非現実的ですが，手品のように何もない宙にいきなり水が現れるわけです。

$\mathrm{div}\boldsymbol{A}(\boldsymbol{x})<0$ の場合は逆に水が吸い込まれているイメージです。

実際，$\mathrm{div}\boldsymbol{A}(\boldsymbol{x})$ のことを湧き出しと呼ぶ場合もあります。

$\mathrm{div}\boldsymbol{A}(\boldsymbol{x}) \neq 0$のときのもう一つの考え方は，水が時間によって圧縮・膨張することを考慮に入れ，密度変化と発散の和が0になるとする考え方です。こちらの方が現実的に解釈しやすいでしょう。

ここでは，$\boldsymbol{A}(\boldsymbol{x})$を単位時間当たりに，単位面積から流れ出る水の質量を表すものとします。$\boldsymbol{A}(\boldsymbol{x})$の$\boldsymbol{x}$成分は，$\boldsymbol{x}$に置かれた$\boldsymbol{x}$方向と垂直な微小面から単位時間当たりに流れ出る水の質量です。単位は，MKS単位でいえば，［kg/ m²s］となります。また，$\boldsymbol{x}$での単位体積当たりの水の質量，すなわち密度を$\rho(\boldsymbol{x})$［kg/m³］とおきます。単位時間当たりの密度の増分$\dfrac{\partial\rho(\boldsymbol{x})}{\partial t}$は，単位時間当たりに，単位体積に流れ込む質量$-\mathrm{div}\boldsymbol{A}(\boldsymbol{x})$に等しいので，

$$\frac{\partial\rho(\boldsymbol{x})}{\partial t} = -\mathrm{div}\boldsymbol{A}(\boldsymbol{x}) \qquad \frac{\partial\rho(\boldsymbol{x})}{\partial t} + \mathrm{div}\boldsymbol{A}(\boldsymbol{x}) = 0$$

が成り立ちます。この式の単位は［kg/m³s］です。密度$\rho(\boldsymbol{x})$が時間に依らず一定であれば，$\dfrac{\partial\rho(\boldsymbol{x})}{\partial t} = 0$ですから$\mathrm{div}\boldsymbol{A}(\boldsymbol{x}) = 0$となります。

これは測っている量の対象が消滅しない場合に成り立つ式です。つまり，物理でいえば保存則を表しています。

質量，電荷といった保存される物理量に関しては，この式が成り立ちます。

この本の目標は，物理法則が座標系によらないことを示すことでした。発散divが直交座標のとり方によらない値になっていることを示しましょう。

定理 1.14　divは直交座標のとり方によらない

2つの直交座標，xyz座標と$x'y'z'$座標がある。

xyz座標でのベクトル場，

$$\boldsymbol{A} = (A_x(x,\ y,\ z),\ A_y(x,\ y,\ z),\ A_z(x,\ y,\ z))$$

が，$x'y'z'$座標では，

$$\boldsymbol{A}' = (A'_x(x',\ y',\ z'),\ A'_y(x',\ y',\ z'),\ A'_z(x',\ y',\ z'))$$

と表されているものとする。このとき，次が成り立つ。

$$\frac{\partial A_x}{\partial x}+\frac{\partial A_y}{\partial y}+\frac{\partial A_z}{\partial z}=\frac{\partial A'_x}{\partial x'}+\frac{\partial A'_y}{\partial y'}+\frac{\partial A'_z}{\partial z'}$$

xyz 座標と $x'y'z'$ 座標で，x 軸と x' 軸，y 軸と y' 軸，z 軸と z' 軸が平行である場合から確認していきましょう。

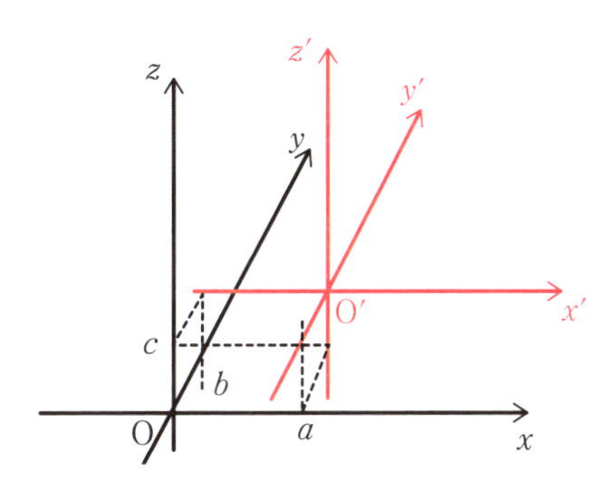

$x'y'z'$座標での原点が xyz 座標で (a, b, c) にあるとき，同じ点が xyz 座標で座標(x, y, z)，$x'y'z'$座標で (x', y', z') と表されたとすると，座標 (x, y, z) と (x', y', z') の間には，

$$(x', y', z')=(x-a, y-b, z-c)\ \ [a, b, c \text{ は定数}]$$

という関係があります。よって，

$$\frac{\partial x}{\partial x'}=1,\ \frac{\partial y}{\partial y'}=1,\ \frac{\partial z}{\partial z'}=1$$

です。

$\boldsymbol{A}$ と $\boldsymbol{A}'$ の成分を比べてみましょう。x 軸方向の単位ベクトルを $\boldsymbol{e}_x$，y 軸方向の単位ベクトルを $\boldsymbol{e}_y$，z 軸方向の単位ベクトル $\boldsymbol{e}_z$ とすると，

$\boldsymbol{A}=(A_x, A_y, A_z)$と表されたベクトル場は，

$$A_x\boldsymbol{e}_x+A_y\boldsymbol{e}_y+A_z\boldsymbol{e}_z$$

と表されます。ダッシュを付けた座標系の場合は，

$$A'_x\boldsymbol{e}'_x+A'_y\boldsymbol{e}'_y+A'_z\boldsymbol{e}'_z$$

となり，この2つが等しいことになります。

$$A_x \boldsymbol{e}_x + A_y \boldsymbol{e}_y + A_z \boldsymbol{e}_z = A'_x \boldsymbol{e}'_x + A'_y \boldsymbol{e}'_y + A'_z \boldsymbol{e}'_z$$

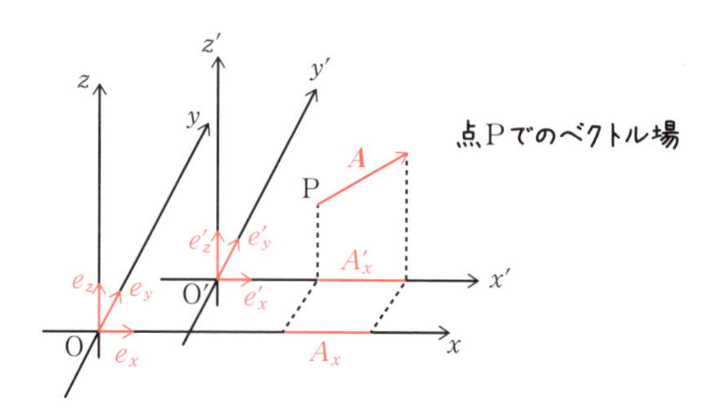

xyz 座標の座標軸と $x'y'z'$ 座標の座標軸がそれぞれ平行ですから，$\boldsymbol{e}_x = \boldsymbol{e}'_x$，$\boldsymbol{e}_y = \boldsymbol{e}'_y$，$\boldsymbol{e}_z = \boldsymbol{e}'_z$ であり，結局

$$A_x(x,\ y,\ z) = A'_x(x',\ y',\ z'),\ A_y(x,\ y,\ z) = A'_y(x',\ y',\ z'),$$

$$A_z(x,\ y,\ z) = A'_z(x',\ y',\ z')$$

と成分が等しくなります。これを用いると，

$$\frac{\partial A'_x(x',\ y',\ z')}{\partial x'} = \frac{\partial A'_x(x',\ y',\ z')}{\partial x}\frac{\partial x}{\partial x'} = \frac{\partial A_x(x,\ y,\ z)}{\partial x}\cdot 1 = \frac{\partial A_x(x,\ y,\ z)}{\partial x}$$

となりますから，定理の式が成り立ちます。y も z も同様です。

このように平行移動した座標に関しては div の値は変わりません。

次に xyz 座標と $x'y'z'$ 座標の原点が一致していて向きが異なっている場合を考えます。

xyz 座標で $(x,\ y,\ z)$ と表される点が $x'y'z'$ 座標で $(x',\ y',\ z')$ と表されるとします。このとき，これらの間には，3節で示したように，

$$\begin{pmatrix} a_1 & b_1 & c_1 \\ a_2 & b_2 & c_2 \\ a_3 & b_3 & c_3 \end{pmatrix}\begin{pmatrix} x' \\ y' \\ z' \end{pmatrix} = \begin{pmatrix} x \\ y \\ z \end{pmatrix} \quad (1.04) \qquad \begin{pmatrix} x' \\ y' \\ z' \end{pmatrix} = \begin{pmatrix} a_1 & a_2 & a_3 \\ b_1 & b_2 & b_3 \\ c_1 & c_2 & c_3 \end{pmatrix}\begin{pmatrix} x \\ y \\ z \end{pmatrix} \quad (1.05)$$

という関係が成り立っていました。

この式の意味をベクトルを用いて言い換えておきましょう。それぞれの座標軸□方向の単位ベクトルを$\boldsymbol{e}_{\square}$で表すとします。xyz座標で$(x,\ y,\ z)$と表された点が，$x'y'z'$座標で$(x',\ y',\ z')$と表されるということは，

$$x\boldsymbol{e}_x+y\boldsymbol{e}_y+z\boldsymbol{e}_z=x'\boldsymbol{e}'_x+y'\boldsymbol{e}'_y+z'\boldsymbol{e}'_z$$

が成り立つということです。このとき，$(x,\ y,\ z)$と$(x',\ y',\ z')$の間には(1.05)の関係式が成り立つのです。

ベクトル場でも，

$$A_x\boldsymbol{e}_x+A_y\boldsymbol{e}_y+A_z\boldsymbol{e}_z=A'_x\boldsymbol{e}'_x+A'_y\boldsymbol{e}'_y+A'_z\boldsymbol{e}'_z$$

が成り立つので，(1.05)を用いて，

$$\begin{pmatrix} A_x' \\ A_y' \\ A_z' \end{pmatrix}=\begin{pmatrix} a_1 & a_2 & a_3 \\ b_1 & b_2 & b_3 \\ c_1 & c_2 & c_3 \end{pmatrix}\begin{pmatrix} A_x \\ A_y \\ A_z \end{pmatrix}$$

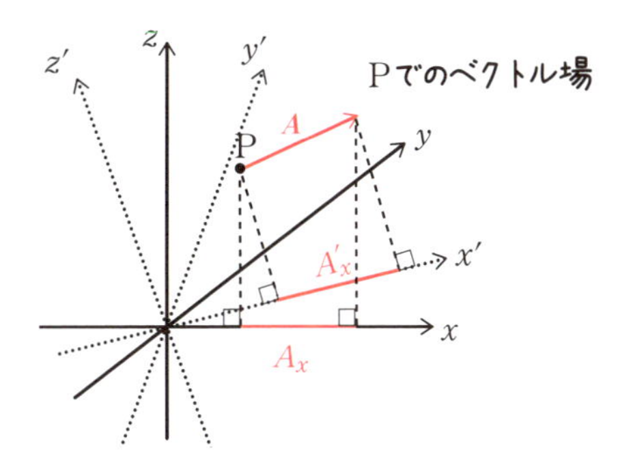

x'で偏微分して，($a_1\sim c_3$は定数なので)

$$\begin{pmatrix} \dfrac{\partial A'_x}{\partial x'} \\ \dfrac{\partial A'_y}{\partial x'} \\ \dfrac{\partial A'_z}{\partial x'} \end{pmatrix}=\begin{pmatrix} a_1 & a_2 & a_3 \\ b_1 & b_2 & b_3 \\ c_1 & c_2 & c_3 \end{pmatrix}\begin{pmatrix} \dfrac{\partial A_x}{\partial x'} \\ \dfrac{\partial A_y}{\partial x'} \\ \dfrac{\partial A_z}{\partial x'} \end{pmatrix}$$

(1.06)について　一般に

3次元ベクトル　3次元ベクトル　3×3行列

$p'=Up,\ \ q'=Uq\ \ \ r'=Ur$

のとき，

$(p'\ \ q'\ \ r')=U(p\ \ q\ \ r)$

3×3行列　3×3行列

と表せる

同様にy'，z'で偏微分した3次元縦ベクトルを並べて行列の形に表すと，

$$\begin{pmatrix} \dfrac{\partial A'_x}{\partial x'} & \dfrac{\partial A'_x}{\partial y'} & \dfrac{\partial A'_x}{\partial z'} \\ \dfrac{\partial A'_y}{\partial x'} & \dfrac{\partial A'_y}{\partial y'} & \dfrac{\partial A'_y}{\partial z'} \\ \dfrac{\partial A'_z}{\partial x'} & \dfrac{\partial A'_z}{\partial y'} & \dfrac{\partial A'_z}{\partial z'} \end{pmatrix} = \begin{pmatrix} a_1 & a_2 & a_3 \\ b_1 & b_2 & b_3 \\ c_1 & c_2 & c_3 \end{pmatrix} \begin{pmatrix} \dfrac{\partial A_x}{\partial x'} & \dfrac{\partial A_x}{\partial y'} & \dfrac{\partial A_x}{\partial z'} \\ \dfrac{\partial A_y}{\partial x'} & \dfrac{\partial A_y}{\partial y'} & \dfrac{\partial A_y}{\partial z'} \\ \dfrac{\partial A_z}{\partial x'} & \dfrac{\partial A_z}{\partial y'} & \dfrac{\partial A_z}{\partial z'} \end{pmatrix} \quad (1.06)$$

p'　q'　r'　U'　p　q　r

また，連鎖律（**定理 1.07**）を用いると，

$$\frac{\partial A_x}{\partial x'} = \frac{\partial A_x}{\partial x}\frac{\partial x}{\partial x'} + \frac{\partial A_x}{\partial y}\frac{\partial y}{\partial x'} + \frac{\partial A_x}{\partial z}\frac{\partial z}{\partial x'},$$

$$\frac{\partial A_x}{\partial y'} = \frac{\partial A_x}{\partial x}\frac{\partial x}{\partial y'} + \frac{\partial A_x}{\partial y}\frac{\partial y}{\partial y'} + \frac{\partial A_x}{\partial z}\frac{\partial z}{\partial y'}, \cdots\cdots$$

となるので，これらを行列を用いて表すと，

$$\begin{pmatrix} \dfrac{\partial A_x}{\partial x'} & \dfrac{\partial A_x}{\partial y'} & \dfrac{\partial A_x}{\partial z'} \\ \dfrac{\partial A_y}{\partial x'} & \dfrac{\partial A_y}{\partial y'} & \dfrac{\partial A_y}{\partial z'} \\ \dfrac{\partial A_z}{\partial x'} & \dfrac{\partial A_z}{\partial y'} & \dfrac{\partial A_z}{\partial z'} \end{pmatrix} = \begin{pmatrix} \dfrac{\partial A_x}{\partial x} & \dfrac{\partial A_x}{\partial y} & \dfrac{\partial A_x}{\partial z} \\ \dfrac{\partial A_y}{\partial x} & \dfrac{\partial A_y}{\partial y} & \dfrac{\partial A_y}{\partial z} \\ \dfrac{\partial A_z}{\partial x} & \dfrac{\partial A_z}{\partial y} & \dfrac{\partial A_z}{\partial z} \end{pmatrix} \begin{pmatrix} \dfrac{\partial x}{\partial x'} & \dfrac{\partial x}{\partial y'} & \dfrac{\partial x}{\partial z'} \\ \dfrac{\partial y}{\partial x'} & \dfrac{\partial y}{\partial y'} & \dfrac{\partial y}{\partial z'} \\ \dfrac{\partial z}{\partial x'} & \dfrac{\partial z}{\partial y'} & \dfrac{\partial z}{\partial z'} \end{pmatrix} \quad (1.07)$$

また，(1.04)より

$$\begin{cases} x = a_1 x' + b_1 y' + c_1 z' \\ y = a_2 x' + b_2 y' + c_2 z' \\ z = a_3 x' + b_3 y' + c_3 z' \end{cases}$$

これから,

$$\frac{\partial x}{\partial x'}=a_1,\ \frac{\partial y}{\partial x'}=a_2,\ \frac{\partial z}{\partial x'}=a_3,\quad \frac{\partial x}{\partial y'}=b_1,\ \frac{\partial y}{\partial y'}=b_2,\ \frac{\partial z}{\partial y'}=b_3,$$

$$\frac{\partial x}{\partial z'}=c_1,\ \frac{\partial y}{\partial z'}=c_2,\ \frac{\partial z}{\partial z'}=c_3$$

これを用いると(1.07)は,

$$\begin{pmatrix} \frac{\partial A_x}{\partial x'} & \frac{\partial A_x}{\partial y'} & \frac{\partial A_x}{\partial z'} \\ \frac{\partial A_y}{\partial x'} & \frac{\partial A_y}{\partial y'} & \frac{\partial A_y}{\partial z'} \\ \frac{\partial A_z}{\partial x'} & \frac{\partial A_z}{\partial y'} & \frac{\partial A_z}{\partial z'} \end{pmatrix} = \begin{pmatrix} \frac{\partial A_x}{\partial x} & \frac{\partial A_x}{\partial y} & \frac{\partial A_x}{\partial z} \\ \frac{\partial A_y}{\partial x} & \frac{\partial A_y}{\partial y} & \frac{\partial A_y}{\partial z} \\ \frac{\partial A_z}{\partial x} & \frac{\partial A_z}{\partial y} & \frac{\partial A_z}{\partial z} \end{pmatrix} \begin{pmatrix} a_1 & b_1 & c_1 \\ a_2 & b_2 & c_2 \\ a_3 & b_3 & c_3 \end{pmatrix} \tag{1.08}$$

(1.06)に(1.08)を代入して,

$$\underbrace{\begin{pmatrix} \frac{\partial A'_x}{\partial x'} & \frac{\partial A'_x}{\partial y'} & \frac{\partial A'_x}{\partial z'} \\ \frac{\partial A'_y}{\partial x'} & \frac{\partial A'_y}{\partial y'} & \frac{\partial A'_y}{\partial z'} \\ \frac{\partial A'_z}{\partial x'} & \frac{\partial A'_z}{\partial y'} & \frac{\partial A'_z}{\partial z'} \end{pmatrix}}_{P'}$$

$$= \underbrace{\begin{pmatrix} a_1 & a_2 & a_3 \\ b_1 & b_2 & b_3 \\ c_1 & c_2 & c_3 \end{pmatrix}}_{U} \underbrace{\begin{pmatrix} \frac{\partial A_x}{\partial x} & \frac{\partial A_x}{\partial y} & \frac{\partial A_x}{\partial z} \\ \frac{\partial A_y}{\partial x} & \frac{\partial A_y}{\partial y} & \frac{\partial A_y}{\partial z} \\ \frac{\partial A_z}{\partial x} & \frac{\partial A_z}{\partial y} & \frac{\partial A_z}{\partial z} \end{pmatrix}}_{P} \underbrace{\begin{pmatrix} a_1 & b_1 & c_1 \\ a_2 & b_2 & c_2 \\ a_3 & b_3 & c_3 \end{pmatrix}}_{{}^tU} \tag{1.09}$$

ここで，上のように行列をおくと，$P'=UP{}^tU$ と表せます。

トレース tr（対角成分の和）の性質 $\mathrm{tr}(AB)=\mathrm{tr}(BA)$ を用いて,

$$\frac{\partial A'_x}{\partial x'}+\frac{\partial A'_y}{\partial y'}+\frac{\partial A'_z}{\partial z'}=\mathrm{tr}P'=\mathrm{tr}(UP{}^tU)=\mathrm{tr}(P\underbrace{{}^tUU}_{E})$$

$$=\mathrm{tr}(P)=\frac{\partial A_x}{\partial x}+\frac{\partial A_y}{\partial y}+\frac{\partial A_z}{\partial z}$$

divの値は直交座標のとり方によらないことが分かりました。

すでに**定義1.13**の中で“スカラー場”div$\boldsymbol{A}(\boldsymbol{x})$と言及していましたが，座標のとり方によらないことが確かめられたことによって初めて，発散はスカラー場div$\boldsymbol{A}(\boldsymbol{x})$であるということが保証されるのです。

§7 回転

次に紹介する回転は，ベクトル場に対してベクトル場を対応させる仕組みです。

定義 1.15 回転（rotation）

位置 $\boldsymbol{x}=(x,\ y,\ z)$ において，

$$\boldsymbol{A}(x,\ y,\ z)=(A_x(x,\ y,\ z),\ A_y(x,\ y,\ z),\ A_z(x,\ y,\ z))$$

と与えられるベクトル場に対して，ベクトル場 $\mathrm{rot}\boldsymbol{A}(\boldsymbol{x})$ を

$$\mathrm{rot}\boldsymbol{A}(\boldsymbol{x})=\left(\frac{\partial A_z}{\partial y}-\frac{\partial A_y}{\partial z},\ \frac{\partial A_x}{\partial z}-\frac{\partial A_z}{\partial x},\ \frac{\partial A_y}{\partial x}-\frac{\partial A_x}{\partial y}\right)$$

と定めたものを $\boldsymbol{A}(\boldsymbol{x})$ の回転という。

$\mathrm{rot}\boldsymbol{A}(\boldsymbol{x})$ を $\nabla\times\boldsymbol{A}(\boldsymbol{x})$ と表すことがあります。

これは，∇ を形式的に $\left(\frac{\partial}{\partial x},\ \frac{\partial}{\partial y},\ \frac{\partial}{\partial z}\right)$ であると捉えれば，

$$\nabla\times\boldsymbol{A}(\boldsymbol{x})\ \to\ \left(\frac{\partial}{\partial x},\ \frac{\partial}{\partial y},\ \frac{\partial}{\partial z}\right)\times(A_x,\ A_y,\ A_z)$$

$$\to\ \left(\frac{\partial A_z}{\partial y}-\frac{\partial A_y}{\partial z},\ \frac{\partial A_x}{\partial z}-\frac{\partial A_z}{\partial x},\ \frac{\partial A_y}{\partial x}-\frac{\partial A_x}{\partial y}\right)$$

となるからです。

回転の式の意味について説明してみましょう。

rot の式は 3 次元ですが，式の意味は初め 2 次元で考えるとイメージがつかみやすいでしょう。

xy 平面上の 2 次元の流れの速度ベクトルを $(V_x(x,\ y),\ V_y(x,\ y))$ とします。これは次ページ左図のように矢印を用いて表されます。この流れに花

びらを浮かべて流してみましょう。花びらは流れに沿って回転しながら進みます。このときの (x, y) での角速度は，次に示すように $\dfrac{\partial V_y}{\partial x}-\dfrac{\partial V_x}{\partial y}$ で表されます。

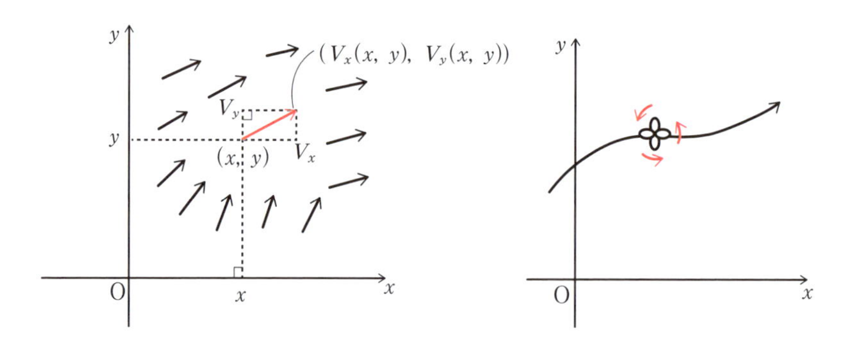

角速度を測るために，左図のように $P(x,\ y)$ と $Q(x+\Delta x,\ y)$ に両端が置かれた棒を考えます。x 軸平行に置かれた棒なので，y 方向の速度だけを考えます。Q に置かれた端点の方が，P に置かれた端点よりも，単位時間当たりに $V_y(x+\Delta x,\ y)-V_y(x,\ y)$ だけ余計に進みます。P，Q が進んだ地点を P′，Q′とします。

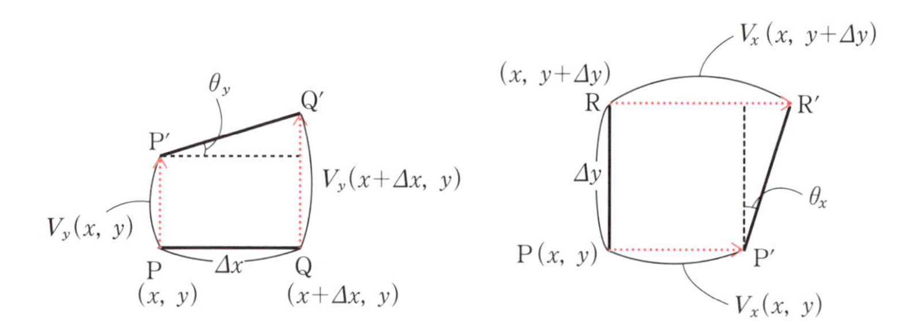

左図のように P′Q′の x 軸からのずれの角の大きさを θ_y とします。P′を中心に半径 Δx の円運動と見れば，θ_y は角速度を表し，

$$\theta_y=\frac{V_y(x+\Delta x,\ y)-V_y(x,\ y)}{\Delta x}$$

と表すことができます。これが速度の y 成分 V_y が角速度に寄与する分です。

次に，速度の x 成分 V_x が寄与する分を求めましょう。

右図のように $\mathrm{P}(x,\ y)$ と $\mathrm{R}(x,\ y+\Delta y)$ に両端が置かれた棒の角速度を求めてみます。前と同様に求めますが，気をつけなければいけないのは，反時計回りを正に，角速度を測っていることです。

右図のように，$V_x(x,\ y+\Delta y)-V_x(x,\ y)$ が正のとき，θ_x は負にとりますから，

$$\theta_x=-\frac{V_x(x,\ y+\Delta y)-V_x(x,\ y)}{\Delta y}$$

となります。

速度の成分 V_y，V_x が作り出す角速度は，θ_y と θ_x の和 $\theta_y+\theta_x$ になります。(x,y) での角速度を求めるには，$\Delta x\to 0$，$\Delta y\to 0$ として，

$$\theta_y+\theta_x=\frac{V_y(x+\Delta x,\ y)-V_y(x,\ y)}{\Delta x}-\frac{V_x(x,\ y+\Delta y)-V_x(x,\ y)}{\Delta y}$$

$$\to\quad \frac{\partial V_y}{\partial x}-\frac{\partial V_x}{\partial y}$$

この流れの (x,y) での角速度は $\dfrac{\partial V_y}{\partial x}-\dfrac{\partial V_x}{\partial y}$ と表されます。

3次元の rot に戻ります。

ベクトル場 $(A_x,\ A_y,\ A_z)$ を流れの速度と見立て，xy 平面に平行な $z=h$（h は定数）という平面で考えます。

この平面での速度の x 成分，y 成分は $A_x(x,\ y,\ h)$，$A_y(x,\ y,\ h)$ です。

2次元での考察によれば，この平面上の点 (x,y,h) での平面内の角速度は，

$$\frac{\partial A_y(x,\ y,\ h)}{\partial x}-\frac{\partial A_x(x,\ y,\ h)}{\partial y}$$

となります。これは (x,y,h) を通る z 軸に平行な直線を中心とする角速度です。

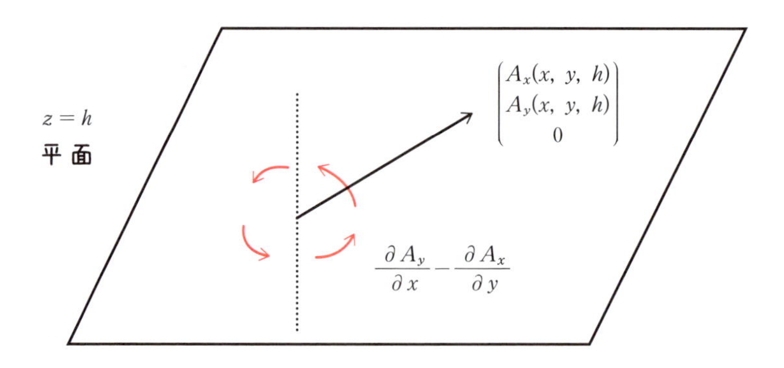

結局，3 次元の $\mathrm{rot}\boldsymbol{A}(x)$ の z 成分 $\dfrac{\partial A_y}{\partial x}-\dfrac{\partial A_x}{\partial y}$ は，$(x,\ y,\ z)$ を通り z 軸に平行な直線を回転軸とするときの角速度を表していることが分かります。

x 成分，y 成分についても同様に考えられます。

発散 div は直交座標のとり方によらない値になっていました。回転 rot はどうでしょうか。座標が平行移動しただけの場合，各座標での偏微分の値は変わりませんから，各点での rot の成分は一致し，rot は保存されるといえます。

座標軸が回転移動した場合について rot が保存されることを確認すれば，rot は座標のとり方によらないことが分かります。div が保存されるということは，div がスカラーでしたから各点での値が座標のとり方に寄らず一致するということでした。一方，rot が保存されるといったとき，rot はベクトルですから，ある座標で計算した rot（これを A とする）と回転した座標で計算した rot（これを B とする）は成分としては異なりますが，A を回転した座標で読むと B に等しくなる，すなわちベクトルとして一致するということです。

定理 1.16　回転は座標のとり方に依らない

原点を共有する直交座標，xyz 座標系と $x'y'z'$ 座標系がある。

xyz 座標でのベクトル場

$$\boldsymbol{A}=(A_x(x,\ y,\ z),\ A_y(x,\ y,\ z),\ A_z(x,\ y,\ z))$$

を，$x'y'z'$ 座標で表すと，

$$\boldsymbol{A}'=(A'_x(x',\ y',\ z'),\ A'_y(x',\ y',\ z'),\ A'_z(x',\ y',\ z'))$$

になるものとする。このとき，$\mathrm{rot}\boldsymbol{A}$ を $x'y'z'$ 座標で表した $(\mathrm{rot}\boldsymbol{A})'$ に関して次が成り立つ。

$$(\mathrm{rot}\boldsymbol{A})'=\mathrm{rot}\boldsymbol{A}'$$

定理 1.14 を示すときの設定を用います。**定理 1.14** の証明の（1.09）の式は，

$$\underbrace{\begin{pmatrix} \dfrac{\partial A'_x}{\partial x'} & \dfrac{\partial A'_x}{\partial y'} & \dfrac{\partial A'_x}{\partial z'} \\ \dfrac{\partial A'_y}{\partial x'} & \dfrac{\partial A'_y}{\partial y'} & \dfrac{\partial A'_y}{\partial z'} \\ \dfrac{\partial A'_z}{\partial x'} & \dfrac{\partial A'_z}{\partial y'} & \dfrac{\partial A'_z}{\partial z'} \end{pmatrix}}_{P'}$$

$$=\underbrace{\begin{pmatrix} a_1 & a_2 & a_3 \\ b_1 & b_2 & b_3 \\ c_1 & c_2 & c_3 \end{pmatrix}}_{U}\underbrace{\begin{pmatrix} \dfrac{\partial A_x}{\partial x} & \dfrac{\partial A_x}{\partial y} & \dfrac{\partial A_x}{\partial z} \\ \dfrac{\partial A_y}{\partial x} & \dfrac{\partial A_y}{\partial y} & \dfrac{\partial A_y}{\partial z} \\ \dfrac{\partial A_z}{\partial x} & \dfrac{\partial A_z}{\partial y} & \dfrac{\partial A_z}{\partial z} \end{pmatrix}}_{P}\underbrace{\begin{pmatrix} a_1 & b_1 & c_1 \\ a_2 & b_2 & c_2 \\ a_3 & b_3 & c_3 \end{pmatrix}}_{{}^tU}$$

これを $P'=UP\,{}^tU$ （1.10）と表します。これの転置をとって，

$${}^tP'={}^t(UP\,{}^tU)={}^t({}^tU)\,{}^tP\,{}^tU=U\,{}^tP\,{}^tU \quad (1.11)$$

一般に ${}^t(AB)={}^tB\,{}^tA$

（1.10）−（1.11）を計算すると，

$$P'-{}^tP'=UP\,{}^tU-U\,{}^tP\,{}^tU=U(P\,{}^tU-{}^tP\,{}^tU)=U(P-{}^tP)\,{}^tU$$

これを成分で表すと，

$$\begin{pmatrix} 0 & \frac{\partial A'_x}{\partial y'}-\frac{\partial A'_y}{\partial x'} & \frac{\partial A'_x}{\partial z'}-\frac{\partial A'_z}{\partial x'} \\ \frac{\partial A'_y}{\partial x'}-\frac{\partial A'_x}{\partial y'} & 0 & \frac{\partial A'_y}{\partial z'}-\frac{\partial A'_z}{\partial y'} \\ \frac{\partial A'_z}{\partial x'}-\frac{\partial A'_x}{\partial z'} & \frac{\partial A'_z}{\partial y'}-\frac{\partial A'_y}{\partial z'} & 0 \end{pmatrix}$$

$$=\begin{pmatrix} a_1 & a_2 & a_3 \\ b_1 & b_2 & b_3 \\ c_1 & c_2 & c_3 \end{pmatrix}\begin{pmatrix} 0 & \frac{\partial A_x}{\partial y}-\frac{\partial A_y}{\partial x} & \frac{\partial A_x}{\partial z}-\frac{\partial A_z}{\partial x} \\ \frac{\partial A_y}{\partial x}-\frac{\partial A_x}{\partial y} & 0 & \frac{\partial A_y}{\partial z}-\frac{\partial A_z}{\partial y} \\ \frac{\partial A_z}{\partial x}-\frac{\partial A_x}{\partial z} & \frac{\partial A_z}{\partial y}-\frac{\partial A_y}{\partial z} & 0 \end{pmatrix}\begin{pmatrix} a_1 & b_1 & c_1 \\ a_2 & b_2 & c_2 \\ a_3 & b_3 & c_3 \end{pmatrix}$$

ここで，

$$X=\frac{\partial A_z}{\partial y}-\frac{\partial A_y}{\partial z},\ Y=\frac{\partial A_x}{\partial z}-\frac{\partial A_z}{\partial x},\ Z=\frac{\partial A_y}{\partial x}-\frac{\partial A_x}{\partial y}$$

$$X'=\frac{\partial A'_z}{\partial y'}-\frac{\partial A'_y}{\partial z'},\ Y'=\frac{\partial A'_x}{\partial z'}-\frac{\partial A'_z}{\partial x'},\ Z'=\frac{\partial A'_y}{\partial x'}-\frac{\partial A'_x}{\partial y'}$$

とおくと，

$$\begin{pmatrix} 0 & -Z' & Y' \\ Z' & 0 & -X' \\ -Y' & X' & 0 \end{pmatrix}=\begin{pmatrix} a_1 & a_2 & a_3 \\ b_1 & b_2 & b_3 \\ c_1 & c_2 & c_3 \end{pmatrix}\begin{pmatrix} 0 & -Z & Y \\ Z & 0 & -X \\ -Y & X & 0 \end{pmatrix}\begin{pmatrix} a_1 & b_1 & c_1 \\ a_2 & b_2 & c_2 \\ a_3 & b_3 & c_3 \end{pmatrix}$$

左から 1×3 行列 $(0\ \ 0\ \ 1)$ をかけると，左辺は，

$$(-Y'\ X'\ 0) \tag{1.12}$$

右辺は，

$$(0\ \ 0\ \ 1)\begin{pmatrix} a_1 & a_2 & a_3 \\ b_1 & b_2 & b_3 \\ c_1 & c_2 & c_3 \end{pmatrix}\begin{pmatrix} 0 & -Z & Y \\ Z & 0 & -X \\ -Y & X & 0 \end{pmatrix}\begin{pmatrix} a_1 & b_1 & c_1 \\ a_2 & b_2 & c_2 \\ a_3 & b_3 & c_3 \end{pmatrix}$$

$$=(c_1\ c_2\ c_3)\begin{pmatrix} 0 & -Z & Y \\ Z & 0 & -X \\ -Y & X & 0 \end{pmatrix}\begin{pmatrix} a_1 & b_1 & c_1 \\ a_2 & b_2 & c_2 \\ a_3 & b_3 & c_3 \end{pmatrix}$$

$$=(c_2Z-c_3Y \quad -c_1Z+c_3X \quad c_1Y-c_2X)\begin{pmatrix} a_1 & b_1 & c_1 \\ a_2 & b_2 & c_2 \\ a_3 & b_3 & c_3 \end{pmatrix}$$

$$=((c_2Z-c_3Y)a_1+(-c_1Z+c_3X)a_2+(c_1Y-c_2X)a_3$$

$$(c_2Z-c_3Y)b_1+(-c_1Z+c_3X)b_2+(c_1Y-c_2X)b_3$$

$$(c_2Z-c_3Y)c_1+(-c_1Z+c_3X)c_2+(c_1Y-c_2X)c_3)$$

1×3行列の成分を1行ごとに書いています

$$=(-(c_2a_3-c_3a_2)X-(c_3a_1-c_1a_3)Y-(c_1a_2-c_2a_1)Z$$

$$(b_2c_3-b_3c_2)X+(b_3c_1-b_1c_3)Y+(b_1c_2-b_2c_1)Z$$

$$0) \qquad (1.13)$$

ここで，$\boldsymbol{a}=\begin{pmatrix} a_1 \\ a_2 \\ a_3 \end{pmatrix}$，$\boldsymbol{b}=\begin{pmatrix} b_1 \\ b_2 \\ b_3 \end{pmatrix}$，$\boldsymbol{c}=\begin{pmatrix} c_1 \\ c_2 \\ c_3 \end{pmatrix}$は，直交座標のそれぞれの軸の1目盛り分のベクトルなので，$\boldsymbol{a}$，$\boldsymbol{b}$，$\boldsymbol{c}$はどの2つも互いに直交し，大きさがすべて1です。よって，どの2つをとってきてもそれらが張る平行四辺形の面積は1になります。ベクトル積の性質から，$\boldsymbol{c}\times\boldsymbol{a}$は$\boldsymbol{b}$に平行で大きさが1ですから，$\boldsymbol{c}\times\boldsymbol{a}=\boldsymbol{b}$ or $\boldsymbol{c}\times\boldsymbol{a}=-\boldsymbol{b}$が成り立ちます。

xyz座標系と$x'y'z'$座標系が同じ○手系であれば（右手系と右手系，左手系と左手系），$\boldsymbol{c}\times\boldsymbol{a}=\boldsymbol{b}$の方が成り立ちます。同様に成り立つものも書くと，

$$\boldsymbol{c}\times\boldsymbol{a}=\boldsymbol{b} \qquad \boldsymbol{b}\times\boldsymbol{c}=\boldsymbol{a} \qquad (\boldsymbol{a}\times\boldsymbol{b}=\boldsymbol{c})$$

これから，

$$\begin{pmatrix} c_2a_3-c_3a_2 \\ c_3a_1-c_1a_3 \\ c_1a_2-c_2a_1 \end{pmatrix}=\begin{pmatrix} b_1 \\ b_2 \\ b_3 \end{pmatrix} \qquad \begin{pmatrix} b_2c_3-b_3c_2 \\ b_3c_1-b_1c_3 \\ b_1c_2-b_2c_1 \end{pmatrix}=\begin{pmatrix} a_1 \\ a_2 \\ a_3 \end{pmatrix}$$

これらの関係を用いると，(1.13) は

$$(-b_1X-b_2Y-b_3Z \qquad a_1X+a_2Y+a_3Z \qquad 0) \qquad (1.14)$$

(1.12)＝(1.14) より，

$$-Y' = -b_1X - b_2Y - b_3Z \qquad X' = a_1X + a_2Y + a_3Z$$

また，左から (0 1 0) をかけることから，$Z' = c_1X + c_2Y + c_3Z$ を示すことができ，これらを合わせて，

$$\begin{pmatrix} X' \\ Y' \\ Z' \end{pmatrix} = \begin{pmatrix} a_1 & a_2 & a_3 \\ b_1 & b_2 & b_3 \\ c_1 & c_2 & c_3 \end{pmatrix} \begin{pmatrix} X \\ Y \\ Z \end{pmatrix}$$

これは，$\mathrm{rot}\boldsymbol{A}' = (\mathrm{rot}\boldsymbol{A})'$ を表しています。

このような関係が成り立つので初めて，回転 rot はベクトル場であるということが保証されるのです。

この節の最後に grad と div を組み合わせてできる，ラプラシアンという作用素を紹介しましょう。

定義 1.17　ラプラシアン（Laplacian）

xyz 座標でのスカラー場 $f(x, y, z)$ に関して，スカラー場 Δf を

$$\Delta f = \frac{\partial^2 f(x, y, z)}{\partial x^2} + \frac{\partial^2 f(x, y, z)}{\partial y^2} + \frac{\partial^2 f(x, y, z)}{\partial z^2}$$

と定める。Δf をラプラシアンという。

ラプラシアンという名称は，数理物理学者ラプラスの名前からとられています。

$$\begin{aligned}
\mathrm{div}(\mathrm{grad} f(\boldsymbol{x})) &= \mathrm{div}\left(\frac{\partial f(x, y, z)}{\partial x}, \frac{\partial f(x, y, z)}{\partial y}, \frac{\partial f(x, y, z)}{\partial z}\right) \\
&= \frac{\partial}{\partial x}\left(\frac{\partial f(x, y, z)}{\partial x}\right) + \frac{\partial}{\partial y}\left(\frac{\partial f(x, y, z)}{\partial y}\right) \\
&\qquad + \frac{\partial}{\partial z}\left(\frac{\partial f(x, y, z)}{\partial z}\right) \\
&= \frac{\partial^2 f(x, y, z)}{\partial x^2} + \frac{\partial^2 f(x, y, z)}{\partial y^2} + \frac{\partial^2 f(x, y, z)}{\partial z^2}
\end{aligned}$$

ですから，$\Delta f = \mathrm{div}\,(\mathrm{grad}\, f(\boldsymbol{x}))$が成り立ちます。

div，grad は∇で表されましたから，Δ を∇^2と表すことがあります。Δ を次のようにも表記することにしましょう。

$$\Delta f = \mathrm{div}\,\mathrm{grad} f = \nabla^2 f$$

Δは勾配と発散の組み合わせですから，座標のとり方によらない値，すなわちスカラー場となります。

§8　勾配，発散，回転の公式

grad，div，rot，Δ と似たような計算が出てきたので，定義を整理しておきましょう。そのあとで，これらの間に成り立つ公式を紹介します。

grad（勾配）

$$f(\boldsymbol{x}) \longrightarrow \mathrm{grad} f(\boldsymbol{x}) = \nabla f(\boldsymbol{x})$$

スカラー場　　　　ベクトル場

$$f(x,\ y,\ z) \qquad \left(\frac{\partial f(x,\ y,\ z)}{\partial x},\ \frac{\partial f(x,\ y,\ z)}{\partial y},\ \frac{\partial f(x,\ y,\ z)}{\partial z}\right)$$

div（発散）

$$\boldsymbol{A}(\boldsymbol{x}) \longrightarrow \mathrm{div}\boldsymbol{A}(\boldsymbol{x}) = \nabla \cdot \boldsymbol{A}(\boldsymbol{x})$$

ベクトル場　　　　スカラー場

$$(A_x(x,\ y,\ z),\ A_y(x,\ y,\ z),\ A_z(x,\ y,\ z))$$

$$\longrightarrow \frac{\partial A_x(x,\ y,\ z)}{\partial x} + \frac{\partial A_y(x,\ y,\ z)}{\partial y} + \frac{\partial A_z(x,\ y,\ z)}{\partial z}$$

rot（回転）

$$\boldsymbol{B}(\boldsymbol{x}) \longrightarrow \mathrm{rot}\boldsymbol{B}(\boldsymbol{x}) = \nabla \times \boldsymbol{B}(\boldsymbol{x})$$

ベクトル場　　　　ベクトル場

$$(B_x(x,\ y,\ z),\ B_y(x,\ y,\ z),\ B_z(x,\ y,\ z)) \longrightarrow$$

$$\left(\frac{\partial B_z(x,\ y,\ z)}{\partial y} - \frac{\partial B_y(x,\ y,\ z)}{\partial z},\ \frac{\partial B_x(x,\ y,\ z)}{\partial z} - \frac{\partial B_z(x,\ y,\ z)}{\partial x},\right.$$
$$\left.\frac{\partial B_y(x,\ y,\ z)}{\partial x} - \frac{\partial B_x(x,\ y,\ z)}{\partial y}\right)$$

$\varDelta$（ラプラシアン）

$$f(\boldsymbol{x}) \longrightarrow \varDelta f(\boldsymbol{x}) = \text{div grad} f(\boldsymbol{x})$$

スカラー場　　スカラー場

$$f(x,\ y,\ z) \longrightarrow \frac{\partial^2 f(x,\ y,\ z)}{\partial x^2} + \frac{\partial^2 f(x,\ y,\ z)}{\partial y^2} + \frac{\partial^2 f(x,\ y,\ z)}{\partial z^2}$$

これらの間に成り立つ公式はいくつもありますが，それらのうちいくつかを紹介しましょう。すべて後々使うものです。

公式 1.18

$$\text{div}\,(f(\boldsymbol{x})\boldsymbol{A}(\boldsymbol{x})) = f(\boldsymbol{x})\text{div}\boldsymbol{A}(\boldsymbol{x}) + \text{grad} f(\boldsymbol{x}) \cdot \boldsymbol{A}(\boldsymbol{x})$$

$\boldsymbol{A}(\boldsymbol{x}) = (A_x(\boldsymbol{x}),\ A_y(\boldsymbol{x}),\ A_z(\boldsymbol{x}))$とおきます。$(\boldsymbol{x})$ は省略して書きます。

$f\boldsymbol{A} = (fA_x,\ fA_y,\ fA_z)$なので，

$$\begin{aligned}
\text{div}(f\boldsymbol{A}) &= \frac{\partial(fA_x)}{\partial x} + \frac{\partial(fA_y)}{\partial y} + \frac{\partial(fA_z)}{\partial z} \\
&= \frac{\partial f}{\partial x}A_x + f\frac{\partial A_x}{\partial x} + \frac{\partial f}{\partial y}A_y + f\frac{\partial A_y}{\partial y} + \frac{\partial f}{\partial z}A_z + f\frac{\partial A_z}{\partial z} \\
&= f\,\text{div}\boldsymbol{A} + \text{grad} f \cdot \boldsymbol{A}
\end{aligned}$$

公式 1.19

$$\text{rot rot}\boldsymbol{A}(\boldsymbol{x}) = \text{grad div}\boldsymbol{A}(\boldsymbol{x}) - \varDelta \boldsymbol{A}(\boldsymbol{x})$$

ここで，$\varDelta \boldsymbol{A}(\boldsymbol{x})$ は，$\boldsymbol{A}(\boldsymbol{x}) = (A_x(\boldsymbol{x}),\ A_y(\boldsymbol{x}),\ A_z(\boldsymbol{x}))$に対して，

$\varDelta \boldsymbol{A}(\boldsymbol{x}) = (\varDelta A_x(\boldsymbol{x}),\ \varDelta A_y(\boldsymbol{x}),\ \varDelta A_z(\boldsymbol{x}))$ を表す。

$\boldsymbol{A}(\boldsymbol{x}) = (A_x(\boldsymbol{x}),\ A_y(\boldsymbol{x}),\ A_z(\boldsymbol{x}))$とおきます。$(\boldsymbol{x})$は省略して書きます。

$$\mathrm{div}\boldsymbol{A}=\frac{\partial A_x}{\partial x}+\frac{\partial A_y}{\partial y}+\frac{\partial A_z}{\partial z},$$

$$\mathrm{rot}\boldsymbol{A}=\left(\frac{\partial A_z}{\partial y}-\frac{\partial A_y}{\partial z},\ \frac{\partial A_x}{\partial z}-\frac{\partial A_z}{\partial x},\ \frac{\partial A_y}{\partial x}-\frac{\partial A_x}{\partial y}\right)$$

ですから，

$$(\text{左辺の }x\text{ 成分})=\frac{\partial}{\partial y}\left(\frac{\partial A_y}{\partial x}-\frac{\partial A_x}{\partial y}\right)-\frac{\partial}{\partial z}\left(\frac{\partial A_x}{\partial z}-\frac{\partial A_z}{\partial x}\right)$$

$$=\frac{\partial^2 A_z}{\partial z\partial x}+\frac{\partial^2 A_y}{\partial y\partial x}-\frac{\partial^2 A_x}{\partial y^2}-\frac{\partial^2 A_x}{\partial z^2}$$

（右辺の x 成分）

$$=\underbrace{\frac{\partial}{\partial x}\left(\frac{\partial A_x}{\partial x}+\frac{\partial A_y}{\partial y}+\frac{\partial A_z}{\partial z}\right)}_{\text{grad div}A\text{ の }x\text{ 成分}}-\underbrace{\left(\frac{\partial^2 A_x}{\partial x^2}+\frac{\partial^2 A_x}{\partial y^2}+\frac{\partial^2 A_x}{\partial z^2}\right)}_{\Delta Ax}$$

$$=\frac{\partial^2 A_z}{\partial z\partial x}+\frac{\partial^2 A_y}{\partial y\partial x}-\frac{\partial^2 A_x}{\partial y^2}-\frac{\partial^2 A_x}{\partial z^2}$$

となり，一致します。他の成分も同様に一致するので式は成り立ちます。

上では，$A_y(x,\ y)$ などの偏微分は順序によらないこと，すなわち $\dfrac{\partial^2 f}{\partial x\partial y}=\dfrac{\partial^2 f}{\partial y\partial x}$ などが成り立つと仮定しています。この本ではこのことを仮定しています。

公式 1.20

$$\mathrm{div}\left(\boldsymbol{A}(\boldsymbol{x})\times\boldsymbol{B}(\boldsymbol{x})\right)=\boldsymbol{B}(\boldsymbol{x})\cdot\mathrm{rot}\boldsymbol{A}(\boldsymbol{x})-\boldsymbol{A}(\boldsymbol{x})\cdot\mathrm{rot}\boldsymbol{B}(\boldsymbol{x})$$

$\boldsymbol{A}(\boldsymbol{x})-(A_x,\ A_y,\ A_z)$, $\boldsymbol{B}(\boldsymbol{x})=(B_x,\ B_y,\ B_z)$ とおくと，

$$\mathrm{div}\left(\boldsymbol{A}(\boldsymbol{x})\times\boldsymbol{B}(\boldsymbol{x})\right)$$

$$=\frac{\partial(A_yB_z-A_zB_y)}{\partial x}+\frac{\partial(A_zB_x-A_xB_z)}{\partial y}+\frac{\partial(A_xB_y-A_yB_x)}{\partial z}$$

$$=\frac{\partial A_y}{\partial x}B_z+A_y\frac{\partial B_z}{\partial x}-\frac{\partial A_z}{\partial x}B_y-A_z\frac{\partial B_y}{\partial x}$$

$$+\frac{\partial A_z}{\partial y}B_x+A_z\frac{\partial B_x}{\partial y}-\frac{\partial A_x}{\partial y}B_z-A_x\frac{\partial B_z}{\partial y}$$
$$+\frac{\partial A_x}{\partial z}B_y+A_x\frac{\partial B_y}{\partial z}-\frac{\partial A_y}{\partial z}B_x-A_y\frac{\partial B_x}{\partial z}$$

$$\boldsymbol{B}(\boldsymbol{x})\cdot\mathrm{rot}\boldsymbol{A}(\boldsymbol{x})-\boldsymbol{A}(\boldsymbol{x})\cdot\mathrm{rot}\boldsymbol{B}(\boldsymbol{x})$$
$$=B_x\left(\frac{\partial A_z}{\partial y}-\frac{\partial A_y}{\partial z}\right)+B_y\left(\frac{\partial A_x}{\partial z}-\frac{\partial A_z}{\partial x}\right)+B_z\left(\frac{\partial A_y}{\partial x}-\frac{\partial A_x}{\partial y}\right)$$
$$-A_x\left(\frac{\partial B_z}{\partial y}-\frac{\partial B_y}{\partial z}\right)-A_y\left(\frac{\partial B_x}{\partial z}-\frac{\partial B_z}{\partial x}\right)-A_z\left(\frac{\partial B_y}{\partial x}-\frac{\partial B_x}{\partial y}\right)$$

展開すると，$\mathrm{div}\,(\boldsymbol{A}(\boldsymbol{x})\times\boldsymbol{B}(\boldsymbol{x}))$に一致します。

公式 1.21

$$\mathrm{rot\ grad}\ f(\boldsymbol{x})=\boldsymbol{0}$$

$$\mathrm{grad}\ f(\boldsymbol{x})=\left(\frac{\partial f}{\partial x},\ \frac{\partial f}{\partial y},\ \frac{\partial f}{\partial z}\right)$$

$$\mathrm{rot\ grad}\ f(\boldsymbol{x})=\left(\frac{\partial}{\partial y}\left(\frac{\partial f}{\partial z}\right)-\frac{\partial}{\partial z}\left(\frac{\partial f}{\partial y}\right),\ \frac{\partial}{\partial z}\left(\frac{\partial f}{\partial x}\right)-\frac{\partial}{\partial x}\left(\frac{\partial f}{\partial z}\right),\right.$$
$$\left.\frac{\partial}{\partial x}\left(\frac{\partial f}{\partial y}\right)-\frac{\partial}{\partial y}\left(\frac{\partial f}{\partial x}\right)\right)=(0,\ 0,\ 0)$$

公式 1.22

$$\mathrm{div\ rot}\boldsymbol{A}(\boldsymbol{x})=0$$

$$\mathrm{div\ rot}\ \boldsymbol{A}(\boldsymbol{x})=\frac{\partial}{\underline{\partial x}}\left(\frac{\partial A_z}{\underline{\partial y}}-\frac{\partial A_y}{\partial z}\right)$$
$$+\frac{\partial}{\underline{\partial y}}\left(\frac{\partial A_x}{\partial z}-\frac{\partial A_z}{\underline{\partial x}}\right)+\frac{\partial}{\partial z}\left(\frac{\partial A_y}{\partial x}-\frac{\partial A_x}{\partial y}\right)=0$$

§9　ポテンシャル

任意のスカラー場 $f(\boldsymbol{x})$ に対して，ベクトル場 grad $f(\boldsymbol{x})$ の rot をとると，公式より，rot grad $f(\boldsymbol{x})=\boldsymbol{0}$ と任意の点に関して $\boldsymbol{0}$ になりますから，$\boldsymbol{0}$ ベクトル場になります。これの逆が条件付きでいえます。

定理 1.23　**スカラーポテンシャル**

ベクトル場 $\boldsymbol{A}(\boldsymbol{x})$ が，直方体の領域 R 全体で $\mathrm{rot}\boldsymbol{A}(\boldsymbol{x})=\boldsymbol{0}$ となるとき，スカラー場 $f(\boldsymbol{x})$ が存在して，

$\boldsymbol{A}(\boldsymbol{x})=-\mathrm{grad}\, f(\boldsymbol{x})$ と表される。

$f(\boldsymbol{x})$ をスカラーポテンシャルという。

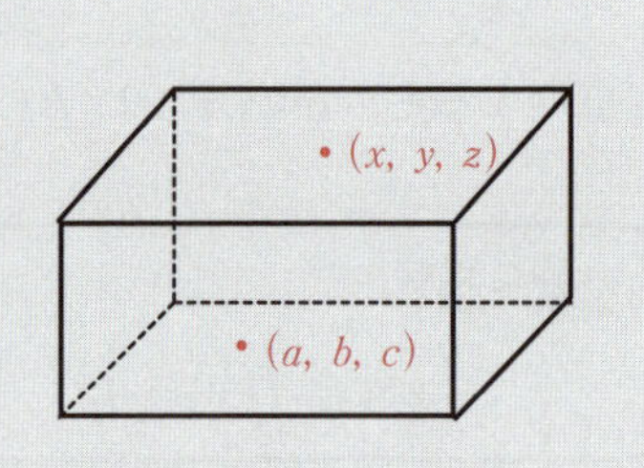

$\boldsymbol{A}(\boldsymbol{x})=-\mathrm{grad} f(\boldsymbol{x})$ と，右辺にマイナスがついているのは，物理との整合性をとるためです。$A(\boldsymbol{x})=\mathrm{grad}\, g(\boldsymbol{x})$ となる $g(\boldsymbol{x})$ が存在することを示し，$f(\boldsymbol{x})=-g(\boldsymbol{x})$ とすれば，

$$-\mathrm{grad}\, f(\boldsymbol{x})=-\mathrm{grad}(-g(\boldsymbol{x}))=\mathrm{grad}\, g(\boldsymbol{x})=\boldsymbol{A}(\boldsymbol{x})$$

となります。

$\boldsymbol{A}(\boldsymbol{x})$ が領域 R 内で定義され，$\mathrm{rot}\boldsymbol{A}(\boldsymbol{x})=\boldsymbol{0}$ となる場合について定理を証明します。

$\boldsymbol{A}(\boldsymbol{x})=(A_x(x,\ y,\ z),\ A_y(x,\ y,\ z),\ A_z(x,\ y,\ z))$ とおきます。

これについて，$\mathrm{rot}\boldsymbol{A}(\boldsymbol{x})=\boldsymbol{0}$ より，次が成り立ちます。

$$\frac{\partial A_z(\boldsymbol{x})}{\partial y}\underset{①}{=}\frac{\partial A_y(\boldsymbol{x})}{\partial z},\quad \frac{\partial A_x(\boldsymbol{x})}{\partial z}\underset{②}{=}\frac{\partial A_z(\boldsymbol{x})}{\partial x},\quad \frac{\partial A_y(\boldsymbol{x})}{\partial x}\underset{③}{=}\frac{\partial A_x(\boldsymbol{x})}{\partial y}$$

R 上に $(a,\ b,\ c)$ をとり，$\boldsymbol{x}=(x,\ y,\ z)$ でのスカラーの値 $g(\boldsymbol{x})$ を次の

ように決めます。

$$g(x,\ y,\ z)=\int_a^x A_x(t,\ y,\ z)dt+\int_b^y A_y(a,\ t,\ z)dt+\int_c^z A_z(a,\ b,\ t)dt$$

すると，

$$\frac{\partial g(x,\ y,\ z)}{\partial x}=A_x(x,\ y,\ z)$$

$$\frac{\partial g(x,\ y,\ z)}{\partial y}=\int_a^x \frac{\partial A_x(t,\ y,\ z)}{\partial y}dt+A_y(a,\ y,\ z)$$

③より

$$=\int_a^x \frac{\partial A_y(t,\ y,\ z)}{\partial t}dt+A_y(a,\ y,\ z)$$

$$=\left[A_y(t,\ y,\ z)\right]_a^x+A_y(a,\ y,\ z)$$

$$=A_y(x,\ y,\ z)-A_y(a,\ y,\ z)+A_y(a,\ y,\ z)=A_y(x,\ y,\ z)$$

③より

$$\frac{\partial A_x(x,\ y,\ z)}{\partial y}=\frac{\partial A_y(x,\ y,\ z)}{\partial x}$$

で，x を t にして，

$$\frac{\partial A_x(t,\ y,\ z)}{\partial y}=\frac{\partial A_y(t,\ y,\ z)}{\partial t}$$

$$\frac{\partial g(x,\ y,\ z)}{\partial z}=\int_a^x \frac{\partial A_x(t,\ y,\ z)}{\partial z}dt+\int_b^y \frac{\partial A_y(a,\ t,\ z)}{\partial z}dt+A_z(a,\ b,\ z)$$

②，①より，

$$=\int_a^x \frac{\partial A_z(t,\ y,\ z)}{\partial t}dt+\int_b^y \frac{\partial A_z(a,\ t,\ z)}{\partial t}dt+A_z(a,\ b,\ z)$$

$$=\left[A_z(t,\ y,\ z)\right]_a^x+\left[A_z(a,\ t,\ z)\right]_b^y+A_z(a,\ b,\ z)$$

$$=A_z(x,\ y,\ z)-A_z(a,\ y,\ z)+A_z(a,\ y,\ z)$$

$$-A_z(a,\ b,\ z)+A_z(a,\ b,\ z)=A_z(x,\ y,\ z)$$

よって，grad $g(\boldsymbol{x})=\boldsymbol{A}(\boldsymbol{x})$ となります。grad $g(\boldsymbol{x})=\boldsymbol{A}(\boldsymbol{x})$ を満たす $g(\boldsymbol{x})$には，高校で習った不定積分と同じように，定数分の自由度があります。grad は各座標成分での微分だからです。

Rのうち1点でも rot$\boldsymbol{A}(\boldsymbol{x})\neq\boldsymbol{0}$ となる場合には，$A(\boldsymbol{x})=-$grad$f(\boldsymbol{x})$ を満たす $f(\boldsymbol{x})$ が存在しないことがあります。

次に，任意のベクトル場 $\boldsymbol{A}(\boldsymbol{x})$ の rot$\boldsymbol{A}(\boldsymbol{x})$ の div をとると，公式より，

$$\text{div rot}\boldsymbol{A}(\boldsymbol{x})=0$$

と0になります。こちらについても逆が成り立ちます。

定理 1.24 **ベクトルポテンシャル**

ベクトル場 $\boldsymbol{A}(\boldsymbol{x})$ が，直方体の領域 R で，$\mathrm{div}\boldsymbol{A}(\boldsymbol{x})=0$ を満たすとき，ベクトル場 $\boldsymbol{B}(\boldsymbol{x})$ が存在して，$\boldsymbol{A}(\boldsymbol{x})=\mathrm{rot}\boldsymbol{B}(\boldsymbol{x})$ と表せる。$\boldsymbol{B}(\boldsymbol{x})$ をベクトルポテンシャルという。

条件を満たす $\boldsymbol{B}(\boldsymbol{x})$ を $\boldsymbol{A}(\boldsymbol{x})$ から作ってみましょう。このような $\boldsymbol{B}(x)$ は一通りには決まりません。自由度があって，R 内に$(a,\ b,\ c)$をとり，

$$B_x(x,\ y,\ z)=\int_c^z A_y(x,\ y,\ t)dt,$$

$$B_y(x,\ y,\ z)=-\int_c^z A_x(x,\ y,\ t)dt+\int_a^x A_z(t,\ y,\ c)dt$$

$$B_z(x,\ y,\ z)=0$$

と，z 成分を 0 にとることができます。このとき，

$$\frac{\partial B_z}{\partial y}-\frac{\partial B_y}{\partial z}=A_x(x,\ y,\ z),\quad \frac{\partial B_x}{\partial z}-\frac{\partial B_z}{\partial x}=A_y(x,\ y,\ z)$$

$$\frac{\partial B_y}{\partial x}-\frac{\partial B_x}{\partial y}$$

$$=-\int_c^z \frac{\partial A_x(x,\ y,\ t)}{\partial x}dt+A_z(x,\ y,\ c)-\int_c^z \frac{\partial A_y(x,\ y,\ t)}{\partial y}dt$$

$$\left[\begin{array}{l} \mathrm{div}\boldsymbol{A}(\boldsymbol{x})=0 \text{ より，}\ \dfrac{\partial A_x}{\partial x}+\dfrac{\partial A_y}{\partial y}+\dfrac{\partial A_z}{\partial z}=0 \\ \qquad\qquad\qquad \therefore\ -\dfrac{\partial A_x}{\partial x}-\dfrac{\partial A_y}{\partial y}=\dfrac{\partial A_z}{\partial z} \\ \text{なので，}\ -\dfrac{\partial A_x(x,\ y,\ t)}{\partial x}-\dfrac{\partial A_y(x,\ y,\ t)}{\partial y}=\dfrac{\partial A_z(x,\ y,\ t)}{\partial t} \end{array}\right]$$

$$=\int_c^z \frac{\partial A_z(x,\ y,\ t)}{\partial t}dt+A_z(x,\ y,\ c)=\Big[A_z(x,\ y,\ t)\Big]_c^z+A_z(x,\ y,\ c)$$

$$=A_z(x,\ y,\ z)-A_z(x,\ y,\ c)+A_z(x,\ y,\ c)=A_z(x,\ y,\ z)$$

であり，$\mathrm{rot}\boldsymbol{B}(\boldsymbol{x})=\boldsymbol{A}(\boldsymbol{x})$ を満たします。

§10　スカラー場の線積分

座標平面に2点A，Bを結ぶ曲線Cがあり，CはAからBに向きづけられているものとします。また，点(x, y)に対して$f(x, y)$を対応させるスカラー場$f(x, y)$が与えられているものとします。

このとき，$f(x, y)$のCに沿った線積分を次のように定めましょう。

CをAからBに向けて，n個の部分C_1，C_2，…，C_nに分け，C_i上に点$(x_i,\ y_i)$をとります。s_iで曲線C_iの長さを表すことにします。ここで，

$$\sum_{i=1}^{n} f(x_i,\ y_i)s_i$$

という総和を考えます。nを大きくし，s_iを小さく0に近づけていったときの，この総和の収束値がCに沿った$f(x,\ y)$の**線積分**です。

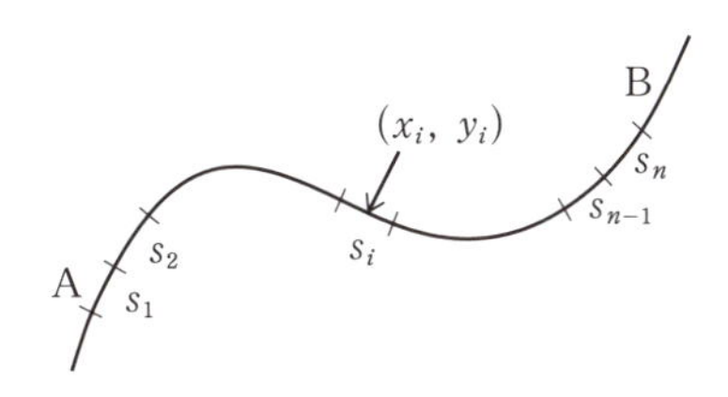

これを次の左辺のように表します。始点と終点を強調したいときには，中辺のように表します。

$$\int_C f(x,\ y)ds = \int_A^B f(x,\ y)ds \left(= \lim_{\substack{n\to\infty \\ s_i\to 0}} \sum_{i=1}^{n} f(x_i,\ y_i)s_i \right)$$

$f(x,\ y)$として，x軸上で定義された関数$f(x)$［yの値にはよらない］をとり，曲線Cとしてx軸上の$(a,\ 0)$から$(b,\ 0)$までの線分をとれば，

$$\int_a^b f(x)dx$$

となります。このように線積分は，1変数関数 $f(x)$ の定積分を拡張したものになっています。

$f(x)$ の積分では，積分の向きを逆にとると値が (-1) 倍になりました。C に沿った $f(x,\ y)$ の積分も同様です。

$$\int_b^a f(x)dx = -\int_a^b f(x)dx \qquad \int_B^A f(x,\ y)ds = -\int_A^B f(x,\ y)ds$$

普通の積分　　　　　　線積分

C の向きと反対に終点から始点に向かって積分するときは，長さ $|s_i|$ にマイナスが付くと考えます。

C に沿った線積分を定義通りに計算するには，C を弧長パラメータと呼ばれるパラメータで表しておかなければなりません。弧長パラメータとは，ある点（下図では点A）からの曲線上の距離をパラメータにとって，曲線 C を $(x(s),\ y(s))$ と表すことです。例えば，左図のPであれば，APの長さが2なので，$(x(2),\ y(2))=(3,\ 5)$ となります。

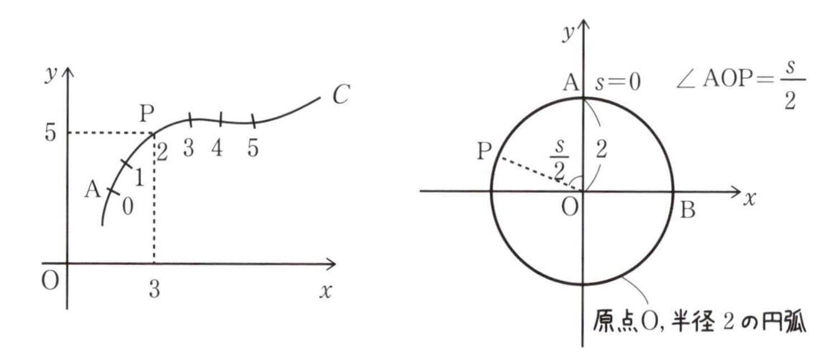

また，右図では，Pの座標は $\left(2\cos\left(\frac{s}{2}+\frac{\pi}{2}\right),\ 2\sin\left(\frac{s}{2}+\frac{\pi}{2}\right)\right)$ となります。$\angle$AOPの大きさが $\frac{s}{2}$ で，弧APの長さが $2\cdot\frac{s}{2}=s$ と，s でAからの距離を表していますから，s は弧長パラメータになります。

線積分は，C を弧長パラメータで，$C:(x(s),\ y(s))\quad(a \leqq s \leqq b)$ と表し，$f(x(s),\ y(s))$ を s で積分することになります。つまり，

$$\int_a^b f(x(s),\ y(s))ds$$

を計算します。

しかし，曲線が弧長パラメータで表されていない場合，その都度弧長パラメータに直すのは大変です。そこで，Cが一般のパラメータtで$(x(t),\ y(t))$と表されているときの計算の仕方も示しておきましょう。

A$(x(\alpha),\ y(\alpha))$からP$(x(t),\ y(t))$までの弧長は，

$$s(t)=\int_\alpha^t \sqrt{\left(\frac{dx}{dt}\right)^2+\left(\frac{dy}{dt}\right)^2}\,dt$$

曲線の弧長を求める公式です

となります。これをtで微分して，

$$\frac{ds}{dt}=\sqrt{\left(\frac{dx}{dt}\right)^2+\left(\frac{dy}{dt}\right)^2}$$

となります。sの代わりにtで置換積分すると，

$$\int_a^b f(x(s),\ y(s))ds=\int_\alpha^\beta f(x(t),\ y(t))\frac{ds}{dt}dt$$

$$=\int_\alpha^\beta f(x(t),\ y(t))\sqrt{\left(\frac{dx}{dt}\right)^2+\left(\frac{dy}{dt}\right)^2}\,dt$$

一般のパラメータでの線積分

線積分の計算に物理的な意味を付けるとすれば，この計算は点$(x(s),\ y(s))$で単位長さ当たり$f(x(s),\ y(s))$の重さを持つひもCのAからBまでの重さを計算していることになります。

問題 1.25

$f(x,\ y)=x^2y$ をそれぞれの曲線に沿って線積分せよ。

(1) $C_1:(t,\ 2-t)\quad(0\leqq t\leqq 2)$

(2) $C_2:(2\sin\theta,\ 2\cos\theta)\quad\left(0\leqq\theta\leqq\dfrac{\pi}{2}\right)$

(1) $x=t$, $y=2-t$ とおくと，

$$\frac{ds}{dt}=\sqrt{\left(\frac{dx}{dt}\right)^2+\left(\frac{dy}{dt}\right)^2}=\sqrt{1^2+(-1)^2}=\sqrt{2}$$

よって，

$$\int_{C_1}f(x,\ y)ds=\int_0^2 f(x(t),\ y(t))\frac{ds}{dt}dt=\int_0^2 t^2(2-t)\sqrt{2}\,dt$$

$$=\left[\sqrt{2}\left(\frac{2}{3}t^3-\frac{1}{4}t^4\right)\right]_0^2=\frac{4\sqrt{2}}{3}$$

(2)　$x=2\sin\theta$, $y=2\cos\theta$ とおくと，

$$\frac{ds}{d\theta}=\sqrt{\left(\frac{dx}{d\theta}\right)^2+\left(\frac{dy}{d\theta}\right)^2}=\sqrt{(2\cos\theta)^2+(-2\sin\theta)^2}=2$$

よって，

$$\int_{C_2}f(x,\ y)ds=\int_0^{\frac{\pi}{2}}f(x(\theta),\ y(\theta))\frac{ds}{d\theta}d\theta$$

$$=\int_0^{\frac{\pi}{2}}(2\sin\theta)^2(2\cos\theta)2d\theta=\left[\frac{16}{3}\sin^3\theta\right]_0^{\frac{\pi}{2}}=\frac{16}{3}$$

$$\frac{d}{d\theta}(\sin^3\theta)=3\sin^2\theta\frac{d}{d\theta}(\sin\theta)=3\sin^2\theta\cos\theta$$

C_1 も C_2 も，始点は $(0,\ 2)$，終点は $(2,\ 0)$ です。始点，終点が一致しても経路が異なれば，線積分の値は異なります。

§11　ベクトル場の線積分

ベクトル場の線積分について説明する前に，曲線の接線ベクトルについて復習しておきます。

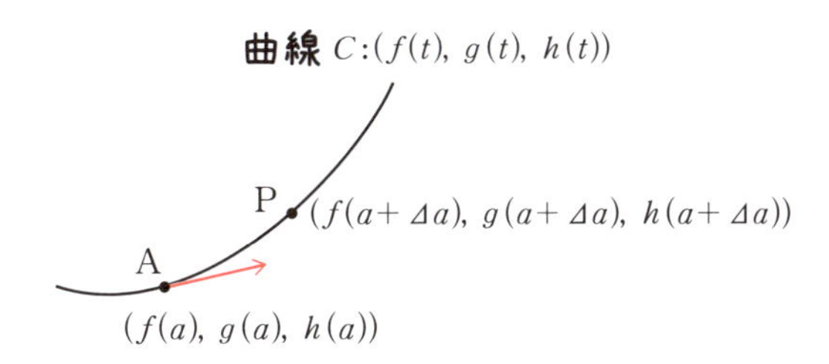

曲線 C が，媒介変数 t によって，$(f(t),\ g(t),\ h(t))$ と表されているものとします。このとき，C 上の

点 $\mathrm{A}(f(a),\ g(a),\ h(a))$，点 $\mathrm{P}(f(a+\Delta a),\ g(a+\Delta a),\ h(a+\Delta a))$

に対して，Δa が 0 に近づくとき，

$$\frac{\overrightarrow{\mathrm{OP}}-\overrightarrow{\mathrm{OA}}}{\Delta a}=\left(\frac{f(a+\Delta a)-f(a)}{\Delta a},\ \frac{g(a+\Delta a)-g(a)}{\Delta a},\ \frac{h(a+\Delta a)-h(a)}{\Delta a}\right)$$

の方向は，A での接線方向に近づきます。

そこで，この極限の値，

$$(f'(a),\ g'(a),\ h'(a))$$

を C 上の点 A での接線ベクトルと呼ぶのでした。

接線ベクトルの大きさは，曲線 C のパラメータ t による表現の仕方に依存するので注意が必要です（向きは依存しない）。t に応じて曲線上の対応する点がゆっくり動くようなパラメータ表示のとき，接線ベクトルの大きさは小さくなります。

座標平面上でベクトル場 $\boldsymbol{F}$ が与えられているものとします。

C（弧長パラメータ s）の接線ベクトルと $\boldsymbol{F}$ との内積（s の関数となる）を s で線積分したものが，$\boldsymbol{F}$ の C に沿った線積分です。

ベクトル場がベクトル値関数 $\boldsymbol{F}$ によって，

$$\boldsymbol{F}=(F_x(x,\ y),\ F_y(x,\ y))$$

と与えられ，C が弧長パラメータ s を用いて $(x(s),\ y(s))\quad(a\leqq s\leqq b)$ と表されているものとします。

$\boldsymbol{r}(s)=(x(s),\ y(s))$ とおくと，接線ベクトルは $\dfrac{d\boldsymbol{r}}{ds}=\left(\dfrac{dx}{ds},\ \dfrac{dy}{ds}\right)$ であり，$\boldsymbol{F}$ との内積は $\boldsymbol{F}\cdot\dfrac{d\boldsymbol{r}}{ds}$ となります。これを s について線積分するので，$\boldsymbol{F}$ の C に沿った線積分は次の右辺のようになります。これを左辺のように表記します。

$$\int_C \boldsymbol{F}\cdot d\boldsymbol{r}=\int_a^b \boldsymbol{F}\cdot\frac{d\boldsymbol{r}}{ds}ds$$

$$=\underline{\int_a^b\left(F_x(x(s),\ y(s))\frac{dx}{ds}\right.}+F_y(x(s),\ y(s))\left.\frac{dy}{ds}\right)ds$$

と計算します。

s を弧長パラメータとしてとりましたが，一般のパラメータの場合でも上の式で計算できることを示しましょう。

弧長パラメータ s を新しいパラメータ t で $s(t)$ と表して，破線部を置換積分します。t の積分区間が $\alpha\leqq t\leqq\beta$ とすると，

$$\int_a^b F_x(x(s),\ y(s))\frac{dx}{ds}ds=\int_\alpha^\beta (F_x(x(s(t)),\ y(s(t)))\frac{dx}{ds}\frac{ds}{dt}dt$$

$$=\int_\alpha^\beta (F_x(x(t),\ y(t))\frac{dx}{dt}dt$$

となります。破線がついていないところも同様に s を t に置き換えることができます。この式から分かるように，ベクトル場の線積分を計算するときは，s は弧長パラメータでなくとも同じように計算できます。

さらに置換積分の考え方を用いると，

$$\int_a^b \left(F_x(x(s),\ y(s)) \frac{dx}{ds} + F_y(x(s),\ y(s)) \frac{dy}{ds} \right) ds$$
$$= \int_{x(a)}^{x(b)} F_x(x,\ y) dx + \int_{y(a)}^{y(b)} F_y(x,\ y) dy$$

と計算することもできます。

なお，前節で紹介した関数の線積分は弧長パラメータ s のときと，一般のパラメータのときでは，式の見た目が異なります。弧長パラメータでない t を用いるときは，$\dfrac{ds}{dt}$ をかけることを忘れないようにしましょう。

3 次元の場合でも同様です。曲線 C が，パラメータ t で

$(x(t),\ y(t),\ z(t))(\alpha \leqq t \leqq \beta)$，ベクトル場 $\boldsymbol{F}$ が，

$$\boldsymbol{F} = (F_x(x,\ y,\ z),\ F_y(x,\ y,\ z),\ F_z(x,\ y,\ z))$$

のとき，$\boldsymbol{F}$ の C に沿った線積分 $\displaystyle\int_C \boldsymbol{F} \cdot d\boldsymbol{r}$ は，

$$\int_\alpha^\beta \left(F_x(x(t),\ y(t),\ z(t)) \frac{dx}{dt} + F_y(x(t),\ y(t),\ z(t)) \frac{dy}{dt} \right.$$
$$\left. + F_z(x(t),\ y(t),\ z(t)) \frac{dz}{dt} \right) dt$$
$$= \int_{x(\alpha)}^{x(\beta)} F_x(x,\ y,\ z) dx + \int_{y(\alpha)}^{y(\beta)} F_y(x,\ y,\ z) dy + \int_{z(\alpha)}^{z(\beta)} F_z(x,\ y,\ z) dz$$

と計算できます。最後の式より，$\boldsymbol{F} \cdot d\boldsymbol{r}$ は $\boldsymbol{F}$ と $d\boldsymbol{r} = (dx,\ dy,\ dz)$ の内積を表していると見なすことができます。

計算練習をしてみましょう。

問題 1.26

ベクトル場 $\boldsymbol{F}(x,\ y) = (x+1,\ xy)$ を，C:$(t^2,\ t)$　$(0 \leqq t \leqq 2)$ に沿って線積分せよ。

パラメータを用いて計算します。

$\boldsymbol{r}(t) = (t^2,\ t)$ とおくと，$\boldsymbol{F}$ は C 上で，$\boldsymbol{F}(\boldsymbol{r}(t)) = \boldsymbol{F}(t^2,\ t) = (t^2+1,\ t^3)$

Cの接線ベクトルは，$\dfrac{d\boldsymbol{r}(t)}{dt}=(2t,\ 1)$

$\boldsymbol{F}(\boldsymbol{r}(t))\cdot\dfrac{d\boldsymbol{r}(t)}{dt}=(t^2+1)\cdot 2t+t^3\cdot 1=3t^3+2t$ですから，

$$\int_0^2 \boldsymbol{F}\cdot\frac{d\boldsymbol{r}(t)}{dt}dt=\int_0^2(3t^3+2t)dt=\left[\frac{3}{4}t^4+t^2\right]_0^2=16$$

置換積分を用いて計算してみます。

$F_x=x+1$，C上で，$x=y^2$という関係式があるので，$F_y=xy=y^3$

Fのx成分　　Fのy成分

$$\int_{x(0)}^{x(2)}F_x\,dx+\int_{y(0)}^{y(2)}F_y\,dy=\int_0^4(x+1)dx+\int_0^2 y^3\,dy$$

$$=\left[\frac{1}{2}x^2+x\right]_0^4+\left[\frac{1}{4}y^4\right]_0^2=16$$

積分値は一致しました。

問題 1.27

$\boldsymbol{F}(x,\ y)=(x^2,\ x+y)$, $\boldsymbol{G}(x,\ y)=(2xy,\ x^2)$

の2つのベクトル場に関して，

$C_1:(2t,\ 4t)\quad(0\leqq t\leqq 1)$

$C_2:(t,\ t^2)\quad(0\leqq t\leqq 2)$

のそれぞれに沿って線積分せよ。

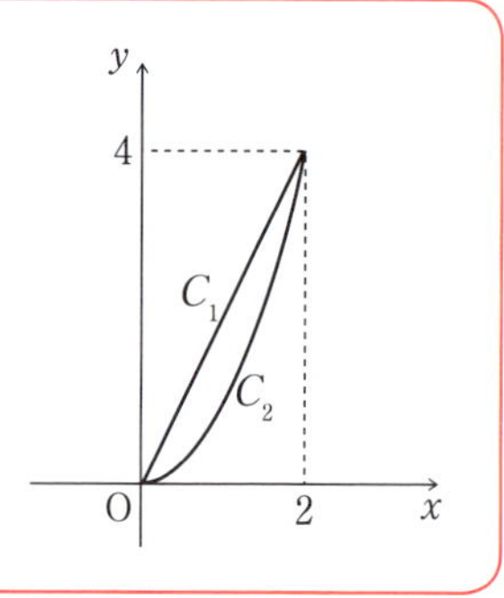

パラメータを用いて計算してみます。

まず，$\boldsymbol{F}(x,\ y)$の線積分を求めましょう。

［C_1に沿っての線積分］

$\boldsymbol{r}_1(t)=(2t,\ 4t)$とおくと，接線ベクトルは，$\dfrac{d\boldsymbol{r}_1(t)}{dt}=(2,\ 4)$

これと$\boldsymbol{F}(2t,\ 4t)=(4t^2,\ 6t)$の内積をとると，$\boldsymbol{F}\cdot\dfrac{d\boldsymbol{r}_1(t)}{dt}=8t^2+24t$なので，

$$\int_0^1 \boldsymbol{F}\cdot\frac{d\boldsymbol{r}_1(t)}{dt}dt=\int_0^1(8t^2+24t)dt=\left[\frac{8}{3}t^3+12t^2\right]_0^1=\frac{44}{3}$$

［C_2に沿っての線積分］

$\boldsymbol{r}_2(t)=(t,\ t^2)$とおくと，

$$\frac{d\boldsymbol{r}_2(t)}{dt}=(1,\ 2t),\ \boldsymbol{F}(t,\ t^2)=(t^2,\ t^2+t),\ \boldsymbol{F}\cdot\frac{d\boldsymbol{r}_2(t)}{dt}=3t^2+2t^3$$

$$\int_0^2 \boldsymbol{F}\cdot\frac{d\boldsymbol{r}_2(t)}{dt}dt=\int_0^2(3t^2+2t^3)dt=\left[t^3+\frac{1}{2}t^4\right]_0^2=16$$

次に，$\boldsymbol{G}(x,\ y)$ の線積分を求めましょう。

［C_1に沿っての線積分］

$$\boldsymbol{r}_1(t)=(2t,4t),\ \frac{d\boldsymbol{r}_1(t)}{dt}=(2,4),\ \boldsymbol{G}(2t,4t)=(16t^2,4t^2),\ \boldsymbol{G}\cdot\frac{d\boldsymbol{r}_1(t)}{dt}=48t^2$$

$$\int_0^1 \boldsymbol{G}\cdot\frac{d\boldsymbol{r}_1(t)}{dt}dt=\int_0^1 48t^2\,dt=16$$

［C_2に沿っての線積分］

$$\boldsymbol{r}_2(t)=(t,\ t^2),\quad \frac{d\boldsymbol{r}_2(t)}{dt}=(1,\ 2t),\quad \boldsymbol{G}(t,\ t^2)=(2t^3,\ t^2),\quad \boldsymbol{G}\cdot\frac{d\boldsymbol{r}_2(t)}{dt}=4t^3$$

$$\int_0^2 \boldsymbol{G}\cdot\frac{d\boldsymbol{r}_2(t)}{dt}dt=\int_0^2 4t^3\,dt=16$$

この問題で，C_1とC_2について，始点，終点が同じになっています。

始点は $(0,0)$，終点は $(2,4)$ です。

$\boldsymbol{F}(x,\ y)$ の線積分では，C_1に沿った線積分とC_2に沿った線積分では異なる値になりますが，$\boldsymbol{G}(x,y)$ の線積分では同じになります。

実は，$\boldsymbol{G}(x,y)$ の場合，始点が $(0,\ 0)$，終点が $(2,\ 4)$ になる他の曲線の場合でも線積分の値は同じ値になります。

これについて，次のような定理が成り立ちます。

定理 1.28

2 定点 A，B がある。ベクトル場 $\boldsymbol{F}(\boldsymbol{x})$ がスカラー場 $g(\boldsymbol{x})$ によって，$\boldsymbol{F}(\boldsymbol{x})=\mathrm{grad}\,g(\boldsymbol{x})$ と表されているとき，A から B への曲線 C に沿った $\boldsymbol{F}(\boldsymbol{x})$ の線積分は，C のとり方によらず一定の値となる。

3 次元の場合で考えます。

曲線 C がパラメータ t によって，$\boldsymbol{r}(t)=(x(t),\ y(t),\ z(t))$ と表されているものとします。$t=a$ のとき A，$t=b$ のとき B を表すものとします。

$$\boldsymbol{F}=\mathrm{grad}\,g=\left(\frac{\partial g}{\partial x},\ \frac{\partial g}{\partial y},\ \frac{\partial g}{\partial z}\right),\quad \frac{d\boldsymbol{r}(t)}{dt}=\left(\frac{dx(t)}{dt},\ \frac{dy(t)}{dt},\ \frac{dz(t)}{dt}\right)$$

なので，

$$\int_C \boldsymbol{F}\cdot d\boldsymbol{r}=\int_a^b \mathrm{grad}\,g\cdot\frac{d\boldsymbol{r}}{dt}dt$$

$$=\int_a^b\left(\frac{\partial g}{\partial x}\cdot\frac{dx(t)}{dt}+\frac{\partial g}{\partial y}\cdot\frac{dy(t)}{dt}+\frac{\partial g}{\partial z}\cdot\frac{dz(t)}{dt}\right)dt$$

被積分関数は g を t で微分したときの式になっている

$$=\int_a^b\frac{dg(x(t),\ y(t),\ z(t))}{dt}dt=\Big[\,g(x(t),\ y(t),\ z(t))\Big]_a^b$$

$$=g(x(b),\ y(b),\ z(b))-g(x(a),\ y(a),\ z(a))$$

問題 1.27 で $\boldsymbol{G}(x,\ y)$ を $(0,\ 0)$ から $(2,\ 4)$ まで線積分した値が経路によらないのは，$h(x,\ y)=x^2y$ とおくと，$\boldsymbol{G}(x,\ y)=\mathrm{grad}\,h(x,\ y)$ と表されるからだったのです。

この定理のように経路によらず線積分の値が定まるので，$\boldsymbol{x}$ に対して，定点から $\boldsymbol{x}$ までの線積分の値をとるスカラー場を考えることができます。このスカラー場は定理で与えた定数を除いて $g(\boldsymbol{x})$ に一致します。**定理 1.23** で作った $g(\boldsymbol{x})$ は，$\boldsymbol{F}(\boldsymbol{x})=\mathrm{grad}\,g(\boldsymbol{x})$ を満たす唯一のスカラー場であったことが分かります。

定理 1.23 では $\mathrm{rot}\,\boldsymbol{F}(\boldsymbol{x})=\boldsymbol{0}$ のとき，定理より $\boldsymbol{F}(\boldsymbol{x})=\mathrm{grad}\,g(\boldsymbol{x})$ となるスカラー場 $g(\boldsymbol{x})$ が存在しました。これと**定理 1.28** と合わせると，次がいえます。

定理 1.29

$\mathrm{rot}\boldsymbol{F}(\boldsymbol{x})=\boldsymbol{0}$ のとき，点 A から点 B への曲線 C に沿った $\boldsymbol{F}(\boldsymbol{x})$ の線積分は，C のとり方によらず一定の値となる。

電場，重力場といった逆 2 乗則の重ね合わせからなる場は，$\mathrm{rot}\boldsymbol{F}(\boldsymbol{x})=\boldsymbol{0}$ を満たすので，線積分が経路によらず一定になります。この定理が電場ポテンシャルと重力ポテンシャルの存在を保証してくれます。

§12 曲面の面積

曲面の表し方から，説明していきましょう。

原点を中心とした半径 r の球面上の点を，パラメータを用いて表すことを考えてみます。

下左図のように球面上の点Pから z 軸に下ろした垂線の足をI，xy 平面に下ろした垂線の足をHとします。OPと z 軸のなす角を θ ，OHと x 軸のなす角を φ とします。

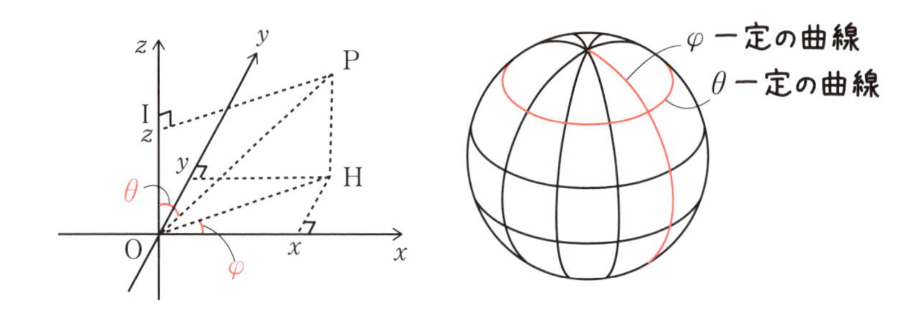

すると，Iの目盛りは $r\cos\theta$ ですから，Pの z 座標は $r\cos\theta$。

$\mathrm{OH}=r\sin\theta$ ですから，図の x，y は，$x=\mathrm{OH}\cos\varphi$，$y=\mathrm{OH}\sin\varphi$ となります。Pの座標は，

$$(r\sin\theta\cos\varphi,\ r\sin\theta\sin\varphi,\ r\cos\theta)$$

$$(0\leqq\theta\leqq\pi,\ 0\leqq\varphi\leqq 2\pi)$$

と表されます。この例で見るように，一般に空間中の曲面は，2つのパラメータを用いて表すことができます。

緯度と経度を決めると地球上の地点が決まるように，θ と φ を与えるとPの位置が決まります。$(\theta,\ \varphi)$ は球面上で座標の役割を果たしています。

θ を一定値に固定して φ を動かすと，球を地球と見立てれば θ 一定は，緯度が一定のことですから，Pの軌跡は右図のように緯線になります。φ

を一定値に固定してθを動かすと，Pの軌跡は経線になります。

11節の初めで説明した接線ベクトルの求め方を用いると，球面の接ベクトル（球面に接するベクトル）も求めることができます。

$$\boldsymbol{T}(\theta,\ \varphi)=(r\sin\theta\cos\varphi,\ r\sin\theta\sin\varphi,\ r\cos\theta)$$

（rは定数）

とおきます。

$\boldsymbol{T}(\theta,\ \varphi)$で$\varphi=\dfrac{7\pi}{4}$と一定にして$\boldsymbol{T}\left(\theta,\ \dfrac{7\pi}{4}\right)$とし，$\theta$を動かすと図のような経線$C_1$を表します。

$$\frac{\partial\boldsymbol{T}\left(\theta,\ \frac{7\pi}{4}\right)}{\partial\theta}=\left.\frac{\partial\boldsymbol{T}(\theta,\ \varphi)}{\partial\theta}\right|_{\varphi=\frac{7\pi}{4}}=\begin{pmatrix} r\cos\theta\cos\frac{7\pi}{4} \\ r\cos\theta\sin\frac{7\pi}{4} \\ -r\sin\theta \end{pmatrix}$$

$\boldsymbol{T}(\theta,\ \varphi)$を$\theta$で偏微分して，$\varphi=\dfrac{7\pi}{4}$とした

は，$\boldsymbol{T}\left(\theta,\ \dfrac{7\pi}{4}\right)$を$\theta$で微分したものですから，経線$C_1$に沿った接線ベクトルを表しています。接線ベクトルは球面に接しています。一方，

$$\frac{\partial\boldsymbol{T}\left(\frac{\pi}{3},\ \varphi\right)}{\partial\varphi}=\left.\frac{\partial\boldsymbol{T}(\theta,\ \varphi)}{\partial\varphi}\right|_{\theta=\frac{\pi}{3}}=\begin{pmatrix} -r\sin\frac{\pi}{3}\sin\varphi \\ r\sin\frac{\pi}{3}\cos\varphi \\ 0 \end{pmatrix}$$

は，$\boldsymbol{T}(\theta,\ \varphi)$で$\theta=\dfrac{\pi}{3}$と$\theta$を一定にして，$\varphi$で微分したものですから，緯線$C_2$:$\boldsymbol{T}\left(\dfrac{\pi}{3},\ \varphi\right)$に沿った接線ベクトルを表しています。

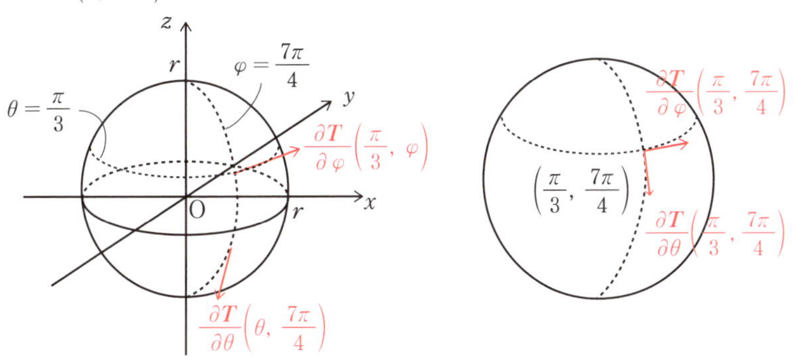

$$\frac{\partial \boldsymbol{T}\left(\frac{\pi}{3},\ \frac{7\pi}{4}\right)}{\partial\,\theta}=\left(r\cos\frac{\pi}{3}\cos\frac{7\pi}{4}\quad r\cos\frac{\pi}{3}\sin\frac{7\pi}{4}\quad -r\sin\frac{\pi}{3}\right)$$

$$\frac{\partial \boldsymbol{T}\left(\frac{\pi}{3},\ \frac{7\pi}{4}\right)}{\partial\,\varphi}=\left(-r\sin\frac{\pi}{3}\sin\frac{7\pi}{4}\quad r\sin\frac{\pi}{3}\cos\frac{7\pi}{4}\quad 0\right)$$

ベクトルの成分を横に並べています

は，$\left(\frac{\pi}{3},\ \frac{7\pi}{4}\right)$で表される点での経線方向での接ベクトルと緯線方向での接ベクトルを表しています。

一般にしてまとめておきましょう。

曲面がパラメータ u，v によって

$$\boldsymbol{S}(u,\ v)=(x(u,\ v),\ y(u,\ v),\ z(u,\ v))$$

と表されているものとします。

a，b を定数とします。$\boldsymbol{S}(a,\ v)$ で v を動かすとき，$\boldsymbol{S}(a,\ v)$ が表す点の集合は曲面 $\boldsymbol{S}(u,\ v)$ 上の曲線になります。これを曲線 $u=a$ と呼ぶことにします。

$\boldsymbol{S}(u,\ b)$ で u を動かすとき，$\boldsymbol{S}(u,\ b)$ は曲面 $\boldsymbol{S}(u,\ v)$ 上の曲線 $v=b$ となります。

xy 平面で $x=a$ や $y=b$ が座標軸に平行な直線を表すように，曲面 $\boldsymbol{S}(u,\ v)$ において，$u=a$，$v=b$ は曲線を表します。xy 平面では $x=a$ や $y=b$ で格子模様ができるように，曲面 $\boldsymbol{S}(u,\ v)$ 上では $u=a$，$v=b$ で歪んだ格子模様ができていると想像するとよいでしょう。

$\boldsymbol{S}(u,\ v)$ で，各成分を u，v でそれぞれ偏微分して $(a,\ b)$ を代入したベクトルを，

$$\frac{\partial \boldsymbol{S}(a,\ b)}{\partial\,u}=\begin{pmatrix}\dfrac{\partial\,x(a,\ b)}{\partial\,u}\\ \dfrac{\partial\,y(a,\ b)}{\partial\,u}\\ \dfrac{\partial\,z(a,\ b)}{\partial\,u}\end{pmatrix},\quad \frac{\partial \boldsymbol{S}(a,\ b)}{\partial\,v}=\begin{pmatrix}\dfrac{\partial\,x(a,\ b)}{\partial\,v}\\ \dfrac{\partial\,y(a,\ b)}{\partial\,v}\\ \dfrac{\partial\,z(a,\ b)}{\partial\,v}\end{pmatrix}$$

とおきます。$\dfrac{\partial \boldsymbol{S}(a,\ b)}{\partial u}$，$\dfrac{\partial \boldsymbol{S}(a,\ b)}{\partial v}$を$\boldsymbol{S}_u(a,\ b)$，$\boldsymbol{S}_v(a,\ b)$とも書くことにします。

$\dfrac{\partial \boldsymbol{S}(a,\ b)}{\partial u}$は，$\boldsymbol{S}(u,\ v)$において$v=b$と代入したベクトル$\boldsymbol{S}(u,\ b)$［曲線$v=b$の式］を，$u$について微分したベクトル$\dfrac{\partial \boldsymbol{S}(u,\ b)}{\partial u}$に$a$を代入したものなので，$\boldsymbol{S}(a,\ b)$での曲線$v=b$に沿った接ベクトルになります。$\dfrac{\partial \boldsymbol{S}(a,\ b)}{\partial u}$を$\boldsymbol{S}(a,\ b)$での$u$方向の接ベクトルといいます。

$\dfrac{\partial \boldsymbol{S}(a,\ b)}{\partial v}$は，$\boldsymbol{S}(a,\ b)$での曲線$u=a$に沿ったベクトル，すなわち$v$方向の接ベクトルです。

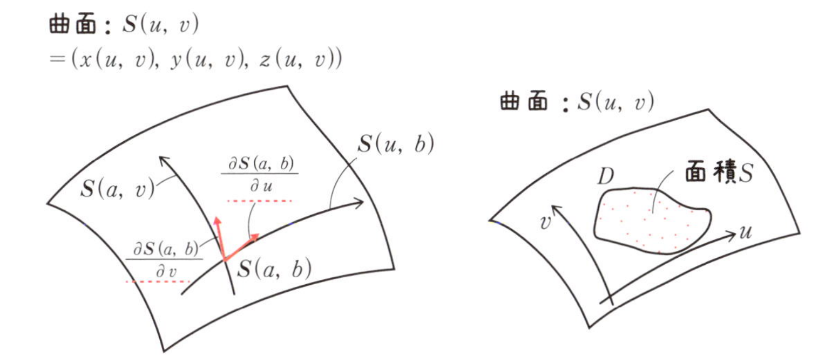

ここで，曲面上の領域D（朱アミ部）に対応する曲面の面積Sは，

$$S=\int_D \underbrace{\overbrace{\left|\frac{\partial \boldsymbol{S}}{\partial u}\times\frac{\partial \boldsymbol{S}}{\partial v}\right|}^{①}dudv}_{②}$$

と計算することができます。

×はベクトル積，｜　｜はベクトルの大きさを表していますから，①は，曲面$\boldsymbol{S}(u,\ v)$のu方向の接ベクトルとv方向の接ベクトルが作る平行四辺形の面積を表し，②は曲面の各点でu，vを微小な量du，dvだけずらしたときにできる微小な平行四辺形（$\dfrac{\partial \boldsymbol{S}}{\partial u}du$と$\dfrac{\partial \boldsymbol{S}}{\partial v}dv$で張られる）の面積を表しています（**定理 1.02（3）**）。これらを足し合わせて極限をとることで

曲面の面積を求めることができるわけです。ここでは，面積の公式についての証明は与えません。大学初年級の微積分の教科書を参考にしてください。

なお，|　|は6章で曲面の曲率を考えるときにカギとなる量です。

この面積の公式をもとにすると，スカラー場の面積分を計算することができます。スカラー場が$f(u,\ v)$と与えられていると，fの領域Dでの面積分は右辺のように計算できます。それを左辺のように表します。

$$\int_D f dS = \int_D f(u,\ v)\left|\frac{\partial \boldsymbol{S}}{\partial u}\times\frac{\partial \boldsymbol{S}}{\partial v}\right| dudv$$

これより，定スカラー場$f(u,\ v)=1$を領域Dで面積分すると，面積分の値はDの面積になります。計算の途中では，

$$dS = \left|\frac{\partial \boldsymbol{S}}{\partial u}\times\frac{\partial \boldsymbol{S}}{\partial v}\right| dudv$$

と置き換えてよいと覚えておくとよいでしょう。

問題 1.30

$\boldsymbol{S}(\theta,\ \varphi)=(\sin\theta\cos\varphi,\ \sin\theta\sin\varphi,\ \cos\theta)\ \left(0\leqq\varphi\leqq\dfrac{\pi}{2},\ 0\leqq\theta\leqq\dfrac{\pi}{2}\right)$
で表される曲面上の領域Dの面積を求めよ。また，スカラー場$f(\theta,\ \varphi)=\cos\theta\sin\varphi$を領域$D$で面積分せよ。

この曲面上の領域は，原点を中心とした半径1の球面のうち，x，y，zがともに非負である領域です。

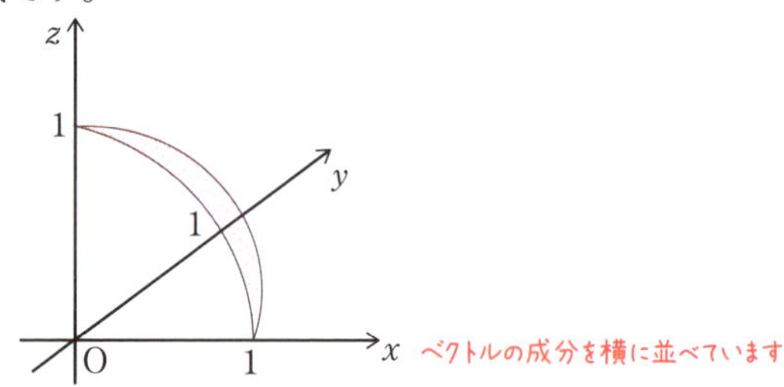

$$\frac{\partial \boldsymbol{S}}{\partial \theta}=(\cos\theta\cos\varphi,\ \cos\theta\sin\varphi,\ -\sin\theta)$$

$$\frac{\partial \boldsymbol{S}}{\partial \varphi}=(-\sin\theta\sin\varphi,\ \sin\theta\cos\varphi,\ 0)$$

$$\begin{aligned}\frac{\partial \boldsymbol{S}}{\partial \theta}\times\frac{\partial \boldsymbol{S}}{\partial \varphi}&=(\sin^2\theta\cos\varphi,\ \sin^2\theta\sin\varphi,\\ &\qquad(\cos\theta\cos\varphi)(\sin\theta\cos\varphi)-(-\sin\theta\sin\varphi)(\cos\theta\sin\varphi))\\ &=(\sin^2\theta\cos\varphi,\ \sin^2\theta\sin\varphi,\ \cos\theta\sin\theta)\end{aligned}$$

$$\begin{aligned}\left|\frac{\partial \boldsymbol{S}}{\partial \theta}\times\frac{\partial \boldsymbol{S}}{\partial \varphi}\right|^2&=(\sin^2\theta\cos\varphi)^2+(\sin^2\theta\sin\varphi)^2+(\cos\theta\sin\theta)^2\\ &=\sin^2\theta\{\sin^2\theta(\cos^2\varphi+\sin^2\varphi)+\cos^2\theta\}=\sin^2\theta\end{aligned}$$

よって，

$$\begin{aligned}\int_D\left|\frac{\partial \boldsymbol{S}}{\partial \theta}\times\frac{\partial \boldsymbol{S}}{\partial \varphi}\right|d\theta d\varphi&=\int_0^{\frac{\pi}{2}}\int_0^{\frac{\pi}{2}}\sin\theta d\theta d\varphi\\ &=\int_0^{\frac{\pi}{2}}\Big[-\cos\theta\Big]_0^{\frac{\pi}{2}}d\varphi=\int_0^{\frac{\pi}{2}}d\varphi=\frac{\pi}{2}\end{aligned}$$

半径１の球の表面積$4\pi\cdot1^2=4\pi$の８分の１になっています。

$$\int_D fdS=\int_D f(\theta,\ \varphi)\left|\frac{\partial \boldsymbol{S}}{\partial\theta}\times\frac{\partial \boldsymbol{S}}{\partial\varphi}\right|d\theta d\varphi=\int_0^{\frac{\pi}{2}}\int_0^{\frac{\pi}{2}}\cos\theta\sin\varphi\sin\theta d\theta d\varphi$$

$$=\left(\int_0^{\frac{\pi}{2}}\cos\theta\sin\theta d\theta\right)\left(\int_0^{\frac{\pi}{2}}\sin\varphi d\varphi\right)=\frac{1}{2}\cdot1=\frac{1}{2}$$

§13　ベクトル場の面積分

曲面の面積の求め方を基礎にして，ベクトル場の面積分について解説してみましょう。

3次元空間に曲面があり，パラメータu，vによって，

$$\boldsymbol{S}(u,\ v)=(S_x(u,\ v),\ S_y(u,\ v),\ S_z(u,\ v))$$

と表されているものとします。

曲面$\boldsymbol{S}(u,\ v)$上でベクトル場$\boldsymbol{F}$が定義されているものとします。

$\boldsymbol{F}$は，$(x,\ y,\ z)$のベクトル値関数ですが，曲面$\boldsymbol{S}(u,\ v)$上の$(x,\ y,\ z)$はu，vの関数ですから，$\boldsymbol{F}$は$(u,\ v)$のベクトル値関数であるといえます。

$$\boldsymbol{F}(u,\ v)=(F_x(u,\ v),\ F_y(u,\ v),\ F_z(u,\ v))$$

と表されているものとします。

このとき，ベクトル場$\boldsymbol{F}$の面積分を次のように定義します。

曲面$\boldsymbol{S}(u,\ v)$上の領域Dをk個の領域ΔS_iに分け，ΔS_i内の1点P_iに単位法線ベクトル$\boldsymbol{n}_i$を立てます。P_iでの$\boldsymbol{F}$の値$\boldsymbol{F}_i$（ベクトル）と$\boldsymbol{n}_i$の内積$\boldsymbol{F}_i\cdot\boldsymbol{n}_i$を作り，$\Delta S_i$の面積$|\Delta S_i|$との積の総和$\displaystyle\sum_{i=1}^{k}\boldsymbol{F}_i\cdot\boldsymbol{n}_i|\Delta S_i|$を考えます。

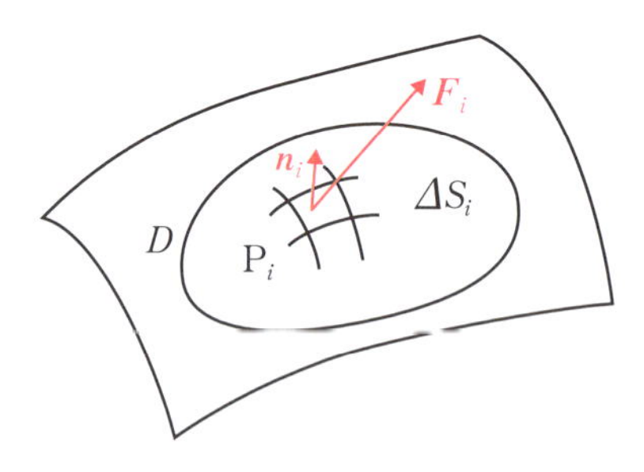

分割してできた領域の個数kを大きくして，$|\Delta S_i|$を0に近づけていくとき，$\displaystyle\sum_{i=1}^{k}\boldsymbol{F}_i\cdot\boldsymbol{n}_i|\Delta S_i|$が収束する値をベクトル場$\boldsymbol{F}$の$S$上での面積分とい

います。$\boldsymbol{S}(u, v)$ での法線ベクトルを $\boldsymbol{n}(u, v)=(n_x(u, v),\ n_y(u, v),\ n_z(u, v))$ とすると，これを用いて次の右辺のように計算し，左辺のように表記します。

$$\int_D \boldsymbol{F}\cdot\boldsymbol{n}dS=\int_D (F_x n_x+F_y n_y+F_z n_z)\left|\frac{\partial \boldsymbol{S}}{\partial u}\times\frac{\partial \boldsymbol{S}}{\partial v}\right|dudv$$

$$\left(=\lim_{\substack{k\to\infty \\ |\Delta S_i|\to 0}}\sum_{i=1}^{k}\boldsymbol{F}_i\cdot\boldsymbol{n}_i|\Delta S_i|\right)$$

次に紹介するのは，ベクトル場が与えられたとき，ある領域について回転の面積分と周上の線積分の値が一致するという定理です。問題で確認してみましょう。

問題 1.31

ベクトル場を $\boldsymbol{F}(x, y, z)=(x+y,\ xz,\ y+z^2)$ とする。

閉曲線 C と，これを境界に持つ曲面 S_1，S_2 を次のようにおく。

単位円周　$C:(\cos t,\ \sin t,\ 0)$　$(0\leqq t\leqq 2\pi)$

単位円板　$S_1:x^2+y^2\leqq 1,\ z=0$

半球面　$S_2:x^2+y^2+z^2=1,\ 0\leqq z$

このとき，次の積分値を求めよ。

(1) $\displaystyle\int_C \boldsymbol{F}\cdot d\boldsymbol{r}$　(2) $\displaystyle\iint_{S_1}\mathrm{rot}\boldsymbol{F}\cdot\boldsymbol{n}dS$　(3) $\displaystyle\iint_{S_2}\mathrm{rot}\boldsymbol{F}\cdot\boldsymbol{n}dS$

(1) $C:\boldsymbol{r}(t)=(\cos t,\ \sin t,\ 0)$ において，t は弧長パラメータになっています。

この式を t で微分して，$\dfrac{d\boldsymbol{r}}{dt}=(-\sin t,\ \cos t,\ 0)$ です。

また，$\boldsymbol{F}(\boldsymbol{r}(t))=\boldsymbol{F}(\cos t,\ \sin t,\ 0)=(\cos t+\sin t,\ 0,\ \sin t)$ ですから

$$\boldsymbol{F}\cdot\frac{d\boldsymbol{r}}{dt}=(\cos t+\sin t)(-\sin t)+0\cdot\cos t+\sin t\cdot 0=-\cos t\sin t-\sin^2 t$$

$$\int_C \boldsymbol{F}\cdot d\boldsymbol{r} = \int_0^{2\pi} \boldsymbol{F}\cdot\frac{d\boldsymbol{r}}{dt}dt = \int_0^{2\pi}(-\cos t\sin t - \sin^2 t)dt$$

$$= \int_0^{2\pi}\left\{-\frac{1}{2}\sin 2t - \frac{1}{2}(1-\cos 2t)\right\}dt$$

$$= \left[\frac{1}{4}\cos 2t - \frac{1}{2}t + \frac{1}{4}\sin 2t\right]_0^{2\pi} = -\pi$$

(2)　$$\mathrm{rot}\boldsymbol{F}(\boldsymbol{x}) = \left(\frac{\partial F_z}{\partial y} - \frac{\partial F_y}{\partial z},\ \frac{\partial F_x}{\partial z} - \frac{\partial F_z}{\partial x},\ \frac{\partial F_y}{\partial x} - \frac{\partial F_x}{\partial y}\right)$$

$$= (1-x,\ 0-0,\ z-1) = (1-x,\ 0,\ z-1)$$

S_1 上の点Pを

$$\boldsymbol{S}_1(r,\ \theta) = (r\cos\theta,\ r\sin\theta,\ 0)\quad (0 \leqq r \leqq 1,\ 0 \leqq \theta \leqq 2\pi)$$

であるとすると，

$$\mathrm{rot}\boldsymbol{F}(\boldsymbol{S}_1(r,\ \theta)) = \mathrm{rot}\boldsymbol{F}(r\cos\theta,\ r\sin\theta,\ 0) = (1-r\cos\theta,\ 0,\ -1)$$

S_1 上の単位法線ベクトルは $\boldsymbol{n}_1 = (0,\ 0,\ 1)$ であり，$\mathrm{rot}\boldsymbol{F}\cdot\boldsymbol{n}_1 = -1$

また，

$$\frac{\partial \boldsymbol{S}_1}{\partial r} = (\cos\theta,\ \sin\theta,\ 0),\quad \frac{\partial \boldsymbol{S}_1}{\partial \theta} = (-r\sin\theta,\ r\cos\theta,\ 0)$$

$$\frac{\partial \boldsymbol{S}_1}{\partial r}\times\frac{\partial \boldsymbol{S}_1}{\partial \theta} = (0,\ 0,\ r),\quad dS = \left|\frac{\partial \boldsymbol{S}_1}{\partial r}\times\frac{\partial \boldsymbol{S}_1}{\partial \theta}\right|drd\theta = rdrd\theta$$

置換積分すると，

$$\iint_{S_1}\mathrm{rot}\boldsymbol{F}\cdot\boldsymbol{n}_1 dS = \int_0^{2\pi}\int_0^1(-1)rdrd\theta$$

$$= \int_0^{2\pi}\left[-\frac{1}{2}r^2\right]_0^1 d\theta = -\frac{1}{2}\int_0^{2\pi}d\theta = -\pi$$

(3)　S_2 上の点Pを

$$\boldsymbol{S}_2(\theta,\ \varphi) = (\sin\theta\cos\varphi,\ \sin\theta\sin\varphi,\ \cos\theta)\quad \left(0 \leqq \theta \leqq \frac{\pi}{2},\ 0 \leqq \varphi \leqq 2\pi\right)$$

とおきます。すると，P での $\boldsymbol{F}$ の値は，

$$\mathrm{rot}\boldsymbol{F}(\boldsymbol{S}_2(\theta,\ \varphi))=\mathrm{rot}\boldsymbol{F}(\sin\theta\cos\varphi,\ \sin\theta\sin\varphi,\ \cos\theta)$$
$$=(1-\sin\theta\cos\varphi,\ 0,\ \cos\theta-1)$$

P での単位法線ベクトル $\boldsymbol{n}_2$ は，S_2 が単位球なので $\overrightarrow{\mathrm{OP}}$ に等しく，

$$\boldsymbol{n}_2=(\sin\theta\cos\varphi,\ \sin\theta\sin\varphi,\ \cos\theta)$$
$$\mathrm{rot}\boldsymbol{F}\cdot\boldsymbol{n}_2=\sin\theta\cos\varphi-(\sin\theta\cos\varphi)^2+\cos^2\theta-\cos\theta$$

問題 1.30 より，$\left|\dfrac{\partial \boldsymbol{S}_2}{\partial\theta}\times\dfrac{\partial \boldsymbol{S}_2}{\partial\varphi}\right|=\sin\theta$ ですから，

$$\iint_{S_2}\mathrm{rot}\boldsymbol{F}\cdot\boldsymbol{n}_2\,dS$$
$$=\int_0^{\frac{\pi}{2}}\int_0^{2\pi}(\sin\theta\cos\varphi-\sin^2\theta\cos^2\varphi+\cos^2\theta-\cos\theta)\sin\theta\,d\varphi\,d\theta$$

$\int_0^{2\pi}\cos\varphi\,d\varphi=0,\ \int_0^{2\pi}\cos^2\varphi\,d\varphi=\int_0^{2\pi}\frac{1}{2}(1+\cos 2\varphi)\,d\varphi=\pi,\ \int_0^{2\pi}d\varphi=2\pi$ を用いて

$$=\int_0^{\frac{\pi}{2}}\{-\pi\sin^2\theta+2\pi(\cos^2\theta-\cos\theta)\}\sin\theta\,d\theta$$
$$=\int_0^{\frac{\pi}{2}}-(3\pi\cos^2\theta-2\pi\cos\theta-\pi)(\cos\theta)'\,d\theta$$
$$=\pi\Big[-\cos^3\theta+\cos^2\theta+\cos\theta\Big]_0^{\frac{\pi}{2}}=-\pi$$

積分の値がすべて同じになりました。これは次の定理の例になっています。

定理 1.32　ストークスの定理

閉曲線 $C：\boldsymbol{r}(s)$ とそれを境界に持つ曲面 $\boldsymbol{S}(u,v)$ 上の領域 D がある。このとき，ベクトル値関数 $\boldsymbol{A}(\boldsymbol{x})$ に関して，

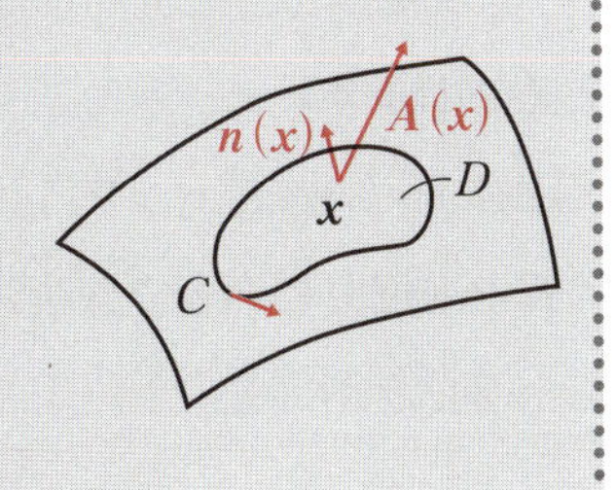

$$\int_C\boldsymbol{A}\cdot d\boldsymbol{r}=\int_D\mathrm{rot}\boldsymbol{A}\cdot\boldsymbol{n}\,dS$$

すなわち，

$$\int_C \boldsymbol{A}(\boldsymbol{x}(s))\cdot\frac{d\boldsymbol{r}}{ds}ds=\int_D \mathrm{rot}\boldsymbol{A}(\boldsymbol{x}(u,\ v))\cdot\boldsymbol{n}(\boldsymbol{x}(u,\ v))\left|\frac{\partial \boldsymbol{S}}{\partial u}\times\frac{\partial \boldsymbol{S}}{\partial v}\right|dudv$$

が成り立つ。

$\boldsymbol{A}\cdot d\boldsymbol{r}$は，ベクトル値関数$\boldsymbol{A}$と接線ベクトル$d\boldsymbol{r}$の内積です。内積は長さと間の角で決まりますから図計量であり，直交座標の設定の仕方によらず定まる値です。左辺の積分は直交座標のとり方によりません。

一方右辺も，**定理1.16**と**定理1.09**より，$\mathrm{rot}\boldsymbol{A}\cdot\boldsymbol{n}$は直交座標のとり方によらない値ですから，右辺の積分も直交座標のとり方によらず定まります。

証明のため，計算しやすい座標を設定してかまいません。

初めにSが平面上の領域の場合，特に直角三角形の場合について証明しましょう。座標は勝手に設定してよいので，Sはxy平面上にあるものとします。Sとして図のような直角三角形を考えます。

Sの周CをC_1，C_2，C_3に分けます。これらは，

C_1：$(x, 0, 0)\quad(0\leqq x\leqq a)$

C_2：$\left(x,\ b\left(1-\dfrac{x}{a}\right),\ 0\right)\quad(0\leqq x\leqq a)$

または，

$\left(a\left(1-\dfrac{y}{b}\right),\ y,\ 0\right)\quad(0\leqq y\leqq b)$

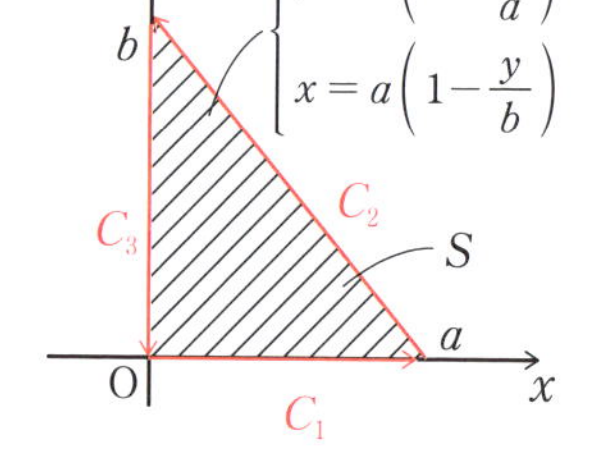

C_3：$(0,\ y,\ 0)\quad(0\leqq y\leqq b)$

と表されます。

$\boldsymbol{A}(\boldsymbol{x})=(A_x(x,\ y,\ z),\ A_y(x,\ y,\ z),\ A_z(x,\ y,\ z))$とします。

Cを左回りの向きで線積分すると，定理の左辺は，線積分の置換積分での計算法を用いて，

$$\int_C \boldsymbol{A}\cdot d\boldsymbol{r}=\int_{C_1}\boldsymbol{A}\cdot d\boldsymbol{r}+\int_{C_2}\boldsymbol{A}\cdot d\boldsymbol{r}+\int_{C_3}\boldsymbol{A}\cdot d\boldsymbol{r}$$

$$=\int_0^a A_x(x,\ 0,\ 0)dx$$

$$+\int_a^0 A_x\left(x,\ b\left(1-\frac{x}{a}\right),\ 0\right)dx+\int_0^b A_y\left(a\left(1-\frac{y}{b}\right),\ y,\ 0\right)dy$$

$$+\int_b^0 A_y(0,\ y,\ 0)dy$$

Cを左回りの向きに進むのでこの順になる

$$=\int_0^a\left(A_x(x,\ 0,\ 0)-A_x\left(x,\ b\left(1-\frac{x}{a}\right),\ 0\right)\right)dx$$

$$+\int_0^b\left(A_y\left(a\left(1-\frac{y}{b}\right),\ y,\ 0\right)-A_y(0,\ y,\ 0)\right)dy$$

一方，右辺については，この三角形でCの向きから右ねじの向きで求めた垂直方向は(0, 0, 1)ですから，$\boldsymbol{n}(\boldsymbol{x})=(0, 0, 1)$であり，

$$\int_S \mathrm{rot}\boldsymbol{A}\cdot\boldsymbol{n}dS=\int_S\left(\frac{\partial A_y}{\partial x}-\frac{\partial A_x}{\partial y}\right)dS$$

$$=\int_S\frac{\partial A_y}{\partial x}dS-\int_S\frac{\partial A_x}{\partial y}dS$$

$$=\int_0^b\int_0^{a\left(1-\frac{y}{b}\right)}\frac{\partial A_y}{\partial x}dxdy-\int_0^a\int_0^{b\left(1-\frac{x}{a}\right)}\frac{\partial A_x}{\partial y}dydx$$

$$=\int_0^b\Big[A_y\Big]_0^{a\left(1-\frac{y}{b}\right)}dy-\int_0^a\Big[A_x\Big]_0^{b\left(1-\frac{x}{a}\right)}dx$$

$$=\int_0^b\left(A_y\left(a\left(1-\frac{y}{b}\right),\ y,\ 0\right)-A_y(0,\ y,\ 0)\right)dy$$

$$-\int_0^a\left(A_x\left(x,\ b\left(1-\frac{x}{a}\right),\ 0\right)-A_x(x,\ 0,\ 0)\right)dx$$

よって，Sが直角三角形の場合，公式が成り立つことが確かめられました。

次に，Sが一般の三角形の場合を考えてみましょう。

一般の三角形は，2つの直角三角形S_1，S_2に分けて考えます。

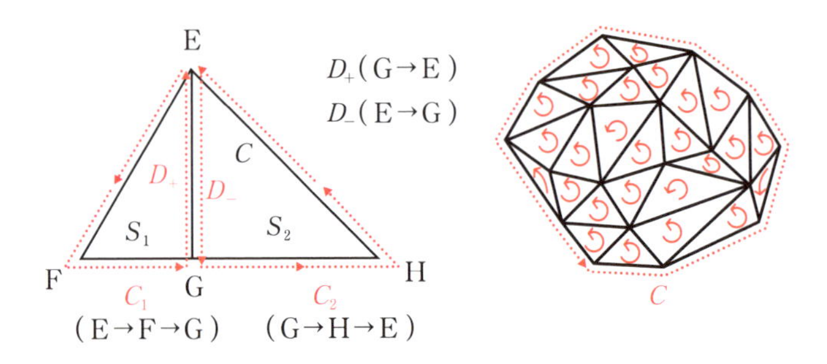

共通の辺を D，S_1 の周を C_1+D_+，S_2 の周を C_2+D_- とします。S の周は C_1+C_2 になります。直角三角形について，

$$\int_{C_1+D_+}\boldsymbol{A}\cdot d\boldsymbol{r}=\int_{S_1}\mathrm{rot}\boldsymbol{A}\cdot\boldsymbol{n}dS \qquad \int_{C_2+D_-}\boldsymbol{A}\cdot d\boldsymbol{r}=\int_{S_2}\mathrm{rot}\boldsymbol{A}\cdot\boldsymbol{n}dS$$

が成り立ちます。この2式を足しましょう。左辺を足すと

$$\int_{C_1}\boldsymbol{A}\cdot d\boldsymbol{r}+\int_{D_+}\boldsymbol{A}\cdot d\boldsymbol{r}+\int_{C_2}\boldsymbol{A}\cdot d\boldsymbol{r}+\int_{D_-}\boldsymbol{A}\cdot d\boldsymbol{r}$$

となりますが，2番目の線積分と4番目の線積分は，積分する向きが逆なので，キャンセルできます。ですから，

$$\int_{C_1}\boldsymbol{A}\cdot d\boldsymbol{r}+\int_{C_2}\boldsymbol{A}\cdot d\boldsymbol{r}=\int_{C}\boldsymbol{A}\cdot d\boldsymbol{r}$$

右辺は，

$$\int_{S_1}\mathrm{rot}\boldsymbol{A}\cdot\boldsymbol{n}dS+\int_{S_2}\mathrm{rot}\boldsymbol{A}\cdot\boldsymbol{n}dS=\int_{S}\mathrm{rot}\boldsymbol{A}\cdot\boldsymbol{n}dS$$

S が一般の三角形のときも，

$$\int_{C}\boldsymbol{A}\cdot d\boldsymbol{r}=\int_{S}\mathrm{rot}\boldsymbol{A}\cdot\boldsymbol{n}dS$$

が成り立ちます。

この例のように周を一部共有する面 S_1，S_2 で公式が成り立っていると，それらを合わせた面 $S=S_1+S_2$ でも公式が成り立ちます。S_1，S_2 が同じ平面内になくとも（S が折れ曲がっていても），成り立つことに注意しま

しょう。

次に，S として複数の小さい三角形（S_i）を組み合わせた面（図のダイヤモンドのカットのような面）を考えます。S_i の周を C_i とします。

2 面の境界になっているところでは，線積分の値が打ち消し合うので，

$$\int_C \boldsymbol{A}\cdot d\boldsymbol{r} = \sum_{i=1}^{k}\int_{C_i}\boldsymbol{A}\cdot d\boldsymbol{r} = \sum_{i=1}^{k}\int_{S_i}\mathrm{rot}\boldsymbol{A}\cdot\boldsymbol{n}dS = \int_S \mathrm{rot}\boldsymbol{A}\cdot\boldsymbol{n}dS$$

となります。

S が一般の曲面の場合は，このダイヤモンドのカットのような面を細かくして曲面に近づけていくことで公式が成り立つことが示されます。

次に出てくる閉曲面とは，境界のない曲面のことです。例えば，**問題 1.31** の半球面 S_2 では，xy 平面上の単位円 $x^2+y^2=1$ が境界（曲面の端っこ）になっています。一方，単位球面 $x^2+y^2+z^2=1$ ではこのような境界はありませんから，単位球面は閉曲面です。

また，次の dV という記号は，xyz 座標であれば，$dxdydz$ という 3 重積分を表しています。

定理 1.33　**ガウスの発散定理**

閉曲面 S : $\boldsymbol{S}(u,\ v)$ で囲まれた領域を V とする。

このとき，V 全体で定義されるベクトル場 $\boldsymbol{A}(\boldsymbol{x})$ に関して，

$$\int_S \boldsymbol{A}\cdot\boldsymbol{n}dS = \int_V \mathrm{div}\boldsymbol{A}dV$$

すなわち，

$$\int_S \boldsymbol{A}(\boldsymbol{x}(u,\ v))\cdot\boldsymbol{n}(\boldsymbol{x}(u,\ v))\left|\frac{\partial\boldsymbol{S}}{\partial u}\times\frac{\partial\boldsymbol{S}}{\partial v}\right|dudv$$

$$=\int_V \mathrm{div}\boldsymbol{A}(\boldsymbol{x}(x,\ y,\ z))dxdydz$$

が成り立つ。ただし $\boldsymbol{n}$ は領域 V の外向きにとるものとする。

$\boldsymbol{A}\cdot\boldsymbol{n}$は内積ですから図形的な量であり，直交座標のとり方によらず定まります。div$\boldsymbol{A}$の値も直交座標のとり方によらず定まります。

ベクトル値関数を$\boldsymbol{A}(\boldsymbol{x})=(A_x(\boldsymbol{x}),\ A_y(\boldsymbol{x}),\ A_z(\boldsymbol{x}))$，単位法線ベクトルを$\boldsymbol{n}(\boldsymbol{x})=(n_x(\boldsymbol{x}),\ n_y(\boldsymbol{x}),\ n_z(\boldsymbol{x}))$とおきます。すると，示すべき式は，

$$\int_S (A_x n_x + A_y n_y + A_z n_z)\,dS = \int_V \left(\frac{\partial A_x}{\partial x} + \frac{\partial A_y}{\partial y} + \frac{\partial A_z}{\partial z} \right) dV$$

です。両辺がA_x，A_y，A_zについて足した形になっていますから，A_zについての式，

$$\int_S A_z n_z\,dS = \int_V \frac{\partial A_z}{\partial z}\,dV$$

を示すことにしましょう。これが成り立てば，x，yについても同様な式が成り立ち，それらを足し合わせることで式を証明したことになります。

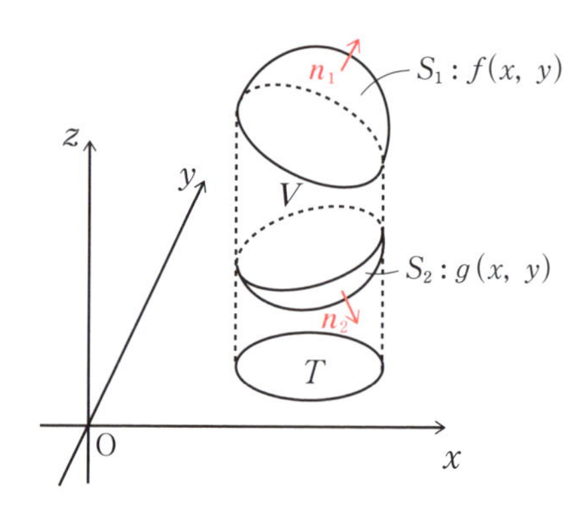

図のような途中が柱になっている領域Vで証明してみましょう。

上の面S_1の式を$z=f(x, y)$，下の面S_2の式を$z=g(x, y)$とします。

領域Vをxy平面に正射影した領域をTとします。

S_1上の点はx，yを用いて$\boldsymbol{S}_1(x, y)=(x, y, f(x, y))$，

S_2上の点は$\boldsymbol{S}_2(x, y)=(x, y, g(x, y))$と表されます。

$f_x=\dfrac{\partial f(x,\ y)}{\partial x}$, $f_y=\dfrac{\partial f(x,\ y)}{\partial y}$と表すことにすると，

$$\frac{\partial \boldsymbol{S}_1}{\partial x}=(1,\ 0,\ f_x),\ \frac{\partial \boldsymbol{S}_1}{\partial y}=(0,\ 1,\ f_y),\ \frac{\partial \boldsymbol{S}_1}{\partial x}\times\frac{\partial \boldsymbol{S}_1}{\partial y}=(-f_x,\ -f_y,\ 1)$$

$$\left|\frac{\partial \boldsymbol{S}_1}{\partial x}\times\frac{\partial \boldsymbol{S}_1}{\partial y}\right|=\sqrt{{f_x}^2+{f_y}^2+1}$$

$\boldsymbol{S}_1$の$(x,\ y,\ f(x,\ y))$での単位法線ベクトルを$\boldsymbol{n}_1(x,\ y)=(n_{1x},\ n_{1y},\ n_{1z})$とします。$\boldsymbol{n}_1(x,\ y)$は，2つの接線ベクトル$\dfrac{\partial \boldsymbol{S}_1(x,\ y)}{\partial x}$，$\dfrac{\partial \boldsymbol{S}_1(x,\ y)}{\partial y}$に直交しますから，ベクトル積の性質により

$\dfrac{\partial \boldsymbol{S}_1}{\partial x}\times\dfrac{\partial \boldsymbol{S}_1}{\partial y}=(-f_x,-f_y,1)$と同じ向きです。よって，$\boldsymbol{n}_1(x,\ y)$は，

$$\boldsymbol{n}_1=\frac{1}{\sqrt{{f_x}^2+{f_y}^2+1}}(-f_x,\ -f_y,\ 1)$$

これのz成分は

$$n_{1_z}=\frac{1}{\sqrt{{f_x}^2+{f_y}^2+1}}$$

$$n_{1_z}\left|\frac{\partial \boldsymbol{S}_1}{\partial x}\times\frac{\partial \boldsymbol{S}_1}{\partial y}\right|=\frac{1}{\sqrt{{f_x}^2+{f_y}^2+1}}\sqrt{{f_x}^2+{f_y}^2+1}=1$$

n_2についても同様です

領域Vの境界面はSですが，側面での単位法線ベクトルのz座標は0ですから，面積分を計算するときは，側面を無視してかまいません。

$$\int_S A_z n_z dS=\int_{S_1} A_z n_{1z} dS+\int_{S_2} A_z n_{2z} dS$$

$$=\int_T A_z n_{1z}\left|\frac{\partial \boldsymbol{S}_1}{\partial x}\times\frac{\partial \boldsymbol{S}_1}{\partial y}\right|dxdy+\int_T A_z n_{2z}\left|\frac{\partial \boldsymbol{S}_2}{\partial x}\times\frac{\partial \boldsymbol{S}_2}{\partial y}\right|dxdy$$

[$\boldsymbol{n}$は領域Vの外向きなので，第2項の積分にはマイナスがついて]

$$=\int_T A_z(x,\ y,\ f(x,\ y))dxdy-\int_T A_z(x,\ y,\ g(x,\ y))dxdy$$

一方，右辺は，

$$\int_V \frac{\partial A_z}{\partial z} dV = \int_T \int_{g(x,y)}^{f(x,y)} \frac{\partial A_z}{\partial z} dzdxdy = \int_T \Big[A_z \Big]_{g(x,y)}^{f(x,y)} dxdy$$

$$= \int_T (A_z(x,\ y,\ f(x,\ y)) - A_z(x,\ y,\ g(x,\ y))) dxdy$$

となり一致します。

よって，ガウスの発散定理が成り立つことが分かりました。

定理 1.34

$\mathrm{div}\boldsymbol{A}(\boldsymbol{x})=0$ のとき，閉曲線 C を境界に持つ曲面 S に関する $\boldsymbol{A}(\boldsymbol{x})$ の面積分は S のとり方によらず決まる。

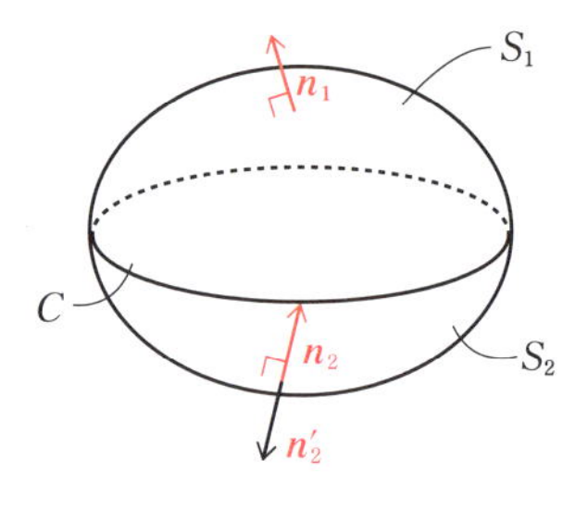

C を境界に持つ2つの曲面 S_1，S_2 を考え，S_1，S_2 で囲まれる部分の領域を V とします。S_1，S_2 に関して，C の向きから右ねじの向きで単位法線ベクトル $\boldsymbol{n}_1$，$\boldsymbol{n}_2$ を定めます。ここで，$\boldsymbol{n}'_2 = -\boldsymbol{n}_2$ とおくと，$\boldsymbol{n}_1$ と $\boldsymbol{n}'_2$ は V に対して外側を向いたベクトルになります。

ガウスの発散定理により，

$$\int_{S_1} \boldsymbol{A}(\boldsymbol{x}) \cdot \boldsymbol{n}_1(\boldsymbol{x}) dS + \int_{S_2} \boldsymbol{A}(\boldsymbol{x}) \cdot \boldsymbol{n}'_2(\boldsymbol{x}) dS = \int_V \mathrm{div}\boldsymbol{A}(\boldsymbol{x}) dV = 0$$

よって，

$$\int_{S_1} \boldsymbol{A}(\boldsymbol{x}) \cdot \boldsymbol{n}_1(\boldsymbol{x}) dS = -\int_{S_2} \boldsymbol{A}(\boldsymbol{x}) \cdot \boldsymbol{n}'_2(\boldsymbol{x}) dS = \int_{S_2} \boldsymbol{A}(\boldsymbol{x}) \cdot \boldsymbol{n}_2(\boldsymbol{x}) dS$$

S_1，S_2 が交わる場合には，これと交わらない S_3 を経由することで等式を示すことができます。これより，S のとり方によらず，$\boldsymbol{A}(\boldsymbol{x})$ の面積分の値が定まることが分かります。

§14　逆2乗法則についての計算

ニュートンの万有引力の法則，電荷の間に働く力を表すクーロンの法則で導かれる力は，どちらも2物体の距離 r の逆2乗，すなわち $\frac{1}{r^2}$ に比例するので，逆2乗型の法則とも呼ばれます。ここでは，この法則に関連した計算の準備をしておきます。

単なる計算練習かと思われるかもしれませんが，私はこの計算に深淵なるものを感じています。その話は問題のあとで。

公式 1.35

$\boldsymbol{x}$，$\boldsymbol{a}$ は3次元ベクトルで，$\boldsymbol{a}$ は定ベクトルとする。$\boldsymbol{x}\neq\boldsymbol{a}$ のとき，

$\boldsymbol{A}(\boldsymbol{x})=\dfrac{\boldsymbol{x}-\boldsymbol{a}}{|\boldsymbol{x}-\boldsymbol{a}|^3}$ に対して，$\mathrm{div}\boldsymbol{A}(\boldsymbol{x})=0$，$\mathrm{rot}\boldsymbol{A}(\boldsymbol{x})=\boldsymbol{0}$

$f(\boldsymbol{x})=\dfrac{1}{|\boldsymbol{x}-\boldsymbol{a}|}$ に対して，$\mathrm{grad}\,f(\boldsymbol{x})=-\boldsymbol{A}(\boldsymbol{x})$，$\Delta f(\boldsymbol{x})=0$

$\boldsymbol{x}=(x,y,z)$，$\boldsymbol{a}=(a,b,c)$ とおくと，

$$\boldsymbol{A}(\boldsymbol{x})=\left(\frac{x-a}{\{(x-a)^2+(y-b)^2+(z-c)^2\}^{\frac{3}{2}}},\right.$$

$$\left.\frac{y-b}{\{(x-a)^2+(y-b)^2+(z-c)^2\}^{\frac{3}{2}}},\ \frac{z-c}{\{(x-a)^2+(y-b)^2+(z-c)^2\}^{\frac{3}{2}}}\right)$$

となります。これの x 成分を A_x とすると

$$\frac{\partial A_x}{\partial x}=\frac{\partial}{\partial x}\left(\frac{x-a}{\{(x-a)^2+(y-b)^2+(z-c)^2\}^{\frac{3}{2}}}\right)$$

$$=1\cdot\frac{1}{\{(x-a)^2+(y-b)^2+(z-c)^2\}^{\frac{3}{2}}}$$

$x-a$ と $\frac{1}{\{(x-a)^2+(y-b)^2+(z-c)^2\}^{\frac{3}{2}}}$ の積と見て微分

$$+(x-a)\cdot\left(-\frac{3}{2}\right)\frac{1}{\{(x-a)^2+(y-b)^2+(z-c)^2\}^{\frac{5}{2}}}\cdot 2(x-a)$$

$$=\frac{(x-a)^2+(y-b)^2+(z-c)^2}{\{(x-a)^2+(y-b)^2+(z-c)^2\}^{\frac{5}{2}}}-\frac{3(x-a)^2}{\{(x-a)^2+(y-b)^2+(z-c)^2\}^{\frac{5}{2}}}$$

よって，

$$\mathrm{div}\boldsymbol{A}(\boldsymbol{x})=\frac{\partial A_x}{\partial x}+\frac{\partial A_y}{\partial y}+\frac{\partial A_z}{\partial z}$$

$$=\frac{3\{(x-a)^2+(y-b)^2+(z-c)^2\}}{\{(x-a)^2+(y-b)^2+(z-c)^2\}^{\frac{5}{2}}}-\frac{3\{(x-a)^2+(y-b)^2+(z-c)^2\}}{\{(x-a)^2+(y-b)^2+(z-c)^2\}^{\frac{5}{2}}}$$

$$=0$$

また，

$$\frac{\partial A_z}{\partial y}=\frac{\partial}{\partial y}\left(\frac{z-c}{\{(x-a)^2+(y-b)^2+(z-c)^2\}^{\frac{3}{2}}}\right)$$

$$=\left(-\frac{3}{2}\right)\cdot\frac{(z-c)}{\{(x-a)^2+(y-b)^2+(z-c)^2\}^{\frac{5}{2}}}\cdot 2(y-b)$$

$$=-\frac{3(z-c)(y-b)}{\{(x-a)^2+(y-b)^2+(z-c)^2\}^{\frac{5}{2}}}$$

となるので，$\frac{\partial A_z}{\partial y}=\frac{\partial A_y}{\partial z}$，$\frac{\partial A_x}{\partial z}=\frac{\partial A_z}{\partial x}$，$\frac{\partial A_y}{\partial x}=\frac{\partial A_x}{\partial y}$ が成り立ち，

$$\mathrm{rot}\boldsymbol{A}(\boldsymbol{x})=\left(\frac{\partial A_z}{\partial y}-\frac{\partial A_y}{\partial z},\ \frac{\partial A_x}{\partial z}-\frac{\partial A_z}{\partial x},\ \frac{\partial A_y}{\partial x}-\frac{\partial A_x}{\partial y}\right)=\boldsymbol{0}$$

また，$f(\boldsymbol{x})=\frac{1}{\{(x-a)^2+(y-b)^2+(z-c)^2\}^{\frac{1}{2}}}$ に対して，

$$\frac{\partial f}{\partial x}=\frac{\partial}{\partial x}\left(\frac{1}{\{(x-a)^2+(y-b)^2+(z-c)^2\}^{\frac{1}{2}}}\right)$$
$$=-\frac{1}{2}\frac{1}{\{(x-a)^2+(y-b)^2+(z-c)^2\}^{\frac{3}{2}}}\cdot 2(x-a)$$
$$=\frac{-(x-a)}{\{(x-a)^2+(y-b)^2+(z-c)^2\}^{\frac{3}{2}}}$$

よって，

$$\mathrm{grad}\, f(\boldsymbol{x})=\left(\frac{\partial f}{\partial x},\ \frac{\partial f}{\partial y},\ \frac{\partial f}{\partial z}\right)=-\boldsymbol{A}(\boldsymbol{x})$$

$$\Delta f(\boldsymbol{x})=\mathrm{div}\,\mathrm{grad}\, f(\boldsymbol{x})=-\mathrm{div}\boldsymbol{A}(\boldsymbol{x})=0$$

公式 1.36

定ベクトル $\boldsymbol{a}$ に対して，ベクトル場を $\boldsymbol{F}(\boldsymbol{x})=\dfrac{\boldsymbol{x}-\boldsymbol{a}}{|\boldsymbol{x}-\boldsymbol{a}|^3}$ と定める。閉曲面 S で囲まれた部分の領域を D とする。

$$\int_S \boldsymbol{F}(\boldsymbol{x})\cdot\boldsymbol{n}(\boldsymbol{x})dS=\begin{cases}4\pi & (D\text{が}\ \boldsymbol{a}\ \text{を含むとき})\\ 0 & (D\text{が}\ \boldsymbol{a}\ \text{を含まないとき})\end{cases}$$

前の公式より，$\boldsymbol{x}\neq\boldsymbol{a}$ のとき，$\mathrm{div}\boldsymbol{F}(\boldsymbol{x})=0$ です。

よって，**定理 1.34** より，S は $\mathrm{div}\boldsymbol{F}(\boldsymbol{x})=0$ が成り立つ領域で自由に変形してかまいません。

D が $\boldsymbol{a}$ を含むとき，S として $\boldsymbol{a}$ を中心に持つ半径 r の球面をとります。

$\dfrac{\boldsymbol{x}-\boldsymbol{a}}{|\boldsymbol{x}-\boldsymbol{a}|}$ と $\boldsymbol{n}(\boldsymbol{x})$ は大きさがともに 1 で同じ向きなので，

$$\frac{\boldsymbol{x}-\boldsymbol{a}}{|\boldsymbol{x}-\boldsymbol{a}|}\cdot\boldsymbol{n}(\boldsymbol{x})=1\cdot 1\cos 0=1$$

S 上の $\boldsymbol{x}$ では $|\boldsymbol{x}-\boldsymbol{a}|=r$ が成り立ち，

$$\boldsymbol{F}(\boldsymbol{x})\cdot\boldsymbol{n}(\boldsymbol{x})=\frac{1}{|\boldsymbol{x}-\boldsymbol{a}|^2}\frac{\boldsymbol{x}-\boldsymbol{a}}{|\boldsymbol{x}-\boldsymbol{a}|}\cdot\boldsymbol{n}(\boldsymbol{x})=\frac{1}{r^2}$$

よって，

$$\int_S \boldsymbol{F}(\boldsymbol{x}) \cdot \boldsymbol{n}(\boldsymbol{x}) dS = \int_S \frac{1}{r^2} dS = \frac{1}{r^2} \int_S dS = \frac{1}{r^2} \cdot 4\pi r^2 = 4\pi$$

D が $\boldsymbol{a}$ を含まないとき，D の中では $\mathrm{div}\boldsymbol{F}(\boldsymbol{x})=0$ なので，ガウスの発散定理を用いて，

$$\int_S \boldsymbol{F}(\boldsymbol{x}) \cdot \boldsymbol{n}(\boldsymbol{x}) dS = \int_D \mathrm{div}\boldsymbol{F}(\boldsymbol{x}) dV = 0$$

$\dfrac{\boldsymbol{x}-\boldsymbol{a}}{|\boldsymbol{x}-\boldsymbol{a}|^3}$ は，$\boldsymbol{x}-\boldsymbol{a}$ 方向の単位ベクトル $\dfrac{\boldsymbol{x}-\boldsymbol{a}}{|\boldsymbol{x}-\boldsymbol{a}|}$ を $\boldsymbol{x}$ と $\boldsymbol{a}$ の間の距離 $|\boldsymbol{x}-\boldsymbol{a}|$ の 2 乗で割ったものですから，逆 2 乗型法則において $\boldsymbol{a}$ に置かれた“エネルギー(重力では質量，電磁場では電荷)”が $\boldsymbol{x}$ にもたらす“場(重力では加速度，電磁場では電場)”を表しているわけです。

公式 1.36 で，S が $\boldsymbol{a}$ となる点を含まない場合の積分が 0 になるのは，“エネルギー”がないところでは，“場”の面積分が 0 になるということを表していて納得感があります。積分値が 0 になるのは，**公式 1.35** より $\mathrm{div}\left(\dfrac{\boldsymbol{x}-\boldsymbol{a}}{|\boldsymbol{x}-\boldsymbol{a}|^3}\right)=0$ となるからでした。

ここで，$\mathrm{div}\left(\dfrac{\boldsymbol{x}-\boldsymbol{a}}{|\boldsymbol{x}-\boldsymbol{a}|^n}\right)=0$ となる n は 3 以外にあるかを計算してみると，**公式 1.35** の解説と同等の計算をして n が 3 以外にはありえないことが確かめられます。

逆 2 乗型の法則のときの $\dfrac{1}{r^2}$ の指数 2 は，計算の上から 2 ちょうどでなければ，理論が破たんしてしまうのです。

一方，逆 2 乗型法則の r の指数を実験によって正確に求める研究もされており，指数が 2 からずれていれば，余剰次元を考慮した理論を作ることができるそうです。

§15 波動方程式

電磁波，重力波を導く方程式の解き方，解などについて簡単に準備しておきましょう。

定理 1.37 **波動方程式（1次）**

x，t の2変数関数 $\phi(x, t)$ についての微分方程式

$$\left(\frac{\partial^2}{\partial x^2}-\frac{1}{c^2}\frac{\partial^2}{\partial t^2}\right)\phi(x, t)=0 \qquad (c\text{ は定数})$$

の解は，

$$\phi(x, t)=f(x+ct)+g(x-ct) \qquad (f,\ g\text{ は任意の関数})$$

定理の方程式は

$$\frac{\partial^2\phi(x, t)}{\partial x^2}-\frac{1}{c^2}\frac{\partial^2\phi(x, t)}{\partial t^2}=0$$

を表しています。証明を与えておきましょう。

$$y=x+ct,\ z=x-ct$$

と変数変換をします。x，t を y，z を用いて表すと，

$$x=\frac{1}{2}(y+z) \qquad t=\frac{1}{2c}(y-z)$$

一般に x，t に関する2変数関数 $h(x, t)$ を y，z で偏微分すると，連鎖律を用いて，

$$\frac{\partial h}{\partial y}=\frac{\partial h}{\partial x}\frac{\partial x}{\partial y}+\frac{\partial h}{\partial t}\frac{\partial t}{\partial y}=\frac{\partial h}{\partial x}\cdot\frac{1}{2}+\frac{\partial h}{\partial t}\cdot\frac{1}{2c}$$
$$=\frac{1}{2}\left(\frac{\partial h}{\partial x}+\frac{1}{c}\frac{\partial h}{\partial t}\right)=\frac{1}{2}\left(\frac{\partial}{\partial x}+\frac{1}{c}\frac{\partial}{\partial t}\right)h$$

$$\frac{\partial h}{\partial z}=\frac{\partial h}{\partial x}\frac{\partial x}{\partial z}+\frac{\partial h}{\partial t}\frac{\partial t}{\partial z}=\frac{\partial h}{\partial x}\cdot\frac{1}{2}-\frac{\partial h}{\partial t}\cdot\frac{1}{2c}$$
$$=\frac{1}{2}\left(\frac{\partial h}{\partial x}-\frac{1}{c}\frac{\partial h}{\partial t}\right)=\frac{1}{2}\left(\frac{\partial}{\partial x}-\frac{1}{c}\frac{\partial}{\partial t}\right)h$$

と表せます。hを外して書けば，微分に関して，

$$\frac{\partial}{\partial y}=\frac{1}{2}\left(\frac{\partial}{\partial x}+\frac{1}{c}\frac{\partial}{\partial t}\right),\qquad \frac{\partial}{\partial z}=\frac{1}{2}\left(\frac{\partial}{\partial x}-\frac{1}{c}\frac{\partial}{\partial t}\right)$$

が成り立ちます。2式をかけると，

$$4\frac{\partial}{\partial y}\frac{\partial}{\partial z}=\left(\frac{\partial}{\partial x}+\frac{1}{c}\frac{\partial}{\partial t}\right)\left(\frac{\partial}{\partial x}-\frac{1}{c}\frac{\partial}{\partial t}\right)$$
$$=\frac{\partial}{\partial x}\frac{\partial}{\partial x}-\underline{\frac{\partial}{\partial x}\frac{1}{c}\frac{\partial}{\partial t}}+\underline{\frac{1}{c}\frac{\partial}{\partial t}\frac{\partial}{\partial x}}-\frac{1}{c}\frac{\partial}{\partial t}\frac{1}{c}\frac{\partial}{\partial t}$$
$$=\frac{\partial^2}{\partial x^2}-\frac{1}{c^2}\frac{\partial^2}{\partial t^2}$$

偏微分の順序は入れ換えてよいので，キャンセル

となります。このように形式的に計算できるところが偏微分記号の面白いところです。この計算が疑わしいと思う人は，初めのように$h(x,\ t)$に作用させて書き下してみるとよいでしょう。

方程式の左辺を上式で書き換えると，

$$4\frac{\partial}{\partial y}\frac{\partial}{\partial z}\phi(x,\ t)=0\qquad \frac{\partial}{\partial y}\frac{\partial}{\partial z}\phi(x,\ t)=0$$

この式をyで積分します。右辺は0を積分するので定数になると思うかもしれませんが，yの偏微分に関する逆演算の積分をするわけですから，右辺では積分定数Cの代わりにzの関数になります。

$$\frac{\partial}{\partial z}\phi(x,\ t)=h(z)$$

これをzで積分して，

$$\phi(x,\ t)=\int h(z)dz+f(y)$$　積分定数 C の代わりに $f(y)$

積分記号で表される z の関数をあらためて $g(z)$ とおくと，

$$\phi(x,\ t)=f(y)+g(z)=f(x+ct)+g(x-ct)$$

ここで，$y=g(x-ct)$ のグラフを t ごとに描いてみましょう。

$t=0$ のとき，$y=g(x)$ が左図のようであったとき，$t=T$ では，$y=g(x-cT)$ のようになります。$y=g(x-cT)$ のグラフは，$y=g(x)$ のグラフを x 軸方向に cT だけ移動したグラフです。

t を時間だと考えると，$y=g(x)$ の形の波が，T 秒後には cT 進んで，$y=g(x-cT)$ の形になったと捉えることができます。

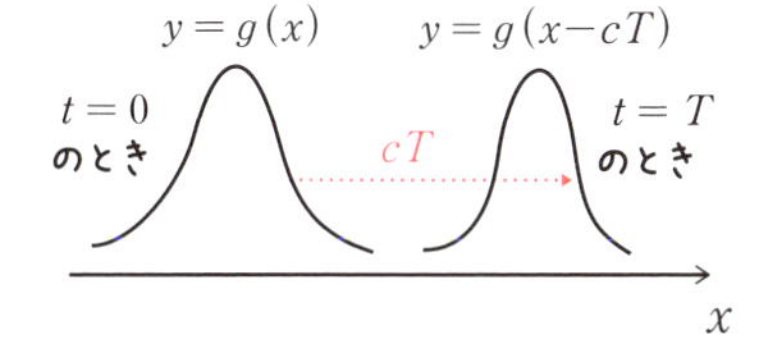

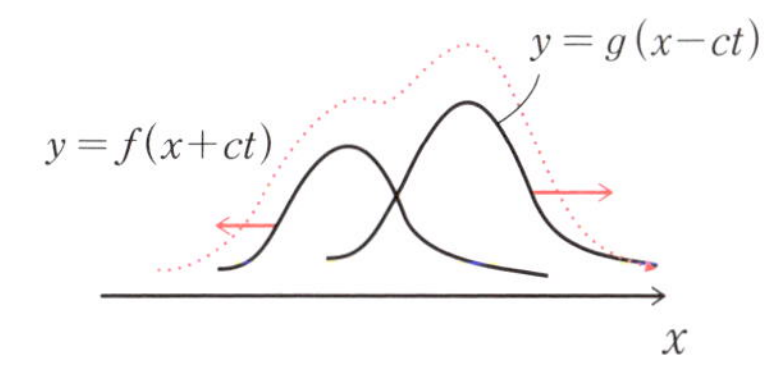

一方，$f(x+ct)$ は，x 軸の負の向きに進む波を表していると考えられます。

1 次の波動方程式の解は，正方向に進む波と負方向に進む波の重ね合わせであるとまとめることができます。

次に 3 次の場合を扱います。まともに解くのは大変なので，解の形を与え，それが解であることを確認してみましょう。

定理 1.38　**波動方程式（3 次）**

$\boldsymbol{x}=(x,\ y,\ z)$，$t$ の関数 $\phi(\boldsymbol{x},\ t)$ についての微分方程式

$$\left(\frac{\partial^2}{\partial x^2}+\frac{\partial^2}{\partial y^2}+\frac{\partial^2}{\partial z^2}-\frac{1}{c^2}\frac{\partial^2}{\partial t^2}\right)\phi(\boldsymbol{x},\ t)=0$$

は，次を解に持つ。

$$\phi(\boldsymbol{x},\ t)=C\sin(\boldsymbol{k}\cdot\boldsymbol{x}-ct+\alpha)\qquad(|\boldsymbol{k}|=1)$$

$\boldsymbol{k}=(k_x,\ k_y,\ k_z)$ とおくと，$|\boldsymbol{k}|=1$ より，$k_x{}^2+k_y{}^2+k_z{}^2=1$

$$\frac{\partial^2}{\partial x^2}\phi(\boldsymbol{x},\ t)=\frac{\partial^2}{\partial x^2}(C\sin(\boldsymbol{k}\cdot\boldsymbol{x}-ct+\alpha))$$

$u=\boldsymbol{k}\cdot\boldsymbol{x}-ct+\alpha$ とおくと，$\dfrac{\partial\phi}{\partial x}=\dfrac{\partial}{\partial u}(C\sin u)\dfrac{\partial u}{\partial x}$

$$=\frac{\partial}{\partial x}(k_x C\cos(\boldsymbol{k}\cdot\boldsymbol{x}-ct+\alpha))$$

$$=-k_x{}^2C\sin(\boldsymbol{k}\cdot\boldsymbol{x}-ct+\alpha)=-k_x{}^2\phi(\boldsymbol{x},\ t)$$

$$\frac{\partial^2}{\partial t^2}\phi(\boldsymbol{x},\ t)=\frac{\partial^2}{\partial t^2}(C\sin(\boldsymbol{k}\cdot\boldsymbol{x}-ct+\alpha))$$

$$=\frac{\partial}{\partial t}(-cC\cos(\boldsymbol{k}\cdot\boldsymbol{x}-ct+\alpha))$$

$$=-c^2C\sin(\boldsymbol{k}\cdot\boldsymbol{x}-ct+\alpha)=-c^2\phi(\boldsymbol{x},\ t)$$

これらを用いて，

$$\left(\frac{\partial^2}{\partial x^2}+\frac{\partial^2}{\partial y^2}+\frac{\partial^2}{\partial z^2}-\frac{1}{c^2}\frac{\partial^2}{\partial t^2}\right)\phi(\boldsymbol{x},\ t)$$

$$=\left(-k_x{}^2-k_y{}^2-k_z{}^2+\frac{1}{c^2}\cdot c^2\right)\phi(\boldsymbol{x},\ t)=0$$

$|\boldsymbol{k}|=1$ なので，$\boldsymbol{k}\cdot\boldsymbol{x}$ は $\boldsymbol{k}$ 方向に数直線をとったとき，$\boldsymbol{x}$ の終点からこの軸に下ろした垂線の足の目盛りを表しています。すなわち，$\boldsymbol{x}$ の $\boldsymbol{k}$ 方向の成分を表しています。

前の定理での $g(x-ct)$ が x 方向に速さ c で進む波を表していることの類推から，$C\sin(\boldsymbol{k}\cdot\boldsymbol{x}-ct+\alpha)$ は，振幅 C で $\boldsymbol{k}$ 方向に速さ c で進む波を表していることが分かります。

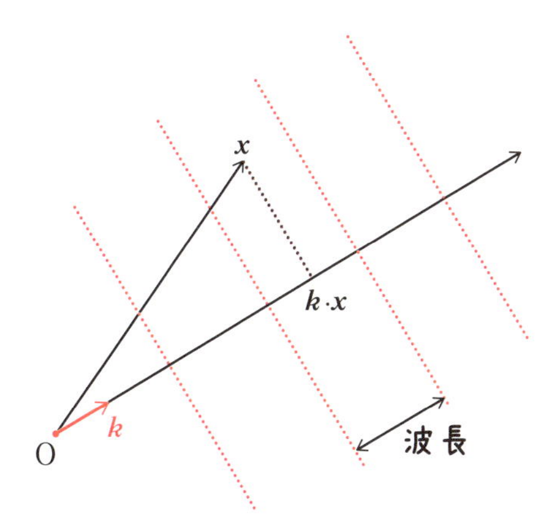

§16 ポアソン方程式

$f(\boldsymbol{x})$が与えられたとき，$\Delta\phi(\boldsymbol{x})=-f(\boldsymbol{x})$を満たす$\phi(\boldsymbol{x})$を求める微分方程式をポアソン方程式といいます。

ここではポアソン方程式の特殊解を紹介しましょう。

定理 1.39　**ポアソン方程式**

R^3の領域Vと，その外で0になる関数$f(\boldsymbol{x})$に対して，

$$\phi(\boldsymbol{x})=\frac{1}{4\pi}\int_V\frac{f(\boldsymbol{y})}{|\boldsymbol{y}-\boldsymbol{x}|}d\boldsymbol{y}$$

とおくと次を満たす。

$$\Delta\phi(\boldsymbol{x})=-f(\boldsymbol{x})$$

この定理の式では$\boldsymbol{x}=(x_1,\ x_2,\ x_3)$，$\boldsymbol{y}=(y_1,\ y_2,\ y_3)$と2点が出てきます。$\boldsymbol{x}$は固定している点で，$\boldsymbol{y}$は積分するために$V$の中を動き回ります。$d\boldsymbol{y}$とあるのは，変数$\boldsymbol{y}$について体積積分するということで，$dy_1dy_2dy_3$を表しています。**定理 1.33** では，体積積分をdVと表しましたが，変数を意識してもらうためにここでは$d\boldsymbol{y}$と表記します。

Vを$\boldsymbol{x}$を含む領域V_iとそれ以外の領域V_eに分けます。

$$V_i:|\boldsymbol{y}-\boldsymbol{x}|\leqq\varepsilon \qquad V_e:|\boldsymbol{y}-\boldsymbol{x}|\geqq\varepsilon$$

$\boldsymbol{x}$を中心とした半径εの球　　VからV_iを除いた領域

$$\phi(\boldsymbol{x})=\frac{1}{4\pi}\int_{V_i}f(\boldsymbol{y})\left(\frac{1}{|\boldsymbol{y}-\boldsymbol{x}|}\right)d\boldsymbol{y}+\frac{1}{4\pi}\int_{V_e}f(\boldsymbol{y})\left(\frac{1}{|\boldsymbol{y}-\boldsymbol{x}|}\right)d\boldsymbol{y} \tag{1.15}$$

$$\Delta\phi(\boldsymbol{x})=\frac{1}{4\pi}\Delta\int_{V_i}f(\boldsymbol{y})\left(\frac{1}{|\boldsymbol{y}-\boldsymbol{x}|}\right)d\boldsymbol{y}+\frac{1}{4\pi}\Delta\int_{V_e}f(\boldsymbol{y})\left(\frac{1}{|\boldsymbol{y}-\boldsymbol{x}|}\right)d\boldsymbol{y} \tag{1.16}$$

V_e では $\boldsymbol{y} \neq \boldsymbol{x}$ なので，被積分関数が発散することはなく，Δ を積分の中に入れることができます。

$\dfrac{1}{4\pi}\Delta\displaystyle\int_{V_e} f(\boldsymbol{y})\left(\frac{1}{|\boldsymbol{y}-\boldsymbol{x}|}\right)d\boldsymbol{y} = \frac{1}{4\pi}\int_{V_e} f(\boldsymbol{y})\Delta\left(\frac{1}{|\boldsymbol{y}-\boldsymbol{x}|}\right)d\boldsymbol{y}$ と変形でき，**公式 1.35** より $\Delta\left(\dfrac{1}{|\boldsymbol{y}-\boldsymbol{x}|}\right)=0$ であり，(1.16) の第 2 項は 0 です。

よって，(1.16) の第 1 項が $-f(\boldsymbol{x})$ になることを示せば，証明は終わりです。

(1.15) の第 1 項の被積分関数は，$\boldsymbol{y}=\boldsymbol{x}$ のとき発散しますが，

$$\int_V \frac{1}{|\boldsymbol{y}-\boldsymbol{x}|^n}d\boldsymbol{y}$$

は，V が $\boldsymbol{x}$ を含んでいる場合でも，n が 3 未満では発散せずに値を持ちます。このことは以下の計算をすることで実感できるでしょう。

式を示すために，V_i でも

$$\frac{1}{4\pi}\Delta\int_{V_i}\frac{f(\boldsymbol{y})}{|\boldsymbol{y}-\boldsymbol{x}|}d\boldsymbol{y} = \frac{1}{4\pi}\int_{V_i} f(\boldsymbol{y})\Delta\left(\frac{1}{|\boldsymbol{y}-\boldsymbol{x}|}\right)d\boldsymbol{y}$$

という式変形をしている場合（あからさまでなくとも実質これと同じことをしている）も見受けられますが，解析の教科書で指摘されているようにこれは誤った式変形です。

計算していくと，上の式の $n=3$ の場合を計算することになり数学的には行き詰まります。

そこで，$\alpha>0$ として，

$$\phi_\alpha(\boldsymbol{x}) = \frac{1}{4\pi}\int_{V_i}\frac{f(\boldsymbol{y})}{|\boldsymbol{y}-\boldsymbol{x}|^{1-\alpha}}d\boldsymbol{y}$$

とおき，[(1.15)の第 1 項] $= \displaystyle\lim_{\alpha\to+0}\phi_\alpha(\boldsymbol{x})$ と考えましょう。

$\dfrac{1}{|\boldsymbol{y}-\boldsymbol{x}|^{1-\alpha}}$ は2階微分しても，分数の $|\boldsymbol{y}-\boldsymbol{x}|$ の指数が3未満なので，(1.16) の第1項で Δ を積分記号の中に入れることができます。

$$\Delta\phi_\alpha(\boldsymbol{x})=\Delta\left(\frac{1}{4\pi}\int_{V_i}\frac{f(\boldsymbol{y})}{|\boldsymbol{y}-\boldsymbol{x}|^{1-\alpha}}d\boldsymbol{y}\right)=\frac{1}{4\pi}\int_{V_i}f(\boldsymbol{y})\Delta\left(\frac{1}{|\boldsymbol{y}-\boldsymbol{x}|^{1-\alpha}}\right)d\boldsymbol{y}$$

このあと α を $+0$ に近づけます。こうすることで，$n=3$ のときの体積積分の発散を回避することできるのです。

まず $\dfrac{1}{|\boldsymbol{y}-\boldsymbol{x}|^{1-\alpha}}$ のラプラシアンを計算します。**公式1.35** の計算を少し変えるだけで，次のように計算できます。

$$\frac{\partial}{\partial x_1}\left(\frac{1}{|\boldsymbol{y}-\boldsymbol{x}|^{1-\alpha}}\right)=-(1-\alpha)\frac{1}{|\boldsymbol{y}-\boldsymbol{x}|^{2-\alpha}}\left(-\frac{y_1-x_1}{|\boldsymbol{y}-\boldsymbol{x}|}\right)=(1-\alpha)\frac{y_1-x_1}{|\boldsymbol{y}-\boldsymbol{x}|^{3-\alpha}}$$

$$\begin{aligned}\frac{\partial^2}{\partial(x_1)^2}\left(\frac{1}{|\boldsymbol{y}-\boldsymbol{x}|^{1-\alpha}}\right)&=\frac{\partial}{\partial x_1}\left((1-\alpha)\frac{1}{|\boldsymbol{y}-\boldsymbol{x}|^{3-\alpha}}(y_1-x_1)\right)\\&=(1-\alpha)\left\{(3-\alpha)\frac{y_1-x_1}{|\boldsymbol{y}-\boldsymbol{x}|^{5-\alpha}}(y_1-x_1)-\frac{1}{|\boldsymbol{y}-\boldsymbol{x}|^{3-\alpha}}\right\}\\&=(1-\alpha)\frac{1}{|\boldsymbol{y}-\boldsymbol{x}|^{5-\alpha}}\{(3-\alpha)(y_1-x_1)^2-|\boldsymbol{y}-\boldsymbol{x}|^2\}\end{aligned}$$

x_2，x_3 に関しても同様であり，ラプラシアンは，

$$\begin{aligned}\Delta\left(\frac{1}{|\boldsymbol{y}-\boldsymbol{x}|^{1-\alpha}}\right)&=(1-\alpha)\frac{1}{|\boldsymbol{y}-\boldsymbol{x}|^{5-\alpha}}\{(3-\alpha)|\boldsymbol{y}-\boldsymbol{x}|^2-3|\boldsymbol{y}-\boldsymbol{x}|^2\}\\&=-(1-\alpha)\alpha\frac{1}{|\boldsymbol{y}-\boldsymbol{x}|^{3-\alpha}}\end{aligned}$$

となります。

次に $\Delta\left(\dfrac{1}{|\boldsymbol{y}-\boldsymbol{x}|^{1-\alpha}}\right)$ の V_i での積分を計算します。

$$\frac{1}{4\pi}\int_{V_i}\Delta\left(\frac{1}{|\boldsymbol{y}-\boldsymbol{x}|^{1-\alpha}}\right)d\boldsymbol{y}=\frac{1}{4\pi}\int_{V_i}-(1-\alpha)\alpha\frac{1}{|\boldsymbol{y}-\boldsymbol{x}|^{3-\alpha}}d\boldsymbol{y}$$

直交座標の代わりに球座標で計算， $d\boldsymbol{y}=dy_1dy_2dy_3=r^2\sin\theta drd\theta d\varphi$

$$
\begin{aligned}
&=-\frac{1}{4\pi}(1-\alpha)\int_{V_i}\alpha\frac{1}{r^{3-\alpha}}r^2\sin\theta drd\theta d\varphi \\
&=-\frac{1}{4\pi}(1-\alpha)\left(\int_0^{\varepsilon}\alpha r^{\alpha-1}dr\right)\left(\int_0^{\pi}\sin\theta d\theta\right)\left(\int_0^{2\pi}d\varphi\right) \\
&=-\frac{1}{4\pi}(1-\alpha)\Big[r^{\alpha}\Big]_0^{\varepsilon}\Big[-\cos\theta\Big]_0^{\pi}\Big[\varphi\Big]_0^{2\pi} \\
&=-\frac{1}{4\pi}(1-\alpha)\varepsilon^{\alpha}2\cdot 2\pi \\
&=-(1-\alpha)\varepsilon^{\alpha}
\end{aligned}
\tag{1.17}
$$

$r^2\sin\theta drd\theta d\varphi$は，右図の微小な図形の体積を表しています。これは5章で出てくる線素から，$dr\times rd\theta\times r\sin\theta d\varphi$としても求まります。ここでは球座標での積分の公式として納得してください

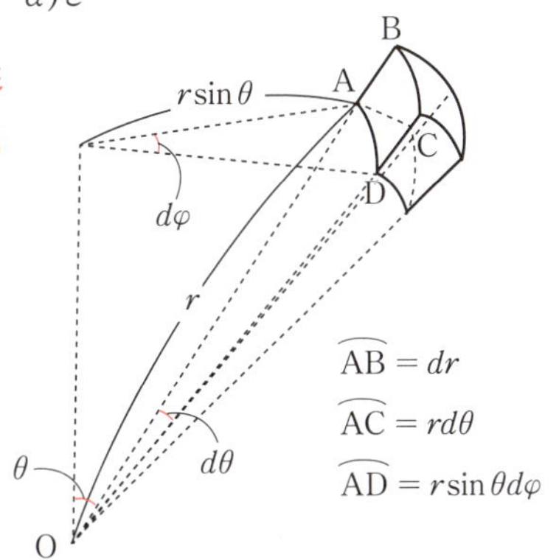

V_iでの$f(\boldsymbol{y})$の最小値をm，最大値をMとすると，$m\leqq f(\boldsymbol{y})\leqq M$が成り立ちます。$\Delta\left(\frac{1}{|\boldsymbol{y}-\boldsymbol{x}|^{1-\alpha}}\right)$の符号が負なので，$\Delta\left(\frac{1}{|\boldsymbol{y}-\boldsymbol{x}|^{1-\alpha}}\right)$をかけて体積積分すると，

$$
\frac{1}{4\pi}\int_{V_i}M\Delta\left(\frac{1}{|\boldsymbol{y}-\boldsymbol{x}|^{1-\alpha}}\right)d\boldsymbol{y}\leqq\frac{1}{4\pi}\int_{V_i}f(\boldsymbol{y})\Delta\left(\frac{1}{|\boldsymbol{y}-\boldsymbol{x}|^{1-\alpha}}\right)d\boldsymbol{y}\leqq\frac{1}{4\pi}\int_{V_i}m\Delta\left(\frac{1}{|\boldsymbol{y}-\boldsymbol{x}|^{1-\alpha}}\right)d\boldsymbol{y}
$$

M，mは定数なので積分記号の外に出すことができる

$$
-M(1-\alpha)\varepsilon^{\alpha}\leqq\frac{1}{4\pi}\int_{V_i}f(\boldsymbol{y})\Delta\left(\frac{1}{|\boldsymbol{y}-\boldsymbol{x}|^{1-\alpha}}\right)d\boldsymbol{y}\leqq -m(1-\alpha)\varepsilon^{\alpha}
$$

まずαを動かして，$\alpha\to+0$のとき，

$$
-M\leqq\lim_{\alpha\to+0}\frac{1}{4\pi}\int_{V_i}f(\boldsymbol{y})\Delta\left(\frac{1}{|\boldsymbol{y}-\boldsymbol{x}|^{1-\alpha}}\right)d\boldsymbol{y}\leqq -m
$$

となります。次にεを動かします。$\varepsilon\to 0$のとき，V_iは小さくなり，m，

Mは$f(\boldsymbol{x})$に近づきます。任意の正数εについて式が成立するので,

$$\lim_{\alpha\to+0}\frac{1}{4\pi}\int_{V_i} f(\boldsymbol{y})\Delta\left(\frac{1}{|\boldsymbol{y}-\boldsymbol{x}|^{1-\alpha}}\right)d\boldsymbol{y}=-f(\boldsymbol{x})$$

でなければなりません。これより第1項が$-f(\boldsymbol{x})$であることが示されました。結局,

$$\Delta\phi(\boldsymbol{x})=-f(\boldsymbol{x})$$

となることが証明できました。

定理 1.40　**波動方程式（特殊解）**

領域Vの外で0になる位置$\boldsymbol{x}$と時刻tの関数$f(\boldsymbol{x},\ t)$に対して,

$$\phi(\boldsymbol{x},\ t)=\frac{1}{4\pi}\int_V \frac{f\left(\boldsymbol{y},\ t\pm\dfrac{|\boldsymbol{y}-\boldsymbol{x}|}{c}\right)}{|\boldsymbol{y}-\boldsymbol{x}|}d\boldsymbol{y}$$

とおくと次の式を満たす。

$$\left(\Delta-\frac{1}{c^2}\frac{\partial^2}{\partial t^2}\right)\phi(\boldsymbol{x},\ t)=-f(\boldsymbol{x},\ t)$$

Vを次の2つの領域V_i, V_eに分けます。

$$V_i:|\boldsymbol{y}-\boldsymbol{x}|\leqq\varepsilon\qquad V_e:|\boldsymbol{y}-\boldsymbol{x}|\geqq\varepsilon$$

±のうち,＋の式で証明します。最後まで読むと − でもよいことが分かります。**定理 1.39** と同様にV_eの方は$\left(\Delta-\dfrac{1}{c^2}\dfrac{\partial^2}{\partial t^2}\right)$を積分記号の中に入れることができます。

$$\begin{aligned}
&\left(\Delta-\frac{1}{c^2}\frac{\partial^2}{\partial t^2}\right)\phi(\boldsymbol{x},\ t)\\
&=\left(\Delta-\frac{1}{c^2}\frac{\partial^2}{\partial t^2}\right)\left(\frac{1}{4\pi}\int_{V_i}\left(\frac{f\left(\boldsymbol{y},\ t+\dfrac{|\boldsymbol{y}-\boldsymbol{x}|}{c}\right)}{|\boldsymbol{y}-\boldsymbol{x}|}\right)d\boldsymbol{y}\right)\\
&\qquad+\frac{1}{4\pi}\int_{V_e}\left(\Delta-\frac{1}{c^2}\frac{\partial^2}{\partial t^2}\right)\left(\frac{f\left(\boldsymbol{y},\ t+\dfrac{|\boldsymbol{y}-\boldsymbol{x}|}{c}\right)}{|\boldsymbol{y}-\boldsymbol{x}|}\right)d\boldsymbol{y}
\end{aligned}\tag{1.18}$$

第2項では被積分関数が発散することはありませんから，前の定理と同様にして第2項（外側での積分）が0になることを確かめましょう。

[(第2項)=0 となることの確認]

ここで，$\boldsymbol{x}=(x^1,\ x^2,\ x^3)$，$\boldsymbol{y}=(y^1,\ y^2,\ y^3)$とおきます。上付きは，累乗でなく添え字です。

V_eでは，$\boldsymbol{y}\neq\boldsymbol{x}$ですから，$\dfrac{1}{|\boldsymbol{y}-\boldsymbol{x}|}$ などが微分できます。

初めはパーツから計算します。

$$\frac{\partial}{\partial x^1}\left(\frac{|\boldsymbol{y}-\boldsymbol{x}|}{c}\right)=\frac{\partial}{\partial x^1}\left(\frac{\{(x^1-y^1)^2+(x^2-y^2)^2+(x^3-y^3)^2\}^{\frac{1}{2}}}{c}\right)$$

$$=\frac{1}{2}\frac{2(x^1-y^1)}{c\{(x^1-y^1)^2+(x^2-y^2)^2+(x^3-y^3)^2\}^{\frac{1}{2}}}$$

$$=\frac{x^1-y^1}{c|\boldsymbol{y}-\boldsymbol{x}|} \tag{1.19}$$

$$\frac{\partial}{\partial x^1}\left(\frac{x^1-y^1}{c|\boldsymbol{y}-\boldsymbol{x}|}\right)$$

x^1-y^1 と $\dfrac{1}{c|\boldsymbol{y}-\boldsymbol{x}|}$ の積の微分と見る

$$=\frac{1}{c|\boldsymbol{y}-\boldsymbol{x}|}+(x^1-y^1)\left(-\frac{1}{2}\right)\frac{2(x^1-y^1)}{c|\boldsymbol{y}-\boldsymbol{x}|^3}$$

$$=\frac{|\boldsymbol{y}-\boldsymbol{x}|^2-(x^1-y^1)^2}{c|\boldsymbol{y}-\boldsymbol{x}|^3} \tag{1.20}$$

$$\frac{\partial}{\partial x^1}f\left(\boldsymbol{y},\ t+\frac{|\boldsymbol{y}-\boldsymbol{x}|}{c}\right)$$

$$=\frac{\partial}{\partial x^1}f(\boldsymbol{y},\ u)=\frac{\partial}{\partial u}f(\boldsymbol{y},\ u)\frac{\partial u}{\partial x^1}$$

$u=t+\dfrac{|\boldsymbol{y}-\boldsymbol{x}|}{c}$ とおく

$$=\frac{\partial}{\partial u}f(\boldsymbol{y},\ u)\frac{\partial}{\partial x^1}\left(t+\frac{|\boldsymbol{y}-\boldsymbol{x}|}{c}\right)$$

$$=\frac{\partial}{\partial u}f(\boldsymbol{y},\ u)\frac{(x^1-y^1)}{c|\boldsymbol{y}-\boldsymbol{x}|} \tag{1.21}$$

$$\frac{\partial^2}{\partial\,(x^1)^2}f\left(\boldsymbol{y},\ t+\frac{|\boldsymbol{y}-\boldsymbol{x}|}{c}\right)$$

$$=\frac{\partial}{\partial x^1}\left(\frac{\partial}{\partial u}f(\boldsymbol{y},\ u)\right)\frac{(x^1-y^1)}{c|\boldsymbol{y}-\boldsymbol{x}|}+\frac{\partial}{\partial u}f(\boldsymbol{y},\ u)\frac{\partial}{\partial x^1}\left(\frac{(x^1-y^1)}{c|\boldsymbol{y}-\boldsymbol{x}|}\right)$$

$$=\frac{\partial^2}{\partial u^2}f(\boldsymbol{y},\ u)\frac{(x^1-y^1)^2}{c^2|\boldsymbol{y}-\boldsymbol{x}|^2}+\frac{\partial}{\partial u}f(\boldsymbol{y},\ u)\frac{|\boldsymbol{y}-\boldsymbol{x}|^2-(x^1-y^1)^2}{c|\boldsymbol{y}-\boldsymbol{x}|^3} \qquad (1.22)$$

(1.21)より　(1.20)より

$$\Delta\left(\frac{f\left(\boldsymbol{y},\ t+\frac{|\boldsymbol{y}-\boldsymbol{x}|}{c}\right)}{|\boldsymbol{y}-\boldsymbol{x}|}\right)$$

$$=\left(\frac{\partial^2}{\partial(x^1)^2}+\frac{\partial^2}{\partial(x^2)^2}+\frac{\partial^2}{\partial(x^3)^2}\right)\left(\frac{f\left(\boldsymbol{y},\ t+\frac{|\boldsymbol{y}-\boldsymbol{x}|}{c}\right)}{|\boldsymbol{y}-\boldsymbol{x}|}\right)$$

の第一項は，一般に，$(fg)''=((fg)')'=(f'g+fg')'=f''g+2f'g'+fg''$ となることを用いて，

$$\frac{\partial^2}{\partial(x^1)^2}\left(f\left(\boldsymbol{y},\ t+\frac{|\boldsymbol{y}-\boldsymbol{x}|}{c}\right)\frac{1}{|\boldsymbol{y}-\boldsymbol{x}|}\right)$$

$$=\frac{\partial^2}{\partial(x^1)^2}\left(f\left(\boldsymbol{y},t+\frac{|\boldsymbol{y}-\boldsymbol{x}|}{c}\right)\right)\frac{1}{|\boldsymbol{y}-\boldsymbol{x}|}+2\frac{\partial}{\partial x^1}f\left(\boldsymbol{y},t+\frac{|\boldsymbol{y}-\boldsymbol{x}|}{c}\right)\frac{\partial}{\partial x^1}\left(\frac{1}{|\boldsymbol{y}-\boldsymbol{x}|}\right)$$

(1.22)を用いる　(1.21)を用いる　公式 1.35 の grad f を計算するときの要領

$$+f\left(\boldsymbol{y},t+\frac{|\boldsymbol{y}-\boldsymbol{x}|}{c}\right)\frac{\partial^2}{\partial(x^1)^2}\left(\frac{1}{|\boldsymbol{y}-\boldsymbol{x}|}\right)$$

$$=\frac{\partial^2}{\partial u^2}f(\boldsymbol{y},\ u)\frac{(x^1-y^1)^2}{c^2|\boldsymbol{y}-\boldsymbol{x}|^3}+\frac{\partial}{\partial u}f(\boldsymbol{y},\ u)\frac{|\boldsymbol{y}-\boldsymbol{x}|^2-(x^1-y^1)^2}{c|\boldsymbol{y}-\boldsymbol{x}|^4}$$

$$+2\frac{\partial}{\partial u}f(\boldsymbol{y},\ u)\frac{(x^1-y^1)}{c|\boldsymbol{y}-\boldsymbol{x}|}\left(-\frac{(x^1-y^1)}{|\boldsymbol{y}-\boldsymbol{x}|^3}\right)+f(\boldsymbol{y},\ u)\frac{\partial^2}{\partial(x^1)^2}\left(\frac{1}{|\boldsymbol{y}-\boldsymbol{x}|}\right)$$

$$=\frac{\partial^2}{\partial u^2}f(\boldsymbol{y},\ u)\frac{(x^1-y^1)^2}{c^2|\boldsymbol{y}-\boldsymbol{x}|^3}$$

$\frac{\partial^2 f}{\partial u^2}$，$\frac{\partial f}{\partial u}$，$f$ に係数がかかっていると見ます

$$+\frac{\partial}{\partial u}f(\boldsymbol{y},\ u)\frac{|\boldsymbol{y}-\boldsymbol{x}|^2-3(x^1-y^1)^2}{c|\boldsymbol{y}-\boldsymbol{x}|^4}+f(\boldsymbol{y},\ u)\frac{\partial^2}{\partial(x^1)^2}\left(\frac{1}{|\boldsymbol{y}-\boldsymbol{x}|}\right)$$

これらを用いて，第 2 項が 0 になることを確認しましょう。

$$\left(\Delta-\frac{1}{c^2}\frac{\partial^2}{\partial t^2}\right)\left(f\left(\boldsymbol{y},t+\frac{|\boldsymbol{y}-\boldsymbol{x}|}{c}\right)\frac{1}{|\boldsymbol{y}-\boldsymbol{x}|}\right)=$$

$$\left(\frac{\partial^2}{\partial(x^1)^2}+\frac{\partial^2}{\partial(x^2)^2}+\frac{\partial^2}{\partial(x^3)^2}-\frac{1}{c^2}\frac{\partial^2}{\partial t^2}\right)\left(f\left(\boldsymbol{y},\ t+\frac{|\boldsymbol{y}-\boldsymbol{x}|}{c}\right)\frac{1}{|\boldsymbol{y}-\boldsymbol{x}|}\right)$$

の$\dfrac{\partial^2}{\partial u^2}f(\boldsymbol{y},\ u)$の項の係数は，

$$\frac{(x^1-y^1)^2}{c^2|\boldsymbol{y}-\boldsymbol{x}|^3}+\frac{(x^2-y^2)^2}{c^2|\boldsymbol{y}-\boldsymbol{x}|^3}+\frac{(x^3-y^3)^2}{c^2|\boldsymbol{y}-\boldsymbol{x}|^3}-\frac{1}{c^2}\frac{1}{|\boldsymbol{y}-\boldsymbol{x}|}$$
$$=\frac{|\boldsymbol{y}-\boldsymbol{x}|^2}{c^2|\boldsymbol{y}-\boldsymbol{x}|^3}-\frac{1}{c^2}\frac{1}{|\boldsymbol{y}-\boldsymbol{x}|}=0$$

$\dfrac{\partial}{\partial u}f(\boldsymbol{y},\ u)$の項の係数は，

$$\frac{|\boldsymbol{y}-\boldsymbol{x}|^2-3(x^1-y^1)^2}{c|\boldsymbol{y}-\boldsymbol{x}|^4}+\frac{|\boldsymbol{y}-\boldsymbol{x}|^2-3(x^2-y^2)^2}{c|\boldsymbol{y}-\boldsymbol{x}|^4}+\frac{|\boldsymbol{y}-\boldsymbol{x}|^2-3(x^3-y^3)^2}{c|\boldsymbol{y}-\boldsymbol{x}|^4}=0$$

$f(\boldsymbol{y},\ u)$の項の係数は，

$$\left(\frac{\partial^2}{\partial(x^1)^2}+\frac{\partial^2}{\partial(x^2)^2}+\frac{\partial^2}{\partial(x^3)^2}\right)\left(\frac{1}{|\boldsymbol{y}-\boldsymbol{x}|}\right)=\Delta\left(\frac{1}{|\boldsymbol{y}-\boldsymbol{x}|}\right)=0$$

公式 1.35

よって，V_e での被積分関数は 0 になり，第 2 項は 0 になります。お疲れさまでした。ひと息ついて最終段階に入ります。

(1.18) の第 1 項の方は，**定理 1.39** と同様に

$$\phi_\alpha(\boldsymbol{x},\ t)=\frac{1}{4\pi}\int_{V_i}\frac{f\left(\boldsymbol{y},\ t+\dfrac{|\boldsymbol{y}-\boldsymbol{x}|}{c}\right)}{|\boldsymbol{y}-\boldsymbol{x}|^{1-\alpha}}d\boldsymbol{y}$$

とおいて，$[(1.18)\text{の第 1 項}]=\lim_{\alpha\to+0}\left(\Delta-\dfrac{1}{c^2}\dfrac{\partial^2}{\partial t^2}\right)\phi_\alpha(\boldsymbol{x},\ t)$と捉えます。ここで，

$$\lim_{\alpha\to+0}\left(\Delta-\frac{1}{c^2}\frac{\partial^2}{\partial t^2}\right)\left(\frac{1}{4\pi}\int_{V_i}\frac{1}{|\boldsymbol{y}-\boldsymbol{x}|^{1-\alpha}}d\boldsymbol{y}\right)$$

$$= \lim_{\alpha \to +0} \frac{1}{4\pi} \int_{V_i} \left(\Delta - \frac{1}{c^2} \frac{\partial^2}{\partial t^2} \right) \left(\frac{1}{|\boldsymbol{y} - \boldsymbol{x}|^{1-\alpha}} \right) d\boldsymbol{y}$$

tは入っていない

$$= \lim_{\alpha \to +0} \frac{1}{4\pi} \int_{V_i} \Delta \left(\frac{1}{|\boldsymbol{y} - \boldsymbol{x}|^{1-\alpha}} \right) d\boldsymbol{y} = \lim_{\alpha \to +0} -(1-\alpha)\varepsilon^{\alpha} = -1$$

定理 1.39 の (1.17)

ですから，これをもとに**定理 1.39** と同じ論法を用いて，

$$[(1.18)\text{の第 1 項}] = \lim_{\alpha \to +0} \left(\Delta - \frac{1}{c^2} \frac{\partial^2}{\partial t^2} \right) \phi_{\alpha}(\boldsymbol{x},\ t)$$

$$= \lim_{\alpha \to +0} \frac{1}{4\pi} \int_{V_i} \left(\Delta - \frac{1}{c^2} \frac{\partial^2}{\partial t^2} \right) \left(\frac{f\left(\boldsymbol{y},\ t + \frac{|\boldsymbol{y} - \boldsymbol{x}|}{c}\right)}{|\boldsymbol{y} - \boldsymbol{x}|^{1-\alpha}} \right) d\boldsymbol{y}$$

$$= -f\left(\boldsymbol{x},\ t + \frac{|\boldsymbol{x} - \boldsymbol{x}|}{c}\right)$$

$$= -f(\boldsymbol{x},\ t)$$

を示すことができます。結局

$$\left(\Delta - \frac{1}{c^2} \frac{\partial^2}{\partial t^2} \right) \phi(\boldsymbol{x}) = -f(\boldsymbol{x},\ t)$$

が証明できました。

§17 変分法

数に対して数を対応させるのが関数でした。関数に対して数を対応させる仕組みを**汎関数**といいます。例えば x の関数 $y(x)$ に対して，

$$V[y]=y(-1)-2y(2) \quad \text{や} \quad W[y]=\int_0^1 3y\,dx$$

という式で定義された，$V[y]$，$W[y]$は汎関数です。

y に，$y(x)=(x+1)^2$ という関数を代入すると，

$$V[y]=y(-1)-2y(2)=(-1+1)^2-2(2+1)^2=-18$$

$$W[y]=\int_0^1 3y\,dx=\int_0^1 3(x+1)^2\,dx=\Big[(x+1)^3\Big]_0^1=8-1=7$$

というように，関数 $y(x)$ を定めると，値が求まります。

関数 $f(x)$ の最大最小を求めるには，微分法で極小値・極大値を与えるときの x を探しました。汎関数 $V[y]$の最大最小を求めるには，**変分法**と呼ばれるテクニックで，極小値・極大値を与える $y(x)$ を探します。極大値・極小値を与える関数を極値関数といいます。

例えば，

$$V[y]=\int_0^2 12xy+(y')^2\,dx$$

この節では y' は $\dfrac{dy}{dx}$ を表す

のように，x と y と y' の式について定積分をとった y についての汎関数があります。この汎関数の極値関数を求めることを考えてみます。このままでは解きにくいので，$x=0$，$x=2$ では一定の値をとるものとして考える（すなわち境界条件を設定して解く）のが通常です。

一般論につながるように，文字でおきます。

問題 1.41

$y(x)$ が境界条件 $y(0)=a$，$y(T)=b$（a, b, T は定数）を満たすとき，汎関数

$$V[y]=\int_0^T F(x,\ y,\ y')dx$$

の極値関数が満たす条件を求めよ。

この条件がオイラー・ラグランジュの方程式になります。

極値関数が求まったとして，それを $u(x)$ とします。$u(x)$ は，境界条件 $u(0)=a$，$u(T)=b$ を満たします。

ここで，$p(0)=0$，$p(T)=0$ となる関数 $p(x)$ と実数 ε とを組み合わせて，

$$y(x)=u(x)+\varepsilon p(x)$$

とおきます。すると，

$$y(0)=u(0)+\varepsilon p(0)=a,\ y(T)=u(T)+\varepsilon p(T)=b$$

となり，$y(x)$ も問題の境界条件を満たします。$y(0)=a$，$y(T)=b$ を満たす任意の関数は，ε と $p(x)$ をうまく選ぶことにより，$y(x)=u(x)+\varepsilon p(x)$ の形で表されます。

いま $p(x)(\neq 0)$ を止めて ε を動かすことを考えます。

ε を定めるごとに，関数 $y(x)$ が定まります。関数 $y(x)$ については，次のようなグラフのイメージを持っておくとよいでしょう。ε を動かすと，$(0,\ a)$ から $(T,\ b)$ を結ぶ曲線が動きます。

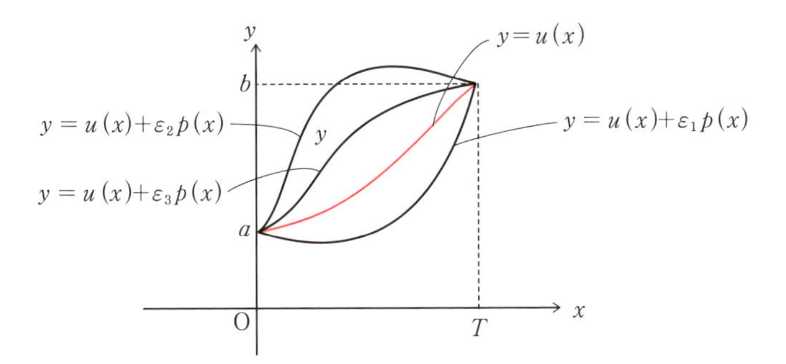

これを汎関数の式に代入して，

$$V[u+\varepsilon p]=\int_0^T F(x,\ u(x)+\varepsilon p(x),\ u'(x)+\varepsilon p'(x))dx$$

とします。ここでεについて微分します。εでの微分とxでの積分の順序が交換できるものとして，次のようになります。

$$\frac{dV}{d\varepsilon}=\frac{d}{d\varepsilon}\int_0^T F(x,\ u(x)+\varepsilon p(x),\ u'(x)+\varepsilon p'(x))dx$$

$$=\int_0^T \frac{d}{d\varepsilon}(F(x,\ u(x)+\varepsilon p(x),\ u'(x)+\varepsilon p'(x)))dx$$

$$=\int_0^T\left(\frac{\partial F}{\partial y}\frac{dy}{d\varepsilon}+\frac{\partial F}{\partial y'}\frac{dy'}{d\varepsilon}\right)dx$$ $(x,\ u(x)+\varepsilon p(x),\ u'(x)+\varepsilon p'(x))$が省略されています

$$=\int_0^T\left(\frac{\partial F}{\partial y}p(x)+\frac{\partial F}{\partial y'}p'(x)\right)dx$$

ここで被積分関数の第2項を部分積分します。

$$\int_0^T\frac{\partial F}{\partial y'}p'(x)dx=\left[\frac{\partial F}{\partial y'}p(x)\right]_0^T-\int_0^T\frac{d}{dx}\left(\frac{\partial F}{\partial y'}\right)p(x)dx$$

$$=\frac{\partial F}{\partial y'}\underbrace{p(T)}_{0}-\frac{\partial F}{\partial y'}\underbrace{p(0)}_{0}-\int_0^T\frac{d}{dx}\left(\frac{\partial F}{\partial y'}\right)p(x)dx$$

$$=-\int_0^T\frac{d}{dx}\left(\frac{\partial F}{\partial y'}\right)p(x)dx$$

となりますから，式は

$$\frac{dV}{d\varepsilon}=\int_0^T\left(\frac{\partial F(x,u+\varepsilon p,u'+\varepsilon p')}{\partial y}-\frac{d}{dx}\left(\frac{\partial F(x,u+\varepsilon p,u'+\varepsilon p')}{\partial y'}\right)\right)p(x)dx$$

となります。

$\varepsilon\neq 0$のとき，$u(x)+\varepsilon p(x)\neq u(x)$となる$x$が［0, T］の中にあります。すなわち，$u(x)+\varepsilon p(x)$と$u(x)$は異なる関数になります。

$u(x)$が極小値をとる関数であるとすると，汎関数の値について

$$V[u+\varepsilon p]\geqq V[u]$$

が十分小さな任意のεで成り立ちます。$V[u+\varepsilon p]$をεの関数として見れば，$\varepsilon=0$で極値をとることになります。すなわち，$\left.\frac{dV}{d\varepsilon}\right|_{\varepsilon=0}=0$が成り立ちます。

$u(x)$が極大値をとる関数である場合も同じです。

$$\left.\frac{dV}{d\varepsilon}\right|_{\varepsilon=0}=\int_0^T\left(\frac{\partial F(x,\ u,\ u')}{\partial y}-\frac{d}{dx}\left(\frac{\partial F(x,\ u,\ u')}{\partial y'}\right)\right)p(x)\,dx=0$$

ここで$p(x)$は任意にとることができますから，この式が成り立つためには，

$$\frac{\partial F(x,\ u,\ u')}{\partial y}-\frac{d}{dx}\left(\frac{\partial F(x,\ u,\ u')}{\partial y'}\right)=0$$

でなければなりません。極値関数が満たすべき条件は，次のオイラー・ラグランジュの方程式としてまとめられます。

公式 1.42　オイラー・ラグランジュの方程式

$$\frac{d}{dx}\left(\frac{\partial F(x,\ y,\ y')}{\partial y'}\right)-\frac{\partial F(x,\ y,\ y')}{\partial y}=0$$

簡潔にして　$\frac{d}{dx}F_{y'}-F_y=0$　とも書く。

なお，オイラー・ラグランジュの方程式は，極値関数を求めるための必

要条件でしかないことに注意しましょう。このことは，微分法において微分係数が $x=a$ で 0 であることは，$x=a$ での関数の値が極値になるための必要条件であっても十分条件ではないことに対応しています。

さっそく，最初の問題について応用してみましょう。

問題 1.43

境界条件 $y(0)=1$，$y(2)=7$ を満たし，

$$V[y]=\int_0^2 12xy+(y')^2\,dx$$

の極値関数となる $y(x)$ を求めよ。

$F(x,\ y,\ y')=12xy+(y')^2$ とおいて，オイラー・ラグランジュの方程式の左辺に代入すると，

$$F_{y'}=\frac{\partial F}{\partial y'}=\frac{\partial}{\partial y'}(12xy+(y')^2)=2y'$$

$$\frac{d}{dx}F_{y'}-F_y=\frac{d}{dx}(2y')-12x=2y''-12x$$

これが 0 に等しいので，

$$y''=6x \qquad y'=3x^2+c_1 \qquad y=x^3+c_1x+c_2$$

境界条件 $y(0)=1$，$y(2)=7$ より，

$$c_2=1 \qquad 8+2c_1+c_2=7$$

これより，$c_1=-1$，$c_2=1$ となります。

極値関数は，$y(x)=x^3-x+1$ となります。

§18　アインシュタインの縮約記法

この本では，ベクトルの内積や，行列の成分計算などで，添え字が付いた数列の積の総和をとることが多々あります。

数学では総和記号Σを用いて表しますが，物理ではΣ記号を省いて簡潔に表現します。

例えば，下に添え字がついたa_iと上に添え字が付いたb^i（bのi乗ではない。物理では上添え字がよく出てきます）に関しての総和$\sum_{i=1}^{3} a_i b^i$を，Σを省いて$a_i b^i$と表します。

書き下すと，

$$a_i b^i = a_1 b^1 + a_2 b^2 + a_3 b^3$$

となります。iの変化の範囲は，文脈から判断します。物理の場合，1～3や，0～3であることが多いですが，以下の例では添え字は1，2しかとらないことにします。

この記法の意味は，

同じ文字は数字を代入して総和をとる

という規則です。いくつか例を挙げてみましょう。

$a_i b_j c^{ij}$には，i，jの2種類の文字が2つずつあります。iについて総和，jについて総和をとります。jから先に総和をとると，

$$\begin{aligned} a_i(b_j c^{ij}) &= a_i(b_1 c^{i1} + b_2 c^{i2}) \\ &= \underline{a_i b_1 c^{i1}} + a_i b_2 c^{i2} \\ &= \underline{a_1 b_1 c^{11} + a_2 b_1 c^{21}} + a_1 b_2 c^{12} + a_2 b_2 c^{22} \end{aligned}$$

iから先に総和をとると，

$$\begin{aligned} b_j(a_i c^{ij}) &= b_j(a_1 c^{1j} + a_2 c^{2j}) \\ &= \underline{b_j a_1 c^{1j}} + b_j a_2 c^{2j} \\ &= \underline{a_1 b_1 c^{11} + a_1 b_2 c^{12}} + a_2 b_1 c^{21} + a_2 b_2 c^{22} \end{aligned}$$

どちらの場合も同じ結果になりました。初めから，(i, j) の組 $(1, 1)$，$(1, 2)$，$(2, 1)$，$(2, 2)$ に関しての和をとって，

$$a_i b_j c^{ij} = a_1 b_1 c^{11} + a_1 b_2 c^{12} + a_2 b_1 c^{21} + a_2 b_2 c^{22}$$

としてもかまいません。あえて，1個ずつの文字について総和をとったのは，縮約記号の計算では，どの文字から始めても結果は同じになることを確認してほしかったからです。いわば，結合法則が成り立つわけです。

1つしか現れない添え字には手をつけません。

$$a_{ij} b^j = a_{i1} b^1 + a_{i2} b^2$$

となります。

式の中で2つ現れて，総和をとるときに変化させる添え字を「**走る添え字**」，式の中に1つしか現れない添え字を「**止まっている添え字**」と呼びます。

$$a_{ijk} b^j c^k{}_{mn}$$

には，走る添え字が2個 (j, k)，止まっている添え字が3個 (i, m, n) です。

走っている添え字が2個なので，この式は

$$a_{ijk} b^j c^k{}_{mn} = a_{i11} b^1 c^1{}_{mn} + a_{i12} b^1 c^2{}_{mn} + a_{i21} b^2 c^1{}_{mn} + a_{i22} b^2 c^2{}_{mn}$$

止まっている添え字について数のとり方は2通りありますから，この等式は，i，m，n について，

$$\begin{aligned} (i, m, n) = &(1, 1, 1), (2, 1, 1), (1, 2, 1), (2, 2, 1), \\ &(1, 1, 2), (2, 1, 2), (1, 2, 2), (2, 2, 2) \end{aligned}$$

とした，2^3 個の等式を一度に表していることになります。

走る添え字は，同時に他の文字に入れ換えても同じ式を表します。

$$a_{ijk}b^j c^k{}_{mn} = a_{ipq}b^p c^q{}_{mn}$$　jをp，kをqに入れ換えた

式変形するとき，このように走る添え字を置き換えることが多々あります。走る添え字は，その場所に同じ数字が入るということを示すためのものなので，なんでもよいのです。ちょうど関数の定積分のとき，関数の文字（$f(x)$のx）と積分記号(dxのx)が何でもよい（$x \to t$と入れ換えてよい）のと同じです。

一方，等式の左右で，止まっている添え字は一致していなければなりません。

$$\bigcirc \quad a_{ij}b^{ij}{}_{kl} = d_{ik}f^i{}_l \qquad \times \quad a_{ij}c^{ij}{}_{kl} = d_{ik}f^i{}_m$$

ですから，止まっている添え字を他の文字に置き換えるときは，等式の両辺で同じ文字に置き換えます。片方の辺だけで入れ換えることはできません。

この本の場合，止まっている添え字は，等式の左右で同じであり，上添え字か，下添え字かの区別も一緒です。

総和記号Σには，$\Sigma(a_i+b_i)=(\Sigma a_i)+(\Sigma b_i)$というように線形性がありますから，この記法でもこれを受け継ぎ，

$$a_i(b^i+c^i) = a_i b^i + a_i c^i = a_i b^i + a_k c^k$$

と計算することができます。実際の計算では右辺から左辺の変形がよく出てきます。右辺ではaの添え字が異なりますが，走る添え字なのでiに入れ換えてもよく，分配法則でまとめることができます。

$a^i{}_j b^j = a^i{}_1 b^1 + a^i{}_2 b^2$は$(i, j)$成分が$a^i{}_j$である行列$A$と$j$成分が$b^j$であるベクトル$\boldsymbol{b}$の積$A\boldsymbol{b}$の$i$成分を表しています。実際，

$$\begin{pmatrix} a^1{}_1 & a^1{}_2 \\ a^2{}_1 & a^2{}_2 \end{pmatrix}\begin{pmatrix} b^1 \\ b^2 \end{pmatrix} = \begin{pmatrix} a^1{}_1 b^1 + a^1{}_2 b^2 \\ a^2{}_1 b^1 + a^2{}_2 b^2 \end{pmatrix}$$

と計算できます。

(i, j) 成分が $a^i{}_j$ である行列 A と (i, j) 成分が $b^i{}_j$ である行列 B との積 AB の (i, j) 成分であれば，$a^i{}_k b^k{}_j$ と表されます。

$$a^i{}_k b^k{}_j = a^i{}_1 b^1{}_j + a^i{}_2 b^2{}_j$$

$i=1,\ j=2$ とすると AB の $(1,\ 2)$ 成分になる

$$\begin{pmatrix} a^1{}_1 & a^1{}_2 \\ a^2{}_1 & a^2{}_2 \end{pmatrix}\begin{pmatrix} b^1{}_1 & b^1{}_2 \\ b^2{}_1 & b^2{}_2 \end{pmatrix} = \begin{pmatrix} a^1{}_1 b^1{}_1 + a^1{}_2 b^2{}_1 & a^1{}_1 b^1{}_2 + a^1{}_2 b^2{}_2 \\ a^2{}_1 b^1{}_1 + a^2{}_2 b^2{}_1 & a^2{}_1 b^1{}_2 + a^2{}_2 b^2{}_2 \end{pmatrix}$$

また，$\delta^i{}_j$ は，次を意味する記号として用います。

$$\delta^i{}_j = \begin{cases} 1 & (i=j\text{のとき}) \\ 0 & (i \neq j\text{のとき}) \end{cases}$$

これを**クロネッカーのデルタ**と呼びます。

(i, j) 成分が $\delta^i{}_j$ である行列は単位行列 E です。

行列 A と行列 B が逆行列のとき，$AB=E$ ですから，

$$a^i{}_k b^k{}_j = \delta^i{}_j$$

が成り立ちます。これはあとの章で公式のように用います。

$a^{ij}{}_k \delta^k{}_l$ を計算すると，

$$a^{ij}{}_k \delta^k{}_l = a^{ij}{}_1 \delta^1{}_l + a^{ij}{}_2 \delta^2{}_l$$

ですが，

$l=1$ のときは，$a^{ij}{}_k \delta^k{}_1 = a^{ij}{}_1 \delta^1{}_1 + a^{ij}{}_2 \delta^2{}_1 = a^{ij}{}_1$

$l=2$ のときは，$a^{ij}{}_k \delta^k{}_2 = a^{ij}{}_1 \delta^1{}_2 + a^{ij}{}_2 \delta^2{}_2 = a^{ij}{}_2$

ですから，l が 1 でも 2 でも，

$$a^{ij}{}_k \delta^k{}_l = a^{ij}{}_l$$

となります。このように，クロネッカーのデルタと a の積は，a の走る添え字（ここでは k）とクロネッカーの止まっている文字（ここでは l）を入れ換えることになります。

走る添え字が同じ文字の添え字になっていることもあります。

例えば，$a^i{}_i$ は，

$$a^i{}_i = a^1{}_1 + a^2{}_2 = \mathrm{tr}\begin{pmatrix} a^1{}_1 & a^1{}_2 \\ a^2{}_1 & a^2{}_2 \end{pmatrix}$$

と，(i, j) 成分が$a^i{}_j$である行列Aの対角成分の総和$(\mathrm{tr}A)$になります。

クロネッカーのデルタに関しては，

$$\delta^i{}_i = \delta^1{}_1 + \delta^2{}_2 = 1 + 1 = 2$$

と，添え字がとり得る数の個数を返します。

$a^i{}_i$は，クロネッカーのδを用いて，

$$a^i{}_j\delta^j{}_i = a^1{}_1\delta^1{}_1 + a^1{}_2\delta^2{}_1 + a^2{}_1\delta^1{}_2 + a^2{}_2\delta^2{}_2 = a^1{}_1 + a^2{}_2$$

とも表されます。

この記法のメリットは行列の形にしないでも計算ができることですが，線形代数の知識を借りて意味をとりたいときには，行列の形に直すとよいでしょう。

ここまでの例で，同一の走る添え字は常に上に1つ，下に1つ出て，上と下で対応していました。見やすいのでそう配置していますが，本当は添え字の上下については数学的・物理的な意味があります。テンソルの章まで読み進めるとそのことが分かるでしょう。

この節で紹介した表記法はアインシュタインが始めたものなので，**アインシュタインの縮約記法**と呼ばれています。

第 2 章　物理の準備

この章が一般相対論へ歩み始める物理分野の第一歩になります。アインシュタインの重力場方程式も重力波方程式も，時空間の各点での物理量の間に成り立つ関係式，すなわち「場の方程式」になっています。そこでこの章では，1 章で準備した数学を用いて，高校で習った力学や電磁気学の法則を場の方程式に書き換えていきます。

この章のクライマックスは，1 節から 3 節までの力学分野ではニュートンの重力場方程式，流体の運動方程式，4 節から 11 節までの電磁気分野ではマックスウェルの電磁方程式です。

また，3 次元の応力テンソル（ストレス・エネルギーテンソル）もこの章で説明します。これを 4 次元に拡張したエネルギー・運動量テンソルは，アインシュタインの重力場方程式の右辺になります。

着々と装備を整えていきましょう。

§1　ニュートンの重力場方程式

高校で習うニュートン力学の復習から始めます。

ニュートン力学は，運動方程式と万有引力の法則にまとめられます。

物体は力が働かないとき等速直線運動をし，力が働くとき加速度を持ちます。

質量 m の物体に $\boldsymbol{F}$ の力が働くとき，物体の加速度を $\boldsymbol{a}$ とすると，これらの間には，

$$m\boldsymbol{a} = \boldsymbol{F}$$

という関係があります。これがニュートンの運動方程式です。

また，2つの物体の間には引力が働くというのが，ニュートンの発見した万有引力の法則です。

質量 M の物体と質量 m の物体が r だけ離れているとき，2つの物体に働く引力の大きさを F とすると，これらの間には，

$$F = G\frac{mM}{r^2}$$

という関係があります。ここで G は万有引力定数です。

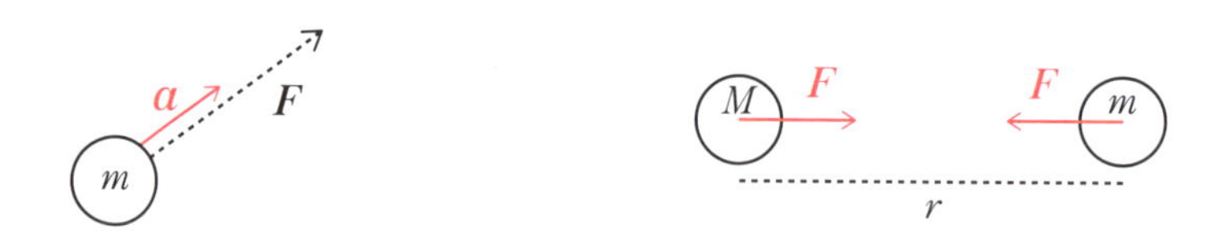

万有引力の式を場の方程式に直しておきましょう。

質量 M, m が置かれている点をそれぞれA，Bとします。ベクトル $\overrightarrow{\mathrm{AB}}$ を太字 $\boldsymbol{r}$（ベクトルの大きさは細字 r）とおきます。

Bに働く力を表すベクトル$\boldsymbol{F}$は$\boldsymbol{r}$と反対向きです。$\dfrac{\boldsymbol{r}}{r}$は$\overrightarrow{\mathrm{AB}}$方向の単位ベクトルですから，万有引力の法則は，ベクトルを用いて，

$$\boldsymbol{F}=-G\frac{mM}{r^2}\frac{\boldsymbol{r}}{r}=m\left(-G\frac{M}{r^3}\boldsymbol{r}\right)$$

と表されます。

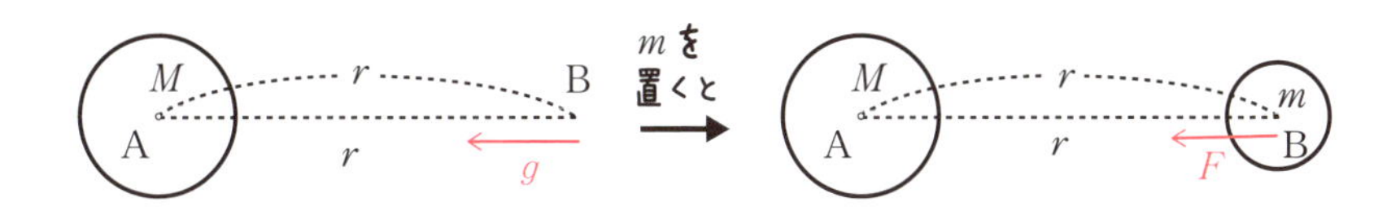

ここで，$\boldsymbol{g}=-G\dfrac{M}{r^3}\boldsymbol{r}$とおいて，

$$\boldsymbol{F}=m\boldsymbol{g}$$

と表されます。$\boldsymbol{g}$を重力場と呼びます。$\boldsymbol{g}$はベクトル場です。

この式は，「Aに置かれた質量MがBに重力場$\boldsymbol{g}$を作り出し，そのBに質量mを置いたら力$\boldsymbol{F}$が生じる」と読むことができます。

質点の個数を複数にしてみましょう。nか所の位置$\mathrm{A}_i(i=1, \cdots n)$に質量$M_i(i=1, \cdots n)$が置かれているものとします。

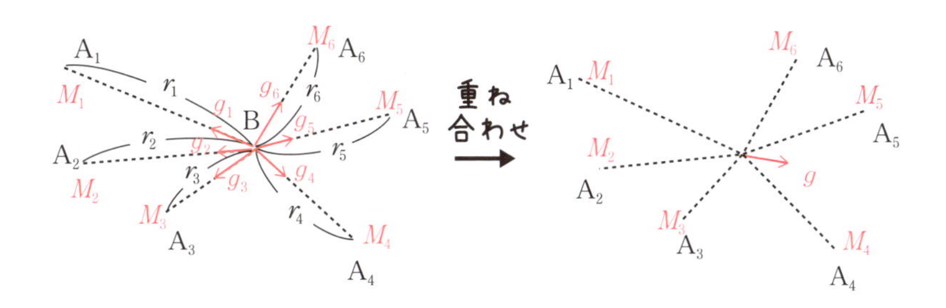

$\overrightarrow{\mathrm{A}_i\mathrm{B}}=\boldsymbol{r}_i$とし，質量$M_i$がBに作り出す重力場を$\boldsymbol{g}_i$とすると，

$$\boldsymbol{g}_i=-G\frac{M_i}{{r_i}^3}\boldsymbol{r}_i$$

Bに置かれた質量mの物体に働く力$\boldsymbol{F}$は，M_iとmの間に働く引力$\boldsymbol{F}_i$をn個重ね合わせて，

$$\boldsymbol{F}=\sum_{i=1}^{n}\boldsymbol{F}_i=\sum_{i=1}^{n}(m\boldsymbol{g}_i)=m\left(\sum_{i=1}^{n}\boldsymbol{g}_i\right)$$

となります。n 個の質点が作り出す重力場を $\boldsymbol{g}$ とすると，この式が $m\boldsymbol{g}$ に等しいので,

$$\boldsymbol{g}=\sum_{i=1}^{n}\boldsymbol{g}_i=\sum_{i=1}^{n}\left(-G\frac{M_i}{{r_i}^3}\boldsymbol{r}_i\right)$$

となります。重力場も力と同様に重ね合わせをすることができます。

A_i の位置ベクトルを $\boldsymbol{x}_i$，B の位置ベクトルを $\boldsymbol{x}$ とすると，$\boldsymbol{r}_i=\boldsymbol{x}-\boldsymbol{x}_i$ であり，重力場 $\boldsymbol{g}$ の点 B でのベクトル $\boldsymbol{g}(\boldsymbol{x})$ は,

$$\boldsymbol{g}(\boldsymbol{x})=\sum_{i=1}^{n}\left(-G\frac{M_i}{{r_i}^3}\boldsymbol{r}_i\right)=\sum_{i=1}^{n}\left(-G\frac{M_i}{|\boldsymbol{x}-\boldsymbol{x}_i|^3}(\boldsymbol{x}-\boldsymbol{x}_i)\right)\tag{2.01}$$

A_i → B

$\boldsymbol{x}_i$　$\boldsymbol{r}_i$　$\boldsymbol{x}$

ここまで質量が 1 点に集中していると仮定している点，質点を用いて話をしてきました。しかし，実際には 1 点に質量が集中していることはなく，質量は空間中に広く分布しています。1 点に集中していると考えている離散の話を，質量が広く分布していると見なす連続の話に書き換えましょう。

空間中の領域 V に質量が分布しているものとします。位置 $\boldsymbol{x}$ での単位体積当たりの質量，すなわち質量密度を $\rho(\boldsymbol{x})$ とします。これを用いて,

$$\phi(\boldsymbol{x})=-\int_V G\frac{\rho(\boldsymbol{y})}{|\boldsymbol{y}-\boldsymbol{x}|}d\boldsymbol{y}$$

という関数を考えます。

$\phi(\boldsymbol{x})$ のラプラシアンを計算すると，**定理 1.39** を用いて,

$$\Delta\phi(\boldsymbol{x})=\Delta\left(-\int_V G\frac{\rho(\boldsymbol{y})}{|\boldsymbol{y}-\boldsymbol{x}|}d\boldsymbol{y}\right)=-4\pi G\Delta\left(\frac{1}{4\pi}\int_V\frac{\rho(\boldsymbol{y})}{|\boldsymbol{y}-\boldsymbol{x}|}d\boldsymbol{y}\right)=4\pi G\rho(\boldsymbol{x})$$

となります。つまり，

$$\Delta\phi(\boldsymbol{x}) = 4\pi G\rho(\boldsymbol{x})$$

となります。これをニュートンの重力場方程式といいます。$\phi(\boldsymbol{x})$をニュートンの重力ポテンシャルといいます。

$\phi(\boldsymbol{x})$の勾配を計算しましょう。Δは2階微分なので，積分の中の$\dfrac{1}{|\boldsymbol{y}-\boldsymbol{x}|}$に作用させると，分数が$|\boldsymbol{y}-\boldsymbol{x}|$の -3 乗のオーダー（分子は$|\boldsymbol{y}-\boldsymbol{x}|$の -5 乗）になって体積積分が値を持ちませんが，grad なら1階微分なので分数が$|\boldsymbol{y}-\boldsymbol{x}|$の -2 乗のオーダー（分子は$|\boldsymbol{y}-\boldsymbol{x}|$の -3 乗）で体積積分ができ，積分の中に作用させることができます。

$$\begin{aligned}\mathrm{grad}\phi(\boldsymbol{x}) &= \mathrm{grad}\left(-\int_V G\frac{\rho(\boldsymbol{y})}{|\boldsymbol{y}-\boldsymbol{x}|}d\boldsymbol{y}\right) = -\int_V G\rho(\boldsymbol{y})\mathrm{grad}\left(\frac{1}{|\boldsymbol{y}-\boldsymbol{x}|}\right)d\boldsymbol{y} \\ &= -\int_V G\rho(\boldsymbol{y})\frac{\boldsymbol{y}-\boldsymbol{x}}{|\boldsymbol{y}-\boldsymbol{x}|^3}d\boldsymbol{y}\end{aligned}$$

この被積分関数は，位置$\boldsymbol{y}$にある単位体積当たりの質量$\rho(\boldsymbol{y})$が位置$\boldsymbol{x}$に作る重力場を表しています。質量が分布している領域の中で$\boldsymbol{y}$を動かすので，この体積積分はV全体に分布している質量が作る位置$\boldsymbol{x}$での重力場（にマイナスが付いている）を表しています。(2.01) の連続バージョンになっているわけです。

ですから，重力場を$\boldsymbol{g}(\boldsymbol{x})$とすると，

$$\boldsymbol{g}(\boldsymbol{x}) = -\mathrm{grad}\phi(\boldsymbol{x})$$

という関係があります。

法則 2.01　ニュートンの重力場方程式

$\boldsymbol{x}$での重力ポテンシャルを$\phi(\boldsymbol{x})$，質量密度を$\rho(\boldsymbol{x})$とすると，

$$\Delta\phi(\boldsymbol{x}) = 4\pi G\rho(\boldsymbol{x})$$

§2 応力テンソル

一般に，物質は気体，液体，固体の3つの状態をとることを，高校までの理科で学習したことと思います。いわゆる，物質の三相です。

三相のうち，容易に形を変えることができる気体と液体をまとめて流体と呼びます。具体的には，空気や水です。物質の状態を意味していますから，流れていなくとも流体と呼ぶことに注意しましょう。

固体の形を変えるには大きな力を必要としますが，液体，気体はこれに比べて小さな力でも形が変形します。形を変えることができるので流れが生じやすいわけです。気体でも液体でも，力学的には同じ方程式に従うので流体として一つにまとめています。

固体の場合には，形を変えようすると押し戻す力が働きます。このような固体の性質を弾性といいます。固体を弾性に着目して捉えるとき，弾性体と呼びます。バネやゴムは弾性体の例です。

高校までの物理は質量が質点1か所に集まっているとして問題を解いていましたが，流体や弾性体を扱うときは，前節の$\rho(\boldsymbol{x})$のように質量はある密度を持って連続的に分布していると捉えて理論を進めます。流体や弾性体をこのように捉えて解析するとき，対象を連続体といいます。

連続体に働く力には，体積力と面積力があります。

体積力の例としては，重力，遠心力，浮力などが挙げられます。これらの力は，大きさが質量や体積の大きさに比例します。質点の力学では，これらの力が剛体の内部の質点という1点に働くとして方程式を立てていました。

一方，面積力は，圧力のように面を介して作用し，力の大きさが面の大きさに比例する力のことです。圧力とは，測定する面に対して垂直方向に働く単位面積当たりの力の大きさのことでした。ビニール袋に気体が入っている場合では，ビニール袋の面に対して垂直方向の力しかかかりません。気体の場合，どこに面を設定して圧力を測定しても同じ値になります。気体分子の動きはランダムでどの方向にも等しく力がかかるからです。しかし，力がかけられた柱や流れているハチミツの内部に測定する面を設定した場合，測定面に働く力は垂直方向の力だけではありません。柱をずらしして壊そうとする力やハチミツの粘らせる力といった面に対して垂直方向以外の方向で働く力も存在します。面に対して垂直方向に働く力，それ以外の方向で働く力も含めて，面に対して働く単位面積当たりの力のことを**応力**と呼びます。

メカニズムから捉えれば，体積力は重力のように遠いところにある物質が作る場が物体に及ぼす力，面積力は分子どうしが衝突したり引き合ったりする分子間の相互作用がもたらす物体内部の力であるといえます。ですから，いまのところ，体積力は遠隔で作用する，面積力は近接で作用するとざっくりと捉えておくとイメージが湧きやすいでしょう。この本の最後で，重力が遠隔作用であること（遠いところに瞬間で働く）は否定されますが…。

糸の例から挙げますが，応力は弾性体でも流体でも連続体であれば働きます。

物体の外から加える力を外力といいます。外力を加えているとき，物体が静止しているときであっても，物体の内部には内力が生じています。張力を例にとって内力を顕在化してみましょう。

次ページの図のように質量 m の 2 つのおもりによってピンと張られた糸には張力がかかっています。糸がこの状態のとき，はさみで糸を切ると，糸は切ったところから2つに分かれ反対方向に向かいます。

下図は各点ごとに力がつり合っている状態であると考えられます。

Aの左側には左向きの力 mg がかかり，右側には右向きの力 mg がかかっていてつり合っています。糸が張っているときは，左向きの力と右向きの力は作用・反作用の関係でつり合っています。糸を切るとそのつり合いが崩れるので，左右の糸はそれぞれ mg の力によって互いに反対方向に進むことになるのです。

糸の断面積を S とすると，糸の張力は単位面積当たり mg/S と計算できます。糸の張力は応力の例です。この場合，応力は面に対して垂直に働いています。

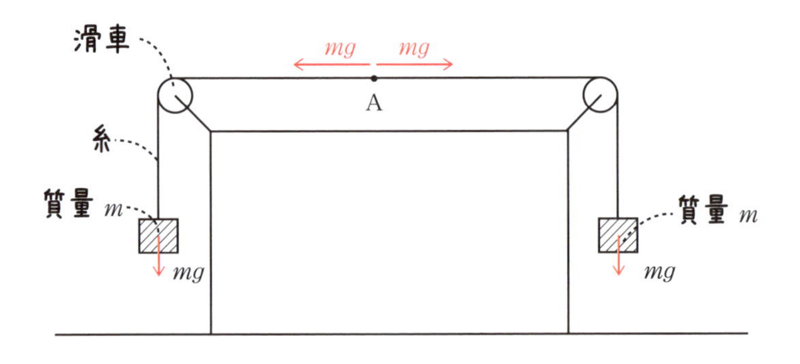

糸と同じように，弾性体や流体といった静止した連続体でも，外力を加えると内部の各点に内力が生じてつり合っていると考えられます。各点での内力を単位面積当たりで表したものが応力になっています。

上の例で糸に働く力は引っ張り合う力で張力でしたが，連続体の場合には条件によって面に対して押し合う力が働く場合もあります。

下図のような測定面に対して垂直方向に引っ張り合う単位面積当たりの力を**引張応力**，押し合う力を**圧縮応力**といいます。

また，連続体の中の面には垂直方向だけでなく，測定面に対して平行な方向に面をずらすような力が加わる場合もあります。これを単位面積当たりで表したものを**せん断力**といいます。

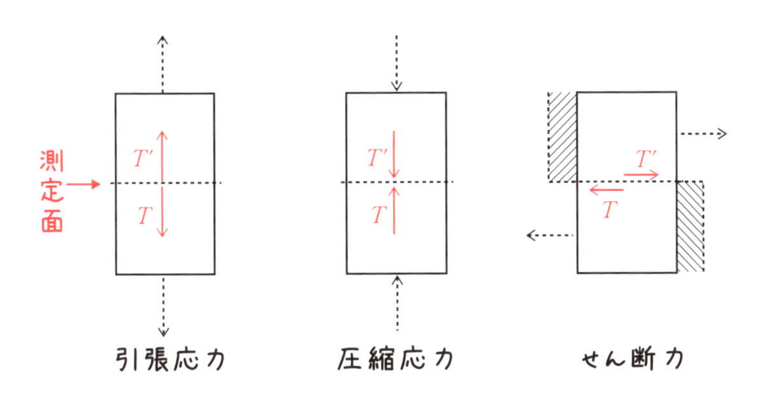

応力は面で分けられた2つの部分に対してそれぞれ働いていて，2つの力は作用・反作用の関係になっています。

例えば，圧縮応力の図では，下側が上側を $\boldsymbol{T}$ の力で押しています。上側は $\boldsymbol{T}$ の力で下側に押されています。これに対して，上側は $\boldsymbol{T}'$ の力で下側を押して，下側は $\boldsymbol{T}'$ の力で押されています。作用・反作用の法則で $\boldsymbol{T}=\boldsymbol{T}'$ になります。これはせん断力の場合も同じで，下の面に働くせん断力 $\boldsymbol{T}$ と上の面に働くせん断力 $\boldsymbol{T}'$ は，作用・反作用の法則で $\boldsymbol{T}=\boldsymbol{T}'$ となります。

引張応力，圧縮応力，せん断力はどれも応力です。

こう説明すると応力には3種類があるように勘違いするかもしれませんが，測定面に垂直方向の引張応力・圧縮応力と，単位面積に水平方向のせん断力の違いは設定する測定面の違いであって，本質的な違いはありません。連続体中に点を定め，その点で測定面の向きを定めると，応力の成分が決まります。応力の水平方向の成分をせん断力と呼ぶわけです。

例えば，次ページ図のように直方体の上下方向からのみ力がかかっている場合，左図のように測定面を水平に設定すれば，圧縮応力 ($\boldsymbol{T}$) のみでせん断力はありませんが，右図のように測定面を斜めに設定すれば，圧縮

応力 ($\boldsymbol{S}$) とせん断力 ($\boldsymbol{S}'$) が観察されます。

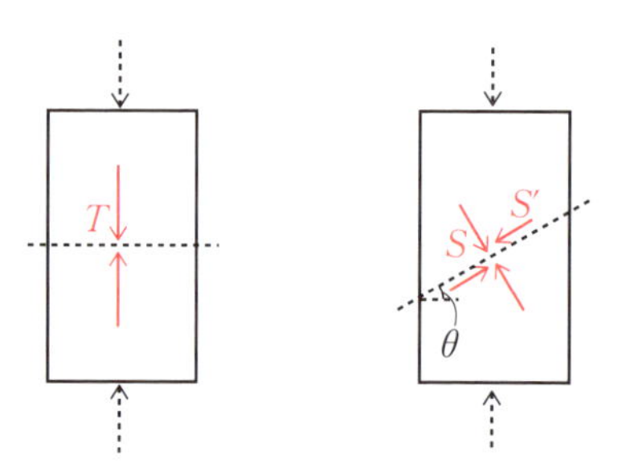

ここで注意しなければならないことは，$\boldsymbol{T}$，$\boldsymbol{S}$，$\boldsymbol{S}'$の間に

$$|\boldsymbol{S}|=|\boldsymbol{T}|\cos\theta,\ \boldsymbol{T}=\boldsymbol{S}+\boldsymbol{S}'$$

という関係式は成り立たないことです。なぜなら，$\boldsymbol{T}$ と $\boldsymbol{S}$，$\boldsymbol{S}'$では設定している測定面が異なっているからです。

$\boldsymbol{T}$ から $\boldsymbol{S}$ を計算するのであれば，$|\boldsymbol{T}|\cos\theta$としただけでは足りません。測定する面が $1/\cos\theta$ 倍になるのですから，

$$|\boldsymbol{S}|=|\boldsymbol{T}|\cos\theta\div 1/\cos\theta=|\boldsymbol{T}|\cos^2\theta$$

としなければなりません。

一般には次のように座標を設定して，応力を求めます。

連続体の各点 $\boldsymbol{x}$ での応力を考えてみましょう。連続体中の点で微小な測定面（以下，微小面）を設定したとき，

x 軸に垂直な微小面に対する応力$\boldsymbol{\tau}_x$，

y 軸に垂直な微小面に対する応力$\boldsymbol{\tau}_y$，

z 軸に垂直な微小面に対する応力$\boldsymbol{\tau}_z$，

が，それぞれ，

$$\boldsymbol{\tau}_x=\begin{pmatrix}\tau_{xx}\\ \tau_{yx}\\ \tau_{zx}\end{pmatrix},\ \boldsymbol{\tau}_y=\begin{pmatrix}\tau_{xy}\\ \tau_{yy}\\ \tau_{zy}\end{pmatrix},\ \boldsymbol{\tau}_z=\begin{pmatrix}\tau_{xz}\\ \tau_{yz}\\ \tau_{zz}\end{pmatrix}$$

で与えられているものとします。

τ_{xx}，τ_{yy}，τ_{zz}は圧縮応力，τ_{xy}，τ_{xz}，τ_{yx}，τ_{yz}，τ_{zx}，τ_{zy}はせん断力です。

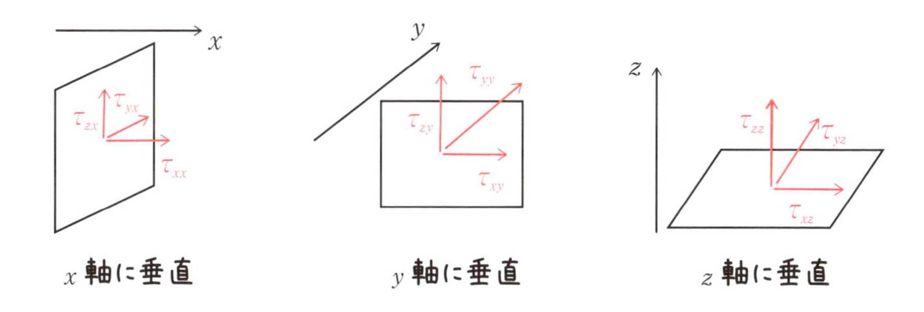

詳しく説明すると，τ_{xx}は，微小面の左側にある物質が微小面を押している力のことで，微小面に垂直な方向（つまりx軸方向）の成分です。垂直方向の力は圧縮方向を正にして捉えます。τ_{yy}では手前側，τ_{zz}では下側の物質が微小面に対して垂直に押している力です。

これに対してτ_{xy}，τ_{xz}，τ_{yx}，τ_{yz}，τ_{zx}，τ_{zy}は，微小面に対して平行な方向に働きます。τ_{yx}はx軸に垂直な微小面の左側にある物質が微小面をy軸方向にずらそうとするせん断力です。

このもとで単位法線ベクトルが$\boldsymbol{n}=(n_x,\ n_y,\ n_z)$となるような微小な測定面（以下，微小面）を設定したとき，$\boldsymbol{n}$の始点の側にある物質が微小面に及ぼす応力$\boldsymbol{F}$を求めましょう。n_x，n_y，n_zはすべて正であるものとします。

そのために点$\mathrm{D}(\boldsymbol{x})$に直角の頂点を持ち，$xy$平面，$yz$平面，$zx$平面，微小面に平行な面を持つ四面体ABCDを考えます。

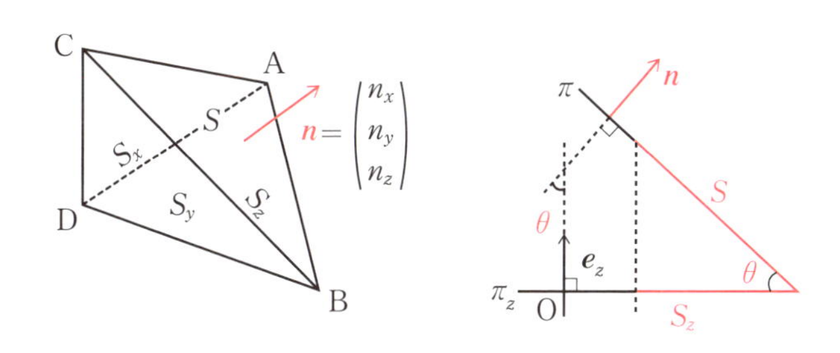

△ABC，△ACD，△BCD，△ABDの各面を，π，π_x，π_y，π_zとし，それらの面積を，S，S_x，S_y，S_zとします。

このとき，前ページ右図のようにπとπ_zのなす角をθとすると，SとS_zの間には，$S_z = S\cos\theta$という関係があります。

一方，πの単位法線ベクトル$\boldsymbol{n}=(n_x,\ n_y,\ n_z)$と$\pi_z$の単位法線ベクトル$\boldsymbol{e}_z=(0,\ 0,\ 1)$のなす角も$\theta$なので，

$$n_z = \boldsymbol{n}\cdot\boldsymbol{e}_z = |\boldsymbol{n}||\boldsymbol{e}_z|\cos\theta = \cos\theta$$

ですから，合わせて，$S_z = n_z S$となります。他も同様に，

$$S_x = n_x S,\ S_y = n_y S,\ S_z = n_z S$$

となります。

四面体ABCDの各面に働く力は，応力が単位面積当たりの力であることに注意すると，作用反作用を考えてπに働く力が$-S\boldsymbol{F}$，△ACDに働く力が$S_x\boldsymbol{\tau}_x$，△BCDに働く力が$S_y\boldsymbol{\tau}_y$，△ABDに働く力が$S_z\boldsymbol{\tau}_z$です。

四面体ABCDの体積をVとして，単位体積当たりに働く力を$\boldsymbol{f}$とすると，四面体ABCDには$\boldsymbol{f}V$の体積力が働きます。

四面体ABCDに働く力のつり合いを考えると，

$$-S\boldsymbol{F}+S_x\boldsymbol{\tau}_x+S_y\boldsymbol{\tau}_y+S_z\boldsymbol{\tau}_z+\boldsymbol{f}V=0$$

$$-S\boldsymbol{F}+n_xS\boldsymbol{\tau}_x+n_yS\boldsymbol{\tau}_y+n_zS\boldsymbol{\tau}_z+\boldsymbol{f}V=0$$

$-S$で割って，

$$\boldsymbol{F}-n_x\boldsymbol{\tau}_x-n_y\boldsymbol{\tau}_y-n_z\boldsymbol{\tau}_z-\boldsymbol{f}\frac{V}{S}=0$$

ここで，四面体ABCDを相似縮小して，$S\to 0$とすると，Vが長さの3乗，Sが長さの2乗に比例するので，V/Sは長さに比例することになります。$\boldsymbol{f}$はもちろん有限ですから，最後の項は0に収束することが分かります。よって，

$$\boldsymbol{F}=n_x\boldsymbol{\tau}_x+n_y\boldsymbol{\tau}_y+n_z\boldsymbol{\tau}_z$$

となります。ここで，行列τを

$$\tau=(\boldsymbol{\tau}_x,\ \boldsymbol{\tau}_y,\ \boldsymbol{\tau}_z)=\begin{pmatrix}\tau_{xx} & \tau_{xy} & \tau_{xz}\\ \tau_{yx} & \tau_{yy} & \tau_{yz}\\ \tau_{zx} & \tau_{zy} & \tau_{zz}\end{pmatrix}$$

とおけば，

$$\boldsymbol{F}=n_x\boldsymbol{\tau}_x+n_y\boldsymbol{\tau}_y+n_z\boldsymbol{\tau}_z=(\boldsymbol{\tau}_x,\ \boldsymbol{\tau}_y,\ \boldsymbol{\tau}_z)\begin{pmatrix}n_x\\ n_y\\ n_z\end{pmatrix}$$

$$=\begin{pmatrix}\tau_{xx} & \tau_{xy} & \tau_{xz}\\ \tau_{yx} & \tau_{yy} & \tau_{yz}\\ \tau_{zx} & \tau_{zy} & \tau_{zz}\end{pmatrix}\begin{pmatrix}n_x\\ n_y\\ n_z\end{pmatrix}=\tau\boldsymbol{n}$$

と表されることが分かります。τを応力テンソルといいます。

なお，πの圧縮応力の大きさは$\boldsymbol{F}\cdot\boldsymbol{n}$です。

定義 2.02　**応力テンソル**

$\tau=\begin{pmatrix}\tau_{xx} & \tau_{xy} & \tau_{xz}\\ \tau_{yx} & \tau_{yy} & \tau_{yz}\\ \tau_{zx} & \tau_{zy} & \tau_{zz}\end{pmatrix}$とすると，微小面（単位法線ベクトルは$\boldsymbol{n}$）に働く応力は，$\tau\boldsymbol{n}$と表される。$\tau$を応力テンソルという。

この本では，3章，5章でもっと広い概念としてテンソルを説明します。3章，5章を読んだあとに，この命名を振り返ると，「大げさなネーミングだなあ，応力行列ぐらいでもよいのでは？」という感想を持つことになるでしょう。しかし，「*tension*（引っ張る力）」を導き出すこの行列が，「テンソル」の語源になったわけですから，「応力テンソル」という用語には老舗の趣があります。

応力テンソルの成分には対称性があります。

問題 2.03

$\tau_{xy}=\tau_{yx}$　　$\tau_{xz}=\tau_{zx}$　　$\tau_{yz}=\tau_{zy}$ を示せ。

連続体の中に，1 辺の長さが l の微小な立方体を設定します。

立方体の z 軸に平行な面での水平方向 (xy 平面と平行) のせん断力を考えます。

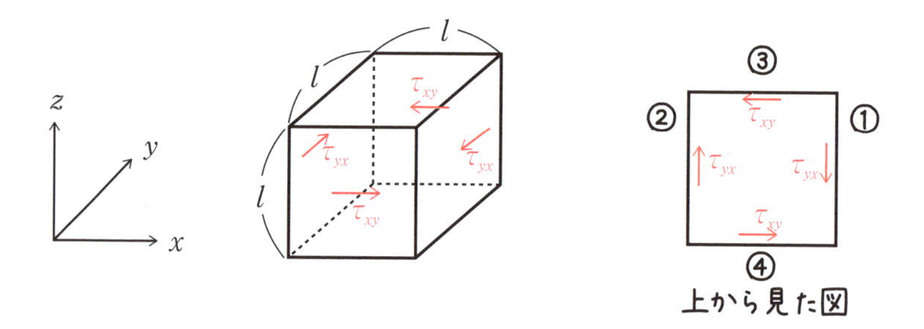

①面では，作用反作用の法則で図のように y 方向に単位面積当たり τ_{yx} のせん断力が働きますから，面全体ではせん断力 $\tau_{yx}l^2$ が働きます。②の面では立方体が面の右側にありますから，①の面に働くせん断力と反対方向に面全体でせん断力 $\tau_{yx}l^2$ が働きます。せん断力が等しいのは l を十分に小さい長さにとっているからです。

③，④の面に働くせん断力も同様に図のようになります。

このとき，立方体の中心を通り z 軸方向を軸とする回転（すなわち上から見た図で反時計回りの回転を正とする）に関する力のモーメント N は，

$$N=2(\tau_{xy}-\tau_{yx})l^2\times\frac{l}{2}=(\tau_{xy}-\tau_{yx})l^3$$

てこのつり合い
(腕の長さ)×(力)

になります。

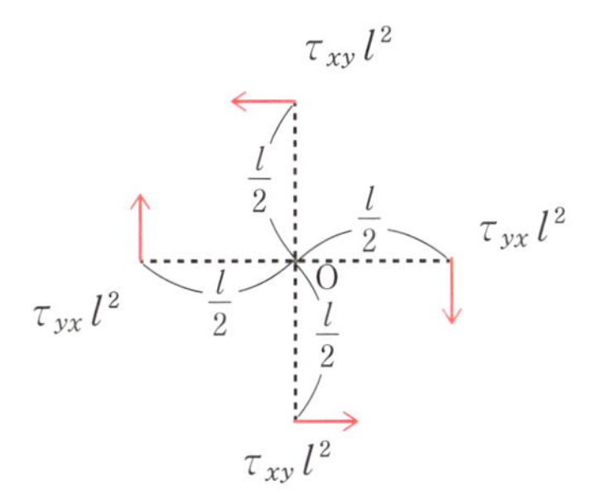

微小な立方体の密度をρとするとこの立方体の質量はρl^3であり，慣性モーメントIは$I=k\rho l^3\cdot l^2=k\rho l^5$です。$k$は正方形という形に依存する定数です。

この立方体の中心を通りz軸方向を軸とする回転の角加速度を$\ddot{\theta}$とすると，運動方程式$I\ddot{\theta}=N$を満たしますから，

$$k\rho l^5\ddot{\theta}=(\tau_{xy}-\tau_{yx})l^3 \qquad \ddot{\theta}=\frac{\tau_{xy}-\tau_{yx}}{k\rho l^2}$$

$\tau_{yx}\neq\tau_{xy}$であると仮定すると，lを0に近づけたとき，$\ddot{\theta}$がいくらでも大きくなってしまうので矛盾します。$\tau_{xy}=\tau_{yx}$でなければなりません。

$$\tau_{xy}=\tau_{yx} \qquad \tau_{xz}=\tau_{zx} \qquad \tau_{yz}=\tau_{zy}$$

ですから，応力テンソルを表す行列は対称行列になります。

τ_{yx}をx軸に垂直な微小面に働くy方向のせん断力としましたが，τ_{xy}をそれの定義とする場合もあります。対称性があるのでどちらで定義しても同じです。

応力は面積力でしたが，**定理 1.33**（ガウスの発散定理）を用いると，体積当たりに働く力として表現することができます。

応力テンソルτを横ベクトルが3個並んだものとして見て，

$$\tau=\begin{pmatrix}\boldsymbol{\tau}_x\\ \boldsymbol{\tau}_y\\ \boldsymbol{\tau}_z\end{pmatrix}=\begin{pmatrix}\tau_{xx} & \tau_{xy} & \tau_{xz}\\ \tau_{yx} & \tau_{yy} & \tau_{yz}\\ \tau_{zx} & \tau_{zy} & \tau_{zz}\end{pmatrix}$$

とします。成分が対称なので，ここで定義した$\boldsymbol{\tau}_x$，$\boldsymbol{\tau}_y$，$\boldsymbol{\tau}_z$は，前のものと

一致します。こう考えると，$\tau\boldsymbol{n}$は

$$\tau\boldsymbol{n}=\begin{pmatrix}\tau_{xx}n_x+\tau_{xy}n_y+\tau_{xz}n_z\\ \tau_{yx}n_x+\tau_{yy}n_y+\tau_{yz}n_z\\ \tau_{zx}n_x+\tau_{zy}n_y+\tau_{zz}n_z\end{pmatrix}=\begin{pmatrix}\boldsymbol{\tau}_x\cdot\boldsymbol{n}\\ \boldsymbol{\tau}_y\cdot\boldsymbol{n}\\ \boldsymbol{\tau}_z\cdot\boldsymbol{n}\end{pmatrix}$$

と書くこともできます。

ここで閉曲面Sを考えます。Sで囲まれる領域の体積をVとすると，ガウスの発散定理より，

$$\left(\int_S\boldsymbol{\tau}_x\cdot\boldsymbol{n}dS,\ \int_S\boldsymbol{\tau}_y\cdot\boldsymbol{n}dS,\ \int_S\boldsymbol{\tau}_z\cdot\boldsymbol{n}dS\right)$$
$$=\left(\int_V\mathrm{div}\boldsymbol{\tau}_x dV,\ \int_V\mathrm{div}\boldsymbol{\tau}_y dV,\ \int_V\mathrm{div}\boldsymbol{\tau}_z dV\right)$$

と書き換えられます。

$(\boldsymbol{\tau}_x\cdot\boldsymbol{n},\ \boldsymbol{\tau}_y\cdot\boldsymbol{n},\ \boldsymbol{\tau}_z\cdot\boldsymbol{n})$は面積力ですが，$(\mathrm{div}\boldsymbol{\tau}_x,\ \mathrm{div}\boldsymbol{\tau}_y,\ \mathrm{div}\boldsymbol{\tau}_z)$は体積当たりに働く力になっています。

x, y, zをx^1，x^2，x^3として，単位法線ベクトルを$\boldsymbol{n}=(n_1,\ n_2,\ n_3)$，$\tau$を

$$\tau=\begin{pmatrix}\tau_{xx}&\tau_{xy}&\tau_{xz}\\ \tau_{yx}&\tau_{yy}&\tau_{yz}\\ \tau_{zx}&\tau_{zy}&\tau_{zz}\end{pmatrix}=\begin{pmatrix}\tau^{11}&\tau^{12}&\tau^{13}\\ \tau^{21}&\tau^{22}&\tau^{23}\\ \tau^{31}&\tau^{32}&\tau^{33}\end{pmatrix}$$

とおくと，面積力と体積当たりの力の書き換えは，

$$\int_S\tau^{ij}n_j dS=\int_V\frac{\partial\tau^{ij}}{\partial x^j}dV \qquad (2.02)$$

面積力　体積当たりの力

アインシュタインの縮約記法を用いています

と表せます。

§3 流体の基礎方程式

この節では，流体について成立するいくつかの基本的な方程式について説明します。これはアインシュタインの重力場方程式の右辺を理解するための準備です。

さっそく，質量保存の法則について解説してみましょう。

空間中の適当な固定した領域 Vを設定し，この領域の質量を考えることにします。

流体の位置 $\boldsymbol{x}$，時刻 t での質量密度を $\rho(\boldsymbol{x},\ t)$とすると，Vにある質量は，

$$\int_V \rho(\boldsymbol{x},\ t)dV$$

と表されます。Vにある質量の時間当たりの増加量は，

$$\frac{\partial}{\partial t}\int_V \rho(\boldsymbol{x},\ t)dV$$

です。

位置 $\boldsymbol{x}$，時刻 t での流体の速度を $\boldsymbol{v}(\boldsymbol{x},\ t)$ とします。領域 Vの境界の閉曲面を Sとし，Sの位置 $\boldsymbol{x}$ での外向きの単位法線ベクトルを $\boldsymbol{n}(\boldsymbol{x})$ とします。

位置 $\boldsymbol{x}$，時刻 t において，領域 Vの内側から外側へ流れ出る単位面積当たり，単位時間当たりの質量を求めましょう。

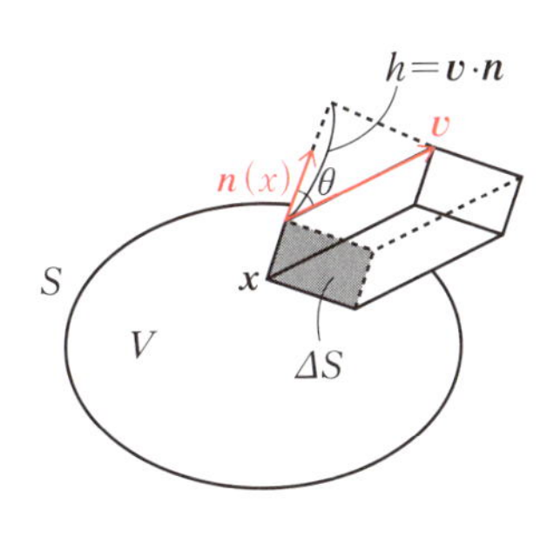

微小面ΔS（長方形とする）から単位時間当たりに流れ出た流体の形は，ΔSを底面として，辺の長さが$|\boldsymbol{v}|$の平行六面体（四角斜柱）になります。

$\boldsymbol{v}$と$\boldsymbol{n}$のなす角をθとすると，この平行六面体の高さhは，

$$h = |\boldsymbol{v}|\cos\theta = |\boldsymbol{v}||\boldsymbol{n}|\cos\theta = \boldsymbol{v}\cdot\boldsymbol{n}$$

と表されます。

この平行六面体の体積は$\boldsymbol{v}\cdot\boldsymbol{n}\Delta S$ですから，ここに含まれる流体の質量は$\rho\boldsymbol{v}\cdot\boldsymbol{n}\Delta S$です。

よって，Sの位置$\boldsymbol{x}$から流れ出る，単位面積，単位時間当たりの質量は

$$\rho(\boldsymbol{x},\ t)\boldsymbol{v}(\boldsymbol{x},\ t)\cdot\boldsymbol{n}(\boldsymbol{x})$$

です。領域Vから流れ出した質量は，S全体で面積分して，そのあとガウスの発散定理を用いると，

$$\int_S \rho(\boldsymbol{x},\ t)\boldsymbol{v}(\boldsymbol{x},\ t)\cdot\boldsymbol{n}(\boldsymbol{x})dS = \int_V \mathrm{div}(\rho(\boldsymbol{x},\ t)\boldsymbol{v}(\boldsymbol{x},\ t))dV$$

となります。

（領域Vの質量の増加量）＝－（Vから流れ出した質量）ですから，

$$\frac{\partial}{\partial t}\int_V \rho dV = -\int_V \mathrm{div}(\rho\boldsymbol{v})dV$$

$(x,\ t)$は省略しました

$$\int_V \left(\frac{\partial\rho}{\partial t} + \mathrm{div}(\rho\boldsymbol{v})\right)dV = 0$$

ここで，Vは任意にとることができますから，各点で，

$$\frac{\partial\rho}{\partial t} + \mathrm{div}(\rho\boldsymbol{v}) = 0$$

が成り立つことになります。これを**質量保存の法則**といいます。

（領域Vの質量の増加量）＝－（Vから流れ出した質量）という式は，質量が消滅しないことを前提にした式だからです。

法則 2.04　**質量保存の法則**

流体の位置 $\boldsymbol{x}$，時刻 t での質量密度が $\rho(\boldsymbol{x},\ t)$，速度が $\boldsymbol{v}(\boldsymbol{x},\ t)$ のとき，

$$\frac{\partial \rho}{\partial t}+\mathrm{div}(\rho \boldsymbol{v})=0$$

次に流体の運動量保存則を表す式を導いてみましょう。

速度を持つ流体に関して，固定した領域 V での運動量を計算します。

流体各点 $\boldsymbol{x}$ での速度を $v(\boldsymbol{x},\ t)$，$\boldsymbol{x}$ での質量密度を $\rho(\boldsymbol{x},\ t)$ とします。以下，$(\boldsymbol{x},\ t)$ は省略して書きます。

$\boldsymbol{v}$ の成分が $\boldsymbol{v}=(v_x,\ v_y,\ v_z)$ であるとき，微小体積 ΔV に含まれる流体の質量は $\rho\Delta V$，運動量は $\rho\boldsymbol{v}\Delta V$ ですから，単位体積当たりの運動量は $\rho\boldsymbol{v}=(\rho v_x,\ \rho v_y,\ \rho v_z)$ です。

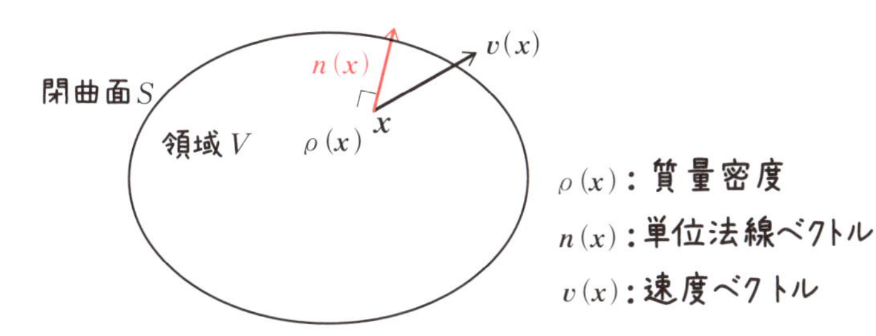

V に含まれる流体が持つ運動量の総量はベクトルで表され，

$$\int_V \rho\boldsymbol{v}dV=\left(\int_V \rho v_x dV,\ \int_V \rho v_y dV,\ \int_V \rho v_z dV\right) \tag{2.03}$$

成分表示

となります。

流体の中で領域 V を設定し運動量保存の法則を求めてみましょう。

領域 V の境界である閉曲面を S とし，S 上の $\boldsymbol{x}$ における単位法線ベクトルを $\boldsymbol{n}$ とします。$\boldsymbol{x}$ からは，単位面積当たり，単位時間当たり質量 $\rho\boldsymbol{v}\cdot\boldsymbol{n}$ の流体が流れ出ます。この流体が持つ運動量は

$$(\rho\boldsymbol{v}\cdot\boldsymbol{n})\boldsymbol{v}=(\rho v_x\boldsymbol{v}\cdot\boldsymbol{n},\ \rho v_y\boldsymbol{v}\cdot\boldsymbol{n},\ \rho v_z\boldsymbol{v}\cdot\boldsymbol{n})$$

となります。曲面 S から単位時間に流れ出る運動量は，

$$\int_S(\rho\boldsymbol{v}\cdot\boldsymbol{n})\boldsymbol{v}dS=\left(\int_S\rho v_x\boldsymbol{v}\cdot\boldsymbol{n}dS,\ \int_S\rho v_y\boldsymbol{v}\cdot\boldsymbol{n}dS,\ \int_S\rho v_z\boldsymbol{v}\cdot\boldsymbol{n}dS\right)$$

スカラー

$$=\left(\int_V\mathrm{div}(\rho v_x\boldsymbol{v})dV,\ \int_V\mathrm{div}(\rho v_y\boldsymbol{v})dV,\ \int_V\mathrm{div}(\rho v_z\boldsymbol{v})dV\right) \tag{2.04}$$

となります。ここで，

$$\boldsymbol{U}=(U^{ij})=\begin{pmatrix}\rho {v_x}^2 & \rho v_x v_y & \rho v_x v_z\\ \rho v_y v_x & \rho {v_y}^2 & \rho v_y v_z\\ \rho v_z v_x & \rho v_z v_y & \rho {v_z}^2\end{pmatrix}$$

とおき，$\boldsymbol{x}=(x,\ y,\ z)$ を $(x^1,\ x^2,\ x^3)$ とすれば，

$$\mathrm{div}(\rho v_x\boldsymbol{v})=\frac{\partial(\rho v_x v_x)}{\partial x}+\frac{\partial(\rho v_x v_y)}{\partial y}+\frac{\partial(\rho v_x v_z)}{\partial z}=\frac{\partial U^{1j}}{\partial x^j} \tag{2.05}$$

アインシュタインの縮約記法

となります。ここで，

$$\frac{\partial\boldsymbol{U}}{\partial\boldsymbol{x}}=\left(\frac{\partial U^{1j}}{\partial x^j},\ \frac{\partial U^{2j}}{\partial x^j},\ \frac{\partial U^{3j}}{\partial x^j}\right)$$

とおくと，(2.04) の右辺は

$$\left(\int_V\frac{\partial U^{1i}}{\partial x^i}dV,\ \int_V\frac{\partial U^{2i}}{\partial x^i}dV,\ \int_V\frac{\partial U^{3i}}{\partial x^i}dV\right)=\int_V\frac{\partial\boldsymbol{U}}{\partial\boldsymbol{x}}dV \tag{2.06}$$

となりますから，(2.04)，(2.05)，(2.06) より，

ベクトルの成分ごとに
体積積分したものを表す

$$\int_S(\rho\boldsymbol{v}\cdot\boldsymbol{n})\boldsymbol{v}dS=\int_V\frac{\partial\boldsymbol{U}}{\partial\boldsymbol{x}}dV \tag{2.07}$$

曲面 S から流れ出る運動量の体積積分表現

$\boldsymbol{U}$ はこのように各行の発散をとることで運動量の流出を表現できるの

で，運動量流束テンソルと呼ばれています。

次に領域 V の流体に働く力を求めてみます。

考えるべき力には，閉曲面 S の表面に働く面積力と V の中の流体に働く体積力があります。

S 上の点 $\boldsymbol{x}$ での応力テンソル $\tau(\boldsymbol{x})$，単位法線ベクトル $\boldsymbol{n}(\boldsymbol{x})$ を

$$\tau(\boldsymbol{x})=\begin{pmatrix}\tau_{xx} & \tau_{xy} & \tau_{xz}\\ \tau_{yx} & \tau_{yy} & \tau_{yz}\\ \tau_{zx} & \tau_{zy} & \tau_{zz}\end{pmatrix}=\begin{pmatrix}\boldsymbol{\tau}_x\\ \boldsymbol{\tau}_y\\ \boldsymbol{\tau}_z\end{pmatrix},\quad \boldsymbol{n}(\boldsymbol{x})=\begin{pmatrix}n_x\\ n_y\\ n_z\end{pmatrix}$$

とします。

$\boldsymbol{x}$ を含む微小面（単位法線ベクトルは $\boldsymbol{n}$）に働く単位面積当たりの力，すなわち応力は，

$$\tau(\boldsymbol{x})\boldsymbol{n}(\boldsymbol{x})=\begin{pmatrix}\tau_{xx}n_x+\tau_{xy}n_y+\tau_{xz}n_z\\ \tau_{yx}n_x+\tau_{yy}n_y+\tau_{yz}n_z\\ \tau_{zx}n_x+\tau_{zy}n_y+\tau_{zz}n_z\end{pmatrix}=\begin{pmatrix}\boldsymbol{\tau}_x\cdot\boldsymbol{n}\\ \boldsymbol{\tau}_y\cdot\boldsymbol{n}\\ \boldsymbol{\tau}_z\cdot\boldsymbol{n}\end{pmatrix}$$

となります。閉曲面 S 全体では，

$$\int_S \tau\boldsymbol{n}dS=\left(\int_S \boldsymbol{\tau}_x\cdot\boldsymbol{n}dS,\ \int_S \boldsymbol{\tau}_y\cdot\boldsymbol{n}dS,\ \int_S \boldsymbol{\tau}_z\cdot\boldsymbol{n}dS\right)$$

$$=\left(\int_V \mathrm{div}\boldsymbol{\tau}_x dV,\ \int_V \mathrm{div}\boldsymbol{\tau}_y dV,\ \int_V \mathrm{div}\boldsymbol{\tau}_z dV\right)$$

［$\mathrm{div}\tau=(\mathrm{div}\boldsymbol{\tau}_x,\ \mathrm{div}\boldsymbol{\tau}_y,\ \mathrm{div}\boldsymbol{\tau}_z)$ と表すことにすると］

$$=\int_V \mathrm{div}\tau dV \qquad (2.08)$$

応力の体積積分表現

V 中の $\boldsymbol{x}$ に働く単位質量当たりの力を $\boldsymbol{F}$ とすると，V 全体に働く力は，

$$\int_V \rho\boldsymbol{F}dV \qquad (2.09)$$

となります。

ここでニュートンの運動方程式を振り返ってみましょう。

物体の運動量を $\boldsymbol{p}=m\boldsymbol{v}$，物体の質点に働く力を $\boldsymbol{f}$ とすると，ニュート

ンの運動方程式 $m\dfrac{d\boldsymbol{v}}{dt}=\boldsymbol{f}$ は，$\dfrac{d\boldsymbol{p}}{dt}=\boldsymbol{f}$ と表せます。つまり，次が成り立ちます。

（運動量の時間変化）＝（力）

いま固定した領域 V に含まれている流体を考えていますから，領域 V に出入りする運動量を加味します。すると，単位時間当たりの

（V の運動量の増加量）＝（V に入る運動量）＋（受ける力）　(2.10)

という式を立てればよいことになります。

いま考えている流体に関してこの式を作りましょう。

$\boldsymbol{n}$ が V の外向きになっていますから，V に入る方を正とすれば単位時間当たり，単位面積当たりに $-\rho\boldsymbol{v}\cdot\boldsymbol{n}$ だけの運動量を持つ流体が流入すると表せます。

この符号に倣うと，V に入る運動量は $-\displaystyle\int_V\frac{\partial\boldsymbol{U}}{\partial\boldsymbol{x}}dV$ となります。

また，$\tau\boldsymbol{n}$ が外向きの力を正とすることを考慮すると，V に働く応力は $-\displaystyle\int_V \mathrm{div}\tau dV$ です。

(2.10) の左辺を，(2.03) の時間微分，(2.10) の右辺を (2.07)，(2.08)，(2.09) で表せば，

$$\frac{\partial}{\partial t}\int_V\rho\boldsymbol{v}dV=-\int_V\frac{\partial\boldsymbol{U}}{\partial\boldsymbol{x}}dV-\int_V\mathrm{div}\tau dV+\int_V\rho\boldsymbol{F}dV \qquad \text{[ベクトルの式]}$$

運動量の増加　入る運動量　受ける力

$$\frac{\partial}{\partial t}\int_V\rho v^i dV=-\int_V\frac{\partial U^{ij}}{\partial x^j}dV-\int_V\frac{\partial\tau^{ij}}{\partial x^j}dV+\int_V\rho F^i dV \quad \text{[第}\,i\,\text{成分の表示]}$$

j が走る添字で総和をとっています
$(v_x,\ v_y,\ v_z)=(v^1,\ v^2,\ v^3)$

となります。この式が運動量保存を表す式です。

運動量保存則の式の時間微分を実行すると流体の運動方程式になります。導出してみましょう。

上の式で V を任意にとることができますから，

$$\frac{\partial(\rho \boldsymbol{v})}{\partial t}+\frac{\partial \boldsymbol{U}}{\partial \boldsymbol{x}}=-\mathrm{div}\tau+\rho \boldsymbol{F} \qquad \text{［ベクトルの式］} \tag{2.11}$$

$$\frac{\partial(\rho v^i)}{\partial t}+\frac{\partial U^{ij}}{\partial x^j}=-\frac{\partial \tau^{ij}}{\partial x^j}+\rho F^i \qquad \text{［第 } i \text{ 成分の表示］}$$

ここで，左辺第 2 項の成分は，

$$\frac{\partial U^{1j}}{\partial x^j}=\mathrm{div}(\rho v^1 \boldsymbol{v}),\ \frac{\partial U^{2j}}{\partial x^j}=\mathrm{div}(\rho v^2 \boldsymbol{v}),\ \frac{\partial U^{3j}}{\partial x^j}=\mathrm{div}(\rho v^3 \boldsymbol{v})$$

です。ここで**公式 1.18** $\mathrm{div}(f\boldsymbol{A})=\mathrm{grad}\, f\cdot\boldsymbol{A}+f\mathrm{div}\boldsymbol{A}$ において，$f\to v_x$，$\boldsymbol{A}\to\rho\boldsymbol{v}$ とすると，

$$\mathrm{div}(\rho v_x \boldsymbol{v})=\rho\boldsymbol{v}\cdot\mathrm{grad}v_x+v_x\mathrm{div}(\rho\boldsymbol{v})$$

ですから，ベクトルの式にまとめると，

$$\frac{\partial \boldsymbol{U}}{\partial \boldsymbol{x}}=\rho(\boldsymbol{v}\cdot\mathrm{grad})\boldsymbol{v}+\mathrm{div}(\rho\boldsymbol{v})\boldsymbol{v}$$

$\rho(\boldsymbol{v}\cdot\mathrm{grad})\boldsymbol{v}$ は $(\rho\boldsymbol{v}\cdot\mathrm{grad}v_x,\ \rho\boldsymbol{v}\cdot\mathrm{grad}v_y,\ \rho\boldsymbol{v}\cdot\mathrm{grad}v_z)$ のことを表しています

と書きます。すると，(2.11) の式は，

$$\frac{\partial(\rho\boldsymbol{v})}{\partial t}+\rho(\boldsymbol{v}\cdot\mathrm{grad})\boldsymbol{v}+\mathrm{div}(\rho\boldsymbol{v})\boldsymbol{v}=-\mathrm{div}\tau+\rho\boldsymbol{F} \tag{2.12}$$

左辺の第 1 項をライプニッツ則で崩し，**法則 2.04**（質量保存の法則）を用いると，左辺は

$$\frac{\partial\rho}{\partial t}\boldsymbol{v}+\rho\frac{\partial\boldsymbol{v}}{\partial t}+\rho(\boldsymbol{v}\cdot\mathrm{grad})\boldsymbol{v}+\mathrm{div}(\rho\boldsymbol{v})\boldsymbol{v}$$

$$=\rho\frac{\partial\boldsymbol{v}}{\partial t}+\rho(\boldsymbol{v}\cdot\mathrm{grad})\boldsymbol{v}+\left(\underbrace{\frac{\partial\rho}{\partial t}+\mathrm{div}(\rho\boldsymbol{v})}_{\text{質量保存の法則で0}}\right)\boldsymbol{v}=\rho\frac{\partial\boldsymbol{v}}{\partial t}+\rho(\boldsymbol{v}\cdot\mathrm{grad})\boldsymbol{v}$$

となるので，(2.12) の左辺にこれを用いて ρ で割り，

$$\frac{\partial\boldsymbol{v}}{\partial t}+(\boldsymbol{v}\cdot\mathrm{grad})\boldsymbol{v}=-\frac{\mathrm{div}\tau}{\rho}+\boldsymbol{F}$$

となります。左辺は速度・加速度に関する式，右辺は力に関する式になっています。

法則 2.05　**完全流体の方程式**

（運動量保存則）$\dfrac{\partial}{\partial t}\displaystyle\int_V \rho \boldsymbol{v} dV = -\int_V \dfrac{\partial \boldsymbol{U}}{\partial \boldsymbol{x}} dV - \int_V \mathrm{div}\tau dV + \int_V \rho \boldsymbol{F} dV$

（運動方程式）　$\dfrac{\partial \boldsymbol{v}}{\partial t} + (\boldsymbol{v} \cdot \mathrm{grad})\boldsymbol{v} = -\dfrac{\mathrm{div}\tau}{\rho} + \boldsymbol{F}$

ρ：質量密度，　運動量流束テンソル：$\boldsymbol{U} = (U^{ij}) = (\rho v^i v^j)$，

τ：応力テンソル，$\boldsymbol{F}$：単位質量当たりの体積力

流体には粘性という性質があります。粘性とは，読んで字のごとく「粘り」の性質です。水よりも油の方が，油よりもハチミツの方が粘性の大きいことは，日常感覚でご理解いただけるでしょう。

洗濯機のドラムが回るときのことを考えてみます。ドラムは接触している部分の水に面積力として力を加えていますが，水全体が回るのは水の粘性によって力が伝わるからです。

台車の上に乗った物体が台車に連れて動くのは，物体と台車の間に摩擦力が働くからです。ドラムの水を動かす場合の力は，この摩擦力に近いと考えると理解しやすいでしょう。

これから先は，流体には粘性がないとして話を進めます。このように理想化した流体を完全流体といいます。一般相対論で必要となるのは，この完全流体についての質量保存の法則や運動方程式なのです。空間が完全流体以外の物質で占められているときでも議論は展開できるのでしょうが，アインシュタインの重力場方程式の右辺についての解説は完全流体の場合でなされます。一般相対論を宇宙論に応用するときは，星を気体分子に見立てて宇宙を完全流体として捉えて議論する場合があります。

ここで体積力Fの働かない完全流体の場合を考えてみましょう。

完全流体の場合，粘性がないのでせん断力がなく，圧力しかありません。圧力はすべての方向に関して等しく働きますから，圧力をpとすると応力テンソルは，

$$\tau(\boldsymbol{x})=\begin{pmatrix}\tau_{xx} & \tau_{xy} & \tau_{xz}\\ \tau_{yx} & \tau_{yy} & \tau_{yz}\\ \tau_{zx} & \tau_{zy} & \tau_{zz}\end{pmatrix}=\begin{pmatrix}p & 0 & 0\\ 0 & p & 0\\ 0 & 0 & p\end{pmatrix}$$

であり，

$$\mathrm{div}\tau=\begin{pmatrix}\mathrm{div}\boldsymbol{\tau}_x\\ \mathrm{div}\boldsymbol{\tau}_y\\ \mathrm{div}\boldsymbol{\tau}_z\end{pmatrix}=\begin{pmatrix}\dfrac{\partial p}{\partial x}+\dfrac{\partial 0}{\partial y}+\dfrac{\partial 0}{\partial z}\\ \dfrac{\partial 0}{\partial x}+\dfrac{\partial p}{\partial y}+\dfrac{\partial 0}{\partial z}\\ \dfrac{\partial 0}{\partial x}+\dfrac{\partial 0}{\partial y}+\dfrac{\partial p}{\partial z}\end{pmatrix}=\begin{pmatrix}\dfrac{\partial p}{\partial x}\\ \dfrac{\partial p}{\partial y}\\ \dfrac{\partial p}{\partial z}\end{pmatrix}=\mathrm{grad}p$$

となります。さらに$\boldsymbol{F}=\boldsymbol{0}$ですから，運動量保存の式は，

$$\frac{\partial}{\partial t}\int_V \rho \boldsymbol{v} dV=-\int_V \frac{\partial \boldsymbol{U}}{\partial \boldsymbol{x}}dV-\int_V \mathrm{grad}p dV \qquad [ベクトルの式]$$

$$\frac{\partial}{\partial t}\int_V \rho v^i dV=-\int_V \frac{\partial U^{ij}}{\partial x^j}dV-\int_V \frac{\partial p}{\partial x^i}dV \qquad [成分表示]$$

ここでTを

$$T=(T^{ij})=(U^{ij}+p\delta^{ij})=\begin{pmatrix}\rho {v_x}^2+p & \rho v_x v_y & \rho v_x v_z\\ \rho v_y v_x & \rho {v_y}^2+p & \rho v_y v_z\\ \rho v_z v_x & \rho v_z v_y & \rho {v_z}^2+p\end{pmatrix}$$

δ^{ij}はクロネッカーのデルタ

とおきます。なお，$\rho v_x v_y$の単位は［kg/m³］［m/s］［m/s］，pの単位は［N/m²］＝［kg・m/s²］/［m²］で一致しています。Tを用いると，上の式は，

$$\frac{\partial}{\partial t}\int_V \rho v^i dV=-\int_V \frac{\partial T^{ij}}{\partial x^j}dV$$

と表されます。

ここで左辺は運動量の時間微分なので力（の i 成分）を表しています。

ですから，右辺も力（の i 成分）になります。T は，(2.02) と見比べることで，ちょうど応力テンソル τ のように働くことが分かります。

また，この式の右辺を移項して，第 2 項に**定理 1.33**（ガウスの発散定理）を用いると，

$$\frac{\partial}{\partial t}\int_V \rho v^i dV + \int_V \frac{\partial T^{ij}}{\partial x^j} dV = 0 \qquad \text{（力のつり合い）} \tag{2.13}$$

力

$$\frac{\partial}{\partial t}\int_V \rho v^i dV + \int_S T^{ij} n_j dS = 0 \qquad \text{（運動量保存の法則）} \tag{2.14}$$

運動量の増加

となります。(2.14) の第 1 項は，領域 V の中の運動量の増加量を表しています。第 2 項は，V の表面 S から出ていく運動量と考えられます。この式は運動量保存の法則を表しています。

V を任意にとることができますから，(2.13) から

$$\frac{\partial(\rho v^i)}{\partial t} + \frac{\partial T^{ij}}{\partial x^j} = 0 \tag{2.15}$$

（$i=1$ の場合）

$$\frac{\partial(\rho c v_x)}{\partial(ct)} + \frac{\partial(\rho v_x v_x + p)}{\partial x} + \frac{\partial(\rho v_x v_y)}{\partial y} + \frac{\partial(\rho v_x v_z)}{\partial z} = 0$$

となります。(2.15) は (2.13) の各点での等式ですが，(2.13) を書き換えた式の成分計算ですから，完全流体の運動量保存の法則を表した式であるといえます。

T がのちに特殊相対論でエネルギー・運動量テンソルの空間部分として組み込まれるのは，(2.14) が成り立つことがポイントになっています。

運動量流束テンソルと応力テンソル（完全流体なので圧力のみ）の和である T は，流体の状態を表しているテンソルであるといえます。

呼び方は3次元の場合，正式には命名されていないようです。相対論を論じるときになって，非相対論的完全流体の応力テンソルと呼んだりしていますが，この流体に働いている応力は圧力だけですから完全流体の応力テンソルはpではないかと考えてしまい混乱してしまいます。Tが応力テンソルの働きをするのでそう呼びたい気持ちは分かるのですが…。

ここでは，そのままストレス・運動量テンソルと呼びたいと思います。

定義 2.06　**完全流体のストレス・運動量テンソル**

完全流体の密度がρ，速度が$\boldsymbol{v}=(v_x,\ v_y,\ v_z)$，圧力が$p$のとき，テンソル，

$$T=\begin{pmatrix} \rho v_x{}^2+p & \rho v_x v_y & \rho v_x v_z \\ \rho v_y v_x & \rho v_y{}^2+p & \rho v_y v_z \\ \rho v_z v_x & \rho v_z v_y & \rho v_z{}^2+p \end{pmatrix}$$

をストレス・運動量テンソルという。

§4　クーロンの法則の書き換え

この節からは，高校の物理学で習った電磁気の法則を書き直していきましょう。

高校では，電荷と力の関係を表すクーロンの法則，電流と磁界の関係を表すアンペールの法則，磁束と起電力の関係を表すファラデーの法則，ローレンツ力などを習いました。

クーロンの法則

$F=\dfrac{1}{4\pi\varepsilon}\dfrac{qQ}{r^2}$ （F：力，q，Q：電荷，r：距離）

アンペールの法則

$H=\dfrac{I}{2\pi r}$ （H：磁場の強さ，I：電流，r：距離）

ファラデーの法則

$V=-\dfrac{d\Phi}{dt}$ （V：起電力，Φ：磁束）

ローレンツ力

$F=qvB$ (F：力，q：電荷，v：速さ，B：磁束密度)

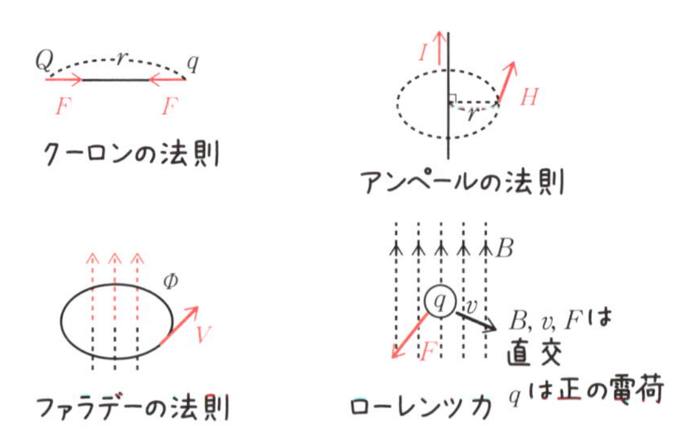

これらの方程式を場の方程式に書き直していきます。

場の方程式とは，物理の諸量について，空間の各点ごとで成り立つ関係式のことです。

上で与えられた関係式を説明するには，状況設定を表す図，道具立てが必要でした。

例えば，アンペールの法則であれば，直線の電線にI[A]の電流が流れているときの法則ですから，電線が必要です。

また，ファラデーの法則であれば，磁束Φとはコイルを通る磁束のことでしたから，コイルがなければ法則を述べることができません。

これに対して，これから書き直して得られる場の方程式は，このような道具立てを必要としません。電場，磁場の関係を表す式ですが，その出自・由来を問いません。電場，磁場がどのような装置で作られるかについては捨象するわけです。

といっても，どうして装置とは無関係に各点ごとに式が成り立つのか不思議な気がします。その理由を考えながら，式の導出を見ていくのも味わい方の一つです。

上に挙げた法則は，次のマックスウェルの方程式と呼ばれる4つの場の方程式にまとまります。

$$
\begin{cases}
\mathrm{div}\boldsymbol{E}(\boldsymbol{x},t)=\dfrac{\rho(\boldsymbol{x},\ t)}{\varepsilon_0} \quad \text{または} \quad \mathrm{div}\boldsymbol{D}(\boldsymbol{x},\ t)=\rho(\boldsymbol{x},\ t) \\[2ex]
\mathrm{rot}\boldsymbol{E}(\boldsymbol{x},\ t)+\dfrac{\partial \boldsymbol{B}(\boldsymbol{x},\ t)}{\partial t}=\boldsymbol{0} \\[2ex]
\mathrm{div}\boldsymbol{B}(\boldsymbol{x},\ t)=0 \\[2ex]
\mathrm{rot}\boldsymbol{B}(\boldsymbol{x},\ t)-\varepsilon_0\mu_0\dfrac{\partial \boldsymbol{E}(\boldsymbol{x},\ t)}{\partial t}=\mu_0\boldsymbol{i} \ \ \text{または} \ \ \mathrm{rot}\boldsymbol{H}(\boldsymbol{x},\ t)-\dfrac{\partial \boldsymbol{D}(\boldsymbol{x},\ t)}{\partial t}=\boldsymbol{i}
\end{cases}
$$

これから，上の式から道具立てをはぎ取って，マックスウェルの方程式を求めていきましょう。

クーロンの法則の書き換え

r[m]離れた2つの電荷Q[C]，q[C]の間に働く力F[N]は，

$$F=\frac{1}{4\pi\varepsilon}\frac{qQ}{r^2}$$

という式で表されます。これを**クーロンの法則**といいます。

εは誘電率と呼ばれる定数で，電荷が置かれている場所の物質によって異なる値となります。以下ではεが一定になる一様な物質中で議論を進めます。

電荷が真空中に置かれている場合の誘電率ε_0は，

$$\varepsilon_0=8.854\times10^{-12}$$

という定数で，真空の誘電率といいます。単位は，[C^2・N^{-1}・m^{-2}]あるいは[F/m]です。

ふつう誘電率εは真空の誘電率ε_0よりも大きくなります。

つまり，誘電体（電場は通すが電流を流さない物体，セラミック，ガラス，プラスチックなど）の中では真空中に比べてクーロン力が小さくなります。

この式は力学の万有引力の法則と同様な逆2乗法則の形をしています。

ですから，万有引力の法則から，重力場，重力ポテンシャルを作ったように，電磁気学でもクーロンの法則から，電場，電場ポテンシャルを作ることができます。

余裕がある人は力学の場合と比べながら読んでみてください。

qとQの電荷が異符号の電荷（正電荷と負電荷）の場合には，引力（引き合う力）が働き，同符号の場合には斥力（退け合う力）が働きます。

力の働く方向は，いずれの場合でもqとQを結ぶ直線方向です。

前ページの式をベクトルの式に直しましょう。

一様な物質中（誘電率は ε）で，Q，q（どちらも正電荷）が置かれている点をそれぞれ A，B とします。ベクトル $\overrightarrow{\mathrm{AB}}$ を太字 $\boldsymbol{r}$（大きさは細字 r）とおきます。$\dfrac{\boldsymbol{r}}{r}$ は AB 方向の単位ベクトルですから，B に働く力を表すベクトルを $\boldsymbol{F}$（太字）とすると，

$$\boldsymbol{F}=F\frac{\boldsymbol{r}}{r}=\frac{1}{4\pi\varepsilon}\frac{qQ}{r^2}\frac{\boldsymbol{r}}{r}=\frac{1}{4\pi\varepsilon}\frac{qQ}{r^3}\boldsymbol{r}$$

ここで，$\boldsymbol{E}=\dfrac{1}{4\pi\varepsilon}\dfrac{Q}{r^3}\boldsymbol{r}$ とおくと，

$$\boldsymbol{F}=\frac{1}{4\pi\varepsilon}\frac{qQ}{r^3}\boldsymbol{r}=q\boldsymbol{E}$$

と表されます。この式は A に置かれた Q が B にベクトル $\boldsymbol{E}$ を作り出し，その B に q を置いたら力 $\boldsymbol{F}$ が生じる，と読むことができます。$\boldsymbol{E}$ を電場ベクトルあるいは単に電場といいます。

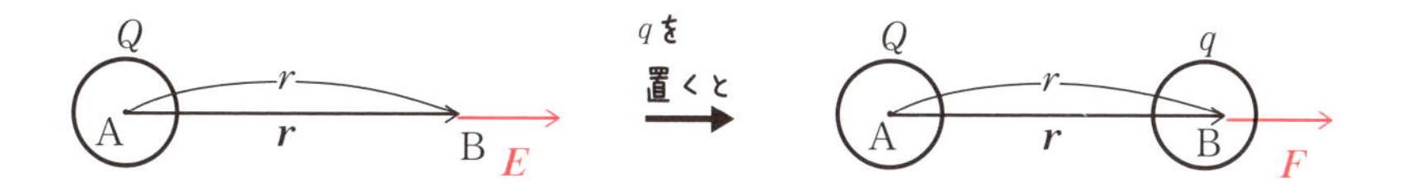

上式では，電場を作り出す電荷は A に置かれた Q だけですが，電荷を複数にした場合を考えてみましょう。

n 個の地点 $\mathrm{A}_i(i=1,\ 2,\ \cdots,\ n)$ のそれぞれに Q_i の電荷が置かれているとし，ベクトル $\overrightarrow{\mathrm{A}_i\mathrm{B}}$ を $\boldsymbol{r}_i$ とおき，Q_i が B に作る電場ベクトルを $\boldsymbol{E}_i$，地点 B に q を置いたとき Q_i から受ける力を $\boldsymbol{F}_i$ とすると，

$$\boldsymbol{F}_i=\frac{1}{4\pi\varepsilon}\frac{qQ_i}{{r_i}^3}\boldsymbol{r}_i=q\boldsymbol{E}_i$$

力の重ね合わせの原理を用いると，B に置かれた q に働く力 $\boldsymbol{F}$ についての式は，

$$\boldsymbol{F}=\sum_{i=1}^{n}\boldsymbol{F}_i=q\sum_{i=1}^{n}\frac{1}{4\pi\varepsilon}\frac{Q_i}{r_i{}^3}\boldsymbol{r}_i=q\sum_{i=1}^{n}\boldsymbol{E}_i$$

ですから，Bの電場 $\boldsymbol{E}$ は，

$$\boldsymbol{E}=\sum_{i=1}^{n}\frac{1}{4\pi\varepsilon}\frac{Q_i}{r_i{}^3}\boldsymbol{r}_i$$

となります。

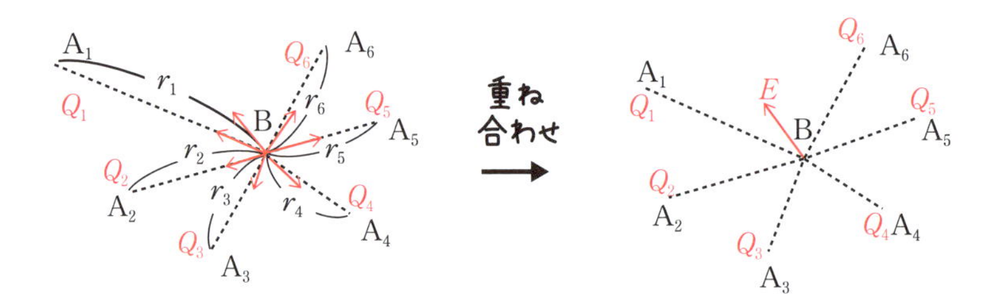

電場は，力のように重ね合わせの原理が成り立ちベクトル和をとることができることが分かります。

A_i の位置ベクトルを $\boldsymbol{x}_i$，Bの位置ベクトルを $\boldsymbol{x}$ とすると，$\boldsymbol{r}_i=\boldsymbol{x}-\boldsymbol{x}_i$ であり，Bに作られる電場ベクトル $\boldsymbol{E}(\boldsymbol{x})$ は，

$$\boldsymbol{E}(\boldsymbol{x})=\sum_{i=1}^{n}\frac{1}{4\pi\varepsilon}\frac{Q_i}{|\boldsymbol{x}-\boldsymbol{x}_i|^3}(\boldsymbol{x}-\boldsymbol{x}_i) \tag{2.16}$$

ここで，いくつかの A_i を中に含む閉曲面 S を設定し，$\boldsymbol{E}(\boldsymbol{x})$ の面積分を考えます。

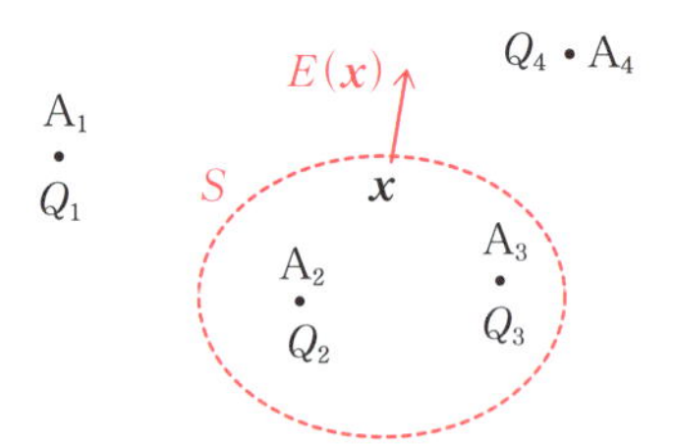

$$\int_S \boldsymbol{E}(\boldsymbol{x})\cdot\boldsymbol{n}(\boldsymbol{x})d\boldsymbol{x}=\frac{1}{4\pi\varepsilon}\sum_{i=1}^{n}Q_i\int_S\frac{1}{|\boldsymbol{x}-\boldsymbol{x}_i|^3}(\boldsymbol{x}-\boldsymbol{x}_i)\cdot\boldsymbol{n}(\boldsymbol{x})d\boldsymbol{x}$$

ここで**公式 1.36** より，S の外にある $Q_i(i=1,\ 2,\ \cdots)$ に関しての積分の値は 0，S の中にある Q_i に関しての積分は 4π になるので，S の内部にある電荷 Q_i の総和を Q とすると，

$$\int_S \boldsymbol{E}(\boldsymbol{x})\cdot\boldsymbol{n}(\boldsymbol{x})dx=\frac{1}{4\pi\varepsilon}Q\cdot 4\pi=\frac{Q}{\varepsilon} \tag{2.17}$$

となります。

ここで，$\boldsymbol{D}(\boldsymbol{x})=\varepsilon\boldsymbol{E}(\boldsymbol{x})$ とおきます。すると，この式を ε 倍した式は，

$$\int_S \boldsymbol{D}(\boldsymbol{x})\cdot\boldsymbol{n}(\boldsymbol{x})d\boldsymbol{x}=Q$$

と表されます。$\boldsymbol{D}(\boldsymbol{x})$ を電束密度と呼びます。密度といいますがベクトル量であることに注意しましょう。$\boldsymbol{E}(\boldsymbol{x})$ の ε 倍である $\boldsymbol{D}(\boldsymbol{x})$ をあえて設定する理由はこの節の最後で述べます。

(2.17) をイメージ豊かに解釈するには，次のようにします。

各点での接線の方向が電場ベクトル $\boldsymbol{E}$ の方向に一致するような曲線を考えます。こうして描いた曲線を電気力線といいます。

例えば，電荷が 1 個の場合と 2 個の場合を図示すると次のようになります。正の電荷から負の電荷の向きに矢印を付けます。

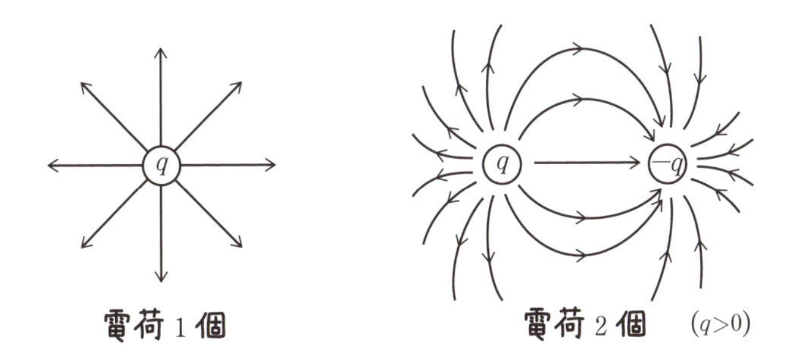

電荷 1 個　　　電荷 2 個　($q>0$)

電気力線を描く本数を次のように決めます。

ベクトル $\boldsymbol{E}(\boldsymbol{x})$ に垂直な単位面積を持つ面を考え，これを $\boldsymbol{E}(\boldsymbol{x})$ の向きに垂直に貫く曲線の本数が $|\boldsymbol{E}(\boldsymbol{x})|$ 本であるように定めます。

図のように，位置 $\boldsymbol{x}$ で単位法線ベクトルが $\boldsymbol{n}(\boldsymbol{x})$ となるような微小面 T（面積は ΔS）をとります。これに対し，この微小面を $\boldsymbol{E}(\boldsymbol{x})$ の垂直方向に正射影した微小面 T'（面積は $\Delta S'$）を考えます。

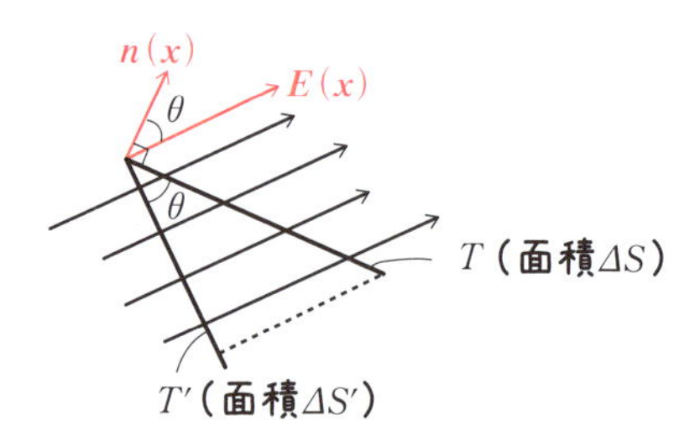

ここで，$\boldsymbol{E}(\boldsymbol{x})$ と $\boldsymbol{n}(\boldsymbol{x})$ のなす角を θ とすると，$\Delta S' = \Delta S \cos\theta$ という関係がありますから，T を貫く電気力線の本数は，

$$|\boldsymbol{E}(\boldsymbol{x})|\,\Delta S' = |\boldsymbol{E}(\boldsymbol{x})|\cos\theta\Delta S = |\boldsymbol{E}(\boldsymbol{x})||\boldsymbol{n}(\boldsymbol{x})|\cos\theta\Delta S = \boldsymbol{E}(\boldsymbol{x})\cdot\boldsymbol{n}(\boldsymbol{x})\Delta S$$

と表せます。$\boldsymbol{E}(\boldsymbol{x})$ と $\boldsymbol{n}(\boldsymbol{x})$ のなす角 θ が 90° 以上のとき $\boldsymbol{E}(\boldsymbol{x})\cdot\boldsymbol{n}(\boldsymbol{x})$ は負の値を持ちます。このとき，$\boldsymbol{E}(\boldsymbol{x})\cdot\boldsymbol{n}(\boldsymbol{x})$ は，$\boldsymbol{n}(\boldsymbol{x})$ の方向とは反対の向きに貫く電気力線の本数を表しています。

このように正負まで考慮して，T を $\boldsymbol{n}(\boldsymbol{x})$ の方向に貫く電気力線の本数は，単位面積当たり $\boldsymbol{E}(\boldsymbol{x})\cdot\boldsymbol{n}(\boldsymbol{x})$ 本であるということができます。

(2.17) は，S 上の微小面での単位面積当たりの電気力線の本数 $\boldsymbol{E}(\boldsymbol{x})\cdot\boldsymbol{n}(\boldsymbol{x})$ を面積分したものが，S で囲まれる領域に含まれる電荷 $\dfrac{Q}{\varepsilon}$ に等しいことを表しています。S は任意にとることができますから，結局電荷 Q から $\dfrac{Q}{\varepsilon}$ 本の電気力線が出ていることが分かります。

この式は，

「閉曲面 S で囲まれた領域内部にある電荷の総量を Q [C] とする。
S を貫く電気力線の本数は $\dfrac{Q}{\varepsilon}$ 本である。」

ということを表していることになります。

これを**ガウスの法則（積分形）**といいます。

$$\int_S \boldsymbol{E}(\boldsymbol{x})\cdot\boldsymbol{n}(\boldsymbol{x})d\boldsymbol{x} = \frac{Q}{\varepsilon} \qquad \text{ガウスの法則（積分形）} \qquad (2.17)$$

をガウスの法則（微分形）に書き換えましょう。

Sで囲まれた領域をVとします。左辺の面積分を**定理1.33**（ガウスの発散定理）で体積積分に書き換えます。

また，右辺は位置$\boldsymbol{x}$での電荷密度を$\rho(\boldsymbol{x})$とすると，Qは電荷密度$\rho(\boldsymbol{x})$の体積積分で表すことができます。すると，(2.17) は，

$$\int_V \mathrm{div}\boldsymbol{E}(\boldsymbol{x})d\boldsymbol{x} = \frac{1}{\varepsilon}\int_V \rho(\boldsymbol{x})d\boldsymbol{x}$$

となります。Vは任意の大きさにとることができるので，Vを小さくして考えれば，

$$\mathrm{div}\boldsymbol{E}(\boldsymbol{x}) = \frac{\rho(\boldsymbol{x})}{\varepsilon} \qquad \mathrm{div}\boldsymbol{D}(\boldsymbol{x}) = \rho(\boldsymbol{x})$$

が成り立ちます。これを**ガウスの法則（微分形）**といいます。

ただし，この導出は数学的には厳密ではありません。

$\boldsymbol{E}(\boldsymbol{x})$は，$\dfrac{1}{4\pi\varepsilon}\dfrac{Q_i}{|\boldsymbol{x}-\boldsymbol{x}_i|^3}(\boldsymbol{x}-\boldsymbol{x}_i)$の総和であり，$\boldsymbol{x}_i$を含む$V$ではガウスの発散定理が使えないからです。厳密に示すには，重力ポテンシャルのときと同じように，電荷密度の分布$\rho(\boldsymbol{x})$に対して，

$$\phi(\boldsymbol{x}) = \frac{1}{4\pi\varepsilon}\int_V \frac{\rho(\boldsymbol{y})}{|\boldsymbol{y}-\boldsymbol{x}|}d\boldsymbol{y}$$

とおきます。$\phi(\boldsymbol{x})$はスカラー場で，**静電ポテンシャル**と呼ばれています。

勾配を計算して，

$$\begin{aligned}\mathrm{grad}\phi(\boldsymbol{x}) &= \frac{1}{4\pi\varepsilon}\int_V \rho(\boldsymbol{y})\mathrm{grad}\left(\frac{1}{|\boldsymbol{y}-\boldsymbol{x}|}\right)d\boldsymbol{y} \\ &= \frac{1}{4\pi\varepsilon}\int_V \rho(\boldsymbol{y})\left(\frac{\boldsymbol{y}-\boldsymbol{x}}{|\boldsymbol{y}-\boldsymbol{x}|^3}\right)d\boldsymbol{y}\end{aligned}$$

これが (2.16) の連続バージョンになっているので（$\boldsymbol{x}_i \to \boldsymbol{y}$なので，ベクトルの向きに注意），

$$\boldsymbol{E}(\boldsymbol{x})=-\mathrm{grad}\phi(\boldsymbol{x}) \tag{2.18}$$

となることが分かります。途中，**定理 1.39** を用いて，

$$\mathrm{div}\boldsymbol{E}(\boldsymbol{x})=\mathrm{div}(-\mathrm{grad}\phi(\boldsymbol{x}))=-\Delta\left(\frac{1}{4\pi\varepsilon}\int_V\frac{\rho(\boldsymbol{y})}{|\boldsymbol{y}-\boldsymbol{x}|}d\boldsymbol{y}\right)$$

$$=-\frac{1}{\varepsilon}\Delta\left(\frac{1}{4\pi}\int_V\frac{\rho(\boldsymbol{y})}{|\boldsymbol{y}-\boldsymbol{x}|}dy\right)=\frac{\rho(\boldsymbol{x})}{\varepsilon}$$

とすればよいのです。なお，ニュートンの重力場の方程式に対応する式は，上の式の第 2 辺が$\mathrm{div}(-\mathrm{grad}\phi(\boldsymbol{x}))=-\Delta\phi(\boldsymbol{x})$と書けるので，

$$\Delta\phi(\boldsymbol{x})=-\frac{\rho(\boldsymbol{x})}{\varepsilon} \tag{2.19}$$

となります。

上の議論から分かるように，ガウスの法則は，クーロンの法則により点電荷が作る電場$\boldsymbol{E}(\boldsymbol{x})$を定義すれば，数式変形によって導くことができます。ガウスの法則は，クーロンの法則を**定理 1.39** を用いて数学的に書き換えたものにすぎません。

しかし，物理の考え方としては大きな違いがあります。

クーロンの法則は離れた 2 つの物体に関する電荷と力の関係を表しているので遠隔作用の立場に立った式であり，微分形のガウスの法則は 1 点の周りの状況に関して成り立つ式なので近接作用の立場に立った式です。

場の方程式に書き換えるということは，近接作用の考え方で現象を捉えるということです。

いま電荷が動かない場合を考えていますが，動くときのことまで考えると，近接作用の方が物理現象をうまく説明することができます。

遠隔作用の式では，時間についての記述がないので，力は瞬間的に伝わると考えると矛盾が生じてしまうのです。近接作用であれば，力が伝わる速度を考えることができます。電磁気の場合，力は波になって伝わってい

きます。

ここまで静電場（時間的変化をしない場合）で考えていましたが，この式は時間とは無関係に成立する式であることが確かめられています。よって，この式は t まで含めて次のようにまとまります。

法則 2.07 **電場のガウスの法則（微分形）**

$$\mathrm{div}\boldsymbol{E}(\boldsymbol{x},\ t)=\frac{\rho(\boldsymbol{x},\ t)}{\varepsilon}\qquad \mathrm{div}\boldsymbol{D}(\boldsymbol{x},\ t)=\rho(\boldsymbol{x},\ t)$$

$\boldsymbol{E}$：電場　$\boldsymbol{D}$：電束密度　ρ：電荷密度　ε：誘電率

この式の右辺が 0 のとき，左辺も $\boldsymbol{E}=\boldsymbol{0}$，$\boldsymbol{D}=\boldsymbol{0}$ であると思う人がいますが間違いです。もちろん $\boldsymbol{E}=\boldsymbol{0}$，$\boldsymbol{D}=\boldsymbol{0}$ のとき右辺は 0 になりますが，右辺を 0 にするような $\boldsymbol{E}$，$\boldsymbol{D}$ は $\boldsymbol{0}$ だけではありません。電荷がない点であっても電場はありますから。

図の点線で囲んだ閉曲面にガウスの法則を適用しましょう。

コンデンサーの電極の面積を S とし，電気力線はコンデンサーの内部だけにできるとすると（外部では打ち消し合っている），閉曲面を貫く電気力線の本数は ES［本］になります。電極に貯まっている電荷を Q とすると，

$$ES=\frac{Q}{\varepsilon}\qquad Q=\varepsilon ES=\varepsilon\frac{SV}{l}[C]$$

となります。

S，l，V が一定の設定であっても，電極の間に挟む誘電体の誘電率 ε によって蓄えられる電荷の量が異なります。誘電率 ε が大きければ大きいほど，大きい容量のコンデンサーになります。

だた，電極間に挟む誘電体がどの場合であっても，V と l から決められる電場 E は一定であることに注意しましょう。変わるのは電束密度 D の

方です。電気力線の本数$\dfrac{Q}{\varepsilon}$が一定のとき，εが大きくなればQも大きくなるのです。

高校の物理では電束密度$\boldsymbol{D}$を扱っていませんので，電場$\boldsymbol{E}$と電束密度$\boldsymbol{D}$の関係が分かりにくいかもしれません。コンデンサーの場合を例にとって補足しておきましょう。

2枚の電極板に電圧をかけると電荷が貯まります。この装置をコンデンサーといいます。

2つの電極板の距離がlであるコンデンサーに電圧Vをかけると，電極板の面積が十分に大きい場合には，コンデンサーの内部には一様な電場Eができます。高校の物理で習ったようにE，l，Vの間には，

$$V=El$$

という関係があります。

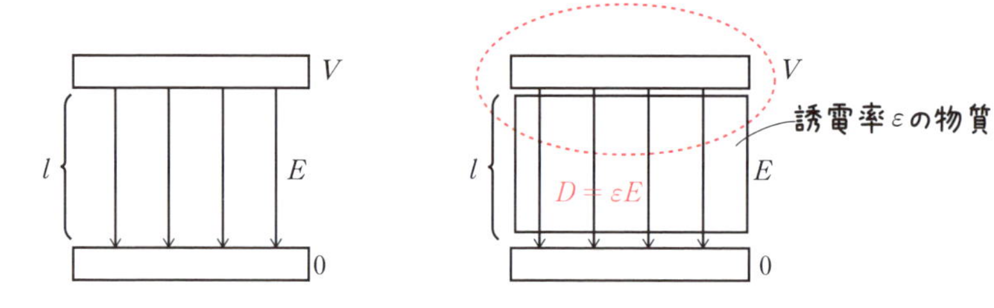

このとき，電極板の間に挟んだ物質の誘電率がεであれば，電極間の電束密度は$D=\varepsilon E$になります。

§5　静電場のエネルギー

他の法則の書き換えを進める前に電場のエネルギーについて述べておきましょう。

電場に時間的な変化がない場合を**静電場**といいます。静電場のエネルギーについて考えてみましょう。

電場のエネルギーを考えるには，電場中で点電荷を移動させるときに必要な仕事を計算します。力学的仕事の式から復習しましょう。

左図のように一定の F[N] の力で物体を距離 r[m] だけ動かすときの仕事 W[J] は，

$$W=Fr$$

と表されました。

右図のように力の方向と進行方向のなす角が θ の場合には，進行方向のの力が $F\cos\theta$ となるので，力，距離をベクトル $\boldsymbol{F}$，$\boldsymbol{r}$ で表せば，

$$W=(F\cos\theta)r=\boldsymbol{F}\cdot\boldsymbol{r}$$

となります。

次に，曲線 C に沿って，物体を点 A から B まで動かすときの仕事について考えてみます。物体が $\boldsymbol{x}$ にあるときに働く力を $\boldsymbol{F}(\boldsymbol{x})$ とします。

C を，$n+1$ 個の点 $X_1=A$，X_2，…，X_n，$X_{n+1}=B$ で，n 個に分割し，$\overrightarrow{X_iX_{i+1}}=\varDelta\boldsymbol{r}_i$ とおきます。

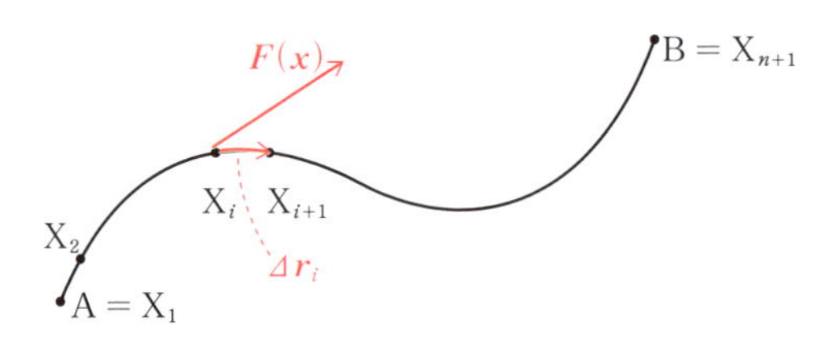

$\boldsymbol{F}(\mathrm{X}_i)$の力を働かせて $\Delta\boldsymbol{r}_i$ だけ進むときの仕事は$\boldsymbol{F}(\mathrm{X}_i)\cdot\Delta\boldsymbol{r}_i$です。$n$を大きくして分割を細かくしていくと，$\boldsymbol{F}(\mathrm{X}_i)\cdot\Delta\boldsymbol{r}_i$の総和が，物体をAからBまで動かすときの仕事に近づきます。

つまり，物体をAからBまで動かすとき，この力がする仕事は，

$$\lim_{n\to\infty}\sum_{i=1}^{n}\boldsymbol{F}(\mathrm{X}_i)\cdot\Delta\boldsymbol{r}_i=\int_C\boldsymbol{F}\cdot d\boldsymbol{r}$$

と，線積分によって表されます。

続いて，重力も摩擦力もない電場中を点電荷が移動するとき，点電荷が電場から受ける力がする仕事を計算します。運動エネルギーや摩擦力による仕事は考えず，仕事はすべて電気エネルギーになると考えます。

電場$\boldsymbol{E}$に点電荷$q\,(>0)$を置いたときのクーロン力$\boldsymbol{F}$は，$\boldsymbol{F}=q\boldsymbol{E}$です。運動エネルギーが生じないようにゆっくりと動かすためには，力のつり合いを保つように$-\boldsymbol{F}$の力をかけます。点電荷qをCに沿ってAからBまで動かすために必要な仕事Wは，

$$W=\int_C-\boldsymbol{F}\cdot d\boldsymbol{r}=-\int_C q\boldsymbol{E}\cdot d\boldsymbol{r}$$

と表されます。

静電場の場合，次の問題のようにAからBまで動かす仕事Wは経路によらず一定になります。

問題 2.08

静電ポテンシャルが$\phi(\boldsymbol{x})$である静電場において，点電荷qをA$(\boldsymbol{a})$からB$(\boldsymbol{b})$へ運ぶときの仕事は，経路によらず$q(\phi(\boldsymbol{b})-\phi(\boldsymbol{a}))$であることを示せ。

電場$\boldsymbol{E}(\boldsymbol{x})$は（2.18）より，

$$\boldsymbol{E}(\boldsymbol{x})=-\mathrm{grad}\phi(\boldsymbol{x})$$

となります。

点電荷qをAからBまで移動するために必要な仕事は，AからBまでの経路をC：$\boldsymbol{r}(s)=(x(s),\ y(s),\ z(s))$　$(a\leqq s\leqq b)$，$\boldsymbol{a}=\boldsymbol{r}(a)$，$\boldsymbol{b}=\boldsymbol{r}(b)$として，

$$\int_C -\boldsymbol{F}\cdot d\boldsymbol{r}=\int_C -q\boldsymbol{E}\cdot d\boldsymbol{r}=q\int_C \mathrm{grad}\phi\cdot d\boldsymbol{r}$$

$$=q\int_C\left(\frac{\partial\phi}{\partial x}\frac{dx}{ds}+\frac{\partial\phi}{\partial y}\frac{dy}{ds}+\frac{\partial\phi}{\partial z}\frac{dz}{ds}\right)ds$$

$$=q\int_C\frac{d\phi}{ds}ds=q\Big[\phi(\boldsymbol{r}(s))\Big]_a^b=q(\phi(\boldsymbol{b})-\phi(\boldsymbol{a}))$$

この式をまとめると，ポテンシャルの値が$\phi(\boldsymbol{a})$である地点から，$\phi(\boldsymbol{b})$である地点に点電荷qが移動するために必要な仕事は，経路によらず$q(\phi(\boldsymbol{b})-\phi(\boldsymbol{a}))$であるということです。

qで割った式を書くと，

$$\int_C -\boldsymbol{E}\cdot d\boldsymbol{r}=\phi(\boldsymbol{b})-\phi(\boldsymbol{a}) \tag{2.20}$$

となります。

（2.18），（2.20）をざっくりまとめると，静電ポテンシャルを位置で微分したものが電場，逆に電場を線積分したものが静電ポテンシャルといえます。

$\boldsymbol{E}(\boldsymbol{x})$が与えられたとき，$\phi(\boldsymbol{x})$が$\boldsymbol{E}(\boldsymbol{x})=-\mathrm{grad}\phi(\boldsymbol{x})$を満たすとすると，$\phi(\boldsymbol{x})+C$（$C$は定数）も式を満たしますから，$\phi(\boldsymbol{x})$は定数分の自由度があります。$\phi(\boldsymbol{x})$が定数分ずれても（2.20）の右辺の値は変わりません。

高校の物理では静電ポテンシャルを電位と呼んで，Vで表していました。コンデンサーの公式で確かめてみましょう。

2つの電極間が距離lであるコンデンサーに一定の電圧Vをかけると一様な電場（大きさはE）ができます。負の電荷が貯まる電極板からxだけ離れた位置の電位$V(x)$は，負極から正極方向を正としてEをとれば，

$$V(x)=-Ex$$

であると習ったと思います。このとき，

$$-\mathrm{grad}\,V(x)=-\left(\frac{\partial V(x)}{\partial x},\ \frac{\partial V(x)}{\partial y},\ \frac{\partial V(x)}{\partial z}\right)=(E,\ 0,\ 0)$$

となりますから，電位$V(x)$とは静電ポテンシャルの別名であったのだと分かります。

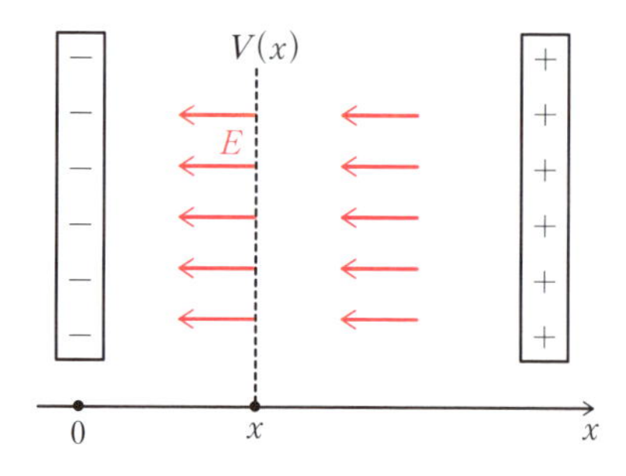

さて，点電荷Qとqがrだけ離れた位置にあるときの静電エネルギーを求めてみましょう。

問題 2.09

点電荷Q（>0）に対して無限遠点にある点電荷q（>0）を，Qから距離aの位置Aまで運ぶために必要な仕事Wを求めよ。

2通りの解法を用意しましょう。

[前の問題の結果を用いて]

Qからrだけ離れた地点RにQが作る電場$\boldsymbol{E}$は，Qから外に向かう方向を正とすれば，$\boldsymbol{E}=\dfrac{1}{4\pi\varepsilon_0}\dfrac{Q}{r^3}\boldsymbol{r}$です。

これに対して，Rでのスカラー場を$\phi(r)=\dfrac{1}{4\pi\varepsilon_0}\dfrac{Q}{r}$と設定すると，**公式1.35**より

$$\boldsymbol{E}(r)=-\mathrm{grad}\phi(r)$$

を満たすので，電場$\boldsymbol{E}(r)$の静電ポテンシャルが$\phi(r)$であると分かります。

qを無限遠点からAまで運ぶために必要な仕事Wは，

$$W=q(\phi(a)-\phi(\infty))=q\left(\frac{1}{4\pi\varepsilon_0}\frac{Q}{a}-0\right)=\frac{1}{4\pi\varepsilon_0}\frac{Qq}{a}$$

[定義通りに]

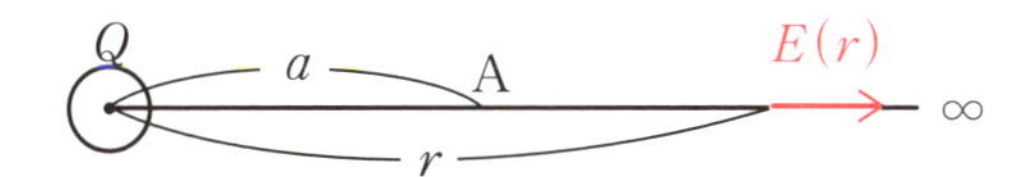

経路によらないので，電荷qを電荷Qに向かって直線上を動かすことにします。Qからrだけ離れた点Rにqを置くと，斥力$\dfrac{1}{4\pi\varepsilon_0}\dfrac{Qq}{r^2}$がかかります。$q$を無限遠点からAまで動かすためには，斥力の方向とは反対方向の力$-\dfrac{1}{4\pi\varepsilon_0}\dfrac{Qq}{r^2}$を加えて運ぶので，この力がする仕事は，

$$W=\int_C-\frac{1}{4\pi\varepsilon_0}\frac{Qq}{r^2}dr=\frac{Qq}{4\pi\varepsilon_0}\int_\infty^a\left(-\frac{1}{r^2}\right)dr=\frac{Qq}{4\pi\varepsilon_0}\left[\frac{1}{r}\right]_\infty^a=\frac{Qq}{4\pi\varepsilon_0 a}$$

さらに考えを進めて，空間中に電荷が連続的に分布しているときの静電エネルギーを求めていきましょう。

$\boldsymbol{x}$での電荷密度$\rho(\boldsymbol{x})$とポテンシャル$\phi(\boldsymbol{x})$が与えられたときの全空間でのエネルギーを求めてみます。$\rho(\boldsymbol{x})$と$\phi(\boldsymbol{x})$の間には（2.19）より

$\varepsilon \Delta\phi(\boldsymbol{x}) = -\rho(\boldsymbol{x})$という関係が成り立ちます。また，全空間と言いましたが，遠方には電荷がない$(\rho(\infty)=0,\ \phi(\infty)=0)$と仮定します。

微小体積 ΔVを考えます。無限遠点から$\boldsymbol{x}$までに電荷$\rho(\boldsymbol{x})\,\Delta V$を運ぶためのエネルギーは，**問題 2.08** より，

$$\rho(\boldsymbol{x})\,\Delta V(\phi(\boldsymbol{x})-\phi(\infty)) = \rho(\boldsymbol{x})\phi(\boldsymbol{x})\,\Delta V$$

です。これを空間全体で足し合わせるので$\rho(\boldsymbol{x})\phi(\boldsymbol{x})$を体積積分します。

ここで注意しなければならないのは，$\boldsymbol{x}_1$，$\boldsymbol{x}_2$に点電荷q_1，q_2が置かれているときのエネルギーの式は**問題 2.09** より，

$$\frac{q_1 q_2}{4\pi\varepsilon_0|\boldsymbol{x}_1-\boldsymbol{x}_2|} = q_2\frac{1}{4\pi\varepsilon_0}\frac{q_1}{|\boldsymbol{x}_1-\boldsymbol{x}_2|} = q_2\phi(\boldsymbol{x}_1)$$

$$= q_1\frac{1}{4\pi\varepsilon_0}\frac{q_2}{|\boldsymbol{x}_1-\boldsymbol{x}_2|} = q_1\phi(\boldsymbol{x}_2)$$

ですが，対称式なので2通りの解釈の方法があるところです。

$\rho\phi$を空間全体で積分すると，上の点電荷の例でいえば，ひとつのエネルギー$\dfrac{q_1 q_2}{4\pi r\varepsilon_0}$を$q_2\phi(\boldsymbol{x}_1)$と$q_1\phi(\boldsymbol{x}_2)$で2回数えてしまうことになるので，$\rho(\boldsymbol{x})\phi(\boldsymbol{x})$を空間全体で積分した値を2で割らなければなりません。

全空間での静電エネルギーは，$(\boldsymbol{x})$を省略して，

$$U = \frac{1}{2}\int_V \rho\phi\, dV$$

$$= \frac{1}{2}\varepsilon_0\int_V (\mathrm{div}\boldsymbol{E})\phi\, dV \qquad \text{法則 2.07　ガウスの法則}$$

公式 1.18 $f(\mathrm{div}\boldsymbol{A}) = \mathrm{div}(f\boldsymbol{A}) - \mathrm{grad}\, f\cdot\boldsymbol{A}$ を用いて

$$= \frac{1}{2}\varepsilon_0\int_V \mathrm{div}(\phi\boldsymbol{E})\,dV + \frac{1}{2}\varepsilon_0\int_V(-\mathrm{grad}\phi)\cdot\boldsymbol{E}\,dV \quad [-\mathrm{grad}\phi = \boldsymbol{E}]$$

定理 1.33　ガウスの発散定理

$$= \frac{1}{2}\varepsilon_0\int_S \phi\boldsymbol{E}\cdot\boldsymbol{n}\,dS + \frac{1}{2}\varepsilon_0\int_V E^2\,dV \qquad \boldsymbol{E}\cdot\boldsymbol{E} = |\boldsymbol{E}|^2 \text{ を } E^2 \text{ と表す}$$

この第1項は，Sを球面にとり，半径rを大きくするときのことを考えて0になることを次のように示すことができます。

遠方には電荷がないと仮定していましたから，ϕはざっくり$\dfrac{1}{r}$の定数倍になります。つまり$\dfrac{1}{r}$のオーダー，Eはϕの微分なので$\dfrac{1}{r^2}$のオーダーですから，ϕEは$\dfrac{1}{r^3}$のオーダー。一方，Sの表面積はr^2のオーダーですから，積分は$\dfrac{1}{r}$のオーダーとなり，$r\to\infty$のとき，$\dfrac{1}{r}\to 0$となり，第1項は遠方には電荷がないという仮定のもとでは0になります。結局，

$$U=\frac{1}{2}\varepsilon_0\int_V E^2\,dV$$

これは各点での単位体積当たりの静電エネルギーが$\dfrac{1}{2}\varepsilon_0 E^2$であることを示しています。

法則 2.10　静電場のエネルギー密度

$$\frac{1}{2}\varepsilon_0 E^2 \quad (\boldsymbol{E}：電場，\ E=|\boldsymbol{E}|)$$

§6　アンペールの法則の書き換え

距離がrだけ離れた平行な2本の電線（長さは十分長い）に電流I，I'［A］が流れているとき，電線の間には単位長さ当たりfの力が働きます。真空中では，これらの間には，

$$f=\frac{\mu_0}{2\pi}\frac{II'}{r}$$

という関係があります。電流が同じ向きのときは引力，逆向きのときは斥力が働きます。

クーロンの法則の式を電場と電荷の積と見たように，この式を磁性の場と電流の積と捉えます。

つまり，$\frac{\mu_0}{2\pi}\frac{I}{r}$を$I$がA地点に作る磁性の場の強さと見なすわけです。

直線の電線に電流が流れていると磁場が生じます。

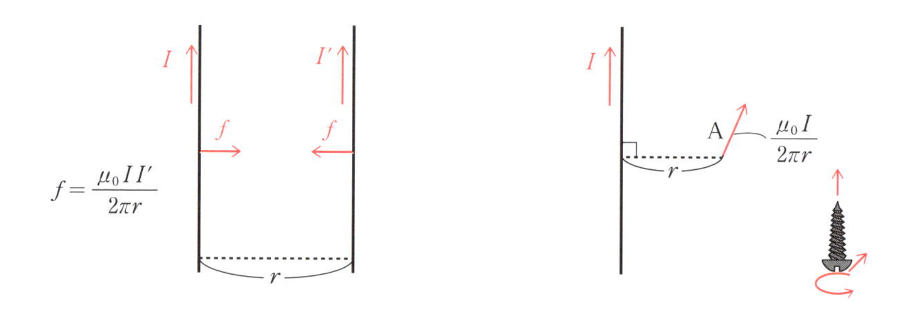

実際，直線の電線に一定の電流が流れているとき，電線の周りには，下図のように磁場が生じます。下左図のように，磁場は砂鉄を置くことで磁力線として目で見ることができます。

磁場を表すのが磁場ベクトル$\boldsymbol{H}$です。空間の各点ごとに磁場ベクトルが対応して，磁界全体の様子が分かります。磁場ベクトルを矢印で表せば，

下右図のようになります。ベクトルの向きは，右ねじを電流方向に進めるときの回転方向に対応しているので，**右ねじの法則**と呼ばれます。

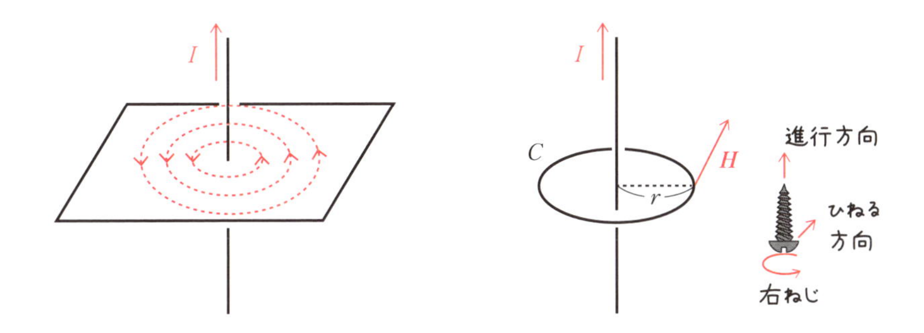

電線（長さは十分に長い）に流れている電流の大きさが I［A］のとき，直線から r[m］離れたところの点Pでの磁場の強さ，すなわち磁場ベクトルの大きさ H［A/m］は，アンペールの法則により，

$$H=\frac{I}{2\pi r}$$

と表されます。

図の曲線 C（半径 r の円）上のどの点であっても磁場ベクトルの大きさは Hですから，分母を払った式$(2\pi rH=I)$での左辺は，Hを Cについて線積分した値と見ることができます。また，右辺の Iは Cを境界とする曲面 Sを貫く電流の値と見ることができます。

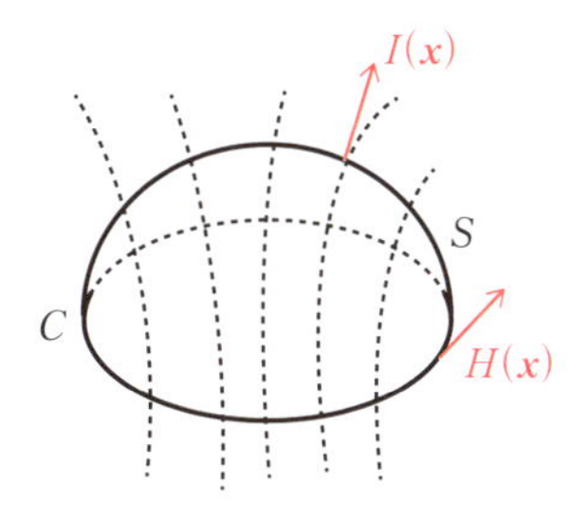

詳しい実験を重ねると，Cを一般の閉曲線にとったときの式が分かりました。つまり，左辺の$2\pi rH$を

「$\boldsymbol{H}(\boldsymbol{x})$［$\boldsymbol{x}$の磁場ベクトル］の$C$についての線積分」

に，右辺のIを

「電流密度$\boldsymbol{i}(\boldsymbol{x})$［$\boldsymbol{x}$で$\boldsymbol{i}$の向きと垂直な単位面積を単位時間当たりに通過する電気量］のCを境界とする曲面Sに関する面積分」

に置き換えてよいことが分かったのです。

すなわち，Cを一般の閉曲線に拡張して，

$$\int_C \boldsymbol{H}(\boldsymbol{x})\cdot d\boldsymbol{r} = \int_S \boldsymbol{i}(\boldsymbol{x})\cdot \boldsymbol{n}(\boldsymbol{x})dS$$

が成り立つことが分かりました。いま，電流の値は一定で，時間変化がないものとしますから，$\mathrm{div}\boldsymbol{i}(\boldsymbol{x})=0$が成り立っています。**定理 1.34**によって，Cが空間中に固定されていれば，どのように曲面Sをとっても右辺の値は変わりません。左辺に**定理 1.32**（ストークスの定理）を用いて，

$$\int_S \mathrm{rot}\boldsymbol{H}(\boldsymbol{x})\cdot \boldsymbol{n}(\boldsymbol{x})dS = \int_S \boldsymbol{i}(\boldsymbol{x})\cdot \boldsymbol{n}(\boldsymbol{x})dS$$

となります。Sを任意にとることができるので，各点で

$$\mathrm{rot}\boldsymbol{H}(\boldsymbol{x}) = \boldsymbol{i}(\boldsymbol{x})$$

が成り立つことになります。

実は，この式は静電場（$\boldsymbol{D}(\boldsymbol{x})$に時間変化がない場合）の式なのです。時間変化がある場合に拡張するには，新しく項を加えて，

$$\mathrm{rot}\boldsymbol{H}(\boldsymbol{x},\ t) - \frac{\partial \boldsymbol{D}(\boldsymbol{x},\ t)}{\partial t} = \boldsymbol{i}(\boldsymbol{x},\ t) \tag{2.21}$$

とします。なぜ，この項を加えるかというと，電荷保存の法則と矛盾しないためです。この式の発散をとると，

$$\mathrm{div}\,\mathrm{rot}\boldsymbol{H}(\boldsymbol{x},\ t) - \frac{\partial}{\partial t}\mathrm{div}\boldsymbol{D}(\boldsymbol{x},\ t) = \mathrm{div}\boldsymbol{i}(\boldsymbol{x},\ t)$$

公式 1.22 より左辺第 1 項は 0。左辺第 2 項に法則 2.07 を用いて

$$-\frac{\partial \rho(\boldsymbol{x},\ t)}{\partial t} = \mathrm{div}\boldsymbol{i}(\boldsymbol{x},\ t) \qquad \therefore\quad \frac{\partial \rho(\boldsymbol{x},\ t)}{\partial t} + \mathrm{div}\boldsymbol{i}(\boldsymbol{x},\ t) = 0$$

となります。これは**法則 2.04**（質量保存則）の電荷バージョンで，電荷の保存則を表しています。

もしも項を加えないと第1項がなくなり，$\mathrm{div}\,\boldsymbol{i}(\boldsymbol{x},\ t)=0$ となりますが，これは時間変化がある場合には成り立たない式なので矛盾します。

新たな項を加えたのがマックスウェルであることから，(2.21) はアンペール・マックスウェルの法則と呼ばれています。

磁場 $\boldsymbol{H}(\boldsymbol{x},\ t)$ に対して，磁束密度 $\boldsymbol{B}(\boldsymbol{x},\ t)$［Wb/m²］を，$\boldsymbol{B}=\mu\boldsymbol{H}$ と定めます。μ は透磁率と呼ばれる定数で，$\boldsymbol{x}$（点P）を占める物質によって異なる値をとります。以下では一様な物質の場合で議論していきます。いたるところで $\boldsymbol{B}=\mu\boldsymbol{H}$ が成り立つものとします。真空の透磁率は，

$$\mu_0=4\pi\times10^{-7}=1.257\times10^{-6}\ \ [\mathrm{N/A^2}]$$

となります。

$\boldsymbol{B}=\mu\boldsymbol{H}$ ということは，一定に保った磁場に磁性体（磁場のあるところに置くと磁気を帯びる物体）を置いたとき，磁場には変化がありませんが，磁束密度は変化するわけです。

これは，コイルに強磁性体（透磁率 μ が $\mu>\mu_0$ となる物体。鉄，ニッケルなど）を入れた場合とそうでない場合で，入れた方が電磁誘導の起電力が大きくなることに対応しています。

少し先で紹介するファラデーの法則（$V=-d\Phi/dt$，Φ：磁束）は，磁束を微分していますから，コイルの中に入っている物質の特性まで込めた式にまとまります。

さっそく $\boldsymbol{B}$ を用いてアンペール・マックスウェルの法則をあとで用いるように $\boldsymbol{E}$ と $\boldsymbol{B}$ で書き換えておきましょう。

$\boldsymbol{D}=\varepsilon\boldsymbol{E}$，$\boldsymbol{B}=\mu\boldsymbol{H}$ とすると，(2.21) は，

$$\mathrm{rot}\frac{\boldsymbol{B}}{\mu}-\frac{\partial(\varepsilon\boldsymbol{E})}{\partial t}=\boldsymbol{i}\qquad\quad \mathrm{rot}\boldsymbol{B}-\varepsilon\mu\frac{\partial\boldsymbol{E}}{\partial t}=\mu\boldsymbol{i}$$

となります。

法則 2.11　アンペール・マックスウェルの法則

$$\mathrm{rot}\boldsymbol{H}(\boldsymbol{x},\ t)-\frac{\partial \boldsymbol{D}(\boldsymbol{x},\ t)}{\partial t}=\boldsymbol{i}(\boldsymbol{x},\ t)$$

$$\mathrm{rot}\boldsymbol{B}(\boldsymbol{x},\ t)-\varepsilon\mu\frac{\partial \boldsymbol{E}(\boldsymbol{x},\ t)}{\partial t}=\mu\boldsymbol{i}(\boldsymbol{x},\ t)$$

また，アンペールの法則に戻りましょう。磁束密度 $\boldsymbol{B}(\boldsymbol{x})$ を捉える点が真空であるとします。すると，$\boldsymbol{B}=\mu_0\boldsymbol{H}$ より，アンペールの法則は，

$$B=\frac{\mu_0 I}{2\pi r}\qquad \text{（アンペールの法則）}$$

となります。

この式の状況設定は，十分長い直線上の電線に電流 I が流れているとき，電線から r だけ離れた点での磁束密度を B とする，というものでした。

この「直線」を一般の曲線 C に，「r だけ離れた点」を一般の位置 $\boldsymbol{x}$ に置き換えたとき，$\boldsymbol{x}$ に生じる磁束密度 $\boldsymbol{B}(\boldsymbol{x})$ を求める式を紹介しましょう。

電線 C を細かく分割した微小な電線 $d\boldsymbol{s}$（ベクトルです）に定常電流 I が流れているとき，点 $\mathrm{P}(\boldsymbol{x})$ に作る磁束密度 $d\boldsymbol{B}(\boldsymbol{x})$（ベクトルです）を考えてみましょう。

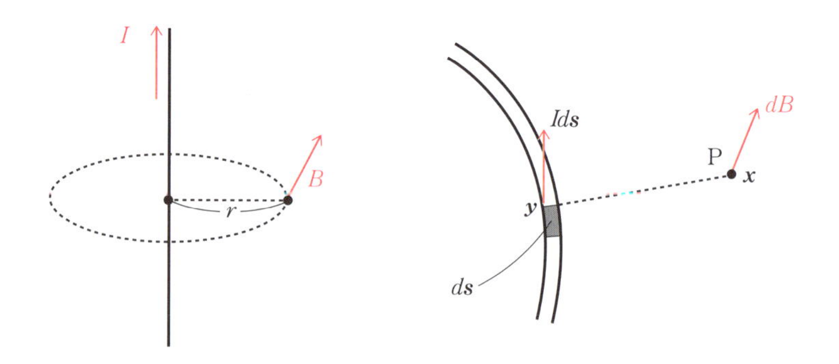

電線に電流が流れているとき，Bを観測する点Pから近いところの電流はBに大きく寄与し，遠いところの電流は少ししか寄与しないことが予想されます。

$d\boldsymbol{B}(\boldsymbol{x})$の大きさは，予想されるように逆2乗の法則に従います。

すなわち，位置$\boldsymbol{y}$に$d\boldsymbol{s}$があるとき，$|d\boldsymbol{B}(\boldsymbol{x})| \propto \left|\dfrac{Id\boldsymbol{s}}{|\boldsymbol{x}-\boldsymbol{y}|^2}\right|$です。$d\boldsymbol{B}(\boldsymbol{x})$の方向は，右ねじの法則で$Id\boldsymbol{s}$，$\boldsymbol{x}-\boldsymbol{y}$を含む平面に垂直方向です。ですから，$d\boldsymbol{B}(\boldsymbol{x})$と$Id\boldsymbol{s}$の関係は，ベクトル積を用いて，

$$d\boldsymbol{B}(\boldsymbol{x}) = \frac{\mu_0}{4\pi}\frac{Id\boldsymbol{s}}{|\boldsymbol{x}-\boldsymbol{y}|^2} \times \frac{\boldsymbol{x}-\boldsymbol{y}}{|\boldsymbol{x}-\boldsymbol{y}|} = \frac{\mu_0 I}{4\pi}\frac{d\boldsymbol{s}\times(\boldsymbol{x}-\boldsymbol{y})}{|\boldsymbol{x}-\boldsymbol{y}|^3}$$

これを**ビオ・サバールの法則**といいます。

P$(\boldsymbol{x})$での磁束密度$\boldsymbol{B}(\boldsymbol{x})$を求めるには，この式を$C$に沿って積分して，

$$\boldsymbol{B}(\boldsymbol{x}) = \frac{\mu_0 I}{4\pi}\int_C \frac{d\boldsymbol{s}\times(\boldsymbol{x}-\boldsymbol{y})}{|\boldsymbol{x}-\boldsymbol{y}|^3} \qquad (2.22)$$

となります。この式はベクトルの式で，右辺の被積分関数（ベクトル値関数）の各成分に関して線積分するという意味です。一般に書くと難しそうですが，実際には次の問題のようにそれほどでもありません。

ビオ・サバールの法則からアンペールの法則を求めることができます。

問題 2.12

ビオ・サバールの法則を用いてアンペールの法則を導け。

電流Iが流れる直線（Lとする。長さは十分に長い）からrだけ離れた点Aでの磁束密度Bを求めてみましょう。Lに沿ってx軸をとり，AからLに下ろした垂線の足を原点Oとして，L上にPをとります。

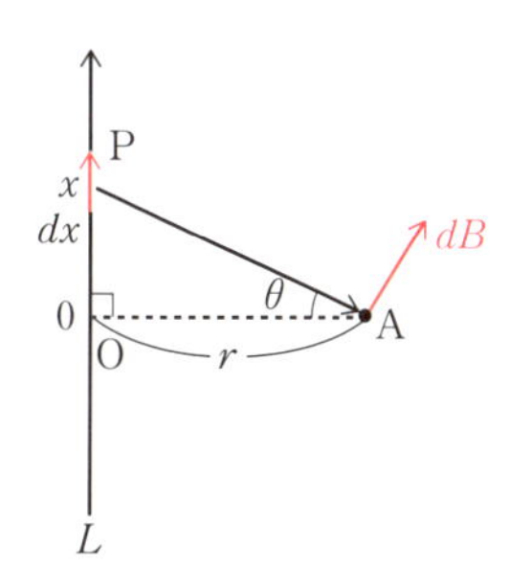

P（座標はx）に流れる電流IdxがAに作る

磁束密度は，ビオ・サバールの法則を適用すると，

$$d\boldsymbol{B} = \frac{\mu_0 I}{4\pi}\frac{d\boldsymbol{x}\times\overrightarrow{\mathrm{PA}}}{\mathrm{PA}^3}$$

となります。

∠OAPをθとすると，$x = r\tan\theta$　　微分して，$dx = \dfrac{r}{\cos^2\theta}d\theta$

$$\mathrm{PA} = \frac{r}{\cos\theta}$$

$d\boldsymbol{x}\times\overrightarrow{\mathrm{PA}}$の大きさは，$d\boldsymbol{x}$と$\overrightarrow{\mathrm{PA}}$が張る平行四辺形の面積に等しく$rdx$ですから（底辺$dx$，高さ$r$），

$$|d\boldsymbol{B}| = \frac{\mu_0 I}{4\pi}\frac{|d\boldsymbol{x}\times\overrightarrow{\mathrm{PA}}|}{\mathrm{PA}^3} = \frac{\mu_0 I}{4\pi}\left(\frac{\cos\theta}{r}\right)^3 r\underbrace{\frac{r}{\cos^2\theta}d\theta}_{dx} = \frac{\mu_0 I}{4\pi r}\cos\theta d\theta$$

$d\boldsymbol{x}\times\overrightarrow{\mathrm{PA}}$の向きは$dx$と$\overrightarrow{\mathrm{PA}}$に垂直な方向（図の$d\boldsymbol{B}$）で一定なので，大きさ$|d\boldsymbol{B}|$を積分すればよく，

$$B = \int_{-\infty}^{\infty}|d\boldsymbol{B}| = \int_{-\frac{\pi}{2}}^{\frac{\pi}{2}}\frac{\mu_0 I}{4\pi r}\cos\theta d\theta = \frac{\mu_0 I}{4\pi r}\left[\sin\theta\right]_{-\frac{\pi}{2}}^{\frac{\pi}{2}} = \frac{\mu_0 I}{2\pi r}$$

確かに，BとIの形のアンペールの法則の式が導けました。

ソレノイド（導線を円筒状に巻いたコイル）で，もう1問練習してみます。

問題 2.13

単位長さ当たりの巻き数n，半径aの十分長いソレノイドがある。このソレノイドに電流Iを流すとき，ソレノイドの中心軸上に生じる磁場を求めよ。

中心軸をx軸とし原点Oでの磁場Bを求めてみましょう。

あらすじを説明しておきます。初めに，ソレノイドのうちx（x軸上の値を表す）に置かれた1巻き分のコイルに流れる電流がOに作る磁束密

度の x 成分 $B(x)$ を求め，次に x を $-\infty$ から ∞ まで動かして $B(x)$ を積分します。

まず，1巻きのコイルがOに作る磁束密度の x 成分 $B(x)$ を求めます。

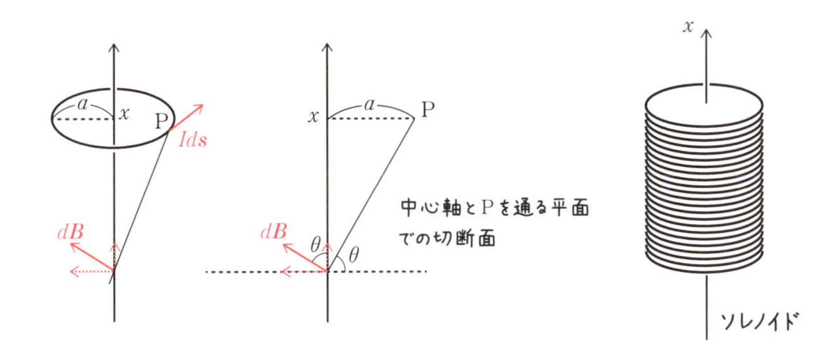

ソレノイド上の点をP，微小電流 $I\boldsymbol{ds}$ がOに作る磁束密度 $\boldsymbol{dB}$ は，ビオ・サバールの法則より，

$$d\boldsymbol{B}=\frac{\mu_0 I}{4\pi}\frac{\boldsymbol{ds}\times\overrightarrow{\mathrm{PO}}}{\mathrm{PO}^3}$$

です。$\boldsymbol{ds}$ と $\overrightarrow{\mathrm{PO}}$ は直交していますから，$|\boldsymbol{ds}\times\overrightarrow{\mathrm{PO}}|=\mathrm{PO}|\boldsymbol{ds}|$ です。すると，

$$|d\boldsymbol{B}|=\frac{\mu_0 I}{4\pi}\frac{|\boldsymbol{ds}\times\overrightarrow{\mathrm{PO}}|}{\mathrm{PO}^3}=\frac{\mu_0 I|\boldsymbol{ds}|}{4\pi\mathrm{PO}^2}$$

図のように θ をとっておきます。

コイル1周分で積分すると，x 軸方向以外は打ち消し合って x 成分が残ります。$\boldsymbol{dB}$ の x 軸方向の成分だけが残るので，$|\boldsymbol{dB}|$ に $\cos\theta$ をかけ，1周分なので $\boldsymbol{ds}$ を $2\pi a$ に置き換えると，

$$B(x)=\frac{\mu_0}{4\pi}\frac{I(2\pi a)}{\mathrm{PO}^2}\cos\theta=\frac{\mu_0 Ia\cos\theta}{2\mathrm{PO}^2}$$

単位長さ当たり n 巻きなので，$B(x)$ を n 倍し，x 軸に沿って積分します。$\mathrm{PO}=\dfrac{a}{\cos\theta}$，$x=a\tan\theta$，$dx=\dfrac{a}{\cos^2\theta}d\theta$ を用いて，

$$B=\int_{-\infty}^{\infty}nB(x)dx=\int_{-\infty}^{\infty}\frac{\mu_0 nIa\cos\theta}{2\mathrm{PO}^2}dx$$

$$=\frac{\mu_0 nI}{2}\int_{-\frac{\pi}{2}}^{\frac{\pi}{2}}a\cos\theta\left(\frac{\cos\theta}{a}\right)^2\frac{a}{\cos^2\theta}d\theta$$

$$=\frac{\mu_0 nI}{2}\int_{-\frac{\pi}{2}}^{\frac{\pi}{2}}\cos\theta d\theta=\frac{\mu_0 nI}{2}\Big[\sin\theta\Big]_{-\frac{\pi}{2}}^{\frac{\pi}{2}}=\mu_0 nI$$

高校で物理を選択した人は，これを公式として丸のみしたことと思います。

(2.22) のビオ・サバールの法則は曲線 C に電流 I が流れている設定でした。これを一般化しておきます。

位置 $\boldsymbol{y}$ に電流密度 $\boldsymbol{i}(\boldsymbol{y})$ で電流が流れているとき，$\boldsymbol{B}(\boldsymbol{x})$ は

$$\boldsymbol{B}(\boldsymbol{x})=\frac{\mu_0}{4\pi}\int_V\frac{\boldsymbol{i}(\boldsymbol{y})\times(\boldsymbol{x}-\boldsymbol{y})}{|\boldsymbol{y}-\boldsymbol{x}|^3}d\boldsymbol{y}$$

となります。V は電流が流れている領域を表し，右辺はその領域を $\boldsymbol{y}$ が動くときの体積積分を表しています。

このビオ・サバールの法則の式から，磁場のガウスの法則 $\mathrm{div}\boldsymbol{B}(\boldsymbol{x})=0$ を示してみましょう。

問題 2.14

$\mathrm{rot}\left(\dfrac{\boldsymbol{i}(\boldsymbol{y})}{|\boldsymbol{x}-\boldsymbol{y}|}\right)=\dfrac{\boldsymbol{i}(\boldsymbol{y})\times(\boldsymbol{x}-\boldsymbol{y})}{|\boldsymbol{x}-\boldsymbol{y}|^3}$ を示せ。ただし，左辺の rot は $\boldsymbol{x}$ の成分に関する偏微分をとって計算したものである。

$\boldsymbol{x}=(x_1,\ x_2,\ x_3)$, $\boldsymbol{i}(\boldsymbol{y})=(i_1(\boldsymbol{y}),\ i_2(\boldsymbol{y}),\ i_3(\boldsymbol{y}))$ とします。$\mathrm{rot}\left(\dfrac{\boldsymbol{i}(\boldsymbol{y})}{|\boldsymbol{x}-\boldsymbol{y}|}\right)$ の

第 1 成分は,

$$\frac{\partial}{\partial x_2}\left(\frac{i_3(\boldsymbol{y})}{|\boldsymbol{x}-\boldsymbol{y}|}\right)-\frac{\partial}{\partial x_3}\left(\frac{i_2(\boldsymbol{y})}{|\boldsymbol{x}-\boldsymbol{y}|}\right)$$

$$=i_3(\boldsymbol{y})\frac{\partial}{\partial x_2}\left(\frac{1}{|\boldsymbol{x}-\boldsymbol{y}|}\right)-i_2(\boldsymbol{y})\frac{\partial}{\partial x_3}\left(\frac{1}{|\boldsymbol{x}-\boldsymbol{y}|}\right)$$

$$=-i_3(\boldsymbol{y})\frac{(\boldsymbol{x}-\boldsymbol{y})_2}{|\boldsymbol{x}-\boldsymbol{y}|^3}+i_2(\boldsymbol{y})\frac{(\boldsymbol{x}-\boldsymbol{y})_3}{|\boldsymbol{x}-\boldsymbol{y}|^3}$$

$(x-y)_i$ は
$x-y$ の第 i 成分

と $\dfrac{\boldsymbol{i}(\boldsymbol{y})\times(\boldsymbol{x}-\boldsymbol{y})}{|\boldsymbol{x}-\boldsymbol{y}|^3}$ の第 1 成分になります。

問題 2.14 を用いると,

$$\mathrm{div}\boldsymbol{B}(\boldsymbol{x})=\mathrm{div}\left(\frac{\mu_0}{4\pi}\int_V\frac{\boldsymbol{i}(\boldsymbol{y})\times(\boldsymbol{x}-\boldsymbol{y})}{|\boldsymbol{x}-\boldsymbol{y}|^3}d\boldsymbol{y}\right)=\mathrm{div}\left(\frac{\mu_0}{4\pi}\int_V\mathrm{rot}\left(\frac{\boldsymbol{i}(\boldsymbol{y})}{|\boldsymbol{x}-\boldsymbol{y}|}\right)d\boldsymbol{y}\right)$$

$$=\frac{\mu_0}{4\pi}\int_V\mathrm{div}\,\mathrm{rot}\left(\frac{\boldsymbol{i}(\boldsymbol{y})}{|\boldsymbol{x}-\boldsymbol{y}|}\right)d\boldsymbol{y}=0$$

div, rot が x に関するものなので
公式 1.22 $\mathrm{div}\,\mathrm{rot}\boldsymbol{A}(\boldsymbol{x})=0$ が使えて

より，$\mathrm{div}\boldsymbol{B}(\boldsymbol{x})=0$ となります。

実験より，静磁場でない場合（時間変化がある場合）でも成り立つことが確かめられています。

法則 2.15　**磁場のガウスの法則**

$$\mathrm{div}\boldsymbol{B}(\boldsymbol{x},\ t)=0$$

§7　ファラデーの電磁誘導の法則の書き換え

続いて，ファラデーの法則を場の方程式に書き換えましょう。

磁場の中に置いたひと巻きのコイル C があるものとします。コイルを通る磁束の変化と起電力が比例するというのがファラデーの法則です。

ファラデーの法則より，時刻 t のコイルを通る磁束を $\Phi(t)$[Wb]とし，コイルに発生する起電力を V［V］とすると，

$$V(t)=-\frac{d\Phi}{dt} \quad \text{よって，} \quad 0=V(t)+\frac{d\Phi}{dt} \tag{2.23}$$

という関係式が成り立ちます。ここで $V(t)$ は，A の電位 $V_A(t)$ と B の電位 $V_B(t)$ によって，$V(t)=V_B(t)-V_A(t)$ と表されます。

時刻 t での C を貫く磁束 $\Phi(t)$ は，C を境界に持つ曲面 S で，各点 $\boldsymbol{x}$ での磁束密度 $\boldsymbol{B}(\boldsymbol{x},\ t)$ を面積分して求めます。

$$\Phi(t)=\int_S \boldsymbol{B}(\boldsymbol{x},\ t)\cdot\boldsymbol{n}(\boldsymbol{x})dS \tag{2.24}$$

一方，時刻 t の起電力 $V(t)$ はコイルの各点 $\boldsymbol{x}$ での電場 $\boldsymbol{E}(\boldsymbol{x},\ t)$ を C 上で線積分して，

$$V(t)=\int_C \boldsymbol{E}(\boldsymbol{x},\ t)\cdot d\boldsymbol{r} \tag{2.25}$$

と求まります。

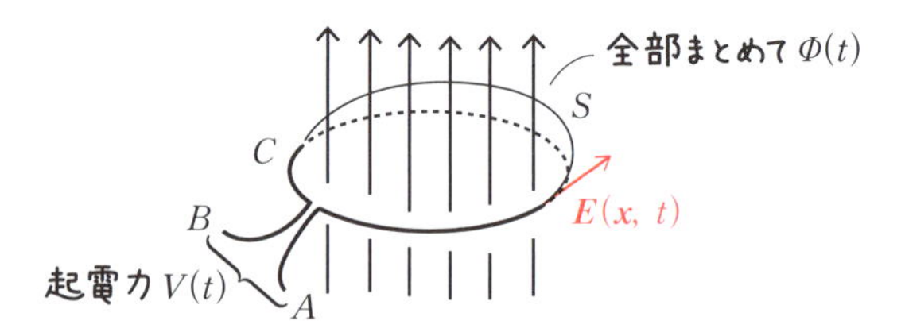

磁束が線で描かれているので，閉曲面 S をどのようにとっても同じ積

分の値が求まることが当たり前に思えます。しかし，任意の閉曲面で面積分の値が一致するのは，**法則 2.15** $\mathrm{div}\boldsymbol{B}(\boldsymbol{x},\ t)=0$ と**定理 1.34** によります。

磁束密度について，$\mathrm{div}\boldsymbol{B}(\boldsymbol{x},\ t)=0$ という条件があるので，C に対する曲面 S を貫く本数を矛盾なく定義でき，磁束を線で描写することができるともいえます。

これは電束密度 $\boldsymbol{D}(\boldsymbol{x})$ でも事情は同じです。$\mathrm{div}\boldsymbol{D}(\boldsymbol{x})\neq 0$ となるところ（電荷の中）では電気力線を描かず，$\mathrm{div}\boldsymbol{D}(\boldsymbol{x})=0$ が成り立つところ（電荷がないところ）で，電気力線を描くことができるわけです。

さて，(2.23) に，(2.24)，(2.25) を代入して**定理 1.32**（ストークスの定理）を用いると，

$$
\begin{aligned}
0&=\int_C \boldsymbol{E}(\boldsymbol{x},\ t)\cdot d\boldsymbol{r}+\frac{\partial}{\partial t}\int_S \boldsymbol{B}(\boldsymbol{x},\ t)\cdot \boldsymbol{n}(x)dS\\
&=\int_S \mathrm{rot}\boldsymbol{E}(\boldsymbol{x},\ t)\cdot \boldsymbol{n}(\boldsymbol{x})dS+\frac{\partial}{\partial t}\int_S \boldsymbol{B}(\boldsymbol{x},\ t)\cdot \boldsymbol{n}(\boldsymbol{x})dS\\
&=\int_S \left(\mathrm{rot}\boldsymbol{E}(\boldsymbol{x},\ t)+\frac{\partial \boldsymbol{B}(\boldsymbol{x},\ t)}{\partial t}\right)\cdot \boldsymbol{n}(\boldsymbol{x})dS
\end{aligned}
$$

コイル C の大きさを任意にとることができるので，次が成り立つことになります。

法則 2.16　**ファラデーの法則（場の方程式）**

$$
\mathrm{rot}\boldsymbol{E}(\boldsymbol{x},\ t)+\frac{\partial \boldsymbol{B}(\boldsymbol{x},\ t)}{\partial t}=\boldsymbol{0}
$$

結局，$\boldsymbol{E}(\boldsymbol{x},\ t)$ の線積分をストークスの定理で面積分に直すことで，場の方程式を求めることができたわけです。

ここまでで重要な式をまとめると次のようになります。これらをまとめてマックスウェルの電磁方程式といいます。

法則 2.17　マックスウェルの電磁方程式

$$\mathrm{div}\boldsymbol{E}(\boldsymbol{x},\ t)=\frac{\rho(\boldsymbol{x},\ t)}{\varepsilon}$$　［ガウスの法則（電束密度）］

$$\mathrm{rot}\boldsymbol{E}(\boldsymbol{x},\ t)+\frac{\partial \boldsymbol{B}(\boldsymbol{x},\ t)}{\partial t}=\boldsymbol{0}$$　［ファラデーの法則］

$$\mathrm{div}\boldsymbol{B}(\boldsymbol{x},\ t)=0$$　［ガウスの法則（磁束密度）］

$$\mathrm{rot}\boldsymbol{B}(\boldsymbol{x},\ t)-\varepsilon\mu\frac{\partial \boldsymbol{E}(\boldsymbol{x},\ t)}{\partial t}=\mu\boldsymbol{i}(\boldsymbol{x},\ t)$$
［アンペール・マックスウェルの法則］

4節の冒頭に掲げたローレンツ力を場の方程式に書き換えていませんでした。実は，ローレンツ力はファラデーの法則から導くことができるのです。

定常な磁束密度 $\boldsymbol{B}(\boldsymbol{x})$ が与えられている空間中で，円形のコイル C を速さ v で動かしたときのファラデーの法則を書いてみましょう。

$\varDelta t$ を微小な時間とし，$\varDelta t$ 秒間でのコイルを貫く磁束の変化 $\varDelta\Phi$ を求めてみます。$\varDelta t$ 秒後のコイル C を C' と区別しておきます。

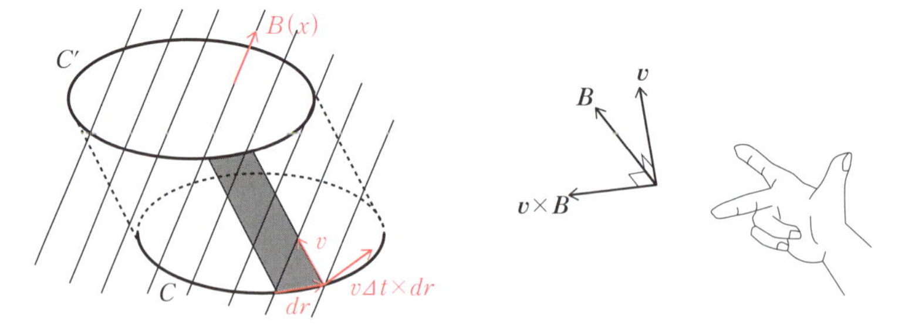

Cを貫く磁束とC'を貫く磁束の差を求めましょう。

C'を貫く磁束を数えるとき，そのまま円盤C'を貫く磁束を数えてもよいですが，C'を境界とする任意の曲面で計算してかまわないので，「CとC'を底面とする斜柱の側面」と円盤Cを合わせた曲面を貫く磁束を数えることにします。

いまΔt秒間でのコイルを貫く磁束の変化$\Delta\Phi$を考えているので，円盤Cを貫く磁束分がキャンセルされて「側面」を貫いている磁束になります。

図で網目のような微小な$\boldsymbol{v}\Delta t$と$d\boldsymbol{r}$で張られる平行四辺形を貫く磁束の本数を$\Delta\eta$とおくと，これは，$\boldsymbol{B}(\boldsymbol{x})\cdot(\boldsymbol{v}\Delta t\times d\boldsymbol{r})$で表されます。$\boldsymbol{v}\Delta t\times d\boldsymbol{r}$の絶対値は平行四辺形の面積に等しく，向きは微小平行四辺形の法線方向を表しているからです。

ベクトルに関する**公式 1.03** を用いて，

$$\Delta\eta=\boldsymbol{B}(\boldsymbol{x})\cdot(\boldsymbol{v}\Delta t\times d\boldsymbol{r})=d\boldsymbol{r}\cdot(\boldsymbol{B}(\boldsymbol{x})\times\boldsymbol{v}\Delta t)=\Delta t(\boldsymbol{B}(\boldsymbol{x})\times\boldsymbol{v})\cdot d\boldsymbol{r}$$

と変形できますから，コイルを貫く磁束の変化$\Delta\Phi$は，

$$\Delta\Phi=\int_C\Delta\eta=\int_C\Delta t(\boldsymbol{B}(\boldsymbol{x})\times\boldsymbol{v})\cdot d\boldsymbol{r}=\Delta t\int_C(\boldsymbol{B}(\boldsymbol{x})\times\boldsymbol{v})\cdot d\boldsymbol{r}$$

$$\frac{d\Phi}{dt}=\int_C(\boldsymbol{B}(\boldsymbol{x})\times\boldsymbol{v})\cdot d\boldsymbol{r}=-\int_C(\boldsymbol{v}\times\boldsymbol{B}(\boldsymbol{x}))\cdot d\boldsymbol{r}$$

ここでファラデーの法則$V=-\dfrac{d\Phi}{dt}$を，この式と（2.25）を用いて書き換え，

$$\int_C\boldsymbol{E}(\boldsymbol{x},\ t)\cdot d\boldsymbol{r}=\int_C(\boldsymbol{v}\times\boldsymbol{B}(\boldsymbol{x}))\cdot d\boldsymbol{r}$$

Cを勝手にとることができるので，$\boldsymbol{E}=\boldsymbol{v}\times\boldsymbol{B}$

よって，Cの中を流れる電荷qに働く力$\boldsymbol{F}$は，

$$\boldsymbol{F}=q\boldsymbol{E}=q(\boldsymbol{v}\times\boldsymbol{B})$$

となります。

定理 1.02 の図から分かるように前の図の $\boldsymbol{v}\times\boldsymbol{B}$ の方向は，$\boldsymbol{v}$ を右手親指，$\boldsymbol{B}$ を人差し指としたときの中指の方向です。ローレンツ力をファラデーの法則から導くことができました。

ローレンツ力に関して，もう一つコメントしておきます。

ローレンツ力は，動いている電荷に対して垂直な方向に力がかかります。それでは，動いている電荷と同じ速度を持つ観測者からは，どう見えるでしょうか。

同じ速度を持っている観測者にとって，電荷は静止しているように見えます。ですから，観測者が同じ物理法則を適用するとすれば，ローレンツ力は生じないはずです。これは矛盾です。

あとで見るように特殊相対論は，この矛盾をクリアに解決してくれます。

§8　電磁波

マックスウェルの方程式から，電磁波の方程式を導いてみましょう。

真空の場合で考えます。真空の誘電率をε_0，透磁率をμ_0とすると，マックスウェルの電磁方程式は，

$$\mathrm{div}\boldsymbol{E}(\boldsymbol{x},\ t)=\frac{\rho(\boldsymbol{x},\ t)}{\varepsilon_0}\qquad \mathrm{rot}\boldsymbol{E}(\boldsymbol{x},\ t)+\frac{\partial \boldsymbol{B}(\boldsymbol{x},\ t)}{\partial t}=\boldsymbol{0}$$

$$\mathrm{div}\boldsymbol{B}(\boldsymbol{x},\ t)=0\qquad \mathrm{rot}\boldsymbol{B}(\boldsymbol{x},\ t)-\varepsilon_0\mu_0\frac{\partial \boldsymbol{E}(\boldsymbol{x},\ t)}{\partial t}=\mu_0\boldsymbol{i}(\boldsymbol{x},\ t)$$

この節では，電流，電荷がない点についての方程式を考えます。

$\boldsymbol{i}=\boldsymbol{0}$，$\rho=0$として，4本すべて書くと，

マックスウェルの電磁方程式（真空，電流・電荷なし）

$$\mathrm{div}\boldsymbol{E}(\boldsymbol{x},\ t)=0 \qquad (2.26)$$

$$\mathrm{rot}\boldsymbol{E}(\boldsymbol{x},\ t)+\frac{\partial \boldsymbol{B}(\boldsymbol{x},\ t)}{\partial t}=\boldsymbol{0} \qquad (2.27)$$

$$\mathrm{div}\boldsymbol{B}(\boldsymbol{x},\ t)=0 \qquad (2.28)$$

$$\mathrm{rot}\boldsymbol{B}(\boldsymbol{x},\ t)-\varepsilon_0\mu_0\frac{\partial \boldsymbol{E}(\boldsymbol{x},\ t)}{\partial t}=\boldsymbol{0} \qquad (2.29)$$

となります。

法則 2.07 のガウスの法則のあとでも注意を促しましたが，右辺がすべて0になっているからといって，$\boldsymbol{E}=\boldsymbol{0}$，$\boldsymbol{B}=\boldsymbol{0}$となるわけではありません。真空で，電流，電荷がないといっても，全く何もないというのではなく，空間中のどこかには電流や電荷があると思ってください。そのもとで，電流や電荷がないところの点での電磁方程式について考えていこうというのがこの節の趣旨です。

（2.27）の rot をとって，

$$\mathrm{rot}\,\mathrm{rot}\boldsymbol{E}(\boldsymbol{x},\ t)+\frac{\partial}{\partial t}\mathrm{rot}\boldsymbol{B}(\boldsymbol{x},\ t)=\boldsymbol{0}$$

これに**公式 1.19**　$\mathrm{rot}\,\mathrm{rot}\boldsymbol{A}=\mathrm{grad}\,\mathrm{div}\boldsymbol{A}-\Delta\boldsymbol{A}$ と（2.29）の時間微分を用いて，

$$\mathrm{grad}\,\mathrm{div}\boldsymbol{E}(\boldsymbol{x},\ t)-\Delta\boldsymbol{E}(\boldsymbol{x},\ t)+\varepsilon_0\mu_0\frac{\partial^2\boldsymbol{E}(\boldsymbol{x},\ t)}{\partial t^2}=\boldsymbol{0}$$

（2.26）を用いて，

$$\left(\Delta-\varepsilon_0\mu_0\frac{\partial^2}{\partial t^2}\right)\boldsymbol{E}(\boldsymbol{x},\ t)=\boldsymbol{0}$$

となります。また，（2.29）の rot をとると，

$$\mathrm{rot}\,\mathrm{rot}\boldsymbol{B}(\boldsymbol{x},\ t)-\varepsilon_0\mu_0\frac{\partial}{\partial t}\mathrm{rot}\boldsymbol{E}(\boldsymbol{x},\ t)=\boldsymbol{0}$$

これに**公式 1.19**　$\mathrm{rot}\,\mathrm{rot}\boldsymbol{A}=\mathrm{grad}\,\mathrm{div}\boldsymbol{A}-\Delta\boldsymbol{A}$ と（2.27）の時間微分を用いて，

$$\mathrm{grad}\,\underbrace{\mathrm{div}\boldsymbol{B}(\boldsymbol{x},\ t)}_{(2.28)\text{より}0}-\Delta\boldsymbol{B}(\boldsymbol{x},\ t)+\varepsilon_0\mu_0\frac{\partial^2\boldsymbol{B}(\boldsymbol{x},\ t)}{\partial t^2}=\boldsymbol{0}$$

$$\left(\Delta-\varepsilon_0\mu_0\frac{\partial^2}{\partial t^2}\right)\boldsymbol{B}(\boldsymbol{x},\ t)=\boldsymbol{0}$$

$\boldsymbol{E}(\boldsymbol{x},\ t)$，$\boldsymbol{B}(\boldsymbol{x},\ t)$について同じ方程式が立ちました。

これらは，$\dfrac{1}{c^2}=\varepsilon_0\mu_0$ とおくと，

$$\left(\Delta-\frac{1}{c^2}\frac{\partial^2}{\partial t^2}\right)\boldsymbol{E}(\boldsymbol{x},\ t)=\boldsymbol{0}\qquad\left(\Delta-\frac{1}{c^2}\frac{\partial^2}{\partial t^2}\right)\boldsymbol{B}(\boldsymbol{x},\ t)=\boldsymbol{0}$$

この方程式は条件が少なくて，解は 1 つに決まりません。この式を満たす無数の $\boldsymbol{E}(\boldsymbol{x},\ t)$，$\boldsymbol{B}(\boldsymbol{x},\ t)$が考えられます。そこで，電場と磁場の特徴的な関係を知るために都合のよい解を用いて，電場と磁場の関係を説明してみましょう。

適当な単位ベクトル $\boldsymbol{k}=(k_x,\ k_y,\ k_z)$, $\boldsymbol{e}=(e_x,\ e_y,\ e_z)$, 定数$\alpha$を用いて,

$$\boldsymbol{E}(\boldsymbol{x},\ t)=C\boldsymbol{e}\sin(\boldsymbol{k}\cdot\boldsymbol{x}-ct+\alpha)$$

と表される$\boldsymbol{E}(\boldsymbol{x},\ t)$は**定理 1.38** より，解の 1 つになっています。$\boldsymbol{k}$ は波の進行方向を表すベクトルでした。$\boldsymbol{E}(\boldsymbol{x},\ t)$はつねに $\boldsymbol{e}$ 方向で大きさが変化するだけですから，$\boldsymbol{e}$ は波の振幅の方向を表すベクトルです。

ここで，$\mathrm{div}\boldsymbol{E}(\boldsymbol{x},\ t)$を計算すると,

$$\begin{aligned}\mathrm{div}\boldsymbol{E}(\boldsymbol{x},\ t)&=\frac{\partial}{\partial x}(Ce_x\sin(\boldsymbol{k}\cdot\boldsymbol{x}-ct+\alpha))+\frac{\partial}{\partial y}(Ce_y\sin(\boldsymbol{k}\cdot\boldsymbol{x}-ct+\alpha))\\&\qquad+\frac{\partial}{\partial z}(Ce_z\sin(\boldsymbol{k}\cdot\boldsymbol{x}-ct+\alpha))\\&=(k_xe_x+k_ye_y+k_ze_z)C\cos(\boldsymbol{k}\cdot\boldsymbol{x}-ct+\alpha)\end{aligned}$$

となるので,（2.26）を満たすためには,

$$k_xe_x+k_ye_y+k_ze_z=0 \qquad \boldsymbol{k}\cdot\boldsymbol{e}=0$$

と，$\boldsymbol{k}$ と $\boldsymbol{e}$ は直交することが分かります。

また，$\mathrm{rot}\boldsymbol{E}(\boldsymbol{x},\ t)$の x 成分を計算すると,

$$\begin{aligned}\mathrm{rot}\boldsymbol{E}(\boldsymbol{x},\ t)_x&=\frac{\partial}{\partial y}(Ce_z\sin(\boldsymbol{k}\cdot\boldsymbol{x}-ct+\alpha))-\frac{\partial}{\partial z}(Ce_y\sin(\boldsymbol{k}\cdot\boldsymbol{x}-ct+\alpha))\\&=(k_ye_z-k_ze_y)C\cos(\boldsymbol{k}\cdot\boldsymbol{x}-ct+\alpha)\end{aligned}$$

(2.27) を用いて左辺を書き換えると，x 座標について,

$$\frac{\partial}{\partial t}\boldsymbol{B}_x(\boldsymbol{x},\ t)=-(k_ye_z-k_ze_y)C\cos(\boldsymbol{k}\cdot\boldsymbol{x}-ct+\alpha)$$

が成り立ちます。これが成り立つように,

$$\boldsymbol{B}_x(\boldsymbol{x},\ t)=\frac{1}{c}(k_ye_z-k_ze_y)C\sin(\boldsymbol{k}\cdot\boldsymbol{x}-ct+\alpha)$$

とします。ここで，$(k_ye_z-k_ze_y)$は，$\boldsymbol{k}\times\boldsymbol{e}$ の x 成分ですから，他の成分も合わせ,

$$\boldsymbol{B}(\boldsymbol{x},\ t)=\frac{C}{c}(\boldsymbol{k}\times\boldsymbol{e})\sin(\boldsymbol{k}\cdot\boldsymbol{x}-ct+\alpha)$$

$$\boldsymbol{E}(\boldsymbol{x},\ t)=C\boldsymbol{e}\sin(\boldsymbol{k}\cdot\boldsymbol{x}-ct+\alpha)$$

となります。

この式を解釈してみましょう。

$\boldsymbol{E}(\boldsymbol{x},\ t)$は，$\boldsymbol{k}$方向に速度$c$で進む波であり，振幅の方向($\boldsymbol{e}$)は$\boldsymbol{k}$と直交する方向の波，つまり横波であることが分かります。

$\boldsymbol{B}(\boldsymbol{x},\ t)$も，$\boldsymbol{k}$方向に速度$c$で進む波です。$\boldsymbol{B}(\boldsymbol{x},\ t)$の振幅の方向($\boldsymbol{k}\times\boldsymbol{e}$)は，$\boldsymbol{k}$と直交する方向ですからやはり横波です。振幅の方向($\boldsymbol{k}\times\boldsymbol{e}$)は，$\boldsymbol{e}$と直交しますから，$\boldsymbol{E}$の振幅の方向($\boldsymbol{e}$)と直交します。

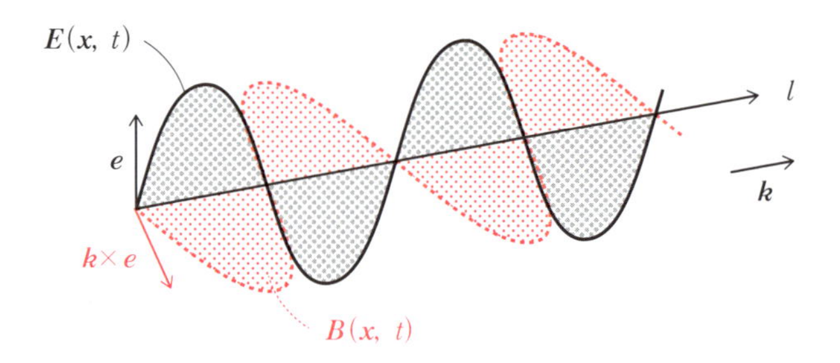

上の図は，$\boldsymbol{k}$と平行にl軸をとり，l軸上の点$(\boldsymbol{x},\ t)$での電場$\boldsymbol{E}(\boldsymbol{x},\ t)$，磁束密度$\boldsymbol{B}(\boldsymbol{x},\ t)$［ベクトルになる］を$(\boldsymbol{x},\ t)$を始点にして描き込んだものです。

図は目に見えるように描いてありますが，$\boldsymbol{E}(\boldsymbol{x},\ t)$も$\boldsymbol{B}(\boldsymbol{x},\ t)$も1点$(\boldsymbol{x},\ t)$でのベクトルですから，媒質があるように思うといけません。

l軸の上をベクトルである電場$\boldsymbol{E}$と磁束密度$\boldsymbol{B}$が進んでいくことをイメージしてください。

法則 2.18 **電磁場の波動方程式**

$$\left(\Delta - \frac{1}{c^2}\frac{\partial^2}{\partial t^2}\right)\boldsymbol{E}(\boldsymbol{x},\ t) = 0 \qquad \left(\Delta - \frac{1}{c^2}\frac{\partial^2}{\partial t^2}\right)\boldsymbol{B}(\boldsymbol{x},\ t) = 0$$

マックスウェルはこの波動方程式を導くことで電磁波の存在を予言しました。その事実を実験によって確かめたのはヘルツです。

また，マックスウェルは，光が横波であることと，c の値が，

$$c = \frac{1}{\sqrt{\varepsilon_0 \mu_0}} = 2.9979 \times 10^8 (\mathrm{m/s})$$

と光速度に近いことから，光が電磁波であると主張しました。

§9　静磁場エネルギー

磁場に時間的変化がないときを静磁場といいます。磁場を生み出すのは電流ですから定常電流によって磁場が作り出されている状態です。つまり，$\mathrm{rot}\boldsymbol{B}=\mu\boldsymbol{i}$が成り立つ場合です。**法則 2.11** のアンペール・マックスウェルの法則と比べると，$\dfrac{\partial \boldsymbol{E}}{\partial t}=\boldsymbol{0}$が導かれます。この条件は静磁場の定義の中に含まれていることになります。静磁場といったときは，静電場も仮定していることになることに注意しましょう。

ちなみに，静電場の場合は静電ポテンシャルϕが存在し，

$$\mathrm{rot}\boldsymbol{E}=\mathrm{rot}(-\mathrm{grad}\phi)=\boldsymbol{0} \qquad \textbf{(公式 1.21)}$$

となるので，**法則 2.16** のファラデーの法則と比べると，$\dfrac{\partial \boldsymbol{B}}{\partial t}=\boldsymbol{0}$ですから静磁場になります。

つまり，静電場と静磁場は同値です。ならば，静電磁場といえばよさそうですが，静電場という意味をそのように使う例は見ても，静電磁場という用語を見たことがありません。$\boldsymbol{E}$，$\boldsymbol{B}$ に時間変化がないときの電場に着目して静電場，磁場に着目して静磁場と呼んでいるわけです。

静磁場のエネルギーも求めておきましょう。

ソレノイド（導線を円筒状に巻いたコイル）が蓄えている磁気エネルギーを計算することで，静磁場のエネルギーを求めます。

長さ L（十分に長いものとする），断面積が S，単位長さ当たりの巻き数が n であるソレノイドを用意します。

ソレノイドには，時刻 t のとき，電流が $i(t)$ だけ流れるものとします。

$t=0$ のときは $i(0)=0$ とし，十分時間が経つと，ソレノイドに流れる電流が I，磁束密度が B になるものとします。$t=0$ から $t=a$ まででソレノ

イドに蓄えられた磁気エネルギーを計算します。

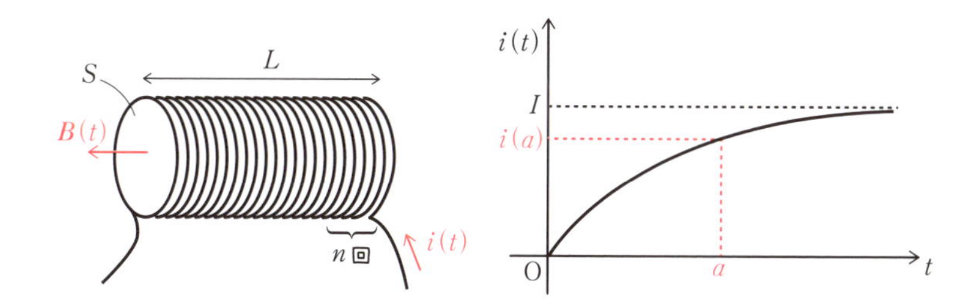

ソレノイドの中の磁場は位置によらず一定で，時刻 t での磁束密度を $B(t)$ とすると，**問題 2.13** より，

$$B(t)=\mu_0 ni(t) \qquad i(t)=\frac{B(t)}{\mu_0 n}$$

と計算することができます。この節の初めに注意したように，この式は電場に変化がないから成り立つ式です。

また，ソレノイドを貫く磁束 Φ は，$\Phi(t)=B(t)S$ になります。

ファラデーの法則 $V=-d\Phi/dt$ は，コイルを一回巻いたときの式でしたから，巻き数が nL の場合にはこれの nL 倍になります。

よって，ソレノイドに発生する起電力 $V(t)$ は，

$$V(t)=-nL\frac{d\Phi(t)}{dt}=-nL\frac{\partial\,(B(t)S)}{\partial t}=-nLS\frac{\partial B(t)}{\partial t}$$

一方，時刻 t での仕事率 $w(t)$ は，

$$w(t)=-V(t)i(t)=nLS\frac{\partial B(t)}{\partial t}\frac{B(t)}{\mu_0 n}=LS\frac{1}{\mu_0}\frac{\partial B(t)}{\partial t}B(t)$$

ですから，$t=0$ から $t=a$ までにソレノイドが蓄えた総エネルギー W は，

$$W=\int_0^a w(t)dt=LS\frac{1}{\mu_0}\int_0^a\frac{\partial B(t)}{\partial t}B(t)dt$$

$$=LS\frac{1}{\mu_0}\left[\frac{1}{2}B^2(t)\right]_o^a=LS\frac{1}{2\mu_0}B^2(a)$$

$$\frac{\partial}{\partial t}\left(\frac{1}{2}B^2(t)\right)=\frac{1}{2}(2B(t))\frac{\partial B(t)}{\partial t}$$

となります。ソレノイドの体積は LS なので，単位体積当たり $\frac{1}{2\mu_0}B^2(a)$ の磁気エネルギーが貯まっていることになります。

よって，磁束密度が B の場の静磁場エネルギーは $\frac{1}{2\mu_0}B^2$ であると考えられます。$\mu_0 H = B$ より，$\frac{1}{2\mu_0}B^2 = \frac{1}{2}\mu_0 H^2$ とも書けますから，静電場のエネルギー $\frac{1}{2}\varepsilon_0 E^2$ ともつり合いのとれる結果です。

しかし，この導出は舞台装置が大がかりなので，あまりエレガントでない気がします。

法則 2.19　静磁場（真空）のエネルギー密度

$$\frac{1}{2\mu_0}B^2 = \frac{1}{2}\mu_0 H^2 \qquad (B = |\boldsymbol{B}|,\ H = |\boldsymbol{H}|)$$

あとで用いるので，ジュール熱の場の方程式も求めておきます。

抵抗に電流を流すと熱が発生します。これを**ジュール熱**といいます。

$R[\Omega]$ の抵抗に電圧 $V[\mathrm{V}]$ を加えて，電流 $I[\mathrm{A}]$ を流すとき，時間当たりに発生するジュール熱 W は，

$$W = IV$$

と表されます。

ジュール熱も場の方程式に書き換えてみましょう。

長さ l，断面積 $\varDelta S$ の抵抗で考えます。抵抗中の電場は E で一定であるとします。

単位体積，単位時間当たりのジュール熱を w，電流密度を i とすると，

$$W = wl\varDelta S \qquad I = i\varDelta S \qquad V = El$$

ですから，これらを $W = IV$ に代入して，

$$wl\varDelta S = i\varDelta S El \qquad w = iE$$

電場と電流の方向が等しいときには，その大きさの積をとり，Ei となりますが，電場と電流がベクトルで $\boldsymbol{E}$，$\boldsymbol{i}$ と与えられれば，仕事を $\boldsymbol{F}\cdot\boldsymbol{r}$ と

したときのように考えて，単位体積当たり，単位時間当たりのジュール熱 w は，

$$w = \boldsymbol{E} \cdot \boldsymbol{i}$$

となります。

これがジュール熱の場の方程式です。

§10　マックスウェルの応力テンソル

2節で力学的な応力テンソルを紹介しました。

この節では，電磁場の場合の応力テンソルについて説明します。電場と磁場を一度に考えるのでなく，まず静電場の場合を考えます。

定義 2.20　**静電場の応力テンソル**

静電場$\boldsymbol{E}=(E_x, E_y, E_z)$があるとき，次のテンソル$T^e$を電場の応力テンソルという。

$$T^e=\begin{pmatrix} T_{xx} & T_{xy} & T_{xz} \\ T_{yx} & T_{yy} & T_{yz} \\ T_{zx} & T_{zy} & T_{zz} \end{pmatrix}=\varepsilon_0\begin{pmatrix} E_x{}^2-\frac{1}{2}E^2 & E_xE_y & E_xE_z \\ E_yE_x & E_y{}^2-\frac{1}{2}E^2 & E_yE_z \\ E_zE_x & E_zE_y & E_z{}^2-\frac{1}{2}E^2 \end{pmatrix}$$

ただし，$E=|\boldsymbol{E}|$

これが力学的な応力テンソルに相当することを確かめてみましょう。

流体・弾性体中の応力テンソルτ，流体・弾性体中にとった微小面の単位法線ベクトル$\boldsymbol{n}$をそれぞれ

$$\tau=\begin{pmatrix} \tau_{xx} & \tau_{xy} & \tau_{xz} \\ \tau_{yx} & \tau_{yy} & \tau_{yz} \\ \tau_{zx} & \tau_{zy} & \tau_{zz} \end{pmatrix}=\begin{pmatrix} \boldsymbol{\tau}_x \\ \boldsymbol{\tau}_y \\ \boldsymbol{\tau}_z \end{pmatrix},\ \boldsymbol{n}=\begin{pmatrix} n_x \\ n_y \\ n_z \end{pmatrix}$$

とするとき，微小面の単位面積当たりに働く応力は，

$$\tau\boldsymbol{n}=(\boldsymbol{\tau}_x\cdot\boldsymbol{n},\ \boldsymbol{\tau}_y\cdot\boldsymbol{n},\ \boldsymbol{\tau}_z\cdot\boldsymbol{n})$$

でした。

電場の応力テンソルでも，$T^e\boldsymbol{n}$が微小面に働く力になっていることを

確認しましょう。

ここで，T^e の成分を行ごとにベクトルとして見て，$T^e=\begin{pmatrix}\boldsymbol{T}_x\\ \boldsymbol{T}_y\\ \boldsymbol{T}_z\end{pmatrix}$ とおくと，$T^e\boldsymbol{n}=(\boldsymbol{T}_x\cdot\boldsymbol{n},\ \boldsymbol{T}_y\cdot\boldsymbol{n},\ \boldsymbol{T}_z\cdot\boldsymbol{n})$ となります。

領域 V の境界の閉曲面を S とし，$T^e\boldsymbol{n}$ の x 成分を S で面積分しましょう。

$$\int_S \boldsymbol{T}_x\cdot\boldsymbol{n}dS=\int_V \mathrm{div}\,\boldsymbol{T}_x\,dV \qquad \boldsymbol{T}_x=(T_{xx},\ T_{xy},\ T_{xz})$$

ガウスの発散定理

$$=\int_V\left(\frac{\partial T_{xx}}{\partial x}+\frac{\partial T_{xy}}{\partial y}+\frac{\partial T_{xz}}{\partial z}\right)dV$$

被積分関数の各項は，

$$\frac{\partial T_{xx}}{\partial x}=\varepsilon_0\frac{\partial}{\partial x}\left\{E_x{}^2-\frac{1}{2}(E_x{}^2+E_y{}^2+E_z{}^2)\right\}$$

$$=\varepsilon_0\left(E_x\frac{\partial E_x}{\partial x}-E_y\frac{\partial E_y}{\partial x}-E_z\frac{\partial E_z}{\partial x}\right)$$

$$\frac{\partial T_{xy}}{\partial y}=\varepsilon_0\frac{\partial}{\partial y}(E_xE_y)=\varepsilon_0\left(E_x\frac{\partial E_y}{\partial y}+E_y\frac{\partial E_x}{\partial y}\right)$$

ここで，静電場 E は静電ポテンシャル ϕ によって，$E=-\mathrm{grad}\phi$ と表されますから，$(E_x,\ E_y,\ E_z)=\left(-\frac{\partial\phi}{\partial x},\ -\frac{\partial\phi}{\partial y},\ -\frac{\partial\phi}{\partial z}\right)$ であり，$\frac{\partial E_x}{\partial y}=\frac{\partial E_y}{\partial x}$ などが成り立ちます

$$=\varepsilon_0\left(E_x\frac{\partial E_y}{\partial y}+E_y\frac{\partial E_y}{\partial x}\right)$$

$$\frac{\partial T_{xz}}{\partial z}=\varepsilon_0\frac{\partial}{\partial z}(E_xE_z)=\varepsilon_0\left(E_x\frac{\partial E_z}{\partial z}+E_z\frac{\partial E_x}{\partial z}\right)$$

$$=\varepsilon_0\left(E_x\frac{\partial E_z}{\partial z}+E_z\frac{\partial E_z}{\partial x}\right)$$

$$\frac{\partial T_{xx}}{\partial x}+\frac{\partial T_{xy}}{\partial y}+\frac{\partial T_{xz}}{\partial z}=\varepsilon_0E_x\left(\frac{\partial E_x}{\partial x}+\frac{\partial E_y}{\partial y}+\frac{\partial E_z}{\partial z}\right)$$

$$=\varepsilon_0(\mathrm{div}\boldsymbol{E})E_x=\varepsilon_0\frac{\rho}{\varepsilon_0}E_x=\rho E_x$$

法則 2.07　ガウスの法則

これを用いると，$T^e\boldsymbol{n}$ の x 成分を S で面積分したものは，

$$\int_S \boldsymbol{T}_x\cdot\boldsymbol{n}dS=\int_V\frac{\partial T_{xx}}{\partial x}+\frac{\partial T_{xy}}{\partial y}+\frac{\partial T_{xz}}{\partial z}dV=\int_V\rho E_x dV$$

となります。y 成分，z 成分も合わせると，

$$\int_S T^e\boldsymbol{n}dS=\int_V\rho\boldsymbol{E}dV$$

ベクトルの等式

$\rho\boldsymbol{E}$ は各点での単位体積に含まれる電荷が電場から受ける力を表していますから，これを V で体積積分した右辺は，領域 V が電場から受ける力を表しています。

左辺はこれにつり合うので，$T^e\boldsymbol{n}$ は S 上の各点に置かれた微小面に働く応力であることが分かります。

静磁場についても同様のことが成り立ちます。

定義 2.21　静磁場の応力テンソル

静磁場 $\boldsymbol{B}=(B_x, B_y, B_z)$ があるとき，次のテンソル T^m を磁場の応力テンソルという。

$$T^m=\begin{pmatrix}T_{xx} & T_{xy} & T_{xz}\\ T_{yx} & T_{yy} & T_{yz}\\ T_{zx} & T_{zy} & T_{zz}\end{pmatrix}=\frac{1}{\mu_0}\begin{pmatrix}B_x{}^2-\frac{1}{2}B^2 & B_xB_y & B_xB_z\\ B_yB_x & B_y{}^2-\frac{1}{2}B^2 & B_yB_z\\ B_zB_x & B_zB_y & B_z{}^2-\frac{1}{2}B^2\end{pmatrix}$$

ただし，$B=|\boldsymbol{B}|$

T^m の成分を行ごとにベクトルとして見て，$T^m=\begin{pmatrix}\boldsymbol{T}_x\\ \boldsymbol{T}_y\\ \boldsymbol{T}_z\end{pmatrix}$ とおくと，$T^m\boldsymbol{n}=(\boldsymbol{T}_x\cdot\boldsymbol{n},\ \boldsymbol{T}_y\cdot\boldsymbol{n},\ \boldsymbol{T}_z\cdot\boldsymbol{n})$ となります。

領域 V の境界の閉曲面を S とし，$T^m\boldsymbol{n}$ の x 座標を S で面積分しましょう。静電場のときのように，

$$\int_S \boldsymbol{T}_x \cdot \boldsymbol{n} dS = \int_V \left(\frac{\partial T_{xx}}{\partial x} + \frac{\partial T_{xy}}{\partial y} + \frac{\partial T_{xz}}{\partial z} \right) dV$$

と変形します。各項は，

$$\frac{\partial T_{xx}}{\partial x} = \frac{1}{\mu_0} \frac{\partial}{\partial x} \left\{ B_x{}^2 - \frac{1}{2}(B_x{}^2 + B_y{}^2 + B_z{}^2) \right\}$$

$$= \frac{1}{\mu_0} \left(B_x \frac{\partial B_x}{\partial x} - B_y \frac{\partial B_y}{\partial x} - B_z \frac{\partial B_z}{\partial x} \right)$$

$$\frac{\partial T_{xy}}{\partial y} = \frac{1}{\mu_0} \frac{\partial}{\partial y} (B_x B_y) = \frac{1}{\mu_0} \left(B_x \frac{\partial B_y}{\partial y} + B_y \frac{\partial B_x}{\partial y} \right)$$

$$\frac{\partial T_{xz}}{\partial z} = \frac{1}{\mu_0} \frac{\partial}{\partial z} (B_x B_z) = \frac{1}{\mu_0} \left(B_x \frac{\partial B_z}{\partial z} + B_z \frac{\partial B_x}{\partial z} \right)$$

$$\frac{\partial T_{xx}}{\partial x} + \frac{\partial T_{xy}}{\partial y} + \frac{\partial T_{xz}}{\partial z}$$

$$= \frac{1}{\mu_0} \left\{ B_x \left(\frac{\partial B_x}{\partial x} + \frac{\partial B_y}{\partial y} + \frac{\partial B_z}{\partial z} \right) - B_y \frac{\partial B_y}{\partial x} \right.$$

法則 2.15
$\mathrm{div}\boldsymbol{B} = 0$ より，0

$$\left. + B_y \frac{\partial B_x}{\partial y} - B_z \frac{\partial B_z}{\partial x} + B_z \frac{\partial B_x}{\partial z} \right\}$$

$$= \frac{1}{\mu_0} \left\{ \left(\frac{\partial B_x}{\partial z} - \frac{\partial B_z}{\partial x} \right) B_z - \left(\frac{\partial B_y}{\partial x} - \frac{\partial B_x}{\partial y} \right) B_y \right\}$$

これは，

$$\frac{1}{\mu_0} \mathrm{rot}\boldsymbol{B} = \frac{1}{\mu_0} \left(\frac{\partial B_z}{\partial y} - \frac{\partial B_y}{\partial z},\ \frac{\partial B_x}{\partial z} - \frac{\partial B_z}{\partial x},\ \frac{\partial B_y}{\partial x} - \frac{\partial B_x}{\partial y} \right)$$

と $\boldsymbol{B} = (B_x, B_y, B_z)$ のベクトル積 $\dfrac{1}{\mu_0} \mathrm{rot}\boldsymbol{B} \times \boldsymbol{B}$ の x 成分です。

静磁場のとき，**法則 2.11** の t で偏微分する項が落ちて，$\dfrac{1}{\mu_0} \mathrm{rot}\boldsymbol{B} = \boldsymbol{i}$ なので，結局 $\boldsymbol{i} \times \boldsymbol{B}$ の x 成分に等しくなります。

$T^m \boldsymbol{n}$ の y 成分，z 成分の面積分まで含めて，

$$\int_S T^m \boldsymbol{n} dS = \int_V \boldsymbol{i} \times \boldsymbol{B} dV$$

ベクトルの等式

ここで，電流密度 $\boldsymbol{i}$ は，電荷密度 ρ と電荷の速度 $\boldsymbol{v}$ を用いて，$\boldsymbol{i} = \rho \boldsymbol{v}$ と表せますから，$\boldsymbol{i} \times \boldsymbol{B} = \rho \boldsymbol{v} \times \boldsymbol{B} = (\boldsymbol{v} \times \boldsymbol{B})\rho$ となります。$\boldsymbol{i} \times \boldsymbol{B}$ は単位体積当たりに働くローレンツ力を表していますから，これを V で体積積分した右辺は，領域 V が磁場から受ける力を表しています。

右辺を内部体積に働くローレンツ力に変形できたので，$T^m \boldsymbol{n}$ は S 上の各点におかれた微小面に働く応力であることが分かります。

$T^e + T^m$ を電磁場の応力テンソルといいます。

定義 2.22　電磁場の応力テンソル

$$\begin{pmatrix} \varepsilon_0\left(E_x{}^2 - \frac{1}{2}E^2\right) + \frac{1}{\mu_0}\left(B_x{}^2 - \frac{1}{2}B^2\right) & \varepsilon_0 E_x E_y + \frac{1}{\mu_0} B_x B_y & \varepsilon_0 E_x E_z + \frac{1}{\mu_0} B_x B_z \\ \varepsilon_0 E_y E_x + \frac{1}{\mu_0} B_y B_x & \varepsilon_0\left(E_y{}^2 - \frac{1}{2}E^2\right) + \frac{1}{\mu_0}\left(B_y{}^2 - \frac{1}{2}B^2\right) & \varepsilon_0 E_y E_z + \frac{1}{\mu_0} B_y B_z \\ \varepsilon_0 E_z E_x + \frac{1}{\mu_0} B_z B_x & \varepsilon_0 E_z E_y + \frac{1}{\mu_0} B_z B_y & \varepsilon_0\left(E_z{}^2 - \frac{1}{2}E^2\right) + \frac{1}{\mu_0}\left(B_z{}^2 - \frac{1}{2}B^2\right) \end{pmatrix}$$

ここまで，静電場と静磁場で，応力テンソルを考えてきました。次に，動電場，動磁場，すなわち，電場，磁場が時間によって変化するときのことを考えてみましょう。

静電場のエネルギー密度は $\frac{1}{2}\varepsilon_0 E^2 = \frac{\boldsymbol{E} \cdot \boldsymbol{D}}{2}$，静磁場のエネルギー密度は $\frac{1}{2\mu_0}B^2 = \frac{\boldsymbol{B} \cdot \boldsymbol{H}}{2}$ なので，時間変化がないとき電磁場のエネルギー密度

は，$\dfrac{\boldsymbol{E}\cdot\boldsymbol{D}}{2}+\dfrac{\boldsymbol{B}\cdot\boldsymbol{H}}{2}$で与えられます。時間変化がある場合に，この表式は何を表すか考えてみましょう。ただし，空間は一様，すなわちε，μは一定であるものとします。

これの時間微分を予め計算しておきます。

$$\frac{\partial}{\partial t}\left(\frac{\boldsymbol{E}\cdot\boldsymbol{D}}{2}\right)=\frac{\partial}{\partial t}\left(\frac{1}{2}\boldsymbol{E}\cdot\varepsilon\boldsymbol{E}\right)=\frac{1}{2}\varepsilon 2\boldsymbol{E}\cdot\frac{\partial \boldsymbol{E}}{\partial t}=\boldsymbol{E}\cdot\frac{\partial \boldsymbol{D}}{\partial t}$$

$$\frac{\partial}{\partial t}\left(\frac{\boldsymbol{B}\cdot\boldsymbol{H}}{2}\right)=\frac{\partial}{\partial t}\left(\frac{1}{2}\boldsymbol{B}\cdot\frac{1}{\mu}\boldsymbol{B}\right)=\frac{1}{2\mu}2\boldsymbol{B}\cdot\frac{\partial \boldsymbol{B}}{\partial t}=\boldsymbol{H}\cdot\frac{\partial \boldsymbol{B}}{\partial t}$$

ここで，

$$W(t)=\int_V\left(\frac{\boldsymbol{E}\cdot\boldsymbol{D}}{2}+\frac{\boldsymbol{B}\cdot\boldsymbol{H}}{2}\right)dV$$

とおきます。これの時間当たりの変化を求めると，

$$\begin{aligned}\frac{dW}{dt}&=\int_V\left(\frac{\partial}{\partial t}\left(\frac{\boldsymbol{E}\cdot\boldsymbol{D}}{2}\right)+\frac{\partial}{\partial t}\left(\frac{\boldsymbol{B}\cdot\boldsymbol{H}}{2}\right)\right)dV\\&=\int_V\left(\boldsymbol{E}\cdot\frac{\partial \boldsymbol{D}}{\partial t}+\boldsymbol{H}\cdot\frac{\partial \boldsymbol{B}}{\partial t}\right)dV\\&=\int_V(\boldsymbol{E}\cdot\underbrace{(\mathrm{rot}\boldsymbol{H}-\boldsymbol{i})}_{\text{法則 2.11}}+\boldsymbol{H}\cdot\underbrace{(-\mathrm{rot}\boldsymbol{E})}_{\text{法則 2.16}})dV\end{aligned}$$

より，

$$\begin{aligned}-\frac{dW}{dt}&=\int_V(\boldsymbol{E}\cdot\boldsymbol{i}+\underbrace{\boldsymbol{H}\cdot\mathrm{rot}\boldsymbol{E}-\boldsymbol{E}\cdot\mathrm{rot}\boldsymbol{H}}_{\text{公式 1.20}})dV\\&=\int_V\boldsymbol{E}\cdot\boldsymbol{i}dV+\int_V\mathrm{div}(\boldsymbol{E}\times\boldsymbol{H})dV\\&=\int_V\boldsymbol{E}\cdot\boldsymbol{i}dV+\int_S(\boldsymbol{E}\times\boldsymbol{H})\cdot\boldsymbol{n}dS\end{aligned}$$

$W(t)$がtによらない値のとき，左辺は0で，領域V中で単位時間に発生したジュール熱$\boldsymbol{E}\cdot\boldsymbol{i}$の総量と，$\boldsymbol{E}\times\boldsymbol{H}$の面積分の$(-1)$倍とがつり合い

ます。つまり，$(\boldsymbol{E}\times\boldsymbol{H})\cdot\boldsymbol{n}$ は単位時間に V の中から外へ出ていく電磁場エネルギーの量を表していると考えられます。

$W(t)$ が t による場合でも，$W(t)$ を時刻 t での領域 V 中の電磁場エネルギーであるとするとうまく解釈できます。

$W(t)$ は，時刻 t での V 中の電磁場エネルギーを表していると考えると，領域 V 中の電磁場エネルギー $W(t)$ が減少するとき $-\dfrac{dW}{dt}$ は正であり，$W(t)$ で減少した分のエネルギーは，第 1 項の領域中で発生するジュール熱と第 2 項の V の中から外へ出ていく電磁場エネルギーに等しいと解釈できます。$W(t)$ は時刻 t での電磁場エネルギーと考えられます。

$\boldsymbol{E}(\boldsymbol{x},\ t)\times\boldsymbol{H}(\boldsymbol{x},\ t)$ は，$\boldsymbol{E}$ と $\boldsymbol{H}$ に垂直な微小面を，単位時間当たり，単位面積当たりに流れていく電磁場エネルギーの量を表しています。

「単位時間当たり」を「流れ」,「単位面積当たり」を「面積密度」と言い換えれば，$\boldsymbol{E}(\boldsymbol{x},\ t)\times\boldsymbol{H}(\boldsymbol{x},\ t)$ は電磁場エネルギー流面積密度です。これを**ポインティング・ベクトル**といいます。ポインティングは人の名前です。

§11　マックスウェルの方程式をポテンシャルで書き換え

マックスウェルの電磁方程式を書き換えていきましょう。これから行なう書き換えは，特殊相対論で電磁方程式が共変であることを示すための下ごしらえになっています。

真空の場合を考えます。

このとき，**法則 2.17** のマックスウェルの電磁方程式は，

$$\mathrm{div}\boldsymbol{E}(\boldsymbol{x},\ t)=\frac{\rho(\boldsymbol{x},\ t)}{\varepsilon_0} \tag{2.30}$$

$$\mathrm{rot}\boldsymbol{E}(\boldsymbol{x},\ t)+\frac{\partial \boldsymbol{B}(\boldsymbol{x},\ t)}{\partial t}=\boldsymbol{0} \tag{2.31}$$

$$\mathrm{div}\boldsymbol{B}(\boldsymbol{x},\ t)=0 \tag{2.32}$$

$$\mathrm{rot}\boldsymbol{B}(\boldsymbol{x},\ t)-\varepsilon_0\mu_0\frac{\partial \boldsymbol{E}(\boldsymbol{x},\ t)}{\partial t}=\mu_0\boldsymbol{i}(\boldsymbol{x},\ t) \tag{2.33}$$

さて，$\rho(\boldsymbol{x},\ t)$，$\boldsymbol{i}(\boldsymbol{x},\ t)$が与えられたとき，$\boldsymbol{E}(\boldsymbol{x},\ t)$，$\boldsymbol{B}(\boldsymbol{x},\ t)$を求めるにはどうすればよいでしょうか。これからその方法を紹介しましょう。

まず，右辺が 0 である 2 つの式を同値な式に置き換えます。

問題 2.23　次を示せ。

「$\mathrm{div}\boldsymbol{B}(\boldsymbol{x},\ t)=0$ (2.32)　$\mathrm{rot}\boldsymbol{E}(\boldsymbol{x},\ t)+\dfrac{\partial \boldsymbol{B}(\boldsymbol{x},\ t)}{\partial t}=\boldsymbol{0}$ (2.31)」

$\Leftrightarrow$「$\boldsymbol{B}(\boldsymbol{x},\ t)=\mathrm{rot}\boldsymbol{A}(\boldsymbol{x},\ t)\cdots(2.34)$

$$\boldsymbol{E}(\boldsymbol{x},\ t)=-\frac{\partial \boldsymbol{A}(\boldsymbol{x},\ t)}{\partial t}-\mathrm{grad}\phi(\boldsymbol{x},\ t)\cdots(2.35)$$

を満たす $\boldsymbol{A}(\boldsymbol{x},\ t)$，$\phi(\boldsymbol{x},\ t)$が存在する」

⇐の方はすぐに確認できます。(2.34), (2.35) を満たす $\boldsymbol{A}(\boldsymbol{x},\ t)$, $\phi(\boldsymbol{x},\ t)$が存在するとき,

$$\mathrm{div}\boldsymbol{B}(\boldsymbol{x},\ t)=\underbrace{\mathrm{div}(\mathrm{rot}\boldsymbol{A}(\boldsymbol{x},\ t))=0}_{\text{公式 1.22}}$$

$$\begin{aligned}
&\mathrm{rot}\boldsymbol{E}(\boldsymbol{x},\ t)+\frac{\partial \boldsymbol{B}(\boldsymbol{x},\ t)}{\partial t}\\
&\quad=\mathrm{rot}\left(-\frac{\partial \boldsymbol{A}(\boldsymbol{x},\ t)}{\partial t}-\mathrm{grad}\phi(\boldsymbol{x},\ t)\right)+\frac{\partial}{\partial t}\mathrm{rot}\boldsymbol{A}(\boldsymbol{x},\ t)\\
&\quad=-\frac{\partial}{\partial t}\mathrm{rot}\boldsymbol{A}(\boldsymbol{x},\ t)-\underbrace{\mathrm{rot}\,\mathrm{grad}\phi(\boldsymbol{x},\ t)}_{\text{公式 1.21 より 0}}+\frac{\partial}{\partial t}\mathrm{rot}\boldsymbol{A}(\boldsymbol{x},\ t)\\
&\quad=\boldsymbol{0}
\end{aligned}$$

$\frac{\partial}{\partial t}$, rot の交換

任意の $\boldsymbol{A}(\boldsymbol{x},\ t)$, $\phi(\boldsymbol{x},\ t)$に対して, (2.34), (2.35) とおくとマックスウェルの電磁方程式の右辺が 0 になっている 2 式, (2.32), (2.31) を満たすわけです。

⇒について

定理 1.24 より, $\mathrm{div}\boldsymbol{C}(\boldsymbol{x})=0$ となる $\boldsymbol{C}(\boldsymbol{x})$ は, 3 次元のベクトル値関数 $\boldsymbol{D}(\boldsymbol{x})$ を用いて

$$\boldsymbol{C}(\boldsymbol{x})=\mathrm{rot}\boldsymbol{D}(\boldsymbol{x})$$

と表すことができます。ここで, $\mathrm{div}\boldsymbol{B}(\boldsymbol{x},\ t)=0$なので,

$$\boldsymbol{B}(\boldsymbol{x},\ t)=\mathrm{rot}\boldsymbol{A}(\boldsymbol{x},\ t)$$

を満たす $\boldsymbol{A}(\boldsymbol{x},\ t)$が存在します。これを (2.31) に代入すると,

$$\mathrm{rot}\boldsymbol{E}(\boldsymbol{x},\ t)+\frac{\partial}{\partial t}(\mathrm{rot}\boldsymbol{A}(\boldsymbol{x},\ t))=\boldsymbol{0}\qquad \mathrm{rot}\left(\boldsymbol{E}(\boldsymbol{x},\ t)+\frac{\partial \boldsymbol{A}(\boldsymbol{x},\ t)}{\partial t}\right)=\boldsymbol{0}$$

定理 1.23 より, $\mathrm{rot}\boldsymbol{C}(\boldsymbol{x})=\boldsymbol{0}$となる$\boldsymbol{C}(\boldsymbol{x})$は, 関数 $f(\boldsymbol{x})$によって,

$$\boldsymbol{C}(\boldsymbol{x})=-\mathrm{grad}\,f(\boldsymbol{x})$$

と表すことができます。よって,

$$\boldsymbol{E}(\boldsymbol{x},\ t)+\frac{\partial \boldsymbol{A}(\boldsymbol{x},\ t)}{\partial t}=-\mathrm{grad}\phi(\boldsymbol{x},\ t)$$

を満たす関数$\phi(\boldsymbol{x},\ t)$が存在します。

このA$\boldsymbol{A}(\boldsymbol{x},\ t)$, $\phi(\boldsymbol{x},\ t)$を用いて，$\boldsymbol{B}(\boldsymbol{x},\ t)$と$\boldsymbol{E}(\boldsymbol{x},\ t)$は，

$$\boldsymbol{B}(\boldsymbol{x},\ t)=\mathrm{rot}\boldsymbol{A}(\boldsymbol{x},\ t) \qquad \boldsymbol{E}(\boldsymbol{x},\ t)=-\frac{\partial \boldsymbol{A}(\boldsymbol{x},\ t)}{\partial t}-\mathrm{grad}\phi(\boldsymbol{x},\ t)$$

と表すことができます。

定理 1.24 の証明のところで少しお話ししましたが，1つの$\boldsymbol{B}(\boldsymbol{x},\ t)$に対して，$\boldsymbol{B}(\boldsymbol{x},\ t)=\mathrm{rot}\boldsymbol{A}(\boldsymbol{x},\ t)$となる$\boldsymbol{A}(\boldsymbol{x},\ t)$は無数に存在します。

$\boldsymbol{A}(\boldsymbol{x},\ t)$の選び方には自由度が十分にありますから，$\boldsymbol{A}(\boldsymbol{x},\ t)$, $\phi(\boldsymbol{x},\ t)$を選ぶときに，

$$\mathrm{div}\boldsymbol{A}(\boldsymbol{x},\ t)+\varepsilon_0\mu_0\frac{\partial\phi(\boldsymbol{x},\ t)}{\partial t}=0 \tag{2.36}$$

という条件を満たすように選ぶことができるのです。このように$\boldsymbol{A}(\boldsymbol{x},\ t)$, $\phi(\boldsymbol{x},\ t)$に付加する条件を**ゲージ条件**と呼びます。条件の与え方はいろいろあり，この条件は**ローレンツゲージ**と呼ばれています。

なぜこのような条件を付けるかといえば，あとで$\boldsymbol{A}(\boldsymbol{x},\ t)$，$\phi(\boldsymbol{x},\ t)$の方程式を波動方程式に整えるのに必要だからです。

この条件式を満たすように$\boldsymbol{A}(\boldsymbol{x},\ t)$，$\phi(\boldsymbol{x},\ t)$を選ぶことができることを説明していきましょう。

そのためには，(2.34)，(2.35) を満たす$\boldsymbol{A}(\boldsymbol{x},\ t)$，$\phi(\boldsymbol{x},\ t)$に対して，これを補正することで (2.36) を満たすものを作ります。

任意の関数$\chi(\boldsymbol{x},\ t)$を用いて，3次元のベクトル値関数$\boldsymbol{A}_L(\boldsymbol{x},\ t)$と関数$\phi_L(\boldsymbol{x},\ t)$を

$$\boldsymbol{A}_L(\boldsymbol{x},\ t)=\boldsymbol{A}(\boldsymbol{x},\ t)+\mathrm{grad}\chi(\boldsymbol{x},\ t)$$

$$\phi_L(\boldsymbol{x},\ t)=\phi(\boldsymbol{x},\ t)-\frac{\partial}{\partial t}\chi(\boldsymbol{x},\ t)$$

としても，

$$\mathrm{rot}\boldsymbol{A}_L(\boldsymbol{x},\ t)=\mathrm{rot}\boldsymbol{A}(\boldsymbol{x},\ t)+\underline{\mathrm{rot\,grad}\chi(\boldsymbol{x},\ t)}$$ 公式 1.21 より 0

$$=\mathrm{rot}\boldsymbol{A}(\boldsymbol{x},\ t)=\boldsymbol{B}(\boldsymbol{x},\ t) \tag{2.37}$$

$$-\frac{\partial \boldsymbol{A}_L(\boldsymbol{x},\ t)}{\partial t}-\mathrm{grad}\phi_L(\boldsymbol{x},\ t)$$

$$=-\frac{\partial}{\partial t}(\boldsymbol{A}(\boldsymbol{x},t)+\mathrm{grad}\chi(\boldsymbol{x},t))-\mathrm{grad}(\phi(\boldsymbol{x},t)-\frac{\partial}{\partial t}\chi(\boldsymbol{x},\ t))$$

$$=-\frac{\partial \boldsymbol{A}(\boldsymbol{x},\ t)}{\partial t}-\mathrm{grad}\phi(\boldsymbol{x},\ t)=\boldsymbol{E}(\boldsymbol{x},\ t) \tag{2.38}$$

となります。

$\chi(\boldsymbol{x},\ t)$は任意にとることができますから，(2.34)，(2.35) を満たす $\boldsymbol{A}(\boldsymbol{x},\ t)$，$\phi(\boldsymbol{x},\ t)$は無数にあります。

ここで，**定理 1.40** を用いて，$\chi(\boldsymbol{x},\ t)$を

$$\left(\Delta-\varepsilon_0\mu_0\frac{\partial^2}{\partial t^2}\right)\chi(\boldsymbol{x},\ t)=-\mathrm{div}\boldsymbol{A}(\boldsymbol{x},\ t)-\varepsilon_0\mu_0\frac{\partial}{\partial t}\phi(\boldsymbol{x},\ t) \tag{2.39}$$

を満たすようにとります。すると，

$$\mathrm{div}\boldsymbol{A}_L(\boldsymbol{x},\ t)+\varepsilon_0\mu_0\frac{\partial}{\partial t}\phi_L(\boldsymbol{x},\ t)$$

$$=\mathrm{div}(\boldsymbol{A}(\boldsymbol{x},\ t)+\mathrm{grad}\chi(\boldsymbol{x},\ t))+\varepsilon_0\mu_0\frac{\partial}{\partial t}\left(\phi(\boldsymbol{x},\ t)-\frac{\partial}{\partial t}\chi(\boldsymbol{x},\ t)\right)$$

$$=\mathrm{div}\boldsymbol{A}(\boldsymbol{x},\ t)+\varepsilon_0\mu_0\frac{\partial}{\partial t}\phi(\boldsymbol{x},\ t)+\Delta\chi(\boldsymbol{x},\ t)-\varepsilon_0\mu_0\frac{\partial^2}{\partial t^2}\chi(\boldsymbol{x},\ t)$$

$$=0 \tag{2.40}$$

(2.39) より　　div grad ＝ Δ 定義

となります。

(2.37)，(2.38)，(2.40)は，(2.34)，(2.35)，(2.36)の $\boldsymbol{A}(\boldsymbol{x},\ t)$，$\phi(\boldsymbol{x},\ t)$ に $\boldsymbol{A}_L(\boldsymbol{x},\ t)$, $\phi_L(\boldsymbol{x},\ t)$を代入した式になっています。(2.34)，(2.35)，(2.36) を満たす $\boldsymbol{A}(\boldsymbol{x},\ t)$，$\phi(\boldsymbol{x},\ t)$は確かに存在します。

$\boldsymbol{A}(\boldsymbol{x},\ t)$をベクトルポテンシャル，$\phi(\boldsymbol{x},\ t)$をスカラーポテンシャルといいます。

まとめると，(2.34)，(2.35)，(2.36) を満たす $\boldsymbol{A}(\boldsymbol{x}, t)$，$\phi(\boldsymbol{x}, t)$ が存在するとき，(2.31)，(2.32) を満たす $\boldsymbol{B}(\boldsymbol{x}, t)$，$\boldsymbol{E}(\boldsymbol{x}, t)$ が存在し，逆に (2.31)，(2.32) を満たす $\boldsymbol{B}(\boldsymbol{x}, t)$，$\boldsymbol{E}(\boldsymbol{x}, t)$ が存在するとき，(2.34)，(2.35)，(2.36) を満たす $\boldsymbol{A}(\boldsymbol{x}, t)$，$\phi(\boldsymbol{x}, t)$ が存在することが分かりました。

結局，マックスウェルの方程式のうち，右辺が 0 になっている 2 式，(2.31)，(2.32) の解 $\boldsymbol{B}(\boldsymbol{x}, t)$，$\boldsymbol{E}(\boldsymbol{x}, t)$ を求めることは，(2.34)，(2.35)，(2.36) を満たす $\boldsymbol{A}(\boldsymbol{x}, t)$，$\phi(\boldsymbol{x}, t)$ を求めることと同値であるということです。

あとは，マックスウェルの方程式のうち，右辺が 0 でない 2 式，(2.30)，(2.33) を，$\boldsymbol{A}(\boldsymbol{x}, t)$，$\phi(\boldsymbol{x}, t)$ の方程式に書き換えて，その方程式を解けば間接的に $\boldsymbol{E}(\boldsymbol{x}, t)$，$\boldsymbol{B}(\boldsymbol{x}, t)$ を求めたことになります。

ここで新しい記号を導入しておきましょう。(2.39) の左辺に係る微分をまとめて□でおきます。

定義 2.24 ダランベルシアン（ダランベリアン）

$$\Box = \Delta - \varepsilon_0 \mu_0 \frac{\partial^2}{\partial t^2} = \frac{\partial^2}{\partial x^2} + \frac{\partial^2}{\partial y^2} + \frac{\partial^2}{\partial z^2} - \frac{1}{c^2} \frac{\partial^2}{\partial t^2}$$

残りの 2 つのマックスウェルの電磁方程式 (2.30) と (2.33) を $\phi(\boldsymbol{x}, t)$ と $\boldsymbol{A}(\boldsymbol{x}, t)$ を用いて書き換えましょう。

問題 2.25

$$\boldsymbol{B}(\boldsymbol{x},\ t)=\mathrm{rot}\boldsymbol{A}(\boldsymbol{x},\ t) \tag{2.34}$$

$$\boldsymbol{E}(\boldsymbol{x},\ t)=-\frac{\partial \boldsymbol{A}(\boldsymbol{x},\ t)}{\partial t}-\mathrm{grad}\,\phi(\boldsymbol{x},\ t) \tag{2.35}$$

$$\mathrm{div}\boldsymbol{A}(\boldsymbol{x},\ t)+\varepsilon_0\mu_0\frac{\partial\phi(\boldsymbol{x},\ t)}{\partial t}=0 \tag{2.36}$$

を満たすもとで，

$$「\mathrm{div}\boldsymbol{E}(\boldsymbol{x},\ t)=\frac{\rho(\boldsymbol{x},\ t)}{\varepsilon_0}\cdots(2.30),$$

$$\mathrm{rot}\boldsymbol{B}(\boldsymbol{x},\ t)-\varepsilon_0\mu_0\frac{\partial \boldsymbol{E}(\boldsymbol{x},\ t)}{\partial t}=\mu_0\boldsymbol{i}(\boldsymbol{x},\ t)\cdots(2.33)」$$

$$\Leftrightarrow「\Box\phi(\boldsymbol{x},\ t)=-\frac{\rho(\boldsymbol{x},\ t)}{\varepsilon_0},\qquad \Box\boldsymbol{A}(\boldsymbol{x},\ t)=-\mu_0\boldsymbol{i}(\boldsymbol{x},\ t)」$$

⇒を示します。

（2.30）に（2.35）を代入すると，

$$\mathrm{div}\left(-\frac{\partial \boldsymbol{A}(\boldsymbol{x},\ t)}{\partial t}-\mathrm{grad}\phi(\boldsymbol{x},\ t)\right)=\frac{\rho(\boldsymbol{x},\ t)}{\varepsilon_0}$$

$$\mathrm{div}\,\mathrm{grad}\phi(\boldsymbol{x},\ t)+\frac{\partial}{\partial t}\mathrm{div}\boldsymbol{A}(\boldsymbol{x},\ t)=-\frac{\rho(\boldsymbol{x},\ t)}{\varepsilon_0}$$

（2.36）より，$\mathrm{div}\boldsymbol{A}(\boldsymbol{x},\ t)=-\varepsilon_0\mu_0\dfrac{\partial\phi(\boldsymbol{x},\ t)}{\partial t}$ なので，

$$\mathrm{div}\,\mathrm{grad}\phi(\boldsymbol{x},\ t)+\frac{\partial}{\partial t}\left(-\varepsilon_0\mu_0\frac{\partial\phi(\boldsymbol{x},\ t)}{\partial t}\right)=-\frac{\rho(\boldsymbol{x},\ t)}{\varepsilon_0}$$

$$\Delta\phi(\boldsymbol{x},\ t)-\varepsilon_0\mu_0\frac{\partial^2\phi(\boldsymbol{x},\ t)}{\partial t^2}=-\frac{\rho(\boldsymbol{x},\ t)}{\varepsilon_0}$$

div grad ＝ Δ
定義

$$\Box\phi(\boldsymbol{x},\ t)=-\frac{\rho(\boldsymbol{x},\ t)}{\varepsilon_0}$$

(2.33) に，(2.34) と (2.35) を代入すると，

$$\mathrm{rot\,rot}\boldsymbol{A}(\boldsymbol{x},\ t)-\varepsilon_0\mu_0\frac{\partial}{\partial t}\left(-\frac{\partial \boldsymbol{A}(\boldsymbol{x},\ t)}{\partial t}-\mathrm{grad}\phi(\boldsymbol{x},\ t)\right)=\mu_0\boldsymbol{i}(\boldsymbol{x},\ t)$$

ここで，$\boldsymbol{A}(\boldsymbol{x},\ t)$に**公式 1.19** を適用すると，

$$\mathrm{rot\,rot}\boldsymbol{A}(\boldsymbol{x},\ t)=\mathrm{grad\,div}\boldsymbol{A}(\boldsymbol{x},\ t)-\Delta\boldsymbol{A}(\boldsymbol{x},\ t)$$

が成り立つので，これを用いて整理すると，左辺は，

$$\mathrm{grad}\left(\underbrace{\mathrm{div}\boldsymbol{A}(\boldsymbol{x},\ t)+\varepsilon_0\mu_0\frac{\partial\phi(\boldsymbol{x},\ t)}{\partial t}}_{(2.36)}\right)+\varepsilon_0\mu_0\frac{\partial^2\boldsymbol{A}(\boldsymbol{x},\ t)}{\partial t^2}-\Delta\boldsymbol{A}(\boldsymbol{x},\ t)$$

$$=-\left(\Delta\boldsymbol{A}(\boldsymbol{x},\ t)-\varepsilon_0\mu_0\frac{\partial^2\boldsymbol{A}(\boldsymbol{x},\ t)}{\partial t^2}\right)=-\left(\Delta-\varepsilon_0\mu_0\frac{\partial^2}{\partial t^2}\right)\boldsymbol{A}(\boldsymbol{x},\ t)$$

となるので，(2.33) は$\boldsymbol{A}(\boldsymbol{x},\ t)$を用いて書き換えると，

$$\Box\boldsymbol{A}(\boldsymbol{x},\ t)=-\mu_0\boldsymbol{i}(\boldsymbol{x},\ t)$$

⇐は逆にたどることで示されます。

結局，マックスウェルの電磁方程式

$$\mathrm{div}\boldsymbol{B}(\boldsymbol{x},\ t)=0 \qquad \mathrm{rot}\boldsymbol{E}(\boldsymbol{x},\ t)+\frac{\partial\boldsymbol{B}(\boldsymbol{x},\ t)}{\partial t}=\boldsymbol{0}$$

$$\mathrm{div}\boldsymbol{E}(\boldsymbol{x},\ t)=\frac{\rho(\boldsymbol{x},\ t)}{\varepsilon_0} \qquad \mathrm{rot}\boldsymbol{B}(\boldsymbol{x},\ t)-\varepsilon_0\mu_0\frac{\partial\boldsymbol{E}}{\partial t}=\mu_0\boldsymbol{i}(\boldsymbol{x},\ t)$$

において，$\rho(\boldsymbol{x},\ t)$, $\boldsymbol{i}(\boldsymbol{x},\ t)$が与えられたとき，$\boldsymbol{E}(\boldsymbol{x},\ t)$, $\boldsymbol{B}(\boldsymbol{x},\ t)$を求めるには次のようにすればよいことが分かりました。

「$\Box\phi(\boldsymbol{x},\ t)=-\dfrac{\rho(\boldsymbol{x},\ t)}{\varepsilon_0}$, $\Box\boldsymbol{A}(\boldsymbol{x},\ t)=-\mu_0\boldsymbol{i}(\boldsymbol{x},\ t)$

$$\mathrm{div}\boldsymbol{A}(\boldsymbol{x},\ t)+\varepsilon_0\mu_0\frac{\partial\phi(\boldsymbol{x},\ t)}{\partial t}=0$$」

を満たす$\phi(\boldsymbol{x},\ t)$, $\boldsymbol{A}(\boldsymbol{x},\ t)$を求めて，次の式に代入する。

$$\boldsymbol{B}(\boldsymbol{x},\ t)=\mathrm{rot}\boldsymbol{A}(\boldsymbol{x},\ t),\ \boldsymbol{E}(\boldsymbol{x},\ t)=-\frac{\partial\boldsymbol{A}(\boldsymbol{x},\ t)}{\partial t}-\mathrm{grad}\phi(\boldsymbol{x},\ t)$$

$\rho(\boldsymbol{x},\ t)$，$\boldsymbol{i}(\boldsymbol{x},\ t)$が 0 と与えられたとき，マックスウェルの電磁方程式

を解くには，$\phi(\boldsymbol{x},\ t)$，$\boldsymbol{A}(\boldsymbol{x},\ t)$についての波動方程式

$$\Box\phi(\boldsymbol{x},\ t)=0 \qquad \Box\boldsymbol{A}(\boldsymbol{x},\ t)=\boldsymbol{0}$$

を解けばよいことになります。

一般に3次元の波動方程式$\Box\boldsymbol{u}(\boldsymbol{x},\ t)=\boldsymbol{0}$の解は，初期条件（$t=0$での条件）

$$\boldsymbol{u}(\boldsymbol{x},\ 0)=\boldsymbol{f}(\boldsymbol{x}) \qquad \frac{\partial}{\partial t}\boldsymbol{u}(x,\ 0)=\boldsymbol{g}(\boldsymbol{x})$$

を与えると一意的に定まります。現実には初期条件が与えられていますから，電磁場は決定論的であるということができます。

第3章　テンソルと直線座標のテンソル場

アインシュタインの重力場方程式は，テンソルと呼ばれる数学的形式に則って記述されています。正確にいうとテンソル場の方程式になっています。

空間の各点ごとにベクトルを考えているのがベクトル場，テンソルを考えているのがテンソル場です。

この章では，テンソル場に進む前に，テンソルの演算に慣れてもらいたいと思います。演算体系の巧妙さをお伝えできればと思います。

初めのうちは抽象的な計算かと思われるかもしれませんが，高校のとき矢印ベクトルでベクトルが実感できたように，計算手順の中にテンソルを実感していただければ，私の説明が成功したことになります。

§1　$T^r(V)$とテンソル積⊗

Vを2次元線形空間とし，Vの基底として，$\boldsymbol{e}_1$，$\boldsymbol{e}_2$をとります。

Vの任意の元は$\boldsymbol{e}_1$，$\boldsymbol{e}_2$の1次結合として表すことができました。

例えば，$V=R^2$（2次元実数ベクトル空間）とすれば，$\boldsymbol{e}_1$，$\boldsymbol{e}_2$として，

$$\boldsymbol{e}_1=\begin{pmatrix}1\\2\end{pmatrix},\qquad \boldsymbol{e}_2=\begin{pmatrix}1\\3\end{pmatrix}$$

をとることができます。R^2の任意の元は，$k\boldsymbol{e}_1+l\boldsymbol{e}_2$（$k$，$l$は実数）の形に表すことができます。基底のとり方はこれ以外にも，無数にあります。

上では，なじみが深い例で，線形空間において基底をとることができる実例を示しましたが，逆に基底を決めて，それらが張る線形空間を定めることもできます。

例えば，「あ，い を基底に持つ2次元の線形空間」というものも考えられます。あ，いの正体はよく分からないけれども，これを基底と定めたので，この線形空間では，

(3あ＋2い)＋(1あ＋3い)＝4あ＋5い

3(3あ＋2い)＝9あ＋6い

という計算が成り立ちます。あ，いをx，yにするとなじみ深い多項式の計算になります。

このように，基底がどんなものであっても係数だけで計算できるのが，線形空間なのです。これは，係数が実数である2次元線形空間は，R^2と同型であるということでもあります。

2つの2次元線形空間VとWがあるとします。ここで，「⊗」という記号を導入します。2次元線形空間Vの基底$\boldsymbol{e}_1$，$\boldsymbol{e}_2$とWの基底$\boldsymbol{a}_1$，$\boldsymbol{a}_2$を

もとに，

$$\boldsymbol{e}_1\otimes\boldsymbol{a}_1 \quad \boldsymbol{e}_1\otimes\boldsymbol{a}_2 \quad \boldsymbol{e}_2\otimes\boldsymbol{a}_1 \quad \boldsymbol{e}_2\otimes\boldsymbol{a}_2$$

という4個の記号を作ります。

これらを基底として，実数を係数として持つ4次元線形空間を$V\otimes W$と表し，VとWのテンソル積といいます。

一番初めに出した基底の例$\boldsymbol{e}_1$，$\boldsymbol{e}_2$では，高校より慣れ親しんだ矢印ベクトルでイメージ化しましたが，テンソル空間の基底はすぐ前に出した「あ，い」のように具体化しないで，そのまま基底であることを受け止めてください。

$V\otimes W$の元の具体例は，

$$3\boldsymbol{e}_1\otimes\boldsymbol{a}_1-2\boldsymbol{e}_1\otimes\boldsymbol{a}_2+5\boldsymbol{e}_2\otimes\boldsymbol{a}_1-\boldsymbol{e}_2\otimes\boldsymbol{a}_2$$

です。このテンソルの$\boldsymbol{e}_1\otimes\boldsymbol{a}_2$成分は -2 です。

$\boldsymbol{e}_1\otimes\boldsymbol{a}_1$，$\boldsymbol{e}_1\otimes\boldsymbol{a}_2$，$\boldsymbol{e}_2\otimes\boldsymbol{a}_1$，$\boldsymbol{e}_2\otimes\boldsymbol{a}_2$が基底ですから，和やスカラー倍については，

(−2)+(−1)=−3

$$(-3\boldsymbol{e}_1\otimes\boldsymbol{a}_1-2\boldsymbol{e}_2\otimes\boldsymbol{a}_1)+(2\boldsymbol{e}_1\otimes\boldsymbol{a}_1-1\boldsymbol{e}_2\otimes\boldsymbol{a}_1)=-\boldsymbol{e}_1\otimes\boldsymbol{a}_1-3\boldsymbol{e}_2\otimes\boldsymbol{a}_1$$

$$3(2\boldsymbol{e}_1\otimes\boldsymbol{a}_1-1\boldsymbol{e}_2\otimes\boldsymbol{a}_1)=6\boldsymbol{e}_1\otimes\boldsymbol{a}_1-3\boldsymbol{e}_2\otimes\boldsymbol{a}_1$$

などと成分ごとに計算します。

$V\otimes W$の元Sをおくときは，

$$S=S^{11}\boldsymbol{e}_1\otimes\boldsymbol{a}_1+S^{12}\boldsymbol{e}_1\otimes\boldsymbol{a}_2+S^{21}\boldsymbol{e}_2\otimes\boldsymbol{a}_1+S^{22}\boldsymbol{e}_2\otimes\boldsymbol{a}_2$$

と成分をおきます。このように基底の下添え字と対応するように，上に添え字を書いておくと，あとあとまでしっくりいきます。

上のSを，Σを用いて書くと，

$$\sum_{i=1,2\ \ j=1,2} S^{ij}\boldsymbol{e}_i\otimes\boldsymbol{a}_j$$

となります。1章で紹介したアインシュタインの縮約記法を用いるとΣを省略して，

$$S^{ij}\boldsymbol{e}_i\otimes\boldsymbol{a}_j$$

と，すっきり表すことができます。

ここで，Sの上添え字も，$\boldsymbol{e}$，$\boldsymbol{a}$の下添え字も左からi, jと同じ順序で振られていますが，$\boldsymbol{a}$と$\boldsymbol{e}$を入れ換えて$S^{ij}\boldsymbol{a}_j \otimes \boldsymbol{e}_i$と表すことも可能です。$S$の添え字の1番目である$i$と$V$の基底$\boldsymbol{e}_i$，$S$の添え字の2番目である$j$と$W$の基底$\boldsymbol{a}_j$が対応していればよいのです。

線形空間V, Wの2つの元S，Tに対して，$V\otimes W$の元を対応させる$S\otimes T$という計算を次のように定めます。ポイントは，$\otimes$を普通の積と見て展開公式のように計算するところです。

例えば，$S=2\boldsymbol{e}_1+3\boldsymbol{e}_2$，$T=-2\boldsymbol{a}_1+\boldsymbol{a}_2$のとき，

$$S\otimes T=(2\boldsymbol{e}_1+3\boldsymbol{e}_2)\otimes(-2\boldsymbol{a}_1+\boldsymbol{a}_2)$$

$$=\underbrace{2(-2)\boldsymbol{e}_1\otimes\boldsymbol{a}_1}_{①}+\underbrace{2\cdot 1\boldsymbol{e}_1\otimes\boldsymbol{a}_2}_{②}+\underbrace{3(-2)\boldsymbol{e}_2\otimes\boldsymbol{a}_1}_{③}+\underbrace{3\cdot 1\boldsymbol{e}_2\otimes\boldsymbol{a}_2}_{④}$$

$$=-4\boldsymbol{e}_1\otimes\boldsymbol{a}_1+2\boldsymbol{e}_1\otimes\boldsymbol{a}_2-6\boldsymbol{e}_2\otimes\boldsymbol{a}_1+3\boldsymbol{e}_2\otimes\boldsymbol{a}_2$$

と計算します。

このような計算ができるのは，演算$\otimes$が，実数kとベクトルS，T，Uについて，

$$k(S\otimes T)=(kS)\otimes T=S\otimes(kT)$$
$$(S+T)\otimes U=S\otimes U+T\otimes U$$
$$S\otimes(T+U)=S\otimes T+S\otimes U$$

という計算法則が成り立つものと定めているからです。

演算$\otimes$を**テンソル積**といいます。

線形空間V，Wからそれぞれ1つずつ元S，Tをとり，$S\otimes T$を計算すると$V\otimes W$の元になりますが，$V\otimes W$の元がすべて$S\otimes T$の形で表されるわけではないことに注意しましょう。

例えば，$\boldsymbol{e}_1\otimes\boldsymbol{a}_1+\boldsymbol{e}_2\otimes\boldsymbol{a}_2$は，$S\otimes T$の形では表せません。

すなわち，$S \otimes T = \boldsymbol{e}_1 \otimes \boldsymbol{a}_1 + \boldsymbol{e}_2 \otimes \boldsymbol{a}_2$を満たす$V$の元$S$，$T$は存在しません。

ここで，WをVとして，$V \otimes V$というテンソル積の空間を考えましょう。

つまり，2次元線形空間Vの基底$\boldsymbol{e}_1$，$\boldsymbol{e}_2$から作る，

$$\boldsymbol{e}_1 \otimes \boldsymbol{e}_1 \qquad \boldsymbol{e}_1 \otimes \boldsymbol{e}_2 \qquad \boldsymbol{e}_2 \otimes \boldsymbol{e}_1 \qquad \boldsymbol{e}_2 \otimes \boldsymbol{e}_2$$

という4個を基底とした4次元線形空間を考えます。これは$T^2(V)$と表され，2階の**反変テンソル空間**といいます。

反変という言葉に違和感を持った方のために，なぜ2階の反変と呼ばれるかについてざっくりいうと，$T^2(V)$の成分の変換則を表すときに，Vの基底を取り換える行列の逆行列を2個用いるからです。詳しくは5節で，共変テンソルという用語とともに説明します。

$T^2(V)$の元Sは，$S^{ij}\boldsymbol{e}_i \otimes \boldsymbol{e}_j$または$S^{ij}\boldsymbol{e}_j \otimes \boldsymbol{e}_i$と表します。添え字がある場合は，どちらの表記でも混乱は生じませんが，S^{ij}を具体的な数値にすると少々まずいことが起こります。

$S^{11}=3$，$S^{12}=4$，$S^{21}=5$，$S^{22}=6$のとき，$S^{ij}\boldsymbol{e}_i \otimes \boldsymbol{e}_j$と表すのであれば，

$$3\boldsymbol{e}_1 \otimes \boldsymbol{e}_1 + 4\boldsymbol{e}_1 \otimes \boldsymbol{e}_2 + 5\boldsymbol{e}_2 \otimes \boldsymbol{e}_1 + 6\boldsymbol{e}_2 \otimes \boldsymbol{e}_2 \tag{3.01}$$

$S^{ij}\boldsymbol{e}_j \otimes \boldsymbol{e}_i$と表すのであれば，

$$3\boldsymbol{e}_1 \otimes \boldsymbol{e}_1 + 4\boldsymbol{e}_2 \otimes \boldsymbol{e}_1 + 5\boldsymbol{e}_1 \otimes \boldsymbol{e}_2 + 6\boldsymbol{e}_2 \otimes \boldsymbol{e}_2 \tag{3.02}$$

となります。

$V \otimes W$の場合は，Vの基底とWの基底が別物なので，$S^{ij}\boldsymbol{e}_i \otimes \boldsymbol{a}_j$と$S^{ij}\boldsymbol{a}_j \otimes \boldsymbol{e}_i$の$S^{ij}$を具体的な数にしても$V \otimes W$の元が1つに定まりますが，$T^2(V)$の場合には，$\boldsymbol{e}_1 \otimes \boldsymbol{e}_1$，$\boldsymbol{e}_1 \otimes \boldsymbol{e}_2$，$\boldsymbol{e}_2 \otimes \boldsymbol{e}_1$，$\boldsymbol{e}_2 \otimes \boldsymbol{e}_2$に係数を付けた式からだけでは，$S^{ij}\boldsymbol{e}_i \otimes \boldsymbol{e}_j$で表しているのか，$S^{ij}\boldsymbol{e}_j \otimes \boldsymbol{e}_i$で表しているのか判断できません。ですから，厳密にいうと表記の仕方を宣言しない限り，(3.01)，(3.02) のような表現では$T^2(V)$の元が定まらないことになります。

しかし，特に断りがなければ，(3.01)，(3.02) のような式で与えられ

たテンソルは，$S^{ij}\boldsymbol{e}_i\otimes\boldsymbol{e}_j$で解釈することにしましょう。$S^{ij}\boldsymbol{e}_j\otimes\boldsymbol{e}_i$のような表記を許しておくのは，あとあとテンソル積の計算をするときにその方が便利だからです。そのとき，また注意を促すことにします。

$T^2(V)$の元Sの主役は，$S^{11}=3$，$S^{12}=4$，$S^{21}=5$，$S^{22}=6$という成分と数値の関係が本質であって，基底は添え物であると考えていたらよいでしょう。

次に，$T^3(V)$という線形空間を紹介しましょう。3個の$\boldsymbol{e}_1$と$\boldsymbol{e}_2$を⊗で組み合わせた，

$$\boldsymbol{e}_1\otimes\boldsymbol{e}_1\otimes\boldsymbol{e}_1 \quad \boldsymbol{e}_1\otimes\boldsymbol{e}_1\otimes\boldsymbol{e}_2 \quad \boldsymbol{e}_1\otimes\boldsymbol{e}_2\otimes\boldsymbol{e}_1 \quad \boldsymbol{e}_1\otimes\boldsymbol{e}_2\otimes\boldsymbol{e}_2$$
$$\boldsymbol{e}_2\otimes\boldsymbol{e}_1\otimes\boldsymbol{e}_1 \quad \boldsymbol{e}_2\otimes\boldsymbol{e}_1\otimes\boldsymbol{e}_2 \quad \boldsymbol{e}_2\otimes\boldsymbol{e}_2\otimes\boldsymbol{e}_1 \quad \boldsymbol{e}_2\otimes\boldsymbol{e}_2\otimes\boldsymbol{e}_2$$

という8個のものを基底とした8次元線形空間が$T^3(V)$です。これを3階の反変テンソル空間といいます。Vが2次元なので基底に含まれるベクトルが2個あり，$T^3(V)$の基底は$\boldsymbol{e}_1$，$\boldsymbol{e}_2$のどちらかを3個並べたものなので，2^3(個）になります。

続いて，$T^4(V)$であれば，基底は$\boldsymbol{e}_1$，$\boldsymbol{e}_2$のどちらかを4個並べたものなので，基底に含まれるベクトルの個数は2^4(個）になり，次元は$2^4=16$になります。

話は戻りますが，ベクトル空間Vはテンソル空間$T^1(V)$であるといえます。

$T^2(V)$の元Sと$V(=T^1(V))$の元Tについても$S\otimes T$を計算することができます。このとき，$S\otimes T$は$T^3(V)$の元になります。

$S=-3\boldsymbol{e}_1\otimes\boldsymbol{e}_2+2\boldsymbol{e}_2\otimes\boldsymbol{e}_1$，$T=3\boldsymbol{e}_1+4\boldsymbol{e}_2$であれば，

$$\begin{aligned} S\otimes T &= (-3\boldsymbol{e}_1\otimes\boldsymbol{e}_2+2\boldsymbol{e}_2\otimes\boldsymbol{e}_1)\otimes(3\boldsymbol{e}_1+4\boldsymbol{e}_2) \\ &= \underset{①}{-9\boldsymbol{e}_1\otimes\boldsymbol{e}_2\otimes\boldsymbol{e}_1}\underset{②}{-12\boldsymbol{e}_1\otimes\boldsymbol{e}_2\otimes\boldsymbol{e}_2}+\underset{③}{6\boldsymbol{e}_2\otimes\boldsymbol{e}_1\otimes\boldsymbol{e}_1}+\underset{④}{8\boldsymbol{e}_2\otimes\boldsymbol{e}_1\otimes\boldsymbol{e}_2} \end{aligned}$$

と計算できます。

ここまでのことをまとめておきます。

定義 3.01 **$T^r(V)$または$\underbrace{V\otimes\cdots\otimes V}_{r個}$**

Vをn次元線形空間，$\boldsymbol{e}_1$，$\boldsymbol{e}_2$，…，$\boldsymbol{e}_n$をVの基底とする。これらを組み合わせて作るn^r個の

$$\underbrace{\boldsymbol{e}_\square\otimes\boldsymbol{e}_\square\otimes\cdots\otimes\boldsymbol{e}_\square}_{r個}\quad（\squareには1からnまでの数が入る）$$

を基底とするn^r次元線形空間をr階の反変テンソル空間といい，$T^r(V)$または，$\underbrace{V\otimes V\otimes\cdots\otimes V}_{r個}$で表す。$T^r(V)$の元$S$は，

$$S^{ij\cdots k}\underbrace{\boldsymbol{e}_i\otimes\boldsymbol{e}_j\otimes\cdots\otimes\boldsymbol{e}_k}_{r個}$$ アインシュタインの縮約記法

と表される。$S^{ij\cdots k}$をテンソルの成分という。

r階の反変テンソル空間$T^r(V)$の元Sとs階の反変テンソル空間$T^s(V)$の元Tが与えられると，SとTのテンソル積$S\otimes T$を作ることができます。

$S\otimes T$は，$(r+s)$階の反変テンソル空間$T^{r+s}(V)$の元になります。

反変テンソル空間についてテンソル積⊗の成分計算をまとめると，次のようにまとまります。

定義 3.02 **$T^r(V)$のテンソル積**

$\boldsymbol{e}_1$，…，$\boldsymbol{e}_n$をVの基底とする。$T^2(V)$の元$S=S^{ij}\boldsymbol{e}_i\otimes\boldsymbol{e}_j$（成分は$n^2$個）と$T^1(V)$の元$T=T^k\boldsymbol{e}_k$（成分は$n$個）のテンソル積$S\otimes T$を$U$とすると，成分は$U^{ijk}=S^{ij}T^k$で定められ，

$$S\otimes T=S^{ij}T^k\boldsymbol{e}_i\otimes\boldsymbol{e}_j\otimes\boldsymbol{e}_k\quad（成分は n^3 個）$$
アインシュタインの縮約記法

$T^r(V)$の元S（成分はn^r個）と$T^s(V)$の元T（成分はn^s個）のテン

ソル積$S\otimes T$も上に倣うことが分かるでしょう。$S\otimes T$の成分はn^{r+s}個になります。

テンソル積は交換不可能，非可換という言葉を聞いたことがある人のために，以下コメントしておきます。

線形空間Vの基底$\boldsymbol{e}_i$を$\otimes$を組み合わせて作ることができる，$\boldsymbol{e}_i$，$\boldsymbol{e}_i\otimes\boldsymbol{e}_j$，$\boldsymbol{e}_i\otimes\boldsymbol{e}_j\otimes\boldsymbol{e}_k$，…，すべてを基底とする線形空間を$V$のテンソル代数といいます。このとき$\boldsymbol{e}_1\otimes\boldsymbol{e}_2$と$\boldsymbol{e}_3$のテンソル積は，順番通りに計算し，

$$(\boldsymbol{e}_1\otimes\boldsymbol{e}_2)\otimes\boldsymbol{e}_3=\boldsymbol{e}_1\otimes\boldsymbol{e}_2\otimes\boldsymbol{e}_3 \qquad \boldsymbol{e}_3\otimes(\boldsymbol{e}_1\otimes\boldsymbol{e}_2)=\boldsymbol{e}_3\otimes\boldsymbol{e}_1\otimes\boldsymbol{e}_2$$

となり，$\boldsymbol{e}_1\otimes\boldsymbol{e}_2\otimes\boldsymbol{e}_3\neq\boldsymbol{e}_3\otimes\boldsymbol{e}_1\otimes\boldsymbol{e}_2$ですから，テンソル代数のテンソル積は交換不可能になります。

一方，この本で扱うテンソル積は，形式的に順序を変えずに計算すると，

$$(S^{ij}\boldsymbol{e}_i\otimes\boldsymbol{e}_j)\otimes(T^k\boldsymbol{e}_k)=S^{ij}T^k\boldsymbol{e}_i\otimes\boldsymbol{e}_j\otimes\boldsymbol{e}_k$$

$$(T^k\boldsymbol{e}_k)\otimes(S^{ij}\boldsymbol{e}_i\otimes\boldsymbol{e}_j)=T^kS^{ij}\boldsymbol{e}_k\otimes\boldsymbol{e}_i\otimes\boldsymbol{e}_j$$

となりますが，上添え字に対応する基底をどこに書いてもよいことにしているので，第2式も，

$$T^kS^{ij}\boldsymbol{e}_k\otimes\boldsymbol{e}_i\otimes\boldsymbol{e}_j \ \rightarrow\ S^{ij}T^k\boldsymbol{e}_i\otimes\boldsymbol{e}_j\otimes\boldsymbol{e}_k$$

と表すことができます。$S^{ij}\boldsymbol{e}_i\otimes\boldsymbol{e}_j$と$T^k\boldsymbol{e}_k$のテンソル積は，$S^{ij}T^k$に基底$\boldsymbol{e}_i$，$\boldsymbol{e}_j$，$\boldsymbol{e}_k$を$\otimes$で結んだものを付けたものですから，$S^{ij}\boldsymbol{e}_i\otimes\boldsymbol{e}_j$と$T^k\boldsymbol{e}_k$の順序を入れ換えて表現しても同じテンソル積になります。

§2　基底の取り換えと成分の書き換え

線形空間の元は，基底の1次結合で表されました。基底のとり方はいくつもありますから，同じ元を表すのでも，基底が異なれば成分（1次結合の係数）が異なってきます。

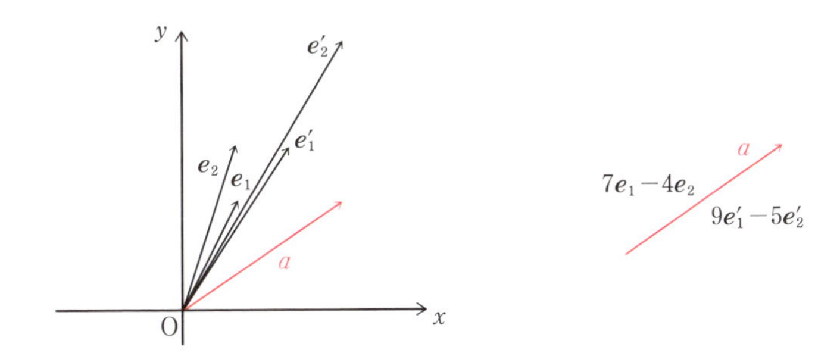

例えば，$e_1=\begin{pmatrix}1\\2\end{pmatrix}$, $e_2=\begin{pmatrix}1\\3\end{pmatrix}$とすると，$e_1$, e_2はR^2の基底になっています。

$e_1'=\begin{pmatrix}2\\3\end{pmatrix}$, $e_2'=\begin{pmatrix}3\\5\end{pmatrix}$でも，$e_1'$, e_2'はR^2の基底です。

e_1, e_2をR^2の基底としてとると，R^2の元$a=\begin{pmatrix}3\\2\end{pmatrix}$は，

$$7e_1-4e_2=7\begin{pmatrix}1\\2\end{pmatrix}-4\begin{pmatrix}1\\3\end{pmatrix}=\begin{pmatrix}3\\2\end{pmatrix}=a$$

とe_1, e_2の1次結合で表され，e_1', e_2'をR^2の基底とすると，

$$9e_1'-5e_2'=9\begin{pmatrix}2\\3\end{pmatrix}-5\begin{pmatrix}3\\5\end{pmatrix}=\begin{pmatrix}3\\2\end{pmatrix}=a$$

とe_1', e_2'の1次結合で表されます。1次結合の係数を成分と呼ぶことにします。固定したベクトルを表すとき，基底を取り換えれば，成分を書き換えなければなりません。

基底を取り換えたとき，ベクトルの成分はどのように書き換えなければならないでしょうか。さらに，テンソルの成分はどう書き換えなければならないでしょうか。

線形代数の本によっては，基底の取り換えについてあまりページを割いていないものもありますから，ベクトルの場合から復習することにします。

問題 3.03

$\boldsymbol{e}_1$，$\boldsymbol{e}_2$をVの基底，$\boldsymbol{e}'_1$，$\boldsymbol{e}'_2$もVの基底とする。これらに，

$$\boldsymbol{e}_1{}' = 2\boldsymbol{e}_1 + \boldsymbol{e}_2$$

$$\boldsymbol{e}_2{}' = 5\boldsymbol{e}_1 + 3\boldsymbol{e}_2$$

という関係がある。Vの元$\boldsymbol{v} = x^1\boldsymbol{e}_1 + x^2\boldsymbol{e}_2$を，$\boldsymbol{e}'_1$，$\boldsymbol{e}'_2$の1次結合で$\boldsymbol{v} = x'^1\boldsymbol{e}'_1 + x'^2\boldsymbol{e}'_2$と表すとき，$x'^1$，$x'^2$を$x^1$，$x^2$で表せ。

$\boldsymbol{e}_1$，$\boldsymbol{e}_2$と$\boldsymbol{e}_1{}'$，$\boldsymbol{e}_2{}'$の関係を，行列を用いて書くと，

$$(\boldsymbol{e}'_1,\ \boldsymbol{e}'_2) = (\boldsymbol{e}_1,\ \boldsymbol{e}_2)\begin{pmatrix} 2 & 5 \\ 1 & 3 \end{pmatrix} \tag{3.03}$$

となります。この行列を基底の取り換え行列と呼びます。

$$\boldsymbol{v} = x'^1\boldsymbol{e}'_1 + x'^2\boldsymbol{e}'_2 = (\boldsymbol{e}'_1,\ \boldsymbol{e}'_2)\begin{pmatrix} x'^1 \\ x'^2 \end{pmatrix} = (\boldsymbol{e}_1,\ \boldsymbol{e}_2)\begin{pmatrix} 2 & 5 \\ 1 & 3 \end{pmatrix}\begin{pmatrix} x'^1 \\ x'^2 \end{pmatrix}$$

これが，$\boldsymbol{v} = x^1\boldsymbol{e}_1 + x^2\boldsymbol{e}_2 = (\boldsymbol{e}_1,\ \boldsymbol{e}_2)\begin{pmatrix} x^1 \\ x^2 \end{pmatrix}$に等しく，$\boldsymbol{e}_1$，$\boldsymbol{e}_2$が基底なので係数を比べてよく，

$$\begin{pmatrix} 2 & 5 \\ 1 & 3 \end{pmatrix}\begin{pmatrix} x'^1 \\ x'^2 \end{pmatrix} = \begin{pmatrix} x^1 \\ x^2 \end{pmatrix}$$

という関係式が成り立っています。逆行列を左からかけて，

$$\begin{pmatrix}2 & 5\\1 & 3\end{pmatrix}^{-1}\begin{pmatrix}2 & 5\\1 & 3\end{pmatrix}\begin{pmatrix}x'^1\\x'^2\end{pmatrix}=\begin{pmatrix}2 & 5\\1 & 3\end{pmatrix}^{-1}\begin{pmatrix}x^1\\x^2\end{pmatrix}$$

積は単位行列になる

$A=\begin{pmatrix}a & b\\c & d\end{pmatrix}$ の逆行列 A^{-1} は，

$$A^{-1}=\frac{1}{ad-bc}\begin{pmatrix}d & -b\\-c & a\end{pmatrix}$$

ベクトルに単位行列をかけても変わらず

$$\begin{pmatrix}x'^1\\x'^2\end{pmatrix}=\begin{pmatrix}2 & 5\\1 & 3\end{pmatrix}^{-1}\begin{pmatrix}x^1\\x^2\end{pmatrix} \tag{3.04}$$

$$=\frac{1}{2\cdot3-1\cdot5}\begin{pmatrix}3 & -5\\-1 & 2\end{pmatrix}\begin{pmatrix}x^1\\x^2\end{pmatrix}=\begin{pmatrix}3x^1-5x^2\\-x^1+2x^2\end{pmatrix}$$

よって，

$$\boldsymbol{v}=x'^1\boldsymbol{e}'_1+x'^2\boldsymbol{e}'_2=(3x^1-5x^2)\boldsymbol{e}'_1+(-x^1+2x^2)\boldsymbol{e}'_2$$

となります。

問題の前の例では，$\boldsymbol{e}_1$，$\boldsymbol{e}_2$，$\boldsymbol{e}'_1$，$\boldsymbol{e}'_2$ で R^2 の元に具体的な数値を与えましたが，$\boldsymbol{e}_1$，$\boldsymbol{e}_2$，$\boldsymbol{e}'_1$，$\boldsymbol{e}'_2$ にかかる係数の変化を捉えるのであれば，問題のように基底の取り換え行列さえ分かればよいことが上の計算から分かると思います。

$\boldsymbol{e}_1$，$\boldsymbol{e}_2$，$\boldsymbol{e}'_1$，$\boldsymbol{e}'_2$ にかかる係数のことを成分ということにします。

取り換え行列を $A=\begin{pmatrix}2 & 5\\1 & 3\end{pmatrix}$，その逆行列を $B=\begin{pmatrix}2 & 5\\1 & 3\end{pmatrix}^{-1}$ とおいて，

(3.03)，(3.04) を書き換えると，

$$(\boldsymbol{e}'_1,\ \boldsymbol{e}'_2)=(\boldsymbol{e}_1,\ \boldsymbol{e}_2)A$$

（基底の取り換え）

$$\begin{pmatrix}x'^1\\x'^2\end{pmatrix}=B\begin{pmatrix}x^1\\x^2\end{pmatrix}$$

（成分の書き換え）

となります。基底の取り換え行列には，線形代数の定理により，つねに逆行列が存在します。

A，B が

$$A=\begin{pmatrix}a^1{}_1 & a^1{}_2\\a^2{}_1 & a^2{}_2\end{pmatrix},\ B=\begin{pmatrix}b^1{}_1 & b^1{}_2\\b^2{}_1 & b^2{}_2\end{pmatrix}$$

であれば，

$$(\boldsymbol{e}'_1,\ \boldsymbol{e}'_2)=(\boldsymbol{e}_1,\ \boldsymbol{e}_2)\begin{pmatrix} a^1{}_1 & a^1{}_2 \\ a^2{}_1 & a^2{}_2 \end{pmatrix}$$

（基底の取り換え）

$$\begin{pmatrix} x'^1 \\ x'^2 \end{pmatrix}=\begin{pmatrix} b^1{}_1 & b^1{}_2 \\ b^2{}_1 & b^2{}_2 \end{pmatrix}\begin{pmatrix} x^1 \\ x^2 \end{pmatrix}$$

（成分の書き換え）

となります。

基底の取り換え行列 A と成分の書き換え行列 B は互いに逆行列の関係にあるといえます。

これをアインシュタインの縮約記法を用いて書くと，

$$\boldsymbol{e}'_i=a^j{}_i\boldsymbol{e}_j$$

（基底の取り換え）

$$x'^i=b^i{}_jx^j$$

（成分の書き換え）

となります。こう書いておくと，V の次元が一般の n の場合も表すことができます。i，j が 1 から n までを動くと考えればよいのです。

右辺の j は，上と下に現れています。このように上と下に出てくる添え字は左辺には出てこなくなることを観察しましょう。

行列で考えたことは，アインシュタインの縮約記法を用いても確かめることができます。

A，B が互いに逆行列の関係になりますから，

$AB=E$，$BA=E$（単位行列）であり，

$$\begin{pmatrix} a^1{}_1 & a^1{}_2 \\ a^2{}_1 & a^2{}_2 \end{pmatrix}\begin{pmatrix} b^1{}_1 & b^1{}_2 \\ b^2{}_1 & b^2{}_2 \end{pmatrix}=\begin{pmatrix} 1 & 0 \\ 0 & 1 \end{pmatrix}\qquad\begin{pmatrix} b^1{}_1 & b^1{}_2 \\ b^2{}_1 & b^2{}_2 \end{pmatrix}\begin{pmatrix} a^1{}_1 & a^1{}_2 \\ a^2{}_1 & a^2{}_2 \end{pmatrix}=\begin{pmatrix} 1 & 0 \\ 0 & 1 \end{pmatrix}$$

となりますが，これを縮約記号を用いて表すと，

$$a^i{}_jb^j{}_k=\delta^i{}_k\qquad b^i{}_ja^j{}_k=\delta^i{}_k$$

となります。

このことを用いましょう。

問題 3.04

基底$\boldsymbol{e}_i$と基底$\boldsymbol{e}'_i$の間に，$\boldsymbol{e}'_i = a^j{}_i \boldsymbol{e}_j$が成り立っているものとする。

(1)　$x^i \boldsymbol{e}_i = x'^i \boldsymbol{e}'_i$から，$x'^i = b^i{}_j x^j$を導け。

(2)　$x'^i = b^i{}_j x^j$から，$x'^i \boldsymbol{e}'_i = x^i \boldsymbol{e}_i$を導け。

(1)　$\boldsymbol{e}'_i = a^j{}_i \boldsymbol{e}_j$の両辺に$b^i{}_k$をかけて，

$$b^i{}_k \boldsymbol{e}'_i = b^i{}_k a^j{}_i \boldsymbol{e}_j = a^j{}_i b^i{}_k \boldsymbol{e}_j$$

$$= \delta^j{}_k \boldsymbol{e}_j$$

クロネッカーのデルタは添え字を入れ換えることになります

$$= \boldsymbol{e}_k$$

kをjにして，$b^i{}_j \boldsymbol{e}'_i = \boldsymbol{e}_j$　(3.05)

これを$x'^i \boldsymbol{e}'_i = x^j \boldsymbol{e}_j$の右辺に代入して，

$$x'^i \boldsymbol{e}'_i = x^j b^i{}_j \boldsymbol{e}'_i$$

$\boldsymbol{e}'_i$は基底なので両辺の$\boldsymbol{e}'_i$の係数は等しく，$x'^i = b^i{}_j x^j$

(2)　$x^i \boldsymbol{e}_i = x^j \boldsymbol{e}_j = x^j b^i{}_j \boldsymbol{e}'_i = b^i{}_j x^j \boldsymbol{e}'_i = x'^i \boldsymbol{e}'_i$

(3.05) より

このように縮約記法の計算の方が簡潔なのですが，もうしばらくは行列の計算と併記していきます。

問題の結果をまとめておくと，

定理 3.05　**基底の取り換え行列と成分の書き換え行列は互いに逆行列**

基底$\boldsymbol{e}_i$と基底$\boldsymbol{e}'_i$の間に，$\boldsymbol{e}'_i = a^j{}_i \boldsymbol{e}_j$が成り立ち，

$a^i{}_j$と$b^i{}_j$の間に$a^i{}_j b^j{}_k = b^i{}_j a^j{}_k = \delta^i{}_k$が成り立つとき，

$$x^i \boldsymbol{e}_i = x'^i \boldsymbol{e}'_i \quad \Leftrightarrow \quad x'^i = b^i{}_j x^j$$

ベクトルの基底の取り換えに続いて，テンソルの基底の取り換えをしたときに，成分をどう書き換えたらよいのか調べてみましょう。

Vの基底が$\boldsymbol{e}_1$，$\boldsymbol{e}_2$のとき，$T^2(V)$の基底は

$$\boldsymbol{e}_1\otimes\boldsymbol{e}_1 \qquad \boldsymbol{e}_1\otimes\boldsymbol{e}_2 \qquad \boldsymbol{e}_2\otimes\boldsymbol{e}_1 \qquad \boldsymbol{e}_2\otimes\boldsymbol{e}_2$$

でした。Vの基底を$\boldsymbol{e}'_1$，$\boldsymbol{e}'_2$に取り換えるとき，これに伴って，$T^2(V)$の基底も，

$$\boldsymbol{e}'_1\otimes\boldsymbol{e}'_1 \qquad \boldsymbol{e}'_1\otimes\boldsymbol{e}'_2 \qquad \boldsymbol{e}'_2\otimes\boldsymbol{e}'_1 \qquad \boldsymbol{e}'_2\otimes\boldsymbol{e}'_2$$

に取り換えると考えます。

問題であたってみましょう。

問題 3.06

$\boldsymbol{e}_1$，$\boldsymbol{e}_2$をVの基底，$\boldsymbol{e}'_1$，$\boldsymbol{e}'_2$をVの基底とする。これらに，

$$\boldsymbol{e}'_1=2\boldsymbol{e}_1+\boldsymbol{e}_2$$

$$\boldsymbol{e}'_2=5\boldsymbol{e}_1+3\boldsymbol{e}_2$$

という関係がある。$T^2(V)$の元Sを

$$S=\boldsymbol{e}_1\otimes\boldsymbol{e}_2+3\boldsymbol{e}_2\otimes\boldsymbol{e}_1$$

とする。Sを，基底を$\boldsymbol{e}'_1\otimes\boldsymbol{e}'_1$，$\boldsymbol{e}'_1\otimes\boldsymbol{e}'_2$，$\boldsymbol{e}'_2\otimes\boldsymbol{e}'_1$，$\boldsymbol{e}'_2\otimes\boldsymbol{e}'_2$に取り換えて表せ。

行列を用いて書くと，

$$(\boldsymbol{e}_1,\ \boldsymbol{e}_2)\begin{pmatrix}2 & 5\\ 1 & 3\end{pmatrix}=(\boldsymbol{e}'_1,\ \boldsymbol{e}'_2)$$

この式から，$\boldsymbol{e}_1$，$\boldsymbol{e}_2$を$\boldsymbol{e}'_1$，$\boldsymbol{e}'_2$で表しましょう。この式に右から逆行列をかけて，

$$(\boldsymbol{e}_1,\ \boldsymbol{e}_2)\underline{\begin{pmatrix}2 & 5\\ 1 & 3\end{pmatrix}\begin{pmatrix}2 & 5\\ 1 & 3\end{pmatrix}^{-1}}=(\boldsymbol{e}'_1,\ \boldsymbol{e}'_2)\begin{pmatrix}2 & 5\\ 1 & 3\end{pmatrix}^{-1}$$

積は単位行列になる

$$(\boldsymbol{e}_1,\ \boldsymbol{e}_2)=(\boldsymbol{e}'_1,\ \boldsymbol{e}'_2)\frac{1}{2\cdot 3-1\cdot 5}\begin{pmatrix}3 & -5\\ -1 & 2\end{pmatrix}=(\boldsymbol{e}'_1,\ \boldsymbol{e}'_2)\begin{pmatrix}3 & -5\\ -1 & 2\end{pmatrix}$$

これより，

$$\boldsymbol{e}_1=3\boldsymbol{e}'_1-\boldsymbol{e}'_2 \qquad \boldsymbol{e}_2=-5\boldsymbol{e}'_1+2\boldsymbol{e}'_2$$

S の $\boldsymbol{e}_1$，$\boldsymbol{e}_2$ を，これで書き換えます。

$$
\begin{aligned}
S &= \boldsymbol{e}_1\otimes\boldsymbol{e}_2 + 3\boldsymbol{e}_2\otimes\boldsymbol{e}_1 \\
&= (3\boldsymbol{e}'_1 - \boldsymbol{e}'_2)\otimes(-5\boldsymbol{e}'_1 + 2\boldsymbol{e}'_2) + 3(-5\boldsymbol{e}'_1 + 2\boldsymbol{e}'_2)\otimes(3\boldsymbol{e}'_1 - \boldsymbol{e}'_2) \\
&= \underset{①}{-15\boldsymbol{e}'_1\otimes\boldsymbol{e}'_1} + \underset{②}{6\boldsymbol{e}'_1\otimes\boldsymbol{e}'_2} + \underset{③}{5\boldsymbol{e}'_2\otimes\boldsymbol{e}'_1} \underset{④}{- 2\boldsymbol{e}'_2\otimes\boldsymbol{e}'_2} \\
&\qquad + 3(\underset{⑤}{-15\boldsymbol{e}'_1\otimes\boldsymbol{e}'_1} + \underset{⑥}{5\boldsymbol{e}'_1\otimes\boldsymbol{e}'_2} + \underset{⑦}{6\boldsymbol{e}'_2\otimes\boldsymbol{e}'_1} \underset{⑧}{- 2\boldsymbol{e}'_2\otimes\boldsymbol{e}'_2}) \\
&= -60\boldsymbol{e}'_1\otimes\boldsymbol{e}'_1 + 21\boldsymbol{e}'_1\otimes\boldsymbol{e}'_2 + 23\boldsymbol{e}'_2\otimes\boldsymbol{e}'_1 - 8\boldsymbol{e}'_2\otimes\boldsymbol{e}'_2
\end{aligned}
$$

V が n 次元の場合，$T^r(V)$ の場合でも，基底の取り換えは同じ要領でできます。

基底 $\boldsymbol{e}_i$ と基底 $\boldsymbol{e}'_i$ との間に，$\boldsymbol{e}'_i = a^j{}_i\boldsymbol{e}_j$ が成り立つとき，2 階の反変テンソル $S = S^{ij}\boldsymbol{e}_i\otimes\boldsymbol{e}_j$ の基底を $\boldsymbol{e}'_i\otimes\boldsymbol{e}'_j$ に取り換えると，**問題 3.04** の途中式 (3.05)，$b^i{}_j\boldsymbol{e}'_i = \boldsymbol{e}_j$ を用いて，

$$S^{ij}\boldsymbol{e}_i\otimes\boldsymbol{e}_j = S^{ij}(b^k{}_i\boldsymbol{e}'_k)\otimes(b^l{}_j\boldsymbol{e}'_l) = b^k{}_i b^l{}_j S^{ij}\boldsymbol{e}'_k\otimes\boldsymbol{e}'_l$$

となります。$S = S'^{kl}\boldsymbol{e}'_k\otimes\boldsymbol{e}'_l$ とすれば，$S'^{kl} = b^k{}_i b^l{}_j S^{ij}$ となります。

逆に，S^{ij} と S'^{kl} の間に $S'^{kl} = b^k{}_i b^l{}_j S^{ij}$ という関係があるとき，

$$S'^{kl}\boldsymbol{e}'_k\otimes\boldsymbol{e}'_l = b^k{}_i b^l{}_j S^{ij}\boldsymbol{e}'_k\otimes\boldsymbol{e}'_l = S^{ij}(b^k{}_i\boldsymbol{e}'_k)\otimes(b^l{}_j\boldsymbol{e}'_l) = S^{ij}\boldsymbol{e}_i\otimes\boldsymbol{e}_j$$

となります。

3 階になっても同様です。$S = S^{ijk}\boldsymbol{e}_i\otimes\boldsymbol{e}_j\otimes\boldsymbol{e}_k$ の基底を $\boldsymbol{e}'_i\otimes\boldsymbol{e}'_j\otimes\boldsymbol{e}'_k$ に取り換えて，$S = S'^{lmn}\boldsymbol{e}'_l\otimes\boldsymbol{e}'_m\otimes\boldsymbol{e}'_n$ となったのであれば，S^{ijk} と S'^{lmn} の間には，同様に計算して $S'^{lmn} = b^l{}_i b^m{}_j b^n{}_k S^{ijk}$ という関係があります。

定理 3.07　**$T^r(V)$ の基底の取り換えと成分の書き換え**

V の基底 $\boldsymbol{e}_i$ と基底 $\boldsymbol{e}'_i$ の間に $\boldsymbol{e}'_i = a^j{}_i\boldsymbol{e}_j$ $(b^i{}_j\boldsymbol{e}'_i = \boldsymbol{e}_j)$ が成り立っている。$T^r(V)$ の元 S が，基底 $\boldsymbol{e}_i$ と基底 $\boldsymbol{e}'_i$ で表されるとき，

$$S^{\overbrace{i\cdots j}^{r\text{コ}}}\underbrace{\boldsymbol{e}_i\otimes\cdots\otimes\boldsymbol{e}_j}_{r\text{コ}} = S'^{\overbrace{i\cdots j}^{r\text{コ}}}\underbrace{\boldsymbol{e}'_i\otimes\cdots\otimes\boldsymbol{e}'_j}_{r\text{コ}} \iff S'^{\overbrace{k\cdots l}^{r\text{コ}}} = \underbrace{b^k{}_i\cdots b^l{}_j}_{r\text{コ}} S^{\overbrace{i\cdots j}^{r\text{コ}}}$$

§3　$T^r{}_s(V)$

これから線形空間 V に対して，V^* という線形空間を次のようにして作ります。

2次元線形空間が V，V^* と2つあるものとします。

V の基底を $\boldsymbol{e}_1$，$\boldsymbol{e}_2$，V^* の基底を $\boldsymbol{f}^1$，$\boldsymbol{f}^2$ とします。

V の基底を，$\boldsymbol{e}_1$，$\boldsymbol{e}_2$ から $\boldsymbol{e}'_1$，$\boldsymbol{e}'_2$ に取り換えるとき，

V^* の基底も，$\boldsymbol{f}^1$，$\boldsymbol{f}^2$ から $\boldsymbol{f}'^1$，$\boldsymbol{f}'^2$ に取り換えるというルールにします。

ここで，$\boldsymbol{e}_1$，$\boldsymbol{e}_2$ を $\boldsymbol{e}'_1$，$\boldsymbol{e}'_2$ に取り換えるときの取り換え行列を A とすると，$\boldsymbol{f}^1$，$\boldsymbol{f}^2$ から $\boldsymbol{f}'^1$，$\boldsymbol{f}'^2$ への取り換え行列が A の逆行列 A^{-1} であるように取り換えます。

A の成分を $a^i{}_j$，$B=A^{-1}$ の成分を $b^i{}_j$ とすれば，

$$(\boldsymbol{e}'_1,\ \boldsymbol{e}'_2)=(\boldsymbol{e}_1,\ \boldsymbol{e}_2)\begin{pmatrix} a^1{}_1 & a^1{}_2 \\ a^2{}_1 & a^2{}_2 \end{pmatrix}$$

$$\boldsymbol{e}'_i=a^j{}_i\boldsymbol{e}_j$$

（V の基底の取り換え）

$$\begin{pmatrix} \boldsymbol{f}'^1 \\ \boldsymbol{f}'^2 \end{pmatrix}=\begin{pmatrix} b^1{}_1 & b^1{}_2 \\ b^2{}_1 & b^2{}_2 \end{pmatrix}\begin{pmatrix} \boldsymbol{f}^1 \\ \boldsymbol{f}^2 \end{pmatrix}$$

$$\boldsymbol{f}'^i=b^i{}_j\boldsymbol{f}^j$$

（V^* の基底の取り換え）

V の基底の取り換えに対して，このような基底の取り換えルールを持つ線形空間 V^* を V の**双対空間**，$\boldsymbol{f}^1$，$\boldsymbol{f}^2$ を $\boldsymbol{e}_1$，$\boldsymbol{e}_2$ の**双対基底**，$\boldsymbol{f}'^1$，$\boldsymbol{f}'^2$ を $\boldsymbol{e}'_1$，$\boldsymbol{e}'_2$ の双対基底といいます。

V の基底を取り換えるときは，これと連動して，V^* の基底も取り換えて，そのルールが逆になっているというわけです。

双対基底 $\boldsymbol{f}^i$ には上添え字を用いること，行列の表現のときは $\boldsymbol{f}^i$ を縦に並べることに注意しましょう。

$\boldsymbol{f}^i$ になぜこのような基底の取り換えの規則を課すかは，あとになって分かります。その理由を述べる前に，$\boldsymbol{f}^i$ を用いてテンソル空間を拡張し，それに関する演算を紹介しておきましょう。

定義 3.08　**双対空間，双対基底**

n 次元線形空間 V，V^* がある。V の基底を $\boldsymbol{e}_i$ から $\boldsymbol{e}'_i$ に取り換えるときには，V^* の基底を $\boldsymbol{f}^i$ から $\boldsymbol{f}'^i$ に取り換え，これらの間に，

$$\boldsymbol{e}'_i = a^j{}_i \boldsymbol{e}_j \qquad \boldsymbol{f}'^i = b^i{}_j \boldsymbol{f}^j \qquad (a^i{}_j b^j{}_k = \delta^i{}_k)$$

が成り立つとき，V^* を V の双対空間，$\boldsymbol{f}^i$ を $\boldsymbol{e}_i$ の双対基底，$\boldsymbol{f}'^i$ を $\boldsymbol{e}'_i$ の双対基底という。

線形代数の他の本も読まれる方は，双対基底の定義がこの本とは異なることに注意してください。

正統では，双対基底 $\boldsymbol{f}^i$ は，V の基底 $\boldsymbol{e}_i$ に対して，$\boldsymbol{f}^i(\boldsymbol{e}_j) = \delta^i{}_j$ を満たす V から R への線形写像として定義し，$\boldsymbol{f}^i(\boldsymbol{e}_j) = \delta^i{}_j$，$\boldsymbol{f}'^i(\boldsymbol{e}'_j) = \delta^i{}_j$ から，$\boldsymbol{f}'^i = b^i{}_j \boldsymbol{f}^j$ を導く流れになります。

この議論を省略するために，ここでは先に $\boldsymbol{f}'^i = b^i{}_j \boldsymbol{f}^j$ を与えています。

この双対基底 $\boldsymbol{f}^i$ も用いて，$T^r(V)$ を拡張していきます。

V の基底 $\boldsymbol{e}_i$ から反変テンソル空間を作りました。V の基底 $\boldsymbol{e}_i$ と V^* の基底 $\boldsymbol{f}^i$ を取り交ぜて，**混合テンソル空間**というものを作ります。ちなみに，アインシュタインの重力場方程式の左辺で使われているリーマン曲率テンソルは混合テンソルですから，これを避けて通ることはできません。

$\boldsymbol{e}_1$，$\boldsymbol{e}_2$，$\boldsymbol{f}^1$，$\boldsymbol{f}^2$ から，$\boldsymbol{e}_i$ を 1 個，$\boldsymbol{f}^i$ を 1 個取り出して $\otimes$ で結びつけた

$$\boldsymbol{e}_1 \otimes \boldsymbol{f}^1,\ \boldsymbol{e}_1 \otimes \boldsymbol{f}^2,\ \boldsymbol{e}_2 \otimes \boldsymbol{f}^1,\ \boldsymbol{e}_2 \otimes \boldsymbol{f}^2$$

という 4 個のものを基底とした 4 次元線形空間を，**1 階反変・1 階共変の**

テンソル空間といい$T^1{}_1(V)$，または$V\otimes V^*$と表します。

また，$\boldsymbol{e}_1$，$\boldsymbol{e}_2$，$\boldsymbol{f}^1$，$\boldsymbol{f}^2$から，$\boldsymbol{e}_i$を1個，$\boldsymbol{f}^i$を2個取り出して$\otimes$で結びつけた

$$\boldsymbol{e}_1\otimes\boldsymbol{f}^1\otimes\boldsymbol{f}^1,\ \boldsymbol{e}_1\otimes\boldsymbol{f}^1\otimes\boldsymbol{f}^2,\ \boldsymbol{e}_1\otimes\boldsymbol{f}^2\otimes\boldsymbol{f}^1,\ \boldsymbol{e}_1\otimes\boldsymbol{f}^2\otimes\boldsymbol{f}^2,$$

$$\boldsymbol{e}_2\otimes\boldsymbol{f}^1\otimes\boldsymbol{f}^1,\ \boldsymbol{e}_2\otimes\boldsymbol{f}^1\otimes\boldsymbol{f}^2,\ \boldsymbol{e}_2\otimes\boldsymbol{f}^2\otimes\boldsymbol{f}^1,\ \boldsymbol{e}_2\otimes\boldsymbol{f}^2\otimes\boldsymbol{f}^2$$

という8個のものを基底とした8次元線形空間を，1階反変・2階共変のテンソル空間といい$T^1{}_2(V)$，または$V\otimes V^*\otimes V^*$と表します。

混合テンソルについても，テンソル積$\otimes$を計算することができます。

$T^1{}_1(V)$すなわち$V\otimes V^*$［基底は$\boldsymbol{e}_i\otimes\boldsymbol{f}^j$］の元$S$と

$T_1(V)$すなわちV^*［基底は$\boldsymbol{f}^i$］の元Tのテンソル積$S\otimes T$は，

$T^1{}_2(V)$すなわち$V\otimes V^*\otimes V^*$［基底は$\boldsymbol{e}_i\otimes\boldsymbol{f}^j\otimes\boldsymbol{f}^k$］の元になります。

これについてもテンソル積$\otimes$の入った具体的な計算をしておきましょう。

次の計算ができれば，混合テンソルの和，スカラー倍，テンソル積の計算まで分かったことになります。

問題 3.09

$T^1{}_1(V)$の元$S=\boldsymbol{e}_1\otimes\boldsymbol{f}^1-2\boldsymbol{e}_2\otimes\boldsymbol{f}^2$，$U=3\boldsymbol{e}_1\otimes\boldsymbol{f}^1$

$T_1(V)$の元$W=3\boldsymbol{f}^2$，$Z=2\boldsymbol{f}^1-\boldsymbol{f}^2$

のとき，$2S\otimes W+U\otimes Z$を計算せよ。

$$2S\otimes W+U\otimes Z=2(\boldsymbol{e}_1\otimes\boldsymbol{f}^1-2\boldsymbol{e}_2\otimes\boldsymbol{f}^2)\otimes 3\boldsymbol{f}^2+3\boldsymbol{e}_1\otimes\boldsymbol{f}^1\otimes(2\boldsymbol{f}^1-\boldsymbol{f}^2)$$

①　②　③　④

$$=\underset{①}{6\boldsymbol{e}_1\otimes\boldsymbol{f}^1\otimes\boldsymbol{f}^2}-\underset{②}{12\boldsymbol{e}_2\otimes\boldsymbol{f}^2\otimes\boldsymbol{f}^2}+\underset{③}{6\boldsymbol{e}_1\otimes\boldsymbol{f}^1\otimes\boldsymbol{f}^1}-\underset{④}{3\boldsymbol{e}_1\otimes\boldsymbol{f}^1\otimes\boldsymbol{f}^2}$$

$$=3\boldsymbol{e}_1\otimes\boldsymbol{f}^1\otimes\boldsymbol{f}^2+6\boldsymbol{e}_1\otimes\boldsymbol{f}^1\otimes\boldsymbol{f}^1-12\boldsymbol{e}_2\otimes\boldsymbol{f}^2\otimes\boldsymbol{f}^2$$

混合テンソル空間のことをまとめておきましょう。

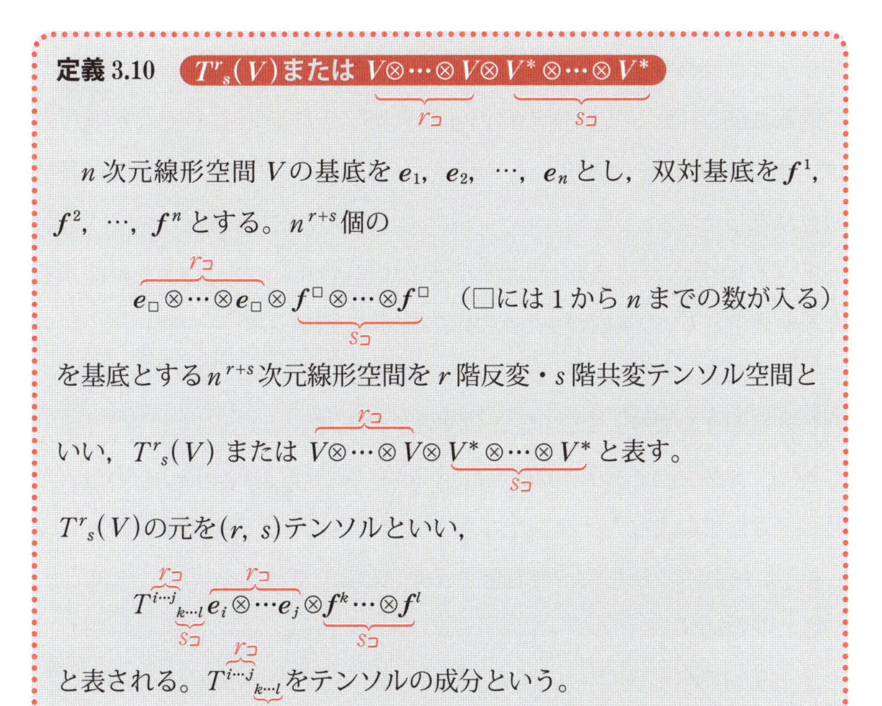

定義 3.10　$T^r{}_s(V)$ または $\underbrace{V\otimes\cdots\otimes V}_{r\text{コ}}\otimes\underbrace{V^*\otimes\cdots\otimes V^*}_{s\text{コ}}$

n 次元線形空間 V の基底を $\boldsymbol{e}_1$, $\boldsymbol{e}_2$, $\cdots$, $\boldsymbol{e}_n$ とし，双対基底を $\boldsymbol{f}^1$, $\boldsymbol{f}^2$, $\cdots$, $\boldsymbol{f}^n$ とする。n^{r+s} 個の

$$\overbrace{\boldsymbol{e}_\square\otimes\cdots\otimes\boldsymbol{e}_\square}^{r\text{コ}}\otimes\underbrace{\boldsymbol{f}^\square\otimes\cdots\otimes\boldsymbol{f}^\square}_{s\text{コ}}\quad(\square\text{には 1 から } n \text{ までの数が入る})$$

を基底とする n^{r+s} 次元線形空間を r 階反変・s 階共変テンソル空間といい，$T^r{}_s(V)$ または $\overbrace{V\otimes\cdots\otimes V}^{r\text{コ}}\otimes\underbrace{V^*\otimes\cdots\otimes V^*}_{s\text{コ}}$ と表す。

$T^r{}_s(V)$の元を$(r,\ s)$テンソルといい，

$$T^{\overbrace{i\cdots j}^{r\text{コ}}}{}_{\underbrace{k\cdots l}_{s\text{コ}}}\overbrace{\boldsymbol{e}_i\otimes\cdots\boldsymbol{e}_j}^{r\text{コ}}\otimes\underbrace{\boldsymbol{f}^k\cdots\otimes\boldsymbol{f}^l}_{s\text{コ}}$$

と表される。$T^{\overbrace{i\cdots j}^{r\text{コ}}}{}_{\underbrace{k\cdots l}_{s\text{コ}}}$ をテンソルの成分という。

r を反変次数，s を共変次数と呼ぶことがあります。

いくつか補足をしておきます。

V は $r=1$, $s=0$ のときと見て，1 階反変テンソル空間であるということができます。V の元を反変ベクトルと呼ぶことがあります。

また，V^* は $r=0$, $s=1$ のときと見て，1 階共変テンソル空間であるということができます。V^* の元を共変ベクトルと呼ぶことがあります。

$r=0$, $s=0$ のときは，成分だけになって，スカラーと見なします。

r 階反変・s 階共変テンソルを $(r,\ s)$ テンソルと略記することがあります。

上のテンソル空間の定義では，V の基底 $\boldsymbol{e}_i$ と V^* の基底 $\boldsymbol{f}^j$ があるとき，

$\boldsymbol{e}_i$から先に並べて，そのあとに$\boldsymbol{f}^j$を並べて，$\boldsymbol{e}_i\otimes\cdots\otimes\boldsymbol{e}_j\otimes\boldsymbol{f}^k\otimes\cdots\otimes\boldsymbol{f}^l$と基底を作りました。しかし，$\boldsymbol{e}_i$を$\boldsymbol{f}^j$よりも先に並べなければいけないという決まりはありません。

問題 3.09 では，$T^1{}_1(V)$と$T_1(V)$のテンソル積をとるので，$\boldsymbol{e}_i\otimes\boldsymbol{f}^j$と$\boldsymbol{f}^k$のテンソル積をとると，$\boldsymbol{e}_i\otimes\boldsymbol{f}^j\otimes\boldsymbol{f}^k$というように$V$，$V^*$の順に基底が並びました。

$T^1{}_1(V)$の元$S=\boldsymbol{e}_1\otimes\boldsymbol{f}^1-2\boldsymbol{e}_2\otimes\boldsymbol{f}^2$と$T^1(V)$の元$U=3\boldsymbol{e}_1$のテンソル積をとるときは，$T^2{}_1$の基底が$\boldsymbol{e}$，$\boldsymbol{f}$の順に並ぶように

$$S\otimes U=(\boldsymbol{e}_1\otimes\boldsymbol{f}^1-2\boldsymbol{e}_2\otimes\boldsymbol{f}^2)\otimes 3\boldsymbol{e}_1=3\boldsymbol{e}_1\otimes\boldsymbol{e}_1\otimes\boldsymbol{f}^1-6\boldsymbol{e}_2\otimes\boldsymbol{e}_1\otimes\boldsymbol{f}^2$$

としてもかまいませんし，$\boldsymbol{e}$をそのまま右にして，

$$S\otimes U=(\boldsymbol{e}_1\otimes\boldsymbol{f}^1-2\boldsymbol{e}_2\otimes\boldsymbol{f}^2)\otimes 3\boldsymbol{e}_1=3\boldsymbol{e}_1\otimes\boldsymbol{f}^1\otimes\boldsymbol{e}_1-6\boldsymbol{e}_2\otimes\boldsymbol{f}^2\otimes\boldsymbol{e}_1$$

としてもかまいません。テンソル積をとるときは，S，Uに使われている$\boldsymbol{e}$，$\boldsymbol{f}$をどこに並べるかを決めておきさえすればよいのです。

これを定めず，

× $S\otimes U=(\boldsymbol{e}_2\otimes\boldsymbol{f}^1-2\boldsymbol{e}_2\otimes\boldsymbol{f}^2)\otimes 3\boldsymbol{e}_1=3\boldsymbol{e}_2\otimes\boldsymbol{f}^1\otimes\boldsymbol{e}_1-6\boldsymbol{e}_2\otimes\boldsymbol{e}_1\otimes\boldsymbol{f}^2$

右辺第1項では$3e_1$のe_1が右端に，第2項では真ん中にある

などとしてはいけません。

定義 3.11　**$T^r{}_s(V)$のテンソル積**

$T^1{}_1(V)$の元$S=S^i{}_j\boldsymbol{e}_i\otimes\boldsymbol{f}^j$と$T^2{}_1(V)$の元$T=T^{kl}{}_m\boldsymbol{e}_k\otimes\boldsymbol{e}_l\otimes\boldsymbol{f}^m$のテンソル積を$U$とすると成分は$U^{ikl}{}_{jm}=S^i{}_jT^{kl}{}_m$で定められ，

$$S\otimes T=S^i{}_jT^{kl}{}_m\boldsymbol{e}_i\otimes\boldsymbol{e}_k\otimes\boldsymbol{e}_l\otimes\boldsymbol{f}^j\otimes\boldsymbol{f}^m$$

§4　テンソルの縮約・縮合

ここまでで出てきたテンソルの演算は，テンソルの和，差，スカラー倍，テンソル積です。

これ以外に，混合テンソルについては，縮約という演算をすることができます。2 階以上の混合テンソルから，新しいテンソルを作り出すのが縮約です。

$T^2{}_1(V)$の元 T（成分は$T^{ij}{}_k$）を具体的に

$$T=3\boldsymbol{e}_1\otimes\boldsymbol{e}_1\otimes\boldsymbol{f}^1+\boldsymbol{e}_1\otimes\boldsymbol{e}_1\otimes\boldsymbol{f}^2-2\boldsymbol{e}_1\otimes\boldsymbol{e}_2\otimes\boldsymbol{f}^1+2\boldsymbol{e}_1\otimes\boldsymbol{e}_2\otimes\boldsymbol{f}^2$$
$$+\boldsymbol{e}_2\otimes\boldsymbol{e}_1\otimes\boldsymbol{f}^1-\boldsymbol{e}_2\otimes\boldsymbol{e}_1\otimes\boldsymbol{f}^2+3\boldsymbol{e}_2\otimes\boldsymbol{e}_2\otimes\boldsymbol{f}^1+3\boldsymbol{e}_2\otimes\boldsymbol{e}_2\otimes\boldsymbol{f}^2$$

とおきます。

これに対して，$T^{ij}{}_k$の上の右添え字 (j) と下の添え字 (k) を縮約したテンソルは次のように与えられます。

$j=k$ となる成分を抜き出して和をとり，$\boldsymbol{e}_i\otimes\boldsymbol{e}_j\otimes\boldsymbol{f}^k$ の $\boldsymbol{e}_j\otimes\boldsymbol{f}^k$ の部分を落とします。

$$T=3\boldsymbol{e}_1\otimes\boldsymbol{e}_1\otimes\boldsymbol{f}^1+\boldsymbol{e}_1\otimes\boldsymbol{e}_1\otimes\boldsymbol{f}^2-2\boldsymbol{e}_1\otimes\boldsymbol{e}_2\otimes\boldsymbol{f}^1+2\boldsymbol{e}_1\otimes\boldsymbol{e}_2\otimes\boldsymbol{f}^2$$
$$+\boldsymbol{e}_2\otimes\boldsymbol{e}_1\otimes\boldsymbol{f}^1-\boldsymbol{e}_2\otimes\boldsymbol{e}_1\otimes\boldsymbol{f}^2+3\boldsymbol{e}_2\otimes\boldsymbol{e}_2\otimes\boldsymbol{f}^1+3\boldsymbol{e}_2\otimes\boldsymbol{e}_2\otimes\boldsymbol{f}^2$$

$3\boldsymbol{e}_1\otimes\boldsymbol{e}_{①}\otimes\boldsymbol{f}^{①}$と$2\boldsymbol{e}_1\otimes\boldsymbol{e}_{②}\otimes\boldsymbol{f}^{②}$から，$(3+2)\boldsymbol{e}_1$

$\boldsymbol{e}_2\otimes\boldsymbol{e}_{①}\otimes\boldsymbol{f}^{①}$と$3\boldsymbol{e}_2\otimes\boldsymbol{e}_{②}\otimes\boldsymbol{f}^{②}$から，$(1+3)\boldsymbol{e}_2$

となりますから，縮約したテンソルは，$T^1(V)$の元で$5\boldsymbol{e}_1+4\boldsymbol{e}_2$となります。

これを文字で表すと，$T^2{}_1(V)$の元$T^{ij}{}_k\boldsymbol{e}_i\otimes\boldsymbol{e}_j\otimes\boldsymbol{f}^k$に対して，$\boldsymbol{e}_j\otimes\boldsymbol{f}^k$を落とし，$k=j$として，$T^{ij}{}_k$で$k$を$j$に置き換え，$T^{ij}{}_j\boldsymbol{e}_i$で表されます。実際，

$$T^{ij}{}_j\boldsymbol{e}_i=T^{1j}{}_j\boldsymbol{e}_1+T^{2j}{}_j\boldsymbol{e}_2$$
$$=(T^{11}{}_1+T^{12}{}_2)\boldsymbol{e}_1+(T^{21}{}_1+T^{22}{}_2)\boldsymbol{e}_2$$

となります。これが縮約（contraction）です。アインシュタインの縮約記法（Einstein's convention）と同じ訳語を与えますが，混乱はないでしょう。

上では，添え字 j と k に関して縮約をとりましたが，i と k に関して縮約をとれば，異なる結果を得ます。

問題 3.12

上の T（成分を $T^{ij}{}_k$ とする）に対して，i と k を縮約したテンソルを求めよ。

$T^{ij}{}_k \boldsymbol{e}_i \otimes \boldsymbol{e}_j \otimes \boldsymbol{f}^k$ に対して，$T^{ij}{}_i \boldsymbol{e}_j$ を計算します。

$$T = 3\boldsymbol{e}_1 \otimes \boldsymbol{e}_1 \otimes \boldsymbol{f}^1 + \boldsymbol{e}_1 \otimes \boldsymbol{e}_1 \otimes \boldsymbol{f}^2 - 2\boldsymbol{e}_1 \otimes \boldsymbol{e}_2 \otimes \boldsymbol{f}^1 + 2\boldsymbol{e}_1 \otimes \boldsymbol{e}_2 \otimes \boldsymbol{f}^2$$
$$+ \boldsymbol{e}_2 \otimes \boldsymbol{e}_1 \otimes \boldsymbol{f}^1 - \boldsymbol{e}_2 \otimes \boldsymbol{e}_1 \otimes \boldsymbol{f}^2 + 3\boldsymbol{e}_2 \otimes \boldsymbol{e}_2 \otimes \boldsymbol{f}^1 + 3\boldsymbol{e}_2 \otimes \boldsymbol{e}_2 \otimes \boldsymbol{f}^2$$

$3\boldsymbol{e}_1 \otimes \boldsymbol{e}_1 \otimes \boldsymbol{f}^1$ と $-\boldsymbol{e}_2 \otimes \boldsymbol{e}_1 \otimes \boldsymbol{f}^2$ から，$(3-1)\boldsymbol{e}_1$　　左端の e と右端の f を落とす

$-2\boldsymbol{e}_1 \otimes \boldsymbol{e}_2 \otimes \boldsymbol{f}^1$ と $3\boldsymbol{e}_2 \otimes \boldsymbol{e}_2 \otimes \boldsymbol{f}^2$ から，$(-2+3)\boldsymbol{e}_2$

よって，$2\boldsymbol{e}_1 + \boldsymbol{e}_2$

$T^1{}_1(V)$ を縮約することもできます。$\boldsymbol{e}_i \otimes \boldsymbol{f}^j$ を取ったら数しか残らないので，次のようにスカラーになります。

問題 3.13

$T^1{}_1(V)$ の元 $T = -\boldsymbol{e}_1 \otimes \boldsymbol{f}^1 + \boldsymbol{e}_1 \otimes \boldsymbol{f}^2 + 2\boldsymbol{e}_2 \otimes \boldsymbol{f}^1 + 3\boldsymbol{e}_2 \otimes \boldsymbol{f}^2$

の成分を $T^i{}_j$ とする。i と j を縮約したテンソルを求めよ。

$T^i{}_i$ を計算すると，$-\boldsymbol{e}_1 \otimes \boldsymbol{f}^1$ と $3\boldsymbol{e}_2 \otimes \boldsymbol{f}^2$ から，$(-1+3)=2$ となります。

縮約の計算法則を例でまとめておくと，次のようになります。

定義 3.14　テンソルの縮約

$T^2{}_2(V)$の元$T^{ij}{}_{kl}\boldsymbol{e}_i\otimes\boldsymbol{e}_j\otimes\boldsymbol{f}^k\otimes\boldsymbol{f}^l$を$j$，$k$について縮約すると，
$T^1{}_1(V)$の元$T^{ij}{}_{jl}\boldsymbol{e}_i\otimes\boldsymbol{f}^l$になる。

テンソルを縮約すると$\boldsymbol{e}$と$\boldsymbol{f}$が1個ずつ落ちるので，(r, s)テンソルTを縮約して作ったテンソルは$(r-1, s-1)$テンソルになります。

縮約で落とす基底の部分は$\boldsymbol{e}$と$\boldsymbol{f}$を選ばなければなりません。$\boldsymbol{e}$どうし，$\boldsymbol{f}$どうしを選んではいけません。その理由はあとから分かります。

2つのテンソルの積をとったあと，縮約をしたものをテンソルの**縮合**といいます。2つのテンソルを合わせるので，縮合とこの本では呼びますが，縮約という用語を当てる場合もあります。1つのテンソル自身の添え字から作る縮約とは区別して用いた方が混乱しないと考え用語を分けました。

例えば，$T^1{}_1(V)$の元$S^i{}_j\boldsymbol{e}_i\otimes\boldsymbol{f}^j$と$T_1(V)$の元$T_k\boldsymbol{f}^k$について，添え字$i$と$k$での縮合であれば，

$$S^i{}_j\boldsymbol{e}_i\otimes\boldsymbol{f}^j,\ T_k\boldsymbol{f}^k \xrightarrow[\text{テンソル積}]{} S^i{}_j T_k\boldsymbol{e}_i\otimes\boldsymbol{f}^j\otimes\boldsymbol{f}^k \xrightarrow[\text{縮約}]{} S^i{}_j T_i\boldsymbol{f}^j$$

となります。具体例で計算してみましょう。

問題 3.15

$T^1{}_1(V)$の元S，$T_1(V)$の元Tの成分表示が，

$$S=2\boldsymbol{e}_1\otimes\boldsymbol{f}^2+\boldsymbol{e}_2\otimes\boldsymbol{f}^1-2\boldsymbol{e}_2\otimes\boldsymbol{f}^2 \qquad T=3\boldsymbol{f}^1-2\boldsymbol{f}^2$$

$$(S^1{}_1=0,\ S^1{}_2=2,\ S^2{}_1=1,\ S^2{}_2=-2) \qquad (T_1=3,\ T_2=-2)$$

のとき，Sの成分の上添え字とTの成分の下添え字で縮合したテンソルUを求めよ。

定義通りに，テンソル積のあと，縮約しましょう。

$$(2\boldsymbol{e}_1\otimes\boldsymbol{f}^2+\boldsymbol{e}_2\otimes\boldsymbol{f}^1-2\boldsymbol{e}_2\otimes\boldsymbol{f}^2)\otimes(3\boldsymbol{f}^1-2\boldsymbol{f}^2)$$

$$=6\boldsymbol{e}_1\otimes\boldsymbol{f}^2\otimes\boldsymbol{f}^1-4\boldsymbol{e}_1\otimes\boldsymbol{f}^2\otimes\boldsymbol{f}^2+3\boldsymbol{e}_2\otimes\boldsymbol{f}^1\otimes\boldsymbol{f}^1$$

$$-2\boldsymbol{e}_2\otimes\boldsymbol{f}^1\otimes\boldsymbol{f}^2-6\boldsymbol{e}_2\otimes\boldsymbol{f}^2\otimes\boldsymbol{f}^1+4\boldsymbol{e}_2\otimes\boldsymbol{f}^2\otimes\boldsymbol{f}^2$$

$$\xrightarrow[\text{縮約}]{}\quad 6\boldsymbol{f}^2-2\boldsymbol{f}^1+4\boldsymbol{f}^2=-2\boldsymbol{f}^1+10\boldsymbol{f}^2$$

Sの成分の上添え字とTの成分の下添え字の縮約なので，
$e_i\otimes f^j\otimes f^k$ で $i=k$ となるものだけ残します

となりますが，計算の途中では $-4\boldsymbol{e}_1\otimes\boldsymbol{f}^2\otimes\boldsymbol{f}^2$ などいらないものもとりあえず書いています。

効率よく計算するには，S の $\boldsymbol{e}_i\otimes\boldsymbol{f}^j$ と T の $\boldsymbol{f}^k$ で $i=k$ となる項について，係数をかけ $\boldsymbol{f}^j$ を残したものを並べれば O.K. です。

$$2\boldsymbol{e}_1\otimes\boldsymbol{f}^2+\boldsymbol{e}_2\otimes\boldsymbol{f}^1-2\boldsymbol{e}_2\otimes\boldsymbol{f}^2 \qquad 3\boldsymbol{f}^1-2\boldsymbol{f}^2$$

$$6\boldsymbol{f}^2-2\boldsymbol{f}^1+4\boldsymbol{f}^2=-2\boldsymbol{f}^1+10\boldsymbol{f}^2$$

係数が文字の問題で，もう一問。

問題 3.16

$T^1{}_1(V)$ の元 S，$T^1(V)$ の元 T が

$$S=a\boldsymbol{e}_1\otimes\boldsymbol{f}^1+b\boldsymbol{e}_1\otimes\boldsymbol{f}^2+c\boldsymbol{e}_2\otimes\boldsymbol{f}^1+d\boldsymbol{e}_2\otimes\boldsymbol{f}^2, \qquad T=x\boldsymbol{e}_1+y\boldsymbol{e}_2$$

$$(S^1{}_1=a,\ S^1{}_2=b,\ S^2{}_1=c,\ S^2{}_2=d) \qquad (T^1=x,\ T^2=y)$$

のとき，S の成分の下添え字と T の成分の上添え字で縮合したテンソル U を求めよ。

成分 U^i は，$\boldsymbol{e}_i\otimes\boldsymbol{f}^j$ と $\boldsymbol{e}_j$ をかけて出てきます。

$$a\boldsymbol{e}_1\otimes\boldsymbol{f}^1+b\boldsymbol{e}_1\otimes\boldsymbol{f}^2+c\boldsymbol{e}_2\otimes\boldsymbol{f}^1+d\boldsymbol{e}_2\otimes\boldsymbol{f}^2 \qquad x\boldsymbol{e}_1+y\boldsymbol{e}_2$$

Uの$\boldsymbol{e}_1$成分U^1を求めるには，$\boldsymbol{e}_1\otimes\boldsymbol{f}^\square$となる項に着目して，

$a\boldsymbol{e}_1\otimes\boldsymbol{f}^{①}+b\boldsymbol{e}_1\otimes\boldsymbol{f}^{②}$と$x\boldsymbol{e}_{①}+y\boldsymbol{e}_{②}$の縮合で，$U^1=ax+by$

Uの$\boldsymbol{e}_2$成分U^2を求めるには，

$c\boldsymbol{e}_2\otimes\boldsymbol{f}^{①}+d\boldsymbol{e}_2\otimes\boldsymbol{f}^{②}$と$x\boldsymbol{e}_{①}+y\boldsymbol{e}_{②}$の縮合で，$U^2=cx+dy$

これらを足して，

$$U=(ax+by)\boldsymbol{e}_1+(cx+dy)\boldsymbol{e}_2$$

となります。

$a\boldsymbol{e}_1\otimes\boldsymbol{f}^1+b\boldsymbol{e}_1\otimes\boldsymbol{f}^2+c\boldsymbol{e}_2\otimes\boldsymbol{f}^1+d\boldsymbol{e}_2\otimes\boldsymbol{f}^2$と$\begin{pmatrix}a & b\\ c & d\end{pmatrix}$, $x\boldsymbol{e}_1+y\boldsymbol{e}_2$と$\begin{pmatrix}x\\ y\end{pmatrix}$

を対応させると，テンソルの計算は，行列とベクトルの計算に対応しています。

$$a\boldsymbol{e}_1\otimes\boldsymbol{f}^1+b\boldsymbol{e}_1\otimes\boldsymbol{f}^2+c\boldsymbol{e}_2\otimes\boldsymbol{f}^1+d\boldsymbol{e}_2\otimes\boldsymbol{f}^2,\ x\boldsymbol{e}_1+y\boldsymbol{e}_2 \xrightarrow[\text{縮合}]{} (ax+by)\boldsymbol{e}_1+(cx+dy)\boldsymbol{e}_2$$

$$\begin{pmatrix}a & b\\ c & d\end{pmatrix}\begin{pmatrix}x\\ y\end{pmatrix}=\begin{pmatrix}ax+by\\ cx+dy\end{pmatrix}$$

VからVへの線形変換は，$T^1{}_1(V)$と捉えることができます。

このようにテンソルの計算は，普通の線形変換を拡張したより広い概念であることがうかがい知れます。一般に，

> (r, s)テンソルと(r', s')テンソルの縮合は，
>
> $(r, s), (r', s') \underset{\text{テンソル積}}{\to} (r+r', s+s') \underset{\text{縮約}}{\to} (r+r'-1, s+s'-1)$テンソル

となります。

§5　$T^r{}_s(V)$の成分の書き換え

Vの基底を$\boldsymbol{e}_1$，$\boldsymbol{e}_2$から$\boldsymbol{e}'_1$，$\boldsymbol{e}'_2$に取り換えたとき，V^*の元の成分はどう書き換えられるでしょうか。

問題 3.17

$\boldsymbol{e}_1$，$\boldsymbol{e}_2$をVの基底，$\boldsymbol{e}'_1$，$\boldsymbol{e}'_2$もVの基底とする。これらに，

$$(\boldsymbol{e}'_1,\ \boldsymbol{e}'_2)=(\boldsymbol{e}_1,\ \boldsymbol{e}_2)\underbrace{\begin{pmatrix}2 & 5\\ 1 & 3\end{pmatrix}}_{A}$$

という関係がある。

$\boldsymbol{e}_1$，$\boldsymbol{e}_2$の双対基底を$\boldsymbol{f}^1$，$\boldsymbol{f}^2$とし，$\boldsymbol{e}'_1$，$\boldsymbol{e}'_2$の双対基底を$\boldsymbol{f}'^1$，$\boldsymbol{f}'^2$とする。

V^*の元$\boldsymbol{u}=y_1\boldsymbol{f}^1+y_2\boldsymbol{f}^2$を，別の基底$\boldsymbol{f}'^1$，$\boldsymbol{f}'^2$を用いて

$$\boldsymbol{u}=y'_1\boldsymbol{f}'^1+y'_2\boldsymbol{f}'^2$$

と表すとき，y'_1，y'_2をy_1，y_2で表せ。

$\boldsymbol{f}^1$，$\boldsymbol{f}^2$を$\boldsymbol{f}'^1$，$\boldsymbol{f}'^2$に取り換えるときの行列は，**定義 3.08** の前の説明により，$\boldsymbol{e}_1$，$\boldsymbol{e}_2$を$\boldsymbol{e}'_1$，$\boldsymbol{e}'_2$に取り換えるときの行列の逆行列ですから，

$$\begin{pmatrix}\boldsymbol{f}'^1\\ \boldsymbol{f}'^2\end{pmatrix}=\underbrace{\begin{pmatrix}3 & -5\\ -1 & 2\end{pmatrix}}_{B=A^{-1}}\begin{pmatrix}\boldsymbol{f}^1\\ \boldsymbol{f}^2\end{pmatrix}\qquad A^{-1}=\begin{pmatrix}2 & 5\\ 1 & 3\end{pmatrix}^{-1}=\frac{1}{2\cdot3-1\cdot5}\begin{pmatrix}3 & -5\\ -1 & 2\end{pmatrix}$$

よって，

$$\boldsymbol{u}=y'_1\boldsymbol{f}'^1+y'_2\boldsymbol{f}'^2=(y'_1,\ y'_2)\begin{pmatrix}\boldsymbol{f}'^1\\ \boldsymbol{f}'^2\end{pmatrix}=(y'_1,\ y'_2)\begin{pmatrix}3 & -5\\ -1 & 2\end{pmatrix}\begin{pmatrix}\boldsymbol{f}^1\\ \boldsymbol{f}^2\end{pmatrix}$$

これが，

$$\boldsymbol{u}=y_1\boldsymbol{f}^1+y_2\boldsymbol{f}^2=(y_1,\ y_2)\begin{pmatrix}\boldsymbol{f}^1\\ \boldsymbol{f}^2\end{pmatrix}$$

に等しく，$\boldsymbol{f}^1$，$\boldsymbol{f}^2$は基底なので係数を比べてよく，

$$(y'_1,\ y'_2)\underbrace{\begin{pmatrix} 3 & -5 \\ -1 & 2 \end{pmatrix}}_{A^{-1}}=(y_1,\ y_2)$$

$(y'_1,\ y'_2)A^{-1}=(y_1,\ y_2)$に
右からAをかけると，
$(y'_1,\ y'_2)A^{-1}A=(y_1,\ y_2)A$
$(y'_1,\ y'_2)=(y_1,\ y_2)A$

これに右から逆行列をかけると，

$$(y'_1,\ y'_2)=(y_1,\ y_2)\underbrace{\begin{pmatrix} 2 & 5 \\ 1 & 3 \end{pmatrix}}_{A}$$

これより，

$$y'_1=2y_1+y_2 \qquad y'_2=5y_1+3y_2$$

となります。

結局，Vの基底$\boldsymbol{e}_1$，$\boldsymbol{e}_2$の取り換え行列をAとすると，

$$(\boldsymbol{e}'_1,\ \boldsymbol{e}'_2)=(\boldsymbol{e}_1,\ \boldsymbol{e}_2)A$$
$$(\boldsymbol{e}'_1,\ \boldsymbol{e}'_2)=(\boldsymbol{e}_1,\ \boldsymbol{e}_2)\begin{pmatrix} a^1{}_1 & a^1{}_2 \\ a^2{}_1 & a^2{}_2 \end{pmatrix}$$
$$\boldsymbol{e}'_i=a^j{}_i\boldsymbol{e}_j$$

（基底の取り換え）

$$(y'_1,\ y'_2)=(y_1,\ y_2)A$$
$$(y'_1,\ y'_2)=(y_1,\ y_2)\begin{pmatrix} a^1{}_1 & a^1{}_2 \\ a^2{}_1 & a^2{}_2 \end{pmatrix}$$
$$y'_i=a^j{}_iy_j$$

（双対基底での成分の書き換え）

いろいろと変換が出てきたので，ここまで出てきた基底の取り換えと成分の書き換えをまとめておきます。

Vの基底を$\boldsymbol{e}_i$から$\boldsymbol{e}'_i$に取り換えるとき，V^*の基底は$\boldsymbol{f}^i$から$\boldsymbol{f}'^i$に取り換えます。このとき，取り換え行列を$(a^i{}_j)$と$(b^i{}_j)$とすれば，

$$\boldsymbol{e}'_i=a^j{}_i\boldsymbol{e}_j$$

（基底の取り換え）

$$\boldsymbol{f}'^i=b^i{}_j\boldsymbol{f}^j$$

（双対基底の取り換え）

となります。$(a^j{}_i)$と$(b^i{}_j)$は互いに逆行列になっています。

ここまでが前提です。

このとき，次の同値関係が成り立ちます。

$$\boldsymbol{v} = x^i \boldsymbol{e}_i = x'^i \boldsymbol{e}'_i$$
$$\Updownarrow$$
$$x'^i = b^i{}_j x^j$$

（基底での成分の書き換え）

$$\boldsymbol{u} = y_i \boldsymbol{f}^i = y'_i \boldsymbol{f}'^i$$
$$\Updownarrow$$
$$y'_i = a^j{}_i y_j$$

（双対基底での成分の書き換え）

左側の同値関係は，**定理 3.05** の前で示しました。右側の同値関係も同様に示すことができます。

基底 $\boldsymbol{e}_i$ の取り換え行列が$(a^j{}_i)$のとき，双対基底 $\boldsymbol{f}^i$ での成分の書き換えも行列$(a^j{}_i)$を用いて行なわれます。これより，双対基底 $\boldsymbol{f}^i$ の成分 y_i を，基底 $\boldsymbol{e}_i$ と共に変わるという意味を込めて**共変成分**といいます。それで，$T_1(V)$，すなわちV^*の元を1階の共変テンソル，すなわち共変ベクトルと呼ぶわけです。

一方，基底 $\boldsymbol{e}_i$ の取り換え行列が$(a^j{}_i)$のとき，基底 $\boldsymbol{e}_i$ での成分 x^i の書き換えは行列$(a^j{}_i)$の逆行列$(b^i{}_j)$を用いて行なわれます。このことより，ベクトルを基底 $\boldsymbol{e}_i$ で表したときの成分 x^i を，基底とは逆（反対）の変わり方をするという意味で，**反変成分**といいます。それで，$T^1(V)$，すなわち Vの元を1階の反変テンソル，すなわち反変ベクトルと呼ぶわけです。

> $\boldsymbol{e}_i$，$\boldsymbol{f}^i$ まで含めて，
>
> 下に添え字のついたものは，$a^i{}_j$ でダッシュ無しから有りへ変換
>
> 上に添え字のついたものは，$b^i{}_j$ でダッシュ無しから有りへ変換

と覚えてもよいでしょう。

問題 3.06 では，$T^2(V)$のテンソルに関して，成分の書き換えを練習しました。基底に $\boldsymbol{f}$ が含まれるタイプのテンソル空間でも成分の書き換えを実行してみましょう。

上では$T_1(V)$について成分の書き換えをしました。$T_2(V)$のテンソルの成分はどう変化するでしょうか。

問題 3.18

$\boldsymbol{e}_1$, $\boldsymbol{e}_2$をVの基底，$\boldsymbol{e}'_1$, $\boldsymbol{e}'_2$をVの基底とする。これらに，

$$(\boldsymbol{e}_1', \boldsymbol{e}_2') = (\boldsymbol{e}_1, \boldsymbol{e}_2)\begin{pmatrix} a^1{}_1 & a^1{}_2 \\ a^2{}_1 & a^2{}_2 \end{pmatrix}$$

という関係がある。

$\boldsymbol{e}_1$, $\boldsymbol{e}_2$の双対基底を$\boldsymbol{f}^1$, $\boldsymbol{f}^2$とし，$\boldsymbol{e}'_1$, $\boldsymbol{e}'_2$の双対基底を$\boldsymbol{f}'^1$, $\boldsymbol{f}'^2$とする。$T_2(V)(=V^* \otimes V^*)$の元

$$T = x_{11}\boldsymbol{f}^1 \otimes \boldsymbol{f}^1 + x_{12}\boldsymbol{f}^1 \otimes \boldsymbol{f}^2 + x_{21}\boldsymbol{f}^2 \otimes \boldsymbol{f}^1 + x_{22}\boldsymbol{f}^2 \otimes \boldsymbol{f}^2$$

を，$\boldsymbol{f}'^1 \otimes \boldsymbol{f}'^1$, $\boldsymbol{f}'^1 \otimes \boldsymbol{f}'^2$, $\boldsymbol{f}'^2 \otimes \boldsymbol{f}'^1$, $\boldsymbol{f}'^2 \otimes \boldsymbol{f}'^2$を用いて，

$$T = x'_{11}\boldsymbol{f}'^1 \otimes \boldsymbol{f}'^1 + x'_{12}\boldsymbol{f}'^1 \otimes \boldsymbol{f}'^2 + x'_{21}\boldsymbol{f}'^2 \otimes \boldsymbol{f}'^1 + x'_{22}\boldsymbol{f}'^2 \otimes \boldsymbol{f}'^2$$

と表すとき，x'_{11}, x'_{12}, x'_{21}, x'_{22}をx_{11}, x_{12}, x_{21}, x_{22}を用いて表せ。

$\boldsymbol{f}'^i$を$\boldsymbol{f}^i$で表すと，$\begin{pmatrix} \boldsymbol{f}'^1 \\ \boldsymbol{f}'^2 \end{pmatrix} = \begin{pmatrix} b^1{}_1 & b^1{}_2 \\ b^2{}_1 & b^2{}_2 \end{pmatrix}\begin{pmatrix} \boldsymbol{f}^1 \\ \boldsymbol{f}^2 \end{pmatrix}$

左から行列Aをかけると，$\begin{pmatrix} a^1{}_1 & a^1{}_2 \\ a^2{}_1 & a^2{}_2 \end{pmatrix}\begin{pmatrix} \boldsymbol{f}'^1 \\ \boldsymbol{f}'^2 \end{pmatrix} = \begin{pmatrix} \boldsymbol{f}^1 \\ \boldsymbol{f}^2 \end{pmatrix}$

よって，

$$\boldsymbol{f}^1 = a^1{}_1\boldsymbol{f}'^1 + a^1{}_2\boldsymbol{f}'^2 \qquad \boldsymbol{f}^2 = a^2{}_1\boldsymbol{f}'^1 + a^2{}_2\boldsymbol{f}'^2$$

となります。これを用いて書き換えると，

$$\begin{aligned} T &= x_{11}\boldsymbol{f}^1 \otimes \boldsymbol{f}^1 + x_{12}\boldsymbol{f}^1 \otimes \boldsymbol{f}^2 + x_{21}\boldsymbol{f}^2 \otimes \boldsymbol{f}^1 + x_{22}\boldsymbol{f}^2 \otimes \boldsymbol{f}^2 \\ &= x_{11}(\underline{a^1{}_1\boldsymbol{f}'^1} + a^1{}_2\boldsymbol{f}'^2) \otimes (a^1{}_1\boldsymbol{f}'^1 + \underline{a^1{}_2\boldsymbol{f}'^2}) \\ &\quad + x_{12}(\underline{a^1{}_1\boldsymbol{f}'^1} + a^1{}_2\boldsymbol{f}'^2) \otimes (a^2{}_1\boldsymbol{f}'^1 + \underline{a^2{}_2\boldsymbol{f}'^2}) \\ &\quad + x_{21}(\underline{a^2{}_1\boldsymbol{f}'^1} + a^2{}_2\boldsymbol{f}'^2) \otimes (a^1{}_1\boldsymbol{f}'^1 + \underline{a^1{}_2\boldsymbol{f}'^2}) \\ &\quad + x_{22}(\underline{a^2{}_1\boldsymbol{f}'^1} + a^2{}_2\boldsymbol{f}'^2) \otimes (a^2{}_1\boldsymbol{f}'^1 + \underline{a^2{}_2\boldsymbol{f}'^2}) \end{aligned}$$

これから，例えば，x'_{12}を求めてみましょう。

$\boldsymbol{f}'^1 \otimes \boldsymbol{f}'^2$の係数ですから，左のカッコの$\boldsymbol{f}'^1$の係数と右のカッコの$\boldsymbol{f}'^2$の係数の積をとり，カッコの前の$x$をかけて足すと，

$$x'_{12} = a^1{}_1 a^1{}_2 x_{11} + a^1{}_1 a^2{}_2 x_{12} + a^2{}_1 a^1{}_2 x_{21} + a^2{}_1 a^2{}_2 x_{22} \tag{3.06}$$

となります。他の成分も計算して，行列の形にまとめると，

$$\begin{pmatrix} x'_{11} & x'_{12} \\ x'_{21} & x'_{22} \end{pmatrix} = \begin{pmatrix} a^1{}_1 & a^2{}_1 \\ a^1{}_2 & a^2{}_2 \end{pmatrix} \begin{pmatrix} x_{11} & x_{12} \\ x_{21} & x_{22} \end{pmatrix} \begin{pmatrix} a^1{}_1 & a^1{}_2 \\ a^2{}_1 & a^2{}_2 \end{pmatrix}$$

となります。$A = \begin{pmatrix} a^1{}_1 & a^1{}_2 \\ a^2{}_1 & a^2{}_2 \end{pmatrix}$とおくと，

$$\begin{pmatrix} x'_{11} & x'_{12} \\ x'_{21} & x'_{22} \end{pmatrix} = {}^tA \begin{pmatrix} x_{11} & x_{12} \\ x_{21} & x_{22} \end{pmatrix} A$$

$A = \begin{pmatrix} a & b \\ c & d \end{pmatrix}$のとき，${}^tA = \begin{pmatrix} a & c \\ b & d \end{pmatrix}$
${}^tA$をAの転置行列という

となります。イコールの右のAが転置になっていることに注意しましょう。

(3.06) を縮約記号で書くと，$x'_{12} = a^k{}_1 a^l{}_2 x_{kl}$です。他の項でも，

$$x'_{ij} = a^k{}_i a^l{}_j x_{kl}$$

となっています。

縮約記法でも確認し，その逆も示してみましょう。

問題 3.19

基底の取り換え$\boldsymbol{e}'_i = a^j{}_i \boldsymbol{e}_j$のもとで，

(1)　$x_{kl}\boldsymbol{f}^k \otimes \boldsymbol{f}^l = x'_{ij}\boldsymbol{f}'^i \otimes \boldsymbol{f}'^j$から，$x'_{ij} = a^k{}_i a^l{}_j x_{kl}$を導け。

(2)　$x'_{ij} = a^k{}_i a^l{}_j x_{kl}$から，$x'_{ij}\boldsymbol{f}'^i \otimes \boldsymbol{f}'^j = x_{kl}\boldsymbol{f}^k \otimes \boldsymbol{f}^l$を導け。

(1)　$\boldsymbol{e}'_i = a^j{}_i \boldsymbol{e}_j$のとき，$\boldsymbol{f}'^i = b^i{}_j \boldsymbol{f}^j$が成り立ちます。これに$a^k{}_i$をかけて，$a^k{}_i \boldsymbol{f}'^i = a^k{}_i b^i{}_j \boldsymbol{f}^j = \delta^k{}_j \boldsymbol{f}^j = \boldsymbol{f}^k$となります。

$x_{kl}\boldsymbol{f}^k \otimes \boldsymbol{f}^l$の$\boldsymbol{f}^k$，$\boldsymbol{f}^l$に，これを用いて書き換えると，

$$x_{kl}\boldsymbol{f}^k \otimes \boldsymbol{f}^l = x_{kl}(a^k{}_i \boldsymbol{f}'^i) \otimes (a^l{}_j \boldsymbol{f}'^j) = x_{kl} a^k{}_i a^l{}_j \boldsymbol{f}'^i \otimes \boldsymbol{f}'^j$$

これが$x'_{ij}\boldsymbol{f}'^i \otimes \boldsymbol{f}'^j$に等しく，$\boldsymbol{f}'^i \otimes \boldsymbol{f}'^j$は$T_2(V)$の基底なので，$\boldsymbol{f}'^i \otimes \boldsymbol{f}'^j$

の係数を比べてよく，$x'_{ij}=a^k{}_i a^l{}_j x_{kl}$が成り立つことが分かります。

（2）　$x_{kl}\boldsymbol{f}^k\otimes\boldsymbol{f}^l=x_{kl}(a^k{}_i\boldsymbol{f}'^i)\otimes(a^l{}_j\boldsymbol{f}'^j)=a^k{}_i a^l{}_j x_{kl}\boldsymbol{f}'^i\otimes\boldsymbol{f}'^j=x'_{ij}\boldsymbol{f}'^i\otimes\boldsymbol{f}'^j$

$T^1{}_1(V)(=V\otimes V^*)$の元について同じことを考えてみましょう。

問題 3.20

基底の取り換え$\boldsymbol{e}'_i=a^j{}_i\boldsymbol{e}_j$のもとで，

（1）$x^k{}_l\boldsymbol{e}_k\otimes\boldsymbol{f}^l=x'^i{}_j\boldsymbol{e}'_i\otimes\boldsymbol{f}'^j$から，$x'^i{}_j=b^i{}_k a^l{}_j x^k{}_l$を導け。

（2）　$x'^i{}_j=b^i{}_k a^l{}_j x^k{}_l$から，$x'^i{}_j\boldsymbol{e}'_i\otimes\boldsymbol{f}'^j=x^k{}_l\boldsymbol{e}_k\otimes\boldsymbol{f}^l$を導け。

（1）　$\boldsymbol{e}'_i=a^j{}_i\boldsymbol{e}_j$のもとで，$\boldsymbol{e}_i=b^j{}_i\boldsymbol{e}'_j$，$\boldsymbol{f}^i=a^i{}_j\boldsymbol{f}'^j$が成り立ちます。

$$x^k{}_l\boldsymbol{e}_k\otimes\boldsymbol{f}^l=x^k{}_l(b^i{}_k\boldsymbol{e}'_i)\otimes(a^l{}_j\boldsymbol{f}'^j)=b^i{}_k a^l{}_j x^k{}_l\boldsymbol{e}'_i\otimes\boldsymbol{f}'^j$$

これが$x'^i{}_j\boldsymbol{e}'_i\otimes\boldsymbol{f}'^j$に等しいので，$\boldsymbol{e}'_i\otimes\boldsymbol{f}'^j$の係数を比べて，$x'^i{}_j=b^i{}_k a^l{}_j x^k{}_l$

（2）　$x^k{}_l\boldsymbol{e}_k\otimes\boldsymbol{f}^l=x^k{}_l(b^i{}_k\boldsymbol{e}'_i)\otimes(a^l{}_j\boldsymbol{f}'^j)=b^i{}_k a^l{}_j x^k{}_l\boldsymbol{e}'_i\otimes\boldsymbol{f}'^j=x'^i{}_j\boldsymbol{e}'_i\otimes\boldsymbol{f}'^j$

ここでいままで出てきた基底の取り換えと，成分の書き換えについてまとめておきましょう。

$\boldsymbol{e}'_i=a^j{}_i\boldsymbol{e}_j$，$\boldsymbol{f}'^i=b^i{}_j\boldsymbol{f}^j$という基底の取り換えに関して，基底を取り換えた1次結合の等式と，成分の書き換えの式は同値で，

$$x^i\boldsymbol{e}_i=x'^i\boldsymbol{e}'_i\quad\Leftrightarrow\quad x'^i=b^i{}_j x^j$$ ［問題 3.04］

$$x_i\boldsymbol{f}^i=x'_i\boldsymbol{f}'^i\quad\Leftrightarrow\quad x'_i=a^j{}_i x_j$$ ［問題 3.17］

$$x_{ij}\boldsymbol{f}^i\otimes\boldsymbol{f}^j=x'_{ij}\boldsymbol{f}'^i\otimes\boldsymbol{f}'^j\quad\Leftrightarrow\quad x'_{ij}=a^k{}_i a^l{}_j x_{kl}$$

［問題 3.18，3.19］

$$x^i{}_j\boldsymbol{e}_i\otimes\boldsymbol{f}^j=x'^i{}_j\boldsymbol{e}'_i\otimes\boldsymbol{f}'^j\quad\Leftrightarrow\quad x'^i{}_j=b^i{}_k a^l{}_j x^k{}_l$$

［問題 3.20］

となります。

ダッシュ無しから，ダッシュ有りへの成分の書き換えは，

$$\boldsymbol{e}_i = b^j{}_i \boldsymbol{e}'_j, \quad \boldsymbol{f}^i = a^i{}_j \boldsymbol{f}'^j$$

を用いるので，テンソルの基底を見て，

> $\boldsymbol{e}_i$ が1個あると，成分の上添え字が1個あり，$b^i{}_j$ を1個，
> $\boldsymbol{f}^i$ が1個あると，成分の下添え字が1個あり，$a^i{}_j$ を1個

かければよいことが分かります。

この法則が分かると，

$$x^i{}_{jk} \boldsymbol{e}_i \otimes \boldsymbol{f}^j \otimes \boldsymbol{f}^k = x'^i{}_{jk} \boldsymbol{e}'_i \otimes \boldsymbol{f}'^j \otimes \boldsymbol{f}'^k \quad \Leftrightarrow \quad x'^i{}_{jk} = b^i{}_l a^m{}_j a^n{}_k x^l{}_{mn}$$

と成分を書き換えればよいと予想がつきます。$\boldsymbol{e}_i = b^j{}_i \boldsymbol{e}'_j$，$\boldsymbol{f}^i = a^i{}_j \boldsymbol{f}'^j$ を用いる式が思い浮かぶでしょう。

まとめると次のようになります。

定理 3.21　$T^r{}_s(V)$ の基底の取り換えと成分の書き換え

V の基底 $\boldsymbol{e}_i$ と $\boldsymbol{e}'_i$ に対して，それぞれの双対基底を $\boldsymbol{f}^i$ と $\boldsymbol{f}'^i$ とする。

基底の取り換え $\boldsymbol{e}'_i = a^j{}_i \boldsymbol{e}_j$，双対基底の取り換え $\boldsymbol{f}'^i = b^i{}_j \boldsymbol{f}^j$ が成り立っている $(a^i{}_j b^j{}_k = \delta^i{}_k)$ とき，以下の同値関係が成り立つ。

$T^r{}_s(V)$ の元 S が，基底 $\boldsymbol{e}_i$ と基底 $\boldsymbol{e}'_i$ で表されるとき，

$$S^{\overbrace{i\cdots j}^{r\text{コ}}}{}_{\underbrace{k\cdots l}_{s\text{コ}}} \overbrace{\boldsymbol{e}_i \otimes \cdots \otimes \boldsymbol{e}_j}^{r\text{コ}} \otimes \underbrace{\boldsymbol{f}^k \otimes \cdots \otimes \boldsymbol{f}^l}_{s\text{コ}} = S'^{\overbrace{i\cdots j}^{r\text{コ}}}{}_{\underbrace{k\cdots l}_{s\text{コ}}} \overbrace{\boldsymbol{e}'_i \otimes \cdots \otimes \boldsymbol{e}'_j}^{r\text{コ}} \otimes \underbrace{\boldsymbol{f}'^k \otimes \cdots \otimes \boldsymbol{f}'^l}_{s\text{コ}}$$

$$\Leftrightarrow \quad S'^{\overbrace{i\cdots j}^{r\text{コ}}}{}_{\underbrace{k\cdots l}_{s\text{コ}}} = \overbrace{b^i{}_m \cdots b^j{}_n}^{r\text{コ}} \underbrace{a^p{}_k \cdots a^q{}_l}_{s\text{コ}} S^{\overbrace{m\cdots n}^{r\text{コ}}}{}_{\underbrace{p\cdots q}_{s\text{コ}}}$$

§6　成分の書き換えとテンソルの演算

ここでテンソルの演算を振り返ってみましょう。

テンソルの演算には，和，スカラー倍，テンソル積，縮約，縮合がありました。これらの演算は，基底のとり方によらない演算になっているでしょうか。

Vの基底として$\boldsymbol{e}_i$をとってテンソル計算をするAさんと，$\boldsymbol{e}'_i$を基底にとってテンソル計算をするBさんで，計算結果は同じになるでしょうか。

例えば，縮約について考えてみます。$T^2{}_1(V)$の元Sの縮約を考えます。

Sを表すのに，Aさんは基底$\boldsymbol{e}_i$を用いて，$S = S^{ij}{}_k \boldsymbol{e}_i \otimes \boldsymbol{e}_j \otimes \boldsymbol{f}^k$という成分表示を得たとします。添え字$j$と$k$を縮約して，$S^{ij}{}_j \boldsymbol{e}_i$を得ました。

一方，Bさんは基底$\boldsymbol{e}'_i$を用いて，Sについて，$S = S'^{ij}{}_k \boldsymbol{e}'_i \otimes \boldsymbol{e}'_j \otimes \boldsymbol{f}'^k$という成分表示を得て，$S$の縮約を$S'^{ij}{}_j \boldsymbol{e}'_i$と計算しました。

Sの基底を変えた表現なので，$S^{ij}{}_k \boldsymbol{e}_i \otimes \boldsymbol{e}_j \otimes \boldsymbol{f}^k = S'^{ij}{}_k \boldsymbol{e}'_i \otimes \boldsymbol{e}'_j \otimes \boldsymbol{f}'^k$は保証されています。それでは，$S^{ij}{}_j \boldsymbol{e}_i = S'^{ij}{}_j \boldsymbol{e}'_i$は成り立つのでしょうか。

図式で描けば，下図のようになります。

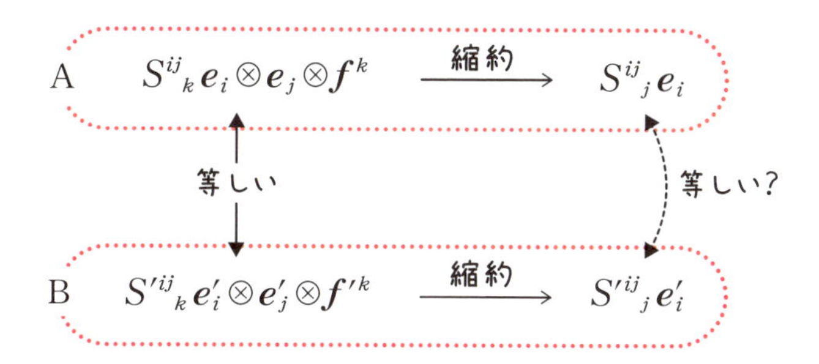

この問題提起は，$S^{ij}{}_k \boldsymbol{e}_i \otimes \boldsymbol{e}_j \otimes \boldsymbol{f}^k$という表現から始めれば，次ページ図のように言い換えることができます。

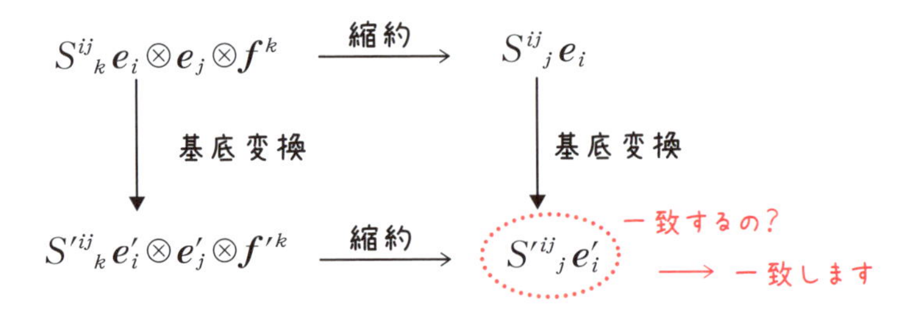

「$S^{ij}{}_k \boldsymbol{e}_i \otimes \boldsymbol{e}_j \otimes \boldsymbol{f}^k$の縮約をとった$S^{ij}{}_j \boldsymbol{e}_i$の基底を$\boldsymbol{e}'_i$に取り換えたときの成分」と，「$S^{ij}{}_k \boldsymbol{e}_i \otimes \boldsymbol{e}_j \otimes \boldsymbol{f}^k$の基底を取り換えて$S'^{ij}{}_k \boldsymbol{e}'_i \otimes \boldsymbol{e}'_j \otimes \boldsymbol{f}'^k$とし，縮約をとった$S'^{ij}{}_j$」は一致するのか。

つまり，基底の取り換えという作業と縮約の作業は順序を入れ換えても，同じ結果が得られるのか。端的にいうと，基底の取り換えと縮約は可換（順序交換可能）かということです。

もしも成り立たなければ，$i=j$という係数を足して$\boldsymbol{e}_i \otimes \boldsymbol{f}^j$を落とす縮約という〝計算手順〟は，基底のとり方によって異なる結果を得る，基底のとり方に依存する計算ということになります。

$S^{ij}{}_j \boldsymbol{e}_i = S'^{ij}{}_j \boldsymbol{e}'_i$が成り立てば，縮約は基底のとり方によらない計算であることになります。可換であってほしいですね。

いま，縮約について問題提起をしましたが，実は他のテンソルの計算でも同じ問題が生じます。

「テンソル計算と基底の取り換えは可換か？」

結論は，可換です。これから，このことを確かめていきましょう。

テンソルの和，スカラー倍という計算と基底の取り換えが可換であることを確かめるには，テンソルS，Tに対して，$\lambda S+\mu T$，（λ，μは実数）を得る計算が基底の取り換えと可換であることを確かめれば済みます。

$\lambda=1$，$\mu=1$のとき，$S+T$，$\mu=0$のとき，λSとなるからです。

問題 3.22

$T^2{}_1(V)$の元S，TがVの基底$\boldsymbol{e}_i$とV^*の双対基底$\boldsymbol{f}^k$を用いて，

$$S = S^{ij}{}_k \boldsymbol{e}_i \otimes \boldsymbol{e}_j \otimes \boldsymbol{f}^k, \quad T = T^{ij}{}_k \boldsymbol{e}_i \otimes \boldsymbol{e}_j \otimes \boldsymbol{f}^k$$

と表されている。このとき，$\lambda S + \mu T$を基底$\boldsymbol{e}_i$と$\boldsymbol{f}^k$を用いて計算してから基底を$\boldsymbol{e}'_l \otimes \boldsymbol{e}'_m \otimes \boldsymbol{f}'^n$に取り換えたときの成分と，$S$，$T$を基底$\boldsymbol{e}'_i$と$\boldsymbol{f}'^k$で表してから$\lambda S + \mu T$を計算したときの成分が等しいことを示せ。

S，TがVの基底$\boldsymbol{e}'_i$とV^*の双対基底$\boldsymbol{f}'^k$を用いて，

$$S = S'^{ij}{}_k \boldsymbol{e}'_i \otimes \boldsymbol{e}'_j \otimes \boldsymbol{f}'^k, \quad T = T'^{ij}{}_k \boldsymbol{e}'_i \otimes \boldsymbol{e}'_j \otimes \boldsymbol{f}'^k$$

と表されるとき，$S^{ij}{}_k$，$T^{ij}{}_k$と$S'^{ij}{}_k$，$T'^{ij}{}_k$の間には，

$$S'^{lm}{}_n = b^l{}_i b^m{}_j a^k{}_n S^{ij}{}_k \qquad T'^{lm}{}_n = b^l{}_i b^m{}_j a^k{}_n T^{ij}{}_k$$

という関係が成り立っています。

$\lambda S + \mu T$を$\boldsymbol{e}_i$，$\boldsymbol{f}^j$で計算してから基底を$\boldsymbol{e}'_i$，$\boldsymbol{f}'^j$に取り換えると，縮約記法の線形性，すなわちΣ計算の線形性を用いて，

$$\begin{aligned}
\lambda S + \mu T &= \lambda S^{ij}{}_k \boldsymbol{e}_i \otimes \boldsymbol{e}_j \otimes \boldsymbol{f}^k + \mu T^{ij}{}_k \boldsymbol{e}_i \otimes \boldsymbol{e}_j \otimes \boldsymbol{f}^k \\
&= (\lambda S^{ij}{}_k + \mu T^{ij}{}_k) \boldsymbol{e}_i \otimes \boldsymbol{e}_j \otimes \boldsymbol{f}^k \\
&= (\lambda S^{ij}{}_k + \mu T^{ij}{}_k)(b^l{}_i \boldsymbol{e}'_l) \otimes (b^m{}_j \boldsymbol{e}'_m) \otimes (a^k{}_n \boldsymbol{f}'^n) \\
&= b^l{}_i b^m{}_j a^k{}_n (\lambda S^{ij}{}_k + \mu T^{ij}{}_k) \boldsymbol{e}'_l \otimes \boldsymbol{e}'_m \otimes \boldsymbol{f}'^n
\end{aligned}$$

このテンソルの$\boldsymbol{e}'_l \otimes \boldsymbol{e}'_m \otimes \boldsymbol{f}'^n$成分は，

$$\begin{aligned}
b^l{}_i b^m{}_j a^k{}_n (\lambda S^{ij}{}_k + \mu T^{ij}{}_k) &= \lambda b^l{}_i b^m{}_j a^k{}_n S^{ij}{}_k + \mu b^l{}_i b^m{}_j a^k{}_n T^{ij}{}_k \\
&= \lambda S'^{lm}{}_n + \mu T'^{lm}{}_n
\end{aligned}$$

一方，S，Tを$\boldsymbol{e}'_i$，$\boldsymbol{f}'^j$で表してから$\lambda S + \mu T$を計算すると，

$$\begin{aligned}
\lambda S + \mu T &= \lambda S'^{lm}{}_n \boldsymbol{e}'_l \otimes \boldsymbol{e}'_m \otimes \boldsymbol{f}'^n + \mu T'^{lm}{}_n \boldsymbol{e}'_l \otimes \boldsymbol{e}'_m \otimes \boldsymbol{f}'^n \\
&= (\lambda S'^{lm}{}_n + \mu T'^{lm}{}_n) \boldsymbol{e}'_l \otimes \boldsymbol{e}'_m \otimes \boldsymbol{f}'^n
\end{aligned}$$

となるので，一致することが確かめられました。

続いてテンソル積について見ていきましょう。

基底を取り換えたときのテンソル積の成分計算は，**問題 3.06** のようにします。基底を取り換えたときでも，テンソル積の計算が同じようにできることを具体例で確認してみましょう。

問題 3.23

$T^1{}_1(V)$の元 S，$T_1(V)$の元 T の基底 $\boldsymbol{e}_i$，$\boldsymbol{f}^i$ を用いた成分表示を，

$$S=\boldsymbol{e}_1\otimes\boldsymbol{f}^2 \qquad T=\boldsymbol{f}^1-2\boldsymbol{f}^2$$

とする。$\boldsymbol{e}_1$，$\boldsymbol{e}_2$ と $\boldsymbol{e}'_1$，$\boldsymbol{e}'_2$ の基底の取り換えが，

$$(\boldsymbol{e}'_1,\ \boldsymbol{e}'_2)=(\boldsymbol{e}_1,\ \boldsymbol{e}_2)\begin{pmatrix}2 & 3\\ 1 & 2\end{pmatrix}$$

で与えられている。

(1)　$\boldsymbol{e}_1$，$\boldsymbol{e}_2$ を $\boldsymbol{e}'_1$，$\boldsymbol{e}'_2$ を用いて表せ。

(2)　$\boldsymbol{f}^1$，$\boldsymbol{f}^2$ を $\boldsymbol{f}'^1$，$\boldsymbol{f}'^2$ を用いて表せ。

(3)　基底を $\boldsymbol{e}_i$，$\boldsymbol{f}^k$ として $S\otimes T$ を計算したあと，基底を $\boldsymbol{e}'_i$，$\boldsymbol{f}'^k$ に取り換えて表せ。

(4)　基底を $\boldsymbol{e}'_i$，$\boldsymbol{f}'^k$ として S，T を表したあと，$S\otimes T$ を計算せよ。

(1)　$\boldsymbol{e}'_1$，$\boldsymbol{e}'_2$ と $\boldsymbol{e}_1$，$\boldsymbol{e}_2$ の関係式に右から逆行列をかけて，

$$(\boldsymbol{e}'_1,\ \boldsymbol{e}'_2)\begin{pmatrix}2 & 3\\ 1 & 2\end{pmatrix}^{-1}=(\boldsymbol{e}_1,\ \boldsymbol{e}_2)\text{より，}\ (\boldsymbol{e}'_1,\ \boldsymbol{e}'_2)\begin{pmatrix}2 & -3\\ -1 & 2\end{pmatrix}=(\boldsymbol{e}_1,\ \boldsymbol{e}_2)$$

これより，$\underline{\boldsymbol{e}_1=2\boldsymbol{e}'_1-\boldsymbol{e}'_2}$，$\underline{\boldsymbol{e}_2=-3\boldsymbol{e}'_1+2\boldsymbol{e}'_2}$

(2)　$\boldsymbol{f}^i$ の取り換え行列は，$\boldsymbol{e}_i$ の取り換え行列の逆行列なので，

$$\begin{pmatrix}\boldsymbol{f}'^1\\ \boldsymbol{f}'^2\end{pmatrix}=\begin{pmatrix}2 & 3\\ 1 & 2\end{pmatrix}^{-1}\begin{pmatrix}\boldsymbol{f}^1\\ \boldsymbol{f}^2\end{pmatrix}$$

左から行列をかけて，

$$\begin{pmatrix} \boldsymbol{f}^1 \\ \boldsymbol{f}^2 \end{pmatrix} = \begin{pmatrix} 2 & 3 \\ 1 & 2 \end{pmatrix} \begin{pmatrix} \boldsymbol{f}'^1 \\ \boldsymbol{f}'^2 \end{pmatrix}$$

これより，$\boldsymbol{f}^1 = 2\boldsymbol{f}'^1 + 3\boldsymbol{f}'^2$，$\boldsymbol{f}^2 = \boldsymbol{f}'^1 + 2\boldsymbol{f}'^2$

(3)　$S \otimes T = \boldsymbol{e}_1 \otimes \boldsymbol{f}^2 \otimes (\boldsymbol{f}^1 - 2\boldsymbol{f}^2) = \boldsymbol{e}_1 \otimes \boldsymbol{f}^2 \otimes \boldsymbol{f}^1 - 2\boldsymbol{e}_1 \otimes \boldsymbol{f}^2 \otimes \boldsymbol{f}^2$

これに式を代入して，展開して整理すると，

$$\begin{aligned} S \otimes T &= (2\boldsymbol{e}'_1 - \boldsymbol{e}'_2) \otimes (\boldsymbol{f}'^1 + 2\boldsymbol{f}'^2) \otimes (2\boldsymbol{f}'^1 + 3\boldsymbol{f}'^2) \\ &\quad - 2(2\boldsymbol{e}'_1 - \boldsymbol{e}'_2) \otimes (\boldsymbol{f}'^1 + 2\boldsymbol{f}'^2) \otimes (\boldsymbol{f}'^1 + 2\boldsymbol{f}'^2) \\ &= \text{中略} \\ &= -2\boldsymbol{e}'_1 \otimes \boldsymbol{f}'^1 \otimes \boldsymbol{f}'^2 - 4\boldsymbol{e}'_1 \otimes \boldsymbol{f}'^2 \otimes \boldsymbol{f}'^2 + \boldsymbol{e}'_2 \otimes \boldsymbol{f}'^1 \otimes \boldsymbol{f}'^2 + 2\boldsymbol{e}'_2 \otimes \boldsymbol{f}'^2 \otimes \boldsymbol{f}'^2 \end{aligned}$$

(4)　$S = \boldsymbol{e}_1 \otimes \boldsymbol{f}^2 = (2\boldsymbol{e}'_1 - \boldsymbol{e}'_2) \otimes (\boldsymbol{f}'^1 + 2\boldsymbol{f}'^2)$

$$= 2\boldsymbol{e}'_1 \otimes \boldsymbol{f}'^1 + 4\boldsymbol{e}'_1 \otimes \boldsymbol{f}'^2 - \boldsymbol{e}'_2 \otimes \boldsymbol{f}'^1 - 2\boldsymbol{e}'_2 \otimes \boldsymbol{f}'^2$$

$T = \boldsymbol{f}^1 - 2\boldsymbol{f}^2 = (2\boldsymbol{f}'^1 + 3\boldsymbol{f}'^2) - 2(\boldsymbol{f}'^1 + 2\boldsymbol{f}'^2) = -\boldsymbol{f}'^2$

$S \otimes T = -2\boldsymbol{e}'_1 \otimes \boldsymbol{f}'^1 \otimes \boldsymbol{f}'^2 - 4\boldsymbol{e}'_1 \otimes \boldsymbol{f}'^2 \otimes \boldsymbol{f}'^2 + \boldsymbol{e}'_2 \otimes \boldsymbol{f}'^1 \otimes \boldsymbol{f}'^2 + 2\boldsymbol{e}'_2 \otimes \boldsymbol{f}'^2 \otimes \boldsymbol{f}'^2$

基底を $\boldsymbol{e}_i$，$\boldsymbol{f}^k$ としてテンソル積を計算したあと，基底を $\boldsymbol{e}'_i$，$\boldsymbol{f}'^k$ に取り換えて表したもの［(3) の結果］と，初めから $\boldsymbol{e}'_i$，$\boldsymbol{f}'^k$ を基底にとってテンソル積を計算したもの［(4) の結果］は一致しています。

このようにテンソル積は，基底を取り換えても同じ計算方法で計算できます。一般論で示してみましょう。

問題 3.24

$T^1{}_1(V)$ の元 S，$T_1(V)$ の元 T が，基底 $\boldsymbol{e}_i$，$\boldsymbol{f}^k$ を用いて，

$$S = S^i{}_j \boldsymbol{e}_i \otimes \boldsymbol{f}^j, \quad T = T_k \boldsymbol{f}^k$$

と表されている。このとき，$S \otimes T$ を，基底 $\boldsymbol{e}_i$，$\boldsymbol{f}^k$ を用いて計算してから基底を $\boldsymbol{e}'_i$，$\boldsymbol{f}'^k$ に取り換えたときの成分と，S，T を基底 $\boldsymbol{e}'_i$，$\boldsymbol{f}'^k$ で表してから $S \otimes T$ を計算したときの成分は等しいことを示せ。

S, T が基底 $\boldsymbol{e}'_i$，$\boldsymbol{f}'^k$ を用いて，

$$S = S'^{i}{}_{j} \boldsymbol{e}'_i \otimes \boldsymbol{f}'^{j}, \quad T = T'_k \boldsymbol{f}'^{k}$$

と表されるとき，$S^i{}_j$，T_k と $S'^i{}_j$，T'_k の間には，

$$S'^l{}_m = b^l{}_i a^j{}_m S^i{}_j \qquad T'_n = a^k{}_n T_k$$

という関係が成り立っています。

$S \otimes T$ を $\boldsymbol{e}_i$，$\boldsymbol{f}^j$ で計算してから基底を $\boldsymbol{e}'_i$，$\boldsymbol{f}'^j$ に取り換えると，

$$\begin{aligned} S \otimes T &= (S^i{}_j \boldsymbol{e}_i \otimes \boldsymbol{f}^j) \otimes (T_k \boldsymbol{f}^k) = S^i{}_j T_k \boldsymbol{e}_i \otimes \boldsymbol{f}^j \otimes \boldsymbol{f}^k \\ &= S^i{}_j T_k (b^l{}_i \boldsymbol{e}'_l) \otimes (a^j{}_m \boldsymbol{f}'^m) \otimes (a^k{}_n \boldsymbol{f}'^n) \\ &= b^l{}_i a^j{}_m a^k{}_n S^i{}_j T_k \boldsymbol{e}'_l \otimes \boldsymbol{f}'^m \otimes \boldsymbol{f}'^n \end{aligned}$$

$\boldsymbol{e}'_l \otimes \boldsymbol{f}'^m \otimes \boldsymbol{f}'^n$ の成分は，

$$b^l{}_i a^j{}_m a^k{}_n S^i{}_j T_k = (b^l{}_i a^j{}_m S^i{}_j)(a^k{}_n T_k) = S'^l{}_m T'_n$$

一方，S，T を $\boldsymbol{e}'_i$，$\boldsymbol{f}'^j$ で表してから $S \otimes T$ を計算すると，

$$S \otimes T = (S'^l{}_m \boldsymbol{e}'_l \otimes \boldsymbol{f}'^m) \otimes (T'_n \boldsymbol{f}'^n) = S'^l{}_m T'_n \boldsymbol{e}'_l \otimes \boldsymbol{f}'^m \otimes \boldsymbol{f}'^n$$

となるので，一致することが確かめられました。

続いて縮約について確かめてみましょう。

なお，テンソルの縮合は，テンソル積に続いて縮約を施した計算ですから，縮約が基底の取り換えと可換であれば，前の問題（テンソル積と基底の取り換えは可換である）と合わせて，縮合と基底の取り換えの可換が保証されます。

縮約と基底の取り換えが可換であることを具体例で実感してみましょう。

一般論は分かっていても，計算すると不思議な気がします。

問題 3.25

基底 $\boldsymbol{e}_i$，$\boldsymbol{f}^k$ を用いて，$T^2{}_1(V)$ の元 T が

$$\begin{aligned} T = {} & 3\boldsymbol{e}_1 \otimes \boldsymbol{e}_1 \otimes \boldsymbol{f}^1 + \boldsymbol{e}_1 \otimes \boldsymbol{e}_1 \otimes \boldsymbol{f}^2 - 2\boldsymbol{e}_1 \otimes \boldsymbol{e}_2 \otimes \boldsymbol{f}^1 + 2\boldsymbol{e}_1 \otimes \boldsymbol{e}_2 \otimes \boldsymbol{f}^2 \\ & + \boldsymbol{e}_2 \otimes \boldsymbol{e}_1 \otimes \boldsymbol{f}^1 - \boldsymbol{e}_2 \otimes \boldsymbol{e}_1 \otimes \boldsymbol{f}^2 + 3\boldsymbol{e}_2 \otimes \boldsymbol{e}_2 \otimes \boldsymbol{f}^1 + 3\boldsymbol{e}_2 \otimes \boldsymbol{e}_2 \otimes \boldsymbol{f}^2 \end{aligned}$$

と表されている。基底 $\boldsymbol{e}'_1$，$\boldsymbol{e}'_2$ と基底 $\boldsymbol{e}_1$，$\boldsymbol{e}_2$ の間に，

$$(\boldsymbol{e}'_1,\ \boldsymbol{e}'_2)=(\boldsymbol{e}_1,\ \boldsymbol{e}_2)\begin{pmatrix}2 & 1\\ 5 & 3\end{pmatrix}$$

という関係がある。

(1)　$\boldsymbol{e}_1$，$\boldsymbol{e}_2$を$\boldsymbol{e}'_1$，$\boldsymbol{e}'_2$を用いて表せ。

(2)　$\boldsymbol{f}^1$，$\boldsymbol{f}^2$を$\boldsymbol{f}'^1$，$\boldsymbol{f}'^2$を用いて表せ。

(3)　基底を$\boldsymbol{e}_i$，$\boldsymbol{f}^k$としたときのTの成分$T^{ij}{}_k$に対して，jとkを縮約したテンソル$T^{ij}{}_j\boldsymbol{e}_i$を計算し，基底を$\boldsymbol{e}'_i$，$\boldsymbol{f}'^k$に取り換えて表せ。

(4)　基底を$\boldsymbol{e}'_i$，$\boldsymbol{f}'^k$としたときのTの成分$T'^{ij}{}_k$に対して，jとkを縮約したテンソル$T'^{ij}{}_j\boldsymbol{e}'_i$を求めよ。

(1)　$\boldsymbol{e}'_1$，$\boldsymbol{e}'_2$と$\boldsymbol{e}_1$，$\boldsymbol{e}_2$の関係式に右から逆行列をかけて，

$(\boldsymbol{e}'_1,\ \boldsymbol{e}'_2)\begin{pmatrix}2 & 1\\ 5 & 3\end{pmatrix}^{-1}=(\boldsymbol{e}_1,\ \boldsymbol{e}_2)$より，$(\boldsymbol{e}'_1,\ \boldsymbol{e}'_2)\begin{pmatrix}3 & -1\\ -5 & 2\end{pmatrix}=(\boldsymbol{e}_1,\ \boldsymbol{e}_2)$

これより，$\boldsymbol{e}_1=3\boldsymbol{e}'_1-5\boldsymbol{e}'_2$，$\boldsymbol{e}_2=-\boldsymbol{e}'_1+2\boldsymbol{e}'_2$

(2)　$\boldsymbol{f}^i$の取り換え行列は，$\boldsymbol{e}_i$の取り換え行列の逆行列なので，

$\begin{pmatrix}\boldsymbol{f}'^1\\ \boldsymbol{f}'^2\end{pmatrix}=\begin{pmatrix}2 & 1\\ 5 & 3\end{pmatrix}^{-1}\begin{pmatrix}\boldsymbol{f}^1\\ \boldsymbol{f}^2\end{pmatrix}$ 左から行列をかけて，$\begin{pmatrix}\boldsymbol{f}^1\\ \boldsymbol{f}^2\end{pmatrix}=\begin{pmatrix}2 & 1\\ 5 & 3\end{pmatrix}\begin{pmatrix}\boldsymbol{f}'^1\\ \boldsymbol{f}'^2\end{pmatrix}$

これより，$\boldsymbol{f}^1=2\boldsymbol{f}'^1+\boldsymbol{f}'^2$，$\boldsymbol{f}^2=5\boldsymbol{f}'^1+3\boldsymbol{f}'^2$

(3)　$3\boldsymbol{e}_1\otimes\boldsymbol{e}_{①}\otimes\boldsymbol{f}^{①}$，$2\boldsymbol{e}_1\otimes\boldsymbol{e}_{②}\otimes\boldsymbol{f}^{②}$，$\boldsymbol{e}_2\otimes\boldsymbol{e}_{①}\otimes\boldsymbol{f}^{①}$，$3\boldsymbol{e}_2\otimes\boldsymbol{e}_{②}\otimes\boldsymbol{f}^{②}$より，

$$(3+2)\boldsymbol{e}_1+(1+3)\boldsymbol{e}_2=5\boldsymbol{e}_1+4\boldsymbol{e}_2$$

$$=5(3\boldsymbol{e}'_1-5\boldsymbol{e}'_2)+4(-\boldsymbol{e}'_1+2\boldsymbol{e}'_2)=11\boldsymbol{e}'_1-17\boldsymbol{e}'_2$$

(4) 計算の手順はこうです。まず，Tを$\boldsymbol{e}'_i\otimes\boldsymbol{e}'_j\otimes\boldsymbol{f}'^k$の1次結合で表します。次に，$\boldsymbol{e}'_i\otimes\boldsymbol{e}'_1\otimes\boldsymbol{f}'^1$，$\boldsymbol{e}'_i\otimes\boldsymbol{e}'_2\otimes\boldsymbol{f}'^2$の係数を見てそれぞれ足します。

これをまともに計算すると煩雑になるので，必要なところだけを抜き出して見ていきましょう。

左側を□と置いて，$\square\otimes\boldsymbol{e}_1\otimes\boldsymbol{f}^1$をダッシュ系で表したときの縮約は，

$$\square\otimes\boldsymbol{e}_1\otimes\boldsymbol{f}^1=\square'\otimes(3\boldsymbol{e}'_1-5\boldsymbol{e}'_2)\otimes(2\boldsymbol{f}'^1+\boldsymbol{f}'^2)$$
$$=\square'\otimes(6\boldsymbol{e}'_{\textcircled{1}}\otimes\boldsymbol{f}'^{\textcircled{1}}+3\boldsymbol{e}'_1\otimes\boldsymbol{f}'^2-10\boldsymbol{e}'_2\otimes\boldsymbol{f}'^1-5\boldsymbol{e}'_{\textcircled{2}}\otimes\boldsymbol{f}'^{\textcircled{2}})$$

これを縮約すると，$6\square'-5\square'=\square'$ となります。

つまり，$\square\otimes\bigcirc\otimes\triangle$のうち，右の2つのテンソル積（$\bigcirc\otimes\triangle$）をダッシュ系で表したときの，$\boldsymbol{e}'_1\otimes\boldsymbol{f}'^1$，$\boldsymbol{e}'_2\otimes\boldsymbol{f}'^2$の係数の和がポイントとなることに気づきます。そこで予め，$\boldsymbol{e}_1\otimes\boldsymbol{f}^1$，$\boldsymbol{e}_1\otimes\boldsymbol{f}^2$，$\boldsymbol{e}_2\otimes\boldsymbol{f}^1$，$\boldsymbol{e}_2\otimes\boldsymbol{f}^2$についてこれらの係数を調べておきましょう。

	$\boldsymbol{e}'_1\otimes\boldsymbol{f}'^1$	$\boldsymbol{e}'_2\otimes\boldsymbol{f}'^2$	$\boldsymbol{e}'_1\otimes\boldsymbol{f}'^1$，$\boldsymbol{e}'_2\otimes\boldsymbol{f}'^2$の係数の和
$\boldsymbol{e}_1\otimes\boldsymbol{f}^1=(3\boldsymbol{e}'_1-5\boldsymbol{e}'_2)\otimes(2\boldsymbol{f}'^1+\boldsymbol{f}'^2)$	6	-5	1
$\boldsymbol{e}_1\otimes\boldsymbol{f}^2=(3\boldsymbol{e}'_1-5\boldsymbol{e}'_2)\otimes(5\boldsymbol{f}'^1+3\boldsymbol{f}'^2)$	15	-15	0
$\boldsymbol{e}_2\otimes\boldsymbol{f}^1=(-\boldsymbol{e}'_1+2\boldsymbol{e}'_2)\otimes(2\boldsymbol{f}'^1+\boldsymbol{f}'^2)$	-2	2	0
$\boldsymbol{e}_2\otimes\boldsymbol{f}^2=(-\boldsymbol{e}'_1+2\boldsymbol{e}'_2)\otimes(5\boldsymbol{f}'^1+3\boldsymbol{f}'^2)$	-5	6	1

$\boldsymbol{e}_1\otimes\boldsymbol{f}^2$, $\boldsymbol{e}_2\otimes\boldsymbol{f}^1$については，0ですから，

$$T=3\boldsymbol{e}_1\otimes\boldsymbol{e}_1\otimes\boldsymbol{f}^1+\boldsymbol{e}_1\otimes\boldsymbol{e}_1\otimes\boldsymbol{f}^2-2\boldsymbol{e}_1\otimes\boldsymbol{e}_2\otimes\boldsymbol{f}^1+2\boldsymbol{e}_1\otimes\boldsymbol{e}_2\otimes\boldsymbol{f}^2$$
$$+\boldsymbol{e}_2\otimes\boldsymbol{e}_1\otimes\boldsymbol{f}^1-\boldsymbol{e}_2\otimes\boldsymbol{e}_1\otimes\boldsymbol{f}^2+3\boldsymbol{e}_2\otimes\boldsymbol{e}_2\otimes\boldsymbol{f}^1+3\boldsymbol{e}_2\otimes\boldsymbol{e}_2\otimes\boldsymbol{f}^2$$

のうち，

$$\boldsymbol{e}_1\otimes\boldsymbol{e}_1\otimes\boldsymbol{f}^2,\quad -2\boldsymbol{e}_1\otimes\boldsymbol{e}_2\otimes\boldsymbol{f}^1,\quad -\boldsymbol{e}_2\otimes\boldsymbol{e}_1\otimes\boldsymbol{f}^2,\quad 3\boldsymbol{e}_2\otimes\boldsymbol{e}_2\otimes\boldsymbol{f}^1$$

はダッシュ系にして縮約をとると0になります。縮約して0でないものが出てくる項は，

$$3\boldsymbol{e}_1\otimes\boldsymbol{e}_{\textcircled{1}}\otimes\boldsymbol{f}^{\textcircled{1}},\quad 2\boldsymbol{e}_1\otimes\boldsymbol{e}_{\textcircled{2}}\otimes\boldsymbol{f}^{\textcircled{2}},\quad \boldsymbol{e}_2\otimes\boldsymbol{e}_{\textcircled{1}}\otimes\boldsymbol{f}^{\textcircled{1}},\quad 3\boldsymbol{e}_2\otimes\boldsymbol{e}_{\textcircled{2}}\otimes\boldsymbol{f}^{\textcircled{2}}$$

です。これについて，

$$\square\otimes\boldsymbol{e}_1\otimes\boldsymbol{f}^1=\square'\otimes(3\boldsymbol{e}'_1-5\boldsymbol{e}'_2)\otimes(2\boldsymbol{f}'^1+\boldsymbol{f}'^2)\xrightarrow{\text{縮約}}\square'$$
$$\triangle\otimes\boldsymbol{e}_2\otimes\boldsymbol{f}^2=\triangle'\otimes(-\boldsymbol{e}'_1+2\boldsymbol{e}'_2)\otimes(5\boldsymbol{f}'^1+3\boldsymbol{f}'^2)\xrightarrow{\text{縮約}}\triangle'$$

となりますから，これを用いて，

$$3\boldsymbol{e}_1\otimes\boldsymbol{e}_1\otimes\boldsymbol{f}^1+2\boldsymbol{e}_1\otimes\boldsymbol{e}_2\otimes\boldsymbol{f}^2+\boldsymbol{e}_2\otimes\boldsymbol{e}_1\otimes\boldsymbol{f}^1+3\boldsymbol{e}_2\otimes\boldsymbol{e}_2\otimes\boldsymbol{f}^2$$

$$=3(3\boldsymbol{e}'_1-5\boldsymbol{e}'_2)\otimes(3\boldsymbol{e}'_1-5\boldsymbol{e}'_2)\otimes(2\boldsymbol{f}'^1+\boldsymbol{f}'^2)$$

$$+2(3\boldsymbol{e}'_1-5\boldsymbol{e}'_2)\otimes(-\boldsymbol{e}'_1+2\boldsymbol{e}'_2)\otimes(5\boldsymbol{f}'^1+3\boldsymbol{f}'^2)$$

$$+(-\boldsymbol{e}'_1+2\boldsymbol{e}'_2)\otimes(3\boldsymbol{e}'_1-5\boldsymbol{e}'_2)\otimes(2\boldsymbol{f}'^1+\boldsymbol{f}'^2)$$

$$+3(-\boldsymbol{e}'_1+2\boldsymbol{e}'_2)\otimes(-\boldsymbol{e}'_1+2\boldsymbol{e}'_2)\otimes(5\boldsymbol{f}'^1+3\boldsymbol{f}'^2)$$

の縮約をとると，

$$=3(3\boldsymbol{e}'_1-5\boldsymbol{e}'_2)+2(3\boldsymbol{e}'_1-5\boldsymbol{e}'_2)+(-\boldsymbol{e}'_1+2\boldsymbol{e}'_2)+3(-\boldsymbol{e}'_1+2\boldsymbol{e}'_2)$$

$$=5(3\boldsymbol{e}'_1-5\boldsymbol{e}'_2)+4(-\boldsymbol{e}'_1+2\boldsymbol{e}'_2)=11\boldsymbol{e}'_1-17\boldsymbol{e}'_2$$

これは (3) の結果と一致しています。

基底を $\boldsymbol{e}_i$，$\boldsymbol{f}^k$ として縮約を計算したあと，基底を $\boldsymbol{e}'_i$，$\boldsymbol{f}'^k$ に取り換えて表したもの［(3) の結果］と，初めから $\boldsymbol{e}'_i$，$\boldsymbol{f}'^k$ を基底にとって縮約を計算したもの［(4) の結果］は一致しています。

つまり，縮約は基底のとり方によらない演算であるわけです。

一般論で示しましょう。

問題 3.26

$T^2{}_1(V)$ の元 S が，基底 $\boldsymbol{e}_i$，$\boldsymbol{f}^k$ を用いて，

$$S=S^{ij}{}_k\boldsymbol{e}_i\otimes\boldsymbol{e}_j\otimes\boldsymbol{f}^k$$

と表されている。このとき，j と k での縮約を基底 $\boldsymbol{e}_i$，$\boldsymbol{f}^k$ を用いて計算してから基底を $\boldsymbol{e}'_i$ に換えたときの成分と，S を基底 $\boldsymbol{e}'_i$，$\boldsymbol{f}'^k$ で表してから縮約した成分が等しいことを示せ。

$\boldsymbol{e}_i$, $\boldsymbol{f}^k$ で表された S の縮約をとってから，基底を $\boldsymbol{e}'_i$ に取り換えると，

$$S^{ij}{}_k\boldsymbol{e}_i\otimes\boldsymbol{e}_j\otimes\boldsymbol{f}^k\ \to\ S^{ij}{}_j\boldsymbol{e}_i=S^{ij}{}_j b^l{}_i\boldsymbol{e}'_l$$

$\boldsymbol{e}'_l$ の成分は $b^l{}_i S^{ij}{}_j$ になります。

一方，Sを$\boldsymbol{e}'_i$，$\boldsymbol{f}'^k$で表してから縮約すると，

$$S'^{lm}{}_n \boldsymbol{e}'_l \otimes \boldsymbol{e}'_m \otimes \boldsymbol{f}'^n \quad \to \quad S'^{lm}{}_m \boldsymbol{e}'_l$$

となります。ここで，$S^{ij}{}_k$と$S'^{lm}{}_n$の間には，

$$S'^{lm}{}_n = b^l{}_i b^m{}_j a^k{}_n S^{ij}{}_k$$

という関係が成り立ちますから，これのnをmに置き換えて，

$$S'^{lm}{}_m = b^l{}_i b^m{}_j a^k{}_m S^{ij}{}_k = b^l{}_i \delta^k{}_j S^{ij}{}_k = b^l{}_i S^{ij}{}_j$$

$\boldsymbol{e}'_l$の成分が一致することが確かめられました。

この証明では，$b^m{}_j$と$a^k{}_n$が互いに逆行列であること，$b^m{}_j a^k{}_m = \delta^k{}_j$を用いて，$a$と$b$を一つずつ消しているところがポイントです。うまく，bとaが選ばれたのは，上添え字と下添え字でテンソルの縮約を作るからです。

もしも上添え字どうしで縮約をとろうとしたらどうなるでしょうか。

$S'^{lm}{}_n = b^l{}_i b^m{}_j a^k{}_n S^{ij}{}_k$で試してみると，

$$S'^{ll}{}_n = b^l{}_i b^l{}_j a^k{}_n S^{ij}{}_k$$

となり，$b^l{}_i b^l{}_j$ではδを作ることができず，次につながりません。下添え字どうしの場合も，aどうしではδは作れず，やはりつながりません。

これが上添え字と下添え字でなければテンソルの縮約を作ることができない理由です。

ただし，$\boldsymbol{e}'_i = a^j{}_i \boldsymbol{e}_j$の$(a^j{}_i)$が直交行列になる場合には，上添え字どうし，下添え字どうしの縮約も考えられます。

$A = (a^j{}_i)$が直交行列のときは，${}^tAA = E$，$A^{-1} = {}^tA$が成り立ちます。

$B = (b^i{}_j)$について，$B = A^{-1} = A^t$ですから，成分については，$b^i{}_j = a^j{}_i$が成り立ちます。これを用いると，

$$S'^{ii}{}_k = b^i{}_l b^i{}_m a^n{}_k S^{lm}{}_n = a^l{}_i b^i{}_m a^n{}_k S^{lm}{}_n = \delta^l{}_m a^n{}_k S^{lm}{}_n = a^n{}_k S^{mm}{}_n$$

というように，$S^{lm}{}_n$から作った$S^{mm}{}_n$と，$S'^{ij}{}_k$から作った$S'^{ii}{}_k$とは，基底

を取り換えて表現したものであることになります。

実際，3次元空間での直交基底の取り換えによる成分の書き換えを考えることが多い工学系のテンソルでは，下添え字どうしで縮約したものがテンソルとして意味を持ちます。

この本では，直交基底でない場合の変換則を考えることになりますから，縮約は上添え字と下添え字に限るとしました。

さて，ここまでで，テンソルの計算（和，スカラー倍，テンソル積，縮約）が基底の取り換えと可換であることが示されました。つまり，テンソルの計算は，基底によらず定まるものなのです。

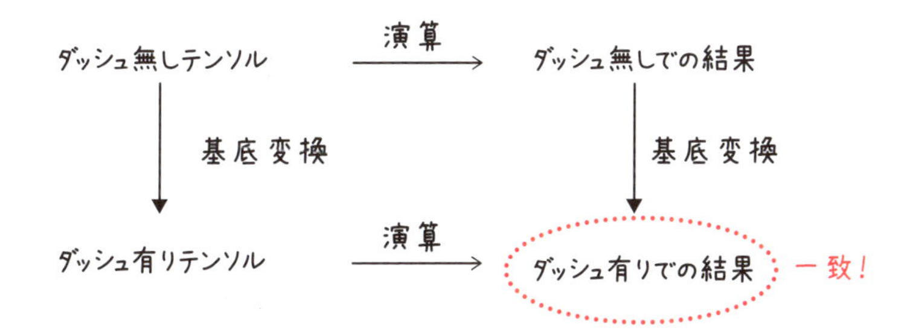

物理法則の記述にテンソル方程式を用いるのは，テンソルにこの性質があるからです。

相対性理論の主張の1つは，「観測者によらず，物理法則は同じ式で表される」ということでした。異なる観測者は異なる基底を持っています。

テンソルの元とテンソルの計算は，基底の取り方によらず同じ結果になります。テンソル方程式による記述は，基底によらない（つまり，観測者によらない）ので物理法則を表現するのにうってつけの表現なのです。

この仕組みが分かれば，相対論の「相対性原理」の部分は分かったと思ってもよいでしょう。

§7　物理流のテンソルの定義

前の節まで，

「テンソル空間とは，Vの基底$\boldsymbol{e}_i$と双対基底$\boldsymbol{f}^i$を⊗で並べた

$\boldsymbol{e}_i \otimes \cdots \otimes \boldsymbol{e}_j \otimes \boldsymbol{f}^k \otimes \cdots \otimes \boldsymbol{f}^l$を基底とした線形空間のことである」

と定義し，テンソル積⊗の計算法則を与え，テンソルを考えました。そして，テンソルの基底$\boldsymbol{e}_i$を基底$\boldsymbol{e}'_i$に取り換えたときの成分の書き換えについて調べました。

実は，この定義は，数学寄りのテンソルの定義なのです。〝寄り〟と断ったのは，数学におけるもっと本格的なテンソルの定義もあるからです。それを一言でいうと「テンソルとは多重線形写像のことである」となります。しかし，これから説明しても物理現象を表す式を理解する上には過剰な説明であると思われますのでこれ以上述べません。そこで，

「$S^{i\cdots j}{}_{k\cdots l}\boldsymbol{e}_i \otimes \cdots \otimes \boldsymbol{e}_j \otimes \boldsymbol{f}^k \otimes \cdots \otimes \boldsymbol{f}^l$がテンソルである」

というテンソルの定義を，数学流の定義と呼ぶことにしましょう。

それでは，物理流の定義とは何でしょうか。物理の本では，多くの割合で，成分の書き換えの式が成り立つことをテンソルの定義としています（中には，数学流の定義をしているものもあります。参考文献［7］，［13］など）。

数学流では，「$S^{i\cdots j}{}_{k\cdots l}\boldsymbol{e}_i \otimes \cdots \otimes \boldsymbol{e}_j \otimes \boldsymbol{f}^k \otimes \cdots \otimes \boldsymbol{f}^l$がテンソルである」としています。次ページ図の左の朱線の部分がかっちり決まることになります。いわばこれがテンソルの実体です。それに対し，基底を取り換えたときは，伴って成分が書き換えられます。

物理流の定義では，初めに成分の書き換え則を与えてしまいます。右図の朱線の部分から与えられることになります。このとき，**定理 3.21** より

成分表示から基底表現を作ることができ，テンソルの実体が存在していることが分かります。

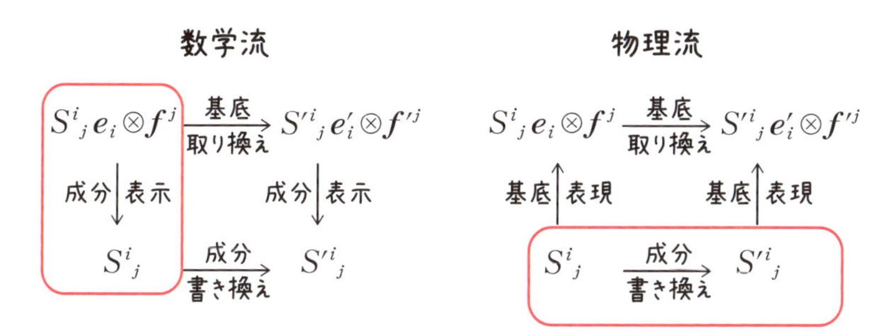

5節の最後で，基底を取り換えたテンソルの等式の成立と，成分の書き換えの式は同値であることを述べました。

定理 3.21 より成分の書き換えの式が成り立つこと

$$S'^{\overbrace{i\cdots j}^{r\text{コ}}}{}_{\underbrace{k\cdots l}_{s\text{コ}}}=\overbrace{b^i{}_m\cdots b^j{}_n}^{r\text{コ}}\underbrace{a^p{}_k\cdots a^q{}_l}_{s\text{コ}}S^{\overbrace{m\cdots n}^{r\text{コ}}}{}_{\underbrace{p\cdots q}_{s\text{コ}}}$$

から，$\boldsymbol{e}'_i=a^j{}_i\boldsymbol{e}_j$，$\boldsymbol{f}'^i=b^i{}_j\boldsymbol{f}^j$ のもと，

$$S^{\overbrace{i\cdots j}^{r\text{コ}}}{}_{\underbrace{k\cdots l}_{s\text{コ}}}\overbrace{\boldsymbol{e}_i\otimes\cdots\otimes\boldsymbol{e}_j}^{r\text{コ}}\otimes\underbrace{\boldsymbol{f}^k\otimes\cdots\cdots\otimes\boldsymbol{f}^l}_{s\text{コ}}=S'^{\overbrace{i\cdots j}^{r\text{コ}}}{}_{\underbrace{k\cdots l}_{s\text{コ}}}\overbrace{\boldsymbol{e}'_i\otimes\cdots\otimes\boldsymbol{e}'_j}^{r\text{コ}}\otimes\underbrace{\boldsymbol{f}'^k\otimes\cdots\otimes\boldsymbol{f}'^l}_{s\text{コ}}$$

が成り立つので，基底によらないテンソルという実体が存在することを保証してくれます。ですから，物理流のテンソルの定義であっても，数学流のテンソルの定義と同値なのです。

成分というのはいわば“影”です。“影”が映る平面のとり方により，影の形はいろいろと変わります。物理流の定義では，その影の形だけを見て，実体の存在を推し量ることになります。物理の本では，テンソルの基底による表現までは見せないことが多いのです。これでは，テンソルを実感できないのではないでしょうか。

ベクトルでさえ，定義が成分の書き換え則だけを与えるものであれば(ベクトルは (1, 0) テンソルですからこのような定義は可能です)，その実体を実感することは困難でしょう。高校で矢印ベクトルという実体を体験

し，それを座標平面上で成分表示し，成分の書き換えをするという順序をたどって，初めて「ベクトル」が理解できるのではないでしょうか。

そこで，この本では，数学寄りのテンソルの定義から出発して，初めにテンソルの実体（基底による表現）を見ていただくことにしました。

これから物理流のテンソルの定義を，段階的に述べていきましょう。

定義 3.27 テンソル（まだ数学寄り）

Vの基底$\boldsymbol{e}_i$，$\boldsymbol{e}'_i$の間に$\boldsymbol{e}'_i = a^j{}_i \boldsymbol{e}_j$，双対基底$\boldsymbol{f}^i$，$\boldsymbol{f}'^i$の間に$\boldsymbol{f}'^i = b^i{}_j \boldsymbol{f}^j$という関係があるものとする。数の組$S^{i\cdots j}{}_{k\cdots l}$と数の組$S'^{i\cdots j}{}_{k\cdots l}$の間に

$$\overbrace{S'^{i\cdots j}}^{r\text{コ}}{}_{\underbrace{k\cdots l}_{s\text{コ}}} = \overbrace{b^i{}_m \cdots b^j{}_n}^{r\text{コ}} \underbrace{a^p{}_k \cdots a^q{}_l}_{s\text{コ}} \overbrace{S^{m\cdots n}}^{r\text{コ}}{}_{\underbrace{p\cdots q}_{s\text{コ}}}$$

という関係があるとき，

$$\overbrace{S^{i\cdots j}}^{r\text{コ}}{}_{\underbrace{k\cdots l}_{s\text{コ}}} \overbrace{\boldsymbol{e}_i \otimes \cdots \otimes \boldsymbol{e}_j}^{r\text{コ}} \otimes \underbrace{\boldsymbol{f}^k \otimes \cdots \otimes \boldsymbol{f}^l}_{s\text{コ}} = \overbrace{S'^{i\cdots j}}^{r\text{コ}}{}_{\underbrace{k\cdots l}_{s\text{コ}}} \overbrace{\boldsymbol{e}'_i \otimes \cdots \otimes \boldsymbol{e}'_j}^{r\text{コ}} \otimes \underbrace{\boldsymbol{f}'^k \otimes \cdots \otimes \boldsymbol{f}'^l}_{s\text{コ}}$$

が成り立つ。これを$(r,\ s)$テンソルという。

基底を見せているので，まだ数学寄りです。もっと物理寄りで定義してみましょう。

線形空間Vに基底$\boldsymbol{e}_i$を定め，これをもとに表現することを座標系K，基底$\boldsymbol{e}'_i$を定め，これをもとに表現することを座標系K'とします。

定義 3.28 テンソル（物理流）

ベクトル$\boldsymbol{x}$の座標系Kでの成分をx^i，座標系K'での成分をx'^iとする。任意のベクトル$\boldsymbol{x}$について，$x'^i = b^i{}_j x^j$，$x^i = a^i{}_j x'^j$が成り

立つような$a^i{}_j$，$b^i{}_j$が存在している($b^i{}_j a^j{}_k=\delta^i{}_k$)。

このとき，数の組$S^{i\cdots j}{}_{k\cdots l}$と数の組$S'^{i\cdots j}{}_{k\cdots l}$の間に

$$\overbrace{S'^{i\cdots j}}^{r\text{コ}}{}_{\underbrace{k\cdots l}_{s\text{コ}}}=\overbrace{b^i{}_m\cdots b^j{}_n}^{r\text{コ}}\underbrace{a^p{}_k\cdots a^q{}_l}_{s\text{コ}}\overbrace{S^{m\cdots n}}^{r\text{コ}}{}_{\underbrace{p\cdots q}_{s\text{コ}}}$$

という関係があるとき，$S^{i\cdots j}{}_{k\cdots l}$を座標系$K$での（$r$，$s$）テンソルの成分，$S'^{i\cdots j}{}_{k\cdots l}$を座標系$K'$での($r$，$s$)テンソルの成分という。

基底が隠されているところが物理流です。基底が見えなくとも，**定理 3.21** より物理流の定義は数学流の定義と同じものを定義しています。

ですから，テンソルの定義がこのようになっても，テンソルの計算が変わるわけではありません。テンソルの和（$S^{ij}{}_k$，$T^{ij}{}_k$の和）であれば成分ごとの和（$S^{ij}{}_k+T^{ij}{}_k$）であり，テンソルの積（$S^{ij}{}_k$，$T^l{}_m$）であれば成分ごとの積（$S^{ij}{}_k T^l{}_m$）であり，テンソルの縮約（$S^{ij}{}_k$）であれば（$S^{ij}{}_j$）となります。要は，基底をつけないで計算するだけの話です。

数学流のテンソルの定義のもとで，テンソルの計算（和とスカラー倍，テンソルの積，縮約）は基底のとり方によりませんでした。**定理 3.21** により，成分の書き換え則に対して，基底を用いたときの表現の存在が保証されていますから，物理流の定義のもとでのテンソルの計算であっても，テンソルの計算は座標のとり方によらないことがいえます。

次からの**定理 3.29**，30，31 で，物理流の定義のもとで，テンソルの計算が座標のとり方によらないことを示しておきましょう。**問題 3.22**，24，26 で示した証明の書き換え則を得たところから始めればよいだけの話です。自分で証明を付けられそうな方はやってみましょう。

定理 3.29　**1 次結合は座標によらない**

S，Tが(2, 1)テンソルで，座標(x)での成分が$S^{ij}{}_k(x)$，$T^{ij}{}_k(x)$，

座標(x')での成分が$S'^{ij}{}_k(x')$，$T'^{ij}{}_k(x')$であるとき，座標(x)での成分が

$$\lambda S^{ij}{}_k + \mu T^{ij}{}_k \quad (\lambda,\ \mu \text{は定数})$$

で表される(2, 1)テンソルの座標(x')での成分は，$\lambda S'^{ij}{}_k + \mu T'^{ij}{}_k$である。

座標(x)から座標(x')への変換則が，

$$S'^{ij}{}_k = b^i{}_l b^j{}_m a^n{}_k S^{lm}{}_n, \qquad T'^{ij}{}_k = b^i{}_l b^j{}_m a^n{}_k T^{lm}{}_n$$

なので，

$$\begin{aligned}\lambda S'^{ij}{}_k + \mu T'^{ij}{}_k &= \lambda b^i{}_l b^j{}_m a^n{}_k S^{lm}{}_n + \mu b^i{}_l b^j{}_m a^n{}_k T^{lm}{}_n \\ &= b^i{}_l b^j{}_m a^n{}_k (\lambda S^{lm}{}_n + \mu T^{lm}{}_n)\end{aligned}$$

よって，座標(x)で$\lambda S^{ij}{}_k + \mu T^{ij}{}_k$と表されるテンソルの座標$(x')$での成分は$\lambda S'^{ij}{}_k + \mu T'^{ij}{}_k$です。

テンソル積について確認してみましょう。

定理 3.30　テンソル積は座標によらない

$T^1{}_2(V)$の元S，$T^1{}_1(V)$の元Tについて，座標(x)での成分を$S^i{}_{jk}$，$T^l{}_m$，座標(x')での成分を$S'^i{}_{jk}$，$T'^l{}_m$とする。$T^2{}_3(V)$のテンソルUの座標(x)での成分$U^{il}{}_{jkm}$が$S^i{}_{jk} T^l{}_m$と表されるとする。Uの座標(x')での成分$U'^{il}{}_{jkm}$について，$U'^{il}{}_{jkm} = S'^i{}_{jk} T'^l{}_m$が成り立つ。

座標(x)でのUの成分$U^{iv}{}_{jkp}$は，$U^{iv}{}_{jkp} = S^i{}_{jk} T^v{}_p$となります。

$S^i{}_{jk}$と$S'^i{}_{jk}$，$T^v{}_p$と$T'^v{}_p$，$U^{iv}{}_{jkp}$と$U'^{iv}{}_{jkp}$の間に，

$$S'^i{}_{jk} = b^i{}_l a^m{}_j a^n{}_k S^l{}_{mn}, \quad T'^v{}_p = b^v{}_q a^r{}_p T^q{}_r,$$

$$U'^{iv}{}_{jkp} = b^i{}_l b^v{}_q a^m{}_j a^n{}_k a^r{}_p U^{lq}{}_{mnr}$$

という関係がありますから，

$$S'^{i}{}_{jk}T'^{v}{}_{p}=b^{i}{}_{l}a^{m}{}_{j}a^{n}{}_{k}S^{l}{}_{mn}b^{v}{}_{q}a^{r}{}_{p}T^{q}{}_{r}=b^{i}{}_{l}a^{m}{}_{j}a^{n}{}_{k}b^{v}{}_{q}a^{r}{}_{p}U^{lq}{}_{mnr}$$
$$=U'^{iv}{}_{jkp}$$

となります。

定理 3.31 縮約は座標によらない

$T^{2}{}_{2}(V)$の元Tについて，座標(x)での成分を$T^{ij}{}_{kl}$とする。座標を(x')に取り換えて得られた成分を$T'^{ij}{}_{kl}$とする。Tのiとkを縮約したテンソルUの座標(x)での成分を$U^{j}{}_{l}=T^{ij}{}_{il}$とする。$U$の座標$(x')$での成分$U'^{j}{}_{l}$は，$U'^{j}{}_{l}=T'^{ij}{}_{il}$となる。

座標の間に$x'^{i}=b^{i}{}_{j}x^{j}$，$x^{i}=a^{i}{}_{j}x'^{j}$という関係があるとき，$T^{ij}{}_{kl}$と$T'^{ij}{}_{kl}$の間，$U^{j}{}_{l}$と$U'^{j}{}_{l}$の間には，

$$T'^{ij}{}_{kl}=b^{i}{}_{m}b^{j}{}_{n}a^{v}{}_{k}a^{p}{}_{l}T^{mn}{}_{vp},\quad U'^{j}{}_{l}=b^{j}{}_{n}a^{p}{}_{l}U^{n}{}_{p}$$

という関係が成り立ちます。kをiに変えて，$a^{v}{}_{i}b^{i}{}_{m}=\delta^{v}{}_{m}$を用いると，

$$T'^{ij}{}_{il}=b^{i}{}_{m}b^{j}{}_{n}a^{v}{}_{i}a^{p}{}_{l}T^{mn}{}_{vp}=(a^{v}{}_{i}b^{i}{}_{m})b^{j}{}_{n}a^{p}{}_{l}T^{mn}{}_{vp}$$
$$=\delta^{v}{}_{m}b^{j}{}_{n}a^{p}{}_{l}T^{mn}{}_{vp}=b^{j}{}_{n}a^{p}{}_{l}T^{mn}{}_{mp}=b^{j}{}_{n}a^{p}{}_{l}U^{n}{}_{p}$$
$$=U'^{j}{}_{l}$$

となります。ここでも$a^{v}{}_{i}b^{i}{}_{m}=\delta^{v}{}_{m}$を使うのがポイントです。

積があるのだから，商はないのでしょうか。商の計算があるわけではないのですが，Xと任意のテンソルとの縮合をとってテンソルになるとき，Xはテンソルであることが結論づけられます。これを**テンソルの商法則**と呼びます。

定理 3.32 テンソルの商法則

数の組$S^{i}{}_{jk}$に対して，任意の$T^{1}{}_{1}(V)$テンソルTをとり計算した，

$$U^i{}_{jl} = S^i{}_{jk} T^k{}_l$$

がつねに$T^1{}_2(V)$テンソルになるとき，$S^i{}_{jk}$は$T^1{}_2(V)$テンソルになる。

一般に，上添え字r個，下添え字s個を持つ数の組$S^{i\cdots j}{}_{k\cdots l}$があり，これと任意の$T^{r'}{}_{s'}(V)$の元$T^{m\cdots n}{}_{p\cdots q}$について縮合と同様の計算をして得た上添え字$r+r'-1$個，下添え字$s+s'-1$個を持つ数の組$S^{i\cdots j}{}_{k\cdots l}T^{m\cdots n}{}_{p\cdots q}$が常に$(r+r'-1,\ s+s'-1)$テンソルになるとき，$S^{i\cdots j}{}_{k\cdots l}$は$(r,\ s)$テンソルになります。

証明をするために，定理の状況を言い直してみましょう。

数の組$S^i{}_{jk}$と数の組$S'^i{}_{jk}$があります。任意の$T^1{}_1(V)$テンソルTをとり，その座標(x)での成分を$T^l{}_m$，座標(x')での成分を$T'^l{}_m$とします。

このとき，$U^i{}_{jl} = S^i{}_{jk} T^k{}_l$，$U'^i{}_{jl} = S'^i{}_{jk} T'^k{}_l$とおくと，座標$(x)$での成分が$U^i{}_{jl}$，座標$(x')$での成分が$U'^i{}_{jl}$となる$T^1{}_2(V)$のテンソル$U$が必ず存在するならば，座標$(x)$での成分が$S^i{}_{jk}$，座標$(x')$での成分が$S'^i{}_{jk}$となる$T^1{}_2(V)$テンソル$S$が存在すると定理は主張しています。

$T^q{}_p$，$U^i{}_{jl}$がテンソルなので$T^q{}_p$と$T'^q{}_p$，$U^i{}_{jl}$と$U'^i{}_{jl}$の間に

$$T'^k{}_r = b^k{}_q a^p{}_r T^q{}_p,\quad U'^i{}_{jl} = b^i{}_m a^n{}_j a^p{}_l U^m{}_{np}$$

$$(T^q{}_p = a^q{}_k b^r{}_p T'^k{}_r)$$

という関係があります。$U^i{}_{jl} = S^i{}_{jk} T^k{}_l$，$U'^i{}_{jl} = S'^i{}_{jk} T'^k{}_l$でしたから，

$$\begin{aligned} S'^i{}_{jk} T'^k{}_l = U'^i{}_{jl} &= b^i{}_m a^n{}_j a^p{}_l U^m{}_{np} = b^i{}_m a^n{}_j a^p{}_l S^m{}_{nq} T^q{}_p \\ &= b^i{}_m a^n{}_j \underline{a^p{}_l} S^m{}_{nq} a^q{}_k \underline{b^r{}_p} T'^k{}_r = b^i{}_m a^n{}_j a^q{}_k S^m{}_{nq} \underline{\delta^r{}_l} T'^k{}_r \\ &= b^i{}_m a^n{}_j a^q{}_k S^m{}_{nq} T'^k{}_l \end{aligned}$$

ここで，$T'^k{}_l$は任意に選ぶことができますから，

$$S'^i{}_{jk} = b^i{}_m a^n{}_j a^q{}_k S^m{}_{nq}$$

が成り立ちます。座標(x)での成分が$S^i{}_{jk}$，座標(x')での成分が$S'^i{}_{jk}$である$T^1{}_2(V)$テンソルSが存在することになります。

0テンソルについて確認しておきましょう。0テンソルとは，成分がす

べて 0 であるテンソルのことです。

定理 3.33　**0 テンソル**

ある座標(x)で，すべての成分が 0 であるテンソルは，他の座標(x')でもすべての成分が 0 である。

(2, 1) テンソル T で考えます。変換則が，$T'^{ij}{}_{k} = b^{i}{}_{l} b^{j}{}_{m} a^{n}{}_{k} T^{lm}{}_{n}$ ですから，すべての成分が，$T^{lm}{}_{n} = 0$ であれば，$T'^{ij}{}_{k} = 0$ となります。

当たり前のような定理で，これだけではありがたみが分かりません。しかし，次のように言い換えると，相対性理論の根元を支える定理であることが分かります。

定理 3.34　**テンソルの式は座標によらない**

S, T が同じ形のテンソルであり，ある座標(x)で，$S^{i\cdots j}{}_{k\cdots l} = T^{i\cdots j}{}_{k\cdots l}$ という式が成り立っているとき，他の座標(x')でも $S'^{i\cdots j}{}_{k\cdots l} = T'^{i\cdots j}{}_{k\cdots l}$ が成り立つ。

$U^{i\cdots j}{}_{k\cdots l} = S^{i\cdots j}{}_{k\cdots l} - T^{i\cdots j}{}_{k\cdots l}$，$U'^{i\cdots j}{}_{k\cdots l} = S'^{i\cdots j}{}_{k\cdots l} - T'^{i\cdots j}{}_{k\cdots l}$ とおくと，**定理 3.29** より U' は座標(x')での U の成分になっています。$U^{i\cdots j}{}_{k\cdots l}$ はすべて 0 ですから，**定理 3.33** より U' の成分もすべて 0 です。よって，

$$S'^{i\cdots j}{}_{k\cdots l} = T'^{i\cdots j}{}_{k\cdots l}$$

が成り立ちます。

異なる観測者であっても物理法則が同じ式で表されるというのが相対性原理です。相対性原理のもとで，物理法則がテンソル方程式で表されるのは，テンソルの等式に，座標のとり方により式が変わらないという性質があるからなのです。

§8 テンソルの添え字の上げ下げ

基底を取り換えても成分が変わらないテンソルがあります。

$$T = \boldsymbol{e}_1 \otimes \boldsymbol{f}^1 + \boldsymbol{e}_2 \otimes \boldsymbol{f}^2$$

を$\boldsymbol{e}'_1 \otimes \boldsymbol{f}'^1$，$\boldsymbol{e}'_1 \otimes \boldsymbol{f}'^2$，$\boldsymbol{e}'_2 \otimes \boldsymbol{f}'^1$，$\boldsymbol{e}'_2 \otimes \boldsymbol{f}'^2$を基底にして表すとどうなるでしょうか。**問題 3.20** を用いてみます。Tは，

$$T = \delta^k{}_l \boldsymbol{e}_k \otimes \boldsymbol{f}^l$$

と表すことができますから，$x'^i{}_j = b^i{}_k a^l{}_j x^k{}_l$で$x^k{}_l = \delta^k{}_l$とおいて，

$$x'^i{}_j = b^i{}_k \underline{a^l{}_j \delta^k{}_l} = b^i{}_k a^k{}_j = \delta^i{}_j$$

これから，

$$T = \delta^i{}_j \boldsymbol{e}'_i \otimes \boldsymbol{f}'^j$$

と表されることが分かります。この性質は後々大活躍します。

定理 3.35　単位テンソル

$T^1{}_1(V)$の元，$\delta^i{}_j \boldsymbol{e}_i \otimes \boldsymbol{f}^j$は，座標を取り換えても係数が変わらない。

$\delta^i{}_j \boldsymbol{e}_i \otimes \boldsymbol{f}^j$を単位テンソルと呼びます。単位テンソルには他にも面白い性質があります。

縮合の問題をいくつか解いてみましょう。

問題 3.36

Vを2次元とする。

$T^1{}_1(V)$の元Iを，$I = \boldsymbol{e}_1 \otimes \boldsymbol{f}^1 + \boldsymbol{e}_2 \otimes \boldsymbol{f}^2$

$T_2(V)$の元gを，$g = 3\boldsymbol{f}^1 \otimes \boldsymbol{f}^1 - 5\boldsymbol{f}^1 \otimes \boldsymbol{f}^2 - \boldsymbol{f}^2 \otimes \boldsymbol{f}^1 + 2\boldsymbol{f}^2 \otimes \boldsymbol{f}^2$

$T^2(V)$の元hを，$h = 2\boldsymbol{e}_1 \otimes \boldsymbol{e}_1 + 5\boldsymbol{e}_1 \otimes \boldsymbol{e}_2 + \boldsymbol{e}_2 \otimes \boldsymbol{e}_1 + 3\boldsymbol{e}_2 \otimes \boldsymbol{e}_2$

$T^2{}_1(V)$の元Sを，$S=3\boldsymbol{e}_1\otimes\boldsymbol{e}_2\otimes\boldsymbol{f}^2-4\boldsymbol{e}_2\otimes\boldsymbol{e}_2\otimes\boldsymbol{f}^1$

(1)　$\boldsymbol{e}_\square\otimes\boldsymbol{e}_\square\otimes\boldsymbol{f}^\square$と$\boldsymbol{e}_\square\otimes\boldsymbol{f}^\square$で$S$と$I$の縮合をとれ。

$\boldsymbol{e}_\square\otimes\boldsymbol{e}_\square\otimes\boldsymbol{f}^\square$と$\boldsymbol{e}_\square\otimes\boldsymbol{f}^\square$で$S$と$I$の縮合をとれ。

(2)　$\boldsymbol{f}^\square\otimes\boldsymbol{f}^\square$と$\boldsymbol{e}_\square\otimes\boldsymbol{e}_\square$で$g$と$h$の縮合をとれ。

$\boldsymbol{f}^\square\otimes\boldsymbol{f}^\square$と$\boldsymbol{e}_\square\otimes\boldsymbol{e}_\square$で$g$と$h$の縮合をとれ。

(3)　$\boldsymbol{e}_\square\otimes\boldsymbol{e}_\square\otimes\boldsymbol{f}^\square$と$\boldsymbol{f}^\square\otimes\boldsymbol{f}^\square$で$S$と$g$の縮合をとれ。ただし，$g$の残った$\boldsymbol{f}$を$S$の初めの$\boldsymbol{e}$のところに置いた基底で表せ。それを$U$（基底は$\boldsymbol{f}^\square\otimes\boldsymbol{e}_\square\otimes\boldsymbol{f}^\square$）とし，$\boldsymbol{f}^\square\otimes\boldsymbol{e}_\square\otimes\boldsymbol{f}^\square$と$\boldsymbol{e}_\square\otimes\boldsymbol{e}_\square$で$U$と$h$の縮合をとれ。

(1)　$\boldsymbol{e}_\square\otimes\boldsymbol{e}_\square\otimes\boldsymbol{f}_\square$と$\boldsymbol{e}_\square\otimes\boldsymbol{f}^\square$で$S$と$I$の縮合をとると，

$$S\otimes I=(3\boldsymbol{e}_1\otimes\boldsymbol{e}_2\otimes\boldsymbol{f}^2-4\boldsymbol{e}_2\otimes\boldsymbol{e}_2\otimes\boldsymbol{f}^1)\otimes(\boldsymbol{e}_1\otimes\boldsymbol{f}^1+\boldsymbol{e}_2\otimes\boldsymbol{f}^2)$$

展開して朱い□に同じ数字が入るものだけ抜き出した

$$3\boldsymbol{e}_{\textcircled{1}}\otimes\boldsymbol{e}_2\otimes\boldsymbol{f}^2\otimes\boldsymbol{e}_1\otimes\boldsymbol{f}^{\textcircled{1}}\qquad-4\boldsymbol{e}_{\textcircled{2}}\otimes\boldsymbol{e}_2\otimes\boldsymbol{f}^1\otimes\boldsymbol{e}_2\otimes\boldsymbol{f}^{\textcircled{2}}$$

左端のeと右端のfを落とし，最後のeを一番前に置くと

$$=3\boldsymbol{e}_1\otimes\boldsymbol{e}_2\otimes\boldsymbol{f}^2-4\boldsymbol{e}_2\otimes\boldsymbol{e}_2\otimes\boldsymbol{f}^1$$

$\boldsymbol{e}_\square\otimes\boldsymbol{e}_\square\otimes\boldsymbol{f}^\square$の$\boldsymbol{e}_\square\otimes\boldsymbol{f}^\square$で$S$と$I$の縮合をとると，

$$S\otimes I=(3\boldsymbol{e}_1\otimes\boldsymbol{e}_2\otimes\boldsymbol{f}^2-4\boldsymbol{e}_2\otimes\boldsymbol{e}_2\otimes\boldsymbol{f}^1)\otimes(\boldsymbol{e}_1\otimes\boldsymbol{f}^1+\boldsymbol{e}_2\otimes\boldsymbol{f}^2)$$

展開して朱い□に同じ数字が入るものだけ抜き出した

$$3\boldsymbol{e}_1\otimes\boldsymbol{e}_2\otimes\boldsymbol{f}^{\textcircled{2}}\otimes\boldsymbol{e}_{\textcircled{2}}\otimes\boldsymbol{f}^2\qquad-4\boldsymbol{e}_2\otimes\boldsymbol{e}_2\otimes\boldsymbol{f}^{\textcircled{1}}\otimes\boldsymbol{e}_{\textcircled{1}}\otimes\boldsymbol{f}^1$$

真ん中の$f^\square\otimes e_\square$を落とすと

$$=3\boldsymbol{e}_1\otimes\boldsymbol{e}_2\otimes\boldsymbol{f}^2-4\boldsymbol{e}_2\otimes\boldsymbol{e}_2\otimes\boldsymbol{f}^1$$

これから分かるように，Iと縮合をとってIで残った$\boldsymbol{e}$や$\boldsymbol{f}$をSの$\boldsymbol{e}$や$\boldsymbol{f}$と見なすと，Iは任意のテンソルのどの添え字と縮合をとっても，テンソルを変えません。かけ算の1倍はもとの数を変えませんから，Iとの縮合をとることは，テンソル積における〝1倍〟に当たります。

(2)　$\boldsymbol{e}_\square \otimes \boldsymbol{e}_\square$ と $\boldsymbol{f}^\square \otimes \boldsymbol{f}^\square$ で h と g の縮合をとります。初めテンソル積を計算し，

$$h \otimes g$$
$$=(2\boldsymbol{e}_1 \otimes \boldsymbol{e}_1 + 5\boldsymbol{e}_1 \otimes \boldsymbol{e}_2 + \boldsymbol{e}_2 \otimes \boldsymbol{e}_1 + 3\boldsymbol{e}_2 \otimes \boldsymbol{e}_2)$$
$$\otimes(3\boldsymbol{f}^1 \otimes \boldsymbol{f}^1 - 5\boldsymbol{f}^1 \otimes \boldsymbol{f}^2 - \boldsymbol{f}^2 \otimes \boldsymbol{f}^1 + 2\boldsymbol{f}^2 \otimes \boldsymbol{f}^2)$$

展開して朱い口に同じ数字が入るものだけ抜き出した

$$6\boldsymbol{e}_1 \otimes \boldsymbol{e}_{①} \otimes \boldsymbol{f}^{①} \otimes \boldsymbol{f}^1 - 5\boldsymbol{e}_1 \otimes \boldsymbol{e}_{②} \otimes \boldsymbol{f}^{②} \otimes \boldsymbol{f}^1$$
$$-10\boldsymbol{e}_1 \otimes \boldsymbol{e}_{①} \otimes \boldsymbol{f}^{①} \otimes \boldsymbol{f}^2 + 10\boldsymbol{e}_1 \otimes \boldsymbol{e}_{②} \otimes \boldsymbol{f}^{②} \otimes \boldsymbol{f}^2$$
$$3\boldsymbol{e}_2 \otimes \boldsymbol{e}_{①} \otimes \boldsymbol{f}^{①} \otimes \boldsymbol{f}^1 - 3\boldsymbol{e}_2 \otimes \boldsymbol{e}_{②} \otimes \boldsymbol{f}^{②} \otimes \boldsymbol{f}^1$$
$$-5\boldsymbol{e}_2 \otimes \boldsymbol{e}_{①} \otimes \boldsymbol{f}^{①} \otimes \boldsymbol{f}^2 + 6\boldsymbol{e}_2 \otimes \boldsymbol{e}_{②} \otimes \boldsymbol{f}^{②} \otimes \boldsymbol{f}^2$$

真ん中の $\boldsymbol{e}_\square \otimes \boldsymbol{f}^\square$ を落とすと，

$$(6-5)\boldsymbol{e}_1 \otimes \boldsymbol{f}^1 + (-10+10)\boldsymbol{e}_1 \otimes \boldsymbol{f}^2 + (3-3)\boldsymbol{e}_2 \otimes \boldsymbol{f}^1 + (-5+6)\boldsymbol{e}_2 \otimes \boldsymbol{f}^2$$

縮約

$$\to \quad \boldsymbol{e}_1 \otimes \boldsymbol{f}^1 + \boldsymbol{e}_2 \otimes \boldsymbol{f}^2$$

$\boldsymbol{e}_\square \otimes \boldsymbol{e}_\square$ と $\boldsymbol{f}^\square \otimes \boldsymbol{f}^\square$ で g と h の縮合をとります。初めテンソル積を計算し，

$$g \otimes h$$
$$=(3\boldsymbol{f}^1 \otimes \boldsymbol{f}^1 - 5\boldsymbol{f}^1 \otimes \boldsymbol{f}^2 - \boldsymbol{f}^2 \otimes \boldsymbol{f}^1 + 2\boldsymbol{f}^2 \otimes \boldsymbol{f}^2)$$
$$\otimes(2\boldsymbol{e}_1 \otimes \boldsymbol{e}_1 + 5\boldsymbol{e}_1 \otimes \boldsymbol{e}_2 + \boldsymbol{e}_2 \otimes \boldsymbol{e}_1 + 3\boldsymbol{e}_2 \otimes \boldsymbol{e}_2)$$

$$6\boldsymbol{f}^1 \otimes \boldsymbol{f}^{①} \otimes \boldsymbol{e}_{①} \otimes \boldsymbol{e}_1 - 5\boldsymbol{f}^1 \otimes \boldsymbol{f}^{②} \otimes \boldsymbol{e}_{②} \otimes \boldsymbol{e}_1$$
$$15\boldsymbol{f}^1 \otimes \boldsymbol{f}^{①} \otimes \boldsymbol{e}_{①} \otimes \boldsymbol{e}_2 - 15\boldsymbol{f}^1 \otimes \boldsymbol{f}^{②} \otimes \boldsymbol{e}_{②} \otimes \boldsymbol{e}_2$$
$$-2\boldsymbol{f}^2 \otimes \boldsymbol{f}^{①} \otimes \boldsymbol{e}_{①} \otimes \boldsymbol{e}_1 + 2\boldsymbol{f}^2 \otimes \boldsymbol{f}^{②} \otimes \boldsymbol{e}_{②} \otimes \boldsymbol{e}_1$$
$$-5\boldsymbol{f}^2 \otimes \boldsymbol{f}^{①} \otimes \boldsymbol{e}_{①} \otimes \boldsymbol{e}_2 + 6\boldsymbol{f}^2 \otimes \boldsymbol{f}^{②} \otimes \boldsymbol{e}_{②} \otimes \boldsymbol{e}_2$$

真ん中の $\boldsymbol{f}^\square \otimes \boldsymbol{e}_\square$ を落とすと，

$$(6-5)\boldsymbol{f}^1 \otimes \boldsymbol{e}_1 + (15-15)\boldsymbol{f}^1 \otimes \boldsymbol{e}_2 + (-2+2)\boldsymbol{f}^2 \otimes \boldsymbol{e}_1 + (-5+6)\boldsymbol{f}^2 \otimes \boldsymbol{e}_2$$

縮約

$$\to \quad \boldsymbol{f}^1 \otimes \boldsymbol{e}_1 + \boldsymbol{f}^2 \otimes \boldsymbol{e}_2$$

どちらも g と h の縮合は I に等しくなりました。

I が〝1倍〞に当たるので，h は g の〝逆数〞と考えられます。

実は，g の係数と h の係数を行列の形に並べて積をとると，

$$\begin{pmatrix} 2 & 5 \\ 1 & 3 \end{pmatrix}\begin{pmatrix} 3 & -5 \\ -1 & 2 \end{pmatrix}=\begin{pmatrix} 1 & 0 \\ 0 & 1 \end{pmatrix}$$

と単位行列になります。g の係数と h の係数は互いに逆行列の成分になっているわけです。

$T_2(V)$ の元 g が与えられたとき，g の成分を行列の形に並べ，逆行列を作りその成分を持つ $T^2(V)$ の元が h です。h はいわば g の〝逆テンソル〞です。g の成分の行列が正則（逆行列を持つ）であるとき，このような h をとることができます。

(3)　$\boldsymbol{e}_\square\otimes\boldsymbol{e}_\square\otimes\boldsymbol{f}^\square$ と $\boldsymbol{f}^\square\otimes\boldsymbol{f}^\square$ で S と g を縮合したテンソルを U とすると，

$$S=3\boldsymbol{e}_1\otimes\boldsymbol{e}_2\otimes\boldsymbol{f}^2-4\boldsymbol{e}_2\otimes\boldsymbol{e}_2\otimes\boldsymbol{f}^1$$

$$g=3\boldsymbol{f}^1\otimes\boldsymbol{f}^1-5\boldsymbol{f}^1\otimes\boldsymbol{f}^2-\boldsymbol{f}^2\otimes\boldsymbol{f}^1+2\boldsymbol{f}^2\otimes\boldsymbol{f}^2$$

$$U=9\boldsymbol{f}^1\otimes\boldsymbol{e}_2\otimes\boldsymbol{f}^2-15\boldsymbol{f}^2\otimes\boldsymbol{e}_2\otimes\boldsymbol{f}^2+4\boldsymbol{f}^1\otimes\boldsymbol{e}_2\otimes\boldsymbol{f}^1-8\boldsymbol{f}^2\otimes\boldsymbol{e}_2\otimes\boldsymbol{f}^1$$

$$h=2\boldsymbol{e}_1\otimes\boldsymbol{e}_1+5\boldsymbol{e}_1\otimes\boldsymbol{e}_2+\boldsymbol{e}_2\otimes\boldsymbol{e}_1+3\boldsymbol{e}_2\otimes\boldsymbol{e}_2$$

$\boldsymbol{f}^\square\otimes\boldsymbol{e}_\square\otimes\boldsymbol{f}^\square$ と $\boldsymbol{e}_\square\otimes\boldsymbol{e}_\square$ で U と h の縮合したテンソルを V とすると，

$$\begin{aligned} V&=(8-8)\boldsymbol{e}_1\otimes\boldsymbol{e}_2\otimes\boldsymbol{f}^1+(20-24)\boldsymbol{e}_2\otimes\boldsymbol{e}_2\otimes\boldsymbol{f}^1 \\ &\qquad+(18-15)\boldsymbol{e}_1\otimes\boldsymbol{e}_2\otimes\boldsymbol{f}^2+(45-45)\boldsymbol{e}_2\otimes\boldsymbol{e}_2\otimes\boldsymbol{f}^2 \\ &=3\boldsymbol{e}_1\otimes\boldsymbol{e}_2\otimes\boldsymbol{f}^2-4\boldsymbol{e}_2\otimes\boldsymbol{e}_2\otimes\boldsymbol{f}^1 \end{aligned}$$

というように，S に戻ります。

テンソル積や縮合は結合法則が成り立ちますから，縮合（テンソル積と縮約）も，結合法則が成り立ちます。先に g と h の縮合をとり I を作り，それと S の縮合をとると考えればこの結果は納得がいきます。

数値の例を挙げて計算したことを，一般的にまとめておきましょう。

2階の共変テンソル$T_2(V)$の元g

$$g = g_{ij}\boldsymbol{f}^i \otimes \boldsymbol{f}^j$$

を定めておきます。

次に，gの成分g_{ij}を行列の形に並べて行列(g_{ij})を作り，この行列の逆行列（存在するものとする）を(g^{np})とします。つまり，$g^{np}g_{pj} = \delta^n{}_j$が成り立つものとします。この$g^{np}$を用いて，$T^2(V)$の元$g^{-1}$を作ります。

$$g^{-1} = g^{np}\boldsymbol{e}_n \otimes \boldsymbol{e}_p$$

ここで，$T^2{}_1(V)$の元$A = A^{kl}{}_m\boldsymbol{e}_k \otimes \boldsymbol{e}_l \otimes \boldsymbol{f}^m$と$g$の縮合を考えます。

g_{ij}の2番目の添え字jと$A^{kl}{}_m$の2番目の添え字lで縮合してみましょう。

gとAのテンソル積は，

$$g_{ij}A^{kl}{}_m\boldsymbol{e}_k \otimes \boldsymbol{e}_l \otimes \boldsymbol{f}^i \otimes \boldsymbol{f}^j \otimes \boldsymbol{f}^m$$

これの縮約をとるので，$A^{kl}{}_m$のlをjに換え，$\boldsymbol{e}_l$，$\boldsymbol{f}^j$を落とし，

$$(g_{ij}A^{kj}{}_m)\boldsymbol{e}_k \otimes \boldsymbol{f}^i \otimes \boldsymbol{f}^m$$

となります。

gとAのこの縮合をBとし，$B = B^k{}_{im}\boldsymbol{e}_k \otimes \boldsymbol{f}^i \otimes \boldsymbol{f}^m$とおくと，

$$B^k{}_{im} = g_{ij}A^{kj}{}_m$$

次に，$g^{-1} = g^{np}\boldsymbol{e}_n \otimes \boldsymbol{e}_p$と$B = B^k{}_{im}\boldsymbol{e}_k \otimes \boldsymbol{f}^i \otimes \boldsymbol{f}^m$に関して，添え字$p$と$B^k{}_{im}$の2番目の添え字$i$で縮合をとってみましょう。テンソル積をとり，

$$g^{np}B^k{}_{im}\boldsymbol{e}_k \otimes \boldsymbol{e}_n \otimes \boldsymbol{e}_p \otimes \boldsymbol{f}^i \otimes \boldsymbol{f}^m$$

g^{np}のpをiに換え，$\boldsymbol{e}_p$，$\boldsymbol{f}^i$を落とし，

$$g^{ni}B^k{}_{im}\boldsymbol{e}_k \otimes \boldsymbol{e}_n \otimes \boldsymbol{f}^m$$

となります。これを$C = C^{kn}{}_m\boldsymbol{e}_k \otimes \boldsymbol{e}_n \otimes \boldsymbol{f}^m$とおきます。$C$の成分は，

$$C^{kn}{}_m = g^{ni}B^k{}_{im} = g^{ni}g_{ij}A^{kj}{}_m = \delta^n{}_jA^{kj}{}_m = A^{kn}{}_m$$

というようにAと一致します。

このような式変形ができるのは，$A^{kl}{}_m$と「g_{ij}の右添え字」，$B^k{}_{im}$と「g^{np}の右添え字」と縮合をとったからです。このように縮合をとることで，上の式で「$g^{ni}g_{ij} = \delta^n{}_j$」が使えたわけです。$g$が対称テンソル，すなわ

ち $g_{ij}=g_{ji}$ ($g_{12}=g_{21}$, $g_{13}=g_{31}$, …) であれば，右添え字との縮合というべきところを，単に縮合というだけで済みます。実際に扱われる g としては，対称テンソルの性質を満たすものが多いです。

なお，A が対称行列（${}^tA=A$）のとき，その逆行列 A^{-1} も対称行列になりますから［$E=AA^{-1}$ の転置をとって，

$$E={}^t(AA^{-1})={}^t(A^{-1})\,{}^tA={}^t(A^{-1})A$$

なので，これより，$A^{-1}={}^t(A^{-1})$］，g_{ij} が対称テンソルのとき，g^{ij} も対称テンソルになります。

V の次元が n 次元であるとすると，A の成分は n^3 個です。B の成分も n^3 個ですから，情報量は保存されていることが期待されます。実際，B と g^{-1} との縮合をとれば，すぐに A に戻すこともできます。B も A と同じ情報を持っているという意味で，$B^k{}_{im}$ を $A^k{}_{im}$ と書くことにします。

$$A^k{}_{im}=g_{ij}A^{kj}{}_m$$

という具合です。見た目は，$A^{kj}{}_m$ と g_{ij} の縮合をとると，添え字が下がった形になります。もちろん，$A^{12}{}_3$ と $A^1{}_{23}$ の値は異なります。

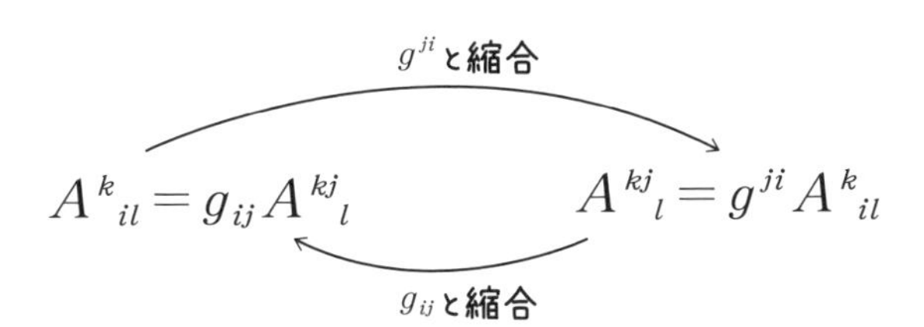

上の例では，A の 2 番目の添え字に付いていましたが，1 番目の添え字であっても同様です。

$$A_i{}^k{}_m=g_{ij}A^{jk}{}_m$$

というように A を用います。これも $g^{ji}A_i{}^k{}_m$ を計算すると，$A^{jk}{}_m$ と元に戻ります。

$A^{kj}{}_m$ の3番目の添え字 m と g^{im} との縮合をとった場合であれば，

$$A^{kji} = g^{im} A^{kj}{}_m$$

とやはり A を用い，見た目は添え字が上がります。これも g_{mi} との縮合をとれば，また元に戻ります。

まとめると，

> g_{ij} との縮合をとると，上添え字を下添え字に，
> g^{ij} との縮合をとると，下添え字を上添え字に，

することができるわけです。

g を定めておけば，テンソルの上添え字，下添え字は g_{ij}，g^{ij} との縮合をとることで，付け換え可能であるということができます。次の図のように添え字の上げ下げは，位置を変えずに上げ下げすると履歴が明確になります。

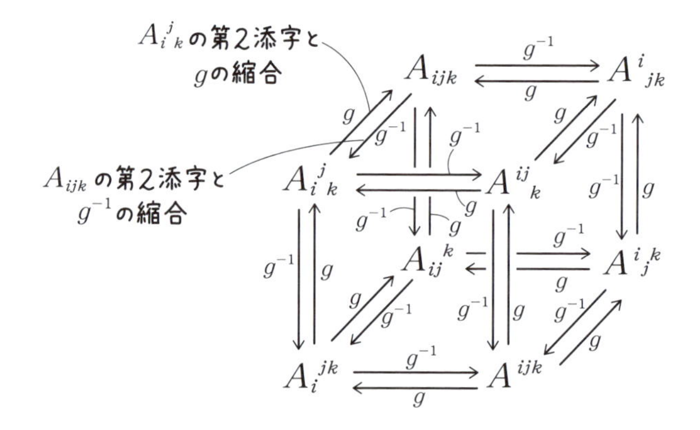

テンソル A を表すには，上の表のどれを用いてもかまわないわけです。

この添え字の上げ下げは，一つの文字で表されるテンソルだけに用いられるものではありません。テンソルの式において同じ文字は一度に上げ下げすることができます。これは，

$$g_{ij}(A^{jk}{}_l + B^j{}_m C^{mk}{}_l) = g_{ij} A^{jk}{}_l + g_{ij} B^j{}_m C^{mk}{}_l = A_i{}^k{}_l + B_{im} C^{mk}{}_l$$

といった具合に分配法則を用いることができるからです。

問題 3.37

g_{ij}が対称テンソルのとき，

$R_{ij}-\frac{1}{2}g_{ij}R=T_{ij}$から$R^{ij}-\frac{1}{2}g^{ij}R=T^{ij}$　を導け。

条件式の両辺に$g^{lj}g^{ki}$を縮合させ，

$$g^{lj}g^{ki}\left(R_{ij}-\frac{1}{2}g_{ij}R\right)=g^{lj}g^{ki}T_{ij}$$

$$g^{lj}\left(g^{ki}R_{ij}-\frac{1}{2}g^{ki}g_{ij}R\right)=g^{lj}g^{ki}T_{ij}$$

$$g^{lj}\left(R^{k}{}_{j}-\frac{1}{2}\delta^{k}{}_{j}R\right)=g^{lj}T^{k}{}_{j}$$

$$g^{lj}R^{k}{}_{j}-\frac{1}{2}\delta^{k}{}_{j}g^{lj}R=g^{jl}T^{k}{}_{j}\qquad R^{kl}-\frac{1}{2}g^{lk}R=T^{kl}$$

g_{ij}が対称テンソルなので，g^{ij}も対称テンソルとなり，

$$R^{kl}-\frac{1}{2}g^{kl}R=T^{kl}$$

後にg_{ij}として計量テンソルと呼ばれる2階の対称な共変テンソルをとって，添え字の上げ下げをすることになります。

§9　テンソル場のことはじめ

前節までで，テンソルの巧妙な仕組みについてお分かりいただけたと思います。テンソルで十分に準備体操したと思いますので，この節からいよいよテンソル場という場にみなさんをお連れします。

スカラー場，ベクトル場とは，空間の各点ごとにスカラー，ベクトルを対応させた状態のことでした。ですから，テンソル場とは，空間の各点ごとにテンソルを対応させた状態のことです。下左図のように，空間中の各点ごとにテンソルが与えられている状態がテンソル場です。テンソル場の各点での成分は，各点の座標の関数で表されています。

1章ではスカラー場の例として温度，ベクトル場の例として流水の速度ベクトルを挙げました。2章の静電ポテンシャル，重力ポテンシャルはスカラー場です。次の節で分かるように，これらの grad（勾配）で表される電場，重力場はベクトル場になっています。テンソル場の例として挙げられるのは，2章で紹介した流体の応力テンソルτです。

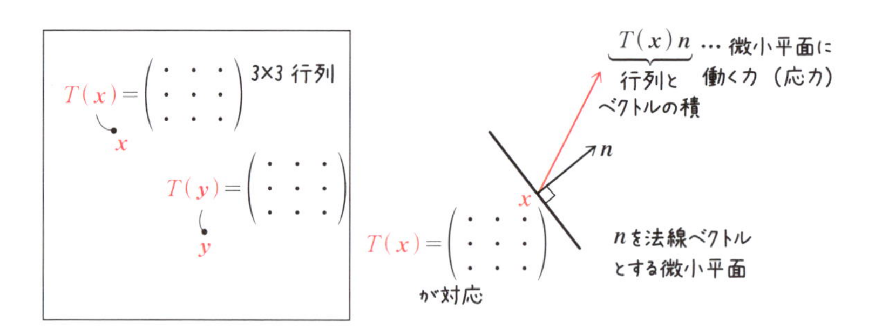

流体に働く応力を求めるには，上右図のように応力を求めたい点$\boldsymbol{x}$に微小面をおきます。この微小面の単位法線ベクトルを$\boldsymbol{n}_x$，$\boldsymbol{x}$での応力テンソルをτ_xとすると，$\tau_x\boldsymbol{n}_x$が微小面に働く応力になります。ここで，

$\boldsymbol{n}_x$は3次元ベクトル，τ_xは(3, 3)行列で表されました。**問題 3.16** のように，$\tau_x \boldsymbol{n}_x$は(1, 1)テンソルと(1, 0)テンソルの縮合と見なすことができます。このように，空間の各点ごとに応力テンソルτが与えられているとき，τをテンソル場といいます。

なお，$T^0{}_0(V)$はスカラー，$T^1{}_0(V)$は反変ベクトルでしたから，スカラー・ベクトルといってもテンソルの特別な場合です。テンソル（場）は，スカラー（場）・ベクトル（場）を包摂する概念であるといえます。ここでは分かりやすいようにスカラー場でも，ベクトル場でもない，テンソル場の例として，τを挙げました。

スカラー場，ベクトル場，テンソル場を用いて物理量を表す場合，どの場合にも注意しておきたいのは，座標設定以前に物理的実体として，スカラー場，ベクトル場，テンソル場（以下，まとめてテンソル場といってもよい）が存在しているという認識です。

スカラー場であれば数値が，ベクトル場であれば矢印が，テンソル場であればベクトルについての線形変換が初めに存在しているわけです。

スカラー場，ベクトル場，テンソル場とは，各点ごとにスカラー，ベクトル，テンソルを対応付けることです。位置$\boldsymbol{x}$に対して，

$$f(\boldsymbol{x}) \qquad X(\boldsymbol{x}) \qquad T(\boldsymbol{x})$$

を対応付けるものとします。これは座標が設定されていなくとも考えることができます。このとき，$\boldsymbol{x}$は場所そのものを表していて，具体的な数値を表しているわけではありません。しかし，このままでは数値解析ができませんから，そのために座標を設定するわけです。座標を設定して初めて，$\boldsymbol{x}$, $f(\boldsymbol{x})$, $X(\boldsymbol{x})$, $T(\boldsymbol{x})$は数値として表されます。

座標設定のしかたは，何通りもあります。物理的にいえば，観測者ごとに座標設定が異なります。それでも，同じ観測方法から得た諸量に関して同じ関係式が成り立つことを主張するのが相対性原理です。

テンソルで成り立つ**定理 3.34** は，そのままテンソル場でも成り立ちます。すなわち，座標を x（ダッシュ無し）から x'（ダッシュ有り）に取り換えた場合，テンソル場の関係式にダッシュを付ければそのまま x'（ダッシュ有り）の座標での関係式になるのです。

ですから相対性原理が成り立つということは，物理法則がテンソル場の関係式で表現されるということです。ある座標系で観測値 G_{ij} と T_{ij} の間に $G_{ij}=kT_{ij}$ が成り立っていても，他の座標系での観測値 G'_{ij} と T'_{ij} の間では $G'_{ij}\neq kT'_{ij}$ となるようでは，これはテンソルの方程式ではなく，物理法則としては認められないという立場が相対性原理です。

これから，テンソル場の定義を紹介しましょう。

この章では，座標は直線座標とし，2 つの座標間の関係が 1 次の関係になっている場合のみを扱います。その前提でのテンソル場の定義となります。

原点を共有する，目盛りの間隔が等しい 2 つの直線座標$(x^1,\ x^2)$と直線座標$(x'^1,\ x'^2)$があるものとします。

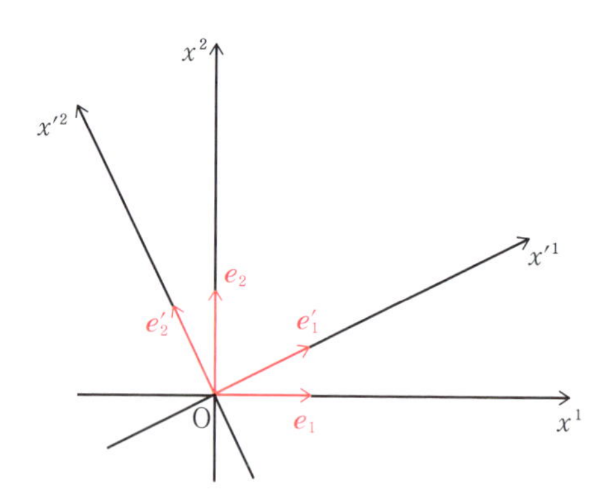

直線座標$(x^1,\ x^2)$の x^1 軸に沿った単位ベクトルを $\boldsymbol{e}_1$，x^2 軸に沿った単位ベクトルを $\boldsymbol{e}_2$，また直線座標$(x'^1,\ x'^2)$の x'^1 軸，x'^2 軸にそれぞれに沿った単位ベクトルを $\boldsymbol{e}'_1$，$\boldsymbol{e}'_2$ とします。

$(\boldsymbol{e}_1,\ \boldsymbol{e}_2)$と$(\boldsymbol{e}'_1,\ \boldsymbol{e}'_2)$の間の関係が，$A=(a^i{}_j)$によって，

$$(\boldsymbol{e}'_1,\ \boldsymbol{e}'_2)=(\boldsymbol{e}_1,\ \boldsymbol{e}_2)\begin{pmatrix} a^1{}_1 & a^1{}_2 \\ a^2{}_1 & a^2{}_2 \end{pmatrix} \qquad (\boldsymbol{e}'_1,\ \boldsymbol{e}'_2)=(\boldsymbol{e}_1,\ \boldsymbol{e}_2)A \qquad \boldsymbol{e}'_i=a^j{}_i\boldsymbol{e}_j$$

と表されるものとします。

すると，**問題 3.04** とそのあとの説明で示したように，2つの直線座標$(x^1,\ x^2)$と直線座標$(x'^1,\ x'^2)$の間には，Aの逆行列$B=(b^i{}_j)$を用いて，

$$\begin{pmatrix} x'^1 \\ x'^2 \end{pmatrix}=\underbrace{\begin{pmatrix} b^1{}_1 & b^1{}_2 \\ b^2{}_1 & b^2{}_2 \end{pmatrix}}_{B}\begin{pmatrix} x^1 \\ x^2 \end{pmatrix} \qquad \begin{aligned} x'^1 &= b^1{}_1x^1+b^1{}_2x^2 \\ x'^2 &= b^2{}_1x^1+b^2{}_2x^2 \end{aligned} \qquad x'^i=b^i{}_jx^j$$

という1次の関係があります。

$b^1{}_1$, $b^1{}_2$, $b^2{}_1$, $b^2{}_2$はすべて定数です。このもとで，テンソル場の定義を述べます。

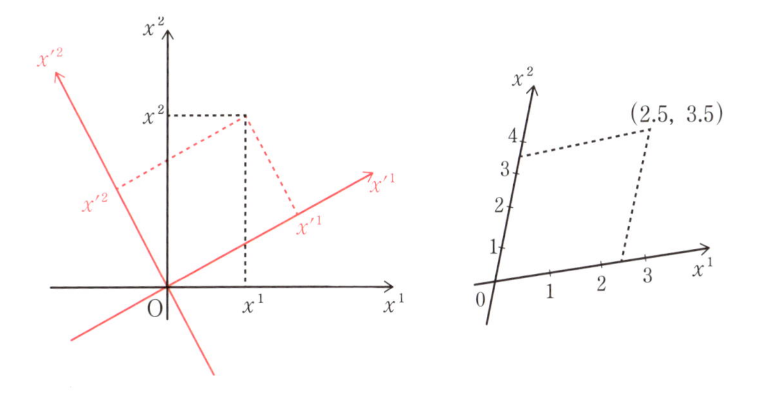

なお，上の左図では座標軸が直交していますが，一般に直線座標といった場合，上右図のように座標軸は直交していなくともかまいません。直線座標とは，座標軸が直線で等間隔に目盛りが振られていて，それによって点の座標を定めるシステムのことを指しています。以下の説明では，直線座標と書いてある場合でもなじみ深い直交座標を思い浮かべながら読んでもらってかまいません。

ここでテンソル場の定義を与えておきましょう。**定義 3.28** では，テン

ソルの成分は座標空間の各点で与えられていたわけではありませんでした。テンソル場では，座標空間の各点ごとにテンソルが与えられています。ということは，各点でのテンソルの成分が点の座標の関数として表されているということです。それ以外は，**定義 3.28** とほとんど変わりありません。

定義 3.38　$T^r{}_s$ テンソル場

座標(x)と座標(x')の間に，$x'^i = b^i{}_j x^j$（$b^i{}_j$は定数）という関係がある。Tの各点(x)での成分$T^{i\cdots j}{}_{k\cdots l}(x)$と，各点$(x')$での成分$T'^{i\cdots j}{}_{k\cdots l}(x')$との間に

$$\overbrace{T'^{i\cdots j}}^{r\text{コ}}\underbrace{{}_{k\cdots l}}_{s\text{コ}}(x') = \overbrace{b^i{}_m \cdots b^j{}_n}^{r\text{コ}} \underbrace{a^p{}_k \cdots a^q{}_l}_{s\text{コ}} \overbrace{T^{m\cdots n}}^{r\text{コ}}\underbrace{{}_{p\cdots q}}_{s\text{コ}}(x)$$

という関係があるとき，Tを(r, s)テンソル場という。

このように右辺の $b^i{}_j$ の個数が r，$a^i{}_j$ の個数が s となる変換則を持つものを(r, s)テンソル場といいます。rを反変次数，sを共変次数といいます。

テンソル場の定義では成分が各点に関する関数になっているだけですから，テンソルのときと同じように，

テンソル場の演算（1次結合・テンソル積・縮約・縮合）

は，異なる基底に対する成分であっても，同様な規則で成分計算を行なうことができます。

なお，テンソル場の0テンソルとは，すべての点で成分がすべて0であるテンソルのことを指します。

まずは，一番簡単な場合として，スカラー場の座標変換の問題を解いてみましょう。

スカラー場fが与えられたとき，座標(x^1, x^2)を設定したときの関数を$f(x^1, x^2)$とし，(x'^1, x'^2)を設定したときの関数を$f(x'^1, x'^2)$と同じ文字

を用いて表す方法が物理での記法の慣例です。

f は $f(x^1, x^2)=x^1+2x^2$ などという関数を表しているのであって，x^1，x^2 の多項式を表しているわけではないのです。ですから，

$$f(x'^1, x'^2)=x'^1+2x'^2$$

とはなりません。

初めに各点に対して数を対応させる f があり，それを座標 (x^1, x^2) で表したものが $f(x^1, x^2)$ です。混乱しないようにしましょう。

問題 3.39

スカラー場 f がある。f は直線座標 (x^1, x^2) のもとで，$f(x^1, x^2)=3x^1-2x^2$ と表される。(x^1, x^2) と (x'^1, x'^2) の間に，

$$\begin{pmatrix} x'^1 \\ x'^2 \end{pmatrix}=\begin{pmatrix} 3 & -1 \\ -5 & 2 \end{pmatrix}\begin{pmatrix} x^1 \\ x^2 \end{pmatrix}$$

という関係があるとする。

(1)　$(x^1, x^2)=(1, 1)$ のとき，(x'^1, x'^2) を求めよ。

(2)　f を直線座標 (x'^1, x'^2) のもとで表した式を，$f(x'^1, x'^2)$ とする。$f(x'^1, x'^2)$ を求めよ。

(3)　$f(x^1, x^2)$ の $(x^1, x^2)=(1, 1)$ のときの値と，$f(x'^1, x'^2)$ の $(x'^1, x'^2)=(2, -3)$ のときの値を比べよ。

(1)　$(x'^1, x'^2)=(2, -3)$

(2)　関係式に，左から逆行列をかけて，$\begin{pmatrix} x^1 \\ x^2 \end{pmatrix}=\begin{pmatrix} 2 & 1 \\ 5 & 3 \end{pmatrix}\begin{pmatrix} x'^1 \\ x'^2 \end{pmatrix}$

$$x^1=2x'^1+x'^2, \qquad x^2=5x'^1+3x'^2$$

これを用いて，$3x^1-2x^2$ の x^1，x^2 を置き換えると，

$$f(x'^1, x'^2)=3(2x'^1+x'^2)-2(5x'^1+3x'^2)=-4x'^1-3x'^2$$

(3)　$f(x^1, x^2)=3x^1-2x^2$ に $(x^1, x^2)=(1, 1)$ を代入すると，

$$f(1,\ 1)=3\cdot 1-2\cdot 1=1$$

$f(x'^1,\ x'^2)=-4x'^1-3x'^2$ に $(x'^1,\ x'^2)=(2,\ -3)$ を代入すると，

$$f(2,\ 3)=-4\cdot 2-3(-3)=1$$

同じ値になりました。座標が変わると f の表現（式）は変わります。

$(x^1,\ x^2)$ のとき，$f(x^1,\ x^2)=3x^1-2x^2$

$(x'^1,\ x'^2)$ のとき，$f(x'^1,\ x'^2)=-4x'^1-3x'^2$

しかし，同一の点であれば，f は同じ値を返してきます。

スカラー場 f は，平面上の点に対して対応する数を返す仕組みのことです。座標のとり方には依らないことを確かめていただけたと思います。

これがスカラー場の座標を書き換えるということです。

このようにスカラー場は，座標を取り換えるときに $a^i{}_j$ も $b^i{}_j$ も出てこないので，(0，0) テンソル場であるということがいえます。

次にベクトル場とテンソル場の座標を書き換える問題を解いてみましょう。テンソル場として，応力テンソルをとりたいのですが，具体的な3行3列の行列を扱うのが煩雑になるので2次元のベクトルと線形変換で済ませることにします。

問題 3.40

座標系 $(x^1,\ x^2)$，と座標系 $(x'^1,\ x'^2)$ の間に

$$\begin{pmatrix} x'^1 \\ x'^2 \end{pmatrix}=\begin{pmatrix} 3 & -1 \\ -5 & 2 \end{pmatrix}\begin{pmatrix} x^1 \\ x^2 \end{pmatrix}$$

という関係があるとする。

(1)　座標 $(x^1,\ x^2)$ での各点 $(x^1,\ x^2)$ において，成分が座標の関数になっているベクトル $\boldsymbol{v}=\begin{pmatrix} -x^2 \\ x^1 \end{pmatrix}$ を，座標 $(x'^1,\ x'^2)$ によって書き直した $\boldsymbol{v}'$ を求めよ。

（2）座標$(x^1,\ x^2)$の各点において，成分が座標の関数になっている1次変換を表す行列$T=\begin{pmatrix}(x^1)^2 & x^2\\ x^1 & (x^2)^2\end{pmatrix}$を，座標$(x'^1,\ x'^2)$によって書き直した$T'$を求めよ。

（3）$T\boldsymbol{v}$を座標$(x'^1,\ x'^2)$で表したときの成分と，$T'\boldsymbol{v}'$の成分を比べよ。

（1）$B=\begin{pmatrix}3 & -1\\ -5 & 2\end{pmatrix}$とします。座標$(x^1,\ x^2)$でのベクトルの成分を座標$(x'^1,\ x'^2)$での成分に直すには，$B$を左からかければよいので，$\boldsymbol{v}'=B\boldsymbol{v}$としたあと，$x^1$，$x^2$を$x'^1$，$x'^2$で表せばよいことになります。前問の（2）で導いた，$x^1=2x'^1+x'^2$，$x^2=5x'^1+3x'^2$も用いて，

$$\boldsymbol{v}'=B\boldsymbol{v}=\begin{pmatrix}3 & -1\\ -5 & 2\end{pmatrix}\begin{pmatrix}-x^2\\ x^1\end{pmatrix}$$

$$=\begin{pmatrix}3 & -1\\ -5 & 2\end{pmatrix}\begin{pmatrix}-5x'^1-3x'^2\\ 2x'^1+x'^2\end{pmatrix}=\begin{pmatrix}-17x'^1-10x'^2\\ 29x'^1+17x'^2\end{pmatrix}$$

なお，各点$(x^1,\ x^2)$でベクトル$\boldsymbol{v}$をとると，下図のようになります。これを座標$(x'^1,\ x'^2)$に変えて，各点$(x'^1,\ x'^2)$でのベクトル$\boldsymbol{v}'$をとって描いても平面に対して同じ図を描くことになります。

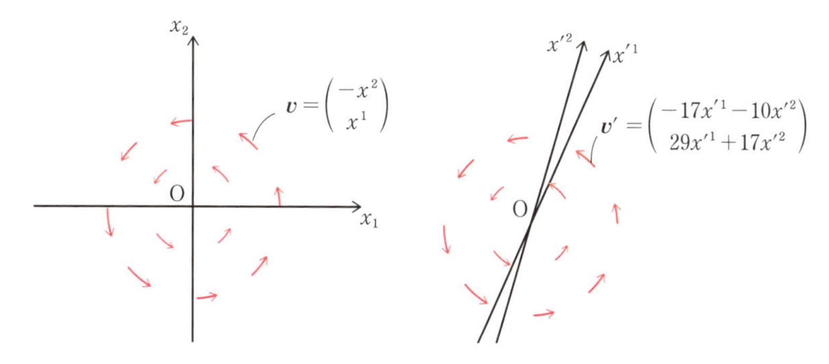

初めに物理量があってそれを表現するために座標を設定しているという話をこの節の2ページ目で説明しました。この問題の場合，初めに矢印の図があって，それを表現するために座標を設定したといえます。異なる座

標を設定しても，同じ図柄になるようにベクトルの成分の書き換え則が決められているのです。$\boldsymbol{v}$，$\boldsymbol{v}'$ はベクトル場の例ですが，ベクトル場が表すものは1つであるということです。

$\boldsymbol{v}=(v^i)$, $\boldsymbol{v}'=(v'^i)$, $B=(b^i{}_j)$ とおくと，この書き換え則は，$v'^i=b^i{}_j v^j$ となりますから，ベクトル場は(1, 0)テンソル場です。

(2)　線形代数では，基底を取り換えたときに1次変換の表現行列がどう変わるかに関して次の定理が知られています。

「V の基底 $\boldsymbol{e}_i$ に関して，V から V への1次変換 f を表す行列が P で表されている。基底 $\boldsymbol{e}_i$ を基底 $\boldsymbol{e}'_i$ に取り換えるとき，取り換え行列を A とすると，基底 $\boldsymbol{e}'_i$ での1次変換 f の表現行列 P' は $P'=A^{-1}PA$ となる」

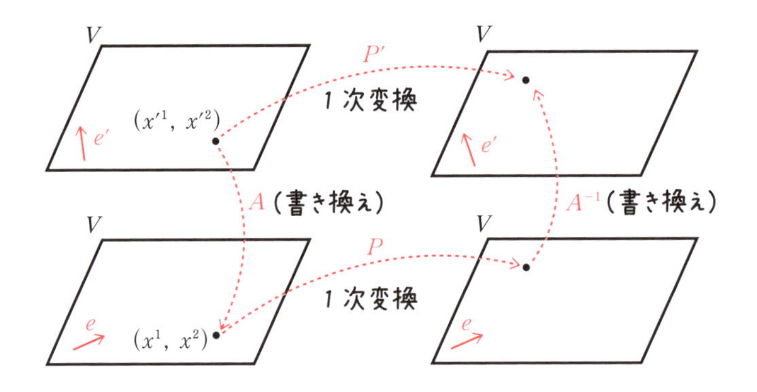

この問題の場合，成分の書き換え行列が B なので，基底の取り換え行列はその逆行列 $B^{-1}=A=\begin{pmatrix}2 & 1\\ 5 & 3\end{pmatrix}$ であり，$(\boldsymbol{e}'_1, \boldsymbol{e}'_2)=(\boldsymbol{e}_1, \boldsymbol{e}_2)A$ となります。

上の定理を用いると，座標 (x^1, x^2) での1次変換 f の表現行列 T を，座標 (x'^1, x'^2) での1次変換を表す行列 T' に書き直すには，

$$T'=A^{-1}TA=BTA$$

とすればよいことになります。その上で，T の x^1, x^2 を x'^1, x'^2 で表せばよいのです。

$$T' = BTA = \begin{pmatrix} 3 & -1 \\ -5 & 2 \end{pmatrix} \begin{pmatrix} (x^1)^2 & x^2 \\ x^1 & (x^2)^2 \end{pmatrix} \begin{pmatrix} 2 & 1 \\ 5 & 3 \end{pmatrix}$$

$$= \begin{pmatrix} 3 & -1 \\ -5 & 2 \end{pmatrix} \begin{pmatrix} (2x'^1 + x'^2)^2 & 5x'^1 + 3x'^2 \\ 2x'^1 + x'^2 & (5x'^1 + 3x'^2)^2 \end{pmatrix} \begin{pmatrix} 2 & 1 \\ 5 & 3 \end{pmatrix}$$

これを計算すればよいわけです。

(3) $T\boldsymbol{v}$は座標系$(x^1,\ x^2)$でのベクトルの表現でした。座標系$(x'^1,\ x'^2)$に直すには，左からBをかけて$BT\boldsymbol{v}$となります。また，$T'\boldsymbol{v}'$は，(1)，(2) を用いて，

$$T'\boldsymbol{v}' = (BTA)(B\boldsymbol{v}) = BTAB\boldsymbol{v} = BTE\boldsymbol{v} = BT\boldsymbol{v}$$

となり，成分は一致します。

(3) から，特定のベクトル$\boldsymbol{v}(\boldsymbol{v}')$を選んだとき，1次変換$T(T')$によって移った先のベクトルは，座標系の設定の仕方によらず定まっていることが分かります。つまり，ベクトルをベクトルに移す1次変換という働きが初めに存在していて，それを表すために座標系を設定しているわけです。

$T = (T^i{}_j)$, $T' = (T'^i{}_j)$, $A = (a^i{}_j)$, $B = (b^i{}_j)$とおくと，1次変換の成分の書き換え則$T' = BTA$は，$T'^k{}_l = b^k{}_i T^i{}_j a^j{}_l = b^k{}_i a^j{}_l T^i{}_j$となるので，各点に1次変換を対応させる場は(1, 1)テンソル場です。**問題 3.16** の〝場〟バージョンになっているわけです。

§10　スカラー場の微分

これからスカラー場の微分演算について考えていきましょう。

関数の微分から復習してみます。関数 $f(x)$ の $x=a$ での微分係数は，

$$f'(a)=\lim_{h\to 0}\frac{f(a+h)-f(a)}{h}$$

と定義されました。ここで h が 0 に近づくときの近づき方は，正の値で近づくときと，負の値で近づくときの 2 通りがありました。これらの極限が一致するときに微分係数が存在するというのでした。近づき方が 2 通りあるのは h が 1 次元の数直線上を動くからです。2 次元以上になると近づき方は無数にあります。

座標平面上のスカラー場の微分演算について考えていきましょう。

平面に直線座標 $(x^1,\ x^2)$ が設定されているものとします。座標の値 $(x^1,\ x^2)$ に対して値 $f(x^1,\ x^2)$ を対応させるスカラー場と，パラメータ t で表される曲線 $C:(c^1(t),\ c^2(t))$ があるものとします。

このとき，C 上の点 $(c^1(t),\ c^2(t))$ でのスカラー場の値は $f(c^1(t),\ c^2(t))$ です。

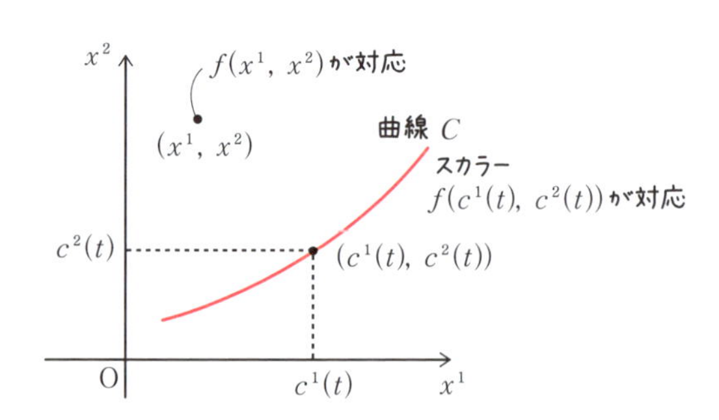

これを t で微分すると，2 変数関数の合成関数の微分の公式を用いて，

$$\frac{df(c^1(t),\ c^2(t))}{dt}=\frac{\partial f(c^1(t),\ c^2(t))}{\partial x^1}\cdot\frac{dc^1(t)}{dt}+\frac{\partial f(c^1(t),\ c^2(t))}{\partial x^2}\cdot\frac{dc^2(t)}{dt}$$

$f(x^1,\ x^2)$ を x^2 で偏微分したあと，$(c^1(t),\ c^2(t))$ を代入

となります。

これを曲線 C に沿ったスカラー場の微分係数といいます。

$t=a$ のときの点を A とすると，A での微分係数は，

$$\frac{df(c^1(a),\ c^2(a))}{dt}=\frac{\partial f(c^1(a),\ c^2(a))}{\partial x^1}\cdot\frac{dc^1(a)}{dt}+\frac{\partial f(c^1(a),\ c^2(a))}{\partial x^2}\cdot\frac{dc^2(a)}{dt}$$

となります。

もしも，異なる曲線 $D:(e^1(s),\ e^2(s))$ が A を通り（$s=b$ のとき，A を通る），A での D の接線ベクトルが C の接線ベクトルと一致するとします。

$$(c^1(a),\ c^2(a))=(e^1(b),\ e^2(b))$$

$$\left(\frac{dc^1(a)}{dt},\ \frac{dc^2(a)}{dt}\right)=\left(\frac{de^1(b)}{ds},\ \frac{de^2(b)}{ds}\right)$$

ですから，D に沿ったスカラー場 f の微分係数は，

$$\begin{aligned}\frac{df(e^1(b),\ e^2(b))}{ds}&=\frac{\partial f(e^1(b),\ e^2(b))}{\partial x^1}\cdot\frac{de^1(b)}{ds}+\frac{\partial f(e^1(b),\ e^2(b))}{\partial x^2}\cdot\frac{de^2(b)}{ds}\\&=\frac{\partial f(c^1(a),\ c^2(a))}{\partial x^1}\cdot\frac{dc^1(a)}{dt}+\frac{\partial f(c^1(a),\ c^2(a))}{\partial x^2}\cdot\frac{dc^2(a)}{dt}\\&=\frac{df(c^1(a),\ c^2(a))}{dt}\end{aligned}$$

となり，曲線 C に沿った微分係数と D に沿った微分係数は A で一致します。

$\left(\dfrac{dc^1(a)}{dt}, \dfrac{dc^2(a)}{dt}\right)$, $\left(\dfrac{de^1(b)}{ds}, \dfrac{de^2(b)}{ds}\right)$ は，A での C, D の接線ベクトルで一致しますから，曲線 C に沿った微分係数と D に沿った微分係数が一致したということは，A での方向ベクトルさえ決めてあげれば，f の A での曲線に沿った微分係数が決定されるということです。

A での方向ベクトルを (η, ξ) とすれば，これを接線ベクトルに持つような曲線に沿った A でのスカラー場の微分係数は，A の座標を (a^1, a^2) とすると，

式で $(c^1(a), c^2(a))=(a^1, a^2)$, $\left(\dfrac{dc^1(a)}{dt}, \dfrac{dc^2(a)}{dt}\right)=(\eta, \xi)$ とおいて，

$$\frac{\partial f(a^1, a^2)}{\partial x^1}\cdot\eta+\frac{\partial f(a^1, a^2)}{\partial x^2}\cdot\xi$$

となります。これをスカラー場 f の A での (η, ξ) 方向の方向微分といいます。

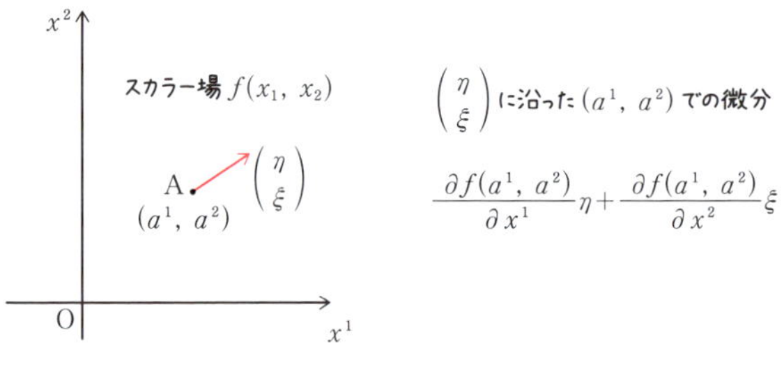

(η, ξ) に対して $(2\eta, 2\xi)$ をとると，方向微分は2倍になりますから，この場合の「方向」という言葉には，大きさまで含まれています。高校ではベクトルの方向というとき，大きさのことは含みませんから，少し違和感があるかもしれませんが，あとあと都合がよいので，このような用語の使い方でよしとしましょう。

A(a^1, a^2)での(η, ξ)方向の方向微分は，

$$\left(\frac{\partial f(a^1, a^2)}{\partial x^1}, \frac{\partial f(a^1, a^2)}{\partial x^2}\right)$$

と(η, ξ)の内積になっています。

そこで，方向ベクトルとの内積をとる前のベクトル

$$\left(\frac{\partial f(a^1, a^2)}{\partial x^1}, \frac{\partial f(a^1, a^2)}{\partial x^2}\right)$$

を<u>スカラー場fの(x^1, x^2)での微分</u>と呼びます。1章では，これを勾配と紹介しました。テンソル場の微分に話を発展させたいので，ここではスカラー場の微分という呼び方をしました。スカラー場の微分は，どんな方向が与えられたとしてもすぐに方向微分を計算できるようにスタンバイしている状態です。

スカラー場fのAでのCに沿った微分は，

$$\left(\frac{\partial f(c^1(a), c^2(a))}{\partial x^1}, \frac{\partial f(c^1(a), c^2(a))}{\partial x^2}\right) \text{と} \left(\frac{dc^1(a)}{dt}, \frac{dc^2(a)}{dt}\right) \text{の内積}$$

になっています。

このように，スカラー場fのAでのCに沿った微分は，fの(x^1, x^2)での微分とCの接線ベクトルの内積になっています。

各点での方向が与えられればスカラー場fの方向微分が計算できますから，各点(x^1, x^2)での方向ベクトルをベクトル場によって
$\boldsymbol{X}(x^1, x^2)=(X^1(x^1, x^2), X^2(x^1, x^2))$と与えれば，各点$(x^1, x^2)$でのスカラー場$f$の$\boldsymbol{X}(x^1, x^2)$方向の微分係数は，

$$\frac{\partial f(x^1, x^2)}{\partial x^1}X^1(x^1, x^2)+\frac{\partial f(x^1, x^2)}{\partial x^2}X^2(x^1, x^2)$$

これを<u>ベクトル場$\boldsymbol{X}(x^1, x^2)$に沿ったスカラー場fの微分係数</u>といいます。

曲線Cに沿った微分では曲線上でしか微分できませんが，ベクトル場

Xに沿った微分では平面全体で微分係数を得ることができます。

スカラー場fの微分と，ベクトル場Xに沿った微分のことをまとめておくと次のようになります。

$$f(x^1,\ x^2) \xrightarrow{\text{微分}} \begin{pmatrix} \dfrac{\partial f(x^1,\ x^2)}{\partial x^1} \\ \dfrac{\partial f(x^1,\ x^2)}{\partial x^2} \end{pmatrix} \xrightarrow[\text{内積をとる}]{\begin{pmatrix} X^1(x^1,\ x^2) \\ X^2(x^1,\ x^2) \end{pmatrix}\text{との}} \frac{\partial f}{\partial x^1}X^1 + \frac{\partial f}{\partial x^2}X^2$$

ここまでのことを座標変換して表現すると，どうなるのか考えてみましょう。

曲線Cが，$(x^1,\ x^2)$座標で$(c^1(t),\ c^2(t))$，$(x'^1,\ x'^2)$座標で$(c'^1(t),\ c'^2(t))$と表されているものとします。2種類の曲線の式でどちらも同じパラメータtが使われているのは，曲線Cのそれぞれの点に対してパラメータtの値が対応していて，それを(x^1, x^2)座標で表すと$(c^1(t), c^2(t))$，(x'^1, x'^2)座標で表すと$(c'^1(t), c'^2(t))$という状況であるからです。$(c^1(t), c^2(t))$と$(c'^1(t), c'^2(t))$では，同じtに対しては同じ点を表しているわけです。

同じ点を表す座標に関して，座標と同じ変換則が成り立ちますから，

$$c'^1(t) = b^1{}_1 c^1(t) + b^1{}_2 c^2(t) \qquad \begin{pmatrix} c'^1(t) \\ c'^2(t) \end{pmatrix} = \begin{pmatrix} b^1{}_1 & b^1{}_2 \\ b^2{}_1 & b^2{}_2 \end{pmatrix} \begin{pmatrix} c^1(t) \\ c^2(t) \end{pmatrix}$$
$$c'^2(t) = b^2{}_1 c^1(t) + b^2{}_2 c^2(t)$$

これをtで微分します。$\dfrac{dc^1(t)}{dt}$を$\dot{c}^1(t)$と表すことにすると，

$$\dot{c}'^1(t) = b^1{}_1 \dot{c}^1(t) + b^1{}_2 \dot{c}^2(t) \qquad \begin{pmatrix} \dot{c}'^1(t) \\ \dot{c}'^2(t) \end{pmatrix} = \underbrace{\begin{pmatrix} b^1{}_1 & b^1{}_2 \\ b^2{}_1 & b^2{}_2 \end{pmatrix}}_{B} \begin{pmatrix} \dot{c}^1(t) \\ \dot{c}^2(t) \end{pmatrix} \qquad (3.07)$$
$$\underbrace{\dot{c}'^2(t) = b^2{}_1 \dot{c}^1(t) + b^2{}_2 \dot{c}^2(t)}_{\dot{c}'^i(t) = b^i{}_j \dot{c}^j(t)}$$

となります。(1, 0)テンソル場の書き換え則を満たしていますから，曲線Cの微分は(1, 0)テンソル場と言いたいところですが，Cは座標平面全体で定義されているものではありませんから，(1, 0)テンソル場というには憚られます。

次に，fの偏微分について変換則を求めてみましょう。

(x^1, x^2)を(x'^1, x'^2)によって表しておきます。

$$\begin{pmatrix} x^1 \\ x^2 \end{pmatrix} = \underbrace{\begin{pmatrix} a^1{}_1 & a^1{}_2 \\ a^2{}_1 & a^2{}_2 \end{pmatrix}}_{A} \begin{pmatrix} x'^1 \\ x'^2 \end{pmatrix}$$

これより

$$\frac{\partial x^1}{\partial x'^1} = \frac{\partial}{\partial x'^1}(a^1{}_1 x'^1 + a^1{}_2 x'^2) = a^1{}_1, \quad \frac{\partial x^1}{\partial x'^2} = \frac{\partial}{\partial x'^2}(a^1{}_1 x'^1 + a^1{}_2 x'^2) = a^1{}_2$$

などを用いて，

$$\begin{aligned} \frac{\partial f(x'^1, x'^2)}{\partial x'^1} &= \frac{\partial f(x^1, x^2)}{\partial x^1} \cdot \frac{\partial x^1}{\partial x'^1} + \frac{\partial f(x^1, x^2)}{\partial x^2} \cdot \frac{\partial x^2}{\partial x'^1} \\ &= a^1{}_1 \frac{\partial f(x^1, x^2)}{\partial x^1} + a^2{}_1 \frac{\partial f(x^1, x^2)}{\partial x^2} \\ \frac{\partial f(x'^1, x'^2)}{\partial x'^2} &= \frac{\partial f(x^1, x^2)}{\partial x^1} \cdot \frac{\partial x^1}{\partial x'^2} + \frac{\partial f(x^1, x^2)}{\partial x^2} \cdot \frac{\partial x^2}{\partial x'^2} \\ &= a^1{}_2 \frac{\partial f(x^1, x^2)}{\partial x^1} + a^2{}_2 \frac{\partial f(x^1, x^2)}{\partial x^2} \end{aligned}$$

つまり，

$$\left(\frac{\partial f}{\partial x'^1}, \frac{\partial f}{\partial x'^2} \right) = \left(\frac{\partial f}{\partial x^1}, \frac{\partial f}{\partial x^2} \right) \underbrace{\begin{pmatrix} a^1{}_1 & a^1{}_2 \\ a^2{}_1 & a^2{}_2 \end{pmatrix}}_{A} \tag{3.08}$$

$$\frac{\partial f}{\partial x'^i} = a^j{}_i \frac{\partial f}{\partial x^j}$$ 微分の変換則

このことからスカラー場fの微分，すなわちfの勾配が(0, 1)テンソル場であることが分かります。

x^jの添え字は上付きですが，分母にあるので下付きと見なせば，右辺の

jは上と下に出てくる走る添え字です。いままでの規則と整合性がとれます。

スカラー場fのCに沿った微分を，$(x^1,\ x^2)$座標で計算した場合と，$(x'^1,\ x'^2)$座標で計算した場合で，同じ値になることを確認してみましょう。

問題 3.41

$$\frac{df(c^1(t),\ c^2(t))}{dt}=\frac{df(c'^1(t),\ c'^2(t))}{dt}$$ を示せ。

$(x^1,\ x^2)$座標では，

$$\frac{df(c^1(t),\ c^2(t))}{dt}=\frac{\partial f(c^1(t),\ c^2(t))}{\partial x^1}\cdot\frac{dc^1(t)}{dt}+\frac{\partial f(c^1(t),\ c^2(t))}{\partial x^2}\cdot\frac{dc^2(t)}{dt}$$
$$=\left(\frac{\partial f}{\partial x^1},\ \frac{\partial f}{\partial x^2}\right)\begin{pmatrix}\dot{c}^1(t)\\ \dot{c}^2(t)\end{pmatrix}$$

$(x'^1,\ x'^2)$座標では，

$$\frac{df(c'^1(t),\ c'^2(t))}{dt}=\left(\frac{\partial f}{\partial x'^1},\ \frac{\partial f}{\partial x'^2}\right)\begin{pmatrix}\dot{c}'^1(t)\\ \dot{c}'^2(t)\end{pmatrix}$$

となります。

$$\frac{df(c'^1(t),\ c'^2(t))}{dt}=\left(\frac{\partial f}{\partial x'^1},\ \frac{\partial f}{\partial x'^2}\right)\begin{pmatrix}\dot{c}'^1(t)\\ \dot{c}'^2(t)\end{pmatrix}$$

$$=\underbrace{\left(\frac{\partial f}{\partial x^1},\ \frac{\partial f}{\partial x^2}\right)A}_{(3.08)}\underbrace{B\begin{pmatrix}\dot{c}^1(t)\\ \dot{c}^2(t)\end{pmatrix}}_{(3.07)}=\underbrace{\left(\frac{\partial f}{\partial x^1},\ \frac{\partial f}{\partial x^2}\right)\begin{pmatrix}\dot{c}^1(t)\\ \dot{c}^2(t)\end{pmatrix}}_{AB=E}$$

$$=\frac{df(c^1(t),\ c^2(t))}{dt}$$

同じことを，縮約記法を用いて示してみましょう。

$\dfrac{\partial f}{\partial x'^i}=a^j{}_i\dfrac{\partial f}{\partial x^j}$，$\dot{c}'^i(t)=b^i{}_j\dot{c}^j(t)$をかけます。このままかけると走る変数$j$がかぶりますから，2式目の走る文字を$k$にします。

$$\frac{\partial f}{\partial x'^i}\dot{c}'^i(t)=a^j{}_i\frac{\partial f}{\partial x^j}b^i{}_k\dot{c}^k(t)=a^j{}_ib^i{}_k\frac{\partial f}{\partial x^j}\dot{c}^k(t)$$
$$=\delta^j{}_k\frac{\partial f}{\partial x^j}\dot{c}^k(t)=\frac{\partial f}{\partial x^j}\dot{c}^j(t)$$

スカラー場fの曲線C（パラメータtに対して点が定まる曲線）に沿った微分係数は，座標の入れ方によらず定まることになります。つまり，スカラー場になります。

このことは次のように考えてみると納得できます。

tの値に対して平面上の点が定まり，その点に対してスカラーの値が定まります。平面を経由していますが，tの値に対して平面上の点を経由せず直接スカラーが決まると考えれば，この結果は当たり前です。

ベクトル場$\boldsymbol{X}(x^1,\ x^2)$に沿ったスカラー場の微分についても考えてみます。

$(x^1,\ x^2)$座標でのベクトル場$\boldsymbol{X}(x^1,\ x^2)=(X^1(x^1,\ x^2),\ X^2(x^1,\ x^2))$を，$(x'^1,\ x'^2)$座標で書き換えたものを

$$\boldsymbol{X}'(x'^1,\ x'^2)=(X'^1(x'^1,\ x'^2),\ X'^2(x'^1,\ x'^2))$$

とします。$\boldsymbol{X}(x^1,\ x^2)$も$\boldsymbol{X}'(x'^1,\ x'^2)$も，基底が異なるだけで同じベクトルを表していますから，基底をつけて表せば，

$$X^1(x^1,\ x^2)\boldsymbol{e}_1+X^2(x^1,\ x^2)\boldsymbol{e}_2=X'^1(x'^1,\ x'^2)\boldsymbol{e}'_1+X'^2(x'^1,\ x'^2)\boldsymbol{e}'_2$$

という関係が成り立ちます。

このとき，**定理 3.05** から，$\boldsymbol{X}(x^1,\ x^2)$と$\boldsymbol{X}(x'^1,\ x'^2)$の成分の間には，

$$X'^1(x'^1,\ x'^2)=b^1{}_1X^1(x^1,\ x^2)+b^1{}_2X^2(x^1,\ x^2)$$
$$X'^2(x'^1,\ x'^2)=b^2{}_1X^1(x^1,\ x^2)+b^2{}_2X^2(x^1,\ x^2)$$

$X'^i=b^i{}_jX^j$

という関係が成り立っています。これは$\dot{c}(t)$，$\dot{c}'(t)$と同じ変換則です。

この変換則より，$b^i{}_j$が1つあるので，ベクトル場Xは(1, 0)テンソル場です。

ですから，Cに沿ったfの微分が座標のとり方によらないように，$\boldsymbol{X}$に沿ったfの微分係数も

$$\frac{\partial f(x'^1,\ x'^2)}{\partial x'^1}X'^1(x'^1,\ x'^2)+\frac{\partial f(x'^1,\ x'^2)}{\partial x'^2}X'^2(x'^1,\ x'^2)$$

$$=\frac{\partial f(x^1,\ x^2)}{\partial x^1}X^1(x^1,\ x^2)+\frac{\partial f(x^1,\ x^2)}{\partial x^2}X^2(x^1,\ x^2)$$

$$\frac{\partial f}{\partial x'^i}X'^i=\frac{\partial f}{\partial x^i}X^i$$

と座標によらない値になります。この式で，$(x^1,\ x^2)$と$(x'^1,\ x'^2)$は同じ点を表していることに注意しましょう。$\dot{c}(t)$，$\dot{c}'(t)$での等式は，両辺でtが一致していましたから分かりやすかったです。

テンソル場の言葉でまとめておきましょう。

ベクトル場Xは，$X'^i=b^i{}_jX^j$という変換則を満たすことから(1, 0)テンソル場です。スカラー場fの微分の変換則は，$\dfrac{\partial f}{\partial x'^i}=a^j{}_i\dfrac{\partial f}{\partial x^j}$で(0, 1)テンソル場です。$\dfrac{\partial f}{\partial x^i}X^i$は，(1, 0)テンソル場と(0, 1)テンソル場の縮合なので(0, 0)テンソル場，すなわちスカラー場になるというわけです。

§11 テンソル場の変換則

スカラー場fのベクトル場Xに沿った微分がスカラー場になることを示す式は，

$$\frac{\partial f}{\partial x'^i}X'^i=\frac{\partial f}{\partial x^i}X^i$$

でした。

これに対して，$\dfrac{\partial f}{\partial x^i}X^j$と上の添え字を$i$から$j$にすると，添字が走らなくなるので式の意味が違ってきます。2変数であれば，$\dfrac{\partial f}{\partial x^1}X^1$，$\dfrac{\partial f}{\partial x^1}X^2$，$\dfrac{\partial f}{\partial x^2}X^1$，$\dfrac{\partial f}{\partial x^2}X^2$の4個の成分を表すことになります。これについて変換則を求めてみましょう。

問題 3.42

$$\frac{\partial f}{\partial x^1}X^1,\ \frac{\partial f}{\partial x^1}X^2,\ \frac{\partial f}{\partial x^2}X^1,\ \frac{\partial f}{\partial x^2}X^2 と \frac{\partial f}{\partial x'^1}X'^1,\ \frac{\partial f}{\partial x'^1}X'^2,$$

$$\frac{\partial f}{\partial x'^2}X'^1,\ \frac{\partial f}{\partial x'^2}X'^2$$の間に成り立つ変換則を$b^i{}_j$，$a^i{}_j$を用いて表せ。

先に縮約記法で計算してみます。$\dfrac{\partial f}{\partial x'^i}=a^j{}_i\dfrac{\partial f}{\partial x^j}$，$X'^i=b^i{}_jX^j$を用いて，

$$\frac{\partial f}{\partial x'^i}X'^j=a^k{}_i\frac{\partial f}{\partial x^k}b^j{}_lX^l=b^j{}_la^k{}_i\frac{\partial f}{\partial x^k}X^l \tag{3.09}$$

となります。変換則より，$a^i{}_j$と$b^i{}_j$が1つずつあるので，$\dfrac{\partial f}{\partial x^i}X^j$は(1, 1)テンソル場になっていることが分かります。(0, 1)テンソル場$\dfrac{\partial f}{\partial x^i}$と(1, 0)テンソル場$X^i$の積なので，(1, 1)テンソル場になるわけです。

なお，この式で $i=j$ とすると，

$$\frac{\partial f}{\partial x'^i}X'^i = b^i{}_l a^k{}_i \frac{\partial f}{\partial x^k}X^l = \delta^k{}_l \frac{\partial f}{\partial x^k}X^l = \frac{\partial f}{\partial x^l}X^l$$

と，ベクトル場に沿った微分係数の式を再確認することができます。

(3.09) を行列で表してみると，

$$\underbrace{\begin{pmatrix} \dfrac{\partial f}{\partial x'^1}X'^1 & \dfrac{\partial f}{\partial x'^2}X'^1 \\ \dfrac{\partial f}{\partial x'^1}X'^2 & \dfrac{\partial f}{\partial x'^2}X'^2 \end{pmatrix}}_{D'} = \underbrace{\begin{pmatrix} b^1{}_1 & b^1{}_2 \\ b^2{}_1 & b^2{}_2 \end{pmatrix}}_{B} \underbrace{\begin{pmatrix} \dfrac{\partial f}{\partial x^1}X^1 & \dfrac{\partial f}{\partial x^2}X^1 \\ \dfrac{\partial f}{\partial x^1}X^2 & \dfrac{\partial f}{\partial x^2}X^2 \end{pmatrix}}_{D} \underbrace{\begin{pmatrix} a^1{}_1 & a^1{}_2 \\ a^2{}_1 & a^2{}_2 \end{pmatrix}}_{A=B^{-1}}$$

のようになります。この式は，$D' = BDB^{-1}$ という形をしています。

線形代数のトレースに関する公式，$\mathrm{tr}(AB) = \mathrm{tr}(BA)$ を用いると，

$$\mathrm{tr}(D') = \mathrm{tr}(BDB^{-1}) = \mathrm{tr}(B^{-1}BD) = \mathrm{tr}(D)$$

成分で計算すると，$\dfrac{\partial f}{\partial x'^i}X'^i = \dfrac{\partial f}{\partial x^i}X^i$ が再確認できます。

スカラー場 f の 2 階偏微分についてはどうでしょうか。

f の $(x^1,\ x^2)$ での 2 階偏微分は，$\dfrac{\partial^2 f}{\partial x^1 \partial x^1}$，$\dfrac{\partial^2 f}{\partial x^1 \partial x^2}$，$\dfrac{\partial^2 f}{\partial x^2 \partial x^1}$，$\dfrac{\partial^2 f}{\partial x^2 \partial x^2}$ の 4 つがあります。これらと $(x'^1,\ x'^2)$ での 2 階偏微分との変換則を求めてみましょう。

問題 3.43

$\dfrac{\partial^2 f}{\partial x^1 \partial x^1}$，$\dfrac{\partial^2 f}{\partial x^1 \partial x^2}$，$\dfrac{\partial^2 f}{\partial x^2 \partial x^1}$，$\dfrac{\partial^2 f}{\partial x^2 \partial x^2}$ と $\dfrac{\partial^2 f}{\partial x'^1 \partial x'^1}$，$\dfrac{\partial^2 f}{\partial x'^1 \partial x'^2}$，$\dfrac{\partial^2 f}{\partial x'^2 \partial x'^1}$，$\dfrac{\partial^2 f}{\partial x'^2 \partial x'^2}$ の変換則を $a^i{}_j$ を用いて表せ。

例えば，$\dfrac{\partial f}{\partial x'^1}$を$x'^2$で偏微分してみましょう。

$$\frac{\partial}{\partial x'^2}\left(\frac{\partial f}{\partial x'^1}\right)=\frac{\partial}{\partial x'^2}\left(a^1{}_1\frac{\partial f}{\partial x^1}+a^2{}_1\frac{\partial f}{\partial x^2}\right)$$

$$=\frac{\partial x^1}{\partial x'^2}\cdot\frac{\partial}{\partial x^1}\left(a^1{}_1\frac{\partial f}{\partial x^1}+a^2{}_1\frac{\partial f}{\partial x^2}\right)$$

$$+\frac{\partial x^2}{\partial x'^2}\cdot\frac{\partial}{\partial x^2}\left(a^1{}_1\frac{\partial f}{\partial x^1}+a^2{}_1\frac{\partial f}{\partial x^2}\right)$$

$\dfrac{\partial x^1}{\partial x'^2}=a^1{}_2$，$\dfrac{\partial x^2}{\partial x'^2}=a^2{}_2$，また$a^1{}_1$，$a^2{}_1$は定数であることに注意

$$=a^1{}_2a^1{}_1\frac{\partial^2 f}{\partial x^1\partial x^1}+a^1{}_2a^2{}_1\frac{\partial^2 f}{\partial x^1\partial x^2}$$

$$+a^2{}_2a^1{}_1\frac{\partial^2 f}{\partial x^2\partial x^1}+a^2{}_2a^2{}_1\frac{\partial^2 f}{\partial x^2\partial x^2}$$

fの2階微分の変換則は，

$$\frac{\partial^2 f}{\partial x'^i\partial x'^j}=a^k{}_ia^l{}_j\frac{\partial^2 f}{\partial x^k\partial x^l}$$

とまとまります。この変換則より，$a^i{}_j$が2つあるので$\dfrac{\partial f}{\partial x^i\partial x^j}$は，(0, 2)テンソル場です。行列を用いて書くと，

$$\begin{pmatrix}\dfrac{\partial^2 f}{\partial x'^1\partial x'^1} & \dfrac{\partial^2 f}{\partial x'^1\partial x'^2}\\ \dfrac{\partial^2 f}{\partial x'^2\partial x'^1} & \dfrac{\partial^2 f}{\partial x'^2\partial x'^2}\end{pmatrix}=\underbrace{\begin{pmatrix}a^1{}_1 & a^2{}_1\\ a^1{}_2 & a^2{}_2\end{pmatrix}}_{{}^tA}\begin{pmatrix}\dfrac{\partial^2 f}{\partial x^1\partial x^1} & \dfrac{\partial^2 f}{\partial x^1\partial x^2}\\ \dfrac{\partial^2 f}{\partial x^2\partial x^1} & \dfrac{\partial^2 f}{\partial x^2\partial x^2}\end{pmatrix}\underbrace{\begin{pmatrix}a^1{}_1 & a^1{}_2\\ a^2{}_1 & a^2{}_2\end{pmatrix}}_{A}$$

となります。左のAが転置になるところに注意しましょう。

計算の途中で，さりげなく，［$\dfrac{\partial x^1}{\partial x'^2}=a^1{}_2$，$\dfrac{\partial x^2}{\partial x'^2}=a^2{}_2$，また$a^1{}_1$，$a^2{}_1$は定数であることに注意］と書きました。実は，ここが大きな境目で，特殊相対論と一般相対論のテクニカルな分かれ目になっていることにあとから気づくでしょう。

$a^1{}_1$，$a^2{}_1$が定数なので，微分演算の外に出ることができるのです。

$a^1{}_1$, $a^2{}_1$が定数であることの恩恵を感じましょう。

縮約記法を用いて式を求めると次のようになります。

$$\frac{\partial^2 f}{\partial x'^i \partial x'^j} = \frac{\partial}{\partial x'^i}\left(\frac{\partial f}{\partial x'^j}\right) = \frac{\partial x^k}{\partial x'^i} \cdot \frac{\partial}{\partial x^k}\left(a^l{}_j \frac{\partial f}{\partial x^l}\right)$$

$$= \frac{\partial x^k}{\partial x'^i} \cdot a^l_j \frac{\partial}{\partial x^k}\left(\frac{\partial f}{\partial x^l}\right) = a^k{}_i a^l{}_j \frac{\partial^2 f}{\partial x^k \partial x^l}$$

ここまでの計算で，fの3階偏微分についての変換則も予想がつきます。

$(x^1,\ x^2)$での3階偏微分は，$\dfrac{\partial^3 f}{\partial x^1 \partial x^1 \partial x^1}$，$\dfrac{\partial^3 f}{\partial x^1 \partial x^1 \partial x^2}$など，全部で$2^3$個あり，これらと$(x'^1,\ x'^2)$での3階偏微分との間に，

$$\frac{\partial^3 f}{\partial x'^i \partial x'^j \partial x'^k} = a^l{}_i a^m{}_j a^n{}_k \frac{\partial^3 f}{\partial x^l \partial x^m \partial x^n}$$

という関係があります。

次にベクトル場のベクトル場に沿った微分について変換則を調べてみましょう。

例によって，ベクトル場の曲線に沿った微分から始めます。

ベクトル場$\boldsymbol{Y}(x^1,\ x^2) = (Y^1(x^1,\ x^2),\ Y^2(x^1,\ x^2))$を，$(c^1(t),\ c^2(t))$と表される$C$に沿って微分することは，

$$(Y^1(c^1(t),\ c^2(t)),\ Y^2(c^1(t),\ c^2(t)))$$

を成分ごとにtに関して微分することと定義します。自然ですね。

ですから，ベクトル場のCに沿った微分とは，成分ごとに微分すればよいのです。Yのあとの$(c^1(t),\ c^2(t))$を省略して書けば，

$$\left(\frac{\partial Y^1}{\partial x^1}\dot{c}^1(t) + \frac{\partial Y^1}{\partial x^2}\dot{c}^2(t),\ \frac{\partial Y^2}{\partial x^1}\dot{c}^1(t) + \frac{\partial Y^2}{\partial x^2}\dot{c}^2(t)\right)$$

と，ベクトルになります。

ベクトル場$\boldsymbol{Y}(x^1,\ x^2)$のベクトル場

$$\boldsymbol{X}(x^1,\ x^2)=(X^1(x^1,\ x^2),\ X^2(x^1,\ x^2))$$

に沿った微分であれば，$\dot{c}^1(t)$, $\dot{c}^2(t)$をX^1, X^2に置き換えて，

$$\left(\frac{\partial Y^1}{\partial x^1}X^1+\frac{\partial Y^1}{\partial x^2}X^2,\ \frac{\partial Y^2}{\partial x^1}X^1+\frac{\partial Y^2}{\partial x^2}X^2\right)$$

となります。

これに対し，ベクトル場$\boldsymbol{Y}(x^1,\ x^2)$の微分（ただの微分）という言葉で，成分ごとに偏微分することを表すことにすると，

$$\begin{pmatrix} Y^1(x^1,\ x^2) \\ Y^2(x^1,\ x^2) \end{pmatrix} \xrightarrow{\text{微分}} \begin{pmatrix} \dfrac{\partial Y^1(x^1,\ x^2)}{\partial x^1} & \dfrac{\partial Y^1(x^1,\ x^2)}{\partial x^2} \\ \dfrac{\partial Y^2(x^1,\ x^2)}{\partial x^1} & \dfrac{\partial Y^2(x^1,\ x^2)}{\partial x^2} \end{pmatrix}$$

ベクトル場$\boldsymbol{Y}(x^1,\ x^2)$の曲線$c(t)$に沿った微分，ベクトル場$\boldsymbol{X}(x^1,\ x^2)$に沿った微分は，

$$\begin{pmatrix} Y^1 \\ Y^2 \end{pmatrix} \xrightarrow{\text{微分}} \begin{pmatrix} \dfrac{\partial Y^1}{\partial x^1} & \dfrac{\partial Y^1}{\partial x^2} \\ \dfrac{\partial Y^2}{\partial x^1} & \dfrac{\partial Y^2}{\partial x^2} \end{pmatrix}$$

$\begin{pmatrix} \dot{c}^1 \\ \dot{c}^2 \end{pmatrix}$と内積 → $\begin{pmatrix} \dfrac{\partial Y^1}{\partial x^1}\dot{c}^1+\dfrac{\partial Y^1}{\partial x^2}\dot{c}^2 \\ \dfrac{\partial Y^2}{\partial x^1}\dot{c}^1+\dfrac{\partial Y^2}{\partial x^2}\dot{c}^2 \end{pmatrix}$　（Cに沿った微分）

$\begin{pmatrix} X^1 \\ X^2 \end{pmatrix}$と内積 → $\begin{pmatrix} \dfrac{\partial Y^1}{\partial x^1}X^1+\dfrac{\partial Y^1}{\partial x^2}X^2 \\ \dfrac{\partial Y^2}{\partial x^1}X^1+\dfrac{\partial Y^2}{\partial x^2}X^2 \end{pmatrix}$　（ベクトル場Xに沿った微分）

というようにスカラー場fのXに沿った微分の図式と同じようにまとまります。

ベクトル場$\boldsymbol{Y}(x^1,\ x^2)$の微分について，変換則を求めてみましょう。

これは，具体的にいえば，

$$\begin{pmatrix} \dfrac{\partial Y'^1(x'^1,\ x'^2)}{\partial x'^1} & \dfrac{\partial Y'^1(x'^1,\ x'^2)}{\partial x'^2} \\ \dfrac{\partial Y'^2(x'^1,\ x'^2)}{\partial x'^1} & \dfrac{\partial Y'^2(x'^1,\ x'^2)}{\partial x'^2} \end{pmatrix} \text{と} \begin{pmatrix} \dfrac{\partial Y^1(x^1,\ x^2)}{\partial x^1} & \dfrac{\partial Y^1(x^1,\ x^2)}{\partial x^2} \\ \dfrac{\partial Y^2(x^1,\ x^2)}{\partial x^1} & \dfrac{\partial Y^2(x^1,\ x^2)}{\partial x^2} \end{pmatrix}$$

の間の変換則を求めることです。

Y^i はベクトル場すなわち(1, 0)テンソル場の成分ですから，$Y'^i = b^i{}_j Y^j$ が成り立ちます。

$$\frac{\partial Y'^i}{\partial x'^k} = \frac{\partial}{\partial x'^k}(b^i{}_j Y^j) = b^i{}_j \frac{\partial}{\partial x'^k}(Y^j) = b^i{}_j \frac{\partial x^l}{\partial x'^k} \cdot \frac{\partial Y^j}{\partial x^l} = b^i{}_j a^l{}_k \frac{\partial Y^j}{\partial x^l}$$

この関係を用いて，ベクトル場 $\boldsymbol{Y}$ をベクトル場 $\boldsymbol{X}$ に沿って微分した式が再びベクトル場になることを確かめてみましょう。

問題 3.44

$\dfrac{\partial Y^i}{\partial x^j} X^j$ がベクトル場になることを示せ。

$\dfrac{\partial Y'^i}{\partial x'^k} = b^i{}_j a^l{}_k \dfrac{\partial Y^j}{\partial x^l}$，$X'^k = b^k{}_m X^m$ を用いて，

$$\begin{aligned}\frac{\partial Y'^i}{\partial x'^k} X'^k &= \left(b^i{}_j a^l{}_k \frac{\partial Y^j}{\partial x^l}\right)(b^k{}_m X^m) \\ &= b^i{}_j \underbrace{a^l{}_k b^k{}_m} \frac{\partial Y^j}{\partial x^l} X^m \\ &= b^i{}_j \delta^l{}_m \frac{\partial Y^j}{\partial x^l} X^m \\ &= b^i{}_j \frac{\partial Y^j}{\partial x^m} X^m\end{aligned}$$

ベクトル場 Y のベクトル場 X に沿った微分は，(1, 0)テンソル場すなわちベクトル場になっていることが確かめられました。

ベクトル場 Y は(1, 0)テンソル場で，これを微分して(1, 1)テンソル場を作り，これとベクトル場 X ［(1, 0)テンソル場］との縮合をとったので，

$$(1,\ 1),\ (1,\ 0) \xrightarrow{\text{積}} (2,\ 1) \xrightarrow{\text{縮約}} (1,\ 0)$$

とまたベクトル場になったわけです。

§12 テンソル場の変換則 まとめ

ここまでで，いろいろと変換則が出てきたのでまとめておきましょう。

$x'^i = b^i{}_j x^j$（$b^i{}_j$は定数）のとき，

（ア）$f(x'^i) = f(x^j)$　　（イ）$X'^i = b^i{}_j X^j$

（ウ）$\dfrac{\partial f}{\partial x'^i} = a^j{}_i \dfrac{\partial f}{\partial x^j}$　　（エ）$\dfrac{\partial^2 f}{\partial x'^i \partial x'^j} = a^k{}_i a^l{}_j \dfrac{\partial^2 f}{\partial x^k \partial x^l}$

（オ）$\dfrac{\partial Y'^i}{\partial x'^k} = b^i{}_j a^l{}_k \dfrac{\partial Y^j}{\partial x^l}$　　（カ）$\dfrac{\partial f}{\partial x'^i} X'^j = b^j{}_l a^k{}_i \dfrac{\partial f}{\partial x^k} X^l$

（キ）$\dfrac{\partial Y'^i}{\partial x'^k} X'^k = b^i{}_j \dfrac{\partial Y^j}{\partial x^m} X^m$

どの式も，新座標での成分（′有り）を，旧座標の成分（′無し）で表す変換則です。右辺にはa，bがかかっています。

（ア）　$f(x'^i) = f(x^j)$は，スカラー場ですが，テンソル場として見れば，(0, 0)テンソル場と見なすことができます。

（イ）　$X'^i = b^i{}_j X^j$は，ベクトル場ですが，テンソル場として見れば，1階の反変テンソル場，(1, 0)テンソル場です。

（ウ）　$\dfrac{\partial f}{\partial x'^i} = a^j{}_i \dfrac{\partial f}{\partial x^j}$は，1階の共変テンソル場，(0, 1)テンソル場，（1階なので共変ベクトル場ともいう）

（エ）　$\dfrac{\partial^2 f}{\partial x'^i \partial x'^j} = a^k{}_i a^l{}_j \dfrac{\partial^2 f}{\partial x^k \partial x^l}$は，2階の共変テンソル場，(0, 2)テンソル場

（オ）　$\dfrac{\partial Y'^i}{\partial x'^k} = b^i{}_j a^l{}_k \dfrac{\partial Y^j}{\partial x^l}$は，2階の混合テンソル場，(1, 1)テンソル場

（カ）　$\dfrac{\partial f}{\partial x'^i} X'^j = b^j{}_l a^k{}_i \dfrac{\partial f}{\partial x^k} X^l$は，2階の混合テンソル場，(1, 1)テンソル場

（キ）　$\dfrac{\partial Y'^i}{\partial x'^k} X'^k = b^i{}_j \dfrac{\partial Y^j}{\partial x^m} X^m$ は，1階の反変テンソル場，(1, 0)テンソル場

の例になっています。

テンソル演算と階数についてもまとめておきます。

(r, s)テンソル場と(r', s')テンソル場のテンソル積は，$(r+r', s+s')$のテンソル場になります。

(r, s)テンソル場の縮約は，共変次数と反変次数がそれぞれ1つずつ減って，$(r-1, s-1)$テンソル場となります。

(r, s)テンソル場と(r', s')テンソル場の縮合は，$(r+r'-1, s+s'-1)$テンソル場となります。

次に，微分と階数について調べておきましょう。

(0, 0)テンソル場fを微分すると，(0, 1)テンソル場$\dfrac{\partial f}{\partial x^i}$，

(0, 1)テンソル場$\dfrac{\partial f}{\partial x^i}$を微分すると，(0, 2)テンソル場$\dfrac{\partial^2 f}{\partial x^i \partial x^j}$

(1, 0)テンソル場Y^iを微分すると，(1, 1)テンソル場$\dfrac{\partial Y^j}{\partial x^l}$

になります。微分すると共変次数が1だけ増えるのです。これは微分すると$a^i{}_j$が1つ出てくることから分かります。

また，スカラー場fの微分，スカラー場fのベクトル場Xに沿った微分，ベクトル場Yの微分，ベクトル場Yのベクトル場Xに沿った微分について，テンソル場の階数を追いかけると，

$$\underset{(0,\ 0)}{f} \xrightarrow{\text{微分}} \underset{(0,\ 1)}{\frac{\partial f}{\partial x^i}} \xrightarrow[\ ]{X^i\text{と縮合}\ (1,\ 0)} \underset{(0,\ 0)}{\frac{\partial f}{\partial x^i} X^i}$$

$$\underset{(1,\ 0)}{Y^i} \xrightarrow{\text{微分}} \underset{(1,\ 1)}{\frac{\partial Y^i}{\partial x^j}} \xrightarrow[]{\overset{(1,\ 0)}{X^j}\text{と縮合}} \underset{(1,\ 0)}{\frac{\partial Y^i}{\partial x^j}X^j}$$

となります。

これらから，一般に次のようにまとまります。

定理 3.45　テンソル場の微分，ベクトル場に沿った微分

$(r,\ s)$テンソル場$T^{i\cdots j}{}_{k\cdots l}$を微分すると，$(r,\ s+1)$テンソル場$\dfrac{\partial}{\partial x^m}T^{i\cdots j}{}_{k\cdots l}$になる。

$(r,\ s)$テンソル場$T^{i\cdots j}{}_{k\cdots l}$をベクトル場$\boldsymbol{X}$に沿って微分すると，

$(r,\ s)$テンソル場$X^m\dfrac{\partial}{\partial x^m}T^{i\cdots j}{}_{k\cdots l}$になる。

$$\underset{(r,\ s)}{T^{\cdot\cdot}{}_{\cdot\cdot}} \xrightarrow{\text{微分}} \underset{(r,\ s+1)}{\frac{\partial}{\partial x^m}T^{\cdot\cdot}{}_{\cdot\cdot}} \xrightarrow{X^m\text{と縮合}} \underset{(r,\ s)}{X^m\frac{\partial}{\partial x^m}T^{\cdot\cdot}{}_{\cdot\cdot}}$$

この定理の前半の簡単な応用として，(1, 0)テンソル場の発散 div が基底のとり方によらない値，すなわちスカラー場になることを示すことができます。

ベクトル場$A^i(x)$は(1, 0)テンソル場ですから，微分した$\dfrac{\partial A^i(x)}{\partial x^j}$は(1, 1)テンソル場になります。一般に$(r,\ s)$テンソル場の縮約は，$(r-1,\ s-1)$テンソル場になりますから，これを縮約した

$$\mathrm{div}A=\frac{\partial A^1(x)}{\partial x^1}+\frac{\partial A^2(x)}{\partial x^2}+\frac{\partial A^3(x)}{\partial x^3}=\frac{\partial A^i(x)}{\partial x^i}$$

は，(0, 0)テンソル，すなわちスカラー場になります。

ここで，いままで出てきたものとは違った形でもテンソルになるものを紹介しましょう。

次の定理では，(0, 1)テンソル場（共変ベクトル場）を扱います。

定理 3.46 交代テンソル

$A_i(x)$を(0, 1)テンソル場（共変ベクトル場）とするとき，

$B_{ij}=\dfrac{\partial A_i(x)}{\partial x^j}-\dfrac{\partial A_j(x)}{\partial x^i}$は(0, 2)テンソル場になる。

$A_i(x)$は共変ベクトル場なので，$A'_i(x')=a^j{}_i A_j(x)$を満たします。

$$\frac{\partial A'_i(x')}{\partial x'^j}=\frac{\partial}{\partial x'^j}(a^k{}_i A_k(x))=\frac{\partial x^l}{\partial x'^j}\cdot\frac{\partial}{\partial x^l}(a^k{}_i A_k(x))$$
$$=a^l{}_j a^k{}_i\frac{\partial A_k(x)}{\partial x^l} \tag{3.10}$$

$i\Leftrightarrow j,\ k\Leftrightarrow l$と入れ換えると，$$\frac{\partial A'_j(x')}{\partial x'^i}=a^k{}_i a^l{}_j\frac{\partial A_l(x)}{\partial x^k} \tag{3.11}$$

(3.10)－(3.11) を計算すると，

$$B'_{ij}=\frac{\partial A'_i(x')}{\partial x'^j}-\frac{\partial A'_j(x')}{\partial x'^i}=a^k{}_i a^l{}_j\left(\frac{\partial A_k(x)}{\partial x^l}-\frac{\partial A_l(x)}{\partial x^k}\right)$$
$$=a^k{}_i a^l{}_j B_{kl}$$

この事実は電磁ポテンシャルから，電磁場テンソルを導くときに役に立ちます。

$\dfrac{\partial A_k(x)}{\partial x^l}-\dfrac{\partial A_l(x)}{\partial x^k}$の形を見て思い出すのはrotです。上の定理と同様に考えて，$\boldsymbol{A}$がベクトル場，すなわち(1, 0)テンソル場のとき，rot$\boldsymbol{A}$は(1, 1)テンソル場ということになります。にもかかわらず，rotはベクトル場（(1, 0)テンソル場）の変換則を持っていました。これについては詳しく述べませんが，直交変換と次元が3次であるという特殊事情が影響しています。1章のrotが座標によらないことの証明を読み返すとその一端がうかがい知れます。

座標(x)，座標(x')がどちらも正規直交座標であるとき，ラプラシアン

Δが座標のとり方によらない値をとることを示しましょう。正規直交座標でなければ成り立たないことに注意しながら読んでください。

定理 3.47 **ラプラシアンΔ**

正規直交座標(x^i)において，スカラー場fに対して，

$$\Delta f=\sum_{i=1}^{n}\frac{\partial^2 f}{\partial x^i\,\partial x^i}=\frac{\partial^2 f}{\partial x^i\,\partial x^i}$$ はスカラー場である。

基底$(\boldsymbol{e}_i)$と基底$(\boldsymbol{e}'_i)$の取り換え行列をAとすると，

$$(\boldsymbol{e}'_1,\ \boldsymbol{e}'_2,\ \boldsymbol{e}'_3)=(\boldsymbol{e}_1,\ \boldsymbol{e}_2,\ \boldsymbol{e}_3)A$$

が成り立っています。基底$(\boldsymbol{e}_i)$と基底$(\boldsymbol{e}'_i)$が正規直交基底なので，Aは直交行列になり，${}^tAA=E$が成り立ちます。これより，$B=A^{-1}={}^tA$が成り立つので$(a^i{}_j)$, $(b^i{}_j)$は，$b^i{}_j=a^j{}_i$を満たします。

fに対して，$\dfrac{\partial^2 f}{\partial x^i\partial x^j}$は$(0,\ 2)$テンソルで，変換則は，

$$\frac{\partial^2 f}{\partial x'^i\,\partial x'^j}=a^k{}_i a^l{}_j\frac{\partial^2 f}{\partial x^k\,\partial x^l}$$

問題 3.26 のあとのただし書きで，Aが直交行列のときのことに少し言及しました

ですから

$$\frac{\partial^2 f}{\partial x'^i\,\partial x'^i}=a^k{}_i a^l{}_i\frac{\partial^2 f}{\partial x^k\,\partial x^l}=a^k{}_i b^i{}_l\frac{\partial^2 f}{\partial x^k\,\partial x^l}$$

$$=\delta^k{}_l\frac{\partial^2 f}{\partial x^k\,\partial x^l}=\frac{\partial^2 f}{\partial x^l\,\partial x^l}$$

よって，Δfは直交基底のとり方によらない値をとり，スカラー場になります。

第 4 章　特殊相対性理論

3 章で紹介した直線座標のテンソル場を受けて，特殊相対論の説明をします。その傍らで，一般相対論の理解のための礎石を積み上げていきます。

特殊相対論では慣性系と呼ばれる座標を設定して物理法則を記述します。2 つの慣性系の間で座標を書き換えるのが，ローレンツ変換と呼ばれる座標変換です。慣性系の座標は座標軸が直交している直線座標ですから，ローレンツ変換を表す行列は，テンソル場の定義に現れる変換行列 $b^i{}_j$ に相当する行列なのです。このような見方をすると，速度，加速度は（1，0）テンソル場，電場，磁場は一緒にしたものを考えて（2，0）テンソル場と捉えることができます。直線座標のテンソル場のすぐあとに，物理での具体的な応用例を見ていただくという趣向です。

§1　方程式の共変性

「物理法則を表す方程式が観測者にとって同じ形に表される」とはどういうことか，平面の運動方程式を例にとって説明してみましょう。

A，B 2人の観測者が，力の働いている物体の運動を観測することにします。BはAと向いている方向が違います。BはAよりもθ回転反時計回りの方向に顔を向けているとします。

物理法則を記述するために，各人は座標を設定します。AもBも，右手方向をx軸，正面方向をy軸と設定します。我々はBの座標軸をx'軸，y'軸と，Aのものと区別します。

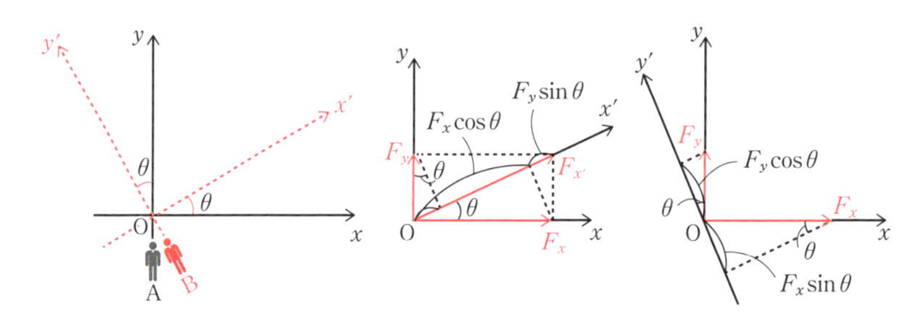

Aは自分の座標軸を用いて，力を$(F_x,\ F_y)$，加速度の方向を$(a_x,\ a_y)$と観測しました。すると，物体の質量をmとして，

$$F_x = ma_x,\ F_y = ma_y$$

が成り立っていることを観測しました。

Bも自分の座標軸を用いて，力を$(F_{x'},\ F_{y'})$，加速度の方向を$(a_{x'},\ a_{y'})$と観測し，

$$F_{x'} = ma_{x'},\ F_{y'} = ma_{y'}$$

が成り立っていることを観測しました。

AとBは，力が働いている物体の運動は，同じ物理法則に従っていると思うことでしょう。

静止している2人の観測者に関して，「ニュートンの運動方程式」が同じ形に表されるわけです。

これを「ニュートンの運動方程式は2次元の座標変換（回転）に関して共変性がある」と表現します。

上の説明を読んだ方の中には，力も加速度もベクトルなのだから，観測者の向きによらず成り立って当たり前ではないかと思った方が多いと思います。ベクトルに慣れ過ぎていて，意識していないかもしれませんが，観測者によらず同じ物理法則に観測されるためには，成分が（1，0）テンソルの変換則を満たすことがポイントです。

Aが観察した物理法則とBが観察した物理法則が同じ形になるのは，

Aが観測したF_x，F_y，a_x，a_yとBが観測した$F_{x'}$，$F_{y'}$，$a_{x'}$，$a_{y'}$の間にベクトル，すなわち(1，0)テンソルの変換則が成り立っているからなのです。

試しに，Aが観測した物理法則とF_x，F_y，a_x，a_yと$F_{x'}$，$F_{y'}$，$a_{x'}$，$a_{y'}$の変換則からBが観測する物理法則を求めてみましょう。

観測者によらず同じ法則が成り立つことは，力，加速度が直交する成分に分解できるという経験則を前提として，次のようにして証明できます。

前ページ右図のように考えて，$(F_x,\ F_y)$と$(F_{x'},\ F_{y'})$の変換則，$(a_x,\ a_y)$と$(a_{x'},\ a_{y'})$の変換則は，

$$\begin{pmatrix} F_{x'} \\ F_{y'} \end{pmatrix} = \begin{pmatrix} \cos\theta & \sin\theta \\ -\sin\theta & \cos\theta \end{pmatrix} \begin{pmatrix} F_x \\ F_y \end{pmatrix} \qquad \begin{pmatrix} a_{x'} \\ a_{y'} \end{pmatrix} = \begin{pmatrix} \cos\theta & \sin\theta \\ -\sin\theta & \cos\theta \end{pmatrix} \begin{pmatrix} a_x \\ a_y \end{pmatrix}$$

です。よって，xy座標で，

$$m\begin{pmatrix} a_x \\ a_y \end{pmatrix}=\begin{pmatrix} F_x \\ F_y \end{pmatrix}$$

が成り立てば，これに左から変換行列をかけて，

$$m\begin{pmatrix} \cos\theta & \sin\theta \\ -\sin\theta & \cos\theta \end{pmatrix}\begin{pmatrix} a_x \\ a_y \end{pmatrix}=\begin{pmatrix} \cos\theta & \sin\theta \\ -\sin\theta & \cos\theta \end{pmatrix}\begin{pmatrix} F_x \\ F_y \end{pmatrix} \quad \rightarrow \quad m\begin{pmatrix} a_{x'} \\ a_{y'} \end{pmatrix}=\begin{pmatrix} F_{x'} \\ F_{y'} \end{pmatrix}$$

となります。2次元の運動方程式は，$x'y'$座標でも同じ形の式で表されることが示されました。

このように物理法則が座標変換によって同じ形の式で表されるとき，物理法則は，

$$m\boldsymbol{a}=\boldsymbol{F}$$

とベクトルの方程式で表されます。逆に，ベクトルで表された方程式は，両辺の物理量が同じベクトルの変換則に従うことになり，観測者によらず同じ方程式が成り立つことになるのです。観測者によらない普遍的な物理法則を表現するには，ベクトルの形で表されなければいけないわけです。

この例は，易しすぎて退屈だったかもしれません。

しかし，観測者がもう一方の観測者に対して速度を持っていたらどうでしょう。また，次元が時空の4次元で，時間と空間の座標が入り混じる変換則の場合はどうでしょうか。これから，この章で扱う変換はそういう場合なのです。

この場合でも，確認すべき段取りは上と同じです。該当する物理量が座標の取り換えによってどのように変換するかを追いかけていけばよいのです。

これから扱う特殊相対論でも，座標の取り換えに伴う力と加速度の書き換えはニュートン力学と同じようにベクトルの変換則になります。力，速度，加速度，運動量は4次元ベクトルになります。変換を表す行列は，4×4の行列です。しかし，電場・磁場は$(2, 0)$テンソルで，4次元ベクトル（$(1, 0)$テンソル）ではありません。ここで，3章で準備してきたことが生かされるのです。

§2　特殊相対論の課題

水平に置かれた板の上を球が転がるときのことを考えてみます。

球に力がかかっていないとき，球は静止しているか，等速直線運動をしているかどちらかです。もちろん摩擦力などはないものとして理想化して考えています。

力が働いていないとき，物体は静止であれば静止，等速直線運動であれば等速直線運動と，その状態を保とうとします。物体のこの性質のことを慣性といいます。ニュートンは，物体のこの性質のことを第1法則として次のようにまとめました。

ニュートンの第1法則

外力が働いていない物体は，静止，または等速直線運動をする。

この法則は，物体の慣性について述べたものなので，慣性の法則とも呼ばれます。

慣性の法則が成り立つ座標系のことを慣性系といいます。慣性系とはどこにあるのでしょうか。慣性系に設定した座標が無限に伸びているものであるとするならば，慣性系は宇宙には存在しません。慣性系とは思考の産物であって現実にはないのです。それでも慣性系を考えるのは，限られた範囲では慣性系と見なすことができる場合があるからです。ニュートンの第1法則は，そのような思考実験の舞台である慣性系を設定している法則といえます。これを，次に示す第2法則の力がかかっていない場合と捉えてしまうと，敢えて第1法則を設定したニュートンの意図を取りそこないます。

慣性系では，力学や電磁気学などの物理法則が成り立ちます。例えば，

力学に関しては，

ニュートンの第2法則（運動方程式）

　物体の加速度は物体にかかる力に比例する。

が成り立ちます。ここでいう力の中には，質量が生み出す重力や電荷によるクーロン力が含まれます。

　この慣性系を舞台にして特殊相対論が展開されます。特殊相対論では重力は扱うことができないとしていますが，重力を外力として扱う分には問題ありません。運動方程式の力に重力が含まれていてもかまわないのです。ただし，重力は内力として扱うことはできません。

　高校の物理でも盲点になりやすいので，いちおう外力と内力のことを確認しておきます。AとBの2つの物体が押し合って静止している状況を考えます。このとき，AがBを押し合う力$\boldsymbol{F}_{\mathrm{A}}$と，BがAを押し合う力$\boldsymbol{F}_{\mathrm{B}}$は，向きが反対でつり合っています。これがニュートンの第3法則，作用反作用の法則です。このとき，AとBを要素として物理現象を考えるとき$\boldsymbol{F}_{\mathrm{A}}$，$\boldsymbol{F}_{\mathrm{B}}$は内力と呼ばれます。一方，Aだけに着目しBを無視して物理現象を考えるとき，$\boldsymbol{F}_{\mathrm{B}}$は外力と呼ばれます。

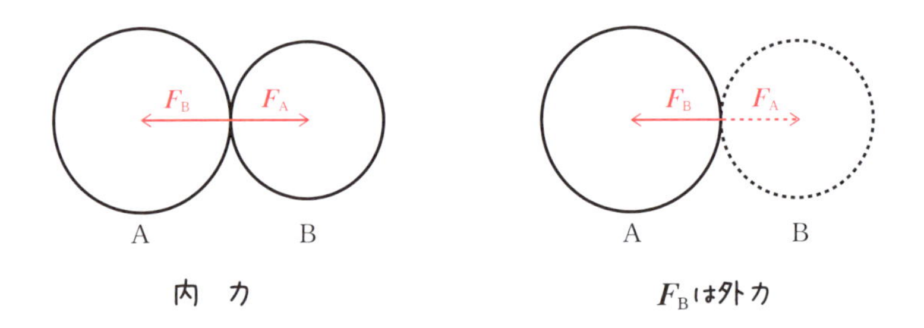

　ですから，慣性系で重力を扱う場合，重力を生み出している質量のことを無視し，その作用だけを取り出し運動方程式の力に組み入れることは可能です。重力を外力として扱っているからです。しかし，重力を生み出す2つの物体に着目すれば万有引力は内力ですから，2つの万有引力を同時

に扱うことはできません。慣性系で万有引力の法則が成り立たないことは3節の終わりで間接的に示します。

慣性系に対して，加速度運動や回転運動をしている座標系では慣性の法則が成り立ちません。

例えば，xyz 座標が慣性系であるとし，これに対して x 軸方向に加速度 a で運動する座標系 $x'y'z'$ は慣性系ではありません。

なぜなら，xyz 座標で，力が働いていない物体（質量 m）を考えます。この物体が xyz 座標から見て静止しているとします。このとき，この物体を $x'y'z'$ 座標から見ると，x 軸の負方向に加速度 $a\ (\neq 0)$ で運動します。$x'y'z'$ 座標では x' 軸の負の方向に，慣性力 $F=ma$ が働いていると解釈します。xyz 座標で等速運動をしている物体が，$x'y'z'$ 座標では等加速度運動をしているので，$x'y'z'$ 座標は慣性系ではありません。加速度運動をしているので，加速系と呼ぶことがあります。

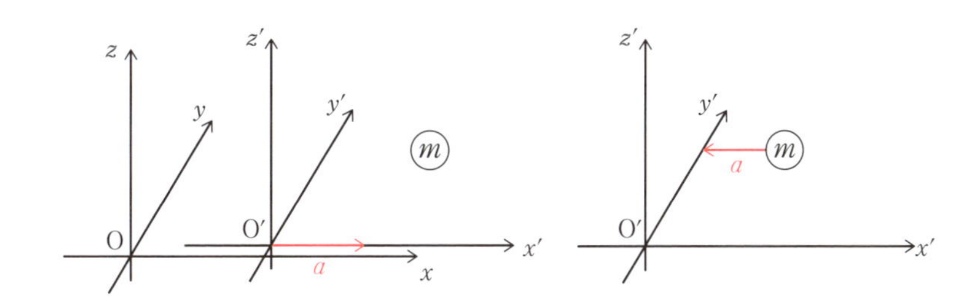

慣性系に対して等速直線運動をしている座標系は慣性系です。

このことを説明してみましょう。

xyz 座標（原点はO）を慣性系 S とします。

これに対して，速度 $V=(V_x,\ V_y,\ V_z)$ で等速運動をする $x'y'z'$ 座標（原点はO′）を座標系 S' とします。x 軸と x' 軸，y 軸と y' 軸，z 軸と z' 軸はそれぞれ平行であるとします。

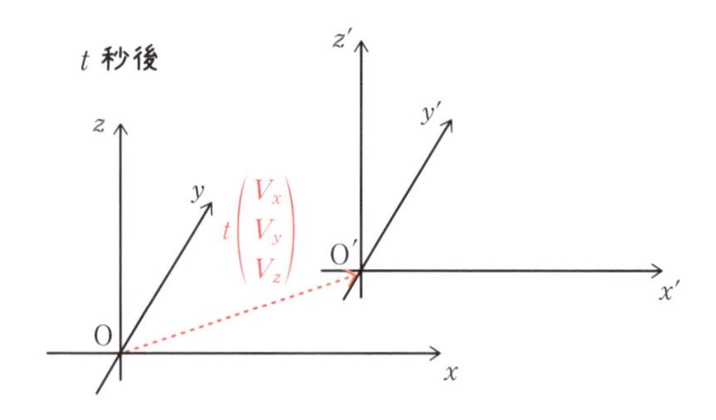

時刻 $t=0$ で原点Oと原点O′が一致しているとすると，時刻 t での原点O′を xyz 座標で表すと，$t\boldsymbol{V}=(tV_x,\ tV_y,\ tV_z)$ となります。

ですから，時刻 t のとき，xyz 座標で $\boldsymbol{x}=(x,\ y,\ z)$ と表される点が，$x'y'z'$ 座標で $\boldsymbol{x}'=(x',\ y',\ z')$ と表されるものとすると，これらの間には，

$$\boldsymbol{x}'=\boldsymbol{x}-t\boldsymbol{V} \qquad \begin{pmatrix}x'\\y'\\z'\end{pmatrix}=\begin{pmatrix}x\\y\\z\end{pmatrix}-t\begin{pmatrix}V_x\\V_y\\V_z\end{pmatrix}=\begin{pmatrix}x-tV_x\\y-tV_y\\z-tV_z\end{pmatrix}$$

という関係が成り立ちます。この座標変換を**ガリレイ変換**といいます。

ここで，xyz 座標において等速直線運動を考えます。

$t=0$ のときの座標を $\boldsymbol{x}_0$，速度を $\boldsymbol{v}$ とすると，時刻 t での位置は，xyz 座標で

$\boldsymbol{x}=\boldsymbol{x}_0+t\boldsymbol{v}$ と表されます。これを $x'y'z'$ 座標で表すと，

$$\boldsymbol{x}'=\boldsymbol{x}-t\boldsymbol{V}=\boldsymbol{x}_0+t\boldsymbol{v}-t\boldsymbol{V}=\boldsymbol{x}_0+t(\boldsymbol{v}-\boldsymbol{V})$$

となります。つまり，この運動は $x'y'z'$ 座標では，$t=0$ のとき座標が $\boldsymbol{x}_0$ で，速度が $\boldsymbol{v}-\boldsymbol{V}$ の等速直線運動として観察されます。

慣性系 S での等速直線運動（物体に力がかかっていないときの運動）は，S' でも等速直線運動として観測されるので，S' は慣性系です。

ニュートンの第1法則で慣性系 S を設定すると，それに対して等速運動する系は慣性系となります。逆に，慣性系はこれだけしかありません。

特殊相対論の目標は，異なる慣性系であっても物理法則が同じ式で書き

表されること，すなわち慣性系どうしの変換において共変性を持つ物理法則の式を求めることです。これを確かめるには慣性系 S と慣性系 S' の変換だけを調べればよいのです。各方程式の共変性について調べてみることにしましょう。

前節で確認したように，観測者の向きが変わっても運動方程式は同じ形をしていました。一方の観測者が等速運動をするときはどうでしょうか。

xyz 座標から $x'y'z'$ 座標への変換がガリレイ変換のとき，ニュートンの運動方程式がどう変換されるか追いかけてみましょう。

$$t' = t, \quad x' = x - V_x t, \quad y' = y - V_y t, \quad z' = z - V_z t$$

第 2 式から第 4 式までを $t'=t$ で微分します。

$$\frac{dx'}{dt'} = \frac{dx}{dt} - V_x, \quad \frac{dy'}{dt'} = \frac{dy}{dt} - V_y, \quad \frac{dz'}{dt'} = \frac{dz}{dt} - V_z$$

もう一度微分すると，

$$\frac{d^2x'}{dt'^2} = \frac{d^2x}{dt^2}, \qquad \frac{d^2y'}{dt'^2} = \frac{d^2y}{dt^2}, \qquad \frac{d^2z'}{dt'^2} = \frac{d^2z}{dt^2} \tag{4.01}$$

xyz 座標でのニュートンの運動方程式は，

$$m\frac{d^2x}{dt^2} = F_x, \qquad m\frac{d^2y}{dt^2} = F_y, \qquad m\frac{d^2z}{dt^2} = F_z \tag{4.02}$$

であるとします。$x'y'z'$ 座標は xyz 軸と座標軸が平行な慣性系であり，観測される力は変わらないので，

$$F_{x'} = F_x, \qquad F_{y'} = F_y, \qquad F_{z'} = F_z \tag{4.03}$$

(4.01)，(4.02)，(4.03) より，

$$m\frac{d^2x'}{dt'^2} = F_{x'}, \qquad m\frac{d^2y'}{dt'^2} = F_{y'}, \qquad m\frac{d^2z'}{dt'^2} = F_{z'}$$

と，ニュートンの運動方程式は $x'y'z'$ 座標でも同じ形をしています。

ニュートンの運動方程式はガリレイ変換に関して共変性があります。

ニュートンの重力場方程式はどうでしょうか。

$$t=t',\quad x'=x-V_x t,\quad y'=y-V_y t,\quad z'=z-V_z t$$

から，

$$\frac{\partial}{\partial x}=\underset{1}{\frac{\partial x'}{\partial x}}\frac{\partial}{\partial x'}+\underset{0}{\frac{\partial y'}{\partial x}}\frac{\partial}{\partial y'}+\underset{0}{\frac{\partial z'}{\partial x}}\frac{\partial}{\partial z'}=\frac{\partial}{\partial x'}$$

$$\frac{\partial}{\partial y}=\frac{\partial y'}{\partial y}\frac{\partial}{\partial y'}=\frac{\partial}{\partial y'}\qquad \frac{\partial}{\partial z}=\frac{\partial z'}{\partial z}\frac{\partial}{\partial z'}=\frac{\partial}{\partial z'}$$

となりますから，xyz 座標のラプラシアンを Δ，$x'y'z'$ 座標のラプラシアンを Δ' とすると，

$$\Delta=\frac{\partial^2}{\partial x^2}+\frac{\partial^2}{\partial y^2}+\frac{\partial^2}{\partial z^2}=\frac{\partial^2}{\partial x'^2}+\frac{\partial^2}{\partial y'^2}+\frac{\partial^2}{\partial z'^2}=\Delta'$$

が成り立ちます。重力ポテンシャル，質量密度はスカラー場ですから，

$\phi(\boldsymbol{x})=\phi(\boldsymbol{x}')$，$\rho(\boldsymbol{x})=\rho(\boldsymbol{x}')$ が成り立ち，ニュートンの重力場方程式は，

$$\Delta\phi(\boldsymbol{x})=4\pi G\rho(\boldsymbol{x})\quad\to\quad\Delta'\phi(\boldsymbol{x}')=4\pi G\rho(\boldsymbol{x}')$$

と書き換えられ，同じ形をしています。

ニュートンの重力場方程式は，ガリレイ変換に関して共変性があります。

では次に，xyz 座標から $x'y'z'$ 座標への変換がガリレイ変換のとき，マックスウェルの波動方程式がどう変換されるかを観察してみましょう。

$$t'=t,\qquad x'=x-V_x t,\qquad y'=y-V_y t,\qquad z'=z-V_z t$$

これから，

$$\frac{\partial}{\partial t}=\frac{\partial t'}{\partial t}\frac{\partial}{\partial t'}+\frac{\partial x'}{\partial t}\frac{\partial}{\partial x'}+\frac{\partial y'}{\partial t}\frac{\partial}{\partial y'}+\frac{\partial z'}{\partial t}\frac{\partial}{\partial z'}$$

$$=\frac{\partial}{\partial t'}-V_x\frac{\partial}{\partial x'}-V_y\frac{\partial}{\partial y'}-V_z\frac{\partial}{\partial z'}$$

$$\frac{\partial}{\partial x}=\frac{\partial x'}{\partial x}\frac{\partial}{\partial x'}=\frac{\partial}{\partial x'}\qquad\frac{\partial}{\partial y}=\frac{\partial}{\partial y'}\qquad\frac{\partial}{\partial z}=\frac{\partial}{\partial z'}$$

ダランベルシアン□は，

$$\Box = \frac{\partial^2}{\partial x^2} + \frac{\partial^2}{\partial y^2} + \frac{\partial^2}{\partial z^2} - \frac{1}{c^2}\frac{\partial^2}{\partial t^2}$$

$$= \left(\frac{\partial}{\partial x}\right)^2 + \left(\frac{\partial}{\partial y}\right)^2 + \left(\frac{\partial}{\partial z}\right)^2 - \frac{1}{c^2}\left(\frac{\partial}{\partial t}\right)^2$$

$$= \left(\frac{\partial}{\partial x'}\right)^2 + \left(\frac{\partial}{\partial y'}\right)^2 + \left(\frac{\partial}{\partial z'}\right)^2$$

$$- \frac{1}{c^2}\left(\frac{\partial}{\partial t'} - V_x\frac{\partial}{\partial x'} - V_y\frac{\partial}{\partial y'} - V_z\frac{\partial}{\partial z'}\right)^2$$

$$= \left(1 - \frac{V_x{}^2}{c^2}\right)\frac{\partial^2}{\partial x'^2} + \left(1 - \frac{V_y{}^2}{c^2}\right)\frac{\partial^2}{\partial y'^2} + \left(1 - \frac{V_z{}^2}{c^2}\right)\frac{\partial^2}{\partial z'^2} - \frac{1}{c^2}\frac{\partial^2}{\partial t'^2}$$

$$+ \frac{2V_x}{c^2}\frac{\partial^2}{\partial t'\partial x'} + \frac{2V_y}{c^2}\frac{\partial^2}{\partial t'\partial y'} + \frac{2V_z}{c^2}\frac{\partial^2}{\partial t'\partial z'}$$

$$- \frac{2V_xV_y}{c^2}\frac{\partial^2}{\partial x'\partial y'} - \frac{2V_yV_z}{c^2}\frac{\partial^2}{\partial y'\partial z'} - \frac{2V_zV_x}{c^2}\frac{\partial^2}{\partial z'\partial x'}$$

となり，$x'y'z'$座標で期待されるダランベルシアン$\Box'$

$$\Box' = \frac{\partial^2}{\partial x'^2} + \frac{\partial^2}{\partial y'^2} + \frac{\partial^2}{\partial z'^2} - \frac{1}{c^2}\frac{\partial^2}{\partial t'^2}$$

と異なった形になってしまいます。マックスウェルの波動方程式はガリレイ変換で同じ形にはなりません（共変ではない）。

ガリレイ変換では，ニュートンの運動方程式，ニュートンの重力場方程式は同じ形に変換されましたが，マックスウェルの波動方程式は異なった形になってしまいます。

マックスウェルの波動方程式が同じ形になるように考え出された変換が次の節で紹介するローレンツ変換です。

§3　ローレンツ変換とダランベルシアン

ガリレイ変換を施すとダランベルシアンは異なる形になってしまいますが，この節で紹介するローレンツ変換と呼ばれる変換を施すと，ダランベルシアンは同じ形を保ちます。

マックスウェルの波動方程式を解くことで，その慣性系における電磁波の速度が求まります。異なる慣性系であってもマックスウェルの波動方程式が同じ形になるということは，異なる慣性系であっても電磁波である光の速度は一定になるということです。

このように，異なる慣性系で電磁波の速度（光の速度）が同じになるということは，波動方程式を解いて初めて分かることですが，逆に「異なる慣性系であっても光速度が同じである」ことを公理と定め，そこからローレンツ変換を求めてしまったのがアインシュタインです。

なお，現実の世界では光速度は重力の影響を受けて一定ではありません。一般相対論になると，現実に即して光速度は変化するものとして捉えます。

さて，ローレンツ変換の導出はあとで行なうことにして，慣性系 S とそれに対して x 軸の正方向に速度 V で進む慣性系 S' に関して，ガリレイ変換とローレンツ変換を書き並べてみましょう。

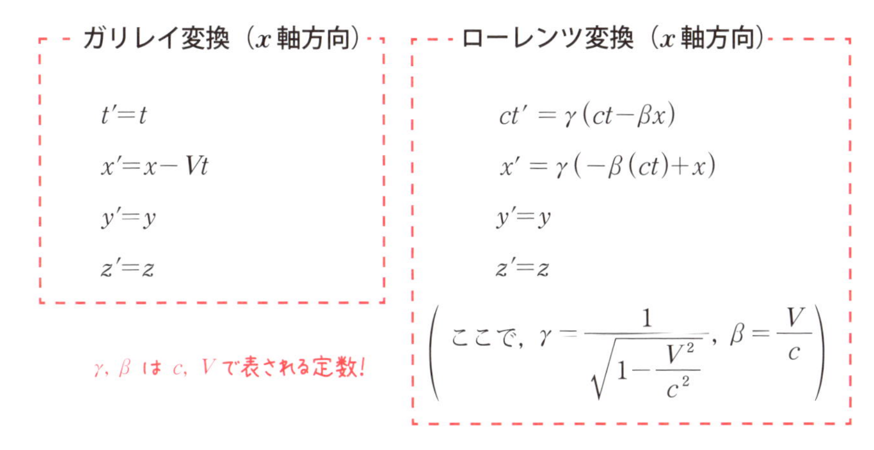

ローレンツ変換の式の c は光速度です。t の代わりに ct とすることで，4つの座標の単位がすべて長さの単位になってそろいます。

まず，観察してほしいのは，Vt と x が同等の大きさのとき，V が c に対して十分小さい場合には，$\gamma=\dfrac{1}{\sqrt{1-\dfrac{V^2}{c^2}}}\ \rightarrow\ 1$，$\beta=\dfrac{V}{c}\ \rightarrow\ 0$，

と置き換えることができますから，

$$ct'=\gamma(ct-\beta x)\quad t'=\gamma\left(t-\beta\frac{Vt}{c}\frac{x}{Vt}\right)=\gamma t\left(1-\beta^2\frac{x}{Vt}\right)$$

$$\rightarrow\quad t'=t$$

$$x'=\gamma(-\beta(ct)+x)=\gamma(-Vt+x)\qquad\rightarrow\quad x'=-Vt+x$$

とガリレイ変換に等しくなるところです。

ローレンツ変換は，ガリレイ変換を包摂したものであるといえます。

また，この式を見て分かるように，ローレンツ変換では時間成分 (ct) と空間成分(x)が混じりあって変換されます。このことによって，同時刻であることや物体の長さの概念を見直さなければならないことになります。これについては次節以降で解説していきましょう。

上の設定（x 軸方向に速度 V で進む）のローレンツ変換を x 軸方向の

ローレンツ変換と呼ぶことにします。

この節では，x 軸方向のローレンツ変換が，ダランベルシアンを同じ形に保つことを確認しておきましょう。

問題 4.01

慣性系 S に対して x 軸方向に V で進む慣性系 S' がある，S のダランベルシアン□と S' のダランベルシアン□′が等しくなることを示せ。

$ct' = \gamma(ct - \beta x)$，　$x' = \gamma(-\beta(ct) + x)$，　$y' = y$，　$z' = z$ より，

$$\frac{\partial}{\partial t} = \frac{\partial t'}{\partial t}\frac{\partial}{\partial t'} + \frac{\partial x'}{\partial t}\frac{\partial}{\partial x'} = \gamma\frac{\partial}{\partial t'} - \gamma c\beta\frac{\partial}{\partial x'}$$

$$\frac{\partial}{\partial x} = \frac{\partial t'}{\partial x}\frac{\partial}{\partial t'} + \frac{\partial x'}{\partial x}\frac{\partial}{\partial x'} = -\gamma\frac{\beta}{c}\frac{\partial}{\partial t'} + \gamma\frac{\partial}{\partial x'}$$

$c\dfrac{\partial t'}{\partial x} = -\gamma\beta$

を用いて，

$$\frac{\partial^2}{\partial x^2} - \frac{1}{c^2}\frac{\partial^2}{\partial t^2} = \left(-\gamma\frac{\beta}{c}\frac{\partial}{\partial t'} + \gamma\frac{\partial}{\partial x'}\right)^2 - \frac{1}{c^2}\left(\gamma\frac{\partial}{\partial t'} - \gamma c\beta\frac{\partial}{\partial x'}\right)^2$$

$$= \gamma^2(1-\beta^2)\left(\frac{\partial}{\partial x'}\right)^2 - 2\left(\gamma^2\frac{\beta}{c} - \gamma^2\frac{\beta}{c}\right)\left(\frac{\partial}{\partial x'}\right)\left(\frac{\partial}{\partial t'}\right)$$

$$-\frac{1}{c^2}\gamma^2(1-\beta^2)\left(\frac{\partial}{\partial t'}\right)^2$$

$$\left[\text{ここで，}\gamma^2(1-\beta^2) = \left(\frac{1}{\sqrt{1-\dfrac{V^2}{c^2}}}\right)^2\left(1-\frac{V^2}{c^2}\right) = 1 \text{ を用いて}\right]$$

$$= \frac{\partial^2}{\partial x'^2} - \frac{1}{c^2}\frac{\partial^2}{\partial t'^2}$$

よって，

$$\Box = \frac{\partial^2}{\partial x^2} + \frac{\partial^2}{\partial y^2} + \frac{\partial^2}{\partial z^2} - \frac{1}{c^2}\frac{\partial^2}{\partial t^2}$$

$$= \frac{\partial^2}{\partial x'^2} + \frac{\partial^2}{\partial y'^2} + \frac{\partial^2}{\partial z'^2} - \frac{1}{c^2}\frac{\partial^2}{\partial t'^2} = \Box'$$

と，慣性系 S でのダランベルシアンと慣性系 S' でのダランベルシアンが等しくなります。ダランベルシアンは x 軸方向のローレンツ変換で共変です。

ローレンツ変換で波動方程式が共変になるとしても，今度はニュートンの運動方程式がローレンツ変換では同じ形に変換されなくなってしまいます。ニュートンの運動方程式を書き換えて，ローレンツ変換を施しても同じ形になるようにしなければなりません。これは 11 節で行ないます。

特殊相対論とは，マックスウェルの波動方程式が共変になるようなローレンツ変換に合わせて，力学の方程式（重力場方程式は除く）を共変になるよう書き換えた理論であるとまとめることができます。

重力場方程式は除く，と書きました。重力場方程式は

$$\Delta\varphi(x) = 4\pi G\rho(\boldsymbol{x})$$

ですから，共変性があるか否かは，S 系でのラプラシアン Δ と S' 系での Δ' が等しいか否かにかかっています。一般にローレンツ変換で $\Delta \neq \Delta'$ となることは，**問題 4.01** の式を見れば明らかでしょう。ということは，重力場方程式の元になっている万有引力の法則の式もローレンツ変換では共変ではないということです。これが特殊相対論では重力を内力として扱えないという理由です。

ガリレイ変換の代わりにローレンツ変換を採用することで電磁場の波動方程式は共変性を獲得しましたが，こんどは重力場方程式の方で共変性が崩れてしまいました。座標変換で共変な重力場方程式の説明は，7 章の一般相対論まで待たなければなりません。

§4　ローレンツ変換の導出

特殊相対論の目標は，異なる慣性系であっても同じ式で表される物理法則の式を得ることです。そこに至るまでの理論を作るためにアインシュタインが仮定したことは，

(i) すべての慣性系は同等である。

(ii) 光の速度は光源の運動によらず一定である。

の2つです。

「すべての慣性系は同等である」とは，異なる慣性系であっても光を観測すると速度が一致するということです。例えば，交差点の信号機の光を観測するとき，立ち止まっている人が測っても，走っている車に乗っている人が測っても，光の速度は一致するということです。さらに「光の速度は光源の運動によらず一定である」という仮定があると，走っているパトカーの光を観測するとき，立ち止まっている人が測っても，走っている車に乗っている人が測っても，光の速度は一致するということになります。

この節では光速度不変の原理を用いてローレンツ変換を求めてみます。

慣性系によらず光速度が一定であることは，時間と空間の概念に影響を与えます。これからそのことを調べてみましょう。

次のような思考実験を考えてみます。

慣性系 S に対して，慣性系 S' は x 軸の正方向に速度 V で進んでいるものとします。慣性系 S' には長さ $2l$ の棒 AB が静止しているものとします。

ここで，棒の真ん中の点 M から光を発したときのことを考えます。

慣性系 S' で観察した場合，棒は静止しているので，M から発した光が

Aに達するまでの時間は，光の速度をcとして$\dfrac{l}{c}$，Mから発した光がBに達するまでの時間も$\dfrac{l}{c}$です。

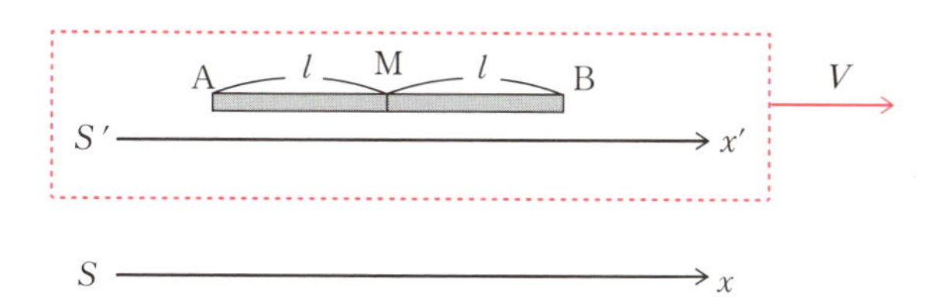

真ん中の点Mから発した光は棒の両端A，Bに同時に到達することになります。

ところが，慣性系Sで見た場合には事情が違ってきます。

光速度不変の原理により，Mから発した光は慣性系Sに対しても速度cで進みますが，棒ABがx方向に速度Vで進みます。

光がAに到達するまでの時間をt_Aとすると，棒の端Aが到達までに進む距離はVt_A，光が到達までに進む距離はct_Aですから，左図のように考えて$Vt_A+ct_A=l$であり，これを解いて$t_A=\dfrac{l}{c+V}$となります。

一方，光がBに到達するまでの時間をt_Bとすると，右図のように考えて，$ct_B-Vt_B=l$であり，これを解いて$t_B=\dfrac{l}{c-V}$となります。

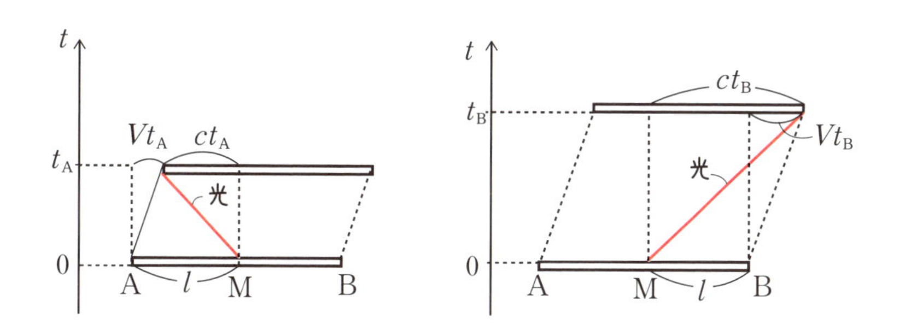

$t_A<t_B$であり，光は両端に同時には到達しないことになります。

本当は S で見た棒の長さは l ではなく，l よりも短く観察されるので，上の計算で用いた l の代わりに S で観察される棒の長さ L を用いなければならないのですが，ここでの意図は時間の単位が S と S' でずれることを認識してもらうことですから，l のままにしておきます。

動いている棒の真ん中の点 M から発した光は棒の両端に，同時に着くのでしょうか，そうでないのでしょうか。どちらが正しいのでしょうか。

結論は，どちらも正しいのです。

観測者ごとに同時の概念，時間軸が異なっているということなのです。

これは，次のように喩えるとよいでしょう。

次の図のように $x'y'$ 平面上で A (1, 1)，B (3, 1) は y' 座標が同じですが，xy 座標では y 座標の値は異なっています。これと同じように慣性系 S' で同時（時刻が同じ）であったことが，慣性系 S では同時ではない（時刻が異なる）ということが起こっているのです。前節のローレンツ変換で見たように，特殊相対論では時間と空間の成分が入り混じって変換をするので，こういうことが起こるのです。

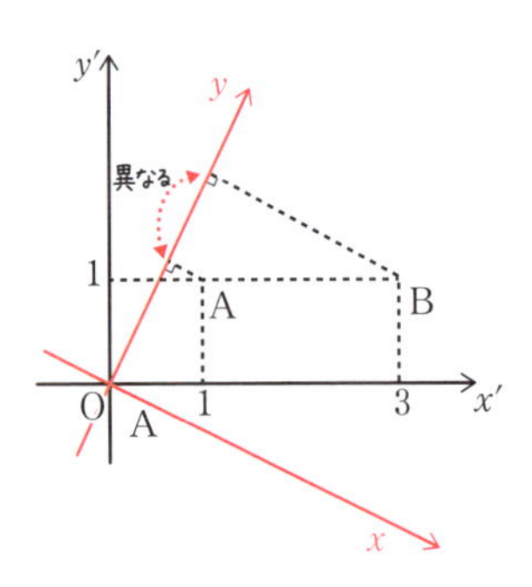

上図では平面の 1 つの点に対して 2 つの座標を設定して，それぞれの座標で読むと異なる座標の値になっています。時空の 4 次元の場合でも，4 次元中の 1 つの点について，慣性系 S と慣性系 S' の 2 つの座標系を設定して，座標の値を読んでいるという感覚が大切です。時間と空間の 4 次元

空間（t と x，y，z で表される）の点を**イベント**と呼びます。

慣性系 S の $(t,\ x,\ y,\ z)$ と慣性系 S' の $(t',\ x',\ y',\ z')$ の関係についてもう少し詳しく見ていきます。

議論を簡単にするために，y，z 座標を考えず，2 次元 tx 座標系と 2 次元 $t'x'$ 座標系の関係について調べてみましょう。

2 次元 tx 座標の使い方から慣れていきましょう。tx 座標と言いましたが，グラフは横軸に x を，縦軸には ct をとることにします。t の c 倍をとると単位が長さ［m］に揃って扱いやすいからです。その他にもいろいろと都合がよいことがあります。

位置 x_1，時刻 t_1 でのイベントは，下図の $\mathrm{P}(ct_1,\ x_1)$ で表します。時刻の方から書きますから，時刻の軸を縦にとることに慣れてください。通常の tx 座標のグラフの描き表し方と逆です。

位置 x_2 に物体 M が静止しているとします。このことは，図の t 軸と平行な直線 l_1 で表されます。l_1 は 4 次元空間中（図では 2 次元までしか表していないが）の M の軌跡です。l_1 を M の**世界線**といいます。

x 軸に平行な直線 l_3 は同時刻を表しています。l_3 上の 2 点 Q，R は同じ時刻のイベントです。

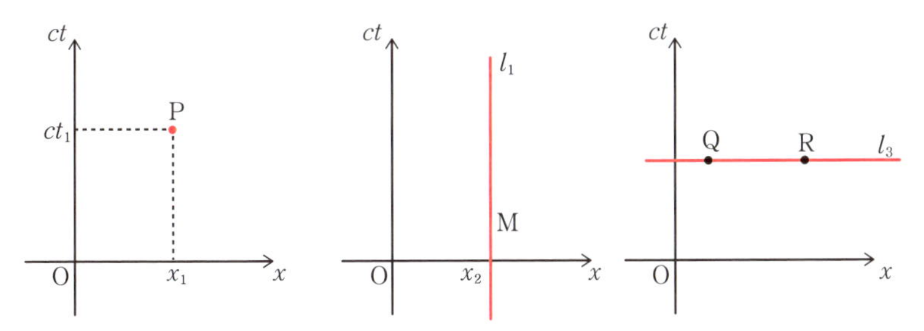

x' 軸が x 軸に対して正方向に速度 V で動いているものとします。この速さ V とは，tx 座標系で測った x' 軸の原点 O′ の速さのことです。

一般に tx 座標系での点の速度（等速とする）を求めるには，点が存在

した tx 座標での2点の座標が $(ct_4,\ x_4)$，$(ct_5,\ x_5)$ であるとすれば，$(x_5-x_4)/(t_5-t_4)$ と計算することで求まります。

時刻 $t=0$ のとき，位置 x_6 にあり，速度 V で進む物体は図の直線 l_4 で表されます。この物体の時刻 t での位置を x とすると，

$$x=x_6+Vt,\quad \text{変形して}\quad ct=\frac{c}{V}x-\frac{c}{V}x_6$$

という関係があります。これが l_4 の式です。l_4 のグラフの傾き（ct 軸を y 軸としたときの xy 平面での傾き）は $\dfrac{c}{V}$ です。光が進むことを表す直線の傾きは $\dfrac{c}{c}=1$ ですから，l_5 のように直線と x 軸のなす角は45度になります。

縦軸に時間をとっていますから，速さが遅い方が見た目の傾きが大きく ct 軸と平行に近くなります。

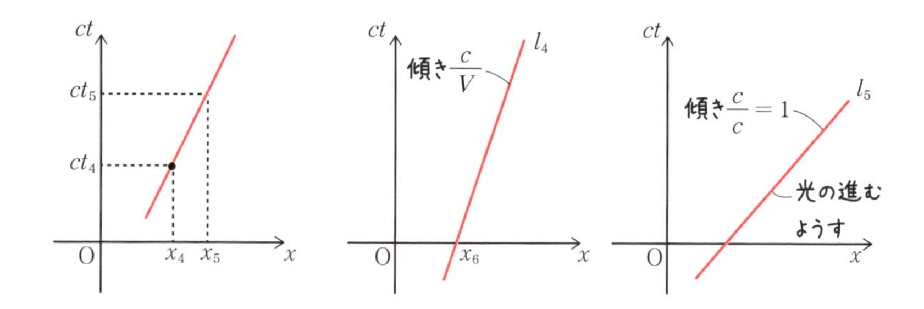

慣性系 S に対して慣性系 S' は x 軸方向に V の速度で進んでいるとします。このとき，tx 座標と $t'x'$ 座標の関係を見ていきましょう。

下左図のように x 軸と x' 軸を並べて描きます。x 軸の原点をO，x' 軸の原点をO′とします。O，O′は xyz 座標，$x'y'z'$ 座標の点を表していて，4次元座標の原点を表しているわけではないことに注意しましょう。Oは tx 座標の原点ではありませんし，O′は $t'x'$ 座標の原点ではありません。時刻 $t=0$，$t'=0$ で x 軸の原点Oと x' 軸の原点O′が一致していたとします。このときの図を次ページ左図のように書きますが，注意しなければな

らないのは，x 座標の目盛と x' 座標の目盛が一致しているとは限らないことです。P の x 座標が 3 であっても，x' 座標が 3 ではありません。

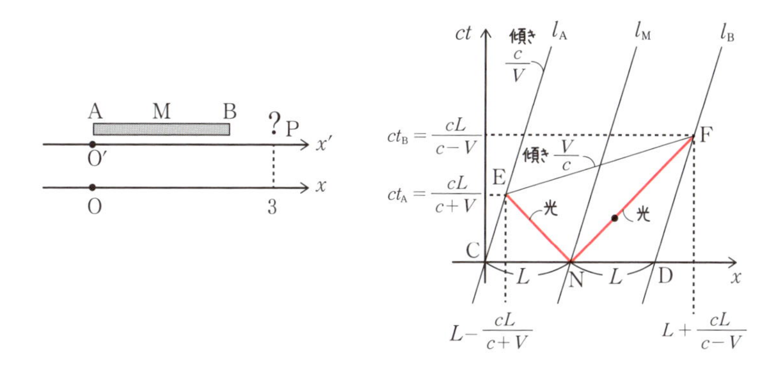

x' 軸に沿って棒 AB が静止しているものとします。左端 A は原点 O′に置かれています。$t=0$，$t'=0$ のとき，原点 O，O′は一致しますから，A の世界線は図の l_A になります。同様に l_B を B の世界線，M を AB の中点とし，l_M を M の世界線とします。A，B，M は x 軸に対して同じ速度 V で進みますから，l_A，l_B，l_M は平行な直線になり傾きは $\frac{c}{V}$ です。

l_A，l_M，l_B と x 軸との交点を C，N，D とします。C，N，D は 4 次元空間中のイベントです。CN=ND であり，

$$\mathrm{CN}=\mathrm{ND}=L$$

とおきます。

N($t=0$，$x=L$) において，M から光を発したとします。慣性系 S で見て，光は x 軸に対して c の速度で前後に進みますから，光の世界線は上図のように 2 本の直線になります。

慣性系 S で観察される，光が A に到達するまでの時間を t_A とすると，

$$Vt_A+ct_A=L \text{ より，} \quad t_A=\frac{L}{c+V}$$

光が A に到達するイベントを E とすると，E の ct 座標は，

$$ct_{\mathrm{A}}=\frac{cL}{c+V}$$

Eの x 座標は，光の進み方より，$L-ct_{\mathrm{A}}=L-c\left(\dfrac{L}{c+V}\right)$

Eの座標は，$\left(\dfrac{cL}{c+V},\ L-\dfrac{cL}{c+V}\right)$となります。

慣性系 S で観察される，光がBに到達するまでの時間を t_{B} とすると，

$$ct_{\mathrm{B}}-Vt_{\mathrm{B}}=L \text{ より，} \quad t_{\mathrm{B}}=\frac{L}{c-V}$$

光がBに到達するイベントをFとすると，Fの ct 座標は，

$$ct_{\mathrm{B}}=\frac{cL}{c-V}$$

Fの x 座標は，光の進み方より，$L+c\left(\dfrac{L}{c-V}\right)$

Fの座標は，$\left(\dfrac{cL}{c-V},\ L+\dfrac{cL}{c-V}\right)$となります。

ここまでのことを慣性系 S'，すなわち $t'x'$ 座標系で捉え直してみましょう。

棒の中点Mがイベント $N(t=0,\ x=L)$ にあるとき発した光は，$t'x'$ 座標系では同時に両端A，Bに到達します。A，B，Mが $t'x'$ 座標では固定されていて，AM=MBであるからです。つまり，イベントE，Fは $t'x'$ 座標系では，同時に起こるイベントなのです。

tx 座標に戻って直線EFの傾きを求めてみましょう。

（EFの ct 座標の差）

$$=\frac{cL}{c-V}-\frac{cL}{c+V}=\frac{c\{(c+V)-(c-V)\}L}{c^2-V^2}=\frac{2cVL}{c^2-V^2}$$

（EF の x 座標の差）

$$= L + \frac{cL}{c-V} - \left(L - \frac{cL}{c+V}\right) = cL\left(\frac{1}{c-V} + \frac{1}{c+V}\right)$$

$$= \frac{2c^2L}{c^2-V^2}$$

（EF の傾き）$= \dfrac{2cVL}{c^2-V^2} \Big/ \dfrac{2c^2L}{c^2-V^2} = \dfrac{V}{c}$

と，L によらない値になりました。L は任意にとることができますから，tx 座標で 2 点間の傾きが $\dfrac{V}{c}$ であるとき，2 点は $t'x'$ 座標系では同時に起こるイベントであることが分かります。

ここまで分かったことをもとに tx 座標のグラフに，t' 軸，x' 軸を書き込んでみましょう。

t' 軸は，$x'=0$ である点の集合です。$x'=0$ には A が置かれていて，A は x 軸上を速度 V で進みますから，t' 軸は原点を通る傾き $\dfrac{c}{V}$ の直線になります。

x' 軸は，$t'=0$ である点の集合です。$t'=0$，$x'=0$ は tx 座標の原点に一致し，x' 軸上の点は $t'=0$ であり同時刻ですから，x' 軸は原点を通り傾き $\dfrac{V}{c}$ の直線になります。

t' 軸，x' 軸を tx 座標に描き込むと次ページ図のようになります。

t' 軸の傾きと x' 軸の傾きは互いに逆数になっていますから，$ct=x$（原点を通り，x 軸とのなす角が 45 度の直線）に関して対称になります。

x' 軸が x 軸に対して速度 V で進んでいますから，$x'=$ 一定の点の世界線は t' 軸と平行な傾き $\dfrac{c}{V}$ の直線になります。

また，$t'x'$ 座標系で同時刻を表す集合は，傾き $\dfrac{V}{c}$ の直線になります。

C，N，D は tx 座標では同時刻$(t=0)$に起こるイベントですが，$t'x'$ 座標では D，N，C の順に起こるイベントということになります。

こうして，x 軸と t 軸が直交している tx 座標の上に $t'x'$ 座標を重ね合わせると次のようになります。

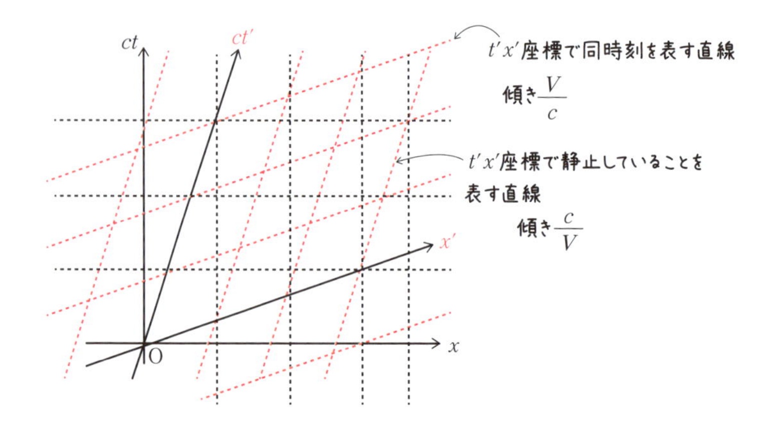

さて，tx 座標に目盛が振られているとき，t' 軸と x' 軸に目盛を振ってみましょう。

また，棒 AB で考えてみます。ここでは次の図のように A の世界線が，$(x,\ ct)=(0,\ 0)$を通らないとします。x' 軸に沿って適当なところに静止して置かれている棒 AB の長さを $2l$ とします。棒 AB は x' 軸に対して静止していますから，これがいわば本当の長さです。

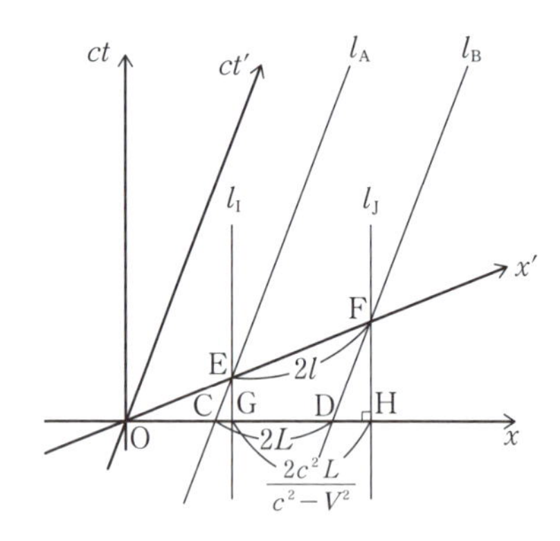

A の世界線l_A，B の世界線l_Bとし，l_A，l_B と x 軸との交点を C，D とします。CD$=2L$ とします。C，D の t 座標はともに $t=0$ であり同時刻ですから，tx 座標では棒の長さが $2L$ で観測されるということです。観測される物の長さとは同時刻に存在するイベントの距離であるということが大

前提になっています。$2L$ はあとの計算から分かるように $2l$ より短くなります。

l_A，l_B と x' 軸との交点をイベント E，F とします。E，F の t' 座標はともに $t'=0$ であり同時刻ですから，E，F の x' 座標の差が慣性系 S' で観測される棒の長さです。

S' に静止して置かれている棒の長さが $2l$ ですから，E，F の x' 座標の差は $2l$ です。

A，B は，$t'x'$ 座標では同時に E，F で観測されますが，tx 座標では E，F で同時にはなりません。A，B は，tx 座標では C，D で同時に観測されます。これが $t'x'$ 座標と tx 座標で棒の長さが異なって観測される理由です。

x' 軸とともに速度 V で進んでいる長さ $2l$ の棒は，tx 座標で捉えると長さ $2L$ に収縮して見えます。この収縮率を $a(V)$ とすると，$L=a(V)l$ となります。

x' 軸の傾きは $\dfrac{V}{c}$ で前の設定の EF の傾きと同じですから，図形的に考えて CD：EF（長さの比）は前の設定と同じになります。どちらの場合も $\mathrm{CD}=2L$ ですから EF の長さは同じになり，E，F から x 軸に下した垂線の足を G，H とすると，GH は（EF の x 座標の差）に等しく，$\mathrm{GH}=\dfrac{2c^2L}{c^2-V^2}$ となります。

ここで，x 軸に沿って静止して置かれている棒 IJ が，$t'x'$ 座標でどのように観測されるかを考えます。棒 IJ の両端が $t=0$ のとき，G，H で観測されたとします。つまり，棒 IJ の慣性系 S での長さは $\dfrac{2c^2L}{c^2-V^2}$ です。図の l_I，l_J は I，J の世界線です。

$t'x'$ 座標において同時刻である点の集合は x' 軸に平行ですから，棒 IJ の長さを $t'x'$ 座標で観測すると，E，F の x' 座標の差，すなわち $2l$ になります。

ここまでの状況を表にまとめると次のようになります。

	棒AB	棒IJ
S系	$2L$ ↑ $a(V)$倍	静止 $\dfrac{2c^2L}{c^2-V^2}$ ↓ $a(V)$倍
S'系	静止 $2l$	$2l$

x軸はx'軸に対して速度$-V$で進んでいます。慣性系Sと慣性系S'の立場を入れ換えて考えると，x軸とともに速度$-V$で進んでいる長さ$\dfrac{2c^2L}{c^2-(-V)^2}$の棒は，$t'x'$座標で捉えると長さ$2l$に収縮して見えるということです。立場を入れ換えただけですから，収縮率はx'軸の長さをtx座標で捉えたときと同じで，$a(-V)=a(V)$になるはずです。よって，$l=a(V)\dfrac{c^2L}{c^2-V^2}$です。

$L=a(V)l,\ l=a(V)\dfrac{c^2L}{c^2-V^2}$より，

$$L=a^2(V)\frac{c^2L}{c^2-V^2} \qquad \therefore\ a^2(V)=\frac{c^2-V^2}{c^2} \qquad \therefore\ a(V)=\sqrt{1-\frac{V^2}{c^2}}$$

となります。

グラフの見た目では，(EFの長さ)>(GHの長さ）となっていて違和感がありますが，(E，Fのx'座標の差)<(G，Hのx座標の差）となっていますから安心してください。

速度Vで動く棒の長さが$a(V)$倍に収縮して見えることになります。これを**ローレンツ収縮**といいます。

目盛についてまとめておくと，

$$(\text{CDの}x\text{での長さ}):(\text{EFの}x'\text{での長さ}):(\text{GHの}x\text{での長さ})=\{a(V)\}^2:a(V):1$$

となります。

$ct=x$(原点を通る45°の直線）に関して対称移動させたグラフでこの議論を繰り返すと，慣性系Sと慣性系S'で2つのイベントの時間の関係が分かります。

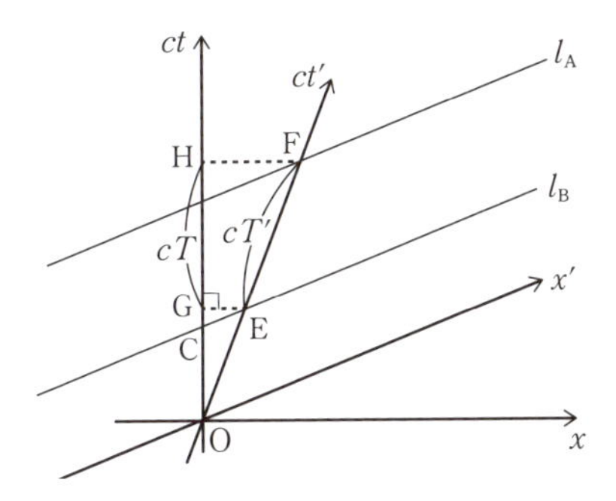

t'軸上にイベントE，Fをとります。E，Fの$t'x'$座標での時間間隔をcT'，tx座標での時間間隔をcTとします。すると，xとctの目盛の間隔と，x'とct'の目盛の間隔が同じなので，

$$cT' : cT = 2l : \frac{2c^2L}{c^2-V^2} = 2l : \frac{2c^2a(V)l}{c^2-V^2} = a(V) : \frac{c^2\{a(V)\}^2}{c^2-V^2} = a(V) : 1$$

となります。つまり，慣性系S'での時間T'と慣性系Sで観察した時間Tの間には，$a(V)T = T'$という関係があるということです。

$a(V) < 1$ですから，$T > T'$となります。つまり，慣性系S系でのT秒間が慣性系S'ではT'秒間に観測されるということですから，慣性系Sに対して慣性系S'の時間は$a(V)$倍の速さでゆっくり進む，つまり時間が遅れて見えるということです。

座標軸の目盛の付け方が分かったので，イベントAがtx座標で$(ct,\ x)$と表されるとき，Aが$x't'$座標でどう表されるのかを求めてみましょう。

次の図で考えます。

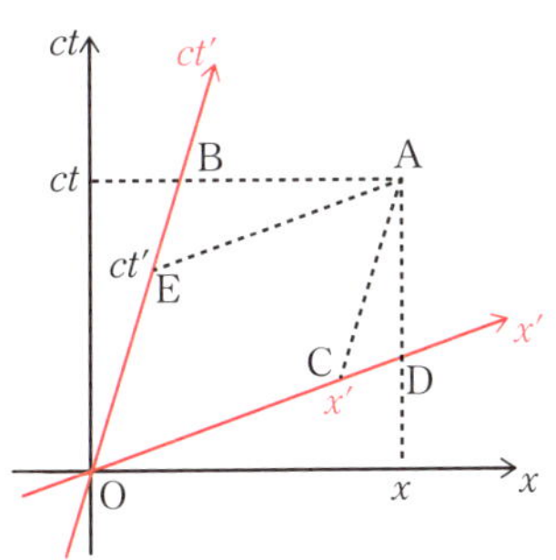

ct' 軸の傾きは $\dfrac{c}{V}$ ですから，B の x 成分は $ct \div \dfrac{c}{V} = Vt$

AB 間は x の目盛で，$x - Vt$ となります。

（AB 間の x での目盛）：（OC 間の x' での目盛） $= a(V) : 1$

ですから，

$$x' = \frac{1}{a(V)}(x - Vt) = \frac{1}{\sqrt{1-\dfrac{V^2}{c^2}}}(x - Vt) = \frac{1}{\sqrt{1-\dfrac{V^2}{c^2}}}\left(x - \frac{V}{c}\cdot ct\right)$$

また，x' 軸の傾きは $\dfrac{V}{c}$ ですから，D の ct 成分は $\dfrac{V}{c}x$ です。

AD 間は ct の目盛で，$ct - \dfrac{V}{c}x$ になります。

（AD 間の ct での目盛）：（OE 間の ct' での目盛）$= a(V) : 1$

ですから，

$$ct' = \frac{1}{a(V)}\left(ct - \frac{V}{c}x\right) = \frac{1}{\sqrt{1-\dfrac{V^2}{c^2}}}\left(ct - \frac{V}{c}x\right)$$

ここで，$\gamma = \dfrac{1}{\sqrt{1-\dfrac{V^2}{c^2}}}$，$\beta = \dfrac{V}{c}$ とおき，y，z，y'，z' も付けてまとめると，次のようになります。

公式 4.02　**x 方向のローレンツ変換**

慣性系 S の座標を $(ct,\ x,\ y,\ z)$，慣性系 S に対して，x 方向に一定の速さ V で動く慣性系 S' の座標を $(ct',\ x',\ y',\ z')$ とする。時刻 $t=0$，$t'=0$ のとき，原点 O と O′ は一致していて，y 軸と y' 軸，z 軸と z' 軸はそれぞれ平行を保ちながら動くものとする。これらの間には，

$$\begin{aligned} (ct') &= \gamma(ct - \beta x) \\ x' &= \gamma(x - \beta(ct)) \\ y' &= y \\ z' &= z \end{aligned} \qquad \begin{pmatrix} ct' \\ x' \\ y' \\ z' \end{pmatrix} = \begin{pmatrix} \gamma & -\gamma\beta & & \\ -\gamma\beta & \gamma & & \\ & & 1 & \\ & & & 1 \end{pmatrix} \begin{pmatrix} ct \\ x \\ y \\ z \end{pmatrix}$$

という関係が成り立つ。ここで，

$$\gamma = \frac{1}{\sqrt{1-\frac{V^2}{c^2}}},\ \beta = \frac{V}{c}$$

x 方向のローレンツ変換の導出は，

ローレンツ変換が１次変換であること

ローレンツ変換が$-c^2t^2+x^2$を不変にすること

と具体的な点の移動の条件から，式だけを追いかけて求めることもできます。ここでは，何を同時というのか，観測できる長さとは何かも分かるように，座標を用いて導出してみました。

§5　ローレンツ収縮の対等性

前の節のローレンツ変換を求めるときに，動いている慣性系の時間がゆっくり進むことが観測される話が出てきました。ここでもう一度述べておきます。

慣性系 S に対して，x 方向に一定の速さ V で動く慣性系 S' があるとします。

まずは復習です。S' の $x'=0$ の地点での，S' の時刻 t'_1 から t'_2 までの時間 $t'_2-t'_1$ を，S の時間で測ってみましょう。

S' での点 $(0,\ ct'_1)$，$(0,\ ct'_2)$ の S での座標を $(x_1,\ ct_1)$，$(x_2,\ ct_2)$ とすると，

$$ct'_1=\gamma(ct_1-\beta x_1) \qquad ct'_2=\gamma(ct_2-\beta x_2)$$

$$0=\gamma(-\beta ct_1+x_1) \qquad 0=\gamma(-\beta ct_2+x_2)$$

これより，

$$ct'_1=\gamma(ct_1-\beta(\beta ct_1))=\gamma(1-\beta^2)ct_1=\frac{1}{\gamma}ct_1 \qquad ct'_2=\frac{1}{\gamma}ct_2$$

ですから，

$$\gamma(t'_2-t'_1)=t_2-t_1$$

$\gamma=\dfrac{1}{\sqrt{1-\dfrac{V^2}{c^2}}}>1$（分母は 1 より小さいので）ですから，$t_2-t_1$ よりも $t'_2-t'_1$ が小さい，つまり「慣性系 S から見て慣性系 S' の時間はゆっくり進む」ことが分かります。

おかしいと思うかもしれませんが，逆に「慣性系 S' から見て慣性系 S の時間はゆっくり進む」ことを式で示すことができます。

S の $x=0$ の地点で，S の時刻 t_1 から時刻 t_2 までの時間は t_2-t_1 です。これを S' の時間に直してみましょう。

S でのイベント $(0,\ ct_1)$，$(0,\ ct_2)$ の，S' での座標を $(x_1',\ ct'_1)$，$(x_2',\ ct'_2)$

とすると，

$$ct'_1=\gamma(ct_1-\beta 0)=\gamma ct_1,\quad ct'_2=\gamma(ct_2-\beta 0)=\gamma ct_2$$

これより，

$$t'_2-t'_1=\gamma(t_2-t_1)$$

$\gamma>1$ですから，$t'_2-t'_1$よりもt_2-t_1が小さい，つまり「慣性系S'から見て慣性系Sの時間はゆっくり進む」ことが分かります。

まとめると，

「慣性系Sから見て慣性系S'の時間はゆっくり進む」

「慣性系S'から見て慣性系Sの時間はゆっくり進む」

となります。どちらの慣性系から見ても動いている慣性系の時間はゆっくり進むことが分かりました。

対等性があって美しいのですが，Sに固定された時計Aと，S'に固定された時計Bとで，結局どちらが早く進むのかと考えると分からなくなってしまいます。上の結果は単なる座標変換の結果ですから，時間の進み方と時計の進み方は別物で，実際の時計は同じ進み方をしているのではないかと疑いたくなります。

しかし事実は，座標の時間間隔と時計の進み方が同期しているのです。個人的には相対論で一番不思議なところはここです。

ですから，固定された時計Aから見ると速度$-V$で走る時計Bは遅れ，固定された時計Bから見ると速度Vで走る時計Aは遅れることになります。奇妙な感じがしますが，ガリレイ変換のときのような絶対的な時間軸がないので，どちらも正しいのです。

時計Aと時計Bは，互いに相手の時間が自分の時間の進みより遅れていると観測しています。時計Aと時計Bを突き合わせて，どちらが遅れているのか決着を付けさせたくなりますが，お互い異なる慣性系の上に乗っているので，2つの時計が同じイベントに存在するのは多くとも1度です。2つの時計が離れたら最後，2つの時計の進み具合を比べようにも，時計を突き合せることはできないのです。

時計を突き合せるとどうなるのか。これについて考えたものとして，時計ではないですが「双子のパラドックス」が有名です。宇宙兄弟のかわりに時計で説明します。

地球の1点Pに2つの時計A，Bが時刻を合わせて置かれています。時計Bを速さ V の宇宙船に乗せてある星まで往復してPまで戻り，時計Aと時刻を比べると，時計Bの方が遅れます。

A，B間の距離が速度 V で変化することは，先ほどの状況と同じですから，互いに相手の時計が遅れているように観察するはずであると考え，一方だけの時計が遅れることはありえないと思うかもしれません。

しかし，この場合，宇宙船が折り返すところで，一定の速度という条件が崩れています。Bの速度は V から $-V$ になっているからです。慣性系での話ではないで，時計の進み方が同じという結論にならないのです。

Bの速度は V から $-V$ になるとき，Bから見たらAの速度は $-V$ から V になるので，どちらから見ても時計の進み具合の差は同じように観察されるのでは……。双子のパラドックスは，A，Bの相対的な位置，速度，加速度を考えているだけでは一向に解決しません。A，Bはどこまでも対等です。

A，Bが対等でないところは，Bが重力以外の力を使って加速度を発生させ速度を変化させるところです。地球の重力場に対して動いているのはBの方なのです。詳しくは，一般相対性理論の章で論じることにしましょう。

§6　一般の速度のローレンツ変換

ここまでで，慣性系 S に対して慣性系 S' が x 軸方向に V で進む場合のローレンツ変換を求めました。一般には，慣性系 S' は慣性系 S に対して一般の方向に一定の速度で動きます。一般の速度 $\boldsymbol{V}$（ベクトルです）の場合に，ローレンツ変換を求めてみましょう。

求める前に断わっておくと，これによって物理的な見地が広がるわけではありません。慣性系 S と慣性系 S' の間のローレンツ変換を求めるには，空間に等方性があるはずですから，$\boldsymbol{V}$ の方向に x 軸，x' 軸をとれば，x 方向のローレンツ変換で済ますことができます。

ここで敢えて一般の速度のローレンツ変換を求めておくのは，エネルギー・運動量テンソル，電磁場テンソルの変換則を調べるときに，一般の速度のローレンツ変換を用いるからです。まあ，ここも x 方向のローレンツ変換だけで済ましてもよいのですが，すべての場合を尽くしていないような気がしてくると思うので，ここで準備しておきます。

慣性系 S' での3次元座標の原点 O' の速度が慣性系 S に対して $\boldsymbol{V}=(V_x,\ V_y,\ V_z)$ であるとします。また，慣性系 S の x 軸，y 軸，z 軸は，それぞれ慣性系 S' の x' 軸，y' 軸，z' 軸と平行を保ちながら動くものとします。

このとき，$(ct,\ x,\ y,\ z)$ と $(ct',\ x',\ y',\ z')$ の変換則を求めます。

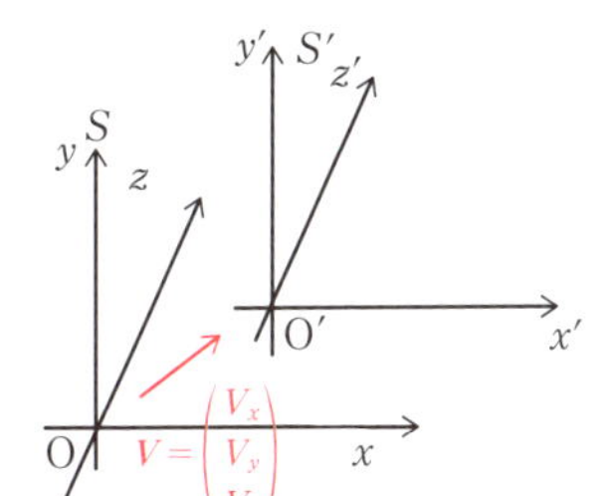

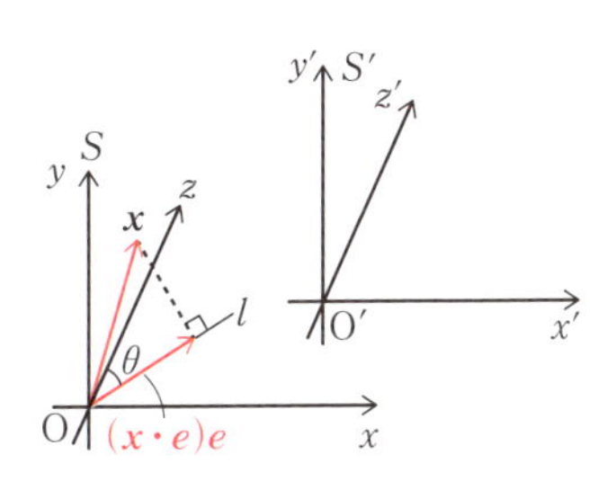

x 軸方向のローレンツ変換の式の意味を考えることで，一般の速度の場合に結びつけましょう。

x 軸方向のローレンツ変換から分かることは，時間と慣性系の進行方向の長さについては互いに影響し合うが，慣性系の垂直方向の長さは変化しないということです。空間の等方性より，速度の方向が座標系に対してどの方向を向いていてもこの性質は変わりません。ですから，空間成分を速度の平行方向と垂直方向に分けて考えればよいのです。

$\boldsymbol{x}=(x,\ y,\ z)$ とおき，速度方向の単位ベクトルを $\boldsymbol{e}$ とします（$|\boldsymbol{e}|=1$）。

速度と平行な方向の座標軸 l を用意します。これは $\boldsymbol{e}$ と平行です。

l に下した $\boldsymbol{x}$ の正射影の大きさ（前ページ図の朱矢印）は，$\boldsymbol{x}$ と $\boldsymbol{e}$ のなす角が θ であれば，$|\boldsymbol{x}|\cos\theta$ となります。これは

$$\boldsymbol{x}\cdot\boldsymbol{e}=|\boldsymbol{x}||\boldsymbol{e}|\cos\theta=|\boldsymbol{x}|\cos\theta$$

と，$\boldsymbol{x}$ と $\boldsymbol{e}$ の内積で表すことができます。正射影ベクトルは，単位ベクトル $\boldsymbol{e}$ と大きさ $(\boldsymbol{x}\cdot\boldsymbol{e})$ をかけて，$(\boldsymbol{x}\cdot\boldsymbol{e})\boldsymbol{e}$ となります。これが $\boldsymbol{x}$ の速度方向の成分です。速度と垂直方向な $\boldsymbol{x}$ の成分は $\boldsymbol{x}-(\boldsymbol{x}\cdot\boldsymbol{e})\boldsymbol{e}$ となります。

速度が x 軸方向の場合の $\boldsymbol{x}$ の速度方向，垂直方向の成分と，一般の速度の場合の $\boldsymbol{x}$ の速度方向，垂直方向の成分を対応付けると次のようになります。

	速度が x 軸方向	一般の速度
速度方向	x	$\boldsymbol{x}\cdot\boldsymbol{e}$
速度と垂直方向	$(0,\ y,\ z)$	$\boldsymbol{x}-(\boldsymbol{x}\cdot\boldsymbol{e})\boldsymbol{e}$

x 軸方向のローレンツ変換の式で，上の対応を用いて書き換えると，次のようになります。

$$(ct')=\gamma(ct-\beta x) \qquad (ct')=\gamma(ct-\beta(\boldsymbol{x}\cdot\boldsymbol{e})) \qquad (4.04)$$

$$x'=\gamma(x-\beta(ct)) \qquad \boldsymbol{x}'\cdot\boldsymbol{e}=\gamma(\boldsymbol{x}\cdot\boldsymbol{e}-\beta(ct)) \qquad (4.05)$$

$$y'=y \qquad \boldsymbol{x}'-(\boldsymbol{x}'\cdot\boldsymbol{e})\boldsymbol{e}=\boldsymbol{x}-(\boldsymbol{x}\cdot\boldsymbol{e})\boldsymbol{e} \qquad (4.06)$$

$$z'=z$$

4.05(速度方向)はスカラーの式
4.06(速度と垂直方向)はベクトルの式

ここで一般の速度の場合のγ，βは，

$$\gamma=\frac{1}{\sqrt{1-\frac{|\boldsymbol{V}|^2}{c^2}}},\ \beta=\frac{|\boldsymbol{V}|}{c}$$

と，x軸方向の速度の大きさVの代わりに一般の速度$\boldsymbol{V}$の大きさ$|\boldsymbol{V}|$になっていることに注意しましょう。

ここで，

$$\beta\boldsymbol{e}=\frac{|\boldsymbol{V}|}{c}\boldsymbol{e}=\frac{\boldsymbol{V}}{c}=\left(\frac{V_x}{c},\ \frac{V_y}{c},\ \frac{V_z}{c}\right)$$

の関係を用いて，(4.04）を計算すると，

$$(ct')=\gamma(ct-\beta(\boldsymbol{x}\cdot\boldsymbol{e}))=\gamma(ct-(\boldsymbol{x}\cdot\beta\boldsymbol{e}))$$
$$=\gamma\left((ct)-\frac{V_x}{c}x-\frac{V_y}{c}y-\frac{V_z}{c}z\right)$$

(4.05)$\times$ $\boldsymbol{e}$+(4.06）を両辺で計算すると，

$$(\boldsymbol{x}'\cdot\boldsymbol{e})\boldsymbol{e}+\boldsymbol{x}'-(\boldsymbol{x}'\cdot\boldsymbol{e})\boldsymbol{e}=\gamma(\boldsymbol{x}\cdot\boldsymbol{e}-\beta(ct))\boldsymbol{e}+\boldsymbol{x}-(\boldsymbol{x}\cdot\boldsymbol{e})\boldsymbol{e}$$
$$\boldsymbol{x}'=\boldsymbol{x}+(\gamma-1)(\boldsymbol{x}\cdot\boldsymbol{e})\boldsymbol{e}-\gamma\beta\boldsymbol{e}(ct) \tag{4.07}$$

この式は3次元ベクトルの式であり，

$$\boldsymbol{e}=\frac{\boldsymbol{V}}{|\boldsymbol{V}|}=\left(\frac{V_x}{|\boldsymbol{V}|},\ \frac{V_y}{|\boldsymbol{V}|},\ \frac{V_z}{|\boldsymbol{V}|}\right)$$

を用いて，(4.07）の第1成分を計算すると，

$$x'=x+(\gamma-1)\left(x\frac{V_x}{|\boldsymbol{V}|}+y\frac{V_y}{|\boldsymbol{V}|}+z\frac{V_z}{|\boldsymbol{V}|}\right)\frac{V_x}{|\boldsymbol{V}|}-\gamma\frac{|\boldsymbol{V}|}{c}\frac{V_x}{|\boldsymbol{V}|}(ct)$$
$$=-\gamma\frac{V_x}{c}(ct)+x+(\gamma-1)\left(\frac{V_x^{\,2}}{|\boldsymbol{V}|^2}x+\frac{V_x V_y}{|\boldsymbol{V}|^2}y+\frac{V_x V_z}{|\boldsymbol{V}|^2}z\right)$$

行列の形にまとめておくと，次のようになります。

公式 4.03　一般のローレンツ変換（座標軸が平行である場合）

慣性系$S(ct, x, y, z)$に対して$V=(V_x, V_y, V_z)$で進行する慣性系$S'(ct', x', y', z')$の間の変換行列を$\Lambda=(\Lambda^i{}_j)$とすると，$V=|V|$として，

$$(\Lambda^i{}_j)=\begin{pmatrix} \gamma & -\gamma\dfrac{V_x}{c} & -\gamma\dfrac{V_y}{c} & -\gamma\dfrac{V_z}{c} \\ -\gamma\dfrac{V_x}{c} & 1+(\gamma-1)\dfrac{V_x{}^2}{V^2} & (\gamma-1)\dfrac{V_xV_y}{V^2} & (\gamma-1)\dfrac{V_xV_z}{V^2} \\ -\gamma\dfrac{V_y}{c} & (\gamma-1)\dfrac{V_xV_y}{V^2} & 1+(\gamma-1)\dfrac{V_y{}^2}{V^2} & (\gamma-1)\dfrac{V_yV_z}{V^2} \\ -\gamma\dfrac{V_z}{c} & (\gamma-1)\dfrac{V_xV_z}{V^2} & (\gamma-1)\dfrac{V_yV_z}{V^2} & 1+(\gamma-1)\dfrac{V_z{}^2}{V^2} \end{pmatrix}$$

Λが対称行列になっているところが興味深いところです。${}^t\Lambda=\Lambda$が成り立ちます。

上で求めたローレンツ変換は座標軸が平行である場合でした。慣性系Sの座標軸と慣性系S'の座標軸が傾いている場合には，1章の変換行列を用いて座標軸を平行にそろえてから，この変換を施せばよいのです。

次の章から，こうして得られたローレンツ変換という(ct, x, y, z)と(ct', x', y', z')の間の座標変換のもとで，4次元空間に成り立つ法則を調べていくことになります。4次元空間の物理法則は，この座標変換のもとでのベクトル場，テンソル場の方程式になっていなければなりません。

ローレンツ変換はテンソル場の定義に出てきた変換行列$b^i{}_j$に相当するわけです。

§7　ミンコフスキー空間

3 次元空間の 2 点間の距離は，どのような向きに直交座標を設定しても変わりません。計算で確かめてみましょう。

問題 4.04

原点が一致している直交座標 xyz と直交座標 $x'y'z'$ がある。
点 A，B の座標が直交座標 xyz で $(a_x,\ a_y,\ a_z)$, $(b_x,\ b_y,\ b_z)$，
直交座標 $x'y'z'$ で $(a'_x,\ a'_y,\ a'_z)$，$(b'_x,\ b'_y,\ b'_z)$ と表されるとき，
どちらの座標で計算しても距離は同じであることを示せ。

$\boldsymbol{a}=\begin{pmatrix} a_x \\ a_y \\ a_z \end{pmatrix}$, $\boldsymbol{a}'=\begin{pmatrix} a'_x \\ a'_y \\ a'_z \end{pmatrix}$, $\boldsymbol{b}=\begin{pmatrix} b_x \\ b_y \\ b_z \end{pmatrix}$, $\boldsymbol{b}'=\begin{pmatrix} b'_x \\ b'_y \\ b'_z \end{pmatrix}$ とすると，**定理 1.08** により，

直交行列 U があって，$\boldsymbol{a}'=U\boldsymbol{a}$，$\boldsymbol{b}'=U\boldsymbol{b}$ が成り立ちますから，

$$\boldsymbol{a}'-\boldsymbol{b}'=U\boldsymbol{a}-U\boldsymbol{b}=U(\boldsymbol{a}-\boldsymbol{b})$$

$$\begin{aligned}|\boldsymbol{a}'-\boldsymbol{b}'|^2 &= {}^t(\boldsymbol{a}'-\boldsymbol{b}')(\boldsymbol{a}'-\boldsymbol{b}')={}^t\{U(\boldsymbol{a}-\boldsymbol{b})\}U(\boldsymbol{a}-\boldsymbol{b}) \\ &= {}^t(\boldsymbol{a}-\boldsymbol{b})\,{}^tUU(\boldsymbol{a}-\boldsymbol{b}) \\ &= {}^t(\boldsymbol{a}-\boldsymbol{b})(\boldsymbol{a}-\boldsymbol{b})=|\boldsymbol{a}-\boldsymbol{b}|^2\end{aligned}$$

${}^t(AB)={}^tB\,{}^tA$
直交行列より，${}^tUU=E$

よって，$|\boldsymbol{a}-\boldsymbol{b}|=|\boldsymbol{a}'-\boldsymbol{b}'|$ が成り立ち，AB 間の距離は直交座標 xyz で測っても，直交座標 $x'y'z'$ で測っても同じになります。

このように距離は座標変換に対して不変な量になっています。

もともと $\boldsymbol{c}'=U\boldsymbol{c}$ という関係があるとき，**定理 1.09** により直交変換は内積を保存するので，${}^t\boldsymbol{c}'\boldsymbol{c}'={}^t\boldsymbol{c}\boldsymbol{c}$ すなわち $|\boldsymbol{c}'|^2=|\boldsymbol{c}|^2$ となる事実があり

ます。**問題 4.04** では，U の線形性から $\boldsymbol{a}'=U\boldsymbol{a}$，$\boldsymbol{b}'=U\boldsymbol{b}$ より

$$\boldsymbol{a}'-\boldsymbol{b}'=U(\boldsymbol{a}-\boldsymbol{b})$$

を導き，上の $\boldsymbol{c}$ に $\boldsymbol{a}-\boldsymbol{b}$ を代入して証明しています。

つまり，直交変換で保存されるベクトルの内積という量があることと直交変換の線形性のおかげで，2 点 AB の距離をベクトル AB の大きさとして定義してうまくいくわけです。

それでは，直交変換での内積に相当する式，すなわちローレンツ変換で不変になる式はあるのでしょうか。

実は，ローレンツ変換で結ばれる $(ct,\ x,\ y,\ z)$ と $(ct',\ x',\ y',\ z')$ の間に，

$$-(ct')^2+x'^2+y'^2+z'^2=-(ct)^2+x^2+y^2+z^2$$

という関係が成り立ちます。

これよりも一般的な形で示しておきましょう。

行列 η の成分 (η_{ij}) を，$\eta=(\eta_{ij})=\begin{pmatrix}-1&&&\\&1&&\\&&1&\\&&&1\end{pmatrix}$ とします。4 次元ベクトル (a^i)，(b^i) に対して，η_{ij} を用いて $\eta_{ij}a^ib^j$ と定めます。これがローレンツ変換で座標変換される 4 次元空間における内積に相当する式になります。

定理 4.05　**ローレンツ変換の不変量**

$\boldsymbol{a}'=\Lambda\boldsymbol{a}$, $\boldsymbol{b}'=\Lambda\boldsymbol{b}$ $(a'^i=\Lambda^i{}_ja^j,\ b'^i=\Lambda^i{}_jb^j)$ のとき，

$$-a'^0b'^0+a'^1b'^1+a'^2b'^2+a'^3b'^3=-a^0b^0+a^1b^1+a^2b^2+a^3b^3$$

$$\eta_{ij}a'^ib'^j=\eta_{ij}a^ib^j$$

$\eta_{ij}a'^ib'^j$ を，行列の積を用いて表すと，

$$\underbrace{(a'^0,\ a'^1,\ a'^2,\ a'^3)}_{{}^t a'}\underbrace{\begin{pmatrix} -1 & & & \\ & 1 & & \\ & & 1 & \\ & & & 1 \end{pmatrix}}_{\eta}\underbrace{\begin{pmatrix} b'^0 \\ b'^1 \\ b'^2 \\ b'^3 \end{pmatrix}}_{b'}$$

となります。${}^t\boldsymbol{a}' = {}^t\boldsymbol{a}\,{}^t\Lambda,\ \boldsymbol{b}' = \Lambda\boldsymbol{b}$ですから，上の式は

$$\underbrace{(a^0,\ a^1,\ a^2,\ a^3)}_{{}^t a}{}^t\Lambda\underbrace{\begin{pmatrix} -1 & & & \\ & 1 & & \\ & & 1 & \\ & & & 1 \end{pmatrix}}_{\eta}\Lambda\underbrace{\begin{pmatrix} b^0 \\ b^1 \\ b^2 \\ b^3 \end{pmatrix}}_{b}$$

Λは対称行列
${}^t\Lambda = \Lambda$

ここで，${}^t\Lambda\eta\Lambda = \eta$を示せば，問題の関係式を示したことになります。${}^t\Lambda\eta$ は，Λの第 1 列を -1 倍，第 2 ～第 4 列を 1 倍した行列であることに注意すると，${}^t\Lambda\eta\Lambda$ の$(0,\ 0)$成分は，

$$-\gamma^2+\left(-\gamma\frac{V_x}{c}\right)^2+\left(-\gamma\frac{V_y}{c}\right)^2+\left(-\gamma\frac{V_z}{c}\right)^2=-\gamma^2\left(1-\frac{V^2}{c^2}\right)=-1$$

$$\gamma=\frac{1}{\sqrt{1-\frac{V^2}{c^2}}}$$

$(0,\ 1)$成分は，

$$\begin{aligned}-\gamma&\left(-\gamma\frac{V_x}{c}\right)+\left(-\gamma\frac{V_x}{c}\right)\left(1+(\gamma-1)\frac{V_x^2}{V^2}\right)\\&\quad+\left(-\gamma\frac{V_y}{c}\right)(\gamma-1)\frac{V_x V_y}{V^2}+\left(-\gamma\frac{V_z}{c}\right)(\gamma-1)\frac{V_x V_z}{V^2}\\&=\gamma(\gamma-1)\frac{V_x}{c}-\gamma(\gamma-1)\frac{V_x}{c}\underbrace{\left(\frac{V_x^2}{V^2}+\frac{V_y^2}{V^2}+\frac{V_z^2}{V^2}\right)}_{V_x^2+V_y^2+V_z^2=V^2\text{ より }1}=0\end{aligned}$$

$(1,\ 1)$成分は，

$$-\left(-\gamma\frac{V_x}{c}\right)^2+\left(1+(\gamma-1)\frac{V_x^2}{V^2}\right)^2+\left((\gamma-1)\frac{V_xV_y}{V^2}\right)^2+\left((\gamma-1)\frac{V_xV_z}{V^2}\right)^2$$

$$=-\gamma^2\left(\frac{V_x}{c}\right)^2+1+2(\gamma-1)\frac{V_x{}^2}{V^2}+(\gamma-1)^2\left(\frac{V_x{}^2}{V^2}\right)\left(\frac{V_x{}^2}{V^2}+\frac{V_y{}^2}{V^2}+\frac{V_z{}^2}{V^2}\right)$$

$$=-\gamma^2\frac{V_x{}^2}{c^2}+1+(\gamma^2-1)\frac{V_x{}^2}{V^2}=1+\frac{V_x{}^2}{V^2}\left\{\gamma^2\left(1-\frac{V^2}{c^2}\right)-1\right\}$$

$\gamma=\dfrac{1}{\sqrt{1-\dfrac{V^2}{c^2}}}$より，0

$$=1$$

(1, 2)成分は,

$$-\left(-\gamma\frac{V_x}{c}\right)\left(-\gamma\frac{V_y}{c}\right)+\left(1+(\gamma-1)\frac{V_x{}^2}{V^2}\right)(\gamma-1)\frac{V_xV_y}{V^2}$$

$$+(\gamma-1)\frac{V_xV_y}{V^2}\left(1+(\gamma-1)\frac{V_y{}^2}{V^2}\right)+(\gamma-1)\frac{V_xV_z}{V^2}(\gamma-1)\frac{V_yV_z}{V^2}$$

$$=-\gamma^2\frac{V_xV_y}{c^2}+2(\gamma-1)\frac{V_xV_y}{V^2}+(\gamma-1)^2\frac{V_xV_y}{V^2}\left(\frac{V_x{}^2}{V^2}+\frac{V_y{}^2}{V^2}+\frac{V_z{}^2}{V^2}\right)$$

$$=-\gamma^2\frac{V_xV_y}{c^2}+(\gamma^2-1)\frac{V_xV_y}{V^2}=0$$

他の成分も同様に計算でき,

$${}^t\Lambda\eta\Lambda=\eta\ （成分では，\ \Lambda^s{}_i\Lambda^l{}_j\eta_{sl}=\eta_{ij}）$$

結局，$\eta_{ij}a'^ib'^j=\eta_{ij}a^ib^j$が成り立つことが示されます。

上では，座標軸が平行である場合のローレンツ変換で確かめましたが，座標軸が平行でない場合は，さらに1章の**定理1.08**の3次元空間の直交変換を用いて変換します。このとき，**定理1.09**により$a'^1b'^1+a'^2b'^2+a'^3b'^3$は不変ですから，一般のローレンツ変換で$\eta_{ij}a^ib^j$は不変になります。

慣性系Sとそれに対して一般の速度Vで進む慣性系S'との間のローレンツ変換を，座標軸の取り換え行列を用いてx軸方向のローレンツ変換に直す手法で求めておくと，上の定理はもっと簡単な計算で示すことができます。しかし，複雑な式を整理していって，0や±1になるのは，計算していても気持ちのよいものです。

3次元空間と4次元空間で取り換え行列と不変量の関係をまとめておくと，次のようになります。

	座標の取り換え行列	不変量
3次元空間	直交行列 U	内積 ${}^t\boldsymbol{a}\boldsymbol{b}$
4次元空間	ローレンツ変換 $\Lambda^i{}_j$	内積 $\eta_{ij}a^ib^j$

3次元空間の場合に内積 ${}^t\boldsymbol{a}\boldsymbol{b}$ という不変量からA$(\boldsymbol{a})$，B$(\boldsymbol{b})$間の距離 $|\boldsymbol{a}-\boldsymbol{b}|^2={}^t(\boldsymbol{a}-\boldsymbol{b})(\boldsymbol{a}-\boldsymbol{b})$ を作ったように，4次元空間の場合も不変量となる内積 $\eta_{ij}a^ib^j$ から距離を作ってみましょう。

問題の式で，

$$(a^0,\ a^1,\ a^2,\ a^3)=(b^0,\ b^1,\ b^2,\ b^3)=(ct,\ x,\ y,\ z)$$

$$(a'^0,\ a'^1,\ a'^2,\ a'^3)=(b'^0,\ b'^1,\ b'^2,\ b'^3)=(ct',\ x',\ y',\ z')$$

とすれば，

$$-(ct')^2+x'^2+y'^2+z'^2=-(ct)^2+x^2+y^2+z^2$$

が成り立つことが分かります。ですから，$-(ct)^2+x^2+y^2+z^2$ を時空の4次元空間のベクトル$(ct,\ x,\ y,\ z)$の大きさ（長さ）の2乗と定めたいです。こう定めれば，ローレンツ変換で移りあう座標に関してはどの座標をとってもベクトルの大きさが同じになるからです。

このベクトルの大きさを元にして，2点間の距離を定めます。

A$(ct_1,\ x_1,\ y_1,\ z_1)$，B$(ct_2,\ x_2,\ y_2,\ z_2)$とするとき，AB間の距離 s を，2点から作られるベクトル $\overrightarrow{\mathrm{AB}}=(ct_2-ct_1,\ x_2-x_1,\ y_2-y_1,\ z_2-z_1)$ の大きさを用いて，

$$s^2=-c^2(t_2-t_1)^2+(x_2-x_1)^2+(y_2-y_1)^2+(z_2-z_1)^2 \tag{4.08}$$

と定めます。

このようにして2点間の距離を定めた時空の4次元空間を**ミンコフスキー空間**，η_{ij} を**ミンコフスキー計量**といいます。

ミンコフスキー空間の距離sは，内積$\eta_{ij}a^i b^j$がローレンツ変換で保存されることとローレンツ変換の線形性により，ローレンツ変換によって不変，すなわち座標のとり方によりません。

A，BがS系で(x^i)，(y^i)，S'系で(x'^i)，(y'^i)と表されるとき，ABの距離がS系とS'系で一致することを確かめてみましょう。

$x'^i=\Lambda^i{}_j x^j$，$y'^i=\Lambda^i{}_j y^j$という関係を用いて，

$$\begin{aligned}\eta_{ij}(x'^i-y'^i)(x'^j-y'^j)&=\eta_{ij}(\Lambda^i{}_k x^k-\Lambda^i{}_k y^k)(\Lambda^j{}_l x^l-\Lambda^j{}_l y^l)\\&=\eta_{ij}\Lambda^i{}_k(x^k-y^k)\Lambda^j{}_l(x^l-y^l)\\&=\Lambda^i{}_k\Lambda^j{}_l\eta_{ij}(x^k-y^k)(x^l-y^l)\\&=\eta_{kl}(x^k-y^k)(x^l-y^l)\end{aligned}$$

と確かに一致します。

ミンコフスキー空間では（4.08）の式で距離sを定めるとしましたが，$c^2(t'-t)^2$の符号が負になっていますから，右辺が負になる場合もあります。このような場合はsを求めることはできません。距離を求めることができないのは不備ではないかと思うかもしれません。式の値が負になる場合の状況について考えてみましょう。

ここで，$z=z'=0$として，ミンコフスキー空間で$(0, 0, 0, 0)$と$(ct, x, y, 0)$の距離を表す式

$$-c^2t^2+x^2+y^2$$

の値を考えてみます。

(ct, x, y)座標で，$-c^2t^2+x^2+y^2$の正領域，負領域を調べてみましょう。

$0=-c^2t^2+x^2+y^2$すなわち$x^2+y^2=c^2t^2$は，t方向から見たとき，半径ctの円になりますから，この式は下図の円錐を表しています。これから，正領域$-c^2t^2+x^2+y^2>0$は円錐の外側，負領域$-c^2t^2+x^2+y^2<0$は円錐の内側です。

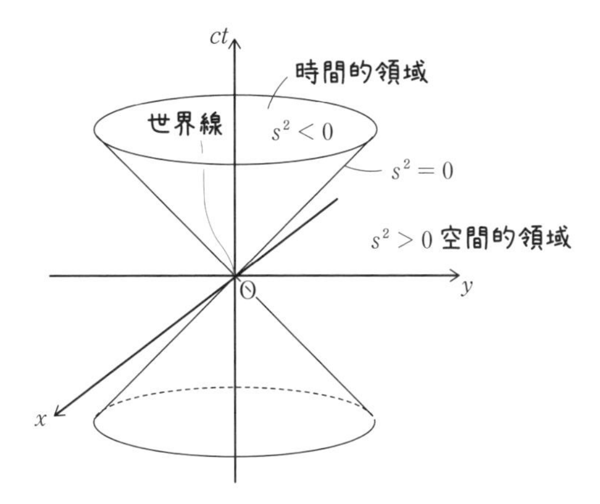

円錐の外側に点$(ct,\ x,\ y)$をとるとき，$-c^2t^2+x^2+y^2$が正になるので，$s^2=-c^2t^2+x^2+y^2$を満たすsをとり，それを原点とその点の距離と定めることができます。

円錐の内側に点$(ct,\ x,\ y)$をとると，$-c^2t^2+x^2+y^2$が負になるので，上のように距離を定めることはできません。できなくともかまわないのです。というのは，原点と$(ct,\ x,\ y)$は，どのように座標をとったとしても同時に観測できないからです。

4節のtx座標に$t'x'$座標を重ねた図を思い出してください。x'座標$(t'=0)$の傾きはV/cですから，傾きはつねに1より小さくなります。ですから，上のミンコフスキー空間の図で，円錐の外側にあるイベントと原点であれば同時に観測するようなx'座標が存在しますが，円錐の内側にあるイベントと原点であれば同時に観測するようなx'座標が存在しません。円錐の内側にあるイベントと原点は同時に観測することができないので，そもそも距離を測定できないのです。

$t=0$で$(0,\ 0,\ 0)$にある物体が速度vでx軸方向に進むと，t_0秒後に物体は$(ct_0,\ vt_0,\ 0)$に進みます。このとき$(0,\ 0,\ 0)$とt_0秒後の物体の位置の3次元距離はvt_0です。こんなときでも，ミンコフスキー距離を計算しようとすると，$-c^2t_0{}^2+v^2t_0{}^2<0$となりますから，この等速運動する物体の

世界線上でのイベント間のミンコフスキー距離は測ることができないということです。ミンコフスキー距離は，3次元距離とは全く違ったものを測っていることを実感しましょう。

円錐の内側のイベント（点）(ct, x, y)は，$(0, 0, 0)$と同時に存在することはできませんが，$-c^2t^2+x^2+y^2<0$すなわち$\sqrt{x^2+y^2}<ct$が成り立つので，原点から出発して光速度以下の速度でたどり着くことができます。

一方，円錐の外のイベント（点）(ct, x, y)では，$-c^2t^2+x^2+y^2>0$すなわち$\sqrt{x^2+y^2}>ct$が成り立つので，原点と(ct, x, y)の3次元距離は光速度以上の速度でなければ到達することはできないということになります。次節で説明するように，光速を越える速度はありませんから，到達できないということになります。

円錐の内$-c^2t^2+x^2+y^2<0$は，原点を出発して時間をかければ到達できますが，原点と同時に存在できないという意味で**時間的領域**，円錐の外$-c^2t^2+x^2+y^2>0$は，原点と同時には存在できますが，時間をかけても到達できないという意味で**空間的領域**といいます。

では，円錐$-c^2t^2+x^2+y^2=0$は何を表しているでしょうか。

時刻$t=0$に$(x, y)=(0, 0)$で光を発すると，t秒後にはctだけ進みますから，光のt秒後の座標を(x, y)とすると，$c^2t^2=x^2+y^2$を満たします。

円錐$-c^2t^2+x^2+y^2=0$は，原点$(0, 0, 0)$から発した光が進む様子を表しているといえます。ミンコフスキー空間では，光がAからBまで進んでも，AとBの距離は0になります。

ところで，円錐の内の点と原点から計算される$-c^2t^2+x^2+y^2$は負なので，この値は捨て置かれてしまうのでしょうか。いえ，-1倍して，今度は時間を測るときに用いるのです。詳しくは，10節で説明します。しかし，その時間の測り方でも光がAからBまで進む時間は0になります。

ミンコフスキー空間の計量では，光が進んでも距離は0，かかった時間も 0，と実に奇妙な結果となります。

s，t_2-t_1，x_2-x_1，y_2-y_1，z_2-z_1 を微小量と解釈できる ds，dt，dx，dy，dz に置き換えて，

$$ds^2=-c^2dt^2+dx^2+dy^2+dz^2 \tag{4.09}$$

とした式は，ミンコフスキー空間の空間的領域にある曲線の長さを求めるときに用います。

2 次元平面の曲線 $C:(x(u),\ y(u))$ の A$(x(\alpha),\ y(\alpha))$ から B$(x(\beta),\ y(\beta))$ までの長さ s は，

$$s=\int_{\alpha}^{\beta}\sqrt{\left(\frac{dx}{du}\right)^2+\left(\frac{dy}{du}\right)^2}\,du$$

と表されました。これは微小量 ds，dx，dy に関して，三平方の定理

$$ds^2=dx^2+dy^2$$

が成り立つことから求めることができました。

これと同様に，ミンコフスキー空間の空間的領域にある曲線の長さを求めるのであれば，(4.09) 式を用いればよいのです。

曲線 $C:(ct(u),\ x(u),\ y(u),\ z(u))$ の A$(u=\alpha)$ から B$(u=\beta)$ までの長さ s（ベクトルの大きさを (4.08) で定めるときの）は，

$$s=\int_{\alpha}^{\beta}\sqrt{-c^2\left(\frac{dt}{du}\right)^2+\left(\frac{dx}{du}\right)^2+\left(\frac{dy}{du}\right)^2+\left(\frac{dz}{du}\right)^2}\,du$$

と求めることができます。(4.09) のように，長さの微小量の 2 乗 ds^2 を座標の微小量の 2 次式で表した式を線素といいます。

線素 ds^2 は，**定理 4.05** により座標変換に対して不変で，

$$ds^2=-c^2dt^2+dx^2+dy^2+dz^2=-c^2dt'^2+dx'^2+dy'^2+dz'^2$$

が成り立ちますから，曲線の長さは座標のとり方によらず定まります。

詳しくは 5 章で説明します。

定義 4.06　**ミンコフスキー距離・線素**

A(ct_1, x_1, y_1, z_1), B(ct_2, x_2, y_2, z_2)とするとき，AB間の距離 s は，

$$s^2 = -c^2(t_2 - t_1)^2 + (x_2 - x_1)^2 + (y_2 - y_1)^2 + (z_2 - z_1)^2$$

線素は，

$$ds^2 = -c^2 dt^2 + dx^2 + dy^2 + dz^2$$

§8　速度・加速度の変換則

また，x 軸方向のローレンツ変換の設定に戻って，S 系で観測した速度が，S' 系ではどのように変換されるかを考えてみましょう。

S 系で，時刻 t のとき $(x(t),\ y(t),\ z(t))$ にある点 M について考えます。

S 系で M の速度 $(v_x(t),\ v_y(t),\ v_z(t))$ は，

$$(v_x(t),\ v_y(t),\ v_z(t)) = \left(\frac{dx(t)}{dt},\ \frac{dy(t)}{dt},\ \frac{dz(t)}{dt}\right)$$

と計算します。一方，S' 系での速度 $\left(v'_x(t'),\ v'_y(t'),\ v'_z(t')\right)$ は，

$$\left(v'_x(t'),\ v'_y(t'),\ v'_z(t')\right) = \left(\frac{dx'(t)}{dt'},\ \frac{dy'(t)}{dt'},\ \frac{dz'(t)}{dt'}\right)$$

となります。当たり前のことですが，S' では時刻として t' をとっているところに注意しましょう。

問題 4.07

$v'_x(t'),\ v'_y(t'),\ v'_z(t')$ を $v_x(t),\ v_y(t),\ v_z(t)$ で表せ。

$x',\ y',\ z',\ t'$ が t の関数であると捉えて t で微分して，合成関数の微分の公式を用いて $v'_x(t'),\ v'_y(t'),\ v'_z(t')$ を計算します。

変数の変換則の変数を t の関数と見ると，次のようになります。

$$ct'(t) = \gamma(ct - \beta x(t)) \qquad c \text{ で割って，} \ t'(t) = \gamma\left(t - \frac{\beta}{c}x(t)\right)$$

$$x'(t) = \gamma(x(t) - \beta(ct)), \quad y'(t) = y(t), \quad z'(t) = z(t)$$

これを用いて，

$$v'_x(t')=\frac{dx'(t)}{dt'}=\frac{dx'(t)}{dt}\bigg/\frac{dt'(t)}{dt}=\frac{\gamma\left(\dfrac{dx(t)}{dt}-\beta c\right)}{\gamma\left(1-\dfrac{\beta}{c}\cdot\dfrac{dx(t)}{dt}\right)}=\frac{v_x(t)-V}{1-\dfrac{v_x(t)V}{c^2}}$$

$$v'_y(t')=\frac{dy'(t)}{dt'}=\frac{dy'(t)}{dt}\bigg/\frac{dt'(t)}{dt}=\frac{\dfrac{dy(t)}{dt}}{\gamma\left(1-\dfrac{\beta}{c}\cdot\dfrac{dx(t)}{dt}\right)}=\frac{v_y(t)}{\gamma\left(1-\dfrac{v_x(t)V}{c^2}\right)}$$

$$v'_z(t')=\frac{dz'(t)}{dt'}=\frac{dz'(t)}{dt}\bigg/\frac{dt'(t)}{dt}=\frac{\dfrac{dz(t)}{dt}}{\gamma\left(1-\dfrac{\beta}{c}\cdot\dfrac{dx(t)}{dt}\right)}=\frac{v_z(t)}{\gamma\left(1-\dfrac{v_x(t)V}{c^2}\right)}$$

となります。

Vがcに比べて十分小さいときは，$\dfrac{V}{c}=0$，$\gamma=1$と見なすことができますから，

$$v'_x(t')=v_x(t)-V,\quad v'_y(t')=v_y(t),\quad v'_z(t')=v_z(t)$$

と普通の速度の変換則になっています。

まとめると，

公式 4.08　S系とS'系の速度の変換則

$$v'_x(t')=\frac{v_x(t)-V}{1-\dfrac{v_x(t)V}{c^2}},\quad v'_y(t')=\frac{v_y(t)}{\gamma\left(1-\dfrac{v_x(t)V}{c^2}\right)},\quad v'_z(t')=\frac{v_z(t)}{\gamma\left(1-\dfrac{v_x(t)V}{c^2}\right)}$$

光速度cが慣性系によらず一定になることを確かめてみましょう。

S系においてx軸方向に進む光の速度はcで観測されます。

変換則の$v'_x(t')$の式で，$v_x(t)=c$とすると，

$$v'_x(t')=\frac{v_x(t)-V}{1-\dfrac{v_x(t)V}{c^2}}=\frac{c-V}{1-\dfrac{cV}{c^2}}=\frac{c-V}{\dfrac{c(c-V)}{c^2}}=c$$

となりますから，S'系でも光の速度がcで観測されることになります。

変換則は光速度一定という特殊相対論の原理と矛盾しません。

S'系で速度$v'_x(t')$を持つ物体をS系から観測した速度$v_x(t)$を求めてみましょう。これは$v'_x(t')$の式を$v_x(t)$イコールに書き換えればよく，

$$v'_x(t') = \frac{v_x(t) - V}{1 - \dfrac{v_x(t)V}{c^2}} \qquad v'_x(t') - \frac{v_x(t)v'_x(t')V}{c^2} = v_x(t) - V$$

$$v_x(t) + \frac{v_x(t)v'_x(t')V}{c^2} = v'_x(t') + V$$

$$v_x(t) = \frac{v'_x(t') + V}{1 + \dfrac{v'_x(t')V}{c^2}}$$

この式は，S'系から見てS系は速さ$-V$で進んでいるので，$v'_x(t')=$式で，$v_x(t) \leftrightarrow v'_x(t')$，$V \leftrightarrow -V$と入れ換えても求まります

V, $v'_x(t')$の向きが同じとき（V, $v'_x(t')$がともに正 or ともに負），これは速度の和の公式とでもいうべき式になっています。ガリレイ変換であれば，S'系で速度$v'_x(t')$を持つ物体をS系で観測するときの速度$v_x(t)$は，単に$v_x(t) = v'_x(t') + V$となるところです。それにくらべて，ローレンツ変換では1より大きい数で割っていますから，$v_x(t)$は$v'_x(t') + V$よりも小さい値となります。ローレンツ変換では，速度はそのまま足されるわけではなく，少し遅くなります。

また，$v'_x(t')$もVも光速度cより小さいときは，

$$(c - v'_x(t'))(c - V) > 0 \qquad c^2 + v'_x(t')V > c(v'_x(t') + V)$$

$$c > \frac{c^2(v'_x(t') + V)}{c^2 + v'_x(t')V} = \frac{v'_x(t') + V}{1 + \dfrac{v'_x(t')V}{c^2}} = v_x(t)$$

となりますから，S系で観測する速度$v_x(t)$は光速度を超えることはありません。このことから特殊相対論では光速度cを超える速度はありえないということになります。初めの不等式は，$v'_x(t')$，Vがともに光速度cより大きいときでも成り立ちますが，通常の物質は初めから光速度を超える速度を持つことはありませんから，ありえない場合と考えてよいでしょう。

なお，光速度一定というのは特殊相対論を組み立てるときの原理であって，実際には重力の影響を受けて光の速度は変化し，光速度が毎秒 30 万キロメートルを超えることもありえます。

続いて加速度の変換則も求めておきましょう。

慣性系 S での加速度 $a_x(t)$，$a_y(t)$，$a_z(t)$ を，慣性系 S' で観測するときの加速度を $a'_x(t')$，$a'_y(t')$，$a'_z(t')$ とします。

問題 4.09

$a'_x(t')$, $a'_y(t')$, $a'_z(t')$ を $a_x(t)$, $a_y(t)$, $a_z(t)$ で表せ。

$$a'_x(t')=\frac{dv'_x(t)}{dt'}=\frac{dv'_x(t)}{dt}\Big/\frac{dt'(t)}{dt}=\frac{d}{dt}\left(\frac{v_x(t)-V}{1-\frac{v_x(t)V}{c^2}}\right)\Big/\gamma\left(1-\frac{v_x(t)V}{c^2}\right)$$

$$=\frac{1}{\gamma}\left(\frac{a_x(t)}{1-\frac{v_x(t)V}{c^2}}-\frac{v_x(t)-V}{\left(1-\frac{v_x(t)V}{c^2}\right)^2}\cdot\left(-\frac{a_x(t)V}{c^2}\right)\right)\Big/\left(1-\frac{v_x(t)V}{c^2}\right)$$

$v_x(t)-V$ と $\dfrac{1}{1-\frac{v_x(t)V}{c^2}}$ の積の微分を計算

$$=\frac{1}{\gamma}\left(\frac{1}{\left(1-\frac{v_x(t)V}{c^2}\right)^2}+\frac{v_x(t)-V}{\left(1-\frac{v_x(t)V}{c^2}\right)^3}\cdot\frac{V}{c^2}\right)a_x(t)$$

$$=\frac{1}{\gamma}\left(\frac{1-\frac{V^2}{c^2}}{\left(1-\frac{v_x(t)V}{c^2}\right)^3}\right)a_x(t)=\frac{1}{\gamma^3\left(1-\frac{v_x(t)V}{c^2}\right)^3}a_x(t)$$

$$a'_y(t')=\frac{dv'_y(t)}{dt'}=\frac{dv'_y(t)}{dt}\Big/\frac{dt'(t)}{dt}=\frac{d}{dt}\left(\frac{v_y(t)}{\gamma\left(1-\frac{v_x(t)V}{c^2}\right)}\right)\Big/\gamma\left(1-\frac{v_x(t)V}{c^2}\right)$$

$$=\frac{1}{\gamma^2}\left(\frac{a_y(t)}{1-\frac{v_x(t)V}{c^2}}-\frac{v_y(t)}{\left(1-\frac{v_x(t)V}{c^2}\right)^2}\cdot\left(-\frac{a_x(t)V}{c^2}\right)\right)\Big/\left(1-\frac{v_x(t)V}{c^2}\right)$$

$$= \frac{1}{\gamma^2}\left(\frac{1}{\left(1-\frac{v_x(t)V}{c^2}\right)^2}a_y(t)+\frac{v_y(t)}{\left(1-\frac{v_x(t)V}{c^2}\right)^3}\cdot\frac{V}{c^2}a_x(t)\right)$$

$$a'_z(t') = \frac{1}{\gamma^2}\left(\frac{1}{\left(1-\frac{v_x(t)V}{c^2}\right)^2}a_z(t)+\frac{v_z(t)}{\left(1-\frac{v_x(t)V}{c^2}\right)^3}\cdot\frac{V}{c^2}a_x(t)\right)$$

これらをまとめると，

公式 4.10　**S 系と S' 系の加速度の変換則**

$$a'_x(t') = \frac{1}{\gamma^3\left(1-\frac{v_x(t)V}{c^2}\right)^3}a_x(t),$$

$$a'_y(t') = \frac{1}{\gamma^2}\left(\frac{1}{\left(1-\frac{v_x(t)V}{c^2}\right)^2}a_y(t)+\frac{v_y(t)}{\left(1-\frac{v_x(t)V}{c^2}\right)^3}\cdot\frac{V}{c^2}a_x(t)\right)$$

$$a'_z(t') = \frac{1}{\gamma^2}\left(\frac{1}{\left(1-\frac{v_x(t)V}{c^2}\right)^2}a_z(t)+\frac{v_z(t)}{\left(1-\frac{v_x(t)V}{c^2}\right)^3}\cdot\frac{V}{c^2}a_x(t)\right)$$

もしかしたら特殊相対論では加速度は扱うことができないと覚えていた方もいらっしゃるかもしれませんが，このように特殊相対論でも加速度を扱うことができます。特殊相対論では加速度系（慣性系に対して加速度を持って動く座標系）を扱うことができないという言い方が正確な言い方です。7 章ではこの式を用いて慣性系に対して加速度を持つ系との座標変換を作っていきます。

§9　速度の4元化

6節の最後で，ミンコフスキー空間の物理法則はローレンツ変換$\Lambda^i{}_j$という座標変換のもとでのテンソル場の方程式になっていなければいけないということをコメントしました。ローレンツ変換がテンソル場の定義での座標変換$b^i{}_j$に相当するわけです。

公式4.08，**公式4.10**は，各座標系での速度・加速度($\boldsymbol{v}$, $\boldsymbol{a}$, $\boldsymbol{v}'$, $\boldsymbol{a}'$)の変換則を表してはいますが，ローレンツ変換［(ct, x, y, z)と(ct', x', y', z')の間の変換則］とは異なっています。これではたとえ流体のように各点で速度・加速度が対応していてもベクトル場にはなりません。しかし，**公式4.08**に細工を施すと速度に関してローレンツ変換と同じ変換則を得ることができます。

これから3次元の速度，加速度，運動量，力を元に，ローレンツ変換を満たすような4次元の速度，加速度，運動量，力を定義していきましょう。1節では回転変換で2次元の運動方程式が共変であることを示しましたが，物理量を再定義してローレンツ変換を満たすようにしておくと，物理法則を表す式がローレンツ変換で共変になります。このようにローレンツ変換で共変になるように物理法則を書き換えることを**4元化**といいます。

書き換えると言いましたが，これは単に（3次元の物理法則の式を）式変形をするという意味ではありません。Vがcに比べて十分小さいときは，近似して既知の3次元の法則式に帰着されますが，Vが大きいときは，3次元の法則式とは同値になりません。

まずは速度の4元化が目標ですが，その前にx軸方向のローレンツ変換のとき，$\boldsymbol{v}$，$\boldsymbol{v}'$，Vの間に成り立つ恒等式を確認しておきましょう。

問題 4.11

$\boldsymbol{v}=(v_x,\ v_y,\ v_z)$，$\boldsymbol{v}'=(v'_x,\ v'_y,\ v'_z)$とおくとき，次の式が成り立つことを示せ。

$$\left(1-\frac{|\boldsymbol{v}'|^2}{c^2}\right)\left(1-\frac{v_x V}{c^2}\right)^2=\left(1-\frac{V^2}{c^2}\right)\left(1-\frac{|\boldsymbol{v}|^2}{c^2}\right)$$

$a=1-\dfrac{v_x V}{c^2}$とおくと，**公式 4.08** より，

$$v'_x=\frac{v_x-V}{a},\quad v'_y=\frac{v_y}{\gamma a},\quad v'_z=\frac{v_z}{\gamma a}$$となり，

$$\left(1-\frac{|\boldsymbol{v}'|^2}{c^2}\right)\left(1-\frac{v_x V}{c^2}\right)^2=\left\{1-\frac{1}{c^2}({v'_x}^2+{v'_y}^2+{v'_z}^2)\right\}a^2$$

$$=\left[1-\frac{1}{c^2}\left\{\left(\frac{v_x-V}{a}\right)^2+\left(\frac{v_y}{\gamma a}\right)^2+\left(\frac{v_z}{\gamma a}\right)^2\right\}\right]a^2$$

$$=a^2-\frac{1}{c^2}\left\{(v_x-V)^2+\left(1-\frac{V^2}{c^2}\right)({v_y}^2+{v_z}^2)\right\}\qquad \frac{1}{\gamma^2}=1-\frac{V^2}{c^2}$$

$$=\left(1-\frac{v_x V}{c^2}\right)^2-\frac{1}{c^2}({v_x}^2-2v_x V+V^2+{v_y}^2+{v_z}^2)+\frac{V^2}{c^2}\cdot\frac{{v_y}^2+{v_z}^2}{c^2}$$

$$=1-\frac{1}{c^2}({v_x}^2+V^2+{v_y}^2+{v_z}^2)+\frac{1}{c^2}\cdot\frac{V^2}{c^2}({v_x}^2+{v_y}^2+{v_z}^2)$$

$$=1-\frac{1}{c^2}(V^2+|\boldsymbol{v}|^2)+\frac{V^2}{c^2}\cdot\frac{|\boldsymbol{v}|^2}{c^2}=\left(1-\frac{V^2}{c^2}\right)\left(1-\frac{|\boldsymbol{v}|^2}{c^2}\right)$$

この節から，座標$(ct,\ x,\ y,\ z)$を，$(x^0,\ x^1,\ x^2,\ x^3)$とおくことに慣れていきましょう。

慣性系Sの座標$(x^0,\ x^1,\ x^2,\ x^3)=(ct,\ x,\ y,\ z)$と慣性系$S$に対して$x^1$方向に一定の速さ$V$で動く慣性系$S'$の座標$(x'^0,\ x'^1,\ x'^2,\ x'^3)=(ct',\ x',\ y',\ z')$の間には，

$$x'^0=\gamma(x^0-\beta x^1)$$
$$x'^1=\gamma(-\beta x^0+x^1)$$
$$x'^2=x^2$$
$$x'^3=x^3$$

という関係が成り立ちます。

これから，3次元の速さ，加速度，運動量，力に手を加えることで，慣性系 S と慣性系 S' でのそれらの変換則が座標の変換則と同じになるようにしていきます。1節で見たように，物理法則を表す等式では，式に現れる量は座標変換に対して同じ変換則を持たなければなりません。3次元のままでは，直交変換についてしか共変にならないので4元化するのです。

ここで，S 系の3次元速度 $\boldsymbol{v}=(v_x, v_y, v_z)$ に対して，u^0, u^1, u^2, u^3 を次のように定義します。

$$u^0=\frac{c}{\sqrt{1-\frac{|\boldsymbol{v}|^2}{c^2}}},\quad u^1=\frac{v_x}{\sqrt{1-\frac{|\boldsymbol{v}|^2}{c^2}}},\quad u^2=\frac{v_y}{\sqrt{1-\frac{|\boldsymbol{v}|^2}{c^2}}},\quad u^3=\frac{v_z}{\sqrt{1-\frac{|\boldsymbol{v}|^2}{c^2}}}$$

S' 系の速度 $\boldsymbol{v}'=(v'_x, v'_y, v'_z)$ に対しても同様に，

$$u'^0=\frac{c}{\sqrt{1-\frac{|\boldsymbol{v}'|^2}{c^2}}},\quad u'^1=\frac{v'_x}{\sqrt{1-\frac{|\boldsymbol{v}'|^2}{c^2}}},\quad u'^2=\frac{v'_y}{\sqrt{1-\frac{|\boldsymbol{v}'|^2}{c^2}}},\quad u'^3=\frac{v'_z}{\sqrt{1-\frac{|\boldsymbol{v}'|^2}{c^2}}}$$

と定義します。それぞれ,「′無し系」,「′有り系」の数値だけで数が作られていることを確認しましょう。

このとき，これらの間に，(x^0, x^1, x^2, x^3) と (x'^0, x'^1, x'^2, x'^3) の変換則と同じ変換則が成り立つのです。

問題 4.12

$$u'^0=\gamma(u^0-\beta u^1),\quad u'^1=\gamma(-\beta u^0+u^1),\quad u'^2=u^2,\quad u'^3=u^3$$

が成り立つことを示せ。

問題 4.11 より，$$\frac{1}{\sqrt{1-\frac{V^2}{c^2}}\sqrt{1-\frac{|\boldsymbol{v}|^2}{c^2}}}=\frac{1}{\left(1-\frac{v_xV}{c^2}\right)\sqrt{1-\frac{|\boldsymbol{v}'|^2}{c^2}}} \quad (4.10)$$

$$\gamma(u^0-\beta u^1)=\frac{1}{\sqrt{1-\frac{V^2}{c^2}}}\left(\frac{c}{\sqrt{1-\frac{|\boldsymbol{v}|^2}{c^2}}}-\frac{V}{c}\frac{v_x}{\sqrt{1-\frac{|\boldsymbol{v}|^2}{c^2}}}\right)$$

$$=\frac{c\left(1-\frac{v_xV}{c^2}\right)}{\sqrt{1-\frac{V^2}{c^2}}\sqrt{1-\frac{|\boldsymbol{v}|^2}{c^2}}}\overset{(4.10)\text{より}}{=}\frac{c}{\sqrt{1-\frac{|\boldsymbol{v}'|^2}{c^2}}}=u'^0$$

$$\gamma(u^1-\beta u^0)=\frac{1}{\sqrt{1-\frac{V^2}{c^2}}}\left(\frac{v_x}{\sqrt{1-\frac{|\boldsymbol{v}|^2}{c^2}}}-\frac{V}{c}\frac{c}{\sqrt{1-\frac{|\boldsymbol{v}|^2}{c^2}}}\right)$$

$$=\frac{v_x-V}{\sqrt{1-\frac{V^2}{c^2}}\sqrt{1-\frac{|\boldsymbol{v}|^2}{c^2}}}$$

$$=\frac{v_x-V}{\sqrt{1-\frac{|\boldsymbol{v}'|^2}{c^2}}\left(1-\frac{v_xV}{c^2}\right)}\overset{\text{公式 }4.08}{=}\frac{v'_x}{\sqrt{1-\frac{|\boldsymbol{v}'|^2}{c^2}}}=u'^1$$

$$u^2=\frac{v_y}{\sqrt{1-\frac{|\boldsymbol{v}|^2}{c^2}}}=\frac{v_y\sqrt{1-\frac{V^2}{c^2}}}{\sqrt{1-\frac{|\boldsymbol{v}'|^2}{c^2}}\left(1-\frac{v_xV}{c^2}\right)}$$

$$\overset{\text{公式 }4.08}{=}\frac{v'_y}{\sqrt{1-\frac{|\boldsymbol{v}'|^2}{c^2}}}=u'^2$$

うまく座標と同じような変換則に持ち込むことができました。このように座標と同じ変換則を満たす4次元ベクトルのことを4元ベクトルといいます。すなわち，

定義 4.13　4元ベクトル

S系の座標x^iとS'系の座標x'^iの変換式$x'^i = \Lambda^i{}_j x^j$（ローレンツ変換）に対して，ある量のS系での値h^iとS'系での値h'^iに$h'^i = \Lambda^i{}_j h^j$が成り立つとき，x^i，x'^iから作ったh^i，h'^iを4元ベクトルという。

速度$(v_x,\ v_y,\ v_z)$に対して，上のように定義した$(u^0,\ u^1,\ u^2,\ u^3)$は4元ベクトルになります。速度に関連したものなので，4元速度と呼ばれます。

定義 4.14　4元速度

$\boldsymbol{v} = (v_x,\ v_y,\ v_z)$に対して，$\boldsymbol{u}$を

$$\boldsymbol{u} = \left(\frac{c}{\sqrt{1-\frac{|\boldsymbol{v}|^2}{c^2}}},\ \frac{v_x}{\sqrt{1-\frac{|\boldsymbol{v}|^2}{c^2}}},\ \frac{v_y}{\sqrt{1-\frac{|\boldsymbol{v}|^2}{c^2}}},\ \frac{v_z}{\sqrt{1-\frac{|\boldsymbol{v}|^2}{c^2}}} \right)$$

と定める。$\boldsymbol{u}$を4元速度という。

速度$\boldsymbol{v}$が光速度cに対して十分小さいとき，$\sqrt{1-\frac{|\boldsymbol{v}|^2}{c^2}}$はほぼ1になりますから，$u^1 = v_x$，$u^2 = v_y$，$u^3 = v_z$が成り立ちます。このように速度$v$が小さいときは，4元速度の空間成分は，3次元の速度に一致します。

上では，x方向のローレンツ変換の場合しか示していませんが，一般のローレンツ変換で成り立つことは次の節を読めば分かります。

4元速度を違う観点からも説明してみましょう。

慣性系 S に対して $-\boldsymbol{v}$ で動く慣性系 S' から，S で静止している物体を観測するときの 4 元速度が $\boldsymbol{u}'$ になります。S' から見れば S は速度 $\boldsymbol{v}$ で動いています。

$\boldsymbol{v}=(v_x,\ v_y,\ v_z)$ とおきます。

$\boldsymbol{V}=-\boldsymbol{v}(V_x=-v_x,\ V_y=-v_y,\ V_z=-v_z)$ なので，一般のローレンツ変換の行列は，

$$\Lambda=(\Lambda^i{}_j)=\begin{pmatrix} \gamma & \gamma\dfrac{v_x}{c} & \gamma\dfrac{v_y}{c} & \gamma\dfrac{v_z}{c} \\ \gamma\dfrac{v_x}{c} & 1+(\gamma-1)\dfrac{{v_x}^2}{v^2} & (\gamma-1)\dfrac{v_x v_y}{v^2} & (\gamma-1)\dfrac{v_x v_z}{v^2} \\ \gamma\dfrac{v_y}{c} & (\gamma-1)\dfrac{v_x v_y}{v^2} & 1+(\gamma-1)\dfrac{{v_y}^2}{v^2} & (\gamma-1)\dfrac{v_y v_z}{v^2} \\ \gamma\dfrac{v_z}{c} & (\gamma-1)\dfrac{v_x v_z}{v^2} & (\gamma-1)\dfrac{v_y v_z}{v^2} & 1+(\gamma-1)\dfrac{{v_z}^2}{v^2} \end{pmatrix}$$

となります。

S で静止している物体の 4 元速度は $\boldsymbol{u}=(c,\ 0,\ 0,\ 0)$ ですから，これをローレンツ変換して，

$$\boldsymbol{u}'=\Lambda\boldsymbol{u}=(\gamma c,\ \gamma v_x,\ \gamma v_y,\ \gamma v_z)$$

と，$\boldsymbol{v}$ に対応する 4 元速度が求まります。

特別な例ですが，4 元速度はローレンツ変換を満たしていることが確認できました。座標変換が一般のローレンツ変換で表されるとき，一般の 4 元速度の変換則がそのローレンツ変換を満たしていることを示すのは，次々節で行ないます。

4 元速度 $\boldsymbol{u}=(u^i)$ は 4 元ベクトルですから，**定理 4.05** より，

$\eta_{ij}u'^i u'^j=\eta_{ij}u^i u^j$ が成り立ちます。この式は 4 元速度について $\eta_{ij}u^i u^j$ は慣性系によらず一定の値を持つことを主張していますが，実はこの値は物体によらず定数になります。

問題 4.15

$\eta_{ij}u^i u^j = -c^2$ を確認せよ。

$$
\begin{aligned}
\eta_{ij}u^i u^j &= -(u^0)^2 + (u^1)^2 + (u^2)^2 + (u^3)^2 \\
&= -\left(\frac{c}{\sqrt{1-\frac{|\boldsymbol{v}|^2}{c^2}}}\right)^2 + \left(\frac{v_x}{\sqrt{1-\frac{|\boldsymbol{v}|^2}{c^2}}}\right)^2 + \left(\frac{v_y}{\sqrt{1-\frac{|\boldsymbol{v}|^2}{c^2}}}\right)^2 + \left(\frac{v_z}{\sqrt{1-\frac{|\boldsymbol{v}|^2}{c^2}}}\right)^2 \\
&= \frac{1}{1-\frac{|\boldsymbol{v}|^2}{c^2}}\left(-c^2 + |\boldsymbol{v}|^2\right) = -c^2
\end{aligned}
$$

§10 固有時

4元速度が，うまく同じ変換則に持ち込めたのには，仕掛けがあります。説明してみましょう。

公式4.02の$ct'=\gamma(ct-\beta x)$をcで割ってtで微分すると，

$$\frac{dt'}{dt}=\gamma\left(1-\frac{\beta}{c}\frac{dx}{dt}\right)=\gamma\left(1-\frac{v_xV}{c^2}\right)$$

$$=\frac{1-\dfrac{v_xV}{c^2}}{\sqrt{1-\dfrac{V^2}{c^2}}}=\frac{\sqrt{1-\dfrac{|\boldsymbol{v}|^2}{c^2}}}{\sqrt{1-\dfrac{|\boldsymbol{v}'|^2}{c^2}}} \tag{4.11}$$

問 4.11

という関係がポイントです。これにより，t'の関数$f(t')$と，これをtで書き換えたときの$f(t'(t))$に関して次が成り立ちます。

「$f(t'(t))$をtで微分して，$\sqrt{1-\dfrac{|\boldsymbol{v}|^2}{c^2}}$で割ったもの」

「$f(t')$をt'で微分して，$\sqrt{1-\dfrac{|\boldsymbol{v}'|^2}{c^2}}$で割ったもの」

が等しくなります。確認してみると，

$$\frac{1}{\sqrt{1-\dfrac{|\boldsymbol{v}|^2}{c^2}}}\frac{df}{dt}=\frac{1}{\sqrt{1-\dfrac{|\boldsymbol{v}|^2}{c^2}}}\frac{df}{dt'}\frac{dt'}{dt}$$

$$=\frac{1}{\sqrt{1-\dfrac{|\boldsymbol{v}|^2}{c^2}}}\frac{df}{dt'}\frac{\sqrt{1-\dfrac{|\boldsymbol{v}|^2}{c^2}}}{\sqrt{1-\dfrac{|\boldsymbol{v}'|^2}{c^2}}}=\frac{1}{\sqrt{1-\dfrac{|\boldsymbol{v}'|^2}{c^2}}}\frac{df}{dt'}$$

4元速度の変換式は，x軸方向のローレンツ変換の変換則の式に関して，

左辺は t' で微分して $\sqrt{1-\frac{|\boldsymbol{v}'|^2}{c^2}}$ で割り，右辺は t で微分して $\sqrt{1-\frac{|\boldsymbol{v}|^2}{c^2}}$ で割って作ったものなのです。この作業をそれぞれの辺に行なうと，

$$(ct')=\gamma(ct-\beta x),\quad x'=\gamma(x-\beta(ct)),\quad y'=y,\quad z'=z$$

t で微分

$$c\qquad \gamma(c-\beta v_x),\quad v'_x\quad \gamma(v_x-\beta(c)),\quad v'_y\quad v_y\quad v'_z\quad v_z$$

$\sqrt{1-\frac{|\boldsymbol{v}|^2}{c^2}}$ で割る

$$u'^0=\gamma(u^0-\beta u^1),\ u'_x=\gamma(u^1-\beta u^0),\quad u'_y=u_y,\ u'_z=u_z$$

計算方法としてはこの通りですが，少し進んで新しい概念を導入しておきましょう。

(4.11) の式から，

$$\sqrt{1-\frac{|\boldsymbol{v}|^2}{c^2}}\,dt=\sqrt{1-\frac{|\boldsymbol{v}'|^2}{c^2}}\,dt' \tag{4.12}$$

という式を作ることができます。確認しておくと，$\boldsymbol{v}$ は S 系で観測した 3 次元速度で t の関数，$\boldsymbol{v}'$ は S' 系で観測した 3 次元速度で t' の関数です。左辺は S 系の式で，右辺は S' 系の式です。左辺と右辺は同じ式の形をしています。それがイコールで結ばれているのです。ですから，この式をミンコフスキー空間の時間的領域にある 2 点を結ぶ世界線に沿った時間を測るときの微小の計量に採用すると，2 点間の時間は S 系で測っても S' 系で測っても同じ時間になります。

詳しく説明してみましょう。

ミンコフスキー空間のイベント A があり，その時間的領域にイベント B があるものとします。A を出発して B に進む様子が A と B を結ぶ曲線（世界線）で表されており，ミンコフスキー空間には，2 つの座標系，S 系と S' 系が設定されているものとします。AB を結ぶ世界線は 4 次元空間の曲線ですから，S 系という座標を設定すれば，この座標での 3 次元速度 $v(t)$ をこの曲線の形から求めることができることを意識してください。ここが 3 次元空間の曲線とは異なるところです。3 次元空間では，曲線

ABは単にA，Bを結ぶ道順を表しているだけですから，進み方（速度）の条件によりAからBまでにかかる時間も変化します。しかし，4次元空間に曲線を固定すると進み方（速度）まで決まってしまうわけです。

S系とS'系では時間間隔が異なり，$dt \neq dt'$ですから，時間軸だけを用いてAとBの時間間隔を計算すると，

$$\int_{\mathrm{A}}^{\mathrm{B}} dt \neq \int_{\mathrm{A}}^{\mathrm{B}} dt'$$

となります。ところが，$dt \neq dt'$での代わりに（4.12）の式を用いると，

$$\int_{\mathrm{A}}^{\mathrm{B}} \sqrt{1-\frac{|\boldsymbol{v}|^2}{c^2}}\,dt = \int_{\mathrm{A}}^{\mathrm{B}} \sqrt{1-\frac{|\boldsymbol{v}'|^2}{c^2}}\,dt'$$

と一致することになります。

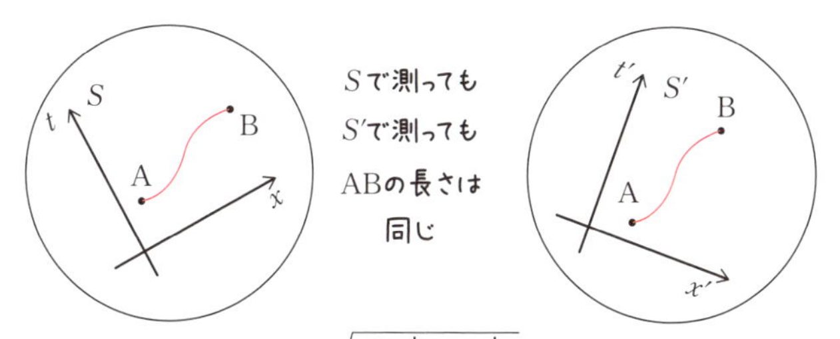

これはどの系であっても，$\sqrt{1-\frac{|速度|^2}{c^2}}\,d(時刻)$を，時間を測るときの微小の計量として用いれば，ミンコフスキー空間でのA，Bを結ぶ世界線に関する時間間隔として同じ値を得るということです。ですから，こうして測った時間をミンコフスキー空間での時間と定めると慣性系によらない値となります。$\tau(\mathrm{AB})$でA，Bの時間間隔を表すとすると，

$$\tau(\mathrm{AB}) = \int_{\mathrm{A}}^{\mathrm{B}} \sqrt{1-\frac{|\boldsymbol{v}|^2}{c^2}}\,dt = \int_{\mathrm{A}}^{\mathrm{B}} \sqrt{1-\frac{|\boldsymbol{v}'|^2}{c^2}}\,dt'$$

また，Aを固定して，Bに関して微分する要領で，

$$d\tau = \sqrt{1-\frac{|\boldsymbol{v}|^2}{c^2}}\,dt = \sqrt{1-\frac{|\boldsymbol{v}'|^2}{c^2}}\,dt'$$

とします。$d\tau$ は慣性系によらない不変量なのです。この $\sqrt{1-\frac{|速度|^2}{c^2}}d$（時刻）で測ったミンコフスキー空間上の世界線 AB の時間間隔を**固有時間**と呼びます。$d\tau$ を**固有時**と呼びます。

ここで7節の宿題にしていた，ミンコフスキー空間の原点と円錐の中のイベントについて計算できるものについて答えてみましょう。この場合，ミンコフスキー距離を計算することはできませんが，原点と円錐の中のイベントを結ぶ世界線に沿った固有時間は計算することができます。

問題 4.16

$t=0$ から $t=T$ まで，速度 $\frac{1}{2}gT$ で x 軸方向に等速運動する物体の世界線の固有時間と，$t=0$ での速度 0，加速度 g で x 軸方向に等加速度運動する物体の世界線の固有時間を求めよ。

等速運動の固有時間は，T が定数であることに気をつけて計算すると，

$$\int_0^T \sqrt{1-\left(\frac{gT}{2c}\right)^2}\,dt = T\sqrt{1-\left(\frac{gT}{2c}\right)^2}$$

一方，等加速度運動では t のときの速度は gt ですから，固有時間は，

$$\int_0^T \sqrt{1-\left(\frac{gt}{c}\right)^2}\,dt = \left[\frac{t}{2}\sqrt{1-\left(\frac{gt}{c}\right)^2}+\frac{c}{2g}\sin^{-1}\left(\frac{gt}{c}\right)\right]_0^T$$

$$=\frac{T}{2}\sqrt{1-\left(\frac{gT}{c}\right)^2}+\frac{c}{2g}\sin^{-1}\left(\frac{gT}{c}\right)$$

$$\int\sqrt{1-x^2}\,dx=\frac{1}{2}x\sqrt{1-x^2}+\frac{1}{2}\sin^{-1}x+C$$

となります。

等速運動の世界線も，等加速度運動の世界線も，ミンコフスキー空間の原点$(0,\ 0,\ 0,\ 0)$とイベント$\left(cT,\ \frac{1}{2}gT^2,\ 0,\ 0\right)$を結んでいます。

3次元世界では，どちらも時間 T の間に x 軸方向に $\frac{1}{2}gT^2$ だけ進んだことになります。しかし，ミンコフスキー空間では，進み方が異なるとかか

る時間（固有時間）が異なります。ちなみに，等速運動の固有時間の方が長くなります。

ここまで読むと，固有時は数式から捻り出した抽象的な概念だと思うかもしれませんが，そうではありません。

S'系がS系に対して速度Vで進んでいるとします。S'系で静止している物体の固有時について考えてみましょう。

この物体はS系では速さVで進みますから，固有時は$\sqrt{1-\dfrac{V^2}{c^2}}dt$，$S'$系では速度0ですから，固有時は$\sqrt{1-\dfrac{0^2}{c^2}}dt'=dt'$です。

$$\sqrt{1-\frac{V^2}{c^2}}dt=dt'$$

が成り立ちます。慣性系から見て動いている物体の固有時は観測時間dtに$\sqrt{1-\dfrac{V^2}{c^2}}$をかけますが，慣性系に対して静止している物体の固有時は観測時間そのままのdt'なのです。

いま敢えて物体と言っていました。この物体が時計である場合，時計の進みはdt'と同期しているでしょうか。実験結果から，同期しているのが面白いところです。まったく驚くべきことだと思います。

つまり，AからBまで時計が動いた時の固有時間は，この時計で測った時間そのままだということです。この固有時間を時計が動いて見える系から計算するには，$\sqrt{1-\dfrac{V^2}{c^2}}dt$を積分しなければいけません。

固有時間とは，ABを結ぶ世界線に沿って動いた時計で測った時間ということができます。

d（時刻）は座標系によって一致しませんが，$d\tau=\sqrt{1-\dfrac{|\text{速度}|^2}{c^2}}d$（時刻）であれば，どの系でも一致します。ですから，ミンコフスキー空間での速度や，加速度を定義するには，座標系によらない固有時τで微分する

のがよいのです。すると，x 軸方向のローレンツ変換の変換則をそのまま保存することができます。

4元速度が位置と同じ変換則を持つ理由は，ct，x，y，z を固有時 τ で微分して作ったのが，u^0，u^1，u^2，u^3 であるからです。

固有時 τ は，慣性系 S でも S' でも同じですから，

$$(ct')=\gamma(ct-\beta x),\ x'=\gamma(-\beta(ct)+x),\ y'=y,\ z'=z$$

の両辺を τ で微分することができます。微分すると，

$$\frac{d(ct')}{d\tau}=\gamma\left(\frac{d(ct)}{d\tau}-\beta\frac{dx}{d\tau}\right),\quad \frac{dx'}{d\tau}=\gamma\left(-\beta\frac{d(ct)}{d\tau}+\frac{dx}{d\tau}\right),$$

$$\frac{dy'}{d\tau}=\frac{dy}{d\tau},\quad \frac{dz'}{d\tau}=\frac{dz}{d\tau}$$

となります。$\frac{d(ct)}{d\tau}$，…，$\frac{dz'}{d\tau}$ の変換則は，位置の変換則をそのまま引き継いでいます。4元速度とは，ミンコフスキー空間での位置を固有時で微分したものなのです。

τ で微分するとは，S 系での操作で言えば，t で微分して $\sqrt{1-\frac{|\boldsymbol{v}|^2}{c^2}}$ で割ることです。dx を $d\tau=\sqrt{1-\frac{|\boldsymbol{v}|^2}{c^2}}\,dt$ で割ったとして，

$$\frac{dx}{d\tau}=\frac{1}{\sqrt{1-\frac{|\boldsymbol{v}|^2}{c^2}}}\frac{dx}{dt}$$

と形式的に書いた式が成り立つことになります。

4元速度を，固有時を用いて再定義すると，

$$\begin{array}{c} u^0=\frac{d(ct)}{d\tau},\quad u^1=\frac{dx}{d\tau},\quad u^2=\frac{dy}{d\tau},\quad u^3=\frac{dz}{d\tau} \\ \hline u'^0=\frac{d(ct')}{d\tau},\quad u'^1=\frac{dx'}{d\tau},\quad u'^2=\frac{dy'}{d\tau},\quad u'^3=\frac{dz'}{d\tau} \end{array}$$

となります。

一般のローレンツ変換でも固有時τが不変であることを示しておきましょう。

問題 4.17

$x'^i=\Lambda^i{}_j x^j$のとき，次を示せ。

$$\sqrt{1-\frac{|\boldsymbol{v}'|^2}{c^2}}\,dt'=\sqrt{1-\frac{|\boldsymbol{v}|^2}{c^2}}\,dt$$

$x'^i=\Lambda^i{}_j x^j$をt'で微分します。

$$\frac{dx'^i}{dt'}=\Lambda^i{}_j\frac{dx^j}{dt'}=\Lambda^i{}_j\frac{dx^j}{dt}\frac{dt}{dt'}$$

$\dfrac{dx'^i}{dt'}$と$\dfrac{dx^j}{dt}\dfrac{dt}{dt'}$が$\Lambda^i{}_j$で結ばれていますから，**定理 4.05** より，

$$-\left(\frac{dx'^0}{dt'}\right)^2+\left(\frac{dx'^1}{dt'}\right)^2+\left(\frac{dx'^2}{dt'}\right)^2+\left(\frac{dx'^3}{dt'}\right)^2$$
$$=-\left(\frac{dx^0}{dt}\frac{dt}{dt'}\right)^2+\left(\frac{dx^1}{dt}\frac{dt}{dt'}\right)^2+\left(\frac{dx^2}{dt}\frac{dt}{dt'}\right)^2+\left(\frac{dx^3}{dt}\frac{dt}{dt'}\right)^2$$
$$-c^2+{v'_x}^2+{v'_y}^2+{v'_z}^2=(-c^2+{v_x}^2+{v_y}^2+{v_z}^2)\left(\frac{dt}{dt'}\right)^2$$

$-c^2+{v_x}^2+{v_y}^2+{v_z}^2<0$なので，これより，

$$\sqrt{c^2-|\boldsymbol{v}'|^2}=\sqrt{c^2-|\boldsymbol{v}|^2}\frac{dt}{dt'}\quad さらに，\sqrt{1-\frac{|\boldsymbol{v}'|^2}{c^2}}\,dt'=\sqrt{1-\frac{|\boldsymbol{v}|^2}{c^2}}\,dt$$

この結果から，A から B までの世界線があったとき，慣性系によらず，

$$\int_A^B\sqrt{1-\frac{|\boldsymbol{v}|^2}{c^2}}\,dt$$

の値が 1 通りに定まることが再確認できます。

定義 4.18 **固有時**

慣性系 S で速度 $\boldsymbol{v}=(v_x, v_y, v_z)$ を持つ物体に関して，

$$d\tau=\sqrt{1-\frac{|\boldsymbol{v}|^2}{c^2}}\,dt$$

は，ローレンツ変換で不変である。τ をこの物体の固有時という。

なお，この式を 2 乗して $-c^2$ をかけると，

$$-c^2 d\tau^2=-(c^2-|v|^2)dt^2=-c^2dt^2+\left\{\left(\frac{dx}{dt}\right)^2+\left(\frac{dy}{dt}\right)^2+\left(\frac{dz}{dt}\right)^2\right\}dt^2$$

$$=-c^2dt^2+dx^2+dy^2+dz^2=ds^2$$

$$-c^2d\tau^2=ds^2$$

と線素の式になります。この式の値が正になる空間的領域ではミンコフスキー距離 s を測り，負になる時間的領域では $\dfrac{-1}{c^2}$ 倍して固有時 τ を測るわけです。

§11　4元加速度，4元力

問題 4.12 では，x^j と x'^j が x 軸方向のローレンツ変換の変換則に従うとき，u^j，u'^j も同じ変換則に従うことを3次元の速度の変換則から導きました。

3次元速度 $\boldsymbol{v}$ に対する4元速度 $\boldsymbol{u}$ を**定義 4.14** のように定義すれば，x^j が一般のローレンツ変換の変換則に従うときも，u^j も同じ変換則に従うことがすぐに分かります。

$(x^0,\ x^1,\ x^2,\ x^3)=(ct,\ x,\ y,\ z)$ とします。

$$x'^i=\Lambda^i{}_j x^j$$

が成り立つとき，これを τ で微分して，

$$\frac{dx'^i}{d\tau}=\Lambda^i{}_j\frac{dx^j}{d\tau}\qquad u'^i=\Lambda^i{}_j u^j$$

となります。

さらに，4元速度をもう1度 τ で微分したものを，

$$a^0=\frac{du^0}{d\tau}=\frac{d^2(ct)}{d\tau^2},\quad a^1=\frac{du^1}{d\tau}=\frac{d^2x}{d\tau^2},$$

$$a^2=\frac{du^2}{d\tau}=\frac{d^2y}{d\tau^2},\quad a^3=\frac{du^3}{d\tau}=\frac{d^2z}{d\tau^2}$$

と定義します。これは S 系での式で，S' 系の場合はダッシュが付きます。

すると，4元速度の変換則を τ で微分することから，

$$\frac{du'^i}{d\tau}=\Lambda^i{}_j\frac{du^j}{d\tau}\qquad a'^i=\Lambda^i{}_j a^j$$

を導くことができます。$a^0,\ a^1,\ a^2,\ a^3$ は，ローレンツ変換の変換則を満たしますから，4元ベクトルです。$\boldsymbol{a}=(a^j)$ を **4元加速度**といいます。

なお，4元加速度 $\boldsymbol{a}$ を τ を使わないで書き下すと，$\boldsymbol{x}=(ct,\ x,\ y,\ z)$ として，

$$\boldsymbol{a}=\frac{d^2\boldsymbol{x}}{d\tau^2}=\frac{d}{d\tau}\left(\frac{d\boldsymbol{x}}{d\tau}\right)=\frac{1}{\sqrt{1-\frac{|\boldsymbol{v}|^2}{c^2}}}\frac{d}{dt}\left(\frac{1}{\sqrt{1-\frac{|\boldsymbol{v}|^2}{c^2}}}\frac{d\boldsymbol{x}}{dt}\right)$$

$$=\frac{1}{\sqrt{1-\frac{|\boldsymbol{v}|^2}{c^2}}}\left(\frac{1}{\sqrt{1-\frac{|\boldsymbol{v}|^2}{c^2}}}\frac{d^2\boldsymbol{x}}{dt^2}-\frac{1}{2}\frac{1}{\left(\sqrt{1-\frac{|\boldsymbol{v}|^2}{c^2}}\right)^3}\left(-2\frac{\boldsymbol{v}}{c^2}\cdot\frac{d\boldsymbol{v}}{dt}\right)\frac{d\boldsymbol{x}}{dt}\right)$$

$$=\frac{1}{1-\frac{|\boldsymbol{v}|^2}{c^2}}\frac{d^2\boldsymbol{x}}{dt^2}+\frac{1}{c^2\left(1-\frac{|\boldsymbol{v}|^2}{c^2}\right)^2}\left(\boldsymbol{v}\cdot\frac{d\boldsymbol{v}}{dt}\right)\frac{d\boldsymbol{x}}{dt}$$

［$\boldsymbol{v}$，$\frac{d\boldsymbol{v}}{dt}$ は S 系での3次元速度と加速度
$\frac{d\boldsymbol{x}}{dt}$，$\frac{d^2\boldsymbol{x}}{dt^2}$ は S 系での4次元速度と加速度］

となります。

3次元の速度と4元速度の空間成分は γ 倍の違いで方向は一致していましたが，上の式から分かるように $\frac{d^2\boldsymbol{x}}{dt^2}$ の空間成分（3次元の加速度）と4元加速度 $\boldsymbol{a}$ の空間成分の方向は一致していません。

$\boldsymbol{a}$ の成分を S 系の速度 $\boldsymbol{v}=(v_x,\ v_y,\ v_z)$，加速度 $\frac{d\boldsymbol{v}}{dt}=(a_x,\ a_y,\ a_z)$ で表しましょう。$\frac{d\boldsymbol{x}}{dt}$ の0成分は c，$\frac{d^2\boldsymbol{x}}{dt^2}$ の0成分は0ですから，

$$a^0=\frac{1}{c\left(1-\frac{|\boldsymbol{v}|^2}{c^2}\right)^2}\left(\boldsymbol{v}\cdot\frac{d\boldsymbol{v}}{dt}\right)$$

$\frac{d\boldsymbol{x}}{dt}$ の1成分は v_x，$\frac{d^2\boldsymbol{x}}{dt^2}$ の1成分は a_x ですから，

$$a^1=\frac{1}{1-\frac{|\boldsymbol{v}|^2}{c^2}}a_x+\frac{1}{c^2\left(1-\frac{|\boldsymbol{v}|^2}{c^2}\right)^2}\left(\boldsymbol{v}\cdot\frac{d\boldsymbol{v}}{dt}\right)v_x,\quad a^2,\ a^3 \text{も同様}$$

となります。

さて，ここで話を x 軸方向のローレンツ変換に戻します。**問題 4.12** では，

4元速度の変換則がローレンツ変換と同じになることを3次元速度の変換則と結びつけて示しました。4元加速度の変換則もローレンツ変換と同じになることを，3次元速度・加速度の変換則から直接示すことができます。

S系での(v_x, v_y, v_z), (a_x, a_y, a_z)から計算した4元加速度(a^0, a^1, a^2, a^3)と，S'系での(v'_x, v'_y, v'_z), (a'_x, a'_y, a'_z)から計算した4元加速度(a'^0, a'^1, a'^2, a'^3)の間にも，一般論から

$$a'^0 = \gamma(a^0 - \beta a^1)$$

$$a'^1 = \gamma(-\beta a^0 + a^1)$$

$$a'^2 = a^2$$

$$a'^3 = a^3$$

が成り立つはずです。この式が成り立つことを**公式4.08，公式4.10，問題4.11**から直接導く計算はなかなかボリュームがあります。準備として，

$$\frac{1}{\left(1-\frac{|\boldsymbol{v}'|^2}{c^2}\right)^{\frac{3}{2}}}\left(\boldsymbol{v}' \cdot \frac{d\boldsymbol{v}'}{dt'}\right) = \frac{1}{\left(1-\frac{|\boldsymbol{v}|^2}{c^2}\right)^{\frac{3}{2}}}\left(\boldsymbol{v} \cdot \frac{d\boldsymbol{v}}{dt}\right) - \frac{a_x V}{\left(1-\frac{|\boldsymbol{v}|^2}{c^2}\right)^{\frac{1}{2}}\left(1-\frac{v_x V}{c^2}\right)}$$

を示しておくと，速度・加速度の内積を崩さずに済み，計算が少し楽になるでしょう。詳細はみなさんの楽しみに残しておきます。

また，4元速度$\boldsymbol{u}$に質量mをかけた

$$P^0 = mu^0,\ P^1 = mu^1,\ P^2 = mu^2,\ P^3 = mu^3$$

を**4元運動量** $\boldsymbol{P}$といいます。ここでのmは静止質量といって，物体が静止しているときに測った質量です。これはどの慣性系を選ぶかによらず，同じ値，定数になります。

4元速度に定数mをかけただけですから，ローレンツ変換と同じ変換則を満たし，4元ベクトルです。実際，4元速度の変換則$u'^j = \Lambda^j{}_i u^i$にmをかけると，

$$mu'^j = \Lambda^j{}_i mu^i \qquad P'^j = \Lambda^j{}_i P^i$$

が導けます。

$|\boldsymbol{v}|$がcに対して十分小さいときは，$\sqrt{1-\dfrac{|\boldsymbol{v}|^2}{c^2}}$を1と見なすことができますから，

$$mu^j = m\frac{1}{\sqrt{1-\dfrac{|\boldsymbol{v}|^2}{c^2}}}\left(\frac{dx^j}{dt}\right) \fallingdotseq m\left(\frac{dx^j}{dt}\right)$$

となり，$j=1, 2, 3$の部分は，ニュートン力学の運動量になります。

いままで出てきた4元ベクトルをまとめておきましょう。

定義 4.19　速度，加速度，運動量の4元化

4元速度 $\boldsymbol{u} = \dfrac{d\boldsymbol{x}}{d\tau} = (\gamma c, \gamma v_x, \gamma v_y, \gamma v_z)$

4元加速度 $\boldsymbol{a} = \dfrac{d^2\boldsymbol{x}}{d\tau^2}$　　4元運動量 $\boldsymbol{P} = m\boldsymbol{u} = m\dfrac{d\boldsymbol{x}}{d\tau}$

力も4元化したいところです。力の4元化を考えるため，ニュートンの運動方程式が，相対論ではどう書き換えられるのかを押さえておきます。質量mの物体に力$\boldsymbol{f}$が作用しているとき，物体の3次元加速度を$\boldsymbol{a}$とすると，ニュートンの運動方程式は$m\boldsymbol{a}=\boldsymbol{f}$と表されました。

これは，運動量$\boldsymbol{p}=m\boldsymbol{v}$を用いると，$\dfrac{d\boldsymbol{p}}{dt}=\dfrac{d(m\boldsymbol{v})}{dt}=m\dfrac{d\boldsymbol{v}}{dt}=m\boldsymbol{a}$ですから，

$$\frac{d\boldsymbol{p}}{dt} = \boldsymbol{f} \quad \text{（ニュートンの運動方程式）}$$

と表されます。

相対論の運動方程式はどう書き換えられるでしょうか。候補として，

$\boldsymbol{p}$を$\boldsymbol{P}$にして，$\dfrac{d\boldsymbol{P}}{dt}=\boldsymbol{f}$ ［$\boldsymbol{P}$は空間成分だけ用いる］，

tをτにして，$\dfrac{d\boldsymbol{p}}{d\tau}=\boldsymbol{f}$，

$\boldsymbol{p}$，t を両方変えて，$\dfrac{d\boldsymbol{P}}{d\tau}=\boldsymbol{f}$ などが考えられるでしょう。

これらはすべて，$|\boldsymbol{v}|\ll c$ のときは，$\dfrac{d\boldsymbol{p}}{dt}=\boldsymbol{f}$ になりますから，どれでも正しそうです。

多くの実験結果と符合するのはこれらのうち，運動量 $\boldsymbol{p}$ を 4 元運動量 $\boldsymbol{P}$ の空間成分 $P^i(i=1,\ 2,\ 3)$ で置き換えた，

$$\frac{dP^i}{dt}=f^i \quad \text{（相対論の運動方程式）}$$

です。$\boldsymbol{P}$ の空間成分を，$\boldsymbol{v}$ を用いて書き下すと，

$$\frac{d}{dt}\left(\frac{m\boldsymbol{v}}{\sqrt{1-\dfrac{|\boldsymbol{v}|^2}{c^2}}}\right)=\boldsymbol{f} \quad \text{（相対論の運動方程式）}$$

となります。

これが相対論の運動方程式となります。$v\ll c$ のときは，$\sqrt{\ }$ がほぼ 1 になるので，ニュートンの運動方程式に一致します。$\boldsymbol{P}$ は 4 元運動量ですが，$\boldsymbol{f}$ は 3 次元の力であることに注意しましょう。

実験結果から導いた式のように書きましたが，実は理論から予想された式でした。しかし，予想には飛躍が伴うのでこの本では逆に説明しています。

$\dfrac{dP^i}{dt}=f^i$ をニュートンの運動方程式 $m\boldsymbol{a}=m\dfrac{d^2\boldsymbol{x}}{dt^2}=\boldsymbol{f}$ に似せて書くと，

$$m\left(\frac{d}{dt}\left(\frac{dx^i}{d\tau}\right)\right)=f^i$$

となります。右辺が 3 次元の力の場合では，$m\dfrac{d^2x^i}{d\tau^2}=f^i$ とならないことに注意しましょう。

ここで，4 元運動量 $\boldsymbol{P}$ の第 0 成分について考えてみます。

問題 4.15 の $\eta_{ij}u^i u^j=-c^2$ を t で微分して，2 で割ると，

$$-u^0\frac{du^0}{dt}+u^1\frac{du^1}{dt}+u^2\frac{du^2}{dt}+u^3\frac{du^3}{dt}=0$$

$m\sqrt{1-\frac{|\boldsymbol{v}|^2}{c^2}}$ をかけて

$$-c\frac{dP^0}{dt}+v_x\frac{dP^1}{dt}+v_y\frac{dP^2}{dt}+v_z\frac{dP^3}{dt}=0$$

$$\frac{d(cP^0)}{dt}=f_xv_x+f_yv_y+f_zv_z \qquad (4.13)$$

です。

一般に，物体に一定の力 $\boldsymbol{f}$ をかけてベクトル $\boldsymbol{x}$ だけ移動させたときの仕事（エネルギー）W は，$W=\boldsymbol{f}\cdot\boldsymbol{x}$ と表されます。物体に力 $\boldsymbol{f}$ をかけて速度 $\boldsymbol{v}$ で移動させているときの仕事率 $\frac{dW}{dt}$ は，仕事の式を時間 t で微分して，$\frac{dW}{dt}=\boldsymbol{f}\cdot\boldsymbol{v}$ となります。

式の右辺は $\boldsymbol{f}=(f_x,\ f_y,\ f_z)$ と $\boldsymbol{v}=(v_x,\ v_y,\ v_z)$ の内積 $\boldsymbol{f}\cdot\boldsymbol{v}$ ですから，この式は仕事率を表していて，左辺の cP^0 は仕事（エネルギー）を表していると考えられます。これを物体の持つ全エネルギーとして $E=cP^0$ とおきます。

近似式を用いて，E を計算すると，

$$E=c\left(\frac{mc}{\sqrt{1-\frac{|\boldsymbol{v}|^2}{c^2}}}\right)=mc^2\left(1-\frac{|\boldsymbol{v}|^2}{c^2}\right)^{-\frac{1}{2}}$$

x が 0 に近いとき，
$(1+x)^\alpha=1+\alpha x+\cdots$

$$=mc^2\left(1+\frac{1}{2}\frac{|\boldsymbol{v}|^2}{c^2}+\cdots\right)$$

$$\fallingdotseq mc^2+\frac{1}{2}m|\boldsymbol{v}|^2$$

となります。

第 2 項は，速度 $\boldsymbol{v}$ を持つ質量 m の物体の運動エネルギーを表しています。$|\boldsymbol{v}|=0$ のとき，$E=mc^2$ となりますから，第 1 項 mc^2 は質量 m の物質そのものが持っているエネルギーであると考えられます。これが質量

とエネルギーが等価であることを示す有名な式です。

$E=mc^2$ を質量 m が持つエネルギーと呼びましょう。

質量 m の物体が速度 $\boldsymbol{v}$ で動くとき，この物体の4元運動量 $\boldsymbol{P}$ は，物体の持つ全エネルギーを E として，

$$(P^0,\ P^1,\ P^2,\ P^3)=\left(\frac{E}{c},\ mu^1,\ mu^2,\ mu^3\right)$$

と表すこともできます。

この4元運動量 $\boldsymbol{P}$ を密度で表してみましょう。

密度が ρ，慣性系 S に対して速度が $\boldsymbol{v}$ の流体の4元運動量密度 $\boldsymbol{P}_d$ を求めてみましょう。ここで密度 ρ は，流れに沿って設定した座標で観測した値です。すなわち，速度 $\boldsymbol{v}$ で動く点Aを原点とした座標を設定しAでの密度を計算した値が ρ です。この操作は，慣性系 S であっても慣性系 S' であっても同じですから，ρ は慣性系の設定の仕方とは無関係であり同じ値，定数になります。

慣性系 S の観測者が測った密度を $\tilde{\rho}$ とすると，速度 $\boldsymbol{v}$ で動く物体は慣性系 S から見ると進行方向だけに $\dfrac{1}{\gamma}$ 倍のローレンツ収縮をし，体積は $\dfrac{1}{\gamma}$ 倍されますから，ρ と $\tilde{\rho}$ の間には $\tilde{\rho}=\gamma\rho$ という関係があります。

S から見た質量の持つエネルギー密度 E は $E=\tilde{\rho}c^2$，運動量密度は $\tilde{\rho}v$ と観測されます。

4元運動量密度 $\boldsymbol{P}_d$ を，

$$\boldsymbol{P}_d=(\rho u^0,\ \rho u^1,\ \rho u^2,\ \rho u^3)$$

としましょう。4元ベクトルである4元速度 $\boldsymbol{u}$ にスカラー ρ をかけているので，$\boldsymbol{P}_d$ は4元ベクトルになります。$\boldsymbol{P}_d$ の成分は，

$$\rho u^0=\rho\gamma c=\tilde{\rho}c=\frac{\tilde{\rho}c^2}{c}=\frac{E}{c},\quad \rho u^1=\rho\gamma v_x=\tilde{\rho}v_x$$

となりますから，$\boldsymbol{P}_d$ は観測した値がそのまま4元ベクトルの成分になり

ます。

$\boldsymbol{P}_d$の第0成分は，（見た目のエネルギー密度）$\div c$，空間成分は（見た目の運動量密度）になっています。

力も4元化してみましょう。

さきに定義を与えてしまいましょう。

定義 4.20　4元力

速度$\boldsymbol{v}$の粒子に3次元の力$\boldsymbol{f}=(f_x, f_y, f_z)$が働いているとき，$\boldsymbol{F}=(F^0, F^1, F^2, F^3)$を

$$\boldsymbol{F}=\left(\frac{\boldsymbol{f}\cdot\boldsymbol{v}}{c\sqrt{1-\dfrac{|\boldsymbol{v}|^2}{c^2}}}, \frac{f_x}{\sqrt{1-\dfrac{|\boldsymbol{v}|^2}{c^2}}}, \frac{f_y}{\sqrt{1-\dfrac{|\boldsymbol{v}|^2}{c^2}}}, \frac{f_z}{\sqrt{1-\dfrac{|\boldsymbol{v}|^2}{c^2}}}\right)$$

と定めたものを4元力という。

こうして定義されたものが4元ベクトルであるか確認します。

問題 4.21

$\boldsymbol{F}$が4元ベクトルであることを示せ。

(4.13) より，$\dfrac{dP^0}{dt}=\dfrac{\boldsymbol{f}\cdot\boldsymbol{v}}{c}$となります。これを用いて，

$$F^0=\frac{\boldsymbol{f}\cdot\boldsymbol{v}}{c\sqrt{1-\dfrac{|\boldsymbol{v}|^2}{c^2}}}=\frac{1}{\sqrt{1-\dfrac{|\boldsymbol{v}|^2}{c^2}}}\frac{dP^0}{dt}=\frac{dP^0}{d\tau}$$

$$F^1=\frac{f_x}{\sqrt{1-\dfrac{|\boldsymbol{v}|^2}{c^2}}}=\frac{1}{\sqrt{1-\dfrac{|\boldsymbol{v}|^2}{c^2}}}\frac{dP^1}{dt}=\frac{dP^1}{d\tau}$$

となるので，

$$\frac{dP^i}{d\tau} = F^i$$

が成り立ちます。4元運動量$\boldsymbol{P}$は4元ベクトルであり，左辺はそれを固有時間τで微分したものなので，4元ベクトルになります。この式がニュートンの運動方程式を4元化したものです。

$P^i = mu^i$ですから，これは4元加速度を用いて，

$$ma^i = F^i$$

と書くことができます。ニュートンの運動方程式の形になるので，理論の美しさを感じます。

4元加速度は3次元の加速度とは異なる方向を持つ計算上の代物ですが，この式を見ると考えた甲斐があると思います。

法則 4.22　**特殊相対論の運動方程式**

4元運動量$\boldsymbol{P}$，4元力$\boldsymbol{F}$，固有時τに対して，

$$\frac{d\boldsymbol{P}}{d\tau} = \boldsymbol{F}$$

なお，4元速度と4元加速度には，次の関係があります。4元速度と4元加速度はつねに直交するのです。

問題 4.23

$\eta_{ij} u^i a^j = 0$を示せ。

問題 4.15の$\eta_{ij} u^i u^j = -c^2$より，$-(u^0)^2 + (u^1)^2 + (u^2)^2 + (u^3)^2 = -c^2$

これをτで微分すると，$\dfrac{du^j}{d\tau} = a^j$なので，

$$-2u^0 a^0 + 2u^1 a^1 + 2u^2 a^2 + 2u^3 a^3 = 0$$

よって，$\eta_{ij} u^i a^j = 0$

§12 力学的なエネルギー・運動量テンソル

完全流体のストレス・運動量テンソルも4元化しておきましょう。というのも，それが目指すべきアインシュタインの重力場方程式の右辺になるからです。

質量密度ρ，速度$\boldsymbol{v}=(v_x, v_y, v_z)$，圧力$p$の完全流体のストレス・運動量テンソル$T$は，

$$T=\begin{pmatrix} \rho {v_x}^2+p & \rho v_x v_y & \rho v_x v_z \\ \rho v_y v_x & \rho {v_y}^2+p & \rho v_y v_z \\ \rho v_z v_x & \rho v_z v_y & \rho {v_z}^2+p \end{pmatrix}$$

と表されました。ρは流体が静止しているように見える系で観測した値，すなわち流体の動きに沿って動いている人が観測した値です。圧力pに関しても同様です。

2章では，Tがテンソルと呼ばれるのは，テンソルの語源になったからであると説明しました。ここでは，これがテンソルの定義を満たしているか確認してみましょう。

$V=(v^i)$は，3次元空間の(1, 0)テンソル場です。テンソル積$V\otimes V=(v^i v^j)$は，(2, 0)テンソル場になります。ρは定数ですから，$(\rho v^i v^j)$も(2, 0)テンソル場になります。

ここで3次元の計量テンソル(δ_{ij})の逆行列からなるIという(2, 0)テンソルを用意します。(δ_{ij})は3次の単位行列ですから，その逆行列も3次の逆行列となり，Iは$I=(\delta^{ij})$という成分を持ちます。このテンソルは計量テンソルの反変バージョン，反変形といえます。

テンソルIは，座標を(x^i)から(x'^i)に書き換えても成分は変わりません。なぜなら，座標(x^i)から座標(x'^i)への変換が直交変換$b^i{}_j$なので，Iの座

標(x'^i)での成分は，

$$b^i{}_j b^k{}_l \delta^{jl} = b^{il} b^k{}_l = a^{li} b^k{}_l = b^k{}_l a^{li} = \delta^{ki} \qquad [{}^tB = B^{-1} = A]$$

となるからです。

よって，δ^{ij}のスカラーp倍を足した，$\rho v^i v^j + p\delta^{ij}$は，(2, 0)テンソル場になります。座標$(x'^i)$で$\rho v'^i v'^j + p\delta^{ij}$としたものとは，(2, 0)テンソル場の変換則を満たします。

これを4元化するには，ミンコフスキー計量(η_{ij})の逆行列からなる(2, 0)テンソル［成分は(η^{ij})となる］を用い，

3次元速度$\boldsymbol{v} = (v_x, v_y, v_z)$を4元速度$\boldsymbol{u} = (u^0, u^1, u^2, u^3)$に，

3次元計量δ^{ij}（反変形）をミンコフスキー計量η^{ij}（反変形）に

置き換えて，$\rho u^i u^j + p\eta^{ij}$にすればよいだろうと予想できます。少し惜しいです。

定義 4.24　力学的なエネルギー・運動量テンソル

流体が4元速度$\boldsymbol{u} = (u^i)$，流体が静止している系で観察した密度がρ，圧力がpのとき，

$$(T^{ij}) = \left(\left(\rho + \frac{p}{c^2}\right)u^i u^j + p\eta^{ij}\right) =$$

$$\begin{pmatrix} \left(\rho+\frac{p}{c^2}\right)u^0u^0 - p & \left(\rho+\frac{p}{c^2}\right)u^0u^1 & \left(\rho+\frac{p}{c^2}\right)u^0u^2 & \left(\rho+\frac{p}{c^2}\right)u^0u^3 \\ \left(\rho+\frac{p}{c^2}\right)u^1u^0 & \left(\rho+\frac{p}{c^2}\right)u^1u^1 + p & \left(\rho+\frac{p}{c^2}\right)u^1u^2 & \left(\rho+\frac{p}{c^2}\right)u^1u^3 \\ \left(\rho+\frac{p}{c^2}\right)u^2u^0 & \left(\rho+\frac{p}{c^2}\right)u^2u^1 & \left(\rho+\frac{p}{c^2}\right)u^2u^2 + p & \left(\rho+\frac{p}{c^2}\right)u^2u^3 \\ \left(\rho+\frac{p}{c^2}\right)u^3u^0 & \left(\rho+\frac{p}{c^2}\right)u^3u^1 & \left(\rho+\frac{p}{c^2}\right)u^3u^2 & \left(\rho+\frac{p}{c^2}\right)u^3u^3 + p \end{pmatrix}$$

を力学的なエネルギー・運動量テンソルという。

これが2階の反変テンソル場になることを確かめてみましょう。

1階の反変テンソル場$\boldsymbol{u}$とそれ自身のテンソル積$\boldsymbol{u} \otimes \boldsymbol{u} = (u^i u^j)$は2階

の反変テンソル場になります。

定理 4.05 の証明の中で示した式 $\eta = {}^t\Lambda\eta\Lambda$（成分では $\eta_{ij} = \Lambda^k{}_i\Lambda^l{}_j\eta_{kl}$）と同様に，$(\eta^{ij})$ に関して $\eta^{ij} = \Lambda^i{}_k\Lambda^j{}_l\eta^{kl}$ が成り立つことを示すことができるので，座標を (x^i) から (x'^i) に取り換えても，(2, 0)テンソル場 $I=(\eta^{ij})$ の成分は変わらないことが分かります。よって，u^iu^j と η^{ij} の1次結合である T^{ij} は(2, 0)テンソル場，2階の反変テンソル場になります。

$v \ll c$ のとき，T^{ij} が3次元のストレス・運動量テンソルの拡張になっていることを確かめましょう。ただし，p は $\rho v_x{}^2$ のオーダーであるとします。これは3次元のストレス・運動量テンソルのときと同じです。

$v \ll c$ であるとすると，$\gamma = 1$ と見なすことができますから，

$$(u^0,\ u^1,\ u^2,\ u^3) = (c,\ v_x,\ v_y,\ v_z)$$

となります。

$$T^{00} = \left(\rho + \frac{p}{c^2}\right)u^0u^0 - p = \left(\rho + \frac{p}{c^2}\right)c^2 - p = c^2\rho$$

また，$\dfrac{v_x}{c} = 0$ と見なせますから，

$$T^{01} = \left(\rho + \frac{p}{c^2}\right)u^0u^1 = \left(\rho + \frac{p}{c^2}\right)cv_x = \rho cv_x + p\cdot\frac{v_x}{c} = \rho cv_x$$

$$T^{11} = \left(\rho + \frac{p}{c^2}\right)u^1u^1 + p = \left(\rho + \frac{p}{c^2}\right)v_x{}^2 + p$$

$$= \rho v_x{}^2 + p\left(\frac{v_x}{c}\right)^2 + p = \rho v_x{}^2 + p$$

$$T^{12} = \left(\rho + \frac{p}{c^2}\right)u^1u^2 = \left(\rho + \frac{p}{c^2}\right)v_xv_y$$

$$= \rho v_xv_y + p\left(\frac{v_x}{c}\right)\left(\frac{v_y}{c}\right) = \rho v_xv_y$$

と計算でき，

$$T^{ij}=\begin{pmatrix} \rho c^2 & \rho c v_x & \rho c v_y & \rho c v_z \\ \rho c v_x & \rho {v_x}^2+p & \rho v_x v_y & \rho v_x v_z \\ \rho c v_y & \rho v_y v_x & \rho {v_y}^2+p & \rho v_y v_z \\ \rho c v_z & \rho v_z v_x & \rho v_z v_y & \rho {v_z}^2+p \end{pmatrix}$$

となります。

このテンソルの右下の3×3のブロックには，3次元での完全流体のストレス・運動量テンソルが表れています。テンソルT^{ij}がストレス・運動量テンソルの拡張になっていることが分かります。

ここで上の式で$p=0$のときのテンソルT^{ij}を用いて，T^{ij}の各成分が表している物理的対象を解釈しておきましょう。

【$T^{00}=\rho c^2$】

エネルギーmc^2を体積で割ったものなので，ρc^2は流体の持つ質量部分に関するエネルギーのエネルギー密度です。

【$T^{01}=\rho c v_x$】

$\rho\times v_x$は，x軸に垂直な単位面積当たりを，単位時間当たりに流れる質量です。これにc^2をかけて，$\rho c^2\times v_x$は，x軸に垂直な単位面積当たりを，単位時間当たりに流れるエネルギー量です。$\rho c^2\times v_x$は，エネルギー流であるといえます。$\rho c v_x$はエネルギー流をcで割ったものです。

これよりT^{ij}の0行目は，「エネルギー密度に関する量である」とまとめることができます。T^{00}はエネルギー密度，$T^{0i}(i=1,\ 2,\ 3)$はエネルギー密度が単位面積当たりを単位時間に通過する量，エネルギー密度流です。

T^{00}はmc^2を(x方向の長さ)×(y方向の長さ)×(z方向の長さ)で割った量で，

T^{01}はmc^2を(ct方向の長さ)×(y方向の長さ)×(z方向の長さ)で割った量です。

つまり，T^{0j}は，質量mに関するエネルギーmc^2をj成分以外の3つの成分に関する単位当たりの量で表したものということができます。

【$T^{10}=\rho c v_x$】

mv_xが運動量のx成分ですから，ρv_xは運動量密度（単位体積当たりの運動量）のx成分です。$\rho c v_x$は，これにcをかけたものになります。

【$T^{12}=\rho v_x v_y$】

$\rho v_x v_y$はρv_xにv_yをかけています。ρv_xは運動量密度のx成分なので，$\rho v_x v_y$はy軸に垂直な単位面積当たりを単位時間当たりに通過した運動量密度のx成分です。

これよりi行目($i=1, 2, 3$)は，「運動量密度のi成分に関する量」であるとまとまります。T^{10}は運動量密度のx成分，T^{1i}は運動量密度のx成分が単位面積当たりを単位時間に通過する量，運動量密度流です。

T^{10}はmv_xを(x方向の長さ)×(y方向の長さ)×(z方向の長さ)で割った量で，

T^{11}はmv_xを(ct方向の長さ)×(y方向の長さ)×(z方向の長さ)で割った量です。

つまり，T^{1j}は，運動量mvのx成分mv_xをj成分以外の3つの成分に関する単位長さ当たりの量で表したものということができます。

まとめると次のようになります。

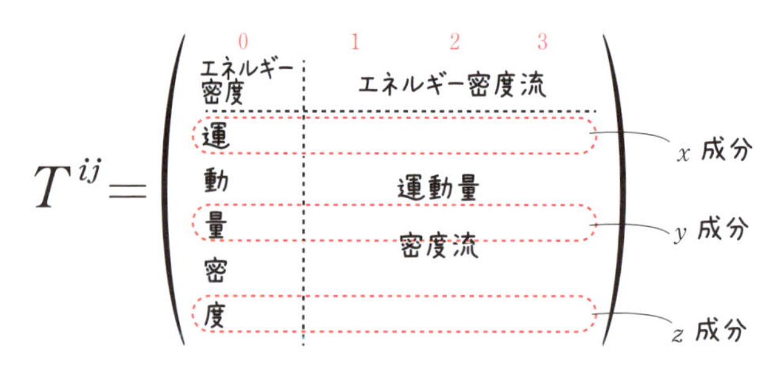

T^{01}とT^{10}は同じ値ですが，異なる解釈をするところが面白いところです。こう解釈しておくと次につながります。

問題 4.25

流体の質量が消滅せず（エネルギーに転換されず），流体に体積力が働かないとき，流体の質量保存則の式，運動方程式を用いることで，T^{ij}に関して次を示せ。

$$\frac{\partial T^{ij}}{\partial x^j}=0$$

$|\boldsymbol{v}|\ll c$のときを考えると，2章で準備した質量保存則，運動量保存則が使えます。

T^{ij}の第0行目は，エネルギー（質量に基づく）密度とその流れに関する量でした。c^2で割ればそれは質量，すなわち普通の密度の話になります。

$$\frac{\partial T^{0j}}{\partial x^j}=\frac{\partial T^{00}}{\partial x^0}+\frac{\partial T^{01}}{\partial x^1}+\frac{\partial T^{02}}{\partial x^2}+\frac{\partial T^{03}}{\partial x^3}$$

$$=\frac{\partial(\rho c^2)}{\partial(ct)}+\frac{\partial(\rho c v_x)}{\partial x}+\frac{\partial(\rho c v_y)}{\partial y}+\frac{\partial(\rho c v_z)}{\partial z}$$

$$=c\left(\frac{\partial\rho}{\partial t}+\frac{\partial(\rho v_x)}{\partial x}+\frac{\partial(\rho v_y)}{\partial y}+\frac{\partial(\rho v_z)}{\partial z}\right)$$

$$=c\left(\frac{\partial\rho}{\partial t}+\mathrm{div}\,(\rho\boldsymbol{v})\right)=0$$

法則 2.04 質量保存の法則

T^{ij}の第1行目は，運動量密度のx成分とその流れに関する量でした。

体積力が働かない完全流体では（2.14）が成り立つので，

$$\frac{\partial T^{1j}}{\partial x^j}=\frac{\partial T^{10}}{\partial x^0}+\frac{\partial T^{11}}{\partial x^1}+\frac{\partial T^{12}}{\partial x^2}+\frac{\partial T^{13}}{\partial x^3}$$

$$=\frac{\partial(\rho c v_x)}{\partial(ct)}+\frac{\partial(\rho {v_x}^2+p)}{\partial x}+\frac{\partial(\rho v_x v_y)}{\partial y}+\frac{\partial(\rho v_x v_z)}{\partial z}$$

$$=\frac{\partial(\rho v_x)}{\partial t}+\frac{\partial(\rho {v_x}^2+p)}{\partial x}+\frac{\partial(\rho v_x v_y)}{\partial y}+\frac{\partial(\rho v_x v_z)}{\partial z}$$

$$=0$$

第2章（2.14）運動量保存の法則

$|\boldsymbol{v}| \ll c$ のとき，

$$\frac{\partial T^{ij}}{\partial x^j} = 0$$

が成り立つことが分かります。$v \ll c$ となるような座標系は常にとることができますから，テンソルの性質により，どんな座標系（慣性系）でもこの式が成り立つことが分かります。

問題の式は，各成分を t，x，y，z で1回ずつ微分したものですから，4次元の発散です。この式は，エネルギー・運動量テンソルは発散が0になる，とまとめることができます。

$\boldsymbol{v}$ に対する4元速度 $\boldsymbol{u}$ は，S で静止している物体の速度 $(c, 0, 0, 0)$ を，S に対して速度 $-\boldsymbol{v}$ で進む S' で観測した4元速度になっています。

エネルギー・運動量テンソルの表式は，静止している場合をローレンツ変換して求めることができます。**定義 4.24** で $\dfrac{p}{c^2}$ が余計に思えた人でも，この問題を解くとなぜ $\dfrac{p}{c^2}$ があるのか合点がいくでしょう。

問題 4.26

静止している場合のエネルギー・運動量テンソル

$$T = \begin{pmatrix} \rho c^2 & & & \\ & p & & \\ & & p & \\ & & & p \end{pmatrix}$$

を，速さ $\boldsymbol{v} = (v_x, v_y, v_y)$ でローレンツ変換をせよ。

エネルギー・運動量テンソルは2階の反変テンソルですから，座標 (x^i) から (x'^i) へのローレンツ変換が $x'^i = \Lambda^i{}_j x^j$ のとき，$T'^{ij} = \Lambda^i{}_k \Lambda^j{}_l T^{kl}$ と表されます。これを行列ではどのように計算したらよいかを説明しておきます。

一般に，$(i,\ j)$成分に$a^i{}_j$を持つ行列Aと$(j,\ k)$成分に$b^j{}_k$を持つ行列Bの積ABの成分$(i,\ k)$成分は$a^i{}_j b^j{}_k$となります。行列の積ABはAの行のj列目の成分とBの列のj行目の成分をかけるのでこのように表現されるのです。

ですから，$T'^{ij} = \Lambda^i{}_k \Lambda^j{}_l T^{kl}$を行列で計算するには，まず

$$T'^{ij} = \Lambda^i{}_k T^{kl} \Lambda^j{}_l$$

とします。$\Lambda^i{}_k T^{kl}$は，$\Lambda = (\Lambda^i{}_k)$，$T = (T^{kl})$としたとき，$\Lambda T$の$(i,\ l)$成分となります。$T'^{ij} = \Lambda^i{}_k T^{kl} \Lambda^j{}_l$は，$\Lambda T$の$(i,\ l)$成分と$\Lambda$の$(j,\ l)$成分をかけることになりますが，$\Lambda T$の$l$列目と$\Lambda$の$l$列目をかけることになりますから，行列$\Lambda T$と$\Lambda$の積$\Lambda T \Lambda$では計算できません。

そこで，Λの代わりにΛの転置${}^t\Lambda$を用いることにします。Λの$(j,\ l)$成分と${}^t\Lambda$の$(l,\ j)$成分は一致しています。

これを用いると，$T'^{ij} = \Lambda^i{}_k T^{kl} \Lambda^j{}_l$は，$\Lambda T$の$(i,\ l)$成分と${}^t\Lambda$の$(l,\ j)$成分をかけ$l$を走らせ和をとることで求めることができます。

つまり，$T' = (T'^{ij})$を求めるには，$T' = \Lambda T ({}^t\Lambda)$を計算すればよいことになります。

$$T' = \Lambda T({}^t\Lambda) = \Lambda T\Lambda$$

$$= \begin{pmatrix} \gamma & \gamma\frac{v_x}{c} & \gamma\frac{v_y}{c} & \gamma\frac{v_z}{c} \\ \gamma\frac{v_x}{c} & 1+(\gamma-1)\frac{{v_x}^2}{v^2} & (\gamma-1)\frac{v_x v_y}{v^2} & (\gamma-1)\frac{v_x v_z}{v^2} \\ \gamma\frac{v_y}{c} & (\gamma-1)\frac{v_x v_y}{v^2} & 1+(\gamma-1)\frac{{v_y}^2}{v^2} & (\gamma-1)\frac{v_y v_z}{v^2} \\ \gamma\frac{v_z}{c} & (\gamma-1)\frac{v_x v_z}{v^2} & (\gamma-1)\frac{v_y v_z}{v^2} & 1+(\gamma-1)\frac{{v_z}^2}{v^2} \end{pmatrix} \begin{pmatrix} \rho c^2 & & & \\ & p & & \\ & & p & \\ & & & p \end{pmatrix}$$

$$\begin{pmatrix} \gamma & \gamma\frac{v_x}{c} & \gamma\frac{v_y}{c} & \gamma\frac{v_z}{c} \\ \gamma\frac{v_x}{c} & 1+(\gamma-1)\frac{{v_x}^2}{v^2} & (\gamma-1)\frac{v_x v_y}{v^2} & (\gamma-1)\frac{v_x v_z}{v^2} \\ \gamma\frac{v_y}{c} & (\gamma-1)\frac{v_x v_y}{v^2} & 1+(\gamma-1)\frac{{v_y}^2}{v^2} & (\gamma-1)\frac{v_y v_z}{v^2} \\ \gamma\frac{v_z}{c} & (\gamma-1)\frac{v_x v_z}{v^2} & (\gamma-1)\frac{v_y v_z}{v^2} & 1+(\gamma-1)\frac{{v_z}^2}{v^2} \end{pmatrix}$$

ΛTとΛの積を計算すると，

$1-\frac{1}{\gamma^2}=\frac{v^2}{c^2}$より，$c^2(\gamma^2-1)=\gamma^2 v^2$などを用い，各成分は，

$$T'^{00} = \gamma\rho c^2\cdot\gamma + p\left(\gamma\frac{v_x}{c}\right)^2 + p\left(\gamma\frac{v_y}{c}\right)^2 + p\left(\gamma\frac{v_z}{c}\right)^2$$

$$= \gamma^2\left(\rho c^2 + p\frac{v^2}{c^2}\right) = \rho(\gamma c)^2 + \frac{p}{c^2}((\gamma c)^2 - c^2) \qquad \gamma c = u^0$$

$$= \left(\rho + \frac{p}{c^2}\right)(u^0)^2 - p$$

$$T'^{01} = \gamma\rho c^2\cdot\gamma\frac{v_x}{c} + p\gamma\frac{v_x}{c}\left(1+(\gamma-1)\frac{{v_x}^2}{v^2}\right)$$

$$+ p\gamma\frac{v_y}{c}(\gamma-1)\frac{v_x v_y}{v^2} + p\gamma\frac{v_z}{c}(\gamma-1)\frac{v_x v_z}{v^2}$$

$$= \rho(\gamma c)(\gamma v_x) + p\frac{\gamma v_x}{c}\left(1+(\gamma-1)\frac{{v_x}^2+{v_y}^2+{v_z}^2}{v^2}\right)$$

$$= \rho(\gamma c)(\gamma v_x) + \frac{p}{c^2}(\gamma v_x)(\gamma c)$$

$$= \left(\rho + \frac{p}{c^2}\right)u^0 u^1 \qquad \gamma c = u^0,\ \gamma v_x = u^1$$

$$
\begin{aligned}
T'^{\,11} &= \rho c^2\left(\gamma\frac{v_x}{c}\right)^2 + p\left(1+(\gamma-1)\frac{v_x^2}{v^2}\right)^2 \\
&\qquad + p(\gamma-1)^2\left(\frac{v_x v_y}{v^2}\right)^2 + p(\gamma-1)^2\left(\frac{v_x v_z}{v^2}\right)^2 \\
&= \rho(\gamma v_x)(\gamma v_x) \\
&\qquad + p\left(1+2(\gamma-1)\frac{v_x{}^2}{v^2}+(\gamma-1)^2\frac{v_x{}^2}{v^2}\left(\frac{v_x{}^2+v_y{}^2+v_z{}^2}{v^2}\right)\right) \\
&= \rho u^1 u^1 + p + p(\gamma^2-1)\frac{v_x{}^2}{v^2} \\
&= \rho u^1 u^1 + p + \frac{p}{c^2}\underbrace{\frac{c^2(\gamma^2-1)}{\gamma^2}}_{v^2}\frac{(\gamma v_x)^2}{v^2} \\
&= \left(\rho+\frac{p}{c^2}\right)u^1 u^1 + p
\end{aligned}
$$

$$
\begin{aligned}
T'^{\,12} &= \rho c^2\left(\gamma\frac{v_x}{c}\right)\left(\gamma\frac{v_y}{c}\right) + p\left(1+(\gamma-1)\frac{v_x{}^2}{v^2}\right)(\gamma-1)\frac{v_x v_y}{v^2} \\
&\qquad + p(\gamma-1)\frac{v_x v_y}{v^2}\left(1+(\gamma-1)\frac{v_y{}^2}{v^2}\right) + p(\gamma-1)\frac{v_x v_z}{v^2}(\gamma-1)\frac{v_y v_z}{v^2} \\
&= \rho(\gamma v_x)(\gamma v_y) + p\left(2(\gamma-1)\frac{v_x v_y}{v^2}+(\gamma-1)^2\frac{v_x v_y}{v^2}\left(\frac{v_x{}^2+v_y{}^2+v_z{}^2}{v^2}\right)\right) \\
&= \rho u^1 u^2 + p(\gamma^2-1)\frac{v_x v_y}{v^2} \\
&= \rho u^1 u^2 + \frac{p}{c^2}\frac{c^2(\gamma^2-1)}{\gamma^2}\frac{(\gamma v_x)(\gamma v_y)}{v^2} \\
&= \left(\rho+\frac{p}{c^2}\right)u^1 u^2
\end{aligned}
$$

$\Lambda T({}^t\Lambda)$が，エネルギー・運動量テンソルの行列に一致することが確かめられました。

§13　マックスウェルの方程式の4元化

2節の最後で，ローレンツ変換はマックスウェルの電磁方程式を共変にするために考え出された変換であると説明しました。共変にするとは，ローレンツ変換を座標変換に持つテンソル場の方程式に書き換えるということです。

それでは，力学の速度，加速度，運動量，力で実行したように $\boldsymbol{E}$，$\boldsymbol{B}$ のそれぞれにもう一つ成分を付加して4元ベクトルにできるのでしょうか。実はできないんです。なぜなら，結論から言うと，$\boldsymbol{E}$，$\boldsymbol{B}$ は2階のテンソルだからです。4元ベクトルではなく，$\boldsymbol{E}$，$\boldsymbol{B}$ の成分をうまく並べたものが2階のテンソルとしてローレンツ変換に従うのです。

1階のテンソルとしてローレンツ変換に従う，すなわち4元ベクトルとなるのは，$\boldsymbol{E}$，$\boldsymbol{B}$ から導かれるスカラーポテンシャル ϕ（1次）と，ベクトルポテンシャル $\boldsymbol{A}$（3次）を並べて作られるベクトル（4元ポテンシャルと呼ばれる）の方です。

マックスウェルの電磁方程式が共変であることを示すには，

4元電流

→　4元ポテンシャル（ϕ，$\boldsymbol{A}$ が成分）

→　電磁場テンソル（$\boldsymbol{E}$ と $\boldsymbol{B}$ が成分）

という順で進みます。詳しく見ていきましょう。

ここで，3次元の電流 $\boldsymbol{i}(\boldsymbol{x},\ t)=(i_x,\ i_y,\ i_z)$ から次のようにしてベクトルを作ります。

電流は電荷の流れです。そこで，電流 $\boldsymbol{i}(x,\ t)$ を，電荷密度 $\tilde{\rho}$ が速さ $\boldsymbol{v}=(v_x,\ v_y,\ v_z)$ で流れていると捉えます。このとき，

$$\boldsymbol{i}(\boldsymbol{x},\ t)=\tilde{\rho}\boldsymbol{v}=(\tilde{\rho}v_x,\ \tilde{\rho}v_y,\ \tilde{\rho}v_z)$$

という関係式があります。この電荷密度$\tilde{\rho}$は電荷が速度$\boldsymbol{v}$で動いているように見える慣性系Sで見た電荷密度です。電荷が静止しているように見える慣性系での電荷密度をρとします。ローレンツ収縮は空間の3つある方向の1方向だけ長さを縮めますから，これを考慮すると$\tilde{\rho}$とρの関係は，

$$\tilde{\rho}=\frac{\rho}{\sqrt{1-\frac{|\boldsymbol{v}|^2}{c^2}}}$$

となります。

慣性系Sについて，電流$\boldsymbol{i}(\boldsymbol{x},\ t)$が流れているとします。これに対して，$\boldsymbol{j}(\boldsymbol{x},\ t)$を

$$\begin{aligned}\boldsymbol{j}(\boldsymbol{x},\ t)&=(j^0,\ j^1,\ j^2,\ j^3)=(\tilde{\rho}c,\ i_x,\ i_y,\ i_z)\\&=(\tilde{\rho}c,\ \tilde{\rho}v_x,\ \tilde{\rho}v_y,\ \tilde{\rho}v_z)\\&=\left(\frac{\rho c}{\sqrt{1-\frac{|\boldsymbol{v}|^2}{c^2}}},\ \frac{\rho v_x}{\sqrt{1-\frac{|\boldsymbol{v}|^2}{c^2}}},\ \frac{\rho v_y}{\sqrt{1-\frac{|\boldsymbol{v}|^2}{c^2}}},\ \frac{\rho v_z}{\sqrt{1-\frac{|\boldsymbol{v}|^2}{c^2}}}\right)\end{aligned}$$

と定めます。これは4元速度

$$\boldsymbol{u}=\left(\frac{c}{\sqrt{1-\frac{|\boldsymbol{v}|^2}{c^2}}},\ \frac{v_x}{\sqrt{1-\frac{|\boldsymbol{v}|^2}{c^2}}},\ \frac{v_y}{\sqrt{1-\frac{|\boldsymbol{v}|^2}{c^2}}},\ \frac{v_z}{\sqrt{1-\frac{|\boldsymbol{v}|^2}{c^2}}}\right)$$

に慣性系の設定のし方とは無関係な値ρをかけたものなので，4元ベクトル，すなわちローレンツ変換を満たすベクトルになります。$\boldsymbol{j}(\boldsymbol{x},\ t)$を**4元電流**と呼びます。

ρが定数のように扱うことができるのは，電荷が消滅しないということが実験的に確かめられているからです。

なお，4元電流$\boldsymbol{j}(\boldsymbol{x},\ t)$は，慣性系$S$に対して速度$(v_x,\ v_y,\ v_z)$で動いている慣性系$S'$において静止している電荷密度$\rho$をローレンツ変換したものと考えられます。$S'$での4元電流を表すと，

$$(\rho c,\ 0,\ 0,\ 0)$$

ですから，これをローレンツ変換して，Sでは，

$$\left(\frac{\rho c}{\sqrt{1-\frac{|\boldsymbol{v}|^2}{c^2}}},\ \frac{\rho v_x}{\sqrt{1-\frac{|\boldsymbol{v}|^2}{c^2}}},\ \frac{\rho v_y}{\sqrt{1-\frac{|\boldsymbol{v}|^2}{c^2}}},\ \frac{\rho v_z}{\sqrt{1-\frac{|\boldsymbol{v}|^2}{c^2}}}\right)$$

になります。

3次元の電荷密度と電流に関しては，次のように電荷保存則の式が成り立っていました。

$$\frac{\partial\widetilde{\rho}}{\partial t}+\mathrm{div}\boldsymbol{i}(\boldsymbol{x},\ t)=0 \qquad \frac{\partial(c\widetilde{\rho})}{\partial(ct)}+\frac{\partial\, i_x}{\partial x}+\frac{\partial\, i_y}{\partial y}+\frac{\partial\, i_z}{\partial z}=0$$

$$\frac{\partial(\widetilde{\rho}c)}{\partial\ (ct)}+\frac{\partial(\widetilde{\rho}v_x)}{\partial x}+\frac{\partial(\widetilde{\rho}v_y)}{\partial y}+\frac{\partial(\widetilde{\rho}v_z)}{\partial z}=0$$

この式で，$\widetilde{\rho}c$, $\boldsymbol{i}(x,\ t)$の代わりに，j^0，j^1，j^2，j^3を用いると，

$$\frac{\partial j^0}{\partial x^0}+\frac{\partial j^1}{\partial x^1}+\frac{\partial j^2}{\partial x^2}+\frac{\partial j^3}{\partial x^3}=0 \qquad \frac{\partial j^i}{\partial x^i}=0$$

という式になります。

ここから数学的に$\boldsymbol{E}$，$\boldsymbol{B}$についての変換則までたどることができます。

電磁気学・特殊相対論の解説書の中には，$\boldsymbol{E}$，$\boldsymbol{B}$の変換則を与えた上で，ローレンツ変換に対して共変であるとしているものがありますが，光速度不変を仮定してローレンツ変換を求めた筋道が台無しです。$\boldsymbol{E}$，$\boldsymbol{B}$の変換則は，テンソルの性質から導くことができるものです。

2章の最後で示したように，真空中のマックスウェルの電磁方程式は，スカラーポテンシャルϕとベクトルポテンシャル$\boldsymbol{A}$を用いて，

$$「\square\phi(\boldsymbol{x},\ t)=-\frac{\tilde{\rho}(\boldsymbol{x},\ t)}{\varepsilon_0},\ \square\boldsymbol{A}(\boldsymbol{x},\ t)=-\mu_0\boldsymbol{i}(\boldsymbol{x},\ t)$$

$$\mathrm{div}\boldsymbol{A}(\boldsymbol{x},\ t)+\varepsilon_0\mu_0\frac{\partial\phi(\boldsymbol{x},\ t)}{\partial t}=0」$$

と表すことができました。この $\boldsymbol{A}$，ϕ を用いて，$\boldsymbol{B}$，$\boldsymbol{E}$ は

$$\boldsymbol{B}(\boldsymbol{x},\ t)=\mathrm{rot}\boldsymbol{A}(\boldsymbol{x},\ t),\ E(\boldsymbol{x},\ t)=-\frac{\partial\boldsymbol{A}(\boldsymbol{x},\ t)}{\partial t}-\mathrm{grad}\phi(\boldsymbol{x},\ t)$$

と表せます。ここで式の第1式を c で割り，$c^2=\dfrac{1}{\varepsilon_0\mu_0}$ を用いて

$$\square\left(\frac{\phi(\boldsymbol{x},\ t)}{c}\right)=-\frac{\tilde{\rho}(\boldsymbol{x},\ t)}{c\varepsilon_0}=-\mu_0 c\tilde{\rho},\quad \square\boldsymbol{A}(\boldsymbol{x},\ t)=-\mu_0\boldsymbol{i}(\boldsymbol{x},\ t)$$

$\tilde{\rho}c$ と $\boldsymbol{i}(\boldsymbol{x},\ t)$ の各成分の代わりに，j^0, j^1, j^2, j^3 を用いると，

$$\square\left(\frac{\phi(\boldsymbol{x},\ t)}{c}\right)=-\mu_0 j^0,\quad \square A^i(\boldsymbol{x},\ t)=-\mu_0 j^i\quad(i=1,\ 2,\ 3)$$

となります。さらに，$A^0=\dfrac{\phi}{c}$ とおくと，この2式はまとめて，

$$\square A^i=-\mu_0 j^i$$

と表すことができます。

ところで，**定理 1.40** により，波動方程式 $\square\phi(\boldsymbol{x},\ t)=-f(\boldsymbol{x},\ t)$ の1つの解は，

$$\phi(\boldsymbol{x},\ t)=\frac{1}{4\pi}\int_V\frac{f\left(\boldsymbol{y},\ t\pm\dfrac{|\boldsymbol{y}-\boldsymbol{x}|}{c}\right)}{|\boldsymbol{y}-\boldsymbol{x}|}d\boldsymbol{y}$$

でした。$\square A^i=-\mu_0 j^i$ に対して，この公式から得られる解を A^i とします。つまり，

$$A^i(\boldsymbol{x},\ t)=\frac{\mu_0}{4\pi}\int_V\frac{j^i\left(\boldsymbol{y},\ t\pm\dfrac{|\boldsymbol{y}-\boldsymbol{x}|}{c}\right)}{|\boldsymbol{y}-\boldsymbol{x}|}d\boldsymbol{y}$$

とおきます。

問題 4.27

A^iは4元ベクトルであることを示せ。

電流を，慣性系Sで捉えるとj^i，慣性系S'で捉えるとj'^iであるとします。

j^iは4元電流であり4元ベクトルの性質を持ちますから，これらの間にはローレンツ変換の行列$\Lambda^i{}_k$によって，

$$j'^i = \Lambda^i{}_k j^k$$

という関係があります。A^i，A'^iは，

$$A^i(\boldsymbol{x},\ t) = \frac{\mu_0}{4\pi}\int_V \frac{j^i\left(\boldsymbol{y},\ t \pm \dfrac{|\boldsymbol{y}-\boldsymbol{x}|}{c}\right)}{|\boldsymbol{y}-\boldsymbol{x}|}d\boldsymbol{y},$$

$$A'^i(\boldsymbol{x},\ t) = \frac{\mu_0}{4\pi}\int_V \frac{j'^i\left(\boldsymbol{y},\ t \pm \dfrac{|\boldsymbol{y}-\boldsymbol{x}|}{c}\right)}{|\boldsymbol{y}-\boldsymbol{x}|}d\boldsymbol{y}$$

と表せますから，

$$A'^i(\boldsymbol{x},\ t) = \frac{\mu_0}{4\pi}\int_V \frac{j'^i\left(\boldsymbol{y},\ t \pm \dfrac{|\boldsymbol{y}-\boldsymbol{x}|}{c}\right)}{|\boldsymbol{y}-\boldsymbol{x}|}d\boldsymbol{y}$$

$$= \frac{\mu_0}{4\pi}\int_V \frac{\Lambda^i{}_k j^k\left(\boldsymbol{y},\ t \pm \dfrac{|\boldsymbol{y}-\boldsymbol{x}|}{c}\right)}{|\boldsymbol{y}-\boldsymbol{x}|}d\boldsymbol{y}$$

$$= \Lambda^i{}_k\left(\frac{\mu_0}{4\pi}\int_V \frac{j^k\left(\boldsymbol{y},\ t \pm \dfrac{|\boldsymbol{y}-\boldsymbol{x}|}{c}\right)}{|\boldsymbol{y}-\boldsymbol{x}|}d\boldsymbol{y}\right) = \Lambda^i{}_k A^k(\boldsymbol{x},\ t)$$

A^iは4元ベクトルになります。A^iを**4元ポテンシャル**といいます。

A^iは4元ベクトルですから，反変ベクトル場，すなわち(1, 0)テンソル場です。これをローレンツ空間の計量テンソルであるミンコフスキー計量η_{ij}で添え字を下げて，

$$A_i = \eta_{ij} A^j$$

とします。つまり，

$$A_0 = -A^0 = -\frac{\phi}{c} \qquad A_1 = A^1 \qquad A_2 = A^2 \qquad A_3 = A^3$$

これは，共変ベクトル場，(0, 1)テンソル場です。これから，

$$f_{ij} = \frac{\partial A_j}{\partial x^i} - \frac{\partial A_i}{\partial x^j}$$

を作ります。これは**定理 3.46**により，(0, 2)テンソル場になります。

このfを計算してみましょう。

$i=j$のときは，定義より$f_{ij}=0$

$i \neq j$のとき，具体的に調べてみると，

$$f_{01} = \frac{\partial A_1}{\partial x^0} - \frac{\partial A_0}{\partial x^1} = \frac{\partial A_1}{\partial (ct)} - \frac{\partial}{\partial x^1}\left(-\frac{\phi}{c}\right) = \frac{1}{c}\left(\frac{\partial A_1}{\partial t} + \frac{\partial \phi}{\partial x^1}\right)$$

ここで，(2.35) より$\boldsymbol{E} = -\dfrac{\partial \boldsymbol{A}}{\partial t} - \mathrm{grad}\phi$ですから，$f_{01} = -\dfrac{E_1}{c} = -\dfrac{E_x}{c}$

また，(2.34) より$\boldsymbol{B} = \mathrm{rot}\boldsymbol{A}$ですから，

$$f_{12} = \frac{\partial A_2}{\partial x^1} - \frac{\partial A_1}{\partial x^2} = B_3 = B_z$$

他も同様に計算して，f_{ij}を行列の形に並べると，次のようになります。電場$\boldsymbol{E}$と磁束密度$\boldsymbol{B}$が現れました。ですから，f_{ij}を電磁場テンソルと呼びます。

定義 4.28 **電磁場テンソル**

(0, 2) テンソル場

$$(f_{ij})=\left(\frac{\partial A_j}{\partial x^i}-\frac{\partial A_i}{\partial x^j}\right)=\begin{pmatrix} & -\frac{E_x}{c} & -\frac{E_y}{c} & -\frac{E_z}{c} \\ \frac{E_x}{c} & & B_z & -B_y \\ \frac{E_y}{c} & -B_z & & B_x \\ \frac{E_z}{c} & B_y & -B_x & \end{pmatrix}$$

この $\boldsymbol{E}$ と $\boldsymbol{B}$ は，作り方から，

$$\mathrm{div}\boldsymbol{B}=0,\quad \mathrm{rot}\boldsymbol{E}+\frac{\partial \boldsymbol{B}}{\partial t}=\boldsymbol{0}$$

を満たすはずです。なぜなら，この2式から電場ポテンシャル ϕ，ベクトルポテンシャル $\boldsymbol{A}$ を求めて，4元ポテンシャル A^i を作り，それらの成分を微分して $\boldsymbol{E}$，$\boldsymbol{B}$ を算出しているからです。

確認してみましょう。

問題 4.29

$\mathrm{div}\boldsymbol{B}=0,\quad \mathrm{rot}\boldsymbol{E}+\frac{\partial \boldsymbol{B}}{\partial t}=\boldsymbol{0}$ を f_{ij} で書き換えよ。

$\mathrm{div}\boldsymbol{B}=0$ の方は，

$$\frac{\partial B_x}{\partial x}+\frac{\partial B_y}{\partial y}+\frac{\partial B_z}{\partial z}=0 \qquad \frac{\partial f_{23}}{\partial x^1}+\frac{\partial f_{31}}{\partial x^2}+\frac{\partial f_{12}}{\partial x^3}=0$$

$\mathrm{rot}\boldsymbol{E}+\frac{\partial \boldsymbol{B}}{\partial t}=\boldsymbol{0}$ の方は，$\frac{\partial \boldsymbol{B}}{\partial (ct)}+\mathrm{rot}\frac{\boldsymbol{E}}{c}=\boldsymbol{0}$ として，

x 座標は，

$$\frac{\partial B_x}{\partial (ct)}+\frac{\partial}{\partial y}\left(\frac{E_z}{c}\right)-\frac{\partial}{\partial z}\left(\frac{E_y}{c}\right)=0 \qquad \frac{\partial f_{23}}{\partial x^0}+\frac{\partial f_{30}}{\partial x^2}+\frac{\partial f_{02}}{\partial x^3}=0$$

y 座標は，

$$\frac{\partial B_y}{\partial (ct)}+\frac{\partial}{\partial z}\left(\frac{E_x}{c}\right)-\frac{\partial}{\partial x}\left(\frac{E_z}{c}\right)=0 \qquad \frac{\partial f_{31}}{\partial x^0}+\frac{\partial f_{10}}{\partial x^3}+\frac{\partial f_{03}}{\partial x^1}=0$$

z 座標は，

$$\frac{\partial B_z}{\partial (ct)}+\frac{\partial}{\partial x}\left(\frac{E_y}{c}\right)-\frac{\partial}{\partial y}\left(\frac{E_x}{c}\right)=0 \qquad \frac{\partial f_{12}}{\partial x^0}+\frac{\partial f_{20}}{\partial x^1}+\frac{\partial f_{01}}{\partial x^2}=0$$

これらをまとめると，

$$\frac{\partial f_{ij}}{\partial x^k}+\frac{\partial f_{jk}}{\partial x^i}+\frac{\partial f_{ki}}{\partial x^j}=0$$

となります。

この式は物理法則を表していますが，$\boldsymbol{E}$，$\boldsymbol{B}$ が 4 元ポテンシャル A^i から作られるテンソルの成分であることから，数学的に導くことができます。

$\boldsymbol{E}$，$\boldsymbol{B}$ を用いず，左辺を計算して 0 になるか計算してみましょう。

ここで，$f_{ij}=\dfrac{\partial A_j}{\partial x^i}-\dfrac{\partial A_i}{\partial x^j}$ を代入すると，

$$\frac{\partial}{\partial x^k}\left(\frac{\partial A_j}{\partial x^i}-\frac{\partial A_i}{\partial x^j}\right)+\frac{\partial}{\partial x^i}\left(\frac{\partial A_k}{\partial x^j}-\frac{\partial A_j}{\partial x^k}\right)+\frac{\partial}{\partial x^j}\left(\frac{\partial A_i}{\partial x^k}-\frac{\partial A_k}{\partial x^i}\right)=0$$

となります。つまり，2 階の共変テンソル場 f_{ij} に関しての条件式は，A_i から作った f_{ij} に関して常に成り立つということです。

上のように，4 本あるうちのマックスウェルの方程式の半分を f_{ij} で書き換えることができました。残り 2 本はどうでしょうか。

ここで，f_{ij} の添え字をミンコフスキー計量（反変形）η^{ij} で上にした，電磁場テンソルの(2, 0)テンソル場バージョン f^{ij} を考えてみましょう。

$f^{ij}=\eta^{ik}\eta^{jl}f_{kl}$ ですから，

$$f^{ij}=\eta^{ik}\eta^{jl}f_{kl}=\begin{pmatrix}-1&&&\\&1&&\\&&1&\\&&&1\end{pmatrix}\begin{pmatrix}&-\frac{E_x}{c}&-\frac{E_y}{c}&-\frac{E_z}{c}\\\frac{E_x}{c}&&B_z&-B_y\\\frac{E_y}{c}&-B_z&&B_x\\\frac{E_z}{c}&B_y&-B_x&\end{pmatrix}\begin{pmatrix}-1&&&\\&1&&\\&&1&\\&&&1\end{pmatrix}$$

$$=\begin{pmatrix}-1&&&\\&1&&\\&&1&\\&&&1\end{pmatrix}\begin{pmatrix}&-\frac{E_x}{c}&-\frac{E_y}{c}&-\frac{E_z}{c}\\-\frac{E_x}{c}&&B_z&-B_y\\-\frac{E_y}{c}&-B_z&&B_x\\-\frac{E_z}{c}&B_y&-B_x&\end{pmatrix}=\begin{pmatrix}&\frac{E_x}{c}&\frac{E_y}{c}&\frac{E_z}{c}\\-\frac{E_x}{c}&&B_z&-B_y\\-\frac{E_y}{c}&-B_z&&B_x\\-\frac{E_z}{c}&B_y&-B_x&\end{pmatrix}$$

残りのマックスウェルの方程式もf^{ij}を用いて表してみましょう。

問題 4.30

$\mathrm{div}\boldsymbol{E}=\dfrac{\tilde{\rho}}{\varepsilon_0}$，$\mathrm{rot}\boldsymbol{B}-\varepsilon_0\mu_0\dfrac{\partial\boldsymbol{E}}{\partial t}=\mu_0\boldsymbol{i}$を$f^{ij}$と$j^i$を用いて表せ。

$\mathrm{div}\boldsymbol{E}=\dfrac{\tilde{\rho}}{\varepsilon_0}$より，$\mathrm{div}\dfrac{\boldsymbol{E}}{c}=\dfrac{\tilde{\rho}}{c\varepsilon_0}=\mu_0(c\tilde{\rho})$

$$\frac{\partial}{\partial x}\left(\frac{E_x}{c}\right)+\frac{\partial}{\partial y}\left(\frac{E_y}{c}\right)+\frac{\partial}{\partial z}\left(\frac{E_z}{c}\right)=\mu_0(c\tilde{\rho})$$

$$\frac{\partial f^{01}}{\partial x^1}+\frac{\partial f^{02}}{\partial x^2}+\frac{\partial f^{03}}{\partial x^3}=\mu_0 j^0$$

$\mathrm{rot}\boldsymbol{B}-\varepsilon_0\mu_0\dfrac{\partial\boldsymbol{E}}{\partial t}=\mu_0\boldsymbol{i}$より，$\mathrm{rot}\boldsymbol{B}-\dfrac{\partial}{\partial(ct)}\left(\dfrac{\boldsymbol{E}}{c}\right)=\mu_0\boldsymbol{i}$

x座標は，

$$\frac{\partial B_z}{\partial y}-\frac{\partial B_y}{\partial z}-\frac{\partial}{\partial(ct)}\left(\frac{E_x}{c}\right)=\mu_0 i_x\qquad\frac{\partial f^{10}}{\partial x^0}+\frac{\partial f^{12}}{\partial x^2}+\frac{\partial f^{13}}{\partial x^3}=\mu_0 j^1$$

y 座標は,

$$\frac{\partial B_x}{\partial z}-\frac{\partial B_z}{\partial x}-\frac{\partial}{\partial(ct)}\left(\frac{E_y}{c}\right)=\mu_0 i_y \qquad \frac{\partial f^{20}}{\partial x^0}+\frac{\partial f^{21}}{\partial x^1}+\frac{\partial f^{23}}{\partial x^3}=\mu_0 j^2$$

z 座標は,

$$\frac{\partial B_y}{\partial x}-\frac{\partial B_x}{\partial y}-\frac{\partial}{\partial(ct)}\left(\frac{E_z}{c}\right)=\mu_0 i_z \qquad \frac{\partial f^{30}}{\partial x^0}+\frac{\partial f^{31}}{\partial x^1}+\frac{\partial f^{32}}{\partial x^2}=\mu_0 j^3$$

$f^{jj}=0$, $\dfrac{\partial f^{jj}}{\partial x^i}=0$であることに注意して，これらをまとめると,

$$\frac{\partial f^{i0}}{\partial x^0}+\frac{\partial f^{i1}}{\partial x^1}+\frac{\partial f^{i2}}{\partial x^2}+\frac{\partial f^{i3}}{\partial x^3}=\mu_0 j^i \qquad \frac{\partial f^{ik}}{\partial x^k}=\mu_0 j^i$$

結局，マックスウェルの方程式は，f_{ij}, f^{ij} を用いて2個の方程式にまとめられました。

法則 4.31　f_{ij}, f^{ij} によるマックスウェルの方程式

$$f_{ij}=\frac{\partial A_j}{\partial x^i}-\frac{\partial A_i}{\partial x^j} \qquad f^{ij}=\eta^{ik}\eta^{jl}f_{kl}$$

とおいて,

$$\frac{\partial f_{ij}}{\partial x^k}+\frac{\partial f_{jk}}{\partial x^i}+\frac{\partial f_{ki}}{\partial x^j}=0 \qquad \frac{\partial f^{ki}}{\partial x^i}=\mu_0 j^k$$

このことからマックスウェルの方程式がローレンツ変換で共変であることが分かります。このことを説明してみましょう。

慣性系 S での電磁場テンソルを f_{ij}, f^{ij} とし，慣性系 S' での電磁場テンソルを f'_{ij}, f'^{ij} とします。S でマックスウェルの方程式が成り立つとき,

$$\frac{\partial f'_{ij}}{\partial x'^k}+\frac{\partial f'_{jk}}{\partial x'^i}+\frac{\partial f'_{ki}}{\partial x'^j}=0 \qquad \frac{\partial f'^{ki}}{\partial x'^i}=\mu_0 j'^k$$

が成り立つかどうか考えてみます。

第１式は，電磁場テンソルf'_{ij}の定義，$f'_{ij}=\dfrac{\partial A'_j}{\partial x^i}-\dfrac{\partial A'_i}{\partial x'^j}$を代入すれば成り立ちます。

第２式が成り立つことは，テンソルの一般論から次のようにして分かります。左辺について，

(2, 0)テンソル場f^{ki}を微分して作った$\dfrac{\partial f^{ki}}{\partial x^j}$は，(2, 1)テンソル場

(2, 1)テンソル場$\dfrac{\partial f^{ki}}{\partial x^j}$を縮約して作った$\dfrac{\partial f^{ki}}{\partial x^i}$は，(1, 0)テンソル場

右辺のj^kは(1, 0)テンソル場

第２式は，テンソル場の等式なので，**定理 3.34** より座標のとり方によらず成り立ちます。第２式が成り立つことが分かりました。

よって，マックスウェルの方程式はローレンツ変換で共変です。

電磁場テンソルf^{ji}は(2, 0)テンソル場ですから，

$$f'^{ji}=\Lambda^j{}_k\Lambda^i{}_l f^{kl}$$

という変換則が成り立ちます。f^{ji}の成分は$\boldsymbol{E}$，$\boldsymbol{B}$でしたから，この式は，慣性系Sと慣性系S'の座標が一般のローレンツ変換で変換されるときの，慣性系Sの$\boldsymbol{E}$，$\boldsymbol{B}$と慣性系S'の$\boldsymbol{E}'$，$\boldsymbol{B}'$の変換則を表しています。

$\boldsymbol{E}$，$\boldsymbol{B}$は２階のテンソルの成分として変換されるのです。

この変換則のもとで，マックスウェルの方程式が共変であることは一般論として上で述べましたが，ローレンツ変換を具体的に定め，f_{ij}からf'_{ij}を計算し，f'_{ij}がマックスウェルの方程式を満たすことを計算で確かめることは，相対性理論を味わうための一興であると考えます。

そこで，$\Lambda^j{}_k$がx軸方向のローレンツ変換の場合に$\boldsymbol{E}$，$\boldsymbol{B}$の変換則を書き下してみましょう。

問題 4.32

慣性系 S' が，慣性系 S に対して x 軸方向に速度 V で進んでいるとき，S の $\boldsymbol{E}$，$\boldsymbol{B}$ を用いて，S' の $\boldsymbol{E}'$，$\boldsymbol{B}'$ を表せ。

$\Lambda^j{}_k$ を x 軸方向のローレンツ変換(**公式 4.02**)として，$f'^{ji}=\Lambda^j{}_k\Lambda^i{}_l f^{kl}$ の右辺を行列で表すと，

$$\begin{pmatrix}\gamma & -\gamma\beta & 0 & 0\\ -\gamma\beta & \gamma & 0 & 0\\ 0 & 0 & 1 & 0\\ 0 & 0 & 0 & 1\end{pmatrix}\begin{pmatrix} & \frac{E_x}{c} & \frac{E_y}{c} & \frac{E_z}{c}\\ -\frac{E_x}{c} & & B_z & -B_y\\ -\frac{E_y}{c} & -B_z & & B_x\\ -\frac{E_z}{c} & B_y & -B_x & \end{pmatrix}\begin{pmatrix}\gamma & -\gamma\beta & 0 & 0\\ -\gamma\beta & \gamma & 0 & 0\\ 0 & 0 & 1 & 0\\ 0 & 0 & 0 & 1\end{pmatrix}$$

$\gamma=\dfrac{1}{\sqrt{1-\dfrac{V^2}{c^2}}}$，$\beta=\dfrac{V}{c}$，$-\gamma^2+\gamma^2\beta^2=-1$

$$=\begin{pmatrix}\gamma\beta\frac{E_x}{c} & \gamma\frac{E_x}{c} & \gamma\frac{E_y}{c}-\gamma\beta B_z & \gamma\frac{E_z}{c}+\gamma\beta B_y\\ -\gamma\frac{E_x}{c} & -\gamma\beta\frac{E_x}{c} & -\gamma\beta\frac{E_y}{c}+\gamma B_z & -\gamma\beta\frac{E_z}{c}-\gamma B_y\\ -\frac{E_y}{c} & -B_z & 0 & B_x\\ -\frac{E_z}{c} & B_y & -B_x & 0\end{pmatrix}\begin{pmatrix}\gamma & -\gamma\beta & 0 & 0\\ -\gamma\beta & \gamma & 0 & 0\\ 0 & 0 & 1 & 0\\ 0 & 0 & 0 & 1\end{pmatrix}$$

$-\gamma^2+\gamma^2\beta^2=-1$

$$=\begin{pmatrix}0 & \frac{E_x}{c} & \gamma\frac{E_y}{c}-\gamma\beta B_z & \gamma\frac{E_z}{c}+\gamma\beta B_y\\ -\frac{E_x}{c} & 0 & -\gamma\beta\frac{E_y}{c}+\gamma B_z & -\gamma\beta\frac{E_z}{c}-\gamma B_y\\ -\gamma\frac{E_y}{c}+\gamma\beta B_z & \gamma\beta\frac{E_y}{c}-\gamma B_z & 0 & B_x\\ -\gamma\frac{E_z}{c}-\gamma\beta B_y & \gamma\beta\frac{E_z}{c}+\gamma B_y & -B_x & 0\end{pmatrix}$$

これより，

$$E'_x = E_x$$

$$E'_y = \gamma(E_y - c\beta B_z) = \gamma(E_y - VB_z)$$

$$E'_z = \gamma(E_z + c\beta B_y) = \gamma(E_z + VB_y)$$

$$B'_x = B_x$$

$$B'_y = \gamma\left(B_y + \frac{\beta}{c}E_z\right) = \gamma\left(B_y + \frac{V}{c^2}E_z\right)$$

$$B'_z = \gamma\left(B_z - \frac{\beta}{c}E_y\right) = \gamma\left(B_z - \frac{V}{c^2}E_y\right)$$

このように電場$\boldsymbol{E}$，磁束密度$\boldsymbol{B}$の変換則は，電荷・電流を表すベクトル$\boldsymbol{j}$が4元ベクトルであることから，数学的に導けます。テンソル場の一般論の威力を感じざるを得ません。

ローレンツ変換でマックスウェルの電磁方程式が共変であることは，方程式を電磁場テンソルf^{ij}で書き換えて示しましたが，上で求めたx軸方向のローレンツ変換で$\boldsymbol{E}$，$\boldsymbol{B}$を変換した$\boldsymbol{E}'$，$\boldsymbol{B}'$について，マックスウェルの電磁方程式が共変であることを直接確かめてみましょう。

一般論から，成り立つことは保証されています。だからといって，この計算がルーティンだとは思いません。正直申しまして，特殊相対論の中で，私が一番好きなところはここです。ぜひ手を動かして，共変性を実感してもらいたいと思います。

問題 4.33

$\boldsymbol{E}$，$\boldsymbol{B}$，$\boldsymbol{i}$，ρについてマックスウェルの電磁方程式が成り立つとき，これらについてx軸方向のローレンツ変換をした$\boldsymbol{E}'$，$\boldsymbol{B}'$，$\boldsymbol{i}'$，ρ'についても

$$\mathrm{div}\boldsymbol{E}'(\boldsymbol{x}',\ t') = \frac{\rho'(\boldsymbol{x}',\ t')}{\varepsilon_0} \qquad \mathrm{rot}\boldsymbol{E}'(\boldsymbol{x}',\ t') + \frac{\partial \boldsymbol{B}'(\boldsymbol{x}',\ t')}{\partial t'} = \boldsymbol{0}$$

$$\mathrm{div}\boldsymbol{B}'(\boldsymbol{x}',\ t') = 0 \qquad \mathrm{rot}\boldsymbol{B}'(\boldsymbol{x}',\ t') - \frac{1}{c^2}\frac{\partial \boldsymbol{E}'(\boldsymbol{x}',\ t')}{\partial t'} = \mu_0 \boldsymbol{i}'(\boldsymbol{x}',\ t')$$

が成り立つことを示せ。

S系は，S'系から見てx'軸方向に速さ$-V$で進んでいると捉えることができるので，ct，xをct'，x'で表すには，ローレンツ変換の式でダッシュを付け換え，βを$-\beta$に変えればよいことになります。

x軸方向のローレンツ変換でct，xをct'，x'で表すと，

$$ct=\gamma(ct')+\gamma\beta x' \qquad x=\gamma\beta(ct')+\gamma x'$$

となりますから，慣性系S'での微分は，

$$\frac{\partial}{\partial(ct')}=\frac{\partial(ct)}{\partial(ct')}\frac{\partial}{\partial(ct)}+\frac{\partial x}{\partial(ct')}\frac{\partial}{\partial x}=\gamma\frac{\partial}{\partial(ct)}+\gamma\beta\frac{\partial}{\partial x}$$

$$\rightarrow \quad \frac{\partial}{\partial t'}=\gamma\frac{\partial}{\partial t}+\gamma V\frac{\partial}{\partial x}$$

$$\frac{\partial}{\partial x'}=\underbrace{\gamma\beta}_{\frac{\partial(ct)}{\partial x'}}\frac{\partial}{\partial(ct)}+\gamma\frac{\partial}{\partial x}=\frac{\gamma V}{c^2}\frac{\partial}{\partial t}+\gamma\frac{\partial}{\partial x},$$

$$\frac{\partial}{\partial y'}=\frac{\partial}{\partial y} \qquad \frac{\partial}{\partial z'}=\frac{\partial}{\partial z}$$

です。

$$\begin{aligned}\mathrm{div}\boldsymbol{B}'&=\frac{\partial B_x'}{\partial x'}+\frac{\partial B_y'}{\partial y'}+\frac{\partial B_z'}{\partial z'}\\&=\left(\frac{\gamma V}{c^2}\frac{\partial}{\partial t}+\gamma\frac{\partial}{\partial x}\right)B_x+\frac{\partial}{\partial y}\gamma\left(B_y+\frac{V}{c^2}E_z\right)+\frac{\partial}{\partial z}\gamma\left(B_z-\frac{V}{c^2}E_y\right)\\&=\gamma\underbrace{\left(\frac{\partial B_x}{\partial x}+\frac{\partial B_y}{\partial y}+\frac{\partial B_z}{\partial z}\right)}_{\mathrm{div}\boldsymbol{B}=0\text{より}0}+\frac{\gamma V}{c^2}\underbrace{\left(\frac{\partial B_x}{\partial t}+\frac{\partial E_z}{\partial y}-\frac{\partial E_y}{\partial z}\right)}_{\mathrm{rot}\boldsymbol{E}+\frac{\partial \boldsymbol{B}}{\partial t}=0\text{ の }x\text{ 成分}}\\&=0\end{aligned}$$

よって，第3式が成り立ちます。

$$\mathrm{rot}\boldsymbol{E}'+\frac{\partial \boldsymbol{B}'}{\partial t'}=\left(\frac{\partial E_z'}{\partial y'}-\frac{\partial E_y'}{\partial z'}+\frac{\partial B_x'}{\partial t'},\ \frac{\partial E_x'}{\partial z'}-\frac{\partial E_z'}{\partial x'}+\frac{\partial B_y'}{\partial t'},\ \frac{\partial E_y'}{\partial x'}-\frac{\partial E_x'}{\partial y'}+\frac{\partial B_z'}{\partial t'}\right)$$

第1成分は，

$$\frac{\partial E'_z}{\partial y'}-\frac{\partial E'_y}{\partial z'}+\frac{\partial B'_x}{\partial t'}$$
$$=\frac{\partial}{\partial y}(\gamma(E_z+VB_y))-\frac{\partial}{\partial z}(\gamma(E_y-VB_z))+\left(\gamma\frac{\partial}{\partial t}+\gamma V\frac{\partial}{\partial x}\right)B_x$$
$$=\gamma\left(\frac{\partial E_z}{\partial y}-\frac{\partial E_y}{\partial z}+\frac{\partial B_x}{\partial t}\right)+\gamma V\left(\frac{\partial B_x}{\partial x}+\frac{\partial B_y}{\partial y}+\frac{\partial B_z}{\partial z}\right)$$
$$=0$$

第2成分は，

$$\frac{\partial E'_x}{\partial z'}-\frac{\partial E'_z}{\partial x'}+\frac{\partial B'_y}{\partial t'}=\frac{\partial E_x}{\partial z}-\left(\frac{\gamma V}{c^2}\frac{\partial}{\partial t}+\gamma\frac{\partial}{\partial x}\right)(\gamma(E_z+VB_y))$$
$$+\left(\gamma\frac{\partial}{\partial t}+\gamma V\frac{\partial}{\partial x}\right)\gamma\left(B_y+\frac{V}{c^2}E_z\right)$$

$$=\frac{\partial E_x}{\partial z}+\gamma^2\left(-\frac{V}{c^2}+\frac{V}{c^2}\right)\frac{\partial E_z}{\partial t}+\gamma^2\left(-1+\frac{V^2}{c^2}\right)\frac{\partial E_z}{\partial x}$$
$$+\underbrace{\gamma^2\left(-\frac{V^2}{c^2}+1\right)}_{1}\frac{\partial B_y}{\partial t}+\gamma^2(-V+V)\frac{\partial B_y}{\partial x}$$

$$=\frac{\partial E_x}{\partial z}-\frac{\partial E_z}{\partial x}+\frac{\partial B_y}{\partial t}=0$$　　$\mathrm{rot}E+\frac{\partial B}{\partial t}=0$ の y 成分

第3成分も，第2成分と同様に0，よって，第2式が成り立ちます。

4元電流の変換は，$(c\rho,\ i_x,\ i_y,\ i_z)$と$(c\rho',\ i'_x,\ i'_y,\ i'_z)$に対して，

$$c\rho'=\gamma c\rho-\gamma\beta i_x$$
$$i'_x=-\gamma\beta c\rho+\gamma i_x=-\gamma V\rho+\gamma i_x$$
$$i'_y=i_y,\quad i'_z=i_z$$

となります。

$$\mathrm{div}\boldsymbol{E}' = \frac{\partial E'_x}{\partial x'} + \frac{\partial E'_y}{\partial y'} + \frac{\partial E'_z}{\partial z'}$$

$$= \left(\frac{\gamma V}{c^2}\frac{\partial}{\partial t} + \gamma\frac{\partial}{\partial x}\right)E_x + \frac{\partial}{\partial y}\gamma(E_y - VB_z) + \frac{\partial}{\partial z}\gamma(E_z + VB_y)$$

$$= \gamma\left(\frac{\partial E_x}{\partial x} + \frac{\partial E_y}{\partial y} + \frac{\partial E_z}{\partial z}\right) + \gamma V\left(\frac{1}{c^2}\frac{\partial E_x}{\partial t} - \frac{\partial B_z}{\partial y} + \frac{\partial B_y}{\partial z}\right)$$

$\mathrm{div}\boldsymbol{E} = \frac{\rho}{\varepsilon_0}$ より　　$\mathrm{rot}\boldsymbol{B} - \frac{1}{c^2}\frac{\partial \boldsymbol{E}}{\partial t} = \mu_0 \boldsymbol{i}$ より

$$= \gamma\frac{\rho}{\varepsilon_0} + \gamma V(-\mu_0 i_x)$$

$$= \frac{1}{c\varepsilon_0}(\gamma c\rho - \gamma\beta i_x) = \frac{1}{c\varepsilon_0}(c\rho') = \frac{\rho'}{\varepsilon_0} \qquad c\mu_0 = \frac{1}{c\varepsilon_0}$$

よって，第1式が成り立ちます。

$$\mathrm{rot}\boldsymbol{B}' - \frac{1}{c^2}\frac{\partial \boldsymbol{E}'}{\partial t'}$$

$$= \left(\frac{\partial B'_z}{\partial y'} - \frac{\partial B'_y}{\partial z'} - \frac{1}{c^2}\frac{\partial E'_x}{\partial t'},\right.$$

$$\left.\frac{\partial B'_x}{\partial z'} - \frac{\partial B'_z}{\partial x'} - \frac{1}{c^2}\frac{\partial E'_y}{\partial t'},\quad \frac{\partial B'_y}{\partial x'} - \frac{\partial B'_x}{\partial y'} - \frac{1}{c^2}\frac{\partial E'_z}{\partial t'}\right)$$

第1成分は，

$$\frac{\partial B'_z}{\partial y'} - \frac{\partial B'_y}{\partial z'} - \frac{1}{c^2}\frac{\partial E'_x}{\partial t'}$$

$$= \frac{\partial}{\partial y}\left(\gamma\left(B_z - \frac{V}{c^2}E_y\right)\right) - \frac{\partial}{\partial z}\left(\gamma\left(B_y + \frac{V}{c^2}E_z\right)\right)$$

$$- \frac{1}{c^2}\left(\gamma\frac{\partial}{\partial t} + \gamma V\frac{\partial}{\partial x}\right)E_x$$

$$= \gamma\left(\frac{\partial B_z}{\partial y} - \frac{\partial B_y}{\partial z} - \frac{1}{c^2}\frac{\partial E_x}{\partial t}\right) - \gamma\frac{V}{c^2}\left(\frac{\partial E_x}{\partial x} + \frac{\partial E_y}{\partial y} + \frac{\partial E_z}{\partial z}\right)$$

$$= \gamma\mu_0 i_x - \gamma\beta\frac{\rho}{c\varepsilon_0} = \mu_0(\gamma i_x - \gamma\beta c\rho) = \mu_0 i'_x \qquad \frac{1}{c\varepsilon_0} = c\mu_0$$

第2成分は，

$$\frac{\partial B'_x}{\partial z'}-\frac{\partial B'_z}{\partial x'}-\frac{1}{c^2}\frac{\partial E'_y}{\partial t'}$$

$$=\frac{\partial B_x}{\partial z}-\left(\frac{\gamma V}{c^2}\frac{\partial}{\partial t}+\gamma\frac{\partial}{\partial x}\right)\left(\gamma\left(B_z-\frac{V}{c^2}E_y\right)\right)$$

$$-\frac{1}{c^2}\left(\gamma\frac{\partial}{\partial t}+\gamma V\frac{\partial}{\partial x}\right)(\gamma(E_y-VB_z))$$

$$=\frac{\partial B_x}{\partial z}+\gamma^2\left(-\frac{V}{c^2}+\frac{V}{c^2}\right)\frac{\partial B_z}{\partial t}-\underbrace{\gamma^2\left(1-\frac{V^2}{c^2}\right)}_{1}\frac{\partial B_z}{\partial x}$$

$$+\gamma^2\left(\frac{V^2}{c^2}-1\right)\frac{1}{c^2}\frac{\partial E_y}{\partial t}+\gamma^2\left(\frac{V}{c^2}-\frac{V}{c^2}\right)\frac{\partial E_y}{\partial x}$$

$$=\frac{\partial B_x}{\partial z}-\frac{\partial B_z}{\partial x}-\frac{1}{c^2}\frac{\partial E_y}{\partial t}=\mu_0 i_y=\mu_0 i'_y$$

$\mathrm{rot}\boldsymbol{B}-\frac{1}{c^2}\frac{\partial \boldsymbol{E}}{\partial t}=\mu_0\boldsymbol{i}$ の y 成分

第3成分も同様に，

$$\frac{\partial B'_y}{\partial x'}-\frac{\partial B'_x}{\partial y'}-\frac{1}{c^2}\frac{\partial E'_z}{\partial t'}=\cdots=\mu_0 i_z=\mu_0 i'_z$$

よって，第4式が成り立ちます。

x 軸方向のローレンツ変換をもとに，一般のローレンツ変換での電磁場テンソルの変換を求めてみましょう。

慣性系 S での電場，磁束密度を $\boldsymbol{E}$，$\boldsymbol{B}$ とし，これらが，慣性系 S' の進行方向に平行な成分と垂直な成分の和として表されているものとします。

$$\boldsymbol{E}=\boldsymbol{E}_{\parallel}+\boldsymbol{E}_{\perp}\qquad \boldsymbol{B}=\boldsymbol{B}_{\parallel}+\boldsymbol{B}_{\perp}$$

慣性系 S' の方も，

$$\boldsymbol{E}'=\boldsymbol{E}'_{\parallel}+\boldsymbol{E}'_{\perp}\qquad \boldsymbol{B}'=\boldsymbol{B}'_{\parallel}+\boldsymbol{B}'_{\perp}$$

と表されているものとします。

すると，x 軸方向のローレンツ変換の速度 V は $\boldsymbol{V}=(V,\ 0,\ 0)$ であることに注意すると，空間の等方性と上の結果から，

$$E'_x = E_x \qquad\qquad \boldsymbol{E}'_{\parallel} = \boldsymbol{E}_{\parallel}$$

$$\left.\begin{array}{l} E'_y = \gamma\,(E_y - VB_z) \\ E'_z = \gamma\,(E_z + VB_y) \end{array}\right\} \longrightarrow \boldsymbol{E}'_{\perp} = \gamma\,(\boldsymbol{E}_{\perp} + \boldsymbol{V}\times\boldsymbol{B}_{\perp})$$

$$B'_x = B_x \qquad\qquad \boldsymbol{B}'_{\parallel} = \boldsymbol{B}_{\parallel}$$

$$\left.\begin{array}{l} B'_y = \gamma\left(B_y + \dfrac{V}{c^2}E_z\right) \\ B'_z = \gamma\left(B_z - \dfrac{V}{c^2}E_y\right) \end{array}\right\} \longrightarrow \boldsymbol{B}'_{\perp} = \gamma\left(\boldsymbol{B}_{\perp} - \dfrac{\boldsymbol{V}}{c^2}\times\boldsymbol{E}_{\perp}\right)$$

と予想されます。これは**問題 4.32** の計算で，x 軸方向のローレンツ変換の代わりに，一般のローレンツ変換を用いれば示すことができます。

§14　ローレンツ力の共変性

電磁場 $\boldsymbol{E}$，$\boldsymbol{B}$ の中に速度 $\boldsymbol{v}$ の電荷 q の粒子があると，粒子に働く3次元力 $\boldsymbol{F}$ は，電場から受ける力と磁場から受ける力を合わせて，

$$\boldsymbol{F}=q(\boldsymbol{E}+\boldsymbol{v}\times\boldsymbol{B})$$　ベクトル積

と表されます。高校の物理では，qvB のことをローレンツ力と呼びましたが，電場による力まで含めた上の式をあらためて**ローレンツ力**と呼ぶことにします。前の節でお分かりのように，$\boldsymbol{E}$，$\boldsymbol{B}$ は独立した物理量ではなく，合わせて1つの電磁場テンソルを作るわけですから，このように考えた方が統一がとれます。

この粒子の受ける単位時間当たりの仕事は，

$$\begin{aligned}\boldsymbol{F}\cdot\boldsymbol{v}&=q(\boldsymbol{E}+\boldsymbol{v}\times\boldsymbol{B})\cdot\boldsymbol{v}=q\boldsymbol{E}\cdot\boldsymbol{v}+q(\boldsymbol{v}\times\boldsymbol{B})\cdot\boldsymbol{v}\\&=q\boldsymbol{E}\cdot\boldsymbol{v}\end{aligned}$$

です。$\boldsymbol{B}$ の項が消えてしまうということは，磁場から受けるローレンツ力は常に速度方向と垂直なので仕事をしないということに対応しています。

ここまでは3次元の式です。4次元ではローレンツ力の式はどうなるでしょうか。

電磁場テンソルを f_{jk}，4元速度 u^j の粒子の電荷を q とするとき，f^i を

$$f^i=q\eta^{ij}f_{jk}u^k$$

と定義します。まずは，これが3次元のローレンツ力

$$\boldsymbol{F}=q(\boldsymbol{E}+\boldsymbol{v}\times\boldsymbol{B})=(F_x,\ F_y,\ F_z)$$

をもとにした4元力になることを確かめてみましょう。

問題 4.34

電磁場テンソル f_{jk} の空間中を，電荷 q の粒子が 4 元速度 u^i で進んでいる。f^i を

$$f^i = q\eta^{ij} f_{jk} u^k$$

とおくと，f^i は 4 元力であることを示せ。

f^i を計算してみます。

$$f^0 = q\eta^{00}(f_{00}u^0 + f_{01}u^1 + f_{02}u^2 + f_{03}u^3)$$

$$= -q\left(\left(-\frac{E_x}{c}\right)\frac{v_x}{\sqrt{1-\frac{|\boldsymbol{v}|^2}{c^2}}} + \left(-\frac{E_y}{c}\right)\frac{v_y}{\sqrt{1-\frac{|\boldsymbol{v}|^2}{c^2}}} + \left(-\frac{E_z}{c}\right)\frac{v_z}{\sqrt{1-\frac{|\boldsymbol{v}|^2}{c^2}}}\right)$$

$$= \frac{q\boldsymbol{E}\cdot\boldsymbol{v}}{c\sqrt{1-\frac{|\boldsymbol{v}|^2}{c^2}}} = \frac{q(\boldsymbol{E}+\boldsymbol{v}\times\boldsymbol{B})\cdot\boldsymbol{v}}{c\sqrt{1-\frac{|\boldsymbol{v}|^2}{c^2}}} = \frac{\boldsymbol{F}\cdot\boldsymbol{v}}{c\sqrt{1-\frac{|\boldsymbol{v}|^2}{c^2}}}$$

$$f^1 = q\eta^{11}(f_{10}u^0 + f_{11}u^1 + f_{12}u^2 + f_{13}u^3)$$

$$= q\left(\frac{E_x}{c}\cdot\frac{c}{\sqrt{1-\frac{|\boldsymbol{v}|^2}{c^2}}} + B_z\frac{v_y}{\sqrt{1-\frac{|\boldsymbol{v}|^2}{c^2}}} + (-B_y)\frac{v_z}{\sqrt{1-\frac{|\boldsymbol{v}|^2}{c^2}}}\right)$$

$$= \frac{1}{\sqrt{1-\frac{|\boldsymbol{v}|^2}{c^2}}}q(E_x + v_yB_z - v_zB_y)$$

$$= \frac{1}{\sqrt{1-\frac{|\boldsymbol{v}|^2}{c^2}}}q(\boldsymbol{E}+\boldsymbol{v}\times\boldsymbol{B})_x = \frac{F_x}{\sqrt{1-\frac{|\boldsymbol{v}|^2}{c^2}}}$$

$\boldsymbol{F} = q(\boldsymbol{E}+\boldsymbol{v}\times\boldsymbol{B})$ の x 成分

同様に計算して，

$$(f^0, f^1, f^2, f^3) = \left(\frac{\boldsymbol{F} \cdot \boldsymbol{v}}{c\sqrt{1-\frac{|\boldsymbol{v}|^2}{c^2}}}, \frac{F_x}{\sqrt{1-\frac{|\boldsymbol{v}|^2}{c^2}}}, \frac{F_y}{\sqrt{1-\frac{|\boldsymbol{v}|^2}{c^2}}}, \frac{F_z}{\sqrt{1-\frac{|\boldsymbol{v}|^2}{c^2}}} \right)$$

となります。

この式は，**定義 4.20** の式と比べることによって，3 次元のローレンツ力 $\boldsymbol{F} = (F_x, F_y, F_z)$をもとにした 4 元力であることが分かります。

定義 4.35　ローレンツ力

電磁場テンソルを f_{jk}，粒子の 4 元速度を u^j とすると，4 次元のローレンツ力 f^i は，

$$f^i = q\eta^{ij} f_{jk} u^k$$

2 章 7 節の最後で「動いている電荷と同じ速度を持つ観測者からローレンツ力はどう見えるか」という問いを呈しました。動いている観測者からは電荷は静止しているのでローレンツ力が働かないのでは？という疑問です。この疑問について答えておきましょう。

慣性系 S' が S に対して x 方向に速度 V で動いているとし，S では z 軸方向に磁場 $\boldsymbol{B}$ があり，電場はないものとします。このとき，S' に対して静止している電荷 q（>0）は，S, S' から見てどのように見えるでしょうか。

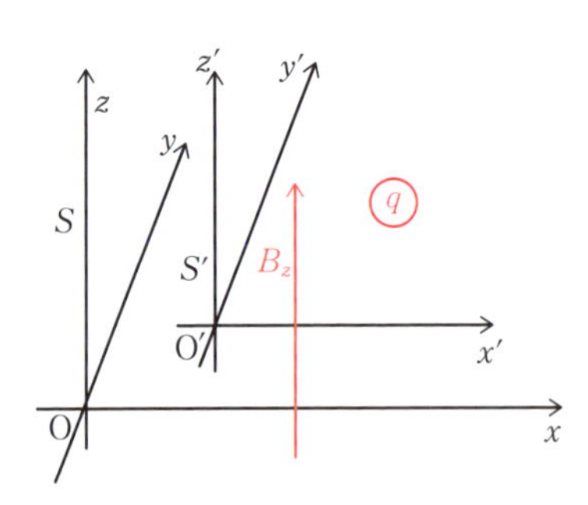

Sから見るとyの負方向にローレンツ力が働きます。

これを$\boldsymbol{F}=(F_x,\ F_y,\ F_z)$とすると，

$$F_x=0 \qquad F_y=-qVB \qquad F_z=0$$

です。

2章では，「S'に対して電荷は静止しているので，ローレンツ力は働かない。矛盾しているのではないか」と問題提起したのでした。

このことは上の4次元のローレンツ力を用いれば矛盾なく解決します。

Sの電磁場は

$$E_x=0,\quad E_y=0,\quad E_z=0,\quad B_x=0,\quad B_y=0,\quad B_z=B$$

です。これをローレンツ変換してS'の電磁場を求めます。**問題 4.32** の答にこれらを代入して，B_zが出てくる成分を抜き出すと，

$$E'_y=\gamma(E_y-VB_z)=-\gamma VB \qquad B'_z=\gamma\left(B_z-\frac{V}{c^2}E_y\right)=\gamma B$$

他は，$E'_x=0$，$E'_z=0$，$B'_x=0$，$B'_y=0$です。

電荷はS'に対して静止している（速度$\boldsymbol{0}$）なので，電荷に働く力F'をS'で見ると，$\boldsymbol{F}'=q(\boldsymbol{E}'+\boldsymbol{0}\times\boldsymbol{B}')=q\boldsymbol{E}'$なので，

$$F'_x=0 \qquad F'_y=-\gamma qVB \qquad F'_z=0$$

となり，yの負方向にローレンツ力が働いていることが分かります。

$$F'_y=\gamma F_y$$

ですから，F_yを3次元力のローレンツ力として見れば変換則にもあっています。

結局，S'では磁場が動いていることによって電場が発生し，その電場によって電荷は力を受けるわけです。

§15 電磁場のエネルギー・運動量テンソル

次に電磁場のエネルギー・運動量テンソルを紹介しましょう。

f^{kj}, η_{kj}などで定義される次のテンソルを考えましょう。

$$T^{ij}=\frac{1}{\mu_0}\left(\eta_{kl}f^{ki}f^{lj}-\frac{1}{4}\eta^{ij}f^{kl}f_{kl}\right)$$

$\eta_{kl}f^{ki}f^{lj}$は，η_{kl}, f^{ki}, f^{lj}がどれもテンソルで，上の添え字が2つ残りますから，2階の反変テンソルです。また，$\eta^{ij}f^{kl}f_{kl}$も同様に2階の反変テンソルです。よって，T^{ij}は2階の反変テンソルです。また，η_{ij}, η^{ij}の対称性より，T^{ij}は対称テンソル($T^{12}=T^{21}$, $T^{13}=T^{31}$, ……)になります。

成分を計算してみましょう。

$$T^{00}=\frac{1}{\mu_0}\left(\eta_{kl}f^{k0}f^{l0}-\frac{1}{4}\eta^{00}f^{kl}f_{kl}\right)$$

$$=\frac{1}{\mu_0}\left(-f^{00}f^{00}+f^{10}f^{10}+f^{20}f^{20}+f^{30}f^{30}-\frac{1}{4}(-1)f^{kl}f_{kl}\right)$$

f^{ij}, f_{ij}の対角成分は0

$f^{kl}f_{kl}$は行列(f^{kl})と行列(f_{kl})の同じ成分の積の総和です。Eに関しては，行列(f^{kl})と行列(f_{kl})で符号が反転していて，Bに関しては同じです

$$=\frac{1}{\mu_0}\left\{\left(-\frac{E_x}{c}\right)^2+\left(-\frac{E_y}{c}\right)^2+\left(-\frac{E_z}{c}\right)^2+\frac{1}{4}\left(-2\left(\frac{E_x}{c}\right)^2-2\left(\frac{E_y}{c}\right)^2-2\left(\frac{E_z}{c}\right)^2+2{B_x}^2+2{B_y}^2+2{B_z}^2\right)\right\}$$

$\varepsilon_0=\dfrac{1}{c^2\mu_0}$を用いて整理すると，

$$=\frac{1}{2}\varepsilon_0({E_x}^2+{E_y}^2+{E_z}^2)+\frac{1}{2\mu_0}({B_x}^2+{B_y}^2+{B_z}^2)$$

$$=\frac{1}{2}\varepsilon_0E^2+\frac{1}{2\mu_0}B^2$$

T^{00}は電場のエネルギー（**法則 2.10**）と磁場のエネルギー（**法則 2.19**）の和，すなわち電磁場のエネルギーになっています。

$T^{0i}(i \neq 0)$は，

$$T^{0i} = \frac{1}{\mu_0}\left(\eta_{kl} f^{k0} f^{li} - \frac{1}{4}\eta^{0i} f^{kl} f_{kl}\right) \qquad \eta^{0i} = 0 \quad (i \neq 0)$$

$$= \frac{1}{\mu_0}(-f^{00} f^{0i} + f^{10} f^{1i} + f^{20} f^{2i} + f^{30} f^{3i})$$

$i=1$のとき，$f^{1i}=0$であり，

$$= \frac{1}{\mu_0}\left(\left(-\frac{E_y}{c}\right)(-B_z) + \left(-\frac{E_z}{c}\right)B_y\right) = \frac{1}{c\mu_0}(E_y B_z - E_z B_y)$$

これは，$\dfrac{1}{c\mu_0}\boldsymbol{E}\times\boldsymbol{B} = \dfrac{1}{c}\boldsymbol{E}\times\boldsymbol{H}$の$x$成分になっています。

$i=2$の場合はy成分，$i=3$の場合はz成分になります。

$\boldsymbol{E}\times\boldsymbol{H}$はポインティング・ベクトルで電磁場のエネルギー密度の流れですから，T^{0i}はi方向の単位面積を通って単位時間当たりの電磁場のエネルギーの流れを表しています。

$T^{1i}(i \neq 0)$は，

$$T^{11} = \frac{1}{\mu_0}\left(\eta_{kl} f^{k1} f^{l1} - \frac{1}{4}\eta^{11} f^{kl} f_{kl}\right)$$

$$= \frac{1}{\mu_0}\left(-f^{01} f^{01} + f^{11} f^{11} + f^{21} f^{21} + f^{31} f^{31} - \frac{1}{4} f^{kl} f_{kl}\right)$$

$$= \frac{1}{\mu_0}\left\{-\left(\frac{E_x}{c}\right)^2 + {B_z}^2 + {B_y}^2 \right.$$

$$\left. - \frac{1}{4}\left(-2\left(\frac{E_x}{c}\right)^2 - 2\left(\frac{E_y}{c}\right)^2 - 2\left(\frac{E_z}{c}\right)^2 + 2{B_x}^2 + 2{B_y}^2 + 2{B_z}^2\right)\right\}$$

$$= \frac{1}{2}\varepsilon_0(-{E_x}^2 + {E_y}^2 + {E_z}^2) + \frac{1}{2\mu_0}(-{B_x}^2 + {B_y}^2 + {B_z}^2)$$

$$= -\left\{\left(\varepsilon_0 {E_x}^2 + \frac{1}{\mu_0}{B_x}^2\right) - \left(\frac{1}{2}\varepsilon_0 E^2 + \frac{1}{2\mu_0}B^2\right)\right\}$$

$$T^{12}=\frac{1}{\mu_0}\left(\eta_{kl}f^{k1}f^{l2}-\frac{1}{4}\eta^{12}f^{kl}f_{kl}\right)$$
$$=\frac{1}{\mu_0}(-f^{01}f^{02}+f^{11}f^{12}+f^{21}f^{22}+f^{31}f^{32})$$
$$=\frac{1}{\mu_0}\left\{-\left(\frac{E_x}{c}\right)\left(\frac{E_y}{c}\right)+B_y(-B_x)\right\}=-\left(\varepsilon_0 E_x E_y+\frac{1}{\mu_0}B_x B_y\right)$$

$E^1=E_x$, $E^2=E_y$, $E^3=E_z$, $B^1=B_x$, $B^2=B_y$, $B^3=B_z$とおくと，

i, jが1から3までのとき，T^{11}，T^{12}の例から，T^{ij}は，

$$T^{ij}=-\left\{\varepsilon_0 E^i E^j+\frac{1}{\mu_0}B^i B^j-\delta^{ij}\left(\frac{1}{2}\varepsilon_0 E^2+\frac{1}{2\mu_0}B^2\right)\right\}$$

となります。これは**定義 2.22** の成分と見比べることにより，電磁場の応力テンソルにマイナスをかけたものになっていることが分かります。

定義 2.06 のストレス・運動量テンソルが応力テンソルのように働くことを考慮すると，電磁場の応力テンソル（i, jが1から3までのT^{ij}）は電磁場における「力学的なストレス・運動量テンソル」に相当すると考えられます。ですから，T^{ij}で定義されたテンソルを電磁場のエネルギー・運動量テンソルといってもよいでしょう。

T^{ij}の各成分をまとめると次のようになります。

定義 4.36　電磁場のエネルギー・運動量テンソル

$$\begin{pmatrix}
\frac{1}{2}\varepsilon_0 E^2+\frac{1}{2\mu_0}B^2 & \frac{1}{c}(\boldsymbol{E}\times\boldsymbol{H})_x & \frac{1}{c}(\boldsymbol{E}\times\boldsymbol{H})_y & \frac{1}{c}(\boldsymbol{E}\times\boldsymbol{H})_z \\
\frac{1}{c}(\boldsymbol{E}\times\boldsymbol{H})_x & \begin{gathered}-\left(\varepsilon_0 E_x^2+\frac{1}{\mu_0}B_x^2\right)\\+\frac{1}{2}\left(\varepsilon_0 E^2+\frac{1}{\mu_0}B^2\right)\end{gathered} & -\left(\varepsilon_0 E_x E_y+\frac{1}{\mu_0}B_x B_y\right) & -\left(\varepsilon_0 E_x E_z+\frac{1}{\mu_0}B_x B_z\right) \\
\frac{1}{c}(\boldsymbol{E}\times\boldsymbol{H})_y & -\left(\varepsilon_0 E_y E_x+\frac{1}{\mu_0}B_y B_x\right) & \begin{gathered}-\left(\varepsilon_0 E_y^2+\frac{1}{\mu_0}B_y^2\right)\\+\frac{1}{2}\left(\varepsilon_0 E^2+\frac{1}{\mu_0}B^2\right)\end{gathered} & -\left(\varepsilon_0 E_y E_z+\frac{1}{\mu_0}B_y B_z\right) \\
\frac{1}{c}(\boldsymbol{E}\times\boldsymbol{H})_z & -\left(\varepsilon_0 E_z E_x+\frac{1}{\mu_0}B_z B_x\right) & -\left(\varepsilon_0 E_z E_y+\frac{1}{\mu_0}B_z B_y\right) & \begin{gathered}-\left(\varepsilon_0 E_z^2+\frac{1}{\mu_0}B_z^2\right)\\+\frac{1}{2}\left(\varepsilon_0 E^2+\frac{1}{\mu_0}B^2\right)\end{gathered}
\end{pmatrix}$$

問題 4.25 の条件のもとで，力学的なエネルギー・運動量テンソルに関しては $\dfrac{\partial T^{ij}}{\partial x^j}=0$（発散は 0）になりました。電磁場のエネルギー・運動量テンソルの場合はどうでしょうか。

結論から言うと，電荷・電流がないときは発散が 0 になります。1 行目から調べてみましょう。

2 章の**定義 2.22** のあと，ポインティングベクトルを求めるくだりで，

$$W=\int_V\left(\frac{\boldsymbol{E}\cdot\boldsymbol{D}}{2}+\frac{\boldsymbol{B}\cdot\boldsymbol{H}}{2}\right)dV,\quad -\frac{dW}{dt}=\int_V\boldsymbol{E}\cdot\boldsymbol{i}\,dV+\int_V\mathrm{div}\,(\boldsymbol{E}\times\boldsymbol{H})\,dV$$

という式が出てきます。第 1 式を微分して，第 2 式を得たのでした。

$$-\frac{d}{dt}\int_V\left(\frac{\boldsymbol{E}\cdot\boldsymbol{D}}{2}+\frac{\boldsymbol{B}\cdot\boldsymbol{H}}{2}\right)dV=\int_V\boldsymbol{E}\cdot\boldsymbol{i}\,dV+\int_V\mathrm{div}\,(\boldsymbol{E}\times\boldsymbol{H})\,dV$$

が成り立ちますから，各点において，

$$\frac{\partial}{\partial t}\left(\frac{1}{2}\varepsilon_0E^2+\frac{1}{2\mu_0}B^2\right)+\mathrm{div}\,(\boldsymbol{E}\times\boldsymbol{H})=-\boldsymbol{E}\cdot\boldsymbol{i}$$

が成り立つことが分かります。$\boldsymbol{i}=\boldsymbol{0}$ として，これを c で割れば，

$$\frac{\partial}{\partial x^0}\left(\frac{1}{2}\varepsilon_0E^2+\frac{1}{2\mu_0}B^2\right)+\frac{\partial}{\partial x^1}\left(\frac{\boldsymbol{E}\times\boldsymbol{H}}{c}\right)_1+\frac{\partial}{\partial x^2}\left(\frac{\boldsymbol{E}\times\boldsymbol{H}}{c}\right)_2+\frac{\partial}{\partial x^3}\left(\frac{\boldsymbol{E}\times\boldsymbol{H}}{c}\right)_3=0$$

となりますから，これは $\dfrac{\partial T^{0j}}{\partial x^j}=0$ を表しています。

次に $\dfrac{\partial T^{1j}}{\partial x^j}$ を計算してみます。

$$\frac{\partial T^{10}}{\partial x^0}=\frac{\partial}{\partial x^0}\left(\frac{\boldsymbol{E}\times\boldsymbol{H}}{c}\right)_1=\frac{\partial}{c\partial t}\left(\frac{\boldsymbol{E}\times\boldsymbol{B}}{\mu_0c}\right)_x=\frac{\partial}{c^2\mu_0\partial t}(\boldsymbol{E}\times\boldsymbol{B})_x$$

$$=\frac{1}{c^2\mu_0}\left(\frac{\partial\boldsymbol{E}}{\partial t}\times\boldsymbol{B}+\boldsymbol{E}\times\frac{\partial\boldsymbol{B}}{\partial t}\right)_x$$

法則 2.11 アンペール・マックスウェル　　法則 2.16 ファラデー

$$=\frac{1}{c^2\mu_0}\left\{\left(\frac{1}{\varepsilon_0\mu_0}\mathrm{rot}\boldsymbol{B}-\frac{1}{\varepsilon_0}\boldsymbol{i}\right)\times\boldsymbol{B}+\boldsymbol{E}\times(-\mathrm{rot}\boldsymbol{E})\right\}_x \qquad c^2\mu_0\varepsilon_0=1$$

$$=\left(\frac{1}{\mu_0}\mathrm{rot}\boldsymbol{B}\times\boldsymbol{B}+\varepsilon_0\mathrm{rot}\boldsymbol{E}\times\boldsymbol{E}-\boldsymbol{i}\times\boldsymbol{B}\right)_x$$

$\boldsymbol{A}=(A_x,\ A_y,\ A_z)$のとき，$(\mathrm{rot}\boldsymbol{A}\times\boldsymbol{A})_x=\left(\frac{\partial A_x}{\partial z}-\frac{\partial A_z}{\partial x}\right)A_z-\left(\frac{\partial A_y}{\partial x}-\frac{\partial A_x}{\partial y}\right)A_y$

$$=\boldsymbol{A}\cdot\mathrm{grad}A_x-\frac{\partial}{\partial x}\left(\frac{1}{2}A^2\right)$$

$$=\frac{1}{\mu_0}\boldsymbol{B}\cdot\mathrm{grad}B_x-\frac{\partial}{\partial x}\left(\frac{1}{2\mu_0}B^2\right)+\varepsilon_0\boldsymbol{E}\cdot\mathrm{grad}E_x-\frac{\partial}{\partial x}\left(\frac{1}{2}\varepsilon_0E^2\right)-(\boldsymbol{i}\times\boldsymbol{B})_x$$

$$\frac{\partial T^{11}}{\partial x^1}+\frac{\partial T^{12}}{\partial x^2}+\frac{\partial T^{13}}{\partial x^3}=\frac{\partial}{\partial x}\left(\frac{1}{2}\varepsilon_0E^2+\frac{1}{2\mu_0}B^2-\varepsilon_0E_xE_x-\frac{1}{\mu_0}B_xB_x\right)$$

$$+\frac{\partial}{\partial y}\left(-\varepsilon_0E_xE_y-\frac{1}{\mu_0}B_xB_y\right)+\frac{\partial}{\partial z}\left(-\varepsilon_0E_xE_z-\frac{1}{\mu_0}B_xB_z\right)$$

$$=\frac{\partial}{\partial x}\left(\frac{1}{2}\varepsilon_0E^2+\frac{1}{2\mu_0}B^2\right)$$

$$-\varepsilon_0E_x(\mathrm{div}\boldsymbol{E})-\varepsilon_0\boldsymbol{E}\cdot\mathrm{grad}E_x-\frac{1}{\mu_0}B_x(\mathrm{div}\boldsymbol{B})-\frac{1}{\mu_0}\boldsymbol{B}\cdot\mathrm{grad}B_x$$

法則 2.17 ガウスの法則（電束密度）　ガウスの法則（磁束密度）

$$=\frac{\partial}{\partial x}\left(\frac{1}{2}\varepsilon_0E^2+\frac{1}{2\mu_0}B^2\right)-\varepsilon_0\boldsymbol{E}\cdot\mathrm{grad}E_x-\frac{1}{\mu_0}\boldsymbol{B}\cdot\mathrm{grad}B_x-\rho E_x$$

よって，

$$\frac{\partial T^{1j}}{\partial x^j}=\frac{\partial T^{10}}{\partial x^0}+\frac{\partial T^{11}}{\partial x^1}+\frac{\partial T^{12}}{\partial x^2}+\frac{\partial T^{13}}{\partial x^3}$$

$$=-(\rho\boldsymbol{E}+\boldsymbol{i}\times\boldsymbol{B})_x=-\rho(\boldsymbol{E}+\boldsymbol{v}\times\boldsymbol{B})_x$$

となりますから，電荷・電流がないとき右辺は0になります。

電磁場のエネルギー・運動量テンソルT^{ij}は，電荷・電流がないとき，

$$\frac{\partial T^{ij}}{\partial x^j}=0$$

となることが分かりました。

それでは，電荷・電流があるときはどうでしょうか。

式を見てみると，$\dfrac{\partial T^{0j}}{\partial x^j}$からはジュール熱の$\dfrac{1}{c}$倍が，$\dfrac{\partial T^{1j}}{\partial x^j}$からはローレンツ力が余計になっていることが分かります。

実は，電荷・電流があるときは，力学的なエネルギー・運動量テンソルと合わせたエネルギー・運動量テンソルについて発散0が成り立ちます。つまり，電磁気が生み出したエネルギー・力によって，力学的なエネルギー・運動量テンソルが変化して，トータルで発散0になるのです。エネルギー・運動量が電磁気から力学に移るわけです。

すなわち，力学的なエネルギー・運動量テンソルを$T_f{}^{ij}$，電磁場のエネルギー・運動量テンソルを$T_m{}^{ij}$，その和を$T^{ij}=T_f{}^{ij}+T_m{}^{ij}$とすると，この$T^{ij}$に関して，

$$\frac{\partial T^{ij}}{\partial x^j}=0$$

が成り立ちます。

電荷・電流がないときも，T^{ij}の発散は0になります。電磁場の方からエネルギーも力も出ませんから，力学的エネルギー・運動量テンソル$T_f{}^{ij}$の発散は0になります。電磁場のエネルギー・運動量テンソル$T_m{}^{ij}$の発散も0ですから，$T_{ij}=T_f{}^{ij}+T_m{}^{ij}$の発散は0になるのです。

T^{ij}の発散が0であることは，常に成り立つことになります。

質量が消滅しないとき，質量保存の法則（**法則 2.04**）質量密度に関する4次元の発散が0が成り立つことを考えると，上の式はエネルギー（質量まで含めて考える）・運動量が消滅しないという条件のもと，力学的・電磁場のエネルギー・運動量テンソルの定義以前に成り立たなければならない式ともいえます。この事実はアインシュタインの重力場方程式を導くときの条件となります。

第5章　曲線座標のテンソル場

3章で展開したテンソル場の続きの話をします。3章では，直線座標どうしの変換についてテンソル場の性質を述べました。そこで話を止めておいたのは，特殊相対論にはそれで事足りたからです。一般相対論には，曲がった空間でのテンソル場の理論が必要になります。

そこでこの章では，まず初めに直線座標が入っている空間，すなわち曲がっていない空間に曲線座標を設定してテンソル場を考えます。このテンソル場の理論が分かると，7章の一般相対論の半分はクリアできます。

次に，3次元空間の曲面を例にとり，曲がった空間でのテンソル場について説明します。これが6章で解説する曲率テンソルの下地となり，それを用いて表されるアインシュタインの重力場方程式へとつながります。

§1 曲線座標

3章では，原点が一致している2つの直線座標の間における座標変換について，テンソルの成分の変換則を調べました。この節では，1つの空間に直線座標と曲線座標の2つが入っているとき，直線座標と曲線座標の間のテンソルの成分の変換則を調べましょう。

曲線座標の例から挙げていきます。

極座標

xy 平面上で原点をOとします。平面上の点Pについて，OPの長さを r，半直線 $\mathrm{O}x$（Oを端点として $x \geqq 0$ となる部分）を θ 回転（$0 \leqq \theta < 2\pi$）してOPに重なるとき，Pを $(r,\ \theta)$ と表します。これを**極座標**といいます。

xy 平面上の点（原点を除く）は，$r>0$，$0 \leqq \theta < 2\pi$ を満たす r と θ の組 $(r,\ \theta)$ と1対1の対応が付けられています。r を**半径**，θ を**偏角**といいます。

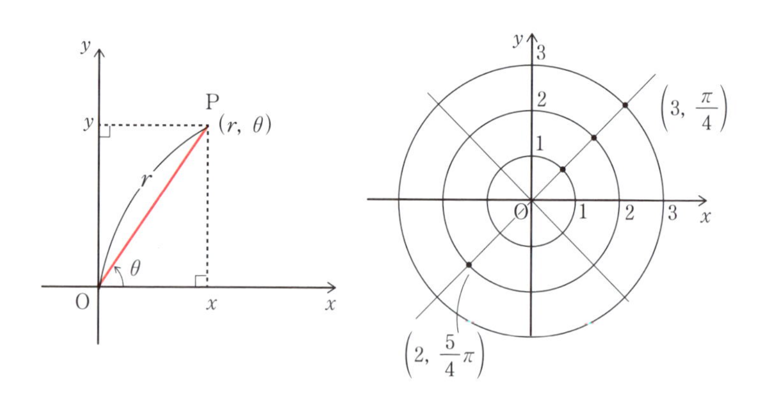

Pの直交座標が $(x,\ y)$ のとき，$(x,\ y)$ を $(r,\ \theta)$ で表せば，

$$x = r\cos\theta,\quad y = r\sin\theta$$

という関係があります。

$x^2+y^2=(r\cos\theta)^2+(r\sin\theta)^2=r^2$ より，$r=\sqrt{x^2+y^2}$

$$\frac{y}{x}=\frac{r\sin\theta}{r\cos\theta}=\tan\theta \text{ より，} \theta=\tan^{-1}\left(\frac{y}{x}\right)$$

$(r,\ \theta)$ を $(x,\ y)$ で表せば，

$$r=\sqrt{x^2+y^2},\ \theta=\tan^{-1}\left(\frac{y}{x}\right)$$

となります。

極座標は2次元の曲線座標の例になっています。

一般に，平面に直線座標$(x^1,\ x^2)$と，曲線座標$(u^1,\ u^2)$が存在するとき，直線座標x^1，x^2は，u^1とu^2の関数によって，

$$(x^1(u^1,\ u^2),\ x^2(u^1,\ u^2))$$

と表されます。

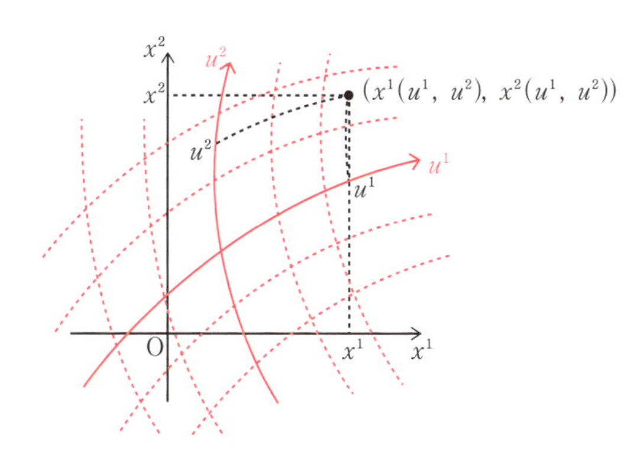

極座標の例では，$x^1\to x$，$x^2\to y$，$u^1\to r$，$u^2\to\theta$であり，

$$x^1(u^1,\ u^2)\to x(r,\ \theta)=r\cos\theta,\quad x^2(u^1,\ u^2)\to y(r,\ \theta)=r\sin\theta$$

となります。

また，u^1とu^2をx^1，x^2で表すのであれば，

$$(u^1(x^1,\ x^2),\ u^2(x^1,\ x^2))$$

となります。極座標の例では，

$$u^1(x^1,\ x^2) \to r(x,\ y) = \sqrt{x^2+y^2},$$

$$u^2(x^1,\ x^2) \to \theta(x,\ y) = \tan^{-1}\left(\frac{y}{x}\right)$$

となります。

球座標

xyz 空間で原点を O とします。

空間中の P について，OP の長さを r，OP と z 軸のなす角を θ，P から xy 平面上に下ろした垂線の足 H の xy 平面での偏角を φ とします。

空間中の点（z 軸を除く）は，$r>0$，$0 \leqq \theta \leqq \pi$，$0 \leqq \varphi < 2\pi$ を満たす数の組$(r,\ \theta,\ \varphi)$で表すことができます。

r を半径，θ を天頂角，φ を偏角といいます。

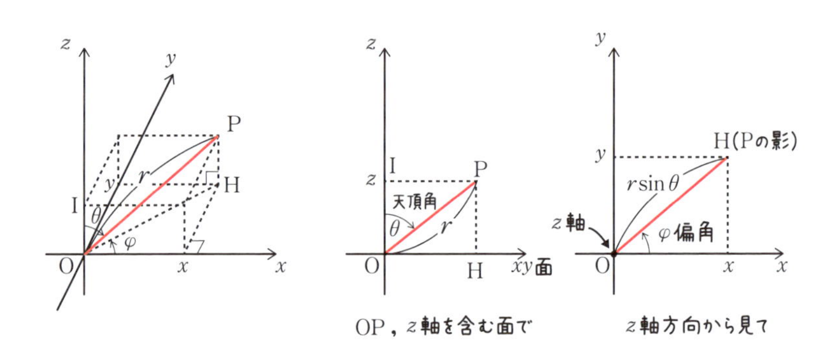

OH $= r\sin\theta$ と表せますから，P の直交座標が$(x,\ y,\ z)$のとき，$(x,\ y,\ z)$を$(r,\ \theta,\ \varphi)$で表せば，

$$x = r\sin\theta\cos\varphi,\quad y = r\sin\theta\sin\varphi,\quad z = r\cos\theta$$

と表されます。

球座標は 3 次元空間の曲線座標の例になっています。

また，Pからz軸に下ろした垂線の足をIとすると，

$$x^2+y^2+z^2=(r\sin\theta\cos\varphi)^2+(r\sin\theta\sin\varphi)^2+(r\cos\theta)^2$$

$$=r^2\{(\cos^2\varphi+\sin^2\varphi)\sin^2\theta+\cos^2\theta\}=r^2$$

$$\cos\theta=\frac{\mathrm{OI}}{\mathrm{OP}}=\frac{z}{\sqrt{x^2+y^2+z^2}},\qquad \tan\varphi=\frac{y}{x}$$

より，$(r,\ \theta,\ \varphi)$を$(x,\ y,\ z)$で表せば，

$$r=\sqrt{x^2+y^2+z^2},\quad \theta=\cos^{-1}\left(\frac{z}{\sqrt{x^2+y^2+z^2}}\right),\quad \varphi=\tan^{-1}\left(\frac{y}{x}\right)$$

ここで，これから座標変換のときに重要になる公式を紹介しましょう。問題の形で公式の例を見てみましょう。

問題 5.01

$x=r\cos\theta$，$y=r\sin\theta$のとき，次を計算せよ。

$$\begin{pmatrix}\dfrac{\partial x}{\partial r} & \dfrac{\partial x}{\partial\theta}\\[2mm] \dfrac{\partial y}{\partial r} & \dfrac{\partial y}{\partial\theta}\end{pmatrix}\begin{pmatrix}\dfrac{\partial r}{\partial x} & \dfrac{\partial r}{\partial y}\\[2mm] \dfrac{\partial\theta}{\partial x} & \dfrac{\partial\theta}{\partial y}\end{pmatrix}$$

$\dfrac{dy}{dx}$と$\dfrac{dx}{dy}$が，互いに逆数の関係になっていることの類推で，偏微分の記号の場合も$\dfrac{\partial y}{\partial x}$と$\dfrac{\partial x}{\partial y}$が逆数の関係にあると思い込んではいけません。

一般に，$\dfrac{\partial y}{\partial x}$と$\dfrac{\partial x}{\partial y}$は逆数の関係にならないことに注意しましょう。

$$\frac{\partial x}{\partial r}=\frac{\partial}{\partial r}(r\cos\theta)=\cos\theta\qquad \frac{\partial y}{\partial r}=\frac{\partial}{\partial r}(r\sin\theta)=\sin\theta$$

$$\frac{\partial x}{\partial\theta}=\frac{\partial}{\partial\theta}(r\cos\theta)=-r\sin\theta,\quad \frac{\partial y}{\partial\theta}=\frac{\partial}{\partial\theta}(r\sin\theta)=r\cos\theta$$

$r=\sqrt{x^2+y^2}$, $\theta=\tan^{-1}\left(\dfrac{y}{x}\right)$であり，

$$\frac{\partial r}{\partial x}=\frac{\partial}{\partial x}(\sqrt{x^2+y^2})=\frac{1}{2}\frac{2x}{\sqrt{x^2+y^2}}=\frac{r\cos\theta}{r}=\cos\theta,$$

$$\frac{\partial r}{\partial y}=\frac{\partial}{\partial y}(\sqrt{x^2+y^2})=\frac{1}{2}\frac{2y}{\sqrt{x^2+y^2}}=\frac{r\sin\theta}{r}=\sin\theta,$$

$$(\tan^{-1}u)'=\frac{1}{1+u^2}$$

$$\frac{\partial\theta}{\partial x}=\frac{\partial}{\partial x}\left(\tan^{-1}\left(\frac{y}{x}\right)\right)=\frac{-\dfrac{y}{x^2}}{1+\left(\dfrac{y}{x}\right)^2}=\frac{-y}{x^2+y^2}=\frac{-r\sin\theta}{r^2}=\frac{-\sin\theta}{r}$$

$$\frac{\partial\theta}{\partial y}=\frac{\partial}{\partial y}\left(\tan^{-1}\left(\frac{y}{x}\right)\right)=\frac{\dfrac{1}{x}}{1+\left(\dfrac{y}{x}\right)^2}=\frac{x}{x^2+y^2}=\frac{r\cos\theta}{r^2}=\frac{\cos\theta}{r}$$

$$\begin{pmatrix}\dfrac{\partial x}{\partial r}&\dfrac{\partial x}{\partial\theta}\\\dfrac{\partial y}{\partial r}&\dfrac{\partial y}{\partial\theta}\end{pmatrix}\begin{pmatrix}\dfrac{\partial r}{\partial x}&\dfrac{\partial r}{\partial y}\\\dfrac{\partial\theta}{\partial x}&\dfrac{\partial\theta}{\partial y}\end{pmatrix}=\begin{pmatrix}\cos\theta&-r\sin\theta\\\sin\theta&r\cos\theta\end{pmatrix}\begin{pmatrix}\cos\theta&\sin\theta\\\dfrac{-\sin\theta}{r}&\dfrac{\cos\theta}{r}\end{pmatrix}=\begin{pmatrix}1&0\\0&1\end{pmatrix}$$

球座標についても計算してみましょう。

問題 5.02

$x=r\sin\theta\cos\varphi$, $y=r\sin\theta\sin\varphi$, $z=r\cos\theta$のとき，次を計算せよ。

$$\begin{pmatrix}\dfrac{\partial x}{\partial r}&\dfrac{\partial x}{\partial\theta}&\dfrac{\partial x}{\partial\varphi}\\\dfrac{\partial y}{\partial r}&\dfrac{\partial y}{\partial\theta}&\dfrac{\partial y}{\partial\varphi}\\\dfrac{\partial z}{\partial r}&\dfrac{\partial z}{\partial\theta}&\dfrac{\partial z}{\partial\varphi}\end{pmatrix}\begin{pmatrix}\dfrac{\partial r}{\partial x}&\dfrac{\partial r}{\partial y}&\dfrac{\partial r}{\partial z}\\\dfrac{\partial\theta}{\partial x}&\dfrac{\partial\theta}{\partial y}&\dfrac{\partial\theta}{\partial z}\\\dfrac{\partial\varphi}{\partial x}&\dfrac{\partial\varphi}{\partial y}&\dfrac{\partial\varphi}{\partial z}\end{pmatrix}$$

$r=\sqrt{x^2+y^2+z^2}$, $\theta=\cos^{-1}\left(\dfrac{z}{\sqrt{x^2+y^2+z^2}}\right)$, $\varphi=\tan^{-1}\left(\dfrac{y}{x}\right)$であり，

$$\frac{\partial r}{\partial x}=\frac{\partial}{\partial x}\left(\sqrt{x^2+y^2+z^2}\right)=\frac{1}{2}\frac{2x}{\sqrt{x^2+y^2+z^2}}$$

$$=\frac{x}{r}=\frac{r\sin\theta\cos\varphi}{r}=\sin\theta\cos\varphi$$

$$\frac{\partial r}{\partial y}=\frac{y}{r}=\frac{r\sin\theta\sin\varphi}{r}=\sin\theta\sin\varphi,\quad \frac{\partial r}{\partial z}=\frac{z}{r}=\frac{r\cos\theta}{r}=\cos\theta$$

$$\frac{\partial\theta}{\partial x}=\frac{\partial}{\partial x}\left(\cos^{-1}\left(\frac{z}{\sqrt{x^2+y^2+z^2}}\right)\right)$$

$$=-\frac{1}{\sqrt{1-\dfrac{z^2}{x^2+y^2+z^2}}}\cdot\left(-\frac{1}{2}\right)\frac{z\,(2x)}{(x^2+y^2+z^2)^{\frac{3}{2}}}$$

$$(\cos^{-1}u)'=-\frac{1}{\sqrt{1-u^2}}$$

$$=\frac{zx}{\sqrt{x^2+y^2}\,(x^2+y^2+z^2)}=\frac{r\cos\theta\cdot r\sin\theta\cos\varphi}{r\sin\theta\cdot r^2}=\frac{\cos\theta\cos\varphi}{r}$$

$$\frac{\partial\theta}{\partial y}=\frac{zy}{\sqrt{x^2+y^2}\,(x^2+y^2+z^2)}=\frac{r\cos\theta\cdot r\sin\theta\sin\varphi}{r\sin\theta\cdot r^2}=\frac{\cos\theta\sin\varphi}{r}$$

$$\frac{\partial\theta}{\partial z}=\frac{\partial}{\partial z}\left(\cos^{-1}\left(\frac{z}{\sqrt{x^2+y^2+z^2}}\right)\right)$$

$$=-\frac{1}{\sqrt{1-\dfrac{z^2}{x^2+y^2+z^2}}}\cdot\frac{x^2+y^2}{(x^2+y^2+z^2)^{\frac{3}{2}}}$$

$$\left(\frac{u}{\sqrt{k+u^2}}\right)'=1\cdot\frac{1}{\sqrt{k+u^2}}+u\cdot\left(-\frac{1}{2}\right)\frac{2u}{(k+u^2)^{\frac{3}{2}}}=\frac{k+u^2-u^2}{(k+u^2)^{\frac{3}{2}}}=\frac{k}{(k+u^2)^{\frac{3}{2}}}$$

$$=-\frac{\sqrt{x^2+y^2}}{x^2+y^2+z^2}=-\frac{r\sin\theta}{r^2}=-\frac{\sin\theta}{r}$$

$$\frac{\partial\varphi}{\partial x}=\frac{\partial}{\partial x}\left(\tan^{-1}\left(\frac{y}{x}\right)\right)=\frac{-y}{x^2+y^2}=-\frac{r\sin\theta\sin\varphi}{r^2\sin^2\theta}=-\frac{\sin\varphi}{r\sin\theta}$$

$$\frac{\partial\varphi}{\partial y}=\frac{\partial}{\partial y}\left(\tan^{-1}\left(\frac{y}{x}\right)\right)=\frac{x}{x^2+y^2}=\frac{r\sin\theta\cos\varphi}{r^2\sin^2\theta}=\frac{\cos\varphi}{r\sin\theta},\quad \frac{\partial\varphi}{\partial z}=0$$

$$\begin{pmatrix} \dfrac{\partial x}{\partial r} & \dfrac{\partial x}{\partial \theta} & \dfrac{\partial x}{\partial \varphi} \\ \dfrac{\partial y}{\partial r} & \dfrac{\partial y}{\partial \theta} & \dfrac{\partial y}{\partial \varphi} \\ \dfrac{\partial z}{\partial r} & \dfrac{\partial z}{\partial \theta} & \dfrac{\partial z}{\partial \varphi} \end{pmatrix} \begin{pmatrix} \dfrac{\partial r}{\partial x} & \dfrac{\partial r}{\partial y} & \dfrac{\partial r}{\partial z} \\ \dfrac{\partial \theta}{\partial x} & \dfrac{\partial \theta}{\partial y} & \dfrac{\partial \theta}{\partial z} \\ \dfrac{\partial \varphi}{\partial x} & \dfrac{\partial \varphi}{\partial y} & \dfrac{\partial \varphi}{\partial z} \end{pmatrix}$$

$x = r\sin\theta\cos\varphi$
$y = r\sin\theta\sin\varphi$
$z = r\cos\theta$

$$= \begin{pmatrix} \sin\theta\cos\varphi & r\cos\theta\cos\varphi & -r\sin\theta\sin\varphi \\ \sin\theta\sin\varphi & r\cos\theta\sin\varphi & r\sin\theta\cos\varphi \\ \cos\theta & -r\sin\theta & 0 \end{pmatrix} \begin{pmatrix} \sin\theta\cos\varphi & \sin\theta\sin\varphi & \cos\theta \\ \dfrac{\cos\theta\cos\varphi}{r} & \dfrac{\cos\theta\sin\varphi}{r} & -\dfrac{\sin\theta}{r} \\ -\dfrac{\sin\varphi}{r\sin\theta} & \dfrac{\cos\varphi}{r\sin\theta} & 0 \end{pmatrix}$$

$$= \begin{pmatrix} 1 & 0 & 0 \\ 0 & 1 & 0 \\ 0 & 0 & 1 \end{pmatrix}$$

これらの例から分かるように，直線座標(x^1, x^2, x^3)を，曲線座標(u^1, u^2, u^3)を用いて表した式，

$$(x^1(u^1, u^2, u^3),\quad x^2(u^1, u^2, u^3),\quad x^3(u^1, u^2, u^3))$$

と，曲線座標(u^1, u^2, u^3)を，直線座標(x^1, x^2, x^3)を用いて表した式，

$$(u^1(x^1, x^2, x^3),\ u^2(x^1, x^2, x^3),\ u^3(x^1, x^2, x^3))$$

に関して，

$$\begin{pmatrix} \dfrac{\partial x^1}{\partial u^1} & \dfrac{\partial x^1}{\partial u^2} & \dfrac{\partial x^1}{\partial u^3} \\ \dfrac{\partial x^2}{\partial u^1} & \dfrac{\partial x^2}{\partial u^2} & \dfrac{\partial x^2}{\partial u^3} \\ \dfrac{\partial x^3}{\partial u^1} & \dfrac{\partial x^3}{\partial u^2} & \dfrac{\partial x^3}{\partial u^3} \end{pmatrix} \text{と} \begin{pmatrix} \dfrac{\partial u^1}{\partial x^1} & \dfrac{\partial u^1}{\partial x^2} & \dfrac{\partial u^1}{\partial x^3} \\ \dfrac{\partial u^2}{\partial x^1} & \dfrac{\partial u^2}{\partial x^2} & \dfrac{\partial u^2}{\partial x^3} \\ \dfrac{\partial u^3}{\partial x^1} & \dfrac{\partial u^3}{\partial x^2} & \dfrac{\partial u^3}{\partial x^3} \end{pmatrix}$$

は，積をとると単位行列，すなわち互いに逆行列の関係にあります。

実感を持ってもらうために，具体例を出しましたが，この事実は一般論で証明する方が簡単です。

この2つの行列の積の(1, 1)成分は,

$$\frac{\partial x^1}{\partial u^1}\frac{\partial u^1}{\partial x^1}+\frac{\partial x^1}{\partial u^2}\frac{\partial u^2}{\partial x^1}+\frac{\partial x^1}{\partial u^3}\frac{\partial u^3}{\partial x^1}$$

これは，次の式のように，u^1, u^2, u^3の関数であるx^1を，x^1で偏微分するときの連鎖律の式として見ることができます。

$$\frac{\partial x^1(u^1,\ u^2,\ u^3)}{\partial u^1}\frac{\partial u^1}{\partial x^1}+\frac{\partial x^1(u^1,\ u^2,\ u^3)}{\partial u^2}\frac{\partial u^2}{\partial x^1}+\frac{\partial x^1(u^1,\ u^2,\ u^3)}{\partial u^3}\frac{\partial u^3}{\partial x^1}=\frac{\partial x^1}{\partial x^1}=1$$

同様に，(1, 2)成分は,

$$\frac{\partial x^1}{\partial u^1}\frac{\partial u^1}{\partial x^2}+\frac{\partial x^1}{\partial u^2}\frac{\partial u^2}{\partial x^2}+\frac{\partial x^1}{\partial u^3}\frac{\partial u^3}{\partial x^2}=\frac{\partial x^1}{\partial x^2}=0$$

次のようにまとめておきます。

定理 5.03

直線座標$(x^1,\ \cdots,\ x^n)$と曲線座標$(u^1,\ \cdots,\ u^n)$があるとき,

$$\frac{\partial x^i}{\partial u^j}\frac{\partial u^j}{\partial x^k}=\delta^i{}_k \qquad \frac{\partial u^i}{\partial x^j}\frac{\partial x^j}{\partial u^k}=\delta^i{}_k$$

この$\dfrac{\partial u^j}{\partial x^k}$と$\dfrac{\partial x^i}{\partial u^j}$が，直線座標のテンソル場の変換則に出てくる$a^j{}_k$と$b^i{}_j$の役割を果たしていくのです。

§2　曲線座標におけるベクトル場の表現

直線座標$(x^1,\ x^2)$において関数$f(x^1,\ x^2)$と，

$$\text{ベクトル場}\,\boldsymbol{X}'=(X'^1,\ X'^2)$$

があると，fのベクトル場$\boldsymbol{X}'$に沿った微分は，$\dfrac{\partial f}{\partial x^i}X'^i$と表されました。

これを曲線座標$(u^1,\ u^2)$で表してみましょう。

直線座標でのベクトル場$(X'^1(x^1,\ x^2),\ X'^2(x^1,\ x^2))$は，座標軸の単位ベクトル$\boldsymbol{e}_1$，$\boldsymbol{e}_2$を用いて，

$$X'^1(x^1,\ x^2)\boldsymbol{e}_1+X'^2(x^1,\ x^2)\boldsymbol{e}_2$$

と表されました。曲線座標ではどう表したらよいでしょうか。

直線座標の場合，$\boldsymbol{e}_1$，$\boldsymbol{e}_2$はもともとの座標軸の基底でもありますが，$\boldsymbol{e}_1$は直線$(t,\ x^2)$［tは媒介変数］の点$(x^1,\ x^2)$での接線ベクトル，$\boldsymbol{e}_2$は直線$(x^1,\ t)$の点$(x^1,\ x^2)$での接線ベクトルになっています。

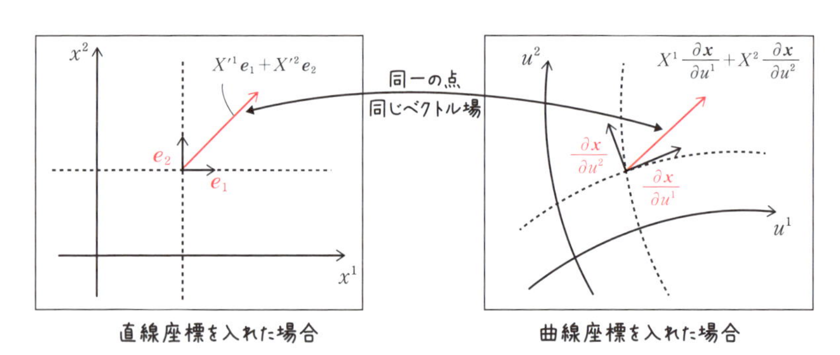

曲線座標では，上図のように，曲線$(t,\ u^2)$［tは媒介変数］の点$(u^1,\ u^2)$での接線ベクトルと曲線$(u^1,\ t)$［tは媒介変数］の点$(u^1,\ u^2)$での接線ベクトルを，$\boldsymbol{e}_1$，$\boldsymbol{e}_2$の代わりに用いることにしましょう。

なぜなら，こうしないと曲線座標の中で話が完結しないからです。曲線座標の場合には全体で使える基底$\boldsymbol{e}_1$，$\boldsymbol{e}_2$のようなものがないので，各点

$(u^1,\ u^2)$で，ベクトル場を表すための基底を現地調達したともいえます。

例えば，直交座標$(x,\ y)$に対して，曲線座標として極座標$(r,\ \theta)$が入っているときは，

$$\boldsymbol{x}=\begin{pmatrix} x \\ y \end{pmatrix}=\begin{pmatrix} r\cos\theta \\ r\sin\theta \end{pmatrix}$$

に対して，

$$\frac{\partial \boldsymbol{x}}{\partial r}=\begin{pmatrix} \dfrac{\partial(r\cos\theta)}{\partial r} \\ \dfrac{\partial(r\sin\theta)}{\partial r} \end{pmatrix}=\begin{pmatrix} \cos\theta \\ \sin\theta \end{pmatrix},\quad \frac{\partial \boldsymbol{x}}{\partial \theta}=\begin{pmatrix} \dfrac{\partial(r\cos\theta)}{\partial \theta} \\ \dfrac{\partial(r\sin\theta)}{\partial \theta} \end{pmatrix}=\begin{pmatrix} -r\sin\theta \\ r\cos\theta \end{pmatrix}$$

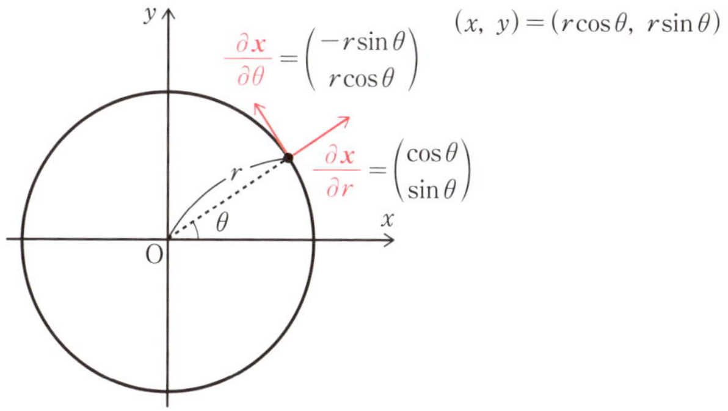

を基底として用いようということです。

一般の場合に戻していうと，直線座標における点$\boldsymbol{x}=(x^1,\ x^2)$が曲線座標$(u^1,\ u^2)$を用いて，$\boldsymbol{x}(u^1,\ u^2)=(x^1(u^1,\ u^2),\ x^2(u^1,\ u^2))$と表されているとき，

ベクトル場を表すために，

$$\frac{\partial \boldsymbol{x}(u^1,\ u^2)}{\partial u^1}=\begin{pmatrix} \dfrac{\partial x^1(u^1,\ u^2)}{\partial u^1} \\ \dfrac{\partial x^2(u^1,\ u^2)}{\partial u^1} \end{pmatrix} と \frac{\partial \boldsymbol{x}(u^1,\ u^2)}{\partial u^2}=\begin{pmatrix} \dfrac{\partial x^1(u^1,\ u^2)}{\partial u^2} \\ \dfrac{\partial x^2(u^1,\ u^2)}{\partial u^2} \end{pmatrix} \qquad (5.01)$$

という 2 つのベクトルを基底として用いるのです。

ベクトル場を$\dfrac{\partial \boldsymbol{x}(u^1,\ u^2)}{\partial u^1}$と$\dfrac{\partial \boldsymbol{x}(u^1,\ u^2)}{\partial u^2}$の1次結合で表すことにします。

それぞれの成分を$(X^1(u^1, u^2), X^2(u^1, u^2))$とすると,

$$X^1(u^1, u^2)\frac{\partial \boldsymbol{x}(u^1, u^2)}{\partial u^1}+X^2(u^1, u^2)\frac{\partial \boldsymbol{x}(u^1, u^2)}{\partial u^2}$$

となります。これが直線座標での表現に等しく,

$$\begin{aligned} &X'^1(x^1, x^2)\boldsymbol{e}_1+X'^2(x^1, x^2)\boldsymbol{e}_2 \\ &=X^1(u^1, u^2)\frac{\partial \boldsymbol{x}(u^1, u^2)}{\partial u^1}+X^2(u^1, u^2)\frac{\partial \boldsymbol{x}(u^1, u^2)}{\partial u^2} \end{aligned} \tag{5.02}$$

が成り立っています。ここで,直線座標の(x^1, x^2)と曲線座標の(u^1, u^2)が同じ点を表していることに注意しましょう。

まず,直線座標の基底$\boldsymbol{e}_1$, $\boldsymbol{e}_2$と曲線座標の基底$\frac{\partial \boldsymbol{x}}{\partial u^1}$, $\frac{\partial \boldsymbol{x}}{\partial u^2}$の関係式を求めてみましょう。

(5.01)の成分表示を用いると,$\frac{\partial \boldsymbol{x}(u^1, u^2)}{\partial u^1}$, $\frac{\partial \boldsymbol{x}(u^1, u^2)}{\partial u^2}$は$\boldsymbol{e}_1$, $\boldsymbol{e}_2$の1次結合で表すことができ,

$$\begin{aligned} &\left(\frac{\partial \boldsymbol{x}(u^1, u^2)}{\partial u^1}, \frac{\partial \boldsymbol{x}(u^1, u^2)}{\partial u^2}\right) \\ &\qquad=(\boldsymbol{e}_1, \boldsymbol{e}_2)\begin{pmatrix} \dfrac{\partial x^1(u^1, u^2)}{\partial u^1} & \dfrac{\partial x^1(u^1, u^2)}{\partial u^2} \\ \dfrac{\partial x^2(u^1, u^2)}{\partial u^1} & \dfrac{\partial x^2(u^1, u^2)}{\partial u^2} \end{pmatrix} \end{aligned} \tag{5.03}$$

という関係があります。

$X'^1(x^1, x^2)$, $X'^2(x^1, x^2)$と$X^1(u^1, u^2)$, $X^2(u^1, u^2)$の関係を求めてみましょう。(5.02)の右辺を行列の積の形に表し,(5.03)を用いれば((u^1, u^2)は省略します),

$$\left(\frac{\partial \boldsymbol{x}}{\partial u^1}, \frac{\partial \boldsymbol{x}}{\partial u^2}\right)\begin{pmatrix} X^1 \\ X^2 \end{pmatrix}=(\boldsymbol{e}_1, \boldsymbol{e}_2)\begin{pmatrix} \dfrac{\partial x^1}{\partial u^1} & \dfrac{\partial x^1}{\partial u^2} \\ \dfrac{\partial x^2}{\partial u^1} & \dfrac{\partial x^2}{\partial u^2} \end{pmatrix}\begin{pmatrix} X^1 \\ X^2 \end{pmatrix}$$

$\boldsymbol{e}_1$と$\boldsymbol{e}_2$は1次独立であり,これが,(5.02)の左辺$(\boldsymbol{e}_1, \boldsymbol{e}_2)\begin{pmatrix} X'^1 \\ X'^2 \end{pmatrix}$に等し

いのですから，直線座標でのベクトル場の成分 X'^1, X'^2と曲線座標でのベクトル場の成分 X^1, X^2の関係式は，

$$\begin{pmatrix} X'^1(x^1,\ x^2) \\ X'^2(x^1,\ x^2) \end{pmatrix} = \begin{pmatrix} \dfrac{\partial x^1}{\partial u^1} & \dfrac{\partial x^1}{\partial u^2} \\ \dfrac{\partial x^2}{\partial u^1} & \dfrac{\partial x^2}{\partial u^2} \end{pmatrix} \begin{pmatrix} X^1(u^1,\ u^2) \\ X^2(u^1,\ u^2) \end{pmatrix} \qquad X'^i = \frac{\partial x^i}{\partial u^k} X^k$$

となります。

一方，$f(x^1,\ x^2)$のx^1, x^2による偏微分と$f(u^1,\ u^2)$のu^1, u^2による偏微分の変換則は，

$$\frac{\partial f(x^1,\ x^2)}{\partial x^1} = \frac{\partial f(u^1,\ u^2)}{\partial u^1} \cdot \frac{\partial u^1}{\partial x^1} + \frac{\partial f(u^1,\ u^2)}{\partial u^2} \cdot \frac{\partial u^2}{\partial x^1}$$

$$\frac{\partial f(x^1,\ x^2)}{\partial x^2} = \frac{\partial f(u^1,\ u^2)}{\partial u^1} \cdot \frac{\partial u^1}{\partial x^2} + \frac{\partial f(u^1,\ u^2)}{\partial u^2} \cdot \frac{\partial u^2}{\partial x^2}$$

これはスカラー場の微分についての変換則を表しています。$(x^1,\ x^2)$, $(u^1,\ u^2)$を省略して行列の形で書くと，

$$\left(\frac{\partial f}{\partial x^1},\ \frac{\partial f}{\partial x^2} \right) = \left(\frac{\partial f}{\partial u^1},\ \frac{\partial f}{\partial u^2} \right) \begin{pmatrix} \dfrac{\partial u^1}{\partial x^1} & \dfrac{\partial u^1}{\partial x^2} \\ \dfrac{\partial u^2}{\partial x^1} & \dfrac{\partial u^2}{\partial x^2} \end{pmatrix} \qquad \frac{\partial f}{\partial x^i} = \frac{\partial u^j}{\partial x^i} \frac{\partial f}{\partial u^j}$$

直線座標$(x^1,\ x^2)$における，fのベクトル場 X'に沿った微分$\dfrac{\partial f}{\partial x^i} X'^i$は，

$$\frac{\partial f}{\partial x^i} X'^i = \left(\frac{\partial u^j}{\partial x^i} \frac{\partial f}{\partial u^j} \right) \left(\frac{\partial x^i}{\partial u^k} X^k \right) = \left(\frac{\partial u^j}{\partial x^i} \frac{\partial x^i}{\partial u^k} \right) \frac{\partial f}{\partial u^j} X^k$$

$$= \delta^j{}_k \frac{\partial f}{\partial u^j} X^k = \frac{\partial f}{\partial u^j} X^j$$

結局，曲線座標$(u^1,\ u^2)$における，fのベクトル場 Xに沿った微分も

$$\frac{\partial f}{\partial x^i} X'^i = \frac{\partial f}{\partial u^j} X^j$$

と，直線座標$(x^1,\ x^2)$の場合と同じように表せることが分かります。

§3 テンソル場の定義

直線座標⇔直線座標のときの変換則と，直線座標⇔曲線座標のときの変換則を比べてみると，次のようになります。

	直線座標⇔直線座標	直線座標⇔曲線座標
スカラーの微分	$\dfrac{\partial f}{\partial x'^i}=a^j{}_i\dfrac{\partial f}{\partial x^j}$	$\dfrac{\partial f}{\partial x^i}=\dfrac{\partial u^j}{\partial x^i}\dfrac{\partial f}{\partial u^j}$
ベクトル場の成分	$X'^i=b^i{}_jX^j$	$X'^i=\dfrac{\partial x^i}{\partial u^j}X^j$

「直⇔直のときの$a^j{}_i$」と「直⇔曲のときの$\dfrac{\partial u^j}{\partial x^i}$」が，

「直⇔直のときの$b^i{}_j$」と「直⇔曲のときの$\dfrac{\partial x^i}{\partial u^j}$」が対応しています。

$a^i{}_jb^j{}_k=\delta^i{}_k$，$\dfrac{\partial u^i}{\partial x^j}\dfrac{\partial x^j}{\partial u^k}=\delta^i{}_k$という関係も対応しています。

これは，曲線座標の式，

$$(x^1,\ x^2)=(x^1(u^1,\ u^2),\ x^2(u^1,\ u^2))$$

において，$(u^1,\ u^2)$が直線座標であれば，

$$(x^1,\ x^2)=(b^1{}_1u^1+b^1{}_2u^2,\ b^2{}_1u^1+b^2{}_2u^2)$$

と表され，$b^i{}_j=\dfrac{\partial x^i}{\partial u^j}$，$a^j{}_i=\dfrac{\partial u^j}{\partial x^i}$となるからです。

直線座標は，曲線座標の特殊な場合になっています。当然といえば当然ですが。

さて，直線座標での成分と曲線座標での成分に関してテンソル場を定義しましょう。上のように，$a^j{}_i\to\dfrac{\partial u^j}{\partial x^i}$，$b^i{}_j\to\dfrac{\partial x^i}{\partial u^j}$と対応しますから，**定義 3.38** のテンソル場の定義は次のように書き換えられます。

定義 5.04 テンソル場

座標(x)に対して，任意の座標(u)をとる。Tの座標(x)での成分$T'^{\overbrace{i\cdots j}^{r個}}{}_{\underbrace{k\cdots l}_{s個}}(x)$と，座標$(u)$での成分$T^{\overbrace{i\cdots j}^{r個}}{}_{\underbrace{k\cdots l}_{s個}}(u)$との間に

$$T'^{\overbrace{i\cdots j}^{r個}}{}_{\underbrace{k\cdots l}_{s個}}(x)=\overbrace{\frac{\partial x^i}{\partial u^m}\cdots\frac{\partial x^j}{\partial u^n}}^{r個}\underbrace{\frac{\partial u^p}{\partial x^k}\cdots\frac{\partial u^q}{\partial x^l}}_{s個}T^{\overbrace{m\cdots n}^{r個}}{}_{\underbrace{p\cdots q}_{s個}}(u)$$

という関係があるとき，Tを$(r,\ s)$テンソル場という。

ここで数学流のテンソルのことを少し思い出してほしいと思います。

数学流のテンソルでは，基底$\boldsymbol{e}_i$と双対基底$\boldsymbol{f}^i$のテンソル積$\otimes$を組み合わせたものが$T^r{}_s(V)$の基底となっていました。

定義 3.38 のとき，$\boldsymbol{e}_i$，$\boldsymbol{e}'_i$，$\boldsymbol{f}^i$，$\boldsymbol{f}'^i$の間には$\boldsymbol{e}'_i=a^j{}_i\boldsymbol{e}_j$，$\boldsymbol{f}'^i=b^i{}_j\boldsymbol{f}^j$という関係がありました。これに倣えば，上の定義は

$$a^j{}_i\to\frac{\partial u^j}{\partial x^i}\qquad b^i{}_j\to\frac{\partial x^i}{\partial u^j}$$

と変えただけですから，座標(u)の基底$\boldsymbol{e}_i$，双対基底$\boldsymbol{f}^i$と座標(x)の基底$\boldsymbol{e}'_i$，双対基底$\boldsymbol{f}'^i$には，

$$\boldsymbol{e}'_i=\frac{\partial u^j}{\partial x^i}\boldsymbol{e}_j\qquad \boldsymbol{f}'^i=\frac{\partial x^i}{\partial u^j}\boldsymbol{f}^j$$

という関係があることになります。

$\boldsymbol{e}_i$と$\boldsymbol{f}^i$のままでもよいのですが，基底・双対基底の気の利いた表し方を紹介しましょう。

それには，$\dfrac{\partial f}{\partial x^1}$，$\dfrac{\partial f}{\partial x^2}$を連鎖律で書いた式を参考にします。

$$\frac{\partial f}{\partial x^1}=\frac{\partial u^1}{\partial x^1}\frac{\partial f}{\partial u^1}+\frac{\partial u^2}{\partial x^1}\frac{\partial f}{\partial u^2}$$

$$\frac{\partial f}{\partial x^2}=\frac{\partial u^1}{\partial x^2}\frac{\partial f}{\partial u^1}+\frac{\partial u^2}{\partial x^2}\frac{\partial f}{\partial u^2}$$

でfを取り除くと，

$$\frac{\partial}{\partial x^1}=\frac{\partial u^1}{\partial x^1}\frac{\partial}{\partial u^1}+\frac{\partial u^2}{\partial x^1}\frac{\partial}{\partial u^2}$$

$$\frac{\partial}{\partial x^2}=\frac{\partial u^1}{\partial x^2}\frac{\partial}{\partial u^1}+\frac{\partial u^2}{\partial x^2}\frac{\partial}{\partial u^2}$$

と，$\boldsymbol{e}'_i=\frac{\partial u^j}{\partial x^i}\boldsymbol{e}_j$で，$\boldsymbol{e}_i\to\frac{\partial}{\partial u^i}$，$\boldsymbol{e}'_i\to\frac{\partial}{\partial x^i}$と置き換えた式になっています。

基底$\boldsymbol{e}_i$，$\boldsymbol{e}'_i$を$\frac{\partial}{\partial u^i}$，$\frac{\partial}{\partial x^i}$と表すとよいのです。

双対基底$\boldsymbol{f}^i$の方は全微分の式を参考にします。

$f(u^1,\ u^2)$のu^1，u^2がtの関数であるとき，fをtで微分すると，

$$\frac{df(u^1,\ u^2)}{dt}=\frac{\partial f(u^1,\ u^2)}{\partial u^1}\frac{du^1}{dt}+\frac{\partial f(u^1,\ u^2)}{\partial u^2}\frac{du^2}{dt}$$

形式的には，この式のdtを外したものがfの全微分の式で，

$$df=\frac{\partial f}{\partial u^1}du^1+\frac{\partial f}{\partial u^2}du^2$$

となります。u^1，u^2がそれぞれdu^1，du^2だけ微小変化するとき，fの微小変化をdfとすると，その間に成り立つ関係を表している式と解釈することができます。しかし，意味についてはここで深入りすることは避けましょう。

さて，全微分の式でfにx^1，x^2を代入すると，

$$dx^1=\frac{\partial x^1}{\partial u^1}du^1+\frac{\partial x^1}{\partial u^2}du^2$$

$$dx^2=\frac{\partial x^2}{\partial u^1}du^1+\frac{\partial x^2}{\partial u^2}du^2$$

と，双対基底の変換則 $\boldsymbol{f}'^i=\dfrac{\partial x^i}{\partial u^j}\boldsymbol{f}^j$ で，$\boldsymbol{f}^i \to du^i$，$\boldsymbol{f}'^i \to dx^i$ と置き換えた式になっています。

双対基底 $\boldsymbol{f}^i$，$\boldsymbol{f}'^i$ を du^i, dx^i と表すとよいのです。

3 章 12 節には，直線座標 (x^i) と直線座標 (x'^i) の間のテンソルの成分の変換則をまとめてあります。**定義 3.27** により，成分と基底・双対基底との 1 次結合をとることで，座標 (x^i) のときのテンソルと座標 (x'^i) のときのテンソルを等式で結ぶことができます。いま，座標 (x^i) のときのテンソル場の基底・双対基底として，$\dfrac{\partial}{\partial x^i}$ と dx^i を得たのですから，これを用いてテンソルを表してみましょう。

（ア）$f(x'^i)=f(x^j)$

これはスカラー場ですから，成分どうしが等しくなっています。

（イ）$X'^i=b^i{}_jX^j$

(1, 0)テンソル場ですから，$\boldsymbol{e}_i$ すなわち $\dfrac{\partial}{\partial x^i}$ が基底です。

$$X'^i\frac{\partial}{\partial x'^i}=X^j\frac{\partial}{\partial x^j}$$

と表されます。

（ウ）$\dfrac{\partial f}{\partial x'^i}=a^j{}_i\dfrac{\partial f}{\partial x^j}$

(0, 1) テンソル場ですから，$\boldsymbol{f}^i$ すなわち dx^i が基底です。

$$\frac{\partial f}{\partial x'^i}dx'^i=\frac{\partial f}{\partial x^j}dx^j$$

となります。関数 f の全微分の式になってしまいました。それから作ったからそうなんですが……。

（エ）$\dfrac{\partial^2 f}{\partial x'^i\,\partial x'^j}=a^k{}_ia^l{}_j\dfrac{\partial^2 f}{\partial x^k\,\partial x^l}$

(0, 2) テンソル場ですから，$\boldsymbol{f}^i$ のテンソル積 $\boldsymbol{f}^i\otimes\boldsymbol{f}^j$ すなわち

$dx^i \otimes dx^j$ が基底になります。$\dfrac{\partial^2 f}{\partial x'^i \partial x'^j} dx'^i \otimes dx'^j = \dfrac{\partial^2 f}{\partial x^k \partial x^l} dx^k \otimes dx^l$

（オ）$\dfrac{\partial Y'^i}{\partial x'^j} = b^i{}_k a^l{}_j \dfrac{\partial Y^k}{\partial x^l}$

（1, 1）テンソル場ですから，$\dfrac{\partial Y'^i}{\partial x'^j} \dfrac{\partial}{\partial x'^i} \otimes dx'^j = \dfrac{\partial Y^k}{\partial x^l} \dfrac{\partial}{\partial x^k} \otimes dx^l$

（カ）$\dfrac{\partial f}{\partial x'^i} X'^j = b^j{}_l a^k{}_i \dfrac{\partial f}{\partial x^k} X^l$

（1, 1）テンソル場ですから，

$$\frac{\partial f}{\partial x'^i} X'^j \frac{\partial}{\partial x'^j} \otimes dx'^i = \frac{\partial f}{\partial x^k} X^l \frac{\partial}{\partial x^l} \otimes dx^k$$

曲線座標のときの2つの結果もまとめてみます。

（キ）$\dfrac{\partial f}{\partial x^i} = \dfrac{\partial u^j}{\partial x^i} \dfrac{\partial f}{\partial u^j}$

(0, 1)テンソル場なので，$\boldsymbol{f}^i$ すなわち dx^i，du^i が基底で，

$$\frac{\partial f}{\partial x^i} dx^i = \frac{\partial f}{\partial u^j} du^j$$

（ク）$X'^i = \dfrac{\partial x^i}{\partial u^j} X^j$

（1, 0）テンソル場なので，$\boldsymbol{e}_i$ すなわち $\dfrac{\partial}{\partial x^i}$，$\dfrac{\partial}{\partial u^i}$ が基底で，

$$X'^i \frac{\partial}{\partial x^i} = X^j \frac{\partial}{\partial u^j}$$

ここまで読まれた方で，直線座標は曲線座標の特別な場合なのだから，初めから直線座標と曲線座標を説明した方が手っ取り早いのではないかとお考えになった方もいらっしゃるかもしれません。

しかし，ここは十分味わっておきたいところです。直⇔直は，直⇔曲の特別な場合と片づけてしまいたくなかったのです。

というのは，直⇔直こそが特殊相対論のテンソル場の変換則で，直⇔

曲こそが一般相対論のテンソル場の変換則になるからです。直⇔直と直⇔曲の間には，アインシュタインをして10年の径庭があるのです。直⇔直と直⇔曲で，どこまでがパラレルに話が進んで，どこから分岐していくのか。それを明確にしておきたいと思います。そうすることで，特殊相対論から一般相対論へ移行するときの課題が見えてくると思うからです。

もちろん，数テンソルの場合の変換行列が定数なので，それを引きついで語ることができる直⇔直の変換則を見てもらってから，直⇔曲を見てもらった方がスムーズに話が流れるというネライもあります。

§4　曲線座標の接続係数

次にベクトル場の微分について語りたいのですが，その前に1節を設けて下拵えをしておかなければなりません。

平面に直線座標$(x^1,\ x^2)$と曲線座標$(u^1,\ u^2)$が入っていて，直線座標$\boldsymbol{x}=(x^1,\ x^2)$は，曲線座標によって$\boldsymbol{x}=(x^1(u^1,\ u^2),\ x^2(u^1,\ u^2))$と表されているものとします。

$\dfrac{\partial \boldsymbol{x}}{\partial u^1}$, $\dfrac{\partial \boldsymbol{x}}{\partial u^2}$をもう一度偏微分した式を$\dfrac{\partial \boldsymbol{x}}{\partial u^1}$, $\dfrac{\partial \boldsymbol{x}}{\partial u^2}$の1次結合で表します。

1次結合の係数を$\Gamma^i{}_{jk}$とおいて，

$$\frac{\partial^2 \boldsymbol{x}(u^1,\ u^2)}{\partial u^1\,\partial u^1}=\Gamma^1{}_{11}\frac{\partial \boldsymbol{x}(u^1,\ u^2)}{\partial u^1}+\Gamma^2{}_{11}\frac{\partial \boldsymbol{x}(u^1,\ u^2)}{\partial u^2}$$

$$\frac{\partial^2 \boldsymbol{x}(u^1,\ u^2)}{\partial u^2\,\partial u^1}=\Gamma^1{}_{21}\frac{\partial \boldsymbol{x}(u^1,\ u^2)}{\partial u^1}+\Gamma^2{}_{21}\frac{\partial \boldsymbol{x}(u^1,\ u^2)}{\partial u^2}$$

$$\frac{\partial^2 \boldsymbol{x}(u^1,\ u^2)}{\partial u^1\,\partial u^2}=\Gamma^1{}_{12}\frac{\partial \boldsymbol{x}(u^1,\ u^2)}{\partial u^1}+\Gamma^2{}_{12}\frac{\partial \boldsymbol{x}(u^1,\ u^2)}{\partial u^2}$$

$$\frac{\partial^2 \boldsymbol{x}(u^1,\ u^2)}{\partial u^2\,\partial u^2}=\Gamma^1{}_{22}\frac{\partial \boldsymbol{x}(u^1,\ u^2)}{\partial u^1}+\Gamma^2{}_{22}\frac{\partial \boldsymbol{x}(u^1,\ u^2)}{\partial u^2}$$

$(u^1,\ u^2)$を省いて書くと，

$$\frac{\partial^2 \boldsymbol{x}}{\partial u^1\,\partial u^1}=\Gamma^1{}_{11}\frac{\partial \boldsymbol{x}}{\partial u^1}+\Gamma^2{}_{11}\frac{\partial \boldsymbol{x}}{\partial u^2}$$

$$\frac{\partial^2 \boldsymbol{x}}{\partial u^2\,\partial u^1}=\Gamma^1{}_{21}\frac{\partial \boldsymbol{x}}{\partial u^1}+\Gamma^2{}_{21}\frac{\partial \boldsymbol{x}}{\partial u^2}$$

$$\frac{\partial^2 \boldsymbol{x}}{\partial u^1\,\partial u^2}=\Gamma^1{}_{12}\frac{\partial \boldsymbol{x}}{\partial u^1}+\Gamma^2{}_{12}\frac{\partial \boldsymbol{x}}{\partial u^2}$$

$$\frac{\partial^2 \boldsymbol{x}}{\partial u^2\,\partial u^2}=\Gamma^1{}_{22}\frac{\partial \boldsymbol{x}}{\partial u^1}+\Gamma^2{}_{22}\frac{\partial \boldsymbol{x}}{\partial u^2} \tag{5.04}$$

つまり，

$$\frac{\partial^2 \boldsymbol{x}}{\partial u^j \partial u^k} = \Gamma^i{}_{jk} \frac{\partial \boldsymbol{x}}{\partial u^i} \qquad \frac{\partial^2 x^l}{\partial u^j \partial u^k} = \Gamma^i{}_{jk} \frac{\partial x^l}{\partial u^i}$$

となります。この係数$\Gamma^i{}_{jk}$を(x^1, x^2)で見た(u^1, u^2)の**接続係数**といいます。ここでは2次元で説明しましたが，3次元以上でも同様に接続係数を定義することができます。

$\Gamma^i{}_{jk}$の下添え字jkは，偏微分する変数の添え字を表します。iは1次結合する接線ベクトル$\dfrac{\partial \boldsymbol{x}}{\partial u^i}$の添え字を表します。$\Gamma^i{}_{jk}$は定数ではなく場所の関数になっています。すなわち，(u^1, u^2)や(x^1, x^2)の関数です。

$\boldsymbol{x}$の成分の関数はu^iの偏微分とu^jの偏微分に関して順序交換可能（という関数しか考えないことにしている）なので，

$$\frac{\partial}{\partial u^i}\left(\frac{\partial x}{\partial u^j}\right) = \frac{\partial}{\partial u^j}\left(\frac{\partial x}{\partial u^i}\right)$$

が成り立ちます。ですから接続係数$\Gamma^k{}_{ij}$に関して，

$\Gamma^k{}_{ij} = \Gamma^k{}_{ji}$　（接続係数の対称性）

という関係があります。下の2つ添え字には対称性があるわけです。

接続係数$\Gamma^i{}_{jk}$は曲線座標のとり方によることに注意しましょう。(u^1, u^2)と異なる曲線座標(u'^1, u'^2)をとれば，同じ点であっても$\Gamma^i{}_{jk}$とは異なった接続係数$\Gamma'^i{}_{jk}$になります。

初めて$\Gamma^i{}_{jk}$を見ると添え字の多さにクラクラします。私も一度は退散してしまったことがあるので，嫌気がさす気持ちはよく分かります。

訳が分からなくなったら，ここが原点だと思って上の式を眺めて気を落ち着けましょう。$\Gamma^i{}_{jk}$をクリストッフェルの記号といいます。これから長い付き合いをしていくので，早く慣れてほしいと思います。

極座標の場合に，接続係数を求めてみましょう。

$x^1 \to x,\ \ x^2 \to y,\ \ u^1 \to r,\ \ u^2 \to \theta$として考えます。

問題 5.05

xy 座標は直交座標とする。

$$(x,\ y)=(r\cos\theta,\ r\sin\theta)$$

のとき，$(r,\ \theta)$に関する接続係数を求めよ。

$\boldsymbol{x}=(x,\ y)=(r\cos\theta,\ r\sin\theta)$とおくと，

$$\frac{\partial \boldsymbol{x}}{\partial r}=\begin{pmatrix}\cos\theta\\ \sin\theta\end{pmatrix},\ \frac{\partial \boldsymbol{x}}{\partial \theta}=\begin{pmatrix}-r\sin\theta\\ r\cos\theta\end{pmatrix}$$

$\boldsymbol{x}$ の 2 階の偏微分をこれらの 1 次結合で表します。

$$\frac{\partial^2 \boldsymbol{x}}{\partial r\,\partial r}=\begin{pmatrix}0\\ 0\end{pmatrix}=0\frac{\partial \boldsymbol{x}}{\partial r}+0\frac{\partial \boldsymbol{x}}{\partial \theta}\text{ より，}\ \Gamma^{r}{}_{rr}=0,\quad \Gamma^{\theta}{}_{rr}=0$$

$$\frac{\partial^2 \boldsymbol{x}}{\partial \theta\,\partial r}=\begin{pmatrix}-\sin\theta\\ \cos\theta\end{pmatrix}=0\frac{\partial \boldsymbol{x}}{\partial r}+\frac{1}{r}\frac{\partial \boldsymbol{x}}{\partial \theta}\text{ より，}\ \Gamma^{r}{}_{\theta r}=0,\ \Gamma^{\theta}{}_{\theta r}=\frac{1}{r}$$

この本では，2 階の偏微分に関して順序を入れ換えても等しい関数しか扱わないので，下添え字を入れ換えて，$\Gamma^{r}{}_{r\theta}=0,\quad \Gamma^{\theta}{}_{r\theta}=\dfrac{1}{r}$

$$\frac{\partial^2 \boldsymbol{x}}{\partial \theta\,\partial \theta}=\begin{pmatrix}-r\cos\theta\\ -r\sin\theta\end{pmatrix}=-r\frac{\partial \boldsymbol{x}}{\partial r}+0\frac{\partial \boldsymbol{x}}{\partial \theta}\text{ より，}\ \Gamma^{r}{}_{\theta\theta}=-r,\quad \Gamma^{\theta}{}_{\theta\theta}=0$$

球座標でも接続係数を求めてみましょう。

問題 5.06

xyz 座標を直交座標とする。

$$(x,\ y,\ z)=(r\sin\theta\cos\varphi,\ r\sin\theta\sin\varphi,\ r\cos\theta)$$

のとき，$(r,\ \theta,\ \varphi)$に関する接続係数を求めよ。

$\boldsymbol{x}=(r\sin\theta\cos\varphi,\ r\sin\theta\sin\varphi,\ r\cos\theta)$とおくと，

$$\frac{\partial \boldsymbol{x}}{\partial r}=\begin{pmatrix}\sin\theta\cos\varphi\\ \sin\theta\sin\varphi\\ \cos\theta\end{pmatrix},\ \frac{\partial \boldsymbol{x}}{\partial \theta}=\begin{pmatrix}r\cos\theta\cos\varphi\\ r\cos\theta\sin\varphi\\ -r\sin\theta\end{pmatrix},\ \frac{\partial \boldsymbol{x}}{\partial \varphi}=\begin{pmatrix}-r\sin\theta\sin\varphi\\ r\sin\theta\cos\varphi\\ 0\end{pmatrix}$$

$\boldsymbol{x}$の２階の偏微分をこれらの１次結合で表します。

$$\frac{\partial^2 \boldsymbol{x}}{\partial r\,\partial r}=\mathbf{0}\qquad \Gamma^r{}_{rr}=0,\quad \Gamma^\theta{}_{rr}=0,\quad \Gamma^\varphi{}_{rr}=0$$

$$\frac{\partial^2 \boldsymbol{x}}{\partial \theta\,\partial r}=\begin{pmatrix}\cos\theta\cos\varphi\\ \cos\theta\sin\varphi\\ -\sin\theta\end{pmatrix}=\frac{1}{r}\frac{\partial \boldsymbol{x}}{\partial \theta}\qquad \Gamma^r_{\theta r}=0,\quad \Gamma^\theta{}_{\theta r}=\frac{1}{r},\quad \Gamma^\varphi{}_{\theta r}=0$$

$$\frac{\partial^2 \boldsymbol{x}}{\partial \varphi\,\partial r}=\begin{pmatrix}-\sin\theta\sin\varphi\\ \sin\theta\cos\varphi\\ 0\end{pmatrix}=\frac{1}{r}\frac{\partial \boldsymbol{x}}{\partial \varphi}\qquad \Gamma^r_{\varphi r}=0,\quad \Gamma^\theta{}_{\varphi r}=0,\quad \Gamma^\varphi_{\varphi r}=\frac{1}{r}$$

$$\frac{\partial^2 \boldsymbol{x}}{\partial \theta\,\partial \theta}=\begin{pmatrix}-r\sin\theta\cos\varphi\\ -r\sin\theta\sin\varphi\\ -r\cos\theta\end{pmatrix}=-r\frac{\partial \boldsymbol{x}}{\partial r}\qquad \Gamma^r{}_{\theta\theta}=-r,\ \Gamma^\theta{}_{\theta\theta}=0\ \ \Gamma^\varphi{}_{\theta\theta}=0$$

$$\frac{\partial^2 \boldsymbol{x}}{\partial \varphi\,\partial \theta}=\begin{pmatrix}-r\cos\theta\sin\varphi\\ r\cos\theta\cos\varphi\\ 0\end{pmatrix}=\frac{1}{\tan\theta}\frac{\partial \boldsymbol{x}}{\partial \varphi}\qquad \Gamma^r_{\varphi\theta}=0,\ \Gamma^\theta{}_{\varphi\theta}=0,\ \Gamma^\varphi{}_{\varphi\theta}=\frac{1}{\tan\theta}$$

$$\frac{\partial^2 \boldsymbol{x}}{\partial \varphi\,\partial \varphi}=\begin{pmatrix}-r\sin\theta\cos\varphi\\ -r\sin\theta\sin\varphi\\ 0\end{pmatrix}=-r\sin^2\theta\frac{\partial \boldsymbol{x}}{\partial r}-\sin\theta\cos\theta\frac{\partial \boldsymbol{x}}{\partial \theta}$$

$$\Gamma^r_{\varphi\varphi}=-r\sin^2\theta,\quad \Gamma^\theta_{\varphi\varphi}=-\sin\theta\cos\theta,\quad \Gamma^\varphi_{\varphi\varphi}=0$$

上では直線座標に曲線座標を入れた場合の例を考えました。$(u^1,\ u^2)$が直線座標の場合はどうでしょうか。

問題 5.07

xy 座標を直線座標とする。

$$(x,\ y)=(a^1{}_1u^1+a^1{}_2u^2,\quad a^2{}_1u^1+a^2{}_2u^2)$$

のとき，接続係数を求めよ。ただし，$a^i{}_j$ は定数とする。

$\boldsymbol{x}=(a^1{}_1u^1+a^1{}_2u^2,\ a^2{}_1u^1+a^2{}_2u^2)$ とおくと，$\dfrac{\partial \boldsymbol{x}}{\partial u^i}$ は定ベクトルになります。

もう一度微分するので，$\dfrac{\partial^2 \boldsymbol{x}}{\partial u^j\,\partial u^i}=\mathbf{0}$ です。よって，接続係数 $\Gamma^i{}_{jk}$ はすべて 0 になります。

このように直線座標と直線座標の間の接続係数はつねに 0 になります。

§5　ベクトル場の微分

直線座標(x^1, x^2)において，ベクトル場（(1, 0)テンソル場）Y^iの微分$\dfrac{\partial Y^i}{\partial x^j}$は(1, 1)テンソル場で，直線座標どうしでの変換則は，

$$\frac{\partial Y'^i}{\partial x'^j}=b^i{}_l a^k{}_j \frac{\partial Y^l}{\partial x^k}$$

でした。

さて，直線座標(x^i)でのY'^iの微分$\dfrac{\partial Y'^i}{\partial x^j}$と曲線座標$(u^i)$での$Y^i$から作った$\dfrac{\partial Y^i}{\partial u^j}$（敢えて微分とは言わない）は，同様の変換則を満たすでしょうか。

直線座標と曲線座標の変換則について考えてみます。

直線座標(x^1, x^2)の反変ベクトル場Y'^iが，曲線座標(u^1, u^2)では，Y^iと表されているものとします。

このとき反変ベクトル場Y'^iの微分$\dfrac{\partial Y'^i}{\partial x^j}$の変換則はどうなるでしょうか。

2次元の場合で，i，jを具体的にして書いてみましょう。

Y'^iとY^iの間には，(5.02) のように，

$$\begin{aligned}&Y'^1(x^1, x^2)\boldsymbol{e}_1+Y'^2(x^1, x^2)\boldsymbol{e}_2\\&\quad=Y^1(u^1, u^2)\frac{\partial \boldsymbol{x}(u^1, u^2)}{\partial u^1}+Y^2(u^1, u^2)\frac{\partial \boldsymbol{x}(u^1, u^2)}{\partial u^2}\end{aligned}$$

が成り立っています。

$\boldsymbol{e}_1$の成分を取り出すと，(x^1, x^2), (u^1, u^2)を省いて，

$$Y'^1=Y^1\frac{\partial x^1}{\partial u^1}+Y^2\frac{\partial x^1}{\partial u^2}$$

これをx^2で偏微分します。一度は具体的に書いてみるのも勉強になり

ます。

$$
\begin{aligned}
\frac{\partial Y'^1}{\partial x^2} &= \frac{\partial}{\partial x^2}\left(Y^1\frac{\partial x^1}{\partial u^1}+Y^2\frac{\partial x^1}{\partial u^2}\right) \\
&= \frac{\partial u^1}{\partial x^2}\frac{\partial}{\partial u^1}\left(Y^1\frac{\partial x^1}{\partial u^1}+Y^2\frac{\partial x^1}{\partial u^2}\right)+\frac{\partial u^2}{\partial x^2}\frac{\partial}{\partial u^2}\left(Y^1\frac{\partial x^1}{\partial u^1}+Y^2\frac{\partial x^1}{\partial u^2}\right) \\
&= \frac{\partial u^1}{\partial x^2}\left(\frac{\partial Y^1}{\partial u^1}\frac{\partial x^1}{\partial u^1}+Y^1\frac{\partial^2 x^1}{\partial u^1\,\partial u^1}+\frac{\partial Y^2}{\partial u^1}\frac{\partial x^1}{\partial u^2}+Y^2\frac{\partial^2 x^1}{\partial u^1\,\partial u^2}\right) \\
&\quad +\frac{\partial u^2}{\partial x^2}\left(\frac{\partial Y^1}{\partial u^2}\frac{\partial x^1}{\partial u^1}+Y^1\frac{\partial^2 x^1}{\partial u^2\,\partial u^1}+\frac{\partial Y^2}{\partial u^2}\frac{\partial x^1}{\partial u^2}+Y^2\frac{\partial^2 x^1}{\partial u^2\,\partial u^2}\right) \\
&= \frac{\partial u^1}{\underline{\partial x^2}}\left\{\frac{\partial Y^1}{\partial u^1}\frac{\partial x^1}{\partial u^1}+Y^1\left(\Gamma^1{}_{11}\frac{\partial x^1}{\partial u^1}+\Gamma^2{}_{11}\frac{\partial x^1}{\underline{\partial u^2}}\right)\right. \\
&\qquad \left.+\frac{\partial Y^2}{\partial u^1}\frac{\partial x^1}{\underline{\partial u^2}}+Y^2\left(\Gamma^1{}_{12}\frac{\partial x^1}{\partial u^1}+\Gamma^2{}_{12}\frac{\partial x^1}{\underline{\partial u^2}}\right)\right\} \\
&\quad +\frac{\partial u^2}{\partial x^2}\left\{\frac{\partial Y^1}{\partial u^2}\frac{\partial x^1}{\partial u^1}+Y^1\left(\Gamma^1{}_{21}\frac{\partial x^1}{\partial u^1}+\Gamma^2{}_{21}\frac{\partial x^1}{\partial u^2}\right)\right. \\
&\qquad \left.+\frac{\partial Y^2}{\partial u^2}\frac{\partial x^1}{\partial u^2}+Y^2\left(\Gamma^1{}_{22}\frac{\partial x^1}{\partial u^1}+\Gamma^2{}_{22}\frac{\partial x^1}{\partial u^2}\right)\right\} \\
&= \frac{\partial u^1}{\partial x^2}\frac{\partial x^1}{\partial u^1}\left(\frac{\partial Y^1}{\partial u^1}+\Gamma^1{}_{11}Y^1+\Gamma^1{}_{12}Y^2\right) \\
&\quad +\frac{\partial u^1}{\partial x^2}\frac{\partial x^1}{\partial u^2}\left(\frac{\partial Y^2}{\partial u^1}+\Gamma^2{}_{11}Y^1+\Gamma^2{}_{12}Y^2\right) \\
&\quad +\frac{\partial u^2}{\partial x^2}\frac{\partial x^1}{\partial u^1}\left(\frac{\partial Y^1}{\partial u^2}+\Gamma^1{}_{21}Y^1+\Gamma^1{}_{22}Y^2\right) \\
&\quad +\frac{\partial u^2}{\partial x^2}\frac{\partial x^1}{\partial u^2}\left(\frac{\partial Y^2}{\partial u^2}+\Gamma^2{}_{21}Y^1+\Gamma^2{}_{22}Y^2\right)
\end{aligned}
$$

同じことを縮約記法で計算してみましょう。Y'^i と Y^ι の間には，

$Y'^i=\dfrac{\partial x^i}{\partial u^l}Y^l$ が成り立っていますから，これを x^j で微分して，

$$\frac{\partial Y'^i}{\partial x^j}=\frac{\partial u^k}{\partial x^j}\frac{\partial}{\partial u^k}\left(\frac{\partial x^i}{\partial u^l}Y^l\right)$$

$$=\frac{\partial u^k}{\partial x^j}\left(\frac{\partial^2 x^i}{\partial u^k\,\partial u^l}Y^l+\frac{\partial x^i}{\partial u^l}\frac{\partial Y^l}{\partial u^k}\right)$$

$$=\frac{\partial u^k}{\partial x^j}\left(\Gamma^m{}_{kl}\frac{\partial x^i}{\partial u^m}Y^l+\frac{\partial x^i}{\partial u^l}\frac{\partial Y^l}{\partial u^k}\right)$$

$\frac{\partial x^i}{\partial u^l}$ を括り出すために，第１項の走る添字 l と m を入れ換える

$$=\frac{\partial u^k}{\partial x^j}\left(\Gamma^l{}_{km}\frac{\partial x^i}{\partial u^l}Y^m+\frac{\partial x^i}{\partial u^l}\frac{\partial Y^l}{\partial u^k}\right)$$

$$=\frac{\partial u^k}{\partial x^j}\frac{\partial x^i}{\partial u^l}\left(\frac{\partial Y^l}{\partial u^k}+\Gamma^l{}_{km}Y^m\right)$$

すなわち，

$$\frac{\partial Y'^i}{\partial x^j}=\frac{\partial u^k}{\partial x^j}\frac{\partial x^i}{\partial u^l}\left(\frac{\partial Y^l}{\partial u^k}+\Gamma^l{}_{km}Y^m\right) \tag{5.05}$$

という式を得ます。この式は，$\frac{\partial Y'^i}{\partial x^j}$ と $\frac{\partial Y^l}{\partial u^k}$ をじかに $\frac{\partial u^k}{\partial x^j}$，$\frac{\partial x^i}{\partial u^l}$ で結ぶ等式ではありません。しかし，(1, 1)テンソル場の変換則を満たしていますから，基底をつけると等式で結ばれます。

問題 5.08

$\frac{\partial Y'^i}{\partial x^j}\frac{\partial}{\partial x^i}\otimes dx^j=\left(\frac{\partial Y^l}{\partial u^p}+\Gamma^l{}_{pm}Y^m\right)\frac{\partial}{\partial u^l}\otimes du^p$ を示せ。

$$\frac{\partial Y'^i}{\partial x^j}\frac{\partial}{\partial x^i}\otimes dx^j=\frac{\partial u^k}{\partial x^j}\frac{\partial x^i}{\partial u^l}\left(\frac{\partial Y^l}{\partial u^k}+\Gamma^l{}_{km}Y^m\right)\left(\frac{\partial u^n}{\partial x^i}\frac{\partial}{\partial u^n}\right)\otimes\left(\frac{\partial x^j}{\partial u^p}du^p\right)$$

$$=\frac{\partial u^k}{\partial x^j}\frac{\partial x^i}{\partial u^l}\frac{\partial u^n}{\partial x^i}\frac{\partial x^j}{\partial u^p}\left(\frac{\partial Y^l}{\partial u^k}+\Gamma^l{}_{km}Y^m\right)\frac{\partial}{\partial u^n}\otimes du^p$$

定理 5.03

$$=\delta^k{}_p\delta^n{}_l\left(\frac{\partial Y^l}{\partial u^k}+\Gamma^l{}_{km}Y^m\right)\frac{\partial}{\partial u^n}\otimes du^p$$

$$=\left(\frac{\partial Y^l}{\partial u^p}+\Gamma^l{}_{pm}Y^m\right)\frac{\partial}{\partial u^l}\otimes du^p$$

こうなっては，$\dfrac{\partial Y^l}{\partial u^k}+\Gamma^l{}_{km}Y^m$ を曲線座標(u^i)でのY^iの微分の成分として認めるしかありません。$\Gamma^l{}_{km}Y^m$という余計なものが付いていますが，これが曲線座標をとったことのツケなのです。$(u^1,\ u^2)$が直線座標であれば，$\Gamma^l{}_{km}=0$となりますから，$\Gamma^l{}_{km}Y^m$の項が落ちて直線座標どうしの変換則になります。

ですから，(5.05) の変換則を見て，

「直線座標なら $\dfrac{\partial Y^l}{\partial u^k}$ と表せたのに，曲線座標だから接続係数なんて余計なものが付いてきちまったぜ，チェッ」

という感慨を持ってもらいたいと思います。

曲線座標$(u^1,\ u^2)$の他にもう１つ別な曲線座標$(u'^1,\ u'^2)$をとってみます。

直線座標$(x^1,\ x^2)$でのベクトル場を$Y''(x^1,\ x^2)$，また，曲線座標$(u'^1,\ u'^2)$でのベクトル場を$Y'(u'^1,\ u'^2)$として，$\dfrac{\partial Y''^m}{\partial x^l}$を$(u^1,\ u^2)$，$(u'^1,\ u'^2)$２通りの曲線座標で表すと，

$$\frac{\partial Y''^m}{\partial x^l}=\frac{\partial u^j}{\partial x^l}\frac{\partial x^m}{\partial u^i}\left(\frac{\partial Y^i}{\partial u^j}+\Gamma^i{}_{jk}Y^k\right)$$

$$\frac{\partial Y''^m}{\partial x^l}=\frac{\partial u'^j}{\partial x^l}\frac{\partial x^m}{\partial u'^i}\left(\frac{\partial Y'^i}{\partial u'^j}+\Gamma'^i{}_{jk}Y'^k\right)$$

これより，

$$\frac{\partial u'^j}{\partial x^l}\frac{\partial x^m}{\partial u'^i}\left(\frac{\partial Y'^i}{\partial u'^j}+\Gamma'^i{}_{jk}Y'^k\right)=\frac{\partial u^j}{\partial x^l}\frac{\partial x^m}{\partial u^i}\left(\frac{\partial Y^i}{\partial u^j}+\Gamma^i{}_{jk}Y^k\right)$$

これに $\dfrac{\partial x^l}{\partial u'^n}\dfrac{\partial u'^p}{\partial x^m}$ をかけて

$$\frac{\partial x^l}{\partial u'^n}\frac{\partial u'^p}{\partial x^m}\frac{\partial u'^j}{\partial x^l}\frac{\partial x^m}{\partial u'^i}\left(\frac{\partial Y'^i}{\partial u'^j}+\Gamma'^i{}_{jk}Y'^k\right)$$
$$=\frac{\partial x^l}{\partial u'^n}\frac{\partial u'^p}{\partial x^m}\frac{\partial u^j}{\partial x^l}\frac{\partial x^m}{\partial u^i}\left(\frac{\partial Y^i}{\partial u^j}+\Gamma^i{}_{jk}Y^k\right)$$

$$\delta^j{}_n\delta^p{}_i\left(\frac{\partial Y'^i}{\partial u'^j}+\Gamma'^i{}_{jk}Y'^k\right)=\frac{\partial u'^p}{\partial u^i}\frac{\partial u^j}{\partial u'^n}\left(\frac{\partial Y^i}{\partial u^j}+\Gamma^i{}_{jk}Y^k\right)$$

$$\frac{\partial Y'^p}{\partial u'^n}+\Gamma'^p{}_{nk}Y'^k=\frac{\partial u'^p}{\partial u^i}\frac{\partial u^j}{\partial u'^n}\left(\frac{\partial Y^i}{\partial u^j}+\Gamma^i{}_{jk}Y^k\right) \qquad (5.06)$$

こうすると，左右で同じ形をしているものを$\dfrac{\partial u'^p}{\partial u^i}\dfrac{\partial u^j}{\partial u'^n}$が結んでいるので，直線座標と曲線座標の変換則のときよりも美しく感じるかもしれません。

基底をつければ等式で結ぶことができて，

$$\frac{\partial Y''^m}{\partial x^l}\frac{\partial}{\partial x^m}\otimes dx^l=\left(\frac{\partial Y^i}{\partial u^j}+\Gamma^i{}_{jk}Y^k\right)\frac{\partial}{\partial u^i}\otimes du^j$$
$$=\left(\frac{\partial Y'^i}{\partial u'^j}+\Gamma'^i{}_{jk}Y'^k\right)\frac{\partial}{\partial u'^i}\otimes du'^j$$

となります。

しかし，初めて（5.06）を見た人はなぜ$\Gamma^i{}_{jk}Y^k$を足した複雑な式の成分を変換しているのか分からないでしょう。u'^iが直線座標であれば，左辺は$\Gamma'^p{}_{nk}$がすべて0なので$\dfrac{\partial Y'^p}{\partial u'^n}$です。元はといえば，ベクトル場の成分を座標で微分したかっただけの話なんですが……。

これを元にすると$\Gamma^i{}_{jk}$と$\Gamma'^i{}_{jk}$の変換則が得られるので求めておきましょう。

Y^iはY'^iを用いて，$Y^i=\dfrac{\partial u^i}{\partial u'^j}Y'^j$と表すことができます。これを（5.06）の右辺に代入します。

$$\frac{\partial Y'^p}{\partial u'^n}+\Gamma'^p{}_{nk}Y'^k=\frac{\partial u'^p}{\partial u^i}\frac{\partial u^j}{\partial u'^n}\left(\frac{\partial}{\partial u^j}\left(\frac{\partial u^i}{\partial u'^l}Y'^l\right)+\Gamma^i{}_{jk}\frac{\partial u^k}{\partial u'^l}Y'^l\right)$$

ここでY'^kとして，第q成分だけが1で，それ以外は0であるベクトル場をとります。すると，$Y'^q=1$，$\dfrac{\partial Y'^p}{\partial u'^n}=0$であり，

$$\Gamma'^p{}_{nq}=\frac{\partial u'^p}{\partial u^i}\frac{\partial u^j}{\partial u'^n}\frac{\partial}{\partial u^j}\left(\frac{\partial u^i}{\partial u'^q}\right)+\frac{\partial u'^p}{\partial u^i}\frac{\partial u^j}{\partial u'^n}\Gamma^i{}_{jk}\frac{\partial u^k}{\partial u'^q}$$

$$=\frac{\partial u'^p}{\partial u^i}\frac{\partial u^j}{\partial u'^n}\frac{\partial u^k}{\partial u'^q}\Gamma^i{}_{jk}+\frac{\partial u'^p}{\partial u^i}\frac{\partial^2 u^i}{\partial u'^n\,\partial u'^q}$$

これが接続係数$\Gamma^i{}_{jk}$の変換則になります。接続係数どうしは，(1，2)テンソル場のような添え字の付き方をしていますが，第2項があるので，テンソル場の変換則とは異なります。接続係数は，テンソル場ではありません。

定理 5.09　接続係数の変換則

$$\Gamma'^p{}_{nq}=\frac{\partial u'^p}{\partial u^i}\frac{\partial u^j}{\partial u'^n}\frac{\partial u^k}{\partial u'^q}\Gamma^i{}_{jk}+\frac{\partial u'^p}{\partial u^i}\frac{\partial^2 u^i}{\partial u'^n\,\partial u'^q}$$

上では接続係数の変換則を求めるのにベクトル場の変換則でY'^qとして求めましたが，これは少々大げさです。$\dfrac{\partial}{\partial u'^i}\left(\dfrac{\partial \boldsymbol{x}}{\partial u'^j}\right)$を式変形することで求めることができます。

§6　テンソル場の微分

共変ベクトル場，すなわち(0, 1)テンソル場の直線座標での成分を A'_i とします。直線座標の成分 x^j で偏微分したテンソル場 $\dfrac{\partial A'_i}{\partial x^j}$ を，曲線座標 $(u^1,\ u^2)$ で書き換えてみましょう。

反変ベクトル場の変換則は分かっているので，それを手掛かりにしましょう。反変ベクトル場，すなわち(1, 0)テンソル場 B'^i を用います。

直線座標 $(x^1,\ x^2)$ で $A'_i(x^1,\ x^2)$, $B'^i(x^1,\ x^2)$ と表されるテンソル場の曲線座標 $(u^1,\ u^2)$ での表示が $A_i(u^1,\ u^2)$, $B^i(u^1,\ u^2)$ であるとします。すると，

$$A'_i = \frac{\partial u^j}{\partial x^i} A_j \qquad B'^i = \frac{\partial x^i}{\partial u^j} B^j$$

が成り立っています。

A_i と B^i を縮合したテンソル $A_i B^i$ はスカラー場になります。つまり，座標によらず同じ値になるので，$A'_i B'^i = A_i B^i$ が成り立ちます。$A'_m B'^m = A_i B^i$ を u^j で偏微分した式を比べてみましょう。

$$\frac{\partial (A_i B^i)}{\partial u^j} = \frac{\partial A_i}{\partial u^j} B^i + A_i \frac{\partial B^i}{\partial u^j}$$

$\Gamma^k{}_{ji} A_k B^i = A_i \Gamma^i{}_{jk} B^k$

$$= \left(\frac{\partial A_i}{\partial u^j} - \Gamma^k{}_{ji} A_k \right) B^i + A_i \left(\frac{\partial B^i}{\partial u^j} + \Gamma^i{}_{jk} B^k \right) \qquad (5.07)$$

展開すると，第 2 項と第 4 項の和が 0

一方，

$$\frac{\partial(A'_m B'^m)}{\partial u^j}=\frac{\partial x^l}{\partial u^j}\frac{\partial(A'_m B'^m)}{\partial x^l}=\frac{\partial x^l}{\partial u^j}\left(\frac{\partial A'_m}{\partial x^l}B'^m+A'_m\frac{\partial B'^m}{\partial x^l}\right)$$

$$=\frac{\partial x^l}{\partial u^j}\frac{\partial A'_m}{\partial x^l}\frac{\partial x^m}{\partial u^i}B^i$$

(5.05)を用いて

$$+\frac{\partial x^l}{\partial u^j}\frac{\partial u^i}{\partial x^m}A_i\frac{\partial u^v}{\partial x^l}\ \frac{\partial x^m}{\partial u^n}\left(\frac{\partial B^n}{\partial u^v}+\Gamma^n{}_{vk}B^k\right)$$

$$=\frac{\partial x^l}{\partial u^j}\frac{\partial A'_m}{\partial x^l}\frac{\partial x^m}{\partial u^i}B^i+\delta^v{}_j\delta^i{}_nA_i\left(\frac{\partial B^n}{\partial u^v}+\Gamma^n{}_{vk}B^k\right)$$

$$=\frac{\partial x^l}{\partial u^j}\frac{\partial A'_m}{\partial x^l}\frac{\partial x^m}{\partial u^i}B^i+A_i\left(\frac{\partial B^i}{\partial u^j}+\Gamma^i{}_{jk}B^k\right) \qquad (5.08)$$

となります。(5.07) と (5.08) は等しく，第2項もそれぞれ等しいので，破線部は等しくなります。B^iは任意にとることができるので，B^iの係数は等しく，

$$\frac{\partial x^l}{\partial u^j}\frac{\partial A'_m}{\partial x^l}\frac{\partial x^m}{\partial u^i}=\frac{\partial A_i}{\partial u^j}-\Gamma^k{}_{ji}A_k$$

$$\frac{\partial A'_m}{\partial x^l}=\frac{\partial u^j}{\partial x^l}\frac{\partial u^i}{\partial x^m}\left(\frac{\partial A_i}{\partial u^j}-\Gamma^k{}_{ji}A_k\right)$$

$\dfrac{\partial A'_m}{\partial x^l}$と$\dfrac{\partial A_i}{\partial u^j}-\Gamma^k{}_{ji}A_k$の間にこのような変換則が成り立つので，テンソルの基底を用いれば等式で表すことができて，

$$\frac{\partial A'_m}{\partial x^l}dx^l\otimes dx^m=\left(\frac{\partial A_i}{\partial u^j}-\Gamma^k{}_{ji}A_k\right)du^j\otimes du^i$$

となります。

つまり，(0, 1) テンソル場A'_mを直線座標x^lで微分して作った(0, 2)テンソル場$\dfrac{\partial A'_m}{\partial x^l}$を，曲線座標で表したときの成分は$\dfrac{\partial A_i}{\partial u^j}-\Gamma^k{}_{ji}A_k$となります。

すると，一般の(r, s)テンソル場を直線座標x^iで微分して作った$(r, s+1)$テンソル場を，曲線座標で表すにはどうしたらよいかを考えてみましょう。

問題 5.10

(0, 2)テンソル場 G の直線座標での成分を G'_{ij} とする。直線座標 x^i で偏微分して作った(0, 3)テンソル場 $\dfrac{\partial G'_{ij}}{\partial x^k}$ を，曲線座標で表したときの成分を求めよ。

2つの(1, 0)テンソル A，B を取ってきて，それらと縮合することでスカラーを作りましょう。

A，B の直線座標での成分を A'^i，B'^i とし，曲線座標での成分を A^i，B^i とします。G の曲線座標での成分を G_{ij} とします。

2つの(1, 0)テンソル A，B と(0, 2)テンソルの縮合はスカラーになりますから，

$$G'_{mn}A'^m B'^n = G_{ij}A^i B^j$$

が成り立ちます。$G'_{mn}A'^m B'^n = G_{ij}A^i B^j$ を u^k で偏微分した式を比べてみましょう。

$$\frac{\partial(G_{ij}A^i B^j)}{\partial u^k} = \frac{\partial G_{ij}}{\partial u^k}A^i B^j + G_{ij}\frac{\partial A^i}{\partial u^k}B^j + G_{ij}A^i\frac{\partial B^j}{\partial u^k}$$

$$= \left(\frac{\partial G_{ij}}{\partial u^k} - \Gamma^l{}_{ki}G_{lj} - \Gamma^l{}_{kj}G_{il}\right)A^i B^j \qquad \Gamma^l{}_{ki}G_{lj}A^i B^j = G_{ij}\Gamma^i{}_{kl}A^l B^j$$

$$+ G_{ij}\left(\frac{\partial A^i}{\partial u^k} + \Gamma^i{}_{kl}A^l\right)B^j + G_{ij}A^i\left(\frac{\partial B^j}{\partial u^k} + \Gamma^j{}_{kl}B^l\right) \quad (5.09)$$

展開すると第2項，第3項，第5項，第7項の和が0

一方，

$$\frac{\partial(G'_{mn}A'^m B'^n)}{\partial u^k} = \frac{\partial x^p}{\partial u^k}\frac{\partial(G'_{mn}A'^m B'^n)}{\partial x^p}$$

$$= \frac{\partial x^p}{\partial u^k}\left(\frac{\partial G'_{mn}}{\partial x^p}A'^m B'^n + G'_{mn}\frac{\partial A'^m}{\partial x^p}B'^n + G'_{mn}A'^m\frac{\partial B'^n}{\partial x^p}\right)$$

$$= \frac{\partial x^p}{\partial u^k}\frac{\partial G'_{mn}}{\partial x^p}A'^m B'^n + \frac{\partial x^p}{\partial u^k}G'_{mn}\frac{\partial A'^m}{\partial x^p}B'^n + \frac{\partial x^p}{\partial u^k}G'_{mn}A'^m\frac{\partial B'^n}{\partial x^p}$$

$$
\begin{aligned}
&= \frac{\partial x^p}{\partial u^k}\frac{\partial G'_{mn}}{\partial x^p}\frac{\partial x^m}{\partial u^i}\frac{\partial x^n}{\partial u^j}A^iB^j \\
&\qquad + \frac{\partial x^p}{\partial u^k}G'_{mn}\frac{\partial A'^m}{\partial x^p}B'^n + \frac{\partial x^p}{\partial u^k}G'_{mn}A'^m\frac{\partial B'^n}{\partial x^p} \qquad (5.10)
\end{aligned}
$$

（5.10）の第2項と第3項は，前と同じようにして（5.09）の第2項，第3項と等しいことが示せます。よって，（5.09）と（5.10）は，第1項どうしが等しいことになります。

A^i，B^iを任意にとることができるので，次が成り立ちます。

$$
\frac{\partial x^p}{\partial u^k}\frac{\partial G'_{mn}}{\partial x^p}\frac{\partial x^m}{\partial u^i}\frac{\partial x^n}{\partial u^j} = \frac{\partial G_{ij}}{\partial u^k} - \Gamma^l{}_{ki}G_{lj} - \Gamma^l{}_{kj}G_{il}
$$

$$
\frac{\partial G'_{mn}}{\partial x^p} = \frac{\partial u^k}{\partial x^p}\frac{\partial u^i}{\partial x^m}\frac{\partial u^j}{\partial x^n}\left(\frac{\partial G_{ij}}{\partial u^k} - \Gamma^l{}_{ki}G_{lj} - \Gamma^l{}_{kj}G_{il}\right)
$$

これが成分の変換則になります。基底を用いると等式で表すことができて，

$$
\frac{\partial G'_{mn}}{\partial x^p}dx^p \otimes dx^m \otimes dx^n = \left(\frac{\partial G_{ij}}{\partial u^k} - \Gamma^l{}_{ki}G_{lj} - \Gamma^l{}_{kj}G_{il}\right)du^k \otimes du^i \otimes du^j
$$

となります。

証明の大きな流れは，

1　縮合してスカラーを作る。

2　スカラーを，直線座標と曲線座標で書いたものを u で微分する。

3　曲線座標のテンソル成分を括り出す。

4　直線座標と曲線座標での式を比べる。

です。

(1, 1)テンソル場の微分であらすじをなぞってみましょう。

(1, 1)テンソル場 $H'^i{}_j$ の微分 $\dfrac{\partial H'^i{}_j}{\partial x^k}$ を，曲線座標に直すのであれば，(0, 1)テンソル A と(1, 0)テンソル B を縮合してスカラーを作ります。

曲線座標での成分を $H^i{}_j$，A_i，B^i とします。縮合した $H^i{}_jA_iB^j$ はス

カラーになります。

$H^i{}_j A_i B^j$をu^kで偏微分して，曲線座標の成分となるものを括り出すと，

$$\frac{\partial}{\partial u^k}(H^i{}_j A_i B^j)=\frac{\partial H^i_j}{\partial u^k}A_i B^j+H^i{}_j\frac{\partial A_i}{\partial u^k}B^j+H^i{}_j A_i\frac{\partial B^j}{\partial u^k}$$
$$=\left(\frac{\partial H^i_j}{\partial u^k}+\Gamma^i{}_{kl}H^l{}_j-\Gamma^l{}_{kj}H^i{}_l\right)A_i B^j$$
$$+H^i{}_j\left(\frac{\partial A_i}{\partial u^k}-\Gamma^l{}_{ki}A_l\right)B^j+H^i{}_j A_i\left(\frac{\partial B^j}{\partial u^k}+\Gamma^j{}_{kl}B^l\right)$$

いままでの例から，第1項の$A_i B^j$を取り除いたものが，曲線座標での成分になることが予想できます。

実際，

$$\frac{\partial H'^n{}_p}{\partial x^m}=\frac{\partial u^k}{\partial x^m}\frac{\partial x^n}{\partial u^i}\frac{\partial u^j}{\partial x^p}\left(\frac{\partial H^i{}_j}{\partial u^k}+\Gamma^i{}_{kl}H^l{}_j-\Gamma^l{}_{kj}H^i{}_l\right)$$

が成り立ちます。基底を用いれば，

$$\frac{\partial H'^n{}_p}{\partial x^m}dx^m\otimes\frac{\partial}{\partial x^n}\otimes dx^p$$
$$=\left(\frac{\partial H^i{}_j}{\partial u^k}+\Gamma^i{}_{kl}H^l{}_j-\Gamma^l{}_{kj}H^i{}_l\right)du^k\otimes\frac{\partial}{\partial u^i}\otimes du^j$$

となります。反変基底du^iを右側に寄せて表してもよいのですが，微分した変数を左に持ってきました。左辺と右辺で同じ順序になっていれば問題はありません。

ここで(1, 1)テンソル場を用いて，微分から作られる(1, 2)テンソル場のことをまとめておきましょう。

原点を共有する直線座標(x^i)と(x'^i)，2つの曲線座標(u^i)と(u'^i)が設定されているものとします。

(1, 1)テンソルが，(x^i)，(x'^i)，(u^i)，(u'^i)の各座標での基底を用いて次のように表現されているものとします。

$$A^i{}_j \frac{\partial}{\partial x^i} \otimes dx^j = B^i{}_j \frac{\partial}{\partial x'^i} \otimes dx'^j = C^i{}_j \frac{\partial}{\partial u^i} \otimes du^j = D^i{}_j \frac{\partial}{\partial u'^i} \otimes du'^j$$

本当は A に「′」を付けて表したいのですが，「′」が3個必要なので A, B, C, D にしました

このとき，$A^i{}_j$ を x^k で偏微分した成分は，(1, 2)テンソル場になり，

$$\frac{\partial A^i{}_j}{\partial x^k} dx^k \otimes \frac{\partial}{\partial x^i} \otimes dx^j = \frac{\partial B^i{}_j}{\partial x'^k} dx'^k \otimes \frac{\partial}{\partial x'^i} \otimes dx'^j$$

$$= \left(\frac{\partial C^i{}_j}{\partial u^k} + \Gamma^i{}_{kl} C^l{}_j - \Gamma^l{}_{kj} C^i{}_l \right) du^k \otimes \frac{\partial}{\partial u^i} \otimes du^j$$

$$= \left(\frac{\partial D^i{}_j}{\partial u'^k} + \Gamma'^i{}_{kl} D^l{}_j - \Gamma'^l{}_{kj} D^i{}_l \right) du'^k \otimes \frac{\partial}{\partial u'^i} \otimes du'^j$$

となります。

直線座標では，成分を座標で偏微分するだけでそのままテンソル場になりますが，曲線座標に書き換えるときは，$\Gamma^i{}_{kl}$ と成分をかけたものを調整しなければなりません。

曲線座標の表現は，2行目と3行目です。

§7　テンソル場の微分 まとめ

いろいろと例を挙げたので，直線座標でのテンソル成分を座標成分で微分したテンソル場が，曲線座標でどう表されるか，$(r,\ s)$テンソル場の場合でも想像できると思います。

ここにテンソルの変換則をまとめておきます。直線座標(x^i)でのテンソル場の成分をA'，曲線座標(u^i)でのテンソル場の成分をAとします。A'をx^iで微分して作ったテンソル場の曲線座標での成分は次の式の右辺のようになります。

fが$(0,\ 0)$テンソル場　$$\frac{\partial f}{\partial x^l}=\frac{\partial u^j}{\partial x^l}\frac{\partial f}{\partial u^j}$$

A'^mが$(1,\ 0)$テンソル場　$$\frac{\partial A'^m}{\partial x^l}=\frac{\partial u^j}{\partial x^l}\frac{\partial x^m}{\partial u^i}\left(\frac{\partial A^i}{\partial u^j}+\Gamma^i{}_{jk}A^k\right)$$

A'_mが$(0,\ 1)$テンソル場　$$\frac{\partial A'_m}{\partial x^l}=\frac{\partial u^j}{\partial x^l}\frac{\partial u^i}{\partial x^m}\left(\frac{\partial A_i}{\partial u^j}-\Gamma^k{}_{ji}A_k\right)$$

A'_{mn}が$(0,\ 2)$テンソル場

$$\frac{\partial A'_{mn}}{\partial x^p}=\frac{\partial u^k}{\partial x^p}\frac{\partial u^i}{\partial x^m}\frac{\partial u^j}{\partial x^n}\left(\frac{\partial A_{ij}}{\partial u^k}-\Gamma^l{}_{ki}A_{lj}-\Gamma^l{}_{kj}A_{il}\right)$$

$A'^n{}_v$が$(1,\ 1)$テンソル場

$$\frac{\partial A'^n{}_v}{\partial x^m}=\frac{\partial u^k}{\partial x^m}\frac{\partial x^n}{\partial u^i}\frac{\partial u^j}{\partial x^v}\left(\frac{\partial A^i{}_j}{\partial u^k}+\Gamma^i{}_{kl}A^l{}_j-\Gamma^l{}_{kj}A^i{}_l\right)$$

これを見ると，曲線座標での成分を計算するには，まずAをu^kで偏微分したものに，

$A^{\square}$の上付き添え字□と$\Gamma^{\cdot}{}_{k\square}$の□で縮合して足し，

$A_{\square}$の下付き添え字□と$\Gamma^{\square}{}_{k\cdot}$の□で縮合して引く，

正確には縮合のような計算法

とすれば求められることが予想できます。実際，そのようにして$(r,\ s)$テンソル場を直線座標(x^i)で微分して作った$(r,\ s+1)$テンソル場の曲線座標での成分を計算することができます。

このように，テンソル場を直線座標(x^i)で偏微分して作ったテンソル場の曲線座標(u^i)でのテンソル成分を∇_iを用いて表します。つまり，

fが$(0,\ 0)$テンソル場　$\nabla_i f=\dfrac{\partial f}{\partial u^i}$

A^iが$(1,\ 0)$テンソル場　$\nabla_j A^i=\dfrac{\partial A^i}{\partial u^j}+\Gamma^i{}_{jk}A^k$

A_iが$(0,\ 1)$テンソル場　$\nabla_j A_i=\dfrac{\partial A_i}{\partial u^j}-\Gamma^k{}_{ji}A_k$

A_{ij}が$(0,\ 2)$テンソル場　$\nabla_k A_{ij}=\dfrac{\partial A_{ij}}{\partial u^k}-\Gamma^l{}_{ki}A_{lj}-\Gamma^l{}_{kj}A_{il}$

$A^i{}_j$が$(1,\ 1)$テンソル場　$\nabla_k A^i{}_j=\dfrac{\partial A^i{}_j}{\partial u^k}+\Gamma^i{}_{kl}A^l{}_j-\Gamma^l{}_{kj}A^i{}_l$

というように用います。この計算のことを**共変微分**と呼んでいます。

共変微分という用語に私は少し違和感を覚えます。

なぜなら，ここまで説明してきたことからお分かりのように，共変微分とは直線座標での微分を曲線座標に書き直しただけのことだからです。共変微分とことさら強調すると，微分とは異なった操作であるかのような混乱を招きかねません。微分とはそもそもテンソル場の共変次数を１つ上げる作用です。直線座標の微分であっても，『共変』成分が１個増えますから，曲線座標における「共変」微分だけが『共変』成分が１個増える微分であるというわけではありません。

$\dfrac{\partial A}{\partial u^i}$はテンソルの成分ではないけれど，$\nabla_i A$であれば座標変換と「共に」変わるテンソル成分になる，というぐらいの意味合いで使っているのかもしれません。そうであるとすれば，「共変」微分というときの「共変」は，『共変』－反変というときの『共変』とは意味がずれています。いずれにしろ，「共変」という用語が一般相対論理解のための第１関門になっ

ていると思います。

ライプニッツ則

微分ではライプニッツ則（積の関数に関する微分の公式）が成り立っていました。共変微分でもライプニッツ則が成り立つことが引き継がれます。

各タイプのテンソル場に対する共変微分を求める式で，

$$\frac{\partial(A_i B^i)}{\partial u^j}=\frac{\partial A_i}{\partial u^j}B^i+A_i\frac{\partial B^i}{\partial u^j}$$

$$=\left(\frac{\partial A_i}{\partial u^j}-\Gamma^k{}_{ji}A_k\right)B^i+A_i\left(\frac{\partial B^i}{\partial u^j}+\Gamma^i{}_{jk}B^k\right)$$

$$\frac{\partial(G_{ij}A^iB^j)}{\partial u^k}=\frac{\partial G_{ij}}{\partial u^k}A^iB^j+G_{ij}\frac{\partial A^i}{\partial u^k}B^j+G_{ij}A^i\frac{\partial B^j}{\partial u^k}$$

$$=\left(\frac{\partial G_{ij}}{\partial u^k}-\Gamma^l{}_{ki}G_{lj}-\Gamma^l{}_{kj}G_{il}\right)A^iB^j$$

$$+G_{ij}\left(\frac{\partial A^i}{\partial u^k}+\Gamma^i{}_{kl}A^l\right)B^j+G_{ij}A^i\left(\frac{\partial B^j}{\partial u^k}+\Gamma^j{}_{kl}B^l\right)$$

$$\frac{\partial}{\partial u^k}(H^i{}_jA_iB^j)=\frac{\partial H^i{}_j}{\partial u^k}A_iB^j+H^i{}_j\frac{\partial A_i}{\partial u^k}B^j+H^i{}_jA_i\frac{\partial B^j}{\partial u^k}$$

$$=\left(\frac{\partial H^i{}_j}{\partial u^k}+\Gamma^i{}_{kl}H^l{}_j-\Gamma^l{}_{kj}H^i{}_l\right)A_iB^j$$

$$+H^i{}_j\left(\frac{\partial A_i}{\partial u^k}-\Gamma^l{}_{ki}A_l\right)B^j+H^i{}_jA_i\left(\frac{\partial B^j}{\partial u^k}+\Gamma^j{}_{kl}B^l\right)$$

という式変形をしましたが，共変微分を用いると，

$$\nabla_j(A_iB^i)=(\nabla_jA_i)B^i+A_i(\nabla_jB^i)$$ 左辺はスカラーの微分

$$\nabla_k(G_{ij}A^iB^j)=(\nabla_kG_{ij})A^iB^j+G_{ij}(\nabla_kA^i)B^j+G_{ij}A^i(\nabla_kB^j)$$

$$\nabla_k(H^i{}_jA_iB^j)=(\nabla_kH^i{}_j)A_iB^j+H^i{}_j(\nabla_kA_i)B^j+H^i{}_jA_i(\nabla_kB^j)$$

となります。

これから，縮合してスカラー場になる場合，ライプニッツ則（積の関数

に関する微分の公式）が成り立つことが分かります。

このことを用いて，2本目，3本目を書き換えると，

$$\nabla_k(G_{ij}(A^iB^j)) = (\nabla_k G_{ij})A^iB^j + G_{ij}\underline{\nabla_k(A^iB^j)}$$

$$\nabla_k((H^i{}_jA_i)B^j) = \underline{\nabla_k(H^i{}_jA_i)B^j} + H^i{}_jA_i(\nabla_k B^j)$$

となりますから，それぞれ，前の式と比べて，

$$\nabla_k(A^iB^j) = (\nabla_k A^i)B^j + A^i\nabla_k(B^j)$$

$$\nabla_k(H^i{}_jA_i) = \nabla_k(H^i{}_j)A_i + H^i{}_j\nabla_k(A_i)$$

となります。縮合してスカラーにならない場合でも，ライプニッツ則が成り立つことが分かります。

定理 5.11　共変微分のライプニッツ則

$$\nabla_i(AB) = (\nabla_i A)B + A(\nabla_i B)$$

ベクトル場に沿った微分

テンソル場の微分について分かったので，テンソル場をベクトル場 X に沿って微分する場合についてまとめておきましょう。

スカラー場 f の微分を考えるには，初め $c(t)$ で表される曲線 C に沿った微分を考えました。これは $f(c(t))$ を t で微分することで求まりました。

$c(t)$ は各点での方向を与える役割があったので，ベクトル場 X で方向を与えるものとして，スカラー場 f のベクトル場 X に沿った微分を計算したのでした。一般のテンソル場 T の微分もこれと同じ要領で求めてみましょう。

直線座標の場合で，(1, 2)テンソル場 $T^i{}_{jk}$ を例にベクトル場 X^l に沿った微分を説明してみます。

$T^i{}_{jk}(c(t))$ を t で微分すると，$\dfrac{\partial T^i{}_{jk}}{\partial x^l}\dot{c}^l(t)$ となりますから，ベクトル場 X^l に沿った微分は，$\dfrac{\partial T^i{}_{jk}}{\partial x^l}X^l$ となります。

基底をつけて書きましょう。

$$T^i{}_{jk}\frac{\partial}{\partial x^i}\otimes dx^j\otimes dx^k$$を微分すると，$$\frac{\partial T^i{}_{jk}}{\partial x^l}dx^l\otimes\frac{\partial}{\partial x^i}\otimes dx^j\otimes dx^k$$

これと$X^m\dfrac{\partial}{\partial x^m}$について$l$と$m$で縮合を作り，$\dfrac{\partial T^i{}_{jk}}{\partial x^l}X^l\dfrac{\partial}{\partial x^i}\otimes dx^j\otimes dx^k$

できたテンソル場はもとのテンソル場と同じ(1, 2)テンソルです。

一般に，テンソル場のベクトル場Xに沿った微分は，(r, s)テンソル場Tを(x^i)で微分して$(r, s+1)$テンソルを作り，ベクトル場X，すなわち(1, 0)テンソル場との縮合をとり，(r, s)テンソル場を作ればよいのです。

このことを曲線座標で述べてみましょう。

(1, 2)テンソル場Tの直線座標での成分を$T'^i{}_{jk}$，曲線座標での成分を$T^i{}_{jk}$とし，ベクトル場Xの直線座標での成分をX'^i，曲線座標での成分をX^iとします。

テンソル場Tのベクトル場Xに沿った微分は，

$$\frac{\partial T'^i{}_{jk}}{\partial x^l}dx^l\otimes\frac{\partial}{\partial x^i}\otimes dx^j\otimes dx^k=\nabla_l T^i{}_{jk}du^l\otimes\frac{\partial}{\partial u^i}\otimes du^j\otimes du^k$$と

$X'^l\dfrac{\partial}{\partial x^l}=X^l\dfrac{\partial}{\partial u^l}$との縮合なので，

$$\frac{\partial T'^i{}_{jk}}{\partial x^l}X'^l\frac{\partial}{\partial x^i}\otimes dx^j\otimes dx^k=X^l\nabla_l T^i{}_{jk}\frac{\partial}{\partial u^i}\otimes du^j\otimes du^k$$

となります。

$X^l\nabla_l T^i{}_{jk}$をベクトル場Xに沿った共変微分と呼びます。

これをもとに，曲線座標で表された曲線に沿ってベクトル場を微分してみましょう。

問題 5.12

曲線座標においてベクトル場 A^i があるとき，ベクトル場 A^i を曲線座標で表された曲線 $c(t)$ に沿って t で微分せよ。

直線座標であれば，$\dfrac{\partial A'^i}{\partial x^j}\dfrac{dc^j}{dt}$ と表されるので，
曲線座標であれば，

$$(\nabla_j A^i)\frac{dc^j}{dt}=\left(\frac{\partial A^i}{\partial u^j}+\Gamma^i{}_{jk}A^k\right)\frac{dc^j}{dt}=\frac{dA^i}{dt}+\Gamma^i{}_{jk}A^k\frac{dc^j}{dt}$$

となります。

ここで $\dfrac{dA^i}{dt}$ は，A^i を t の関数，すなわち $A^i(c(t))$ と見て t で微分した結果を表します。

この式の右辺を $\dfrac{DA^i}{dt}$ と表します。$\dfrac{DA^i}{dt}$ はまたベクトル場と同じ変換則になっていることに注意しましょう。

定理 5.13　ベクトル場の曲線に沿った微分

曲線座標でのベクトル場 A^i を曲線 $c(t)$ に沿って微分した結果はベクトル場になり，

それを $\dfrac{DA^i}{dt}$ とおくと，

$$\frac{DA^i}{dt}=\frac{dA^i}{dt}+\Gamma^i{}_{jk}A^k\frac{dc^j}{dt}$$

§8　テンソル場としての計量テンソル

長さの求め方を復習しましょう。

まずは，直交座標が入っている平面上での曲線の長さを求めることから復習。

座標平面上での 2 点 A，B を結ぶ曲線が，媒介変数 t で

$$\boldsymbol{r}(t)=(c'^1(t),\ c'^2(t))\quad(\alpha\leqq t\leqq\beta)$$

と表されているものとします。

このとき，曲線 AB の長さ s は，

$$s=\int_\alpha^\beta\left|\frac{d\boldsymbol{r}}{dt}\right|dt=\int_\alpha^\beta\sqrt{\{\dot{c}'^1(t)\}^2+\{\dot{c}'^2(t)\}^2}\,dt \tag{5.11}$$

と表されます。被積分関数は位置ベクトル $\boldsymbol{r}(t)$ を t で微分したベクトル $\dfrac{d\boldsymbol{r}}{dt}=(\dot{c}'^1(t),\ \dot{c}'^2(t))$ の大きさ $\left|\dfrac{d\boldsymbol{r}}{dt}\right|$ になります。

2 次元平面に直線座標 x^i と曲線座標 u^i が入っているものとします。

平面上の曲線 C（端点が A，B）が媒介変数 t を用いて，曲線座標で

$$(u^1,\ u^2)=(c^1(t),\ c^2(t))\quad(\alpha\leqq t\leqq\beta)$$

と表されているものとします。

この曲線の長さを求めてみましょう。

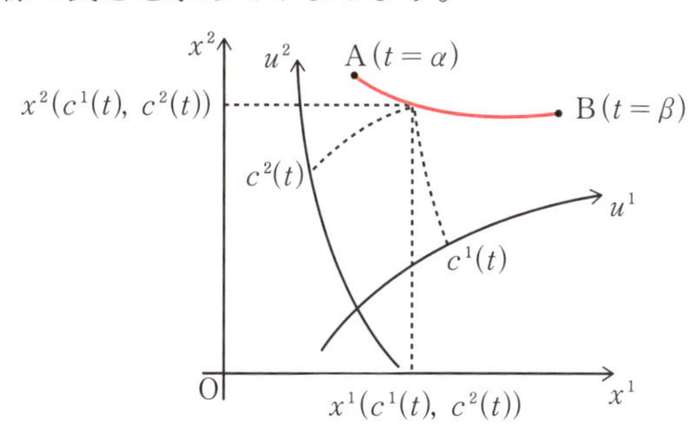

曲線 C の直線座標は，

$$\boldsymbol{x}(c^1(t),\ c^2(t))=(x^1(c^1(t),\ c^2(t)),\ x^2(c^1(t),\ c^2(t)))$$

と表されます。$\boldsymbol{x}$ を t で微分して，

$$\frac{d\boldsymbol{x}}{dt}=\frac{\partial \boldsymbol{x}}{\partial u^1}\dot{c}^1(t)+\frac{\partial \boldsymbol{x}}{\partial u^2}\dot{c}^2(t)$$

大きさを求めるため自身と内積をとり，$g_{ij}=\frac{\partial \boldsymbol{x}}{\partial u^i}\cdot\frac{\partial \boldsymbol{x}}{\partial u^j}$ とおいて整理すると，

$$\begin{aligned}\frac{d\boldsymbol{x}}{dt}\cdot\frac{d\boldsymbol{x}}{dt}&=\left(\frac{\partial \boldsymbol{x}}{\partial u^1}\dot{c}^1(t)+\frac{\partial \boldsymbol{x}}{\partial u^2}\dot{c}^2(t)\right)\cdot\left(\frac{\partial \boldsymbol{x}}{\partial u^1}\dot{c}^1(t)+\frac{\partial \boldsymbol{x}}{\partial u^2}\dot{c}^2(t)\right)\\&=\frac{\partial \boldsymbol{x}}{\partial u^1}\cdot\frac{\partial \boldsymbol{x}}{\partial u^1}\dot{c}^1(t)\dot{c}^1(t)+\frac{\partial \boldsymbol{x}}{\partial u^1}\cdot\frac{\partial \boldsymbol{x}}{\partial u^2}\dot{c}^1(t)\dot{c}^2(t)\\&\qquad+\frac{\partial \boldsymbol{x}}{\partial u^2}\cdot\frac{\partial \boldsymbol{x}}{\partial u^1}\dot{c}^2(t)\dot{c}^1(t)+\frac{\partial \boldsymbol{x}}{\partial u^2}\cdot\frac{\partial \boldsymbol{x}}{\partial u^2}\dot{c}^2(t)\dot{c}^2(t)\\&=g_{11}\dot{c}^1(t)\dot{c}^1(t)+g_{12}\dot{c}^1(t)\dot{c}^2(t)+g_{21}\dot{c}^2(t)\dot{c}^1(t)+g_{22}\dot{c}^2(t)\dot{c}^2(t)\\&=g_{ij}\dot{c}^i(t)\dot{c}^j(t)\end{aligned}$$

よって，曲線 AB の長さ s は，

$$s=\int_\alpha^\beta\left|\frac{d\boldsymbol{x}}{dt}\right|dt=\int_\alpha^\beta\sqrt{g_{ij}\dot{c}^i(t)\dot{c}^j(t)}\,dt \tag{5.12}$$

と表されます。

$\frac{\partial \boldsymbol{x}}{\partial u^i}$ の成分 $\frac{\partial x^k}{\partial u^i}$ は，曲線座標 (u^i) と (u'^j) の間で $\frac{\partial x^k}{\partial u'^j}=\frac{\partial u^i}{\partial u'^j}\frac{\partial x^k}{\partial u^i}$ という変換則が成り立ちますから $(0,\ 1)$ テンソル場です。$\frac{\partial x^k}{\partial u^i}\frac{\partial x^k}{\partial u^j}$ は $(0,\ 1)$ テンソル場と $(0,\ 1)$ テンソル場のテンソル積ですから $(0,\ 2)$ テンソル場です。これを用いて，

$$g_{ij}=\frac{\partial \boldsymbol{x}}{\partial u^i}\cdot\frac{\partial \boldsymbol{x}}{\partial u^j}=\sum_k\frac{\partial x^k}{\partial u^i}\frac{\partial x^k}{\partial u^j}$$

と表されますから，$(0,\ 2)$ テンソル場の和は $(0,\ 2)$ テンソル場であり，g_{ij}

も(0, 2)テンソル場です。

これに対して2階の共変テンソル場を

$$g_{11}du^1 \otimes du^1 + g_{12}du^1 \otimes du^2 + g_{21}du^2 \otimes du^1 + g_{22}du^2 \otimes du^2$$

とおきます。

Cの接線ベクトル$(\dot{c}^1(t), \dot{c}^2(t))$は，反変ベクトル場と同じ変換則ですから，基底をつけると，

$$\dot{c}^1(t)\frac{\partial}{\partial u^1} + \dot{c}^2(t)\frac{\partial}{\partial u^2}$$

$g_{ij}\dot{c}^i(t)\dot{c}^j(t)$は，2階の共変テンソル場$g_{ij}du^i \otimes du^j$と1階の反変テンソル$\dot{c}^i(t)\dfrac{\partial}{\partial u^i}$を2回縮合したものなので，スカラーになります。

$g_{ij}du^i \otimes du^j$は，長さを求めるときに用いるテンソルなので**計量テンソル**といいます。

計量テンソルの成分は$g_{ij} = \dfrac{\partial \boldsymbol{x}}{\partial u^i} \cdot \dfrac{\partial \boldsymbol{x}}{\partial u^j}$とベクトルの内積で定義されますから，$i$と$j$は交換可能で，

$g_{ij} = g_{ji}$（計量テンソルの対称性）

が成り立ちます。

曲線座標(u^i)として，元の直線座標(x^i)をとると，計量テンソルg'_{ij}は，

$$g'_{ij} = \frac{\partial \boldsymbol{x}}{\partial x^i} \cdot \frac{\partial \boldsymbol{x}}{\partial x^j} = \delta_{ij}$$

$\boldsymbol{x} = (x^1, x^2)$なので

これより直交座標(x^i)での計量テンソルは$\delta_{ij}dx^i \otimes dx^j$になります。曲線ABの長さを，(5.11) で計算するときの計量テンソルは$\delta_{ij}dx^i \otimes dx^j$です。

$g_{ij}du^i \otimes du^j$は，直交座標のときに計量テンソル$\delta_{ij}dx^i \otimes dx^j$をとったときの曲線座標での計量テンソルの表現であるといえます。ですから，

$$\delta_{ij}dx^i \otimes dx^j = g_{ij}du^i \otimes du^j$$

となります。

曲線座標での計量テンソルを求めてみましょう。

問題 5.14

直交座標$(x,\ y)$での計量テンソルが$dx\otimes dx+dy\otimes dy$で与えられるとき，極座標$(x,\ y)=(r\cos\theta,\ r\sin\theta)$での計量テンソルを求めよ。

まずは，上の定義通りに計算してみると，

$$\boldsymbol{x}=\begin{pmatrix} r\cos\theta \\ r\sin\theta \end{pmatrix} \quad \frac{\partial \boldsymbol{x}}{\partial r}=\begin{pmatrix} \cos\theta \\ \sin\theta \end{pmatrix} \quad \frac{\partial \boldsymbol{x}}{\partial \theta}=\begin{pmatrix} -r\sin\theta \\ r\cos\theta \end{pmatrix}$$

$$\frac{\partial \boldsymbol{x}}{\partial r}\cdot\frac{\partial \boldsymbol{x}}{\partial r}=1,\quad \frac{\partial \boldsymbol{x}}{\partial r}\cdot\frac{\partial \boldsymbol{x}}{\partial \theta}=0,\quad \frac{\partial \boldsymbol{x}}{\partial \theta}\cdot\frac{\partial \boldsymbol{x}}{\partial \theta}=r^2$$

よって，$dr\otimes dr+r^2 d\theta\otimes d\theta$

双対基底$dr,\ d\theta$を全微分のときの微小量の記号と見なし，テンソル積を用いて計算してみましょう。こちらの方がすっきり表現できます。

$x=r\cos\theta$，$y=r\sin\theta$ を全微分して，dx，dy，dr，$d\theta$ についての式を得ます。

$$dx=\cos\theta dr-r\sin\theta d\theta,\ dy=\sin\theta dr+r\cos\theta d\theta$$

直交座標の計量テンソルにこれを代入して，

$$\begin{aligned}
&dx\otimes dx+dy\otimes dy \\
&\quad=(\cos\theta dr-r\sin\theta d\theta)\otimes(\cos\theta dr-r\sin\theta d\theta) \\
&\qquad\quad+(\sin\theta dr+r\cos\theta d\theta)\otimes(\sin\theta dr+r\cos\theta d\theta) \\
&\quad=\cos^2\theta dr\otimes dr-r\sin\theta\cos\theta dr\otimes d\theta \\
&\qquad\quad-r\sin\theta\cos\theta d\theta\otimes dr+r^2\sin^2\theta d\theta\otimes d\theta \\
&\qquad\quad+\sin^2\theta dr\otimes dr+r\sin\theta\cos\theta dr\otimes d\theta \\
&\qquad\quad+r\sin\theta\cos\theta d\theta\otimes dr+r^2\cos^2\theta d\theta\otimes d\theta \\
&\quad=dr\otimes dr+r^2 d\theta\otimes d\theta
\end{aligned}$$

3次元の場合も計算してみましょう。

問題 5.15

直交座標$(x,\ y,\ z)$での計量テンソルが$dx\otimes dx+dy\otimes dy+dz\otimes dz$で与えられるとき，

球座標$(x,\ y,\ z)=(r\sin\theta\cos\varphi,\ r\sin\theta\sin\varphi,\ r\cos\theta)$

での計量テンソルを求めよ。

$x=r\sin\theta\cos\varphi$, $y=r\sin\theta\sin\varphi$, $z=r\cos\theta$ を全微分して，

$$
\begin{aligned}
dx&=\sin\theta\cos\varphi dr+r\cos\theta\cos\varphi d\theta-r\sin\theta\sin\varphi d\varphi\\
dy&=\sin\theta\sin\varphi dr+r\cos\theta\sin\varphi d\theta+r\sin\theta\cos\varphi d\varphi\\
dz&=\cos\theta dr-r\sin\theta d\theta
\end{aligned}
$$

直交座標での計量テンソルに代入すると（次式でdx^2は$dx\otimes dx$を表す），

$$
\begin{aligned}
&dx^2+dy^2+dz^2\\
&\quad=(\sin\theta\cos\varphi dr+r\cos\theta\cos\varphi d\theta-r\sin\theta\sin\varphi d\varphi)^2\\
&\qquad+(\sin\theta\sin\varphi dr+r\cos\theta\sin\varphi d\theta+r\sin\theta\cos\varphi d\varphi)^2\\
&\qquad+(\cos\theta dr-r\sin\theta d\theta)^2
\end{aligned}
$$

問題 5.14 のようにテンソル積に直してから計算すると，$dr\otimes d\theta$, $dr\otimes d\varphi$, $d\theta\otimes d\varphi$などの項は消えます。$\sin^2\theta(\cos^2\varphi+\sin^2\varphi)+\cos^2\theta=1$などを用います

$$
=dr\otimes dr+r^2d\theta\otimes d\theta+r^2\sin^2\theta d\varphi\otimes d\varphi
$$

さてここまで，直交座標の計量として$dx\otimes dx+dy\otimes dy$や$dx\otimes dx+dy\otimes dy+dz\otimes dz$を採用して，曲線座標での計量テンソルを計算してきました。

計量テンソルは，平面・空間中の曲線の長さを測るときの物差しです。理論的には物差しは何でもかまいません。例えば，平面の直交座標$(x,\ y)$

の物差し（計量テンソル）として$dx\otimes dx+2dx\otimes dy+dy\otimes dy$を採用したとします。これを平面の他の直交座標$(x', y')$で表現すると，$(x, y)$と$(x', y')$の間に直交変換が成り立っているとしても，もはや計量テンソルは一般には$dx'\otimes dx'+2dx'\otimes dy'+dy'\otimes dy'$となってはくれません。直交座標で計量テンソルの形が変わってしまうようでは，座標のとり方によってその都度計量テンソルを計算しなければならないので使い勝手のよい計量テンソルとは言えません。

その点，$dx\otimes dx+dy\otimes dy$や$dx\otimes dx+dy\otimes dy+dz\otimes dz$は直交変換のもとでは形が変わりませんから，計量テンソルとして採用する価値があるといえます。

4章に出てきたミンコフスキー計量は4次元の計量テンソルの1つです。時空4次元$(ct, x, y, z)=(x^0, x^1, x^2, x^3)$での計量テンソルとしてミンコフスキー計量$\eta_{ij}$を採用したのは，$\eta_{ij}=\Lambda^k{}_i\Lambda^l{}_j\eta_{kl}$（**定理4.05**で示した式）というように，ミンコフスキー計量（テンソル）$\eta_{ij}dx^i\otimes dx^j$がローレンツ変換による座標変換によって形が変わらないからです。

物理では空間中の曲線（1次元）の大きさを測るために採用した計量テンソルを線素ds^2と呼んでいたわけです。

数学	物理
計量テンソル$\delta_{ij}dx^i\otimes dx^j$	線素$ds^2=\delta_{ij}dx^i dx^j$
$\eta_{ij}dx^i\otimes dx^j$	$ds^2=\eta_{ij}dx^i dx^j$
$g_{ij}du^i\otimes du^j$	$ds^2=g_{ij}du^i du^j$

最後に計量テンソルの重要な役割についてコメントしておきます。

計量テンソルは2階の共変テンソル場でした。3章8節でテンソルは2階の共変テンソルg_{ij}と，その逆行列の成分を持つ2階の反変テンソルg^{ij}を用いて，テンソルの持っている情報を損なうことなく，自由に添え字の上げ下げができました。

これはテンソル場においても同様です。このとき，2 階の共変テンソル場として用いられるのが計量テンソル g_{ij} です。g^{ij} と合わせて，

$$g_{jl}A^{ij}{}_{k}=A^{i}{}_{lk} \qquad g^{ij}B_{ik}{}^{l}=B^{j}{}_{k}{}^{l}$$

といった具合に，

計量テンソル g_{ij} で添え字の上げ下げ

をします。計量テンソル (g_{ij}) は対称性があり，ふつうは逆行列が存在するので，テンソルの添え字の上げ下げをする 2 階の共変テンソルとしてはもってこいなのです。

§9　計量テンソルについての公式

ここで計量テンソルg_{ij}と接続係数$\Gamma^i{}_{jk}$の関係を求めておきましょう。

$$\frac{\partial g_{ij}}{\partial u^k}=\frac{\partial}{\partial u^k}\left(\frac{\partial \boldsymbol{x}}{\partial u^i}\cdot\frac{\partial \boldsymbol{x}}{\partial u^j}\right)=\frac{\partial^2 \boldsymbol{x}}{\partial u^k\,\partial u^i}\cdot\frac{\partial \boldsymbol{x}}{\partial u^j}+\frac{\partial \boldsymbol{x}}{\partial u^i}\cdot\frac{\partial^2 \boldsymbol{x}}{\partial u^k\,\partial u^j}$$

$$=\left(\Gamma^l{}_{ki}\frac{\partial \boldsymbol{x}}{\partial u^l}\right)\cdot\frac{\partial \boldsymbol{x}}{\partial u^j}+\frac{\partial \boldsymbol{x}}{\partial u^i}\cdot\left(\Gamma^l{}_{kj}\frac{\partial \boldsymbol{x}}{\partial u^l}\right)$$

$$=\Gamma^l{}_{ki}g_{lj}+\Gamma^l{}_{kj}g_{il}$$

ここで，この式と，$i\to j\to k\to i$と循環させた式を書きます。

$$\frac{\partial g_{ij}}{\partial u^k}=\Gamma^l{}_{ki}g_{lj}+\underline{\Gamma^l{}_{kj}g_{il}}\quad(5.13)$$

$$\frac{\partial g_{jk}}{\partial u^i}=\underline{\Gamma^l{}_{ij}g_{lk}}+\Gamma^l{}_{ik}g_{jl}\quad(5.14)$$

$$\frac{\partial g_{ki}}{\partial u^j}=\underline{\Gamma^l{}_{jk}g_{li}}+\underline{\Gamma^l{}_{ji}g_{kl}}\quad(5.15)$$

$g_{ij}=g_{ji}$，$\Gamma^k{}_{ij}=\Gamma^k{}_{ji}$
なので，実線部どうし，
破線部どうしが等しい

$((5.13)+(5.14)-(5.15))\div 2$は，

$$\frac{1}{2}\left(\frac{\partial g_{ij}}{\partial u^k}+\frac{\partial g_{jk}}{\partial u^i}-\frac{\partial g_{ki}}{\partial u^j}\right)=\Gamma^l{}_{ik}g_{lj}$$

ここで，2階の共変テンソル場g_{ij}に対して，$g_{ij}g^{jk}=\delta^k{}_i$を満たす2階の反変テンソル場$g^{ij}$を用意します。$(g^{ij})$は$(g_{ij})$の逆行列になっています。これを用いて，

$$\frac{1}{2}g^{jm}\left(\frac{\partial g_{ij}}{\partial u^k}+\frac{\partial g_{jk}}{\partial u^i}-\frac{\partial g_{ki}}{\partial u^j}\right)=\Gamma^l{}_{ik}g_{lj}g^{jm}=\Gamma^l{}_{ik}\delta^m{}_l=\Gamma^m{}_{ik}$$

これは後々まで使う公式です。

公式 5.16　計量テンソルで接続係数を表す

$$\Gamma^{m}{}_{ik}=\frac{1}{2}g^{jm}\left(\frac{\partial g_{ij}}{\partial u^{k}}+\frac{\partial g_{jk}}{\partial u^{i}}-\frac{\partial g_{ki}}{\partial u^{j}}\right)$$

計量テンソルg_{ij}は，共変微分して0になるという特徴があります。

直交座標の計量テンソルはδ_{ij}で定数ですから，微分すると成分がすべて0の(0, 3)テンソル場になり，**定理** 3.33により，他の座標をとったときの成分も0になります。$\nabla_k g_{ij}$は0になります。

これによって，共変微分のとき，g_{ij}，g^{ij}は定数のように扱うことができます。

定理 5.17　共変微分と計量テンソル

(1)　$\nabla_k g_{ij}=0$

(2)　$\nabla_k (g_{ij} A^{\blacksquare}{}_{\blacksquare})=g_{ij}\nabla_k (A^{\blacksquare}{}_{\blacksquare})$

(3)　$\nabla_k g^{ij}=0$

(1)　計算でも確認しておきます。

$$\nabla_k g_{ij}=\frac{\partial g_{ij}}{\partial u^{k}}-\Gamma^{l}{}_{ki}g_{lj}-\Gamma^{l}{}_{kj}g_{il}=0 \qquad \text{(5.13) より}$$

(2)　$\nabla_k (g_{ij} A^{\blacksquare}{}_{\blacksquare})=(\nabla_k g_{ij})A^{\blacksquare}{}_{\blacksquare}+g_{ij}\nabla_k (A^{\blacksquare}{}_{\blacksquare})=g_{ij}\nabla_k (A^{\blacksquare}{}_{\blacksquare})$

(3)　$\delta^{j}{}_{i}=g_{il}g^{lj}$を共変微分して，$0=\nabla_k (g_{il}g^{lj})=g_{il}\nabla_k g^{lj}$

g^{mi}と縮約をとって，$g^{mi}g_{il}\nabla_k g^{lj}=0 \qquad \nabla_k g^{mj}=0$

計量テンソルと接続係数を結びつける公式をもう1つ。

公式 5.18 **$\Gamma^j{}_{ij}$を計量テンソルで表す**

g_{ij}を行列と見たときの行列式を$|g|$とすると，

$$\Gamma^j{}_{ij}=\frac{1}{\sqrt{|g|}}\frac{\partial\sqrt{|g|}}{\partial u^i}$$

$g_{ij}=\dfrac{\partial \boldsymbol{x}}{\partial u^i}\cdot\dfrac{\partial \boldsymbol{x}}{\partial u^j}$であり，$|g|$は$u^i$の関数です。右辺は，

$$\frac{1}{\sqrt{|g|}}\frac{\partial\sqrt{|g|}}{\partial u^i}=\frac{1}{\sqrt{|g|}}\frac{1}{2\sqrt{|g|}}\frac{\partial|g|}{\partial u^i}=\frac{1}{2|g|}\frac{\partial|g|}{\partial u^i}$$

g_{ij}が3×3行列のときで，$\dfrac{\partial|g|}{\partial u^i}$を計算してみましょう。

このとき，行列式の各項は$g_{\cdot 1}g_{\cdot 2}g_{\cdot 3}$という形をしていますから，これを微分すると，

$$\frac{\partial}{\partial u^i}(g_{\cdot 1}g_{\cdot 2}g_{\cdot 3})=\frac{\partial}{\partial u^i}(g_{\cdot 1})g_{\cdot 2}g_{\cdot 3}+g_{\cdot 1}\frac{\partial}{\partial u^i}(g_{\cdot 2})g_{\cdot 3}+g_{\cdot 1}g_{\cdot 2}\frac{\partial}{\partial u^i}(g_{\cdot 3})$$

$g_{\cdot 1}g_{\cdot 2}g_{\cdot 3}$の点の位置に1～3の順列（全部で6通り）を入れて符号を考慮して足し上げたものが行列式$|g|$です。第1項を足し上げたものは，もとの行列(g_{ij})の第1列を微分に置き換えた行列の行列式（破線部）であることが分かります。よって，

$$\frac{\partial|g|}{\partial u^i}=\frac{\partial}{\partial u^i}\begin{vmatrix} g_{11} & g_{12} & g_{13} \\ g_{21} & g_{22} & g_{23} \\ g_{31} & g_{32} & g_{33}\end{vmatrix}$$

$$=\begin{vmatrix} \dfrac{\partial g_{11}}{\partial u^i} & g_{12} & g_{13} \\ \dfrac{\partial g_{21}}{\partial u^i} & g_{22} & g_{23} \\ \dfrac{\partial g_{31}}{\partial u^i} & g_{32} & g_{33}\end{vmatrix}+\begin{vmatrix} g_{11} & \dfrac{\partial g_{12}}{\partial u^i} & g_{13} \\ g_{21} & \dfrac{\partial g_{22}}{\partial u^i} & g_{23} \\ g_{31} & \dfrac{\partial g_{32}}{\partial u^i} & g_{33}\end{vmatrix}+\begin{vmatrix} g_{11} & g_{12} & \dfrac{\partial g_{13}}{\partial u^i} \\ g_{21} & g_{22} & \dfrac{\partial g_{23}}{\partial u^i} \\ g_{31} & g_{32} & \dfrac{\partial g_{33}}{\partial u^i}\end{vmatrix} \quad (5.16)$$

ここで，g_{ij} の余因子行列を(G^{ij})とします。余因子行列G^{ij}とは

$$\begin{pmatrix} G^{11} & G^{12} & G^{13} \\ G^{21} & G^{22} & G^{23} \\ G^{31} & G^{32} & G^{33} \end{pmatrix}\begin{pmatrix} g_{11} & g_{12} & g_{13} \\ g_{21} & g_{22} & g_{23} \\ g_{31} & g_{32} & g_{33} \end{pmatrix}=\begin{pmatrix} |g| & 0 & 0 \\ 0 & |g| & 0 \\ 0 & 0 & |g| \end{pmatrix}=|g|E$$

となる行列のことでした。

$(g^{ij})(g_{jl})=\delta^i{}_l$ より，$|g|(g^{ij})(g_{jl})=|g|\delta^i{}_l$ であり，$(G^{ij})(g_{jl})=|g|\delta^i{}_l$ と比べて，$(G^{ij})=|g|(g^{ij})$となります。

（5.16）の右辺の 1 番目の行列式を 1 列目で余因子展開すると，

$$\frac{\partial g_{11}}{\partial u^i}(g_{22}g_{33}-g_{32}g_{23})+\frac{\partial g_{21}}{\partial u^i}\{-(g_{12}g_{33}-g_{32}g_{13})\}+\frac{\partial g_{31}}{\partial u^i}(g_{12}g_{23}-g_{22}g_{13})$$

$$=\frac{\partial g_{11}}{\partial u^i}G^{11}+\qquad\frac{\partial g_{21}}{\partial u^i}G^{12}+\qquad\frac{\partial g_{31}}{\partial u^i}G^{13}\qquad=\frac{\partial g_{j1}}{\partial u^i}G^{1j}$$

となります。よって，（5.16）を，これを用いて計算して，

$$\frac{\partial|g|}{\partial u^i}=\frac{\partial g_{j1}}{\partial u^i}G^{1j}+\frac{\partial g_{j2}}{\partial u^i}G^{2j}+\frac{\partial g_{j3}}{\partial u^i}G^{3j}=\frac{\partial g_{jk}}{\partial u^i}G^{kj}=|g|\frac{\partial g_{jk}}{\partial u^i}g^{kj}$$

一方，**公式 5.16** で接続係数の縮約をとって，

$$\Gamma^j{}_{ij}=\frac{1}{2}g^{lj}\left(\frac{\partial g_{il}}{\partial u^j}+\frac{\partial g_{lj}}{\partial u^i}-\frac{\partial g_{ji}}{\partial u^l}\right)$$

第 1 項 $g^{lj}\frac{\partial g_{il}}{\partial u^j}$ と第 3 項 $g^{lj}\frac{\partial g_{ji}}{\partial u^l}$ は $j\leftrightarrow l$ で一致するのでキャンセル

$$=\frac{1}{2}g^{jl}\frac{\partial g_{jl}}{\partial u^i}=\frac{1}{2|g|}\frac{\partial|g|}{\partial u^i}$$

§10　曲面のテンソル場

ここまで平面や空間に直線座標と曲線座標が入っている場合のテンソル場について説明してきました。

この節では，3次元空間に埋め込まれている曲面を舞台にして，スカラー場，ベクトル場，テンソル場を論じていきましょう。

曲面の表現から確認しておきます。

R^3に埋め込まれている球面を例にとってみましょう。

原点を中心とした半径Rの球面E上の点は，極座標のrを定数Rに変えて，

$$\boldsymbol{E}(\theta,\ \varphi)=\begin{pmatrix} R\sin\theta\cos\varphi \\ R\sin\theta\sin\varphi \\ R\cos\theta \end{pmatrix}\quad (0\leqq\theta\leqq\pi,\quad 0\leqq\varphi<2\pi)$$

と表されました。θとφに対して，R^3中のE上の点が対応します。

一般にR^3中の曲面Sは，u^1，u^2の2変数関数を3個用いて，

$$(x(u^1,\ u^2),\ y(u^1,\ u^2),\ z(u^1,\ u^2))$$

と表すことができます。

$$\boldsymbol{S}(u^1,\ u^2)=\begin{pmatrix} x(u^1,\ u^2) \\ y(u^1,\ u^2) \\ z(u^1,\ u^2) \end{pmatrix}={}^t(x(u^1,\ u^2),\ y(u^1,\ u^2),\ z(u^1,\ u^2))$$

と表されます。

$(u^1,\ u^2)$の値を具体的に定めると，S上の1点が定まります。これによって，$(u^1,\ u^2)$を曲面S上に振られた座標であると見立てることができます。これを曲面座標と呼びます。u^1一定を満たす点の集合が曲線なので，この点に関しては曲線座標ともいえますが，ここでは直線座標が入っ

ているときの曲線座標と区別する意味で**曲面座標**と呼びましょう。

曲面 S のスカラー場とは，曲面 S 上の点に対して数を対応させることです。曲面座標$(u^1,\ u^2)$の関数として，$f(u^1,\ u^2)$と表されます。

それでは，曲面 S のベクトル場とは何でしょう。

平面に直線座標$(x^1,\ x^2)$が入っている場合，ベクトル場は直線座標の基底 $\boldsymbol{e}_1$，$\boldsymbol{e}_2$ を用いて，$k\boldsymbol{e}_1+l\boldsymbol{e}_2$ と表されました。

平面に直線座標$(x^1,\ x^2)$と曲線座標$(u^1,\ u^2)$が入っている場合，曲線座標でベクトル場を表すには，

$$\boldsymbol{x}(u^1,\ u^2)=(x^1(u^1,\ u^2),\ x^2(u^1,\ u^2))$$

を偏微分した，$\dfrac{\partial \boldsymbol{x}}{\partial u^1}$，$\dfrac{\partial \boldsymbol{x}}{\partial u^2}$を基底にして，$k\dfrac{\partial \boldsymbol{x}}{\partial u^1}+l\dfrac{\partial \boldsymbol{x}}{\partial u^2}$と表しました。

R^3 の中にある曲面のベクトル場はどう表されるでしょうか。

曲面の場合は$\dfrac{\partial \boldsymbol{S}}{\partial u^1}$，$\dfrac{\partial \boldsymbol{S}}{\partial u^2}$を基底にして，$k\dfrac{\partial \boldsymbol{S}}{\partial u^1}+l\dfrac{\partial \boldsymbol{S}}{\partial u^2}$で表されるベクトルをベクトル場の元と決めましょう。

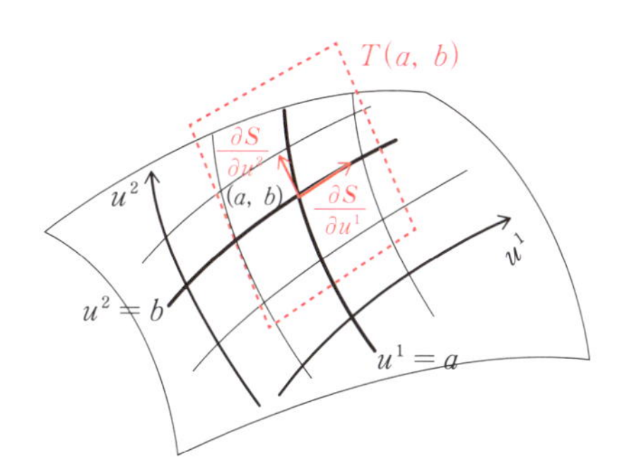

$\boldsymbol{S}(a,\ b)$での u^1 方向の接ベクトル，u^2 方向の接ベクトルはそれぞれ，

$$\frac{\partial \boldsymbol{S}(a,\ b)}{\partial u^1}=\begin{pmatrix}\dfrac{\partial x(a,\ b)}{\partial u^1}\\[2mm]\dfrac{\partial y(a,\ b)}{\partial u^1}\\[2mm]\dfrac{\partial z(a,\ b)}{\partial u^1}\end{pmatrix},\quad \frac{\partial \boldsymbol{S}(a,\ b)}{\partial u^2}=\begin{pmatrix}\dfrac{\partial x(a,\ b)}{\partial u^2}\\[2mm]\dfrac{\partial y(a,\ b)}{\partial u^2}\\[2mm]\dfrac{\partial z(a,\ b)}{\partial u^2}\end{pmatrix}$$

でした。$\boldsymbol{S}(a,\ b)$でのベクトル場の値は，$\dfrac{\partial \boldsymbol{S}(a,\ b)}{\partial u^1}$と$\dfrac{\partial \boldsymbol{S}(a,\ b)}{\partial u^2}$で張られる$k\dfrac{\partial \boldsymbol{S}(a,\ b)}{\partial u^1}+l\dfrac{\partial \boldsymbol{S}(a,\ b)}{\partial u^2}$という形のベクトルしか認めないということです。

$k,\ l$を自由に動かすと，$k\dfrac{\partial \boldsymbol{S}(a,\ b)}{\partial u^1}+l\dfrac{\partial \boldsymbol{S}(a,\ b)}{\partial u^2}$は$\boldsymbol{S}(a,\ b)$での接平面に含まれるベクトルを表します。$\dfrac{\partial \boldsymbol{S}(a,\ b)}{\partial u^1}$，$\dfrac{\partial \boldsymbol{S}(a,\ b)}{\partial u^2}$は$R^3$に含まれる3次元ベクトルですが，

$$k\frac{\partial \boldsymbol{S}(a,\ b)}{\partial u^1}+l\frac{\partial \boldsymbol{S}(a,\ b)}{\partial u^2}$$

が張る部分空間は2次元になります。ですから，R^3の任意のベクトルが$k\dfrac{\partial \boldsymbol{S}(a,\ b)}{\partial u^1}+l\dfrac{\partial \boldsymbol{S}(a,\ b)}{\partial u^2}$の形で表されるわけではありません。

このk$\dfrac{\partial \boldsymbol{S}(a,\ b)}{\partial u^1}+l\dfrac{\partial \boldsymbol{S}(a,\ b)}{\partial u^2}$が張る部分空間を$T(a,\ b)$としましょう。

$\boldsymbol{S}(u^1,\ u^2)$でのベクトル場の値は，接平面$T(u^1,\ u^2)$に含まれるようにとらなければならないということです。

このことによって，テンソル場についての計算はどう変えていかなければならないでしょうか。

曲面には$(u^1,\ u^2)$と$(u'^1,\ u'^2)$の2つの曲面座標が入っているものとします。これらの間には，u'^1とu'^2をu^1，u^2で表す関係式が，

$$u'^1(u^1,\ u^2),\quad u'^2(u^1,\ u^2)$$

と与えられているものとします。

テンソル場の計算法則の手始めとして，スカラー場の微分から変換則を確認してみましょう。

スカラー場の微分の変換則

曲面上の関数が，$f(u'^1,\ u'^2)=f(u^1,\ u^2)$と与えられているとします。

$f(u'^1(u^1,\ u^2),\ u'^2(u^1,\ u^2))=f(u^1,\ u^2)$を$u^1$，$u^2$で微分すると，

$$\frac{\partial f}{\partial u'^1}\frac{\partial u'^1}{\partial u^1}+\frac{\partial f}{\partial u'^2}\frac{\partial u'^2}{\partial u^1}=\frac{\partial f}{\partial u^1}$$

$$\frac{\partial f}{\partial u'^1}\frac{\partial u'^1}{\partial u^2}+\frac{\partial f}{\partial u'^2}\frac{\partial u'^2}{\partial u^2}=\frac{\partial f}{\partial u^2}$$

$$\frac{\partial u'^j}{\partial u^i}\frac{\partial f}{\partial u'^j}=\frac{\partial f}{\partial u^i}$$

これは直交座標(x^i)と曲線座標(u^i)のときの変換則で，x^iをu'^iに変えただけです。

ベクトル場の変換則

曲面が2つの座標で$\boldsymbol{S}(u'^1,\ u'^2)=\boldsymbol{S}(u^1,\ u^2)$と表されているものとします。

$\boldsymbol{S}(u'^1(u^1,\ u^2),\ u'^2(u^1,\ u^2))=\boldsymbol{S}(u^1,\ u^2)$を$u^1$，$u^2$で微分すると，

$$\frac{\partial \boldsymbol{S}}{\partial u'^1}\frac{\partial u'^1}{\partial u^1}+\frac{\partial \boldsymbol{S}}{\partial u'^2}\frac{\partial u'^2}{\partial u^1}=\frac{\partial \boldsymbol{S}}{\partial u^1}$$

$$\frac{\partial \boldsymbol{S}}{\partial u'^1}\frac{\partial u'^1}{\partial u^2}+\frac{\partial \boldsymbol{S}}{\partial u'^2}\frac{\partial u'^2}{\partial u^2}=\frac{\partial \boldsymbol{S}}{\partial u^2}$$

$$\frac{\partial u'^j}{\partial u^i}\frac{\partial \boldsymbol{S}}{\partial u'^j}=\frac{\partial \boldsymbol{S}}{\partial u^i}$$

となります。

ここに現れた$\dfrac{\partial \boldsymbol{S}}{\partial u'^1}$，$\dfrac{\partial \boldsymbol{S}}{\partial u'^2}$，$\dfrac{\partial \boldsymbol{S}}{\partial u^1}$，$\dfrac{\partial \boldsymbol{S}}{\partial u^2}$はすべて接平面に含まれていて，ベクトル場の元になっています。

ここまで直線座標を曲線座標で書き換えたときのベクトル場と同じ変換則です。

ベクトル場の微分の変換則

5節のことを思い出してみましょう。

直線座標が設定されている空間において，曲線座標を用いてベクトル場の微分をするには，接続係数$\Gamma^i{}_{jk}$が分かっていなければなりませんでした。

直線座標(x^i)を曲線座標(u^i)で表した式を$\boldsymbol{x}(u^i)$とすると，接続係数$\Gamma^i{}_{jk}$は，「u^k軸方向の接線ベクトル$\dfrac{\partial \boldsymbol{x}}{\partial u^k}$を$u^j$で偏微分したベクトルを接線ベクトルの1次結合で表す」ときの係数でした。

$$\frac{\partial^2 \boldsymbol{x}}{\partial u^j \partial u^k} = \Gamma^i{}_{jk} \frac{\partial \boldsymbol{x}}{\partial u^i}$$

曲面の場合にもこれを真似ると，「u^k軸方向の接線ベクトル$\dfrac{\partial \boldsymbol{S}}{\partial u^k}$を$u^j$で偏微分したベクトルを接線ベクトルの1次結合で表す」となります。しかし，R^3に含まれる曲面Sの場合には，$\dfrac{\partial^2 \boldsymbol{S}}{\partial u^j \partial u^k}$が接平面$T(u^1,\ u^2)$に含まれず，$\dfrac{\partial \boldsymbol{S}}{\partial u^1}$と$\dfrac{\partial \boldsymbol{S}}{\partial u^2}$だけでは表すことはできません。$\dfrac{\partial^2 \boldsymbol{S}}{\partial u^j \partial u^k}$を表すには，接平面$T(u^1,\ u^2)$に垂直な方向のベクトルも必要です。それを$\boldsymbol{h}_{jk}$とすれば，

$$\frac{\partial^2 \boldsymbol{S}}{\partial u^j \partial u^k} = \Gamma^i{}_{jk} \frac{\partial \boldsymbol{S}}{\partial u^i} + \boldsymbol{h}_{jk}$$

となります。右辺は余計な$\boldsymbol{h}_{jk}$があってベクトル場ではなくなってしまいます。

この状況を具体例で確認しておきましょう。

問題 5.19

球面$\boldsymbol{E}(\theta,\ \varphi) = (R\sin\theta\cos\varphi,\ R\sin\theta\sin\varphi,\ R\cos\theta)$の接ベクトル$\dfrac{\partial \boldsymbol{E}}{\partial \theta},\ \dfrac{\partial \boldsymbol{E}}{\partial \varphi}$の$\theta,\ \varphi$による微分を$\dfrac{\partial \boldsymbol{E}}{\partial \theta},\ \dfrac{\partial \boldsymbol{E}}{\partial \varphi}$と法線ベクトルの1次結合で表せ。

空間の原点をO，球面 E 上の点$(\theta,\ \varphi)$をAとするとき，Aでの法線方向は$\overrightarrow{\mathrm{OA}}$に一致します。$\overrightarrow{\mathrm{OA}}$の方向ベクトルは，

$$\boldsymbol{n}=\begin{pmatrix}\sin\theta\cos\varphi\\ \sin\theta\sin\varphi\\ \cos\theta\end{pmatrix}$$

と平行であり，$\boldsymbol{n}$ の大きさは1なので，$\boldsymbol{n}$ がAでの単位法線ベクトルです。

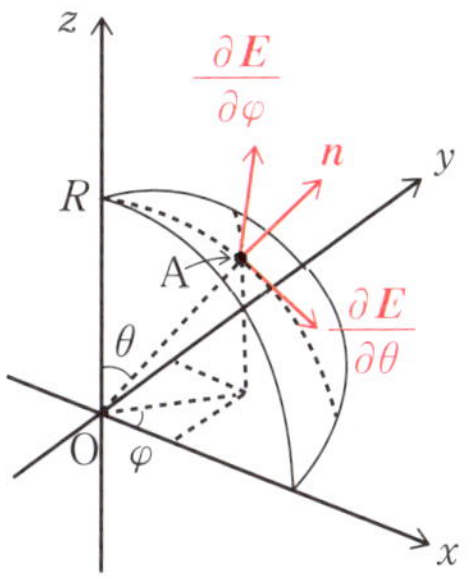

$$\frac{\partial \boldsymbol{E}}{\partial\theta}=\begin{pmatrix}R\cos\theta\cos\varphi\\ R\cos\theta\sin\varphi\\ -R\sin\theta\end{pmatrix}\qquad \frac{\partial \boldsymbol{E}}{\partial\varphi}=\begin{pmatrix}-R\sin\theta\sin\varphi\\ R\sin\theta\cos\varphi\\ 0\end{pmatrix}$$

$$\frac{\partial^2 \boldsymbol{E}}{\partial\theta\,\partial\theta}=\begin{pmatrix}-R\sin\theta\cos\varphi\\ -R\sin\theta\sin\varphi\\ -R\cos\theta\end{pmatrix}=\underbrace{0}_{\Gamma^{\theta}{}_{\theta\theta}}\cdot\frac{\partial \boldsymbol{E}}{\partial\theta}+\underbrace{0}_{\Gamma^{\varphi}{}_{\theta\theta}}\cdot\frac{\partial \boldsymbol{E}}{\partial\varphi}+(-R)\underbrace{\begin{pmatrix}\sin\theta\cos\varphi\\ \sin\theta\sin\varphi\\ \cos\theta\end{pmatrix}}_{\boldsymbol{n}}$$

$$\frac{\partial^2 \boldsymbol{E}}{\partial\varphi\,\partial\theta}=\begin{pmatrix}-R\cos\theta\sin\varphi\\ R\cos\theta\cos\varphi\\ 0\end{pmatrix}=\underbrace{0}_{\Gamma^{\theta}{}_{\varphi\theta}}\cdot\frac{\partial \boldsymbol{E}}{\partial\theta}+\underbrace{\frac{\cos\theta}{\sin\theta}}_{\Gamma^{\varphi}{}_{\varphi\theta}}\underbrace{\begin{pmatrix}-R\sin\theta\sin\varphi\\ R\sin\theta\cos\varphi\\ 0\end{pmatrix}}_{\frac{\partial \boldsymbol{E}}{\partial\varphi}}+0\cdot\boldsymbol{n}$$

$$\frac{\partial^2 \boldsymbol{E}}{\partial\varphi\,\partial\varphi}=\begin{pmatrix}-R\sin\theta\cos\varphi\\ -R\sin\theta\sin\varphi\\ 0\end{pmatrix}$$

$$=\underbrace{(-\sin\theta\cos\theta)}_{\Gamma^{\theta}{}_{\varphi\varphi}}\underbrace{\begin{pmatrix}R\cos\theta\cos\varphi\\ R\cos\theta\sin\varphi\\ -R\sin\theta\end{pmatrix}}_{\frac{\partial \boldsymbol{E}}{\partial\theta}}+\underbrace{0}_{\Gamma^{\varphi}{}_{\varphi\varphi}}\cdot\frac{\partial \boldsymbol{E}}{\partial\varphi}+(-R\sin^2\theta)\underbrace{\begin{pmatrix}\sin\theta\cos\varphi\\ \sin\theta\sin\varphi\\ \cos\theta\end{pmatrix}}_{\boldsymbol{n}}$$

となります。

曲面のベクトル場の微分の話に戻ります。

上の例のように，$\dfrac{\partial^2 \boldsymbol{S}}{\partial u^j\,\partial u^k}$は，

$$\frac{\partial^2 \boldsymbol{S}}{\partial u^j\,\partial u^k}=\Gamma^i{}_{jk}\frac{\partial \boldsymbol{S}}{\partial u^i}+\boldsymbol{h}_{jk}$$

というように，接平面からはみ出してしまうので，ベクトル場の微分をするときは，$\boldsymbol{h}_{jk}$の項を落として計算することにします。すなわち，$\dfrac{\partial^2 \boldsymbol{S}}{\partial u^j\,\partial u^k}$を接平面に正射影したベクトルを，接ベクトルの偏微分として採用するのです。

式で書いてみれば，u^1方向，u^2方向の接線ベクトル$\dfrac{\partial \boldsymbol{S}}{\partial u^1}$，$\dfrac{\partial \boldsymbol{S}}{\partial u^2}$を新たに$\boldsymbol{p}_1$，$\boldsymbol{p}_2$とおいて，$u^i$での偏微分には，

$$\frac{\partial}{\partial u^j}(\boldsymbol{p}_k)=\Gamma^i{}_{jk}\boldsymbol{p}_i$$

という規則があるとして考えるのです。$\dfrac{\partial}{\partial u^j}\left(\dfrac{\partial \boldsymbol{S}}{\partial u^k}\right)=\Gamma^i{}_{jk}\dfrac{\partial \boldsymbol{S}}{\partial u^i}$と書いてしまうと，$R^3$での事実とは異なりますから，文字を変えたわけです。

問題 5.19 から導かれる接続係数をまとめておくと，

$$\Gamma^\theta{}_{\theta\theta}=0,\quad \Gamma^\varphi{}_{\theta\theta}=0,\quad \Gamma^\theta{}_{\varphi\theta}=0,\quad \Gamma^\varphi{}_{\varphi\theta}=\frac{\cos\theta}{\sin\theta},$$

$$\Gamma^\theta{}_{\varphi\varphi}=-\sin\theta\cos\theta,\quad \Gamma^\varphi{}_{\varphi\varphi}=0$$

となります。**問題 5.06** のrに関する項を除いたものに一致していることを確認してください。**問題 5.06** の$\dfrac{\partial \boldsymbol{x}}{\partial r}$は法線方向ですから，それに関する成分を無視したわけです。

このもとで曲面のベクトル場の微分がどうなるのか計算してみましょう。

$$\frac{\partial}{\partial u^i}(A^j\boldsymbol{p}_j)=\frac{\partial A^j}{\partial u^i}\boldsymbol{p}_j+A^j\frac{\partial}{\partial u^i}(\boldsymbol{p}_j)=\frac{\partial A^j}{\partial u^i}\boldsymbol{p}_j+A^j\Gamma^k{}_{ij}\boldsymbol{p}_k$$

$$=\left(\frac{\partial A^j}{\partial u^i}+\Gamma^j{}_{ik}A^k\right)\boldsymbol{p}_j=(\nabla_i A^j)\boldsymbol{p}_j$$

第2項で $j\leftrightarrow k$

となります。うまい具合に曲線座標の共変微分の計算と同じになります。

曲面の2つの座標u^iとu'^iに関する，ベクトル場の共変微分$\nabla_i A^j$と$\nabla'_i A'^j$は変換則が成り立っているでしょうか。確認していきましょう。

まず，接続係数の変換則から調べていきます。

問題 5.20

u'^iの接続係数$\Gamma'^i{}_{jk}$を，u^iの$\Gamma^i{}_{jk}$を用いて表せ。

接続係数$\Gamma^i{}_{jk}$，$\Gamma'^i{}_{jk}$は，

$$\frac{\partial^2 \boldsymbol{S}}{\partial u^j\,\partial u^k} = \Gamma^i{}_{jk}\frac{\partial \boldsymbol{S}}{\partial u^i} + \boldsymbol{h}_{jk} \qquad \frac{\partial^2 \boldsymbol{S}}{\partial u'^j\,\partial u'^k} = \Gamma'^i{}_{jk}\frac{\partial \boldsymbol{S}}{\partial u'^i} + \boldsymbol{h}'_{jk}$$

を満たします。第2式の左辺を変形していくと，

$$\begin{aligned}
\frac{\partial^2 \boldsymbol{S}}{\partial u'^j\,\partial u'^k} &= \frac{\partial}{\partial u'^j}\left(\frac{\partial \boldsymbol{S}}{\partial u'^k}\right) = \frac{\partial}{\partial u'^j}\left(\frac{\partial u^m}{\partial u'^k}\frac{\partial \boldsymbol{S}}{\partial u^m}\right) \\
&= \frac{\partial^2 u^m}{\partial u'^j\,\partial u'^k}\frac{\partial \boldsymbol{S}}{\partial u^m} + \frac{\partial u^m}{\partial u'^k}\frac{\partial}{\partial u'^j}\left(\frac{\partial \boldsymbol{S}}{\partial u^m}\right) \\
&= \frac{\partial^2 u^m}{\partial u'^j\,\partial u'^k}\frac{\partial \boldsymbol{S}}{\partial u^m} + \frac{\partial u^m}{\partial u'^k}\frac{\partial u^l}{\partial u'^j}\frac{\partial}{\partial u^l}\left(\frac{\partial \boldsymbol{S}}{\partial u^m}\right) \\
&= \frac{\partial^2 u^m}{\partial u'^j\,\partial u'^k}\frac{\partial \boldsymbol{S}}{\partial u^m} + \frac{\partial u^m}{\partial u'^k}\frac{\partial u^l}{\partial u'^j}\left(\Gamma^i{}_{lm}\frac{\partial \boldsymbol{S}}{\partial u^i} + \boldsymbol{h}_{lm}\right) \\
&= \left(\frac{\partial^2 u^i}{\partial u'^j\,\partial u'^k} + \frac{\partial u^m}{\partial u'^k}\frac{\partial u^l}{\partial u'^j}\Gamma^i{}_{lm}\right)\frac{\partial \boldsymbol{S}}{\partial u^i} + \frac{\partial u^m}{\partial u'^k}\frac{\partial u^l}{\partial u'^j}\boldsymbol{h}_{lm}
\end{aligned}$$

一方，第2式の右辺は，

$$\Gamma'^i{}_{jk}\frac{\partial \boldsymbol{S}}{\partial u'^i} + \boldsymbol{h}'_{jk} = \Gamma'^n{}_{jk}\frac{\partial u^i}{\partial u'^n}\frac{\partial \boldsymbol{S}}{\partial u^i} + \boldsymbol{h}'_{jk}$$

$\dfrac{\partial \boldsymbol{S}}{\partial u^i}$の項を比べて，

$$\Gamma'^{n}{}_{jk}\frac{\partial u^i}{\partial u'^n}=\frac{\partial^2 u^i}{\partial u'^j\,\partial u'^k}+\frac{\partial u^m}{\partial u'^k}\frac{\partial u^l}{\partial u'^j}\Gamma^{i}{}_{lm}$$

$$\Gamma'^{n}{}_{jk}=\frac{\partial u'^n}{\partial u^i}\left(\frac{\partial^2 u^i}{\partial u'^j\,\partial u'^k}+\frac{\partial u^l}{\partial u'^j}\frac{\partial u^m}{\partial u'^k}\Gamma^{i}{}_{lm}\right)$$

$$\Gamma'^{n}{}_{jk}=\frac{\partial u'^n}{\partial u^i}\frac{\partial u^l}{\partial u'^j}\frac{\partial u^m}{\partial u'^k}\Gamma^{i}{}_{lm}+\frac{\partial u'^n}{\partial u^i}\frac{\partial^2 u^i}{\partial u'^j\,\partial u'^k}$$

となります。これは**定理 5.09** で導いた接続係数の変換則と同じです。

直線座標が設定されている空間に入っている 2 つの曲線座標(u^i)，(u'^i)に関する接続係数$\Gamma^{i}{}_{jk}$，$\Gamma'^{i}{}_{jk}$の変換則と，曲面に入っている 2 つの曲面座標(u^i)，(u'^i)に関する接続係数$\Gamma^{i}{}_{jk}$，$\Gamma'^{i}{}_{jk}$の変換則は同じ式で表されるということです。

曲面上の座標u^iの接ベクトルを$\boldsymbol{p}_i$，座標u'^iの接ベクトルを$\boldsymbol{p}'_i$とします。すると，ベクトル場の変換則ですから，

$$\boldsymbol{p}'_i=\frac{\partial u^j}{\partial u'^i}\boldsymbol{p}_j$$

が成り立ちます。u^iでのベクトル場，(1, 0)テンソル場の成分をA^j，u'^iでのベクトル場の成分をA'^jとすると，

$$A'^i\boldsymbol{p}'_i=A^j\boldsymbol{p}_j$$

が成り立ちます。ですから，成分の間には，

$$A'^i=\frac{\partial u'^i}{\partial u^j}A^j$$

という関係が成り立ちます。

問題 5.21

$\nabla_i A^j$と$\nabla'_i A'^j$の関係を求めよ。

$$\nabla'_i A'^j = \frac{\partial A'^j}{\partial u'^i} + \Gamma'^j{}_{ik} A'^k$$

$$= \frac{\partial}{\partial u'^i}\left(\frac{\partial u'^j}{\partial u^l} A^l\right) + \frac{\partial u'^j}{\partial u^n}\left(\frac{\partial^2 u^n}{\partial u'^i \partial u'^k} + \frac{\partial u^l}{\partial u'^i}\frac{\partial u^m}{\partial u'^k}\Gamma^n{}_{lm}\right)\frac{\partial u'^k}{\partial u^p} A^p$$

$$= \frac{\partial^2 u'^j}{\partial u'^i \partial u^l} A^l + \frac{\partial u'^j}{\partial u^l}\frac{\partial}{\partial u'^i} A^l + \frac{\partial u'^j}{\partial u^n}\frac{\partial^2 u^n}{\partial u'^i \partial u'^k}\frac{\partial u'^k}{\partial u^p} A^p$$

$$+ \frac{\partial u'^j}{\partial u^n}\frac{\partial u^q}{\partial u'^i}\frac{\partial u^m}{\partial u'^k}\frac{\partial u'^k}{\partial u^p}\Gamma^n{}_{qm} A^p$$

[ここで，

$$\frac{\partial^2 u'^j}{\partial u'^i \partial u^l} = \frac{\partial}{\partial u^l}(\delta^j{}_i) = 0$$

$$\frac{\partial^2 u^n}{\partial u'^i \partial u'^k}\frac{\partial u'^k}{\partial u^p} = \frac{\partial^2 u^n}{\partial u'^i \partial u^p} = \frac{\partial}{\partial u'^i}(\delta^n{}_p) = 0 \qquad \frac{\partial u^m}{\partial u'^k}\frac{\partial u'^k}{\partial u^p} = \delta^m{}_p$$

などを用いて，]

$$= \frac{\partial u'^j}{\partial u^l}\frac{\partial A^l}{\partial u'^i} + \frac{\partial u'^j}{\partial u^n}\frac{\partial u^q}{\partial u'^i}\delta^m{}_p \Gamma^n{}_{qm} A^p$$

$$= \frac{\partial u'^j}{\partial u^l}\frac{\partial u^k}{\partial u'^i}\frac{\partial A^l}{\partial u^k} + \frac{\partial u'^j}{\partial u^l}\frac{\partial u^k}{\partial u'^i}\Gamma^l{}_{kp} A^p$$

$$= \frac{\partial u'^j}{\partial u^l}\frac{\partial u^k}{\partial u'^i}\left(\frac{\partial A^l}{\partial u^k} + \Gamma^l{}_{kp} A^p\right) = \frac{\partial u'^j}{\partial u^l}\frac{\partial u^k}{\partial u'^i}\nabla_k A^l$$

結局，

$$\nabla'_i A'^j = \frac{\partial u'^j}{\partial u^l}\frac{\partial u^k}{\partial u'^i}\nabla_k A^l \tag{5.17}$$

という式が成り立ちますから，$\nabla_k A^l$は(1, 1)テンソル場であると言ってもよいでしょう。

「よいでしょう」と言ったのは，まだ曲面のテンソル場に関して正式に定義をしていなかったからです。

曲面のテンソル場の定義は，**定義 5.04** の直線座標(x)を曲面座標(u')と読み換えたものになります。**定義 5.04** の中に，直線座標，曲線座標と敢えて書かなかったのは，曲面上の曲線座標の場合でも同じ定義になり，あとからでも使える定義にするためだったのです。

（5.17）は直線座標が入っている空間に2つの異なる曲線座標を入れたとき，その2つのベクトル場の共変微分について成り立つ変換則（5.06）と同じです。

（5.17）は，曲面のテンソル場の計算でも(1, 0)テンソル場を共変微分すると，(1, 1)テンソル場になることを示しています。

結局，直線座標が設定されている空間に設定された曲線座標であっても，曲面に設定された曲面座標であっても，ベクトル場の共変微分の変換則が同じであるということです。

§11　曲面のテンソル場の変換則

曲面上の(0, 1)テンソル場B_iの共変微分を計算してみましょう。

6節の計算を真似てみます。

u^iでの(0, 1)テンソル場の成分をB_i，u'^iでの(0, 1)テンソル場の成分をB'_iとすると，これらの間には，

$$B'_i = \frac{\partial u^j}{\partial u'^i} B_j$$

という関係が成り立ちます。(1, 0)テンソル場A^iとの縮合を作るとスカラーになり，$A'^i B'_i = A^j B_j$が成り立ちます。これを微分して，共変微分を計算してみましょう。

問題 5.22

$\nabla_i B_j$と$\nabla'_i B'_j$の変換則を求めよ。

$A'^j B'_j = A^j B_j$の両辺をu'^iで微分したものを比べます。

$$\frac{\partial}{\partial u'^i}(A'^j B'_j) = \frac{\partial A'^j}{\partial u'^i} B'_j + A'^j \frac{\partial B'_j}{\partial u'^i}$$

$$= \left(\frac{\partial A'^j}{\partial u'^i} + \Gamma'^j{}_{ik} A'^k\right) B'_j + A'^j \left(\frac{\partial B'_j}{\partial u'^i} - \Gamma'^k{}_{ij} B'_k\right)$$

$$= (\nabla'_i A'^j) B'_j + A'^j (\nabla'_i B'_j)$$

$$\frac{\partial}{\partial u'^i}(A^j B_j) = \frac{\partial u^l}{\partial u'^i} \frac{\partial}{\partial u^l}(A^j B_j) = \frac{\partial u^l}{\partial u'^i}\left(\frac{\partial A^j}{\partial u^l} B_j + A^j \frac{\partial B_j}{\partial u^l}\right)$$

$$= \frac{\partial u^l}{\partial u'^i}\left\{\left(\frac{\partial A^j}{\partial u^l} + \Gamma^j{}_{lk} A^k\right) B_j + A^j \left(\frac{\partial B_j}{\partial u^l} - \Gamma^k{}_{lj} B_k\right)\right\}$$

$$= \frac{\partial u^l}{\partial u'^i}\left\{(\nabla_l A^j)\frac{\partial u'^k}{\partial u^j}B'_k + \frac{\partial u^j}{\partial u'^k}A'^k(\nabla_l B_j)\right\}$$

$$= \left(\frac{\partial u^l}{\partial u'^i}\frac{\partial u'^j}{\partial u^k}\nabla_l A^k\right)B'_j + A'^j\left(\frac{\partial u^l}{\partial u'^i}\frac{\partial u^k}{\partial u'^j}\nabla_l B_k\right)$$

2式は等しく，(1, 0)テンソル場A^iの変換則から，第1項どうしが等しいので，第2項が等しくなります。A'^jの係数を比べて，

$$\nabla'_i B'_j = \frac{\partial u^l}{\partial u'^i}\frac{\partial u^k}{\partial u'^j}\nabla_l B_k$$

これは(0, 2)テンソル場の変換則ですから，(0, 1)テンソル場を共変微分した$\nabla_l B_k$が(0, 2)テンソル場になることが確かめられました。

どうでしたか。曲線座標の(0, 1)テンソル場の微分の求め方と全く同じでしたね。

結局，接続係数さえ手に入れてしまえば，あとは直線座標を曲線座標で書き直したときと同じように理論が進行していくことがお分かりいただけると思います。

以下，6節のあらすじをなぞれば，(r, s)テンソル場を共変微分すれば，$(r, s+1)$テンソル場になることが，曲面のテンソル場であっても成り立ちます。共変微分の変換則は下の左のように，基底を用いて表せば下の右のようになります。

(0, 0)テンソル場fの共変微分

$$\nabla'_i f = \frac{\partial u^j}{\partial u'^i}\nabla_j f \qquad \nabla'_i f du'^i = \nabla_i f du^i$$

(1, 0)テンソル場$A'^i\dfrac{\partial}{\partial u'^i} = A^i\dfrac{\partial}{\partial u^i}$の共変微分

$$\nabla'_i A'^j = \frac{\partial u'^j}{\partial u^l}\frac{\partial u^k}{\partial u'^i}\nabla_k A^l \qquad \nabla'_i A'^j du'^i \otimes \frac{\partial}{\partial u'^j} = \nabla_i A^j du^i \otimes \frac{\partial}{\partial u^j}$$

(0, 1)テンソル場$A'_i du'^i = A_i du^i$の共変微分

$$\nabla'_i A'_j = \frac{\partial u^l}{\partial u'^i}\frac{\partial u^k}{\partial u'^j}\nabla_l A_k \qquad \nabla'_i A'_j du'^i \otimes du'^j = \nabla_i A_j du^i \otimes du^j$$

(0, 2)テンソル場 $A'_{ij}du'^i \otimes du'^j = A_{ij}du^i \otimes du^j$ の共変微分

$$\nabla'_i A'_{jk} = \frac{\partial u^l}{\partial u'^i}\frac{\partial u^m}{\partial u'^j}\frac{\partial u^n}{\partial u'^k}\nabla_l A_{mn}$$

$$\nabla'_i A'_{jk} du'^i \otimes du'^j \otimes du'^k = \nabla_i A_{jk} du^i \otimes du^j \otimes du^k$$

(1, 1)テンソル場 $A'^i{}_j \dfrac{\partial}{\partial u'^i} \otimes du'^j = A^i{}_j \dfrac{\partial}{\partial u^i} \otimes du^j$ の共変微分

$$\nabla'_i A'^j{}_k = \frac{\partial u^l}{\partial u'^i}\frac{\partial u'^j}{\partial u^m}\frac{\partial u^n}{\partial u'^k}\nabla_l A^m{}_n$$

$$\nabla'_i A'^j{}_k du'^i \otimes \frac{\partial}{\partial u'^j} \otimes du'^k = \nabla_i A^j{}_k du^i \otimes \frac{\partial}{\partial u^j} \otimes du^k$$

7節では，∇_i の記号はテンソル場の微分の成分を，曲線座標 (u^i) で表すときに用いた記号でした。この章で曲面上のテンソル場の微分の成分も同じように ∇_i を用いて表せるということです。

ここまでの状況をまとめておきます。

直線座標が設定されている平面に $\boldsymbol{x}(u^1, u^2)$ という曲線座標が入っているときには，$\dfrac{\partial \boldsymbol{x}}{\partial u^1}$，$\dfrac{\partial \boldsymbol{x}}{\partial u^2}$ の偏微分から接続係数 $\Gamma^i{}_{jk}$ を得ました。

3次元空間 R^3 に曲面 $\boldsymbol{S}(u^1, u^2)$ が入っているときも，$\dfrac{\partial \boldsymbol{S}}{\partial u^1}$，$\dfrac{\partial \boldsymbol{S}}{\partial u^2}$ の偏微分から接続係数 $\Gamma^i{}_{jk}$ を計算します。ただし，$\dfrac{\partial \boldsymbol{S}}{\partial u^1}$，$\dfrac{\partial \boldsymbol{S}}{\partial u^2}$ の偏微分では曲面の垂直成分が出てきてしまうので，曲面上の接ベクトルの微分を計算するときは，垂直成分を落とした式 $\dfrac{\partial}{\partial u^j}(\boldsymbol{p}_k) = \Gamma^i{}_{jk}\boldsymbol{p}_i$ を元に計算します。

$\dfrac{\partial}{\partial u^j}\left(\dfrac{\partial \boldsymbol{x}}{\partial u^k}\right)$ であっても，$\dfrac{\partial}{\partial u^j}(\boldsymbol{p}_k)$ であっても，ひとたび

$$\frac{\partial}{\partial u^j}\left(\frac{\partial \boldsymbol{x}}{\partial u^k}\right) = \Gamma^i{}_{jk}\frac{\partial \boldsymbol{x}}{\partial u^i},\quad \frac{\partial}{\partial u^j}(\boldsymbol{p}_k) = \Gamma^i{}_{jk}\boldsymbol{p}_i$$

と表してしまえば，仕組みは同じですから，同じ計算法則で共変微分 ∇_i を計算できるわけです。

さて，ここで曲面Sに住んでいる曲面人に登場してもらいましょう。

曲面人は曲面の中だけで生活していて2次元の世界しか認識できません。ですから，実は自分たちが平面ではない曲面Sに住んでいて，曲面SがR^3の中に埋め込まれているなどとは，ゆめにも思いません。

曲面人は自分が住んでいる曲面に曲線座標u^iを設定しました。ベクトル場，テンソル場の微分をするために，曲線座標の接続係数$\Gamma^i{}_{jk}$を計算しました。R^3の世界では，

$$\frac{\partial}{\partial u^j}\left(\frac{\partial \boldsymbol{S}}{\partial u^k}\right)=\Gamma^i_{jk}\left(\frac{\partial \boldsymbol{S}}{\partial u^i}\right)+\boldsymbol{h}_{jk}\quad（i,\ j,\ k\text{ は 1or2}）$$

が正しい式ですが，R^3の世界を知らない曲面人は曲面に垂直な方向のベクトル$\boldsymbol{h}_{jk}$を認識できませんから，接ベクトルの微分を

$$\frac{\partial}{\partial u^j}\left(\frac{\partial \boldsymbol{S}}{\partial u^k}\right)=\Gamma^i{}_{jk}\frac{\partial \boldsymbol{S}}{\partial u^i}\qquad (5.18)$$

と計算しました。

曲面人は接続係数$\Gamma^i{}_{jk}$を用いてベクトル場，テンソル場の計算をします。

つまり，曲面のテンソル場の計算は，曲面人にとっては単に曲線座標u^iでのテンソル計算であるということができます。

(5.18) がR^3に住んでいるR^3人から見れば誤った等式であっても，曲面人のテンソル場の計算には支障をきたさないのです。

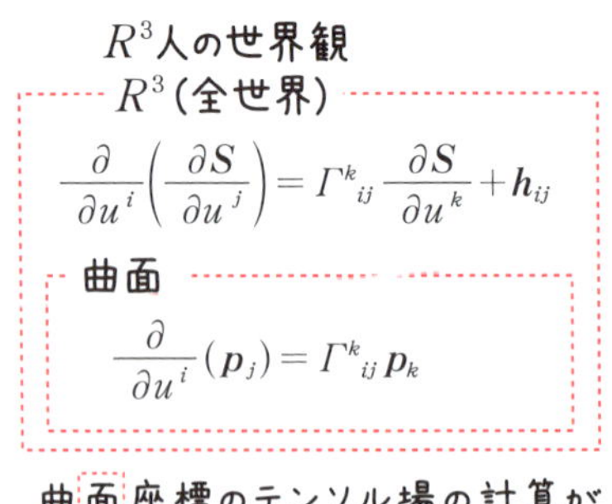

曲面人の世界観

曲面（全世界）

$$\frac{\partial}{\partial u^i}\left(\frac{\partial S}{\partial u^j}\right)=\Gamma^k{}_{ij}\frac{\partial S}{\partial u^k}$$

曲線座標のテンソル場の計算ができるぞ！

$\dfrac{\partial \boldsymbol{S}}{\partial u^k}$は$R^3$での接ベクトルなので曲面人は認識できないのでは？　たとえそうであっても，曲面人は曲面の計量テンソルg_{ij}から**公式 5.16** を用いて$\Gamma^i{}_{jk}$を計算することができますから，$\dfrac{\partial \boldsymbol{S}}{\partial u^k}$の$R^3$での表現は得られないかもしれませんが，(5.18) と同等のベクトル場の基底を微分した式を得ることはできるわけです。

曲面Sに曲面座標(u^i)（曲面人から見れば曲線座標）が設定されているとき，曲面人が曲面の曲線座標(u^i)の計量テンソルを用いて計算した接続係数$\Gamma^i{}_{jk}$と，R^3人がR^3の接ベクトルを用いて計算した(u^i)の接続係数$\Gamma^i{}_{jk}$は一致するのです。

曲面人のテンソル場の計算は，平面に直線座標が入っているときの曲線座標でのテンソル場の計算と同じですから，曲面人はたまたま曲線座標u^iをとったので接続係数$\Gamma^i{}_{jk}$を用いてベクトル場，テンソル場の計算をしているけれど，しっかりと直線座標をとり直せば，接続係数$\Gamma^i{}_{jk}$を0にでき，テンソル場の計算も楽になるであろうと希望を持っています。はたしてそうでしょうか。その答えは次章で明かされます。

なお，ここまでR^3にある曲面Sについて，そのテンソルの計算について考えてきました。このことは，R^nに含まれているm次元のもの（ほんとうは多様体と言いたいですが，ここでは空間と呼びます）について，拡張することができます。

m次元空間SがR^nの中で，

$$\boldsymbol{S}(u^1,\ \cdots,\ u^m)=(S^1(u^1,\ \cdots,\ u^m),\ \cdots\cdots,\ S^n(u^1,\ \cdots,\ u^m))$$

と表現されているとします。このとき，Sのu^iによる2階の偏微分は

$$\frac{\partial^2 \boldsymbol{S}}{\partial u^j\,\partial u^k}=\Gamma^i{}_{jk}\frac{\partial \boldsymbol{S}}{\partial u^i}+\boldsymbol{n}_{jk}$$

と表されます。ここで$\boldsymbol{n}_{jk}$は，R^3にある曲面Sのときは曲面の法線方向でしたが，R^nの中のm次元空間Sのときは，$\dfrac{\partial \boldsymbol{S}}{\partial u^k}$で張られる接空間か

らはみ出た部分を表すベクトルです。$\dfrac{\partial S}{\partial u^k}$ で張られる接空間の R^n における補空間に含まれます。一般に $\boldsymbol{n}_{jk}$ は $\dfrac{\partial S}{\partial u^k}$ と直交するとは限りません。

m 次元空間 S の場合でも，$\boldsymbol{p}_k=\dfrac{\partial S}{\partial u^k}$ とおいて，上の式で $\boldsymbol{n}_{jk}$ を落とし，ベクトル場の微分を

$$\frac{\partial}{\partial u^j}(\boldsymbol{p}_k)=\Gamma^i{}_{jk}\boldsymbol{p}_i$$

で計算することにします。**問題 5.20** の解答を追えば分かるように，$\boldsymbol{n}$ が法線ベクトルではないことは接続係数の変換則に影響しません。ですから，直線座標に対する曲線座標のときのように，テンソル場の計算をすることができます。

これは m 次元空間 S に住んでいる人にとっては，直線座標が設定されている m 次元空間での曲線座標のテンソルの計算に見えるでしょう。

第6章　曲率

啓蒙書を読んでこられた読者の方は，一般相対論の主張の一つが，「物質によって空間が曲げられている」であることをご存じだと思います。もう少し正確には，「重力とは空間の曲がり具合のことである」と言うことができます。

空間の曲がり具合はどのようにして測ったらよいでしょうか。

一般相対論では，時空４次元空間の曲がり具合をリーマン曲率で測ります。

この章では，曲線，曲面の曲がり具合から始めて，リーマン曲率まで解説していきます。

§1　平面上の曲線の曲率

平面上の曲線の曲がり具合を表す指標，曲率について説明しましょう。

曲率は，曲線上の各点ごとに計算することができます。曲率が大きいときは曲がり具合が大きく，曲率が小さいときは曲がり具合が小さくなっています。下左図の曲線では点Aよりも点Bの方が，きっと曲率が大きいであろうと感覚的に捉えることができるでしょう。

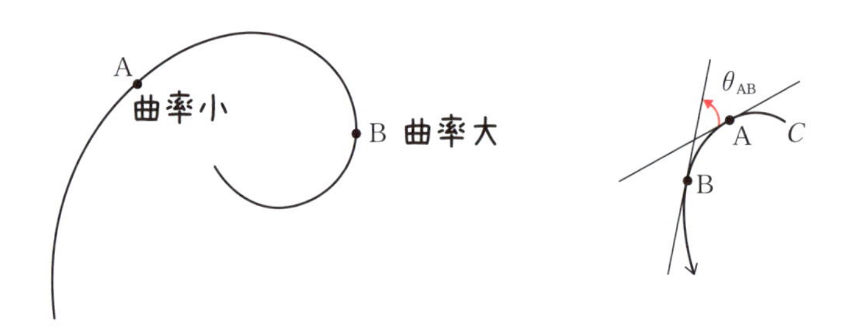

平面曲線の曲率の図形的な定義から紹介しましょう。

平面曲線Cがあるとします。Cには右上図のように向きが付いているものとします。曲線Cの点Aでの曲率は次のように計算します。

点Aの近くにBをとります。弧ABの長さをl_{AB}とし，Aでの接線とBでの接線のなす角をθ_{AB}とします。ただし，l_{AB}は，A→BがCの向きに一致しているときは$l_{AB}>0$，Cと逆向きのときは$l_{AB}<0$というように，符号付きで考えます。また，θ_{AB}はAでの接線がBでの接線と平行になるまで回転するとき，反時計回りに何ラジアン回転したかで図ることにします。

この設定のもとで，BをAに近づけたときの「2接線のなす角と弧ABの長さの比の値」の極限をAでの**曲率**とします。Aでの曲率をκとすると，

$$\kappa = \lim_{B \to A} \frac{\theta_{AB}}{l_{AB}} \quad (\text{曲線の曲率})$$

となります。曲率の逆数$\dfrac{1}{\kappa}$は，**曲率半径**と呼ばれています。

このとき，左回りになる点ではκが正，右回りになる点ではκが負になります。上の左図の曲線は向きが付いていませんが，それでも

（A での曲率の絶対値）<（B での曲率の絶対値）ということは言えます。

この節の 5 行目までで用いた日常用語としての「曲率」は，曲率κの絶対値のことです。もっとも数学でも，曲率κの絶対値を曲率と定義する場合もあります。

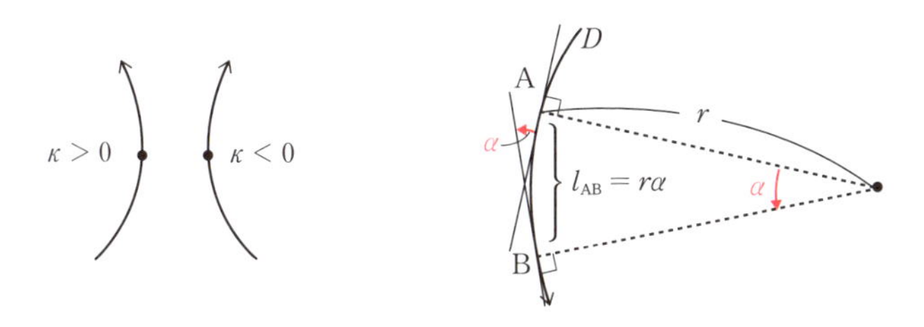

この式を，曲線上の点 A での曲率として採用した理由を説明しておきしましょう。

半径rの円D（向きは左回り）の場合で，曲率κを計算してみます。

上右図のように円D上に点 A，B をとります。このとき，弧 AB の中心角をαとすると，A での接線と B での接線のなす角もαになります。

$l_{AB} = r\alpha$，$\theta_{AB} = \alpha$ですから，曲率κ，曲率半径$\dfrac{1}{\kappa}$は，

$$\kappa = \lim_{B \to A} \frac{\theta_{AB}}{l_{AB}} = \lim_{B \to A} \frac{\alpha}{r\alpha} = \frac{1}{r} \qquad \frac{1}{\kappa} = r$$

と計算できます。曲率は円の半径rの逆数$1/r$に等しく，曲率半径は円の半径rに等しくなりました。

このことから，一般の曲線C上の点 A での曲率半径が$r(>0)$であるという状況は，A での曲線Cの曲がり具合が半径rの円弧の曲がり具合に等しい状況であるといえます。

曲率とは，曲線を円弧で喩えたときの「円の半径の逆数」なのです。

なお，図形的定義では，θ_{AB}の絶対値をとって定義しているものも多いのですが，のちの曲率の計算と合わせるために負の値も許しています。

一般の曲線で曲率を求めてみましょう。

問題 6.01

平面曲線Cが媒介変数tによって，$(f(t),\ g(t))$と表されている。このとき，曲線Cの点A$(f(a),\ g(a))$での曲率$\kappa(a)$を求めよ。

B$(f(a+\Delta a),\ g(a+\Delta a))$として，BをA$(f(a),\ g(a))$に近づけましょう。

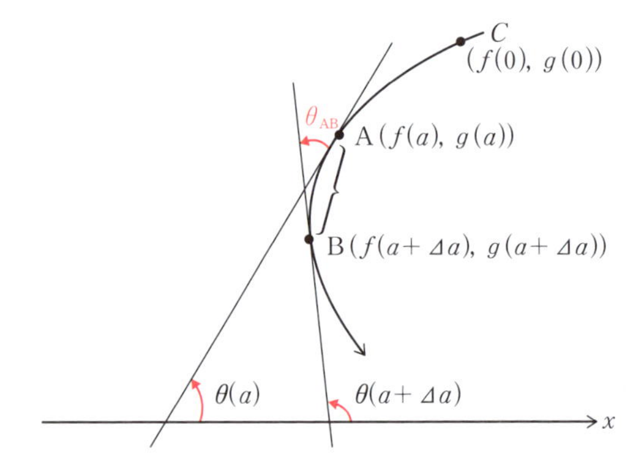

B→Aのとき，$\Delta a \to 0$ですから，曲率は

$$\kappa(a)=\lim_{B\to A}\frac{\theta_{AB}}{l_{AB}}=\lim_{\Delta a\to 0}\frac{\theta_{AB}}{\Delta a}\cdot\frac{\Delta a}{l_{AB}}$$

ここで，$(f(t),\ g(t))$での接線とx軸とのなす角を$\theta(t)$，$(f(0),\ g(0))$から$(f(t),\ g(t))$までの長さを$s(t)$とすると，

$$\lim_{\Delta a\to 0}\frac{\theta_{AB}}{\Delta a}=\lim_{\Delta a\to 0}\frac{\theta(a+\Delta a)-\theta(a)}{\Delta a}=\dot{\theta}(a)$$

$\dot{\theta}(t)$で$\theta(t)$をtで微分した関数を表します

$$\lim_{\Delta a\to 0}\frac{\Delta a}{l_{\mathrm{AB}}}=\lim_{\Delta a\to 0}\frac{\Delta a}{s(a+\Delta a)-s(a)}=\frac{1}{\dot{s}(a)}$$

ですから，$\kappa(a)=\dfrac{\dot{\theta}(a)}{\dot{s}(a)}$ となります。

$\dot{\theta}(a)$，$\dot{s}(a)$を計算していきましょう。

Cの接線方向のベクトルは$(\dot{f}(t),\ \dot{g}(t))$なので，$\tan\theta(t)=\dfrac{\dot{g}(t)}{\dot{f}(t)}$

これをtで微分して，

$$\frac{1}{\cos^2\theta(t)}\dot{\theta}(t)=\frac{\dot{f}(t)\ddot{g}(t)-\dot{g}(t)\ddot{f}(t)}{\{\dot{f}(t)\}^2}$$

$\ddot{f}(t)$で$f(t)$をtで2回微分した関数を表します

ここで，

$$\frac{1}{\cos^2\theta(t)}=1+\tan^2\theta(t)=1+\left\{\frac{\dot{g}(t)}{\dot{f}(t)}\right\}^2=\frac{\{\dot{f}(t)\}^2+\{\dot{g}(t)\}^2}{\{\dot{f}(t)\}^2}$$

なので，

$$\dot{\theta}(t)=\frac{\dot{f}(t)\ddot{g}(t)-\dot{g}(t)\ddot{f}(t)}{\{\dot{f}(t)\}^2+\{\dot{g}(t)\}^2}$$

一方，$\dot{s}(t)$の方は，$s(t)=\displaystyle\int_0^t\sqrt{\{\dot{f}(u)\}^2+\{\dot{g}(u)\}^2}\,du$を$t$で微分して，

$$\dot{s}(t)=\sqrt{\{\dot{f}(t)\}^2+\{\dot{g}(t)\}^2}$$

ですから，

$$\kappa(a)=\frac{\dot{\theta}(a)}{\dot{s}(a)}=\frac{\dot{f}(a)\ddot{g}(a)-\dot{g}(a)\ddot{f}(a)}{\{\dot{f}(a)\}^2+\{\dot{g}(a)\}^2}\Big/\sqrt{\{\dot{f}(a)\}^2+\{\dot{g}(a)\}^2}$$

$$=\frac{\dot{f}(a)\ddot{g}(a)-\dot{g}(a)\ddot{f}(a)}{\left\{\{\dot{f}(a)\}^2+\{\dot{g}(a)\}^2\right\}^{\frac{3}{2}}}$$

公式としてまとめておくと，

定義 6.02 **平面曲線の曲率**

媒介変数$(f(t),\ g(t))$で表される曲線の曲率$\kappa(t)$は，

$$\kappa(t)=\frac{\dot{f}(t)\ddot{g}(t)-\dot{g}(t)\ddot{f}(t)}{\left\{\left\{\dot{f}(t)\right\}^2+\{\dot{g}(t)\}^2\right\}^{\frac{3}{2}}}$$

右辺に$\ddot{f}(t),\ \ddot{g}(t)$があることから分かるように，傾きが曲線の関数の〝1 次〟の情報であるとすれば，曲率とは曲線の関数の〝2 次〟の情報なのです。

曲線の例を挙げて，曲率を計算してみましょう。

まずは円から。

問題 6.03

rを正の数とする。$(r\cos t,\ r\sin t)$　$(0\leqq t\leqq 2\pi)$で表される半径rの円の曲率$\kappa(t)$を求めよ。

$f(t)=r\cos t$，$g(t)=r\sin t$とおくと，

$$\dot{f}(t)=-r\sin t,\quad \ddot{f}(t)=-r\cos t,\quad \dot{g}(t)=r\cos t,\quad \ddot{g}(t)=-r\sin t$$

$$\begin{aligned}\dot{f}(t)\ddot{g}(t)-\dot{g}(t)\ddot{f}(t)&=(-r\sin t)(-r\sin t)-(r\cos t)(-r\cos t)\\&=r^2(\sin^2 t+\cos^2 t)=r^2\end{aligned}$$

$$\begin{aligned}\left\{\dot{f}(t)\right\}^2+\{\dot{g}(t)\}^2&=(-r\sin t)^2+(r\cos t)^2\\&=r^2(\sin^2 t+\cos^2 t)=r^2\end{aligned}$$

$$\kappa(t)=\frac{\dot{f}(t)\ddot{g}(t)-\dot{g}(t)\ddot{f}(t)}{\left\{\left\{\dot{f}(t)\right\}^2+\{\dot{g}(t)\}^2\right\}^{\frac{3}{2}}}=\frac{r^2}{r^3}=\frac{1}{r}$$

円はいたるところ曲率が$\dfrac{1}{r}$，曲率半径がrです。半径rに一致します。

問題 6.04

rを正の数とする。$(r\cosh t,\ r\sinh t)$で表される曲線の曲率$\kappa(t)$を求めよ。

$f(t)=r\cosh t,\quad g(t)=r\sinh t$とおくと，　$\cosh t=\dfrac{e^t+e^{-t}}{2}$　$\sinh t=\dfrac{e^t-e^{-t}}{2}$

$$\dot{f}(t)=r\sinh t,\quad \ddot{f}(t)=r\cosh t,\quad \dot{g}(t)=r\cosh t,\quad \ddot{g}(t)=r\sinh t$$

$$\dot{f}(t)\ddot{g}(t)-\dot{g}(t)\ddot{f}(t)=(r\sinh t)(r\sinh t)-(r\cosh t)(r\cosh t)$$

$$=r^2(\sinh^2 t-\cosh^2 t)=-r^2$$

$$\{\dot{f}(t)\}^2+\{\dot{g}(t)\}^2=(r\sinh t)^2+(r\cosh t)^2=r^2(\cosh^2 t+\sinh^2 t)$$

$$\kappa(t)=\frac{\dot{f}(t)\ddot{g}(t)-\dot{g}(t)\ddot{f}(t)}{\left\{\{\dot{f}(t)\}^2+\{\dot{g}(t)\}^2\right\}^{\frac{3}{2}}}=\frac{-r^2}{r^3(\cosh^2 t+\sinh^2 t)^{\frac{3}{2}}}$$

$$=\frac{-1}{r(\cosh^2 t+\sinh^2 t)^{\frac{3}{2}}}$$

$y=f(x)$で表された曲線でも$(t,\ f(t))$と媒介変数表示すれば，曲率を求めることができます。上の公式で，$f(t)\to t,\quad g(t)\to f(t),\quad t\to x$と置き換えて，

$$\kappa(x)=\frac{\ddot{f}(x)}{\left\{1+\{\dot{f}(x)\}^2\right\}^{\frac{3}{2}}}$$

となります。

問題 6.05

次の曲線の曲率を求めよ。a，b，c，d，rは正の定数とする。

(1)　$y=a+bx+cx^2+dx^3$

(2)　$y=\sqrt{x^2-r^2}\quad(x\geqq r)$

(1)　$f(x)=a+bx+cx^2+dx^3$ とすると，

$$\kappa(x)=\frac{\ddot{f}(x)}{\left\{1+\left\{\dot{f}(x)\right\}^2\right\}^{\frac{3}{2}}}=\frac{2c+6dx}{\{1+\{b+2cx+3dx^2\}^2\}^{\frac{3}{2}}}$$

$x=0$ での曲率は，$\kappa(0)=\dfrac{2c}{\{1+b^2\}^{\frac{3}{2}}}$ となります。

この結果から，$x=0$ での曲率は3次以上の項とは関係がありません。曲率は，曲線の2次以下の情報を反映する指標なのです。

(2)　$f(x)=\sqrt{x^2-r^2}$ とすると，

$$\dot{f}(x)=\frac{2x}{2\sqrt{x^2-r^2}}=\frac{x}{\sqrt{x^2-r^2}},$$

$$1+\left\{\dot{f}(x)\right\}^2=1+\left(\frac{x}{\sqrt{x^2-r^2}}\right)^2=\frac{2x^2-r^2}{x^2-r^2}$$

$$\ddot{f}(x)=\frac{1}{\sqrt{x^2-r^2}}+x\cdot\left(-\frac{2x}{2(x^2-r^2)^{\frac{3}{2}}}\right)=\frac{x^2-r^2-x^2}{(x^2-r^2)^{\frac{3}{2}}}$$

$$=\frac{-r^2}{(x^2-r^2)^{\frac{3}{2}}}$$

$$\kappa(x)=\frac{\ddot{f}(x)}{\left\{1+\left\{\dot{f}(x)\right\}^2\right\}^{\frac{3}{2}}}=\frac{-r^2}{(2x^2-r^2)^{\frac{3}{2}}}$$

$y=\sqrt{x^2-r^2}$ のグラフは，双曲線 $x^2-y^2=r^2$ の x 軸より上にある部分を表しています。この双曲線の媒介変数表示は $(r\cosh t,\ r\sinh t)$ です。

前の問題で媒介変数表示のときの曲率を求めてあります。2つを比べてみましょう。

$x=r\cosh t$ を代入すると，

$$\kappa(r\cosh t)=\frac{-r^2}{(2(r\cosh t)^2-r^2)^{\frac{3}{2}}}=\frac{r^2}{r^3(2\cosh^2 t-(\cosh^2 t-\sinh^2 t))^{\frac{3}{2}}}$$

$$=\frac{-1}{r(\cosh^2 t+\sinh^2 t)^{\frac{3}{2}}}$$

と前の問題の結果と一致します。

曲線の表現の仕方によらず，同じ点での曲率が一致するということは，曲率が曲線に固有な性質であることを示唆しています。

この本では，向きがある曲線に対して，図形的に曲率の定義を与えました。曲率を計算するときに用いる角度や長さは，平面に対して与えられているものです。角度や長さの測り方が決まった平面に対して曲線が置かれたとき，曲線の各点での曲率は図形的定義により1通りに定まります。

曲率は媒介変数のとり方によらないはずです。媒介変数の付け方によらずに曲率が定まることを計算の上でも確認しておきましょう。少々しつこいかもしれませんが，この本は座標のとり方によらない普遍なものを追求していく本なのです。お付き合いしていただければと思います。

次の問題文中，「s，t の媒介変数の向きが同じ」とは，2つの媒介変数 s と t の増えていく方向が同じということです。

問題 6.06

曲線 C が2通りの媒介変数 t, s によって，$(f(t),\ g(t))$，$(F(s),\ G(s))$ と表されているものとする。$(f(t),\ g(t))$ で計算した曲率と $(F(s),\ G(s))$ で計算した曲率が一致することを確かめよ。ただし，s，t の媒介変数の向きは同じであるとする。

媒介変数 t が媒介変数 s で，$t=h(s)$ と表されているとします。これは $s=a$ が表す点と $t=h(a)$ が表す点が一致するということです。このとき $(F(s),\ G(s))=(f(h(s)),\ g(h(s)))$ が成り立ちます。

$$\dot{F}(s)=\dot{f}(t)\dot{h}(s),$$

$$\begin{aligned}\ddot{F}(s)&=\frac{d}{ds}(\dot{F}(s))=\frac{d}{ds}(\dot{f}(t)\dot{h}(s))=\ddot{f}(t)\dot{h}(s)\dot{h}(s)+\dot{f}(t)\ddot{h}(s)\\&=\ddot{f}(t)\{\dot{h}(s)\}^2+\dot{f}(t)\ddot{h}(s)\end{aligned}$$

$$\dot{G}(s)=\dot{g}(t)\dot{h}(s),\ \ddot{G}(s)=\ddot{g}(t)\{\dot{h}(s)\}^2+\dot{g}(t)\ddot{h}(s)$$

次から，(t)，(s)を省略して書きます。

$$\begin{aligned}\dot{F}\ddot{G}-\dot{G}\ddot{F}&=\dot{f}\dot{h}\left(\ddot{g}\{\dot{h}\}^2+\dot{g}\ddot{h}\right)-\dot{g}\dot{h}\left(\ddot{f}\{\dot{h}\}^2+\dot{f}\ddot{h}\right)\\&=\left(\dot{f}\ddot{g}-\dot{g}\ddot{f}\right)\left(\dot{h}\right)^3\end{aligned}$$

$$\dot{F}^2+\dot{G}^2=\left(\dot{f}\dot{h}\right)^2+\left(\dot{g}\dot{h}\right)^2=\left(\dot{f}^2+\dot{g}^2\right)\left(\dot{h}\right)^2$$

媒介変数の向きが同じなので，$\dot{h}>0$であることに注意して，

$$\frac{\dot{F}\ddot{G}-\dot{G}\ddot{F}}{\left(\dot{F}^2+\dot{G}^2\right)^{\frac{3}{2}}}=\frac{\left(\dot{f}\ddot{g}-\dot{g}\ddot{f}\right)\dot{h}^3}{\left(\dot{f}^2+\dot{g}^2\right)^{\frac{3}{2}}\dot{h}^3}=\frac{\dot{f}\ddot{g}-\dot{g}\ddot{f}}{\left(\dot{f}^2+\dot{g}^2\right)^{\frac{3}{2}}}$$

曲率の言い換え

これから，平面曲線の曲率の定義を言い換えてみたいと思います。

曲面の曲率，一般の対象についての曲率を求めるときにも使える重要な手法なので，平面曲線の場合で紹介しておく次第です。

曲線Cが$(f(t),\ g(t))$と媒介変数表示されているとします。

曲線Cの点$\mathrm{T}(f(a),\ g(a))$で接線を引きます。

このとき，$\begin{pmatrix}\dot{f}(a)\\ \dot{g}(a)\end{pmatrix}$は接線方向のベクトルとなります。これを$\boldsymbol{p}(a)$とおきます。

次に，Tを通りこの接線と直交する直線（法線）を引き$\mathrm{TP}=1$となる点をとります。Pのとり方は2つありますが，TPの向きが$\boldsymbol{p}(a)$を時計回りに90度回転した向きと一致するようにPをとります。このとき，$\overrightarrow{\mathrm{TP}}$を単位法線ベクトルと呼びます。

$\mathrm{T}(f(a),\ g(a))$での単位法線ベクトルを$\boldsymbol{n}(a)$とします。

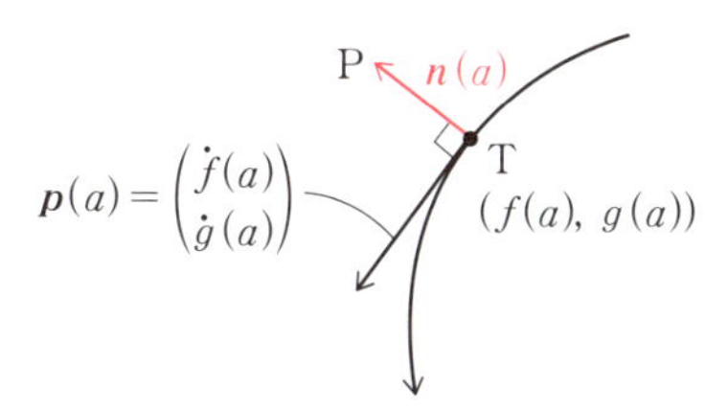

一般に，単位法線ベクトルの微分$\dot{\boldsymbol{n}}(t)$と接線ベクトル$\boldsymbol{p}(t)$は，平行です。なぜなら，$\boldsymbol{n}(t)$の大きさが1なので，$\boldsymbol{n}(t)\cdot\boldsymbol{n}(t)=1$

これを微分して，$2\boldsymbol{n}(t)\cdot\dot{\boldsymbol{n}}(t)=0$

これから，$\boldsymbol{n}(t)$と$\dot{\boldsymbol{n}}(t)$は直交することが分かり，$\boldsymbol{p}(t)$と$\boldsymbol{n}(t)$は直交するので，$\dot{\boldsymbol{n}}(t)$と$\boldsymbol{p}(t)$が平行です。

$\dot{\boldsymbol{n}}(t)$と$\boldsymbol{p}(t)$の大きさの比が曲線の曲率になっています。計算で確かめてみましょう。

問題 6.07

曲線Cが$(f(t),\ g(t))$と媒介変数表示されているとする。

接線ベクトルを$\boldsymbol{p}(t)$，単位法線ベクトルを$\boldsymbol{n}(t)$とするとき，$\dot{\boldsymbol{n}}(t)$が$\boldsymbol{p}(t)$と平行であり，$\dot{\boldsymbol{n}}(t)=\kappa(t)\boldsymbol{p}(t)$となることを示せ。

$\boldsymbol{p}(t)=\begin{pmatrix}\dot{f}(t)\\ \dot{g}(t)\end{pmatrix}$を時計回りに90度回転したベクトルは$\begin{pmatrix}\dot{g}(t)\\ -\dot{f}(t)\end{pmatrix}$です。

これを正規化して，単位法線ベクトルは，

$$\boldsymbol{n}(t)=\frac{1}{\sqrt{\{\dot{f}(t)\}^2+\{\dot{g}(t)\}^2}}\begin{pmatrix}\dot{g}(t)\\ -\dot{f}(t)\end{pmatrix}$$

となります。

x成分，y成分をそれぞれtで微分すると，

$$\frac{d}{dt}\left(\frac{\dot{g}(t)}{\sqrt{\{\dot{f}(t)\}^2+\{\dot{g}(t)\}^2}}\right)$$

$$=\ddot{g}(t)\cdot\frac{1}{\sqrt{\{\dot{f}(t)\}^2+\{\dot{g}(t)\}^2}}+\dot{g}(t)\left(-\frac{\dot{f}(t)\ddot{f}(t)+\dot{g}(t)\ddot{g}(t)}{\left\{\{\dot{f}(t)\}^2+\{\dot{g}(t)\}^2\right\}^{\frac{3}{2}}}\right)$$

$$=\frac{\left\{\{\dot{f}(t)\}^2+\{\dot{g}(t)\}^2\right\}\ddot{g}(t)-\dot{g}(t)\left\{\dot{f}(t)\ddot{f}(t)+\dot{g}(t)\ddot{g}(t)\right\}}{\left\{\{\dot{f}(t)\}^2+\{\dot{g}(t)\}^2\right\}^{\frac{3}{2}}}$$

$$=\frac{\left\{\dot{f}(t)\ddot{g}(t)-\dot{g}(t)\ddot{f}(t)\right\}\dot{f}(t)}{\left\{\{\dot{f}(t)\}^2+\{\dot{g}(t)\}^2\right\}^{\frac{3}{2}}}$$

$$\frac{d}{dt}\left(\frac{-\dot{f}(t)}{\sqrt{\{\dot{f}(t)\}^2+\{\dot{g}(t)\}^2}}\right)=\cdots=\frac{\left\{\dot{f}(t)\ddot{g}(t)-\dot{g}(t)\ddot{f}(t)\right\}\dot{g}(t)}{\left\{\{\dot{f}(t)\}^2+\{\dot{g}(t)\}^2\right\}^{\frac{3}{2}}}$$

$\dot{\boldsymbol{n}}(t)=\dfrac{\left\{\dot{f}(t)\ddot{g}(t)-\dot{g}(t)\ddot{f}(t)\right\}}{\left\{\{\dot{f}(t)\}^2+\{\dot{g}(t)\}^2\right\}^{\frac{3}{2}}}\begin{pmatrix}\dot{f}(t)\\ \dot{g}(t)\end{pmatrix}$なので，$\dot{\boldsymbol{n}}(t)=\kappa(t)\boldsymbol{p}(t)$となります。

上で計算したように，曲率とは，単位法線ベクトルの微分と接線ベクトルとの大きさの比であると言い換えることができます。

本来の曲率の図形的定義では，接線（1階微分の情報）を動かす，すなわち接線を微分することで曲がり具合（2階微分の情報）を得ていました。しかし，単位法線ベクトルの方を動かす（微分する）ことでも，曲率を得ることができるということです。

このことを図で考えれば，次のようになります。

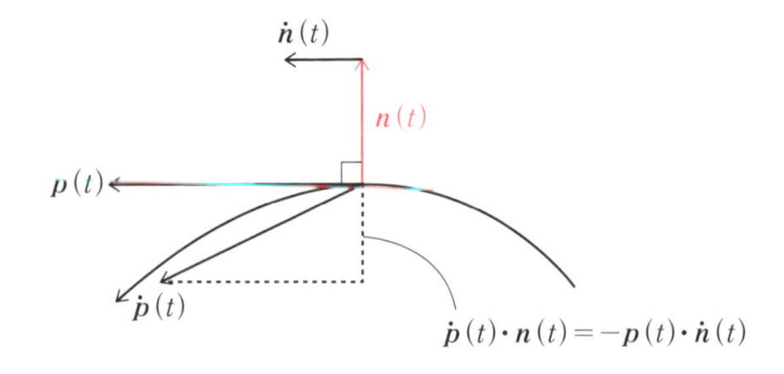

$\boldsymbol{p}(t)$と$\boldsymbol{n}(t)$がちょうど直角の差し金のようになっています。この差し

金が，$\boldsymbol{p}(t)$の変化を$\boldsymbol{n}(t)$の変化に伝えているのです。このような差し金を用いると，$\dot{\boldsymbol{p}}(t)$の法線方向の成分を接線方向にして測ることができるのです。

このことを式で説明してみます。

$\boldsymbol{p}(t)$と$\boldsymbol{n}(t)$は直交するので，$\boldsymbol{p}(t)\cdot\boldsymbol{n}(t)=0$

これを微分すると，$\dot{\boldsymbol{p}}(t)\cdot\boldsymbol{n}(t)+\boldsymbol{p}(t)\cdot\dot{\boldsymbol{n}}(t)=0$

$$\therefore\quad \dot{\boldsymbol{p}}(t)\cdot\boldsymbol{n}(t)=-\boldsymbol{p}(t)\cdot\dot{\boldsymbol{n}}(t)$$

$\boldsymbol{n}(t)$が単位ベクトルですから，左辺の$\dot{\boldsymbol{p}}(t)\cdot\boldsymbol{n}(t)$は$\dot{\boldsymbol{p}}(t)$の法線方向の成分を表しています。一方右辺の$\boldsymbol{p}(t)$, $\dot{\boldsymbol{n}}(t)$は，ともに接線に平行です。これは，接線方向の$\boldsymbol{p}(t)$と$\dot{\boldsymbol{n}}(t)$から，$\dot{\boldsymbol{p}}(t)$の法線方向の成分を得ることができるということです。

§2　曲面の曲率

前節ではユークリッド平面R^2上の曲線について，曲率を定義しました。この節では，ユークリッド空間R^3に置かれている曲面について，曲率を定義してみましょう。

1章で例に挙げた球面とは異なる例を挙げてみましょう。

問題 6.08

u，vが$u \geqq 0$，$0 \leqq v < 2\pi$ の範囲を動くとき，

$$(x,\ y,\ z)=(a\sinh u\cos v,\ b\sinh u\sin v,\ c\cosh u)$$

と表される点は曲面になる。曲面の概形を求めよ。ここで，a，b，cは正の定数とする。

2変数を一度に動かすと分かりませんから，1文字ずつ動かします。

uを止めて，vを動かします。z座標は一定値$c\cosh u$となりますから，vが動いてできた図形（曲線）は，平面$z=c\cosh u$上の図形であり，x方向に軸の長さ$2a\sinh u$，y方向に軸の長さ$2b\sinh u$を持つ楕円になります。この曲面を水平（xy平面に平行）に切ったときの切り口は楕円になるわけです。

次に，vを止めてuを動かしてみましょう。$v=0$とおくと，$y=0$ですから，xz平面の図形になります。$x=a\sinh u$，$z=c\cosh u$なので，

$\dfrac{z^2}{c^2}-\dfrac{x^2}{a^2}=\cosh^2 u-\sinh^2 u=1$であり，この曲面の$xz$平面での切り口は，双曲線$\dfrac{z^2}{c^2}-\dfrac{x^2}{a^2}=1$の$z>0$の部分になります。

結局，この媒介変数表示の表す曲面は，図のような**2葉双曲面**と呼ばれ

る曲面の $z>0$ の部分になります。

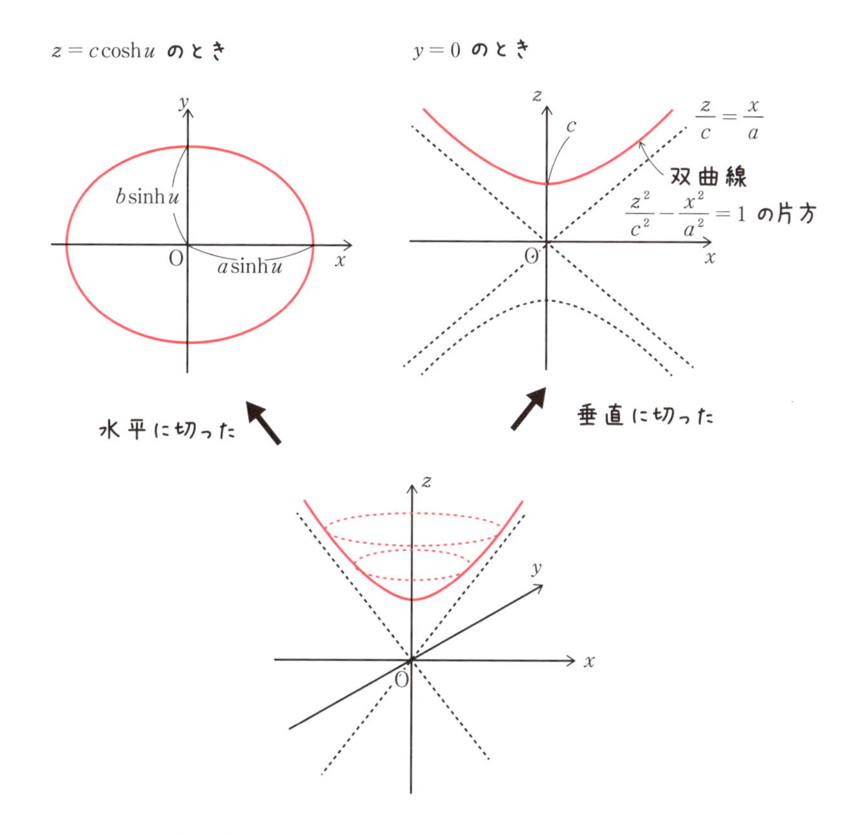

上の問題の曲面上の点 $(u,\ v)$ を位置ベクトル $\boldsymbol{S}(u,\ v)$ で表すと，

$$\boldsymbol{S}(u,\ v)=\begin{pmatrix} a\sinh u\cos v \\ b\sinh u\sin v \\ c\cosh u \end{pmatrix}$$

となります。

曲線では，単位法線ベクトルを微分したベクトル $\dot{\boldsymbol{n}}(t)$ と接ベクトル $\boldsymbol{p}(t)$ との比が曲率でした。曲面の曲率を求めるときにも，法線ベクトル，接ベクトルが重要な役割を果たします。

曲面における接ベクトルと法線ベクトルの求め方を確認しましょう。

曲面$\boldsymbol{S}$が，媒介変数u^1，u^2を用いて，

$$\boldsymbol{S}(u^1,\ u^2)=(x(u^1,\ u^2),\ y(u^1,\ u^2),\ z(u^1,\ u^2))$$

と表されているものとします。

$\boldsymbol{S}(u^1,\ u^2)$上の点$\boldsymbol{S}(a,\ b)$での$u^1$方向の接ベクトル，$u^2$方向の接ベクトルはそれぞれ，

$$\frac{\partial \boldsymbol{S}(a,\ b)}{\partial u^1}=\begin{pmatrix}\dfrac{\partial x(a,\ b)}{\partial u^1}\\ \dfrac{\partial y(a,\ b)}{\partial u^1}\\ \dfrac{\partial z(a,\ b)}{\partial u^1}\end{pmatrix},\quad \frac{\partial \boldsymbol{S}(a,\ b)}{\partial u^2}=\begin{pmatrix}\dfrac{\partial x(a,\ b)}{\partial u^2}\\ \dfrac{\partial y(a,\ b)}{\partial u^2}\\ \dfrac{\partial z(a,\ b)}{\partial u^2}\end{pmatrix}$$

となりました。$\dfrac{\partial \boldsymbol{S}(a,\ b)}{\partial u^1}$を$\boldsymbol{S}_1(a,\ b)$，$\dfrac{\partial \boldsymbol{S}(a,\ b)}{\partial u^2}$を$\boldsymbol{S}_2(a,\ b)$とも書くことにしましょう。

一般に，曲面の接平面に垂直な方向のベクトルを法線ベクトル，その中でも大きさが1の法線ベクトルを単位法線ベクトルといいます。

$\boldsymbol{S}(a,\ b)$での接平面の法線ベクトルは，接平面に含まれる$\boldsymbol{S}_1(a,\ b)$，$\boldsymbol{S}_2(a,\ b)$とそれぞれ垂直です。よって，法線ベクトルは，$\boldsymbol{S}_1(a,\ b)$，と$\boldsymbol{S}_2(a,\ b)$のベクトル積，$\boldsymbol{S}_1(a,\ b)\times\boldsymbol{S}_2(a,\ b)$に平行になります。

$$\boldsymbol{n}(a,\ b)=\frac{\boldsymbol{S}_1(a,\ b)\times\boldsymbol{S}_2(a,\ b)}{|\boldsymbol{S}_1(a,\ b)\times\boldsymbol{S}_2(a,\ b)|}$$

は，法線ベクトルに平行で，大きさが1のベクトルです。そこで，これを$\boldsymbol{S}(a,\ b)$での単位法線ベクトルと定めます。大きさが1の法線ベクトルは2つあります。$\boldsymbol{n}(a,\ b)$はそのうちの1つを表しています。

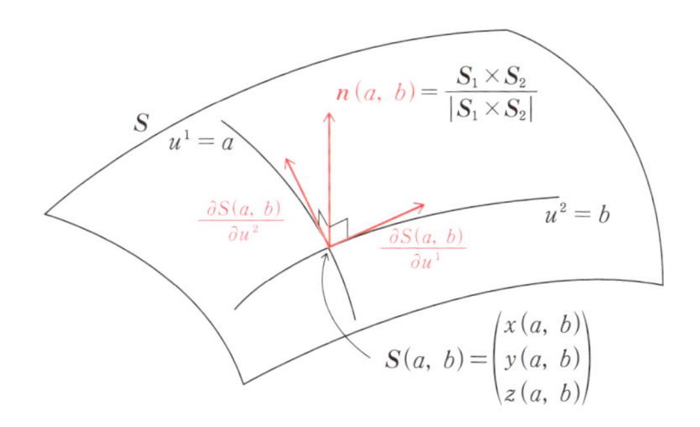

$\boldsymbol{S}_1$，$\boldsymbol{S}_2$の順序が逆になるとベクトル積の順序が入れ換わりますから，$\boldsymbol{n}(a,\ b)$は -1 倍になります。いまのところ，$\boldsymbol{n}(a,\ b)$の向きはあまり意識しなくともよいでしょう。

問題 6.09

2 葉双曲面　$\boldsymbol{S}(u,\ v)=\begin{pmatrix}a\sinh u\cos v\\b\sinh u\sin v\\c\cosh u\end{pmatrix}$

の u 方向の接ベクトル$\boldsymbol{S}_u(u,\ v)$，v 方向の接ベクトル$\boldsymbol{S}_v(u,\ v)$，単位法線ベクトル$\boldsymbol{n}(u,\ v)$を求めよ。

$$\boldsymbol{S}_u(u,\ v)=\begin{pmatrix}a\cosh u\cos v\\b\cosh u\sin v\\c\sinh u\end{pmatrix},\quad \boldsymbol{S}_v(u,\ v)=\begin{pmatrix}-a\sinh u\sin v\\b\sinh u\cos v\\0\end{pmatrix}$$

$$\boldsymbol{S}_u(u,v)\times\boldsymbol{S}_v(u,v)=\begin{pmatrix}a\cosh u\cos v\\b\cosh u\sin v\\c\sinh u\end{pmatrix}\times\begin{pmatrix}-a\sinh u\sin v\\b\sinh u\cos v\\0\end{pmatrix}$$

$\boldsymbol{a}\ /\!/\ \boldsymbol{b}$でベクトル$\boldsymbol{a}$，$\boldsymbol{b}$が平行であることを表す

$$=\begin{pmatrix}-bc\sinh^2 u\cos v\\-ac\sinh^2 u\sin v\\ab\cosh u\sinh u(\cos^2 v+\sin^2 v)\end{pmatrix}\ /\!/\ \begin{pmatrix}-bc\sinh u\cos v\\-ac\sinh u\sin v\\ab\cosh u\end{pmatrix}$$

$u>0$のときは$\sinh u>0$となり，$\boldsymbol{S}_u \times \boldsymbol{S}_v$と右上のベクトルは平行であるだけでなく向きまで一致します。

$\boldsymbol{S}_u \times \boldsymbol{S}_v$方向の単位ベクトルを求めるには，右上のベクトルの単位ベクトルを求めればよいので，

$$\lambda = (-bc\sinh u\cos v)^2 + (-ac\sinh u\sin v)^2 + (ab\cosh u)^2$$

とおくと，

$$\boldsymbol{n}(u,\ v) = \frac{\boldsymbol{S}_u(u,\ v) \times \boldsymbol{S}_v(u,\ v)}{|\boldsymbol{S}_u(u,\ v) \times \boldsymbol{S}_v(u,\ v)|} = \frac{1}{\sqrt{\lambda}}\begin{pmatrix} -bc\sinh u\cos v \\ -ac\sinh u\sin v \\ ab\cosh u \end{pmatrix}$$

となります。$u<0$のときは，これの-1倍になります。

曲線では，単位法線ベクトルを微分したベクトル$\dot{\boldsymbol{n}}(t)$と接ベクトル$\boldsymbol{p}(t)$との比が曲率でした。

曲面の場合に，このコンセプトを拡張してみましょう。

曲面の式を$\boldsymbol{S}(u^1,\ u^2)$，単位法線ベクトルを$\boldsymbol{n}(u^1,\ u^2)$とします。

曲面の場合には，微分と言っても1通りではありません。u^1で微分する場合とu^2で微分する場合の2通りを考えなくてはいけません。

ですから，単位法線ベクトル$\boldsymbol{n}(u^1,\ u^2)$の微分については，

$$\frac{\partial \boldsymbol{n}(u^1,\ u^2)}{\partial u^1} \quad と \quad \frac{\partial \boldsymbol{n}(u^1,\ u^2)}{\partial u^2}$$

を考えます。これらを，$\boldsymbol{n}_1 = \dfrac{\partial \boldsymbol{n}(u^1,\ u^2)}{\partial u^1}$，$\boldsymbol{n}_2 = \dfrac{\partial \boldsymbol{n}(u^1,\ u^2)}{\partial u^2}$とおきましょう。

以降，u^1，u^2を書きませんが，$\boldsymbol{n}_1$，$\boldsymbol{n}_2$は$(u^1,\ u^2)$の関数です。

この2つは，接平面に含まれます。このことが成り立つ仕組みは曲線のときと同じです。重要なので，繰り返しておきます。

$|\boldsymbol{n}|=1$より，$\boldsymbol{n}\cdot\boldsymbol{n}=1$であり，両辺を$u^1$で微分して，

$$2\boldsymbol{n}\cdot\boldsymbol{n}_1 = 0 \qquad \boldsymbol{n}\cdot\boldsymbol{n}_1 = 0$$

となるので，$\boldsymbol{n}_1$は法線ベクトルと直交します。すなわち，$\boldsymbol{n}_1$は接平面に

含まれます。もちろん$\boldsymbol{n}_2$も接平面に含まれます。

曲面の接ベクトルとしては，$\boldsymbol{S}_1$，$\boldsymbol{S}_2$を考えます。

曲線の曲率は，$\dot{\boldsymbol{n}}(t)$と$\boldsymbol{p}(t)$の大きさの比でした。

曲面（2次元）の曲率は，$\boldsymbol{n}_1$，$\boldsymbol{n}_2$が張る平行四辺形の面積と$\boldsymbol{S}_1$，$\boldsymbol{S}_2$が張る平行四辺形の面積の比で表されます。これは曲線（1次元）のときの曲率の自然な拡張になっていることが分かると思います。

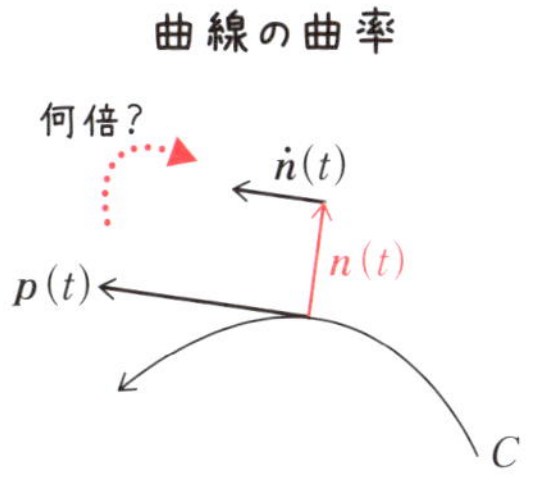

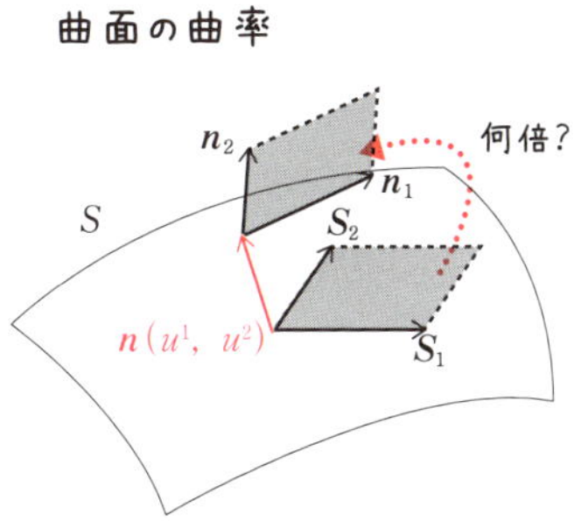

一般に，3次元ベクトル$\boldsymbol{a}$，$\boldsymbol{b}$が張る平行四辺形の面積は，ベクトル積を用いて，$|\boldsymbol{a}\times\boldsymbol{b}|$と表すことができました。

また，$\boldsymbol{n}_1\times\boldsymbol{n}_2$と$\boldsymbol{S}_1\times\boldsymbol{S}_2$は，ともに法線方向に平行ですから，$\boldsymbol{n}_1\times\boldsymbol{n}_2$は$\boldsymbol{S}_1\times\boldsymbol{S}_2$の定数倍で表すことができます。

そこで，曲面の曲率を次のように定義します。ここで定義する曲面の曲率は，他の曲率と区別するとき，**ガウス曲率**または**全曲率**と呼ばれます。

定義 6.10 **曲面の曲率（ガウス曲率，全曲率）**

曲面が$\boldsymbol{S}(u^1, u^2)$で表されているとき，$\boldsymbol{S}(a, b)$での曲率$\kappa(a, b)$は，

$$\kappa(a, b)=\frac{\boldsymbol{n}_1(a, b)\times\boldsymbol{n}_2(a, b)}{\boldsymbol{S}_1(a, b)\times\boldsymbol{S}_2(a, b)}$$

右辺の分数は，分母も分子もベクトルです。右辺は，

$$\boldsymbol{n}_1(a, b)\times\boldsymbol{n}_2(a, b)=x(\boldsymbol{S}_1(a, b)\times\boldsymbol{S}_2(a, b))$$

を満たす x を表しています。

これにしたがって，2 葉双曲面の曲率を求めてみたいところなのですが，$\boldsymbol{n}$ は分数，しかも分母が平方根で表されていて，$\boldsymbol{n}_1$，$\boldsymbol{n}_2$ を計算するのに難儀しそうです。そこで，この式を計算しやすい形に書き換えてから，実行することにしましょう。

$\boldsymbol{S}_1$ を u^1，u^2 で微分したものを

$$\boldsymbol{S}_{11}=\frac{\partial \boldsymbol{S}_1}{\partial u^1},\quad \boldsymbol{S}_{21}=\frac{\partial \boldsymbol{S}_1}{\partial u^2}=\left(\frac{\partial^2 x(u^1,\ u^2)}{\partial u^2 \partial u^1},\ \frac{\partial^2 y(u^1,\ u^2)}{\partial u^2 \partial u^1},\ \frac{\partial^2 z(u^1,\ u^2)}{\partial u^2 \partial u^1}\right)$$

同様に，$\boldsymbol{S}_{12}=\dfrac{\partial \boldsymbol{S}_2}{\partial u^1}$，$\boldsymbol{S}_{22}=\dfrac{\partial \boldsymbol{S}_2}{\partial u^2}$ と表すことにします。

すると曲率 κ はこれを用いて次のように表されます。

定理 6.11　**曲面の曲率（ガウス曲率，全曲率）**

$\boldsymbol{S}(u^1,\ u^2)$ の曲率 $\kappa(u^1,\ u^2)$ は，$g_{ij}=\boldsymbol{S}_i\cdot\boldsymbol{S}_j$，$h_{ij}=\boldsymbol{n}\cdot\boldsymbol{S}_{ij}$ とおくと，

$$\kappa(u^1,\ u^2)=\frac{h_{11}h_{22}-h_{21}h_{12}}{g_{11}g_{22}-g_{21}g_{12}}$$

定義から $g_{ij}=g_{ji}$，$h_{ij}=h_{ji}$ が成り立ちます。

［証明］　$\boldsymbol{n}\cdot\boldsymbol{S}_1=0$，$\boldsymbol{n}\cdot\boldsymbol{S}_2=0$ であり，これをそれぞれ u^2，u^1 で偏微分しましょう。

$$\boldsymbol{n}_2\cdot\boldsymbol{S}_1+\boldsymbol{n}\cdot\boldsymbol{S}_{21}=0 \qquad \boldsymbol{n}_1\cdot\boldsymbol{S}_2+\boldsymbol{n}\cdot\boldsymbol{S}_{12}=0$$

ここで，偏微分の順序は入れ換えてよいので $\boldsymbol{S}_{21}=\boldsymbol{S}_{12}$ であり，

$$h_{12}=\boldsymbol{n}\cdot\boldsymbol{S}_{12}=-\boldsymbol{n}_1\cdot\boldsymbol{S}_2=-\boldsymbol{n}_2\cdot\boldsymbol{S}_1$$

です。$h_{12}=h_{21}$ が成り立ちます。同様に，$\boldsymbol{n}\cdot\boldsymbol{S}_1=0$，$\boldsymbol{n}\cdot\boldsymbol{S}_2=0$ の u^1，u^2 での偏微分から，

$$\boldsymbol{n}_1\cdot\boldsymbol{S}_1+\boldsymbol{n}\cdot\boldsymbol{S}_{11}=0,\qquad \boldsymbol{n}_2\cdot\boldsymbol{S}_2+\boldsymbol{n}\cdot\boldsymbol{S}_{22}=0$$

$$h_{11}=\boldsymbol{n}\cdot\boldsymbol{S}_{11}=-\boldsymbol{n}_1\cdot\boldsymbol{S}_1,\qquad h_{22}=\boldsymbol{n}\cdot\boldsymbol{S}_{22}=-\boldsymbol{n}_2\cdot\boldsymbol{S}_2$$

となります。これらと

公式 1.04　$(\boldsymbol{a}\cdot\boldsymbol{c})(\boldsymbol{b}\cdot\boldsymbol{d})-(\boldsymbol{b}\cdot\boldsymbol{c})(\boldsymbol{a}\cdot\boldsymbol{d})=(\boldsymbol{a}\times\boldsymbol{b})\cdot(\boldsymbol{c}\times\boldsymbol{d})$を用いて，

$$\begin{aligned}h_{11}h_{22}-h_{21}h_{12}&=(-\boldsymbol{n}_1\cdot\boldsymbol{S}_1)(-\boldsymbol{n}_2\cdot\boldsymbol{S}_2)-(-\boldsymbol{n}_2\cdot\boldsymbol{S}_1)(-\boldsymbol{n}_1\cdot\boldsymbol{S}_2)\\&=(\boldsymbol{n}_1\cdot\boldsymbol{S}_1)(\boldsymbol{n}_2\cdot\boldsymbol{S}_2)-(\boldsymbol{n}_2\cdot\boldsymbol{S}_1)(\boldsymbol{n}_1\cdot\boldsymbol{S}_2)\\&=(\boldsymbol{n}_1\times\boldsymbol{n}_2)\cdot(\boldsymbol{S}_1\times\boldsymbol{S}_2)\\g_{11}g_{22}-g_{21}g_{12}&=(\boldsymbol{S}_1\cdot\boldsymbol{S}_1)(\boldsymbol{S}_2\cdot\boldsymbol{S}_2)-(\boldsymbol{S}_2\cdot\boldsymbol{S}_1)(\boldsymbol{S}_1\cdot\boldsymbol{S}_2)\\&=(\boldsymbol{S}_1\times\boldsymbol{S}_2)\cdot(\boldsymbol{S}_1\times\boldsymbol{S}_2)\end{aligned}$$

ここで$\boldsymbol{n}_1\times\boldsymbol{n}_2=\kappa(\boldsymbol{S}_1\times\boldsymbol{S}_2)$なので，

$$\frac{h_{11}h_{22}-h_{21}h_{12}}{g_{11}g_{22}-g_{21}g_{12}}=\frac{(\boldsymbol{n}_1\times\boldsymbol{n}_2)\cdot(\boldsymbol{S}_1\times\boldsymbol{S}_2)}{(\boldsymbol{S}_1\times\boldsymbol{S}_2)\cdot(\boldsymbol{S}_1\times\boldsymbol{S}_2)}=\frac{\kappa(\boldsymbol{S}_1\times\boldsymbol{S}_2)\cdot(\boldsymbol{S}_1\times\boldsymbol{S}_2)}{(\boldsymbol{S}_1\times\boldsymbol{S}_2)\cdot(\boldsymbol{S}_1\times\boldsymbol{S}_2)}=\kappa$$

と表されます。　　　　　　　　　　　　　　　　　　　　　［証明終わり］

g_{ij}, h_{ij}は，u^1, u^2のベクトル値関数$\boldsymbol{n}_1$，$\boldsymbol{n}_2$，$\boldsymbol{S}_1$，$\boldsymbol{S}_2$を組み合わせた内積ですから，u^1，u^2の関数になります。**定理 6.11** の右辺は，u^1，u^2の関数になります。

分子には$\boldsymbol{S}(u^1, u^2)$の 2 階微分の情報が入っていることに着目してください。曲率は接線の曲がり具合の情報でしたから，接線 (1 階微分) の微分，すなわち 2 階微分の大きさが入ってくるわけです。

定理 6.11 を用いて，2 葉双曲面の曲率を求めてみましょう。

問題 6.12　2 葉双曲面

$$\boldsymbol{S}(u,\ v)=(a\sinh u\cos v,\ b\sinh u\sin v,\ c\cosh u)$$

の曲率を求めよ。

$u^1\to u$, $u^2\to v$として，$\boldsymbol{S}_i$, $\boldsymbol{S}_{ij}$, g_{ij}, h_{ij}を計算していきます。

ベクトルを横ベクトルで書きます。

$$\boldsymbol{S}_1=(a\cosh u\cos v,\ b\cosh u\sin v,\ c\sinh u)$$
$$\boldsymbol{S}_2=(-a\sinh u\sin v,\ b\sinh u\cos v,\ 0)$$
$$\boldsymbol{S}_{11}=(a\sinh u\cos v,\ b\sinh u\sin v,\ c\cosh u)$$
$$\boldsymbol{S}_{12}=(-a\cosh u\sin v,\ b\cosh u\cos v,\ 0)$$
$$\boldsymbol{S}_{22}=(-a\sinh u\cos v,\ -b\sinh u\sin v,\ 0)$$

$$\boldsymbol{n}=\frac{\boldsymbol{S}_1\times\boldsymbol{S}_2}{|\boldsymbol{S}_1\times\boldsymbol{S}_2|}$$
$$=\frac{1}{\sqrt{\lambda}}(-bc\sinh u\cos v,\ -ac\sinh u\sin v,\ ab\cosh u)$$

ここで，

$$\lambda=b^2c^2\sinh^2 u\cos^2 v+a^2c^2\sinh^2 u\sin^2 v+a^2b^2\cosh^2 u$$

これをもとに g_{11}，g_{12}，g_{22}，h_{11}，h_{12}，h_{22} を計算すると，

$$g_{11}=\boldsymbol{S}_1\cdot\boldsymbol{S}_1=(a^2\cos^2 v+b^2\sin^2 v)\cosh^2 u+c^2\sinh^2 u$$
$$g_{12}=\boldsymbol{S}_1\cdot\boldsymbol{S}_2=(b^2-a^2)\cosh u\cos v\sinh u\sin v$$
$$g_{22}=\boldsymbol{S}_2\cdot\boldsymbol{S}_2=(a^2\sin^2 v+b^2\cos^2 v)\sinh^2 u$$

$$h_{11}=\boldsymbol{n}\cdot\boldsymbol{S}_{11}=\frac{abc}{\sqrt{\lambda}}(-(\cos^2 v+\sin^2 v)\sinh^2 u+\cosh^2 u)=\frac{abc}{\sqrt{\lambda}}$$

$$h_{12}=\boldsymbol{n}\cdot\boldsymbol{S}_{12}=0$$

$$h_{22}=\boldsymbol{n}\cdot\boldsymbol{S}_{22}=\frac{abc}{\sqrt{\lambda}}\sinh^2 u$$

$g_{12}=g_{21}$，$h_{12}=h_{21}$ を用いて，

$$g_{11}g_{22}-g_{21}g_{12}=\{(a^2\cos^2 v+b^2\sin^2 v)\cosh^2 u+c^2\sinh^2 u\}$$
$$\times(a^2\sin^2 v+b^2\cos^2 v)\sinh^2 u$$
$$-\{(b^2-a^2)\cosh u\cos v\sinh u\sin v\}^2$$

a^2b^2，a^2c^2，b^2c^2 の係数を拾って

$$= a^2 b^2 (\cos^4 v + \sin^4 v + 2\cos^2 v \sin^2 v)\cosh^2 u \sinh^2 u$$
$$+ a^2 c^2 \sin^2 v \sinh^4 u + b^2 c^2 \cos^2 v \sinh^4 u$$
$$= (a^2 b^2 \cosh^2 u + a^2 c^2 \sin^2 v \sinh^2 u + b^2 c^2 \cos^2 v \sinh^2 u)\sinh^2 u$$
$$= \lambda \sinh^2 u$$

$$h_{11} h_{22} - h_{21} h_{12} = \frac{a^2 b^2 c^2}{\lambda} \sinh^2 u$$

$$\kappa = \frac{h_{11} h_{22} - h_{21} h_{12}}{g_{11} g_{22} - g_{21} g_{12}} = \frac{a^2 b^2 c^2}{\lambda^2}$$

これと同様にして半径 a の球面のガウス曲率を求めることができます。球面の式は，2 葉双曲面の式で h を落とし（双曲線関数を普通の三角関数にして），$b \to a$, $c \to a$ とした式になっています。ですから，球面の曲率を求める計算は，上の計算とほとんど同じになります。

λに相当する式が，$\lambda = a^4$ となりますから，**問題 6.12** の結果から暗算で球面のガウス曲率が $\dfrac{1}{a^2}$ となることが分かるでしょう。

詳しい計算はみなさんにお任せいたします。双曲線関数と三角関数の類似を味わうことができるでしょう。

ここで曲率の定義を振り返ってみましょう。

曲率の定義には，u^1，u^2 が使われています。u^1，u^2 は S の曲面座標の 1 つに過ぎません。1 つと言ったのは，他にも曲面座標のとり方はいくらでもあるからです。曲率の定義の式を見ると，曲面の座標 u, v を用いて定義されています。実は，平面の曲線のときのように，他の曲面座標をとったときでも曲率は 1 通りに定まっています。

問題 6.13

R^3の曲面Sに，$\boldsymbol{S}(u^1, u^2)$，$\boldsymbol{T}(v^1, v^2)$と2通りの表し方があるものとする。$\boldsymbol{S}(u^1, u^2)$で計算した曲率と$\boldsymbol{T}(v^1, v^2)$で計算した曲率が一致することを示せ。

u^1u^2座標で(u^1, u^2)が表す点とv^1v^2座標で(v^1, v^2)が表す点が一致しているものとします。このとき，u^1，u^2が，v^1，v^2の関数によって，$u^1(v^1, v^2)$，$u^2(v^1, v^2)$と表されているものとすると，

$$\boldsymbol{T}(v^1, v^2)=\boldsymbol{S}(u^1(v^1, v^2), u^2(v^1, v^2))$$

が成り立ちます。

$\dfrac{\partial \boldsymbol{T}}{\partial v^1}=\dfrac{\partial \boldsymbol{S}}{\partial u^1}\dfrac{\partial u^1}{\partial v^1}+\dfrac{\partial \boldsymbol{S}}{\partial u^2}\dfrac{\partial u^2}{\partial v^1}$なので，$\boldsymbol{T}_1=\dfrac{\partial \boldsymbol{T}}{\partial v^1}$などを用いて，

$\boldsymbol{T}_1=\dfrac{\partial u^1}{\partial v^1}\boldsymbol{S}_1+\dfrac{\partial u^2}{\partial v^1}\boldsymbol{S}_2$　また，$\boldsymbol{T}_2=\dfrac{\partial u^1}{\partial v^2}\boldsymbol{S}_1+\dfrac{\partial u^2}{\partial v^2}\boldsymbol{S}_2$

$$\begin{aligned}\boldsymbol{T}_1\times\boldsymbol{T}_2&=\left(\frac{\partial u^1}{\partial v^1}\boldsymbol{S}_1+\frac{\partial u^2}{\partial v^1}\boldsymbol{S}_2\right)\times\left(\frac{\partial u^1}{\partial v^2}\boldsymbol{S}_1+\frac{\partial u^2}{\partial v^2}\boldsymbol{S}_2\right)\\&=\frac{\partial u^1}{\partial v^1}\boldsymbol{S}_1\times\frac{\partial u^1}{\partial v^2}\boldsymbol{S}_1+\frac{\partial u^1}{\partial v^1}\boldsymbol{S}_1\times\frac{\partial u^2}{\partial v^2}\boldsymbol{S}_2\\&\qquad+\frac{\partial u^2}{\partial v^1}\boldsymbol{S}_2\times\frac{\partial u^1}{\partial v^2}\boldsymbol{S}_1+\frac{\partial u^2}{\partial v^1}\boldsymbol{S}_2\times\frac{\partial u^2}{\partial v^2}\boldsymbol{S}_2\\&=\left(\frac{\partial u^1}{\partial v^1}\cdot\frac{\partial u^2}{\partial v^2}-\frac{\partial u^2}{\partial v^1}\cdot\frac{\partial u^1}{\partial v^2}\right)\boldsymbol{S}_1\times\boldsymbol{S}_2\end{aligned}\qquad(6.01)$$

同じ点での単位法線ベクトルを$\boldsymbol{n}(u^1, u^2)$，$\boldsymbol{m}(v^1, v^2)$とすると，

$$\boldsymbol{m}(v^1, v^2)=\boldsymbol{n}(u^1(v^1, v^2), u^2(v^1, v^2))$$

が成り立ちます。よって，

$\boldsymbol{m}_1=\dfrac{\partial u^1}{\partial v^1}\boldsymbol{n}_1+\dfrac{\partial u^2}{\partial v^1}\boldsymbol{n}_2$　　また，$\boldsymbol{m}_2=\dfrac{\partial u^1}{\partial v^2}\boldsymbol{n}_1+\dfrac{\partial u^2}{\partial v^2}\boldsymbol{n}_2$

これより，

$$\boldsymbol{m}_1\times\boldsymbol{m}_2=\left(\frac{\partial u^1}{\partial v^1}\cdot\frac{\partial u^2}{\partial v^2}-\frac{\partial u^2}{\partial v^1}\cdot\frac{\partial u^1}{\partial v^2}\right)\boldsymbol{n}_1\times\boldsymbol{n}_2 \tag{6.02}$$

(6.01) と (6.02) の比をとると，$\left(\frac{\partial u^1}{\partial v^1}\cdot\frac{\partial u^2}{\partial v^2}-\frac{\partial u^2}{\partial v^1}\cdot\frac{\partial u^1}{\partial v^2}\right)$の部分はキャンセルされて，$\frac{\boldsymbol{n}_1\times\boldsymbol{n}_2}{\boldsymbol{S}_1\times\boldsymbol{S}_2}=\frac{\boldsymbol{m}_1\times\boldsymbol{m}_2}{\boldsymbol{T}_1\times\boldsymbol{T}_2}$となります。曲面が固定されていれば，曲面座標のとり方によらず曲面の曲率が定まることが分かりました。

§3　驚きの定理

R^3中の曲面の曲率をg_{ij}で表すことがこの節の目標です。

その前にg_{ij}の意味を追求しておきましょう。

R^3に含まれる曲面$S(u^1, u^2)$上の曲線の長さを求めてみます。

曲面の式を

$$S(u^1, u^2)=(x(u^1, u^2), y(u^1, u^2), z(u^1, u^2))$$

とし，Sのu^1方向の接線ベクトルをS_1，u^2方向の接線ベクトルをS_2とします。

$$S_1=\left(\frac{\partial x(u^1, u^2)}{\partial u^1}, \frac{\partial y(u^1, u^2)}{\partial u^1}, \frac{\partial z(u^1, u^2)}{\partial u^1}\right),$$

$$S_2=\left(\frac{\partial x(u^1, u^2)}{\partial u^2}, \frac{\partial y(u^1, u^2)}{\partial u^2}, \frac{\partial z(u^1, u^2)}{\partial u^2}\right)$$

曲面上の曲線ABがtを用いて，$(u^1(t), u^2(t))$　$(\alpha \leqq t \leqq \beta)$と表されているものとします。

$S(u^1(t), u^2(t))$をtで微分して，

$$\frac{dS}{dt}=\frac{\partial S}{\partial u^1}\cdot\frac{du^1}{dt}+\frac{\partial S}{\partial u^2}\frac{du^2}{dt}=S_1\dot{u}^1(t)+S_2\dot{u}^2(t)$$

これの大きさの式を$g_{ij}=S_i\cdot S_j$を用いて整理すると，

$$\begin{aligned}\frac{dS}{dt}\cdot\frac{dS}{dt}&=(S_1\dot{u}^1(t)+S_2\dot{u}^2(t))\cdot(S_1\dot{u}^1(t)+S_2\dot{u}^2(t))\\&=S_1\cdot S_1\dot{u}^1(t)\dot{u}^1(t)+S_1\cdot S_2\dot{u}^1(t)\dot{u}^2(t)\\&\quad+S_2\cdot S_1\dot{u}^2(t)\dot{u}^1(t)+S_2\cdot S_2\dot{u}^2(t)\dot{u}^2(t)\\&=g_{11}\dot{u}^1(t)\dot{u}^1(t)+g_{12}\dot{u}^1(t)\dot{u}^2(t)\\&\quad+g_{21}\dot{u}^2(t)\dot{u}^1(t)+g_{22}\dot{u}^2(t)\dot{u}^2(t)\end{aligned}$$

よって，曲線 AB の長さ s は，

$$s=\int_{\alpha}^{\beta}\left|\frac{d\boldsymbol{S}}{dt}\right|dt=\int_{\alpha}^{\beta}\sqrt{g_{ij}\dot{u}^{i}\dot{u}^{j}}\,dt$$

アインシュタインの縮約記法

と表されます。

s は曲面のパラメータ$(u^1,\ u^2)$のとり方によらず決まります。

問題 6.14

g_{ij} は$(0,\ 2)$テンソル場，$\dot{u}^i$ は$(1,\ 0)$テンソル場であることを示せ。

曲面が$\boldsymbol{S}(u^1,\ u^2)$，$\boldsymbol{T}(v^1,\ v^2)$と 2 通りに表されているものとします。

$$\dot{v}^{i}=\frac{dv^{i}}{dt}=\frac{\partial v^{i}}{\partial u^{j}}\frac{du^{j}}{dt}=\frac{\partial v^{i}}{\partial u^{j}}\dot{u}^{j}$$

という変換則を持ちますから，$\dot{u}^i$ は$(1,\ 0)$テンソル場です。

$\boldsymbol{S}(u^1,\ u^2)$の成分を$(S^1(u^1,\ u^2),\ S^2(u^1,\ u^2),\ S^3(u^1,\ u^2))$とおくと，

$$g_{ij}=\frac{\partial \boldsymbol{S}}{\partial u^{i}}\cdot\frac{\partial \boldsymbol{S}}{\partial u^{j}}=\sum_{k=1}^{3}\frac{\partial S^{k}}{\partial u^{i}}\cdot\frac{\partial S^{k}}{\partial u^{j}}$$

$\boldsymbol{T}(v^1,\ v^2)$の成分を$(T^1(v^1,\ v^2),\ T^2(v^1,\ v^2),\ T^3(v^1,\ v^2))$とおくと，

$$g'_{lm}=\frac{\partial \boldsymbol{T}}{\partial v^{l}}\cdot\frac{\partial \boldsymbol{T}}{\partial v^{m}}=\sum_{k=1}^{3}\frac{\partial T^{k}}{\partial v^{l}}\cdot\frac{\partial T^{k}}{\partial v^{m}}=\sum_{k=1}^{3}\left(\frac{\partial u^{i}}{\partial v^{l}}\frac{\partial S^{k}}{\partial u^{i}}\right)\cdot\left(\frac{\partial u^{j}}{\partial v^{m}}\frac{\partial S^{k}}{\partial u^{j}}\right)$$

$$=\frac{\partial u^{i}}{\partial v^{l}}\frac{\partial u^{j}}{\partial v^{m}}\sum_{k=1}^{3}\frac{\partial S^{k}}{\partial u^{i}}\cdot\frac{\partial S^{k}}{\partial u^{j}}=\frac{\partial u^{i}}{\partial v^{l}}\frac{\partial u^{j}}{\partial v^{m}}g_{ij}$$

という変換則を持ちますから，g_{ij} は$(0,\ 2)$テンソル場です。

$\sqrt{\quad}$ の中身は$(0,\ 2)$テンソル場 g_{ij} と 2 個の$(1,\ 0)$テンソル場 $\dot{u}^i$ との縮合で，スカラーになっています。s は曲面のパラメータのとり方によらない値になることが分かります。

5 章の計量テンソルでは，2 次元平面に曲線座標 $\boldsymbol{x}(u^1,\ u^2)$が入ってい

るとき，$g_{ij}=\dfrac{\partial \boldsymbol{x}}{\partial u^i}\cdot\dfrac{\partial \boldsymbol{x}}{\partial u^j}$は曲線座標での計量テンソルとなっていました。

ここで出てきた$g_{ij}=\boldsymbol{S}_i\cdot\boldsymbol{S}_j$は，$R^3$中の曲面上の曲線の長さを測るときの計量テンソルになっていると言えます。それを見越して$\boldsymbol{S}_i\cdot\boldsymbol{S}_j$を$g_{ij}$とおいたわけです。

$(u^1,\ u^2)$での単位法線ベクトルを$\boldsymbol{n}(u^1,\ u^2)$とします。

すると，$\boldsymbol{S}_1\perp\boldsymbol{n}$, $\boldsymbol{S}_2\perp\boldsymbol{n}$であり，$\boldsymbol{S}_1$, $\boldsymbol{S}_2$, $\boldsymbol{n}$は1次独立です。

$\boldsymbol{n}_1$，$\boldsymbol{n}_2$，$\boldsymbol{S}_1$，$\boldsymbol{S}_2$は接平面に含まれていました。$\boldsymbol{n}_1$，$\boldsymbol{n}_2$を$\boldsymbol{S}_1$，$\boldsymbol{S}_2$の1次結合で表すことができます。その係数を計算しておきましょう。

その係数をa，b，c，dとおくと，

$$\begin{pmatrix}\boldsymbol{n}_1\\ \boldsymbol{n}_2\end{pmatrix}=\begin{pmatrix}a & b\\ c & d\end{pmatrix}\begin{pmatrix}\boldsymbol{S}_1\\ \boldsymbol{S}_2\end{pmatrix}\qquad \begin{aligned}\boldsymbol{n}_1&=a\boldsymbol{S}_1+b\boldsymbol{S}_2\\ \boldsymbol{n}_2&=c\boldsymbol{S}_1+d\boldsymbol{S}_2\end{aligned}$$

第1式と$\boldsymbol{S}_2$の内積をとり，$h_{ij}=\boldsymbol{n}\cdot\boldsymbol{S}_{ij}=-\boldsymbol{n}_i\cdot\boldsymbol{S}_j$（**定理6.11**），$g_{ij}=\boldsymbol{S}_i\cdot\boldsymbol{S}_j$とおくと，

$$\boldsymbol{n}_1\cdot\boldsymbol{S}_2=a\boldsymbol{S}_1\cdot\boldsymbol{S}_2+b\boldsymbol{S}_2\cdot\boldsymbol{S}_2$$
$$-h_{12}=ag_{12}+bg_{22}$$

となりますから，他の組み合わせも計算して行列にまとめると，

$$-\begin{pmatrix}h_{11} & h_{12}\\ h_{21} & h_{22}\end{pmatrix}=\begin{pmatrix}a & b\\ c & d\end{pmatrix}\begin{pmatrix}g_{11} & g_{12}\\ g_{21} & g_{22}\end{pmatrix}$$

を満たしましたから，右から(g_{ij})の逆行列(g^{ij})をかけると，

$$\begin{pmatrix}a & b\\ c & d\end{pmatrix}=-\begin{pmatrix}h_{11} & h_{12}\\ h_{21} & h_{22}\end{pmatrix}\begin{pmatrix}g^{11} & g^{12}\\ g^{21} & g^{22}\end{pmatrix}$$

これより，

$$a=-(h_{11}g^{11}+h_{12}g^{21})\qquad b=-(h_{11}g^{12}+h_{12}g^{22})$$
$$c=-(h_{21}g^{11}+h_{22}g^{21})\qquad d=-(h_{21}g^{12}+h_{22}g^{22})$$

と表されます。これより，

$$\boldsymbol{n}_1 = a\boldsymbol{S}_1 + b\boldsymbol{S}_2 = -(h_{11}g^{11} + h_{12}g^{21})\boldsymbol{S}_1 - (h_{11}g^{12} + h_{12}g^{22})\boldsymbol{S}_2 \qquad (6.03)$$

$$\boldsymbol{n}_2 = c\boldsymbol{S}_1 + d\boldsymbol{S}_2 = -(h_{21}g^{11} + h_{22}g^{21})\boldsymbol{S}_1 - (h_{21}g^{12} + h_{22}g^{22})\boldsymbol{S}_2$$

$\boldsymbol{S}_1$, $\boldsymbol{S}_2$, $\boldsymbol{n}$が1次独立なので，$\boldsymbol{S}_{11}$，$\boldsymbol{S}_{21}$，$\boldsymbol{S}_{12}$，$\boldsymbol{S}_{22}$はそれぞれ$\boldsymbol{S}_1$，$\boldsymbol{S}_2$，$\boldsymbol{n}$の1次結合で表すことができます。

$\boldsymbol{S}_{ij}$の$\boldsymbol{n}$方向の成分は$\boldsymbol{S}_{ij}\cdot\boldsymbol{n}$ですが，これは**定理6.11**で$h_{ij}$とおきました。

$\boldsymbol{S}_1$，$\boldsymbol{S}_2$の係数はクリストッフェル記号Γを用いて，

$$\boldsymbol{S}_{11} = \Gamma^1{}_{11}\boldsymbol{S}_1 + \Gamma^2{}_{11}\boldsymbol{S}_2 + h_{11}\boldsymbol{n} \qquad \boldsymbol{S}_{21} = \Gamma^1{}_{21}\boldsymbol{S}_1 + \Gamma^2{}_{21}\boldsymbol{S}_2 + h_{21}\boldsymbol{n} \quad (6.04)$$

$$\boldsymbol{S}_{12} = \Gamma^1{}_{12}\boldsymbol{S}_1 + \Gamma^2{}_{12}\boldsymbol{S}_2 + h_{12}\boldsymbol{n} \qquad \boldsymbol{S}_{22} = \Gamma^1{}_{22}\boldsymbol{S}_1 + \Gamma^2{}_{22}\boldsymbol{S}_2 + h_{22}\boldsymbol{n}$$

となります。Γ，hは各点(u^1, u^2)ごとに決まる値であり，(u^1, u^2)の関数です。R^3中のSの式が与えられれば，それを元に計算することができます。

$\boldsymbol{S}_{11}$をu^2で微分した$\boldsymbol{S}_{211}$を考えます。

$$\boldsymbol{S}_{211} = \frac{\partial \boldsymbol{S}_{11}}{\partial u^2} = \frac{\partial}{\partial u^2}(\Gamma^1{}_{11}\boldsymbol{S}_1 + \Gamma^2{}_{11}\boldsymbol{S}_2 + h_{11}\boldsymbol{n})$$

$$= \frac{\partial \Gamma^1{}_{11}}{\partial u^2}\boldsymbol{S}_1 + \Gamma^1{}_{11}\boldsymbol{S}_{21} + \frac{\partial \Gamma^2{}_{11}}{\partial u^2}\boldsymbol{S}_2 + \Gamma^2{}_{11}\boldsymbol{S}_{22} + \frac{\partial h_{11}}{\partial u^2}\boldsymbol{n} + h_{11}\frac{\partial \boldsymbol{n}}{\partial u^2}$$

(6.03)，(6.04) を代入して，

$$\begin{aligned}
\boldsymbol{S}_{211} &= \frac{\partial \Gamma^1{}_{11}}{\partial u^2}\boldsymbol{S}_1 + \Gamma^1{}_{11}(\Gamma^1{}_{21}\boldsymbol{S}_1 + \Gamma^2{}_{21}\boldsymbol{S}_2 + h_{21}\boldsymbol{n}) \\
&\quad + \frac{\partial \Gamma^2{}_{11}}{\partial u^2}\boldsymbol{S}_2 + \Gamma^2{}_{11}(\Gamma^1{}_{22}\boldsymbol{S}_1 + \Gamma^2{}_{22}\boldsymbol{S}_2 + h_{22}\boldsymbol{n}) \\
&\quad + \frac{\partial h_{11}}{\partial u^2}\boldsymbol{n} - h_{11}\{(h_{21}g^{11} + h_{22}g^{21})\boldsymbol{S}_1 + (h_{21}g^{12} + h_{22}g^{22})\boldsymbol{S}_2\} \\
&= \left(\frac{\partial \Gamma^1{}_{11}}{\partial u^2} + \Gamma^1{}_{11}\Gamma^1{}_{21} + \Gamma^2{}_{11}\Gamma^1{}_{22} - h_{11}(h_{21}g^{11} + h_{22}g^{21})\right)\boldsymbol{S}_1 \\
&\quad + \left(\frac{\partial \Gamma^2{}_{11}}{\partial u^2} + \Gamma^1{}_{11}\Gamma^2{}_{21} + \Gamma^2{}_{11}\Gamma^2{}_{22} - h_{11}(h_{21}g^{12} + h_{22}g^{22})\right)\boldsymbol{S}_2 \\
&\quad + \left(\Gamma^1{}_{11}h_{21} + \Gamma^2{}_{11}h_{22} + \frac{\partial h_{11}}{\partial u^2}\right)\boldsymbol{n}
\end{aligned}$$

$\boldsymbol{S}_{211}$の2と1がどこで使われているのか分かるように朱色の字を用いて

います。

今度は，$\boldsymbol{S}_{21}$をu^1で微分した$\boldsymbol{S}_{121}$を計算します。

朱字の1と2を入れ換えると，

$$\boldsymbol{S}_{121}=\left(\frac{\partial \Gamma^1{}_{21}}{\partial u^1}+\Gamma^1{}_{21}\Gamma^1{}_{11}+\Gamma^2{}_{21}\Gamma^1{}_{12}-h_{21}(h_{11}g^{11}+h_{12}g^{21})\right)\boldsymbol{S}_1$$
$$+\left(\frac{\partial \Gamma^2{}_{21}}{\partial u^1}+\Gamma^1{}_{21}\Gamma^2{}_{11}+\Gamma^2{}_{21}\Gamma^2{}_{12}-h_{21}(h_{11}g^{12}+h_{12}g^{22})\right)\boldsymbol{S}_2$$
$$+\left(\Gamma^1{}_{21}h_{11}+\Gamma^2{}_{21}h_{12}+\frac{\partial h_{21}}{\partial u^1}\right)\boldsymbol{n}$$

偏微分の順序は入れ換えても同じ結果ですから，$\boldsymbol{S}_{211}=\boldsymbol{S}_{121}$であり，式と式で$\boldsymbol{S}_1$，$\boldsymbol{S}_2$，$\boldsymbol{n}$の係数が等しくなります。$\boldsymbol{S}_1$の係数を比べて，

$$\frac{\partial \Gamma^1{}_{11}}{\partial u^2}+\Gamma^1{}_{11}\Gamma^1{}_{21}+\Gamma^2{}_{11}\Gamma^1{}_{22}-h_{11}(h_{21}g^{11}+h_{22}g^{21})$$
$$=\frac{\partial \Gamma^1{}_{21}}{\partial u^1}+\Gamma^1{}_{21}\Gamma^1{}_{11}+\Gamma^2{}_{21}\Gamma^1{}_{12}-h_{21}(h_{11}g^{11}+h_{12}g^{21})$$

これより，

$$\frac{\partial \Gamma^1{}_{11}}{\partial u^2}-\frac{\partial \Gamma^1{}_{21}}{\partial u^1}+\Gamma^1{}_{21}\Gamma^1{}_{11}+\Gamma^1{}_{22}\Gamma^2{}_{11}-\Gamma^1{}_{11}\Gamma^1{}_{21}-\Gamma^1{}_{12}\Gamma^2{}_{21}$$
$$=(h_{11}h_{22}-h_{21}h_{12})g^{21} \qquad (6.05)$$

ここで，左辺を

$$R^i{}_{jkl}=\frac{\partial \Gamma^i{}_{lj}}{\partial u^k}-\frac{\partial \Gamma^i{}_{kj}}{\partial u^l}+\Gamma^i{}_{kn}\Gamma^n{}_{lj}-\Gamma^i{}_{ln}\Gamma^n{}_{kj} \qquad (6.06)$$

という記号を用いて置き換えます。(6.06）の第3項，第4項はアインシュタインの縮約記法になっていることに注意しましょう。(6.05）の左辺の第3項，第4項が，(6.06）の第3項で表されています。

1，2しかないのに4個のパラメータをおくのは何故なんだ，と思うかもしれません。実はこれこそがリーマンの曲率テンソルなのです。曲面な

ので，i，j，k，lには1と2しか入らず，晴れがましい登場ではなくてすみません。$R^i{}_{jkl}$がテンソル場であることはあとで説明します。

$$R^1{}_{121}=(h_{11}h_{22}-h_{21}h_{12})g^{21}$$

S_2の係数を比べて，

$$\frac{\partial \Gamma^2{}_{11}}{\partial u^2}+\Gamma^1{}_{11}\Gamma^2{}_{21}+\Gamma^2{}_{11}\Gamma^2{}_{22}-h_{11}(h_{21}g^{12}+h_{22}g^{22})$$
$$=\frac{\partial \Gamma^2{}_{21}}{\partial u^1}+\Gamma^1{}_{21}\Gamma^2{}_{11}+\Gamma^2{}_{21}\Gamma^2{}_{12}-h_{21}(h_{11}g^{12}+h_{12}g^{22})$$

これより，

$$\frac{\partial \Gamma^2{}_{11}}{\partial u^2}-\frac{\partial \Gamma^2{}_{21}}{\partial u^1}+\Gamma^2{}_{21}\Gamma^1{}_{11}+\Gamma^2{}_{22}\Gamma^2{}_{11}-\Gamma^2{}_{11}\Gamma^1{}_{21}-\Gamma^2{}_{12}\Gamma^2{}_{21}$$
$$=(h_{11}h_{22}-h_{21}h_{12})g^{22}$$

$$R^2{}_{121}=(h_{11}h_{22}-h_{21}h_{12})g^{22}$$

そろえて書くと，

$$R^1{}_{121}=(h_{11}h_{22}-h_{21}h_{12})g^{21}\qquad R^2{}_{121}=(h_{11}h_{22}-h_{21}h_{12})g^{22}$$

gとの縮合を作る要領で，

$$R_{2121}=g_{21}R^1{}_{121}+g_{22}R^2{}_{121}$$
$$=(h_{11}h_{22}-h_{21}h_{12})(g^{21}g_{21}+g^{22}g_{22})=h_{11}h_{22}-h_{21}h_{12}$$

これを用いると$(u^1,\ u^2)$での曲率κは，**定理6.11**の公式を用いて，

$$\kappa(u^1,\ u^2)=\frac{h_{11}h_{22}-h_{21}h_{12}}{g_{11}g_{22}-g_{21}g_{12}}=\frac{R_{2121}}{g_{11}g_{22}-g_{21}g_{12}}$$

と表されます。

ここで，前章でも登場した曲面の中に住んでいる曲面人にとっての，この式の意味を考えてみましょう。

曲面人は，そもそも自分たちの世界が3次元空間に埋め込まれた曲面であるとは思っていません。ましてや2次元の番地$(u,\ v)$から3次元の位置

$S(u, v)$を割り出す式があろうなどとゆめにも思いません。

それでも，曲面人は自分たちの世界に曲線座標u^iを設定して，多くの曲線の長さを測定することから，各地点でのg_{ij}を割り出し，**公式 5.16** より，

$$\Gamma^m{}_{ik}=\frac{1}{2}g^{mj}\left(\frac{\partial g_{ij}}{\partial u^k}+\frac{\partial g_{jk}}{\partial u^i}-\frac{\partial g_{ki}}{\partial u^j}\right)$$

という式を使って，接続係数$\Gamma^i{}_{jk}$を手に入れ，$\Gamma^i{}_{jk}$からは（6.06）を用いて$R^i{}_{jkl}$を求めることができます。さらに，

$$\kappa(u^1, u^2)=\frac{R_{2121}}{g_{11}g_{22}-g_{21}g_{12}}$$

の式を用いると，計量テンソルg_{ij}からガウス曲率$\kappa(u^1, u^2)$を求めることができます。つまり，曲面人であってもガウス曲率は計算できるということです。

曲面が曲がっているということは，3次元空間におかれて初めて認識できるものだとふつう思います。しかし，曲面の計量テンソルg_{ij}からガウス曲率κを求めることができるということは，曲面人でも自分たちの世界が曲がっているということを認識することができるということです。これは普通では考えられない意外性に満ちたことに思えます。

ガウスは，計量テンソルg_{ij}からガウス曲率を計算できることを発見して，この公式を「驚きの定理（Theorema Egregium)」と表現しました。

それでは，計量テンソルg_{ij}から3次元空間の中での曲面の曲がり具合のすべてが分かるのでしょうか。上の公式でも分からない曲がり具合もあります。

円柱の側面（茶筒を想像しよう）で考えてみましょう。

茶筒にはぴったりと平らな紙を巻くことができます。紙の上の2点A，Bの距離と，紙を茶筒に巻いたときの2点A，Bの距離は一致します。入試問題などで，円柱や円すいの側面上における2点間の最短距離の問題

を解いたことがある人も多いことと思います。この問題を解くときには，展開図上で直線を引いて最短経路を求めましたね。

紙を平らなところに置いたときとそれを茶筒に巻いたときで任意の2点間の距離が同じということは，平面と円柱の側面では同じ計量テンソル g_{ij} を持っているということです。g_{ij} からガウス曲率を計算するのですから，平面でも円柱の側面でもガウス曲率は0になります。

しかし，3次元の我々から見て，平面は曲がっていなくて，円柱の側面は曲がっています。このことは，ガウスの全曲率では捕捉できない3次元の曲がり具合の情報が存在することを示しています。

実は，ガウス曲率とは法線ベクトルを含む平面で曲面を切断したときに現れる曲線の曲率の最大値と最小値をかけたものなのです。円柱の場合，中心軸を通る平面で切断すると直線が現れ曲率（曲線としての）は0になります。それで，ガウス曲率も0になってしまうのです。平面の場合は曲線の曲率は最大値・最小値ともに0ですが，円柱の側面は最小値は0（円柱の軸と平行な平面で切断するとき），最大値は円柱の底面の円の曲率（半径の逆数）になります。

なお，曲線の曲率の最大値と最小値の平均は，平均曲率と呼ばれています。平面と円柱の側面では，異なった値を持っています。ただし，こちらは曲面人では計算することができません。

このように曲面人が自分たちが住んでいる世界の曲がり具合の情報をすべて手に入れているわけではありませんが，情報の一部だけでもガウス曲率から知ることができることは，大いに意義のあることです。

私は，この定理を見るたびに「葦(よし)の髄(ずい)から天井を覗く」ということわざを思い出します。ガウス曲率を用いて，本来は知りえない，より高次元の様子，高次元における自分が存在している世界のありかたを知ることができるからです。

一般の次元の曲率

ここまでのことを，次元を上げて説明してみましょう。

直交座標が入っている$n+1$次元空間に置かれたn次元曲面（n次元なので曲面ではない？　正式には多様体というべきですが，R^3中の曲面の一般化ということなのでこのまま続けます）について考えます。

曲面がn変数$(u^1,\ \cdots,\ u^n)$による$n+1$次元ベクトル値関数

$$\boldsymbol{S}(u^1,\ \cdots,\ u^n)$$

によって表されているものとします。

「ものとします」と簡単に言いましたが，n次元曲面がいつでも1つ次元の大きい$n+1$次元空間に入るわけではありません。ですから，「ものとします」というのはずいぶんと都合のよい仮定なのです。n次元曲面に関してイメージを持ってもらいたいがために，相当に強引ですがこのような設定をしています。

点$(u^1,\ \cdots,\ u^n)$での単位法線ベクトルを$\boldsymbol{n}(u^1,\ \cdots,\ u^n)$とします。曲面の次元に対して，それが置かれている空間の次元が1だけ高いので，$(u^1,\ \cdots,\ u^n)$に対して，法線方向が1つに決まります。これは，平面に置かれた曲線，3次元空間に置かれた曲面の状況から推察してください。証明はしません。

$\boldsymbol{S}(u^1,\ \cdots,\ u^n)$の$u^i$方向の接線ベクトル，すなわち$\boldsymbol{S}(u^1,\ \cdots,\ u^n)$の各成分を$u^i$で偏微分したベクトルを$\boldsymbol{S}_i$とします。さらに$\boldsymbol{S}_i$の成分を$u^j$で偏微分したベクトルを$\boldsymbol{S}_{ji}$，$\boldsymbol{n}$を$u^i$で偏微分したベクトルを$\boldsymbol{n}_i$とします。

$$\boldsymbol{S}_i=\frac{\partial \boldsymbol{S}(u^1,\ \cdots,\ u^n)}{\partial u^i},\ \boldsymbol{S}_{ji}=\frac{\partial \boldsymbol{S}(u^1,\ \cdots,\ u^n)}{\partial u^j \partial u^i},\ \boldsymbol{n}_i=\frac{\partial \boldsymbol{n}(u^1,\ \cdots,\ u^n)}{\partial u^i}$$

また，$\boldsymbol{n}$，$\boldsymbol{S}_{ji}$，$\boldsymbol{S}_i$の内積をとって，

$$h_{ji}=\boldsymbol{n}\cdot\boldsymbol{S}_{ji} \qquad g_{ij}=\boldsymbol{S}_i\cdot\boldsymbol{S}_j$$

とおきます。h_{ji}，g_{ij}は数になり，添え字は交換可能です。

$\boldsymbol{n}\cdot\boldsymbol{S}_i=0$を$u^j$で偏微分して，

$$\boldsymbol{n}_j\cdot\boldsymbol{S}_i+\boldsymbol{n}\cdot\boldsymbol{S}_{ji}=0 \qquad \boldsymbol{n}_j\cdot\boldsymbol{S}_i=-\boldsymbol{n}\cdot\boldsymbol{S}_{ji}=-h_{ji}$$

$\boldsymbol{n}\cdot\boldsymbol{n}=1$であり，これを$u^i$で偏微分して，$\boldsymbol{n}\cdot\boldsymbol{n}_i=0$

$\boldsymbol{n}_i$は，$\boldsymbol{n}$と直交するので，$\boldsymbol{S}_1$，…，$\boldsymbol{S}_n$の1次結合で表すことができます。

$\boldsymbol{n}_i=x^j{}_i\boldsymbol{S}_j$と表されるとして$x^j{}_i$を求めてみましょう。

$\boldsymbol{S}_k$との内積をとり，$\boldsymbol{n}_i\cdot\boldsymbol{S}_k=x^j{}_i\boldsymbol{S}_j\cdot\boldsymbol{S}_k \qquad -h_{ik}=x^j{}_ig_{jk}$

g^{km}をかけて，$-h_{ik}g^{km}=x^j{}_ig_{jk}g^{km}=x^j{}_i\delta^m{}_j=x^m{}_i$となるので，これを$\boldsymbol{n}_i=x^j{}_i\boldsymbol{S}_j$に代入して，

$$\boldsymbol{n}_i=-h_{ik}g^{kj}\boldsymbol{S}_j$$

$\boldsymbol{S}_1$，…，$\boldsymbol{S}_n$，$\boldsymbol{n}$は1次独立ですから，$\boldsymbol{S}_{ji}$は$\boldsymbol{S}_1$，…，$\boldsymbol{S}_n$，$\boldsymbol{n}$の1次結合で表すことができます。係数をΓ，hとおくと，

$$\boldsymbol{S}_{lj}=\Gamma^i{}_{lj}\boldsymbol{S}_i+h_{lj}\boldsymbol{n}$$

と表されます。これをu^kで偏微分すると，

$$\frac{\partial\boldsymbol{S}_{lj}}{\partial u^k}=\frac{\partial\Gamma^i{}_{lj}}{\partial u^k}\boldsymbol{S}_i+\Gamma^i{}_{lj}\frac{\partial\boldsymbol{S}_i}{\partial u^k}+\frac{\partial h_{lj}}{\partial u^k}\boldsymbol{n}+h_{lj}\frac{\partial\boldsymbol{n}}{\partial u^k}$$

$\dfrac{\partial\boldsymbol{S}_i}{\partial u^k}=\boldsymbol{S}_{ki}=\Gamma^m{}_{ki}\boldsymbol{S}_m+h_{ki}\boldsymbol{n}$，$\dfrac{\partial\boldsymbol{n}}{\partial u^k}=\boldsymbol{n}_k=-h_{km}g^{mi}\boldsymbol{S}_i$を用いて

$$=\frac{\partial\Gamma^i{}_{lj}}{\partial u^k}\boldsymbol{S}_i+\Gamma^i{}_{lj}(\Gamma^m{}_{ki}\boldsymbol{S}_m+h_{ki}\boldsymbol{n})+\frac{\partial h_{lj}}{\partial u^k}\boldsymbol{n}+h_{lj}(-h_{km}g^{mi}\boldsymbol{S}_i)$$

$$=\frac{\partial\Gamma^i{}_{lj}}{\partial u^k}\boldsymbol{S}_i+\Gamma^i{}_{lj}\Gamma^m{}_{ki}\boldsymbol{S}_m+\Gamma^i{}_{lj}h_{ki}\boldsymbol{n}+\frac{\partial h_{lj}}{\partial u^k}\boldsymbol{n}-h_{lj}h_{km}g^{mi}\boldsymbol{S}_i$$

i,mは走る添え字なので，mとiを入れ換える

$$=\left(\frac{\partial\Gamma^i{}_{lj}}{\partial u^k}+\Gamma^m{}_{lj}\Gamma^i{}_{km}-h_{lj}h_{km}g^{mi}\right)\boldsymbol{S}_i+\left(\Gamma^i{}_{lj}h_{ki}+\frac{\partial h_{lj}}{\partial u^k}\right)\boldsymbol{n}$$

$\dfrac{\partial\boldsymbol{S}_{lj}}{\partial u^k}$と$\dfrac{\partial\boldsymbol{S}_{kj}}{\partial u^l}$はどちらも，$\boldsymbol{S}(u^1,\ \cdots,\ u^n)$を，$u^l$，$u^j$，$u^k$で偏微分したものなので，$\dfrac{\partial\boldsymbol{S}_{lj}}{\partial u^k}=\dfrac{\partial\boldsymbol{S}_{kj}}{\partial u^l}$です。つまり，$k$と$l$は交換可能です。

$\dfrac{\partial\boldsymbol{S}_{lj}}{\partial u^k}=\dfrac{\partial\boldsymbol{S}_{kj}}{\partial u^l}$の$\boldsymbol{S}_i$の係数を比べて，

$$\frac{\partial \Gamma^i{}_{lj}}{\partial u^k} + \Gamma^m{}_{lj}\Gamma^i{}_{km} - h_{lj}h_{km}g^{mi} = \frac{\partial \Gamma^i{}_{kj}}{\partial u^l} + \Gamma^m{}_{kj}\Gamma^i{}_{lm} - h_{kj}h_{lm}g^{mi}$$

$$\frac{\partial \Gamma^i{}_{lj}}{\partial u^k} - \frac{\partial \Gamma^i{}_{kj}}{\partial u^l} + \Gamma^i{}_{km}\Gamma^m{}_{lj} - \Gamma^i{}_{lm}\Gamma^m{}_{kj} = (h_{lj}h_{km} - h_{kj}h_{lm})g^{mi}$$

$$R^i{}_{jkl} = g^{mi}(h_{lj}h_{km} - h_{kj}h_{lm})$$

$R^i{}_{jkl}$をリーマン曲率テンソルといいました。テンソルであることは，次節で示します。

リーマン曲率を図形的に解釈してみましょう。

上の添え字を下にして

$$\begin{aligned} R_{ijlk} &= g_{in}g^{mn}(h_{lj}h_{km} - h_{kj}h_{lm}) = \delta^m{}_i(h_{lj}h_{km} - h_{kj}h_{lm}) \\ &= h_{lj}h_{ki} - h_{kj}h_{li} \\ &= (\boldsymbol{n}_l \cdot \boldsymbol{S}_j)(\boldsymbol{n}_k \cdot \boldsymbol{S}_i) - (\boldsymbol{n}_k \cdot \boldsymbol{S}_j)(\boldsymbol{n}_l \cdot \boldsymbol{S}_i) \end{aligned} \tag{6.07}$$

$n=2$のとき，**公式1.04**よりこれは，$(\boldsymbol{n}_l \times \boldsymbol{n}_k)\cdot(\boldsymbol{S}_j \times \boldsymbol{S}_i)$に等しくなります。つまり$\boldsymbol{n}_l$と$\boldsymbol{n}_k$が張る平行四辺形を$\boldsymbol{S}_j$と$\boldsymbol{S}_i$が張る平面に正射影した平行四辺形の面積と，$\boldsymbol{S}_j$と$\boldsymbol{S}_i$が張る平行四辺形の面積の積になっています。

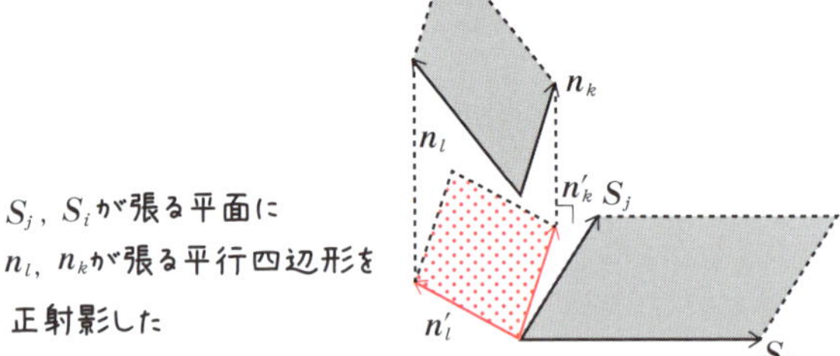

公式1.04は，3次元空間での公式でしたが，実は次元が高くなっても(6.07)の右辺は，同じように解釈することができます。

ここまでn次元曲面が1つ次元の高い空間に埋め込まれるとして話を進めてきました。それでは，n次元曲面がもっと大きい次元（m次元とする）の直線座標が入っている空間に埋め込まれているとしたら，上での議論はどう変わるでしょうか。

$\boldsymbol{S}_i$が含まれる接平面（n次元）に対して法線方向が定まりません。これは，3次元空間中の直線（1次元）に法線方向が定まらないのと同じことです。

ですから，$\boldsymbol{S}_{ji}$を$\boldsymbol{S}_i$と$\boldsymbol{n}$で表すことはできません。$\boldsymbol{S}_{lj}=\Gamma^i{}_{lj}\boldsymbol{S}_i+h_{lj}\boldsymbol{n}$と表すことはできませんが，$\boldsymbol{S}_{lj}$のうち$\boldsymbol{S}_i$で表すことができない部分を$\boldsymbol{T}_{lj}$とおいて，

$$\boldsymbol{S}_{lj}=\Gamma^i{}_{lj}\boldsymbol{S}_i+\boldsymbol{T}_{lj}$$

とおくことはできます。$\boldsymbol{T}_{lj}$のu^kによる微分を，

$$\frac{\partial \boldsymbol{T}_{lj}}{\partial u^k}=\Gamma'^i{}_{klj}\boldsymbol{S}_i+\boldsymbol{T}'_{klj}\quad（\boldsymbol{T}'_{klj}\text{は}\boldsymbol{S}_i\text{で表せない部分}）$$

とすれば，$\boldsymbol{S}_{lj}$のu^kによる微分は

$$\begin{aligned}\frac{\partial \boldsymbol{S}_{lj}}{\partial u^k}&=\frac{\partial \Gamma^i{}_{lj}}{\partial u^k}\boldsymbol{S}_i+\Gamma^i{}_{lj}\frac{\partial \boldsymbol{S}_i}{\partial u^k}+\Gamma'^i{}_{klj}\boldsymbol{S}_i+\boldsymbol{T}'_{klj}\\&=\frac{\partial \Gamma^i{}_{lj}}{\partial u^k}\boldsymbol{S}_i+\Gamma^i{}_{lj}(\Gamma^m{}_{ki}\boldsymbol{S}_m+\boldsymbol{T}_{ki})+\Gamma'^i{}_{klj}\boldsymbol{S}_i+\boldsymbol{T}'_{klj}\end{aligned}$$

この$\dfrac{\partial \boldsymbol{S}_{lj}}{\partial u^k}$と$\dfrac{\partial \boldsymbol{S}_{kj}}{\partial u^l}$の$\boldsymbol{S}_i$を比べることで，

$$\frac{\partial \Gamma^i{}_{lj}}{\partial u^k}-\frac{\partial \Gamma^i{}_{kj}}{\partial u^l}+\Gamma^i{}_{km}\Gamma^m{}_{lj}-\Gamma^i{}_{lm}\Gamma^m{}_{kj}=\Gamma'^i{}_{lkj}-\Gamma'^i{}_{klj}$$

となります。

この式で重要なのは，左辺はn次元曲面に住む曲面人でも計算できるということです。一方，右辺の$\Gamma'^i{}_{lkj}$は$\boldsymbol{T}_{lj}$の微分が元になっていますから，n次元曲面の外の世界の状況から計算された数で，一般には0になりません。m次元空間に埋め込まれていると仮定したモデルにおいて，n次元曲

面人はこの等式の左辺を計算することによって，n 次元曲面以外の何やら分からない状況があるということを知るのです。

右辺はもはや私には解釈不可能ですが，この式が 0 でないことから n 次元曲面がそれよりも大きい次元の空間 (m 次元空間) に埋め込まれているとしてもよいのかもしれません。しかし，n 次元曲面が m 次元空間に埋め込まれているかどうかなど，n 次元曲面人には決して分かりません。分かるようであれば，もはやその人は n 次元曲面人ではないからです。n 次元曲面が m 次元空間に埋め込まれているかどうか分からないのだから，初めにしたように $m=n+1$ として解釈するのも自由だということになります。

ただ確実に言えることは，n 次元曲面人がリーマン曲率を計算してそれが 0 にならないとき，n 次元曲面人の住んでいる空間は直線座標を入れることができない空間であるということです。そして，我々が住んでいる時空 4 次元空間も，一般相対論によれば空間全体には直線座標が入らない空間なのです

§4　$R^{i}{}_{jkl}$

この節では，リーマン曲率$R^{i}{}_{jkl}$がテンソル場であることを確認しましょう。

実は，$R^{i}{}_{jkl}$は$\nabla_k \nabla_l A^i - \nabla_l \nabla_k A^i$という計算の係数として出てきます。

$\nabla_k \nabla_l A^i - \nabla_l \nabla_k A^i$を$(\nabla_k \nabla_l - \nabla_l \nabla_k)A^i$と書くことにします。

問題 6.15

$(\nabla_k \nabla_l - \nabla_l \nabla_k)A^i$が(1, 2)テンソル場であることを示せ。

$\nabla_k \nabla_l A^i$は(1, 2)テンソル場なので変換則は，

$$\nabla'_k \nabla'_l A'^i = \frac{\partial u^j}{\partial u'^k}\frac{\partial u^m}{\partial u'^l}\frac{\partial u'^i}{\partial u^n}\nabla_j \nabla_m A^n,$$

$$\nabla'_l \nabla'_k A'^i = \frac{\partial u^m}{\partial u'^l}\frac{\partial u^j}{\partial u'^k}\frac{\partial u'^i}{\partial u^n}\nabla_m \nabla_j A^n$$

ここで，かかっている変換行列が順序を入れ換えれば同じになるところがポイントです。

$$(\nabla'_k \nabla'_l - \nabla'_l \nabla'_k)A'^i = \frac{\partial u^j}{\partial u'^k}\frac{\partial u^m}{\partial u'^l}\frac{\partial u'^i}{\partial u^n}(\nabla_j \nabla_m - \nabla_m \nabla_j)A^n$$

よって，$(\nabla_k \nabla_l - \nabla_l \nabla_k)A^i$は(1, 2)テンソル場です。

問題 6.16

$R^{i}{}_{jkl}$が(1, 3)テンソル場であることを示せ。

(1,1)テンソル場の共変微分

$$\nabla_k \nabla_l A^i = \nabla_k \left(\frac{\partial A^i}{\partial u^l} + \Gamma^i{}_{lj} A^j \right)$$

$$= \frac{\partial}{\partial u^k}\left(\frac{\partial A^i}{\partial u^l} + \Gamma^i{}_{lj} A^j \right) + \Gamma^i{}_{kn} \left(\frac{\partial A^n}{\partial u^l} + \Gamma^n{}_{lj} A^j \right)$$

$$- \Gamma^n{}_{kl} \left(\frac{\partial A^i}{\partial u^n} + \Gamma^i{}_{nj} A^j \right)$$

$$= \frac{\partial^2 A^i}{\partial u^k \partial u^l} + \frac{\partial \Gamma^i{}_{lj}}{\partial u^k} A^j + \Gamma^i{}_{lj} \frac{\partial A^j}{\partial u^k} + \Gamma^i{}_{kn} \frac{\partial A^n}{\partial u^l}$$

$$+ \Gamma^i{}_{kn} \Gamma^n{}_{lj} A^j - \Gamma^n{}_{kl} \frac{\partial A^i}{\partial u^n} - \Gamma^n{}_{kl} \Gamma^i{}_{nj} A^j$$

これのlとkを入れ換えたものとの差をとると，

$$\nabla_k \nabla_l A^i - \nabla_l \nabla_k A^i$$

$$= \frac{\partial^2 A^i}{\partial u^k \partial u^l} + \frac{\partial \Gamma^i{}_{lj}}{\partial u^k} A^j + \Gamma^i{}_{lj} \frac{\partial A^j}{\partial u^k} + \Gamma^i{}_{kn} \frac{\partial A^n}{\partial u^l}$$

$$+ \Gamma^i{}_{kn} \Gamma^n{}_{lj} A^j - \Gamma^n{}_{kl} \frac{\partial A^i}{\partial u^n} - \Gamma^n{}_{kl} \Gamma^i{}_{nj} A^j$$

$$- \frac{\partial^2 A^i}{\partial u^l \partial u^k} - \frac{\partial \Gamma^i{}_{kj}}{\partial u^l} A^j - \Gamma^i{}_{kj} \frac{\partial A^j}{\partial u^l} - \Gamma^i{}_{ln} \frac{\partial A^n}{\partial u^k}$$

$$- \Gamma^i{}_{ln} \Gamma^n{}_{kj} A^j + \Gamma^n{}_{lk} \frac{\partial A^i}{\partial u^n} + \Gamma^n{}_{lk} \Gamma^i{}_{nj} A^j$$

$$= \left(\frac{\partial \Gamma^i{}_{lj}}{\partial u^k} - \frac{\partial \Gamma^i{}_{kj}}{\partial u^l} + \Gamma^i{}_{kn} \Gamma^n{}_{lj} - \Gamma^i{}_{ln} \Gamma^n{}_{kj} \right) A^j$$

$$= R^i{}_{jkl} A^j \tag{6.08}$$

となります。差をとったことで，A^jの偏微分の項が消えているところを味わってください。

問題 6.15 より，$(\nabla_k \nabla_l - \nabla_l \nabla_k) A^i$が(1, 2)テンソル場になりますから，$R^i{}_{jkl} A^j$も(1, 2)テンソル場です。任意の(1, 0)テンソル場A^iに対して，$R^i{}_{jkl} A^j$が(1, 2)テンソル場になるので，**定理 3.32**（テンソルの商法則）より，$R^i{}_{jkl}$は(1, 3)テンソル場になります。

$(\nabla_k \nabla_l - \nabla_l \nabla_k)A^i = R^i{}_{jkl}A^j$ の左辺は微分の式です。それに対して，右辺はテンソルの縮合の式です。例えて言えば，$(e^{ax})' = ae^{ax}$ のような式です。$\nabla_j A^i$ が，A^i と何かのテンソル積で書けないことを考えると，実に小粋な式に思えます。

定義 6.17 リーマンの曲率テンソル

$$R^i{}_{jkl} = \frac{\partial \Gamma^i{}_{lj}}{\partial u^k} - \frac{\partial \Gamma^i{}_{kj}}{\partial u^l} + \Gamma^i{}_{kn}\Gamma^n{}_{lj} - \Gamma^i{}_{ln}\Gamma^n{}_{kj}$$

5 章の 10 節，11 節で，曲面のテンソル計算を紹介しました。曲面人は，自分たちのテンソル計算を，直線座標が入っている平面での曲線座標によるテンソル計算であると信じていました。この信憑が崩れるときがやってきました。

曲線座標のテンソル計算と曲面のテンソル計算は計算法則こそ同じですが，$R^i{}_{jkl}$ を計算してみるとその違いが明らかになります。

直線座標が入っている空間の場合，曲線座標を入れてリーマン曲率 $R^i{}_{jkl}$ を計算しても，$R^i{}_{jkl}$ の値はすべて 0 になります。

直線座標（成分はダッシュ有り）の接続係数は，すべての i，j，k に対して $\Gamma'^i{}_{jk} = 0$（座標によらない定数）なので，直線座標で計算した曲率テンソルの成分は $R'^i{}_{jkl} = 0$ となります。$R^i{}_{jkl}$ はテンソルなので，**定理 3.33** により曲線座標で計算した成分も $R^i{}_{jkl} = 0$ となります。

一方，曲面のテンソルの場合は，$R^i{}_{jkl} = g^{mi}(h_{lj}h_{km} - h_{kj}h_{lm})$ ですから，一般には 0 にはなりません。

直線座標が入っている空間で $R'^i{}_{jkl} = 0$ となることは次のように考えてもよいでしょう。$(\nabla_k \nabla_l - \nabla_l \nabla_k)A^i$ は曲線座標の計算ですが，これを直線座標で計算してみると，偏微分の順序は交換でき，

$$\frac{\partial^2}{\partial x^k \partial x^l} A'^i - \frac{\partial^2}{\partial x^l \partial x^k} A'^i = 0$$

となります。

前章で出てきた曲面人の話の続きをします。

曲面人たちは，曲線座標u^iでのテンソル計算が滞りなくできるので，座標をとり直せば直線座標をとることができると考えています。

しかし，あるとき，ある一人の曲面人が$(\nabla_i \nabla_j - \nabla_j \nabla_i)A^k$を計算していて，おかしなことに気づきます。どのように座標をとっても値が0にならないのです。直線座標であれば，この計算は0になるはずですから，曲線座標をとったとしても0にならなければおかしい。さてどうしたものかと悩みます。

3次元空間に住むR^3人は，曲面人が住んでいる世界がR^3に含まれる曲面Sであることを知っているので，$(\nabla_i \nabla_j - \nabla_j \nabla_i)A^k$が0にならなくて当たり前であると思うでしょう。曲面人は次元が低いなあ，と嗤(わら)うかもしれません。

しかし，我々はR^3人の立場に立って，2次元人のことを嗤えません。我々が住む時空4次元空間も，$(\nabla_i \nabla_j - \nabla_j \nabla_i)A^k$を計算すると0にならない世界なのですから。

$\nabla_k \nabla_l - \nabla_l \nabla_k$の計算をもう少ししておきましょう。

$(\nabla_k \nabla_l - \nabla_l \nabla_k)A^i$の計算では，$A^i$の偏微分がキャンセルされました。

他の型のテンソル場ではどうでしょうか。

スカラーや(1, 1)テンソルにも$(\nabla_k \nabla_l - \nabla_l \nabla_k)$を作用させてみましょう。

問題 6.18

次を示せ。

(1) $(\nabla_k \nabla_l - \nabla_l \nabla_k) f = 0$

(2) $(\nabla_k \nabla_l - \nabla_l \nabla_k) A^i{}_j = R^i{}_{mkl} A^m{}_j - R^m{}_{jkl} A^i{}_m$

(1) $\nabla_k \nabla_l f = \nabla_k \left(\dfrac{\partial f}{\partial u^l} \right) = \dfrac{\partial^2 f}{\partial u^k \partial u^l} - \Gamma^m{}_{kl} \dfrac{\partial f}{\partial u^m}$ (0,1)テンソル場の共変微分

k, lに関して対称なので, $\nabla_k \nabla_l f - \nabla_l \nabla_k f = 0$

(2) $\nabla_k \nabla_l A^i{}_j = \nabla_k \left(\dfrac{\partial A^i{}_j}{\partial u^l} + \Gamma^i{}_{lm} A^m{}_j - \Gamma^m{}_{lj} A^i{}_m \right)$ (1,2)テンソル場の共変微分

$$= \frac{\partial}{\partial u^k}\left(\frac{\partial A^i{}_j}{\partial u^l} + \Gamma^i{}_{lm} A^m{}_j - \Gamma^m{}_{lj} A^i{}_m \right) + \Gamma^i{}_{kn} \left(\frac{\partial A^n{}_j}{\partial u^l} + \Gamma^n{}_{lm} A^m{}_j - \Gamma^m{}_{lj} A^n{}_m \right)$$

$$- \Gamma^n{}_{kj} \left(\frac{\partial A^i{}_n}{\partial u^l} + \Gamma^i{}_{lm} A^m{}_n - \Gamma^m{}_{ln} A^i{}_m \right) - \Gamma^n{}_{kl} \left(\frac{\partial A^i{}_j}{\partial u^n} + \Gamma^i{}_{nm} A^m{}_j - \Gamma^m{}_{nj} A^i{}_m \right)$$

$$= \underbrace{\frac{\partial^2 A^i{}_j}{\partial u^k \partial u^l}}_{1} + \frac{\partial \Gamma^i{}_{lm}}{\partial u^k} A^m{}_j + \underbrace{\Gamma^i{}_{lm} \frac{\partial A^m{}_j}{\partial u^k}}_{3} - \frac{\partial \Gamma^m{}_{lj}}{\partial u^k} A^i{}_m - \underbrace{\Gamma^m{}_{lj} \frac{\partial A^i{}_m}{\partial u^k}}_{5}$$

$$+ \underbrace{\Gamma^i{}_{kn} \frac{\partial A^n{}_j}{\partial u^l}}_{6} + \Gamma^i{}_{kn} \Gamma^n{}_{lm} A^m{}_j - \underbrace{\Gamma^i{}_{kn} \Gamma^m{}_{lj} A^n{}_m}_{8}$$

$$- \underbrace{\Gamma^n{}_{kj} \frac{\partial A^i{}_n}{\partial u^l}}_{9} - \underbrace{\Gamma^n{}_{kj} \Gamma^i{}_{lm} A^m{}_n}_{10} + \Gamma^n{}_{kj} \Gamma^m{}_{ln} A^i{}_m$$

$$- \underbrace{\Gamma^n{}_{kl} \frac{\partial A^i{}_j}{\partial u^n}}_{12} - \underbrace{\Gamma^n{}_{kl} \Gamma^i{}_{nm} A^m{}_j}_{13} + \underbrace{\Gamma^n{}_{kl} \Gamma^m{}_{nj} A^i{}_m}_{14}$$

$\nabla_k \nabla_l A^i{}_j$と$\nabla_l \nabla_k A^i{}_j$の差をとると, kとlの対称な項（第1, 12, 13, 14項）やkとlを入れ換えた項（第3と6項, 第5と9項, 第8と10項）はキャンセルされるので, 結局,

$$\nabla_k \nabla_l A^i{}_j - \nabla_l \nabla_k A^i{}_j = \left(\frac{\partial \Gamma^i{}_{lm}}{\partial u^k} - \frac{\partial \Gamma^i{}_{km}}{\partial u^l} + \Gamma^i{}_{kn}\Gamma^n{}_{lm} - \Gamma^i{}_{ln}\Gamma^n{}_{km} \right) A^m{}_j$$
$$- \left(\frac{\partial \Gamma^m{}_{lj}}{\partial u^k} - \frac{\partial \Gamma^m{}_{kj}}{\partial u^l} - \Gamma^n{}_{kj}\Gamma^m{}_{ln} + \Gamma^n{}_{lj}\Gamma^m{}_{kn} \right) A^i{}_m$$
$$= R^i{}_{mkl} A^m{}_j - R^m{}_{jkl} A^i{}_m$$

R_{ijkl}が満たす関係式

(1, 3)テンソル場のリーマン曲率$R^i{}_{jkl}$と計量テンソルg_{ij}の縮合で作られるリーマン曲率の(0, 4)テンソル場バージョン$R_{ijkl} = g_{im} R^m{}_{jkl}$が満たす関係式を求めてみましょう。

R_{ijkl}を対称性が読み取りやすい式に変形しましょう。

問題 6.19

次の式を示せ。

$$R_{ijkl} = \frac{1}{2}\left(\frac{\partial^2 g_{li}}{\partial u^k \partial u^j} + \frac{\partial^2 g_{kj}}{\partial u^l \partial u^i} - \frac{\partial^2 g_{ki}}{\partial u^l \partial u^j} - \frac{\partial^2 g_{lj}}{\partial u^k \partial u^i} \right)$$
$$+ g_{ms} (\Gamma^m{}_{kj}\Gamma^s{}_{li} - \Gamma^m{}_{lj}\Gamma^s{}_{ki})$$

初めに途中で使う式を用意しておきます。$g_{im} g^{mn} = \delta^n{}_i$を$u^k$で微分して，

$$\frac{\partial g_{im}}{\partial u^k} g^{mn} + g_{im} \frac{\partial g^{mn}}{\partial u^k} = 0$$

$$g_{im} \frac{\partial g^{mn}}{\partial u^k} = -g^{mn} \frac{\partial g_{im}}{\partial u^k} = -g^{mn} (\Gamma^s{}_{ik} g_{sm} + \Gamma^s{}_{mk} g_{is}) \qquad (6.09)$$

(5.13) で，$l \to s,\ j \to m$

また，**公式 5.16** より

$$\Gamma^m{}_{lj} = \frac{1}{2} g^{mn} \left(\frac{\partial g_{ln}}{\partial u^j} + \frac{\partial g_{nj}}{\partial u^l} - \frac{\partial g_{jl}}{\partial u^n} \right)$$

$$g_{sm} \Gamma^m{}_{lj} = \frac{1}{2}\left(\frac{\partial g_{ls}}{\partial u^j} + \frac{\partial g_{sj}}{\partial u^l} - \frac{\partial g_{jl}}{\partial u^s} \right) \qquad (6.10)$$

また，

$$g_{im}\frac{\partial \Gamma^{m}{}_{lj}}{\partial u^{k}}=g_{im}\frac{\partial}{\partial u^{k}}\left\{\frac{1}{2}g^{mn}\left(\frac{\partial g_{ln}}{\partial u^{j}}+\frac{\partial g_{nj}}{\partial u^{l}}-\frac{\partial g_{jl}}{\partial u^{n}}\right)\right\}$$

$$=g_{im}\left\{\frac{\partial g^{mn}}{\partial u^{k}}\frac{1}{2}\left(\frac{\partial g_{ln}}{\partial u^{j}}+\frac{\partial g_{nj}}{\partial u^{l}}-\frac{\partial g_{jl}}{\partial u^{n}}\right)\right.$$

(6.09)　(6.10)

$$\left.+g^{mn}\frac{1}{2}\left(\frac{\partial^2 g_{ln}}{\partial u^{k}\partial u^{j}}+\frac{\partial^2 g_{nj}}{\partial u^{k}\partial u^{l}}-\frac{\partial^2 g_{jl}}{\partial u^{k}\partial u^{n}}\right)\right\}$$

$$=-g^{mn}(\Gamma^{s}{}_{ik}g_{sm}+\Gamma^{s}{}_{mk}g_{is})g_{nt}\Gamma^{t}{}_{lj}+\frac{1}{2}\left(\frac{\partial^2 g_{li}}{\partial u^{k}\partial u^{j}}+\frac{\partial^2 g_{ij}}{\partial u^{k}\partial u^{l}}-\frac{\partial^2 g_{jl}}{\partial u^{k}\partial u^{i}}\right)$$

$$=-(\Gamma^{s}{}_{ik}g_{sm}+\Gamma^{s}{}_{mk}g_{is})\Gamma^{m}{}_{lj}+\frac{1}{2}\left(\frac{\partial^2 g_{li}}{\partial u^{k}\partial u^{j}}+\frac{\partial^2 g_{ij}}{\partial u^{k}\partial u^{l}}-\frac{\partial^2 g_{jl}}{\partial u^{k}\partial u^{i}}\right)\quad(6.11)$$

(0, 4)テンソル場のリーマン曲率は，

$$R_{ijkl}=g_{im}R^{m}{}_{jkl}=g_{im}\left(\frac{\partial \Gamma^{m}{}_{lj}}{\partial u^{k}}-\frac{\partial \Gamma^{m}{}_{kj}}{\partial u^{l}}+\Gamma^{m}{}_{kn}\Gamma^{n}{}_{lj}-\Gamma^{m}{}_{ln}\Gamma^{n}{}_{kj}\right)$$

$$=g_{im}\frac{\partial \Gamma^{m}{}_{lj}}{\partial u^{k}}-g_{im}\frac{\partial \Gamma^{m}{}_{kj}}{\partial u^{l}}+g_{im}(\Gamma^{m}{}_{kn}\Gamma^{n}{}_{lj}-\Gamma^{m}{}_{ln}\Gamma^{n}{}_{kj})$$

(6.11)　(6.11)

$$=-(\Gamma^{s}{}_{ik}g_{sm}+\Gamma^{s}{}_{mk}g_{is})\Gamma^{m}{}_{lj}+\frac{1}{2}\left(\frac{\partial^2 g_{li}}{\partial u^{k}\partial u^{j}}+\frac{\partial^2 g_{ji}}{\partial u^{k}\partial u^{l}}-\frac{\partial^2 g_{jl}}{\partial u^{k}\partial u^{i}}\right)$$

$$+(\Gamma^{s}{}_{il}g_{sm}+\Gamma^{s}{}_{ml}g_{is})\Gamma^{m}{}_{kj}-\frac{1}{2}\left(\frac{\partial^2 g_{ki}}{\partial u^{l}\partial u^{j}}+\frac{\partial^2 g_{ij}}{\partial u^{l}\partial u^{k}}-\frac{\partial^2 g_{jk}}{\partial u^{l}\partial u^{i}}\right)$$

$$+g_{im}(\Gamma^{m}{}_{kn}\Gamma^{n}{}_{lj}-\Gamma^{m}{}_{ln}\Gamma^{n}{}_{kj})$$

ここで，$\Gamma^{s}{}_{mk}\Gamma^{m}{}_{lj}g_{is}=\Gamma^{m}{}_{kn}\Gamma^{n}{}_{lj}g_{im}$，　$\Gamma^{s}{}_{ml}\Gamma^{m}{}_{kj}g_{is}=\Gamma^{m}{}_{ln}\Gamma^{n}{}_{kj}g_{im}$

よって，

$$R_{ijkl}=\frac{1}{2}\left(\frac{\partial^2 g_{li}}{\partial u^{k}\partial u^{j}}+\frac{\partial^2 g_{kj}}{\partial u^{l}\partial u^{i}}-\frac{\partial^2 g_{ki}}{\partial u^{l}\partial u^{j}}-\frac{\partial^2 g_{lj}}{\partial u^{k}\partial u^{i}}\right)$$
$$+g_{ms}(\Gamma^{m}{}_{kj}\Gamma^{s}{}_{li}-\Gamma^{m}{}_{lj}\Gamma^{s}{}_{ki})$$

この式からR_{ijkl}の対称性を読み取りましょう。

$i\leftrightarrow j$と入れ換えると符号が反転することから（m，sは走る添え字なの

で適当に入れ換えてかまいません)，

$$R_{ijkl} = -R_{jikl}$$

同様に$l \leftrightarrow k$と入れ換えることから，

$$R_{ijkl} = -R_{ijlk}$$

$i \leftrightarrow k$, $j \leftrightarrow l$と入れ換えても式が変わらないので

$$R_{ijkl} = R_{klij}$$

公式 6.20　R_{ijkl}の交代性

$$R_{ijkl} = -R_{jikl} \qquad R_{ijkl} = -R_{ijlk} \qquad R_{ijkl} = R_{klij}$$

リーマンの曲率テンソル$R^i{}_{jkl}$は，(6.08) より，

$$R^i{}_{jkl} A^j = \nabla_k(\nabla_l A^i) - \nabla_l(\nabla_k A^i) = (\nabla_k \nabla_l - \nabla_l \nabla_k) A^i$$

と計算できました。

ここでA^iにかかる部分を，$\nabla_k \nabla_l - \nabla_l \nabla_k = [\nabla_k, \nabla_l]$とおくことにします。$[\nabla_k, \nabla_l]$の意味は，上の中辺のように共変微分を順に計算し差をとりなさいという意味です。これを形式的に右辺のように書いたわけです。大げさな言葉を用いると，これは作用素です。

なお，上の式では$[\nabla_k, \nabla_l]$は，A^iに作用していますが，もともと∇_k，∇_lは共変微分ですから，他の型のテンソルにも作用することができることを注意しておきます。

次に紹介したいR_{ijkl}の関係式は，次の問題で証明する共変微分∇に関するヤコビの恒等式と呼ばれる式を用います。[　]の演算について，次が成り立ちます。

問題 6.21 **ヤコビの恒等式**

次の式を示せ。

$$[\nabla_i, [\nabla_j, \nabla_k]]+[\nabla_j, [\nabla_k, \nabla_i]]+[\nabla_k, [\nabla_i, \nabla_j]]=0$$

$$[\nabla_i, [\nabla_j, \nabla_k]]+[\nabla_j, [\nabla_k, \nabla_i]]+[\nabla_k, [\nabla_i, \nabla_j]]$$
$$=[\nabla_i, \nabla_j\nabla_k-\nabla_k\nabla_j]+[\nabla_j, \nabla_k\nabla_i-\nabla_i\nabla_k]+[\nabla_k, \nabla_i\nabla_j-\nabla_j\nabla_i]$$
$$=\nabla_i(\nabla_j\nabla_k-\nabla_k\nabla_j)-(\nabla_j\nabla_k-\nabla_k\nabla_j)\nabla_i+\nabla_j(\nabla_k\nabla_i-\nabla_i\nabla_k)$$
$$-(\nabla_k\nabla_i-\nabla_i\nabla_k)\nabla_j+\nabla_k(\nabla_i\nabla_j-\nabla_j\nabla_i)-(\nabla_i\nabla_j-\nabla_j\nabla_i)\nabla_k=0$$

上の問題の恒等式を用いるために準備をします。

$$[\nabla_i, [\nabla_j, \nabla_k]]A^m$$
$$=\nabla_i([\nabla_j, \nabla_k]A^m)-[\nabla_j, \nabla_k](\nabla_i A^m)$$

(6.08)　　$\nabla_i A^l$ は (1, 1) テンソルなので，問題 6.18(2) の式を用いて

$$=\nabla_i(R^m{}_{ljk}A^l)-\{R^m{}_{ljk}(\nabla_i A^l)-R^l{}_{ijk}(\nabla_l A^m)\}$$
$$=(\nabla_i R^m{}_{ljk})A^l+R^m{}_{ljk}(\nabla_i A^l)-R^m{}_{ljk}(\nabla_i A^l)+R^l{}_{ijk}(\nabla_l A^m)$$
$$=(\nabla_i R^m{}_{ljk})A^l+R^l{}_{ijk}(\nabla_l A^m)=(\nabla_i R^m{}_{ljk})A^l+R^n{}_{ijk}(\nabla_n A^m)$$

A^m に上の問題の左辺の演算を施します。

$$([\nabla_i, [\nabla_j, \nabla_k]]+[\nabla_j, [\nabla_k, \nabla_i]]+[\nabla_k, [\nabla_i, \nabla_j]])A^m$$
$$=(\nabla_i R^m{}_{ljk})A^l+R^n{}_{ijk}(\nabla_n A^m)+(\nabla_j R^m{}_{lki})A^l$$
$$+R^n{}_{jki}(\nabla_n A^m)+(\nabla_k R^m{}_{lij})A^l+R^n{}_{kij}(\nabla_n A^m)$$
$$=(\nabla_i R^m{}_{ljk}+\nabla_j R^m{}_{lki}+\nabla_k R^m{}_{lij})A^l+(R^n{}_{ijk}+R^n{}_{jki}+R^n{}_{kij})(\nabla_n A^m)$$

この式は**問題 6.21** より 0 になりますが，ここで，A^l，$\nabla_n A^m$ は自由にとることができますから，次が成り立ちます。

$$\nabla_i R^m{}_{ljk}+\nabla_j R^m{}_{lki}+\nabla_k R^m{}_{lij}=0 \quad (\text{ビアンキの恒等式})$$

$$R^n{}_{ijk}+R^n{}_{jki}+R^n{}_{kij}=0$$

この 2 式をそれぞれ g_{pm}，g_{pn} と縮合して上添え字を下添え字にすると

（**問題** 3.37 参照，第 1 式は**定理** 5.17（2）を用いる），

公式 6.22

$$\nabla_i R_{pljk} + \nabla_j R_{plki} + \nabla_k R_{plij} = 0$$ （ビアンキの恒等式）

$$R_{pijk} + R_{pjki} + R_{pkij} = 0$$

第 1 式をビアンキの恒等式といい，アインシュタインの重力場方程式を導くときに活躍します。

n 次元であれば，R_{ijkl} には全部で n^4 個の成分があります。

しかし，実際は R_{ijkl} の添字を入れ換えたものの間には関係式があるので，独立な成分は n^4 個より少ないのです。

独立な R_{ijkl} の個数を求めるには，

$$R_{ijkl} = -R_{jikl} \tag{6.12}$$

$$R_{ijkl} = -R_{ijlk} \tag{6.13}$$

$$R_{ijkl} = R_{klij} \tag{6.14}$$

$$R_{ijkl} + R_{iljk} + R_{iklj} = 0 \tag{6.15}$$

の 4 式で考えます。

（6.12）で，$j = i$ とすると $R_{iikl} + R_{iikl} = 0$ より，$\underline{R_{iikl} = 0}$

（6.13）で，$l = k$ とすると $R_{ijkk} + R_{ijkk} = 0$ より，$\underline{R_{ijkk} = 0}$

R_{ijkl} 成分が 0 でないためには，1 番目と 2 番目の添え字，3 番目と 4 番目の添え字が異なった文字でなければなりません。

i, j, k, l が 0, 1, 2, 3 のようにすべて異なる場合，順列は全部で $4! = 24$（個）ですが，（6.12），（6.13），（6.14）を用いると，次のような 8 個の順列に関して，

$$R_{0123} = -R_{1023} = -R_{0132} = R_{1032} = R_{2301} = -R_{3201} = -R_{2310} = R_{3210}$$

という関係がありますから，添え字が 0, 1, 2, 3 からなる成分は，

$24 \div 8 = 3$（組）に分けられます。ここで，(6.15) より，

$$R_{0123} + R_{0231} + R_{0312} = 0$$

という関係がありますから，結局，24 個のうち独立な成分は 2 個です。

n 次元の場合であれば，独立な成分は ${}_nC_4 \times 2$（個）です。

i, j, k, l が 0, 1, 2, 2 のように 2 つが同じ場合，順列は ${}_4C_2 \times 2 = 12$（個）で，8 個に関して

$$R_{0212} = -R_{2012} = -R_{0221} = R_{2021} = R_{1202} = -R_{2102} = -R_{1220} = R_{2120}$$

という関係があります。4 個については，

$$R_{2201} = R_{2210} = R_{1022} = R_{0122} = 0$$

になりますから，独立な成分は 1 個です。

n 次元の場合であれば，独立な成分は，n 個の文字から重複する文字の選び方（n 通り）と残り $n-1$ 個の文字から 2 個選ぶ場合の数（${}_{n-1}C_2$ 通り）をかけて $n \times {}_{n-1}C_2$（個）です。

i, j, k, l が 0, 0, 1, 1 のように 2 つずつ同じ場合，0 でない成分について，

$$R_{0101} = -R_{1001} = -R_{0110} = R_{1010}$$

という関係があり，独立な成分は 1 個です。

n 次元の場合であれば，独立な成分は ${}_nC_2$（個）です。

結局，n 次元の場合の独立な成分の個数は，

$$
\begin{aligned}
&{}_nC_4 \times 2 + n \times {}_{n-1}C_2 + {}_nC_2 \\
&= n(n-1)\left\{\frac{(n-2)(n-3)}{24} \times 2 + \frac{n-2}{2} + \frac{1}{2}\right\} \\
&= n(n-1)\frac{n(n+1)}{12} = \frac{1}{12}n^2(n^2-1)\ (\text{個})
\end{aligned}
$$

になります。

相対論では 4 次元を考えますから，この式で $n=4$ として，R_{ijkl} の独立な成分は 20 個になります。

R_{ijkl}の独立な個数が説明できたところで，これを縮約したリッチの曲率テンソルR_{ij}とスカラー曲率Rをまとめておきます。

リーマン曲率テンソルを

$$R_{ij}=R^k{}_{ikj}=g^{kl}R_{likj}$$

のように，下付きの真ん中の添え字と上付きの添え字で縮約したテンソルを**リッチの曲率テンソル**といいます。これは右辺のようにも表せます。

これは，対称性から考えて，前2つの添え字から1個，後ろ2つの添え字から1個をとって縮約することがポイントです。前の添え字どうし，後ろの添え字どうしで縮約をとってはいけません。R_{ijkl}の交代性，対称性を考えれば，他の表現も可能で，iとjに関しては対称になります。

$$R_{ij}=g^{kl}R_{likj}=-g^{kl}R_{lijk}=-R^k{}_{ijk}$$

$$R_{ij}=g^{kl}R_{likj}=g^{kl}R_{kjli}=R_{ji}$$

さらに，R_{ij}と計量テンソルg^{ij}を2つの添え字に関して縮合したテンソルを**スカラー曲率**Rといいます。これもいろいろな表現がありえます。

定義 6.23　リッチ曲率，スカラー曲率

リッチ曲率　$R_{ij}=R^k{}_{ikj}=g^{kl}R_{likj}=-g^{kl}R_{lijk}=-R^k{}_{ijk}$

スカラー曲率　$R=g^{ij}R_{ij}=R^i{}_i=g^{ij}R^k{}_{ikj}=g^{ij}g^{kl}R_{likj}$

§5　曲率の計算

この節ではリーマン曲率テンソル$R^i{}_{jkl}$を線素ds^2すなわちg_{ij}から具体的に計算しましょう。

$R^i{}_{jkl}$をg_{ij}から計算するには$\Gamma^i{}_{jk}$を計算する必要があります。**公式 5.16**を使いたいところですが，次に紹介する公式を用いると，これよりも効率的に$\Gamma^i{}_{jk}$を求めることができます。

空間中に計量テンソルg_{ij}が与えられているとき，A，B 2点間を結ぶ曲線で長さが最小（厳密には極小）になるものを，1章で紹介した変分法を用いて求めてみましょう。

なぜ，こんなことをし始めるかといえば，変分法で得られる方程式の係数に接続係数が現れるからなのです。曲率を計算するには，接続係数を計算しなければなりませんが，線素のオイラー・ラグランジュ方程式を計算するといっぺんに接続係数が計算できてしまうのです。

空間中に2点A，Bを定め，この2点を結ぶ曲線のうち長さが最短になるものを見つけるときのことを考えます。曲線を選び，弧長パラメータsを設定すると，曲線は$\boldsymbol{x}(s)=(x^i(s))$と表され，A，Bを表すパラメータの値$a$，$b$が定まり，A$(\boldsymbol{x}(a))$，B$(\boldsymbol{x}(b))$となります。$a$，$b$は曲線ごとに決められる定数であることに注意しましょう。選んだ曲線が最短曲線であるか否かを判定するには，曲線の関数$\boldsymbol{x}(s)$に対して，ABの曲線に沿った距離を計算する式［汎関数］のオイラー・ラグランジュ方程式が成り立つか否かを調べます。

計量テンソルをg_{ij}とすると，sが弧長パラメータなので，

$$g_{ij}(\boldsymbol{x})\frac{dx^i}{ds}\frac{dx^j}{ds}=1 \tag{6.16}$$

を満たします。

問題 6.24

ABの弧長を計算する式　$V[\boldsymbol{x}]=\int_a^b \sqrt{g_{ij}(\boldsymbol{x}(s))\frac{dx^i}{ds}\frac{dx^j}{ds}}ds$

のオイラー・ラグランジュ方程式を求めよ。

1章17節では，1個の関数$y(x)$についての汎関数

$$V[y]=\int_0^T F(x,\ y,\ y')dx$$

についてのオイラー・ラグランジュの方程式（以下，オイラー方程式）が，

$$\frac{d}{dx}\left(\frac{\partial F}{\partial y'}\right)-\frac{\partial F}{\partial y}=0$$

となることを紹介しました。オイラー方程式は，汎関数が極値をとるような関数が満たすべき条件になっていました。

この問題の$V[\boldsymbol{x}]$は，n個の関数$\boldsymbol{x}(s)=(x^1(s),\ \cdots,\ x^n(s))$についての汎関数になっています。ですから，$n$個の関数の汎関数についてのオイラー方程式が必要になってきます。

ここで汎関数の極値を考える参考として，関数の極値を求めるときのことを振り返ってみます。$\boldsymbol{u}=(u^1,\ \cdots,\ u^n)$の多変数関数$f(\boldsymbol{u})$が極値をとるとき，$\frac{\partial f}{\partial u^i}=0$となりました。条件式は$n$個になります。$\frac{\partial f}{\partial u^i}$とは$u^i$以外の変数を定数と見て，$u^i$に関して微分した式のことです。これが0になるというのが，$f(\boldsymbol{u})$が極値となる変数の値の求め方でした。

これに倣って，n個のxの関数$\boldsymbol{y}(x)=(y^1(x),\ \cdots,\ y^n(x))$の汎関数$V[\boldsymbol{y}]$のオイラー方程式を作りましょう。

$$V[\boldsymbol{y}]=\int_a^b F(x,\ y^1,\ \cdots,\ y^n,\ \dot{y}^1,\ \cdots,\ \dot{y}^n)dx$$

$\dot{y}^i$は，y^iのxによる微分

のオイラー方程式は，1個のy^iだけを関数と見て，それ以外は定数とみな

してオイラー方程式を立てればよく，

$$\frac{d}{dx}\left(\frac{\partial F}{\partial \dot{y}^i}\right)-\frac{\partial F}{\partial y^i}=0$$

となります。条件式は n 個になります。これをこの問題に当てはめます。

$L(s,\ \boldsymbol{x},\ \dot{\boldsymbol{x}})=\sqrt{g_{ij}(\boldsymbol{x}(s))\dfrac{dx^i}{ds}\dfrac{dx^j}{ds}}$ （$\dot{\boldsymbol{x}}$ は $\dfrac{d\boldsymbol{x}}{ds}$ を表す）とおくと，

$$V[\boldsymbol{x}]=\int_a^b L(s,\ \boldsymbol{x},\ \dot{\boldsymbol{x}})ds$$

となりますから，$V[\boldsymbol{x}]$ に関するオイラー方程式は，

$$\frac{d}{ds}\left(\frac{\partial L}{\partial \dot{x}^k}\right)-\frac{\partial L}{\partial x^k}=0$$

となります。このままでは，$\sqrt{}$ が出てきて式が煩雑になります。そこで，L を L^2 にして計算してみると，

$$\begin{aligned}\frac{d}{ds}\left(\frac{\partial L^2}{\partial \dot{x}^k}\right)-\frac{\partial L^2}{\partial x^k}&=\frac{d}{ds}\left(2L\frac{\partial L}{\partial \dot{x}^k}\right)-2L\frac{\partial L}{\partial x^k}\\&=2L\left(\frac{d}{ds}\left(\frac{\partial L}{\partial \dot{x}^k}\right)-\frac{\partial L}{\partial x^k}\right)+2\frac{dL}{ds}\frac{\partial L}{\partial \dot{x}^k}\end{aligned}$$

(6.16)より $L=1$ で一定なので，$\dfrac{dL}{ds}=0$

$$=2L\left(\frac{d}{ds}\left(\frac{\partial L}{\partial \dot{x}^k}\right)-\frac{\partial L}{\partial x^k}\right)$$

この関係を用いると，$V[\boldsymbol{x}]$ のオイラー方程式は，

$$\frac{d}{ds}\left(\frac{\partial L^2}{\partial \dot{x}^k}\right)-\frac{\partial L^2}{\partial x^k}=0$$

と同値になります。

$$\frac{d}{ds}\left(\frac{\partial L^2}{\partial \dot{x}^k}\right)-\frac{\partial L^2}{\partial x^k}=\frac{d}{ds}\left(g_{kj}\frac{dx^j}{ds}+g_{ik}\frac{dx^i}{ds}\right)-\frac{\partial g_{ij}}{\partial x^k}\frac{dx^i}{ds}\frac{dx^j}{ds}$$

$g_{kj}\dfrac{dx^k}{ds}\dfrac{dx^j}{ds}$ を $\dot{x}^k=\dfrac{dx^k}{ds}$ で偏微分すると $g_{kj}\dfrac{dx^j}{ds}$，第２項の走る添字を $i\to j$

$$\begin{aligned}&=\frac{d}{ds}\left(2g_{kj}\frac{dx^j}{ds}\right)-\frac{\partial g_{ij}}{\partial x^k}\frac{dx^i}{ds}\frac{dx^j}{ds}\\&=2g_{kj}\frac{d^2x^j}{ds^2}+2\frac{\partial g_{kj}}{\partial x^i}\frac{dx^i}{ds}\frac{dx^j}{ds}-\frac{\partial g_{ij}}{\partial x^k}\frac{dx^i}{ds}\frac{dx^j}{ds}\end{aligned}$$

$$= 2g_{kj}\frac{d^2x^j}{ds^2} + \frac{\partial g_{kj}}{\partial x^i}\frac{dx^i}{ds}\frac{dx^j}{ds} + \frac{\partial g_{ki}}{\partial x^j}\frac{dx^i}{ds}\frac{dx^j}{ds} - \frac{\partial g_{ij}}{\partial x^k}\frac{dx^i}{ds}\frac{dx^j}{ds}$$

$$= 2\left(g_{kj}\frac{d^2x^j}{ds^2} + \frac{1}{2}\left(\frac{\partial g_{kj}}{\partial x^i} + \frac{\partial g_{ki}}{\partial x^j} - \frac{\partial g_{ij}}{\partial x^k}\right)\frac{dx^i}{ds}\frac{dx^j}{ds}\right)$$

これが0に等しいので,

$$g_{kj}\frac{d^2x^j}{ds^2} + \frac{1}{2}\left(\frac{\partial g_{kj}}{\partial x^i} + \frac{\partial g_{ki}}{\partial x^j} - \frac{\partial g_{ij}}{\partial x^k}\right)\frac{dx^i}{ds}\frac{dx^j}{ds} = 0$$

$$g^{lk}g_{kj}\frac{d^2x^j}{ds^2} + \frac{1}{2}g^{lk}\left(\frac{\partial g_{jk}}{\partial x^i} + \frac{\partial g_{ki}}{\partial x^j} - \frac{\partial g_{ij}}{\partial x^k}\right)\frac{dx^i}{ds}\frac{dx^j}{ds} = 0$$

公式 5.16

$$\frac{d^2x^l}{ds^2} + \Gamma^l{}_{ij}\frac{dx^i}{ds}\frac{dx^j}{ds} = 0$$

となります。sが弧長パラメータであることをもう一度注意しておきます。あとでそうでない例も出てきますので。

この方程式を満たす曲線を測地線といいます。

2点A，Bが近くにあるとき，測地線はA，Bを結ぶ曲線のうち長さが最小（正確には極小）の曲線になっています。測地線からちょっとずれた曲線を考えると，その曲線の長さは測地線の長さより長くなるのです。

微分法で微分係数＝0として求めた点が極値をとったように，変分法でオイラー方程式から求めた関数は定積分の極値を与えます。

微分法の極値が必ずしも最大値・最小値にならないように，変分法の極値も最大値・最小値になるとは限りません。

定理 6.25　測地線の極小性

sを弧長パラメータとする。曲線$\boldsymbol{x}(s)$が,

$$\frac{d^2x^l}{ds^2} + \Gamma^l{}_{ij}\frac{dx^i}{ds}\frac{dx^j}{ds} = 0$$

を満たすとき，この曲線を測地線という。測地線は近くの2点を結ぶ

長さが極小の曲線になる。

曲率を具体的に計算

計量テンソル g_{ij} から曲率 $R^i{}_{jkl}$ を計算するには，接続係数 $\Gamma^i{}_{jk}$ を経由しなければなりません。接続係数 $\Gamma^i{}_{jk}$ を求めるには，前で求めたオイラー方程式を用いると便利です。線素の式からオイラー方程式を作れば，接続係数 $\Gamma^i{}_{jk}$ を読み取ることができます。この手順で球面の曲率テンソル，スカラー曲率を求めてみましょう。

空間座標中に，原点を中心とした半径 a の球面を考えます。

まず，この面の接続係数をオイラー方程式から求めてみましょう。

問題 6.26

球面 $(a\sin\theta\cos\varphi,\ a\sin\theta\sin\varphi,\ a\cos\theta)$ $(0\leqq\theta\leqq\pi,\quad 0\leqq\varphi<2\pi)$ の接続係数を求めよ。

まず，線素 ds^2，計量テンソル g_{ij}，g^{ij} を求めます。

問題 5.15 より球座標の線素は

$$ds^2=dr^2+r^2d\theta^2+r^2\sin^2\theta d\varphi^2$$

でしたが，球面では $r=a$（一定）ですから，球面の線素は，この式で dr^2 を落とし，$r=a$ を代入して，

$$ds^2=a^2d\theta^2+a^2\sin^2\theta d\varphi^2 \tag{6.17}$$

よって，計量テンソル g_{ij} は，

$$\begin{pmatrix} g_{\theta\theta} & g_{\theta\varphi} \\ g_{\varphi\theta} & g_{\varphi\varphi} \end{pmatrix}=\begin{pmatrix} a^2 & 0 \\ 0 & a^2\sin^2\theta \end{pmatrix},\ \begin{pmatrix} g^{\theta\theta} & g^{\theta\varphi} \\ g^{\varphi\theta} & g^{\varphi\varphi} \end{pmatrix}=\begin{pmatrix} \dfrac{1}{a^2} & 0 \\ 0 & \dfrac{1}{a^2\sin^2\theta} \end{pmatrix}$$

s を弧長パラメータとして球面上の曲線が $(\theta(s),\ \varphi(s))$ $(\alpha\leqq s\leqq\beta)$ と

表されているとき，この曲線の弧長を計算する式は，

$$V[\theta,\ \varphi]=\int_{\alpha}^{\beta}\sqrt{a^2\left(\frac{d\theta}{ds}\right)^2+a^2\sin^2\theta\left(\frac{d\varphi}{ds}\right)^2}\,ds$$

となります。

θに関してオイラー方程式を立てます。このとき，**問題 6.24** の解答から分かるように，線素の式の$\sqrt{\ }$をLとおいて立てたオイラー方程式は，LをL^2に置き換えたオイラー方程式と同値になりますから，初めから線素の式をLとおいてオイラー方程式を立てます。$\dfrac{d\theta}{ds}$を$\dot{\theta}$，$\dfrac{d\varphi}{ds}$を$\dot{\varphi}$とおけば，前項より

$$L=a^2\dot{\theta}^2+a^2\sin^2\theta\dot{\varphi}^2$$

として，θに関するオイラー方程式は，

$$\frac{d}{ds}\left(\frac{\partial L}{\partial\dot{\theta}}\right)-\frac{\partial L}{\partial\theta}=0 \qquad \frac{d}{ds}\left(\frac{\partial L}{\partial\dot{\theta}}\right)=\frac{d}{ds}(2a^2\dot{\theta})=2a^2\ddot{\theta}$$

$$2a^2\ddot{\theta}-2a^2\sin\theta\cos\theta\dot{\varphi}^2=0$$

$$\ddot{\theta}-\sin\theta\cos\theta\dot{\varphi}^2=0 \qquad (6.18) \qquad \frac{d^2x^l}{ds^2}+\Gamma^l{}_{ij}\frac{dx^i}{ds}\frac{dx^j}{ds}=0 \text{ と比べる}$$

これより，上の添え字がθである接続係数は，

$\dot{\varphi}^2$の項から，$\Gamma^{\theta}{}_{\varphi\varphi}=-\sin\theta\cos\theta$であり，$\dot{\theta}^2$や$\dot{\theta}\dot{\varphi}$の項がないので，

$$\Gamma^{\theta}{}_{\theta\theta}=0,\quad \Gamma^{\theta}{}_{\theta\varphi}=0$$

φに関するオイラー方程式は，

$$\frac{d}{ds}\left(\frac{\partial L}{\partial\dot{\varphi}}\right)-\frac{\partial L}{\partial\varphi}=0 \qquad \frac{d}{ds}\left(\frac{\partial L}{\partial\dot{\varphi}}\right)=\frac{d}{ds}(2a^2\sin^2\theta\dot{\varphi}),\ \frac{\partial L}{\partial\varphi}=0$$

$$2a^2\sin^2\theta\ddot{\varphi}+4a^2\sin\theta\cos\theta\dot{\theta}\dot{\varphi}=0$$

$$\ddot{\varphi}+\frac{2\cos\theta}{\sin\theta}\dot{\theta}\dot{\varphi}=0 \qquad (6.19) \qquad \frac{d^2x^l}{ds^2}+\Gamma^l{}_{ij}\frac{dx^i}{ds}\frac{dx^j}{ds}=0 \text{ と比べる}$$

これより，上添え字がφである接続係数は，$\dot{\theta}^2$，$\dot{\varphi}^2$の項がないので，

$$\Gamma^{\varphi}{}_{\theta\theta}=0,\quad \Gamma^{\varphi}{}_{\varphi\varphi}=0$$

$\dot{\theta}\dot{\varphi}$の項から，

$$\Gamma^{\varphi}{}_{\theta\varphi}+\Gamma^{\varphi}{}_{\varphi\theta}=2\frac{\cos\theta}{\sin\theta},\quad \Gamma^{\varphi}{}_{\theta\varphi}=\frac{\cos\theta}{\sin\theta}$$

この結果は確かに**問題 5.19** の答に一致しています。

問題 5.19 では，球面での接続係数Γを求めるのに，球面での接ベクトルをR^3（3 次元）の中で実現することにより求めました。曲面（2 次元）の線素に関するオイラー方程式を用いて求める手法でも，同じ結果が得られることを味わっておきましょう。

計算が簡単というだけでなく，3 次元の手を煩わせることなく，2 次元の情報から得られるという点が興味深いところです。

問題 6.27

リーマン曲率テンソル$R^{\theta}{}_{\varphi\theta\varphi}$，$R^{\varphi}{}_{\theta\varphi\theta}$，リッチ曲率テンソル$R_{\theta\theta}$，$R_{\varphi\varphi}$，スカラー曲率$R$を求めよ。

$$R^{\theta}{}_{\varphi\theta\varphi}=\frac{\partial\Gamma^{\theta}{}_{\varphi\varphi}}{\partial\theta}-\frac{\partial\Gamma^{\theta}{}_{\theta\varphi}}{\partial\varphi}$$

$$R^{i}{}_{jkl}=\frac{\partial\Gamma^{i}{}_{lj}}{\partial u^{k}}-\frac{\partial\Gamma^{i}{}_{kj}}{\partial u^{l}}+\Gamma^{i}{}_{kn}\Gamma^{n}{}_{lj}-\Gamma^{i}{}_{ln}\Gamma^{n}{}_{kj}$$

$$+\Gamma^{\theta}{}_{\theta\theta}\Gamma^{\theta}{}_{\varphi\varphi}+\Gamma^{\theta}{}_{\theta\varphi}\Gamma^{\varphi}{}_{\varphi\varphi}-\Gamma^{\theta}{}_{\varphi\theta}\Gamma^{\theta}{}_{\theta\varphi}-\Gamma^{\theta}{}_{\varphi\varphi}\Gamma^{\varphi}{}_{\theta\varphi}$$

$$=\frac{\partial}{\partial\theta}(-\sin\theta\cos\theta)-\frac{\partial}{\partial\varphi}(0)+0\cdot(-\sin\theta\cos\theta)$$

$$+0\cdot 0-0\cdot 0-(-\sin\theta\cos\theta)\frac{\cos\theta}{\sin\theta}$$

$$=-(\cos^2\theta-\sin^2\theta)+\cos^2\theta=\sin^2\theta$$

$$R^{\varphi}{}_{\theta\varphi\theta}=\frac{\partial \Gamma^{\varphi}{}_{\theta\theta}}{\partial \varphi}-\frac{\partial \Gamma^{\varphi}{}_{\varphi\theta}}{\partial \theta} \qquad R^{i}{}_{jkl}=\frac{\partial \Gamma^{i}{}_{lj}}{\partial u^{k}}-\frac{\partial \Gamma^{i}{}_{kj}}{\partial u^{l}}+\Gamma^{i}{}_{kn}\Gamma^{n}{}_{lj}-\Gamma^{i}{}_{ln}\Gamma^{n}{}_{kj}$$

$$+\Gamma^{\varphi}{}_{\varphi\theta}\Gamma^{\theta}{}_{\theta\theta}+\Gamma^{\varphi}{}_{\varphi\varphi}\Gamma^{\varphi}{}_{\theta\theta}-\Gamma^{\varphi}{}_{\theta\theta}\Gamma^{\theta}{}_{\varphi\theta}-\Gamma^{\varphi}{}_{\theta\varphi}\Gamma^{\varphi}{}_{\varphi\theta}$$

$$=\frac{\partial}{\partial \varphi}(0)-\frac{\partial}{\partial \theta}\left(\frac{\cos\theta}{\sin\theta}\right)$$

$$+\frac{\cos\theta}{\sin\theta}\cdot 0+0\cdot 0-0\cdot 0-\frac{\cos\theta}{\sin\theta}\cdot\frac{\cos\theta}{\sin\theta}$$

$$=-\left(\frac{-\sin\theta\cdot\sin\theta-\cos\theta\cdot\cos\theta}{\sin^{2}\theta}\right)-\frac{\cos^{2}\theta}{\sin^{2}\theta}=1$$

$$R_{\theta\theta}=R^{\theta}{}_{\theta\theta\theta}+R^{\varphi}{}_{\theta\varphi\theta}=0+1=1 \qquad R_{ij}=R^{k}{}_{ikj}$$

$$R_{\varphi\varphi}=R^{\theta}{}_{\varphi\theta\varphi}+R^{\varphi}{}_{\varphi\varphi\varphi}=\sin^{2}\theta+0=\sin^{2}\theta$$

$$R=g^{\theta\theta}R_{\theta\theta}+g^{\theta\varphi}R_{\theta\varphi}+g^{\varphi\theta}R_{\varphi\theta}+g^{\varphi\varphi}R_{\varphi\varphi} \qquad R=g^{ij}R_{ij}$$

$$=\frac{1}{a^{2}}\cdot 1+0\cdot R_{\theta\varphi}+0\cdot R_{\varphi\theta}+\frac{1}{a^{2}\sin^{2}\theta}\cdot\sin^{2}\theta$$

$$=\frac{2}{a^{2}}$$

半径aの球のガウス曲率は$\frac{1}{a^{2}}$ですから，スカラー曲率$\frac{2}{a^{2}}$は，ガウス曲率の2倍になっています。

§6　平行移動による曲率の説明

前の節までで，アインシュタインの重力場の方程式を理解するための曲率を手に入れてしまったので，一般相対論の本を読むのはこの本が初めてであるという人はこの節を読む必要はありません。しかし，初めてでないという方の中には，この本の曲率の説明と，他の一般相対論を解説する本（主に物理系）での曲率の説明が異なっているので，違和感を持たれる方も多いと思います。そこで，他の本で見かける「平行移動」による曲率の説明について補足しておきたいと思います。

他の本では多くの場合，曲率を説明する前に，次のような説明が入っています。

「下図のような球面（以下，地球に喩える）で接線ベクトルを平行移動させることを考える。

赤道上の点Aから B を経て，C（北極）に接ベクトル $\boldsymbol{p}$ を平行移動すると $\boldsymbol{q}$ に，A から直接 C に至る経路で平行移動すると $\boldsymbol{r}$ になり，$\boldsymbol{q} \neq \boldsymbol{r}$ である。平面ではベクトルを平行移動する場合，経路によらず平行移動の結果は同じになるのに，曲面の場合は経路によって平行移動の結果が異なる。」

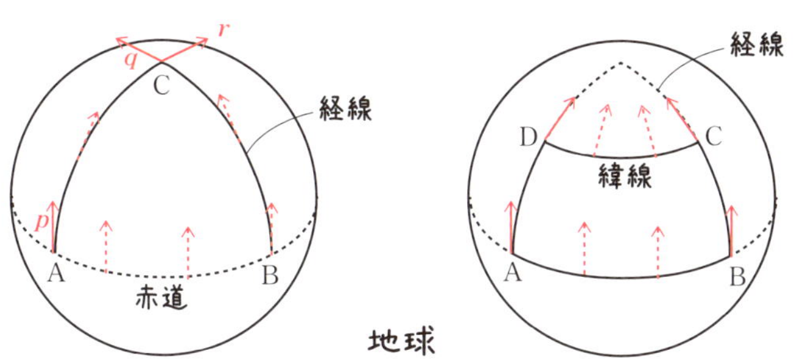

このこと自体は間違いではありませんが，いろいろな前提を仮定した説明になっています。

曲面上の平行移動は，移動の軌跡の曲線と一定の角度を保って移動させることであろうと解釈してこの文章を読む方も多いと思いますが，この平行移動の解釈は正確ではありません。

試しにこのような平行移動の解釈のもと，前ページ右図のように，地球上で経線と緯線に沿って平行移動してみます。なぜこのような経路で平行移動の結果を比べるかといえば，それは後々，曲率を定義するときにこれと同じような矩形（さしがた）の経路をとるからなのですが。

接ベクトル$\boldsymbol{p}$をA→B→Cと平行移動した$\boldsymbol{q}$と，A→D→Cと平行移動した$\boldsymbol{r}$を比べてみましょう。すると，今度は$\boldsymbol{q}=\boldsymbol{r}$と一致してしまいます。これは面が曲がっていても経路のとり方によっては一致する例があるということなのでしょうか。

事情を整理するために，まず，曲面でのベクトル場の平行の概念から説明しましょう。

直線座標が入っているとき，ベクトルをどの方向に平行移動させてもベクトルの成分は変わりません。ですから，ベクトル場が平行であることの定義は，ベクトル場の成分が一定になる，すなわち微分すると0になるとするのが自然です。直線座標の入っている空間での曲線座標のベクトル場では，ベクトル場が平行であることの定義は「共変微分が0」になることである，と言い換えられます。

この調子で曲面のベクトル場の場合も「共変微分が0」としたいのですが，この条件を満たすベクトル場は一般には0ベクトル場（すべての点で0ベクトル）しかありません。そこで，致し方なく曲線を持ち出して次のように定義します。

直線座標が入っている空間では空間全体で平行なベクトル場が存在しますが，曲面のベクトル場に関しては曲線を設定し，それに沿って平行であると定めるしかないのです。

定義 6.28　**Cに沿って平行なベクトル場**

3次元空間内の曲面$\boldsymbol{S}(u^1,\ u^2)$上に曲線$C$とベクトル場$\boldsymbol{X}$がある。$C$に沿ったベクトル場の微分が0になるとき，$\boldsymbol{X}$は$C$に沿って平行であるという。

ベクトル場の微分で定義されている概念ですから，座標のとり方には依らない概念です。

曲面にパラメータ$(u^1,\ u^2)$が入っているとします。曲線Cが$(c^1(t),\ c^2(t))$，ベクトル場が

$$\boldsymbol{X}(u^1,\ u^2)=(X^1(u^1,\ u^2),\ X^2(u^1,\ u^2))$$

と表されるとき，ベクトル場$\boldsymbol{X}$がCに沿って平行になる条件は，

$$(\nabla_i X^j)\dot{c}^i(t)=0 \tag{6.20}$$

となることです。成分で書くと，

$$\left(\frac{\partial X^1}{\partial u^1}+\Gamma^1{}_{11}X^1+\Gamma^1{}_{12}X^2\right)\dot{c}^1(t)+\left(\frac{\partial X^1}{\partial u^2}+\Gamma^1{}_{21}X^1+\Gamma^1{}_{22}X^2\right)\dot{c}^2(t)=0$$
$$\left(\frac{\partial X^2}{\partial u^1}+\Gamma^2{}_{11}X^1+\Gamma^2{}_{12}X^2\right)\dot{c}^1(t)+\left(\frac{\partial X^2}{\partial u^2}+\Gamma^2{}_{21}X^1+\Gamma^2{}_{22}X^2\right)\dot{c}^2(t)=0 \tag{6.21}$$

となります。偏微分のところをまとめて，

$$\frac{dX^1}{dt}+(\Gamma^1{}_{11}X^1+\Gamma^1{}_{12}X^2)\dot{c}^1(t)+(\Gamma^1{}_{21}X^1+\Gamma^1{}_{22}X^2)\dot{c}^2(t)=0$$
$$\frac{dX^2}{dt}+(\Gamma^2{}_{11}X^1+\Gamma^2{}_{12}X^2)\dot{c}^1(t)+(\Gamma^2{}_{21}X^1+\Gamma^2{}_{22}X^2)\dot{c}^2(t)=0 \tag{6.22}$$

と書くこともできます。これがCに沿って平行なベクトル場$\boldsymbol{X}$の方程式です。

もしも曲面のベクトル場の場合でも「共変微分が0」であると定義する

と，(6.21) の$\dot{c}^1(t)$, $\dot{c}^2(t)$の係数がすべて 0 ということになります。2 個の未知数 (関数) X^1，X^2に対して，条件式が 4 個となりつねに解があるとは限らないのです。それで致し方なく曲線 Cをかませて (6.22) のように条件式を 2 個にしているのです。なお，初めから直線座標が入っている空間に曲線座標を設定した場合には，$\dot{c}^i(t)$の係数をすべて 0 にするようなX^iが存在します。直線座標での定ベクトル場を書き換えたベクトル場が解になるわけです。

$\boldsymbol{X}$がCに沿って平行なベクトル場であるとき，C上の 2 点 $(t=\alpha,\ t=\beta)$でのベクトル，$X(c^1(\alpha),\ c^2(\alpha))$と$X(c^1(\beta),\ c^2(\beta))$は，$C$に沿って平行であるといいます。

$X(c^1(\beta),\ c^2(\beta))$は，$X(c^1(\alpha),\ c^2(\alpha))$を$C$に沿って平行移動したベクトルということができます。

接続係数$\Gamma^i{}_{jk}$と曲線$c(t)$が与えられると，(6.22) の 2 式はX^1とX^2の 1 階の線形微分方程式になります。ですから，微分方程式の解の一意性により，$c(\alpha)$でのベクトル場の値$\boldsymbol{X}(c(\alpha))$を定めると，これを初期条件として解$\boldsymbol{X}$が求まり，$\boldsymbol{X}(c(\beta))$も決まるのです。

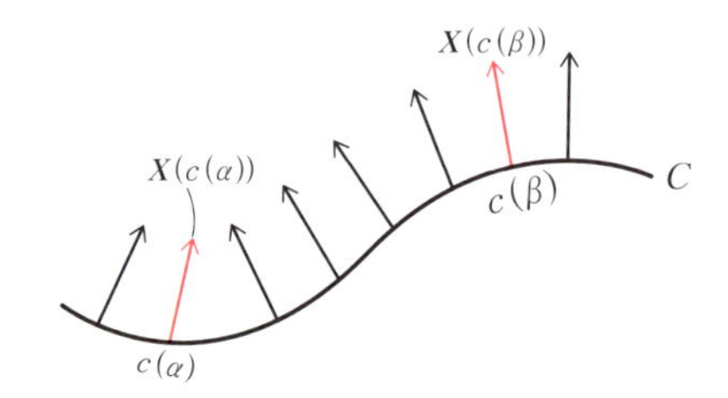

直線座標のときは，接続係数Γがすべて 0 ですから，Cに沿って平行なベクトル場$\boldsymbol{X}$の方程式を解くと，

$$\frac{dX^1}{dt}=0,\ \frac{dX^2}{dt}=0 \quad \longrightarrow \quad X^1,\ X^2 \text{は定数。} \boldsymbol{X} \text{は定ベクトル}$$

となります。直線座標での平行なベクトル場は各点に同じベクトルが対応しているので，(6.22) の式で$\dot{c}(t)$が現れませんから，どんな曲線でも平

行移動した結果が同じになります。

曲面のベクトル場の平行移動の概念は，このように直線座標でのベクトルの平行移動を拡張したものになっています。

2つのベクトルを平行移動しても計量は変わりません。

ベクトル場 $\boldsymbol{X}=(X^i)$，$\boldsymbol{Y}=(Y^i)$ と計量テンソル $g=(g_{ij})$ を縮合して作るスカラー場を $g(\boldsymbol{X},\ \boldsymbol{Y})=g_{ij}X^iY^j$ と表すことにします。

定理 6.29　**平行移動による計量の不変**

曲面上に曲線 $C:c(t)$ と，C に沿って平行なベクトル場 X，Y がある。

$t=\alpha$ でのベクトル $\boldsymbol{X}(c(\alpha))$，$\boldsymbol{Y}(c(\alpha))$，$t=\beta$ でのベクトル $\boldsymbol{X}(c(\beta))$，$\boldsymbol{Y}(c(\beta))$，計量 g に関して次が成り立つ。

$$g(\boldsymbol{X}(c(\alpha)),\ \boldsymbol{Y}(c(\alpha)))=g(\boldsymbol{X}(c(\beta)),\ \boldsymbol{Y}(c(\beta)))$$

$g(\boldsymbol{X}(c(t)),\ \boldsymbol{Y}(c(t)))$ を t で微分して0になることを確かめます。

g，$\boldsymbol{X}$，$\boldsymbol{Y}$ は各点の座標 $(u^1,\ u^2)$ の関数になっていますから，
$g(\boldsymbol{X}(c(t)),\ \boldsymbol{Y}(c(t)))$ の t による微分は，u^1, u^2 を経由した連鎖律となります。ここで，$g(\boldsymbol{X}(c(t)),\ \boldsymbol{Y}(c(t)))$ はスカラーなので，$\dfrac{\partial}{\partial u^i}$ は ∇_i に直せます。

$$\frac{d}{dt}g(\boldsymbol{X}(c(t)),\ \boldsymbol{Y}(c(t)))=\frac{\partial}{\partial u^i}(g(\boldsymbol{X}(c(t)),\ \boldsymbol{Y}(c(t))))\dot{c}^i(t)$$

$$=\nabla_i(g(\boldsymbol{X}(c(t)),\ \boldsymbol{Y}(c(t))))\dot{c}^i(t)$$

$$=\nabla_i(g_{jk}X^jY^k)\dot{c}^i=g_{jk}\nabla_i(X^jY^k)\dot{c}^i \qquad \text{定理 5.17(2)より}$$

$$=g_{jk}\{(\nabla_iX^j)Y^k+X^j(\nabla_iY^k)\}\dot{c}^i \qquad \text{定理 5.11 ライプニッツ則より}$$

$$=g_{jk}\{(\nabla_iX^j\dot{c}^i)Y^k+X^j(\nabla_iY^k\dot{c}^i)\}=0 \qquad \text{(6.20)平行条件より}$$

定理 6.29 は，平行移動で「X の大きさ」「X，Y のなす角度」が不変であると解釈できます。

R^3 のベクトルを例にとりましょう。

ベクトル $\boldsymbol{a}$ の大きさは，$|\boldsymbol{a}|^2=\boldsymbol{a}\cdot\boldsymbol{a}$

ベクトル $\boldsymbol{a}$，$\boldsymbol{b}$ のなす角を θ とすると，θ は内積を用いて，

$$\cos\theta=\frac{\boldsymbol{a}\cdot\boldsymbol{b}}{|\boldsymbol{a}||\boldsymbol{b}|}$$

と表されました。内積を用いることで，ベクトルの大きさとなす角を求めることができるのです。

内積・は，R^3 での計量の 1 つです。

$\boldsymbol{a}=(a^i)$，$\boldsymbol{b}=(b^i)$ に対して，$\boldsymbol{a}\cdot\boldsymbol{b}=\delta_{ij}a^ib^j$ と表せます。

これに倣えば，$\boldsymbol{X}=(X^i)$，$\boldsymbol{Y}=(Y^i)$ に対して，計量 $g=(g_{ij})$ を用いて，ベクトルの大きさ，なす角を定義することができます。

$$|\boldsymbol{X}|=\sqrt{g(\boldsymbol{X},\ \boldsymbol{X})}=\sqrt{g_{ij}X^iX^j}\qquad\cos\theta=\frac{g(\boldsymbol{X},\ \boldsymbol{Y})}{\sqrt{g(\boldsymbol{X},\ \boldsymbol{X})}\sqrt{g(\boldsymbol{Y},\ \boldsymbol{Y})}}$$

すると，**定理 6.29** によって，平行移動でベクトルの大きさとなす角は不変であることが言えます。

なお，相対論で扱う計量は，$g(\boldsymbol{X},\ \boldsymbol{X})$ が常に正であるとは限りません。例えば，ミンコフスキー計量のように $|\boldsymbol{X}|$, $\cos\theta$ が計算できない場合もあります。そのような場合でも，$|\boldsymbol{X}|$，$\cos\theta$ の式の右辺の 2 乗であれば計算することができ，それは平行移動によって変わりません。

そもそも 3 次元以上の空間での「角度 θ」とは，我々が認識できる角度を超えていますが。

曲面におけるベクトルの平行移動でも，大きさと角が保存されることが分かりました。では，平行移動をするときの曲線と移動するベクトルの角度は一定でしょうか。

実は常に一定になるとは限らないのです。次で定義する測地線と呼ばれる曲線でなければ，平行移動するベクトルと曲線の角度は一定になりません。

定理 6.30　測地線

曲面上の曲線 C の接ベクトルを C に沿って微分したものが 0 になるとき，C は測地線になる。

「C の接ベクトルを C に沿って微分する」とは，C の接ベクトルを C 上だけで定義されたベクトル場と見なして，そのベクトル場を C に沿って微分するという意味です。

曲線 $C(c^1(t), c^2(t))$ について，問題の条件を書いてみましょう。ベクトル場 $\boldsymbol{X}$ が C に沿って平行であることを示す条件式（6.20），（6.22）で，X^i を $\dot{c}^i(t)$ に置き換えればよいのです。

$$(\nabla_i \dot{c}^j(t))\dot{c}^i(t)=0$$

$$\frac{d\dot{c}^1(t)}{dt}+(\Gamma^1{}_{11}\dot{c}^1(t)+\Gamma^1{}_{12}\dot{c}^2(t))\dot{c}^1(t)+(\Gamma^1{}_{21}\dot{c}^1(t)+\Gamma^1{}_{22}\dot{c}^2(t))\dot{c}^2(t)=0$$

$$\frac{d\dot{c}^2(t)}{dt}+(\Gamma^2{}_{11}\dot{c}^1(t)+\Gamma^2{}_{12}\dot{c}^2(t))\dot{c}^1(t)+(\Gamma^2{}_{21}\dot{c}^1(t)+\Gamma^2{}_{22}\dot{c}^2(t))\dot{c}^2(t)=0$$

$$\frac{d^2c^i(t)}{dt^2}+\Gamma^i{}_{jk}\frac{dc^j(t)}{dt}\frac{dc^k(t)}{dt}=0 \tag{6.23}$$

となります。t が弧長パラメータであれば，**定理 6.25** に出てくる測地線の方程式になります。

実は，t が弧長パラメータの 1 次式で表されることが次の問題からいえます。

定理 6.31

（6.23）を満たす曲線 C に沿ってベクトルを平行移動させるとき，ベクトルと C の接ベクトルのなす角度は一定である。

$C:(c(t))$ に沿った平行なベクトル場 $\boldsymbol{X}$ に関して，$g(\boldsymbol{X}(c(t)),\ \dot{c}(t))$ を t で微分して 0 になることを確かめます。

$$\frac{d}{dt}g(\boldsymbol{X}(c(t)),\ \dot{c}(t)) = \nabla_i(g(\boldsymbol{X}(c(t)),\ \dot{c}(t)))\dot{c}^i(t)$$
$$= \nabla_i(g_{jk}X^j\dot{c}^k)\dot{c}^i = g_{jk}\nabla_i(X^j\dot{c}^k)\dot{c}^i = g_{jk}\{(\nabla_i X^j)\dot{c}^k + X^j(\nabla_i\dot{c}^k)\}\dot{c}^i$$
$$= g_{jk}\{(\underbrace{\nabla_i X^j\dot{c}^i}_{X\text{が平行なので }0})\dot{c}^k + X^j(\underbrace{\nabla_i\dot{c}^k)\dot{c}^i}_{C\text{が測地線なので }0}\} = 0$$

同様に $g(\dot{c}(t),\ \dot{c}(t))$ が一定であることもいえます。これは測地線の接線ベクトルの大きさが一定であるということです。

$g(\dot{c}(t),\ \dot{c}(t))=1$ であれば，t は弧長パラメータになります。このとき，（6.23）は測地線の方程式になります。

$g(\dot{c}(t),\ \dot{c}(t))=a^2$（$a$ は正の定数）であれば，これを弧長を計算するときの積分の式に代入することによって，弧長パラメータ s は，$s=at+b$（b は定数）と表されることが分かります。このとき，（6.23）が成り立てば，(6.23) の t を s に置き換えた式も成り立つことになります。

結局，（6.23）が成り立つとき，t は弧長パラメータとしてよく，（6.23）は測地線の方程式になるのです。ここでは**定理 6.25** のように変分法の停留曲線として測地線を定義しましたが，微分幾何では（6.23）の式（C の接線ベクトルが C に平行になる）を測地線の定義式としています。変分法では「近く」の 2 点 A，B をとりますが，「近く」ってなんだよという突っ込みが入ります。その点（6.23）を定義とすれば，「近く」というあいまいな言葉は，微分の概念の中に塗り込められ洗練された言い方になるからでしょう。

平面の直線座標に関して，測地線は直線になることがすぐに確かめられます。平面の直線座標に関しては，接続係数Γがすべて0なので，測地線の条件式から測地線を求めると，

$$\frac{d^2c^1(t)}{dt^2}=0,\quad \frac{d^2c^2(t)}{dt^2}=0 \quad \longrightarrow \quad \frac{dc^1(t)}{dt}=m^1,\quad \frac{dc^2(t)}{dt}=m^2$$

$$\longrightarrow \quad c^1(t)=m^1t+n^1,\ c^2(t)=m^2t+n^2$$

と，一定の間隔で目盛りが振られた直線になります。

これと距離の最短性の性質を持つことから，曲面における測地線は，平面における直線に相当する曲線であることが分かります。

なお，上の式のtを$(t)^2$［tの2乗］に変えて，

$$c^1(t)=m^1(t)^2+n^1,\quad c^2(t)=m^2(t)^2+n^2 \quad (t\geqq 0)$$

とすると，この曲線は半直線になりますが，測地線の方程式を満たしません。測地線であっても，目盛りの振り方が適切でないと測地線の方程式は満たさないのです。

（6.23）の方程式では，$c^i(t)$の2階微分が出てくるので，パラメータを変えると異なった解が出てきます。2階微分があるので線形性が崩れるのです。これは(1, 0)テンソル場の曲線座標の変数による単なる2階微分がテンソルにならないのと同じ理由です。

なお，ベクトル場XがCに沿って平行であるという条件は，Cのパラメータのとり方によりません。$(\nabla_i X^j)\dot{c}^i(t)=0$は，$\dot{c}^i(t)$に関して1次だからです。

球面の測地線を求める

球面の測地線は大円（円の中心が球の中心と一致する円）になることが知られています。確認してみましょう。

初めに，半径 a の球に関して大円の方程式を求めておきましょう。

大円は，$\theta=\frac{\pi}{2}$, $\varphi=0$（図の A）を通るものとし，パラメータとして弧長 s を用います。

大円が乗っている平面が z 軸となす角を $\eta\left(<\frac{\pi}{2}\right)$ とすると，下図の A，B の xyz 座標は，A$(a,\ 0,\ 0)$，B$(0,\ a\sin\eta,\ a\cos\eta)$ です。大円上に点 P をとると，$\angle\mathrm{AOP}=\frac{s}{a}$ であり，

$$\overrightarrow{\mathrm{OP}}=\cos\frac{s}{a}\overrightarrow{\mathrm{OA}}+\sin\frac{s}{a}\overrightarrow{\mathrm{OB}}=\cos\frac{s}{a}\begin{pmatrix}a\\0\\0\end{pmatrix}+\sin\frac{s}{a}\begin{pmatrix}0\\a\sin\eta\\a\cos\eta\end{pmatrix}$$

これより，$\mathrm{P}\left(a\cos\frac{s}{a},\ a\sin\eta\sin\frac{s}{a},\ a\cos\eta\sin\frac{s}{a}\right)$

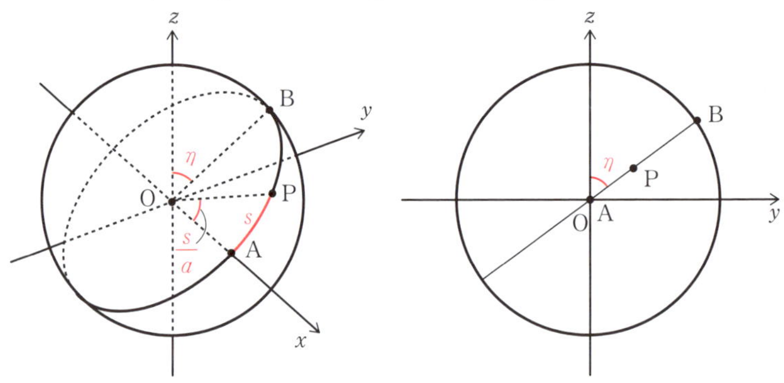

問題 6.32

原点を中心とする半径 a の球面の $\theta=\frac{\pi}{2}$, $\varphi=0$ を通る測地線を，弧長 s をパラメータとして求めよ。

球面の線素の式（6.17）と，$\frac{d\theta}{ds}=\dot{\theta}$, $\frac{d\varphi}{ds}=\dot{\varphi}$ から

$$ds^2=a^2d\theta^2+a^2\sin^2\theta d\varphi^2 \qquad 1=a^2\dot{\theta}^2+a^2\sin^2\theta\dot{\varphi}^2 \tag{6.24}$$

また，球面の測地線の方程式は，(6.18)，(6.19) より

$$\ddot{\theta}-\sin\theta\cos\theta\dot{\varphi}^2=0 \tag{6.25}$$

$$\ddot{\varphi}+\frac{2\cos\theta}{\sin\theta}\dot{\theta}\dot{\varphi}=0 \tag{6.26}$$

でした。$s=0$ のとき，$\theta(0)=\dfrac{\pi}{2}$，$\varphi(0)=0$ という条件のもとで，(6.24)，(6.25)，(6.26) を満たす，$\theta(s)$，$\varphi(s)$ を求めてみましょう。

(6.26) に $\sin^2\theta$ をかけて，

$$\sin^2\theta\ddot{\varphi}+2\sin\theta\cos\theta\dot{\theta}\dot{\varphi}=0$$

この式は積分することができて，

$$\sin^2\theta\dot{\varphi}=C \qquad \dot{\varphi}=\frac{C}{\sin^2\theta} \tag{6.27}$$

これを (6.24) に代入して，

$$1=a^2\dot{\theta}^2+a^2\sin^2\theta\left(\frac{C}{\sin^2\theta}\right)^2$$

↓マイナスを選んだ

$$\dot{\theta}^2=\frac{\sin^2\theta-a^2C^2}{a^2\sin^2\theta} \qquad \frac{-a\sin\theta}{\sqrt{\sin^2\theta-a^2C^2}}\dot{\theta}=1$$

これを s に関して積分すると，

$$s=\int_0^s\frac{-a\sin\theta}{\sqrt{\sin^2\theta-a^2C^2}}\frac{d\theta}{ds}ds=\int_{\frac{\pi}{2}}^{\theta}\frac{a(\cos\theta)'}{\sqrt{1-a^2C^2-\cos^2\theta}}d\theta$$

$$=\left[a\sin^{-1}\left(\frac{\cos\theta}{\sqrt{1-a^2C^2}}\right)\right]_{\frac{\pi}{2}}^{\theta} \qquad \int\frac{1}{\sqrt{b^2-x^2}}dx=\sin^{-1}\left(\frac{x}{b}\right)+c$$

$$=a\sin^{-1}\left(\frac{\cos\theta}{\sqrt{1-a^2C^2}}\right)$$

これより，

$$\cos\theta=\sqrt{1-a^2C^2}\sin\frac{s}{a} \tag{6.28}$$

これを (6.27) に代入して，

$$\frac{d\varphi}{ds}=\frac{C}{\sin^2\theta}=\frac{C}{1-\cos^2\theta}$$

$$=\frac{C}{1-(1-a^2C^2)\sin^2\dfrac{s}{a}}=\frac{C}{\cos^2\dfrac{s}{a}+a^2C^2\sin^2\dfrac{s}{a}}$$

$$=\frac{1}{1+a^2C^2\tan^2\dfrac{s}{a}}\cdot\frac{C}{\cos^2\dfrac{s}{a}}$$

s で積分すると，

$$\varphi(s)-\varphi(0)=\int_0^s \frac{d\varphi}{ds}ds=\int_0^s \frac{1}{1+a^2C^2\tan^2\frac{s}{a}}\cdot\frac{C}{\cos^2\frac{s}{a}}ds$$

$u=aC\tan\frac{s}{a}$ とおくと，$du=\frac{C}{\cos^2\frac{s}{a}}ds$

$$=\int_0^{aC\tan\frac{s}{a}}\frac{1}{1+u^2}du$$

$$\int\frac{1}{1+x^2}dx=\tan^{-1}x+c$$

$$=\tan^{-1}\left\{aC\tan\frac{s}{a}\right\}$$

これと $\varphi(0)=0$ より，　$\tan\varphi=aC\tan\frac{s}{a}$　(6.29)

(6.28)，(6.29)で，$aC=\sin\eta$，$\sqrt{1-a^2C^2}=\cos\eta$ となる $\eta\left(0<\eta<\frac{\pi}{2}\right)$ をとると，

$$\cos\theta=\cos\eta\sin\frac{s}{a}\qquad \tan\varphi=\sin\eta\tan\frac{s}{a}$$

ここで，

$$\frac{1}{\cos^2\varphi}=1+\tan^2\varphi=1+\sin^2\eta\tan^2\frac{s}{a}=1+(1-\cos^2\eta)\tan^2\frac{s}{a}$$

$$=\frac{1}{\cos^2\frac{s}{a}}-\cos^2\eta\frac{\sin^2\frac{s}{a}}{\cos^2\frac{s}{a}}=\frac{1}{\cos^2\frac{s}{a}}(1-\cos^2\theta)=\frac{\sin^2\theta}{\cos^2\frac{s}{a}}$$

θ，φ，s が正であるとして，

$$\sin\theta\cos\varphi=\cos\frac{s}{a}$$

$$\sin\theta\sin\varphi=\sin\theta\cos\varphi\tan\varphi=\cos\frac{s}{a}\sin\eta\tan\frac{s}{a}=\sin\eta\sin\frac{s}{a}$$

よって，求める測地線は，

$$(a\sin\theta\cos\varphi,\ a\sin\theta\sin\varphi,\ a\cos\theta)=\left(a\cos\frac{s}{a},\ a\sin\eta\sin\frac{s}{a},\ a\cos\eta\sin\frac{s}{a}\right)$$

となり，$\theta=\frac{\pi}{2}$，$\varphi=0$ を通る大円の式に一致します。

さて，経線と緯線を用いた平行移動の話に戻ります。

この問題の結果から地球上の経線と赤道は測地線ですが，緯線（赤道以外）は測地線ではないことが分かります。ですから，緯線を用いてベクトルを平行移動するときは，緯線とベクトルが一定の角度を保つように移動しても，平行移動にはならないのです。それで曲がった空間であっても，ベクトルが一致してしまったのです。

物理の本によくある，経線と赤道を用いた平行移動の話は，平行移動の概念があいまいな上，角度を一定に保って移動すると平行移動になるという都合のよい性質（**定理 6.31**）を持った測地線を用いて説明されているものなのです。ですから，この話は，曲面での平行移動は経路によって結果が異なるということをざっくりと伝える挿話であると考えればよいのですが，前に示したように経線と緯線での平行移動のことまで考えると，初学者は悩んでしまうわけです。

物理の本では，平行移動を用いてベクトル場の共変微分を定義するという荒業も登場します。まず，平行移動を用いて共変微分と同じ計算ができることを確かめておきましょう。

問題 6.33

ベクトル場 $\boldsymbol{X}$ と曲線 $C:\boldsymbol{c}(t)$ がある。点 $\boldsymbol{c}(t+h)$ でのベクトル $\boldsymbol{X}(\boldsymbol{c}(t+h))$ を C に沿って点 $\boldsymbol{c}(t)$ まで平行移動したベクトルを $\boldsymbol{B}(\boldsymbol{X}(\boldsymbol{c}(t+h)))$ とする。このとき，

$$\lim_{h\to 0}\frac{\boldsymbol{B}(\boldsymbol{X}(\boldsymbol{c}(t+h)))-\boldsymbol{X}(\boldsymbol{c}(t))}{h}=(\nabla_i\boldsymbol{X})\dot{c}^i(t)$$

が成り立つことを示せ。

点 $\boldsymbol{c}(t)$ でのベクトル $\boldsymbol{X}(\boldsymbol{c}(t))$ を C に沿って点 $\boldsymbol{c}(t+h)$ まで平行移動したベクトルを $\boldsymbol{Y}(\boldsymbol{c}(t+h))$ とします。

$X^i(\boldsymbol{c}(t))$ と $Y^i(\boldsymbol{c}(t+h))$ の間には，

$$Y^i(\boldsymbol{c}(t+h)) = a^i{}_j(h)X^j(\boldsymbol{c}(t)) \qquad b^i{}_j(h)Y^j(\boldsymbol{c}(t+h)) = X^i(\boldsymbol{c}(t))$$

という関係があるものとします。ここで$b^i{}_j(h)$は$a^i{}_j(h)$の逆行列です。

$a^i{}_j(h)$は$\boldsymbol{X}(\boldsymbol{c}(t))$から定めたように見えますが，$\boldsymbol{X}(\boldsymbol{c}(t))$は特定のベクトル場でなくともよいことに注意しましょう。つまり，点$\boldsymbol{c}(t)$でのベクトルの値$\boldsymbol{v}$を与えたとき，これをCに沿って点$\boldsymbol{c}(t+h)$まで平行移動したベクトルは$a^i{}_j(h)v^j$で求まり，点$\boldsymbol{c}(t+h)$でのベクトル$\boldsymbol{u}$を与えたとき，これをCに沿って点$\boldsymbol{c}(t)$まで移動したベクトルは$b^i{}_j(h)u^j$で求まるのです。なぜなら，平行移動が計量を不変にするので，点$\boldsymbol{c}(t)$での正規直交座標が，平行移動で点$\boldsymbol{c}(t+h)$の正規直交座標に移動するからです。点$\boldsymbol{c}(t)$での正規直交座標の基底ベクトルを$\boldsymbol{e}^i(t)$とし，それを点$\boldsymbol{c}(t+h)$まで平行移動したベクトルを点$\boldsymbol{c}(t+h)$での基底ベクトルとしてとることができるわけです。こうして点$\boldsymbol{c}(t+h)$でとった正規直交座標の基底ベクトルを$\boldsymbol{e}^i(t+h)$とすれば，

$$\boldsymbol{e}^i(t+h) = a^i{}_j(h)\boldsymbol{e}^j(t),\quad \boldsymbol{e}^i(t) = b^i{}_j(h)\boldsymbol{e}^j(t+h)$$

が成り立ちます。この正規直交座標でベクトル場の各点でのベクトルを表現すれば，平行移動によってベクトルの成分は変わりません。

$h=0$のとき，$a^i{}_j(0)=\delta^i{}_j$，$Y^i(\boldsymbol{c}(t)) = X^i(\boldsymbol{c}(t))$が成り立ちます。

$$\begin{aligned} Y^i(\boldsymbol{c}(t+h)) - Y^i(\boldsymbol{c}(t)) &= a^i{}_j(h)X^j(\boldsymbol{c}(t)) - X^i(\boldsymbol{c}(t)) \\ &= (a^i{}_j(h) - \delta^i{}_j)X^j(\boldsymbol{c}(t)) \end{aligned}$$

なので，

$$\begin{aligned} \lim_{h\to 0}\frac{(a^i{}_j(h)-\delta^i{}_j)X^j}{h} &= \lim_{h\to 0}\frac{Y^i(\boldsymbol{c}(t+h)) - Y^i(\boldsymbol{c}(t))}{h} = \frac{dY^i(\boldsymbol{c}(t))}{dt} \\ &= -\Gamma^i{}_{jk}Y^k(\boldsymbol{c}(t))\dot{c}^j = -\Gamma^i{}_{jk}X^k(\boldsymbol{c}(t))\dot{c}^j \end{aligned}$$

YがCに沿って平行なベクトル場(6.22)より

また，$\boldsymbol{B}(\boldsymbol{X}(\boldsymbol{c}(t+h))) - \boldsymbol{X}(\boldsymbol{c}(t))$の第$i$成分は，

$$b^i{}_j(h)X^j(\boldsymbol{c}(t+h))-X^i(\boldsymbol{c}(t))$$
$$=b^i{}_j(h)\delta^j{}_kX^k(\boldsymbol{c}(t+h))-b^i{}_j(h)a^j{}_k(h)X^k(\boldsymbol{c}(t+h))$$
$$+X^i(\boldsymbol{c}(t+h))-X^i(\boldsymbol{c}(t))$$
$$=b^i{}_j(h)\{\delta^j{}_k-a^j{}_k(h)\}X^k(\boldsymbol{c}(t+h))+X^i(\boldsymbol{c}(t+h))-X^i(\boldsymbol{c}(t))$$

なので，示すべき式の第i成分は，

$$\lim_{h\to 0}\frac{b^i{}_j(h)X^j(\boldsymbol{c}(t+h))-X^i(\boldsymbol{c}(t))}{h}$$

$h\to 0$のとき1

$$=\lim_{h\to 0}\left(\frac{b^i{}_j(h)(\delta^j{}_k-a^j{}_k(h))X^k(\boldsymbol{c}(t))}{h}\cdot\frac{X^k(\boldsymbol{c}(t+h))}{X^k(\boldsymbol{c}(t))}\right.$$

$h\to 0$のとき$\delta^i{}_j$

$$\left.+\frac{X^i(\boldsymbol{c}(t+h))-X^i(\boldsymbol{c}(t))}{h}\right)$$

$$=\delta^i{}_j\Gamma^j{}_{kl}X^l(\boldsymbol{c}(t))\dot{c}^k+\frac{dX^i}{dt}=\frac{dX^i}{dt}+\Gamma^i{}_{kl}X^l\dot{c}^k=(\nabla_jX^i)\dot{c}^j$$

となります。

この式を元にすると，物理の本でときどき見かける共変微分の定義になるわけです。みなさんはすでに共変微分が直線座標のベクトル場の微分を曲線座標に書き換えただけのものであることも，**問題 6.33** で平行移動を用いた共変微分の式も理解しています。ですから，平行移動と共変微分を同時に片づけてしまう次の解説も余裕を持って読むことができると思います。念のため，朱字で，いままでの解説に沿った内容も付け加えます。

共変微分の説明

「直線座標が入っている空間に曲線座標も入っているものとします。

曲線座標u^iで表現されたベクトル場$\boldsymbol{A}(u)$を，座標の第i成分方向の曲線$C:\boldsymbol{c}(u^i)$に沿って微分するには，

$$\lim_{h\to 0}\frac{\boldsymbol{A}(u^i+h)-\boldsymbol{A}(u^i)}{h}$$

と計算してはいけません。なぜなら，$\boldsymbol{A}(u^i+h)$は，点$\boldsymbol{c}(u^i+h)$でのベ

クトルの値であって，点$\boldsymbol{c}(u^i)$でのベクトルの値である$\boldsymbol{A}(u^i)$とは引き算ができないからです。

↑分かったような分からないような理屈だけれど，曲線座標では$c(u^i)$と$c(u^i+h)$でベクトル場の基底が違うから成分どうしの引き算ができないということをみなさんはご存知でしょう

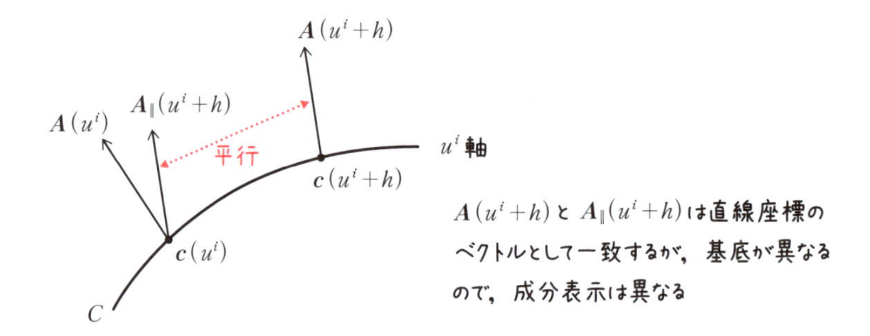

そこで，$\boldsymbol{A}(u^i+h)$を点$\boldsymbol{c}(u^i)$に平行移動します。

↑この平行移動は直線座標での成分が一致という意味。直線座標では成分が一致していても，曲線座標では基底が変わるので成分も変えなければいけないということ

$\boldsymbol{A}(u^i+h)$とこれを点$\boldsymbol{c}(u^i)$に平行移動したベクトル（その成分を$A_{\parallel}(u^i+h)$と表す）との差は，hに比例してA^jの1次結合で表されるので，　←強引過ぎるよ　$\Gamma^j{}_{ik}A^k h$となります。

ですから，$A^j{}_{\parallel}(u^i+h)=A^j(u^i+h)+\Gamma^j{}_{ik}A^k h$です。

よって，ベクトル場$\boldsymbol{A}(u)$を，u^i軸に沿って微分したベクトルの第j成分は，

$$\lim_{h\to 0}\frac{A^j{}_{\parallel}(u^i+h)-A^j(u^i)}{h}=\lim_{h\to 0}\frac{A^j(u^i+h)+\Gamma^j{}_{ik}A^k h-A^j(u^i)}{h}$$

$$=\frac{\partial A^j}{\partial u^i}+\Gamma^j{}_{ik}A^k$$

これをベクトル場$\boldsymbol{A}(u)$の第i成分方向の共変微分といいます。」

この途中出てきた強引な平行移動で正しいのか，もともとの知識を使っ

て確かめてみましょう。ベクトル場$\boldsymbol{A}(u)$をu^i軸，すなわち第i座標の座標軸の曲線$C:\boldsymbol{c}(t)=(0,\ \cdots,\ t,\ \cdots,\ 0)$に沿って共変微分してみると，

$$(\nabla_l A^j)\dot{c}^l(t)=\left(\frac{\partial A^j}{\partial u^l}+\Gamma^j{}_{lk}A^k\right)\delta^l{}_i=\frac{\partial A^j}{\partial u^i}+\Gamma^j{}_{ik}A^k$$

と，上の共変微分の定義に出てきた式と，確かに一致します。

点$c(u^i+h)$でのベクトル場の値$A^j(u^i+h)$を$c(u^i)$に平行移動するときには，$+\Gamma^j{}_{ik}A^k h$を補正したので，点$c(u^i)$でのベクトル場の値$A^j(u^i)$をu^i軸方向に，ごく小さいhだけ平行移動したときの成分は，

$$A^j(u^i)-\Gamma^j{}_{ik}(u^i)A^k(u^i)h$$

と表されることが分かります。

これを用いてリーマン曲率テンソルを定義します。2つの微小な平行移動を連続した結果を求めておきましょう。

問題 6.34

ベクトル場$\boldsymbol{A}(u)$を座標の第i成分方向にhだけ平行移動(P→Q)し，次に第j成分方向にkだけ平行移動(Q→R)したベクトルの成分を求めよ。

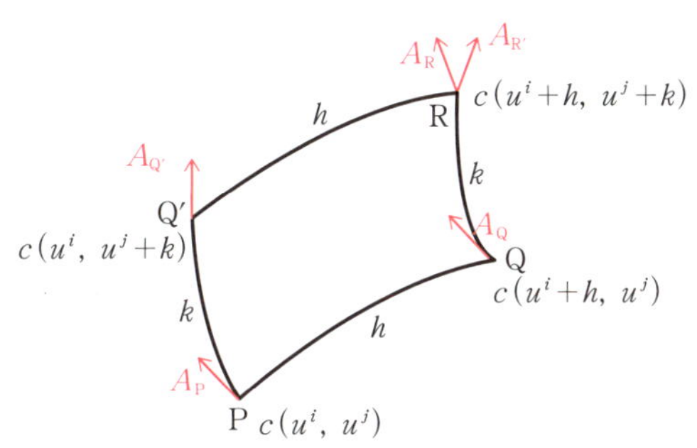

まず，ベクトル場$\boldsymbol{A}(u)$を第i成分方向にhだけ平行移動したQでのベクトルの第n成分$A^n{}_Q$は，

$$A^n{}_Q \fallingdotseq A^n{}_P - \Gamma^n{}_{ilP} A^l{}_P h$$

これを第j成分方向にkだけ平行移動したRでのベクトルの第n成分$A^n{}_R$は，

$$\begin{aligned} A^n{}_R &\fallingdotseq A^n{}_Q - \Gamma^n{}_{jmQ} A^m{}_Q k \\ &\fallingdotseq A^n{}_P - \Gamma^n{}_{ilP} A^l{}_P h - \left(\Gamma^n{}_{jmP} + \frac{\partial \Gamma^n{}_{jmP}}{\partial u^i} h\right)(A^m{}_P - \Gamma^m{}_{ilP} A^l{}_P h)k \end{aligned}$$

微小量h，kの3次の項は落とします

$$\fallingdotseq A^n{}_P - \Gamma^n{}_{ilP} A^l{}_P h - \Gamma^n{}_{jmP} A^m{}_P k - \left(\frac{\partial \Gamma^n{}_{jlP}}{\partial u^i} - \Gamma^n{}_{jmP} \Gamma^m{}_{ilP}\right) A^l{}_P hk$$

上の問題で，2つの平行移動の順序を入れ換えて，ベクトル場の値A_Pを第j成分，第i成分の順に平行移動したベクトルの成分を$A_{R'}$として，A_Rとの差を求めます。

i，jに関して対称な項はキャンセルされて，

$$\begin{aligned} A_{R'} - A_R &= \left(\frac{\partial \Gamma^n{}_{jl}}{\partial u^i} - \frac{\partial \Gamma^n{}_{il}}{\partial u^j} + \Gamma^n{}_{im} \Gamma^m{}_{jl} - \Gamma^n{}_{jm} \Gamma^m{}_{il}\right) A^l hk \\ &= R^n{}_{lij} A^l hk \end{aligned}$$

とリーマン曲率テンソルが出てきます。

みなさんがお読みになった物理の本では，おそらくリーマン曲率テンソルはこのように平行移動を用いて定義されていたことでしょう。

上の共変微分の説明は，直線座標が入っている空間で行なっていますから，平行移動は直線座標での成分が一致することと解釈できました。しかし，直線座標が入らない曲がった空間の場合は，そのようにはできません。物理の本の共変微分の説明は，直線座標が入る空間を前提にしているのか，曲がった空間を前提にしているのか，どちらなのでしょう。

直線座標を持つR^3に曲面が置かれたとき，曲面上の***平行移動***と，R^3の平行移動（成分が一致）では異なる作用を持ちます。

こちらを斜字で表します

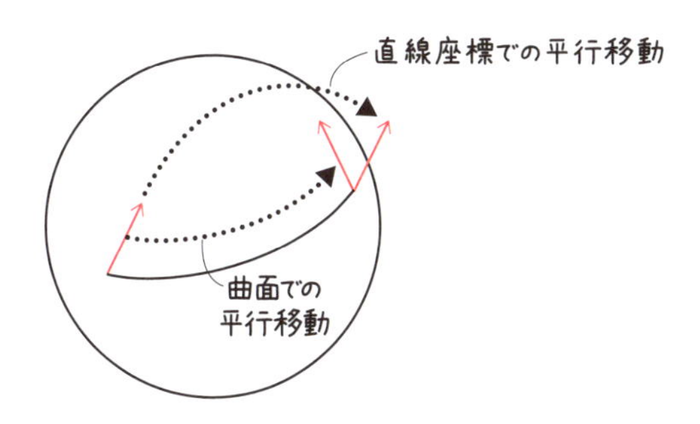

曲面上のベクトル場$\boldsymbol{A}(u)$をhだけ***平行移動***するのであれば，$A(u)$をR^3で平行移動し，$u+h$での接平面に正射影したベクトルを$u+h$でのベクトル場の基底で表すということになります。この正射影の手順が入っているので，R^3での平行移動とは異なるのです。

曲線座標でのベクトルの平行移動による成分の計算であれば，もともと直線座標でのベクトルの平行移動があって，それを曲線座標で表しているだけなので，直線座標が入っている空間では，$A_{\mathrm{R'}}$とA_{R}は一致し$R^n{}_{lij}$は0になります。

一方，曲面上の***平行移動***に関して$R^n{}_{lij}$を計算すると0になりません。これは地球の経線と赤道に沿ったベクトルの***平行移動***の挿話から分かります。

物理の本の共変微分に出てくる「平行移動」を，直線座標での成分一致のことであると解釈すると，そのあとで説明する曲率$R^i{}_{jkl}$はすべて成分が0になります。曲面上の平行移動であると解釈すると，そもそも「平行移動」の意味が分かりません。接続係数で定義されるものと主張したいのかもしれませんが，循環論法のような気もします。上のような共変微分の説明を書いてみましたが，物理の本の説明は未だにストンと落ちてきません。

理論物理を専攻している人に共変微分の説明を求めたことがあります。すると，上と同じような解説をしてくれました。物理の本で勉強したのですから当然といえば当然です。上の解説で共変微分・平行移動を理解できる一握りの人が理論物理に進めるのかと羨ましく思いました。

第7章　一般相対性理論

さあ，一般相対論を理解するための装備は十分に整いました。ここまでじっくりと読んでこられた方は，この先余裕を持って一般相対論の世界を堪能できるでしょう。

特殊相対論では，慣性系 S の座標$(ct, x, y, z)=(x^0, x^1, x^2, x^3)$と慣性系 S' の座標$(ct', x', y', z')=(x'^0, x'^1, x'^2, x'^3)$の間に 1 次の関係（ローレンツ変換）がありました。

一般相対論では，(x^0, x^1, x^2, x^3)と(x'^0, x'^1, x'^2, x'^3)の変換則が 1 次ではない一般の場合（一般座標変換といいます）を扱います。

特殊相対論では，ローレンツ変換のもとで式が共変となるように運動方程式，電磁気学の方程式を書き換えましたが，重力場方程式はありませんでした。

一般相対論では運動方程式，電磁気学の方程式の他，重力場方程式まですべての方程式が手に入ります。

重力場方程式には 6 章で用意した曲率が使われます。質量が重力を生み，重力によって空間が曲げられていることを式の上で理解することができるでしょう。

§1　等価原理

慣性系に対して加速・回転などの運動をする系では慣性力が働きます。慣性力が働いている系では，外力の働かない物体であっても等速直線運動をしません。ですから，これらの系は慣性系ではなく，特殊相対論で扱うことはできませんでした。このような慣性系でない座標系を，一般座標系と呼ぶことにします。特殊相対論では慣性系しか扱えませんでしたが，一般座標系まで扱うことができるようになるのが一般相対論の目標です。

一般相対論の目標は，異なる一般座標系であっても同じ式で表されるような物理法則の式を見つけることです。

アインシュタインは，

(i) 等価原理

(ii) アインシュタインの重力場方程式

の 2 本立てで一般相対論の目標を達成しました。

物体の運動方程式やマックスウェルの電磁方程式は，等価原理を用いることによって特殊相対論での方程式を一般座標系の方程式に書き換えることができます。

一方，重力場方程式は特殊相対論にはありませんでしたから，等価原理の使いようがなく，全く新しく一般座標系の変換で共変になるような重力場方程式を作る必要がありました。

(i) の等価原理を，その着想から説明してみましょう。

ここまで質量は m として統一的に表してきましたが，状況によって 2 つの場合が考えられます。

ニュートンの第 2 法則，運動方程式の左辺に現れるとき，すなわち力から加速度を生み出すときの質量を慣性質量といいm_Iで表すことにします。

$$m_I a = F$$

これに対して，万有引力の法則に現れるとき，質量と質量の間に働く力を求めるときの質量を重力質量といいm_Gで表すことにします。

$$F = \frac{GMm_G}{r^2}$$

運動方程式は力と加速度を表す関係式，万有引力の法則は質量と質量の間に働く力を表す式ですから，確かに質量の役割が違います。

地表での重力加速度をgとして，m_Iとm_Gの入った式で表すと，

$$m_I g = \frac{GMm_G}{r^2} \text{より，} g = \frac{GM}{r^2}\left(\frac{m_G}{m_I}\right)$$（M：地球の質量，r：地球の半径）

となります。gが一定であることと$m_I : m_G$の比が一定であることは同値です。

$m_I : m_G$の比が物質によらず一定であることは，相対論以前より確かめられていました。ニュートンは振り子を使っていろいろな物質のgを求めることで$\frac{m_G}{m_I}$の値が10^{-3}の精度で一致することを，また，エトベッシュはねじれ秤を用いて，$\frac{m_G}{m_I}$の値が10^{-8}の精度で一致することを示しました。

物質によらず$m_I : m_G$の比が一定なので，Gを調節すれば，すべての物質で$m_I = m_G$が成り立つように単位を決めることができるのです。

いかなる組成の物質においても，慣性質量m_Iと重力質量m_Gは等しく，$m_I = m_G$となります。

このような事実を受けて，次のような思考実験をしてみます。

エレベーターの中で物体を自由落下させたら，時間tと落下距離hの間には，$h = \frac{1}{2}at^2$という式が成り立ちました。このことを外の様子が分からないエレベーターの中の観測者はどう捉えるでしょうか。

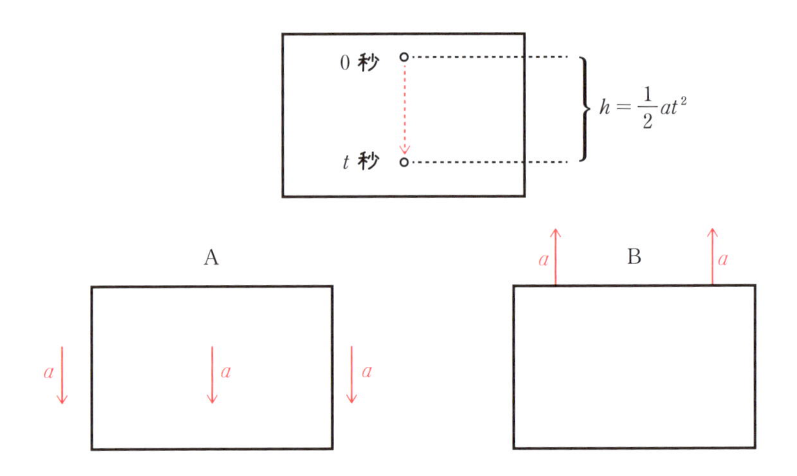

観測者は，

　A　エレベーターは静止していて，一定方向に重力加速度 a が働いている

と捉えるかもしれないし，

　B　物体には重力が働いておらず，エレベーターが物体の落下方向とは反対方向に加速度 a で動いている

と捉えるかもしれません。

エレベーターの中にいる観測者は，どちらの状況であるか区別できません。もしも重力質量 m_G と慣性質量 m_I に違いがあれば，観測者は物体に働く力 F を測ることで，a が重力によるものなのか，慣性力によるものなのかを区別することができます。

A の場合には下向きに重力 $m_G a$ が，B の場合には下向きに慣性力 $m_I a$ が働いているからです。働いている力 F と加速度 a の値から質量を求めて，それが m_G，m_I のどちらに一致するかを調べることで，A の場合か B の場合かを区別することができるのです。しかし，あいにくすべての物質で $m_I = m_G$ ですからその区別をすることはできません。

つまり，重力と慣性力は区別することができないのです。

アインシュタインは，これを一般相対論の基本原理としました。

$m_I = m_G$ とする原理を弱い等価原理と呼びます。

アインシュタインは，この事実をさらに推し進めて次のように推論しました。

重力と慣性力は同じものなのだから，重力場がある空間であっても重力の方向と反対方向の加速度を持つ座標系を設定すれば，その座標系では重力の影響を消し去ることができて慣性系と見なしてよいだろう，と考えたのです。

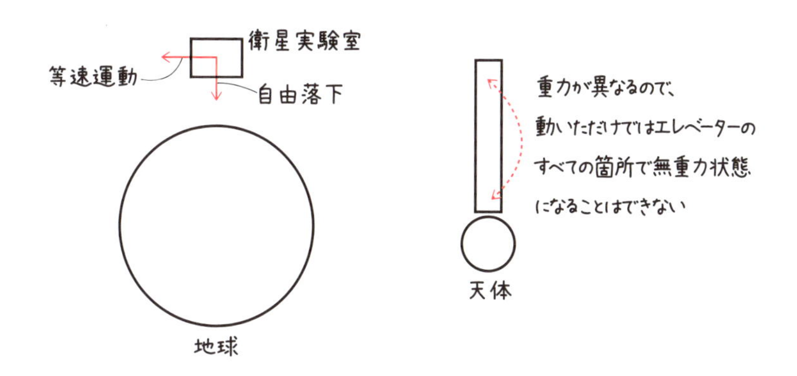

アインシュタインの時代では，エレベーターの思考実験にとどまっていましたが，現在では，スペースシャトルなど地球を回る衛星実験室で，重力の影響がない慣性系が実現されています。

地球から見て衛星の角速度は一定ですから，進行方向には重力も慣性力もかかっていません。地球の中心方向には自由落下していますから，実験室の内部の座標系で見れば，無重力かつ慣性力が働いていない状態が実現されています。衛星実験室で物体が宙に浮いている映像や投げた物体が等速直線運動をする映像をご覧になったことがあるでしょう。これは無重力・無慣性力の慣性系が実現できていることの証です。

注意しなければいけないのは，大きな領域になると重力が一定ではないため，一定の加速度を持った系に乗っても重力を打ち消すことができないことです。しかし，衛星実験室のような小さい領域では，地球の重力が一定と見なせますから，衛星が動いて一定の慣性力を働かせることで重力・慣性力の和が0になり，重力・慣性力を消し去ることができるわけです。

こうして設定された慣性系のことを**局所慣性系**といいます。

さらに，アインシュタインは，局所慣性系では，特殊相対論で成り立った物理法則がそのまま成り立つであろうと考えたのです。

例えば，局所慣性系での座標が(ct', x', y', z')であれば，その線素は，ミンコフスキー計量$ds^2=-c^2dt'^2+dx'^2+dy'^2+dz'^2$であり，外力が働いていない物体の運動方程式は，$\dfrac{d^2x'^i}{d\tau^2}=0$であるといった具合です。

一般座標系と局所慣性系の座標の間には関係式がありますから，一般座標系での物理法則を求めるには，局所慣性系で成り立つ物理法則を，一般座標で書き換えれば一般座標系での物理法則を得ることができるであろうと考えました。

このように重力が働いている系や加速度があり，慣性力が働いている系に対してこれらを打ち消すような局所慣性系を設定し，そこでの物理法則を一般座標で書き換えれば一般座標系での物理法則を導くことができる，という原理を**強い等価原理**といいます。

強い等価原理は，特殊相対論から一般相対論を演繹してよいということを主張しています。

特殊相対論で扱うミンコフスキー空間は直線座標が入っていて，一般相対論で扱う一般座標系は曲線座標が入っています。ですから，特殊相対論の物理法則を一般相対論の物理法則に書き換えるとき，5章で紹介した直線座標のテンソルを曲線座標のテンソルに書き換える手法が役に立ちます。テンソル場を，直線座標と曲線座標の場合について詳しく説明していたのはそういうわけです。

§2　等価原理で線素を求める

ある時空間に一般座標系(x^i)が入っていて，その線素を

$$ds^2 = g_{ij}dx^i dx^j$$

とします。一般座標系に重力が働いていても，等価原理によって局所慣性系(x'^i)を設定することができます。もちろん一般には小さい範囲（時空間の１イベントの周り）でしか設定することはできません。局所慣性系は特殊相対論の成り立つ世界ですから，局所慣性系の線素は$ds'^2 = \eta_{ij}dx'^i dx'^j$となります。

どちらの線素で測っても，時空間にある世界線の長さは一致しなければならないので，$ds^2 = ds'^2$が成り立ちます。つまり，

$$g_{ij}dx^i dx^j = \eta_{ij}dx'^i dx'^j \tag{7.01}$$

が成り立ちます。線素の式は変わっても，線素の値は変わらないのです。

この式が成り立つことが前提で一般相対論が進みます。一般座標系の「一般」という言葉からの連想で，全く自由に座標をとってもいいと考えるかもしれませんが，(7.01) を満たさないような「一般」の座標系は考えません。これは一般相対論での座標系のとり方の必要条件です。

さらに言えば，一般相対論での座標変換は線素の値を不変にするものしか認めません。(x^i)とは異なる一般座標系(u^i)をとってその計量がg'_{ij}であったとします。すると，

$$g_{ij}dx^i dx^j = g'_{ij}du^i du^j$$

を満たさなければなりません。(x^i)から(u^i)への変換は，線素の値を不変にするようなものでなければなりません。

特殊相対論では，ローレンツ変換による座標変換で，ミンコフスキー計量の線素の値は不変でした。一般相対論での座標変換も線素の値を不変に

するものでなければなりません。特殊相対論ではすべての慣性系でミンコフスキー計量を用いることができましたが，一般相対論では一般座標系のとり方によって線素の式は形が変わります。

等価原理を用いて，一般座標系での線素の式を求めてみましょう。

定重力場系（簡易版）

一定の重力場を持つ空間の線素の式を，等価原理を用いて求めてみましょう。

x 軸を鉛直方向下向きに，y 軸，z 軸を水平方向にとります。このとき x 方向に g の重力加速度がかかっているものとします。重力があるので，外力（重力以外）を加えない物体は等加速度運動をします。等速運動ではないので，$(ct,\ x,\ y,\ z)$ は慣性系ではありません。$(ct,\ x,\ y,\ z)$ は定重力場系です。

この $(ct,\ x,\ y,\ z)$ に対して，自由落下するエレベーターを考え，エレベーターに固定された座標 $(ct',\ x',\ y',\ z')$ を設定します。

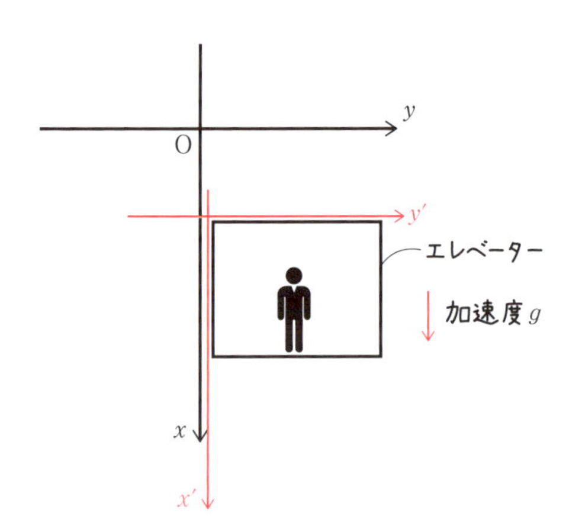

時刻 $t'=t=0$ で原点を一致させておいて，エレベーターを自由落下させます。t が十分小さい落下し始めのことを考えることにします。この場合，エレベーターの速度が光速に対して十分小さく，ローレンツ変換のように

t'の中にxが入り込むことはありません。時間の変換はガリレイ変換と同じで，$t'=t$です。

0秒で自由落下を始めた物体は，t秒後に$\frac{1}{2}gt^2$だけ落下しますから，x'とxの間には，$x'=x-\frac{1}{2}gt^2$という関係が成り立ちます。

他の座標に関しては，$y'=y$，$z'=z$とします。

まとめると，

$$t'=t,\quad x'=x-\frac{1}{2}gt^2,\quad y'=y,\quad z'=z$$

となります。x'の項にtの2次の項が現れますから，ローレンツ変換ではありません。

自由落下するエレベーターは慣性系になっていますから，線素は，

$$ds^2=-c^2dt'^2+dx'^2+dy'^2+dz'^2$$

となります。これを$(ct,\ x,\ y,\ z)$の式に書き換えれば，$(ct,\ x,\ y,\ z)$での線素の式が求まるということを主張しているのが等価原理です。

変換の式を全微分して，

$$dt'=dt,\quad dx'=dx-gtdt,\quad dy'=dy,\quad dz'=dz$$

$z=f(x,\ y)$の全微分
$dz=\frac{\partial f}{\partial x}dx+\frac{\partial f}{\partial y}dy$

これを慣性系での線素の式に代入すると，

$$\begin{aligned}ds^2&=-c^2dt'^2+dx'^2+dy'^2+dz'^2\\&=-c^2dt^2+(dx-gtdt)^2+dy^2+dz^2\\&=\left(-1+\frac{g^2t^2}{c^2}\right)c^2dt^2+dx^2+dy^2+dz^2-2gtdxdt\end{aligned}$$

テンソルの基底の場合
$-gtdx\otimes dt-gtdt\otimes dx$
となりますが，略記します

とくに$x'=0$での線素の式を求めてみます。

$0=x-\frac{1}{2}gt^2$より，$x=\frac{1}{2}gt^2$，$t=\sqrt{\frac{2x}{g}}$

これを$(ct,\ x,\ y,\ z)$での線素の式に代入すると，

$$ds^2=\left(-1+\frac{2gx}{c^2}\right)c^2dt^2+dx^2+dy^2+dz^2-\frac{2\sqrt{2gx}}{c}dx(cdt)$$

ここで，重力ポテンシャルϕ（$x=0$のときの値を0とした，位置エネルギーと考えればよい）は，

$$\phi=-gx$$

と表されるので，$t'=t$が十分小さいときの$x'=0$での線素の式は，

$$ds^2=\left(-1-\frac{2\phi}{c^2}\right)c^2dt^2+dx^2+dy^2+dz^2-\frac{2\sqrt{-2\phi}}{c}dx(cdt)$$

となります。

これが定重力場の線素の式になります。

ここで，$t'=t$が十分小さいとき，$x'=0$での線素とあえて述べているのは，他の時刻・場所ではこの式が使えないからです。$t'=t$と仮定していますが，ローレンツ変換でも時間の座標t'に空間の座標が入り込んでくるくらいですから，定重力場の場合でも正確に計算するとこんな簡単にはすみません。まずは簡単に等価原理の用い方を確認するという意味で取り上げてみました。

回転運動系

今度は，慣性系(ct', x', y', z')に対して回転運動をしている座標系(ct, x, y, z)（以下，回転系という）を考えましょう。

2つの系の原点$(ct', x', y', z')=(0, 0, 0, 0)$と$(ct, x, y, z)=(0, 0, 0, 0)$が一致し，$z'$軸と$z$軸が重なっているとします。回転系は慣性系に対して，角速度ωで回転しているものとします。

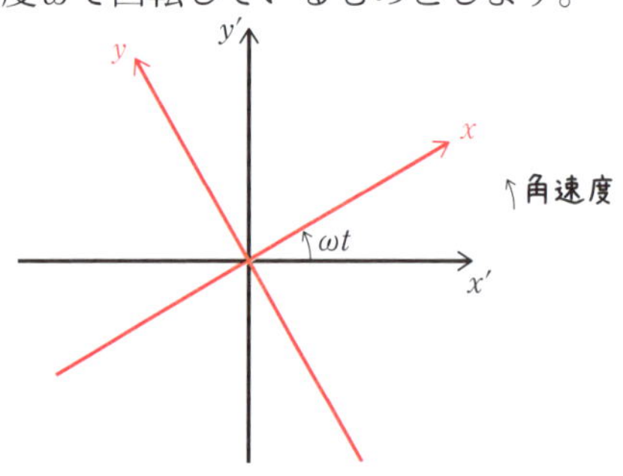

$r\omega$ が c より十分小さくなるような半径 r の場合を考えます。すると，ローレンツ収縮が無視でき，$t'=t$ となります。

$t'=t=0$ のとき，x' 軸と x 軸，y' 軸と y 軸が重なっているとすると，t が十分小さいとき，座標の間には，

$$t'=t$$
$$x'=x\cos\omega t-y\sin\omega t$$
$$y'=x\sin\omega t+y\cos\omega t$$
$$z'=z$$

という関係式が成り立ちます。これを全微分して，

$$dt'=dt$$
$$dx'=\cos\omega t dx-\omega x\sin\omega t dt-\sin\omega t dy-\omega y\cos\omega t dt$$
$$dy'=\sin\omega t dx+\omega x\cos\omega t dt+\cos\omega t dy-\omega y\sin\omega t dt$$
$$dz'=dz$$

慣性系 $(ct',\ x',\ y',\ z')$ の線素の式を，これを用いて書き換えてみます。

$$\begin{aligned}
ds^2&=-c^2dt'^2+dx'^2+dy'^2+dz'^2\\
&=-c^2dt^2+\{\cos\omega t dx-\sin\omega t dy+\omega(-x\sin\omega t-y\cos\omega t)dt\}^2\\
&\qquad+\{\sin\omega t dx+\cos\omega t dy+\omega(x\cos\omega t-y\sin\omega t)dt\}^2+dz^2
\end{aligned}$$

展開せず，dx^2 の係数は?と順に拾っていきます。もちろん $\cos^2\omega t+\sin^2\omega t=1$

$$\begin{aligned}
&=-c^2dt^2+dx^2+dy^2-2\omega y dx dt+2\omega x dy dt+\omega^2(x^2+y^2)dt^2+dz^2\\
&=\left(-1+\frac{\omega^2(x^2+y^2)}{c^2}\right)c^2dt^2+dx^2+dy^2-2\omega y dx dt+2\omega x dy dt+dz^2
\end{aligned}$$

これが回転系 $(ct,\ x,\ y,\ z)$ の線素の式です。

定重力場のときのように，この式をポテンシャルの式に直していきましょう。そこで，遠心力のポテンシャルを求めておきます。質量 m の物体が原点から r の距離にあるとき物体に働く遠心力は $mr\omega^2$ ですから，原点から a の距離まで動く間に遠心力がする仕事を計算すると，

$$\int_0^a mr\omega^2 dr = \left[\frac{1}{2}mr^2\omega^2\right]_0^a = \frac{1}{2}ma^2\omega^2$$

となりますから，原点でのポテンシャルを0とすれば，原点からrだけ離れた点の遠心力ポテンシャルは仕事をした分だけ減って

$$-\frac{1}{2}r^2\omega^2$$

マイナスが付く理由は法則 2.01 の前の式，問題 2.09

となります。$(ct,\ x,\ y,\ z)$での遠心力ポテンシャルをϕとすると，

$$\phi = -\frac{1}{2}r^2\omega^2 = -\frac{(x^2+y^2)\omega^2}{2}$$

と表せます。これを用いると，c^2dt^2の係数は，

$$-1+\frac{\omega^2(x^2+y^2)}{c^2} = -1-\frac{2\phi}{c^2}$$

となります。定重力場系の場合も回転系の場合も，c^2dt^2の係数はポテンシャルが入った

$$-1-\frac{2\phi}{c^2}$$

という式になりました。まだ，一般の場合は述べていませんが，空間の計量テンソルの$(0,\ 0)$成分g_{00}が重力ポテンシャルと密接な関係にあることを示唆しています。

実は，c^2dt^2の係数を表すこの式は，ある条件のもとで一般座標系でも成り立つ式なのです。あとに示します。

ここでは計量テンソルの成分中のg_{00}が重力と関係のあることを言及するにとどめましたが，他の成分も重力の源になっていることがあとから説明されます。

定重力場系（リンドラー座標）

前の定重力場の線素の計算は$x'=0$，$t'\fallingdotseq 0$でしか成り立たない簡便法であると言いました。もう少し正確に計算してみましょう。そのためには，

定重力場系とそれに対して設定する慣性系の間の座標変換を求めておかなければなりません。座標変換の式から作っていきましょう。要領はローレンツ変換の式を作ったときと同じです。

定重力場系$S'(ct', x', y', z')$にはx'軸の負の方向に一定の重力加速度gがかかっているものとします。これに対して重力加速度gによる力を受け，重力以外に力を受けないで進む系$S(ct, x, y, z)$を考えます。

x軸とx'軸は重なっていて，y軸とy'軸，z軸とz'軸はともに常に平行であるとします。ローレンツ変換のときと同じように，$y=y'$，$z=z'$になります。

$t=0$，$t'=0$のとき，定重力場系S'の原点$(x'=0, y'=0, z'=0)$と座標系Sの原点$(x=0, y=0, z=0)$が一致し，かつ相対速度が0になるものとします。座標系S'から見た座標系Sの原点の動きのイメージとしては，固定されたx'軸に対して，x'軸の負の方から投げられた玉が，x'軸の原点で速度0になって，また負方向に落ちていくということになります。

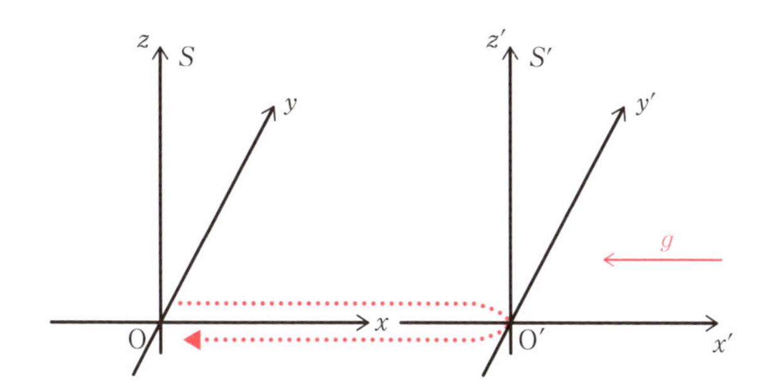

加速度gでx軸の負方向に進むとき，この系Sにはx軸の正の方向にgによる慣性力が働きますから，打ち消し合ってSには重力，慣性力が働きません。無重力状態です。Sは慣性系になります。ですからSを慣性系と呼んでしまいましょう。

ローレンツ変換のときのように慣性系Sの座標を表す直交するtx座標の上に，定重力場系S'の$t'x'$座標を書き込んでいきましょう。

初めに，t'軸，すなわち$x'=0$となる曲線を描き込んでいきましょう。これはS'の原点の世界線のことです。世界線を求めるには少々計算が必要です。

慣性系どうしの加速度の変換公式から復習します。

公式4.10によると，慣性系Iに対してx軸方向の速度$v_x(t)$，加速度$a_x(t)$を持つ物体を，Iに対してx軸方向に速度Vで進む慣性系I'から見たx'軸方向の加速度$a_x{}'(t')$は，

$$a'_x(t')=\frac{1}{\gamma^3\left(1-\dfrac{v_x(t)V}{c^2}\right)^3}a_x(t)=\frac{\left(1-\dfrac{V^2}{c^2}\right)^{\frac{3}{2}}}{\left(1-\dfrac{v_x(t)V}{c^2}\right)^3}a_x(t)$$

と表されました。

S系とS'系の関係も瞬間的には一定速度だと考えられますから，この加速度の変換公式を用います。

定重力場系S'系の原点が，慣性系S系からx軸方向の速度$v(t)$，加速度$a(t)$で観測されるとします。慣性系Sに対して，定重力場系S'はx軸方向に速度$v(t)$で進んでいると捉えます。つまり，上のIをSに，I'をS'として変換公式を用いるのです。慣性系Sから見て速度$v(t)$，加速度$a(t)$で動いている物体を，速度$v(t)$で進む定重力場系S'で観測すると加速度は，上の式で$V=v(t)$とおいて，

$$\frac{\left(1-\dfrac{v(t)^2}{c^2}\right)^{\frac{3}{2}}}{\left(1-\dfrac{v(t)v(t)}{c^2}\right)^3}a(t)=\left(1-\frac{v(t)^2}{c^2}\right)^{-\frac{3}{2}}a(t)$$

となります。これが定重力場系S'から見た慣性系Sの加速度gに等しくなります。

ここは少し分かりにくいかもしれません。S'の原点の動きをS'で捉えれば動きはないのではないかと思うからです。これを回避するには，

$v(t)$，$a(t)$を，“慣性系Sから見たSの原点とS'の原点の距離$x(t)$のtによる1階微分，2階微分”であると考えるとよいでしょう。すると上の式は定重力場系S'から捉えたSの原点とS'の原点の距離$x'(t')$のt'による2階微分ということになり，定重力場系S'から見た慣性系Sの加速度gであることが理解できるでしょう。

上の式がgに等しいので，

$$\left(1-\frac{v(t)^2}{c^2}\right)^{-\frac{3}{2}}a(t)=g$$

$$\frac{d}{dt}\left[v\cdot\frac{1}{\left(1-\frac{v^2}{c^2}\right)^{\frac{1}{2}}}\right]=a\cdot\frac{1}{\left(1-\frac{v^2}{c^2}\right)^{\frac{1}{2}}}+v\left(-\frac{1}{2}\right)\frac{-\frac{2v}{c^2}}{\left(1-\frac{v^2}{c^2}\right)^{\frac{3}{2}}}a=\frac{1-\frac{v^2}{c^2}+\frac{v^2}{c^2}}{\left(1-\frac{v^2}{c^2}\right)^{\frac{3}{2}}}a$$

これをtで積分して，

$$\frac{v(t)}{\sqrt{1-\frac{v(t)^2}{c^2}}}=gt+C_1$$

ここで，$t=0$のとき，$v(t)=0$なので$C_1=0$になります。変形していき，

$$1-\frac{v(t)^2}{c^2}=\left(\frac{v(t)}{gt}\right)^2 \qquad 1=\left(\frac{c^2+g^2t^2}{c^2g^2t^2}\right)\{v(t)\}^2$$

$$v(t)=\frac{gt}{\sqrt{1+\left(\frac{gt}{c}\right)^2}} \tag{7.02}$$

これをtで積分して，

$$x(t)=\frac{c^2}{g}\left(1+\frac{g^2t^2}{c^2}\right)^{\frac{1}{2}}+C_2$$

$$\frac{d}{dt}\left(\frac{c^2}{g}\left(1+\frac{g^2t^2}{c^2}\right)^{\frac{1}{2}}\right)=\frac{c^2}{g}\cdot\frac{1}{2}\left(1+\frac{g^2t^2}{c^2}\right)^{-\frac{1}{2}}\left(\frac{2g^2t}{c^2}\right)$$

$t=0$のとき，原点は一致しますから$x(0)=0$であり，$C_2=-\frac{c^2}{g}$。結局，

$$x(t)=\frac{c^2}{g}\left(1+\frac{g^2t^2}{c^2}\right)^{\frac{1}{2}}-\frac{c^2}{g} \tag{7.03}$$

これがtx平面でt'軸を表す方程式になります。$\alpha=\frac{g}{c^2}$とおくと，

$$x=\frac{1}{\alpha}(1+\alpha^2(ct)^2)^{\frac{1}{2}}-\frac{1}{\alpha} \qquad \alpha^2\left(x+\frac{1}{\alpha}\right)^2=1+\alpha^2(ct)^2$$

$$\left(x+\frac{1}{\alpha}\right)^2-(ct)^2=\frac{1}{\alpha^2} \tag{7.04}$$

と漸近線が45°傾いた直角双曲線の式になります。(7.03) のグラフはこの双曲線の$x \geqq 0$の部分で下図のようになります。

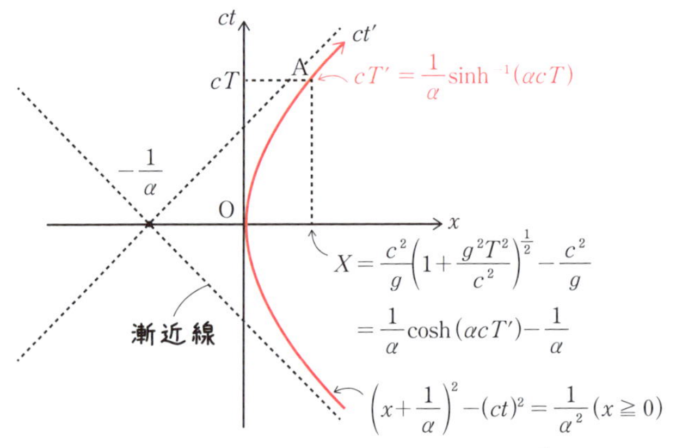

(7.03) で，uが小さいときの近似式$(1+u)^{\frac{1}{2}}=1+\frac{1}{2}u$を使えば，

$$x(t)=\frac{c^2}{g}\left(1+\frac{g^2t^2}{c^2}\right)^{\frac{1}{2}}-\frac{c^2}{g}=\frac{c^2}{g}\left(1+\frac{g^2t^2}{2c^2}\right)-\frac{c^2}{g}=\frac{1}{2}gt^2$$

となります。原点の近くでは自由落下の放物線の式になるわけです。

さて，このt'軸に目盛りを振っていきましょう。t'軸は$x'=0$の世界線ですから，S'系では動いていません。$x'=0$に置かれた時計は固有時を刻みます。固有時をS系で計算して目盛りを書き込めばよいでしょう。

tx座標の原点をOとします。Oのt'座標は$t'=0$です。S系でのt座標がcTとなる点Aの目盛りには，OからAまでの固有時を計算して(c倍して)書き込みます。この目盛りをcT'とします。

$$T'=\int_0^T\sqrt{1-\frac{\{v(t)\}^2}{c^2}}\,dt=\underset{\text{(7.02)第1式}}{\int_0^T\frac{v(t)}{gt}dt}=\underset{\text{(7.02)第3式}}{\int_0^T\frac{1}{\sqrt{1+\left(\frac{gt}{c}\right)^2}}dt}$$

$$=\frac{c}{g}\sinh^{-1}\left(\frac{g}{c}T\right) \qquad \int\frac{1}{\sqrt{1+x^2}}dx=\sinh^{-1}x+c$$

つまり，t と t' の関係は，

$$ct'=\frac{1}{\alpha}\sinh^{-1}(\alpha ct) \qquad \frac{1}{\alpha}\sinh(\alpha ct')=ct \tag{7.05}$$

となります。これを（7.04）に代入して，

$$\left(x+\frac{1}{\alpha}\right)^2=(ct)^2+\frac{1}{\alpha^2}=\frac{1}{\alpha^2}(\sinh^2(\alpha ct')+1)=\frac{1}{\alpha^2}\cosh^2(\alpha ct')$$

$$\sinh^2 x+1=\cosh^2 x$$

$$x+\frac{1}{\alpha}=\frac{1}{\alpha}\cosh(\alpha ct') \qquad x=\frac{1}{\alpha}\cosh(\alpha ct')-\frac{1}{\alpha}$$

結局，$t'x'$ 座標で $(ct',\ 0)$ と表される t' 軸上の点に対応する $(ct,\ x)$ は，

$$ct=\frac{1}{\alpha}\sinh(\alpha ct') \qquad x=\frac{1}{\alpha}\cosh(\alpha ct')-\frac{1}{\alpha} \tag{7.06}$$

となります。

これをもとにして t' 軸以外の点も $t'x'$ 座標を振っていきましょう。

$(ct,\ x)$が$(ct',\ x')$によって，

$$ct=f(ct',\ x') \qquad x=g(ct',\ x')$$

と表されるものとします。これから f，g を絞り込んでいきます。

ct' 一定の曲線と x' 一定の曲線の交点Bの周りのことを考えてみましょう。等価原理によって1点の周りでは局所慣性系をとることができますから，交点Bの周りでグラフは慣性系の形をしていなければなりません。

ここでローレンツ変換をした座標の座標軸のことを思い出してください。tx 座標に対してローレンツ変換を施した座標の t' 軸と x' 軸は傾き45度（傾き1）の直線に対して対称で，かつ目盛りの間隔は等しくなっていました。

このことをBの周りの状況に当てはめると，ct' 一定の曲線のBでの接

線ベクトルと x' 一定の曲線のBでの接線ベクトルは，傾き45度(傾き1)の直線に対して対称になっているということが分かります。

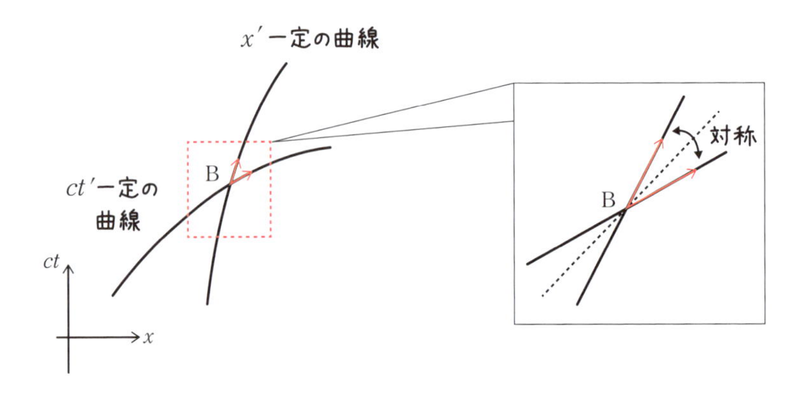

ct' 一定の曲線の接線ベクトルと x' 一定の曲線の接線ベクトルは，(f, g) をそれぞれ x'，ct' で偏微分して，

$$\left(\frac{\partial f}{\partial x'}, \frac{\partial g}{\partial x'}\right) \qquad \left(\frac{\partial f}{c\partial t'}, \frac{\partial g}{c\partial t'}\right)$$

です。これが傾き45度の直線に対して対称なので，

$$\frac{\partial f}{\partial x'} = \frac{\partial g}{c\partial t'} \qquad \frac{\partial g}{\partial x'} = \frac{\partial f}{c\partial t'} \tag{7.07}$$

が成り立つことになります。ここで，

$$f(ct', x') = \frac{1}{\alpha}u(x')\sinh(\alpha ct')$$

$$g(ct', x') = \frac{1}{\alpha}v(x')\cosh(\alpha ct') - \frac{1}{\alpha} \tag{7.08}$$

とおきます。$(ct', 0)$ のときの（7.06）より，

$$u(0) = 1 \qquad v(0) = 1 \tag{7.09}$$

です。（7.07）に（7.08）を代入すると，

$$\frac{1}{\alpha}\frac{d}{dx'}u(x')\sinh(\alpha ct') = v(x')\sinh(\alpha ct')$$

$$\frac{1}{\alpha}\frac{d}{dx'}v(x')\cosh(\alpha ct')=u(x')\cosh(\alpha ct')$$

つまり，

$$\frac{1}{\alpha}\frac{d}{dx'}u(x')=v(x') \qquad \frac{1}{\alpha}\frac{d}{dx'}v(x')=u(x') \tag{7.10}$$

となります。第2式に第1式を代入して，

$$\frac{1}{\alpha}\frac{d}{dx'}\left(\frac{1}{\alpha}\frac{d}{dx'}u(x')\right)=u(x') \qquad \frac{1}{\alpha^2}\frac{d^2}{dx'^2}u(x')=u(x') \tag{7.11}$$

これは2階の線形常微分方程式になっています。解き方を知っている人は暗算でも解けて，解は，

$$u(x')=C_1e^{\alpha x'}+C_2e^{-\alpha x'}$$

となります。解法を知らない方でも，この$u(x')$が（7.11）の微分方程式を満たすことは暗算で確認できるでしょう。(7.10）より，

$$v(x')=\frac{1}{\alpha}\frac{d}{dx'}u(x')=C_1e^{\alpha x'}-C_2e^{-\alpha x'}$$

となります。ここで(7.09)の$u(0)=1$，$v(0)=1$を用いて，$C_1=1$，$C_2=0$と決定します。つまり，

$$u(x')=e^{\alpha x'} \qquad v(x')=e^{\alpha x'}$$

となります。これを（7.08）に代入すると，$(ct',\ x')$に対応する$(ct,\ x)$は，

$$ct=\frac{1}{\alpha}e^{\alpha x'}\sinh(\alpha ct') \qquad x=\frac{1}{\alpha}e^{\alpha x'}\cosh(\alpha ct')-\frac{1}{\alpha}$$

となることが導けました。

この式を元にtx座標の上に$t'x'$座標を重ねると次の図のようになります。

t'を一定にして変数x'の式と見ると，この式は$\left(-\frac{1}{\alpha},\ 0\right)$を始点に持つ半直線(から始点を除いた)になります。これが同時刻線です。双曲線どうしは$\left(-\frac{1}{\alpha},\ 0\right)$を中心に相似になっています。

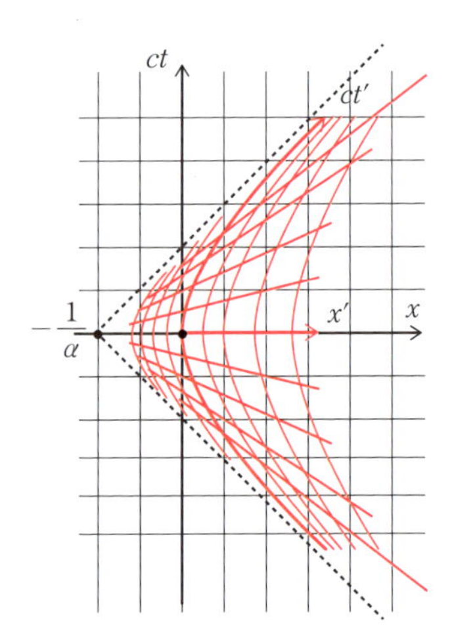

tx 座標に入れた $t'x'$ 座標は，リンドラー座標と呼ばれているようです。

ですから，この変換則をリンドラー変換と呼びたいと思います。思いますというのは，用語がばらついているようですので。

なお，係数の $\frac{1}{\alpha}e^{\alpha x'}$ の部分を $\left(\frac{1}{\alpha}+x'\right)$ としている式も見受けられます。これはテーラー展開の1次までをとった表現ですが，x' が負のところや，x' が大きいところでは値がずれてきます。

公式 7.01　定重力場系と慣性系の変換則（リンドラー変換）

x' 軸方向に $-g$ の重力がかかっている定重力場系 $(ct',\ x')$ とそれに対して $-g$ の重力を受けながら動く慣性系 $(ct,\ x)$ との変換則は，

$$ct=\frac{1}{\alpha}e^{\alpha x'}\sinh(\alpha ct') \qquad x=\frac{1}{\alpha}e^{\alpha x'}\cosh(\alpha ct')-\frac{1}{\alpha}$$

定重力場系の線素を求めておきましょう。これらの式を全微分して，

$$cdt=e^{\alpha x'}\cosh(\alpha ct')cdt'+e^{\alpha x'}\sinh(\alpha ct')dx'$$

$$dx=e^{\alpha x'}\sinh(\alpha ct')cdt'+e^{\alpha x'}\cosh(\alpha ct')dx'$$

慣性系の線素はミンコフスキー計量でしたから，

$$
\begin{aligned}
ds^2 &= -c^2dt^2+dx^2+dy^2+dz^2 \\
&= -(e^{\alpha x'}\cosh(\alpha ct')cdt'+e^{\alpha x'}\sinh(\alpha ct')dx')^2+dy'^2+dz'^2 \\
&\qquad +(e^{\alpha x'}\sinh(\alpha ct')cdt'+e^{\alpha x'}\cosh(\alpha ct')dx')^2
\end{aligned}
$$

$\cosh^2 x-\sinh^2 x=1$ を用いて

$$
= e^{2\alpha x'}(-c^2dt'^2+dx'^2)+dy'^2+dz'^2 \tag{7.12}
$$

これが正確に求めた定重力場系の線素になります。

定重力場の簡易版と比べてみましょう。

(7.12) の $c^2dt'^2$ の係数のテイラー展開の 1 次の項で近似すると,

$$
-e^{2\alpha x'}=-(1+2\alpha x')=-1-\frac{2gx'}{c^2}
$$

となり，ここでは加速度が $-g$ であったことを考慮すると，簡易版の c^2dt^2 の係数と一致することが確かめられます。

あんな簡単な計算で線素を求めることができたので，簡易版も捨てたものではないということです。他の係数はうまくありませんが，あとから分かるように，重要なのは dt^2 の係数 (g_{00}) なのです。他は目をつぶることにしましょう。

ミンコフスキー計量のリーマン曲率は 0 ですから，等価原理を用いて導いた線素からリーマン曲率を計算すると，テンソルの性質（**定理 3.33**）により 0 となります。曲がった空間の場合でも 0 となってしまいますから，このような計算はしてはいけません。一般には，ミンコフスキー計量を入れることができるのは正確には時空間の 1 点だけなので，近くの点の情報をもとに計算する微分という演算はしてはいけないことなのです。

この意味で，曲率をもとにしたアインシュタインの重力場方程式と等価原理は同時には用いることができません。この章の初めに，一般相対論は等価原理と重力場方程式の 2 本立てだと言ったのはそういう意味です。1 つのスクリーンに同時上映はできないのです。

§3　局所ローレンツ系

等価原理では一般座標系においてつねに局所慣性系をとることができるとしています。

ある小さい領域で，線素の係数g_{ij}が一定の値をとると仮定してみましょう。すると，リーマン曲率（以下，曲率といいます）$R^i{}_{jkl}$はg_{ij}の微分から計算されましたから，$R^i{}_{jkl}=0$となります。

小さい領域で曲率が0となります。空間の特性である曲率が0になってしまうのでは仮定が強すぎます。

局所慣性系とは，特殊相対論が成り立つ計算に都合のよい座標系を設定することです。数学的にはどの程度まで都合のよい座標を設定できるのでしょうか。追求しておきたいと思います。

局所ローレンツ系という座標系を紹介しましょう。

定義 7.02　局所ローレンツ系

1点Pにおいて，$g'_{ij}=\eta_{ij}$，$\dfrac{\partial g'_{ij}}{\partial x'^k}=0$となる座標系$(x'^i)$をPでの局所ローレンツ系という。

公式 5.16により，64個の$\dfrac{\partial g_{ij}}{\partial x^k}$がすべて0であることと，64個の$\Gamma^i{}_{jk}$がすべて0であることは同値です。

$$\frac{\partial g_{ij}}{\partial x^k}=0 \quad \Leftrightarrow \quad \Gamma^i{}_{jk}=0 \tag{7.13}$$

ですから，定義の$\dfrac{\partial g_{ij}}{\partial x^k}=0$を，$\Gamma^i{}_{jk}=0$に置き換えてもかまいません。

局所ローレンツ系を一言でいうと，1点Pに関して正規直交座標をとることであるといえます。

しかし，局所ローレンツ系は，曲がった空間の1点で座標をとり直しただけのものですから，曲率を計算しても0にはならないことに注意しましょう。$\Gamma^{i}{}_{jk}$が0であっても，$\Gamma^{i}{}_{jk}$の微分は0ではないので，曲がった時空に設定された局所ローレンツ系のg_{ij}から曲率を計算しても0にはならないのです。

なお，この局所ローレンツ系という用語は，マイナーな用法です（参考文献［14］による）。この条件を満たす座標系について言及している場合，多くの本では「局所慣性系」と呼んでいます（数学の本では「測地座標系」とする場合もある）。

すると，等価原理の説明の中に出てくる局所慣性系と用語がかぶります。局所的に慣性系をとるという意味で，局所慣性系とするのは自然な用法だと思います。

1つの本の中で，等価原理によって小さい領域で局所的にとった慣性系と，**定義 7.02** のように1点Pに関する数学的条件を満たす座標系の両方に「局所慣性系」という用語を当てている場合が多いです。その場合，等価原理の中での局所慣性系の「局所」とは自由落下するエレベータの例からも分かるように，1点よりも広がりを持った意味として捉える方がしっくりきます。しかし，$\dfrac{\partial g_{ij}}{\partial x_k}=0$という条件を広がりを持った領域（1点の近傍）で捉えるとこの節の冒頭で述べたように曲率が0になり不都合が生じます。広がりを持った領域に関する物理的な定義である前者と点に関する数学的な条件で与えられる後者に同じ用語を当てるのは初学者にとっては混乱のもとになると思います。それにしても，等価原理の説明の段階で，局所慣性系に$\dfrac{\partial g_{ij}}{\partial x^k}=0$という条件まで言及している本を見たことがありません。

そこでこの本では，一般座標系において1点の近傍を慣性系と見なしたものに限り局所慣性系という用語を用い，数学的な条件で定義される座標系の方を局所ローレンツ系と呼ぶことにしました。

一度に使ってみると，

> 「一般座標系で任意の1点を選ぶと，1点の近傍には慣性系と同じ物理法則が成り立つ局所慣性系を設定することができ，その1点を中心とした局所ローレンツ系という座標系を設定することができる」

となります。1点の周りのごく小さい領域を慣性系と見なした局所慣性系において，その1点で入れる座標が局所ローレンツ系であるわけです。

他の本に当たる場合にはご留意していただければ幸いです。

これから，曲がった時空であっても，任意の点に関して局所ローレンツ系を選ぶことができることを説明していきましょう。

ここで証明の流れをイメージで説明しておきましょう。2次元で説明します。下左図は，曲面座標(u^1, u^2)が入っている2次元の面にPがあるとき，Pでのu^1方向の接線とu^2方向の接線を引いた図です。Pの近傍ではこの2つの接線を座標軸とする直線座標をとることができます（次の**定理7.03**)。まだ，座標軸は斜めになっていて，目盛りの間隔が軸ごとに異なっているので，このあと下右図のように座標が正規直交になるように整えます（**定理7.04**)。こうしてPで，局所ローレンツ系をとることができることを示します。

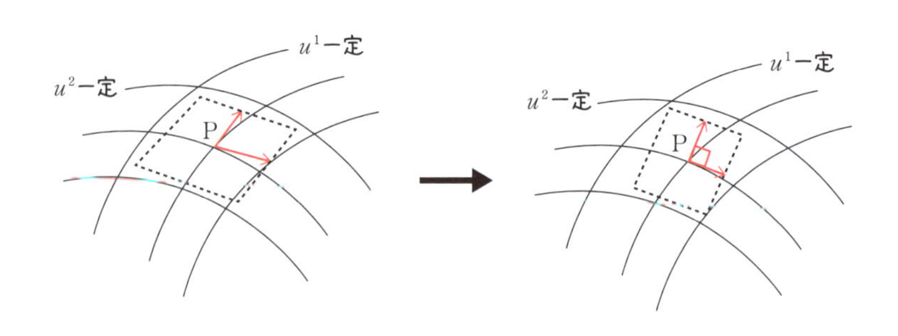

一般座標に線素$ds^2=g_{ij}dx^idx^j$が入っているものとします。ここでg_{ij}は座標x^iの関数になっています。ですから，g_{ij}は定数ではありません。

このような場合でも，うまく座標をとり直すことによって，1点に関しては，$\dfrac{\partial g_{ij}}{\partial x^k}=0$とすることができることを次の定理で証明します。

定理 7.03　**計量テンソルgの1階微分を0にできる**

任意の点Pについて，接続係数$\Gamma^i{}_{jk}$がすべて0であるような座標系をとることができる。

点Pは，一般座標(x^i)で$x^i=0$と表されていると仮定してかまいません。例えば，Pの座標が$x^i=a^i\,(\neq 0)$であれば，軸の位置は変えずに$x'^i=x^i-a^i$として座標を振り直します。

一般座標(x^i)のPでの接続係数を$C^i{}_{jk}$とします。1点Pでの値，定数なのでΓの代わりにCで表しました。Pが原点である一般座標(x^i)に対し，一般座標(x'^i)を

$$x'^i=x^i+\frac{1}{2}C^i{}_{jk}x^jx^k$$

と定めると，x'^iの接続係数が0になります。確認してみましょう。

一般座標(x'^i)でもPは原点$(x'^i=0)$になることに注意すると，Pでの座標変換行列は，

$$\left.\frac{\partial x'^i}{\partial x^j}\right|_P=\frac{\partial}{\partial x^j}\left(x^i+\frac{1}{2}C^i{}_{lk}x^lx^k\right)\Big|_P=\delta^i{}_j+\frac{1}{2}C^i{}_{lk}\left(\delta^l{}_jx^k+x^l\delta^k{}_j\right)\Big|_P$$

$|_P$は点Pでの式の値という意味　　点Pでは$x^k=0,\ x^l=0$

$$=\delta^i{}_j+\frac{1}{2}C^i{}_{jk}x^k+\frac{1}{2}C^i{}_{lj}x^l\Big|_P=\delta^i{}_j$$

これの逆行列をとって，$\left.\dfrac{\partial x^i}{\partial x'^j}\right|_P=\delta^i{}_j$

ここで，P点の周りでx^iをx'^iで表してみましょう。

$$
\begin{aligned}
x^i &= x'^i - \frac{1}{2}C^i{}_{jk}x^j x^k \\
&= x'^i - \frac{1}{2}C^i{}_{jk}\left(x'^j - \frac{1}{2}C^j{}_{lm}x^l x^m\right)\left(x'^k - \frac{1}{2}C^k{}_{np}x^n x^p\right) \\
&= x'^i - \frac{1}{2}C^i{}_{jk}x'^j x'^k + \frac{1}{4}C^i{}_{jk}C^k{}_{np}x'^j x^n x^p + \frac{1}{4}C^i{}_{jk}C^j{}_{lm}x'^k x^l x^m \\
&\qquad - \frac{1}{8}C^i{}_{jk}C^j{}_{lm}C^k{}_{np}x^l x^m x^n x^p
\end{aligned}
$$

となります。右辺がすべてx'^iになってはいませんが，偏微分を実行してみます。

x^iをx'^j，x'^kの順に偏微分しましょう。第1項と第2項については，

$$
\begin{aligned}
&\frac{\partial}{\partial x'^k}\left(\frac{\partial}{\partial x'^j}\left(x'^i - \frac{1}{2}C^i{}_{lm}x'^l x'^m\right)\right) \\
&\quad = \frac{\partial}{\partial x'^k}\left(\delta^i{}_j - \frac{1}{2}C^i{}_{jm}x'^m - \frac{1}{2}C^i{}_{lj}x'^l\right) \\
&\quad = -\frac{1}{2}C^i{}_{jk} - \frac{1}{2}C^i{}_{kj} = -\frac{1}{2}C^i{}_{jk} - \frac{1}{2}C^i{}_{jk} = -C^i{}_{jk}
\end{aligned}
$$

第3項〜第5項については3次以上ですから，偏微分して得られた関数のPでの値は0になります。なぜなら，偏微分して得られた関数の各項には手つかずのx^i，x'^iが少なくとも1つ残っていて，0を代入することになるからです。

$x=0$で0の値をとる関数$f(x)$，$g(x)$，$h(x)$について，
$(f(x)g(x))'_{x=0}=0$，　$(f(x)g(x)h(x))''_{x=0}=0$が成り立つ

結局，

$$
\left.\frac{\partial^2 x^i}{\partial x'^j\,\partial x'^k}\right|_{\mathrm{P}} = -C^i{}_{jk}
$$

ここでx'^iの接続係数を$\Gamma'^i{}_{jk}$とします。**定理 5.09** の接続係数の変換則を用いて，$\Gamma'^i{}_{jk}$のPでの値を求めると，

$$\Gamma^{i}{}_{jk}\big|_{\mathrm{P}} = \frac{\partial x'^{i}}{\partial x^{l}}\left(\frac{\partial x^{m}}{\partial x'^{j}}\frac{\partial x^{n}}{\partial x'^{k}}C^{l}{}_{mn} + \frac{\partial^2 x^{l}}{\partial x'^{j}\partial x'^{k}}\right)\Bigg|_{\mathrm{P}}$$

$$= \frac{\partial x'^{i}}{\partial x^{l}}(\delta^{m}{}_{j}\delta^{n}{}_{k}C^{l}{}_{mn} - C^{l}{}_{jk}) = \frac{\partial x'^{i}}{\partial x^{l}}(C^{l}{}_{jk} - C^{l}{}_{jk}) = 0$$

(7.13) が成り立ちますから，空間中のある1点を選んだとき，その点で$\dfrac{\partial g_{ij}}{\partial x^{k}}=0$となるような座標系$x^i$をとることができます。

次に，さらに座標を取り換えることで，g_{ij}をη_{ij}に合わせてみましょう。その仕組みを説明する前に，線形代数の定理を確認しておきます。

定理 7.04

Sを対称行列とする。このとき，${}^{t}ASA$が対角行列で，対角成分が±1, 0のどれかになるようなAが存在する。

対称行列は直交行列によって対角化することができるという線形代数の定理があります。すなわち，対称行列$S(S={}^{t}S)$に対して，

$${}^{t}USU(=U^{-1}SU)$$

が対角行列になるような直交行列$U({}^{t}UU=E)$が存在します。**定理 7.04** の証明は，この定理を前提として進めます。対称行列が直交行列で対角化可能であるという定理は，たいていの線形代数の教科書に載っていますから，証明が知りたい方は各自確認してください。

対称行列Sに対し，直交行列Uをうまく選んで${}^{t}USU$を対角行列にしたとします。${}^{t}USU$の対角成分が，例えば-2，3，0であるとしましょう。

ここで，$B=\begin{pmatrix} \frac{1}{\sqrt{2}} & & \\ & \frac{1}{\sqrt{3}} & \\ & & 1 \end{pmatrix}$とおいて，$A=UB$とします。

$$
{}^tASA = {}^t(UB)S(UB) = {}^tB{}^tUSUB
$$

$$
= \begin{pmatrix} \frac{1}{\sqrt{2}} & & \\ & \frac{1}{\sqrt{3}} & \\ & & 1 \end{pmatrix} \begin{pmatrix} -2 & & \\ & 3 & \\ & & 0 \end{pmatrix} \begin{pmatrix} \frac{1}{\sqrt{2}} & & \\ & \frac{1}{\sqrt{3}} & \\ & & 1 \end{pmatrix}
$$

$$
= \begin{pmatrix} -1 & & \\ & 1 & \\ & & 0 \end{pmatrix}
$$

これを計量テンソルに応用してみます。

曲がっている空間の1点Pで**定理7.03**の条件を満たすような座標系(x^i)をとります。その計量テンソルの行列を$G=(g_{ij})$とおきます。g_{ij}は対称テンソルですから，上の定理から定数の行列$A=(a^i{}_j)$により$G=(g_{ij})$を対角化でき，対角成分を±1, 0にすることができます。つまり，${}^tAGA$の対角成分が±1, 0になるということです。

このとき，$x^i=a^i{}_jx'^j$，$x'^i=b^i{}_jx^j$という座標変換を行なえば，座標x'^iでの計量テンソルg'_{ij}は対角成分だけで値が±1, 0のどれかになります。

g_{ij}は2階の共変テンソルで座標系x^iでの表現ですから，座標系をx^iからx'^iに座標変換すると，座標系x'^iでの表現g'_{ij}は，

$$
g'_{ij} = \frac{\partial x^k}{\partial x'^i}\frac{\partial x^l}{\partial x'^j}g_{kl} = a^k{}_i a^l{}_j g_{kl}
$$

と変換されます。右辺を行列で表せば，${}^tAGA$ですから，g'_{ij}は対角成分だけで値が±1, 0のどれかになります。

ここで，$\frac{\partial g_{ij}}{\partial x^k}$は(0, 3)テンソルですから，定理により，$\frac{\partial g_{ij}}{\partial x^k}=0$ならば$\frac{\partial g'_{ij}}{\partial x'^k}=0$になります。

数学で整えられるのはここまでです。

g'_{ij}の対角成分を，1，1，1，1でも−1，−1，1，0でもなくて，−1，

1，1，1にすることができるということを示すには，物理的な判断が必要で，等価原理の助けを借りなければなりません。

ならば，初めから等価原理を用いればいいというかもしれませんが，局所慣性系が数学とはかけ離れた無謀な仮定ではないことを示す意味で，数学的に検証しておきました。

上で示したように，曲がった時空でも任意の点で局所ローレンツ系を設定することができます。数学の立場から言えば，等価原理とは，4次元空間に1点Pをとったとき，Pの周りで正規直交な座標を設定することである，とまとめることができます。等価原理を用いるとは，正規直交な座標での方程式を曲線座標に書き換えることです。

局所ローレンツ系を設定することができることは，重力と慣性力が本質的に同じものであるという観察を経ずとも導くことができる数学の定理です。この数学の定理は，日常生活で正規直交な座標に慣れ親しんでいる我々にとって，成り立っていることを深く実感することができる定理であると思います。数学が整備されたいまとなっては，等価原理の数学的側面を知って，なあんだそんなことかと思うかもしれませんね。しかし，100年前の状況を鑑みれば，物理的直観から等価原理を思いついたアインシュタインは天才なのでしょう。

§4　一般座標系での固有時

一般相対論で扱う曲がった時空間では，力学，電磁気学の法則はどう表されるでしょうか。それには，曲がった空間に局所慣性系を設定し，強い等価原理を用いて，局所慣性系で成り立つ特殊相対論の力学と電磁気学の法則を，曲がった空間での法則に書き換えます。

一般座標系での固有時の表現について考えてみましょう。

空間に一般座標系(x^i)が入っているとします。1点Pで局所ローレンツ系(x'^i)を設定します。慣性系には，

ミンコフスキー計量$ds^2=\eta_{ij}dx'^i dx'^j$

が入っています。

これを一般座標系(x^i)で書き換えて

$$ds^2=\eta_{ij}dx'^i dx'^j=g_{ij}dx^i dx^j$$

となったとします。

η_{ij}，g_{ij}は2階の共変テンソル場ですから，g_{ij}とη_{ij}の間には，

$$g_{ij}=\frac{\partial x'^k}{\partial x^i}\frac{\partial x'^l}{\partial x^j}\eta_{kl}$$

という関係があります。

特殊相対論のとき，線素ds^2と固有時$d\tau^2$の間には，形式的に

$$ds^2=-c^2d\tau^2$$

という関係がありましたから，固有時$d\tau$を一般座標系で表すと，

$$d\tau^2=-\frac{1}{c^2}ds^2=-\frac{1}{c^2}\eta_{ij}dx'^i dx'^j=-\frac{1}{c^2}g_{ij}dx^i dx^j$$

$$d\tau=\frac{1}{c}\sqrt{-g_{ij}dx^i dx^j}$$

また，時間軸x^0の微分と見て，

$$\left(\frac{d\tau}{dx^0}\right)^2 = -\frac{1}{c^2} g_{ij} \frac{dx^i}{dx^0} \frac{dx^j}{dx^0} \qquad \frac{d\tau}{dx^0} = \frac{1}{c} \sqrt{-g_{ij} \frac{dx^i}{dx^0} \frac{dx^j}{dx^0}}$$

となります。

固有時τは，g_{ij}と速度によってこのように表されるわけです。

速度や重力ポテンシャルが固有時τにどのような影響を与えるのか定性的に解釈してみましょう。

（ア）速度による変化

重力場がないとします。このとき一般座標系であってもミンコフスキー計量をとることができますから，$g_{ij}=\eta_{ij}$，$x^0=ct$とすれば，

$$\frac{d\tau}{cdt} = \frac{d\tau}{dx^0} = \frac{1}{c} \sqrt{-\eta_{ij} \frac{dx^i}{dx^0} \frac{dx^j}{dx^0}}$$
$$= \frac{1}{c} \sqrt{\left(\frac{dx^0}{dx^0}\right)^2 - \left(\frac{dx^1}{dx^0}\right)^2 - \left(\frac{dx^2}{dx^0}\right)^2 - \left(\frac{dx^3}{dx^0}\right)^2}$$

より，

$$\frac{d\tau}{dt} = \sqrt{1 - \frac{|\boldsymbol{v}|^2}{c^2}} \qquad d\tau = \sqrt{1 - \frac{|\boldsymbol{v}|^2}{c^2}}\,dt = \frac{1}{\gamma} dt$$

と，固有時の定義の式になります。一般座標系の時間tに対して，一般座標に対して速さvで動く点の固有時τは，速さvが大きくなればなるほどより遅れるようになります。これは特殊相対論のローレンツ変換で時間が遅れる効果と同じです。

（イ）重力ポテンシャルによる変化

一般座標系で静止している点で考えます。$\dfrac{dx^i}{dx^0}=0$　$(i=1,\ 2,\ 3)$ですから，

$$\frac{d\tau}{dx^0}=\frac{1}{c}\sqrt{-g_{00}\left(\frac{dx^0}{dx^0}\right)^2}=\frac{1}{c}\sqrt{-g_{00}} \qquad d\tau=\frac{1}{c}\sqrt{-g_{00}}\,dx^0=\sqrt{-g_{00}}\,dt$$

ここでtについて説明しておきます。tは座標系の時刻です。時計で測ることができるのは固有時ですから，この座標系での時刻を測るには，$g_{00}=-1$となるようなところで測るしかありません。無限遠点でミンコフスキー計量が入っているとすれば，tは無限遠点での固有時を表していると考えられます。しかし，実際に無限遠点での固有時などどうやって測るのだろうかという疑問が生じます。逆にこの式からtが分かるとすればよいでしょう。あまり役に立たない式に思えるかもしれませんが，異なる2つの地点での固有時を比べるときには有効です。次の問題でこのことを用います。

2節でコメントしたように，$g_{00}=-1-\dfrac{2\phi}{c^2}$が成り立つとすると，

$$d\tau=\sqrt{1+\frac{2\phi}{c^2}}\,dt$$

ϕが質量Mの質点まわりの重力ポテンシャル$\phi=-\dfrac{GM}{r}$であるとすると，

$$d\tau=\sqrt{1-\frac{2GM}{c^2 r}}\,dt$$

となります。

rが大きくなるとルートの中の値は大きくなります。固有時τは速く進むことになります。

問題 7.05

地球上で静止している時計の時間τ_Eと地球の人工衛星に搭載されている時計τ_Sの進み方を比べよ。ただし，地球の質量をM，半径をR，人工衛星の軌道半径をrとし，地球の自転は考えないものとする。

人工衛星の軌道で地球に対して静止している点での時間をτ_rとします。

$d\tau_E$ と $d\tau_r$ は，

$$d\tau_E = \sqrt{1-\frac{2GM}{c^2R}}\,dt \quad (7.14) \qquad d\tau_r = \sqrt{1-\frac{2GM}{c^2r}}\,dt \quad (7.15)$$

人工衛星の軌道上ではポテンシャルが一定ですから重力の勾配はなく，軌道上は慣性系と見なすことができます。時間に関して特殊相対論の効果があり，$d\tau_s$ と $d\tau_r$ は人工衛星の速さを v とすると，

$$d\tau_s = \sqrt{1-\frac{v^2}{c^2}}\,d\tau_r \tag{7.16}$$

一方，人工衛星が一定の円軌道を回るときの運動方程式から，

$$m\frac{v^2}{r} = \frac{GMm}{r^2} \qquad v^2 = \frac{GM}{r}$$

等速円運動の加速度

(7.15)，(7.16) より，

$$d\tau_s = \sqrt{1-\frac{v^2}{c^2}}\sqrt{1-\frac{2GM}{c^2r}}\,dt = \sqrt{1-\frac{GM}{c^2r}}\sqrt{1-\frac{2GM}{c^2r}}\,dt$$

$$= \sqrt{1-\frac{GM}{c^2r}-\frac{2GM}{c^2r}}\,dt = \sqrt{1-\frac{3GM}{c^2r}}\,dt \tag{7.17}$$

$\frac{GM}{c^2r}$ は1に比べて十分小さいので，$\left(\frac{GM}{c^2r}\right)^2$ の項は無視する

(7.14)，(7.17) を比べて，

$$\frac{r}{R} > \frac{3}{2} \text{のとき，} d\tau_E < d\tau_s \qquad \frac{r}{R} < \frac{3}{2} \text{のとき，} d\tau_E > d\tau_s$$

この結果をGPS（Global Positioning System）の衛星について当てはめてみましょう。

地球の半径 R を6400km，GPS衛星の軌道半径 r は26560kmですから，$\frac{r}{R} > \frac{3}{2}$ が成り立ち，衛星の時計の方が地上の時計よりも速く進むことが分かります。GPSは，この地上の時計とGPS衛星の時計の誤差を補正して地上の時計の位置を割り出しています。

(7.17) の導出から分かるように，人工衛星の時計に関して特殊相対論

的効果（速さの影響）は$-\frac{GM}{c^2 r}$，一般相対論的効果（重力の影響）は$-\frac{2GM}{c^2 r}$です。一般相対論的効果は，特殊相対論的効果の2倍になります。

カーナビはGPSを用いて地球上の位置を確認しています。一般相対論なくしては，カーナビも満足に作ることができないということです。

なお，上の解決では重力場による効果と速度による効果をかけ合わせるという手法を用いましたが，9節のシュワルツシルト解を用いれば，固有時を1回計算するだけで済ますことができます。

双子のパラドックス

ここで宿題であった双子のパラドックスについて論じてみましょう。

双子のパラドックスについて状況をおさらいしておきます。宇宙のどこかの広い無重力空間に静止している宇宙ステーションがあるとします。つまり宇宙ステーションに対して静止している座標系は慣性系です。

宇宙ステーションから飛び立ったロケットが宇宙旅行をして帰ってきたとき，宇宙ステーションの時計よりもロケットの時計の方が遅れます。これは事実です。

このことは，宇宙ステーションに対して静止している慣性系を設定し，宇宙ステーションの固有時とロケットの固有時を計算することで分かります。ロケットが出発，到着するときの慣性系の時刻をt_1，t_2，ロケットが出発してから帰るまでの宇宙ステーションの固有時をτ_1，ロケットの固有時をτ_2とします。宇宙ステーションの慣性系に対する速度は0，ロケットの速度を$v(t)$とすると，

$$\tau_1=\int_{t_1}^{t_2}\sqrt{1-\frac{0^2}{c^2}}\,dt>\tau_2=\int_{t_1}^{t_2}\sqrt{1-\frac{\{v(t)\}^2}{c^2}}\,dt$$

となります。この不等式が成り立つことは，すぐに分かるでしょう。

問題は，宇宙ステーションとロケットの立場を入れ換えて，ロケットに対して静止している慣性系をとったとき，この不等式が逆転したものにな

ってしまうことです。矛盾しているではないかということです。ロケットに対して静止している座標系で固有時を計算しても$\tau_1 > \tau_2$とならなくてはいけないはずです。

宇宙ステーションを慣性系とするとき，ロケットが往復するには方向転換のために加速することが必要ですから，ロケットに対して静止している座標系は慣性系ではありません。ですから，慣性系と同じミンコフスキー計量を用いることはできません。上の計算の立場を入れ換えた計算は不可能なのです。では，固有時をどう計算すればよいでしょうか。実際に計算してみましょう。

このとき役に立つのが，2節の終わりで求めておいたリンドラー変換，すなわち定重力場系S'とそれに対し重力加速度gによる力を受けて自由落下する座標系Sの間の座標の変換則です。

自由落下する座標系Sは慣性系でした。Sから見れば定重力場系S'はx軸方向に加速度（gではないが）を持って動いています。

ですから，慣性系S（tx座標）を宇宙ステーションに対して静止している慣性系，定重力場系S'（$t'x'$座標）をロケットに設定された座標系と見立てればよいのです。つまり，加速度を受けて動くロケットが宇宙ステーションの周りで往来するという設定で，双子のパラドックスを考えてみようというのです。

tx座標に$t'x'$座標を重ね合わせた下図で考えてみましょう。

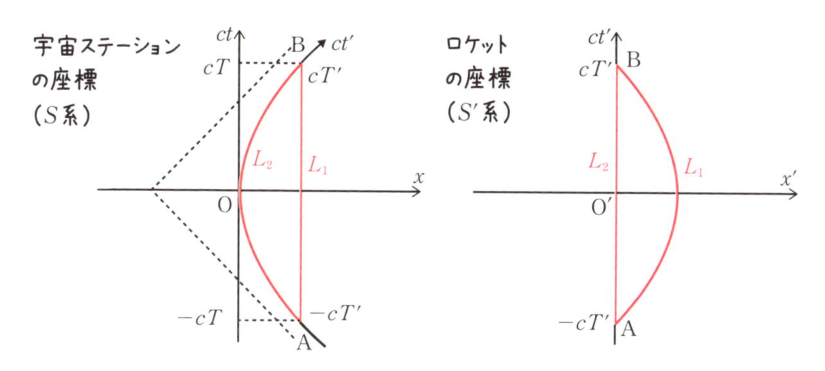

イベントA，Bを結ぶ2本の世界線を考えます。1本はt軸に平行な直線で結ぶ世界線L_1と，もう1本はt'軸に沿った世界線L_2です。直線L_1は宇宙ステーションの軌跡，曲線L_2はロケットの軌跡です。Aで宇宙ステーションを出発したロケットがBで宇宙ステーションに戻ってきます。出発するといっても初速度が0でないので通過すると言った方がよいかもしれません。

問題 7.06

A，Bのt座標をそれぞれ$-cT$，cT，

A，Bのt'座標を$-cT'$，cT'，

S系で計算したL_1，L_2の固有時をτ_1，τ_2，

S'系で計算したときのL_1，L_2の固有時をτ'_1，τ'_2とする。

τ_1，τ_2，τ'_1，τ'_2を計算せよ。

宇宙ステーションもロケットもx軸，x'軸のみを動くものとし，S系，S'系で$y=0$，$y'=0$，$z=0$，$z'=0$がつねに成り立つものとします。y，y'，z，z'が一定なので，固有時を計算するときの，$\dfrac{dy}{dt}$，$\dfrac{dz}{dt}$，$\dfrac{dy'}{dt'}$，$\dfrac{dz'}{dt'}$はすべて0になります。ですから，線素のdy^2，dy'^2，dz^2，dz'^2は初めから省略して書きます。

S系から計算します。

S系での線素は$ds^2=-c^2dt^2+dx^2$

S系での固有時τの表現は，

$$d\tau^2=-\frac{1}{c^2}ds^2=-\frac{1}{c^2}(-c^2dt^2+dx^2) \qquad d\tau=\sqrt{1-\frac{\{v(t)\}^2}{c^2}}\,dt$$

L_1はx座標一定で，$v(t)=0$ですから，S系での固有時は，

$$\tau_1=\int_{-T}^{T}d\tau=\int_{-T}^{T}\sqrt{1-\frac{\{v(t)\}^2}{c^2}}\,dt=\int_{-T}^{T}\sqrt{1-\frac{0^2}{c^2}}\,dt=2T$$

L_2のtx系での固有時の計算はリンドラー座標の変換則を作るときにしています。

L_2に沿った速度は，(7.02) より，$v(t)=\dfrac{gt}{\sqrt{1+\left(\dfrac{gt}{c}\right)^2}}$，$\alpha=\dfrac{g}{c^2}$とおくと，これに基づいた固有時は，(7.05) を導いたときのようにして，

$$\tau_2=\int_{-T}^{T}d\tau=\int_{-T}^{T}\sqrt{1-\frac{\{v(t)\}^2}{c^2}}\,dt=2\frac{1}{c\alpha}\sinh^{-1}(\alpha cT)$$

続いて，S'系で固有時を計算してみましょう。

S'系の線素は，(7.12) より，$ds^2=e^{2\alpha x'}(-c^2dt'^2+dx'^2)$でしたから，

S'系の固有時τの表現は，

$$d\tau^2=-\frac{1}{c^2}ds^2=-\frac{1}{c^2}e^{2\alpha x'}(-c^2dt'^2+dx'^2)$$

$$d\tau=e^{\alpha x'}\sqrt{1-\frac{1}{c^2}\left(\frac{dx'}{dt'}\right)^2}\,dt'$$

A，Bのt'軸の座標をそれぞれ$-cT'$，cT'とします。

$t'x'$座標でのL_1の式を求めておきましょう。Bのx座標をXとすると，Bの$t'x'$座標が$(cT',\ 0)$なので，**公式 7.01** より，

$$X=\frac{1}{\alpha}e^{\alpha 0}\cosh(\alpha cT')-\frac{1}{\alpha}=\frac{1}{\alpha}\cosh(\alpha cT')-\frac{1}{\alpha}$$

L_1ではxは一定なので，$t'x'$座標でのL_1の式は，**公式 7.01** の式
$x=\dfrac{1}{\alpha}e^{\alpha x'}\cosh(\alpha ct')-\dfrac{1}{\alpha}$で$x=X$（一定）とおいて，

$$\frac{1}{\alpha}e^{\alpha x'}\cosh(\alpha ct')-\frac{1}{\alpha}=\frac{1}{\alpha}\cosh(\alpha cT')-\frac{1}{\alpha}$$

$$e^{\alpha x'}\cosh(\alpha ct')=\cosh(\alpha cT') \qquad e^{\alpha x'}=\frac{\cosh(\alpha cT')}{\cosh(\alpha ct')}$$

これが$t'x'$座標でのL_1の式です。左の式をt'で微分して，

$$e^{\alpha x'}\frac{dx'}{dt'}\cosh(\alpha ct')+ce^{\alpha x'}\sinh(\alpha ct')=0 \qquad \frac{dx'}{dt'}=-c\tanh(\alpha ct')$$

よって，

$$d\tau = e^{\alpha x'}\sqrt{1-\frac{1}{c^2}\left(\frac{dx'}{dt'}\right)^2}\,dt' = \frac{\cosh(\alpha cT')}{\cosh(\alpha ct')}\sqrt{1-\tanh^2(\alpha ct')}\,dt'$$

$$1-\tanh^2 x = \frac{1}{\cosh^2 x}$$

$$= \frac{\cosh(\alpha cT')}{\cosh^2(\alpha ct')}dt'$$

L_1を$t'x'$座標で計算した固有時τ'_1は，

$$\tau'_1 = \int_{-T'}^{T'} d\tau = \int_{-T'}^{T'} \frac{\cosh(\alpha cT')}{\cosh^2(\alpha ct')}dt' = \frac{1}{\alpha c}\cosh(\alpha cT')\Big[\tanh(\alpha ct')\Big]_{-T'}^{T'}$$

$$= \frac{2}{\alpha c}\cosh(\alpha cT')\tanh(\alpha cT') = \frac{2}{\alpha c}\sinh(\alpha cT')$$

L_2では，$x'=0$なので，$\dfrac{dx'}{dt'}=0$であり，固有時は，

$$d\tau = e^{\alpha x'}\sqrt{1-\frac{1}{c^2}\left(\frac{dx'}{dt'}\right)^2}\,dt' = dt'$$

よって，L_2を$t'x'$座標で計算した固有時τ'_2は，

$$\tau'_2 = \int_{-T'}^{T'} d\tau = \int_{-T'}^{T'} dt' = 2T'$$

計算した固有時をまとめると，

S系で計算	$\tau_1 = 2T$	$\tau_2 = \dfrac{2}{\alpha c}\sinh^{-1}(\alpha cT)$
S'系で計算	$\tau'_1 = \dfrac{2}{\alpha c}\sinh(\alpha cT')$	$\tau'_2 = 2T'$

ここで，A，Bがt'軸上の点なので，TとT'の間には，(7.05) より，

$$T = \frac{1}{c\alpha}\sinh(\alpha cT')$$

という関係がありましたから，$\tau_1 = \tau'_1$，$\tau_2 = \tau'_2$という関係があります。

つまり，L_1，L_2の固有時はS系（宇宙ステーション）から見てもS'系（ロケット）から見ても一致するわけです。

また，$x>0$のとき，$x<\sinh x$ですから，$c\alpha T'<\sinh(c\alpha T')$より，

$$\tau_1=\tau'_1>\tau_2=\tau'_2$$

まとめると，宇宙ステーションから見てもロケットから見ても，ロケットの方が宇宙ステーションよりも時間の進みが遅いことが計算によって確かめられました。

特殊相対論で双子のパラドックスが問題提起されたときは，まだ重力場のことは考えられていなかったはずですから，慣性系に対して加速する系を問題にしていたのでしょう。ですから，上のような計算で双子のパラドックスの１つの解決にはなっていると思います。

仮想の宇宙ステーションを現実の地球に置き換えて，地球の固有時とロケットの固有時を比べるとどうなるでしょうか。地球には重力場がありますから，**問題 7.05** で人工衛星の時計と地球の時計の進み方の大小が高度の条件によって入れ換わったように，重力場の条件，ロケットの航路によって，地球の固有時とロケットの固有時のどちらが大きいかが決まってくるのでしょう。双子のパラドックスの設定で地球を用いることは，一般相対論まで進んだ人にとって混乱のもとになるのではないでしょうか。

§5　一般座標系に書き換える

ここまで，等価原理を用いて一般座標系の線素や固有時を求めてきました。等価原理の利用の仕方が理解できたでしょうか。

次に，一般座標系での運動方程式を求めてみましょう。

その前に，等価原理の舞台である局所ローレンツ系と一般座標系の違いを確認しておきたいと思います。

局所慣性系に設定された局所ローレンツ系はミンコフスキー計量が入った直線座標であり，曲がった空間に設定された一般座標系は曲線座標です。等価原理によれば，一般座標系での物理法則を得るには，局所ローレンツ系の直線座標での式を，一般座標系の曲線座標での式に書き換えればよいのです。このとき参考になるのが，5章で示した直線座標から曲線座標への書き換えです。

曲がった空間の一般座標系(x^0, x^1, x^2, x^3)に対して局所慣性系を設定します。局所慣性系の座標として局所ローレンツ系(x'^0, x'^1, x'^2, x'^3)をとります。

等価原理によって局所慣性系では特殊相対論での物理法則が成り立ちます。

物体に力がかかっていないとき，特殊相対論の運動方程式は，局所ローレンツ系を用いて，

$$\frac{d^2x'^i}{d\tau^2}=0 \tag{7.18}$$

と表されます。これを一般座標系の式に書き換えてみましょう。

$$\frac{d^2x'^i}{d\tau^2}=\frac{d}{d\tau}\left(\frac{dx'^i}{d\tau}\right)=\frac{d}{d\tau}\left(\frac{\partial x'^i}{\partial x^j}\frac{dx^j}{d\tau}\right)=\frac{d}{d\tau}\left(\frac{\partial x'^i}{\partial x^j}\right)\frac{dx^j}{d\tau}+\frac{\partial x'^i}{\partial x^j}\frac{d^2x^j}{d\tau^2}$$

$$=\frac{dx^k}{d\tau}\frac{\partial}{\partial x^k}\left(\frac{\partial x'^i}{\partial x^j}\right)\frac{dx^j}{d\tau}+\frac{\partial x'^i}{\partial x^j}\frac{d^2x^j}{d\tau^2}$$

$$=\frac{dx^k}{d\tau}\Gamma^l{}_{kj}\frac{\partial x'^i}{\partial x^l}\frac{dx^j}{d\tau}+\frac{\partial x'^i}{\partial x^l}\frac{d^2x^l}{d\tau^2}$$

$$=\frac{\partial x'^i}{\partial x^l}\left(\frac{d^2x^l}{d\tau^2}+\Gamma^l{}_{kj}\frac{dx^k}{d\tau}\frac{dx^j}{d\tau}\right)$$

とします。この式は(1, 0)テンソル$\dfrac{d^2x'^\mu}{d\tau^2}$の変換則を表しています。基底を用いて表せば,

$$\frac{d^2x'^i}{d\tau^2}\frac{\partial}{\partial x'^i}=\left(\frac{d^2x^l}{d\tau^2}+\Gamma^l{}_{kj}\frac{dx^k}{d\tau}\frac{dx^j}{d\tau}\right)\frac{\partial}{\partial x^l}$$

となります。局所慣性系での運動方程式は，この式が0になるということなので，(7.18) を曲線座標の成分で表すと，次のようになります。

法則 7.07　一般座標系での運動方程式

$$\frac{d^2x^i}{d\tau^2}+\Gamma^i{}_{jk}\frac{dx^j}{d\tau}\frac{dx^k}{d\tau}=0$$

得られた結果について考察しておきましょう。

局所慣性系では重力がないと仮定できますが，一般座標系では重力があったはずです。もともと局所慣性系とは重力を打ち消すために設定したものです。ですから，一般座標系の運動方程式は重力を織り込んだ式のはずです。そこで，一般座標系の運動方程式を移項して，

$$\frac{d^2x^i}{d\tau^2}=-\Gamma^i{}_{jk}\frac{dx^j}{d\tau}\frac{dx^k}{d\tau} \tag{7.19}$$

と表しましょう。こうすると，一般座標系で物体の加速度を与えるのは,

右辺の式であると読むことができます。右辺は一般座標系での重力加速度を表しています。接続係数$\Gamma^{i}{}_{jk}$に重力の情報が込められているわけです。

$\Gamma^{i}{}_{jk}$は計量テンソルg_{ij}から作られましたから，もとをただせば計量テンソルg_{ij}に重力の情報があるわけです。ですから，参考文献［14］ではg_{ij}（$i=0$，$j=0$以外の場合も含めて！）のことをアインシュタインの重力ポテンシャルと呼んでいるほどです。あまり一般的ではないようなので，この本では計量テンソルのままにしておきます。

重力ポテンシャル$\phi(\boldsymbol{x})$を持つ重力場でのニュートンの運動方程式は，$m\boldsymbol{a}=\boldsymbol{F}$において$\boldsymbol{F}$を$\phi(\boldsymbol{x})$で書き換え，

$$m\frac{d^2x^i}{dt^2}=-m\frac{\partial\phi}{\partial x^i}\qquad t=\tau\text{と見て}\ \frac{d^2x^i}{d\tau^2}=-\frac{\partial\phi}{\partial x^i}$$

となりましたから，

「ニュートン力学では重力ポテンシャルを重力の源であると考えていたのに対し，一般相対論では計量テンソル，すなわち幾何的量を重力の源であると捉えなおした」

とまとめることができます。

法則 7.07 を見て思い出すのは，等速円運動の加速度の公式です。

半径rの円を速さvで等速円運動している物体にかかる加速度a（中心から外向きを正とする）は，

$$a=-\frac{1}{r}v^2$$

と表されました。

$\frac{1}{r}$は円の曲率で，6章で解説したように法線ベクトルを微分したベクトルの接線方向の成分でした。

また，曲率$\frac{1}{r}$は$\frac{d\theta}{ds}$の極限でしたから，速さv，すなわち単位時間当たりの長さをかけると，かけた$\frac{1}{r}v$は図のω（単位時間当たりの角度，角速度）になります。

$\Gamma^i{}_{jk}$は曲面の接ベクトル$\dfrac{\partial \boldsymbol{x}}{\partial u^k}$を$u^j$方向に微小変化させたものを$\dfrac{\partial \boldsymbol{x}}{\partial u^i}$で表すときの係数，すなわち$i$方向の成分ですから，$u^i$方向の接線と$u^k$方向の接線が張る平面で考えたときの$u^j$軸（$u^j$成分だけ変化させてできる曲線）の曲率（の拡張）であると見立てられます。

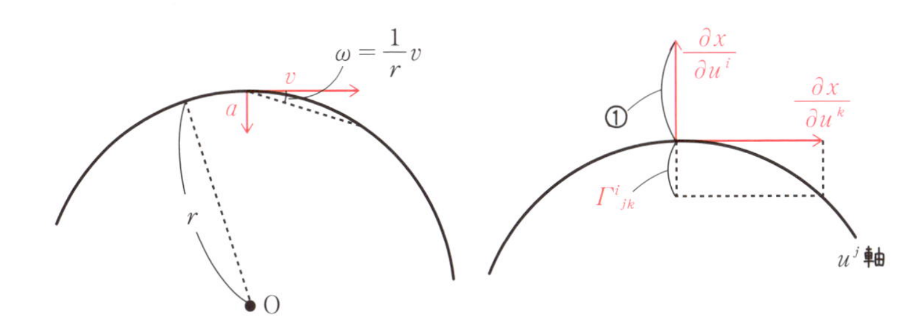

このように考えると，一般座標系の運動方程式（**法則 7.07**）は，等速円運動の加速度の公式を多元化したものであると考えられます。

ここで注意しておくことは，曲線座標(u^i)を持っている世界の住人から見れば，曲線座標も直線座標に見えているかもしれないということです。しかし，物を投げてみてその軌跡を解析することで接続係数$\Gamma^i{}_{jk}$の存在を知り，空間が曲がっていることを知るわけです。左図で，円周の中に住んでいる１次元の住人は自分たちの世界が円周であるとは思わないのと同じです。

ところで，**法則 7.07** は**定理 6.25** の測地線の方程式でsをτに変えた式になっています。

$ds^2=-c^2d\tau^2$ですから，6 章の**問題 6.24** の議論に倣うことができます。

法則 7.07（一般座標系の運動方程式）は，固有時間を計算する式

$$\int_a^b \sqrt{-g_{ij}(\boldsymbol{x}(\tau))\frac{dx^i}{d\tau}\frac{dx^j}{d\tau}}\,d\tau$$

のオイラー方程式になっています。時空間に固定されたA$(\boldsymbol{x}(a))$とB$(\boldsymbol{x}(b))$を結ぶ世界線のうち，最長の固有時間で進む世界線が満たすべ

き式になっています。

なお，一般座標系が平坦なとき，すなわち$\Gamma^{i}{}_{jk}=0$のとき，運動方程式は$\dfrac{d^2x^i}{d\tau^2}=0$となり物体は等速直線運動をします。これは重力・慣性力がないとき，物体は等速直線運動をすることとつじつまが合っています。AB間を結ぶ世界線のうち最長の固有時間を持つものが等速直線運動であるというのは，3次元の感覚からすると違和感がありますが，A，Bは固定されていてすでにtの座標を与えられていますから，t座標の差の長短を考えても意味はないわけです。最長の固有時間を持つものが等速直線運動であるということは，**問題4.16**の結果とも合致します。

書き換えのテクニック

この節の初めでは，微分の法則だけを用いて一般座標系での運動の方程式を得ましたが，他の物理法則を書き換えるときのためにテクニック化しておきたいと思います。

局所慣性系の座標は直線座標，曲がった空間の座標は曲線座標ですから，方程式を書き換えるには，次の表のように機械的に置き換えをすれば済むはずです。5章で強調したように，これは1つの式を，座標を変えて表しているにすぎないことに注意しましょう。

	局所慣性系	曲がった空間
座　標	局所ローレンツ系	一般座標系
座標の特徴	直線座標	曲線座標
計　量	η_{ij}	g_{ij}
微　分	$\dfrac{\partial}{\partial x'^i}$	∇_i
Cに沿った微分	$\dfrac{d}{dt}$	$\dfrac{D}{dt}$
物理法則	特殊相対論	一般相対論

この方針に従って，特殊相対論の運動方程式を一般座標系で書き換えて

みましょう。

$$\frac{dx'^i}{d\tau}=\frac{\partial x'^i}{\partial x^j}\frac{dx^j}{d\tau}$$

という関係がありますから，$\dfrac{dx'^i}{d\tau}$，$\dfrac{dx^j}{d\tau}$は(1, 0)テンソル場，ベクトル場です。

局所ローレンツ系での物体の加速度は，$\dfrac{d^2x'^i}{d\tau^2}=\dfrac{d}{d\tau}\left(\dfrac{dx'^i}{d\tau}\right)$というように，ベクトル場$\dfrac{dx'^i}{d\tau}$を$C$に沿って微分したものになっています。

ですから，一般座標系でのベクトル場の微分をするのであれば，一般座標は曲線座標ですから，**定理 5.13** を用いてCに沿ってベクトル場を微分するという計算をすればよいのです。ベクトル場$\dfrac{dx^i}{d\tau}$のCに沿った微分は，

$$\frac{D}{d\tau}\left(\frac{dx^i}{d\tau}\right)=\frac{d}{d\tau}\left(\frac{dx^i}{d\tau}\right)+\Gamma^i{}_{jk}\frac{dx^j}{d\tau}\frac{dx^k}{d\tau}=\frac{d^2x^i}{d\tau^2}+\Gamma^i{}_{jk}\frac{dx^j}{d\tau}\frac{dx^k}{d\tau}$$

ですから，局所ローレンツ系の運動方程式$\dfrac{d^2x'^i}{d\tau^2}=0$は，

$$\frac{d^2x^i}{d\tau^2}+\Gamma^i{}_{jk}\frac{dx^j}{d\tau}\frac{dx^k}{d\tau}=0$$

と書き換えられます。

手順的には，直線座標の式を曲線座標の式に書き換えるのですから，

$$x'^i \;\to\; x^i \qquad\qquad \frac{d}{dt} \;\to\; \frac{D}{dt}$$

と機械的に置き換えて計算すれば，一般座標系の方程式になるということです。この方程式では計量テンソルや微分は出てきませんでしたが，計量テンソルに関しては$\eta_{ij}\to g_{ij}$，微分に関しては$\dfrac{\partial}{\partial x'^i}\;\to\;\nabla_i$と置き換えればよいのです。

前の表のように置き換えて計算することで，一般座標系の方程式を求めることが確認できたことと思います。

マックスウェルの方程式を一般座標系で

一般座標系の運動方程式は，特殊相対論での運動方程式を一般座標系で数学的に書き換えただけのものなので，特殊相対論から比べて新しいことは加わっていないように見えます。しかし，座標の中に重力の情報が入っているので，重力場での運動方程式になっているわけです。

リンス入りシャンプーを使うと，シャンプーのあとのリンスの過程を省くことができます。重力入り座標を用いると，重力場についての考察を省くことができるわけです。

重力場での電磁気の方程式を求めるのであれば，方程式を一般座標で書き換えればよいのです。まるで手品を見ているようです。

マックスウェルの方程式を一般座標系で書き直しましょう。こうすることで，重力まで含んだ理論となります。

特殊相対論でのマックスウェルの方程式は，**法則 4.31** より 4 元ポテンシャル A_i を用いて，

$$f_{ij}=\frac{\partial A_j}{\partial x^i}-\frac{\partial A_i}{\partial x^j} \qquad f^{ij}=\eta^{ik}\eta^{jl}f_{kl}$$

としたとき，

$$\frac{\partial f_{jk}}{\partial x^i}+\frac{\partial f_{ki}}{\partial x^j}+\frac{\partial f_{ij}}{\partial x^k}=0 \qquad \frac{\partial f^{ki}}{\partial x^i}=\mu_0 j^k$$

と表されました。

A_i は 4 元ベクトルであり，(0, 1)テンソル場ですから，これを用いることができます。一般座標系への書き換えを施すと（′は付けないで表示します），

$$f_{ij}=\nabla_i A_j-\nabla_j A_i \qquad (7.20) \qquad f^{ij}=g^{ik}g^{jl}f_{kl}$$

としたとき，

$$\nabla_i f_{jk}+\nabla_j f_{ki}+\nabla_k f_{ij}=0 \qquad (7.21) \qquad \nabla_i f^{ki}=\mu_0 j^k \qquad (7.22)$$

となります。書き換えは本質的には，これで終わりです。

なお，(7.20) の右辺，(7.21) の左辺は，

$$f_{ij}=\nabla_i A_j-\nabla_j A_i=\left(\frac{\partial A_j}{\partial x^i}-\Gamma^k{}_{ij}A_k\right)-\left(\frac{\partial A_i}{\partial x^j}-\Gamma^k{}_{ji}A_k\right)=\frac{\partial A_j}{\partial x^i}-\frac{\partial A_i}{\partial x^j}$$

$$\nabla_i f_{jk}+\nabla_j f_{ki}+\nabla_k f_{ij}=\left(\frac{\partial f_{jk}}{\partial x^i}-\Gamma^l{}_{ij}f_{lk}-\Gamma^l{}_{ik}f_{jl}\right)+\left(\frac{\partial f_{ki}}{\partial x^j}-\Gamma^l{}_{jk}f_{li}-\Gamma^l{}_{ji}f_{kl}\right)$$
$$+\left(\frac{\partial f_{ij}}{\partial x^k}-\Gamma^l{}_{ki}f_{lj}-\Gamma^l{}_{kj}f_{il}\right)$$

$f_{ij}=-f_{ji}$ を用いて

$$=\frac{\partial f_{jk}}{\partial x^i}+\frac{\partial f_{ki}}{\partial x^j}+\frac{\partial f_{ij}}{\partial x^k}$$

となります。これは，直線座標でも曲線座標でも，マックスウェルの電磁方程式の半分は共変微分を用いなくとも書くことができるということです。

また，(7.22) の左辺は，

$$\nabla_i f^{ji}=\frac{\partial f^{ji}}{\partial x^i}+\Gamma^j{}_{il}f^{li}+\Gamma^i{}_{il}f^{jl}$$

公式 5.18　　$\Gamma^j{}_{il}f^{li}=-\Gamma^j{}_{li}f^{il}$ なので第 2 項は 0

$$=\frac{\partial f^{jl}}{\partial x^l}+\frac{1}{\sqrt{|g|}}\frac{\partial\sqrt{|g|}}{\partial x^l}f^{jl}=\frac{1}{\sqrt{|g|}}\left(\sqrt{|g|}\frac{\partial f^{jl}}{\partial x^l}+\frac{\partial\sqrt{|g|}}{\partial x^l}f^{jl}\right)$$

$$=\frac{1}{\sqrt{|g|}}\frac{\partial\left(\sqrt{|g|}f^{ji}\right)}{\partial x^i}$$

から，$\nabla_i f^{ji}=\mu_0 j^j$ は，

$$\frac{1}{\sqrt{|g|}}\frac{\partial\left(\sqrt{|g|}f^{ji}\right)}{\partial x^i}=\mu_0 j^j$$

となります。

g_{00} と重力ポテンシャル

ニュートンの運動方程式と一般座標系の運動方程式を比べて，計量テンソル g_{ij} とニュートンの重力ポテンシャル ϕ との関係を求めましょう。

4 つの条件を仮定します。

ア　速度$\dfrac{dx^j}{d\tau}$が光速度cに比べて十分小さい。

つまり，γを1と見なせます。

イ　弱重力場

計量テンソルg_{ij}がミンコフスキー計量η_{ij}に近い。

ウ　定常な重力場

重力場は時間に依存しない。$\dfrac{\partial g_{ij}}{\partial x^0}=0$

エ　十分遠方では重力はない。

原点より遠いところで，$\phi\to 0$，$g_{ij}\to\eta_{ij}$

イより，計量テンソルg_{ij}がミンコフスキー計量η_{ij}に近いものとします。ミンコフスキー計量からのずれをh_{ij}とおきます。

$$g_{ij}=\eta_{ij}+h_{ij} \qquad |h_{ij}|\ll 1$$

$|h_{ij}|\ll 1$は1に比べて十分小さいという記号です

η_{ij}を行列として見たとき，η_{ij}の逆行列はη_{ij}自身です。

ですから，g_{ij}がη_{ij}にほぼ等しければ，g_{ij}の反変バージョンg^{ij}もほぼη^{ij}に等しくなります。

これを用いて接続係数$\Gamma^i{}_{jk}$を計算していきましょう。

$$\Gamma^i{}_{00}=\frac{1}{2}g^{ij}\left(\frac{\partial g_{j0}}{\partial x^0}+\frac{\partial g_{j0}}{\partial x^0}-\frac{\partial g_{00}}{\partial x^j}\right)=\frac{1}{2}\eta^{ij}\left(-\frac{\partial g_{00}}{\partial x^j}\right)$$

ウの$\dfrac{\partial g_{ij}}{\partial x^0}=0$を用いて

i=1，2，3のとき，

$$\Gamma^i{}_{00}=\frac{1}{2}\eta^{ij}\left(-\frac{\partial g_{00}}{\partial x^j}\right)=\frac{1}{2}\eta^{ij}\left(-\frac{\partial(\eta_{00}+h_{00})}{\partial x^j}\right)=-\frac{1}{2}\frac{\partial h_{00}}{\partial x^i} \tag{7.23}$$

i=0のとき，**ウ**より，$\dfrac{\partial g_{00}}{\partial x^0}=0$なので，

$$\Gamma^0{}_{00}=\frac{1}{2}\eta^{0j}\left(-\frac{\partial g_{00}}{\partial x^j}\right)=\frac{1}{2}\frac{\partial g_{00}}{\partial x^0}=0 \tag{7.24}$$

法則 7.07 の運動方程式の空間成分は，

$$\frac{d^2x^i}{d\tau^2}+\Gamma^i{}_{00}\frac{dx^0}{d\tau}\frac{dx^0}{d\tau}+2\Gamma^i{}_{0j}\frac{dx^0}{d\tau}\frac{dx^j}{d\tau}+\Gamma^i{}_{jk}\frac{dx^j}{d\tau}\frac{dx^k}{d\tau}=0$$
$$(i,\ j,\ k=1,\ 2,\ 3)$$

ここで，$\dfrac{dx^0}{d\tau}=\dfrac{\gamma d(ct)}{dt}=c$，また，$j=1,\ 2,\ 3$のとき，$\dfrac{dx^j}{d\tau}=\dfrac{\gamma dx^j}{dt}$

$\gamma=1$

アの速度$\dfrac{dx^j}{dt}$は光速度cより十分小さいという仮定により，上の式の第3項，第4項は第2項に比べて十分小さいので落とすことができ，

$$\frac{d^2x^i}{d\tau^2}+c^2\Gamma^i{}_{00}=0$$

この式の第1項は，$\dfrac{d^2x^i}{d\tau^2}=\dfrac{d}{d\tau}\left(\dfrac{dx^i}{d\tau}\right)=\dfrac{\gamma d}{dt}\left(\dfrac{\gamma dx^i}{dt}\right)=\dfrac{d^2x^i}{dt^2}$ですから，

$$\frac{d^2x^i}{dt^2}-\frac{c^2}{2}\frac{\partial h_{00}}{\partial x^i}=0 \qquad \frac{d^2x^i}{dt^2}=\frac{c^2}{2}\frac{\partial h_{00}}{\partial x^i}$$

この式を，ニュートンの運動方程式

$$\frac{d^2\boldsymbol{x}}{dt^2}=-\nabla\phi \qquad \frac{d^2x^i}{dt^2}=-\frac{\partial\phi}{\partial x^i}$$

と比べて，

$$-\frac{c^2}{2}\frac{\partial h_{00}}{\partial x^i}=\frac{\partial\phi}{\partial x^i} \qquad \frac{\partial h_{00}}{\partial x^i}=-\frac{2}{c^2}\frac{\partial\phi}{\partial x^i}$$

これを積分して，$h_{00}=-\dfrac{2\phi}{c^2}+C$　　（Cは積分定数）

$$g_{00}=\eta_{00}+h_{00}=-1-\frac{2\phi}{c^2}+C$$

となりますが，遠方で，$\phi\to 0$，$g_{00}\to\eta_{00}=-1$ですから，$C=0$

よって，g_{00}とϕの関係は，

$$g_{00}=-1-\frac{2\phi}{c^2}$$

となります。

2節の加速系，回転系での場合の式と同じ式になりました。ある条件の

もとでは計量テンソル g_{00} は，ニュートンの重力ポテンシャル ϕ と１次の関係にあることが分かりました。

法則 7.08　**g_{00} と ϕ の関係**

弱重力場，定常重力場で速度が十分小さく，遠方でミンコフスキー計量が入っているとき，

$$g_{00}=-1-\frac{2\phi}{c^2}$$

§6　潮汐力と曲率

潮の干満があって海面の高さが上下することはみなさんも実感していることと思います。この潮の干満を引き起こす力が潮汐力です。

潮汐力は月の質量が源の重力場から生まれます。図で簡単に説明してみましょう。

下左図のように月は地球の各点に重力場を引き起こします。重力場のベクトルはすべて月の方向を向いていて，月から遠いところは大きさが小さくなっています。

この様子を，地球を主役にして，地球が受ける力として組み直してみましょう。すると，地球の中心に書かれたベクトルを，各ベクトルから引いて下右図のようになります。この力が潮汐力です。地球の中心と月の中心を結ぶ軸では，地球から離れる方向に力が働き海面を引っ張り上げ，これと垂直方向では海面を押し下げるように働きます。

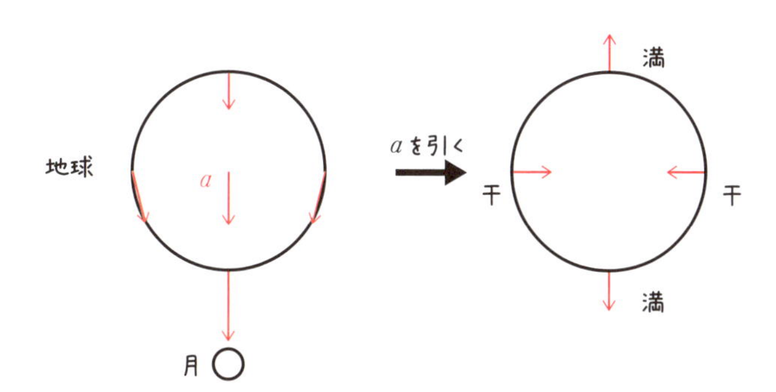

これを抽象的に説明してみましょう。

慣性系で2点A，Bにおいて，同じ方向に同じ速度を持つ2つの物体P，Qがあるものとします。P，Qには外力が働いていないものとします。

慣性系で物体に力が働いていないとき，物体は等速直線運動をしますから，$\overrightarrow{\mathrm{PQ}}$は一定で軌跡は平行線を描きます。

同じ設定でも重力場がある場合には，2物体の軌跡は平行線にはなりません。2物体には重力場以外の力が働きませんが，重力場から加速度を受けます。

重力場が一定ではなく傾斜がある（地点ごとに働く力が異なる）場合，例えば下右図のような軌跡になり，2物体の距離は一定になりません。外力を受けないので軌跡は測地線の方程式で表されますが，2本の測地線は平行にはなりません。

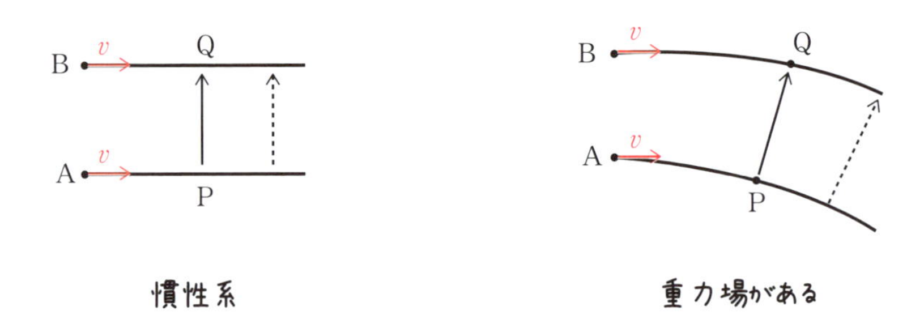

初期条件が同じでも，慣性系では平行線になった軌跡が，重力場のある系では平行線になりません。重力によって「空間が曲げられているのである」と言うことができます。重力場のあるときの2物体の軌跡は，空間の曲がりを可視化したものであると言うことができます。

よく一般相対論の啓蒙書で「時空は重力によって曲げられている」という解説がありますが，上の例のようにニュートン力学でも「空間は重力によって曲げられている」と認識しています。一般相対論が新しいところは，4節の固有時の計算でg_{00}が関係してくることからもお分かりのように，時間までも重力によって曲げられていると認識したところなのです。

ここで$\overrightarrow{\mathrm{PQ}}$についてニュートン力学で考察してみます。

時刻tでのP，Qの位置を$\mathbf{P}(t)$，$\mathbf{Q}(t)$，質量をともにmとし，$\boldsymbol{x}$での重力ポテンシャルを，$\phi(\boldsymbol{x})$とします。すると，P，Qの運動方程式は，

$$m\frac{d^2\mathbf{P}(t)}{dt^2}=-m\nabla\phi(\mathbf{P}(t)) \qquad m\frac{d^2\mathbf{Q}(t)}{dt^2}=-m\nabla\phi(\mathbf{Q}(t))$$

です。$\overrightarrow{\mathrm{PQ}}$ の時間による 2 回微分を考えると，

$$m\frac{d^2\overrightarrow{\mathrm{PQ}}(t)}{dt^2}=m\frac{d^2\mathbf{Q}(t)}{dt^2}-m\frac{d^2\mathbf{P}(t)}{dt^2}$$

$$=m\nabla\phi(\mathbf{P}(t))-m\nabla\phi(\mathbf{Q}(t)) \tag{7.25}$$

$$\frac{d^2\overrightarrow{\mathrm{PQ}}(t)}{dt^2}=\nabla\phi(\mathbf{P}(t))-\nabla\phi(\mathbf{Q}(t)) \tag{7.26}$$

となります。左辺を相対加速度と呼びましょう。

月の例では，2 点間の重力場での力の差が潮汐力となっていました。

2 点 P，Q の場合でも，(7.25) のように 2 点間の重力場による加速度の差に質量をかけたものが PQ 間に働く力となっています。これを月の例に倣って PQ 間の潮汐力と呼ぶことにします。(7.26) は PQ 間の潮汐力が $\overrightarrow{\mathrm{PQ}}$ を変化させる加速度，すなわち PQ の相対加速度の源になっていると読むことができます。

慣性系（平坦な空間）では，重力がなく潮汐力が働かず $\overrightarrow{\mathrm{PQ}}$ は一定で 2 物体の軌跡は平行になりますが，重力場がある場合（曲がっている空間）には，潮汐力が働いて $\overrightarrow{\mathrm{PQ}}$ は変化し，2 物体の軌跡は平行線になりません。こう考えると，潮汐力があることが空間の曲がりを示しているといえます。

さらに詳しく潮汐力に関する方程式を見ていきましょう。

ニュートン力学の場合

重力場のある空間に曲線 $\boldsymbol{y}(s)$ を設定します。

時刻 $t=0$ のとき，この曲線上の点 $\boldsymbol{y}(a)$ においた物体の軌跡を $\boldsymbol{x}(t,\ a)$ と表します。物体には重力以外の外力は働きません。

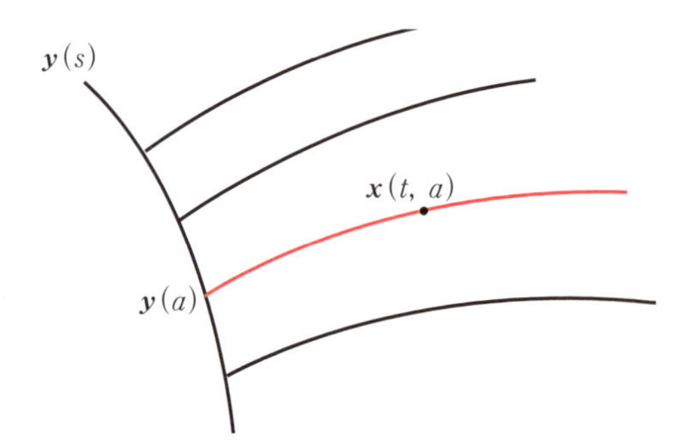

運動方程式は,

$$\frac{d^2\boldsymbol{x}}{dt^2}(t,\ s)=-\nabla\phi(\boldsymbol{x}(t,\ s)) \qquad \frac{d^2x^i}{dt^2}(t,\ s)=-\frac{\partial}{\partial x^i}\phi(\boldsymbol{x}(t,\ s))$$

この式の両辺を s で偏微分すると, $(t,\ s)$を省略して表して,

$$\frac{d^2}{dt^2}\left(\frac{\partial x^i}{\partial s}\right)=-\frac{\partial}{\partial s}\left(\frac{\partial}{\partial x^i}(\phi(\boldsymbol{x}))\right)$$

$$=-\frac{\partial^2}{\partial x^i\,\partial x^k}(\phi(\boldsymbol{x}))\frac{\partial x^k}{\partial s}=-\frac{\partial^2\phi}{\partial x^i\,\partial x^k}\frac{\partial x^k}{\partial s}$$

行列で表すと,

$$\frac{d^2}{dt^2}\begin{pmatrix}\dfrac{\partial x^1}{\partial s}\\ \dfrac{\partial x^2}{\partial s}\\ \dfrac{\partial x^3}{\partial s}\end{pmatrix}=-\begin{pmatrix}\dfrac{\partial^2\phi}{\partial x^1\,\partial x^1} & \dfrac{\partial^2\phi}{\partial x^1\,\partial x^2} & \dfrac{\partial^2\phi}{\partial x^1\,\partial x^3}\\ \dfrac{\partial^2\phi}{\partial x^2\,\partial x^1} & \dfrac{\partial^2\phi}{\partial x^2\,\partial x^2} & \dfrac{\partial^2\phi}{\partial x^2\,\partial x^3}\\ \dfrac{\partial^2\phi}{\partial x^3\,\partial x^1} & \dfrac{\partial^2\phi}{\partial x^3\,\partial x^2} & \dfrac{\partial^2\phi}{\partial x^3\,\partial x^3}\end{pmatrix}\begin{pmatrix}\dfrac{\partial x^1}{\partial s}\\ \dfrac{\partial x^2}{\partial s}\\ \dfrac{\partial x^3}{\partial s}\end{pmatrix}$$

となります。

$(t,\ s)$と$(t,\ s+\Delta s)$での $\boldsymbol{x}$ の位置の差（測地線の偏差）は,

$$\boldsymbol{x}(t,\ s+\Delta s)-\boldsymbol{x}(t,\ s)=\frac{\partial\boldsymbol{x}}{\partial s}\Delta s$$

と表されます。$(t,\ s)$と$(t,\ s+\Delta s)$の間の相対加速度は,

$$\frac{d^2}{dt^2}\left(\frac{\partial x^i}{\partial s}\Delta s\right)=-\frac{\partial^2\phi}{\partial x^i\,\partial x^k}\frac{\partial x^k}{\partial s}\Delta s$$

これに質量mをかけ，Δsで割れば各点での潮汐力が求まります。

一般相対論の場合

物体を位置$\boldsymbol{y}(a)$に静止しておいたとき，固有時でτだけ経過したあとの物体の位置を$\boldsymbol{x}(\tau, a)$とします。

曲線$\boldsymbol{x}(\tau, a)$上のベクトル場A^iを，曲線$\boldsymbol{x}(\tau, a)$に沿ってパラメータτで微分したベクトル場を$\dfrac{D}{d\tau}A^i$とおきます。すると，**定理5.13**により，

$$\frac{D}{d\tau}A^i = \frac{d}{d\tau}A^i + \Gamma^i{}_{jk}A^k\frac{dx^j}{d\tau}$$

と表されました。

測地線の偏差$\dfrac{\partial \boldsymbol{x}}{\partial s}$を$\tau$で2回微分してみましょう。

$$\frac{D}{d\tau}\left(\frac{\partial x^i}{\partial s}\right) = \frac{d}{d\tau}\left(\frac{\partial x^i}{\partial s}\right) + \Gamma^i{}_{jk}\frac{\partial x^j}{\partial s}\frac{dx^k}{d\tau}$$

$$\frac{D^2}{d\tau^2}\left(\frac{\partial x^i}{\partial s}\right) = \frac{D}{d\tau}\left(\frac{D}{d\tau}\left(\frac{\partial x^i}{\partial s}\right)\right) = \frac{D}{d\tau}\left(\frac{d}{d\tau}\left(\frac{\partial x^i}{\partial s}\right) + \Gamma^i{}_{jk}\frac{\partial x^j}{\partial s}\frac{dx^k}{d\tau}\right)$$

$$= \frac{d}{d\tau}\left(\frac{d}{d\tau}\left(\frac{\partial x^i}{\partial s}\right) + \Gamma^i{}_{jk}\frac{\partial x^j}{\partial s}\frac{dx^k}{d\tau}\right)$$

$$+ \Gamma^i{}_{lm}\left(\frac{d}{d\tau}\left(\frac{\partial x^m}{\partial s}\right) + \Gamma^m{}_{jk}\frac{\partial x^j}{\partial s}\frac{dx^k}{d\tau}\right)\frac{dx^l}{d\tau}$$

$$= \frac{\partial}{\partial s}\left(\frac{d^2x^i}{d\tau^2}\right) + \frac{\partial \Gamma^i{}_{jk}}{\partial x^h}\frac{dx^h}{d\tau}\frac{\partial x^j}{\partial s}\frac{dx^k}{d\tau} + \Gamma^i{}_{jk}\frac{\partial^2 x^j}{\partial\tau\,\partial s}\frac{dx^k}{d\tau}$$

$$+ \Gamma^i{}_{jk}\frac{\partial x^j}{\partial s}\frac{d^2x^k}{d\tau^2} + \Gamma^i{}_{lm}\frac{\partial^2 x^l}{\partial\tau\,\partial s}\frac{dx^m}{d\tau} + \Gamma^i{}_{lm}\Gamma^l{}_{jk}\frac{\partial x^j}{\partial s}\frac{dx^k}{d\tau}\frac{dx^m}{d\tau}$$

ここで$\boldsymbol{x}(\tau)$は測地線なので，$\dfrac{d^2x^i}{d\tau^2} = -\Gamma^i{}_{jk}\dfrac{dx^j}{d\tau}\dfrac{dx^k}{d\tau}$と置き換えて，

$$= \frac{\partial}{\partial s}\left(-\Gamma^i{}_{jk}\frac{dx^j}{d\tau}\frac{dx^k}{d\tau}\right) + \frac{\partial \Gamma^i{}_{jk}}{\partial x^h}\frac{dx^h}{d\tau}\frac{\partial x^j}{\partial s}\frac{dx^k}{d\tau} + 2\Gamma^i{}_{jk}\frac{\partial^2 x^j}{\partial\tau\,\partial s}\frac{dx^k}{d\tau}$$

$$+\Gamma^i{}_{jk}\frac{\partial x^j}{\partial s}\left(-\Gamma^k{}_{lm}\frac{dx^l}{d\tau}\frac{dx^m}{d\tau}\right)+\Gamma^i{}_{lm}\Gamma^l{}_{jk}\frac{\partial x^j}{\partial s}\frac{dx^k}{d\tau}\frac{dx^m}{d\tau}$$

$$=-\frac{\partial\Gamma^i{}_{jk}}{\partial x^h}\frac{\partial x^h}{\partial s}\frac{dx^j}{d\tau}\frac{dx^k}{d\tau}-\Gamma^i{}_{jk}\frac{\partial^2 x^j}{\partial\tau\,\partial s}\frac{dx^k}{d\tau}-\Gamma^i{}_{jk}\frac{dx^j}{d\tau}\frac{\partial^2 x^k}{\partial\tau\,\partial s}$$

$$+\frac{\partial\Gamma^i{}_{jk}}{\partial x^h}\frac{dx^h}{d\tau}\frac{\partial x^j}{\partial s}\frac{dx^k}{d\tau}+2\Gamma^i{}_{jk}\frac{\partial^2 x^j}{\partial\tau\,\partial s}\frac{dx^k}{d\tau}-\Gamma^i{}_{jk}\Gamma^k{}_{lm}\frac{\partial x^j}{\partial s}\frac{dx^l}{d\tau}\frac{dx^m}{d\tau}$$

$$+\Gamma^i{}_{lm}\Gamma^l{}_{jk}\frac{\partial x^j}{\partial s}\frac{dx^k}{d\tau}\frac{dx^m}{d\tau}$$

$$=\left(-\frac{\partial\Gamma^i{}_{jk}}{\partial x^h}+\frac{\partial\Gamma^i{}_{hk}}{\partial x^j}-\Gamma^i{}_{hl}\Gamma^l{}_{jk}+\Gamma^i{}_{lj}\Gamma^l{}_{hk}\right)\frac{dx^j}{d\tau}\frac{dx^k}{d\tau}\frac{\partial x^h}{\partial s}$$

$$=-\left(\frac{\partial\Gamma^i{}_{jk}}{\partial x^h}-\frac{\partial\Gamma^i{}_{hk}}{\partial x^j}+\Gamma^i{}_{hl}\Gamma^l{}_{jk}-\Gamma^i{}_{jl}\Gamma^l{}_{hk}\right)\frac{dx^j}{d\tau}\frac{dx^k}{d\tau}\frac{\partial x^h}{\partial s}$$

$$=-R^i{}_{khj}\frac{dx^j}{d\tau}\frac{dx^k}{d\tau}\frac{\partial x^h}{\partial s}$$

まとめておくと，

法則 7.09　**一般相対論の測地線偏差の方程式**

$$\frac{D^2}{d\tau^2}\left(\frac{\partial x^i}{\partial s}\right)=-R^i{}_{khj}\frac{dx^j}{d\tau}\frac{dx^k}{d\tau}\frac{\partial x^h}{\partial s}$$

ここで，$P^i{}_h=R^i{}_{khj}\dfrac{dx^j}{d\tau}\dfrac{dx^k}{d\tau}$ とおくと，次の左の式になります。

$$\frac{D^2}{d\tau^2}\left(\frac{\partial x^i}{\partial s}\right)=-P^i{}_h\frac{\partial x^h}{\partial s}\qquad\qquad \frac{d^2}{dt^2}\left(\frac{\partial x^i}{\partial s}\right)=-\frac{\partial^2\phi}{\partial x^i\,\partial x^k}\frac{\partial x^k}{\partial s}$$

一般相対論　　　　　　　　　　　　ニュートン力学

左右の式を比べると，ニュートン力学の $\dfrac{\partial^2\phi}{\partial x^i\,\partial x^k}$ の役割を，一般相対論では $P^i{}_h=R^i{}_{khj}\dfrac{dx^j}{d\tau}\dfrac{dx^k}{d\tau}$ が担っているということがいえるでしょう。

ニュートンの重力場方程式では真空のとき $\rho=0$ であり，

$$\varDelta\phi=0\qquad\rightarrow\qquad\sum_{i=1}^{3}\frac{\partial^2\phi}{\partial x^i\,\partial x^i}=0$$

となります。左辺は行列 $\left(\dfrac{\partial^2\phi}{\partial x^k\,\partial x^i}\right)$ のトレース（対角成分の和）をとっ

たものです。一般相対論の場合もこれに倣うと仮定しましょう。

$$P^h{}_h = R^h{}_{khj} \frac{dx^j}{d\tau} \frac{dx^k}{d\tau} = 0$$

となります。粒子の速さ $\dfrac{dx^j}{d\tau}$ は任意に設定できますから，結局

$$R^h{}_{khj} = 0 \qquad R_{kj} = 0$$

リッチ曲率の成分がすべて 0 になります。

真空のとき，リッチ曲率 R_{kj} は 0 であると予想できます。この予想が正しいことは，これから示す**法則 7.10** アインシュタインの重力場方程式と**問題 7.18** から導くことができます。

ここで曲面の曲率の意味を用いて，**法則 7.09** 測地線偏差の方程式をざっくりと解釈してみましょう。細かい説明はうまくできませんが，緩い話でもかまわないという方だけ読んでください。右辺に曲率が出てくることの必然性を感じとってもらえればと思います。

点 P で局所ローレンツ系をとり，P(0, 0, 0, 0)とします。P を通る曲線を $\boldsymbol{y}(s)$ として，$(0,\ r(s),\ 0,\ 0)$ をとります。$s=0$ のとき P であるとします。$(0,\ r(s),\ 0,\ 0)$ に置かれた物体の軌跡は測地線になり，

$$(x^0(\tau,\ s),\ x^1(\tau,\ s),\ x^2(\tau,\ s),\ x^3(\tau,\ s))$$

であるとします。

物体は P で静止しているものとします。すなわち，4 元速度は

$$\left(\frac{dx^0}{d\tau},\ \frac{dx^1}{d\tau},\ \frac{dx^2}{d\tau},\ \frac{dx^3}{d\tau}\right) = (c,\ 0,\ 0,\ 0)$$

であり，P の周りで $x^0 = ct = c\tau$ となりますから，$\tau = 0$ で P に静止している物体の測地線偏差の方程式の $i=1$ の成分は，

$$\frac{D^2}{d\tau^2}\left(\frac{\partial x^1}{\partial s}\right) = -c^2 R^1{}_{010} \frac{\partial x^1}{\partial s} \qquad \frac{D^2}{(dx^0)^2}\left(\frac{\partial x^1}{\partial s}\right) = -R^1{}_{010} \frac{\partial x^1}{\partial s} \qquad (7.27)$$

この式を曲面の曲率で解釈します。

ここで$R_{1010}=\eta_{1i}R^{i}{}_{010}=R^{1}{}_{010}$は，時空4次元空間を5次元の空間に埋め込む(と仮定した)ときの式を$\boldsymbol{S}(x^0,\ x^1,\ x^2,\ x^3)$，単位法線ベクトルの式を$\boldsymbol{n}(x^0,\ x^1,\ x^2,\ x^3)$とすると，「$\dfrac{\partial \boldsymbol{n}}{\partial x^0}$と$\dfrac{\partial \boldsymbol{n}}{\partial x^1}$が張る平行四辺形の面積」と「$\dfrac{\partial \boldsymbol{S}}{\partial x^0}$と$\dfrac{\partial \boldsymbol{S}}{\partial x^1}$が張る平行四辺形の面積」の積になりました（下左図)。5次元に埋め込まれているという仮定のもと，2つの平行四辺形は平行になります。

ここで局所ローレンツ系なのでミンコフスキー計量が入っていて，

$\eta_{ij}=\dfrac{\partial \boldsymbol{S}}{\partial x^i}\cdot\dfrac{\partial \boldsymbol{S}}{\partial x^j}$ですから，$\dfrac{\partial \boldsymbol{S}}{\partial x^0}$と$\dfrac{\partial \boldsymbol{S}}{\partial x^1}$が張る平行四辺形は1辺の長さが1の正方形になります（$\eta_{00}=-1$から，$\left|\dfrac{\partial \boldsymbol{S}}{\partial x^0}\right|=1$ということにしてしまおう)。

結局，$R^{1}{}_{010}$は，$\dfrac{\partial \boldsymbol{n}}{\partial x^0}$と$\dfrac{\partial \boldsymbol{n}}{\partial x^1}$が張る平行四辺形の面積（左図朱部）ということになります。曲面Sに単位法線ベクトル$\boldsymbol{n}$を立て，左図の正方形の周りを動かすと，面が曲がっているので$\boldsymbol{n}$の終点は正方形から歪んだ四角形になります。この面積は，この歪んだ四角形と正方形の差のうち2次の誤差の部分になっています（右図)。

$R^{1}{}_{010}$は2次の誤差率を表す式といえます。この誤差率はSが曲面として高次元の空間に埋め込まれているということから出てきたものです。2階微分もいわば2次の誤差率といえますから，納得のいく解釈です。

(7.27)の式は，偏差$\dfrac{\partial x^1}{\partial s}$の$x^0$による2階微分が，$\dfrac{\partial x^1}{\partial s}$の$-R^{1}{}_{010}$倍になるという式です。

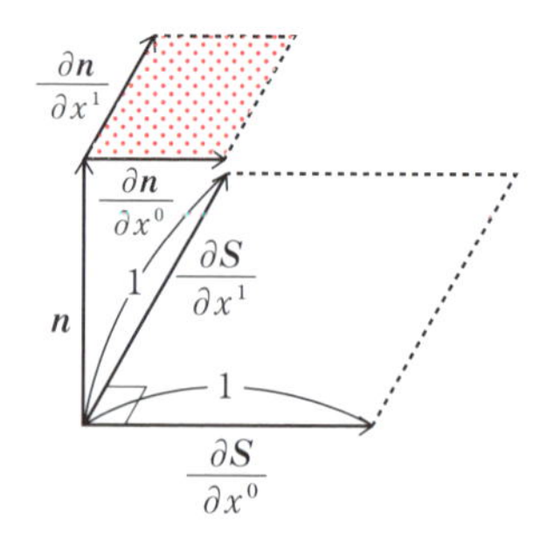

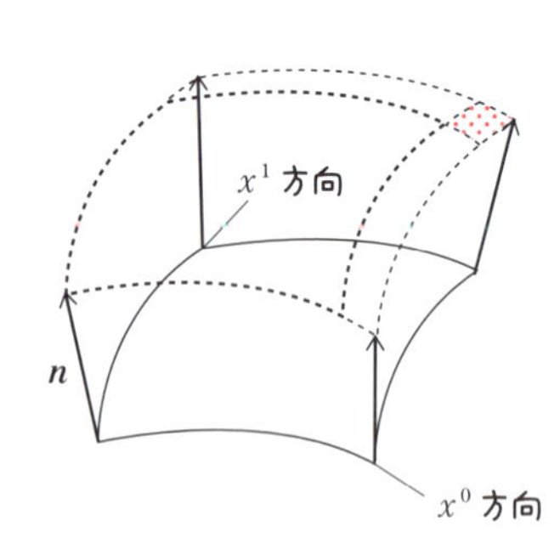

§7　アインシュタインの重力場方程式

ニュートンの重力場方程式を4元化した式を考えましょう。

ニュートンの重力場方程式

$$\Delta\phi = 4\pi G\rho$$

は，空間中にある密度ρの質量が重力場ϕを生み出すと読むことができます。つまり，左辺は場の状態を，右辺は物質の状態を表している式です。

ですから，これを4元化した式も

（場の性質）＝（物質の状態）

という形になっているはずです。**法則 7.08** より，弱重力場，定常重力場のもとでは，ϕはg_{00}と1次の関係がありますから，4元化した式の左辺はg_{ij}をもとにして作られるテンソルのはずです。

また，前節の結果より，一般相対論での重力場の方程式の左辺には，曲率をもとにして作られるテンソルが入ることが予想されます。

4元化した式は，結論から言うと，次になります。

法則 7.10　**アインシュタインの重力場方程式**

$$G_{ij} = \frac{8\pi G}{c^4} T_{ij}$$

右辺のGは万有引力定数，cは光速度の定数です。

左辺のG_{ij}は，リッチの曲率テンソルR_{ij}と，計量テンソルg_{ij}との縮合であるスカラー曲率$R = g^{ij} R_{ij}$を用いて

$$G_{ij} = R_{ij} - \frac{1}{2} g_{ij} R \tag{7.28}$$

と表されるテンソルです。G_{ij}を**アインシュタインテンソル**と呼びます。

なお，第2項目を $\frac{1}{2}g_{ij}R=\frac{1}{2}g_{ij}g^{kl}R_{kl}$ と書いても g に付いている添え字が違いますから，g は消去できないことに注意してください。

曲率は空間の曲がり具合を表していますから，左辺は場の性質を表しています。

T_{ij} は，エネルギー・運動量テンソルです。

定義 4.24 の力学的なエネルギー・運動量テンソルを $T^{f}{}_{ij}$ とし，**定義 4.36** の電磁場のエネルギー・運動量テンソルを $T^{e}{}_{ij}$ とすれば，

$$T_{ij}=T^{f}{}_{ij}+T^{e}{}_{ij}$$

となります。4章では，エネルギー・運動量テンソルは2階の反変バージョンで定義されましたが，ここでは計量テンソル g_{ij} により添え字を下げて，2階の共変バージョンにして用いています。

右辺は物質の状態を表しています。

上の式では，左辺の方で R と計量テンソル g を用いて細工をしましたが，右辺で調整することもできます。

問題 7.11

(1)　$g^{ij}G_{ij}=-R$ を示せ。

(2)　$T=g^{ij}T_{ij}$ とおくとき，

$$G_{ij}=R_{ij}-\frac{1}{2}g_{ij}R=\frac{8\pi G}{c^4}T_{ij}\quad\Leftrightarrow\quad R_{ij}=\frac{8\pi G}{c^4}\left(T_{ij}-\frac{1}{2}g_{ij}T\right)$$

となることを示せ。

(1)　$g^{ij}G_{ij}=g^{ij}R_{ij}-\frac{1}{2}g^{ij}g_{ij}R=R-\frac{1}{2}\delta^{i}{}_{i}R=R-\frac{1}{2}\cdot 4R=-R$

4次元なので，添字の種類は4個

(2)　左の式の両辺で g^{ij} との縮合をとって，

$$g^{ij}\left(R_{ij}-\frac{1}{2}g_{ij}R\right)=\frac{8\pi G}{c^4}g^{ij}T_{ij}\qquad -R=\frac{8\pi G}{c^4}T$$

左の式に入れて,

$$R_{ij}+\frac{1}{2}g_{ij}\left(\frac{8\pi G}{c^4}T\right)=\frac{8\pi G}{c^4}T_{ij} \qquad R_{ij}=\frac{8\pi G}{c^4}\left(T_{ij}-\frac{1}{2}g_{ij}T\right)$$

直接的な導出が難しいので, **法則 7.10** が妥当であることの理論的な状況証拠を挙げていきたいと思います。

この節では, アインシュタインの重力場方程式が満たすべき必要条件の中から

(i) 「ニュートンの重力場方程式を導くことができる」

(ii) 「左辺の発散（4 次元での div）が 0」

の 2 つを確認してみましょう。

ニュートンの重力場方程式を導くことができる

アインシュタインの重力場方程式は, ニュートンの重力場方程式の拡張になっています。逆に, アインシュタインの重力場方程式にいくつかの条件を課すとニュートンの重力場方程式を導くことができます。

実際に, 導いてみましょう。

g_{00} と重力ポテンシャル ϕ の関係を求めたときと同様の条件を課します。

ア　物質の速度は 0 とする。

イ　弱重力場

計量テンソル g_{ij} がミンコフスキー計量 η_{ij} に近い。

ここでは, さらに $g_{ij}=\eta_{ij}+h_{ij}$ としたとき, g_{ij} の 1 階微分, 2 階微分と h_{ij} が同程度に 1 より十分小さいものとする

ウ　定常な重力場

重力場は時間に依存しない。 $\frac{\partial g_{ij}}{\partial x^0}=0$

エ　電気エネルギーは考えない。 $T_{ij}=T^f{}_{ij}$

アの条件より, **定義 4.24** で $v_x=0$, $v_y=0$, $v_z=0$, $p=0$ とすると,

T^{ij}の成分は，$T^{00}=\rho c^2$，これ以外の成分は0になります。

T_{ij}の成分は，

$$T_{00}=g_{0i}g_{0j}T^{ij}=g_{00}g_{00}T^{00}=(-1)^2\rho c^2=\rho c^2$$

これ以外の成分は0になります。

$$T=g^{ij}T_{ij}=g^{00}T_{00}=-\rho c^2$$

アインシュタインの重力場方程式と同値な式（右辺で調節している式），

$$R_{ij}=\frac{8\pi G}{c^4}\left(T_{ij}-\frac{1}{2}g_{ij}T\right)$$

を用いることにします。右辺の(0, 0)成分は，

$$\frac{8\pi G}{c^4}\left(T_{00}-\frac{1}{2}g_{00}T\right)=\frac{8\pi G}{c^4}\left(\rho c^2-\frac{1}{2}(-1)(-\rho c^2)\right)$$
$$=\frac{8\pi G}{c^4}\cdot\frac{1}{2}\rho c^2=\frac{4\pi G}{c^2}\rho$$

左辺の(0, 0)成分を計算してみましょう。**イ**より，

$$g_{ij}=\eta_{ij}+h_{ij}\qquad |h_{ij}|\ll 1$$

とおきます。接続係数$\Gamma^i{}_{00}$を，**法則7.08**の前の（7.23），（7.24）より

$$\Gamma^i{}_{00}=-\frac{1}{2}\frac{\partial h_{00}}{\partial x^i}(i=1,\ 2,\ 3),\quad \Gamma^0{}_{00}=0$$

また，$R^i{}_{jkl}$の**定義6.17**から

$$R^i{}_{0i0}=\frac{\partial \Gamma^i{}_{00}}{\partial x^i}-\frac{\partial \Gamma^i{}_{i0}}{\partial x^0}+\Gamma^i{}_{ij}\Gamma^j{}_{00}-\Gamma^i{}_{0j}\Gamma^j{}_{i0}$$

上添え字と下添え字がiになっていますが，この式は縮約を表している式ではないことに注意しましょう。

$i=0$のときは，$R^0{}_{000}=0$です。

$i=1$，2，3のとき，**ウ**の定常な重力場という条件から第2項は0になります。また，**イ**の弱重力場の条件でg_{ij}の1階微分と2階微分が同程度に十分小さいことから，g_{ij}の2階微分の1次式からなる第1項に対して，

g_{ij} の1階微分の2次式からなる第3項，第4項は十分小さくなるので，第3項，第4項を落とすことにします。

$$R^{i}{}_{0i0} = \frac{\partial \Gamma^{i}{}_{00}}{\partial x^{i}} = -\frac{1}{2}\frac{\partial^{2} h_{00}}{\partial x^{i}\,\partial x^{i}} \qquad (i=1,\ 2,\ 3)$$

次の $R^{i}{}_{0i0}$ は i について縮約した式です。

$$R_{00} = R^{i}{}_{0i0} = R^{0}{}_{000} + R^{1}{}_{010} + R^{2}{}_{020} + R^{3}{}_{030}$$

$$= -\frac{1}{2}\frac{\partial^{2} h_{00}}{\partial x^{1}\,\partial x^{1}} - \frac{1}{2}\frac{\partial^{2} h_{00}}{\partial x^{2}\,\partial x^{2}} - \frac{1}{2}\frac{\partial^{2} h_{00}}{\partial x^{3}\,\partial x^{3}}$$

$$= -\frac{1}{2}\Delta h_{00} = -\frac{1}{2}\Delta(g_{00} - \eta_{00}) = -\frac{1}{2}\Delta\left(-\frac{2\phi}{c^{2}}\right) = \frac{1}{c^{2}}\Delta\phi$$

法則 7.08 より

よって，アインシュタインの重力場方程式の(0, 0)成分は，

$$\frac{1}{c^{2}}\Delta\phi = \frac{4\pi G}{c^{2}}\rho \qquad \Delta\phi = 4\pi G\rho$$

となり，ニュートンの重力場方程式を導くことができます。

発散（4次元の div）が0

4章の最後で述べたように，右辺のエネルギー・運動量テンソル T_{ij} の添え字を上げた T^{ij} では，

$$\frac{\partial T^{ij}}{\partial x^{j}} = 0$$

が成り立っていました。$j=0$ のときは**法則 2.04**（質量保存の法則），$j=1 \sim 3$ の場合は**法則 2.05**（運動量保存の法則）を表していました。これを曲線座標に直せば，

$$\nabla_{i} T^{ij} = 0$$

となります。左辺でも ∇_{i} で微分して，$\nabla_{i} G^{ij} = 0$ にならないといけません。これは必要条件です。

$\nabla_{i} G^{ij} = \nabla_{i}(g^{jl} G^{i}{}_{l}) = g^{jl}\nabla_{i} G^{i}{}_{l}$ ですから，

定理 5.17(2)

$$\nabla_i G^{ij}=0 \quad \Leftrightarrow \quad \nabla_i G^i{}_j=0$$

$\nabla_i G^i{}_j=0$を確かめてみましょう。

問題 7.12

$\nabla_i G^i{}_j=0$を示せ。

公式 6.22 のビアンキの恒等式を用います。

$$\nabla_j R^i{}_{klm}+\nabla_l R^i{}_{kmj}+\nabla_m R^i{}_{kjl}=0$$

$l\to i$として，iを走る添え字にします。

$$\nabla_j R^i{}_{kim}+\nabla_i R^i{}_{kmj}+\nabla_m R^i{}_{kji}=0$$

$$\nabla_j R_{km}+\nabla_i R^i{}_{kmj}-\nabla_m R_{kj}=0 \qquad R^i{}_{kji}=-R^i{}_{kij}=-R_{kj}$$

g^{km}との縮合を作ります。

$$g^{km}(\nabla_j R_{km}+\nabla_i R^i{}_{kmj}-\nabla_m R_{kj})=0$$

$$\nabla_j g^{km}R_{km}+\nabla_i g^{km}R^i{}_{kmj}-\nabla_m g^{km}R_{kj}=0 \qquad \text{定理 5.17 (2)}$$

$$\nabla_j R-\nabla_i R^i{}_j-\nabla_m R^m{}_j=0$$

$$\nabla_i \delta^i{}_j R-2\nabla_i R^i{}_j=0$$

$$\nabla_i(\delta^i{}_j R-2R^i{}_j)=0$$

これより，

$$\nabla_i G^i{}_j=\nabla_i(g^{ik}G_{kj})\overset{(7.28)\text{ より}}{=}\nabla_i\left(g^{ik}\left(R_{kj}-\frac{1}{2}g_{kj}R\right)\right)$$

$$=\nabla_i\left(R^i{}_j-\frac{1}{2}g^{ik}g_{kj}R\right)=\nabla_i\left(R^i{}_j-\frac{1}{2}\delta^i{}_j R\right)$$

$$=\frac{1}{2}\nabla_i(2R^i{}_j-\delta^i{}_j R)=0$$

となります。

$G_{ij}\propto T_{ij}$よりも，$R_{ij}\propto T_{ij}$の方が美しい気がしますが，つねに$\nabla_i R^i{}_j=0$を満たすわけではないので，T_{ij}が右辺にある重力場方程式の左辺はR_{ij}に細工を施したG_{ij}でなくてはなりません。

§8　重力場方程式の左辺を絞り込む

この節では，いったんアインシュタインの重力場方程式を忘れて，方程式を初めから導出してみましょう。導出といっても帰納的な道ではなく，物理的な確信や大胆な演繹を含みますので，その辺を割り引いて読んでいただければ幸いです。中には数学的に進行する部分もあります。

ニュートンの重力場方程式$\Delta\phi = 4\pi G\rho$を4元化すると考えます。

右辺はρの定数倍になっています。ここで思い出されるのは力学的なエネルギー・運動量テンソルです。エネルギー・運動量テンソルT_{ij}の(0, 0)成分はρc^2であり，ρの定数倍でした。ですから，右辺はT_{ij}で置き換えることにしましょう。4元化した重力場方程式は，左辺も2階の共変テンソルになります。その2階のテンソル方程式を

$$S_{ij} = hT_{ij} \tag{7.29}$$

の形であるとしましょう。

真空のとき，$\rho = 0$，$p=0$であり$T_{ij} = 0$となりますから，6節の考察より$\rho = 0$のとき$R_{ij} = 0$ですから，$S_{ij} = R_{ij}$とするとつり合うように思えます。しかし，左辺をR_{ij}とすると，右辺は発散をとったとき，$\nabla_i T_{ij} = 0$となることに合わせて，$\nabla_i R_{ij} = 0$とならなければいけないので不適です。そこで$\nabla_i S_{ij} = 0$となるテンソルを探すことにします。

S_{ij}は重力の情報，場の情報を持っているので，S_{ij}をg_{ij}から作ることを考えます。

ニュートンの重力場方程式で左辺はϕの2階微分です。ϕと1次の関係（**法則 7.08**）にあるg_{00}で書き換えても2階微分になりますから，S_{ij}はg_{ij}の2階微分を含むと考えられます。一番簡単に，g_{ij}の2階微分は1次式

になっているとしましょう。

g_{ij}の1階微分はどうでしょうか。

$\dfrac{\partial g_{ij}}{\partial x^k}$は$\mathcal{T}^0{}_3$（(0, 3) テンソル場を表す記号とする）で，共変次数と反変次数の和は3で奇数です。g_{ij}，g^{ij}による文字の上げ下げ，g_{ij}，g^{ij}，$\dfrac{\partial^2 g_{ij}}{\partial x^k \partial x^l}$との2重縮合では共変次数と反変次数の和の奇偶は変化しませんから，S_{ij}の式の中に$\dfrac{\partial g_{ij}}{\partial x^k}$は1次式では現れません。2次式$\dfrac{\partial g_{ij}}{\partial x^k}\dfrac{\partial g_{lm}}{\partial x^n}$は$\mathcal{T}^0{}_6$（(0, 6) テンソル場）ですから，これを加工（縮約・縮合）して$\mathcal{T}^0{}_2$（(0, 2) テンソル場）を作りましょう。

ここまで挙げた条件で，ほぼS_{ij}の形が決まってしまうのです。次のようなことが言えます。

定理 7.13

計量テンソルとその微分，g_{ij}，$\dfrac{\partial g_{ij}}{\partial x^k}$，$\dfrac{\partial^2 g_{ij}}{\partial x^k \partial x^l}$，$g^{ij}$を組み合わせて作る2階の対称（$i$，$j$の入れ換えで成分が等しい）共変テンソル場のうち，$\dfrac{\partial^2 g_{ij}}{\partial x^k \partial x^l}$を1次式，$\dfrac{\partial g_{ij}}{\partial x^k}$を2次式として含むテンソル場$S_{ij}$は，

$$S_{ij} = aR_{ij} + bg_{ij}R + dg_{ij}$$

の形をしている。ここで，R_{ij}はリッチ曲率，Rはスカラー曲率，a，b，dは定数。

与えられた条件の下で，$\mathcal{T}^0{}_2$（下添え字が2つ）になるような組み合わせを考えてみましょう。

$\dfrac{\partial^2 g_{ij}}{\partial x^k \partial x^l}$は$\mathcal{T}^0{}_4$ですから，文字の上げ下げ，縮約，積で$\mathcal{T}^0{}_2$を作るには，

ア　$\mathcal{T}^0{}_4 \to \mathcal{T}^0{}_2$

イ　$\mathcal{T}^0{}_4 \to \mathcal{T}^0{}_2 \to \mathcal{T}^0{}_0 \to \mathcal{T}^0{}_2$

の系列が考えられます。

これは具体的には，

ア　$\dfrac{\partial^2 g_{ij}}{\partial x^k \partial x^l}$ と g^{mn} の 2 重縮合

イ　$\dfrac{\partial^2 g_{ij}}{\partial x^k \partial x^l}$ に g^{mn} と g^{pq} をそれぞれ 2 重縮合してスカラーを作り，g_{rs} をかける

ことになります。$\mathcal{T}^0{}_4 \to \mathcal{T}^1{}_3 \to \mathcal{T}^2{}_2 \to \mathcal{T}^0{}_2$ としても，g_{ij} と g^{kl} はキャンセルされるのでうまくありません。他も試してみて，$\dfrac{\partial^2 g_{ij}}{\partial x^k \partial x^l}$ の 1 次式からなる項は，**ア**，**イ**のパターンしかないことが分かります。**ア**，**イ**以外には，

ウ　$\dfrac{\partial g_{ij}}{\partial x^k} \dfrac{\partial g_{lm}}{\partial x^n}$ に g^{pq} と g^{rs} をそれぞれ 2 重縮合して作る $\mathcal{T}^0{}_2$

エ　g_{ij}

があります。まとめると，S_{ij} の項は上の**ア**，**イ**，**ウ**，**エ**から構成されていることになります。

S_{ij} の形を必要条件で絞っていきましょう。

定義 7.02 を用い，与えられた座標 x^i と g_{ij} に対して，点 P で，

$$(x^0,\ x^1,\ x^2,\ x^3) = (0,\ 0,\ 0,\ 0)$$

となるような局所ローレンツ系をとります。すると，点 P ではすべての i，j，k に対して，$\underline{\dfrac{\partial g_{ij}}{\partial x^k} = 0}$ となりますから，**ウ**の項は考えなくてもよいことになります。

アの項について考えます。

紙面の節約のため，$\underline{\dfrac{\partial^2 g_{ij}}{\partial x^k \partial x^l} = g_{ij,kl}}$ と表すことにします。

$g_{kl,mn}$ と g^{pq} の 2 重縮合は，k，l の対称性，m，n の対称性を考えると，$g_{kl,mn}$ のどこの 2 つの文字と縮合するかで 3 つのパターンがあります。

オ　もともとの g の添え字の 2 個である k，l

カ　g を微分する添え字の 2 個である m，n

キ　g の添え字 1 個 k または l，微分する添え字 1 個 m または n

つまり，**ア**に関するS_{ij}の項は，

$$(Ag_{kl,ij}+Bg_{ij,kl}+Cg_{ik,jl}+Dg_{jk,il})g^{kl}$$

となります。S_{ij}が対称テンソルなので，iとjを入れ換えても等しいことから，$C=D$となります。結局，S_{ij}の**ア**の項に関しては，

$$(Ag_{kl,ij}+Bg_{ij,kl}+C(g_{ik,jl}+g_{jk,il}))g^{kl}$$

とまとまります。

続いて，**イ**の項について考えます。

$g_{ij,kl}$とg^{mn}とg^{pq}の縮合のしかたは，各gの添え字を，(ij)と(kl)に1つずつふり分けるか，どちらか一方にまとめるかで，2通りの方法があります。

S_{ij}の**イ**に関する項は，

$$g_{ij}(Dg_{kl,mn}+Eg_{km,ln})g^{kl}g^{mn}$$

となります。**エ**まで考慮すると，S_{ij}は局所ローレンツ系において

$$S_{ij}=(Ag_{kl,ij}+Bg_{ij,kl}+C(g_{ik,jl}+g_{jk,il}))g^{kl}$$
$$+g_{ij}(Dg_{kl,mn}+Eg_{km,ln})g^{kl}g^{mn}+Fg_{ij}$$

という形を持ちます。

ここで，$A\sim E$の関係式を求めるために，座標変換をしてみましょう。

局所ローレンツ系x^iに対して，次の式で定められるx'^iを考えます。

$$x'^0=x^0,\quad x'^1=x^1-\alpha x^1(x^2)^2,\quad x'^2=x^2-\beta(x^1)^2x^2,\quad x'^3=x^3$$

ここで，x'^1のx^1による偏微分のPでの値は，

$$\left.\frac{\partial x'^1}{\partial x^1}\right|_{\mathrm{P}}=\frac{\partial}{\partial x^1}(x^1-\alpha x^1(x^2)^2)|_{\mathrm{P}}=1-\alpha(x^2)^2-2\alpha x^1x^2\left.\frac{\partial x^2}{\partial x^1}\right|_{\mathrm{P}}=1$$

$|_{\mathrm{P}}$は点Pでの式の値という意味

となるので，他も同様に

$$\left.\frac{\partial x'^i}{\partial x^j}\right|_{\mathrm{P}}=\delta^i{}_j,\quad \left.\frac{\partial x^i}{\partial x'^j}\right|_{\mathrm{P}}=\delta^i{}_j$$

2階微分，3階微分に関しては，次が成り立ちます。

問題 7.14

$$\left.\frac{\partial^2 x^i}{\partial x'^j\,\partial x'^k}\right|_{\mathrm{P}}=0,\quad \left.\frac{\partial^3 x^1}{\partial x'^1\,\partial x'^2\,\partial x'^2}\right|_{\mathrm{P}}=2\alpha,\quad \left.\frac{\partial^3 x^2}{\partial x'^2\,\partial x'^1\,\partial x'^1}\right|_{\mathrm{P}}=2\beta$$

これ以外の3階微分はすべて0

$i=0$，3のときは，x^iをx'^kで1回微分すると定数（0または1）になりますから，2階微分，3階微分では0になります。

$i=1$のときを計算します。

$$\begin{aligned}x^1&=x'^1+\alpha x^1(x^2)^2\\&=x'^1+\alpha\{x'^1+\alpha x^1(x^2)^2\}\{x'^2+\beta(x^1)^2x^2\}\{x'^2+\beta(x^1)^2x^2\}\\&=x'^1+\alpha x'^1(x'^2)^2+(x^i,\ x'^j\text{の4次式})\end{aligned}$$

となります。

（x^i，x'^jの4次式）をx^i，x'^jで3回微分すると，ライプニッツ則から，手つかずのx^iが1つは残り，Pでの値0を代入するので第3項の値は0になります。

結局，残るのはx'^1で1回，x'^2で2回微分したときの，第2項だけで

$$\left.\frac{\partial^3 x^1}{\partial x'^1\,\partial x'^2\,\partial x'^2}\right|_{\mathrm{P}}=2\alpha$$

他の場合も同様に求めることができます。

ここで，x'^iがPでの局所ローレンツ系であることを確かめておきます。

問題 7.15

$$g'_{ij}|_{\mathrm{P}}=\eta_{ij},\quad \left.\frac{\partial g'_{ij}}{\partial x'^k}\right|_{\mathrm{P}}=0\text{を示せ。}$$

$$g'_{ij}|_{\mathrm{P}}=\frac{\partial x^k}{\partial x'^i}\frac{\partial x^l}{\partial x'^j}g_{kl}\bigg|_{\mathrm{P}}=\delta^k{}_i\delta^l{}_j g_{kl}|_{\mathrm{P}}=g_{ij}|_{\mathrm{P}}=\eta_{ij}$$

$$\begin{aligned}\frac{\partial g'_{ij}}{\partial x'^k}\bigg|_{\mathrm{P}}&=\frac{\partial}{\partial x'^k}\left(\frac{\partial x^l}{\partial x'^i}\frac{\partial x^m}{\partial x'^j}g_{lm}\right)\bigg|_{\mathrm{P}}\\&=\underline{\frac{\partial^2 x^l}{\partial x'^k\,\partial x'^i}}\frac{\partial x^m}{\partial x'^j}g_{lm}\\&\qquad\overset{0}{+}\frac{\partial x^l}{\partial x'^i}\underline{\frac{\partial^2 x^m}{\partial x'^k\,\partial x'^j}}g_{lm}+\frac{\partial x^l}{\partial x'^i}\frac{\partial x^m}{\partial x'^j}\frac{\partial x^n}{\partial x'^k}\frac{\partial g_{lm}}{\partial x^n}\bigg|_{\mathrm{P}}\\&=\delta^l{}_i\delta^m{}_j\delta^n{}_k\frac{\partial g_{lm}}{\partial x^n}\bigg|_{\mathrm{P}}^{0}=\frac{\partial g_{ij}}{\partial x^k}\bigg|_{\mathrm{P}}=0\end{aligned}$$

g'_{ij}の2階微分については，次が成り立ちます。

問題 7.16

$g'_{11,22}|_{\mathrm{P}}=g_{11,22}|_{\mathrm{P}}+4\alpha$，$g'_{22,11}|_{\mathrm{P}}=g_{22,11}|_{\mathrm{P}}+4\beta$，$g'_{12,12}|_{\mathrm{P}}=g_{12,12}|_{\mathrm{P}}+2\alpha+2\beta$，

これ以外の2階微分は，$g'_{ij,kl}|_{\mathrm{P}}=g_{ij,kl}|_{\mathrm{P}}$を示せ。

$$\begin{aligned}g'_{12,12}&=\frac{\partial^2 g'_{12}}{\partial x'^1\,\partial x'^2}=\frac{\partial}{\partial x'^1}\frac{\partial}{\partial x'^2}\left(\frac{\partial x^i}{\partial x'^1}\frac{\partial x^j}{\partial x'^2}g_{ij}\right)\\&=\frac{\partial}{\partial x'^1}\left(\frac{\partial^2 x^i}{\partial x'^2\,\partial x'^1}\frac{\partial x^j}{\partial x'^2}g_{ij}+\frac{\partial x^i}{\partial x'^1}\frac{\partial^2 x^j}{\partial x'^2\,\partial x'^2}g_{ij}\right.\\&\qquad\qquad\left.+\frac{\partial x^i}{\partial x'^1}\frac{\partial x^j}{\partial x'^2}\frac{\partial g_{ij}}{\partial x'^2}\right)\\&=\frac{\partial^3 x^i}{\partial x'^1\,\partial x'^2\,\partial x'^1}\frac{\partial x^j}{\partial x'^2}g_{ij}+\frac{\partial^2 x^i}{\partial x'^2\,\partial x'^1}\frac{\partial^2 x^j}{\partial x'^1\,\partial x'^2}g_{ij}\\&\quad+\frac{\partial^2 x^i}{\partial x'^2\,\partial x'^1}\frac{\partial x^j}{\partial x'^2}\frac{\partial g_{ij}}{\partial x'^1}+\frac{\partial^2 x^i}{\partial x'^1\,\partial x'^1}\frac{\partial^2 x^j}{\partial x'^2\,\partial x'^2}g_{ij}\\&\quad+\frac{\partial x^i}{\partial x'^1}\frac{\partial^3 x^j}{\partial x'^1\,\partial x'^2\,\partial x'^2}g_{ij}+\frac{\partial x^i}{\partial x'^1}\frac{\partial^2 x^j}{\partial x'^2\,\partial x'^2}\frac{\partial g_{ij}}{\partial x'^1}\\&\quad+\frac{\partial^2 x^i}{\partial x'^1\,\partial x'^1}\frac{\partial x^j}{\partial x'^2}\frac{\partial g_{ij}}{\partial x'^2}+\frac{\partial x^i}{\partial x'^1}\frac{\partial^2 x^j}{\partial x'^1\,\partial x'^2}\frac{\partial g_{ij}}{\partial x'^2}\\&\quad+\underline{\frac{\partial x^i}{\partial x'^1}\frac{\partial x^j}{\partial x'^2}\frac{\partial^2 g_{ij}}{\partial x'^1\,\partial x'^2}}\end{aligned}$$

Pでは，x^iの2階微分は0なので，このうち残るのは，第1項の$i=2$，$j=2$，第5項の$i=1$，$j=1$，第9項の$i=1$，$j=2$のときです。

第1項，第5項では，Pでの局所ローレンツ系の条件，$g_{11}|_P=1$，$g_{22}|_P=1$であり，第9項では，

$$\frac{\partial^2 g_{12}}{\partial x'^1\,\partial x'^2}=\frac{\partial x^i}{\partial x'^1}\frac{\partial x^j}{\partial x'^2}\frac{\partial^2 g_{12}}{\partial x^i\,\partial x^j}=\delta^i{}_1\delta^j{}_2\frac{\partial^2 g_{12}}{\partial x^i\,\partial x^j}=\frac{\partial^2 g_{12}}{\partial x^1\,\partial x^2}$$

を用いると，

$$g'_{12,12}|_P=g_{12,12}|_P+2\alpha+2\beta$$

他は，上と同様の展開式をもとにみなさんが確かめてください。

さて，A～Eの関係式を求めましょう。

x^iが局所ローレンツ系なので，$g_{ij}|_P=\eta_{ij}$，$g^{ij}|_P=\eta^{ij}$ですから，

$$\begin{aligned}S_{ij}|_P&=(Ag_{kl,ij}+Bg_{ij,kl}+C(g_{ik,jl}+g_{jk,il}))\eta^{kl}\\&\quad+\eta_{ij}(Dg_{kl,mn}+Eg_{km,ln})\eta^{kl}\eta^{mn}+F\eta_{ij}|_P\\&=-(Ag_{00,ij}+Bg_{ij,00}+C(g_{i0,j0}+g_{j0,i0}))\\&\quad+(Ag_{11,ij}+Bg_{ij,11}+C(g_{i1,j1}+g_{j1,i1}))\\&\quad+(Ag_{22,ij}+Bg_{ij,22}+C(g_{i2,j2}+g_{j2,i2}))\\&\quad+(Ag_{33,ij}+Bg_{ij,33}+C(g_{i3,j3}+g_{j3,i3}))\\&\quad+\eta_{ij}(Dg_{kl,mn}+Eg_{km,ln})\eta^{kl}\eta^{mn}+F\eta_{ij}|_P\end{aligned}$$

$\eta^{00}=-1$，
$\eta^{ii}=1\,(i=1,\ 2,\ 3)$
これ以外は0

ここで，$S'_{ij}=\dfrac{\partial x^k}{\partial x'^i}\dfrac{\partial x^l}{\partial x'^j}S_{kl}=\delta^k{}_i\delta^l{}_jS_{kl}=S_{ij}$となることを用います。

x'^iも局所ローレンツ系ですから，上の式のダッシュ有りと無しが等しいことになります。

$S'_{33}=S_{33}$を用いると，4行目までの部分のダッシュ有りとダッシュ無しは，**問題7.16**の結果よりA，B，Cの値に無関係に等しくなりますから，結局

$$\eta_{33}(Dg'_{kl,mn}+Eg'_{km,ln})\eta^{kl}\eta^{mn}|_P=\eta_{33}(Dg_{kl,mn}+Eg_{km,ln})\eta^{kl}\eta^{mn}|_P$$

が導けます。ほとんどは，$g'_{kl,mn}|_P=g_{kl,mn}|_P$なので，そうでないところに着

目します。この式で

「$g'_{kl,mn} \neq g_{kl,mn}$または$g'_{km,ln} \neq g_{km,ln}$」かつ $\eta^{kl}\eta^{mn} \neq 0$

となるのは，$(k, l, m, n)=(1, 1, 2, 2)$, $(2, 2, 1, 1)$だけですから，左辺では，

$$
\begin{aligned}
&Dg'_{11,22}+Eg'_{12,12}+Dg'_{22,11}+Eg'_{21,21} \\
&\quad =D(g_{11,22}+4\alpha)+E(g_{12,12}+2\alpha+2\beta) \\
&\qquad\quad +D(g_{22,11}+4\beta)+E(g_{21,21}+2\alpha+2\beta) \\
&\quad =Dg_{11,22}+Eg_{12,12}+Dg_{22,11}+Eg_{21,21}+4(D+E)(\alpha+\beta)
\end{aligned}
$$

これが右辺の$Dg_{11,22}+Eg_{12,12}+Dg_{22,11}+Eg_{21,21}$に等しいためには，$\alpha+\beta$が任意であることにより，

$$D+E=0 \qquad E=-D$$

となります。次に，$E=-D$のもとで，$S'_{11}=S_{11}$を考えます。5行目のダッシュ有りとダッシュ無しは等しいので，4行目までに注目します。

S'_{11}の項のうちA, B, Cを含む項で，$g'_{kl,mn} \neq g_{kl,mn}$となるものを抜き出すと，

$$
\begin{aligned}
&Ag'_{22,11}+Bg'_{11,22}+C(g'_{12,12}+g'_{12,12}) \\
&\quad =A(g_{22,11}+4\beta)+B(g_{11,22}+4\alpha) \\
&\qquad\quad +C(g_{12,12}+2\alpha+2\beta+g_{12,12}+2\alpha+2\beta) \\
&\quad =Ag_{22,11}+Bg_{11,22}+C(g_{12,12}+g_{12,12})+4(B+C)\alpha+4(A+C)\beta
\end{aligned}
$$

これが右辺の$Ag_{22,11}+Bg_{11,22}+C(g_{12,12}+g_{12,12})$に等しくなければならないので，$\alpha$, βが任意であることより，

$$B+C=0, \ A+C=0 \qquad B=A, \ C=-A$$

結局，S_{ij}は，局所ローレンツ系において，

$$S_{ij}=A(g_{kl,ij}+g_{ij,kl}-g_{ik,jl}-g_{jk,il})g^{kl}+Dg_{ij}(g_{kl,mn}-g_{km,ln})g^{kl}g^{mn}+Fg_{ij}$$

となります。

ここでR_{ij}, Rの局所ローレンツ系での成分を計算しておきましょう。

局所ローレンツ系なので$\Gamma^i{}_{jk}|_{\mathrm{P}}=0$であり，**問題 6.19** を用いると，

$$R_{ij}|_{\mathrm{P}} = g^{kl}\, R_{kilj}|_{\mathrm{P}} = \frac{1}{2}(g_{kj,il} + \underline{g_{il,kj}} - g_{kl,ij} - g_{ij,kl})g^{kl}|_{\mathrm{P}}$$

$$= \frac{1}{2}(g_{jk,li} + \underline{g_{ik,lj}} - g_{kl,ij} - g_{ij,kl})g^{kl}|_{\mathrm{P}}$$

g^{kl} の対称性より

$$R|_{\mathrm{P}} = g^{ij}\, R_{ij}|_{\mathrm{P}} = \frac{1}{2}(g_{kj,il} + g_{il,kj} - g_{kl,ij} - g_{ij,kl})g^{kl}\, g^{ij}|_{\mathrm{P}}$$

g^{kl}，g^{ij} の対称性より

$$= \frac{1}{2}(2g_{kj,il} - 2g_{kl,ij})g^{kl}\, g^{ij}|_{\mathrm{P}} = (g_{kj,il} - g_{kl,ij})g^{kl}\, g^{ij}|_{\mathrm{P}}$$

これを用いて，

$$S_{ij}|_{\mathrm{P}} = (-2A)\frac{1}{2}(g_{jk,il} + g_{ik,lj} - g_{kl,ij} - g_{ij,kl})g^{kl}|_{\mathrm{P}}$$

$$+(-D)g_{ij}\,(g_{kj,il} - g_{kl,ij})g^{kl} g^{ij} + Fg_{ij}|_{\mathrm{P}}$$

$$= (-2A)R_{ij}|_{\mathrm{P}} + (-D)g_{ij}R|_{\mathrm{P}} + Fg_{ij}|_{\mathrm{P}}$$

$-2A=a$，$-D=b$，$F=d$ とおくと，局所ローレンツ系で，

$$S_{ij}|_{\mathrm{P}} = aR_{ij} + bg_{ij}R + dg_{ij}|_{\mathrm{P}}$$

が成り立ちます。S_{ij} も $aR_{ij}+bg_{ij}R+dg_{ij}$ もテンソル場であり，点Pでの1つの座標で成り立っていることが確かめられたので，**定理 3.34** により，点Pで他の座標をとっても，

$$S_{ij} = aR_{ij} + bg_{ij}R + dg_{ij}$$

が成り立ちます。点Pは任意にとることができますから，結局，テンソル場の式として上の式が成り立つことになります。

次に，a，b，d を決めましょう。$S_{ij} = hT_{ij}$（式 7.29 の定義より）の発散をとると，右辺は $\nabla_i T_{ij} = 0$ となりますから，左辺も $\nabla_i S_{ij} = 0$ を満たさなければなりません。

問題 7.17

$\nabla_i S_{ij} = 0$ を満たすことから，a，b の関係式を求めよ。

S_{ij} は，

$$S_{ij}=a\left(R_{ij}-\frac{1}{2}g_{ij}R\right)+\left(\frac{1}{2}a+b\right)g_{ij}R+dg_{ij}$$

(7.28)より

$$=aG_{ij}+\left(\frac{1}{2}a+b\right)g_{ij}R+dg_{ij} \tag{7.30}$$

と表せます。$\nabla_i S_{ij}=0 \quad \Leftrightarrow \quad \nabla_i S^i{}_j=0$ なので，$\nabla_i S^i{}_j$ を計算すると，

$$\nabla_i S^i{}_j=\nabla_i(g^{ik}S_{kj})$$

$$=\nabla_i\left[g^{ik}\left\{aG_{kj}+\left(\frac{1}{2}a+b\right)g_{kj}R+dg_{kj}\right\}\right]$$

$$=a\nabla_i G^i{}_j+\left(\frac{1}{2}a+b\right)\nabla_i(\delta^i{}_jR)+d\nabla_i\delta^i{}_j$$ 問題 7.12

$$=\left(\frac{1}{2}a+b\right)\nabla_j R$$

が0なので，$\nabla_j R \fallingdotseq 0$ より，$\frac{1}{2}a+b=0$

(7.30) は，$S_{ij}=aG_{ij}+dg_{ij}$ となります。

これを初めの (7.29) $S_{ij}=hT_{ij}$ に代入して，G_{ij} の係数を1にすると，

$$G_{ij}+\Lambda g_{ij}=kT_{ij}$$

とします。仮に $\Lambda=0$ であるとして，$G_{ij}=kT_{ij}$ とします。

この式からニュートンの重力場方程式が導けるように k を求めます。

7節の「ニュートンの重力場方程式を導く」では，初めから k を与えて計算してありますが，k のまま計算してニュートンの重力場方程式と比べれば，$k=\frac{8\pi G}{c^4}$ と求まります。

これが初めに紹介したアインシュタインの重力場方程式となります。

ニュートンの重力場方程式が導けなければいけないので，重力場方程式の左辺は g_{ij} の2階微分を含まなければなりません。g_{ij} の2階微分を含み，共変微分でとった発散が0という条件を満たすテンソルのうち一番簡単な形をしたものが G_{ij} であるといえます。

定理 7.13 で，g_{ij} の3階以上の微分まで含んでもよいことにすれば，

S_{ij}としていくらでも複雑な形のテンソルを作ることができます。しかし，重力場方程式の左辺がそのような複雑な形をとることなく，一番簡単なG_{ij}であることには，自然の摂理の美しさを感じます。

歴史的なことをいうと，アインシュタインは重力場方程式を見つけるとき，右辺のT_{ij}はすぐ見つけることができたのですが，左辺のG_{ij}をひねり出すのに相当苦労したようです。アインシュタインも原理的には**定理7.13**と似たような計算を経てG_{ij}にたどり着いたのでしょう。上の問題で係数を合わせるときに原理的に用いているビアンキの恒等式を知らなかったので発見が遅れたと言われています。

アインシュタインの重力場方程式を導出することはできないのですが，少しでもその発想の一端を垣間見ることができるのではないかと考え，上の定理を紹介しました。

それにしてもこうして定められた条件を満たす一番簡単なG_{ij}が，一世紀もの間検証に耐え続けていることには深い感慨を覚えます。

なお，アインシュタインによる重力場方程式の発表のあと，作用積分に変分法を用いて重力場方程式を求める方法が発見されました。といっても，作用積分について説明していないので，ピンとこないかもしれません。実は，方程式が作用積分の変分法を用いることで求められることは，物理では数学の証明くらいに，方程式の正統性を確信することができる事実なのです。

ところで，S_{ij}にはg_{ij}の定数倍が付いていました。実は，Λを残したままの式，

$$G_{ij}+\Lambda g_{ij}=\frac{8\pi G}{c^4}T_{ij}$$

も重力場方程式として認められています。

このとき，Λg_{ij}はアインシュタインの宇宙項，Λは宇宙定数と呼ばれ，興味ある宇宙論的な解釈がされています。

§9 シュワルツシルト解

これからアインシュタインの重力場方程式の解の1つで，シュワルツシルト解と呼ばれる解を紹介しましょう。

シュワルツシルト解は，原点に1つの質点が置かれた場合の重力場方程式の解です。原点以外では真空ですから物質の状態を表す右辺は0になり，

$$G_{ij}=0$$

となります。重力場方程式を解くということは，計算すると$G_{ij}=0$となるような計量テンソル場g_{ij}を探すことです。

このままでは自由度が大きいので，シュワルツシルトは次の3つの条件を課しました。それは，

3次元では，原点に対して球対称

重力ポテンシャルは時間とは無関係

無限遠点ではミンコフスキー計量になる

という条件です。

球対称なので，時間軸をt，3次元座標を球座標$(r,\ \theta,\ \varphi)$でとります。このとき，解を線素の形で表すと，

$$ds^2=-\left(1-\frac{2GM}{c^2r}\right)c^2dt^2+\frac{1}{1-\dfrac{2GM}{c^2r}}dr^2+r^2d\theta^2+r^2\sin^2\theta d\varphi^2$$

となります。Mは原点にある質量です。

この式の第3項，第4項は，**問題5.15**で扱った球座標の線素の角度の部分に出てきた項と同じです。つまり球対称を仮定しているので，線素は時間tと中心からの距離rにのみ変更を加えればよいということなのです。

これから，この式が重力場方程式の解になっていることを確かめてみましょう。

G_{ij}を計算するには，g_{ij}から，

$$\Gamma^i{}_{jk} \ \rightarrow \ R^i{}_{jkl} \ \rightarrow \ R_{ij} \ \rightarrow \ R \ \rightarrow \ G_{ij}$$

の順で計算していきます。

目標は$G_{ij}=0$を解くことですが，次の問題のようにこの方程式は$R_{ij}=0$と同値です。

問題 7.18

$G_{ij}=0 \ \Leftrightarrow \ R_{ij}=0$を示せ。

（⇒）

問題 7.11（1）より$g^{ij}G_{ij}=-R$が成り立ちますから，$G_{ij}=0$であれば$R=0$。$G_{ij}=R_{ij}-\frac{1}{2}g_{ij}R=R_{ij}$が成り立つので，$R_{ij}=0$

（⇐）は明らかです。

$G_{ij}=0$を確認するには，R_{ij}まで計算すればよいことになります。

R_{ij}を計算するには，g_{ij}から，

$$g_{ij} \ \rightarrow \ \Gamma^i{}_{jk} \ \rightarrow \ R^i{}_{jkl} \ \rightarrow \ R_{ij}$$

の順で計算していきます。

まず，接続係数$\Gamma^i{}_{jk}$から求めていきましょう。

$\Gamma^i{}_{jk}$を計算するには，**公式 5.16** の式を用いてもかまいませんが，オイラー方程式の係数を読み取った方が楽です。**問題 6.27** で，球面のスカラー曲率Rを求めたとき，線素ds^2の式をそのままオイラー方程式に入れて接続係数$\Gamma^i{}_{jk}$を求めたことを思い出しましょう。

dt^2, dr^2が複雑な形になっているので，ここを置き換えた式で接続係数$\Gamma^i{}_{jk}$を求めましょう。

問題 7.19

線素　$ds^2=-e^{\nu(r)}dt^2+e^{\lambda(r)}dr^2+r^2d\theta^2+r^2\sin^2\theta d\varphi^2$ のオイラー方程式を求め，接続係数を計算せよ。

オイラー方程式は，

$$\frac{d}{ds}\left(\frac{\partial L}{\partial \dot{x}^k}\right)-\frac{\partial L}{\partial x^k}=0$$

という形をしていますから，L を定数倍したもので考えても同値で，求める接続係数は変わりません。ですから線素の式を $-\frac{1}{2}$ 倍した式を L として採用します。

問題 6.24 では汎関数を作るときの積分のパラメータは弧長 s でした。弧長 s と固有時 τ には $ds^2=-c^2d\tau^2$ という関係があり，いわば定数倍ですから，上のオイラー方程式で s を τ に変えても第 1 項の値は変わりません（x^k の微分も s から τ に変わることに注意）。ですから，**問題 6.24** の弧長 s を固有時 τ としてかまいません。

そこで，すべての文字は τ の関数であるとして微分形に戻し，

$$L=\frac{1}{2}e^{\nu(r)}\left(\frac{dt}{d\tau}\right)^2-\frac{1}{2}e^{\lambda(r)}\left(\frac{dr}{d\tau}\right)^2-\frac{1}{2}r^2\left(\frac{d\theta}{d\tau}\right)^2-\frac{1}{2}r^2\sin^2\theta\left(\frac{d\varphi}{d\tau}\right)^2$$

さらに，$\frac{dt}{d\tau}$ など τ での微分を $\dot{t}$ と置き換え，

$$L=\frac{1}{2}e^{\nu(r)}\dot{t}^2-\frac{1}{2}e^{\lambda(r)}\dot{r}^2-\frac{1}{2}r^2\dot{\theta}^2-\frac{1}{2}r^2\sin^2\theta\dot{\varphi}^2$$

となります。なお，$\dot{t}$ のように τ での微分は「 ˙ 」を付けますが，r の関数を r で微分するときは「 ′ 」を付けます。しっかり区別して計算していきましょう。

t を変数にとったときのオイラー方程式は，

$$\frac{d}{d\tau}\left(\frac{\partial L}{\partial \dot{t}}\right)-\frac{\partial L}{\partial t}=0$$

ここで，第2項は0で，第1項は，

$$\frac{d}{d\tau}\left(\frac{\partial L}{\partial \dot{t}}\right)=\frac{d}{d\tau}\left(\frac{\partial}{\partial \dot{t}}\left(\frac{1}{2}e^{\nu(r)}\dot{t}^2\right)\right)=\frac{d}{d\tau}(e^{\nu(r)}\dot{t})=e^{\nu(r)}\ddot{t}+\frac{d}{dr}(e^{\nu(r)})\frac{dr}{d\tau}\dot{t}$$

$$=e^{\nu(r)}\ddot{t}+e^{\nu(r)}\nu'(r)\dot{r}\dot{t}=e^{\nu}\ddot{t}+e^{\nu}\nu'\dot{r}\dot{t}$$

であり，これが0なので，

$$\ddot{t}+2\left(\frac{\nu'}{2}\right)\dot{r}\dot{t}=0 \tag{7.31}$$

接続係数の添字を数字にするために，$(t,\ r,\ \theta,\ \varphi)=(x^0,\ x^1,\ x^2,\ x^3)$とおきます。上添え字が0の接続係数は，

$$\Gamma^0{}_{01}=\Gamma^0{}_{10}=\frac{\nu'}{2}\quad その他は，\ \Gamma^0{}_{ij}=0$$

rを変数にとったときのオイラー方程式は，

$$\frac{d}{d\tau}\left(\frac{\partial L}{\partial \dot{r}}\right)-\frac{\partial L}{\partial r}=0 \qquad \frac{d}{d\tau}\left(\frac{\partial}{\partial \dot{r}}\left(-\frac{1}{2}e^{\lambda(r)}\dot{r}^2\right)\right)=\frac{d}{d\tau}(-e^{\lambda(r)}\dot{r})=-e^{\lambda(r)}\ddot{r}-e^{\lambda(r)}\lambda'\dot{r}\dot{r}$$

$$-e^{\lambda}\ddot{r}-e^{\lambda}\lambda'\dot{r}^2-\left(\frac{1}{2}e^{\nu}\nu'\dot{t}^2-\frac{1}{2}e^{\lambda}\lambda'\dot{r}^2-r\dot{\theta}^2-r\sin^2\theta\dot{\varphi}^2\right)=0$$

$$\ddot{r}+\frac{1}{2}e^{\nu-\lambda}\nu'\dot{t}^2+\frac{1}{2}\lambda'\dot{r}^2-re^{-\lambda}\dot{\theta}^2-re^{-\lambda}\sin^2\theta\dot{\varphi}^2=0$$

これより，上添え字が1の接続係数は，

$$\Gamma^1{}_{00}=\frac{1}{2}e^{\nu-\lambda}\nu',\quad \Gamma^1{}_{11}=\frac{\lambda'}{2},\quad \Gamma^1{}_{22}=-re^{-\lambda},\quad \Gamma^1{}_{33}=-re^{-\lambda}\sin^2\theta$$

これ以外は，$\Gamma^1{}_{ij}=0$

θを変数にとったときのオイラー方程式は，

$$\frac{d}{d\tau}\left(\frac{\partial L}{\partial \dot{\theta}}\right)-\frac{\partial L}{\partial \theta}=0 \qquad \frac{d}{d\tau}\left(\frac{\partial}{\partial \dot{\theta}}\left(-\frac{1}{2}r^2\dot{\theta}^2\right)\right)=\frac{d}{d\tau}(-r^2\dot{\theta})=-r^2\ddot{\theta}-2r\dot{r}\dot{\theta}$$

$$-r^2\ddot{\theta}-2r\dot{r}\dot{\theta}-(-r^2\sin\theta\cos\theta\dot{\varphi}^2)=0$$

$$\ddot{\theta}+2\frac{1}{r}\dot{r}\dot{\theta}-\sin\theta\cos\theta\dot{\varphi}^2=0 \tag{7.32}$$

これより，上添え字が2の接続係数は，

$$\Gamma^2{}_{12}=\Gamma^2{}_{21}=\frac{1}{r},\quad \Gamma^2{}_{33}=-\sin\theta\cos\theta \quad \text{これ以外は，}\ \Gamma^2{}_{ij}=0$$

φを変数にとったときのオイラー方程式は，

$$\frac{d}{d\tau}\left(\frac{\partial L}{\partial \dot{\varphi}}\right)-\frac{\partial L}{\partial \varphi}=0 \qquad \frac{d}{d\tau}\left(\frac{\partial}{\partial \dot{\varphi}}\left(-\frac{1}{2}r^2\sin^2\theta\dot{\varphi}^2\right)\right)=\frac{d}{d\tau}(-r^2\sin^2\theta\dot{\varphi}),\ \frac{\partial L}{\partial \varphi}=0$$

$$-r^2\sin^2\theta\ddot{\varphi}-2r\sin^2\theta\dot{r}\dot{\varphi}-2r^2\sin\theta\cos\theta\dot{\theta}\dot{\varphi}=0$$

$$\ddot{\varphi}+2\left(\frac{1}{r}\right)\dot{r}\dot{\varphi}+2\left(\frac{\cos\theta}{\sin\theta}\right)\dot{\theta}\dot{\varphi}=0 \tag{7.33}$$

これより，上添え字が3の接続係数は，

$$\Gamma^3{}_{13}=\Gamma^3{}_{31}=\frac{1}{r},\quad \Gamma^3{}_{23}=\Gamma^3{}_{32}=\frac{\cos\theta}{\sin\theta} \quad \text{これ以外は，}\ \Gamma^3{}_{ij}=0$$

0でない接続係数をまとめておくと，

$$\Gamma^0{}_{01}=\Gamma^0{}_{10}=\frac{\nu'}{2}$$

$$\Gamma^1{}_{00}=\frac{1}{2}e^{\nu-\lambda}\nu',\quad \Gamma^1{}_{11}=\frac{\lambda'}{2},\quad \Gamma^1{}_{22}=-re^{-\lambda},\quad \Gamma^1{}_{33}=-re^{-\lambda}\sin^2\theta$$

$$\Gamma^2{}_{12}=\Gamma^2{}_{21}=\frac{1}{r},\quad \Gamma^2{}_{33}=-\sin\theta\cos\theta$$

$$\Gamma^3{}_{13}=\Gamma^3{}_{31}=\frac{1}{r},\quad \Gamma^3{}_{23}=\Gamma^3{}_{32}=\frac{\cos\theta}{\sin\theta}$$

手順としては次に$R^i{}_{jkl}$を求めるところですが，リッチテンソルR_{ij}はこれを縮約した式ですから，$R^k{}_{ikj}$を縮約記号を用いた式で表して直接R_{ij}を求めます。

問題 7.20

R_{ij} を求めよ。

以下，スペースの都合で，$\dfrac{\partial}{\partial x^k}$ を ∂_k と表すことにします。例えば，∂_2 とは $\dfrac{\partial}{\partial\theta}$ のことです。

リッチの曲率テンソルは，**定義 6.17** も用いて，

$$R_{ij}=R^k{}_{ikj}=\partial_k\Gamma^k{}_{ij}-\partial_j\Gamma^k{}_{ik}+\Gamma^k{}_{kl}\Gamma^l{}_{ij}-\Gamma^k{}_{jl}\Gamma^l{}_{ki}$$

でした。右辺第 4 項の i と j は，$\Gamma^i{}_{jk}$ の対称性と式の形から入れ換えてもかまいません。

縮約記法の展開は 0 にならない項だけ書いていくことにします。

$$R_{00}=R^k{}_{0k0}=\partial_k\Gamma^k{}_{00}-\partial_0\Gamma^k{}_{0k}+\Gamma^k{}_{kl}\Gamma^l{}_{00}-\Gamma^k{}_{0l}\Gamma^l{}_{k0}$$

$\Gamma^k{}_{0k}=0$ より，$\partial_0\Gamma^k{}_{0k}=0$

$$=\partial_1\Gamma^1{}_{00}+\Gamma^0{}_{01}\Gamma^1{}_{00}+\Gamma^1{}_{11}\Gamma^1{}_{00}+\Gamma^2{}_{21}\Gamma^1{}_{00}$$
$$+\Gamma^3{}_{31}\Gamma^1{}_{00}-\Gamma^0{}_{01}\Gamma^1{}_{00}-\Gamma^1{}_{00}\Gamma^0{}_{10}$$

ここで，$\partial_1\Gamma^1{}_{00}=\dfrac{\partial}{\partial r}\left\{\dfrac{1}{2}e^{\nu(r)-\lambda(r)}\nu'(r)\right\}$ であり

$$=\frac{1}{2}e^{\nu-\lambda}\nu''+\frac{1}{2}e^{\nu-\lambda}(\nu'-\lambda')\nu'$$
$$+\left(\frac{\lambda'}{2}+\frac{1}{r}+\frac{1}{r}-\frac{\nu'}{2}\right)\frac{1}{2}e^{\nu-\lambda}\nu'$$
$$=e^{\nu-\lambda}\left(\frac{\nu''}{2}+\frac{\nu'^2}{4}-\frac{\nu'\lambda'}{4}+\frac{\nu'}{r}\right)$$

$$R_{11}=R^k{}_{1k1}=\partial_k\Gamma^k{}_{11}-\partial_1\Gamma^k{}_{1k}+\Gamma^k{}_{kl}\Gamma^l{}_{11}-\Gamma^k{}_{1l}\Gamma^l{}_{k1}$$
$$=\partial_1\Gamma^1{}_{11}-\partial_1\Gamma^0{}_{10}-\partial_1\Gamma^1{}_{11}-\partial_1\Gamma^2{}_{12}-\partial_1\Gamma^3{}_{13}$$
$$+\Gamma^0{}_{01}\Gamma^1{}_{11}+\Gamma^1{}_{11}\Gamma^1{}_{11}+\Gamma^2{}_{21}\Gamma^1{}_{11}+\Gamma^3{}_{31}\Gamma^1{}_{11}$$
$$-\Gamma^0{}_{10}\Gamma^0{}_{01}-\Gamma^1{}_{11}\Gamma^1{}_{11}-\Gamma^2{}_{12}\Gamma^2{}_{21}-\Gamma^3{}_{13}\Gamma^3{}_{31}$$
$$=-\frac{\partial}{\partial r}\left(\frac{\nu'(r)}{2}\right)-\frac{\partial}{\partial r}\left(\frac{1}{r}\right)-\frac{\partial}{\partial r}\left(\frac{1}{r}\right)+\left(\frac{\nu'}{2}+\frac{1}{r}+\frac{1}{r}\right)\frac{1}{2}\lambda'$$
$$-\left(\frac{\nu'}{2}\right)^2-\left(\frac{1}{r}\right)^2-\left(\frac{1}{r}\right)^2$$
$$=-\frac{\nu''}{2}-\frac{\nu'^2}{4}+\frac{\nu'\lambda'}{4}+\frac{\lambda'}{r}$$

$$
\begin{aligned}
R_{22} = R^k{}_{2k2} &= \partial_k \Gamma^k{}_{22} - \partial_2 \Gamma^k{}_{2k} + \Gamma^k{}_{kl}\Gamma^l{}_{22} - \Gamma^k{}_{2l}\Gamma^l{}_{k2} \\
&= \partial_1 \Gamma^1{}_{22} - \partial_2 \Gamma^3{}_{23} + \Gamma^0{}_{01}\Gamma^1{}_{22} + \Gamma^1{}_{11}\Gamma^1{}_{22} + \cancel{\Gamma^2{}_{21}\Gamma^1{}_{22}} \\
&\qquad + \Gamma^3{}_{31}\Gamma^1{}_{22} - \cancel{\Gamma^2{}_{21}\Gamma^1{}_{22}} - \Gamma^1{}_{22}\Gamma^2{}_{12} - \Gamma^3{}_{23}\Gamma^3{}_{32} \\
&= \frac{\partial}{\partial r}\left(-re^{-\lambda(r)}\right) - \frac{\partial}{\partial \theta}\left(\frac{\cos\theta}{\sin\theta}\right) \\
&\qquad + \left(\frac{\nu'}{2} + \frac{\lambda'}{2} + \frac{1}{r} - \frac{1}{r}\right)\left(-re^{-\lambda}\right) - \left(\frac{\cos\theta}{\sin\theta}\right)^2 \\
&= -e^{-\lambda} + re^{-\lambda}\lambda' - \left(\frac{-\sin\theta\sin\theta - \cos\theta\cos\theta}{\sin^2\theta}\right) \\
&\qquad + \left(\frac{\nu'}{2} + \frac{\lambda'}{2}\right)\left(-re^{-\lambda}\right) - \frac{\cos^2\theta}{\sin^2\theta} \\
&= 1 + e^{-\lambda}\left(r\left(\frac{\lambda'}{2} - \frac{\nu'}{2}\right) - 1\right)
\end{aligned}
$$

$$
R_{33} = R^k{}_{3k3} = \partial_k \Gamma^k{}_{33} - \underline{\partial_3 \Gamma^k{}_{3k}} + \Gamma^k{}_{kl}\Gamma^l{}_{33} - \Gamma^k{}_{3l}\Gamma^l{}_{k3}
$$

$\Gamma^k{}_{3k} = 0$ より，$\partial_3 \Gamma^k{}_{3k} = 0$

$$
\begin{aligned}
&= \partial_1 \Gamma^1{}_{33} + \partial_2 \Gamma^2{}_{33} + \Gamma^0{}_{01}\Gamma^1{}_{33} + \Gamma^1{}_{11}\Gamma^1{}_{33} + \Gamma^2{}_{21}\Gamma^1{}_{33} + \cancel{\Gamma^3{}_{31}\Gamma^1{}_{33}} \\
&\qquad + \cancel{\Gamma^3{}_{32}\Gamma^2{}_{33}} - \Gamma^1{}_{33}\Gamma^3{}_{13} - \cancel{\Gamma^2{}_{33}\Gamma^3{}_{23}} - \cancel{\Gamma^3{}_{31}\Gamma^1{}_{33}} - \Gamma^3{}_{32}\Gamma^2{}_{33} \\
&= \frac{\partial}{\partial r}\left(-re^{-\lambda(r)}\sin^2\theta\right) + \frac{\partial}{\partial \theta}\left(-\sin\theta\cos\theta\right) \\
&\qquad + \left(\frac{\nu'}{2} + \frac{\lambda'}{2} + \frac{1}{r} - \frac{1}{r}\right)\left(-re^{-\lambda}\sin^2\theta\right) \\
&\qquad - \left(-\sin\theta\cos\theta\right)\frac{\cos\theta}{\sin\theta} \\
&= -e^{-\lambda}\sin^2\theta + re^{-\lambda}\lambda'\sin^2\theta + \left(-\cos^2\theta + \sin^2\theta\right) \\
&\qquad + \left(\frac{\nu'}{2} + \frac{\lambda'}{2}\right)\left(-re^{-\lambda}\sin^2\theta\right) + \cos^2\theta \\
&= \left(1 + e^{-\lambda}\left(r\left(\frac{\lambda'}{2} - \frac{\nu'}{2}\right) - 1\right)\right)\sin^2\theta = R_{22}\sin^2\theta
\end{aligned}
$$

$j\neq 0$のとき，

$$R_{0j}=R^k{}_{0kj}=\partial_k\Gamma^k{}_{0j}-\partial_j\Gamma^k{}_{0k}+\Gamma^k{}_{kl}\Gamma^l{}_{0j}-\Gamma^k{}_{0l}\Gamma^l{}_{kj}$$

↑0　↑0

第１項，$k=0$のときtの微分で0，$k\neq 0$のとき$\Gamma^k{}_{0j}=0$
第４項$\Gamma^k{}_{0l}\Gamma^l{}_{kj}$で，$\Gamma^k{}_{0l}\neq 0$となるのは$(k,\ l)=(1,\ 0),\ (0,\ 1)$の場合のみ。
このとき$\Gamma^l{}_{kj}=0\ (j\neq 0)$

$$=0$$

$$R_{12}=R^k{}_{1k2}=\partial_k\Gamma^k{}_{12}-\partial_2\Gamma^k{}_{1k}+\Gamma^k{}_{kl}\Gamma^l{}_{12}-\Gamma^k{}_{1l}\Gamma^l{}_{k2}$$

$\Gamma^{\square}{}_{12}\neq 0$でないのは$\square=2$のみ，$\Gamma^k{}_{k2}\neq 0$となるのは$k=3$
$\Gamma^k{}_{1l}\neq 0$かつ$\Gamma^l{}_{k2}\neq 0$となるのは，$k=l=3$

$$=\partial_2\Gamma^2{}_{12}-\partial_2\Gamma^0{}_{10}-\partial_2\Gamma^1{}_{11}-\partial_2\Gamma^2{}_{12}-\partial_2\Gamma^3{}_{13}$$
$$+\Gamma^3{}_{32}\Gamma^2{}_{12}-\Gamma^3{}_{13}\Gamma^3{}_{32}$$

$\Gamma^2{}_{12}=\Gamma^3{}_{13}$

$$=\frac{\partial}{\partial\theta}\left(\frac{1}{r}-\frac{\nu'}{2}-\frac{\lambda'}{2}-\frac{1}{r}-\frac{1}{r}\right)=0$$

$$R_{13}=R^k{}_{1k3}=\partial_k\Gamma^k{}_{13}-\partial_3\Gamma^k{}_{1k}+\Gamma^k{}_{kl}\Gamma^l{}_{13}-\Gamma^k{}_{1l}\Gamma^l{}_{k3}$$

$\Gamma^{\square}{}_{13}\neq 0$となるのは$\square=3$のみ，第３項で$l=3$とすると$\Gamma^k{}_{k3}=0$，
$\Gamma^k{}_{1l}\neq 0$かつ$\Gamma^l{}_{k3}\neq 0$となることはない

$$=\partial_3\Gamma^3{}_{13}-\partial_3\Gamma^0{}_{10}-\partial_3\Gamma^1{}_{11}-\partial_3\Gamma^2{}_{12}-\partial_3\Gamma^3{}_{13}$$

$$=\frac{\partial}{\partial\varphi}\left(-\frac{\nu'}{2}-\frac{\lambda'}{2}-\frac{1}{r}\right)=0$$

$$R_{23}=R^k{}_{2k3}=\partial_k\Gamma^k{}_{23}-\partial_3\Gamma^k{}_{2k}+\Gamma^k{}_{kl}\Gamma^l{}_{23}-\Gamma^k{}_{2l}\Gamma^l{}_{k3}$$

$\Gamma^{\square}{}_{23}\neq 0$となるのは$\square=3$のみ，第３項で$l=3$とすると$\Gamma^k{}_{k3}=0$，
$\Gamma^k{}_{2l}\neq 0$かつ$\Gamma^l{}_{k3}\neq 0$となることはない

$$=\partial_3\Gamma^3{}_{23}-\partial_3\Gamma^3{}_{23}=0$$

これらをまとめると，

$$R_{00}=e^{\nu-\lambda}\left(\frac{\nu''}{2}+\frac{\nu'^2}{4}-\frac{\nu'\lambda'}{4}+\frac{\nu'}{r}\right)$$

$$R_{11}=-\frac{\nu''}{2}-\frac{\nu'^2}{4}+\frac{\nu'\lambda'}{4}+\frac{\lambda'}{r}$$

$$R_{22}=1+e^{-\lambda}\left\{r\left(\frac{\lambda'}{2}-\frac{\nu'}{2}\right)-1\right\}$$

$$R_{33}=R_{22}\sin^2\theta$$

$$R_{ij}=0\quad(i\neq j)$$

問題 7.21

$R_{ij}=0$を満たす$\nu(r)$, $\lambda(r)$を求めよ。

$R_{00}=0$, $R_{11}=0$, $R_{22}=0$を満たす$\nu(r)$, $\lambda(r)$を求めます。

$$R_{00}=0\text{より，}\quad \frac{\nu''}{2}+\frac{\nu'^2}{4}-\frac{\nu'\lambda'}{4}+\frac{\nu'}{r}=0 \tag{7.34}$$

$$R_{11}=0\text{より，}\quad -\frac{\nu''}{2}-\frac{\nu'^2}{4}+\frac{\nu'\lambda'}{4}+\frac{\lambda'}{r}=0 \tag{7.35}$$

$\{(7.34)+(7.35)\}\times r$より，$\nu'+\lambda'=0$　　$\nu=-\lambda+C$（Cは定数）

$R_{22}=0$より，$1+e^{-\lambda}\left\{r\left(\frac{\lambda'}{2}-\frac{\nu'}{2}\right)-1\right\}=0$

$\nu'=-\lambda'$を用いて整理すると，

$$e^{-\lambda}(1-r\lambda')=1 \tag{7.36}$$

ここで，$(re^{-\lambda})'=e^{-\lambda}+r(-\lambda')e^{-\lambda}=e^{-\lambda}(1-r\lambda')$となるので，

$$(re^{-\lambda})'=1 \qquad re^{-\lambda}=r+D \qquad e^{\lambda}=\frac{1}{1+\dfrac{D}{r}} \qquad (D\text{は定数})$$

$$e^{\nu}=e^{-\lambda+C}=e^{C}\left(1+\frac{D}{r}\right)$$

と$\nu(r)$, $\lambda(r)$が求まりましたが，これが（7.34），（7.35）を満たすことを確認しておかなければなりません。

$\nu'=-\lambda'$，$\nu''=-\lambda''$の関係があるので，（7.34）と（7.35）は同値です。λにそろえた式で確認してみましょう。（7.35）より，

$$-\frac{(-\lambda'')}{2}-\frac{(-\lambda')^2}{4}+\frac{(-\lambda')\lambda'}{4}+\frac{\lambda'}{r}=0 \qquad r\lambda''-r\lambda'^2+2\lambda'=0 \tag{7.37}$$

一方，（7.36）をrで微分すると，

$$(-\lambda')e^{-\lambda}(1-r\lambda')+e^{-\lambda}(-\lambda'-r\lambda'')=0$$

$$-(r\lambda''-r\lambda'^2+2\lambda')e^{-\lambda}=0$$

と，(7.37) を満たすことになりますから，(7.36) の解である$\lambda(r)$, $\nu(r)$は，(7.34)，(7.35) を満たします。

物理的考察で定数C，Dを決めていきましょう。

こうして求まった$\lambda(r)$, $\nu(r)$を

$$ds^2 = -e^{\nu(r)}dt^2 + e^{\lambda(r)}dr^2 + r^2 d\theta^2 + r^2 \sin^2\theta d\varphi^2$$

に代入すると，

$$ds^2 = -\frac{e^C}{c^2}\left(1+\frac{D}{r}\right)c^2dt^2 + \frac{1}{1+\dfrac{D}{r}}dr^2 + r^2 d\theta^2 + r^2\sin^2\theta d\varphi^2$$

となります。ここで，c^2dt^2の係数は，$(r\to\infty)$のとき，

$$-\frac{e^C}{c^2}\left(1+\frac{D}{r}\right) \to -\frac{e^C}{c^2}$$

となります。

$r\to\infty$で，ミンコフスキー計量になる仮定を用いると，$\dfrac{e^C}{c^2}=1$。

さらに，dt^2の係数が，ニュートンの重力ポテンシャルϕで表される$g_{00}=-1-\dfrac{2\phi}{c^2}$に一致するとして，

$$-\left(1+\frac{D}{r}\right)=-1-\frac{2\phi}{c^2} \qquad \frac{D}{r}=\frac{2\phi}{c^2}$$

原点に質量Mがあるときのニュートンポテンシャル$\phi=-\dfrac{GM}{r}$より，

$$\frac{D}{r}=\frac{2\phi}{c^2}=\frac{2}{c^2}\left(-\frac{GM}{r}\right) \qquad D=-\frac{2GM}{c^2}$$

これらを線素の式に入れるとシュワルツシルト解が求まります。

公式 7.22　シュワルツシルト解

$$ds^2 = -\left(1-\frac{2GM}{c^2r}\right)c^2dt^2 + \frac{1}{1-\dfrac{2GM}{c^2r}}dr^2 + r^2d\theta^2 + r^2\sin^2\theta d\varphi^2$$

この解は，下図のように1点に質量があり他の部分は真空として計算したものですが，例えば自転していない星のように，空間の一部分に球対称に質量が静的に分布しているとき，質量がない部分での線素は上の解に一致します。Mを星の質量，rを星の中心からの距離とすればよいのです。

ブラックホール

シュワルツシルト解について検討してみましょう。

$1-\dfrac{2GM}{c^2r}=0$となるrの値$\dfrac{2GM}{c^2}$を$r_s=\dfrac{2GM}{c^2}$とおきます。r_sをシュワルツシルト半径といいます。これを用いて，シュワルツシルト解を書き直すと，

$$ds^2=-\left(1-\frac{r_s}{r}\right)c^2dt^2+\frac{1}{1-\dfrac{r_s}{r}}dr^2+r^2d\theta^2+r^2\sin^2\theta d\varphi^2$$

となります。

ここで，直線$l\left(\theta=\dfrac{\pi}{2},\ \varphi=0\right)$上を進む光の振る舞いを考えてみましょう。

シュワルツシルト半径の外のl上で2点A(a)，B(b)　($r_s<b<a$)をとり，Aから発射した光がBに到達するのにかかる時間T_{AB}を求めてみましょう。

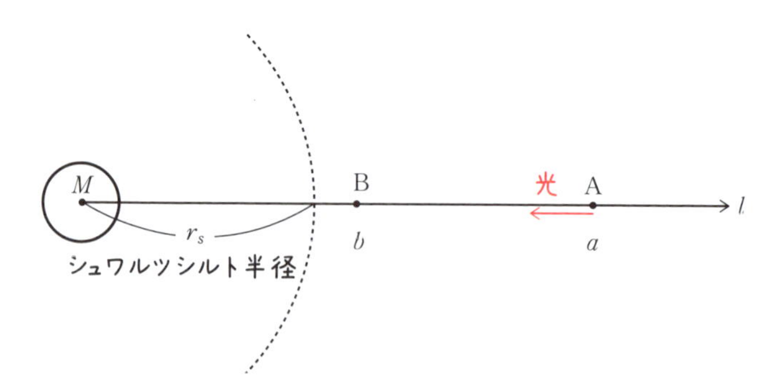

4章7節の最後でコメントしたように，光の進行なので$ds^2=0$になります。また，θ，φが一定なので$d\theta=0$，$d\varphi=0$ですから，

$$0=-\left(1-\frac{r_s}{r}\right)c^2dt^2+\frac{1}{1-\frac{r_s}{r}}dr^2 \qquad dt=\pm\frac{1}{c\left(1-\frac{r_s}{r}\right)}dr$$

$r>r_s$であり分母は正になるので＋をとりますが，rの大きい方から小さい方へ積分するので－を付けて積分すると，

$$T_{\mathrm{AB}}=-\int_a^b dt=-\int_a^b \frac{1}{c\left(1-\frac{r_s}{r}\right)}dr=-\frac{1}{c}\int_a^b \frac{r}{r-r_s}dr=-\frac{1}{c}\int_a^b\left(1+\frac{r_s}{r-r_s}\right)dr$$

$$=-\frac{1}{c}\Big[r+r_s\log(r-r_s)\Big]_a^b=\frac{1}{c}\left\{(a-b)+r_s\log\left(\frac{a-r_s}{b-r_s}\right)\right\}$$

となります。aを固定したまま，bを上からr_sに近づけると，$\dfrac{a-r_s}{b-r_s}$をいくらでも大きくすることができ，T_{AB}をいくらでも大きくすることができます。つまり，r_sの地点に進むには無限大の時間がかかる，すなわち到達できないことになります。

また，逆にBからAに進む場合でも，bがr_sに近ければ，BからAまでの時間をいくらでも大きくすることができます。

$r\leqq r_s$の部分をブラックホールと呼びます。

§10　一般相対論の検証

一般相対論から導いた値が観測結果とよく符合することの例として，次の3つの事例が挙げられます。

重力による赤方偏移

水星の近日点移動

重力による光の湾曲

これらはいわば，一般相対論が妥当性を世に知らしめた古典的な例です。

重力による赤方偏移

星の表面にある点Aから発した光を点Bで観測するとき，重力場の変化によって光の振動数がどう変化するのか計算してみます。

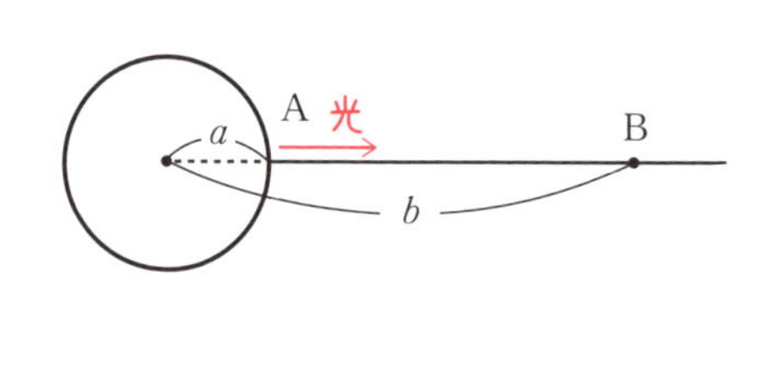

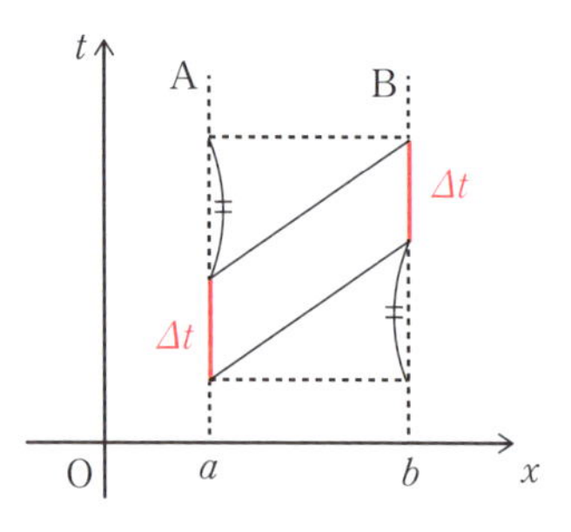

計量テンソル場g_{ij}を持つ重力場で静止している点での固有時τは，4節の（イ）で求めたように，

$$d\tau=\sqrt{-g_{00}}\,dt$$

と表されます。

星からaだけ離れたA地点での計量テンソルを$g_{ij}(\mathrm{A})$，固有時をτ_{A}，B地点でも同様にして設定します。すると，

$$d\tau_A = \sqrt{-g_{00}(A)}dt \qquad d\tau_B = \sqrt{-g_{00}(B)}dt$$

となります。

ここでいったん，重力場がないとして光の周期のことを考えてみます。Aで発した光の周期（山から山までの時間）をt軸で測ってΔt秒間であるとすると，AB間を進むのにかかる時間は一定（上右図）ですから，Bで観測した光の周期もΔt秒間になります。

重力場があるときは，観測者の固有時で測った周期で光は観測されます。Aで観測される光の周期を$\Delta\tau_A$，Bで観測される光の周期を$\Delta\tau_B$とします。すると，

$$\Delta\tau_A = \sqrt{-g_{00}(A)}\Delta t \qquad \Delta\tau_B = \sqrt{-g_{00}(B)}\Delta t$$

が成り立ちます。

また，波の周期と振動数は反比例しますから，A，Bで観測される光の振動数をν_A，ν_Bとすると，

$$\frac{\nu_A}{\nu_B} = \frac{\Delta\tau_B}{\Delta\tau_A} = \sqrt{\frac{-g_{00}(B)}{-g_{00}(A)}} = \sqrt{\frac{1-\dfrac{r_s}{b}}{1-\dfrac{r_s}{a}}}$$

r_s：シュワルツシルト半径

aもbもr_sより大きいとき，$a<b$とすれば，この値は1よりも大きくなります。つまり，Bで観測した方がAで観測するよりも，振動数は小さく，波長は長くなります。可視光線であれば，紫・青よりも橙・赤の方に偏って観測されます。この現象を重力による赤方偏移といいます。

実際に観測される光の波長を求めるには，重力による影響のほか光源の運動に伴うドップラー効果も計算に入れなければなりません。

水星の近日点移動

ニュートン力学では，太陽のみの重力場で惑星の軌道を計算すると，次ページ左図のような軌道は太陽を焦点とした固定された楕円になります。しかし，観測結果から，楕円は少しずつずれていくことが知られています。

楕円軌道で太陽に一番近い点を近日点といいます。軌道の楕円がずれていくということは，近日点が移動していくということです。

一般相対論以前，惑星の軌道である楕円がずれていく現象は他の惑星の影響によるものと考えられていました。例えば，天王星の軌道のずれについても，まだ知られていない他の惑星の影響なのではないかと予想されました。この予想を裏付けるように，海王星が発見されたのでした。

水星でも近日点の移動が観測されていたので，惑星の存在が予言されましたが，惑星は見つかりませんでした。

一般相対論では，他の惑星の影響ではなく，太陽のみの重力場における軌道の計算から近日点移動を説明することができます。

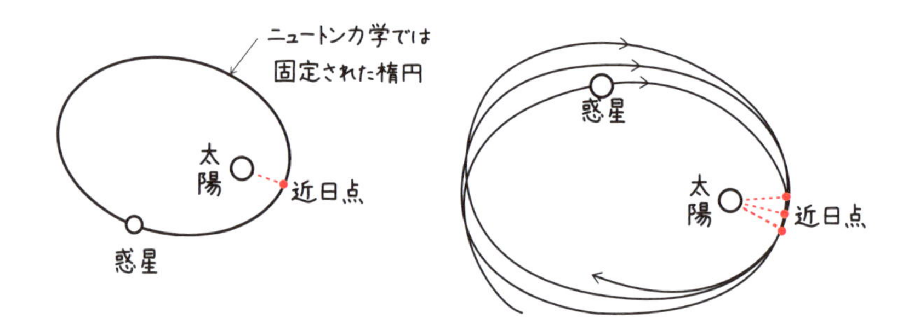

ニュートンの万有引力の法則から，太陽に関する惑星の軌道が固定された楕円になることを求めてみましょう。

太陽を原点として，惑星の位置ベクトルを $\boldsymbol{x}$ とします。太陽（質量 M）と惑星（質量 m）の間に働く引力 $\boldsymbol{F}$ は，

$$\boldsymbol{F} = -\frac{GMm}{|\boldsymbol{x}|^3}\boldsymbol{x}$$

です。惑星の運動方程式は，$m\ddot{\boldsymbol{x}} = \boldsymbol{F}$ ですから，

$$\ddot{\boldsymbol{x}} = -\frac{GM}{|\boldsymbol{x}|^3}\boldsymbol{x}$$

となります。ここで，$\boldsymbol{x}$ と $\dot{\boldsymbol{x}}$ のベクトル積の時間微分は

$$\frac{d}{dt}(\boldsymbol{x}\times\dot{\boldsymbol{x}})=\underset{0}{\underline{\dot{\boldsymbol{x}}\times\dot{\boldsymbol{x}}}}+\boldsymbol{x}\times\ddot{\boldsymbol{x}}=\boldsymbol{x}\times\left(-\frac{GM}{|\boldsymbol{x}|^3}\boldsymbol{x}\right)=\boldsymbol{0}$$ 定理 1.02 (1)

ですから，$\boldsymbol{x}\times\dot{\boldsymbol{x}}$は時間によらずに一定になります。$\boldsymbol{x}\times\dot{\boldsymbol{x}}$の絶対値は，単位時間当たりに$r$が通過する部分の面積を表しています。

いま惑星の軌道が平面上にあるとして，$\boldsymbol{x}$を極座標で設定します。

$$\boldsymbol{x}=(r\cos\theta,\ r\sin\theta,\ 0)$$

時間微分すると，

$$\dot{\boldsymbol{x}}=(\dot{r}\cos\theta-r\dot{\theta}\sin\theta,\ \dot{r}\sin\theta+r\dot{\theta}\cos\theta,\ 0)$$

となり，

$$\begin{aligned}\boldsymbol{x}\times\dot{\boldsymbol{x}}&=\left(0,\ 0,\ r\cos\theta(\dot{r}\sin\theta+r\dot{\theta}\cos\theta)-r\sin\theta(\dot{r}\cos\theta-r\dot{\theta}\sin\theta)\right)\\&=(0,\ 0,\ r^2\dot{\theta})\end{aligned}$$

$\boldsymbol{x}\times\dot{\boldsymbol{x}}$の絶対値は角運動量です。

$\boldsymbol{x}\times\dot{\boldsymbol{x}}$が時間によらずに一定であることは，惑星の軌道において面積速度（角運動量）が一定であることを示しています。これは，ケプラーの第2法則です。この一定値を，

$$L=r^2\dot{\theta}\qquad\text{（角運動量保存則）}\tag{7.38}$$

とおきます。

$$\begin{aligned}\dot{\boldsymbol{x}}\cdot\dot{\boldsymbol{x}}&=(\dot{r}\cos\theta-r\dot{\theta}\sin\theta)^2+(\dot{r}\sin\theta+r\dot{\theta}\cos\theta)^2\\&=\dot{r}^2+r^2\dot{\theta}^2=\dot{r}^2+\frac{L^2}{r^2}\end{aligned}$$

また，

$$\begin{aligned}\boldsymbol{x}\cdot\dot{\boldsymbol{x}}&=r\cos\theta(\dot{r}\cos\theta-r\dot{\theta}\sin\theta)+r\sin\theta(\dot{r}\sin\theta+r\dot{\theta}\cos\theta)\\&=r\dot{r}\end{aligned}$$

$\dot{r}r=\boldsymbol{x}\cdot\dot{\boldsymbol{x}}$の両辺を時間で微分すると，

$$\begin{aligned}\dot{r}^2+r\ddot{r}&=\dot{\boldsymbol{x}}\cdot\dot{\boldsymbol{x}}+\boldsymbol{x}\cdot\ddot{\boldsymbol{x}}=\dot{\boldsymbol{x}}\cdot\dot{\boldsymbol{x}}+\boldsymbol{x}\cdot\left(-\frac{GM}{|\boldsymbol{x}|^3}\boldsymbol{x}\right)\\&=\dot{r}^2+\frac{L^2}{r^2}-\frac{GM}{r}\end{aligned}$$

よって，

$$r\ddot{r}=\frac{L^2}{r^2}-\frac{GM}{r} \tag{7.39}$$

この式から軌道の形を求めたい，すなわち r を θ の関数で表すことが目標です。ここで，$u=\dfrac{1}{r}$ と変数変換すると，

$$\dot{r}=\frac{d}{dt}\left(\frac{1}{u}\right)=-\frac{1}{u^2}\dot{u}=-\frac{1}{u^2}\frac{du}{d\theta}\dot{\theta}=-r^2\dot{\theta}\frac{du}{d\theta}\overset{(7.38)}{=}-L\frac{du}{d\theta}$$

$$\ddot{r}=\frac{d}{dt}\left(-L\frac{du}{d\theta}\right)=-L\frac{d^2u}{d\theta^2}\dot{\theta}=-L\frac{d^2u}{d\theta^2}\frac{L}{r^2}=-L^2u^2\frac{d^2u}{d\theta^2}$$

よって，(7.39) を u を用いて表すと，

$$\frac{1}{u}\left(-L^2u^2\frac{d^2u}{d\theta^2}\right)=L^2u^2-GMu$$

$$\frac{d^2u}{d\theta^2}+u=\frac{GM}{L^2}$$

この微分方程式は非斉次型の2階線形微分方程式です。公式によってすぐに解くことができます。解き方を知らない人でも，$u(\theta)$ が解になっていることをすぐに確かめられるでしょう

この微分方程式の解は，

$$u(\theta)=C\cos(\theta-D)+\frac{GM}{L^2}$$

となります。よって，$a=\dfrac{L^2}{GM}$，$e=\dfrac{CL^2}{GM}$ とおくと，

$$r(\theta)=\frac{1}{u(\theta)}=\frac{1}{C\cos(\theta-D)+\dfrac{GM}{L^2}}=\frac{a}{1+e\cos(\theta-D)}$$

となります。これは楕円の極方程式になっていて，$\theta'=\theta-D$ と置き換えれば，図のような楕円を描きます。このとき，楕円の長軸を l とすると，$\theta'=0$，$\theta'=\pi$ のときの平均をとり，

$$l=\frac{r(0)+r(\pi)}{2}=\left(\frac{a}{1+e}+\frac{a}{1-e}\right)\div 2=\frac{a}{1-e^2}=\frac{L^2}{GM(1-e^2)} \tag{7.40}$$

になります。

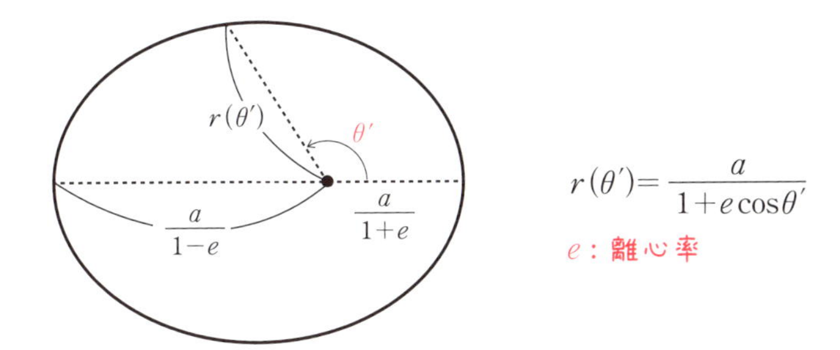

さて次に，相対論での惑星の軌道を求めてみましょう。

質点が1個の場合の重力場として，シュワルツシルト解のときの設定を用います。

θについての測地線の方程式は，(7.32) より

$$\ddot{\theta}+2\frac{1}{r}\dot{r}\dot{\theta}-\sin\theta\cos\theta\dot{\varphi}^2=0$$

でした。これは$\theta=\dfrac{\pi}{2}$（一定）とすれば，r，φによらず成り立つので，軌道は平面$\left(\theta=\dfrac{\pi}{2}\right)$上にあるとします。$\varphi$についての測地線の方程式は，(7.33) より

$$\ddot{\varphi}+2\left(\frac{1}{r}\right)\dot{r}\dot{\varphi}+2\left(\frac{\cos\theta}{\sin\theta}\right)\dot{\theta}\dot{\varphi}=0$$

これに$\theta=\dfrac{\pi}{2}$（一定）を代入して，

$$\ddot{\varphi}+2\left(\frac{1}{r}\right)\dot{r}\dot{\varphi}=0 \qquad r^2\ddot{\varphi}+2r\dot{r}\dot{\varphi}=0 \qquad \frac{d}{d\tau}(r^2\dot{\varphi})=0$$

と変形できますから，$r^2\dot{\varphi}$は固有時τに関して一定です。これを

$$L=r^2\dot{\varphi} \tag{7.41}$$

とおきます。ニュートン力学のときと同じように，角運動量は一定になります。また，tに関する測地線の方程式は，(7.31) より

$$\ddot{t}+2\left(\frac{\nu'}{2}\right)\dot{r}\dot{t}=0 \qquad e^{\nu(r)}(\ddot{t}+\nu'(r)\dot{r}\dot{t})=0 \qquad \frac{d}{d\tau}(e^{\nu(r)}\dot{t})=0$$

$$\frac{d}{d\tau}\left(\left(1-\frac{2GM}{c^2r}\right)\dot{t}\right)=0$$

と変形できるので，$\left(1-\dfrac{2GM}{c^2 r}\right)\dot{t}$ は固有時 τ によらず一定の値です。これを，

$$A=\left(1-\frac{2GM}{c^2 r}\right)\dot{t} \tag{7.42}$$

とおきます。シュワルツシルト解で，$\theta=\dfrac{\pi}{2}$（一定）とすると，

$$ds^2=-\left(1-\frac{2GM}{c^2 r}\right)c^2 dt^2+\frac{1}{1-\dfrac{2GM}{c^2 r}}dr^2+r^2 d\varphi^2$$

この式を $(d\tau)^2$ で割ります。$(ds)^2=-c^2(d\tau)^2$ であり，$\dfrac{dr}{d\tau}=\dfrac{dr}{d\varphi}\dfrac{d\varphi}{d\tau}$ であることを用いて，

$$-c^2=-\left(1-\frac{2GM}{c^2 r}\right)c^2(\dot{t})^2+\frac{1}{1-\dfrac{2GM}{c^2 r}}\left(\frac{dr}{d\varphi}\right)^2(\dot{\varphi})^2+r^2(\dot{\varphi})^2$$

$-\left(1-\dfrac{2GM}{c^2 r}\right)$ をかけた式に，(7.41)，(7.42) であることを用いて，

$$c^2-\frac{2GM}{r}=c^2A^2-\left(\frac{dr}{d\varphi}\right)^2\frac{L^2}{r^4}-\frac{L^2}{r^2}\left(1-\frac{2GM}{c^2 r}\right)$$

ここで，$u=\dfrac{1}{r}$ と変数変換すると，$\dfrac{du}{d\varphi}=-\dfrac{1}{r^2}\dfrac{dr}{d\varphi}$ であり，

$$c^2-2GMu=c^2A^2-L^2\left(\frac{du}{d\varphi}\right)^2-L^2u^2\left(1-\frac{2GM}{c^2}u\right)$$

この式を φ で微分すると，

$$-2GM\left(\frac{du}{d\varphi}\right)=-2L^2\frac{du}{d\varphi}\frac{d^2u}{d\varphi^2}-L^2\left\{2u-\frac{2GM}{c^2}(3u^2)\right\}\frac{du}{d\varphi}$$

$$-GM=-L^2\frac{d^2u}{d\varphi^2}-L^2u+L^2\frac{3GM}{c^2}u^2$$

$$\underline{\frac{d^2u}{d\varphi^2}+u=\frac{GM}{L^2}+\frac{3GM}{c^2}u^2}$$

という微分方程式にまとまりました。ニュートン力学のときの式と比べて，右辺の右の項が加わっています。この項がなければ，

$$u=\frac{GM}{L^2}(1+e\cos\varphi) \qquad （ここで，e=\frac{CL^2}{GM}）$$

という解を正確に求めることができましたが，余分な項があるので正確には解くことができません。そこで近似解を求めることにしましょう。

そこで，解が

$$u=\frac{GM}{L^2}\{1+e\cos((1-\varepsilon)\varphi)+\varepsilon(a+b\cos 2\varphi)\}$$

という形をしているものとして，ε，a，bを求めてみましょう。唐突なおき方かもしれませんが，結果オーライということでお許し願います。

$\varepsilon=0$のときは，ニュートン力学のときの解になっています。方程式に余分な項が加わったので，それを補正するためにεを上のように加えてみたのです。ニュートン力学の解に近いということで，εは小さい値を予想しています。ですから，これからの計算はεの2次以上の項を落としていくことにします。

$$\begin{aligned}\frac{d^2u}{d\varphi^2}+u-\frac{GM}{L^2}&=\frac{GM}{L^2}\{-(1-\varepsilon)^2e\cos((1-\varepsilon)\varphi)+\varepsilon(-4b\cos 2\varphi)\}\\&\quad+\frac{GM}{L^2}\{1+e\cos((1-\varepsilon)\varphi)+\varepsilon(a+b\cos 2\varphi)\}-\frac{GM}{L^2}\\&=\frac{GM}{L^2}\varepsilon\{2e\cos((1-\varepsilon)\varphi)+a-3b\cos 2\varphi\}\\&=\frac{GM}{L^2}\varepsilon\{2e\cos((1-\varepsilon)\varphi)+a+3b-6b\cos^2\varphi\} \qquad (7.43)\end{aligned}$$

一方，u^2でεのかからない項を残して，$\frac{3GM}{c^2}u^2$を計算すると，

$$\frac{3GM}{c^2}u^2=\frac{3GM}{c^2}\left(\frac{GM}{L^2}\right)^2(1+2e\cos((1-\varepsilon)\varphi)+e^2\cos^2((1-\varepsilon)\varphi)) \quad (7.44)$$

ここで，(7.43)と(7.44)のcosの1次の項を比べて，

$$\frac{GM}{L^2}\varepsilon=\frac{3GM}{c^2}\left(\frac{GM}{L^2}\right)^2 \qquad \varepsilon=\frac{3G^2M^2}{c^2L^2}$$

とあたりをつけます。(7.44)を用いcosの1次の項をキャンセルすると，

(7.43) の右辺は，

$$\frac{3GM}{c^2}u^2+\frac{GM}{L^2}\varepsilon\{(a+3b-1)-6b\cos^2\varphi-e^2\cos^2((1-\varepsilon)\varphi)\}$$

$\cos^2\varphi \fallingdotseq \cos^2((1-\varepsilon)\varphi)$ として，第 2 項を 0 にするために，

$$a+3b-1=0 \qquad -6b-e^2=0 \ \rightarrow \ a=1+\frac{e^2}{2},\ \ b=-\frac{e^2}{6}$$

近似解は，

$$u(\varphi)=\frac{GM}{L^2}\left\{1+e\cos((1-\varepsilon)\varphi)+\varepsilon\left(1+\frac{e^2}{2}-\frac{e^2}{6}\cos 2\varphi\right)\right\},\ \varepsilon=\frac{3G^2M^2}{c^2L^2}$$

と求まります。ニュートン力学のときの解の周期は 2π でしたが，相対論の解では周期が，

$$\frac{2\pi}{1-\varepsilon}=2\pi(1+\varepsilon)=2\pi+2\pi\varepsilon$$

$|\varepsilon|\ll 1$ のとき，$\dfrac{1}{1-\varepsilon}=1+\varepsilon$

と 2π よりも，$2\pi\varepsilon$ だけ長くなります。

これから水星の場合に，この周期のずれを計算してみましょう。

水星の楕円軌道の長軸を l とすると，L^2 は，(7.40) より，

$$l=\frac{L^2}{GM(1-e^2)} \qquad L^2=lGM(1-e^2)$$

これを用いて，1 周期当たりの周期のずれは，

$$2\pi\varepsilon=2\pi\frac{3G^2M^2}{c^2L^2}=2\pi\frac{3G^2M^2}{c^2lGM(1-e^2)}=\frac{6\pi GM}{c^2l(1-e^2)}$$

ここで，

水星の楕円軌道の長軸は，$l=57.9\times10^9$ [m]

楕円の離心率は，$e=0.2056$　　これより，$1-e^2=0.9577$

太陽の質量は，$M=2\times10^{30}$ [kg]

重力定数は，$G=6.67\times10^{-11}$ [m³/kg・s²]

光速は，$c=3\times10^8$ [m/s]

ですから，

$$\frac{6\pi GM}{c^2 l(1-e^2)}=\frac{6\times3.14\times6.67\times10^{-11}\times2\times10^{30}}{3\times10^8\times3\times10^8\times57.9\times10^9\times0.9577}=5\times10^{-7}\ [\mathrm{rad}]$$

水星は1周期に88日かかるので，1世紀で，$365.25\div88\times100=415$ 周期あります。

弧度法の代わりに，天文でよく用いる秒角という単位で表してみましょう。1周を360度としたとき，1秒角は1度の3600 (＝60×60) 分の1と定められています。

1周 2π [rad] は60×60×360［秒角］ですから，1世紀当たりのずれは，

$$415\times5\times10^{-7}\div2\div3.14\times60\times60\times360=43\ [\text{秒角}/1\text{世紀}]$$

となります。

重力による光の湾曲

光は太陽の近くを通るときに，下左図のように太陽の重力によって曲がって進みます。曲がる角度をニュートン力学の場合と一般相対論の場合で計算して比べてみましょう。

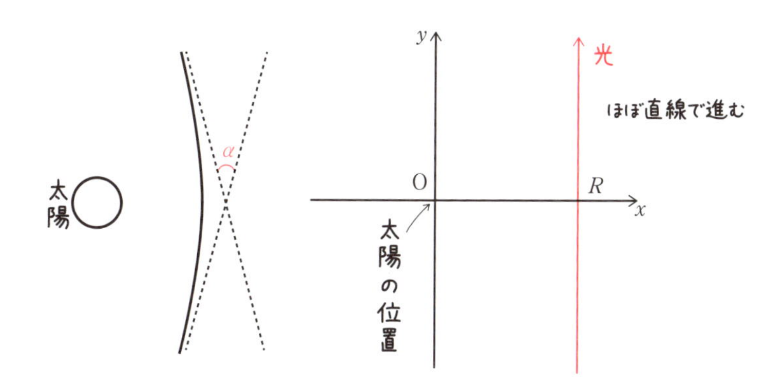

ニュートン力学の場合から計算していきます。

太陽を原点として，位置ベクトル $\boldsymbol{x}$ の場所に置かれた質量 m の物体に関して運動方程式を立ててみましょう。太陽の質量を M，万有引力定数を G とすると，

$$m\frac{d^2\boldsymbol{x}}{dt^2}=-\frac{GMm}{|\boldsymbol{x}|^3}\boldsymbol{x}$$

と表されます。光は静止質量を持ちませんが，粒子のようにふるまうことが知られていて，上の運動方程式を m で割った，

$$\frac{d^2\boldsymbol{x}}{dt^2}=-\frac{GM}{|\boldsymbol{x}|^3}\boldsymbol{x}$$

に従います。

光は原点を中心とした xy 平面の上を進むものとします。

$\boldsymbol{x}=(x,\ y,\ 0)$ として，上の運動方程式の x 軸方向の式を書くと，

$$\frac{d^2x}{dt^2}=-\frac{GMx}{(x^2+y^2)^{\frac{3}{2}}}$$

となります。

ここで，光の曲がり具合は小さくて，光は近似的に直線で進むと考えます。時刻 0 のとき $(R,\ 0,\ 0)$ にあり，ほぼ直線 $x=R$（これは xy 平面上の直線）上を進むと設定します。すると，時刻 t のときは，ほぼ $(R,\ ct,\ 0)$ にあります。実際は，$x=R$ は一定ではないので，$\frac{dx}{dt}\neq 0$，$\frac{d^2x}{dt^2}\neq 0$ となります。上の式で $x=R$，$y=ct$ を代入して，

$$\frac{d^2x}{dt^2}=-\frac{GMR}{(R^2+c^2t^2)^{\frac{3}{2}}}$$

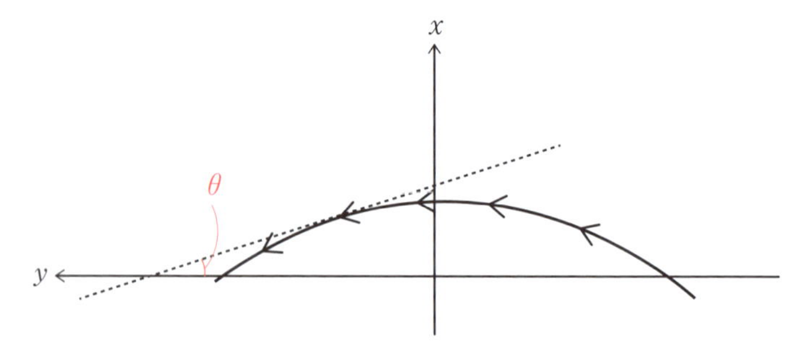

光の進行方向が時刻 t で y 軸から θ 回転（反時計回りが正）した方向を向いているとします。θ が十分小さいとき，$\theta\fallingdotseq\tan\theta$ となることと，y 方

向の速度がほぼcであることを用いて，

$$\theta=\tan\theta=-\frac{dx}{dy}=-\frac{dx}{dt}\Big/\frac{dy}{dt}=-\frac{dx}{cdt}\qquad \frac{d\theta}{dt}=-\frac{d^2x}{cdt^2}$$

曲がる角度αを求めるには，$\dfrac{d\theta}{dt}$を$-\infty$から∞まで積分します。

$$\alpha=\int_{-\infty}^{\infty}\frac{d\theta}{dt}dt=\int_{-\infty}^{\infty}\frac{GMR}{c(R^2+c^2t^2)^{\frac{3}{2}}}dt$$

積分計算をするにはテクニックが必要です。その点微分は公式に従うだけですから，積分計算が苦手な人は，次のように微分を確かめましょう。関数の積の微分を用いて，

$$\frac{d}{dt}\left(\frac{t}{R^2(R^2+c^2t^2)^{\frac{1}{2}}}\right)=\frac{1}{R^2(R^2+c^2t^2)^{\frac{1}{2}}}-t\cdot\frac{1}{2}\cdot\frac{2c^2t}{R^2(R^2+c^2t^2)^{\frac{3}{2}}}$$

$$=\frac{R^2+c^2t^2-c^2t^2}{R^2(R^2+c^2t^2)^{\frac{3}{2}}}=\frac{1}{(R^2+c^2t^2)^{\frac{3}{2}}}$$

$$=\left[\frac{GMRt}{cR^2(R^2+c^2t^2)^{\frac{1}{2}}}\right]_{-\infty}^{\infty}$$

$$\lim_{t\to\infty}\frac{t}{(R^2+c^2t^2)^{\frac{1}{2}}}=\lim_{t\to\infty}\frac{1}{\left(\left(\frac{R}{t}\right)^2+c^2\right)^{\frac{1}{2}}}=\frac{1}{c},\quad \lim_{t\to-\infty}\frac{t}{(R^2+c^2t^2)^{\frac{1}{2}}}=\lim_{s\to\infty}\frac{-s}{(R^2+c^2s^2)^{\frac{1}{2}}}=-\frac{1}{c}$$

$$=\frac{GM}{c^2R}-\left(-\frac{GM}{c^2R}\right)=\frac{2GM}{c^2R}$$

ですから，太陽の重力によって光が曲がる角度αは，

$$\alpha=\frac{2GM}{c^2R}$$　ニュートン力学での結果

となります。

次に，一般相対論の場合を計算してみましょう。

その前に少々準備をします。

xy平面に速度を表すベクトル場$\boldsymbol{v}(x)$があるとします。$\boldsymbol{v}(x)$はx座標のみに依存し（ですから$\boldsymbol{x}$ではなくxでよい），向きはy軸の正方向を向いているものとします。いまこのベクトル場の値$v(x)$（y軸方向の成分でスカラー）をその点の速度に持つ流れがあるとします。このときxで流れが曲がっていく角度θを求めてみましょう。

xでの$v(x)$と$x+\Delta x$の$v(x+\Delta x)$を比べてみましょう。

下図は微小時間での流れの曲がり方を表した図です。ABにある流れの面は，Δt秒後にはCDにあります。光の曲がった角度は角DCHです。

角DCHは小さいので，時間が2倍になると角DCHも2倍になります。角DCHは時間に比例しています。角DCHは$\dfrac{d\theta}{dt}\Delta t$と表されます。

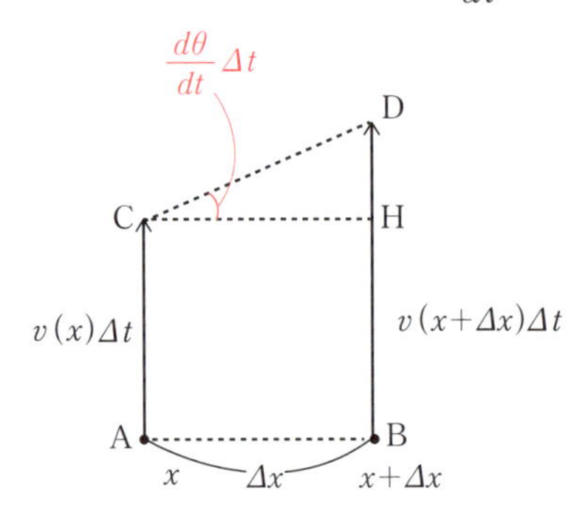

この図から，

$$v(x+\Delta x)\Delta t-v(x)\Delta t=\Delta x\tan\left(\frac{d\theta}{dt}\Delta t\right)$$

が成り立っています。右辺で$\dfrac{d\theta}{dt}\Delta t$が小さい角なので，$\alpha\fallingdotseq 0$のとき，$\tan\alpha\fallingdotseq\alpha$を用いると，

$$v(x+\Delta x)-v(x)=\Delta x\frac{d\theta}{dt}$$

左辺で$\Delta x\to 0$とすると，

$$\frac{v(x+\Delta x)-v(x)}{\Delta x}=\frac{d\theta}{dt}\qquad\frac{dv}{dx}=\frac{d\theta}{dt}\tag{7.45}$$

が成り立つことになります。

水星の近日点移動を計算したときのように，シュワルツシルト解を用いて速度を求めましょう。光の進行を考えているので，4章7節の最後でコメントしたように，$ds^2=-c^2dt^2+dx^2+dy^2+dz^2=0$となります。

よって，シュワルツシルト解の左辺を，$ds^2=0$にします。

光は xy 平面を進行するものとし，$\theta=\dfrac{\pi}{2}$（一定）を代入すると，

$$0=-\left(1-\frac{2GM}{c^2r}\right)c^2dt^2+\frac{1}{1-\dfrac{2GM}{c^2r}}dr^2+r^2d\varphi^2$$

$\dfrac{2GM}{c^2r}$ が1と比べて十分小さいので，$\alpha\ll 1$ のとき，$\dfrac{1}{1-\alpha}=1+\alpha$ という近似式を用いる

$$\left(1+\frac{2GM}{c^2r}\right)dr^2+r^2d\varphi^2=\left(1-\frac{2GM}{c^2r}\right)c^2dt^2$$

$$dr^2+r^2d\varphi^2=c^2\left(dt^2-\frac{2GM}{c^2r}dt^2-\frac{2GM}{c^4r}dr^2\right)$$

問題 5.14 で示したように，左辺の $dr^2+r^2d\varphi^2$ は θ が一定な面での線素の式になっていますから，この面での線素を $d\sigma^2=dr^2+r^2d\varphi^2$ とおきます。すると，

$$\left(\frac{d\sigma}{dt}\right)^2=c^2\left\{1-\frac{2GM}{c^2r}-\frac{2GM}{c^4r}\left(\frac{dr}{dt}\right)^2\right\}$$

$$\frac{d\sigma}{dt}=c\left\{1-\frac{2GM}{c^2r}-\frac{2GM}{c^4r}\left(\frac{dr}{dt}\right)^2\right\}^{\frac{1}{2}}=c\left\{1-\frac{GM}{c^2r}-\frac{GM}{c^4r}\left(\frac{dr}{dt}\right)^2\right\}$$

$\alpha\ll 1$ のとき，$(1-2\alpha)^{\frac{1}{2}}=1-\alpha$ という近似式を用いる

ニュートン力学のときと同じように，光はほぼ直線 $x=R$（xy 平面にあるので $z=0$）上を進むと設定します。$t=0$ のとき，$(R,\ 0,\ 0)$ にいて，t ではほぼ $(R,\ ct,\ 0)$ の位置にいます。

$$r=\sqrt{R^2+c^2t^2}\qquad \frac{dr}{dt}=\frac{1}{2}\cdot\frac{1}{\sqrt{R^2+c^2t^2}}\cdot 2c^2t=\frac{c^2t}{\sqrt{R^2+c^2t^2}}=\frac{c^2t}{r}$$

これを代入して整理すると，

$$\frac{d\sigma}{dt}=c\left\{1-\frac{GM}{c^2r}-\frac{GM}{c^4r}\left(\frac{c^2t}{r}\right)^2\right\}=c-\frac{GM}{cr}-\frac{cGMt^2}{r^3}$$

$$=c-\frac{GM}{c(R^2+c^2t^2)^{\frac{1}{2}}}-\frac{cGMt^2}{(R^2+c^2t^2)^{\frac{3}{2}}}$$

これがほぼ $(R,\ ct,\ 0)$ の位置にあるときの3次元速度の大きさで，速度の方向はほぼ y 軸の正方向です。

$x\fallingdotseq R$ のとき，光の速度は，

$$v(x)=c-\frac{GM}{c(x^2+c^2t^2)^{\frac{1}{2}}}-\frac{cGMt^2}{(x^2+c^2t^2)^{\frac{3}{2}}}$$

となります。(7.45) を用いて，

$$\frac{d\theta}{dt}=\frac{\partial v}{\partial x}=\frac{\partial}{\partial x}\left(c-\frac{GM}{c(x^2+c^2t^2)^{\frac{1}{2}}}-\frac{cGMt^2}{(x^2+c^2t^2)^{\frac{3}{2}}}\right)$$

$$=\frac{GMx}{c(x^2+c^2t^2)^{\frac{3}{2}}}+\frac{3cGMt^2x}{(x^2+c^2t^2)^{\frac{5}{2}}}$$

ニュートン力学のときに比べて，第2項が加わっています。

また x を R に戻し，t に関して積分すると，

$$\alpha=\int_{-\infty}^{\infty}\frac{d\theta}{dt}dt=\int_{-\infty}^{\infty}\left(\frac{GMR}{c(R^2+c^2t^2)^{\frac{3}{2}}}+\frac{3cGMt^2R}{(R^2+c^2t^2)^{\frac{5}{2}}}dt\right)$$

$$\frac{d}{dt}\left(\frac{t^3}{3R^2(R^2+c^2t^2)^{\frac{3}{2}}}\right)=\frac{3t^2}{3R^2(R^2+c^2t^2)^{\frac{3}{2}}}-\frac{3}{2}\cdot\frac{t^3\cdot 2c^2t}{3R^2(R^2+c^2t^2)^{\frac{5}{2}}}$$

$$=\frac{t^2(R^2+c^2t^2)-c^2t^4}{R^2(R^2+c^2t^2)^{\frac{5}{2}}}=\frac{t^2}{(R^2+c^2t^2)^{\frac{5}{2}}}$$

$$=\left[\frac{GMRt}{cR^2(R^2+c^2t^2)^{\frac{1}{2}}}+\frac{3cGMt^3R}{3R^2(R^2+c^2t^2)^{\frac{3}{2}}}\right]_{-\infty}^{\infty}$$

$$=\frac{2GM}{c^2R}+\frac{2GM}{c^2R}=\frac{4GM}{c^2R}$$　一般相対論での結果

になります。ちょうどニュートン力学の場合に比べて，2倍の値を得ました。

具体的な値を計算してみましょう。

太陽を掠(かす)めて進む光がどれくらい曲がるかを計算してみます。

太陽の半径は，$R=7\times10^8$ [m]

太陽の質量は，$M=2\times10^{30}$ [kg]

重力定数は，$G=6.67\times10^{-11}$ [m³/kg・s²]

光速は，$c=3\times10^8$ [m/s²]

とすると，

$$\frac{4GM}{c^2R}=\frac{4\times6.67\times10^{-11}\times2\times10^{30}}{3\times10^8\times3\times10^8\times7\times10^8}=8.47\times10^{-6}\ \text{[rad]}$$

1周2π［rad］の代わりに，60×60×360［秒角］を用いれば，

$$8.47\times10^{-6}\div2\div3.14\times60\times60\times360=1.75\ \text{［秒角］}$$

となります。

相対論による計算結果の方が観測値に近かったので，相対論が妥当であることの有力な証拠となりました。

§11　重力波の方程式

真空中のマックスウェルの方程式から，電磁場には波が起こり光速で伝わっていくことが導けました。

重力場の方程式も，弱重力場の条件を付けると，波動方程式の形に変形でき，重力場に光速の速度を持つ波が起こることを導くことができます。

計量テンソル場g_{ij}が，ミンコフスキー空間の計量テンソルとほとんど等しく，

$$g_{ij}=\eta_{ij}+h_{ij} \qquad |h_{ij}|\ll 1$$

と表されているものとします。これが弱重力場の条件でした。さらにこの節では，g_{ij}の1階微分，2階微分も1に比べて十分小さく，h_{ij}と同じ程度の微小量であると仮定します。

ここで計算に都合のよい座標をとっておくことにします。

問題 7.23

$$g_{ij}=\eta_{ij}+h_{ij} \qquad |h_{ij}|\ll 1$$

となるh_{ij}について，$h=\eta^{ij}h_{ij}$とすると，

$$\frac{\partial h^l{}_i}{\partial x^l}-\frac{1}{2}\frac{\partial h}{\partial x^i}=0$$

を満たすように座標系(x^i)をとることができることを示せ。

$$\phi_{ij}=h_{ij}-\frac{1}{2}h\eta_{ij}$$

とおきます。η^{ij}とϕ_{ij}の縮合をϕとすると，

$$\phi=\eta^{ij}\phi_{ij}=\eta^{ij}\left(h_{ij}-\frac{1}{2}h\eta_{ij}\right)=\eta^{ij}h_{ij}-\frac{1}{2}h\eta^{ij}\eta_{ij}=h-2h=-h$$

より，$\phi=-h$となります。これを用いて，

$$h_{ij}=\phi_{ij}-\frac{1}{2}\phi\eta_{ij}$$

ここで，座標をx^iからx'^iへ，

$$x'^i=x^i+\xi^i(x)\qquad x^i=x'^i-\xi^i(x')$$

を用いて変換します。$\xi^i(x)$, $\xi^i(x')$は微小量でx^i，x'^iの関数です。

h_{ij}のx'^iでの成分h'_{ij}を求めてみましょう。

$$\eta'_{ij}+h'_{ij}=g'_{ij}=\frac{\partial x^k}{\partial x'^i}\frac{\partial x^l}{\partial x'^j}g_{kl}=\frac{\partial x^k}{\partial x'^i}\frac{\partial x^l}{\partial x'^j}(\eta_{kl}+h_{kl})$$

$$=\left(\delta^k{}_i-\frac{\partial\xi^k}{\partial x'^i}\right)\left(\delta^l{}_j-\frac{\partial\xi^l}{\partial x'^j}\right)(\eta_{kl}+h_{kl})$$

$\frac{\partial\xi^k}{\partial x'^i}$，$\frac{\partial\xi^l}{\partial x'^j}$，$h_{kl}$は1に比べて十分小さいので，これらの2次以上は落として

$$=\delta^k{}_i\delta^l{}_j\eta_{kl}-\delta^k{}_i\frac{\partial\xi^l}{\partial x'^j}\eta_{kl}-\frac{\partial\xi^k}{\partial x'^i}\delta^l{}_j\eta_{kl}+\delta^k{}_i\delta^l{}_jh_{kl}$$

$$=\eta_{ij}-\eta_{il}\frac{\partial\xi^l}{\partial x'^j}-\eta_{jk}\frac{\partial\xi^k}{\partial x'^i}+h_{ij}$$

この式に，$\eta'_{ij}=\eta_{ij}$，$\frac{\partial\xi^k}{\partial x'^j}=\frac{\partial\xi^k}{\partial x^j}$を用いて，

$$h'_{ij}=h_{ij}-\eta_{ik}\frac{\partial\xi^k}{\partial x^j}-\eta_{jk}\frac{\partial\xi^k}{\partial x^i}$$

ここで，$h'=\eta'^{ij}h'_{ij}$，$\phi'_{ij}=h'_{ij}-\frac{1}{2}h'\eta'_{ij}$とおくと，

$$h'=\eta'^{ij}h'_{ij}=\eta^{ij}\left(h_{ij}-\eta_{ik}\frac{\partial\xi^k}{\partial x^j}-\eta_{jk}\frac{\partial\xi^k}{\partial x^i}\right)$$

$$=h-\delta^j{}_k\frac{\partial\xi^k}{\partial x^j}-\delta^i{}_k\frac{\partial\xi^k}{\partial x^i}=h-2\frac{\partial\xi^k}{\partial x^k}$$

$$\phi'_{ij}=h'_{ij}-\frac{1}{2}h'\eta_{ij}=h_{ij}-\eta_{ik}\frac{\partial\xi^k}{\partial x^j}-\eta_{jk}\frac{\partial\xi^k}{\partial x^i}-\frac{1}{2}\left(h-2\frac{\partial\xi^k}{\partial x^k}\right)\eta_{ij}$$

$$=\left(h_{ij}-\frac{1}{2}h\eta_{ij}\right)-\eta_{ik}\frac{\partial\xi^k}{\partial x^j}-\eta_{jk}\frac{\partial\xi^k}{\partial x^i}+\eta_{ij}\frac{\partial\xi^k}{\partial x^k}$$

$$=\phi_{ij}-\eta_{ik}\frac{\partial\xi^k}{\partial x^j}-\eta_{jk}\frac{\partial\xi^k}{\partial x^i}+\eta_{ij}\frac{\partial\xi^k}{\partial x^k}$$

さらに，$\phi^l{}_i = \eta^{lj}\phi_{ij}$を微分したものについての関係を求めると，

$$\frac{\partial \phi'^l{}_i}{\partial x'^l} = \frac{\partial}{\partial x'^l}(\eta'^{lj}\phi'_{ij})$$

$$= \frac{\partial}{\partial x^l}\left\{\eta^{lj}\left(\phi_{ij} - \eta_{ik}\frac{\partial \xi^k}{\partial x^j} - \eta_{jk}\frac{\partial \xi^k}{\partial x^i} + \eta_{ij}\frac{\partial \xi^k}{\partial x^k}\right)\right\}$$

$$= \frac{\partial}{\partial x^l}(\eta^{lj}\phi_{ij}) - \eta^{lj}\eta_{ik}\frac{\partial^2 \xi^k}{\partial x^l \partial x^j} - \eta^{lj}\eta_{jk}\frac{\partial^2 \xi^k}{\partial x^l \partial x^i} + \eta^{lj}\eta_{ij}\frac{\partial^2 \xi^k}{\partial x^l \partial x^k}$$

$i=1$，2，3 とすると$\eta_{ik} = \delta_{ik}$なので，

$$\frac{\partial \phi'^l{}_i}{\partial x'^l} = \frac{\partial \phi^l{}_i}{\partial x^l} - \eta^{lj}\frac{\partial^2 \xi^i}{\partial x^l \partial x^j} - \delta^l{}_k\frac{\partial^2 \xi^k}{\partial x^l \partial x^i} + \delta^l{}_i\frac{\partial^2 \xi^k}{\partial x^l \partial x^k}$$

$$= \frac{\partial \phi^l{}_i}{\partial x^l} - \Box \xi^i \tag{7.46}$$

$$\eta^{jl}\frac{\partial^2 f}{\partial x^l \partial x^j} = -\frac{\partial^2 f}{\partial x^0 \partial x^0} + \frac{\partial^2 f}{\partial x^1 \partial x^1} + \frac{\partial^2 f}{\partial x^2 \partial x^2} + \frac{\partial^2 f}{\partial x^3 \partial x^3} = \Box f$$

$i=0$ のときは，$\eta_{ik} = -\delta_{ik}$なので，

$$\frac{\partial \phi'^l{}_i}{\partial x'^l} = \frac{\partial \phi^l{}_i}{\partial x'^l} + \Box \xi^i \tag{7.47}$$

ここで，ξ^iとして次の波動方程式の解をとります（**定理 1.40**）。

$$\Box \xi^i = \frac{\partial \phi^l{}_i}{\partial x^l} \quad (i=1,\ 2,\ 3) \qquad \Box \xi^i = -\frac{\partial \phi^l{}_i}{\partial x^l} \quad (i=0)$$

すると，(7.46)，(7.47) の右辺は 0 になり，

$$\frac{\partial \phi'^l{}_i}{\partial x'^l} = 0$$

になります。ここで

$$\frac{\partial \phi'^l{}_i}{\partial x'^l} = \frac{\partial}{\partial x'^l}(\eta^{lj}\phi'_{ij}) = \frac{\partial}{\partial x'^l}\left\{\eta^{lj}\left(h'_{ij} - \frac{1}{2}h'\eta_{ij}\right)\right\}$$

$$= \frac{\partial}{\partial x'^l}\left(h'^l{}_i - \frac{1}{2}h'\eta^{lj}\eta_{ij}\right)$$

$$= \frac{\partial}{\partial x'^l}\left(h'^l{}_i - \frac{1}{2}h'\delta^l{}_i\right) = \frac{\partial h'^l{}_i}{\partial x'^l} - \frac{1}{2}\frac{\partial h'}{\partial x'^i}$$

ですから，h'_{ij}は

$$\frac{\partial h'^{l}{}_{i}}{\partial x'^{l}}-\frac{1}{2}\frac{\partial h'}{\partial x'^{i}}=0$$

を満たします。

ですから，弱重力場近似の仮定は，この条件を加えて，

$$g_{ij}=\eta_{ij}+h_{ij} \qquad |h_{ij}|\ll 1$$

$$\frac{\partial h^{l}{}_{i}}{\partial x^{l}}-\frac{1}{2}\frac{\partial h}{\partial x^{i}}=0$$

g_{ij}の1階微分，2階微分も1に比べて十分小さく，

h_{ij}と同じ程度の微小量である

としてもよいことになります。このもとで重力場方程式の左辺を計算することにしましょう。

$g_{ij}=\eta_{ij}+h_{ij}$のもとで，η_{ij}は定数ですから，

$$\frac{\partial g_{ij}}{\partial x^{k}}=\frac{\partial(\eta_{ij}+h_{ij})}{\partial x^{k}}=\frac{\partial h_{ij}}{\partial x^{k}} \qquad \frac{\partial^2 g_{ij}}{\partial x^{l}\,\partial x^{k}}=\frac{\partial^2 h_{ij}}{\partial x^{l}\,\partial x^{k}}$$

接続係数を計算すると，

$$\begin{aligned}\Gamma^{i}{}_{jk}&=\frac{1}{2}g^{im}\left(\frac{\partial g_{jm}}{\partial x^{k}}+\frac{\partial g_{km}}{\partial x^{j}}-\frac{\partial g_{jk}}{\partial x^{m}}\right)\\&=\frac{1}{2}\eta^{im}\left(\frac{\partial h_{jm}}{\partial x^{k}}+\frac{\partial h_{km}}{\partial x^{j}}-\frac{\partial h_{jk}}{\partial x^{m}}\right)\end{aligned}$$

リーマンの曲率テンソルは，

$$R_{ijkl}=\frac{1}{2}\left(\frac{\partial^2 g_{li}}{\partial x^{k}\,\partial x^{j}}+\frac{\partial^2 g_{kj}}{\partial x^{l}\,\partial x^{i}}-\frac{\partial^2 g_{ki}}{\partial x^{l}\,\partial x^{j}}-\frac{\partial^2 g_{lj}}{\partial x^{k}\,\partial x^{i}}\right)$$
$$+g_{ms}(\Gamma^{m}{}_{kj}\Gamma^{s}{}_{li}-\Gamma^{m}{}_{lj}\Gamma^{s}{}_{ki})$$

と表せます。

また，第2項は接続係数の2次式になっていて，$\dfrac{\partial g_{jm}}{\partial x^{k}}$の2次式です。

$\dfrac{\partial^2 g_{li}}{\partial x^k \partial x^j}$に比べて小さくなりますから，第２項を落とします。結局，

$$R_{ijkl}=\frac{1}{2}\left(\frac{\partial^2 h_{li}}{\partial x^k \partial x^j}+\frac{\partial^2 h_{kj}}{\partial x^l \partial x^i}-\frac{\partial^2 h_{ki}}{\partial x^l \partial x^j}-\frac{\partial^2 h_{lj}}{\partial x^k \partial x^i}\right)$$

となります。リッチの曲率テンソルは，

$$R_{ik}=g^{jl}R_{ijkl}$$

$$=\frac{1}{2}\eta^{jl}\left(\frac{\partial^2 h_{li}}{\partial x^k \partial x^j}+\frac{\partial^2 h_{kj}}{\partial x^l \partial x^i}-\frac{\partial^2 h_{ki}}{\partial x^l \partial x^j}-\frac{\partial^2 h_{lj}}{\partial x^k \partial x^i}\right)$$

$$=\frac{1}{2}\left(\frac{\partial^2 h^j{}_i}{\partial x^k \partial x^j}+\frac{\partial^2 h^l{}_k}{\partial x^l \partial x^i}-\eta^{jl}\frac{\partial^2 h_{ki}}{\partial x^l \partial x^j}-\frac{\partial^2 h}{\partial x^k \partial x^i}\right)$$

$$\eta^{jl}\frac{\partial^2 f}{\partial x^l \partial x^j}=-\frac{\partial^2 f}{\partial x^0 \partial x^0}+\frac{\partial^2 f}{\partial x^1 \partial x^1}+\frac{\partial^2 f}{\partial x^2 \partial x^2}+\frac{\partial^2 f}{\partial x^3 \partial x^3}=\Box f$$

$$=\frac{1}{2}\left\{\frac{\partial}{\partial x^k}\left(\frac{\partial h^j{}_i}{\partial x^j}-\frac{1}{2}\frac{\partial h}{\partial x^i}\right)+\frac{\partial}{\partial x^i}\left(\frac{\partial h^j{}_k}{\partial x^j}-\frac{1}{2}\frac{\partial h}{\partial x^k}\right)-\Box h_{ik}\right\}$$

$$=-\frac{1}{2}\Box h_{ik}$$

結局，$R_{ij}=-\dfrac{1}{2}\Box h_{ij}$になります。

スカラー曲率は，

$$R=\eta^{ij}R_{ij}=\eta^{ij}\left(-\frac{1}{2}\Box h_{ij}\right)=-\frac{1}{2}\Box(\eta^{ij}h_{ij})=-\frac{1}{2}\Box h$$

$\phi_{ij}=h_{ij}-\dfrac{1}{2}\eta_{ij}h$とおくと，アインシュタインテンソルは，(7.28) より

$$G_{ij}=R_{ij}-\frac{1}{2}g_{ij}R=R_{ij}-\frac{1}{2}\eta_{ij}R=-\frac{1}{2}\Box h_{ij}-\frac{1}{2}\eta_{ij}\left(-\frac{1}{2}\Box h\right)$$

$$=-\frac{1}{2}\Box\left(h_{ij}-\frac{1}{2}\eta_{ij}h\right)=-\frac{1}{2}\Box\phi_{ij}$$

これを**法則 7.10** の重力場方程式の左辺に代入すると，

$$-\frac{1}{2}\Box\phi_{ij}=\frac{8\pi G}{c^4}T_{ij}$$

なので，次のようにまとまります。

法則 7.24　**重力波の方程式**

$$\Box\phi_{ij} = -\frac{16\pi G}{c^4} T_{ij}$$

左辺はダランベルシアンですから波動方程式です。

電磁波の方程式と同じダランベルシアンですから，重力波の速度は c になります。

万有引力の法則では重力は瞬時に伝わる，すなわち時間がかからないものであると解釈できました。遠隔作用の考えに基づいた万有引力の法則を，近接作用の考えでニュートンの重力場方程式に書き換え，さらに時間成分を加味したアインシュタインの重力場方程式にすることによって，重力が伝わるのにも時間がかかることが導かれたわけです。

1916 年，アインシュタインはこの波動方程式を導き，重力波の存在を予言しました。しかし，重力波の振幅が非常に小さいため，直接観測することは困難であり，長らくその存在を確認することはできませんでした。予言から 1 世紀経って，初めてアメリカの重力波望遠鏡「LIGO」が「重力波」を捉えることに成功しました。これぞ理論物理の醍醐味。理論物理に深淵なるものを感じざるを得ません。

これから先，一般相対性理論の話題は宇宙論への応用などに展開していきますが，私はここで筆を擱(お)くことにします。この本を読むことによって培われたテンソル場とその計算についての理解は，他書を読むときの強力な推進力になっていくことでしょう。みなさんが一般相対性理論のさらに進んだ話題を楽しみながら学んでいかれることを祈念いたします。

ここまでお読みいただき，本当にありがとうございました。

おわりに

2013年8月に出した『ガロア理論の頂を踏む』（ベレ出版，以下『ガロア理論』）では，多くの心温かい読者に救われることとなりました。執筆への感謝のお手紙と一緒に，気が付いた誤植を表にして送って頂いた読者の方が何人もいらっしゃったのです。他の本では考えられないことです。いまでも，読者の皆さんとこのような機会をいただいた運命に感謝の念が絶えません。

これも数学ファンであれば誰もが一度は憧れを持つガロア理論を執筆のテーマに選んだからであると思います。他のテーマでは，いくら分かりやすく書いたとしても，このような盛り上がりはなかったのではないでしょうか。多くの読者に受け入れていただいたことを本当にうれしく思います。『ガロア理論』を出した当初，もうこのようなテーマはないだろうと少し寂しく思ってもおりました。

その後，修士時代に理解していたはずの曲率・主バンドルを咀嚼したいと小林昭七先生の『曲線と曲面の微分幾何』（裳華房，1995）を読み返している頃，一般相対性理論を分かりやすく書くというアイデアが頭をよぎりました。

氷見のキャンプ場から帰ってきたあとの打ち合わせで，編集担当の坂東氏から『ガロア理論』の読者カードを見せて頂くと，「こんな本がほしい，というご意見がありましたらお聞かせください」の欄に「relative theoryの同様の啓蒙書」と書いてあるものがありました。このとき，「一般相対性理論を数式レベルで分かりやすく解説する」ことが次の私の仕事であることを悟りました。そのとき，『まずはこの一冊から 意味がわかる多変量解析』（ベレ出版）の出版が決まっていましたから，その執筆の合間を縫って本書の準備を進めました。

その間，北海道から『ガロア理論』の内容について質問をしに来られた熱心な読者の方がおられました（この方からも丁寧な誤植表をいただきました。感謝です）。その方は別れ際におっしゃいました。「死ぬまでには理解したいと思っていたガロア理論が分かってうれしいです。でもまだ，死ぬまでに理解したい理論が3つあります。それは，フェルマーの定理，リーマン予想，一般相対性理論です」。その飽くなき知的探求心に心打たれるとともに，これは何としてでも，より多くの読者の方に納得していただけるような解説を書かなければ，と気を引き締めた次第です。

執筆の経緯がこんなですから，2016 年が一般相対性理論発表から 100 年目に当たるということは，執筆作業の途中で知りました。元来，数学者・物理学者のエピソードの書かれている本を好んで読む習慣はないので，物理学の歴史的経緯は詳しくないのです。まして，2015 年に一般相対性理論でアインシュタインがその存在を予言した重力波が観測されるなどとは思いもよりませんでした。専門家でない私がこのような解説書を書くことも含めて，発表から 100 年という節目に，一般相対性理論の周辺で何か大きな力（4 元力ではない）が働いたのかもしれません。

執筆は 3 章のテンソルから始めました。書き始めた当初の原稿はこの本には載っていません。全部捨てました。数学寄りに書きすぎていて，物理のテンソルを分かりやすく解説することからは遠くなってしまったためです。最後まで調整していたのも 3 章です。この本では基底を見せてテンソルを解説することを選択しましたが，数学とも物理ともつかない代物になってしまいました。これはテンソル理解のためにしたことで，自転車に乗れない人が補助輪付き自転車で練習するようなものだと好意的に解釈していただければ幸いです。物理のように基底を見せないテンソルは使い勝手がよくすばらしいものです。物理学の，本質を見抜く力に驚かされます。

飛躍なく解説したつもりですが，自分でも強引な解説であると思うところがいくつかあります。特殊相対性理論の運動方程式とアインシュタインの重力場方程式については，なかなか説明に苦労しました。
特殊相対性理論の運動方程式を，天下りな導入でなく理解したい方は，参考文献［6］をご覧になるとよいでしょう。いくつかの物理的な仮定は必要ですが，運動方程式を導く解説がなされています。
重力場方程式に関しては，式の意味はひと通り解説しましたが，なぜ左辺がリッチ曲率 R_{ij} でなくアインシュタインテンソル G_{ij} になるかまでは説明できませんでした。参考文献［13］には，微分形式の理論を用いて G_{ij} の説明がなされています。腑に落ちるかもしれません。
全体的に物理的に掘り下げて書くことができていないのは，私に物理の素養がないからです。全く不徳の致すところです。

私はこの本の校正の途中で，不思議な感慨に何度も捕らわれました。他人事のような言い方で無責任なのですが，いったい誰がこのような本を企画し出版しようとしているのか，いったい誰がこんな原稿を書いたのか，なぜこのような本が存在しうるのか……。一般相対性理論を数式レベルで説明する本が，参考書然とした2色刷りで，数百ページもあってこの値段で，科学の啓蒙書として販売されていくという事態が，出版社に身を置いている私にはどうにも信じられないのです。このような本が出版できることは，ありえないような条件がいくつも偶然に重なりあって起こる奇跡に自分には思えるのです。

このミラクルな企画を会社に通していただいたのは，ベレ出版編集部坂東一郎氏です。執筆開始から校了までじっくりと本の内容に向かい合うことができたのは氏のサポートがあってこそです。感謝しきれません。

組版については，今回もあおく企画の五月女氏にご尽力いただきました。今回の組版は，クリストッフェル記号に朱字の注釈と，面倒な作業ばかりでした。本当に頭が下がります。おかげでTeXで組んだよりも圧倒的に美しくあたたかい紙面に仕上がりました。これもひとえに五月女氏の組版センスに依るものだと思います。

大上雅史氏は，物理分野に不案内な私に心強い助言者となってくれました。初めての物理の本でしたが，安心して執筆することができました。

佐々木和美氏には，下読みから校閲・校正まで一貫してお世話になりました。誤りの指摘だけでなく，分かりやすい記述の提案をしていただきました。多くの箇所でその意見が生かされています。氏の伴走がなければ，この本をこのクオリティで出版することはできなかったでしょう。

また，小山拓輝氏にも，校正段階で多くの意見をいただきました。最後の稿まで根気強く校正していただき，本当にありがとうございます。

なお，チェックしていただいたにもかかわらず，著者判断であぶない記述を残したところもあります。この本の内容に関して，すべて私の責任であることは言うまでもありません。

このようなドリームチームで執筆することができ，全くのライター冥利に尽きます。

大人のための数学教室「和」代表・堀口智之氏、東京出版社主・黒木美左雄氏には、執筆のためのコンディションを整えていただきお世話になりました。謹んでお礼を述べたいと思います。

この時期にこのような本を出版することができて幸せです。この奇跡に感謝します。

アインシュタインと星と天体の運行をつかさどる神に捧げる

石井 俊全

参考文献

[1] 田代嘉宏『テンソル解析』基礎数学選書 23（裳華房，1981）

[2] 中内伸光『じっくり学ぶ曲線と曲面　微分幾何学初歩』（共立出版，2005）

[3] 石原繁『初等リーマン幾何』[POD 版]　数学全書 8 （森北出版，2004）

[4] 砂川重信『電磁気学』物理テキストシリーズ 4 （岩波書店，1987）

[5] 江沢洋『相対性理論』基礎物理学選書 27 （裳華房，2008）

[6] 平川浩正『相対論』第 2 版 （共立出版，1986）

[7] 須藤靖『一般相対論入門』（日本評論社，2005）

[8] 中村純『相対論入門』フロー式物理演習シリーズ 18 （共立出版，2014）

[9] 富岡竜太『あきらめない一般相対論』（プレアデス出版，2014）

[10] James J.Callahan『The Geometry of Spacetime』（Springer，2011）

[11] 砂田利一「数学から見た連続体の力学と相対論」 岩波講座　物理の世界　物の理 数の理 3 （岩波書店，2004）

[12] 松田卓也，木下篤哉『相対論の正しい間違え方』（丸善出版，2001）

[13] Charles W.Misner,Kip S.Thorne,John Archibald Wheeler　若野省己 訳『重力理論　Gravitation －古典力学から相対性理論まで，時空の幾何学から宇宙の構造へ」（丸善出版，2011）

[14] 内山龍雄『一般相対性理論』物理学選書 15 （裳華房，1978）

著者略歴

石井 俊全（いしい・としあき）

1965年，東京生まれ。東京大学建築学科卒，東京工業大学数学科修士課程卒。大人のための数学教室「和」講師。確率・統計，線形代数から，金融工学，動学マクロ経済に至るまでの幅広い分野で，難しいことを分かりやすく講義している。

著書

『中学入試 計算名人免許皆伝』（東京出版）
『1冊でマスター 大学の微分積分』
『1冊でマスター 大学の線形代数』（いずれも技術評論社）
『まずはこの一冊から 意味がわかる線形代数』
『まずはこの一冊から 意味がわかる多変量解析』
『全面改訂版 まずはこの一冊から 意味がわかる統計学』
『ガロア理論の頂を踏む』（いずれもベレ出版）

一般相対性理論を一歩一歩数式で理解する

2017年 3月25日 初版発行
2024年 8月26日 第11刷発行

著者	石井 俊全
カバーデザイン	水戸部 功
図版・DTP	あおく企画
発行者	内田 真介
発行・発売	ベレ出版 〒162-0832 東京都新宿区岩戸町12 レベッカビル TEL.03-5225-4790 FAX.03-5225-4795 ホームページ http://www.beret.co.jp/
印刷	モリモト印刷株式会社
製本	根本製本株式会社

ISBN 978-4-86064-498-7 C0042　　編集担当 坂東一郎